Waldbau

auf ökologischer Grundlage

Ein Lehr- und Handbuch

Von

Dr. Dr. h. c. Alfred Dengler

o. Professor der Forstwissenschaft an der
Forstlichen Hochschule Eberswalde

Dritte
vermehrte und verbesserte Auflage

Mit 306 Abbildungen und 2 farbigen Tafeln

Springer-Verlag Berlin Heidelberg GmbH
1944

ISBN 978-3-642-98729-8   ISBN 978-3-642-99544-6 (eBook)
DOI 10.1007/978-3-642-99544-6

Alle Rechte, insbesondere das der Übersetzung

in fremde Sprachen, vorbehalten.

Vorwort zur dritten Auflage.

Die zweite Auflage dieses Buches ist schon seit etwa 2 Jahren vergriffen. Trotzdem die Neubearbeitung sofort in Agriff genommen wurde und seit über Jahresfrist fertiggestellt war, haben die kriegsbedingten Schwierigkeiten beim Druck das Erscheinen bis heute verzögert.

Durch knappere Fassung, Streichungen und vermehrte Anwendung des Kleindruckes an minder wichtigen Stellen ist versucht worden, Raum für die Einarbeitung der neueren Literatur und notwendige Ergänzungen der Darstellung zu gewinnen. Eine geringe Vergrößerung des Gesamtumfangs konnte trotzdem nicht ganz vermieden werden, wobei indessen auch die Vermehrung der Abbildungen um 32 mitspricht. Im allgemeinen ist fast keine Seite des Textes völlig unverändert geblieben. An den Grundsätzen in der Behandlung des Stoffs, wie sie schon im Vorwort zur ersten Auflage entwickelt worden sind, ist jedoch überall festgehalten worden.

Der deutsche Wald hat in den gegenwärtigen Jahren dieses gewaltigen Weltkrieges und in den kommenden Zeiten des Wiederaufbaus, die ihm folgen werden, Lasten zu tragen und Nutzungen herzugeben, die sicher über die Grenzen seiner nachhaltigen Leistungsfähigkeit hinausgehen. Ihre Aufbringung ist uns allein durch die fleißige, wenn auch vielfach nur handwerksmäßige Tätigkeit unserer Vorfahren und ihre vorsichtige Zurückhaltung in den Nutzungen möglich geworden. Aufgabe der kommenden Generationen wird es sein, durch ebenso fleißige Arbeit, aber verbesserte Verfahren die entstandenen Lücken wieder zu schließen und die Leistungsfähigkeit unseres Waldes wieder auf eine neue und womöglich noch größere Höhe zu bringen! Den Lernenden das wissenschaftliche Rüstzeug für die Beurteilung der verschiedenen waldbaulichen Verfahren mit ihrem Für und Wider in möglichst umfassender Darstellung zu geben, ist auch diese Neuauflage bestimmt!

Eberswalde, im Juli 1944.

Alfred Dengler.

Vorwort zur ersten Auflage.

Als die Verlagsbuchhandlung vor zwei Jahren mit der Anfrage an mich herantrat, ob ich bereit wäre, ein größeres Lehr- und Handbuch für Waldbau bei ihr herauszugeben, da war ich mir des Umfanges dieser Aufgabe von Anfang an voll bewußt. Denn daß ein solches Werk in vollem Maße auch die naturwissenschaftlich-ökologischen Grundlagen mit umfassen müßte, stand für mich fest. Habe ich doch den Waldbau so schon vom ersten Tage an vorgetragen, als ich die Vorlesungen darüber vor zehn Jahren übernahm.

Freilich mußte der Umfang des Buches damit fast auf das Doppelte anwachsen, als wenn es nur die waldbauliche Technik behandelt hätte. Aber erst die volle Beherrschung der ökologischen Grundlagen ermöglicht ein richtiges Verständnis der verwickelten Beziehungen im Leben des Waldes und damit auch eine wissenschaftliche Begründung aller waldbaulichen Maßregeln. Ohne diesen Untergrund würde der Waldbau mehr oder minder auf der Stufe des Handwerks steckenbleiben!

Das naturwissenschaftlich-ökologische Material findet sich aber in so vielen Einzelarbeiten zerstreut und zersplittert, daß seine Zusammenfassung und Ordnung unter leitende Gesichtspunkte und die Herausarbeitung der Beziehungen zum Waldbau dringend erwünscht erscheinen muß. In den naturwissenschaftlichen Vorlesungen und Lehrbüchern werden diese Dinge nur sehr wenig oder gar nicht behandelt.

Ich habe den Rahmen dabei so weit wie möglich gespannt und u. a. auch die verschiedenen Waldformen der Erde, die Entwicklungsgeschichte des Waldes und manches andere hier mit aufgenommen, weil ich glaube, daß die Kenntnis dieser Dinge für den wissenschaftlich gebildeten Forstmann, dem der Wald Heimat und Berufsfeld ist, wohl als eine Ehrenpflicht betrachtet werden muß, und weil ich denke: Je breiter der Grund, desto sicherer der Bau!

Ein, ich darf wohl sagen, glückliches Geschick hat mir für den naturwissenschaftlichen wie für den technischen Teil des Waldbaus eine besonders vielseitige Ausbildung gegeben. Acht Jahre lang war ich Assistent am forstbotanischen Institut in Eberswalde, ein Jahr habe ich am pflanzenphysiologischen Institut in Berlin gearbeitet. Fünfzehn Jahre war ich dann Revierverwalter, und zwar in einem Buchenrevier des Westens mit Böden vom trägsten Buntsandstein bis zum tätigsten Muschelkalk, sowie später in einem Kiefernrevier des Ostens mit ebenso vielseitigen Verhältnissen. Durch Studienreisen nach Süddeutschland, Dänemark, Schweden und in die Urwaldungen von Rumänien und Bosnien habe ich soweit als möglich auch ganz andere Verhältnisse kennenzulernen gesucht.

Je mehr man aber sieht und vergleicht, desto mehr gewinnt man die Überzeugung von einer geradezu ungeheuren Mannigfaltigkeit der standörtlichen Bedingungen und der Verschiedenheiten, wie sie die wirtschaftliche Struktur der einzelnen Gebiete mit sich bringt. Ebenso groß ist damit auch die Verschiedenheit in der Wirkung aller wirtschaftlichen Maßregeln. Aller Waldbau ist örtlich, ja oft sogar auf kleinstem Raume bedingt. Aber diese Verschiedenheit ist doch keine wirre Regellosigkeit. Sie läßt sich letzten Endes auf die gleichen allgemeinen und gesetzmäßigen Beziehungen zurückführen, die zwischen dem überaus wechselnden Standort einerseits und der Holzart und Wirtschaft andererseits bestehen. Diese Beziehungen aufzufinden, darzustellen und auf die allgemeinen Gesichtspunkte zu bringen, bildet die Hauptaufgabe des vorliegenden Werkes als Lehrbuch. Daß dabei besonderer Wert auf klare Herausarbeitung aller Wald- und Wirtschaftsformen und auf scharfe Fassung aller Begriffe zu legen war, schien mir aus dem Lehrzweck heraus selbstverständlich.

In den vielen Streitfragen, die heute noch weitgehend die forstliche Welt beschäftigen, ist das Für und Wider, sind Vorteile und Nachteile der einzelnen Methoden nach Möglichkeit kritisch und objektiv dargestellt worden, ohne die eigene Stellungnahme dahinter ganz verschwinden zu lassen. Das Buch will lehren und führen, aber auch zu eigner Urteilsbildung anregen. Es soll ein Lehrbuch des Waldbaus, aber kein waldbauliches Dogmenbuch sein!

Über dem ersten Teil steht als Leitgedanke das ökologische Wesen des Waldes als Lebensgemeinschaft unter der Einwirkung aller äußeren und inneren Faktoren, über dem zweiten sein technisches Wesen als Bauwerk unter dem Einfluß der menschlichen Eingriffe in ihn.

Ein Handbuch ist das vorliegende Werk nicht im vollen Sinne des Wortes, da aus Rücksicht auf den Umfang nicht auf alle Arbeiten bei den einzelnen Fragen eingegangen werden konnte. Immerhin ist die Literatur doch so weitgehend berücksichtigt, daß jeder, der sich hier und da noch genauer unterrichten will, das Notwendige in den Literaturnachweisen und von dort aus auch leicht alles Weitere finden wird.

Dem Verlage bin ich für die reiche Ausstattung mit Abbildungen zu Dank verpflichtet. Ich glaubte im Interesse einer lebendigeren Anschauung hierauf nicht verzichten zu können, obwohl Umfang und Preis des Buches dadurch naturgemäß nicht unerheblich beeinflußt werden mußte.

Möge das Buch vor allem der studierenden forstlichen Jugend ein klarer und sicherer Wegweiser durch die verwickelten Pfade des Waldes und seiner Bewirtschaftung sein! Ich hoffe aber, daß es auch älteren Praktikern, die nach Fortbildung und Vertiefung ihres Wissens streben, noch manche Anregung und Ergänzung ihrer Kenntnisse bringen wird.

Zu Nutz und Frommen unseres Waldes, den wir als kostbares Volksgut zu erhalten und zu treuen Händen zu verwalten haben!

Eberswalde, im Dezember 1929.

Alfred Dengler.

Inhaltsverzeichnis.

Dritter Abschnitt. Die Lebenserscheinungen und der Ablauf des Lebens
im Walde.

Berichtigung.

Seite 203, Abbildung 110, Unterschrift für Figur 4:
Statt 350 m richtig: 1350 m.

Abkürzungen bei den Zitaten:

A.F.J.Z.	=	Allg. Forst- u. Jagd-Zeitg.
C.ges.F.W.	=	Centralbl. f. d. ges. Forstwesen.
Dtsch.F.W.	=	Der Deutsche Forstwirt.
F.Arch.	=	Forstarchiv.
F.Cbl.	=	Forstwissenschaftl. Centralblatt.
Mitt.F.W.W.	=	Mittlg. a. Forstwirtschaft u. Forstwissenschaft
Mitt.H.G.A.	=	Mittlg. d. Hermann-Göring-Akademie der Deutschen Forstwissenschaft.
Mitt.Schw.Anst.	=	Mittlg. d. Schweizerischen Anstalt f. das forstliche Versuchswesen.
Medd.Sk.Anst.	=	Meddelanden från Statens Skogsforsöksanstalt.
Th.Jb.	=	Tharandter Forstliches Jahrbuch.
Z.F.J.W.	=	Zeitschrift f. Forst- u. Jagdwesen.

Erster Teil

Ökologie des Waldes als Grundlage des Waldbaus.

Erster Abschnitt. Der Wald als Vegetationstyp[1].

1. Kapitel. Wesen und Begriff des Waldes.

Das Pflanzenkleid, das die Erde bedeckt, ist reich und mannigfaltig gemustert. Aber in all dem Wechsel von Weltteil zu Weltteil und Ort zu Ort lassen sich doch gewisse gemeinsame Typen erkennen, die der Landschaft ein bestimmtes äußeres Gepräge (*Physiognomie*) verleihen, die aber auch in ihrem inneren Wesen und Leben (*Ökologie*) gemeinsame Grundzüge aufweisen. Es ist eine bemerkenswerte und fesselnde Erscheinung in der Natur, daß die Form nicht nur etwas Äußerliches und Zufälliges ist, sondern daß sie oft in weitgehender Weise mit Lebensbedingungen und Lebensweise verknüpft ist, so daß Aussehen und Tracht der Pflanzen oft schon einen treffenden Ausdruck für die ökologischen Verhältnisse geben. Die Naturwissenschaft hat hieraus eine Fülle von Erkenntnissen wertvollster Art gewonnen. Auch für den Wald gilt das in vollem Maße.

Vegetationstypen. Betrachtet man so das Vegetationskleid der Erde nach seinen verschiedenen Typen, so schälen sich letzten Endes *einige wenige große Haupt- und Grundformen* heraus, die man in der Wissenschaft heute als *Vegetationstypen* oder *Pflanzenformationen* bezeichnet. Die Sprache aller Völker hat schon von alters her bestimmte Namen für diese gefunden. Es sind Ausdrücke, wie: *Wüste, Steppe, Wiese, Feld, Moor, Heide, Gebüsch* und *Wald*.

Grundlinien des Waldaufbaus. Uns wird weiterhin in der Hauptsache nur der Wald beschäftigen. Was ist es, was diesen in seiner äußeren Erscheinung von den anderen Formen unterscheidet, was ist es eigentlich, was den Wald zum Walde macht?

---

[1] Hauptsächliche Literatur: MAYR, H.: Waldbau auf naturgesetzlicher Grundlage, 2. Aufl. Berlin 1925. — RUBNER, K.: Die pflanzengeographischen Grundlagen des Waldbaus, 3. Aufl. Neudamm 1934. — MOROSOW, G. F.: Die Lehre vom Walde. Aus dem Russischen übersetzt. Neudamm 1928. — SCHIMPER, W. —v. FABER: Pflanzengeographie auf physiologischer Grundlage, 3. Aufl. Jena 1935. — WARMING u. GRÄBNER: Lehrbuch der ökologischen Pflanzengeographie, 3. Aufl. Berlin 1918. — DRUDE, O.: Handbuch der Pflanzengeographie. Stuttgart 1890. — *Handwörterbuch der Naturwissenschaften* Bd. 4. Jena 1913. Darin: Geographie der Pflanzen: a) Florenreiche von M. RIKLI; b) Ökologische Pflanzengeographie von E. RÜBEL. — WALTER, H.: Einführung in die allgemeine Pflanzengeographie Deutschlands. Jena 1927. — RAWITSCHER, F.: Die heimische Pflanzenwelt. Freiburg i. B. 1927. — GRÄBNER, P.: Die Pflanzenwelt Deutschlands. Leipzig 1909. — RÜBEL, E.: Pflanzengesellschaften d. Erde. Bern-Berlin 1930.

In erster Linie sind es die *Bäume, die sein hervorstechendstes Merkmal bilden und durch die er dem Landschaftsbild sein augenfälliges Gepräge gibt.* Unter Bäumen verstehen wir im allgemeinen besonders hochragende Pflanzenformen. Hoch und niedrig aber sind relative Begriffe. Die Beziehung liegt im Menschen selbst. Wir müssen gezwungen sein, zum Baum aufzuschauen, um ihn Baum nennen zu können. Darin liegt jedenfalls etwas Wesentliches für unser Sprachgefühl. Für die Wissenschaft hat sich die Notwendigkeit einer bestimmten zahlenmäßigen Begrenzung ergeben. Man hat als *untere Grenze für die Baumform* im allgemeinen 5 m[1]) angenommen und darüber hinaus 3 *Höhenklassen* gebildet: Bäume 3. Größe bis zu 10 m, 2. Größe bis 25 m und 1. Größe über 25 m. Die meisten Waldbäume, insbesondere diejenigen, die die Durchschnittshöhe des Waldes bestimmen, sind aber bei uns fast überall Bäume erster Größe.

In Deutschland liegen ihre Höhen im reifen Alter meist zwischen 25—30 m, doch erreichen einzelne auf günstigen Standorten auch 40—50 m Höhe. Die höchsten Waldbäume der Welt sind die riesigen Mammutbäume Kaliforniens (*Sequoia gigantea*) mit 100 m und etwas mehr. Ihnen stehen nahe gewisse Eukalyptusbäume Australiens, deren höchste bis zu 99 m gemessen worden sind. (Frühere höhere Schätzungen bis zu 150 m und mehr haben sich nicht bestätigen lassen.)

Es ist aber nicht nur die Höhe, sondern auch eine bestimmte *Aufbauform*, die den Baum erst zum Baum im vollen Sinne des Wortes macht. Man muß an ihm eine *Dreigliederung in Wurzel, Schaft und Krone* unterscheiden können (im Gegensatz zur Strauchform).

Ein Baum oder einige Bäume machen aber noch keinen Wald. Es müssen ihrer viele sein, die eine größere Fläche bedecken, mindestens so groß, daß die Standortsbedingungen der Außenwelt (Wärme, Feuchtigkeit, Licht, Wind u. a. m.) auf dieser Fläche nicht mehr von der Umgebung allein bestimmt, sondern von den Bäumen selbst beherrscht werden. Dazu ist aber nicht nur eine gewisse Flächengröße, sondern auch ein gewisser Dichtstand der Bäume erforderlich. Wir nennen dies *Schluß oder Schlußstand*. Ist trotz Schlußstand die Fläche zu klein oder trotz genügender Fläche kein entsprechender Schluß vorhanden, sondern stehen die Bäume nur einzeln oder gruppenweise zerstreut, so haben wir den Übergangstyp des Waldes zur Steppe, die *Baumsteppe*, oder in künstlich geschaffenen Bildungen den *Park*.

In dieser Bestimmung und Abgrenzung der äußeren Erscheinungsform des Waldes finden wir die *wesentlichsten Grundlinien seines Aufbaus: eine gewisse Höhe, eine gewisse Größe seiner Grundfläche, einen gewissen Schlußstand seiner Glieder, der Bäume, und eine bestimmte Bauform dieser selbst.* Der *Wald* kennzeichnet sich durch diese *Grundlinien* deutlich als *Monumentalbau der Natur*. Aus der Größe seiner Abmessungen und der Massigkeit seiner Form geht auch die Kraft seiner Stellung in der Natur und seine starke Wirkung auf Umwelt wie Innenwelt unmittelbar und zwangsläufig hervor.

Die Lebensgemeinschaft des Waldes. Aus dem Umstande, daß erst eine Vielheit von Bäumen in einem gewissen Schlußstand den Wald ausmacht, ergibt sich, daß er eine *Vergesellschaftung von Einzelwesen zu einer Gemeinschaft* darstellt, wie sie auch andere Vegetationstypen bilden. Man hat solche Lebensgemeinschaften mit dem Namen *Biozönose* bezeichnet (von bios = Leben und koinos = gemeinsam).

Zu der Biozönose des Waldes gehören aber außer den Bäumen auch noch alle die *andern Pflanzen und Tiere*, die sich gewohnheitsmäßig in ihm finden

---

[1]) SCHROETER, C.: Das Pflanzenleben der Alpen, nimmt 4—5 m als Grenze an, andere wieder, wie z. B. die forstlichen Versuchsanstalten in ihrem Arbeitsprogramm für Erhebungen über die Holzartenverbreitung sogar 8 m!

und in ihm und mit ihm leben. Zu ihr gehört im weitesten Sinne auch der *Boden*, in dem der Wald wurzelt, die *Luft*, in der er atmet, das *Licht*, in dem er assimiliert. kurz die ganze Innen- und Umwelt, die ihn beeinflußt und die er selbst auch wieder beeinflußt.

Die Bäume bilden im Walde nur eine Stufe oder Schicht, die *Baumschicht*, die oftmals selbst wieder in mehrere Unterschichten zerfällt, insbesondere da, wo zahlreiche Baumarten von verschiedener Höhe den Wald zusammensetzen, wie vor allem im tropischen Urwald.

Unter dieser Oberstufe tritt aber oft noch eine *Busch-* oder *Strauchschicht*, unter dieser eine noch niedrigere *Kräuter-* oder *Staudenschicht* und schließlich eine meist von Moosen, Flechten und Algen gebildete *Bodenoberflächenschicht* auf. Endlich findet sich unter dieser im Boden selbst noch eine *unterirdische Schicht*, in der zahllose Pilzfäden und Bodenbakterien mit den Baumwurzeln zusammen ihr Leben verbringen und ihre für die Lebensgemeinschaft höchst wichtige, wenn auch dem Auge verborgene Rolle spielen.

Auch in der Tierwelt des Waldes begegnen wir einer ähnlichen Abstufung von Lebenskreisen, wenn sie auch wegen der freien Beweglichkeit der Tiere nicht so scharf abgegrenzt sind. Gewisse Vögel und Insekten leben hauptsächlich in der Baum-, andere in der Strauchschicht, die Säugetiere, insbesondere das Wild, in der Zone der Strauch- und Kräuterschicht, am und im Boden vor allem zahlreiche Insekten, Würmer und Protozoen, die mit den unterirdisch lebenden Pilzen, Algen und Bakterien zusammen die ungeheuer zahlreiche, aber in ihren Formen und ihrer Lebensweise noch wenig erforschte Kleinlebewelt des Bodens, das sog. *Edaphon*, bilden.

Nicht alle Waldbewohner sind aber auf den Wald allein angewiesen, sie kommen z. T. auch außerhalb desselben vor. Das trifft sogar auf die Waldbäume selbst zu, die auch in Garten, Feld und Wiese vorkommen können, freilich im Freistand oft eine etwas veränderte Tracht (Habitus) annehmen. Noch mehr gilt das von anderen Gliedern der Lebensgemeinschaft. Unter den Sträuchern, Kräutern, Moosen, den Flechten und Algen, seltener unter den Pilzen, gibt es Arten, die ebenso häufig im Walde wie außerhalb auftreten. Andere scheinen allerdings ganz an ihn gebunden zu sein und finden sich nur in ihm. *Alle Grade der Bindung, von der ganz losen, oft fast nur zufälligen, bis zu der festen und gesetzmäßigen sind vorhanden!*

Um einige Beispiele zu nennen, so kommen Gräser wie das Ruchgras (*Anthoxanthum odoratum*), das Straußgras (*Agrostis vulgaris*), das Wollgras (*Holcus lanatus*) ebenso häufig in Wäldern wie auf Wiesen und sonstigen freien Plätzen vor, während die im Kiefernwald so außerordentlich verbreitete Waldschmiele (*Aira flexuosa*), das Perlgras (*Melica nutans*) oder das Hainrispengras (*Poa nemoralis*) stark an den Wald gebunden scheinen und am Waldrande oft scharf und plötzlich mit diesem abschneiden. Von den kleinen Zwergstraucharten tritt das Heidekraut (*Calluna vulgaris*) ebenso im Walde wie außer ihm auf, während die beiden Beerkrautarten, die Blaubeere (*Vaccinium Myrtillus*) und die Preißelbeere (*Vacc. vitis Idaea*) streng an den Wald gebunden sind.

Wir sehen daraus, *daß die Lebensgemeinschaft des Waldes nicht eine unbedingte* ist. Wenn wir weiterhin die Formen und Grade des Gemeinschaftslebens im Walde untersuchen, so finden wir auch hier die größte Verschiedenheit vom einfachen *Nebeneinanderwohnen* (z. B. Bodenmoose) bis zum *Aufeinanderwohnen* (Baummoose und Baumflechten), ja sogar bis zum *Ineinanderwohnen* (Pilze in Baumwurzeln, sog. Mykorrhiza). In vielen Fällen führt die Lebensgemeinschaft nur zum gemeinsamen Genuß der Bodennährstoffe, des Bodenwassers usw., gewissermaßen nur zum Sitzen am gemeinsamen Tische (*Kommensalismus*). In anderen Fällen findet schon ein Verbrauch der Abfallstoffe des Lebensgenossen statt (*Saprophytismus*), in wieder anderen aber auch eine Ernährung aus seinen lebenden Teilen (*Parasitismus*) bis endlich zur höchsten Stufe der Gemeinschaft, bei der es zu einem Austausch der Stoffe mit gegenseitigem Vorteil kommt (*Mutualismus*).

Alle diese Verhältnisse gelten nicht nur für die pflanzlichen Glieder der Biozönose, sondern auch für die Tiere, und zwar unter diesen selbst wie auch mit den Pflanzen des Waldes zusammen.

Aus der Fülle und Mannigfaltigkeit dieser Beziehungen, die uns in ihren Einzelheiten z. T. noch recht unbekannt sind, ergibt sich das Bild eines ungeheuer verwickelt zusammengesetzten und tief ineinandergreifenden Getriebes. Seine Erforschung ist die Hauptaufgabe eines besonderen Zweiges der neueren Pflanzenökologie, der sog. *Synökologie*, geworden.

Die bewegenden Kräfte in der Lebensgemeinschaft. Jedes Mitglied der Gemeinschaft sucht in erster Linie Platz und Nahrung für sich selbst und seine Nachkommen. Das bedeutet *Kampf*. Dieser schon von Ch. DARWIN in klassischer Weise geschilderte „*Kampf ums Dasein*" spielt im Walde eine besonders wichtige Rolle. Er ist hier in erster Linie ein *Kampf ums Licht*, um den Platz an der Sonne. Er muß sich aber bei der weitstreichenden Bewurzelung der Waldbäume auch unterirdisch als *Kampf um Wasser und Nahrung im Boden* abspielen. In einer richtigen Lebensgemeinschaft muß aber neben dem Kampf, dem egoistischen Prinzip, auch das altruistische, die *Hilfe*, ergänzend und ausgleichend stehen. Auch hierfür bietet der Wald hervorragende Beispiele: Die Bäume schützen und stützen sich nicht nur gegenseitig gegen die peitschende und brechende Kraft des Windes, sie schatten sich auch mit ihrem Kronendach gegenseitig den Boden ab und halten dadurch die lästigen Unkräuter fern, sie gewähren mit ihrem Schirm nicht nur dem eigenen, sondern auch dem Nachwuchs ihrer Genossen einen oft unentbehrlichen Schutz gegen vernichtende Nachtfröste oder zu scharfe Besonnung. So erfrieren oder vertrocknen nach Kahlschlägen nicht nur die frostempfindlichen Jungwüchse von Buche und Tanne, sondern auch viele schirmbedürftige Mitglieder der Bodenflora wie z. B. Blaubeere, Sauerklee und manche Moose. Der Wald schafft sich überhaupt, wie wir sehen werden, ein vom Freiland ganz verschiedenes Waldinnenklima und ganz bestimmte Bodenverhältnisse, die für manche Glieder der Gemeinschaft eine geradezu notwendige Voraussetzung des Lebens, für andere mindestens eine Förderung des Gedeihens bedeuten können.

Kampf und Hilfe sind die beiden großen treibenden Kräfte jeder Lebensgemeinschaft. Aus ihrem Ineinandergreifen, aus ihrer richtigen Verteilung erwächst jener zur Erhaltung des Ganzen notwendige Zustand, den wir „*biozönotisches Gleichgewicht*" nennen.

Aber *dieses Gleichgewicht ist nicht stabil, sondern fortwährenden kleinen und größeren Schwankungen unterworfen.* Jeder vor Altersschwäche zusammenbrechende Baum reißt ein Loch ins Kronendach, das erst wieder langsam durch aufwachsende Jugend geschlossen wird. Aus- und einwandernde Glieder verschieben dauernd den Artenbestand der Gemeinschaft. Die Einflüsse der Außenwelt, besonders Wärme und Feuchtigkeit, begünstigen oder benachteiligen im Wechsel der Jahre bald die eine, bald die andere Artengruppe. Ja manchmal schwillt dadurch die Vermehrung und Stoßkraft einzelner Glieder bis zu einem Grade an, daß sie zur „*Kalamität*", zur Lebensgefahr für den ganzen Wald wird. Aber immer und überall sind auch *Gegengewichte* vorhanden, die früher oder später in Wirksamkeit treten. Auf kalte und nasse Jahre folgen wieder warme und trockene, die die bisher benachteiligten Glieder begünstigen und in den Vordergrund rücken. Massenvermehrungen einer Art rufen auch bald ihre Schädlinge und Feinde in steigendem Umfang auf den Plan, bis schließlich in gewaltigen

Ausbrüchen, Epidemien, die übervermehrte Art wieder auf das normale Maß, *„den eisernen Bestand"* zurückgeführt wird, wie wir das bei allen Insekten- und anderen Kalamitäten immer wieder erleben! *Das Getriebe der Biozönose ist so eingestellt, daß der Gleichgewichtszustand sich immer wieder von selbst herzustellen sucht, wenn nicht übermächtige oder dauernde Einwirkungen von außen das gewaltsam verhindern.*

Die Auffassung vom Wald als Organismus. Eine Übertreibung bedeutet es demgegenüber, wenn man den Wald als *Organismus* auffaßt, wie es u. a. die neuzeitliche Dauerwaldbewegung getan hat, wenigstens —, wenn man diesen Begriff wie allgemein üblich und nicht nur in einem mehr oder minder übertragenen Sinne gebraucht. Die Glieder des Waldes sind nicht Organe (organa = Werkzeuge), die keinen Selbstzweck und keine freie Selbstbestimmung haben, und die außer Zusammenhang mit dem Ganzen ihre Lebens- und Funktionsfähigkeit einbüßen. Der Wald wächst auch nicht wie ein Organismus von innen heraus aus einem kleinen Kern nach ganz bestimmten, in diesem schon enthaltenen Entwicklungsgesetzen, sondern seine Glieder finden sich in ursprünglich freier Beweglichkeit von außen zusammen, wie man das bei jeder Neubildung von Wald beobachten kann (vgl. hierzu die Beispiele auf S. 6). Unzweifelhaft wird man das auch für seine erstmalige Entstehung auf unserer Erde, wann und wo sie auch stattgefunden haben mag, annehmen müssen.

Die Bezeichnung des Waldes nur als Lebensgemeinschaft ist dabei durchaus kein Ausfluß einer mechanistischen Auffassung seines Wesens und seiner Lebenserscheinungen, über deren letzte Fragen sie gar nichts aussagt und aussagen soll. Sie soll nur betonen, daß die *Bindung jedenfalls viel lockerer als bei einem Organismus* ist. Selbst wenn man die Bezeichnung nur in mehr oder minder erweitertem oder übertragenem Sinne gebrauchen will, kann ihre Anwendung leicht zu übertriebenen Folgerungen führen, wie das auch tatsächlich in der Dauerwaldbewegung der Fall gewesen ist[1]).

Die Ökologie als Grundlage des Waldbaus hat die Aufgabe, den Wald in seinen verschiedenen natürlichen Formen, in seiner natürlichen Verbreitung und in seiner Abhängigkeit von der Umwelt, den sog. Standortsfaktoren, zu erforschen und richtig verstehen zu lernen. Aus den so gewonnenen Erkenntnissen der ursächlichen Zusammenhänge von Wachstum und Gedeihen des Waldes mit den standörtlich gegebenen Lebensbedingungen kommt man erst zu einer richtigen Beurteilung aller Maßnahmen im Walde. Daher ist die Kenntnis dieser Dinge eine notwendige Voraussetzung für eine wissenschaftliche Beherrschung waldbaulicher Technik.

2. Kapitel. **Die Verbreitung des Waldes auf der Erde und sein Verhältnis zu den anderen Vegetationstypen.**

Aus dem Aufbau des Waldes, *seiner Höhe und Größe und seinem dichten Schluß geht,* wie wir schon sahen, seine *Wucht und Stoßkraft gegenüber den andern Vegetationstypen unmittelbar hervor.* Daher setzt sich der Wald, wo überhaupt seine klimatischen Vorbedingungen gegeben sind, schließlich überall durch.

---

[1]) Vgl. dazu DENGLRE, A.: Die Stetigkeit des Waldwesens. Ein kritische Betrachtung zur Ökologie des Waldes und der Ziele der Wirtschaft. Silva 1928, H. 1. — STRECKER, R.: Ist der Wald ein Organismus? Z.f.F.J.W. 1936, H. 1. — LEMMEL, H.: Die Organismusidee in Möllers Dauerwaldgedanken. Berlin 1939. — DENGLER, A.: Zu LEMMELS Kritik an meiner Stellung z. Dauerwaldgedanken. Z.F.J.W. 1939, H. 12

Der Wald als Schlußformation. Wir können das auch heute noch überall da beobachten, wo einmal *Neuland* durch natürliche Ereignisse (An- oder Abschwemmungen, Erdrutschungen u. dgl.) entsteht oder wo der Mensch derartiges Neuland künstlich schafft (wie auf alten Kiesgruben, Steinbruchshalden, Wegeböschungen, auch auf aufgegebenen Weiden, Wiesen und Äckern, sog. *Ödland*). Meist bilden sich hier zuerst andere Vegetationstypen aus, wie Grasfluren, Zwergstrauchheiden und Buschwerk. Aber schließlich findet sich ein Bäumchen nach dem andern ein, diese wachsen empor, schließen sich zusammen und verdrängen die waldfremden Elemente, während andere zum Walde gehörende sich ansiedeln. Schließlich findet sich bei genügender Größe der Fläche auch die Tierwelt ein. Am Ende dieser Reihenfolge, die man *Sukzession* genannt hat, steht als Schlußglied (*Klimax*) immer der Wald!

Das geht bald rascher, bald langsamer, es braucht manchmal nur Jahrzehnte, oft aber auch ein Jahrhundert und mehr. Aber es geht unaufhaltsam und stetig immer dem Endziel, dem Wald, entgegen.

Von dem Vulkan Tamboro auf Sumbava wird berichtet, daß nach Zerstörung aller Vegetation durch einen großen Ausbruch sich schon nach 60 Jahren wieder ein vollständig neuer geschlossener Wald eingefunden hatte[1]). Über eine näher beobachtete Neubildung von Wald in unseren Breiten auf Kalkhalden am Hörselberg bei Eisenach wird folgendes berichtet[2]): Zuerst zeigten sich auch hier Flechten und Moose, dann Trockengräser, wie Schafschwingel und einige andere krautige Pflanzen. Später traten, durch Vögel verschleppt, einzelne Sträucher, wie Wacholder, Schlehen und Weißdorn, auf, und nach 12 Jahren wuchsen aus dem allmählich immer dichter gewordenen Gebüsch die ersten Bäume, Sorbus-Arten, Buchen, Ahorne und Linden heraus. Diese verdrängten nun die Sträucher, die im Schatten der Waldbäume einer nach dem andern eingingen. Schließlich blieben diese nur noch als Außengürtel um den heranwachsenden Wald übrig, diesem dort immer weiter vorarbeitend. Die zeitliche Aufeinanderfolge (Sukzession) kann also auch vielfach im örtlichen Nebeneinander beobachtet werden, wovon man in der Erforschung der Sukzessionen weitgehenden Gebrauch macht.

Ein Beispiel siegreichen Vordringens von Wald in gewaltigem Umfang auf öde gewordenem Ackerland haben wir in Deutschland nach den Verwüstungen und der Entvölkerung des Dreißigjährigen Krieges gehabt, wo der Wald ganze Dorfstätten mit ihren Feldfluren wieder vollständig überzog und der Spruch entstand: „Wo der Wald dem Ritter reicht bis an den Sporn, da hat der Bauer sein Recht verlor'n!"

Das Wort unseres forstlichen Altmeisters H. Cotta, daß Deutschland, wenn es von allen Menschen verlassen würde, in 100 Jahren wieder ganz von Wald bedeckt sein würde, gilt sicher bis auf einige unbedeutende Ausnahmen auch heute noch zu Recht!

Wald und Tundra. Wald und Steppe. In *andern Gegenden der Welt, wo extreme klimatische Bedingungen herrschen*, schon in einzelnen Örtlichkeiten von Europa, *besitzt der Wald diese überragende Stellung in der Pflanzenwelt nicht mehr*, sondern muß sie an andere Formationen abtreten. Und diese Gebiete sind nicht gering, da die klimatischen Bedingungen auf weiten Teilen der Erde zu ungünstig für den Wald sind.

Zwei Umstände sind es vor allem, die *den Wald ausschließen*, einmal *zu geringe Wärme*, hauptsächlich in den Polargegenden, aber auch auf den höchsten Lagen der Gebirge, andrerseits *zu geringe Feuchtigkeit*, hauptsächlich in den Trockenheitsgebieten im Innern der großen Festländer Asien, Afrika, Amerika und Australien. Das europäische Festland ist zu klein, zu gegliedert und zu vielseitig von Meeren umgeben, als daß sich hier solche Trockenheitsgebiete in

---

[1]) Warming u. Gräbner: Lehrbuch der ökologischen Pflanzengeographie, S. 899.

[2]) Senft, F.: Der Erdboden nach Entstehung, Eigenschaften und Verhalten zur Pflanzenwelt, S. 118. Hannover 1888.

Tafel I.

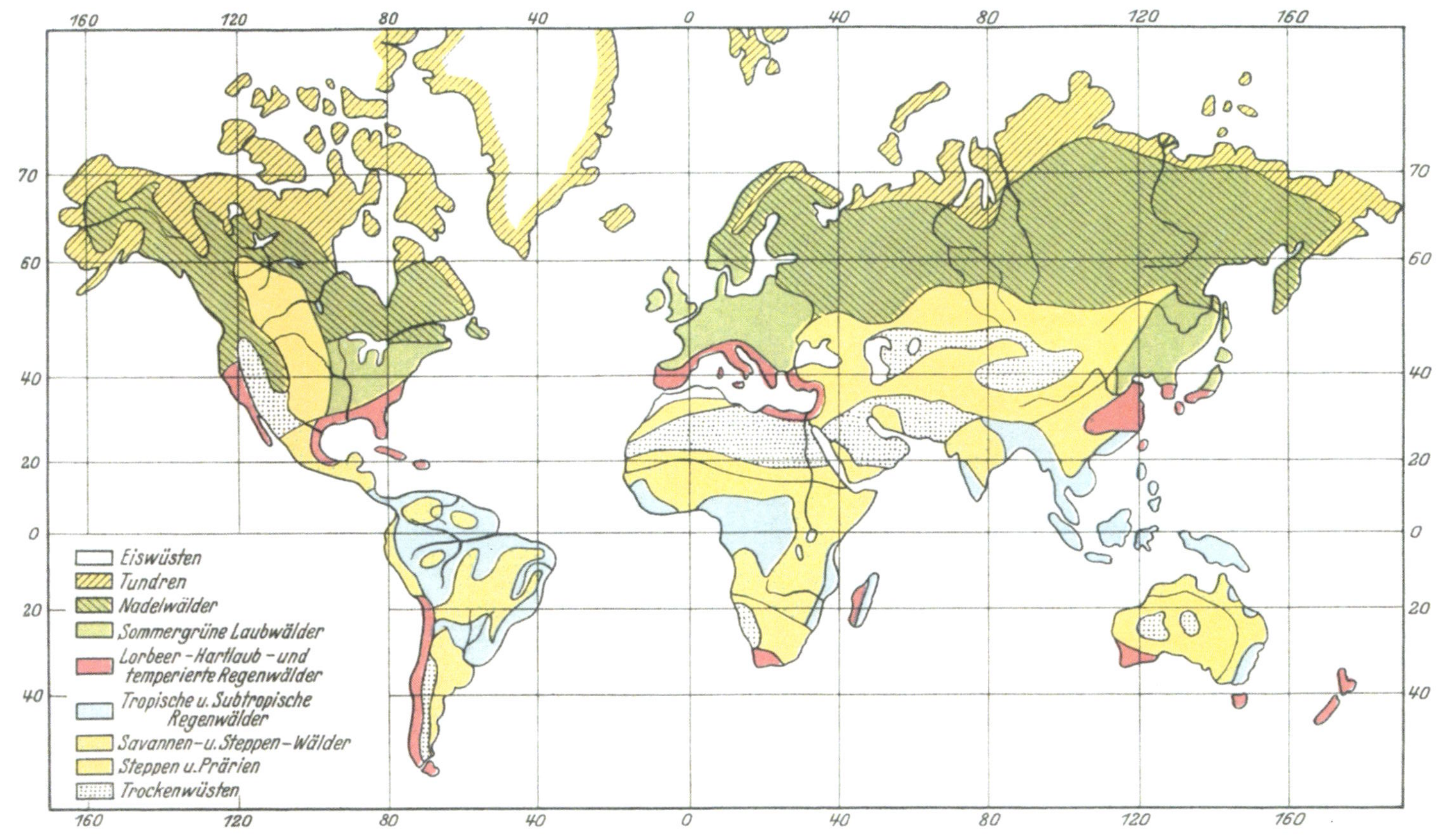

Dengler, Waldbau. 3. Aufl.

Springer-Verlag in Berlin.

großem Umfang entwickeln konnten. Nur da, wo Europa sich im Südosten an das kontinentale Innengebiet Asiens anlehnt, in Südrußland, hat sich in den dortigen Steppen ein solches verhältnismäßig kleines Ausschlußgebiet des Waldes gebildet, zu dem im Westen noch einige vorgeschobene kleinere Inseln in Ungarn, auf dem Balkan und in Spanien hinzutreten.

Es ist, wie ein Blick auf die beigegebene Karte (Tafel I) lehrt, weit über die Hälfte der festen Erde, wo der Wald trotz seiner Stoßkraft von Natur fehlt, und zwar zum größten Teil aus Feuchtigkeitsmangel, zum kleineren aus Wärmemangel.

Da, *wo die Wärmeverhältnisse zu ungünstig sind*, wird der Wald allmählich immer niedriger und löst sich dann auch immer mehr in kleine Gruppen und Horste auf. Zwei wichtige Aufbaugrundlagen, *Höhe und Schlußstand, gehen ihm damit verloren*, und schließlich tritt an die Stelle des Waldes eine *niedrige Gebüschformation*, die locker und mit Gras-, Moos- und Flechtenflächen durchsetzt ist. Weiterhin bilden dann diese allein die Vegetationsdecke. So treten in hohen Breiten im Norden von Europa, Asien und Amerika die *arktischen Tundren* an die Stelle des Waldes. In fast allen *Hochgebirgen* der Welt folgen auf den Wald nach oben erst *Gebüsche von krüppligen Bäumen, Krummhölzern, Alpenrosen, Zwergwacholder* u. a. m. und schließlich ebenfalls nur noch aus Gräsern, Kräutern und Moosen bestehende *Hochgebirgsmatten*. Der Wald tritt also an seiner Wärmegrenze seine Herrschaft an Grasfluren, Moose und Flechten ab, meist aber mit einer Übergangszone von Gebüschtypen.

Wegen *ungenügender Feuchtigkeit* fehlt der Wald in weit größeren Gebieten der Erde. So dehnt sich ein solch großes, und wohl das größte waldleere Gebiet überhaupt, vom Schwarzen Meer bis an die Grenzen der Mandschurei hin aus. Es ist das Gebiet der russischen, persischen und mongolischen *Steppen* mit dem Kern in der Wüste Gobi. Nach Westen stößt an dieses Gebiet ein fast ebenso großes Trockengebiet in Arabien und Nordafrika mit dem Wüstenkern der Sahara, ein kleineres findet sich noch in Südafrika mit der Wüste Kalahari. Weitere Ausschlußgebiete des Waldes finden wir dann noch im Innern Australiens, ferner in den *Prärien* Nordamerikas und den *Llanos* und *Pampas* Südamerikas (Ausdehnung und Lage vergleiche man auf der beigegebenen Karte).

Bezeichnend für den Übergang des Waldes an seiner Trockenheitsgrenze ist aber, daß hier vorwiegend *eine Auflösung des Schlußstandes*, weniger ein Herabsinken bis zum Krüppelwuchs stattfindet, und daß daher auch im allgemeinen nicht wie an der Kältegrenze eine förmliche Gebüsch- oder Strauchformation als Übergangszone auftritt[1]). Es entstehen vielmehr in den Grenzgebieten zwischen Wald und Grasflur auf großen Gebieten Zwischenformen, bei denen man kaum sagen kann, ob man sie noch zum Wald oder schon zur Grasflur zu rechnen hat (Abb. 1). Man hat diese daher auch mit Ausdrücken, wie *Steppenwald* oder *Waldsteppe* bezeichnet. Eines der größten dieser Gebiete befindet sich im mittleren Afrika nördlich und südlich vom Äquator, wo diese Zwischenformen, die sog. *Savannenwälder*, allein einen Flächenraum einnehmen, der den von ganz Europa noch übertreffen dürfte. Es gibt hier also gewisse Gebiete, in denen offenbar ein *ziemliches Gleichgewicht zwischen Wald und Grasflur* herrscht.

An den Küsten des Mittelmeergebietes in Spanien, Italien und auf dem Balkan, meist am Fuße der unmittelbar an das Meer anstoßenden Gebirge finden wir überraschenderweise oft keinen Wald, sondern dieser fängt erst etwas oberhalb an. Dort bilden dichte und vielfach übermannshohe Gebüsche von hartlaubigen oder stengelgrünen, ginsterartigen, auch vielfach stark aromatischen Sträuchern und Halbsträuchern einen unteren Gürtel um den Wald. Es sind dies die sog. *Macchien* und *Gariguen*. Der Erdbeerstrauch (*Arbutus unedo*), verschiedene Cistrosen, Pistazien, aber auch strauchartige immergrüne

---

[1]) Ausnahmen hierzu vgl. weiter unten.

Eichen (wie *Quercus ilex* und *coccifera*) und mehrere Wacholderarten sind einige der Hauptvertreter. Man nimmt heute an, daß diese Küstenstriche *ehemals Wald* getragen haben, und daß dieser nur durch die schon im frühen Altertum eingetretene Besiedelung und lange Waldmißhandlung verdrängt worden ist. Zum Teil läßt sich das sogar für viele Stellen aus den griechischen und lateinischen Schriftstellern noch geschichtlich nachweisen[1]). Die durch die Entwaldung eingetretene ungünstige Veränderung des Bodens, insbesondere die Abwaschung der Bodenkrume, haben aber dann die natürlichen Verhältnisse so einschneidend und nachhaltig verändert, daß eine natürliche Rückkehr des Waldes, ganz abgesehen von der fehlenden Schonung, die er in diesen Gebieten auch heute kaum irgendwo genießt, nicht möglich ist. Hier spielen also neben klimatischen und edaphischen auch die *biotischen Einflüsse*, d. h. die Einwirkungen durch Tiere (Weidevieh) und den Menschen eine ausschlaggebende Rolle!

Abb. 1. Savannenwald (Übergangsform von Wald in Steppe). Aus dem Trockengebiet Westaustraliens. Vorn links und in der Mitte zwei Eukalyptusbäume, im Hintergrund AcaciaArten (niedrig, mit typisch schirmförmiger Krone, sog. Schirmakazien). (Phot. E. Pritzel.)

Bei vielen Waldausschlußgebieten sind *menschliche Einwirkungen*, mindestens an ihren Rändern, von großem Einfluß gewesen und haben den Wald dort weiter zurückgedrängt, als es durch die klimatischen Bedingungen allein gegeben wäre.

Es bestehen hier noch manche Streitfragen, z. B. ob nicht ein großer Teil der nordamerikanischen Prärien ehemals bewaldet gewesen und erst durch Aushieb, Weidebetrieb und die noch heute davon unzertrennlichen Hirtenfeuer (Präriebrände) vernichtet und verdrängt worden ist. Auch bezüglich der europäischen und asiatischen Steppen sind die gleichen Fragen aufgeworfen worden. Man hat z. B. für die südrussischen Steppen aus alten von Waldbäumen hergeleiteten Ortsnamen verschiedentlich auf frühere Bewaldung mancher heute waldfreie Gebiete schließen können[2]).

Man wird aber trotz mancher hier im einzelnen feststehenden Tatsachen in der Verallgemeinerung nicht so weit gehen dürfen, das Vorhandensein von

[1]) Seidensticker, A.: Waldgeschichte des Altertums. Frankfurt a. d. O. 1886. — Sklawunos, C. G.: Waldverhältnisse Griechenlands. F.Cbl. 1919, S. 81.
[2]) Vgl. hierzu Fr. Th. Köppen: Geographische Verbreitung der Holzgewächse des europäischen Rußland Bd. 2, S. 462. Petersburg 1889. Kessler, W.: Z.F.J.W. 1881, S. 322.

Steppen oder ähnlicher waldfreier Gebiete überall nur auf menschliche Einflüsse zurückführen zu wollen. Hiergegen spricht die ebenfalls geschichtlich feststehende Tatsache, daß schon im frühesten Altertum in Asien und Afrika große Wüsten vorhanden waren, zu denen die Steppe oder Savanne eben nur einen ganz natürlichen Übergang bildet. Ferner spricht für die Natürlichkeit dieser Trockenformen der Vegetation auch die Ausbildung typischer Steppenpflanzen und Steppentiere, deren Entstehung man sich nur auf der freien Steppe und nicht im dunklen geschlossenen Walde erklären kann, ebenso das Vorkommen der typischen Steppenböden (Schwarzerde), wie sie sich unter Wald nicht finden, vielmehr unter ihm, wenn er sich später dort einfindet, verändern und ausbleichen (sogen. Degradierungserscheinungen).

Wald und Heide. Viel fraglicher erscheint die Natürlichkeit einer andern, *im milden, ozeanischen Klimagebiet* Europas vertretenen Nachbarformation des

Abb. 2. Wilde, freie Heide. Biengrund bei Wilsede (Naturschutzgebiet bei Lüneburg). Neben dem Wege Kiefernanflug, in der Mitte mit Wacholdergruppe. Ringsum kniehohe, blühende Heide. (Phot. G. Matthes.)

Waldes, die in der Forstwirtschaft Deutschlands eine wichtige und viel umstrittene Rolle spielt, nämlich der *Heide.*

Echte Heidegebiete, d. h. baumlose Zwergstrauchformationen, in der Hauptsache von *Calluna* gebildet, aber auch von Wacholder, Ginsterarten, Gagelstrauch (*Myrica gale*), Glockenheide (*Erica tetralix*) und vielen andern charakteristischen Pflanzen durchsetzt, finden sich in Deutschland hauptsächlich im Nordwesten, wo die bekannte *Lüneburger Heide* das größte zusammenhängende Gebiet derselben bei uns darstellt (vgl. Abb. 2). Die Auffassung, daß dieser Vegetationstyp lediglich auf Einwirkung des Menschen zurückzuführen sei, hat am schärfsten Bernard Borggreve in seiner 1875 erschienenen Schrift „Haide und Wald" vertreten. Seiner Ansicht nach ist die Heide, die ja auch im lichten Walde wächst, überall erst nach Abtrieb aus diesem entstanden, und das Wiederaufkommen des Waldes wird nur durch die dort übliche *Schafweide* (Haidschnucken) und den zur Streugewinnung angewendeten *Plaggenhieb* verhindert. Er führt zum Beweis die Erfahrung der Heidebauern an, die da, wo sie wieder Wald haben wollen, nur die Schafe nicht mehr weiden lassen und den Plaggenhieb einstellen, um in 10 oder 20 Jahren „ganz von selbst" wieder den Wald zu haben.

Geschichtlich konnte E. H. L. Krause[1]) für Lüneburg und Mager[2]) für Schleswig nachweisen, daß im frühen und späteren Mittelalter ein sehr großer Teil der heutigen Heideflächen noch Waldbestände trug. Sie schreiben daher ebenfalls die Entstehung der Heide dort im wesentlichen späteren menschlichen Einwirkungen zu.

Demgegenüber hat P. Gräbner[3]) für die natürliche Entstehung der Heide angeführt, daß die trockeneren Böden, die im Westen da, wo der Wald fehlt, die Heide als geschlossene Pflanzendecke tragen, im Osten nur steppenähnliche Vegetation (Angergräser mit nur zerstreuter *Calluna*-Beimischung) aufweisen, und daß auf feuchten Stellen auch das typische Heidemoor des Westens dem Osten ganz fehlt. Das ist aber kein Gegenbeweis, da auch nach künstlicher Entwaldung sich in beiden Gebieten infolge der klimatischen Unterschiede eine verschiedene Folgevegetation eingestellt haben kann!

Unbedingt abzuweisen ist Gräbners Anschauung, daß die Heide Nordwestdeutschlands durch Nährstoffmangel im Boden natürlich begründet sei, und daß der Wald bei Aufforstung solcher Heideböden infolgedessen immer kümmern müsse. Das widerlegen schon die inzwischen erfolgten zahlreichen Umwandlungen ehemaligen Heidebodens in fruchtbares Ackerland, ja sogar Weizenfelder, aber auch viele gelungenen Aufforstungen[4]). Wahrscheinlich ist die Stellungnahme beider Gegner zu einseitig. Nicht zu bestreiten ist, daß ein sehr großer Teil der heutigen Heide auf alten Waldgebieten stockt, die erst durch Waldverwüstungen in Ödland und Heide übergegangen sind[5]). Andrerseits spricht die schon von Krause hervorgehobene Tatsache, daß im Lüneburger Heidegebiet sich eine besonders dichte Zusammenlagerung vorgeschichtlicher Siedelungen und Gräber findet, für ein natürliches Vorhendensein offener oder doch lichter Stellen, denen man bei den ersten Ansiedelungen meist den Vorzug vor dem dichten Urwald gegeben hat. Auch hat man im südlichen Jütland Gräber aus der jüngeren Steinzeit gefunden, die nach Ansicht der Prähistoriker nicht im Walde, sondern in offener Landschaft angelegt sein müssen[6]), und ebensolche Gräber aus der Bronzezeit, die sogar aus Heideplaggen auf Heideboden aufgebaut waren. Schließlich ist neuerdings in Schleswig-Holstein die Bildung mächtiger Ortsteinbänke auf armen Sander-Böden nachgewiesen worden, die sicher aus vorgeschichtlicher Zeit stammen, und deren Entstehung unter offener Calluna-Heide mindestens sehr wahrscheinlich ist[7]). Gerade auf diesen kalkarmen Böden ist unter dem Einfluß des atlantischen Klimas das Auftreten dieser Formation besonders naheliegend. Auch in anderen atlantischen Gebieten Europas wie in Schottland, Irland und Südwestfrankreich (Landes) finden sich ähnliche große Heidegebiete. Wahrscheinlich *dürften wohl ursprünglich Wald und Heide nebeneinander vorgekommen sein*. Es ist ein altes natürliches Übergangsgebiet des Waldes, wo beide Formen sich mischten und kleine standörtliche Unterschiede sofort einen Ausschlag nach der einen oder andern Richtung hin gegeben haben. Das erklärt auch die große Empfindlichkeit des Waldes, die dieser dort noch

---

[1]) Englers bot. Jb. 1892, S. 517 ff.

[2]) Mager, F.: Entwicklungsgeschichte der Kulturlandschaft des Herzogtums Schleswig in historischer Zeit. Breslau 1930.

[3]) Gräbner, P.: Die Heide Norddeutschlands, 2. Aufl. 1925.

[4]) Erdmann, F.: Die Heideaufforstung. Berlin 1904. — Die Nordwestdeutsche Heide in forstlicher Beziehung. Berlin 1907.

[5]) Vgl. hierzu E. H. L. Krause (a. a. O.) und A. Zimmermann (Z.F.J.W. 1908), wo sehr drastische Beispiele der füher üblichen Mißwirtschaft im Lüneburger Heidegebiet geschildert werden und Mager a. a. O.

[6]) Referat von Krause in den Beih. z. botan. Zbl. 1908.

[7]) Kolumbe, E.: Wald und Heide in Schleswig-Holstein. Botan. Archiv 1934, S. 269—300.

heute jedem Mißgriff der Wirtschaft gegenüber zeigt. Wald und Heide befinden sich hier in einem äußerst labilen Gleichgewichtszustand.

Wald und Hochmoor. Es gibt aber bei uns noch einen anderen Vegetationstyp, der im *kühleren, feuchten Gebiet* dem Walde gefährlich werden kann und auf dessen Umsichgreifen die neuzeitliche Forstwirtschaft ein besonders wachsames Augenmerk haben muß. Es ist das *Hochmoor.* Dieses wird in der Hauptsache von sog. Torf- oder Weißmoosen, Sphagnum-Arten, gebildet und findet sich meist *inselartig* auf nassen Standorten, wie abflußlosen Mulden und Senken im Wald des nördlichen Europa. In der Ebene treten Hochmoore vom norddeutschen Tiefland aus nach Osten mit zunehmender Häufigkeit und Ausdehnung auf (baltische Randstaaten, Rußland), ebenfalls auch nach Norden zu (Finnland, Skandinavien). Im Gebirge finden sie sich gern auf kalten, nassen Plateaus, Terrassen, Rücken und Kuppen und gehen hier recht weit südlich (z. B. noch bis auf die Balkanhalbinsel). *Die Sphagneen zeichnen sich dadurch aus, daß* sie ganz *vom Boden und der Bodenfeuchtigkeit unabhängig* sind, und nur

vom *Niederschlagwasser* leben, das sie ungemein zäh durch besondere wasserspeichernde Tonnenzellen festhalten. Sie haben ein lebhaftes Spitzenwachstum, das sich auf den unterliegenden abgestorbenen Teilen vollzieht und oft zu Torfbildungen führt, die mehrere Meter hoch werden. Die in der Mitte des Hochmoores befindlichen älteren Teile liegen daher meist etwas höher, und das Moor flacht sich uhr-

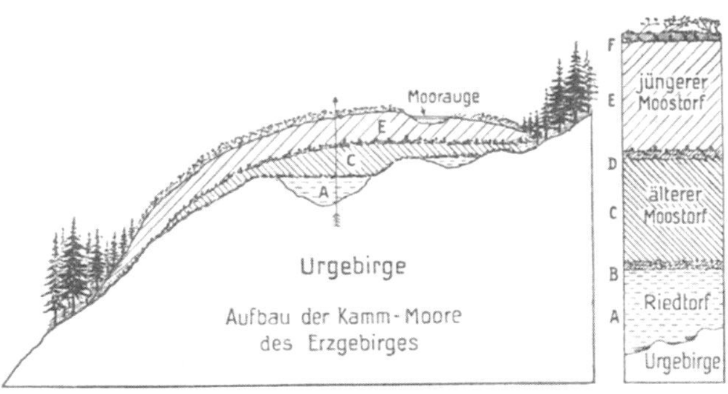

Abb. 3. Durchschnitt durch ein Gebirgshochmoor. Schematisiert und stark überhöht. (Nach H. SCHREIBER.) Entstehung über zwei nassen Senken bei *A* und rechts daneben (Niederungsmoor). Später Übergang in Hochmoor (*C*) und seitliche Ausbreitung. Zwischen *C* und *E* Stillstand der Moorbildung (sog. Grenzhorizont bei *D*). Später erneuter Beginn der Vermoorung (*E*) und seitliches Eindringen in den umgebenden Fichtenwald, besonders hangabwärts.

glasartig nach den Rändern zu ab, wo bei gegebenen Standortsbedingungen dann ein schleichendes Weiterwachstum in die Nachbarschaft stattfinden kann, die meist der Nadelwald bildet. Ganz besonders gefährlich werden die Sphagneen durch die *Sauerstoffarmut und den Sauerstoffabschluß*, den sie unter sich im Boden hervorrufen, wodurch sie die Wurzeln der Waldbäume langsam zum Ersticken bringen können. (Sehr schöne Untersuchungen hierüber wie über die ganze Entwicklung der Hochmoore verdanken wir insbesondere den nordischen Forschern[1], aber auch dem deutschen Botaniker C. A. WEBER, Bremen[2]). Die Abb. 3 zeigt den inneren Aufbau eines deutschen Gebirgshochmoores und dessen jahrtausendelang besonders bergabwärts fortschreitende Entwicklung in den umgebenden Fichtenwald hinein.

---

[1] HESSELMAN, H.: Über den Sauerstoffgehalt des Bodenwassers und dessen Einwirkung auf die Versumpfung des Bodens und das Wachstum des Waldes. Medd.Sk.Anst. Bd. 7. — ROMELL, L. G.: Die Bodenventilation als ökologischer Faktor. Ebendas. Bd. 19. — MALMSTRÖM, C.: Degerö Stormyr. Eine botanische, hydrologische und entwicklungsgeschichtliche Untersuchung eines nordschwedischen Moorkomplexes. Ebendas. 1923, H. 20.

[2] WEBER, C. A.: Über die Vegetation und Entstehung des Hochmoors von Augstumal im Memeldelta. Berlin 1902. — Aufbau und Vegetation der Hochmoore Norddeutschlands. Englers Jb. 1907, Beibl.

Auch hier hat sich, wie sehr oft, das Hochmoor zunächst über einer abflußlosen Senke *A* auf einer Gebirgsterrasse *über einem nährstoffreichen Niederungsmoor* von Riedgräsern gebildet, ist dann aber mit einer säkularen Stockung bei *D*, der sog. *Grenztorfschicht* (aus Heide oder Wollgras mit Sphagnum gemischt) immer höher und weiter nach außen zu gewachsen.

Auch manche unserer Hochmoore in der Ebene scheinen sich noch in weiterem Vordringen zu befinden, wie das z. B. von BAUMANN für die Umgebung des Forchenseemoores in Bayern nachgewiesen ist[1]). In den nordischen Wäldern ist eine solche fortschreitende Hochmoorbildung noch öfter zu beobachten und findet man häufiger absterbenden Wald auf solchen Stellen (Abb. 4). Andere sind

Abb. 4. Versumpfter Wald (Finnland). (Nach FR. SCHREIBER.)

durch lokale Geländeverhältnisse, z. B. Einbettung zwischen steil ansteigende Uferränder, durch natürlichen Wasserabfluß oder auch infolge künstlicher Entwässerung zum Stillstand oder Rückgang gelangt. Auch periodische Schwankungen in den Niederschlagsverhältnissen schaffen hier stark wechselnde Möglichkeiten.

Bedenklich für den Wald scheint auch schon ein erstes *Auftreten von Sphagneen auf Waldboden abseits oder in einiger Entfernung vom eigentlichen Hochmoor* zu sein, wie es in nordischen Wäldern, aber auch in unseren Gebirgswäldern vielfach beobachtet und als *Versumpfungsgefahr des Waldes* bezeichnet wird.

Die skandinavische forstliche Literatur ist voll von Hinweisen darauf. Im hohen Norden treten ja auch zahlreiche Beispiele für schon versumpfte Wälder (Abb. 4) mit allen Übergängen zu einer erst beginnenden *Sphagnum*-Bildung auf. Aber auch in der deutschen Literatur findet neuerdings diese Erscheinung eine immer zunehmende Beachtung. Es sind fast immer Fichtenbestände in kühler, niederschlagsreicher Lage und auf untätigem, kalkarmem Boden, wo sich der-

---

[1]) Forstl. naturwiss. Z. 1898, S. 71.

artige Sphagnum-Bildung in kleineren oder größeren Flecken zeigt. Bei uns hat Kautz[1]) für den Harz zuerst auf die Wichtigkeit und den Ernst dieses Vorganges aufmerksam gemacht, der sich dort heute auch schon in den mittleren Lagen zeigt, wo ehemals noch die Buche dem Fichtenbestand beigesellt war. Auf dem von der Fichte gebildeten starken und sauren Rohhumus stellen sich zunächst dichte Polster von Polythrichum-Moosen ein, die gewöhnlich die Vorläufer der nachfolgenden Sphagneen bilden. Kautz empfiehlt dagegen vor allem die Erhaltung oder Wiedereinbringung der Buche, wo sie noch natürlich fortkommt, da schon eine geringe Laubdecke, wie man unter jeder eingesprengten Buche beobachten könne, das beste Hindernis gegen die Bildung der Moospolster wäre. Auch in anderen deutschen Mittelgebirgen, z. B. im Solling und im Wesergebirge, finden sich in höheren Plateaulagen ähnliche Versumpfungsanfänge in reinen Fichtenbeständen, die an Stelle des Laubholzes getreten sind. Im Schwarzwald treten derartige Bildungen sogar unter der sonst viel bodenpfleglicheren Weißtanne und in Fichten × Tannenmischbeständen auf, z. B. in dem bekannten und vielbesuchten Revier Langenbrand. Sie werden dort durch Abgabe der Sphagnum-Decken als Streu für die Ställe und durch Bodenbearbeitung nach Möglichkeit bekämpft. In dem sehr viel milderen und wärmeren, aber auch recht niederschlagsreichen Klima von Nordwestdeutschland, wo sich auch viele ältere und neuere Hochmoore großen Umfanges befinden, hat Erdmann auch für den Kiefern- und Fichtenwald eine solche fortschreitende Versumpfungsgefahr beobachten wollen und durch einige sehr auffällige Beispiele in seinem Revier Neubruchhausen (jetzt Erdmannshausen) belegt. Doch ist von anderer Seite einschränkend darauf hingewiesen worden, daß es sich bei diesen Beispielen nur um besonders örtlich beschränkte und bedingte Ausnahmefälle handele, in denen sich undurchlässige Schichten im nahen Untergrund fanden[2]). Auch konnte durch pollenanalytische Untersuchungen festgestellt werden, daß die stärkeren Moorbildungen dort aus früheren vorgeschichtlichen Perioden stammen, und daß die Rohhumusbildungen unter den später dort eingeführten Nadelholzbeständen im Höchstfall nur 10 cm betrugen[3]).

Man wird also auch in der Frage der Versumpfungsgefahr nicht verallgemeinern und übertreiben dürfen, indem man jeden reinen Fichtenbestand unserer Gebirge oder jeden Kiefernbestand in Nordwestdeutschland als unrettbar der Versumpfung verfallen ansieht. Reine Fichtenbestände gibt es sicher schon seit Jahrtausenden in unseren Gebirgswaldungen. Und auch reine Kiefern- und Fichtenbestände in Nordwestdeutschland (vgl. hierzu S. 48 u. 53). Da aber eine Klimaänderung, wenigstens für die letzten Jahrhunderte, weder aus den historisch feststehenden Pflanzenverbreitungslinien noch aus den meteorologischen Messungen nachweisbar ist, so wäre nicht abzusehen, warum der Wald jetzt einer Versumpfung im großen entgegengehen sollte, der er unter den gleichen Bedingungen in jahrtausendelanger Vorzeit nicht unterlegen ist. Es wird sich dabei wohl immer mehr um Sonderfälle und engbeschränkte Örtlichkeiten handeln, die allerdings aufmerksamste Beobachtung und besondere wirtschaftliche Vorsichtsmaßnahmen erfordern. Im allgemeinen wird man in den mittleren Lagen unserer Gebirge und im nordwestdeutschen Flachlande die Vorherrschaft des Waldes im ganzen kaum als ernstlich bedroht anzusehen brauchen. Genaue Beobachtungen und Aufnahmen von Wachstum und Weiterentwicklung

---

[1]) Kautz, H.: Waldkultur und Wasserpflege im Harz. Z.F.J.W. Bd. 41, S. 157 ff. (1909).

[2]) Hassenkamp: Der Einfluß von Standort und Wirtschaft in der Oberförsterei Erdmannshausen. Z.F.J.W. 1928, S. 13. — Krauss, G.: Schwankungen des Kalkgehaltes im Rotbuchenlaub auf verschiedenem Standort. F.Cbl. 1926, S. 424.

[3]) Hesmer, H.: Alter und Entstehung der Humusauflagen in der Oberförsterei Erdmannshausen. F.Arch. 1933, S. 323.

von Sphagnum-Flächen im Wald werden die ganze Frage noch klären und zur Entscheidung bringen müssen. Auch nach den sehr sorgfältigen Untersuchungen in Schweden[1]) ist der Fortgang der Versumpfung an den Hochmoorrändern dort seit Jahrtausenden nur sehr gering und immer örtlich bedingt gewesen (Tieflagen, Abflußmangel u. dgl.).

Wiedergewinnung des Waldes auf Ödland. Ist der Wald auch im ganzen die mächtigste und kraftvollste aller Vegetationsformen, so scheint sein Bestand also doch auch bei uns hier und da wohl gefährdet. Seine Grenzen zu wahren und zu erhalten, ist bei dem wachsenden Mangel an Holz die ernste Pflicht einer vorausschauenden Wirtschaft in der ganzen Welt. Da, wo diese Grenzen durch menschliche Einflüsse, insbesondere durch Waldbrände, ungeregelte Weidewirtschaft u. a. m., zugunsten andrer, für die Wirtschaft minderwertiger Formen (Steppen, Heiden, Macchien) verschoben und nachweisbar zurückgedrängt worden sind, tritt in der Neuzeit mehr und mehr die Frage der *Wiedergewinnung durch Aufforstung* in den Vordergrund. Länder mit alter, intensiver Forstwirtschaft haben diese Aufgabe schon lange erkannt und aufgegriffen. Mit Genugtuung können wir feststellen, daß Deutschland hier seit Jahrhunderten eifrig und mit Erfolg vorangegangen ist und nach dieser Richtung auch weiter vorzugehen entschlossen ist (Große Aufforstungspläne in den neuen Osträumen). Aber auch in Ländern, in denen diese Aufgabe trotz Waldarmut lange vernachlässigt gewesen ist, regt es sich heute und setzen Wiederaufforstungsbestrebungen ein (Spanien, Italien u. a.). Es gilt aber auch hier die Wahrheit, daß das Bestehende leichter zu erhalten ist, als das Verlorene wieder zurückzugewinnen!

<h1 align="center">3. Kapitel. Die hauptsächlichsten Waldformen und ihre Verbreitung über die Erde (Waldzonen).</h1>

Übersicht und Einteilung. Wenn man die Waldformen der Erde zunächst einmal nach den gröbsten Zügen in ihrer Physiognomie unterscheiden will, so kann man sie in *Laub- und Nadelwälder* trennen, je nachdem sie aus Bäumen mit mehr oder weniger breitflächig entwickelten Assimilationsorganen (Laubblättern) bestehen oder aus solchen, bei denen diese Organe schmal und linealisch ausgebildet sind (Nadelblätter).

Unter den Laubwaldungen haben wir dann *immergrüne* und nur *periodisch grüne* zu unterscheiden. Auch die immergrünen wechseln zwar ihr Laub, aber meist allmählich und unauffällig, wenn schon eine neue Belaubung da ist, oder so rasch, daß der Wechsel kaum merkbar wird. Die periodisch grünen aber zeigen eine ausgeprägt belaubte und eine unbelaubte Zeit in deutlicher Abhängigkeit von klimatischen Verschiedenheiten innerhalb des Jahres.

Die *Nadelbäume* sind im allgemeinen *immergrün*. Auch sie stoßen zwar die älteren Nadeln ab, oft ebenfalls zu bestimmten Jahreszeiten, aber doch immer nur so, daß sie daneben zur gleichen Zeit ihr grünes Kleid von jüngeren Nadeln behalten. Nur die Gattung *Larix* in ihren verschiedenen Arten macht überall auf der Erde hiervon eine merkwürdige Ausnahme, indem sie ihre Nadeln im Herbst vollständig abwirft und sich im Frühjahr wieder begrünt. Sie zeigt damit eine Sonderstellung, die auf Annäherung an die periodisch grünen Laubhölzer hinweist. Auch die amerikanische Sumpfzypresse (*Taxodium distichum*) wechselt ihre Benadelung, indem sie ihre letztjährigen Triebe abwirft.

---

[1]) MALMSTRÖM, C.: a. a. O.

Unter diesen Gesichtspunkten lassen sich die Waldformen der Erde, wenn man von allen feineren Unterschieden absieht, wie sie andere pflanzengeographische Werke noch machen, etwa wie folgt einteilen:

A. Laubwälder.

I. Immergrüne.

1. *Tropische und subtropische Regenwälder*, in immer heißen und immer feuchten Gebieten.

2. *Lorbeer- und Hartlaubwälder*, in mehr oder weniger sommerwarmen und sommertrockenen, wintermilden und winterfeuchten Gebieten.

II. Periodisch grüne.

1. *Sommergrüne Wälder*, in Gebieten mit warmem Sommer und kühlem Winter mit ziemlich gleich verteilter Feuchtigkeit.

2. *Regengrüne Wälder*, in immer heißen, aber zeitweise trockenen Gebieten mit Regenzeiten, die meist durch feuchte Winde (Monsune) herbeigeführt werden (*Monsunwälder*).

B. Nadelwälder.

In der Regel immergrün, in Gebieten mit ausgeprägt strengem Winter und mäßig warmem Sommer und ziemlich gleich verteilter mäßiger Feuchtigkeit.

1. Der tropische und subtropische Regenwald. Der *tropische Regenwald* ist *vom ökologischen Standpunkt aus unzweifelhaft die üppigste aller Waldformen und die höchste Stufe der Biozönose des Waldes.* Hier findet die Lebensgemeinschaft mit ihren treibenden Kräften Kampf und Hilfe in allen nur denkbaren Formen und Stufen ihren nicht mehr zu übersteigenden Höhepunkt. *Ganz anders vom forstwirtschaftlichen Gesichtspunkt aus.* Da ist die *Gesamtholzerzeugung*, soweit wir darüber zahlenmäßige Angaben besitzen, durchaus *nicht überwältigend groß, besonders aber nicht die Nutzholzerzeugung* wegen der teilweise geringen Holzqualität und schlechten Stammausformung.

So fand man bei genauen Massenaufnahmen auf Probeflächen im Kameruner Urwald nur etwa 640—990 fm je Hektar und an nutzbarer Schaftmasse nur 180—520 fm bei einer Stammzahl von 340—640 Stück. Gute und starke Nutzstämme fanden sich meist nur in ganz geringer Zahl, oft nur 1—2 Stück je Hektar[1])!

Die Aufarbeitung des Holzes ist wegen der vielen Schlinggewächse und des dichten Unterholzes erschwert und sehr kostspielig, zumal die wirklich wertvollen Nutzholzarten oft nur ganz zerstreut vorkommen. Jedenfalls wird der tropische Regenwald in seinem wirtschaftlichen Wert von manchen sommergrünen Laubwaldungen und vielen Nadelwaldungen kühlerer Klimate erheblich übertroffen. Vielfach spielt heute überhaupt *nicht die Holznutzung, sondern gewisse Nebennutzungen* (Kautschukgewinnung, Öl- u. a. Früchte, Drogen und Arzneimittel) in ihm die wirtschaftliche Hauptrolle. Oft sind diese Waldungen *kein unberührter Urwald* mehr, sondern ein anders zusammengesetzter artenärmerer *Folgewald* (second growth).

Der tropische Urwald zeichnet sich zunächst durch die *Vielheit seiner Schichten* aus. Allein 4—5 Baumstockwerke kann man oft in ihm unterscheiden, unter denen an allen etwas lichteren Stellen noch eine Strauch- und Kräuterschicht auftritt. Das Profil, der *Aufriß der Bestockung*, ist daher im Gegensatz zu den

---

[1]) Büsgen, M.: Der Kameruner Küstenwald. Z.F.J.W. 1910, S. 264.

meisten anderen Waldformen *unruhig und zackig* (Abb. 5). Seine Hauptursache hat das in der ungeheuren *Fülle von Holzarten*, die den Bestand auf kleinster Fläche zusammensetzen. So fanden JENTSCH und BÜSGEN[1]) im Kameruner Urwald auf mehreren Probeflächen von je ½ ha im ganzen mehrere Hunderte von Arten und auf der einzelnen Fläche allein 60—80 Arten. Wenige Baumriesen von 50—70 m Höhe ragen meist zerstreut über die große Mehrheit der Stämme 2. und 3. Stufe mit 30—50 m heraus, darunter bilden dann meist wieder weniger zahlreiche niedrigere Bäume, auf der Abb. 5 z. B. die Palme *Euterpe edulis*, und besonders feuchtigkeitsliebende und schattenertragende Arten, wie z. B. die Cykadeen oder Baumfarne, die unterste Stufe des Baumbestandes. Die

Abb. 5. Tropischer Regenwald bei Blumenau (Brasilien). Zackiges Profil und reiche Schichtung. Die in der 3. Schicht auftretende Palme ist *Euterpe edulis*. Darunter noch 1 Baumschicht. Verhältnismäßig dünne Stämme, geringe Verzweigung. (Phot. H. SCHENK.)

Stammbildung ist, abgesehen von den Riesenbäumen der obersten Stufe, meist nicht allzu dick, oft sogar unverhältnismäßig dünn und nicht sehr gerade. Die Rinde ist meist dünn und dicke Borke selten. Die *Verzweigung* ist gering, bei Palmen, Baumfarnen u. a. Schopfbäumen fehlt sie sogar gänzlich. Die *Krone* ist auch nicht groß, sondern eher etwas kümmerlich und locker. Daher ist auch der Schatten des tropischen Urwaldes durchaus nicht ganz tief, sondern es herrscht in ihm ein *grünes Dämmerlicht*, woran auch die meist glatte und glänzende, das Licht zurückwerfende Oberfläche des Laubes mitwirkt („*Glanzlichter des Tropenwaldes*"). Die *Farbe der Blätter* ist sehr wechselnd. Doch herrscht im allgemeinen nicht das saftige Grün unserer Laubhölzer vor, sondern mehr gelbliche und bräunliche Töne. Sehr verschieden ist auch *Blattform* und *Blattgröße*. Neben einfachen, ganzrandigen kommen auch gezähnte, gelappte und gefiederte, neben länglichen und schmalen auch elliptische, runde und fächerförmige Blätter in bunter Mischung durcheinander vor. Die Blattgröße ist oft nur so klein wie bei uns, erreicht aber bei einzelnen Arten, wie Palmen und

---

[1]) Z.F.J.W. 1910, S. 264 ff.

Bananen, Längen von 1 m und mehr. Hängende Blätter und Blattspitzen (sog. *Träufelspitzen*) geben das viele über schüssige Wasser nach unten weiter. Geschützte Knospen fehlen.

Die *Blüten der Bäume* sind im Gegensatz zu denen kühlerer Klimate *nicht auf Windbestäubung*, sondern auf die *Übertragung des Pollens durch die zahlreichen Insekten* (Schmetterlinge), aber auch *Vögel* (*Kolibri*) eingerichtet. Eine ganz besonders eigenartige Erscheinung ist die Blüten- und Fruchtbildung einzelner Baumarten unmittelbar am Stamm und an unteren Seitenästen (sog. Cauliflorie) (Abb. 6). Über die *Wurzelbildung* (Tiefe der durchwurzelten Schicht, Ausbildung von Haupt-, Seiten- und Faserwurzeln, Wurzelsymbiose mit Pilzen, sog. Mykotrophie) wissen wir wenig. Bekannt und auffällig ist nur die oft sehr starke Ausbildung des untersten Stammteiles am Wurzelhals (sog. Wurzel-

Abb. 6. Stammfrüchtigkeit an *Parmentiera cerifera* (Java). Sog. Leberwurstbaum.

anlauf) und die oft hoch über den Boden hervortretende Anschwellung der Seitenwurzeln als Stütze bei sehr hohen Bäumen (sog. *Brettwurzelbildung* (Abb. 7).

Seinen bezeichnendsten Zug aber erhält der tropische Regenwald durch die Menge der auf Bäumen und Ästen wachsenden *Überpflanzen* (Epiphyten), die nicht wie bei uns nur durch Flechten und Moose gebildet werden, sondern auch durch höhere Pflanzen, vor allen Dingen Farne und Orchideen, die ihre Wirtspflanzen oft so bedecken, daß von der Rinde des Stammes und der Äste kaum noch etwas zu sehen ist, und diese unter der Last ihrer Überpflanzen schließlich sogar abbrechen. Dabei treten sie aber meist nur als Tischgenossen oder Einmieter auf, ohne dem Wirtsbaum etwas zu entnehmen und auf ihm zu parasitieren. Besondere Einrichtungen zum Auffangen des Wassers und der aus verwesenden Pflanzenresten gebildeten Humus- und Mineralstoffe ermöglichen ihnen neben der eigenen Assimilation ihrer grünen Blätter ein selbständiges Leben fern vom Boden.

Eine ähnlich bedeutende Rolle spielen die *Schlinggewächse* (*Lianen*), die ebenfalls in ungeheurer Fülle vorkommen. Sie lassen sich von den emporwachsenden Wirtsbäumen mit bis zu deren Wipfel ins oberste Licht tragen, um dann oft wieder bis zum Boden herabzuhängen und an

Abb. 7.
Brettwurzelbildung im Kameruner Regenwald an *Terminalia superba*.

Nachbarbäumen wieder aufzusteigen. Sie bilden ja sogar ein bekanntes Hilfsmittel der Eingeborenen zum Bau primitiver Hängebrücken bei Überschreitung kleinerer Urwaldflüsse. An einer solchen, sehr üppig auftretenden Palmliane, der sog. Rotangpalme, hat man auf Java einmal eine Gesamtlänge von 240 m gemessen! Eine besonders eigenartige Erscheinung unter den zahlreichen Lianenformen bieten die sog. *Baumwürger* (besonders einige Ficus-Arten), die sich in breiten Strängen dicht um ihren Wirtsstamm legen und so miteinander verwachsen, daß sie förmlich einen „Stamm um den Stamm" bilden. Der allmählich absterbende und vermorschende Wirtsstamm bildet dann oft nur noch den faulenden Kern oder später einen völligen Hohlkern und der ursprüngliche Gast steht am Ende selbständig da, die Gestalt seines Wirtes gleichsam fortsetzend oder wiederholend (Abb. 8).

Dadurch, daß auch die Epiphyten und Lianen beblättert sind, ist im Verein mit den vielen Baumschichten *der ganze Raum von oben bis unten mit Grün erfüllt. Der tropische Regenwald zeigt in seiner charakteristischen Form, wie man treffend gesagt hat, einen förmlichen* „horror vacui"! (s. Abb. 9).

Das *Leben* im tropischen Regenwald ist unter den dauernd günstigen Wuchsbedingungen (gleichmäßige Wärme und stets reichliche Feuchtigkeit) *ununterbrochen im Gang.* Der Wald ist immer grün und der *Laubwechsel* geht ganz unmerklich vor sich. Einzelne Bäume stehen zwar kurze Zeit kahl oder fast kahl da, aber sie verschwinden unter der Fülle der anderen Arten im vollen Blätterkleid. Bei manchen Arten wird das Laub einzelstamm

Abb. 8. Sog. Baumwürger (Ficus-Art) im tropischen Regenwald (Brasilien). Als Liane den Wirtsbaum vollständig umwachsend. Der Wirtsstamm kommt nur am Kronenansatz zum Vorschein (senkrechter heller Strich von dort nach oben zu. (Phot. A. MÖLLER.)

weise zu verschiedenen Zeiten nacheinander gewechselt, bei einigen andern sogar astweise. Manche Arten schütten beim Treiben ihr Laub förmlich aus, wobei die bleichen Jungtriebe mit ihren schopfartig anliegenden Blättern zunächst schlaff herunterhängen. Es kommen fast alle Möglichkeiten des Laubwechsels vor. Ähnlich ist es mit dem Blühen. *Fast keine Zeit ist ganz blütenlos.* Trotzdem ist doch auch eine gewisse Periodizität der Lebenserscheinungen bemerkbar, was dann auf innere Ursachen (Wiederauffüllung von Reservestoffen oder eine ererbte Rhythmik der Lebenserscheinungen (?) zurückzuführen ist. Eine *Jahrringbildung* im Holze fehlt oft ganz oder sie ist nur schwach angedeutet. Hier und da findet sie sich aber doch, namentlich sobald ein leichter Unterschied einer mehr regenreichen und regenärmeren Periode vorhanden ist. Neben sehr schweren Hölzern von 1,2—1,4 Raumgewicht (*Sideroxylon* = Eisenholz u. a.) kommen auch ganz leichte von 0,3—0,4 vor (*Musanga Smithii* = Schirmbaum, *Ochroma lagopus* = Balsaholz u. a.). *Der Abfall des Waldes, die Streu, zersetzt sich trotz ihrer Menge,* infolge der außerordentlich reichen Mischung von

Arten und der günstigen Klimabedingungen, *rasch und vollständig*. Dicke Streulagen oder gar unverweste, rohe Humuspolster fehlen im allgemeinen vollständig. Wie die *Verjüngung* vor sich geht, darüber fehlen genaue Beobachtungen, doch ist einzelstamm- oder gruppenweise Naturverjüngung wohl die Regel. Wo einmal stärkere Aushiebe oder gar Kahlschlag stattfinden, vollzieht sich die Verjüngung auch großflächenweise und sehr rasch, doch findet dabei fast immer ein starker Wechsel der Holzarten statt. Der Folgewald ist dann oft noch dichter wie vorher bestockt, aber die Artenzahl hat abgenommen, und es zeigt sich eine Neigung zur Reinbestandesbildung (Erscheinungen des Sekundärwaldes). Diese Beobachtung ist sehr interessant im Hinblick auf die gleichsinnige, aber noch viel schärfer ausgeprägte Wirkung menschlicher Eingriffe in den Wald unserer Breiten!

Abb. 9. Tropischer Regenwald in Südmexiko. Dichte Raumausfüllung durch kletternde Lianen der verschiedensten Arten (Araceen, Marcgravia, Sarcinanthus u. a.). Von der Mitte nach rechts ein Luftwurzeltau einer Aracee, sich von Baum zu Baum spannend. (Phot. G. KARSTEN.)

Der tropische Regenwald ist in seiner Fülle und Üppigkeit das Ergebnis der denkbar günstigsten Lebensbedingungen in bezug auf Wärme und Feuchtigkeit, wie sie sich nur in verhältnismäßig kleinen Gebieten der Erde finden. Seine Verbreitung ist daher auch lange nicht so groß, wie man sich das im allgemeinen vorstellt. *Käme die Wärme allein in Betracht, so würde das ganze Erdgebiet zwischen den Wendekreisen von ihm erfüllt sein,* wo während des ganzen Jahres eine durchschnittliche Temperatur von mindestens 20° C, am Äquator etwa 25° C herrscht, also eine Wärme, die für die meisten Lebens- und Wachstumsvorgänge als optimal gelten kann. Bei dieser hohen durchschnittlichen Wärme bedarf es aber auch *dauernd hoher Feuchtigkeit,* um ein Verwelken und Vertrocknen der Assimilationsorgane hintanzuhalten. Hieran aber *fehlt es besonders in den inneren Teilen der Tropengebiete und auch da, wo hohe Gebirge die regenbringenden Meereswinde aufhalten und ihrer Feuchtigkeit berauben.* Die *Verbreitung* des Regenwaldes beschränkt sich daher *innerhalb der Tropen fast nur auf die Küstenlandschaften* mit ihrem Hinterland mit jährlichen Regenmengen von 1500—2000, einzeln bis

4000 mm und mehr (bis zu 10 m!). Diese Mengen fallen aber nicht überall gleichmäßig über das Jahr verteilt, vielmehr tritt häufig eine starke Zunahme in
einzelnen Monaten auf, die bis zur Ausbildung von zwei Regenzeiten im Jahr geht.
Nur in Südamerika, in den Niederungen des Amazonenstromes, wo die Grund-
wasserfeuchtigkeit den etwas geringeren Niederschlag ausgleicht, greift der
tropische Regenwald, *Hylaea* genannt, zu beiden Seiten des Stromes und seiner
Seitenzuflüsse tief bis in das Innere des Kontinents hinein (vgl. die Karte). Der
subtropische Regenwald in Gebieten mit etwas niedrigeren Wärme- und Niederschlagsverhältnissen ist gewissermaßen nur eine abgeblaßte Form des tropischen
Regenwaldes in dessen Grenzgebieten und ist hier mit diesem zusammengefaßt
worden.

Die Hauptverbreitungsgebiete des tropischen Regenwaldes sind danach vor
allem der indomalaiische Archipel, die Küstenländer Hinterindiens und des west-

Abb. 10. Immergrüner Hainwald der Mittelmeerküste. Die lichten Bäume auf der Höhe
Ölbäume, dazwischen Zypressen, im Hintergrund am Hang einige Lorbeerbäume, im Vordergrund Gebüsch einer immergrünen Eiche (*Quercus ilex*). (Phot. F. SCHWARZ.)

lichen Vorderindiens, in Mittelafrika Kamerun und das Kongobecken sowie Ober-
guinea, in Südamerika das brasilianische Stromgebiet des Amazonas sowie die
südbrasilianische Küste, außerdem einige Küstenstriche in Australien, Neu-
seeland, Ceylon, Madagaskar und in Südostafrika.

2. Die Lorbeer- und Hartlaubwälder. Während der tropische und subtropische
Regenwald im großen und ganzen ein ziemlich einheitliches Bild in bezug auf
seine Physiognomie und Ökologie zeigt, kann man das von den hier zusammen-
gefaßten Formen nicht sagen. Die Lorbeer- und Hartlaubwälder zeigen vielmehr in bezug auf Höhe, Schlußgrad und standörtliche Bedingungen starke
Abweichungen, und ihre Abgrenzung unter sich und gegen die andern Haupt-
waldformen ist teilweise so unsicher, daß man ihre einzelnen Unterformen eigentlich alle für sich darstellen müßte, um ihnen gerecht zu werden. Wir wollen uns
hier nur mit der *an den Küsten des Mittelmeers ausgebildeten Form* als der uns
nächstliegenden beschäftigen.

Gemeinsam ist ihnen das *harte, meist dicke und lederige, immergrüne Laub*
und eine verhältnismäßige Kleinheit der Blätter, die von der ovalen bis zu
lanzettlichen Form gehen, und die teils glänzende, das Licht reflektierende
Oberflächen haben, wie z. B. die Lorbeerarten, oder aber auch durch Wachs-

oder Harzausscheidungen matte, bereifte Oberflächen aufweisen, wie z. B. Ölbaum und Oleander. Behaarung der Blattoberseite fehlt aber meist ganz, ebenso tritt Fiederblättrigkeit selten auf. Die charakteristischen Arten haben meist ganzrandige Blätter, oft auch eingerollte Blattränder. Das alles deutet auf Xerophyllie, d. h. *Anpassung des Blattes an besondere Trockenheit und auf Verdunstungsschutz wegen des heißen und trockenen Sommers hin,* der im Gebiet dieser Waldform charakteristisch ist. Auch im inneren Bau des Blattgewebes prägt sich dies aus, indem die Blätter fast durchweg eine stark entwickelte Epidermis, geringe Interzellularräume, aber reiches Versteifungsgewebe haben, das ein Zusammenfallen und Welkwerden verhindert. Dagegen sind die *Knospen oft nackt oder die Knospenschuppen nur spärlich, was dem milden und feuchten Winter entspricht, der im Zusammenhang mit dem immergrünen Laub dem Wald einen Weitergang seiner Lebenstätigkeit* (mit kurzen Unterbrechungen in etwas kühleren Zeiten) gestattet. Der *Wuchs der Bäume ist meist niedrig und knorrig, ihr Schluß locker und das ganze Waldbild mehr hainartig* (Olivenhaine!) (Vgl. dazu die Abb. 10 u. 11.) *Höhere Epiphyten und holzige Lianen fehlen.* Die *Borkebildung* ist grob, auch dicke Korkbildung kommt vor (Korkeiche). Der obere Raum im Wald ist licht

Abb. 11. Immergrüner Korkeichenwald (*Quercus suber*) in Algerien. (Aus SCHIMPER-FABER.)

und leer, die meist vorhandene Strauchschicht ist niedrig und trägt den gleichen Hartlaubcharakter wie der Oberbestand. Die Blätter der Sträucher und Halbsträucher sind oft ganz schmal und klein, fast nadelförmig (*erikoider Typus*). Dornige Ausbildung der Sproßachsen und stachlige Bewehrung von Blättern und Zweigen sind häufig. Auffällig ist auch der Gehalt an *ätherischen Ölen,* der sehr vielen Gewächsen einen scharfen würzigen Geruch verleiht (Myrte, Rosmarin u. a.). Viele Knollen- und Zwiebelgewächse treten in der sonst nicht sehr reichen Kraut- und Bodenflora auf.

Diese Waldform, die sich meist in sehr früh besiedelten Landstrichen an den Meeresküsten der warmtemperierten Gebiete findet, ist überall sehr stark durch den Menschen verändert. Vielfach ist der Wald infolge der schonungslosen Ausnutzung und Verwüstung zu Gebüsch mit vereinzelten Bäumen herabgesunken (z. B. die sog. Macchie in den Mittelmeerländern u. a. derartige Formen).

In Europa finden sich Lorbeerwälder vorwiegend in den Küstenstrichen des ganzen Mittelmeergebiets, wo neben Lorbeer- und Ölbaum besonders einige immergrüne Eichen (Abb. 10) (*Quercus ilex, suber, coccifera*), von Nadelhölzern Cupressus- und Juniperus-Arten in ihm auftreten. In trocknen und sandigen Strandwaldungen kommen aber auch einzelne Pinusarten vor (*Pin. Pinea, pinaster (maritima), halepensis* u. a.). In den andern Weltteilen ist dieser Waldtyp ebenfalls meist auf die Küstengebiete beschränkt. Er findet sich hier oft in charakteristischen schmalen Streifen längs der Meere in der Gegend des nördlichen und südlichen Wendekreises (vgl. die Übersichtskarte).

Um eine ungefähre Vorstellung von dem *Klimacharakter des Lorbeer- und Hartlaubwaldgebietes* zu geben, seien die folgenden Durchschnittszahlen für das *Mittelmeergebiet* mitgeteilt:

Temperatur des wärmsten Monats: 24—25° C; des kältesten Monats: 8—11° C.

Niederschlagshöhe jährlich: 600—800 mm, einzeln noch höher.

Davon fallen in den 3 Wintermonaten etwa 50%; in den 3 Sommermonaten etwa nur 5—10%!

Forstlich spielt diese Waldform, wenigstens in Europa, wegen ihrer geringen Holzerzeugung und der niedrigen und krummen Schaftform nur eine geringe Rolle. Sie dient meist nur der Brennholzversorgung und der Gewinnung von gewissen Nebenerzeugnissen (Kork, Öle, Gewürze und Drogen). Nur in Australien haben sich hochragende Stammformen in gewissen raschwüchsigen Eucalyptus-Arten ausgebildet (*Hartlaubwälder*).

3. Der winterkahle, sommergrüne Laubwald (Sommerwald). In denjenigen Breiten der Erde, wo ein ausgesprochen kühler Winter mit Schnee- und Frostzeiten die Regel bildet, und der Sommer niederschlagsreich ist, hat sich eine ganz andere für die Forstwirtschaft viel bedeutsamere Waldform entwickelt, *der winterkahle, sommergrüne Laubwald*, oder wie er auch kurzweg genannt worden ist, der *Sommerwald*. Dieser wird von Bäumen mit *saftiggrünen, dünnen und weichen Blättern gebildet, die bei Eintritt der kalten Jahreszeit abgeworfen* und erst bei Beginn der wärmeren Zeit wieder neu gebildet werden. *Der Wald bietet also zu den verschiedenen Zeiten ein ganz verschiedenes Bild: im Sommer grün, im Winter kahl.* Die Lebenstätigkeit ruht scheinbar in letzterem ganz, um im Frühling wieder zu erwachen, im Sommer den Höhepunkt zu erreichen und im Herbst wieder abzuklingen. Der Wald zeigt eine ausgesprochene jährliche Periodizität. Diese ist aber nicht immer unmittelbar mit der Witterung in Verbindung zu bringen. Am ausgesprochensten ist das noch beim Erwachen der Vegetation im Frühjahr der Fall, das sich meist gleichzeitig mit dem Eintritt warmer Tage zu vollziehen pflegt. Dagegen hören manche Lebenserscheinungen, wie vor allem das Längenwachstum der Triebe, aber auch das Dickenwachstum von Stamm und Ästen, mehr oder minder bei noch hohen Wärmegraden im Früh- oder Spätsommer auf. Auch die Verfärbung des Laubes, verbunden mit einer Auswanderung und Rückwanderung der Stoffe in den Stamm, pflegt sich schon lange vor Eintritt kühlerer Temperaturen und Fröste anzukündigen und zu vollziehen. Man hat hier von innerer, ererbter Periodizität gesprochen, um damit auszudrücken, daß sich diese Vorgänge nicht einfach aus äußeren Ursachen, vor allem nicht aus dem Gang der Witterung unmittelbar erklären lassen. Von anderer Seite ist dieser Gedanke aber abgelehnt worden, da er nur ein Ausdruck für unsere Unkenntnis der ursächlichen Zusammenhänge sei. Ohne Einfluß auf die Periodizität ist die Witterung jedenfalls nicht, denn wir sehen, daß in trockenen und heißen Sommern der Wald sich früher verfärbt und entlaubt als in kühlen und feuchten.

Man faßt übrigens den herbstlichen Laubabwurf dieser Waldform heute *weniger als eine Anpassungserscheinung an die Kälte des Winters* als vielmehr an die dann entstehende *Trocknisgefahr* auf, da bei gefrorenem oder sehr kaltem

Boden die Wurzeln kein Wasser mehr aufnehmen können, während die Verdunstung durch die breiten Blattflächen weitergehen würde. Es dürften dabei aber unverkennbar auch die *Schneeverhältnisse* mit zu berücksichtigen sein, die bei einer Belaubung über Winter durch die großen Blatt- und Kronenflächen unweigerlich zum Bruch führen müßten, wie sich das tatsächlich auch bei sehr frühen Schneefällen im Herbst, ehe noch das Laub vollständig abgeworfen ist, gelegentlich immer wieder zeigt. Auch hier sind die ökologischen Beziehungen vielseitig und dürfen nicht nur in einer Richtung gesucht werden!

Die *Sommerwälder* sind im allgemeinen überall *hochragend und dichtgeschlossen*. Die Bestände haben *starke Stämme mit vielfach hartem und wertvollem Holz* (hart wood der Amerikaner [Abb. 12]). Sie geben Massen, die auf besseren Standorten meist 500—700 fm Derbholz (über 7 cm) erreichen. In den optimalen Laubholzurwaldungen Nordamerikas (Täler der südlichen Alleghanies) fand H. MAYR Höhen bis zu 40 m und Stammstärken von über 1 m[1]). Höhen von 25—30 m sind auf guten Böden der Durchschnitt. Die *Verzweigung* ist außerordentlich *reichlich*. Die Anzahl der Zweigordnungen beträgt bei den meisten Bäumen

Abb. 12. Amerikanischer Laubholzurwald von *Quercus prinus, Liquidambar, Carya* und *Fraxinus americana* im Mississippigebiet. (Nach C. A. SCHENK.)

6—8. Die *Blattgröße* und *Blattform* ist dagegen ziemlich *einheitlich*. Am meisten herrscht die ovale Grundform in Größe des Hühnereis vor. Größere Blätter sind verhältnismäßig selten, auch Fiederblättrigkeit kommt weniger vor, ohne zu fehlen (Esche, Juglans, Carya u. a.). Die *Knospen* sind meist durch zahlreiche, dicht aneinanderliegende und durch Haare und Sekretstoffe verfilzte oder verklebte Schuppen *geschützt*. Die *Blüten* sind *unscheinbar*, sitzen meist nur am äußeren Teil der Krone und sind in der Mehrzahl auf *Windbestäubung*, nicht auf Übertragung durch Insekten eingerichtet, die in dem dichten, schattigen Kronendach zu wenig Sonne und Bewegungsfreiheit haben würden. *Epiphyten* kommen fast nur als *Moose und Flechten* vor, Lianen finden sich nur vereinzelt und beherrschen niemals das Waldbild, nur in dem sehr feuchten japanischen Laubwald treten sie etwas zahlreicher auf. Die *Stockwerksbildung* im Baumbestand ist meist wenig entwickelt (vgl. Abb. 12). Nur, wo unter günstigen Bedingungen

---

[1]) MAYR, H.: Die Waldungen von Nordamerika, S. 126.

reichere Mischung verschieden hoher Arten mit größerem und geringerem Lichtbedürfnis möglich ist, entwickeln sich 2—3 *solcher Stockwerke.* Meist aber neigt der Wald schon etwas zur *Reinbestandesbildung* oder doch zum Vorherrschen einer Art und dann zur Einstöckigkeit. Der *Waldinnenraum* macht im Gegensatz zum tropischen Regenwald den *Eindruck der Leere* und ist wegen des gleichmäßigen, oberen Kronenschlusses vielfach *dunkel,* jedenfalls immer viel dunkler und dichter als der Lorbeerwald. Strauchunterstand ist nur bei lichtdurchlässigeren Baumarten und auf frischeren, kräftigen Böden vorhanden. Ähnliches gilt auch von der Kraut- und Moosflora am Boden. Dies hängt neben der starken Lichtabdämpfung von oben auch mit dem jährlichen Laubabfall zusammen, der oft eine förmliche Decke auf dem Boden bildet (*Streudecke*) und sich selbst unter günstigen Verhältnissen erst innerhalb eines Jahres wieder zersetzt, gelegentlich aber auch schon zu ungünstigen Rohhumusschichten führt. Die *Anzahl der Baumarten* im Einzelbestand ist auf kleinerer Fläche *meist gering.* Die in großem Umfang waldbildenden Arten dieser Waldform beschränken sich in den verschiedensten Gebieten der Welt immer *auf einige wenige nahe verwandte Gattungen, insbesondere Buche (Fagus) und Eiche (Quercus).* Andere Gattungen, wie *Castanea, Carya, Juglans, Acer, Fraxinus, Tilia, Ulmus, Betula* treten meist nur als Mischung mehr oder minder untergeordnet auf. Von den Nadelhölzern tritt im Verbreitungsgebiet dieser Waldform nur die Gattung *Pinus* in zahlreichen Vertretern auf ärmeren und trockeneren Böden, also edaphisch bedingt, auf, bildet aber dann innerhalb des großen Laubwaldgebietes oft große reine oder nur mit einigen Laubhölzern gemischte Bestände, ja auch ganz insulare Waldgebiete. Sonst aber sind die Nadelhölzer dem Sommerwald in seiner eigentlichen Form fremd, und wo sich andere Gattungen, wie Tannen, Fichten, Tsugen in ihn einmischen, beginnen schon die Übergangsgebiete zum Nadelwald.

Der sommergrüne Laubwald tritt nur auf den Festländern der nördlichen Halbkugel auf, weil auf der südlichen Halbkugel der ausgeprägte Gegensatz zwischen Winter und Sommer fehlt, da Australien und Afrika nicht weit genug gegen den Südpol vordringen, und die Südspitze von Südamerika, die fast 20 Breitengrade südlicher geht, durch ihre Schmalheit zu sehr unter dem ausgleichenden Einfluß der umgebenden Ozeane steht. Schon H. MAYR[1]) hat dies hervorgehoben.

Der *sommergrüne Laubwald* der nördlichen gemäßigten Zone erscheint unzweifelhaft als eine *Anpassungsform* an den dort herrschenden *Gegensatz zwischen Sommer und Winter.* Er geht aber nicht bis in das Gebiet der schärfsten Gegensätze zwischen diesen beiden Jahreszeiten hinein, wie sie sich in den kontinentalen Klimagebieten entwickeln, sondern er *beschränkt sich auf die etwas abgemilderten ozeanischen Teile.* (Vgl. hierzu die Übersichtskarte, auf der die klimagleiche Lage der drei Verbreitungsgebiete in Nordamerika, Westeuropa und Ostasien sehr klar hervortritt.) In Nordeuropa liegt sein Hauptverbreitungsgebiet von West nach Ost zwischen der atlantischen Küste und der Linie Königsberg—Warschau und von Süd nach Nord von den Tieflagen nördlich der Pyrenäen, Alpen und Karpaten bis nach Irland, England und Südschweden.

Im allgemeinen liegen die Nord- und Südgrenzen des sommergrünen Laubwaldes in der Ebene zwischen dem 50.—30. Grad nördl. Breite. Sie verschieben sich in gemilderten Klimagebieten etwas nach Norden, wie z. B. in England und Südschweden bis zum 60. Grad. In wärmeren Breiten, z. B. in Südeuropa, steigt diese Waldform in die mittleren Gebirgslagen herauf. *So zeigt der sommergrüne Laubwald deutlich das Bedürfnis nach einem gemäßigten Klima.* Er ist zwar an einen Wechsel der Jahreszeiten angepaßt, aber er vermeidet ebenso allzu heiße Sommer wie ausgesprochen strenge Winter, wie sie im Kontinentalklima die Regel sind.

---

[1]) MAYR, H.: Waldbau auf naturgesetzlicher Grundlage, 2. Aufl., S. 57.

Allerdings ist der Spielraum seiner klimatischen Bedingungen dabei nicht allzu eng begrenzt. Vergleicht man die klimatischen Daten der verschiedenen Gebiete miteinander, so kommt man selbst unter Außerachtlassung einiger extremer Verhältnisse in den Grenzgebieten doch auf recht auseinandergehende Werte. So liegt die Mitteltemperatur des wärmsten Monats zwischen +15° bis 25° und die des kältesten etwa zwischen +5 und —5°. Die Niederschläge bewegen sich bei ziemlich gleichmäßiger Verteilung über das Jahr zwischen 600—1300 mm. Die niedrigeren Mengen reichen überall dort noch aus, wo der Sommer nicht so warm ist, z. B. in Norddeutschland mit 17—18° Julitemperatur und 600—700 mm Niederschlag. In Gegenden mit wärmeren Sommern, wie z. B. im atlantischen Amerika mit 24—25° Julimittel, erhöhen sich auch die jährlichen Niederschläge meist auf über 1000 mm.

4. Der regengrüne Laubwald. In südlichen Breiten, in heißen Klimagebieten mit ausgeprägten Trocken- und Regenzeiten hat sich eine Laubwaldform gebildet, bei der die *Vegetationsruhe, äußerlich gekennzeichnet durch Blattabwurf und Kahlheit, auf die trockene Jahreszeit fällt.* Der Wechsel der Feuchtigkeit wird hier vom gleichzeitigen Wechsel sehr regelmäßiger Windströmungen bedingt. Insbesondere sind es die sogenannten *Monsunwinde,* die die Regenzeit und damit die Belaubung herbeiführen. Man hat diese Waldformen daher auch *Monsunwälder* genannt, und, da die Regenzeit stellenweise auf die Wintermonate (der nördlichen Halbkugel!) fällt, auch von wintergrünen oder Winterwäldern schlechtweg gesprochen. Das trifft aber nur teilweise zu. Deswegen ist der Ausdruck regengrüner Laubwald oder wechselgrüner Regenwald richtiger. Übrigens treten neben den hauptsächlichsten laubabwerfenden Baumarten auch noch Mischhölzer auf, die ihr Laub auch in der Trockenzeit behalten. Jedenfalls zeigt aber in dieser Waldform *der Laubfall rein den Charakter als Schutzmaßregel gegen Vertrocknung* und nicht gegen Kälte, da die Temperaturen stets hoch bleiben.

Abb. 13. Sommerkahler Kulturwald des Teak- oder Djati-Baumes (*Tectona grandis*) auf Ostjava, 20jährige Anpflanzung. Boden ganz von den großen braunen Blättern bedeckt. (Phot. BÜSGEN.)

Zu den üppigeren Formen gehören die *hinterindischen und ostjavanischen Wälder,* in denen das wertvolle *Teakholz* oder der Djatibaum (*Tectona grandis*) eine besonders wichtige Stellung einnimmt. Die Teakwaldungen bilden vielfach große und reine Bestände, oft allerdings wohl durch die forstliche Kultur beeinflußt. Während diese ihr *Laub in der Trockenzeit abwerfen, der Boden dann oft ganz von dürrem, braunem Laub bedeckt ist, und der reine Teakwald dann einen vollständig winterlichen Eindruck macht* (vgl. Abb. 13), sind hier und da auch andere Arten, namentlich im Unterstand, mit beigemischt, die ihr Laub behalten.

Die *Blätter des Teakbaumes* sind auffallend groß und breit (30×50 cm!). Dafür ist aber die *Stammzahl* der Bestände recht niedrig und beträgt nach BÜSGEN[1]) meist nur 120 bis 140 Stück je Hektar. Daher ist der *Schluß* auch nicht sehr dicht und der Wald nicht so dunkel wie etwa unser Buchenwald. Das Jugendwachstum ist zwar sehr rasch (bis 2 m

---

[1]) BÜSGEN, M.: Forstwirtschaft in Niederländisch-Indien. Z.F.J.W. 1904.

im Jahr!), läßt aber sehr früh nach, und mit dem 35. Jahre ist der *Höhenwuchs* ziemlich abgeschlossen, so daß die älteren Bestände im Durchschnitt doch nur 30—40 m hoch werden. Die *Massen* im 100jährigen Alter sollen nur 200 fm betragen, von denen wegen schlechter Stammausformung meist nur ein Drittel brauchbares Nutzholz ist. Nur in besten Fällen werden bis zu 500 fm Masse je Hektar erreicht.

Zu den weniger üppigen, z. T. schon recht dürftigen regengrünen Laubwäldern rechnen die sog. *Savannenwälder*, die vom lockeren Baumbestand mit starkem Graswuchs bis zur dichten Grasflur mit nur vereinzelten Bäumen alle Übergangsstufen zeigen (Abb. 1). Solche Savannenwaldungen finden sich ganz besonders im mittleren Afrika. Schirmakazien, so genannt wegen ihrer ganz flachen, schirmartigen Krone, und der Affenbrotbaum mit seinem außerordentlich massigen Stamm sind hier die besonders charakteristischen Baumarten.

5. Der immergrüne Nadelwald. Wir sahen immergrüne Nadelhölzer gelegentlich schon hier und da in den anderen Waldformen auftreten. So z. B. Cupressaceen im Lorbeerwald, Pinusarten in diesem und im sommergrünen Laubwald, die Pinusarten sogar unter besonderen Bodenverhältnissen schon Wälder bildend. In den kühleren Teilen des sommergrünen Laubwaldes finden sich auch schon Abies-, Picea-, Tsuga-, Cryptomeria- u. a. Nadelholzarten als Mischhölzer vor. *Das eigentliche Nadelwaldgebiet* aber liegt erst *im kälteren Klimagebiet mit ausgeprägt strengen Wintern und regelmäßigen Schnee- und Frostzeiten* in nördlichen Breiten oder in den höheren Gebirgslagen der gemäßigten Zonen. Auch in dieser Waldform nehmen die Pinusarten große Flächen ein, aber auch hier fast immer nur edaphisch bedingt, auf trocknen und ärmeren Sandböden, während sofort mit zunehmendem Lehmgehalt die anspruchsvolleren Abies-, Picea- und anderen Nadelholzarten auftreten. Trotzdem die Pinuswälder wegen der Größe der Sandgebiete in diesen Teilen der Erde oft der Fläche nach überwiegen, sind sie vom klimatischen Standpunkt für den Nadelwald nicht eigentlich bezeichnend. Das gleiche gilt auch von den wenigen darin eingesprengten Laubhölzern. Die Alnusarten sind örtlich auf feuchte Tieflagen beschränkt (nasse Brücher, Uferränder u. dgl.). Betula-, Populus- und Salix-Arten begleiten den Nadelwald zwar durch seine ganze Breite bis an die nördliche Waldgrenze, treten aber meist nur als untergeordnete Mischhölzer in Einzelstämmen oder kleinen Beständen in ihm auf. Eine eigenartige Stellung nehmen die Larix-Arten in dieser Waldform ein. Sie passen schon durch die Tatsache der Winterkahlheit ökologisch nicht zu den übrigen Nadelhölzern. Trotzdem treten sie aber in allen drei nördlichen Weltteilen auch Wälder bildend im immergrünen Nadelwald auf, entweder nur in den obersten Lagen der Hochgebirge oder in kälteren Zonen auch im niederen Bergland und sogar in der Ebene, so in besonders großer Ausdehnung im östlichen Sibirien, wo Lärchenwälder wie *Larix sibirica, dahurica* u. a.) der Fläche nach sogar nach der Waldgrenze zu überwiegen.

Charakteristisch ist für diese Waldform *die schmale, bis zur Nadel zurückgebildete Form der Assimilationsorgane.* Man hat in dieser Flächenbeschränkung eine besondere *Anpassung an die winterliche Vertrocknungsgefahr* gesehen, da die Verdunstung durch Form und inneren Bau der Nadeln offenbar stark herabgesetzt werden kann. Dabei ist aber zu bedenken, daß der sommergrüne Laubwald in seinem Blattabwurf einen viel besseren Verdunstungsschutz hat. Es wäre nicht recht verständlich, warum die Natur diesen Weg nicht auch in den kälteren Klimagebieten eingeschlagen hätte, wenn hier nicht noch etwas anderes hinzukäme: *Offenbar ermöglicht die Immergrünheit eine bessere Ausnutzung der Wärme* in der gegen Norden zu immer kürzer werdenden Vegetationszeit. Immergrüne Pflanzen brauchen im Frühjahr nicht erst auf das Austreiben zu warten, sondern können schon vorher mit der Assimilation anfangen. Es ist wohl kein Zufall, daß die den Nadelwald bis zu seinen nördlichen Grenzen begleitenden Laubhölzer, wie Birke, Pappel und Weide, alle ausgesprochene Frühaustreiber sind, und daß von der einzigen winterkahlen Nadelholzart dieses Waldes, der

Lärche, dasselbe gilt, daß aber alle diese Gattungen neben den immergrünen Nadelhölzern auch nur geringe Stoßkraft entwickeln und keine mächtigen Wälder in dieser Zone bilden. Wenn nun aber zur besseren Ausnutzung der Wärme, insbesondere der Frühjahrswärme, die immergrüne Form vorteilhafter ist, dann ist freilich hier die Nadelform wegen der winterlichen Vertrocknungs- (Frost-) Gefahr besonders günstig. Wir sehen ja, daß die wenigen immergrünen Laubhölzer, die an geschützten Stellen bis ins Nadelwaldgebiet vordringen, wie z. B. Ilex, Efeu, Besenginster, in strengen Wintern bei uns oberirdisch immer sehr leicht erfrieren und sich erst wieder durch Ausschlag von unten ergänzen. Ein anderer sehr wichtiger Vorteil der Nadelform ist der, daß sie gegenüber der *Schneebelastung* im Winter viel *widerstandsfähiger* ist. *So ist also die immergrüne Nadelform nach den verschiedensten Richtungen hin als eine Anpassung an die Lebensbedingungen, wie sie ein langer und strenger Winter mit sich bringt, aufzufassen!*

Die *Schaftbildung* ist in dieser Waldform besonders lang, durchlaufend und gerade. Hierin liegt der hohe wirtschaftliche Wert dieser Waldungen, die in allen Teilen der Welt, in denen sie vorkommen, eine besonders wichtige Rolle für die Erzeugung von Bauholz (Balken) und Schneideholz (Brettern) spielen. Die *Verästelung* ist nicht sehr reichlich und zeigt meist nur 3—4 Zweigordnungen. Durch die meist *mehrjährige Dauer der Nadeln* ist die *Belaubung* trotzdem reichlich, und gerade bei den für diese Waldform besonders bezeichnenden Abies- und Picea-Arten ist das Licht im Innern auf ein Minimum herabgesetzt. Ihre Bestände rechnen mit zu den schattigsten Wäldern, die wir kennen. Eine Ausnahme machen auch hier wieder die Larix- und viele Pinuswälder, die besonders im Alter viel Licht durchlassen. Der *Schlußstand* ist im Zusammenhang mit den *hohen Stammzahlen* auf der Flächeneinheit meist groß, und die *Holzmassenleistung* in den besten Gebieten dieser Waldform die größte, die wir überhaupt kennen. So werden z. B. für die noch vorhandenen, meist über 1000 Jahre alten Bestände des Mammutbaumes (*Sequoia gigantea*) in Kalifornien Höhen von 100 m und für die ebendort vorkommenden Wälder der Douglasie (*Pseudotsuga Douglasii*) solche von 90 m bei mehrhundertjährigem Alter angegeben. Der untere Stammdurchmesser beträgt bei einzelnen dieser Baumriesen bis zu 10 m, und die Gesamtmasse je Hektar wird vereinzelt bis auf 3000—4000 fm geschätzt. Doch gibt es größere Bestände von solchen alten Bäumen heute nicht mehr, sondern meist nur einzelne Gruppen oder Horste in den meist als Reservate oder Nationalparks unter Naturschutz gestellten Waldungen in Nordamerika (vgl. Abb. 14). Aber auch die Fichten- und Tannenwälder in Amerika und Europa erreichen immerhin 50—70 m Höhe und Massen von 1000 fm und darüber, also meist mehr als in allen anderen Waldformen, sogar in dem ökologisch am höchsten stehenden tropischen Regenwald! (vgl. Abb. 15).

Die Nadelwälder neigen noch mehr als der sommergrüne Laubwald zur *Reinbestandsbildung*, namentlich in ihren kälteren und ungünstigeren Klimagebieten, am meisten die Kiefernwälder auf den durchlässigen und daher trockenen Sandböden. In günstigeren Lagen mischen auch die Nadelhölzer sich vielfach untereinander und auch mit Laubhölzern. Immer aber ist die Anzahl der Arten, die den Einzelbestand zusammensetzen, recht gering und geht meist nicht über 3—4 Arten hinaus. Die *Strauchflora* ist bei den Abies-, Picea-, Pseudotsuga-, Tsuga-, Cryptomeria- u. a. schattenwerfenden Nadelwaldungen spärlich und auf Bestandsränder und Lücken beschränkt. Auch von der *Kräuterschicht* gilt dasselbe. Der *Boden* ist in diesen Waldungen *vielfach kahl* bzw. *von der abgefallenen Nadelstreu dicht bedeckt*. Bei etwas lockerem Stand finden sich zunächst nur Moose, Flechten und Farne ein. Doch spielen bei lichterem Schluß, oder wo licht benadelte Arten, wie Pinus, Larix u. a., den Bestand bilden, auch eine Reihe von Zwergsträuchern (*Vaccinium, Erica, Calluna*) gerade in den Nadelwaldungen eine bedeutende Rolle.

Hand in Hand mit den schwer zersetzlichen Abfällen dieser Sträucher und der Nadelstreu selber findet unter dem Einfluß des kühlen Klimas dann eine Auflagerung von rohem Humus statt (*Rohhumus oder Auflagehumus*), der dann weitgehende Veränderungen des Bodens mit sich bringt.

Die Nadelwaldungen bedecken den ganzen Gürtel der nördlichen Halbkugel zwischen der Kältegrenze des Waldes und dem Gebiet des winterkahlen Laubwaldes und ziehen sich in einem ununterbrochenen Gebiet durch Nordeuropa und Nordasien sowie durch das nördliche Nordamerika, hauptsächlich Britisch Kolumbien und Kanada (vgl. dazu die Übersichtskarte). Die Mächtigkeit dieses Gürtels beträgt durchschnittlich etwa 20 Breitengrade. Er liegt auf den west-

Abb. 14. Gruppe alter *Sequoia gigantea* in einem Nationalpark
des westlichen Nordamerika.

lichen Teilen der Kontinente unter dem Einfluß warmer Meeresströmungen meist etwas nördlicher, zwischen 50—70°, in den östlichen unter dem Einfluß kalter Strömungen etwas südlicher. Südlich von diesem Waldgürtel finden sich die Nadelwaldungen in den entsprechend winterkalten Regionen der Gebirge wieder, jedoch nur auf der nördlichen Halbkugel.

Das größte Nadelwaldgebiet ist das sibirische, die Taiga. Es erstreckt sich vom Ural bis zum Stillen Ozean in einer Länge von 5000 km mit einer Breite von über 1000 km, hauptsächlich gebildet von der Fichte (*Picea excelsa var. obovata*) und der Kiefer (*Pinus silvestris*). Daneben treten auf: die sibirische Lärche (*Larix sibirica* und *dahurica*), die sibirische Arve (*Pinus cembra sibirica*), die Tanne (*Abies pichta*), sowie im äußersten Osten auch neue Fichtenarten (*Picea ajanensis* und *sitchensis*). Von Laubhölzern kommen eingesprengt nur Birken, Pappeln und Weiden, Eberesche und Traubenkirsche vor.

Das *Klima im nördlichen Nadelwaldgürtel* ist besonders durch den ausgesprochenen Winter mit Schneelage und Dauerfrösten bestimmt. Die Temperatur der kältesten Monate beträgt daher —2 bis —3°, steigt aber in den kontinentalen Innengebieten, wie in Sibirien, zu den ungeheuren Kältegraden von —40 bis —50° (Jakutsk bzw. Werchojansk). Die Sommerwärme ist trotzdem nicht gering (19 bzw. 15° Durchschnitt im wärmsten Monat.) In den sommerkühlsten Teilen an der Waldgrenze sinkt sie bis zu etwa 10° C herab.

Trotz der ökologischen Verarmung des Waldbildes im ganzen zeigt diese letzte bis an die Grenze der Lebensfähigkeit des Waldes überhaupt gehende Waldform dank ihrer besonderen Anpassungsformen doch ein großes Maß von

Lebenskraft und einen hohen wirtschaftlichen Wert. In ihr stecken noch große unaufgeschlossene Holzreserven für die Zukunft der Menschheit auf der nördlichen Halbkugel der Erde. Die Bewirtschaftung der Nadelwaldungen und ihre waldbauliche Behandlung wird daher immer eine Hauptrolle in der forstlichen Lehre wie Praxis zu spielen haben.

6. Zusammenfassende Übersicht über die verschiedenen Waldformen in horizontaler Erstreckung (Waldzonen). Sehen wir von den durch besondere Niederschlagsverhältnisse(Dürre im Sommer oder in anderen Teilen des Jahres) bedingten Abarten der großen Waldformen, wie dem regengrünen Laubwald (Teakwald) oder den Savannenwäldern, ab, so bleiben als Haupt- und Grundformen im großen und ganzen nur die vier: *Der tropische Regenwald, der immergrüne Lorbeerwald, der sommergrüne Laubwald und der immergrüne Nadelwald.* Vergleichen wir deren Lage auf der Erde zueinander (Karte Tafel I), so zeigt sich eine *deutliche Zonenfolge von Süd nach Nord,* vom Äquator zum Nordpol. Darin erkennen wir den beherrschenden Einfluß, den *die nach Norden zu abnehmende Wärme* auf die Ausbildung der Waldformen ausübt. Sie ist es, die in den großen Zügen die Haupttypen geformt und ihnen ihren

Abb. 15. Nadelholzurwald von *Picea rubra* und *Abies Fraseri* im Alleghanygebirge (1600 m). Eine besonders massenreiche Stelle mit schätzungsweise 1500 fm Holzmasse. (Nach C. A. SCHENCK.)

Platz zugewiesen hat. DasWärmeklima wird aber *nicht allein durch die Breitenlage* bestimmt, sondern hierbei wirkt auch die Lage zum Meer bzw. zum Festlandsinneren in starkem Maße mit (*ozeanischer* bzw. *kontinentaler Klimacharakter*). Im ozeanischen Gebiet sind alle Gegensätze, besonders die zwischen Sommer und Winter, abgestumpft, im kontinentalen verschärft. Dazu tritt die Verschiedenheit der Niederschläge: im ersteren Gebiet hoch, im letzteren gering. In südlichen Breiten, wo die Wärme im Optimum ist, werden daher die Niederschläge oft ausschlaggebend für die Ausbildung der Vegetationstypen, in nördlichen Breiten aber die Wärme und ihre Verteilung über die Jahreszeiten. Ein kontinentales Klima kann hier oft günstiger wirken als ein ozeanisches, weil es die Sommerwärme erhöht. Es verlangt nur Vegetationsformen, die den Verhältnissen eines strengen Winters mit Frost und Schnee angepaßt sind. Auf den bestimmenden Einfluß, den der ozeanische und kontinentale Klimacharakter in den verschiedenen Breiten der Erde auf die Ausbildung der einzelnen Vegetationstypen ausübt, hat neuerdings

Brockmann-Jerosch[1]) sehr nachdrücklich hingewiesen. Er hat hierfür ein sehr anschauliches Schema entworfen, das die Verhältnisse auf einem idealen Kontinent in großen Grundzügen darstellt und das zweifellos einen vortrefflichen Schlüssel für das Verständnis der tatsächlichen Verbreitung der einzelnen Typen bietet (Abb. 16).

H. Mayrs Einteilung der Waldformen. Die Gliederung der Waldformen, wie sie im vorstehenden nach den Ergebnissen der neueren ökologischen Pflanzengeographie gegeben wurde, wird auch den besonderen waldbaulichen Gesichts-

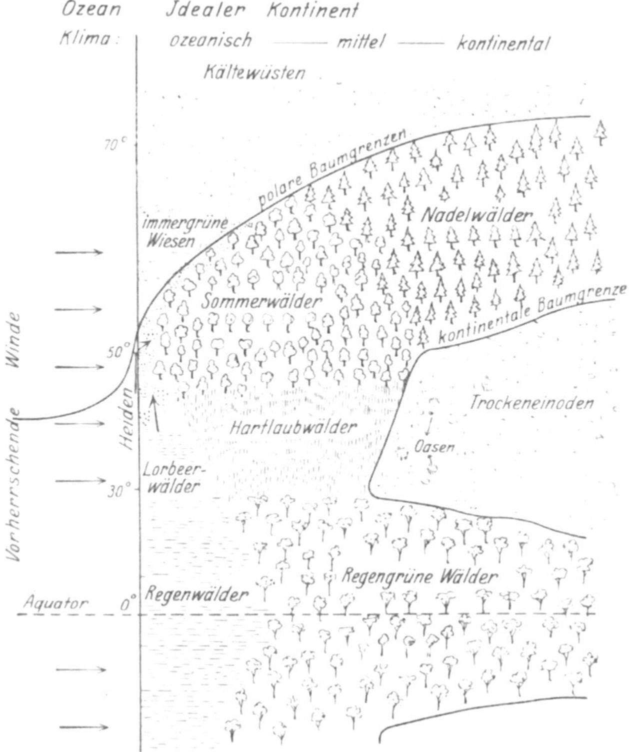

Abb. 16. Schema der Verteilung der verschiedenen Vegetationstypen nach Wärme und Feuchtigkeit auf einem ideal gedachten Kontinent. (Aus Brockmann-Jerosch.)

punkten durchaus gerecht. Doch soll hier noch die *Einteilung* Heinrich Mayrs, des großen Waldbaulehrers auf dem Münchener Lehrstuhl, angefügt werden, der durch seine vielen Weltreisen und seinen langen Aufenthalt im Ausland Gelegenheit gehabt hat, die verschiedenen Waldformen der Erde aus eigener Anschauung kennenzulernen, und der diese Kenntnis zu einer klassischen forstlichen Klimalehre ausgebaut hat. Seine Einteilung deckt sich auch größtenteils mit der heute allgemein üblichen, sie gibt nur den einzelnen Formen kürzere andere Namen, die sich in der forstlichen Literatur weitgehend eingeführt haben.

Den tropischen Regenwald nennt Mayr nach einer seiner eigentümlichsten, wenn auch durchaus nicht vorherrschenden Baumform, den Palmen, kurzweg,

---

[1]) Brockmann-Jerosch, H.: Baumgrenze und Klimacharakter. Beiträge z. geobotan. Landesaufnahme d. Pflanzengeogr. Komm. d. Schweiz. naturforsch. Ges. Zürich 1919, H. 6.

das *Palmetum*. Die zweite Form bezeichnet er mit *Lauretum* und führt als besonders charakteristisch für sie Lorbeerbäume und immergrüne Eichen an. Als landwirtschaftliche Kulturpflanzen nennt er Citrusarten, Baumwolle, Zuckerrohr, Reis.

Den winterkahlen Laubwald hat er in zwei Hälften geteilt, und hierin liegt entschieden eine große Feinheit für unsere besonderen waldbaulichen Zwecke. Die wärmere Hälfte nennt er *Castanetum* nach dem bezeichnenden Vorkommen verschiedener Castanea-Arten in Europa, Asien und Nordamerika. Daneben treten überall sommergrüne Eichen sehr stark in den Vordergrund und einige Laubholzgattungen, die in der Hauptsache die kühlere Hälfte meiden, wie Aesculus, Platanus, Juglans, Carya, Liriodendron, winterkahle Magnolien u.a.m. Landwirtschaftliche Kulturpflanzen sind: Reis, Wein, Tabak, Maulbeere und edelste Obstarten. Die kühlere Hälfte oder *das Fagetum* wird durch die verschiedenen Buchenarten bezeichnet, die in allen drei nördlichen Erdteilen besonders in den Vordergrund treten. Das Vorkommen der sommergrünen Eichenarten ist schon geringer als im Castanetum. Ebenso fehlen die wärmebedürftigeren Eßkastanien, Platanen, Nußbäume u. a., während Ahorne, Eschen, Linden, Erlen und nahestehende Arten als Mischhölzer dafür in das Fagetum eintreten. Landwirtschaftliche Kulturpflanzen sind Hopfen, Weizen, Gerste, Winterroggen.

Die vierte Zone bilden die Nadelwälder von Fichten-, Tannen- oder Lärchenarten, das *Picetum* bzw. *Abietum* oder *Laricetum*. (Die Pinusarten hielt auch MAYR für klimatisch nicht bezeichnend und hat daher nach ihnen keine Waldzone benannt.) Neben Fichten-, Tannen- und Lärchenarten treten nur noch wenige Laubhölzer, und zwar fast ausschließlich nur aus den Gattungen Betula, Populus, Alnus, Salix und Sorbus auf. Landwirtschaftlich: Sommerroggen, gepflegte Wiesen.

Als fünfte Zone hat MAYR schließlich die schon nicht mehr dem Wald angehörende Zone der Halbbäume und Krummhölzer an den Waldgrenzen als *Polaretum* bzw. im Hochgebirge als *Alpinetum* angeschlossen. Sie wird bezeichnet durch krüppel- oder strauchwüchsige Fichten, Tannen, Lärchen oder Kiefern und ebensolche buschartigen oder kriechenden Weiden, Erlen, Pappeln und Birken. Landwirtschaftlich: ungepflegte Alpenweiden.

4. Kapitel. **Die Waldformen nach Höhenstufen (Waldregionen).**

Wie die Verschiedenheiten des Klimas in horizontaler Erstreckung über die Erde hin verschiedene Waldformen geschaffen haben und *Zonen* mit verschiedenen Typen bilden, so ist das auch in vertikaler Richtung auf allen höheren Gebirgen der Fall. Man spricht hier von *Waldregionen*. Die Unterschiede drängen sich im Gebirge, durch die rasche Änderung der klimatischen Elemente bedingt, viel näher zusammen. Man kann hier den Wechsel des Landschafts- und Waldbildes vom immergrünen Lorbeerwald durch den sommergrünen Laubwald und den Nadelwald bis zur alpinen Waldgrenze oft in einigen Stunden des Aufstieges erleben und durchwandern, während in der Ebene oft ebenso viele oder noch mehr Tagereisen dazu gehören würden. Es war zuerst ALEXANDER VON HUMBOLDT, der nach seiner 1802 unternommenen kühnen Besteigung des Chimborasso in Südamerika auf die *Ähnlichkeit dieses Wechsels in der Ebene nach Norden und im Gebirge nach der Höhe zu* aufmerksam gemacht hat und sie in großzügiger Weise in eine gesetz- und zahlenmäßige Beziehung zu bringen versuchte.

HUMBOLDT hatte danach folgende Reihe aufgestellt:

Höhe ü. d. Meere	Mittel-temperatur ° C	Erdzonen mit ähnlicher Tem-peratur im Meeresniveau Breitengrade	Charakteristische Gewächse
0—600	27,5	0—15	Palmen und Bananen
600—120	24,0	15—23	Baumfarne und Feigen
1200—1900	21,0	23—34	Myrten- und Lorbeergewächse
1900—2500	19,0	34—45	Immergrüne Laubhölzer
2500—3100	16,0	45—58	Sommergrüne Laubhölzer
3100—3700	13,0	58—66	Nadelhölzer
3700—4400	8,5	66—72	Alpenrosen
4400—4800	4,5	72—82	Alpenkräuter
über 4800	1,5	82—90	Kryptogamen (Ewiger Schnee)

Es hat sich freilich bei der weiteren pflanzengeographischen Durchforschung der Erde herausgestellt, daß diese schematische Abgrenzung nicht überall und im einzelnen zutrifft. *Viele Hochberge in der äquatorialen Gegend zeigen in ihren oberen Lagen weder die Stufen des sommergrünen Laubwaldes noch des Nadelwaldes, auch liegt die Waldgrenze sehr verschieden hoch.* Die Ursache dafür liegt neben gewissen wärmeklimatischen Unterschieden in der Hauptsache in verschiedenen Niederschlagsverhältnissen jener Hochberge infolge ihrer mehr maritimen bzw. kontinentalen Lage.

Trotzdem behält das Grundsätzliche in dem genialen Entwurf ALEXANDER VON HUMBOLDTs seinen bleibenden Wert, nämlich der Gedanke, daß die *mit der Höhe wie mit der nördlichen Breite abnehmenden Wärmeverhältnisse auf der ganzen Erde eine gleichsinnige und ähnliche Veränderung im Vegetationstyp hervorrufen.* Namentlich gilt das innerhalb kleiner Erdgebiete. So finden wir z. B. in Europa in den höheren Gebirgen fast überall die deutliche Bildung von Regionen mit der Reihenfolge von unten nach oben: immergrüner Lorbeerwald, sommergrüner Laubwald, Nadelwald, Strauchholzgürtel, ja in der Region des sommergrünen Laubwaldes sogar noch die deutliche Unterteilung von MAYR: untere Hälfte Castanetum, obere Hälfte Fagetum.

Mit dem bestimmenden Einfluß, den die Wärmeverhältnisse der betreffenden Breitengrade ausüben, hängt es auch zusammen, daß die *Höhenstufen* der Vegetation *im Süden höher im Gebirge hinaufrücken und sich umgekehrt mit abnehmender Breite immer mehr senken,* bis im hohen Norden gewissermaßen die oberste Stufe, die Waldgrenze, auf den Nullpunkt herabgeht und hier mit der entsprechenden Grenzlinie in der Ebene zusammenfällt.

So liegt nach H. MAYR das Castanetum z. B. in Nordafrika (Atlas) zwischen 1000—2000 m, im südlichen Italien zwischen 500 und 1000 m, im nördlichen Italien zwischen 0—400 m und in Tirol steigt es nur bis etwa 300 m auf.

In den *Gebirgen Südeuropas* bildet also im allgemeinen *die Edelkastanie* mit den begleitenden Holzarten, besonders vielen *wärmeliebenden Eichen,* den untersten Gürtel des geschlossenen Waldes, das *Castanetum,* dann *folgt nach oben die Buche, das Fagetum, und darüber die Tanne.* Die *Fichte fehlt,* wenigstens in Spanien und auf der Apenninhalbinsel, ganz und tritt auf dem Balkan nur im mittleren und nördlichen Teile auf. *In Mitteleuropa bildet sie dagegen allgemein mit der Tanne zusammen, in Nordeuropa ohne diese allein die Stufe des Picetums.* Schon in der nördlichen Schweiz und darüber hinaus nach Norden zu in den deutschen Gebirgen fällt im Zusammenhang mit der nördlichen Breitenlage dann die unterste Stufe, das Castanetum, aus. Es ist häufig nur ausklingend dadurch angedeutet, daß die Edelkastanie, künstlich angebaut, in den untersten Berglagen gut gedeiht (Heidelberger Stadtwald und südlicher Taunus) und die Eichenbestockung hier vor der Buche stark in den Vordergrund tritt, während sich das reine Fagetum mit der Vor- oder Alleinherrschaft der Buche erst in den etwas höheren Lagen zeigt.

Das Picetum wird in den westlichen Lagen der Schweiz und Deutschlands mehr durch die Edeltanne vertreten, die dort oft einen reinen Tannengürtel (Abietum) über der Buche bildet (Schweizer Jura, Schwarzwald, östliche Pyrenäen), während sie in den kontinentaler gelegenen Gebirgen mehr als Mischbestand im oberen Teil des Fagetums und in den unteren Stufen des Picetums verschwindet (Bayrischer Wald, Erzgebirge, Sudeten, Karpaten). *Die Fichte bildet dort allein den obersten Waldgürtel.* Darüber liegt dann schließlich der *Strauchholzgürtel* von Bergkiefern (*Pinus montana*), Grünerlen (*Alnus viridis*), im Osten (z. B. Karpaten) gemischt mit Zwergwacholder (*Juniperus nana*), im Westen (Schweiz und bayrische Alpen) auch vielfach von Alpenrosen (Rhododendronarten) durchsetzt, das *Alpinetum*. Im *nördlichen Europa* (Skandinavien) *fällt dann auch die Stufe des Fagetums in den untersten Lagen weg*, und im Gebirgswald ist allein nur noch das Picetum vertreten.

So prägt sich also *das Herabsinken der einzelnen Höhenstufen nach Norden zu deutlich aus.* Feste Zahlen hierfür zu geben, ist schwierig, da solche infolge der durch die Wirtschaft hervorgerufenen Veränderungen des natürlichen Waldbildes vielfach künstlich herauf- und heruntergeschoben sind. Besonders gilt das von den unteren Grenzen der einzelnen Stufen.

Es seien daher hier nur einige durchschnittliche obere Höhengrenzen von Buche und Fichte nach WILLKOMM[1]) in abgerundeten Zahlen gegeben:

	Breitengrad	Durchschnittliche obere Grenze	
		Buche m	*Fichte* m
Norwegen	59	190	950
Harz	51	650	1000
Erzgebirge	50	850	1230
Bayrischer Wald .	49	1220	1470
Tiroler Alpen . . .	47	1540	2070
Zentralappennin . .	42—43	1840	fehlt
Ätna	37	1970	fehlt

Wenn diese Zahlen im einzelnen auch nicht völlig richtig sein mögen und mancher Kritik unterliegen dürften, so bringen sie doch das große Gesetz der sinkenden Stufengrenzen mit zunehmender nördlicher Breite deutlich zum Ausdruck.

5. Kapitel. **Die polare und alpine Waldgrenze.**

Eine besondere Betrachtung erfordert noch jene Linie, an der der Wald nicht nur im wirtschaftlichen, sondern auch im ökologischen Sinne seine Grenze infolge abnehmender Wärme findet. Wie wir schon sahen, ist das sowohl im hohen Norden wie in entsprechend hohen Gebirgen der Fall. Wir nennen die eine die *polare*, die andere die *alpine Waldgrenze*. Die Formen und Lebenserscheinungen besonderer Art, die sich bei dieser Grenzbildung zeigen, sind in den großen Zügen wohl beiden gemeinsam, im einzelnen freilich, besonders in der Begleitflora, zeigen sich manche Abweichungen.

---

[1]) WILLKOMM, M.: Forstliche Flora von Deutschland und Österreich. Leipzig 1887.

Die großen gemeinsamen Grundzüge sind die, daß an beiden Grenzen der Wald zunächst seine *Geschlossenheit verliert* und sich in *Horste* und *Trupps auflöst*, und daß die Bäume immer *niedriger* werden, bis sie schließlich zum *Strauch* oder *Busch* herabsinken. Zwei wichtige Aufbaugrundlagen: Schlußstand und Höhe, gehen verloren, und damit hat der Wald nach unserer Begriffsbestimmung sein Ende erreicht. Welche von den beiden Grundlagen zuerst und am stärksten Einbuße erleidet, ist schwer zu sagen und noch wenig untersucht. Im allgemeinen dürfte beides Hand in Hand gehen, d. h. mit der sinkenden Höhe lockert sich auch der Schluß. Nimmt man aber die *Baumgrenzen* bei 5 m an[1]), so ist die Auflösung des Waldes in einzelne Horste fast immer schon früher erfolgt. Die Grenze des geschlossenen Waldes gegen die Stufe der Horstbildung ist allerdings recht schwer festzustellen und im Hochgebirge sehr stark durch Weidebetrieb (Almwirtschaft) künstlich verändert. Diese Grenze müßte man richtigerweise allein *Waldgrenze* nennen. Sehr häufig wird dieser Ausdruck aber in der Literatur mit der Baumgrenze durcheinandergeworfen. Man spräche vielleicht noch richtiger von *Waldbestandsgrenze*. Sie liegt in allen Fällen unter bzw. vor der Baumgrenze. (In den europäischen Gebirgen wird sie meist etwa 50—150 m tiefer liegen, an der polaren Grenze wird sogar ein Auseinanderliegen um 1—1½ Breitengrade angegeben[2]).) Über die Baumgrenze hinaus sinkt dann die Höhe der Holzgewächse meist sehr rasch. Dabei bleibt aber die Gesellungsform in Horsten oder Trupps meist noch erhalten, ja dort, wo andere neue Holzarten an Stelle der waldbildenden Baumarten auftreten, wie Legföhren (*Pinus pumilio*), Grünerlen (*Alnus viridis*), Alpenrosen u. a., ist die Horstbildung meist noch recht dicht, und es treten sogar noch ausgedehnte geschlossene Bestände dieser Sträucher auf.

Erst an der äußersten Grenze der Krummholz- oder Gebüschstufe löst sich auch diese dann in einer meist schmalen Zone in einzelne, meist nur noch zwerg-

Abb. 17. Fichtengebirgswald beim Übergang zur Waldgrenze (Glatzer Gebirge bei 1000 m Höhe). Auflösung des Bestandsschlusses, Hornäste, alte Wipfelbrüche durch Schnee, Bartflechtenbehang. Das Aussehen des Waldes wird rauh und struppig. (Aufn. von Dengler.)

---

[1]) Leider herrscht über die Grenzhöhe gar keine Einigkeit (8, 5, 3 m!). Da das Herabsinken der Höhen aber verhältnismäßig sehr rasch vor sich geht, spielt das keine allzu entscheidende Rolle!

[2]) Pohle: Pflanzengeographische Studien auf der Halbinsel Kanin. Acta Horti Petropolitani Bd. 31, S. 48, 1903.

und krüppelhafte Einzelsträucher auf. Damit ist die sog. *Krüppelgrenze* erreicht, die im großen und ganzen in unseren mitteleuropäischen Gebirgen etwa 100—200 m über der Baumgrenze anzunehmen sein dürfte[1]).

Wir haben also an der Waldgrenze im allgemeinen drei Unterstufen[2]) zu unterscheiden: *die Waldbestandsgrenze*, die *Baumgrenze* und die *Krüppelgrenze*, wobei nach unserer Begriffsbestimmung die beiden letzteren schon außerhalb des Waldes liegen.

Neben diesen Hauptzügen in der Veränderung des Waldbildes zeigen sich aber noch einige andere. Schon vor dem Beginn der eigentlichen Auflösung des Waldbestandes in Horste be-ginnt im Bestand *eine Locke-rung, ein Auseinanderrücken der Bäume voneinander.* Die Kronen reichen infolgedessen tiefer herunter, die unteren Äste sterben langsamer ab und halten sich infolge ihres zäheren und harzreicheren Holzes auch im abgestorbenen Zustande noch lange als sog. *Hornäste* am Baum (vgl. Abb. 17). Sie geben im Verein mit dem *dichten Flechten-wuchs*, der sie bedeckt und oft in langen Schleiern von ihnen herabhängt (*Usnea barbata*, Rübezahls Bart im Riesen-gebirge!) dem Wald ein *rauhes und struppiges Aussehen*, das sich nach der Grenze zu immer mehr verstärkt. Dazu kommt noch die häufige Ein-wirkung von Wind und Schnee, die die Kronen aus-brechen. Durch Aufrichten von Seitenzweigen als Ersatz kommt es dann zu sog. *Bajo-*

Abb. 18. Armleuchterbildung bei der Fichte infolge Schneebruchs im Hochgebirge (Obladis i. Tirol, ca. 1400—1500 m). (Phot. F. Schwarz.)

nett- oder *Kandelaberbildungen* (s. Abb. 18). Oder durch wiederholten Schneedruck (Umbiegen) junger Stämmchen und Wiederaufrichten werden so groteske Bildungen wie die sog. Kamelsfichte am Achtermann im Harz (Abb. 19) hervor-gerufen. Überhaupt sieht man gerade in dieser Kampfzone des Waldes viele besonders malerische und interessante Baumformen (*Wetterbäume*). Ebenso finden sich da, wo der Weide- und Almbetrieb in die Waldgrenze eingegriffen hat, eigenartige *Verbißformen* im Jungbestand (Kuhbüsche, Geißtannli) und oft riesige und dichte Kronenbildungen bei einzelnen emporgewachsenen Altbäumen (Weidbuchen, Weidfichten) (Abb. 20). *Die Auflösung des Bestandes zum lockeren Schluß und weiter zum Gruppen- und Einzelbestand* hat man im allgemeinen,

---

[1]) Natürlich nur die durchschnittliche Grenze! Einzelne Krüppelsträucher finden sich oft noch 300 und mehr Meter über der Baumgrenze!

[2]) Schroeter, C. (Das Pflanzenleben der Alpen, S. 27), unterscheidet noch weitere Unterstufen, z. B. die Jungwuchsgrenze, die rationelle Baumgrenze, d. h. die der obersten Bäume mit reifen, keimfähigen Samen, u. a. m. Bei der Unsicherheit der ganzen Abgrenzung in der Natur erscheint dies unnötig weitgehend.

Abb. 19. Sog. Kamelsfichte am Achtermann i. Harz (durch wiederholten Schneedruck und Wiederaufrichtung entstanden).

und wohl mit Recht, als zweckmäßig *zur besseren Ausnutzung von Licht und Sonnenwärme* in jenen Lagen gedeutet, wo die Wärme allmählich zu gering zu werden droht. Die Kürze der jährlichen Triebe und die Feinheit der Jahresringe, die im Holzkörper angelegt werden, sind die natürlichen Folgen. Der Zuwachs ist meist minimal, und der Wald spielt in solchen Lagen kaum noch eine Rolle als Wirtschaftswald, sondern er ist meist nur noch *Schutzwald* gegen die Gefahren der Bodenabschwemmung, der Stein- und Murgänge, gegen Wildbach- und Lawinenbildung. In einzelnen Fällen aber kann, allerdings meist noch unterhalb der eigentlichen Waldgrenze, an besonders astreinen Bäumen auch ein sehr wertvolles und seltenes, durch seine Feinringigkeit und Gleichmäßigkeit zum Instrumentenbau verwendetes Holz erzeugt werden, das sog. *Resonanzholz.*

Über das *Alter und die Wuchsverhältnisse* der Bäume an der polaren Waldgrenze hat uns KIHLMANN für Lappland einige sehr bemerkenswerte Daten gegeben. Danach erreichen Kiefer und Fichte dort noch das Alter von 200—300 Jahren, vereinzelt auch noch schätzungsweise bis zu 600 Jahren! Das Alter ließ sich an diesen stärksten Bäumen nicht mehr genau feststellen, da der Kern schon vollständig faul war. Die Höhe der 200- bis 300jährigen Bäume betrug aber meist nur 10—13 m, und der Durchmesser in Brusthöhe (mit Rinde gemessen) ging selten über 30 cm hinaus, die durchschnittliche Jahresringbreite betrug also nur ½ mm!

Die Bildung von Horsten und Gruppen, die unterhalb der Baumgrenze noch aus normalen Einzelstämmen bestehen, nimmt darüber hinaus meist einen ganz anderen Charakter an und hat dann auch eine andere Entstehungsart, worauf man bisher noch wenig geachtet zu haben scheint. Fast immer zeigt sich nämlich, daß in diesen niedrigen Gruppen ein oder einige höhere und stärkere Stämmchen in der Mitte stehen, und daß rings herum sich kleinerer und jüngerer Nachwuchs gruppiert, der, scheinbar durch Samenabfall der Mutterbäume entstanden, sich unter ihren Schutz geflüchtet und dort entwickelt hat (Abb. 21). Versucht man diesen aber

Abb. 20. Sog. Kuhbüsche am Schauinsland im Schwarzwald (Verbißformen der Rotbuche auf Hochweiden). Rechts Auswachsen zu einem breitkronigen Einzelbaum (Weidbuche.)

auszuziehen, so zeigt sich, daß es nur Absenker von den untersten Ästen dieser Mittelstämme sind. Auf dem feuchten Boden auflagernd und von Moos und Humus überdeckt, haben sie sich bewurzelt, aufgerichtet und schließlich ganz wie selbständige Stämmchen entwickelt. Man findet auch gelegentlich das weitere Entwicklungsstadium, wo der Mutterstamm infolge seines Alters abgestorben oder schon verfault ist. Die Lücke in der Mitte der Gruppe weist aber auf sein ehemaliges Vorhandensein und die gleiche Entstehung derselben hin. Diese Art der Horstbildung an und oberhalb der Baumgrenze scheint wenigstens bei der Fichte viel häufiger und weiter verbreitet zu sein, als bisher bekannt war. Ich fand sie bei eignen Beobachtungen am Harz, im Riesengebirge, in der Tatra, den Karpaten und den bosnischen Hochgebirgen immer wieder, oft als fast einzige Verjüngungs- und Verbreitungsform, neben der sich einzelstehende, zweifellos aus Samen entstandene Pflänzchen nur ganz selten nachweisen ließen.

Die Kiefer zeigt diese Fortpflanzungsmöglichkeit an der Baumgrenze aber nicht, weder an der polaren noch der alpinen. Daher sind ihre letzten Vorposten hier wie dort offenbar aus Samen entstandene, kümmerlich und buschig erwachsene *Einzelstämme*. Ein gewisser Ersatz dafür ist an der alpinen Baumgrenze die Herausbildung einer strauchig wachsenden neuen Art mit niederliegenden Ästen, wie z. B. der Latsche (*Pinus montana pumilio*).

Abb. 21. Fichtengruppe an der polaren Waldgrenze auf der Halbinsel Kola. (Nach A. O. KIHLMANN.) Die scheinbaren Jungfichten um den alten Stamm herum sind wahrscheinlich alle nur durch Absenkerbildung der untersten aufliegenden Äste entstanden.

Je mehr man die Baumgrenze überschreitet, desto mehr spielen *Sturm* sowie *Schnee- und Eisanhang schließlich die entscheidende Rolle* im Kampf um das letzte bißchen Leben, das der weiter unten so hochragende und stolze Waldbaum hier nur noch als Krüppel fristet. Die Frage nach den letzten ausschlaggebenden Faktoren, die das Herabsinken des Baumwuchses an der Waldgrenze zum Krüppel bedingen, ist von KIHLMANN in seinen berühmten „Biologischen Studien aus Russisch-Lappland" zuerst untersucht worden. Er hat sie im allgemeinen dahin beantwortet, daß es die extremen, über der winterlichen Schneedecke auftretenden Kältegrade seien, die bei tief gefrorenem Boden und trockenkalten Winden ein Einfrieren bzw. Vertrocknen der über die Schneedecke hervorragenden Spitzen bewirkten. Bis zur Höhe der durchschnittlichen Schneelage ist gewöhnlich eine ziemlich dichte Beastung und Benadelung vorhanden. Darüber hört sie dann plötzlich auf, und es finden sich meist abgestorbene Spitzen und Äste. Es kommt dabei nach KIHLMANN im hohen Norden oft zur Bildung förmlicher Platten und Tische, deren Oberfläche mit der Schneehöhe zusammenfällt.

In den mitteleuropäischen Gebirgen aber liegt die Sache jedenfalls anders. Solche extremen Kältegrade wie an der Polargrenze kommen in unseren Hochgebirgen im Winter gar nicht vor. Durch Beobachtungen und Aufnahmen an der Baumgrenze im Harz konnte ich nachweisen[1]), daß dort zwar auch eine untere, dicht benadelte Zone bis zur Schneehöhe und darüber eine kahle Schicht von abgestorbenen und abgebrochenen Zweigen auftritt, daß aber über dieser an den meisten Stämmchen oft wieder ein kleiner grüner Wipfel erscheint (vgl. Abb. 22). Genauere Beobachtungen zeigten, daß die kahle Zone über der Schneelinie fast überall nur auf die mechanische Wirkung des Windes zurückzuführen ist, der im Winter bei gefrorenem Astwerk und Schneeauflage einzelne Zweige an der Ansatzstelle vollständig ausbricht (vgl. Abb. 23) oder andere durch gegen-

Abb. 22. Fichtenkrüppelhorst über der Baumgrenze im Schwarzwald. Über der durchschnittlichen Schneehöhe kahle Zone, darüber an der Spitze grüne Krönchen mit einseitiger Ausbildung (Windfahnen). (Aufn. von KLEIN.)

seitiges Reiben und Peitschen entnadelt und beschädigt (Abb. 24). Daß die oberen Wipfelspitzen verschont und daher grün und lebensfähig bleiben, hängt offenbar mit der Kürze der obersten Seitenzweige zusammen. Erst mit ihrer Verlängerung und der Vergrößerung des Hebelarmes setzen die schweren mechanischen Beschädigungen ein. Zahlreiche Beobachtungen in anderen unserer Hochgebirge haben mir die weite und allgemeine Verbreitung dieser Erscheinung bestätigt[2]).

Es ist also eine *Verkettung von ungünstigen Faktoren, die zur Bildung der Wald- und Baumgrenze führen*: Erst zwingt die abnehmende Wärme den Wald zur Auflösung seines Bestandesschlusses; dadurch werden aber die Bäume nun der Gewalt des Windes preisgegeben, so daß sie sich schließlich nur noch als

---

[1]) DENGLER, A.: Die Wälder des Harzes einst und jetzt. Z.F.J.W. 1913, H. 3.

[2]) RUBNER, K., hat auch ein Herausbrechen der Äste durch den zusammensackenden Schnee beobachtet, was gelegentlich vorkommen mag, aber nicht erklären kann, warum die Äste hauptsächlich nur auf der Windseite ausbrechen. Man hat auch „Schneeschliff" als Ursache angenommen. Aber damit wäre das Durchwachsen der kleinen Wipfel schwer zu vereinbaren, ebenso auch nicht die Hypothese, die MICHAELIS (Ökologische Studien an der alpinen Baumgrenze, Jb. f. wiss. Botanik 1934, S. 337 ff.) aufgestellt hat, daß die Lebensgrenze der Fichte im Hochgebirge durch dessen winterliche Trockenheit bedingt wird. Meine Beobachtungen sprechen jedenfalls mehr für die oben gegebene Erklärung.

Sträucher bis zur Höhe der Schneedecke entwickeln können. Mit zunehmender Höhe und längerer Dauer der Schneedecke wird diese selbst aber wieder zum Hindernis, indem sie die Vegetationszeit zu stark verkürzt. Man kann vielfach beobachten, wie die letzten Vorposten der Gehölze im Hochgebirge sich immer auf die Stellen flüchten, wo der Schnee am frühesten auftaut, die sog. „*Aper-stellen*"[1]), soweit nicht Steilhänge, Steinschotter, Lawinengänge und die auf fast allen Hochgebirgen übliche Viehweide hier Unregelmäßigkeiten und Besonderheiten im Grenzverlauf schaffen.

In den polaren Gegenden scheint *auch die Versumpfung bzw. Vermoorung des Bodens* eine große Rolle bei der Grenzbildung zu spielen. Wenigstens flüchten

Abb. 23.
Vom Wintersturm ausgebrochene Äste an den Krüppelfichten am Brocken (drei Seitenäste unterhalb der grünen Krone, bei +, hängen noch am Stämmchen). (Phot. A. DENGLER.)

Abb. 24. Vom Sturm beschädigte Seitenzweige der Fichte aus der kahlen Zone über der Schneelinie (Baumgrenze am Brocken). Es sind nicht nur die Nadeln gegenseitig abgepeitscht, sondern auch die Knospen und kleineren Zweige. (Phot. A. DENGLER.)

sich dort nach den Schilderungen von POHLE die letzten Vorposten gern auf die sandigen und kiesigen, mehr durchlässigen Böden und auf die kleinen Erhebungen über die versumpfte Tundra, ebenso auch an die besser dränierten Ufer der Flüsse, an denen sie besonders weit nach Norden vorstoßen.

Die *Holzarten, die die Wald- und Baumgrenze bilden, sind nicht überall die gleichen.* An der polaren Grenze sind es in der Hauptsache immer wieder *Fichten-, Kiefern- und Birkenarten,* die bis hierhin vordringen (so *Picea excelsa, Pinus silvestris* und *Betula pubescens* in Nordeuropa, *Picea alba* und *sitchensis, Betula Ermanni* in Nordamerika, *Picea obovata* und *ajanensis* in Nordasien). Doch treten auch Erlen, Espen und Weiden eingemischt auf, und in Sibirien und dem östlichen Asien bilden auch Lärchen (*Larix sibirica* u. a.) sowie eine Tannenart (*Abies pichta* bzw. *sibirica*) streckenweise die Wald- und Baumgrenze.

---

[1]) Vgl. hierzu BÜHLER, A.: Studien über die Baumgrenze im Hochgebirge. Berichte d. Schweiz. bot. Ges. 1898, H. 8.

An der *alpinen Waldgrenze* finden wir größtenteils die gleichen Gattungen und sogar Arten oder doch sehr nahe Verwandte wieder. Die Waldbäume zeigen hier ein ähnliches Verhalten wie auch die übrige Flora, in der ebenfalls eine große Anzahl von hochnordischen Pflanzen auf den Hochgebirgsstufen wiederkehrt (sog. *arktisch-alpine Florenelemente*), trotzdem die Einzelheiten des Klimas (Kälteextreme, Vegetationsdauer, Niederschlagsverhältnisse u. a. m.) doch erhebliche Abweichungen zeigen. Man hat auch hierin wieder den vorwiegenden und ausschlaggebenden Einfluß der allgemeinen Wärmeabnahme zu sehen.

Auffallend ist aber das seltene oder doch nur vereinzelte Vorkommen von Pinus und Betula an der alpinen Waldgrenze gegenüber der polaren. *Betula pubescens* findet sich z. B. nur in Skandinavien häufiger, dort oft einen schmalen Grenzgürtel über der Fichte bildend. Sonst tritt sie nur zerstreut und ganz vereinzelt im Hochgebirge auf. *Pinus silvestris* fehlt sogar in den meisten europäischen Hochgebirgen ganz, dafür tritt ihre Gattungsgenossin *Pinus montana* weit verbreitet als Legföhre oder Krummholz in der Strauch- und Krüppelzone auf, in Baumform auch die Arve oder Zirbelkiefer (*Pinus Cembra*), die besonders in den Alpen, der Tatra und Teilen der Karpaten sehr malerische, knorrige und zerzauste Wetterbäume bildet. Ähnlich findet sich auf dem Balkan an der Waldgrenze stellenweise die Panzerföhre (*Pinus leucodermis*) als nahe Verwandte der in tieferen Lagen bestandsbildenden Schwarzkiefer und die fünfnadelige *Pinus Peuce*. Häufiger aber tritt *die Lärche als Grenzbaum mit der Zirbelkiefer und der Fichte* zusammen oder doch in nächster Nachbarschaft mit ihnen auf, so besonders *in den zentraleuropäischen Gebirgen: den Alpen, der Tatra und den Karpaten*. Im *südlichen Europa*, wo die Fichte fehlt oder doch sehr selten wird, finden wir auch *Tannen* (so *Abies pectinata* in den Pyrenäen und Apennin, *cephalonica* u. a. in Griechenland, *Nordmanniana* im Kaukasus) und auffallenderweise *auch die Rotbuche*, die dem hohen Norden doch ganz fehlt. Sie bildet schon in den Vogesen in Krüppelformen die Baumgrenze und findet sich ebenso auch als letzter Vorposten in den der adriatischen Küste nahe liegenden Hochgebirgen des westlichen Balkans und der Apenninhalbinsel. Es zeigt sich darin wieder die überaus feine Reaktion auf die ozeanische Tönung des dortigen Gebirgsklimas gegenüber den mehr kontinentalen Gebieten.

Die nördliche Waldgrenze verläuft zwar im allgemeinen in der Nähe des Polarkreises, im einzelnen zeigen sich aber recht beträchtliche und sehr bemerkenswerte Abweichungen.

Der Verlauf ist bei der Unzugänglichkeit und Unwirtlichkeit jener Gegenden und bei der Ungewißheit, ob in den Reiseberichten die Baum- oder Waldgrenze gemeint ist, noch nicht überall ganz sicher. In großen Zügen ist er aber doch so weit bekannt, als dies für unsere Zwecke notwendig ist (vgl. die Abb. 25).

Die polare Baumgrenze zeigt nun zwischen ihrem nördlichsten Punkt in Sibirien und ihrem südlichsten bei Neufundland *den bedeutenden Breitenunterschied von 22°* (d. h. über 2000 km). In beiden Kontinenten, im amerikanischen wie im eurasiatischen, zeigt sie ein ähnliches Verhalten hohen Aufstiegs im westlichen Teil und eines mehr oder minder steilen Abfalls im östlichen Teil. Schon H. MAYR[1]) hat dies scharf hervorgehoben und darauf hingewiesen, daß an den Ostküsten beider Kontinente der Wald schon bei einem Breitengrade seine Grenze erreicht, unter dem an den Westküsten nicht nur mächtige Nadelwälder, sondern sogar noch Laubhölzer, wie Eiche und Buche, wachsen!

Vergleicht man den Verlauf der polaren Waldgrenze mit dem der Isothermen, so findet man eine weitgehende Übereinstimmung mit der Sommer- (Juli-) Isotherme. Die Waldgrenze verläuft sehr ähnlich und ganz nahe der 10°-Juli-Isotherme (vgl. Abb. 25). Diese macht ebenso wie jene in beiden Kontinenten den Abfall von W nach O mit, hat ihren Gipfelpunkt ebenfalls im mittleren Nordsibirien, zeigt auch die gleiche Einsackung zwischen Asien und Amerika am Beringsmeer. So zeigt sich die Tatsache unverkennbar, daß im *polaren Gebiet beider Kontinente nicht die durchschnittliche Jahreswärme, auch nicht die Kälte des Winters den Verlauf der Waldgrenze bestimmt, sondern die Höhe der Sommerwärme.*

---

[1]) MAYR, H.: Waldbau, S. 16.

Daß es keine deutliche südpolare oder antarktische Wald- und Baumgrenze gibt, liegt an den schon früher (S. 24) erörterten Verhältnissen: an zu geringer Erstreckung der südlichen Festländer gegen den Pol hin und der viel ausgeglicheneren Winter- und Sommertemperatur. Zwar schneidet die 10°-Sommer- (hier Januar-) Isotherme gerade die Südspitze von Feuerland, aber der milde Winter (+5° Julimittel) und die dadurch fast über das ganze Jahr verlängerte Vegetationszeit gleichen dies offenbar so weit aus, daß der Wald noch nicht fehlt. Allerdings ist dieser Wald schon sehr kümmerlich und deutet die unmittelbare Nähe einer antarktischen Waldgrenze an.

Die *alpine Wald- und Baumgrenze* liegt je nach den Breitengraden sehr verschieden hoch. In den hohen Breiten erreicht sie nur geringe Höhen und *fällt theoretisch an der polaren Grenze mit dieser in Seehöhe = 0 zusammen.* Ihre größte Höhe liegt etwa bei 3500 m, aber nicht etwa am Äquator, sondern schon in Breitengraden zwischen 30—40° (Himalaya, Rocky Mountains).

Rein und deutlich zeigt sich *der Abfall der Höhengrenzen mit zunehmender Breite auf der nördlichen Halbkugel.* Die Behauptung H. MAYRS, daß man den Verlauf in einer glatten Kurve darstellen und fehlende und unbekannte Zwischen-

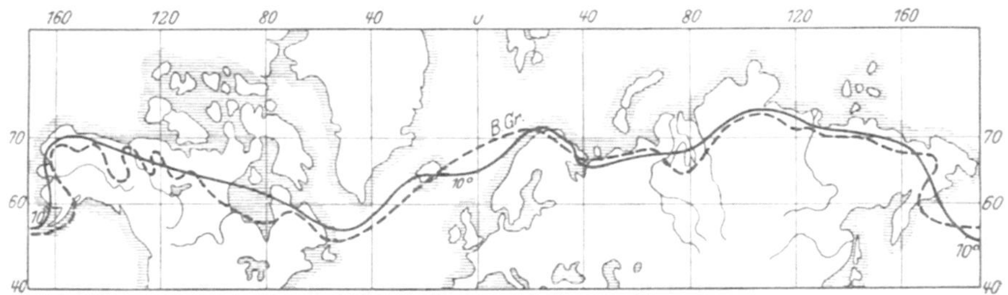

Abb. 25. Verlauf der Wald- und Baumgrenze (-----) und der 10°-Juli-Isotherme (——) auf der Erde.

punkte je nach der Breitenlage einfach daraus ablesen könnte, geht aber zu weit (vgl. die Tabelle). Leider ist ein großer Teil der in der Literatur enthaltenen Höhenangaben noch recht unsicher und nicht einwandfrei vergleichbar, da Wald- und Baumgrenze nicht auseinandergehalten sind und da auch meist nicht gesagt ist, ob es sich um Durchschnitts- oder einzelne Maximalwerte handelt. Die nachstehenden Zahlen können also nur mit einem gewissen Vorbehalt gegeben werden.

Höhenlage der Baumgrenze in Europa

Breiten- grad	Örtlichkeit	Grenzhöhe m	Holzart	Literaturangabe	Unterschied je Grad m
70	Enare-Lappland	310	Birke	KÖPPEN	—
68	„ „	460	„	„	+ 75
64	Åreskutan (Norw.)	810	„	WILLKOMM	+ 88
62	Dovre (Norw.)	1010	„	„	+100
60	Nummedalen (Norw.)	1030	Kiefer	„	+ 10
52	Harz	1000	Fichte	„	— 4
49	Bayrischer Wald	1470	„	„	+157
47	Bayrische Alpen	1800	„	„	+165
46	Walliser Alpen	2300	Lärche, Arve	IMHOF	+500
44	Montblanc	2200	„ „	DRUDE	— 50
42	Apennin	2000	Buche, Tanne	„	—100
38	Ätna	2000	Buche, Schwarzkiefer	„	± 0
33	Atlasgebirge	1900	Zedern	SCHIMPER	— 20

Aus der letzten Spalte der obigen Tabelle kann man ersehen, daß der *Anstieg von N nach S unregelmäßig ist,* ja daß sich sogar mehrfach Senkungen

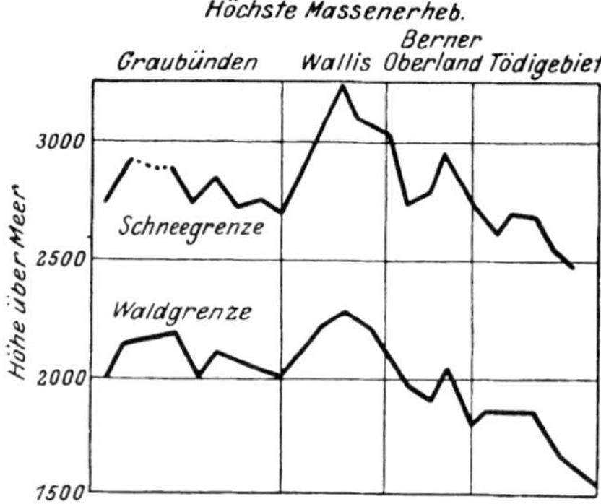

Abb. 26. Durchschnittliche Höhenlage der Wald- und Schneegrenze in den Schweizer Alpen. (Nach C. Schroeter 1923.) Zeigt durch den sehr ähnlichen Verlauf die Abängigkeit beider Linien von gleichen klimatischen Faktoren. Höchstes Ansteigen beider Linien im zentralen Wallis mit der höchsten Massenerhebung

dazwischenschieben, wie z. B. am Harz, am Apennin und anderen Punkten. Selbst wenn die Wärme mit zunehmender Breite gleichmäßig abnehmen würde, so wäre doch ein so glatter Verlauf der Grenzkurve, wie H. Mayr ihn annahm, gar nicht zu erwarten. Es machen sich eben noch andere klimatische und orographische Verhältnisse bei der Grenzbildung geltend.

Schon Imhof[1]) hatte in einer sehr sorgfältigen Arbeit gezeigt, daß die *Wald- und Baumgrenze* in der *Schweiz mit den größeren Massenerhebungen steigt und mit den geringeren fällt*, so daß die Linien gleicher Grenzhöhen (Waldisohypsen) mit denen gleicher mittlerer Massenerhebung fast zusammenfallen. Es war damit nur ein neuer Fall der auch sonst schon beobachteten Erscheinung festgestellt, daß die Vegetationsgrenzen allgemein und auch die Schneegrenze in massigeren Gebirgen sich nach oben verschieben, während an einzeln gelegenen Bergen und überhaupt bei geringerer Massenerhebung, wie z. B. in Vorgebirgen, das Umgekehrte der Fall ist (vgl. Abb. 26). Besonders der Gleichverlauf mit der Schneegrenze läßt von vornherein vermuten, daß es sich hier um klimatische Zusammenhänge handelt. Man hat darauf nachgewiesen, daß auch die Isothermen, und zwar besonders die Sommer- (Juli-) Isotherme, eine gleichsinnige Abweichung zeigt (vgl. Abb. 27).

Es ist hierbei sehr bezeichnend, daß dieselbe 10°-Juli-Isotherme, die wir im hohen Norden an der Waldgrenze fanden, auch in den nördlichen und südlichen Alpen wieder mit ihr zusammenfällt. In den zentralen Alpen aber steigt die Waldgrenze dann weit über sie hinaus, so daß diese z. B. in Sils-Maria etwa bei 7,8° liegt! Brockmann-Jerosch[2]) hat mit Recht darauf hingewiesen, daß in solchen Fällen das Julimittel die ganze Klimaänderung, die im Innern großer Gebirgsmassive stattfindet, nicht richtig zum Ausdruck zu bringen vermag. Es ist eben damit eine *Verschiebung vom ozeanischen zum kontinentalen Klimatyp* mit allen seinen Folgeerscheinungen verbunden, wie stärkere tägliche Erwärmung bei kühleren Näch-

[1]) Imhof, E.: Die Waldgrenze in der Schweiz. Dissert., Bern. In Gerlands Beitr. z. Geophysik Bd. 4, H. 3.

[2]) Brockmann - Jerosch, H.: Waldgrenze und Klimacharakter. Beitr. z. geobotan. Landesaufnahme der Schweiz 6. Zürich 1919.

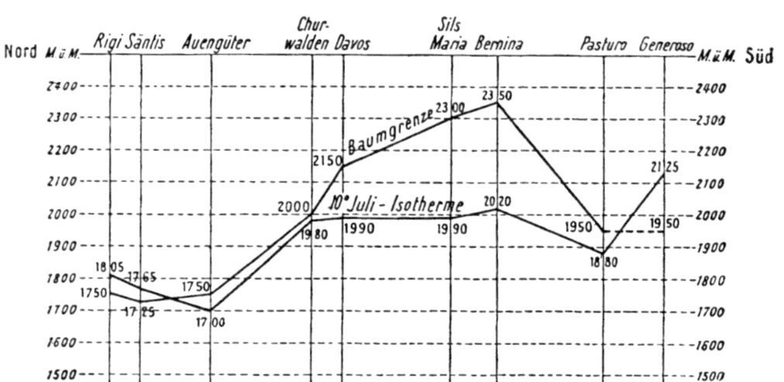

Abb. 27. Verlauf der Baumgrenze und der Juli-Isotherme in den Alpen. (Aus Brockmann-Jerosch.) Während in den nördlichen und südlichen Alpen beide Linien nahe beieinanderliegen, geht die Baumgrenze in den Zentralalpen mit kontinentalerem Klimaeinschlag bedeutend über die 10°-Juli-Isotherme hinaus.

ten, geringere Bewölkung, stärkere Sonnen- und Lichtstrahlung u. a. m. Der Gegensatz zwischen ozeanischem und kontinentalem Klimacharakter beeinflußt aber nicht nur die Höhenlage der Wald- und Baumgrenze, sondern auch das Auftreten der verschiedenen Holzarten (Birke, Kiefer, Fichte, Tanne, Buche) an dieser Grenze, ja er greift sogar auch in die Zusammensetzung der unteren Stufen des Gebirgswaldes ein (vgl. Abb. 28). So tritt die Buche in den kontinentaler getönten Zentralgebieten ganz zurück[1]), dafür erscheint die Kiefer häufiger. Umgekehrt geht die Buche in den ozeanisch getönten Nord- und Süd-rändern bis zur Waldgrenze, während die Fichte dort sehr zurücktritt oder gar

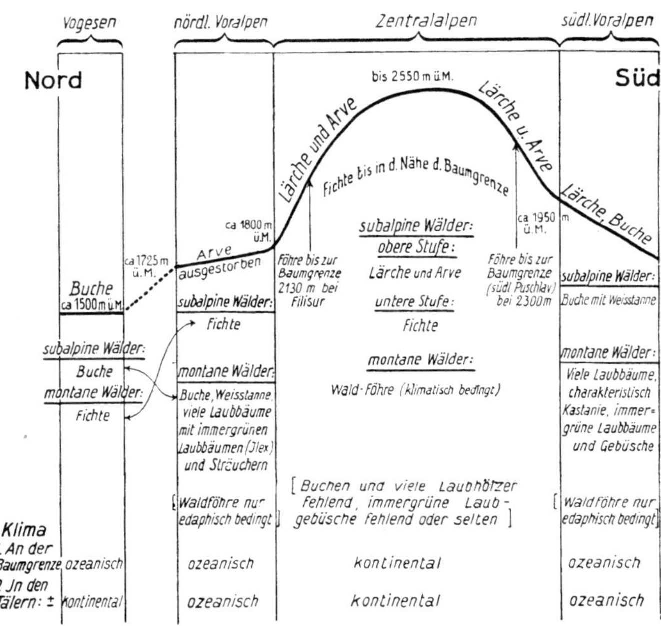

Abb. 28. Änderung von Waldbestand und Klimacharakter in den Schweizer Alpen von Nord nach Süd. — Alpine Baumgrenze, die höchste Erhebung in den Zentralalpen zeigend. (Aus BROCKMANN-JEROSCH.)

fehlt! Das sind sehr beachtenswerte feine Einzelzüge der Wirkung des ver-schiedenen Klimacharakters. Wie weit diese Feinwirkungen gehen und wie sie sich in den Alpen nicht nur in den Randlagen gegenüber den Zentrallagen zeigen, sondern auch in einzelnen nach verschiedenen Richtungen geöffneten Tälern je nach deren mehr ozeanischer oder kontinentaler Klimatönung im Auftreten und Verschwinden einzelner Pflanzen- und Baumarten (Buche und Lärche), haben neuere pflanzengeographische Studien immer wieder gezeigt, auf forst-lichem Gebiet insbesondere die schönen Untersuchungen von TSCHERMAK über die Verbreitung der Rotbuche und Lärche in den Ostalpen[1]).

Daß übrigens auch noch Umstände anderer Art, wie Bodengüte, Hanglage, Böschungswinkel, Schneelagerstellen, Sturmlagen, Lawinen- und Murgänge und schließlich auch der Mensch durch die Weidewirtschaft den Grenzverlauf im Hochgebirge vielfach entscheidend verändert haben, darf nicht vergessen werden.

---

[1]) TSCHERMAK, L.: Die Verbreitung der Rotbuche in Österreich. Mitt. a. d. forstl. Versuchswes. Österr. 1929. Die natürliche Verbreitung der Lärche in den Ostalpen. Ebendas. 1935.

Sehr oft angeschnitten ist die Frage, *ob die Waldgrenze sich in geschichtlicher Zeit verändert hat*, und ob wir es bejahendenfalls mit einer natürlichen Erscheinung (*Klimawechsel*) oder nur mit *künstlicher Beeinflussung* zu tun haben.

In den polaren Gegenden hat man alte Holzstöcke im Moor weit über die heutige Verbreitungsgrenze hinaus oder doch von einer solchen Stärke gefunden, in der sie heute dort nicht mehr vorkommen. Das spricht allerdings für einen Rückgang der Baumgrenze. Auch in den Schweizer Alpen sind Beobachtungen über einen solchen Rückgang gemacht und zusammengestellt worden[1]). Aber auch sie lassen keinen sicheren Schluß auf eine Klimaverschlechterung zu, sondern es besteht die Möglichkeit, daß in all diesen Fällen, auch bei der polaren Waldgrenze, der Rückgang auf Waldzerstörung durch den Menschen, dort die nomadisierenden Lappen, zurückzuführen ist.

Ich selbst habe *für den Brockengipfel* im Harz auf Grund alter Beschreibungen und Reiseschilderungen nachweisen können, daß *der heutige Zustand der Baum- und Krüppelgrenze dort noch ganz derselbe sein muß wie vor 300 Jahren[2])*. Auch die oberen Höhengrenzen der Buche und Eiche haben sich, dort in den letzten 200 Jahren nicht verschoben. Wenngleich diese Arten auch flächenweise zurückgegangen sind, so ist das unzweifelhaft nur künstlich verursacht. Im übrigen aber stehen letzte Reste von Eiche und Buche auch heute noch immer in Höhenlagen, über die hinaus sie auch nach den alten Forstbeschreibungen nicht vorkamen! Auch namhafte Klimatologen, wie HANN und BRÜCKNER, lehnen auf Grund der ältesten vorliegenden Temperaturmessungen die Annahme einer laufenden Klimaverschlechterung ab. Der oft dafür angeführte Rückgang des Weinbaus in Deutschland hat sicher ganz andere, rein wirtschaftliche Ursachen und der Rückgang des Laubholzes ebenfalls.

6. Kapitel. **Die natürlichen Verbreitungsgebiete der deutschen Hauptholzarten[3]).**

Allgemeines.

Neben der Verbreitung der Waldformen ist aber auch noch die Verbreitung der einzelnen Holzarten von Wichtigkeit, da wir aus der Abgrenzung ihrer Gebiete auf ihre natürlichen Lebensbedingungen und ihre Ansprüche an Klima und Boden schließen können. Zunächst einmal nur vergleichsweise: Die Gebiete der einzelnen Arten können *ganz voneinander getrennt* sein, wie das z. B. bei der

---

[1]) SCHROETER, C.: Das Pflanzenleben der Alpen, S. 52, 1926.

[2]) DENGLER, A.: Die Wälder des Harzes einst und jetzt. Z.F.J.W. 1913, H. 3.

[3]) Hauptsächlichste Literatur: WILLKOMM, M.: Forstliche Flora von Deutschland und Österreich. Leipzig 1887. — KÖPPEN, Fr. Th.: Geographische Verbreitung der Holzgewächse des Europäischen Rußlands. Petersburg 1889. — KIRCHNER, LOEW u. SCHROETER: Lebensgeschichte der Blütenpflanzen Mitteleuropas. Darin die meist von M. BÜSGEN bearbeiteten Familien der einzelnen Waldbäume.

Ferner die in A. ENGLERS Sammelwerk: Die Vegetation der Erde enthaltenen und hier in Betracht kommenden Einzelwerke: PAX, F.: Grundzüge der Pflanzenverbreitung in den Karpaten. — DRUDE, O.: Der Hercynische Florenbezirk. — WILLKOMM, M.: Grundzüge der Pflanzenverbreitung auf der Iberischen Halbinsel. — ADAMOVIC, B.: Die Vegetationsverhältnisse der Balkanländer. — BECK v. MANAGETTA, G.: Die Vegetationsverhältnisse der illyrischen Länder. — RADDE, G.: Grundzüge der Pflanzenverbreitung in den Kaukasusländern.

Ferner: FEKETE, L.: u. BLATTNY, T.: Die Verbreitung der Bäume und Sträucher im ungarischen Staate. Selmecbanya 1913. — MATTHIEU: Statistique forestière. Paris 1878. — PAX, F.: Pflanzengeographie von Polen. Berlin 1918.

Für die Klimawerte: HANN: Handbuch der Klimatologie, 3. Aufl. Stuttgart 1911. — KÖPPEN, W.: Die Klimate der Erde. Berlin u. Leipzig 1923.

echten Kastanie (*Castanea vesca*) und der Fichte oder Lärche der Fall ist. Das weist dann auf sehr verschiedene klimatische Ansprüche hin. Oder *sie überschneiden sich mehr oder minder*, fallen aber in den Hauptteilen doch weit auseinander, wie z. B. Fichte und Buche. Das zeigt dann schon etwas genäherte Lebensbedingungen. Noch mehr ist das anzunehmen, wenn die Verbreitungsgebiete *sich großenteils decken und nur in Randteilen voneinander abweichen*, wie etwa Rotbuche und Traubeneiche. So wird man aus einem Vergleich der Verbreitungsgebiete schon gewisse Schlüsse auf die *unterschiedlichen klimatischen Ansprüche* ziehen dürfen. Auch ohne solche Vergleiche kann man aus den *klimatischen Grenzwerten* den *Spielraum* der einzelnen Art feststellen und daraus die *Höchst- und Mindestwerte* entnehmen, die sie noch erträgt bzw. braucht. Allerdings ist hierbei zu beachten, daß, abgesehen von der polaren und alpinen Baumgrenze, alle anderen Verbreitungsgrenzen der Holzarten *niemals rein klimatisch bedingt sind*, sondern daß sie immer von dem *gegenseitigen Konkurrenzkampf* der Arten mehr oder minder stark beeinflußt werden. Daher werden sie auch keine reinen klimatischen Grenzwerte geben können. Dies wird um so weniger der Fall sein, je schärfer der Kampf unter den Konkurrenten ist, z. B. bei gleichen Licht- und Bodenansprüchen. Man wird daher in solchen Fällen das natürliche Verbreitungsgebiet durch künstlichen Anbau erweitern können, wenn man die Konkurrenz durch entsprechenden Schutz ausschaltet. Außerdem ist noch der Fall in Betracht zu ziehen, daß eine Holzart das für sie passende Gebiet noch gar nicht ganz erobert hat (sog. *unvollkommene Einwanderung*), wie man das z. B. für die Fichte in Südschweden annimmt. Das verrät sich dann meist durch natürliches Vordringen des Jungwuchses unter die benachbarten Bestände anderer Holzarten. In diesem Fall kann man das ursprüngliche Gebiet durch künstlichen Anbau auch ohne besonderen Schutz mit Erfolg erweitern.

Mit solchen Vorbehalten und Einschränkungen darf man *das natürliche Verbreitungsgebiet einer Holzart im ganzen und ihre Verteilung innerhalb desselben als Ergebnis eines vieltausendjährigen, immer wieder erneuten Anbauversuchs der Natur im großen* ansehen und daraus bis zu gewissem Grade die Ansprüche der einzelnen Arten an Klima, Boden, Licht usw. entnehmen. Es ist dies auch der einzige Weg, der hier rasch zum Ziele führt, da der künstliche Anbauversuch zu lange dauert und oft erst nach jahrzehntelangem scheinbaren Gedeihen in seltenen extremen Jahren die klimatische Ungeeignetheit erweist (schwere Dürrejahre, ausnahmsweise strenge Winter, plötzliches Auftreten von gefährlichen Schädlingen u. a. m.).

Daher ist die sorgfältige Feststellung der natürlichen Verbreitungsgebiete unserer Holzarten *eine grundlegende Aufgabe waldbaulicher Lehre* wie *forstlicher Praxis* geworden. Die erstere wird sich mehr mit dem Verbreitungsgebiet im großen zu beschäftigen haben, die letztere wird besonders das frühere Vorkommen und die natürliche Verbreitung der Holzarten innerhalb des Revieres auf Grund alter Karten, Akten und Beschreibungen im kleinen aufzuklären haben (*Wert der Reviergeschichte!*). Der Weg zur Feststellung der natürlichen Verbreitungsgebiete muß sich nämlich fast immer der forstgeschichtlichen Forschung bedienen, da die heutige Verbreitung oft sehr stark durch künstliche Eingriffe beeinflußt ist, wie z. B. durch jahrzehnte-, ja sogar jahrhundertelange Einschleppung der Nadelhölzer in weiten Teilen Westdeutschlands, wo früher nur Laubholz herrschte. Andererseits sind auch durch menschliche Einflüsse Holzarten aus Örtlichkeiten verschwunden, wo sie früher natürlich vorkamen (wie z. B. Tanne und Buche in manchen Gebirgslagen durch Kahlschlag, Eiche durch schonungslosen Aushieb des wertvollen und gesuchten Holzes ohne Sorge für Nachwuchs, Eibe schon in alter Zeit durch den Bedarf der Bogen- und Armbrustschützen u. a. m.). Man wird sich daher nicht damit begnügen dürfen, die natürlichen Verbreitungsgrenzen nur auf Grund des heutigen Zustandes (Vorhandensein von Altbeständen, Auftreten natürlicher Verjüngung u. a. m.) zu bestimmen, sondern man wird, namentlich in Ländern mit alter und intensiver Forstwirtschaft, auch die künstlichen Veränderungen des Holzartenbestandes durch den Menschen aufzufinden und auszumerzen versuchen.

Die zu beachtenden Hauptgesichtspunkte sind dabei:

1. Das *Gebiet*, umschrieben durch seine Grenzlinien (auch *Vegetationslinien* genannt). Man kann entweder nur die hervorragenden Eckpunkte verbinden oder je nach dem Maßstab der Karte auch die kleineren Ein- und Ausbuchtungen berücksichtigen und darstellen. Weiter abgelegene Teilgebiete sind als Enklaven, größere Fehlgebiete innerhalb des Hauptgebietes als Exklaven festzustellen. Neben dem Verbreitungsgebiet in horizontaler ist auch das in vertikaler Richtung (Verbreitung in den verschiedenen Gebirgsstufen) zu beachten.

2. Die *Verteilung innerhalb des Verbreitungsgebietes* nach a) Häufigkeit (Frequenz), b) Dichtigkeit (Abundanz), (Holzarten mit Neigung zu Abundanz treten gern bestands- und waldbildend auf, z. B. Kiefer, Fichte, Buche; frequente, aber nicht abundante als häufige Einzelmischhölzer, z. B. Birke), c) Lage des Maximums, d. h. des häufigsten und dichtesten Vorkommens, und des Optimums, d. h. des Vorkommens in bestem Zustand. Beide können zusammenfallen, aber auch auseinanderliegen.

Das *Optimum* kennzeichnet sich im allgemeinen durch *raschen und starken Wuchs, hohes Lebensalter und guten Gesundheitszustand* (hohe, starke, alte und gesunde Bäume). Die Lage des Optimums spielt eine besondere Rolle in Mischbeständen, wo die vom Optimum weiter entfernte Holzart leichter verdrängt wird, und wo sich daher die im *Optimum befindliche Holzart* besonders gern in *Reinbeständen* zeigt.

Daß die natürliche und künstliche Verjüngung im Optimum immer am leichtesten und sichersten vor sich ginge und von diesem hinweg die Gefahren und Schwierigkeiten zunehmen, wie H. MAYR (Waldbau S. 79) als Gesetz aufstellt, dürfte keineswegs allgemein zutreffen. So verjüngt sich die Kiefer in Mittelschweden, wo sie sich sicher nicht in ihrem Optimum befindet, spielend leicht, während ihre Verjüngung in der nordostdeutschen Tiefebene, wo sie diesem sicher viel näher ist, oft die größten Schwierigkeiten macht! Die Bedingungen für beste Wuchsleistung sind eben vielfach andere als die für natürliche Verjüngung. Das zeigt sich auch bei den verschiedenen Bodengüten: Während die optimalen Leistungen fast immer auf den besten und reichsten Böden erfolgen, geht die Verjüngung dort infolge der Neigung dieser Böden zu Gras- und Unkrautwuchs meist schlechter und schwieriger vor sich als auf den etwas geringeren. Auch die anderen von H. MAYR für das Optimum aufgestellten Gesetze bezüglich Astreinheit, Holzgüte u. a. m. erscheinen vielfach zu theoretisch und nicht mit den Tatsachen übereinstimmend.

3. Die *Feststellung der Lebensbedingungen innerhalb des Verbreitungsgebietes*, und zwar a) nach Klima, b) nach Boden, c) nach Konkurrenz mit anderen Arten. Punkt 1 und 2 stehen mit 3 natürlich in ursächlichem Zusammenhang, insofern Gebiet und Verteilung in demselben sich eben aus den im Gebiet herrschenden Lebensbedingungen entwickelt haben. Trotzdem ist es schwer, ja vielfach unmöglich, diesen ursächlichen Zusammenhang immer bestimmt, besonders im einzelnen, nachzuweisen, *weil alle Lebensbedingungen eben zusammenwirken.* Da wir sie nicht getrennt voneinander nachprüfen können, so können wir auch ihre Wertigkeit nicht im einzelnen bestimmen. Die vielen, meist älteren Versuche, für den Verlauf der Vegetationslinien einen einzigen allgemeingültigen Grenzwert für Wärme, Feuchtigkeit u. a. m. zu finden, haben daher meist nicht zu befriedigenden Ergebnissen geführt. Wenn in einem Teil des Gebietes die Wärme ins Minimum gerät und dadurch die Grenze bedingt, kann sie im andern

ins Maximum treten und dann ebenfalls abgrenzend wirken. Ja, man wird dies
sogar mehr oder minder überall da annehmen müssen, wo in der Ebene einer
Nordgrenze eine Südgrenze gegenübersteht[1]). Daß die gleiche Niederschlagsmenge, die an der Kältegrenze Vernässung hervorruft, an der Wärmegrenze
schon zu Vertrocknungserscheinungen führen kann, ist ebenso einleuchtend wie
tatsächlich nachweisbar. Wohl aber kann man an kleineren Teilen einzelner
Grenzlinien, wo die übrigen Standortsfaktoren einigermaßen gleichbleiben und
nur einer sich stark ändert, deutliche Beziehungen zu diesem einen finden.
*Niemals aber wird man die ganze Grenze mit einer auch noch so komplizierten
Formel erklären können.* Man wird sich vielmehr immer damit begnügen müssen,
den allgemeinen Klimacharakter in großen Zügen für das Gebiet anzugeben
und daraus den *ungefähren Lebensspielraum* der Art zu entnehmen.

Die ganze Frage ist noch viel verwickelter, da wir neuerdings mehr und mehr
erkannt haben, daß die großen räumlich in Zusammenhang verbreiteten Arten
in ihren verschiedenen Gebietsteilen *veränderte klimatische Einstellung* zeigen,
daß sie *verschiedene Klimarassen bilden,* deren Lebensbedingungen dann wieder
gesondert zu ermitteln wären. Davon muß aber, bei der Unmöglichkeit einer
einigermaßen sicheren Trennung, vorläufig abgesehen werden. Die morphologisch
gleiche und räumlich zusammenhängende Art, die sog. „gute Art" im alten
LINNEschen Sinne, soll allein Gegenstand unserer nachfolgenden Darstellung
bilden. Auf die Frage der klimatischen Rassen wird später in einem besonderen
Abschnitt (Erblichkeit und Samenherkunftsfrage) näher eingegangen werden.

Die eingehendere Behandlung der natürlichen Verbreitungsgebiete wird sich
hier nur auf die Hauptholzarten des deutschen Waldes beschränken, die Neben-
arten können nur kürzer besprochen werden.

1. Die Kiefer oder Föhre (*Pinus silvestris L.*) (Abb. 29)

Die *Nordgrenze der Kiefer* liegt im nördlichen Skandinavien, Rußland und
Sibirien, hart an der polaren Waldgrenze. (Sie wird dort nur von der Birke,
stellenweise auch von der Fichte und in Sibirien von der dortigen Lärche etwas
überholt.) Die *Ostgrenze* ist nicht genauer bekannt. Sie liegt jedenfalls in Ostasien, nicht weit vom Stillen Ozean bzw. dem Ochotskischen Meer, da die Kiefer
erst am 150. Grad ihren östlichsten Punkt erreichen soll (RIKLI: Handwörterbuch der Naturwissenschaften Bd. 4, S. 795). Die *Südgrenze* verläuft von dort
zum südlichen Auslauf des Ural und weiter am Rande der russischen Steppe
entlang, wo sie nach KÖPPENs eingehenden Untersuchungen einen breiten
Außengürtel versprengten Vorkommens aufweist, der als Rest einer früheren
allgemeinen Verbreitung gedeutet wird; Ortsnamen und alte Überlieferungen
sprechen dafür. Jenseits der Steppe und weiter im Süden und Südwesten finden
wir die Kiefer dann *mehr und mehr nur noch als Gebirgs- und Hochgebirgsbaum*
in den Gebirgen Kleinasiens, der Balkanhalbinsel und Nordspaniens, wo sie aber
fast überall nur sehr zerstreut auftritt.

Sehr eigentümlich ist bei ihrer weiten Verbreitung nach den anderen Himmelsrichtungen hin *ihr beschränktes Vorkommen im Westen Europas.* In Schottland
tritt sie nur in den Gebirgen auf. In der Ebene aber fehlt sie von Natur schon
in ganz Dänemark, dem nordwestlichen und westlichen Deutschland bis zur
Mainlinie und ebenso in Holland, Belgien und Frankreich. Ihr Grenzverlauf

---

[1]) So hat z. B. ENQUIST, FR., (Studien über gleichzeitige Änderung von Klima und Vegetation. Svenska Geogr. Arbok 1929) und Svenska Skogvårdsforeningens Tidskrift 1933
derartige getrennte Berechnungen für Wärme-, Kälte-, Kontinentalklima-Grenze usw.
einzelner Waldbäume durchgeführt.

in Nord- und Mitteldeutschland ist von mir[1]) auf Grund eingehender archivalischer Forschung festgestellt worden. Die Grenze war durch jahrhundertelangen künstlichen Anbau in alten Laubholzgebieten fast vollständig verwischt. Die *Hauptgrenze des geschlossenen Vorkommens* fällt danach, von der Bucht von Wismar ausgehend, ziemlich genau mit der Elbe-Saale-Linie zusammen, geht von dieser über die Vorberge des Thüringer Waldes und das nördliche Bayern (Bamberg, Forchheim, Nürnberg) in einer noch nicht näher bestimmten

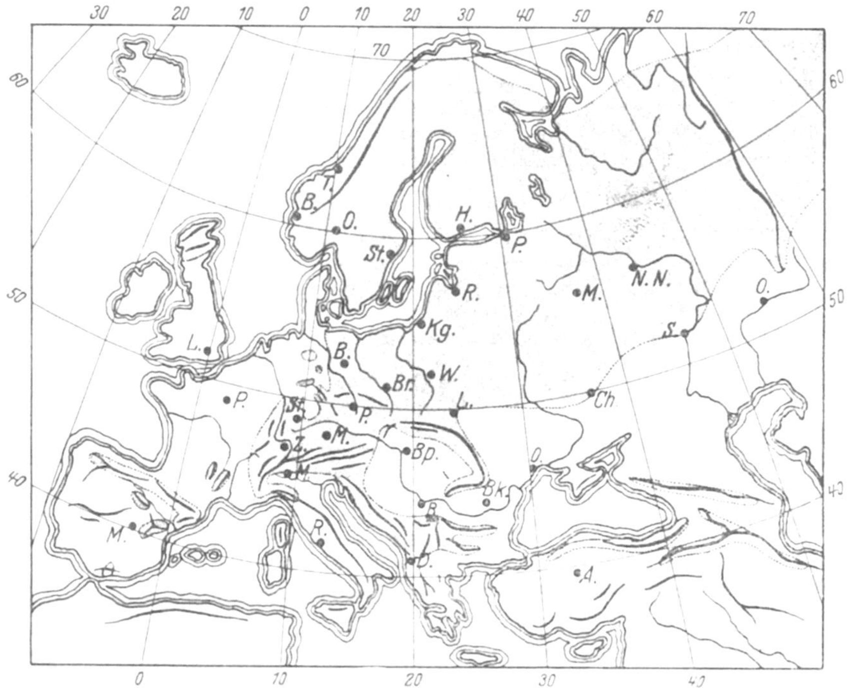

Abb. 29. Natürl. Verbreitungsgebiet der Kiefer (*Pinus silvestris*). (Entworf. v. A. DENGLER.)

Linie zur Rhein-Main-Ebene über, von der aus sie dann nach Süden zu mehr und mehr in die umgebenden Gebirge steigt (Odenwald, Schwarzwald, Schweizer Alpen). Dieser *geschlossenen Westgrenze sind noch einige Enklaven* im hessischen Buntsandsteingebirge (zwischen Eisenach—Marburg)[2]) und sehr zerstreut und spärlich auch auf dem Granitteil des Harzes vorgelagert. Die eigenartigste Enklave aber ist wohl die im Gebiet der nordwestdeutschen Heide. Dort findet sich die Kiefer, geschichtlich und z. T. sogar fossil bezeugt, auf vielen Mooren, aber auch in sandigen Partien in und zwischen den Mooren, und zwar westlich von der Altmark bis an die Oldenburger Grenze, nördlich von der Braunschweiger Grenze bis zur Linie Dannenberg—Bremen. Bis an die Nordseeküste tritt sie aber nicht. In Schleswig, im Hamburgischen und um Bremen, sowie in Oldenburg und Ostfriesland fehlte die Kiefer nach allen Forstbeschreibungen

---

[1]) Das natürliche Vorkommen in dieser Gegend ist aber neuerdings etwas zweifelhaft geworden. Vgl. hierzu IMMEL, R., A.F.J.Z. 1933, H. 6/7.

[2]) DENGLER, A.,: Die Horizontalverbreitung der Kiefer. Neudamm 1904. — Neues zur Frage der natürlichen Verbreitung der Kiefer. Z.F.J.W. 1910, S. 474 ff.

der letzten Jahrhunderte ganz[1]), wenngleich sie dort auch nach fossilen Funden in der Nacheiszeit einmal vorgekommen ist.

Wenn OPPERMANN, A., 1922 in seiner Arbeit über die „Weißkiefer in Jütland" (Mitt. d. forstl. Versuchswes. in Dänemark) durch sehr sorgfältige geschichtliche Untersuchungen für einige wenige Punkte nördlich und westlich der nordwestdeutschen Kiefernenklave noch ein natürliches Vorkommen der Kiefer im frühen und späten Mittelalter wahrscheinlich gemacht hat, so bleibt doch, wie OPPERMANN selbst sagt, noch die Frage, ob diese damaligen versprengten Posten in den letzten Jahrhunderten nicht natürlich durch die vordringenden Laubhölzer verdrängt, oder ob sie nur künstlich durch den Menschen vernichtet worden sind.

Diese zerstreuten Enklaven an der Westgrenze sind als *Rückzugsposten* der Kiefer aus ihrem einst größeren westlichen Verbreitungsgebiet nach der Eiszeit anzusehen, aus dem sie bei wärmer werdendem Klima von den Laubhölzern, namentlich der Buche, schrittweise herausgedrängt worden ist. Gerade die Moore und die sandigen Erhebungen in diesen boten ihr hierbei einen besonders guten Rückhalt, da die Buche solche Flächen ganz allgemein meidet. Auch das Vorkommen der Kiefer in den Gebirgen West- und Südeuropas ist letzten Endes ganz ähnlich aufzufassen: Die Kiefer wurde in den wärmeren Perioden der Nacheiszeit (vgl. S. 75 ff.) auch dort naturgemäß von der Buche, die immer höher hinaufstieg und tiefer ins Innere drang, mehr oder weniger verdrängt. Es stimmt damit gut überein, daß z. B. in den Zentralalpen, wo die Buche zurücktritt, die Kiefer auch gleich wieder viel zahlreicher vorkommt (vgl. S. 43). Neben den Rückzugskampf mit der Buche tritt in den europäischen Gebirgen auch noch der mit der ebenfalls später eingewanderten Fichte hinzu, so daß das Vorkommen der Kiefer in allen diesen Gebirgen heute ein recht spärliches und ganz zerstreutes geworden ist und sich meist nur auf felsige und klippige Stellen und sonstige trockene, für Fichte und Buche unzugängliche Standorte beschränkt[2]).

Eigenartig ist es, daß die Westgrenze des geschlossenen Vorkommens der Kiefer von der Ostseeküste bis zum Thüringer Wald sehr nahe, teilweise sogar ganz, mit dem Limes sorabicus, der alten Grenzbefestigung zwischen Germanen und Slawen, zusammenfällt. Es erscheint möglich, daß man diese Befestigungslinie nach der Grenze des Kiefernwaldes ausgewählt hat, den man als einen Anzeiger minderwertigen Bodens gegenüber dem Laubholz kennengelernt haben mochte. Jedenfalls liegt ein zweiter ähnlicher Fall in Süddeutschland vor, wo der römische Limes sich auf der Strecke vom Main bis zur Donau ebenfalls an die natürliche Grenzlinie des Nadelholzes gegen altes Laubholzgebiet anschließt[3]).

Das *vertikale Vorkommen* der Kiefer ist im Norden niedrig, nur bis 200—300 m, steigt aber im Süden sehr hoch bis über 2000 m (Schweizer Alpen, Kaukasus).

Wo *Maximum und Optimum* der Kiefernverbreitung liegen, ist bei ihrem riesigen Gebiet und den statistisch noch wenig bekannten Bestockungsverhältnissen der russischen und sibirischen Wälder nicht mit Sicherheit zu sagen. In ihrem westlichen Gebietsteil liegt jedenfalls ein *Maximum* in der *norddeutschen Tiefebene*, und zwar in der Mark Brandenburg, der Niederlausitz, im Warthe- und Weichselraum, ein *Optimum* aber etwas nördlich und östlich davon in *Ostpreußen*, wo ihr Holz, das *bois de Taber* (Oberförsterei Taberbrück und benachbarte Reviere) schon zu Napoleons Zeiten weltberühmt war. Ebenso geschätzt nach Masse und Güte war aber auch die angrenzende baltische (Rigaer) Kiefer.

Wenn man die *klimatischen Bedingungen innerhalb des Verbreitungsgebietes* betrachtet, so erhellt schon aus dessen großer Ausdehnung von Norden nach

---

[1]) DENGLER, A.: Die Horizontalverbreitung der Fichte und Weißtanne, S. 58 ff. Neudamm 1912. — Neues zur Frage der natürlichen Verbreitung der Kiefer. Z.F.J.W. 1910, S. 474.

[2]) GEORGESCU, C.: Die Horizontalverbreitung v. Pinus silvestris in d. Rumänischen Karpaten. Bukarest 1940. Rumänisch m. deutsch. Referat.

[3]) GRADMANN, R.: Petermanns Geogr. Mitt. 1899, III.

Süden und Osten nach Westen, wie weit der Spielraum nach dieser Beziehung liegen muß.

Die Sommertemperatur (Julimittel) beträgt an der Nordgrenze nur 10°, an der Südgrenze über 20°, die Wintertemperaturen in Ostsibirien über —40°, an der Westgrenze in Deutschland nur 0°.

So zeigt die Kiefer in ausgeprägter Form eine *Anpassung an das kontinentale Klima sowohl in dessen kühlerem nördlichen wie auch im wärmeren südlichen Teil. Sie erträgt heiße Sommer in Südrußland und kälteste Winter in Sibirien, wird aber in den wintermilden Gebieten im Westen von den Laubholzarten verdrängt und flüchtet sich im Süden vor Fichte und Tanne auf flachgründige, felsige oder sonstige edaphisch ungünstige Rückzugsposten.*

Was die *Niederschläge* anbelangt, so schwanken auch diese in sehr weiten Grenzen.

Eine Trockengrenze, wo die Feuchtigkeit ins Minimum gerät, liegt offenbar am Rande der südrussischen Steppe, wo zwar die Niederschläge an der Kieferngrenze noch 400—450 mm betragen, aber dann nach Süden zu ins Steppengebiet hinein sehr rasch sinken (Astrachan nur 150 mm!).

Die höchste Regenmenge empfängt die Kiefer wohl in den Gebirgslagen an ihrer West- und Südgrenze. Hier dürfte die Menge der Jahresniederschläge in den von der Kiefer eingenommenen Höhenlagen in Alpen, Schwarzwald, Vogesen und im französischen Plateau central wohl vielfach 1000 mm erreichen oder übersteigen. Ihr Lebensspielraum ist also auch in bezug auf die Feuchtigkeit ein außerordentlich weiter. Man kann sie daher mit Recht als klimatisch indifferent bezeichnen.

Ihr *Vorkommen auf den verschiedenen Bodenarten und Gesteinen* bezeugt ebenfalls *große Bedürfnislosigkeit und Anpassungsfähigkeit.* Ihre Hauptverbreitung findet sie in der Ebene auf diluvialen Sanden. Besonders auf den *armen Talsanden* bildet sie große und sicher auch von Natur *reine oder fast reine Waldungen,* höchstens mit etwas Einsprengung von Birke und Aspe. *Auf feuchteren* und kräftigeren, *anlehmigen* und *lehmigen Sandböden* tritt sie zwar auch noch bestandsbildend auf, mischt sich hier aber schon mehr mit anderen Arten, im Osten und Norden mit *Birke und Fichte,* im Westen (Norddeutschland) auch mit *Eiche und Buche.* Auf diesen vielfach geschichteten Böden entscheidet oft der tiefere Untergrund. Wo Lehm und Mergel flach oder gar oberflächlich liegen, wird die Kiefer von Buche und Eiche, besonders ersterer, meist ganz verdrängt, wo diese nährstoffreichen Schichten aber in Tiefen liegen, die für die untersten Wurzeln der Kiefer noch gerade erreichbar sind, für die Mischhölzer, insbesondere die Buche, aber nicht mehr, bleibt sie noch herrschend oder doch mitherrschend. Auf derartigen Böden liegt z. B. ihre optimale Entwicklung in der Oberförsterei Taberbrück, wo ihre Pfahl- und Seitenwurzeln noch in 5—6 m Tiefe in dem dort anstehenden Lehm gefunden wurden, und wo sie Höhen von 40 m und darüber erreicht, während die ihr beigemischte Buche um etwa 10 m zurückbleibt. Sinken die Lehm- und Mergelschichten noch tiefer, dann treten die Laubhölzer mehr und mehr zurück und die Kiefer herrscht wieder allein.

Auf *Hochmoorböden* findet sie sich ebenfalls vielfach in Skandinavien, Finnland, Rußland und Deutschland vorherrschend in Beständen mit der Birke zusammen und zeigt hier je nach der Beschaffenheit des Moores alle Stufen vom mäßig wüchsigen Baum bis zum Krüppel. (Diese Moorkiefer wird vielfach auch als besondere Form *turfosa* bezeichnet.) Im *Gebirge* tritt die Kiefer von Natur fast überall nur auf besonders armen, trockenen oder sonst für die konkurrierenden Holzarten ungünstigen Standorten stärker auf. Insbesondere daher wieder auf Sanden wie auf *Quadersandstein, Buntsandstein und Keupersandstein.*

Doch fehlt sie auf Kalk durchaus nicht völlig, zumal wenn es sich um Standorte handelt, die für die anderen Arten ungünstig sind (Trockenlagen, schottrige und klippige Hänge). Die alte Behauptung, daß die Kiefer „kalkfeindlich" wäre, ist durch die Auffindung solcher natürlichen Vorkommensfälle und durch ihre erfolgreiche Benutzung bei der Aufforstung veröldeter Muschelkalkhänge (neben der hierzu meist verwendeten Schwarzkiefer) längst widerlegt. Wo aber frischere

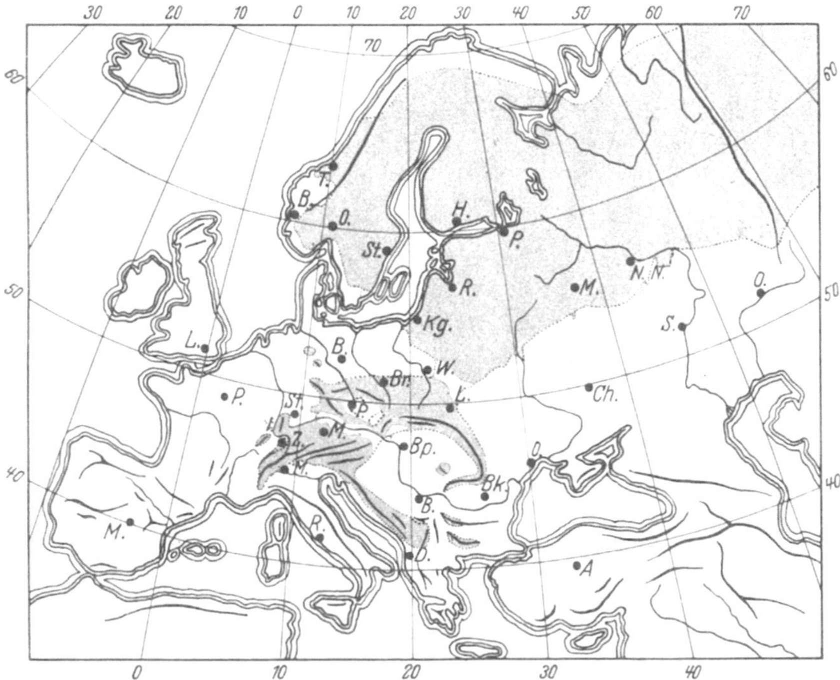

Abb. 30. Natürl. Verbreitungsgebiet der Fichte (*Picea excelsa*). (Entworf. v. A. DENGLER.)

Kalkböden der Buche, Tanne oder Fichte gutes Gedeihen ermöglichen, da fehlt sie meist vollständig.

Die ganze Verbreitung der Kiefer steht so unter dem Zeichen ihrer *klimatischen Unempfindlichkeit und ihrer Bedürfnislosigkeit mit Bezug auf den Boden*. Das ist ihre stärkste Waffe im Kampf um den Raum geworden, und hat ihr jene große Fläche im Walde gesichert, die sie heute zum Hauptwaldbaum der großen Tiefebenen Nordeuropas macht.

2. Die Fichte oder Rottanne *(Picea excelsa Lk.)* (Abb. 30)

Das Verbreitungsgebiet der Fichte von den Alpen bis in den hohen Norden ist früher als zusammenhängend aufgefaßt und beschrieben worden. Nachdem inzwischen festgestellt worden ist, daß es an zwei Stellen durch zwar verhältnismäßig nur schmale Streifen unterbrochen ist, in denen das natürliche Vorkommen sehr zweifelhaft oder sogar unwahrscheinlich ist, und auch entwicklungsgeschichtliche Untersuchungen dafür sprechen, daß die Besiedlung getrennt erfolgt ist und nicht bis zu einer vollständigen Verschmelzung geführt hat, schließe ich mich der schon von RUBNER vertretenen Auffassung an, daß es in einen großen Hauptteil im Nordosten, das *Nordisch-Baltische Gebiet*, einen mittleren, das *Hercynisch-Karpatische* und einen südwestlichen, das *Alpin-Südosteuropäische* aufzugliedern ist. (Da es sich aber trotzdem um die gleiche große Art handelt und die Unterschiede klimatischer Rassenbildung zwischen diesen Gebieten nicht stärker in Erscheinung treten, als sie es schon innerhalb derselben tun, so kann die Betrachtung der Zusammenhänge der Verbreitung mit den klimatischen und Bodenbedingungen dessenungeachtet zusammengefaßt bleiben.)

Die *Nordgrenze des großen Hauptgebietes* fällt vom nördlichsten Norwegen bis nach Ostsibirien im allgemeinen mit der Waldgrenze überhaupt zusammen, wenn auch stellenweise die Kiefer oder die Birke, im Osten auch sibirische Lärchenarten sich etwas über sie hinausschieben. Schon von der Halbinsel Kola an mischt sich die als Unterart angesehene *obovata*-Form (mit kleineren Zapfen und abgerundeten Zapfenschuppen) unter die *excelsa*-Formen und soll je weiter nach Osten desto häufiger werden. Vom Ochotskischen Meer läuft dann die *Ostgrenze* über das mongolisch-chinesische Grenzgebirge Kuku-Nor[1]) zum südlichen Ural und von da südlich von Moskau bis an den Bug. Dort setzt etwa von Brest-Litowsk bis nach Warschau ein *fichtenarmer Streifen* längs des Bug ein, in dem das natürliche Vorkommen der Fichte zum mindesten sehr fraglich ist[2]).

Danach würde dort die *SW-Grenze* des Hauptgebietes beginnen, die nördlich des Bug und der Weichsel nach dem südlichen Ostpreußen zieht, wo sie zwischen Neidenburg und Allenstein eintritt und über den Kreis Mohrungen an der Westspitze des Frischen Haffs die Ostsee erreicht[3]). Über die Weichselniederung hinaus nach Hinterpommern ist sie nicht mehr natürlich vorgedrungen[4]). Jenseits der Ostsee läuft die Grenze dann durch das südliche Schweden und Norwegen, in beiden Ländern nur einen schmalen Küstenstrich im Südwesten meidend.

Das *zweite Gebiet*, von dem vorigen nur durch einen 50—100 km breiten Streifen östlich Warschau getrennt, findet sein Rückgrat in den Gebirgszügen der Karpaten, Tatra, Beskiden und Sudeten, setzt sich nach W über das Erz- und Fichtelgebirge bis zum Thüringer Wald hin fort und läuft dann, das böhmische Becken umgehend, südöstlich in den Böhmer und Bayrischen Wald bis nach Passau hin aus.

In allen *diesen Gebirgen* wird die *Fichte* zum *Hauptwaldbaum der mittleren und oberen Lagen*. Nach Norden zu tritt sie aber auch in das Vorland hinaus, im W zunächst noch wenig, nach Osten zu aber immer weiter (Annäherung an Gebiet I). Von Koburg läuft diese Grenze[5]) um den Thüringer Wald herum, an dessen Flanken sie, besonders im Norden, *schon in das hügelige Vorland herabzusteigen beginnt* (so bei Berka, Jena, Zeitz). Von dort zieht sie, nur die Nordwestspitze Sachsens ausschließend, in die wendische Niederlausitz und tritt dort bereits *ganz in die Ebene* (Liebenwerda, Dobrilugk, Tauer, Pförten). Bei Sorau geht sie nach Schlesien über, wo sie die Oderniederung etwas nördlich von Breslau im Waldbesitz dieser Stadt bei Riemberg überschneidet, um von da südlich Warschau nach Osten zu die Weichsel zu überschreiten. Dort wendet sie sich scharf nach Süden den Ostkarpaten zu, wo sie wieder ins Gebirge steigt.

<hr>

[1]) Nach PRZEWALSKI, zit. von M. BÜSGEN in Koniferen und Gnetaceen Mitteleuropas, S. 101. Stuttgart 1906.
[2]) JEDLINSKI, W.: Zur Frage d. natürl. Verbreitg. d. Fichte in Mittelpolen. Sylvana 1928.
[3]) GROSS, H.: Die Fichte i. Ostpreußen. Z.F.J.W. 1934. H. 8.
[4]) HESMER, H.: Untersuchg. z. Waldentwicklg. i. Pommern. Ebenda 1931. H. 10.
[5]) DENGLER, A.: Die Horizontalverbreitg. d. Fichte. Neudamm 1912.

Vor dieses Gebiet vorgeschoben liegt noch *ein großes insulares Vorkommen im Harz* und, was besonders auffällig ist, noch ein zweites *im lüneburgisch-hannoverschen Flachland*, das mit der dortigen Enklave natürlichen Kiefernvorkommens zusammenfällt, aber sich nicht ganz so weit auszudehnen scheint wie dieses[1]). Außer dem großen Ausschlußgebiet der Fichte in der ungarischen Tiefebene findet sich ein solches auch noch im Wiener und im böhmischen Becken um Prag. Die Fichte fehlt auch von Natur ganz in England, Schottland, Irland und Dänemark.

Das *dritte Gebiet,* das von dem vorigen nur durch einen sehr schmalen, aber langen fichtenfreien Streifen in der Donauniederung getrennt wird, ist noch ausgesprochener *an die Gebirgslagen* gebunden. Es umfaßt die Gebirge des nördlichen Balkans und Dalmatiens, die Alpen von Ost nach West und Süd nach Nord, dort noch auf die oberbayrisch-schwäbische Hochebene heraustretend, den Schwarzwald und den Schweizer Jura. Dieser bildet schon eine westlich vorgeschobene Insel. Auf den Vogesen ist nur ein kleines versprengtes Vorkommen natürlich[2]). Auf allen südlicher und westlicher gelegenen Gebirgen Italiens, Frankreichs und Spaniens fehlt aber die Fichte von Natur ganz.

Die *vertikale Verbreitung* geht im hohen Norden meist nur bis zu 200—300 m, im Harz bis zu 1000 m, in den Alpen und den Gebirgen des Balkans erreicht sie ihren Höhepunkt bei etwa 2000 m.

In den Alpen hat die Fichte auch sicher schon eine natürliche Grenze nach unten, da sie nach den Schweizer Untersuchungen dem eigentlichen Tiefland vor ihrer künstlichen Einführung gefehlt hat. (In den Pfahlbauten am Bodensee sind alle hauptsächlichsten Holzarten mit Ausnahme der Fichte gefunden worden!) In den südlichen Alpen nahm KERNER sogar die untere Grenze schon zwischen 900—1200 m an, so daß die Gürtelbreite nur etwa 800 m betragen würde.

Noch schmaler wird der Fichtengürtel dann in den illyrischen Ländern, wo er z. B. in der Herzegowina und in Montenegro nur noch 500 bzw. 480 m beträgt[3]). Dabei steigt die Baumgrenze dort schließlich wieder bis auf 2000 m, also etwa gleich hoch wie in den Berner Alpen.

Sehr bezeichnend ist es, daß in den *illyrischen Küstengebirgen,* die unter dem unmittelbaren *Einfluß des Mittelmeerklimas* stehen, wie im Velebit und der Dinara, *die Fichte* in den entsprechenden Höhenstufen *ganz fehlt oder äußerst selten vorkommt* und erst weiter nach Osten zu wieder häufiger wird, wo das Klima rasch rauher und kontinentaler wird.

Die eigenartige Erscheinung, daß die Fichte dort nicht die oberste Höhenstufe einnimmt, sondern entweder von der Tanne und Buche in die tiefere Stufe verdrängt wird oder ganz fehlt, hat VAJDA[4]) in einer sehr eingehenden Untersuchung über ihre Verbreitung in dem Küstengebirge der Großen Kapela zu klären versucht. Danach tritt neben anderen klimatischen Gründen der ozeanische Einfluß milder südlicher Winterwinde und entsprechend milder Temperaturen hier verbreitungshemmend auf. In ähnlicher Weise dürfte auch das Fehlen der Fichte und ihre Vertretung durch die Buche und Tanne in der obersten Waldstufe in den hohen Vogesen zu erklären sein!

Was die *Häufigkeit des Vorkommens* innerhalb des Verbreitungsgebietes anlangt, so zeigt die Fichte ein *deutliches Maximum in den mitteleuropäischen Gebirgslagen, besonders* in den *Alpen und den deutschen Mittelgebirgen,* wo sie *geradezu* der Hauptwald- und Charakterbaum der Gebirgslandschaft ist. Nach Westen zu zeigt sich schon im Schweizer Jura und im Schwarzwald ein starkes Zurücktreten der Fichte hinter Rotbuche und Weißtanne. Das gleiche ist nach Süden zu in den Karpaten der Fall, wo besonders die Rotbuche in den Vorder-

---

[1]) DENGLER, A.: Die Horizontalverbreitg. d. Fichte. Neudamm 1912.

[2]) STROMEYER, H.: Über das natürliche Vorkommen der Fichte in den Vogesen. Naturwissensch. Zeitschr. f. Land- und Forstwirte 1913.

[3]) BECK v. MANAGETTA, G.: Die Vegetationsverhältnisse der illyrischen Länder. Leipzig 1901.

[4]) VAJDA, Z.: Die natürliche Verbreitung der Fichte in der Groß-Kapela. Z.F.J.W. 1938 H. 10.

grund tritt. Nach Norden und Osten zu findet dagegen ein solches Abklingen nicht statt. Die dort vorliegenden Gebirgssysteme, wie Bayrischer Wald, Fichtelgebirge, Erzgebirge und Riesengebirge, zeigen noch eine sehr starke Entwicklung des Fichtenwaldes.

In der Ebene scheint überhaupt nach Nordosten zu sich noch ein *zweites Maximum* der Fichte im *Baltikum,* im *nördlichen Rußland, Finnland* und *Mittelschweden* zu entwickeln, wo die Fichte neben dem Hauptwaldbaum, der Kiefer, wenigstens an die zweite Stelle rückt.

Das *Optimum* liegt aber in den *Alpen* und zwar *in den Lagen um* 1000 m. Dort erreicht nach den Untersuchungen von FLURY die Gesamtmassenproduktion im 100. Jahre auf bester Bonität mit über 1800 fm ihr Maximum. Höhen von 50 m und darüber sind bei einzelnen alten Bäumen nicht selten, und der Gesundheitszustand ist bis ins hohe Alter ein besonders guter, während *in den unteren Lagen die Rotfäule stark zunimmt.* So fand FLURY in Lagen von 400—600 m ein Rotfäuleprozent zwischen 18—35%, in 1000—1200 m nur 11—15%. In 1400 m betrug es nur 4%, war aber die Massenleistung schon sehr viel geringer.

Die *klimatischen Bedingungen,* denen die Fichte innerhalb ihres natürlichen Verbreitungsgebietes ausgesetzt ist, sind zwar auch noch recht verschieden, aber doch schon *wesentlich enger als bei der Kiefer.* Immerhin geht auch die Fichte ja in Skandinavien bis zum 69. Grad an die Grenze der Tundra und bis in das Gebiet der strengsten sibirischen Winter hinein. Wir müssen also auch bei ihr auf *einen hohen Grad von Unempfindlichkeit gegen Winterkälte* schließen. Ihre polare Grenze ist letzten Endes ebenso durch die Wärmeabnahme des Sommers bedingt, wie wir das bei der Waldgrenze überhaupt festgestellt haben.

Bezeichnend ist aber das *Zurückbleiben der Fichtengrenze gegenüber der Kiefer im südlichen Rußland.* Hier betragen die Julimittel etwa 19° (Nischni-Nowgorod, Moskau, Orel) und die jährlichen Niederschläge 400—500 mm. Also ist hier der Sommer um etwa 2—3° kühler, und die Niederschläge sind um 50—100 mm höher als an der weiter südlich liegenden Kieferngrenze. Das bedeutet zusammen natürlich eine sehr viel bessere Wasserbilanz. Hier bestimmt diese offenbar die Grenzlinie. Die Fichte zeigt deutlich ihren *höheren Anspruch an Feuchtigkeit.*

Noch an einer anderen Stelle haben wir es offenbar mit einer solchen *Trockenheitsgrenze zu tun. Das ist die Grenze von Eisenach durch Sachsen bis nach Schlesien.* Hier fällt die Fichtengrenze in einer Länge von 400 km ganz auffällig mit der Niederschlagskurve von 600 mm zusammen. Nördlich davon nehmen auch Dürrezeiten und Trockenjahre zu, und zwar in noch schärferem Maße als die Gesamtniederschläge abnehmen. Für Sachsen konnte WIEDEMANN[1]) in sehr überzeugender Weise den Zusammenhang von Wuchsstockungen und Zuwachsrückgängen mit solchen Jahren im nördlichen Sachsen nachweisen, wo die Fichte von Natur fehlt. In den berüchtigten Dürrejahren 1904 und 1911 sind massenhaft auch ältere Fichten, die aus künstlichem Anbau hervorgegangen waren, in Sachsen, der Mark und der damaligen Provinz Posen durch Trocknis eingegangen!

An der *Ostseeküste* und ihrem Hinterland (Mecklenburg und Pommern), wo die Niederschlagsmenge schon etwas höher und die Vegetationszeit kürzer und kühler ist, liegen die Verhältnisse schon günstiger. Wir finden daher dort häufiger ältere und gutwüchsige, aus künstlichem Anbau entstandene Bestände, während im *märkischen Gebiet* die zahllosen Kiefern-Fichten-Mischsaaten, die man dort im vorigen Jahrhundert ausgeführt hat, meist *mit einem vollständigen Mißerfolg für die Fichte* geendigt haben. Auf lehmigen oder feuchten Standorten (Seeufern

---

[1]) WIEDEMANN, E.: Zuwachsrückgang und Wuchsstockungen der Fichte in den mittleren und unteren Höhenlagen der sächsischen Staatsforsten. Tharandt 1925.

und Bruchrändern) hat sich die Fichte aber auch hier einigermaßen halten können. Ein natürliches Vordringen der Fichte läßt sich jedenfalls trotz Unterstützung durch den jahrhundertealten künstlichen Anbau nicht beobachten.

Die ökologisch am meisten unklare Grenze der Fichte aber ist die gegen Westen und Südwesten. Warum ist die Fichte von den Alpen und dem Schwarzwald nicht auf die Apenninen und die Gebirge in Frankreich und Spanien gegangen wie die Kiefer, mit der sie doch im Osten auf der Balkanhalbinsel noch weit nach Süden vorgestoßen ist? Warum fehlt sie von Natur auf den höheren Lagen der westdeutschen Gebirge (insbesondere etwa dem doch bis über 900 m hohen Taunus), warum fehlt sie der Westküste des südlichen Norwegen und Schweden, in Dänemark und um die Nordsee herum? Die Niederschläge würden dort überall ausreichen.

Die Beantwortung dieser Frage wird immer einen mehr oder minder hypothetischen Charakter tragen. Wenn wir das gesamte natürliche Verbreitungsgebiet der Fichte betrachten, so springt ganz augenfällig hervor, daß sie *vorwiegend das winterkalte Kontinentalklima* besiedelt und daß sie, wo dieses in der Ebene im Westen in ein wintermildes ozeanisches Klima umschlägt (Frankreich) oder im Süden in ein ebenso wintermildes Mittelmeerklima (Italien), haltgemacht hat und hier nicht einmal mehr in die kühleren Gebirgszonen hinaufgelangt ist.

Die gleiche Erscheinung finden wir nun überall wieder, wo die Gattung Picea waldbildend auftritt, in Amerika und Asien ebenso wie in Europa. Überall haben ihre Vertreter entweder die kühlen Gebirgslagen oder die kalten Kontinentalgebiete besiedelt, niemals aber die ozeanischen Lagen mit milden frostfreien Wintern. Das muß also allgemein seine klimatischen Ursachen haben.

Fragt man nach den unmittelbaren Gründen, so ist man allerdings mehr oder minder auf Vermutungen angewiesen. Eine Reihe von Beobachtungen scheint zunächst zu zeigen, daß die *Angriffskraft der Parasiten* zunimmt.

Über die frühzeitige Rotfäule wird in allen künstlichen Anbaugebieten des Westens geklagt. Statistisch ist sie durch FLURY für die unteren Lagen der Schweiz (vgl. S. 54) nachgewiesen. Auch tierische Feinde, wie z. B. *Nematus abietum* (die Fichtenblattwespe), haben sich besonders in den niederen und wärmeren künstlichen Anbaugebieten gezeigt, wie neuerdings in der Rheinprovinz, wo ihre Schädigungen geradezu den weiteren Anbau in Frage zu stellen scheinen[1]).

Auch die großen Massenvermehrungen der Nonne, die oft ganze Fichtengebiete vernichtet haben, sind niemals in den höheren Gebirgslagen und im kühleren Verbreitungsgebiet, sondern fast immer nur an den Grenzen, und im künstlichen Anbaugebiet (Ostpreußen, Polen, Böhmen, in der Münchener Gegend, im Bodenseegebiet), in Schweden ebenfalls nur im Süden (Södermanland und Ostgotland) aufgetreten! Ebenso hatte auch Belgien (Campine) einmal eine solche Massenvermehrung.

Vielleicht dürfte auch noch in Betracht zu ziehen sein, daß das wintermilde und humide atlantische Klima auch eine besonders schlechte Streuzersetzung und damit eine große Gefahr der Rohhumusbildung bei der ohnehin dazu neigenden Fichte mit sich bringt und daß auch dieser Umstand Gesundheitszustand und die Möglichkeiten einer natürlichen Verjüngung beeinträchtigt.

In der Hauptsache wird man jedenfalls daran festhalten müssen, daß die europäische Fichte wie alle ihre Gattungsgenossen eben *einem winterkalten Klima* angepaßt ist, und daß in wintermildem Klima, wie es in Westeuropa und auch noch in Westdeutschland vorliegt, immer die schattenertragenden Laubhölzer, wie die Buche, durch ein Zusammenwirken allerverschiedenster Umstände ein ökologisches Übergewicht erhalten, welches die Fichte höchstens noch in einem Grenzgebiet duldet, sie aber von diesem weg von Natur mehr

---

[1]) Vgl. dazu auch RUBNER, K.: Pflanzengeographische Grundlagen des Waldbaus, 3. Aufl., S. 338. 1934. Daselbst auch weitere Angaben über Schädlinge und Literatur dazu.

und mehr ausschließt. Hier ist dem menschlichen Einfluß, der beim künstlichen Anbau diese Konkurrenz ausschalten kann, in weiterem Maße als an anderen schärfer klimatisch bedingten Grenzen Spielraum gegeben. Man hat davon auch gerade im Westen Deutschlands sehr reichlich Gebrauch gemacht. Aber auch dieser Spielraum hat seine Grenzen. Vielfach scheinen sie heute schon überschritten.

Was das *Vorkommen der Fichte auf den verschiedenen Bodenarten* betrifft, so zeigt sich überall da, wo sie *in der Ebene* mit der Kiefer zusammenkommt, wie z. B. in Ostpreußen, im Baltikum und in Rußland, daß sie sich von *den trockneren und ärmeren Sandböden fernhält* und diese der Kiefer überläßt. Wo die Böden aber lehmig werden, erscheint die Fichte, und mit *steigendem Lehmgehalt tritt sie immer mehr in den Vordergrund.* Auf sandigen Böden findet sie sich nur, wenn diese durch Tieflage oder flach anstehende undurchlässige Schichten einen dauernd hohen Feuchtigkeitsgehalt aufweisen.

Auch auf *reine Moor- und Hochmoorböden* geht sie über, ist aber dort ähnlich wie die Kiefer meist kümmerlich und krüppelhaft.

Auf den eigentlichen *Gebirgsböden* kommt sie auf den allerverschiedenartigsten Gesteinsarten vor, ohne die eine oder andere merkbar zu bevorzugen oder zu meiden. Nur da, wo im Berührungsgebiet mit dem Laubholz *Kalkgesteine* eingesprengt sind, findet sich *augenfällig ein Zurücktreten der Fichte gegen die Buche[1]). Wo diese aber klimatisch fehlt oder zurücktritt, findet sich die Fichte auch urwüchsig und gutwüchsig auf Kalkgestein,* so z. B. in den Kalkalpen. Ebenso habe ich sie im unberührten Urwald von Bosnien auf Kalkgebirge, um 1000 m herum noch vorwiegend mit Weißtanne gemischt, über 1500—1600 m aber auch in reinen Beständen getroffen.

Auf Buntsandstein kommt sie u. a. im Schwarzwald vor und ist sie im westdeutschen (hessisch-hannoverschen) Bergland ganz besonders reichlich künstlich angebaut worden. Besonders deutlich zeigt sich ihre geringe Empfindlichkeit nach dieser Beziehung am Harz, wo ich nachweisen konnte, daß die Grenzlinie ihrer natürlichen Verbreitung sich in geradem Zug vom Buntsandstein des Vorlandes über das untere Zechsteinband, Grauwacke und Kulmschiefer, Quarzite und Granit hinwegzieht[2]).

Sie ist also in bezug auf die Gesteinsarten durchaus nicht wählerisch, verlangt aber immerhin mittelkräftige, anlehmige Böden. Auf geringeren kommt sie nur dann vor, wenn ihr eine reichliche, dauernde Bodenfrische geboten wird.

3. Die Weißtanne. *Abies pectinata D. C. (A. alba Mill.)* (Abb. 31)

Die dritte unserer Hauptnadelholzarten, die Weißtanne, hat im Gegensatz zu Kiefer und Fichte nur ein *sehr beschränktes Verbreitungsgebiet,* was zunächst recht auffällig erscheinen muß, da sie in ihrem ökologischen Verhalten der Fichte sonst in vielem nahesteht und ihre Grenze stellenweise sogar mit dieser zusammenfällt. (Man sieht daraus, daß man niemals einzelne Grenzteile zur Beurteilung des gesamtökologischen Verhaltens einer Art heranziehen darf, sondern immer die Verbreitungsgebiete im ganzen betrachten muß.)

Die *Nordgrenze[3])* verläuft von der Nordwestspitze des Thüringer Waldes zunächst fast genau mit der Fichte durch Thüringen, durch die Nordspitze von Sachsen und die wendische Niederlausitz, wo sie im Wald des Grafen BRÜHL-Pförten im Belauf Preschen ihren nördlichsten Punkt unter 51° 40' erreicht. Hier bleibt sie hinter der Fichtengrenze (Tauer) etwa 30 km zurück. Dann nähern

---

[1]) DENGLER, A.: a. a. O.
[2]) DENGLER a. a. O. und die Wälder des Harzes einst und jetzt. Z.F.J.W. 1913, H. 3.
[3]) DENGLER, A.: Die Horizontalverbreitung der Weißtanne. Neudamm 1912.

sich beide Grenzlinien wieder und laufen gemeinschaftlich über Sorau nach Schlesien, wo beide Arten gemeinsam im Waldbesitz der Stadt Breslau in Riemberg (dicht südlich des Katzengebirges) Grenzvorkommen haben, um dann nach Osten zu im Bezirk Radom die Weichsel zu überschreiten. Dort aber findet nun eine bedeutsame *Trennung in der Verbreitung beider Holzarten* statt. Die Tanne geht nicht mehr weiter nach Norden und Osten in das große nordisch-baltische Gebiet der Fichte mit, sondern sie bleibt in deren hercynisch-karpatischem

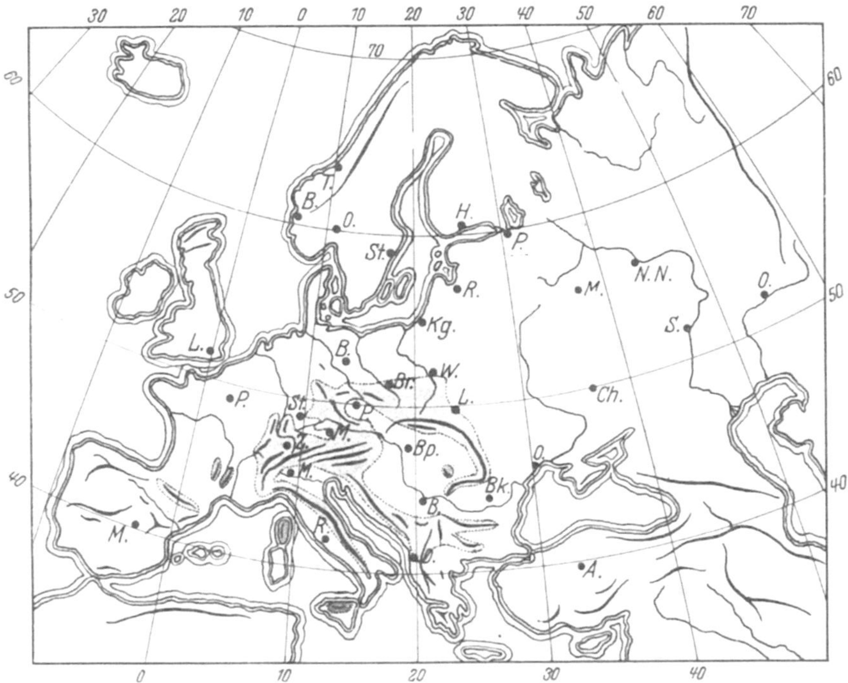

Abb. 31. Natürl. Verbreitungsgebiet der Weißtanne (*Abies pectinata*). (Entw. v. A. DENGLER.)

und alpin-südosteuropäischen Verbreitungsgebiet. Im ersteren fehlt sie nur in den beiden Inseln am Harz[1]) und im lüneburg-hannoverschen Flachland, in letzterem greift sie dagegen weit über dieses nach Süden und Westen hinaus. Denn sie geht dort über die ganzen Appenninen bis nach Sizilien, kommt in starker Verbreitung und bestem Gedeihen in den Vogesen bis zu deren nördlichsten Ausläufern bis an die Grenze der Pfalz vor und findet sich schließlich auch noch in Süd-Frankreich in den Cevennen sowie in den Pyrenäen.

Ein angeblich natürliches Vorkommen weit ab in der Normandie hat sich aber nach Pollenuntersuchungen von HESMER[2]) als erst ganz jung und daher wohl als spätere künstliche Einführung herausgestellt.

Die in Süddeutschland verlaufende *Westgrenze* ist durch forstgeschichtliche Untersuchungen[3]) ebenfalls im einzelnen geklärt. Danach verläuft diese vom

---

[1]) HESMER, H.: Die Waldgeschichte der Nacheiszeit des nordwestdeutschen Berglandes. Z.F.J.W. 1928, H. 4. u. 5.

[2]) Noch unveröffentlicht.

[3]) Fürst WINDISCH-GRAETZ: Die ursprüngliche natürliche Verbreitungsgrenze der Tanne in Süddeutschland. Dissert., München; Naturwiss. Z. f. Forst- u. Landw. 1912, H. 415.

nördlichen Schwarzwald bei Pforzheim zunächst nach Süden über den West-
auslauf des Schwäbischen Jura (Rauhe Alb), wendet sich dann, den Oberlauf der
Donau überschreitend; scharf nach Osten, immer parallel dem nördlichen Rand
der Alpen über Memmingen, Ammer- und Würmsee bis etwas südöstlich von
München. Von hier zieht die Grenze nun nordwärts, treibt aber zwei merkwürdige, zungenartig vorgestreckte Ausbuchtungen nach Westen, die eine
südlich der Donauniederung bis gegen den Lech, die andere nördlich davon über
Ansbach bis an die Kocher. (Die Grenze verläuft hier über 100 km lang ganz auffällig mit dem römischen Limes zusammen[1]) (vgl. auch S. 49). Von Ansbach
zieht sie dann nordwärts über Bamberg und Koburg zum Thüringer Wald, wo
sie an die oben beschriebene Nordgrenze anschließt.

Die *vertikale Verbreitung* geht im Norden (Thüringer Wald, Erzgebirge)
bis 800 m hinauf, in den süddeutschen Gebirgen und den Karpaten schon bis
1200—1300 m, im Apennin und den Pyrenäen sogar bis 1800 m und höher.
Auf allen südlichen Gebirgen hat die Tanne auch eine *untere Verbreitungsgrenze*,
die von 300—400 m im Norden bis zu 1000 m und mehr im Süden aufsteigt.

Das *Maximum und zugleich auch Optimum* der Tanne dürfte im Westteil
der Alpen, im Schweizer Jura und den Vogesen liegen und wohl auch noch den
Schwarzwald, das französische Plateau central und die Pyrenäen mit umfassen.
Optimales Vorkommen im einzelnen findet sich auch wohl noch in vielen Lagen
weiter östlich, aber es fehlt dann meist die Dichtigkeit und Häufigkeit derartiger Fälle. Die schönsten Tannenwälder Europas sollen nach HUFFEL im
Jura stocken. In der Nordwestschweiz findet sich auch ein wegen seiner Schönheit und Massigkeit berühmt gewordener Tannenwald, der jetzt Naturschutzgebiet geworden ist, der Dürsrütiwald. Die größte in ihm stehende Tanne maß
1914 52,4 m Höhe mit 140 cm Durchmesser und einer Schaftmasse von 29,3 cbm!
Baumhöhen über 50 m und Lebensalter bis zu 500 Jahren bei voller Gesundheit
sind in diesen Gegenden und Höhenlagen um 1000 m herum nicht selten.

Die *klimatischen Verhältnisse innerhalb des Verbreitungsgebietes* sind bei der
Tanne erheblich enger umgrenzt als bei der Fichte. Das Tannengebiet ist ja
im wesentlichen nur in den Gebirgen Mitteleuropas gelegen, und die klimatischen
Bedingungen können hier durch eine Verschiebung der Höhenstufe nach oben
oder unten leicht ausgeglichen werden. Besonders wichtig erscheint daher jener
Teil der Grenze, wo die Tanne in die Ebene heraustritt. Das ist nur im Norden
und Osten ihres Gebietes der Fall. Die Nordgrenze vom Thüringer Wald bis
in die Gegend von Warschau, die mit der Fichtengrenze und der Niederschlagskurve von 600 mm zusammenfällt, dürfte wie bei der Fichte eine reine Trockenheitsgrenze sein. Jedenfalls ist für die Tanne die Niederschlagsmenge, die sie hier
erhält, die geringste in ihrem ganzen Verbreitungsgebiet überhaupt. (Gegen
das trockene und wärmere ungarische Tiefland hört ihre Grenze sogar schon
an der 700-mm-Kurve auf.) Sehr auffällig ist nun bei dem Grenzverlauf, daß
die Tanne südöstlich von Warschau nicht mehr mit der Fichte nach Ostpreußen
und Rußland hineingeht, sondern daß die Nordgrenze dort scharf abbiegt und
zur Ostgrenze wird.

Die wichtigste Änderung in den klimatischen Faktoren jenseits der Ostgrenze der Tanne liegt in der raschen Zunahme strenger Winter. Es ist bezeichnend, daß die Tannengrenze in diesem Teil auch mit andern wichtigen Grenzlinien
von Holzgewächsen zusammenläuft, die erfahrungsgemäß in strengen Wintern
erfrieren, nämlich Eibe und Efeu. Die Grenze nach Osten ist also wohl eine
Winterkältegrenze.

---

[1]) GRADMANN, R.: Der obergermanisch-fränkische Limes und das fränkische Nadelholzgebiet. PETERMANNS geograph. Mittlg. 1899.

Inzwischen hat der extreme Winter 1928/29 dies reichlich bestätigt. Schon aus Oberschlesien und noch mehr aus Polen sind überall die Nachrichten von massenhaftem Erfrieren alter Weißtannen im Walde gekommen. In der Lysa gora hat sich unter den erfrorenen Weißtannenbeständen verschiedentlich eine üppige Verjüngung der Rotbuche eingestellt und die Tannenverjüngung verdrängt.

Die Tatsache, daß die Tanne im Süden und Westen nicht tiefer hinuntergestiegen ist und sich nicht nach Frankreich und in das westdeutsche Bergland hinaus verbreitet hat, ist kaum zu verstehen und zu erklären. Daß sie auf ozeanisches Klima und milde Winter viel besser eingestellt ist als die Fichte, zeigt sich schon in ihrem natürlichen Auftreten und prächtigen Gedeihen in den Vogesen, selbst in niedrigen Lagen, aber auch in den z. T. schon Jahrhunderte alten künstlichen Anbauversuchen in der Normandie, Ostfriesland, Dänemark und der Südspitze von Schweden. Da sie erst spät nach der Eiszeit zu uns gekommen ist und mit ihren verhältnismäßig schweren Samen wohl langsamer vordringen kann als die Fichte, so könnte vielleicht bei ihr nur eine *unvollkommene Einwanderung* vorliegen. Andererseits hat man ein Vordringen und Weiterwandern an ihrer natürlichen Grenze und ihren künstlichen Stützpunkten im nordwestlichen Gebiet aber auch nirgends bemerkt.

Die *Böden, auf denen die Tanne von Natur vorkommt,* sind etwa die gleichen wie bei der Fichte. Auf Hochmoor fehlt sie aber vollständig. Sie ist wohl eher etwas anspruchsvoller als die Fichte und kommt vor allem gern auf tätigen kräftigen Böden mit mildem Humus vor. Wenn sie auch auf Silikatgesteinen durchaus noch freudig wächst, so scheint ihr Optimum doch auf Kalk zu liegen (Schweizer Jura, Westalpen).

4. Die Rotbuche (*Fagus silvatica* L.)[1]) (Abb. 32)

Die *Nordgrenze* der Rotbuche beginnt an der südlichen Grenze von Schottland, überquert die Nordsee, schneidet durch die Südspitze von Schweden (etwa von Göteborg nach der Insel Öland). Zwei kleine abgesprengte Vorposten finden sich noch in Norwegen bei Bergen und im nördlichen Winkel des Skager Raks an der dortigen unter dem Einfluß des Golfstromes sehr milden Südküste. Von Südschweden springt die Grenze nach Ostpreußen über. Hier beginnt bereits die *reine Ostgrenze*. Diese zieht sich von Königsberg und der Samlandküste[2]) über den Stadtwald von Rössel, die Gegend von Allenstein und den Kreis Löbau durch das östliche Polen (mit einer starken Einbuchtung um Warschau herum), weiter durch Wolhynien und Podolien nach der Bukowina, die ihren Namen ja von der Buche erhalten hat. Von hier ab südlich wird *auch diese Holzart wieder ein Gebirgsbaum,* wenn sie freilich auch meist tiefer zurückbleibt als die Tanne oder gar die Fichte. Sie *fehlt* von Natur schon *in der ungarischen und rumänischen Tiefebene.*

Die in den Gebirgen der Krim, des Kaukasus und Kleinasiens vorkommende Buche wird als besondere Art (*Fagus orientalis*) betrachtet. Die morphologischen Unterschiede (größeres Blatt, mehr Blattnerven und etwas andere Zipfel am Fruchtbecher) sind aber so gering und Übergangsformen im südosteuropäischen Gebiet so zahlreich, daß sie auch nur als Varietät von *silvatica* betrachtet werden kann und in der Kartendarstellung mit angeschlossen wurde.

Auf der Balkanhalbinsel tritt die Buche in der unteren Waldzone in allen Gebirgen südlich noch bis zum Berg Athos, zum Olymp- und Pindosgebirge auf. (Als *südlichster Punkt* dürfte hier das nach der Buche (ὀξύα) benannte *Oxiagebirge* in *Ätolien* zu gelten haben.)

---

[1]) Hjelmquist, H.: Studien über die Abhängigkeit der Baumgrenzen unter bes. Berücksichtigung der Buche und ihrer Klimarassen. Lund 1940.

[2]) Gross, H.: Die Verbreitung der Fichte und Rotbuche in Ostpreußen. Naturschutz Jg. 13, Nr. 4/5. — Die Rotbuche in Ostpreußen. Z.F.J.W. 1934, S. 622.

An der dem Lauretum zugehörigen *Mittelmeerküste* fehlt sie von Natur wieder ganz. In Italien kommt sie aber auf dem ganzen Apennin und auch noch auf den nordsizilianischen Gebirgen vor, wo sie ihren südlichsten Punkt erreicht. Dann springt die *Südgrenze* nach Korsika über. (In Sardinien fehlt sie.) Von den Seealpen läuft die Grenze, die südliche Rhoneebene umgehend, nach Spanien, wo die Buche aber nur in den Pyrenäen und den nordöstlichen Randgebirgen vorkommt. Dort beginnt dann die *Westgrenze*.

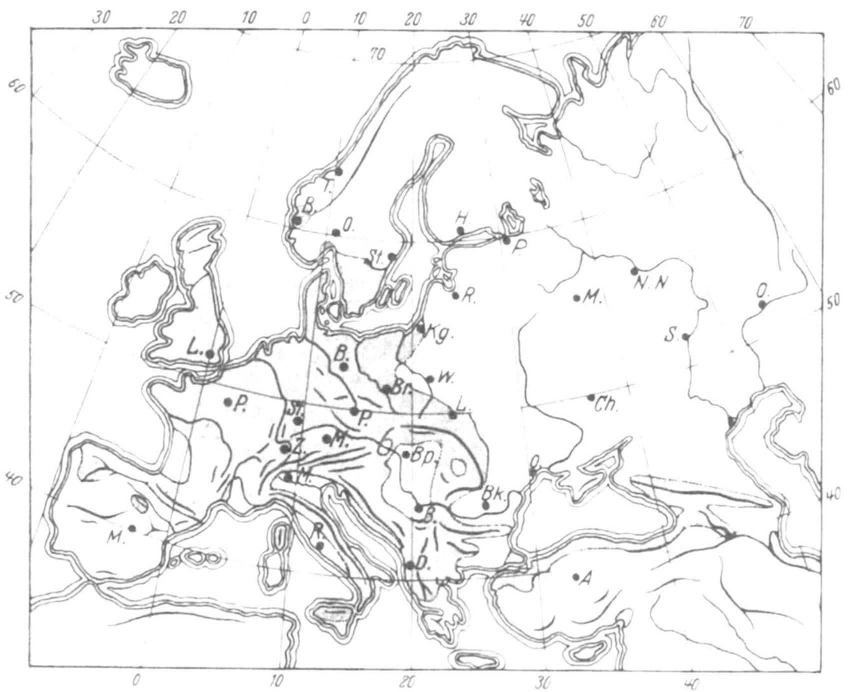

Abb. 32. Natürl. Verbreitungsgebiet der Rotbuche (*Fagus silvatica*). (Entw. v. A. DENGLER.)

Die Nordwestküste von Portugal hat auch im Gebirge schon keine Rotbuchen mehr. An der südlichen Westküste von Frankreich fehlt sie in den Landes, sowie in der ganzen Gegend der unteren Gironde bis in Teile der Vendée hinauf.

Im allgemeinen fällt die Grenze sonst mit der Westküste von Frankreich zusammen und geht schließlich von dort nach England über. In Irland soll die Buche wieder von Natur fehlen.

Über die *vertikale Verbreitung* ist folgendes zu sagen: Eine *untere Grenze* hat die Buche *im ganzen nördlichen Teil ihres Gebietes nicht*, erst in den Karpaten und Alpen beginnt sich eine solche auszubilden, um dann nach Süden zu immer deutlicher zu werden und höher hinaufzurücken. So soll die untere Grenze in den Apenninen im Norden schon bei 900 m, im Süden bei 1000 m liegen. Die obere Grenze steigt im Harz bis etwa 800 m, in den südlichen Alpen bis 1500 m und in Sizilien und den Pyrenäen sogar bis 2000 m.

Ihre *maximale und optimale Verbreitung* findet sie *wohl im mittleren Frankreich und dem angrenzenden westdeutschen Berg- und Hügelland*. Davon strahlt nach Norden und Nordosten ein Gebiet häufigeren Auftretens in einem langen

Streifen über das hannoversche Berg- und Hügelland, Schleswig-Holstein, Dänemark, Mecklenburg bis nach Pommern hinein (Insel Rügen!).

Ein *zweites Maximum und Optimum* aber liegt offenbar in gewissen Lagen der *südlichen Gebirge.* Hier finden sich noch weit ausgedehnte prachtvolle Buchenwälder im Urzustand in den Südkarpaten und in Bosnien.

Den wärmsten Sommer dürfte die Buche wohl bei Czernowitz an der Südgrenze mit rund 20° Julimittel, den kühlsten Sommer an der oberen Grenze in den Pyrenäen mit rund 10° haben, die wärmsten Winter in der Bretagne mit +4,9°, den kältesten Winter aber an der Ostgrenze bei Czernowitz mit rund —5°. Die Niederschläge schwanken zwischen 600—700 mm an der Ostgrenze und 1500 mm in den oberen Pyrenäen.

Die *klimatischen Verhältnisse des Buchengebietes sind jedenfalls wesentlich andere als bei den bisher behandelten Nadelhölzern.* Besonders fällt der *Gegensatz zu der Fichte* auf. Man kann geradezu sagen: In der Ebene schließen sich beide Arten aus, die Buche geht nur bis dahin, wo die Fichte anfängt. In den Gebirgen überschneiden sich zwar vielfach die Regionen etwas, sind aber in der Hauptsache auch hier getrennt (Buche unten, Fichte oben). Ebenso ist unverkennbar, daß, während die Fichte nach Westen zu immer mehr von den südlichen Gebirgen Europas verschwindet, umgekehrt die Buche hier immer stärker auftritt. Sie ist hier oft die Hauptholzart des Gebirges und bildet in den besonders ozeanisch gelegenen Gebieten sogar verschiedentlich die Wald- und Baumgrenze! (Appenninen, Vogesen, Pyrenäen).

Dagegen meidet sie die heißen und trockenen Ebenen im Südosten und Süden (rumänische, ungarische, Rhone-, Po- und Ebroebene). Ebenso verschwindet sie in den Alpen in den inneren kontinental getönten Teilen oft vollständig oder bis auf kleine Reste. Hier hat Tschermak in einer sehr eingehenden Darstellung[1]) zeigen können, wie die Häufigkeit ihrer Verbreitung und ihre Wuchsleistung sich von Kette zu Kette und Tal zu Tal je nach deren mehr ozeanischem oder kontinentalem Klimacharakter sofort ändert.

Aus ihrem ganzen Verbreitungsgebiet erhellt daher klar eine ausgesprochene Anlehnung und Anpassung an ein mild-atlantisches Klima, an dessen Ostgrenze sie in breiter Front haltmacht. Neben der Gefährdung durch späte Frühlingsfröste, durch die nicht nur die jungen Keimlinge getötet werden, sondern auch die Blüten erfrieren können und damit die ohnehin durch die Seltenheit der Blütejahre beschränkte Verjüngungsmöglichkeit weiter eingeengt und gehemmt wird, hat sie bei uns im „sibirischen" Winter 1928/29 zum erstenmal auch schwere Winterfrostschäden gezeigt. In Oberschlesien und den östlichen Grenzgebieten sind vielfach alte Rotbuchen ganz erfroren. Das ist etwas, was wir bisher für unmöglich gehalten hätten, was aber den tieferen Sinn ihrer Ostgrenze schlagartig beleuchtet! In andern Teilen ihrer östlichen Randgebiete hat sie eine schwere Schädigung des Holzkörpers durch die sog. „*Frostkernbildung*" erfahren.

Ebensowenig steigt sie aber in das sommerheiße und sommertrockene Mittelmeerklima hinab, sondern geht dort in die mittleren und oberen Berglagen[2]).

Von den *verschiedenen Bodenarten,* auf denen sie vorkommt, *bevorzugt sie ganz auffällig die Kalkböden.* Auf diesen bildet sie besonders gesundes, weißkerniges Holz, einen langen und schlanken Schaft mit silbergrauer Rinde und zeigt sie hohe Verjüngungsfreudigkeit. Ähnlich wächst sie auf Basalt und Nagel-

---

[1]) Tschermak, L.: Die Verbreitung der Rotbuche in Österreich. Wien 1929.
[2]) Der Versuch von Hjelmquist (a. a. O.), die verschiedenen Grenzlinien der Buche durch zahlenmäßige Temperaturwerte zu bestimmen und zu erklären, hat trotz mancher wertvollen Aufschlüsse doch in vielen Punkten nicht zu völlig befriedigenden Ergebnissen geführt, wie das bei derartigen ökologischen Fragen mit höchst komplexen Zusammenhängen auch nicht zu verwundern ist (vgl. auch S. 46).

fluh. Jedoch kommt sie auch auf allen andern mittelkräftigen Gebirgsböden
bei genügender Frische noch gut fort. Auf nassen Lagen und auf sehr untätigen
Böden (Plateaus, Buntsandsteinköpfe) wird sie kümmerlich. Auf trocknen und
armen Sanden fehlt sie von Natur wohl ganz. Doch kommt sie in der norddeutschen
Tiefebene auf anlehmigen und frischen Sandböden als wichtiges und willkommenes Misch- und Unterholz der Kiefer oft und zweifellos auch natürlich vor.
Überschwemmungsgebiete und alle Moorböden meidet sie gänzlich.

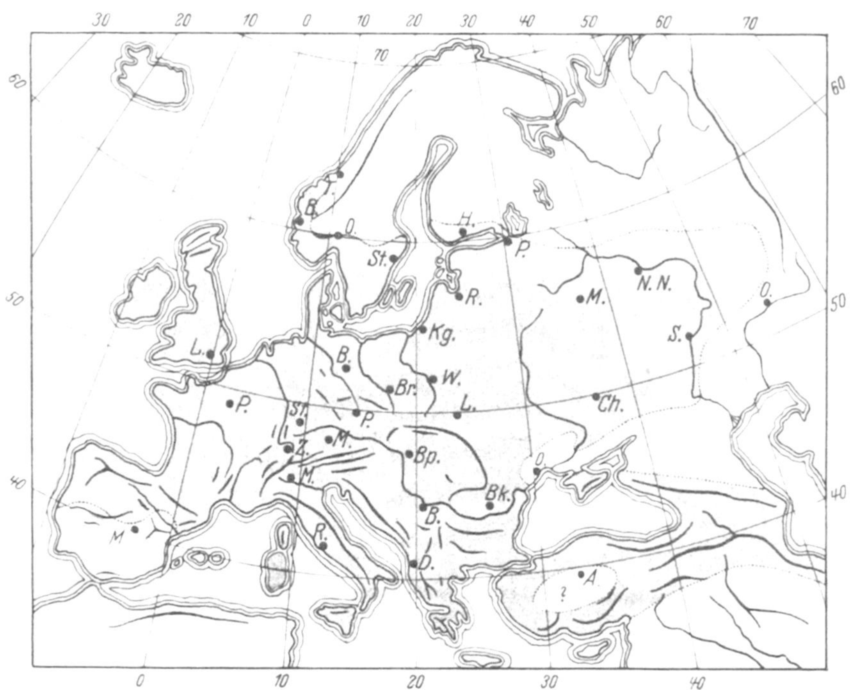

Abb. 33. Natürl. Verbreitungsgebiet der Stieleiche (*Quercus pedunculata*).
(Entworfen von A. DENGLER.)

5. Die Stieleiche *(Quercus pedunculata Ehrh. = Qu. Robur L.)* (Abb. 33)
und 6. Die Traubeneiche *(Quercus sessiliflora Ehrh.)* (Abb. 34)

Die Unterscheidung der Stiel- und Traubeneiche ist von vielen Pflanzen-
geographen und Forschungsreisenden namentlich früher nicht genau durchgeführt worden. Sie ist ja auch bei der Variationsbreite der Unterscheidungsmerkmale und der Möglichkeit von Zwischenformen oft schwer. Daher
sind die Angaben über ihre Verbreitung noch recht unsicher und müssen
mit Vorbehalt aufgenommen werden.

In großen Zügen ist die Verbreitung der Stieleiche folgende: Von Schottland
über Südskandinavien zieht die *Nordgrenze* die Südküste Finnlands streifend,
durch das mittlere Rußland bis nahe zum Ural. Von da springt die *Ostgrenze*
unter Auslassung der Steppen nach dem Kaukasus und Kleinasien über. Die
Südgrenze geht dann über die Balkan- und Apenninhalbinsel nach dem nördlichen Spanien. Von da fällt die *Westgrenze* überall mit der Küste des Atlantischen
Meeres zusammen.

Die *Verbreitung der Traubeneiche* ist sehr viel beschränkter: Die *Nordgrenze* bleibt etwas hinter der Stieleiche zurück. Nach Finnland, dem Baltikum und Rußland geht sie nicht mehr, sondern wird in Ostpreußen etwa in der Linie Königsberg—Allenstein zur *Ostgrenze*, die ähnlich der Buche, aber etwas östlich davon, zum Schwarzen Meere zieht. Von den Kaukasusländern durch das nördliche Kleinasien geht dann die *Südgrenze* über Griechenland und die Südspitze von Italien nach Nord- und Mittelspanien. Die

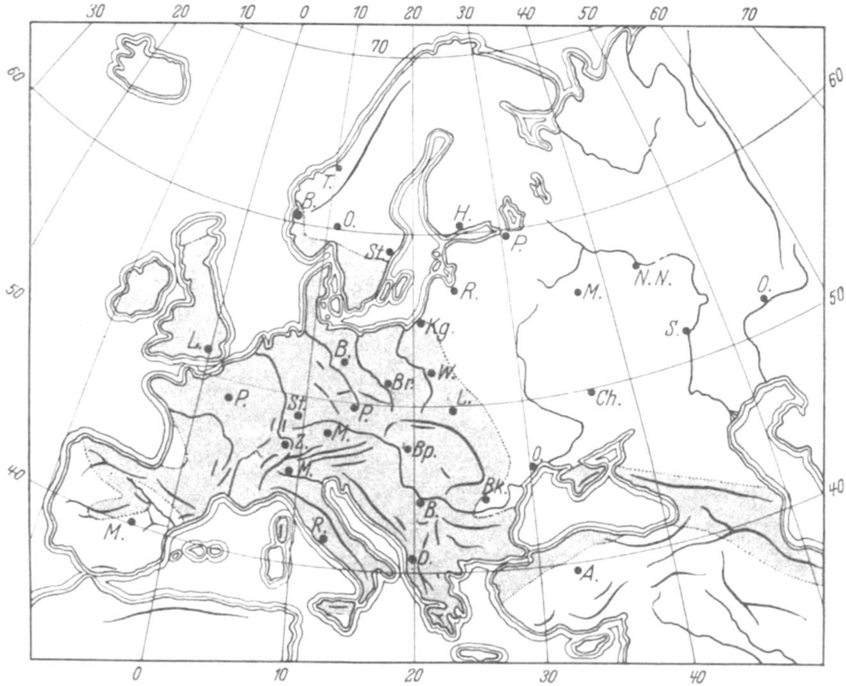

Abb. 34. Natürl. Verbreitungsgebiet der Traubeneiche *(Quercus sessiliflora.)*
(Entworfen von A. Dengler.)

Westgrenze fällt wie bei der Stieleiche mit der Küste des Atlantischen Meeres zusammen. Doch fehlt sie in dem Gebiet der sogen. Landes an der Küste der Biskaya.

Über die *vertikale Verbreitung der beiden Arten* sind wir überhaupt nur für einzelne Gebirge und auch da höchst unsicher unterrichtet, da hier beide Eichen selten vorkommen und durch künstlichen Anbau noch durcheinandergebracht sind. Alle Angaben darüber haben höchst fraglichen Wert.

Am Harz steigen beide Eichenarten nur bis 500—600 m empor, in der Schweiz hier und da schon bis 1000 m und im Kaukasus und den Pyrenäen bis 1500 m und darüber. Eine untere Grenze ist wohl nirgends deutlich entwickelt.

Die Verteilung der beiden Eichenarten innerhalb ihrer Verbreitungsgebiete ist wegen ihrer natürlichen und vielleicht noch mehr wegen ihrer künstlichen Durchmischung ebenfalls undurchsichtig. *Beide zusammen* finden zweifellos ein *Maximum in Frankreich*, wo sie nach der Statistik von Matthieu 29% der gesamten Waldfläche ausmachen und zusammengefaßt „la véritable essence nationale" genannt werden.

Hier liegt sicher auch ein *Optimum* für die *Traubeneiche* in ausgedehnten Alt-beständen einiger französischer Staatsforsten zwischen Seine und Loire (Bellême und Bercé.) Dieses französische Maximum und Optimum *greift östlich noch in die wärmeren Lagen Deutschlands über* (Rheintal mit seinen Nebenflüssen und begleitenden unteren Berglagen). Bei uns zeigt sich aber ziemlich deutlich eine Trennung in der Weise, daß in den *tieferen und nördlichen Lagen* (Mittel- und Niederrhein, Westfalen) *mehr die Stieleiche* vorherrscht, während *in den Berglagen des Westens die Traubeneiche* in den Vordergrund tritt (Rheinisches Gebirge, Taunus, Odenwald und besonders der wegen seiner alten, starken und hochwertigen Traubeneichen berühmte Spessart!). Dieses *Hervortreten der Stieleiche nach Norden zu* in Deutschland macht sich auch im nördlichen Hannover, Schleswig-Holstein, Mecklenburg bis Ostpreußen hin geltend.

Im *mitteldeutschen und süddeutschen Bergland* (Solling, Süntel, Deister, Wesergebirge, Vogelsberg u. a.) ist *wieder die Traubeneiche häufiger*. Daneben haben wir aber überall im Niederungsgebiet der großen Ströme *in den sog. Auewaldungen ein altes, meist reines Stieleichengebiet*, das ehemals offenbar sehr mächtig gewesen sein muß und auch das Traubeneichengebiet netzartig durchsetzt hat.

Im *Südosten* finden wir ein *zweites Maximal- und Optimalgebiet* beider Arten: der *Traubeneiche im siebenbürgischen Berg- und Hügelland* und in den unteren Berglagen Ungarns, Österreichs und der angrenzenden Länder, der *Stieleiche in den Niederungen der Donau, Drau und Save*, wo sie besonders mächtige und schöne Waldungen bildet. (Die im Holzhandel berühmte „slawonische Eiche" stammt allerdings wohl auch aus den Traubeneichenbeständen des umgebenden Berg- und Hügellandes!)

Die *Stieleiche* zeigt in ihren Grenzklimawerten *für ein Laubholz des Fagetums eine ungewöhnlich hohe klimatische Indifferenz*. Von dem ausgesprochen atlantischen Klima des Westens mit kühlen Sommern (von nur $+14°$ Juli) und warmen Wintern (bis zu $+6$ bis $8°$ Januar) geht sie bis zum kontinentalen Gegenpol in Südrußland mit Sommern von fast tropischer Hitze ($22—24°$) und strengen Wintern ($—14$ bis $15°$). Dabei bewegt sich die Niederschlagshöhe von fast 2000 mm im Westen bis zu 300 mm im Südosten, und das noch dazu bei einem heißen Sommer! Sie bildet hier mit der Kiefer zusammen sogar die äußersten Vorposten in der südrussischen Waldsteppe! Jedenfalls steht sie aber hier auch dicht an ihrer Trockengrenze, da sie das ganze Gebiet der südkaukasischen und südrussischen Steppen umgeht.

Gegenüber der Stieleiche *fällt bei der Traubeneiche sofort auf, daß sie dieser nicht ins Gebiet der strengen Winter folgt.* Ihre kältesten Grenzen dürften östlich von Lemberg bei etwa $—5°$ Januarmittel liegen.

Klimatisch *ähnelt die Traubeneiche* jedenfalls *mehr der Rotbuche* wie der ihr morphologisch so viel näherstehenden Stieleiche!

Ein starker *ökologischer Gegensatz* zwischen den beiden Schwesterarten zeigt sich auch im *Vorkommen auf den verschiedenen Bodenarten*. Während die *Stieleiche mit Vorliebe auf den schweren Lehm- und Schlickböden der Niederungen und im Überschwemmungsgebiet der Flüsse auftritt und auch auf anmoorigen Böden* (trockneren Brüchern und Bruchrändern) wenigstens noch vorkommt, *fehlt die Traubeneiche hier von Natur wohl ganz.* Auf milderen Lehmböden treffen sich beide wohl, im allgemeinen nimmt aber die Traubeneiche auch dort immer mehr die Hügel, Berge und Hanglagen, besonders die wärmeren Hänge ein, während die Stieleiche mehr in den Tallagen wächst. Die *Traubeneiche kommt sogar mit der Kiefer zusammen auf nur anlehmigen Sanden* in Nordostdeutschland in alten natürlichen Waldformen vor, die früher offenbar weiterverbreitet, heute leider durch schonungslosen Aushieb der Eichen nur noch in kleinen Resten zu finden sind. Diese „*Sandeichen*" sind fast immer nur *reine Traubeneichen*. Auf *Kalkböden* kommen beide Eichen verhältnismäßig *selten* vor. Das ist aber wohl nur eine Konkurrenzfrage mit der Buche, von der sie dort überwachsen und verdrängt werden.

7. Die Nebenholzarten des deutschen Waldes.

A. Nadelhölzer.

Als Nebenholzarten werden hier diejenigen bezeichnet, die auf der deutschen Waldfläche nur in geringem Umfang auftreten und nur selten oder gar nicht größere Waldungen bilden. Über ihren forstlichen Wert soll damit nichts ausgesagt werden.

1. Die Lärche (*Larix europaea DC = decidua Mill.*). Sie tritt zunächst in einem größeren Gebiet in den ganzen Alpen von Ost nach West und Süd nach Nord bis nahe an deren Ränder auf (*Alpenlärche*), ist dort besonders im westlichen Teil ein *ausgesprochener Hochgebirgsbaum*, der seine Hauptverbreitung in den über 1000 m hinausgehenden Hochlagen hat und sich bis über 2000 m (2400 m Maximum!) erhebt, teilweise sogar die Waldgrenze bildet. Doch kommt die Lärche auch verschiedentlich noch tiefer natürlich vor, wenn sie dort auch oft künstlich eingebracht ist. In den Ostalpen konnte Tschermak neuerdings ihr natürliches Vorkommen auf Grund geschichtlicher Zeugnisse sogar bis in Lagen von 300 m nachweisen[1]).

Ein zweites, von dem der „Alpenlärche" abgetrenntes Verbreitungsgebiet liegt *in den Karpaten* (*Karpatenlärche*). Dort kommt sie *ebenfalls besonders in Hochlagen* vor, ist aber viel seltener und nur in der Tatra häufig.

Ein drittes Verbreitungsgebiet liegt nahe dem vorigen *am Südauslauf der Sudeten im sog. mährischen Gesenke* (*Sudetenlärche*). Es findet sich dort in *viel niedrigeren Lagen* von etwa 400—800 m auf nur kleinem Raum und in nicht sehr bedeutendem Umfange, ist aber unzweifelhaft natürlich[2]).

Das vierte Verbreitungsgebiet endlich liegt im *ehemaligen Polen* (*polnische Lärche*). Dort kommen als Reste einer früher stärkeren Verbreitung im Süden noch einige schöne, auch verhältnismäßig große Lärchenbestände vor. Die *Höhenlagen sind niedrig*, vereinzelt gehen die Lärchenbestände hier *bis in die Ebene*[3])!

Nach den bisherigen vergleichenden Anbauversuchen bilden wohl alle vier Verbreitungsgebiete besondere Rassen, die wir aber hier, unserm allgemeinen Grundsatz entsprechend, zunächst zusammenfassen.

Die *klimatischen Bedingungen* sind an der oberen Grenze in der Schweiz etwa die der Fichte an der Baumgrenze bzw. noch etwas kälter. Aus ihrem stärkeren Auftreten in den zentralen Alpen mit der dort unzweifelhaft kontinentalen Klimatönung und aus ihrem östlichen Hinaustreten in das polnische Berg- und Hügelland bis in die Ebene hinunter geht eine gewisse Anpassungsfähigkeit und Hinneigung zum kontinentaleren Klimatyp hervor.

Bei 2000—2300 m etwa $+9$ bis $10°$ Juli- und -8 bis $9°$ Januarmittel, an der unteren Grenze liegen die Extremwerte südlich Warschau bei etwa $+19$ bis $20°$ Juli- und -3 bis $5°$ Januarmittel. Dort finden sich auch die geringsten Niederschläge mit etwa 600 mm, während die höchsten an ihrer oberen Grenze in den Alpen sicher 1500 mm noch überschreiten dürften.

---

[1])Tschermak, L.: Die natürliche Verbreitung der Lärche in den Ostalpen. Wien 1935.
[2]) Cieslar, A.: Studien über die Alpen- und Sudetenlärche. Cbl. ges. F.W. 1914. — Herrmann, E.: Beitrag zur Biologie und zum forstlichen Verhalten der Lärche in Schlesien. Jb.d. schles. Forstver. 1920,
[3]) Pax, F.: Pflanzengeographie von Polen, S. 29. — Mauve, K.: Die polnische Lärche. Jb. d. Dtsch. Dendrolog. Ges. 1932, S. 359.

Daß die von LANG[1]) im Anschluß an H. MAYR als oberen Wärmegrenzwert angegebene Jahrestemperatur von 6° C und Viermonatstemperatur von 12,0 C an vielen natürlichen Standorten in tieferen Alpenlagen überschritten wird, hat TSCHERMAK[2]) nachgewiesen.

In den Alpen hat sie im allgemeinen wohl meist einen *kräftigen, lehmigen Verwitterungsboden* unter sich. Sie findet sich dabei dort auf den verschiedensten Gesteinsarten, ohne für die eine oder andere eine besondere Vorliebe zu zeigen. Auf flachgründigen Felsböden vermag sie sogar auch noch zu wachsen[3]), bildet aber, wenn sie nicht Klüfte und Spalten findet, in die sie mit ihren Wurzeln eindringen kann, meist nur niedrige und lichte Bestände (TSCHERMAK a. a. O.).

Künstlich ist die Lärche weit außerhalb ihres Verbreitungsgebietes und schon seit über 100 *Jahren* im gebirgigen Deutschland[4]) wie auch in der Ebene bis nach Dänemark und Schweden hin *angebaut worden.* Der Erfolg war ein sehr verschiedener. Neben einzelnen sehr gut gelungenen Versuchen stehen auch viele mißglückte. (Näheres darüber in Teil II.)

2. Die Schwarzkiefer (*Pinus nigra* Arnold). Diese südeuropäische Kiefernart kommt nur in der Varietät *austriaca* im Gebiet der heutigen deutschen Ostmark auf einer Gesamtfläche von etwa 80000 ha in einem zusammenhängenden Gebiet von Wiener Neustadt bis in den östlichen Wiener Wald und in kleineren Beständen noch im südlichen Kärnten um Villach und Klagenfurt natürlich vor. Auch diese am weitesten nach N gehende Varietät der Schwarzkiefer zeigt in ihrer Verbreitung nur an den unteren warmen Berghängen und Lagen ihre Wärmebedürftigkeit. Extreme Winterkälte verträgt sie nicht oder nur schlecht, liebt dagegen hohe Sommerwärme. Ihr bestes Gedeihen zeigt sie auf Kalkböden und verträgt dort auch Flachgründigkeit und große Trockenheit, weswegen sie gern zu Aufforstungen von Kalködland benutzt worden ist (Karst!). In ihrem niederösterreichischen Verbreitungsgebiet wird sie seit alter Zeit überall geharzt.

3. Die Arve oder **Zirbelkiefer** (*Pinus cembra* L.)[5]) Forstwirtschaftlich ist sie trotz ihres hochgeschätzten feinen Holzes durch ihr ganz zerstreutes und meist nur vereinzeltes Vorkommen im Hochgebirge ziemlich bedeutungslos. Sie ist wohl das Relikt einer früheren weiteren Verbreitung und in der Jetztzeit ein langsam aussterbender Waldbaum, der aber gerade deswegen und wegen der Schönheit seines Baumschlages (Wetterbäume an der Waldgrenze) allen nur möglichen Schutz verdient. Die Zirbel kommt noch am häufigsten in den Zentralalpen, besonders im Engadin, vor, wo sich auch noch einzelne größere Bestände finden. Sonst ist sie meist nur einzeln und horstweise durch die ganzen Alpen, die Tatra und die Karpaten verbreitet.

4. Die Bergkiefer (*Pinus montana* Mill.)[6]). Sie kommt in drei mehr oder minder scharf umgrenzten Unterarten mit abweichenden Wuchsformen vor, bei denen man noch je nach der Form der Zapfen und Zapfenschuppen viele Varietäten unterschieden hat, ohne daß darin Einigkeit herrscht. Für forstliche Zwecke erscheint die Unterscheidung der folgenden drei Unterarten am meisten geeignet: 1. *uncinata* (*Haken- oder Hackenkiefer, auch Bergspirke* genannt) mit aufrechtem, aber meist niedrigem Stamm, hauptsächlich in den westlichen Hochgebirgen Spaniens, Frankreichs und der Schweiz an der oberen Waldgrenze; 2. *uliginosa* (*Moorspirke*) mit ebenfalls aufrechtem und niedrigem Stämmchen und von der vorigen hauptsächlich verschieden durch ihr abgetrenntes Verbreitungsgebiet auf Mooren und meist in niedrigeren Lagen in Bayern, Österreich, Böhmen und Schlesien; 3. *pumilio* (*Latsche, Legföhre* oder *Krummholzkiefer*), ausschließlich buschig mit liegenden Ästen, am weitesten verbreitet (von den Alpen im Westen bis zu den Karpaten im Osten, von den sächsischen und schlesischen Gebirgen im Norden bis zu den mittleren Apenninen, den Hochgebirgen der Balkanhalbinsel, des Kaukasus und Kleinasiens im Süden). Sie ist es, die oft in *ungeheuer großen und fast undurchdringlichen Beständen einen Strauchgürtel oberhalb der Wald- und*

---

[1]) LANG, R.: Der Standort der Lärche innerhalb und außerhalb ihres natürlichen Verbreitungsgebietes. F.Cbl. 1932, S. 17.

[2]) a. a. O. S. 271.

[3]) FANKHAUSER, F.: Zur Kenntnis der Lärche. Z.F.J.W. 1919.

[4]) KLAMROTH, K.: *Larix europaea* und ihr Anbau im Harz. Greifswald 1939.

[5]) RIKLI, M.: Die Arve in der Schweiz. Neue Denkschrift d. Schweiz, naturforsch. Ges. 1909. — NEVOLE, J.: Die Verbreitung der Zirbel in der österreichisch-ungarischen Monarchie. 1914.

[6]) SCHRÖTER u. KIRCHNER: *Pinus montana.* In: Die Koniferen und Gnetaceen Mitteleuropas. Stuttgart 1906. — FANKHAUSER, F.: Beiträge zur Kenntnis der Bergkiefer. Lausanne 1926.

Baumgrenze bildet. Ihre Bedeutung liegt hauptsächlich in dem Schutz, den sie gegen alle Unbilden der Hochgebirgsnatur bietet, besonders Bodenabschwemmung, Steinschlag, Lawinengefahr u. a. m. Ihre große Anpassungsfähigkeit an weitgehende Klima- und Bodenunterschiede hat zu ihrer Verwendung für Aufforstungszwecke auf fliegenden Sanden an der Meeresküste (Wanderdünen) und auch zur Heideaufforstung in Jütland und anderen Gegenden geführt. Sie hat sich dort gut bewährt, trotzdem Klima und Boden so grundverschieden gegenüber ihrem natürlichen Verbreitungsgebiet sind!

5. Die Eibe (*Taxus baccata* L.). Auch sie ist *ein aussterbender Waldbaum*, noch mehr als die Zirbel. Sie war früher sehr viel häufiger, worauf schon der rege Handel mit Eibenholz im Mittelalter[1]) und andere geschichtliche Überlieferungen hindeuten. Heute kommt sie meist nur einzeln oder gruppenweise, hier und da auch noch in kleinen Beständen, auf meist weit zerstreuten Standorten im westlichen und mittleren Europa vor, etwas häufiger noch im Gebirge bis zu mäßigen Höhen, in der Ebene nach Osten zu immer seltener werdend. Sie dringt nicht bis in das Gebiet strengerer Winter und geht nur bis in die baltischen Randstaaten und den westlichen Teil Polens, wo ihre Ostgrenze etwa mit der der Buche und Tanne zusammenfällt. Meist tritt sie nur als Unterholz unter dem Schutz eines Oberbestandes auf und zeigt sich gegen Freistellung empfindlich. Namentlich erfriert sie im Freien leicht in kälteren Wintern. Die in Deutschland vorkommenden Standorte sind in der Literatur sorgfältig gesammelt[2]) und geschützt.

B. Laubhölzer.

1. Die Weiden (Salixarten). Sie spielen außer den zur Korbweidenzucht benutzten Arten (s. Teil II dieses Buches bei Weidenniederwald) forstlich keine Rolle. Die vielen Arten und Bastardarten dieser Gattung kommen *teils als Bäume zweiter und dritter Größe, teils nur als Sträucher* vor, ein Teil von ihnen, die sog. *Polar- und Gletscherweiden*, sogar nur als *kleine, auf der Erde kriechende Gewächse* jenseits der nördlichen und alpinen Baumgrenze als letzte Vertreter der Holzgewächse überhaupt. Im übrigen sind die meisten Weidenarten durch Europa und Asien weithin verbreitet, ihr Vorkommen im Walde beschränkt sich aber fast immer auf Fluß- und Bachränder und die Ufer von Seen und Brüchern. Ausgedehntere Weidenwaldungen in niedriger Baumform finden sich u. a. noch in Rumänien und Bulgarien an der Donau entlang. Bei uns spielt vor allem die *Salweide* (*Salix caprea*) *als häufigeres Beiholz im Jungwald* auf frischen, lehmigen Böden eine gewisse Rolle. Hier wirkt sie zwar manchmal verdämmend, sie ist aber als Bienennahrung durch ihre frühe Blüte für den Imker wertvoll und verdient daher auch von forstlicher Seite Schutz.

2. Die Pappeln (Populusarten). Unter den deutschen Arten kommt forstlich nur die *Aspe oder Zitterpappel* (*Populus tremula*) in Betracht. Ihre Verbreitung geht ebenfalls durch fast ganz Europa und Asien bis nach China und Japan. Jedenfalls ist sie klimatisch völlig indifferent. Besonders häufig und gut findet sie sich bei uns in Ostpreußen auf feuchten und lehmigen Böden, wo sie schlank und gerade bis über 30 m hoch emporwächst und z. T. meterstarke Stämme bildet. Ebenso kommt sie auch im ganzen Ostraum bis tief nach Rußland vor. Sie bildet dort vielfach sog. „*Pionierbestände*" auf alten Waldbrandflächen. Später räumt sie aber den andern unter ihr eindringenden ehemaligen Holzarten, besonders der Fichte, wieder das Feld. In Deutschland findet sie sich überall als *zerstreutes Mischholz*, im schattigeren Laubwald mehr an Wegen und lichten Bestandsrändern, im Kiefernwald auch im Innern. Jedoch ist sie hier durch Aushieb meist künstlich vertrieben. An sich begnügt sie sich auch mit sandigen, trocknen Böden, leistet aber Ansehnliches nur auf frischeren bis feuchten und lehmigen Standorten. (Über die sogen. raschwüchsigen Pappelarten (Ausländer bzw. künstliche Züchtungen) Näheres in Teil II.)

---

[1]) Hilf, R.: Die Eibenholzmonopole des 16. Jahrhunderts. Vierteljschr. f. Sozial- u. Wirtschaftsgeschichte.

[2]) Kollmann: Die Verbreitung der Eibe in Deutschland. Naturwiss.Z.f.Land-u.Forstw. 1909; die Forstbotan. Merkbücher der einzelnen preußischen Provinzen.

3. Die Birken, und zwar die *Rauhbirke* (*Betula verrucosa* Ehrh.), so genannt nach der durch Wachswärzchen rauhen Oberfläche der Blätter und jungen Zweige, und die *Haarbirke* (*Betula pubescens* Ehrh.) mit vielfach (aber nicht immer) fein behaarten, jedenfalls glatten jungen Trieben und Blättern und im Alter vielfach herabhängenden feinen Zweigen. Die letztere geht hoch nach Norden bis an die Baumgrenze und nach Osten bis zum Stillen Ozean, soll dagegen im südlichen Europa fehlen. Sie ist insbesondere die *Birke der Moorböden.* Die Rauhbirke bleibt in Skandinavien und wohl auch in Rußland hinter der Haarbirke etwas zurück, dafür geht sie weiter nach Süden (bis auf die drei Halbinseln im Mittelmeer, auch bis zum Kaukasus). Dort, wie in den europäischen Hochgebirgen, steigt sie *vielfach bis zur Baumgrenze* empor, meist nur selten zwischen Fichten- und Krummholzgesträuch, anderwärts etwas häufiger. *Im Gegensatz zu B. pubescens* („*Moorbirke*") *kommt sie mehr auf trockneren und sandigen Böden vor* („*Sandbirke*"), wächst aber ebenso wie die Aspe auf Lehmböden besonders gut und teilt auch mit dieser das optimale Gedeihen im Osten (schon in Ostpreußen) und Norden und auch die Rolle des *Pionierholzes* nach Waldbränden. Im übrigen ist sie in Deutschland *allenthalben häufig und verbreitet, meist aber nur als einzelnes Mischholz.* In den nordischen Ländern treten beide Birkenarten viel häufiger auch in Beständen auf. Oft scheint hieran aber nur die wirtschaftliche Vorgeschichte (Weide, Brand, Köhlerei) schuld zu sein. Auch bei uns waren Birkenbestände aus gleichen Gründen früher viel häufiger.

Ein gewisses Interesse verdient noch die *Zwergbirke, Betula nana,* die auf einzelnen Gebirgen und Hochmooren Deutschlands (z. B. bei Torfhaus im Harz, im Erzgebirge, auf den Seefeldern bei Reinerz u. a. m.) auftritt und für ein *Relikt aus der Eiszeit* gehalten wird. Im Norden Europas kommt sie noch heute ziemlich häufig auf den dortigen Hochmooren vor.

4. Die Erlen, und zwar die *Rot-* oder *Schwarzerle* (*Alnus glutinosa* Gärtn.) und die *Weißerle* (*Alnus incana* Willd.). Die Schwarzerle geht nicht so weit nach Norden (etwa nur bis zum 60.—63. Breitengrad) wie die Weißerle (bis 70°). Ihr Vorkommen in Sibirien ist noch unsicher, während *incana* dort meist überall vorkommt. Diese ist eine der wenigen Holzarten, die wir mit Nordamerika gemeinsam haben. Sie geht aber nicht so weit nach Süden wie die Schwarzerle und fehlt auf den drei Mittelmeerhalbinseln. *Incana* steigt im allgemeinen auch bedeutend *höher in den Gebirgen* hinauf wie *glutinosa,* die *auffällig tief zurückbleibt* (in den deutschen Gebirgen schon zwischen 600—800 m). Im deutschen Tiefland sowie auch in den weiter westlich gelegenen Gebieten fehlt die Weißerle wohl von Natur überall, ist aber dort künstlich oft angebaut worden und hat sich dann auch natürlich weiterverbreitet. In Ostpreußen sowie auf den süddeutschen Gebirgen dürfte sie alteinheimisch sein.

Die *Schwarzerle ist überall auf feuchte, humose Böden* angewiesen. Sie ist die ausgesprochene Holzart der *Niederungsmoore* (*Erlenbrücher*), wo sie je nach deren Umfang kleinere und größere Reinbestände bildet. Da, wo solche Gebiete in weiter Erstreckung vorkommen, bildet sie sogar ausgedehnte Waldungen, wie in Norddeutschland im *Spreewald* und im *unteren Memeldelta.* Daneben durchsetzt sie in unzähligen kleineren und größeren Brüchern den norddeutschen Kiefernwald und auch die dort vorkommenden Eichen- und Buchenwälder. Im übrigen findet sie sich einzeln an Fluß- und Bachrändern und auf kleinen feuchten Senken im ganzen Gebiet. Auch ihr *Optimum* liegt wie bei der Aspe und Birke bei uns im *Nordosten* (*Ostpreußen*). Auf allen Böden mit tieferem Grundwasserstand, mögen sie an sich auch noch als frisch anzusprechen sein, gedeiht sie nicht mehr, wie man das an den ansteigenden Rändern um die Erlenbrücher überall beobachten kann. Auf sauren, zu Hochmoor übergehenden Moorböden kommt die Schwarzerle zwar noch gelegentlich neben Kiefer und Birke vor, kümmert hier aber und bleibt meist strauchig und krüpplig.

Die *Weißerle hat ein deutlich davon verschiedenes Auftreten.* Wir finden sie besonders an Bach- und Flußufern im Überschwemmungsbereich (*Aueböden*). Auf diesen bildet sie oft mit Weiden zusammen eine besondere Waldform, die *Erlenau,* wie z. B. auf den Rheininseln zwischen Basel und Worms oder den Donauinseln bei Wien. Im Gebirge kommt sie auch auf *humusarmen, kiesigen Böden und Schotterhalden in der Nähe von Wildbächen,* aber auch auf höher gelegenem und trockenerem, flachgründigem Steingeröll vor, besonders wenn dieses aus *Kalkgestein* besteht. Auch sie bildet dort vielfach Pionierbestände für die nachfolgenden Holzarten. Diese Eigenschaft hat sie auch für *den künstlichen Anbau zur Aufforstung von Kalködland und Bergwerkshalden* (z. B. im westdeutschen Muschelkalkgebiet und auf den großen Halden im Lausitzer Braunkohlengebiet) geeignet gemacht. *Auf sauren, torfigen Böden fehlt sie ganz.*

In den Alpen und den Karpaten tritt in höheren Lagen auch noch die *Grünerle* (*A. viridis*) auf und bildet dort oft dichte, aber nur niedrige Buschbestände an den oberen Gebirgshängen, die einen wichtigen Schutz gegen Lawinen, Murgänge u. dgl. bieten.

5. Die Weiß- oder **Hainbuche** (auch *Hagebuche*) (*Carpinus betulus L.*). Sie ist nach ihrer ganzen Verbreitung klimatisch bedeutend empfindlicher als die vorgenannten Holzarten. Sie geht nach Norden nur bis in die Südspitze Schwedens, nach Osten aber über die Rotbuche hinaus, besonders im südlichen Rußland (Kiew). Auch sie hat wie jene im Winter 1928/29 zum erstenmal schwere Frostschäden in Oberschlesien und Ostpreußen und damit ihre Empfindlichkeit gegen ein kontinentales Winterklima gezeigt.

In den *deutschen Gebirgen* kommt sie auch *nur in den untersten Lagen* (etwa bis 500—700 m) vor, im Süden steigt sie etwas höher, bleibt aber auch hier meist unterhalb des eigentlichen Buchengürtels . Ihre *Hauptverbreitung liegt wohl in Frankreich,* wo sie neben Eiche und Buche den dritten Platz nach Umfang ihrer Fläche (16 % der gesamten Waldfläche) einnimmt und besonders im Nordwesten sehr vorwiegt, während ihre Häufigkeit nach Süden zu (Fehlen in Spanien!) merklich abnimmt. In *Deutschland* findet sie sich überall als *Mischholz der Eiche und Buche* und tritt, wo diese letztere fehlt, sofort stärker hervor, wie besonders in den Auewaldgebieten und in Ostpreußen. In *Ostpreußen* zeichnet sich ihr Wuchs durch besondere Höhe und Schlankheit aus. (Ähnliches wird von den unteren Lagen des Schweizer Jura berichtet.)

Sie liebt nach Häufigkeit des Vorkommens und Vollkommenheitsgrad ihres Wuchses offenbar die besseren, lehmigen Böden, doch fehlt sie auf frischen Sandböden dank ihrer leichten Samenverbreitung und ihrer Zähigkeit als Unterholz in unseren Kiefernbeständen durchaus nicht ganz. Als Nutzholzart leistet sie dort aber nichts, ist dagegen oft ein willkommenes Bodenschutzholz.

6. Die Linden, und zwar a) *die Sommer- oder großblättrige Linde* (*Tilia grandifolia* Ehrh. = *T. platyphyllos* Scop.) und b) *die kleinblättrige Winterlinde* (*Tilia parvifolia* Ehrh. = *cordata Mill.*) (Die Verbreitung der beiden Arten ist nicht genügend sichergestellt, da sie oft nicht richtig auseinandergehalten und durch künstlichen Anbau in Parks und an Straßen und Samenverbreitung von dort aus vielfach verschleppt sind, besonders die Sommerlinde.) Die Winterlinde hat aber zweifellos das größere Verbreitungsgebiet durch ganz Mittel- und Nordeuropa bis ins mittlere Schweden, Finnland und Rußland hinein, die Sommerlinde geht viel weniger weit nach Norden und Osten und fehlt von Natur wahrscheinlich schon in der nordostdeutschen Tiefebene sowie im zentralen Rußland. Beide Linden kommen in *West- und Mitteleuropa* meist nur als *Mischhölzer im Laubwald* vor, waren aber früher nach alten geschichtlichen Überlieferungen viel häufiger. In *Rußland* treten sie stark vorherrschend in *förmlichen Lindenwäldern* auf (im nördlichen Teil die Winterlinde, im südlichen auch die Sommerlinde). Bezüglich ihres Vorkommens auf verschiedenen Bodenarten ist Ähnliches zu sagen wie bei der Hainbuche (Genügsamkeit und Vorkommen auf frischen Sandböden, aber dann meist geringe Wuchsleistung als Unterstand. So z. B. in vielen Kiefernwaldungen Rußlands. Höhere Leistungen und Teilnahme am Oberbestand meist nur auf anlehmigen oder lehmigen Böden, z. B. in Ostpreußen, in den litauischen Lehmrevieren und im Auewald).

7. Die Ahorne, und zwar a) der *Bergahorn* (*Acer Pseudoplatanus* L.), b) der *Spitzahorn* (*Acer platanoides* L.), c) der *Feldahorn* oder *Maßholder* (*Acer campestre L.*). Bergahorn und Spitzahorn verhalten sich in ihrer Verbreitung in horizontaler Richtung sehr ähnlich wie Sommer- und Winterlinde. Der *Spitzahorn* ist die Art des *nördlichen und östlichen Europas,* und seine Grenze verläuft dort sehr ähnlich wie die der Winterlinde, der *Bergahorn* ist der *Baum der west-, mittel- und südeuropäischen* Gebirge. (Seine Nordgrenze liegt etwa in der Linie Mittelfrankreich—Harz—schlesisches Berg- und Hügelland—südliches Polen.) Auch er ist durch Samenverschleppung von Park- und Wegebäumen ebenso wie die Sommerlinde vielfach außerhalb seines eigentlichen Gebietes verwildert. Sein eigentliches Heimatgebiet sind wohl die Berglagen der Alpen und Karpaten, wo er im ganzen Buchengürtel bis zu dessen oberer Grenze in zwar vereinzelten, aber oft sehr schönen und starken Bäumen auftritt. Häufiger eingesprengt findet er sich überall da, wo die Buche auf Kalkgestein steht. Er hält sich auf solchen Standorten durchaus neben ihr. Auf Sandboden fehlt er von Natur wohl sicher. Der Spitzahorn hält sich im Gebirge viel tiefer, dafür kommt er eher auf etwas geringeren Böden vor, wenn sie nur feucht sind (in Rußland an Bruchrändern und sogar in Erlenbrüchern). In guter Form findet er sich besonders im Auenwald vor, ebenso auch mit der Buche auf Kalk.

Der *Feldahorn* oder *Maßholder* ist forstlich wegen seiner geringen Größe (meist nur Baum III. Größe) wenig bedeutungsvoll. Er kommt mit Ausnahme des nördlichsten und südlichsten Teils von Europa überall auf den besseren Laubholzböden der Täler und Vorberge meist als *eingesprengtes Mischholz des Niederwaldes* oder an Waldrändern und Wegen auch als *Unterholz des Hochwaldes* vor. Besonders häufig findet man ihn auf Kalkboden und auf dem Schlicklehm der Flußauen, auch soll er ziemlich weit auf die salzhaltigen Steppenböden hinausgehen.

8. Die Ulmen oder **Rüstern**[1]), a) die *Berg-* oder *Weißrüster* (*Ulmus montana* Withering), b) die *Feld-* oder *Rotrüster* (*Ulmus campestris* L.), c) die *Flatterrüster* (*Ulmus effusa* Willd.). Alle drei Arten kommen verhältnismäßig selten und nur als *Mischhölzer im Laubwald* vor. Die Bergrüster mit mehr nördlichem Verbreitungsgebiet findet sich auch heute noch nicht allzu selten in stattlichen Stämmen im Bergwald, doch fehlt sie auf besten Böden auch in der nördlichen Ebene nicht ganz. Verhältnismäßig häufig aber tritt die Feldrüster in den Auenwaldungen auf, wo sie sich stark durch Wurzelbrut vermehrt und vielfach ein gutes Füll- und Unterholz der Eichenbestände bildet. Die Flatterrüster ist am seltensten und forstlich bedeutungslos.

9. Die Esche (*Fraxinus excelsior* L.). Sie geht im Norden nicht sehr hoch hinauf (62.—63. Grad) und ebenso auch nicht in Rußland, dessen nordöstlichem Teile sie fehlt. Im übrigen Europa kommt sie mit Ausnahme der südlichsten und südwestlichsten Teile (z. B. Südspanien) fast überall vor. *Im Gebirge steigt*

---

[1]) KIENITZ, M.: Die in Deutschland wildwachsenden Ulmenarten. Z.F.J.W. 1882, S. 37 ff. Dort auch eingehende Darstellung der verworrenen Nomenklatur und des ökologisch-forstlichen Verhaltens der drei Arten. — Ferner WALTER, H.: Ulmaceen, Lief. 38/39 von KIRCHNER, LOEW u. SCHROETER: Die Lebensgeschichte der Blütenpflanzen Mitteleuropas. Stuttgart 1931.

sie nur bis zu mittleren Höhen (unterer Buchengürtel). Sie tritt *teils einzeln, teils horstweise*, auch wohl in kleinen Reinbeständen auf. Vorwiegend von der Esche gebildete *Waldungen finden sich in den Flußauen*, besonders im Südosten (z. B. in Ungarn und Rumänien). Aber *auch im Nordosten (Ostpreußen, baltische Randstaaten, Rußland)* tritt sie *auf lehmigen Niederungsböden sehr stark* neben der Eiche und *mit vorzüglichem Wuchs* hervor. Sie kommt dort auch mit der Erle auf den besten Bruchböden vor. Daneben findet sie sich aber *in merkwürdigem Gegensatz hierzu auch auf verhältnismäßig trockenen, oft flachgründigen Kalkböden*, z. B. auf den Muschelkalkköpfen des westdeutschen Berglandes mit der Buche zusammen. Während sie auf den trockenen Köpfen allerdings im Wuchs recht nachläßt, geht sie mit *steigender Wuchs- und Verjüngungsfreudigkeit auf die tiefer liegenden besseren und frischeren Hänge und Flachlagen des Muschelkalkes* hinab und hält sich dort zäh neben der Buche in deren optimalem Wuchsgebiet.

7. Kapitel. Die Entwicklungsgeschichte des deutschen Waldes[1].

Der Wald hat im Laufe der Zeiten seit seinem Bestehen auf der Erde überall einschneidende Wandlungen durchgemacht, die zunächst eine Folge der erdgeschichtlichen Klimaänderungen waren, die aber im letzten Abschnitt seit dem Auftreten des Menschen und seinem Eingreifen in den Wald auch künstlich die Waldform und die Zusammensetzung nach Holzarten verändert haben. Das *heutige Waldbild ist also ein gewordenes*, und da die natürliche und wirtschaftliche Entwicklung nirgends stille steht, *auch ein werdendes*. Um es richtig zu verstehen, muß man die Entwicklungslinien, die zu seinem heutigen Zustand geführt haben, wenigstens in großen Zügen einmal kennenzulernen versuchen.

1. Die vorgeschichtliche Entwicklung.

Wenn wir den mitteleuropäischen Wald nach seiner Holzartenzusammensetzung mit den Waldungen gleicher Klimalage in Ostasien und Nordamerika vergleichen, so muß *seine große Artenarmut* auffallen. Der ostasiatische (chinesisch-japanische) Wald soll ungefähr 500, der nordamerikanische etwa 250 verschiedene Arten aufweisen, im europäischen finden wir nur etwa 80 Arten! Dabei sind es nicht so sehr Unterschiede in der Zahl der Gattungen. Aber die gleichen Gattungen, die hier wie dort auftreten, zählen in Amerika und Asien oft Dutzende von Arten, bei uns nur einige wenige oder überhaupt nur eine (z. B. *Quercus* in Nordamerika etwa 80 Arten, in Mitteleuropa nur 4—5, in Deutschland sogar nur 2—3 unter Einschluß der sehr seltenen *pubescens*!). Das ist nicht immer so

---

[1] Hauptsächlichste Literatur: WEBER, C. A.: Die Geschichte der Pflanzenwelt des norddeutschen Tieflandes seit der Tertiärzeit. Résultats scientifiques du Congrès internat. de Botanique. Wien 1905. — WALTER, H.: Einführung in die allgemeine Pflanzengeographie Deutschlands. III. Teil. Historische Pflanzengeographie. Jena 1927. — HAUSRATH, H.: Pflanzengeographische Wandlungen der deutschen Landschaft. Leipzig u. Berlin 1911. — HOOPS, J.: Waldbäume und Kulturpflanzen im germanischen Altertum. 1905. — JACOBI, B.: Die Verdrängung der Laubwälder durch die Nadelwälder in Deutschland. Tübingen 1912. — POST, v. L.: Die postarktische Geschichte der europäischen Wälder nach vorliegenden Pollendiagrammen. Verh. d. internat. Kongresses d. forstl. Versuchsanst. Stockholm 1929. — RUDOLPH, K.: Grundzüge der eiszeitlichen Waldgeschichte Europas. Beih. z. Botan. Zbl. Bd. 47 (1930). — BERTSCH, K.: Geschichte des deutschen Waldes. Jena 1940. HILF, R. B. Der Wald in Geschichte u. Gegenwart. Potsdam. Athenaion-Verlag. — Für die forstliche Auswertung: HESMER, H.: Die natürliche Bestockung und Waldentwicklung auf verschiedenen märkischen Standorten. Z.F.J.W. 1933, S. 505.

gewesen. Der *deutsche Wald im Tertiär* war nach allen fossilen Funden wohl ebenso *artenreich* und zeigte überhaupt *weitgehende Ähnlichkeit und Verwandtschaft mit dem heutigen nordamerikanischen Wald.* (Auftreten von Taxodium, Sequoia, Liriodendron, vielen Eichen- und Ahornarten, Magnolien u. a. In der tertiären Molasse am Bodensee sind allein etwa 1500 verschiedene Pflanzenarten nach Blattfunden bestimmt worden!) Das Klima war auf dem Höhepunkt des Tertiärs, wo wir eine dem Lauretum-Castanetum entsprechende Waldflora sogar auf Spitzbergen treffen, ein viel wärmeres als heute. Aber noch am Ende des Tertiärs, wo schon die dem Lauretum angehörenden Arten verschwinden und an den fossilen Blättern sich Erscheinungen zeigen, in denen man Frostwirkungen zu erkennen glaubt[1]), war die Waldflora noch eine überaus reiche. Als dann im *Diluvium die große Kilmaverschlechterung* eintrat, die eine *mehrmalige Vereisung* Nordeuropas bis nach Deutschland hinein mit sich brachte, mußte der Wald und seine Flora natürlich weichen und sich in südliche Gebiete zurückziehen. Die einzelnen Zwischeneiszeiten brachten ihn zwar wieder und teilweise noch immer mit Arten, die ihm heute fehlen. (So z. B. *Juglans* und *Platanus* bei Honerdingen in der Lüneburger Heide, *Ilex aquifolium* in Klinge bei Cottbus und sogar bei Grodno in Polen, *Acer tartaricum* bei Ingramsdorf in Schlesien!) Die Pflanzenlisten der einzelnen Fundstätten aber zeigen *mit jeder späteren Interglazialzeit ein zunehmendes Verschwinden von Arten.* Die Ursache ist wohl unzweifelhaft in der *Querlagerung unserer mitteleuropäischen Hochgebirge* (Pyrenäen, Alpen, Sudeten, Karpaten) zu suchen, die sich den südlichen Rückzugslinien der Arten hindernd in den Weg stellten und deren vergletscherte Kämme und Paßhöhen diese oft nicht mehr zu überschreiten vermochten. Dadurch gingen bei jedem Rückzug zahlreiche Arten verloren. Nordamerika hat trotz seiner weit größeren Vereisung keine solchen Verluste in seiner Flora gehabt, da dort die großen Gebirge die günstige Nord-Süd-Richtung aufweisen!

Als *nach der letzten Eiszeit* bei uns die endgültige Rückwanderung der Pflanzen begann, hatte die Waldflora *nur noch einen geringen Bruchteil ihrer prä- und interglazialen Zusammensetzung.* Eine bisher umstrittene Frage war es, ob während des Höhepunktes der Vereisungen, insbesondere der größten, sich noch Waldreste bei uns gehalten haben oder nicht. Man ist aber jetzt im allgemeinen zu der Anschauung gekommen, daß der Wald mindestens in Deutschland und seinen Nachbargebieten ganz verschwunden gewesen ist. Während ganz Skandinavien und der größte Teil Englands unter der riesigen Masse des Inlandeises begraben lag, dessen Ränder sich bis nach Norddeutschland erstreckten und die Alpen vergletschert und bis tief hinunter von ewigem Schnee bedeckt waren, fanden sich in dem Raum dazwischen nur *Tundren* und *Lößsteppen*, auf denen die *Mammutjäger der älteren Steinzeit* (Aurignac-Kultur), ähnlich wie heute die Lappen und Eskimos, nomadisierend hin- und herzogen.

Die in den *ältesten postglazialen Tonschichten* gefundenen Pflanzenreste haben *keine Spuren von Waldbäumen*, sondern nur eine ausgesprochen *arktische Tundrenflora* ergeben. (Hochnordische Moose, kriechende Polarweiden, Blätter der Zwergbirke und die besonders als Leitpflanze leicht zu erkennende *Dryas octopetala*, die gemeine Silberwurz, die mit ihren großen, weißen Blüten noch heute eine Zierde der Hochalpenmatten wie der nordischen Tundra bildet.) In den *ältesten Torfablagerungen*, die erst *in einer etwas späteren Zeit* gebildet sind, finden sich zunächst noch vorwiegend *Nichtbaumpollen*. Die ersten *Pollenkörner von Waldbäumen* gehören wohl meist *Polarweiden, Zwergbirken* und der *Bergkiefer* an.

---

[1]) BERNBECK, O., hält die beobachteten Schädigungen allerdings für Windwirkungen (vgl. auch Kap. 13).

Methode der Pollenanalyse.

Mit der Durchforschung der Torfmoore nach den in den verschiedenen Schichten gefundenen Pflanzendecken, aus denen sie sich gebildet haben (vgl. Abb. 35) und den in ihnen eingeschlossenen Holzresten, Samen, Knospenschuppen und Pollenkörnern begann nach den Vorarbeiten des deutschen Botanikers C. A. WEBER in Schweden der Geologe van POST mit seinen Schülern schließlich eine förmliche Methode, die sogenannte *Pollenanalyse,* zu entwickeln, durch die heute unter Mitarbeit außerordentlich zahlreicher Wissenschaftler die *vorgeschichtliche Waldentwicklung* schon weitgehend klargelegt worden ist.

Natürlich hat die Einwanderung der einzelnen Holzarten in den verschiedenen Gebieten wohl zu verschiedenen Zeiten und auch nicht überall in ganz gleicher Reihenfolge stattgefunden, je nach Entfernung vom Eis- oder Gletscherrand, Lage der eiszeitlichen Zufluchtsgebiete und der Einwanderungswege. Aber im großen und in groben Zügen verlief die Entwicklung doch sehr ähnlich. Durch *Funde von menschlichen Spuren* (Geräten, Waffen, Abfällen u. a. m.) ist es neuerdings auch gelungen, genauere Zeitbestimmungen für die einzelnen Schichten durchzuführen. Trotzdem bleiben noch manche Fragen zu klären und Lücken auszufüllen. Es kann hier nicht die Aufgabe sein, eine ins einzelne gehende Darstellung der vorgeschichtlichen Waldentwicklung zu geben, sondern diese soll nur in ihren Grundzügen geschildert werden, wobei wir in der Hauptsache dem neuesten und

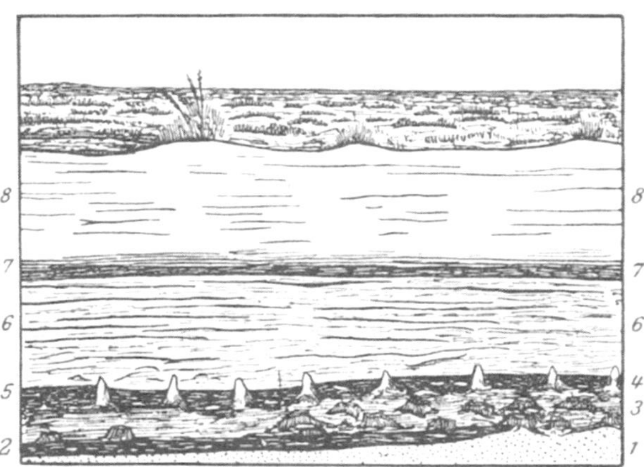

Abb. 35. Aufbau eines typischen norddeutschen Moores. (Nach C. A. WEBER, Bremen.) 1. Diluvialsand. 2. Schilftorf (verlandende Wasserfläche). 3. Auenwaldtorf (feuchter Waldboden). 4. Föhrenwaldtorf mit Stubbenresten (fortgeschrittene Hochmoorbildung). 5. Scheuchzeriatorf (neue Vernässung, in der der Kiefernbestand abstirbt. 6. Älterer Sphagnumtorf, stark zersetzt und zusammengelagert 7 Grenzhorizont; Stillstandslage der Torfbildung (Trockenzeit?), Eriophorum- und Heidereste. 8. Jüngerer Sphagnumtorf (neues Anwachsen der Moore, lockerer, wenig zersetzter Moostorf). An der Oberfläche Moosrasen mit Bülten.

außerordentlich scharfsinnigen Werk von KARL BERTSCH, Geschichte des deutschen Waldes (1940) folgen, der durch seine eigenen umfangreichen Moorforschungen in dem berühmten, für die Vorgeschichtsforschung hochbedeutsamen Federseeried in Schwaben einen geradezu klassischen Beitrag dazu geliefert hat.

Die Pollenanalyse untersucht den Anteil der verschiedenen, unter dem Mikroskop gut zu bestimmenden Waldbaumpollen in Torfproben verschiedener übereinander liegender Schichten nach ihrem prozentualen Anteil und stellt die Ergebnisse dann in übersichtlicher Form in sogen. *Pollendiagrammen* dar (Abb. 36).

1. Kiefern-Birken-Zeit. Nach der noch baum- und waldlosen Tundrenzeit (nach ihrer Leitpflanze auch *Dryas-Zeit* genannt) begannen *Birke und Kiefer* einzuwandern, erstere im Westen und Norden vor der Kiefer und meist viel stärker vertreten, während im Osten beide miteinander ankommen, und die Kiefer überwiegt (Abb. 37). Daneben finden sich auch Weiden und Aspe. Im äußersten Osten (Rußland, Karpaten, Ostalpen) zeigt sich sogar schon die Fichte. Das Klima ist noch kalt und trägt subarktischen bzw. subalpinen Charakter. *Ältere Steinzeit* mit noch nomadisierenden Jägern und Fischern. Die Ostsee, nach Westen durch eine Landbrücke nach Skandinavien abgeschlossen, hat dagegen eine Ver-

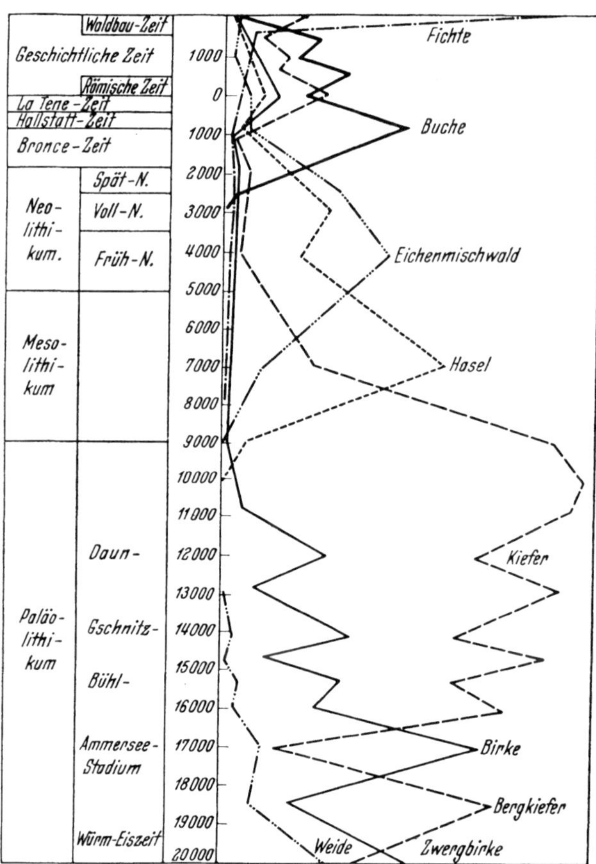

Abb. 36. Durchschnitts-Pollendiagramm von Oberschwaben.
(Nach K. BERTSCH.)

bindung mit dem nördlichen Eismeer (Yoldia-Stadium). Verschiedene Kälterückfälle bewirken Vorstöße der Gletscher (Bühl-, Gschnitz-, Daun-Stadien). Hand in Hand damit gehen Schwankungen in der Verbreitung von Birke und Kiefer, deren Pollenkurven dementsprechend vielfach mehrere Gipfel der einen Art zeigen, denen Tiefpunkte der anderen gegenüberliegen (vgl. Abb. 36). Vor 8000 v. Chr.

2. Haselzeit. Im weiteren Verlauf erscheint die *Haselnuß*, und zwar so massenhaft, besonders im Westen, daß ihre Pollen an Zahl oft die sämtlicher anderen Baumarten übertreffen. Wahrscheinlich bildete sie vielfach selbständige dichte Buschwälder, vielleicht auch nur Unterholz unter dem lockeren Schirm von Kiefern oder Birken oder in parkartigem Wechsel mit diesen. Sie ging in Skandinavien viel weiter nach Norden als heute und stieg auch in den mitteleuropäischen Gebirgen 300—400 m höher. Gleichzeitig oder etwas später *beginnt aber auch schon die Eiche mit ihren Mischhölzern, Linde und Rüster*, einzuwandern. Ebenso zeigt sich gebietsweise (Nordwest-Deutschland, nordostdeutsche Tiefebene und Ostpreußen) stark auch die *Erle*. Die Ostsee ist noch durch eine Landbrücke über Dänemark von der Nordsee, aber jetzt auch durch eine Landhebung im Norden vom Eismeer abgeschlossen und langsam ausgesüßt (Ancylus-See von der Süßwassermuschel *Ancylus fluviatilis*). Das Klima ist wärmer und trockener geworden.

Mittlere Steinzeit ca. 8000—5000 v. Chr. Die Menschen dieser Zeit sind im wesentlichen noch Fischer (Muschelabfallhaufen mit Fischgräten) und Jäger (Wildknochen und Geweihstangen). Sie sammeln und verzehren Haselnüsse, deren Schalenstücke sich oft massenhaft in der Nähe ihrer Wohnstellen und Herdfeuer finden.

3. Eichenmischwaldzeit. Später tritt die *Eiche* mit ihren Begleitern, *Linde, Rüster, Ahorn und Esche*, immer mehr *in den Vordergrund*. Der Eichenmischwald drängt die früher eingewanderten Holzarten stark zurück. In manchen Gebieten Mitteleuropas ist dabei im Anfang dieses Abschnittes das starke Hervortreten von Linde und Rüster auffällig, die damals oft vorherrschend gewesen sein müssen, während im späteren Verlauf meist die Eiche das Übergewicht erlangt. Neben den älteren, schon genannten Arten, Kiefer, Birke, Aspe, Weide, Hasel, Erle, von denen die Kiefer in der nordostdeutschen Tiefebene und die Erle hier und in Nordwestdeutschland auch weiterhin eine stark vor- bis mitherrschende Stellung behalten, zeigt sich im *Osten* (Rußland und Baltikum) nun auch schon die *Fichte*, ebenso *in den höheren Lagen der mitteleuropäischen Gebirge*, besonders *im östlichen Teil* (Karpaten, Sudeten, östliche Schweiz, auch im Alpenvorland und Harz), während die *Tanne* erst von Südwesten her über die Westschweiz sich von ihrem Zufluchtsgebiet im Süden Europas langsam nähert und die Vogesen und den Schwarzwald erreicht. Die Fichte hat wahrscheinlich auch im Südosten ein solches Zufluchtsgebiet gehabt und ist von dort aus teils über die Karpaten und Sudeten bis zum Harz, teils über die Alpenpässe und um deren Nordostrand herum in die süddeutschen Gebirge vorgedrungen, während sie auf einem dritten, dem Nordweg nach Ostpreußen und dem Baltikum einwandert. Der Eichenmischwald geht in dieser Zeit bedeutend weiter nach Norden und höher in die Gebirge hinauf, auch die Waldgrenze lag wohl 200—400 m höher als heute. Das deutet Hand in Hand mit dem Auftreten wärmeliebender Wasserpflanzen (wie z. B. der Wassernuß, *Trapa natans*) in nördlicheren Gebieten auf einen schon in der vorhergehenden Haselzeit beginnenden Wärmeanstieg bis zu einem *Wärmehöhepunkt des Klimas*, den man auf einen etwa 2—2,5° höheren Jahresdurchschnitt eingeschätzt hat. Dabei war das Klima offenbar auch feucht, da das Moorwachstum sehr stark ist und Versumpfungsvorgänge zahlreich sind.

Die Ostsee hat durch eine Landsenkung eine Verbindung mit der Nordsee über Sund und Kattegat bekommen, und ihr Salzgehalt ist sogar höher als heute, da die Auster an ihrer Westküste auftritt, deren Schalen in den Muschelabfallhaufen (Kjökkenmöddinger) an den Feuerstätten der dortigen Fischfang treibenden Menschen der *jüngeren Steinzeit* sich zahlreich finden. (Litorina-Stadium der Ostsee, so genannt nach einer Meerwasserschnecke *Litorina litorea*.) In der jüngeren Steinzeit vollzieht sich ein bedeutsamer *Wechsel in der Lebensweise der Menschen*. Sie werden *seßhaft* und beginnen *Ackerbau* zu treiben (feste Siedlungen, Pfahlbauten, Wasser- und Fliehburgen, Bohlwege, Hacken und sogar schon Pflüge). Dabei wurden teilweise wärmebedürftigere Getreidearten als unsere heutigen angebaut (Emmer und Einkorn). Alles spricht für ein bedeutend wärmeres Klima. Etwa 5000—2000 v. Chr.

4. Buchenzeit. Im letzten Abschnitt der mitteleuropäischen Waldentwicklung wanderte dann in den Gebieten ihrer heutigen Verbreitung die *Rotbuche* ein und setzte sich in weitem Umfang an die Stelle des Eichenmischwaldes auf den besseren Böden besonders des Westens, wo die Kiefer nun fast ganz verschwindet, während sie sich auf den ärmeren Böden z. B. Norddeutschlands auch während dieser Zeit nicht nur hält, sondern auch herrschend bleibt. Die Zufluchtsgebiete

Abb 37. Der Wald zur älteren Kiefernzeit (Nach Zusammenstellung von Pollendiagrammen durch K. Bertsch.)

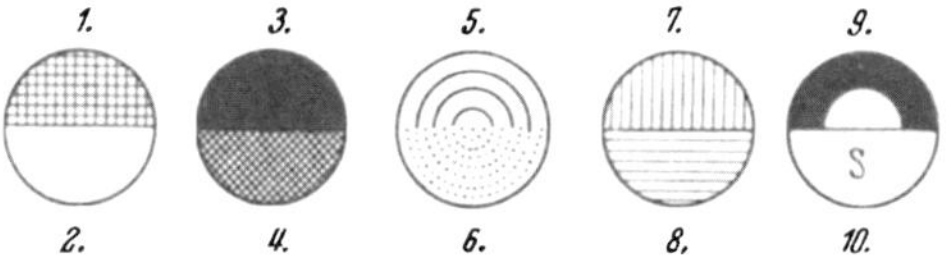

Erklärung zu den Signaturen der Waldkarten Abb. 37 u. 38.
1. Kiefer 2. Birke 3. Buche 4. Eichenmischwald 5. Erle 6. Hasel 7. Tanne 8. Fichte 9. Weißbuche 10. Weide.

der Buche während der Eiszeit lagen offenbar im Südwesten, in Frankreich, aber vielleicht auch außerdem im Südosten, wo sie schon z. Z. des Haselgipfels (7000 v. Chr.) mit hohen Pollenanteilen vertreten war (z. B. um Laibach). Von beiden Stellen her ist sie dann vom Ende der jüngeren Steinzeit an in Mittel- und Norddeutschland eingewandert und hat die Grenzgebiete in Dänemark und Ostpreußen erst um die Zeitenwende und später erreicht. Im Gebiet *östlich der heutigen Buchengrenze* wird die Buche durch die *Hainbuche* vertreten, die in Ostpreußen mit sehr hohen Pollenprozenten auftritt, auch in Nordwestdeutschland, während ihr Anteil im übrigen gering bleibt. In *Skandinavien* wandert in dieser Zeit die *Fichte* über Finnland und Lappland *von Norden her* ein und verbreitet sich neben Kiefer und Birke allmählich immer mehr nach Süden. Nun beginnt ein *allgemeiner Wärmerückgang.* Die Temperaturen gehen allmählich bis auf den heutigen Stand zurück. Gleichzeitig findet eine *Wendung vom kontinentalen zum atlantischen Klimacharakter* statt. Die Waldgrenze senkt sich daher

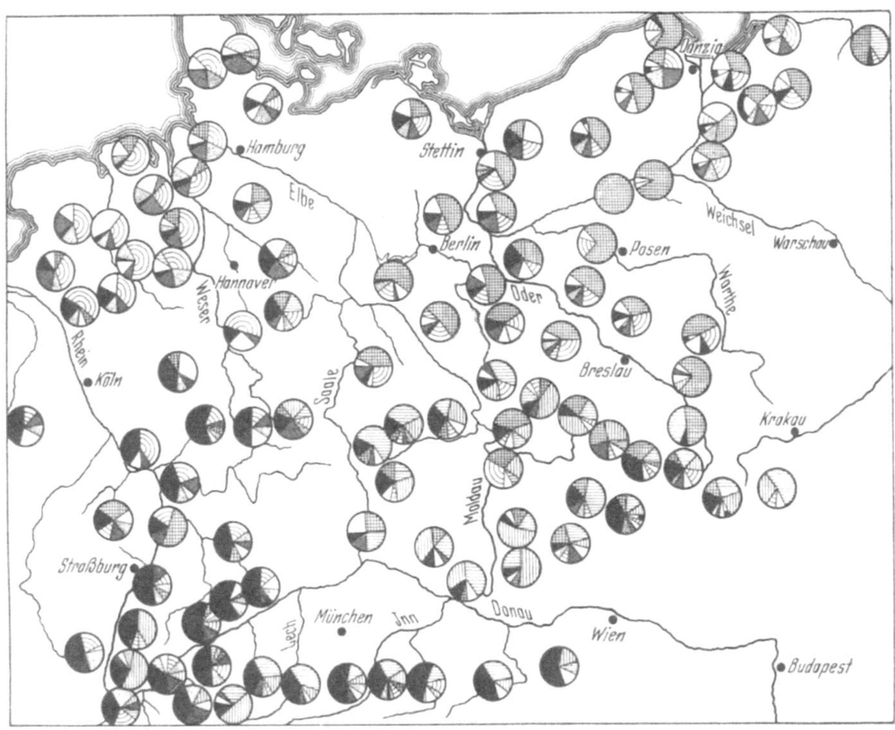

Abb. 38. Der Wald gegen Ende der Bronzezeit. (Nach K. Bertsch.)

im Laufe dieser Periode in den Gebirgen, Hasel, Hainbuche und die wärmeliebenden Wasserpflanzen ziehen sich ebenfalls zurück. Auch die Rotbuche macht an der Ostgrenze zum Kontinentalklima halt. Die Weißtanne, die schon früher Vogesen und Schwarzwald erreicht hatte, breitet sich von den Alpen und Karpaten über die mitteldeutschen Gebirge bis zu ihrer heutigen Nord- und Ostgrenze aus. Die *Waldzusammensetzung* bekommt ihr Gesicht *zu Beginn der geschichtlichen Zeit* (Abb. 38). In einem Teil der Moore, besonders in Nordwestdeutschland, muß eine Störung des fortlaufenden Aufbaus durch längeren Stillstand stattgefunden haben, da sich zwischen dem unteren, gut zersetzten, und dem oberen schlechter zersetzten Torf eine sogen. *Grenztorfschicht* gebildet hat, in der Reste von Heide die Oberfläche überziehen (Abb. 35). *Bronze-* und *Eisenzeit* (ca. 2000 v. Chr.—Kulturzeit).

In den *obersten Schichten* unserer Moore macht sich dann schließlich ein neuer Wechsel bemerkbar. Die Pollen der *Nadelhölzer*, besonders *Kiefer* und *Fichte, nehmen wieder zu*, oft in sehr raschem und steilem Anstieg. Hierin dürfte sich die *Wirkung der menschlichen Kultur* zeigen, die durch weitgehende Rodungen gerade auf den besseren Böden hauptsächlich den Laubwald vernichtete und dadurch das Verhältnis zugunsten des Nadelholzes verschob, schließlich auch durch häufigen Anbau des letzteren auf ehemaligem Laubholzboden seinen Anteil absolut vergrößerte. Wir treten damit in die *geschichtliche Zeit* der Entwicklung ein.

2. Die geschichtliche Zeit.

Mit der jüngeren Steinzeit und noch mehr der Bronzezeit, Buchenzeit, in die der Beginn fester Siedlungen mit Viehzucht und Ackerbau in Deutschland zusammenfällt, dürfte der *Einfluß des Menschen auf den Wald* beginnen. Die Zeugnisse dafür sind anfangs freilich noch dürftig, später stehen uns reichere Quellen dafür zur Verfügung. Wie groß der Einfluß des vor- und frühgeschichtlichen Menschen auf die Entwicklung gewesen sein mag, ist sehr schwer zu sagen. Einige gehen darin sehr weit[1]), andere weniger. Daß das Abbrennen des Waldes in Trockenperioden während der Kiefernzeit u. U. riesige Waldbrände verursacht haben kann, ist nicht zu leugnen. Aber die vielen Sümpfe und die breiten Flußläufe werden diesen doch auch verhältnismäßig enge Grenzen gezogen haben und mit dem Einzug der Laubhölzer schied diese Gefahr überhaupt mehr und mehr aus. Die im großen gesehen doch noch dünne Besiedlung und die primitiven Werkzeuge haben großräumige Veränderungen dann wohl ausgeschlossen.

Wir werden im folgenden im wesentlichen der eingehenden Darstellung HAUSRATHS[2]), eines der besten Kenner dieses Teils der Forstgeschichte, folgen.

Die Änderungen der Waldfläche. Die *Lage der ersten Siedlungen* aus der jüngeren Steinzeit drängt sich in Deutschland und seinen Nachbarländern ganz auffällig auf die *fruchtbaren Löß- und Schwarzerdegebiete* zusammen. Dies hat zu verschiedener Deutung Veranlassung gegeben. Zum Teil will man darin eine besondere Findigkeit der ersten Siedler sehen, die sich gerade die fruchtbarsten Böden herausgesucht hätten. Andere sind mehr zu der Anschauung gelangt, daß diese ursprünglichen Steppenböden, wenn auch nicht mehr baumlos, doch nur lockeren und lichten Wald getragen haben, etwa vom Charakter der südrussischen Waldsteppe. Vielleicht wurden solche offeneren Landstriche wegen der geringeren Rodungsschwierigkeiten bei Erstsiedelungen bevorzugt, die selbst unter Zuhilfenahme des Abbrennens im geschlossenen Urwald doch immer noch sehr viel größer gewesen sein müssen als im lockeren Steppenwald.

Es ist bezeichnend, daß *dieses steinzeitliche Erstbesiedlungsgebiet sich in der nachfolgenden Bronze- und Eisenzeit nicht oder nur wenig erweitert,* sondern daß nur eine dichtere Besiedlung im Innern stattgefunden hat. *Die geschlossenen Waldgebiete lockten offenbar* wegen der Rodungsschwierigkeiten *nicht.* Vielleicht trug auch die Unsicherheit gegen Überfälle durch die großen Raubtiere des Waldes und räuberische Nachbarstämme dazu bei.

Als die *Römer* ins Land kamen, erstaunten sie jedenfalls über den *großen Waldreichtum.* Bekannt ist der Ausspruch des TACITUS, der Germanien „aut silvis horrida, aut paludibus foeda", als ein von Wäldern und Sümpfen starrendes Land schildert und es als „magna ex parte silvis ac paludibus invia" bezeichnet. An dieser zweifellos starken *Übertreibung* dürfte aber in der Hauptsache wohl

---

[1]) AICHINGER, E.: Vergleichende Studien über prähistorische und historische Waldentwicklung. Mitt.H.G.A. 1943.

[2]) HAUSRATH, H.: Pflanzengeographische Wandlungen der deutschen Landschaft. Leipzig: B. G. Teubner 1911. — Man vergleiche auch dazu SCHWAPPACH, A.: Handbuch der Forst- und Jagdgeschichte Deutschlands, Berlin 1886, mit seinen sehr ausführlichen Darstellungen und vielen alten Urkunden; ferner HILF, R. B.: Der Wald in Geschichte u. Gegenwart, ein Prachtwerk mit vielen Bildern, Holzschnitten und Stichen aus alter Zeit. Athenaion Verlag Potsdam.

der Gegensatz zu dem schon damals stark entwaldeten Italien schuld gewesen sein. Der von den Römern selbst mehrfach hervorgehobene Menschenreichtum der durchzogenen Gebiete und der hohe Stand des Ackerbaues bei den alten Germanen, die damals schon vor den Römern den Scharpflug anwandten, spricht gegen ein reines Waldland.

Andererseits zeigt freilich das Fehlen älterer Siedlungen besonders *in den Gebirgen Süd- und Westdeutschlands* und die häufige Bezeichnung derselben durch die Römer mit „silva" statt „mons", daß besonders in diesen *noch völlig unberührte große Urwaldflächen* vorlagen.

So sollte z. B. der Silva hercynica (wahrscheinlich nicht nur der Harz, sondern auch das westlich anschließende Bergland von Werra, Fulda und Main) ein großer, 60 Tagereisen langer Wald gewesen sein!

Die Römer haben dann in dem von ihnen besetzten Gebiet durch Anlage von Städten, festen Plätzen und Gutshöfen mit den dazu notwendigen Äckern, Wiesen und Weiden den *Wald im westlichen Deutschland,* besonders in der Nähe der Flüsse und großen Heerstraßen, schon *ein gut Stück weiter zurückgedrängt.* Die großen Gebirgsurwaldungen im Westen und auch das ganze Waldgebiet im Osten blieben aber im wesentlichen bis über die Völkerwanderung hinaus ziemlich unberührt, ja diese hat nachweislich wieder in vielen Gebieten ein erneutes Vordringen des Waldes zur Folge gehabt.

Erst *in der Karolingerzeit* setzt dann, seitens der Herrscher, wie z. B. Karls des Großen, stark gefördert, eine *umfangreiche Rodung* ein, die nun auch in die alten *Urwaldgebiete* hineindrang. Besonders die allenthalben neu gegründeten *Klöster* beteiligten sich hieran stark, mit der religiösen gleich die wirtschaftliche Mission verbindend. (So z. B. die vielen Klostergründungen der Zisterzienser im Osten mitten im Walde: *Lehnin, Chorin* u. a.) Neben den Rodungen der weltlichen und geistlichen Grundherren liefen auch in geringerem Umfange Einzelsiedlungen von Bauern nebenher. *Die große Rodungsperiode umfaßte die Zeit von etwa 700—1300 n. Chr.*

Ein Beispiel, in welchem Umfange die Rodungen vordrangen, zeigt der „heilige Forst von Hagenau" im Elsaß, der um 700 noch ungefähr 25 000 ha, um 1100 aber nur noch 18 000 ha groß war.

Die Siedlung schritt in Deutschland im allgemeinen von Südwesten nach Nordosten fort. In den östlichen Gebieten waren noch am Ende der großen Rodungsperiode große Urwaldgebiete.

So waren im südwestlichen Hinterpommern noch um 1300 nur 6 Kirchen, um 1400 hatte sich ihre Zahl schon verzehnfacht. Auch in der Mark fand sich um 1100 noch ein ununterbrochener Urwald von Fürstenwalde bis nach Berlin. In Ostpreußen bestanden zwar nach den starken Heeren, die dem Deutschorden bei seiner Eroberung entgegentraten, wohl auch schon stärker besiedelte Gebiete, aber daneben ebenfalls noch riesige Urwaldungen, wie die an das besetzte Gebiet östlich anschließende „gelindische Wüste = Wildnis", ein Urwald von ungefähr 60000 qkm Ausdehnung! Die Forstbeamten in Ostpreußen trugen daher noch lange den Namen „Wildnisbereiter". Ganz Litauen und Masuren war nach der Karte von Henneberger sogar im 16. Jahrhundert noch ein im wesentlichen unbesiedelter Urwald[1]).

In den Gebirgen stieg die Besiedlung im allgemeinen (abgesehen von Bergbau an höher gelegenen Erzlagerstätten) *von unten nach oben herauf.*

Der *Höhepunkt der Siedlung* und damit auch des Flächenverlustes, den der Wald in Deutschland damit erlitt, *ist etwa um 1400—1500 erreicht.* Es erfolgte dann, schon von 1250 an einsetzend, vielfach *ein Rückschlag,* so daß Hausrath sogar von einer „*negativen Siedlungsperiode*" spricht. Fehden, Pest, Agrarkrisen

---

[1]) Vgl. dazu die Darstellung von Forstrat Müller, H.: Grundlagen der Forstwirtschaft im sog. Preußisch-Litauen. Neudamm 1928.

und die vielfach zu weit getriebene Rodung zu geringen Bodens führte zum Eingehen von Einzelsiedlungen und ganzer Ortschaften. Es *entstanden zahlreiche „Wüstungen", von denen der Wald nun wieder Besitz ergriff,* und deren Spuren manchmal noch heute in unseren Revieren angetroffen werden. Oft scheint das sogar in recht beträchtlichem Umfange der Fall gewesen zu sein.

In Thüringen sind nach WERNEBURG bis über 30% solcher ehemaligen Siedlungen eingegangen und Wüstungen geworden, und ich selbst fand z. B. im Magdeburger Staatsarchiv eine Bemerkung in einer alten Akte von 1714: „Obbenannte Heyden, welche man generaliter *Gardelegensche Heyde* zu nennen pflegt, *besteht hauptsächlich aus 8 wüsten Dorfstellen,* deren Namen sind ..., welche zu einer Waldung gebracht sind, und liegen alle diese wüsten Dorfstellen in einem tractu auf 2 Meilen lang, so alle dem Vermuthen nach wegen derer darauf befindlichen sehr alten Eichen und alten Gemäuer bei 400 Jahre mußten wüste gelegen haben!" Diese Zeitangabe führt also ebenfalls bis in den Beginn jener oben bezeichneten Rückschlagsperiode.

Auch der *30jährige Krieg* hat dann noch einmal im 17. Jahrhundert in Deutschland zeitweilig zu einem Vordringen des Waldes geführt, das aber nach neueren Feststellungen fast überall *sehr bald wieder durch neue Urbarmachung ausgeglichen* worden ist.

Im allgemeinen ist das heutige Verhältnis der Waldfläche zur gesamten Landesfläche eben doch schon um 1400—1500 festgelegt worden. Die späteren *Kolonisationen im Osten,* wie z. B. die unter den ersten preußischen Königen, besonders Friedrich dem Großen, „dem Menschen lieber waren als Bäume" (*Oderbruch* u. a.), konnten an diesem Verhältnis im großen nichts mehr ändern und sind z. T. auch von den weitschauenden Fürsten durch die schon damals begonnene und bis in die Gegenwart betriebene *Aufforstung von „Sandschellen und wüsten Plätzen"* wieder ausgeglichen worden. So sind z. B. durch solche Ödlandsaufforstungen im alten deutschen Reichsgebiet von 1878—1900 noch 123 000 ha Wald neu gewonnen worden, was aber doch nur 0,9% der Gesamtwaldfläche ausmacht!

Aus dem *Waldland zur Römerzeit* war durch die große Rodung im Laufe von 700—800 Jahren ein *Ackerland* geworden, *in dem der Wald von etwa drei Viertel der Landesfläche auf das eine Viertel zurückgedrängt war,* das er im wesentlichen bis heute behalten hat.

Die Änderungen des Waldaufbaues. Hand in Hand mit den Änderungen der Waldfläche gingen auch solche in seinem *inneren Aufbau.* Wie der Urwald in alter Zeit aussah, dafür haben wir allerdings keine sicheren fossilen oder geschichtlichen Belege.

Man kann sich aber wohl aus den noch vorhandenen *Urwaldresten* in Mitteleuropa und in klimatisch ähnlichen Gebieten wie Nordamerika ein Bild machen, wie auch der deutsche Urwald einstmals in seinem Innern ausgesehen haben dürfte.

Eine *Vorstellung,* die dabei unwillkürlich zunächst auftaucht, *muß man von vornherein fallen lassen,* nämlich, *daß dieser Urwald undurchdringlich dicht von Jungwuchs und Gesträuch erfüllt gewesen wäre, wie etwa der tropische Regenwald.* Zu einer solchen Erfüllung des Raumes fehlten die standörtlichen Vorbedingungen. Weder die Urwaldreste in den Karpaten, in Bosnien und Albanien noch in der Ebene von Rußland (Bialowies) oder in Nordamerika, von denen wir aus letzter Zeit anschauliche Darstellungen erhalten haben, zeigen eine Undurchdringlichkeit in diesem Sinne. Wo sie auftritt, besteht sie meist nur in dem vielen, oft kreuz und quer liegenden *Lager- und Moderholz* zusammengebrochener alter Baumleichen.

In welcher Weise *die ersten menschlichen Nutzungen nun den Bestockungsaufbau veränderten,* darüber kann man sich nur vermutungsweise Vorstellungen machen. Solange noch keine festen Siedlungen zu dauernden Eingriffen an der gleichen Stelle führten, dürfte sich das alte Waldbild immer rasch wieder von selbst hergestellt haben.

Anders wurde es, als mit der Anlegung fester Wohnplätze der nächstgelegene Wald dauernd zur Befriedigung der Wirtschaftsbedürfnisse herangezogen wurde. Wir müssen hierbei den Laubwald vom Nadelwald trennen. Im ersteren trat ja nach Fällung an vielen Stöcken eine *Waldneubildung durch Ausschlag* ein. Die ersten zarten Ausschläge boten neben den Bodenkräutern und Gräsern eine willkommene *Weidegelegenheit* für das Vieh. Es entsteht der oft *verbissene, struppige und buschige Weideniederwald,* in dem sich die Weichholzarten Birke, Aspe, Salweide, Hasel stark vordrängen, in dem aber schließlich doch hier und da wieder einige Stangen emporwachsen, den lichtbedürftigeren Ausschlag der Weichhölzer dann unterdrücken und zum Weidewechsel mit jüngeren Schlägen zwingen. Der alte Wald bildet sich dann wieder aus, wenn er in Ruhe gelassen wird. *Hat er aber wieder eine genügende Stärke zur Verwendung als Brennholz erreicht* — und die Anforderungen pflegen auf so tiefer Wirtschaftsstufe nur gering zu sein — *so wird er erneut abgetrieben* in der Hoffnung, daß das auf die Dauer so weitergehen wird. Denn „Holz und Schaden wachsen alle Tage", wie ein uraltes Sprichwort bezeichnend zu sagen pflegte. Man kann diese niedrigste Entwicklungsstufe des Wirtschaftswaldes noch heute in unaufgeschlossenen Gebieten Südeuropas in den Siedlungen am Außenrande des Urwaldes verfolgen, z. B. in den rumänischen Karpaten, in Bosnien und anderswo.

Eine Menge von geschichtlichen Nachrichten und Überlieferungen deuten darauf hin, daß der *Laubholzniederwald mit Viehweide auch bei uns eine der ältesten Entwicklungsstufen gewesen ist.* Daneben haben sich gegendweise wohl ebenso frühzeitig oder doch wenig später *Wechselbetriebe zwischen niederwaldartiger Waldnutzung und vorübergehender landwirtschaftlicher Zwischennutzung* zwischen den wieder ausschlagenden Stöcken und andere nahestehende Formen ausgebildet, wie sie uns noch heute in den Siegener Haubergen, den Birkbergen in Bayern und den Reutbergen in Baden in freilich wohl veränderter Form überkommen sind. Die altertümlichen Rechtsverhältnisse und Namen, sowie die hier und da noch gebräuchliche Verwendung des primitiven Hakenpfluges in ihnen deuten jedenfalls auf ein sehr hohes Alter hin.

Eine *geregelte Form des Niederwaldes* mit bestimmter Einteilung in Schläge und Festsetzung eines Umtriebes, bei dem immer der älteste Schlag wieder hiebsreif sein mußte, mit Weideverbot für die jüngsten Schläge, hat sich naturgemäß aus den anfänglich noch wilden Formen erst später entwickelt. Die ersten geschichtlichen Nachrichten darüber finden wir erst im 13. und 14. Jahrhundert.

Neben dieser dem ursprünglichen Walde ganz fremden Bestockungsform hat sich aber auch schon sehr früh eine andere, *die des sog. Mittelwaldes,* herausgebildet. Der Bedarf an masttragenden Bäumen (Eichelmast für Wild und Schweine) und an stärkerem Holz für den Wirtschaftsbedarf hat bald zu der Erkenntnis geführt, daß man beim Abtrieb der Schläge einzelne ausgesuchte Stämmchen stehenlassen und durch mehrere Umtriebe überhalten müsse (das sog. Oberholz im Mittelwalde, das eine lockere Oberschicht über dem von den Stöcken ausschlagenden Unterholz bildete).

Schwappach fand die ersten sicheren Nachrichten für einen solchen Mittelwaldbetrieb erst in Zeugnissen vom Ende des 15. Jahrhunderts, aber schon eine von Hausrath[1]) erwähnte Urkunde von 1219 in der Gegend von Speyer spricht von Ober- und Unterholz und beklagt, daß jenes unfruchtbar und dieses nur aus Dornen und unansehnlichem Gestrüpp bestehe, ein Hinweis darauf, daß man von beiden Stufen schon bestimmte wirtschaftliche Erfolge erwartete.

---

[1]) a. a. O., S. 157.

Jedenfalls herrschte der Mittelwaldbetrieb im Laubholz während des ganzen Mittelalters zum mindesten in der Nähe der Städte und größeren Siedlungen, wie man das noch auf Bildern der damaligen Zeit deutlich erkennen kann.

Daneben aber wurde *in den abgelegenen Teilen des Waldes* zur Befriedigung des Bedarfs an langen und starken Bauhölzern *„geplentert",* d. h. Einzelstämme je nach Bedarf herausgehauen. *Diese Art der Nutzung war wohl auch zunächst die einzige im Nadelwald,* der ja keine Ausschlagsfähigkeit vom Stock besaß, und wo die Wiederverjüngung lediglich auf den durch Samenabfall entstehenden Jungwuchs angewiesen war. *Obwohl die Form der Plenterung an sich die natürlichste ist und der Erhaltung des alten Waldaufbaus am günstigsten* zu sein scheint, ist gerade das Gegenteil der Fall gewesen. Sie war es gerade, die in der Folge zu besonders schlechtem Waldzustand, ja geradezu zur *Waldverwüstung* geführt hat.

Im *unberührten Urwald* geht die *Verjüngung eben sehr langsam* und spärlich vor sich und kann langsam gehen, weil auch der Abgang sich ebenso langsam vollzieht. Anders aber, *wo der Mensch wiederholt und dauernd eingreift* und infolge des mit der Bevölkerung steigenden Holzbedarfs immer stärker eingreifen muß! *Hier kann die natürliche Samenverjüngung ohne die Nachhilfe forstlicher Kunst dem Entzug nicht mehr folgen.* Der Wald muß immer lückiger werden, der Boden muß ohne den Schutz des Lagerholzes verwildern! Schließlich hilft selbst eine Schonung, die immer nur auf kurze Zeit bewilligt werden kann, auch nicht mehr viel.

Hier entscheidet sich dann das Schicksal des Waldes. Glücklich das Volk, das rechtzeitig die Gefahr erkennt, und dem, aus der Not geboren, in dieser Zeit eine Forstwirtschaft entsteht, die eine geregelte Nutzung einführt und für Wiederverjüngung sorgt. Voll Genugtuung dürfen wir heute feststellen, daß dies in Deutschland zwar auch erst dann, als die Holznot zu drohen begann, aber doch noch rechtzeitig genug geschehen ist, während die südeuropäischen Völker ihren Wald weit über die Siedlungsnotwendigkeiten hinaus vernichtet und verloren haben. Allerdings ist dabei nicht zu verkennen, daß die Folgen der Waldübernutzung sich dort infolge besonders ungünstiger Bedingungen von Klima und Geländegestaltung auch viel rascher und schwerer auswirken mußten.

Neben der übermäßigen Holznutzung zehrten im Mittelalter und noch bis weit in die Neuzeit hinein die vielen Nebennutzungen, die der Wald auf Grund alter Berechtigungen an die Bevölkerung hergeben mußte, an seinem Marke, um so mehr, als damit allerhand Mißbräuche, *Diebstähle* und im trockenen Kiefernwald des Ostens auch zahllose *Waldbrände* Hand in Hand gingen. Besonders war es die *übermäßige Viehweide, Streunutzung, Gräserei* u. a. m., die den jungen Nachwuchs immer wieder schädigte und vernichtete.

Zahllos sind die Klagen und Befürchtungen, die für den Bestand des Waldes vom 16. und 17. Jahrhundert an in allen Forstordnungen und Berichten der Forstbeamten in steigendem Maße bis ins 18. Jahrhundert wiederkehren.

So klagt eine brandenburgische Forstordnung von 1531, „daß durch allerley Unordnung und Unfleiß alle Wälder, Förste und Hölzer *in Oesigung* (verasten, verwüsteten Zustand) gekommen seien". Ein Inspektionsbericht aus dem unteren Harz sagt, daß man in den ganzen bereisten Forsten *„kaum mehr einen Baum gefunden habe, dick genug, um einen Förster daran aufzuknüpfen".* Ein Protokoll vom Hohenmarkwald am Taunus aus dem 18. Jahrhundert stellt fest, „daß *in der ebenen Gegend des besten Bodens große Striche von mehreren tausend Morgen bloß mit Heide und Wacholder bedeckt sind".* Das sind nur wenige herausgegriffene Beispiele. Sie ließen sich beliebig vermehren.

Überall hatte die wilde Plenterung im Laufe der Jahrhunderte den Wald in einen höchst minderwertigen Zustand versetzt, so daß das Wort entstand „Plenterwald = Plunderwald". Aber auch in den niederwald- und mittelwaldartig bewirtschafteten Gebieten sah es nicht viel besser aus. *Das Gespenst der Holznot stand vor der Tür!*

In dieser Zeit entwickelte sich nun der Gedanke, daß man den unkontrollierbaren, zersplitterten Hieb aufgeben, die *Fällungen auf bestimmte Schlagflächen zusammenlegen*, dann aber auch für deren *rasche Wiederverjüngung* entweder im Wege der Naturbesamung oder mit Ergänzung durch künstliche Beisaat und Beipflanzung, schließlich auch durch volle künstliche Verjüngung sorgen müsse. Die Wälder mußten zu diesem Zweck eingeteilt und vermessen werden. Man gewann dabei den ersten Überblick über den vorhandenen Holzvorrat und begann dessen Nutzung auf lange Sicht hin gleichmäßig aufzuteilen: eine planmäßige Wirtschaft mit ständiger Nachprüfung der Ergebnisse setzte ein.

Damit bekam aber der deutsche Wald auch zugleich einen ganz anderen Aufbau, den er bisher nur in kleinem Umfang im Niederwaldbetrieb angenommen hatte: *die Trennung der Waldfläche in einzelne unter sich gleichaltrige, gegeneinander aber stufenweise abgesetzte Altersklassen.* Daß diese noch in der heutigen Zeit bei uns fast alleinherrschende Wald- und Wirtschaftsform den Wald damals überhaupt gerettet hat, geben auch ihre heutigen Gegner zu. Daß sie durch ihre allzu große Gleichförmigkeit auf großen Flächen zu gewissen Schädigungen führen konnte und auch geführt hat, ist aber ebenfalls nicht zu leugnen.

Veränderungen in der Zusammensetzung nach Holzarten. Das Waldbild in Deutschland hat sich aber auch nach anderer Beziehung noch erheblich geändert, nämlich in seiner *Zusammensetzung nach Holzarten*[1]). Nicht daß neue Holzarten aufgetaucht und sich in ihm vorgedrängt hätten — der versuchsweise künstliche Anbau von Ausländern spielt nur örtlich hier und da in letzter Zeit eine Rolle —, auch nicht, daß alte Arten ganz ausgestorben wären, wohl aber hat sich das *Mengenverhältnis der einzelnen Arten zueinander* sehr stark verschoben.

Jedenfalls war *der ganze Westen Deutschlands* im Norden etwa bis zum Limes sorabicus, dem alten Grenzwall zwischen Germanen und Slawen, im Süden bis zum römischen Limes *vorwiegend reines Laubholzgebiet, in dem nur die höheren Gebirge* (Harz, Thüringer Wald, Schwarzwald) *Nadelholz trugen*, und einige eingesprengte Enklaven auch etwas Kiefern und Fichten enthielten (vgl. Abb. 39).

Auch im *östlichen Deutschland ist das Laubholz ursprünglich sicher viel mehr verbreitet gewesen*, ehe die großen Rodungen einsetzten, die ja in der Folge gerade die besseren laubholztragenden Böden in Anspruch nahmen.

Nach Abschluß der Rodungen war die nordostdeutsche Tiefebene jedenfalls größtenteils ein vorwiegendes Nadelholzgebiet, mit Ausnahme der Überschwemmungsgebiete, der dem Walde wegen Geländeschwierigkeiten verbliebenen Endmoränen und der Bruchflächen. Daß aber in den Kiefernwaldungen des Ostens die *Laubhölzer, besonders die Eiche*, auf allen etwas anlehmigen oder auch nur frischeren Böden *noch häufiger als Mischhölzer vorkamen*, das bezeugen viele alte Grenzbeschreibungen durch Aufzählung von Eichen als Grenzbäume, ebenso alte Holztaxen und Forstbereitungsprotokolle. An anderen Stellen werden aber auf lange Strecken hin auch nur Kiefern als Grenzbäume genannt. Es ist also sicher, daß es *daneben auch schon damals große reine Kiefernwälder auf ärmeren trockenen Sanden gab.*

So heißt es z. B. für die Große Pförtner Heide in der märkischen Lausitz 1688: „das meiste kurz Kiefernholz, gar wenig einzelne Fichten umb die Bruche und Seen und ist gar selten eine Eiche zu sehen"! Zahlreiche andere Urkunden bezeugen Ähnliches für gleichartige Standorte[2]).

---

[1]) Jacobi, H. B.: Die Verdrängung der Laubwälder durch die Nadelwälder in Deutschland. Tübingen 1912.

[2]) Vgl. dazu Dengler, A.: Die Horizontalverbreitung der Kiefer, S. 45 u. 76 ff.

Aus den mit Laubholz gemischten Wäldern auf den besseren Böden aber *verschwand dann das Laubholz teils durch rücksichtslosen Aushieb, teils durch den Verbiß des Weideviehs* von Jahrhundert zu Jahrhundert immer mehr. Wenn man in den alten Berechtigungsverzeichnissen Angaben über die oft nach *Tausenden* zählenden Mengen von *Pferden, Rindern, Ziegen* und *Schafen* liest, die jährlich im Bezirk eines einzigen Forstamts eingetrieben wurden, so kann man sich eine Vorstellung davon machen, wie der junge Laubholznachwuchs dadurch geschädigt werden mußte, wenn auch ein Teil des Waldes immer in Schonung und Hege gelegt blieb (Abgrenzung durch Strohseile, die um die Bäume gebunden wurden, die sog. *Hegewische*). Überschreitungen dieser Grenzen durch die Hirten und der zulässigen Viehzahlen, überhaupt *Weidefrevel* aller Art waren an der Tagesordnung und füllen die Akten und Gerichtsprotokolle der alten Zeit.

Besonders scheint der Verlust an Laubholzfläche im Osten die Eiche betroffen zu haben, weniger die Buche.

So war nach einer Zählung der haubaren Stämme in der Göhrde im Jahre 1777 der Anteil der Holzarten etwa folgender:

1777: Eiche 47%, Buche 19%, Birke und Aspe 25%, Nadelholz 9%.

1833 betrug der Flächenanteil des Nadelholzes schon rund 20%.

1894: Eiche 9%, Buche 3%, Birke usw. 2%, Nadelholz 86%.

In der Mark Brandenburg betrug nach einer Statistik von 1809[1]) der Flächenanteil der Holzarten:

Eiche 18%, Buche 4%, Eichen, Buchen, Kiefern gemischt 7%, Erlen und Birken 16%, reine Kiefern 58%.

Im Jahre 1900 aber war das Verhältnis:

Eiche 2%, Buche 2%, Birke und Erle 2%, Nadelholz 94%.

In den *westdeutschen Laubwaldgebieten und im unteren Gebirgswald vollzog sich dann ein ähnlich starker Rückgang des Laubholzes*, hier besonders der Buche, zugunsten der Fichte, in geringerem Grade auch zugunsten der Kiefer. So konnte ich auf Grund einer geschichtlichen Studie für den Nordwestharz feststellen[2]), daß der Flächenverlust der Buche an die Fichte zwischen 1700—1900 etwa 30% betragen hat, und daß die Fichte dabei nicht nur als Mischholz in ehemals reine Laubholzbestände eingedrungen, sondern vielfach ganz an deren Stelle getreten war. Der Hauptverlust, der auch waldbaulich am schwersten wog, war der, daß die zahlreichen ehemaligen Buchen-Fichtenmischbestände am Harz nach 200 Jahren fast vollständig verschwunden waren und reinen Fichtenbeständen Platz gemacht hatten.

Die so *in Ost und West anfangs stetig, zuletzt sogar sprungweise fortgeschrittene Verdrängung des Laubholzes durch das Nadelholz* hat die verschiedensten Gründe gehabt. Teilweise, besonders bei der Eiche, war es der *schonungslose Aushieb zur Nutzung ihres gesuchten Holzes*, der sie aus den Buchenbeständen und im Osten auch aus den Kiefernbeständen verschwinden ließ. Ihre frühere fast ausschließliche Verwendung zum Bau der alten Fachwerkhäuser wurde zwar durch viele Verbote in den mittelalterlichen und späteren Forstordnungen eingeschränkt, aber das wurde dann durch den Schiffsbau- und Stabholzhandel, der Geld in die leeren Kassen bringen sollte, im 17. und 18. Jahrhundert reichlich wieder wettgemacht.

Daneben beginnt aber schon ziemlich frühzeitig in den Gebirgswaldungen mit gemischter Bestockung *eine absichtliche Begünstigung des Nadelholzes wegen seines rascheren und geraderen Wuchses*.

So finden sich z. B. im Harz, im Schwarzwald und Thüringer Wald schon im 16. und 17. Jahrhundert allerhand Vorschriften, die die Buche als „schadenbringende“ Holzart, die den jungen Nadelholzanflug bedrängt, auszuhauen befehlen. Im Schwarzwald hat man

<hr>

1) PFEIL, W.: Forstgeschichte Preußens. Leipzig 1839.
2) DENGLER, A.: Die Wälder des Harzes einst und jetzt. Z.F.J.W. 1913. H. 3.

sogar die stärkeren Buchenstangen über Weißtannenanflug durch Ringeln zur Saftzeit zum Absterben gebracht. Wie großen Umfang diese Maßregel dort angenommen haben mag, geht aus der Redensart der Waldarbeiter hervor: „Es geht ins Buchendörren[1]!“

Noch mehr hat der Buche wohl der *maßlose Köhlereibetrieb* geschadet, der besonders die nur aus ihr zu gewinnende „harte“ Kohle suchte. Schließlich ist aber in der Hauptsache doch der durch die großen Übernutzungen und vielen Mißbräuche entstandene *schlechte Waldzustand mit seinen vielen Laubholz-*

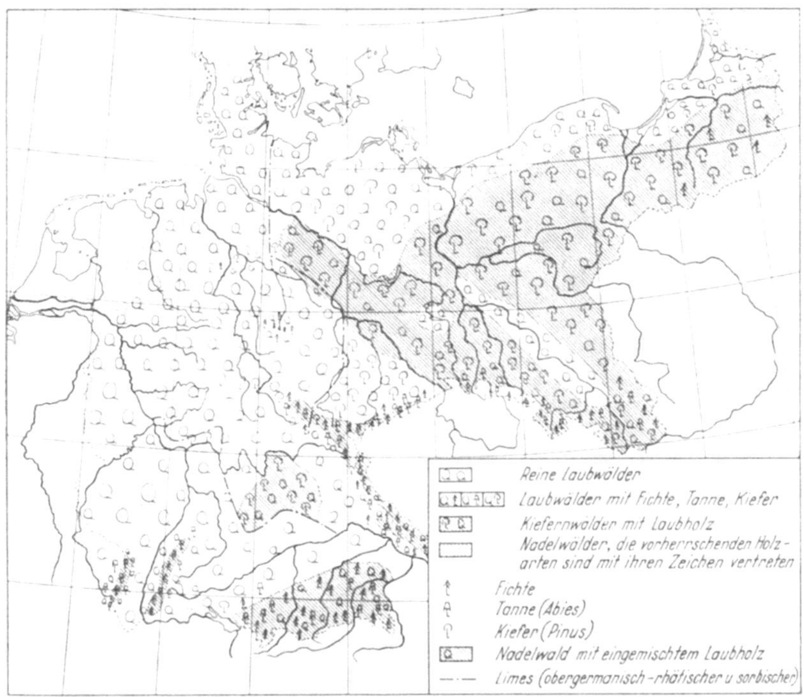

Abb. 39. Die Verteilung der Waldarten im Mittelalter. (Nach R. B. Hilf.)

„*Räumden*“ *und* „*-Blößen*“ die unmittelbare Veranlassung gewesen, diese *mit dem leichter anzubauenden Nadelholz künstlich wieder aufzuforsten.* Die Kulturmethoden dafür waren ja schon früh erfunden und sind hier und da schon im 16. und 17. Jahrhundert im Walde angewendet worden. Ihr voller Einsatz hat sich aber erst *im Laufe des 18. Jahrhunderts* vollzogen, *in dem man dann bis ins 19. Jahrhundert hinein in größtem Umfange solche alten Blößen und Räumden in Nadelholz umwandelte.* In der Neuzeit ist man dann noch weitergegangen und hat auch an sich noch leidlich bestockte, aber geringwüchsige Laubholzorte (sog. „buchenmüde“ Bestände) abgetrieben und in reines Nadelholz übergeführt. Die Bemerkung „Kahlabtrieb und Anbau mit Nadelholz!“ findet sich in den Betriebsplänen der vergangenen Jahrzehnte in den Laubholzrevieren Westdeutschlands in ständiger Wiederkehr. Sicher ist man dabei weit über das notwendige Maß hinausgegangen. Erst in der allerneuesten Zeit macht sich, gestützt auf die Erkenntnis und die Erfahrungen von den waldbaulichen Vorzügen des Laubholzes und des Mischwaldes *ein gewisser Umschwung* bemerkbar, der das Laub-

---

[1] Gerwig, F.: Die Weißtanne im Schwarzwald. Berlin 1868.

holz selbst auf solchen Standorten nicht ganz verschwinden lassen will, sondern mindestens als Mischholz zwischen der Fichte und Kiefer zu erhalten sucht.

Einen Teil der Schuld an dem Rückgang des Laub- und Mischwaldes trägt aber ohne Zweifel *auch der im 19. Jahrhundert einsetzende Kahlschlagbetrieb.* Wenigstens ist die Erhaltung einer so frostgefährdeten Holzart wie der Buche im Jugendzustand auf der freien Fläche aufs äußerste gefährdet. Im östlichen Kieferngebiet dürfte sie aber hierdurch trotzdem nicht allzuviel verloren haben wie einzelne bestandesgeschichtliche Untersuchungen für die Lehrreviere Biesenthal[1]) und Chorin[2]) gezeigt haben. Sie hat sich hier verhältnismäßig zäh durch Vorverjüngung im noch stehenden Altbestand, durch Stockausschlag und schließlich vor allem durch Wiedereinwanderung im Stangenholz des nachfolgenden Kiefernbestandes erhalten. Mehr hat durch den Kahlschlag wohl die Weißtanne im ehemaligen Mischbestand in Sachsen, Thüringen und Süddeutschland an die Fichte verloren.

In den in Kiefer umgewandelten ehemaligen Laubholzbeständen vollzieht sich jedenfalls die *Rückeinwanderung von Eiche und Buche sehr häufig und sehr leicht* auf natürlichem Wege (durch Verschleppung der Samen durch Eichelhäher, Eichhörnchen und Mäuse). Sie wird dort auch durch die Forstwirtschaft neuerdings kräftig mittels künstlichen Unterbaues gefördert, so daß es hier kein unerreichbares Ziel zu sein scheint, daß alle diese verlorenen Posten des Laubholzes in absehbarer Zeit wenigstens für den Mischbestand wieder zurückgewonnen sein werden. Bei der viel unduldsameren Fichte wird das der Buche im Westen viel schwieriger werden.

Zusammenfassend kann man also sagen, daß sich das *ursprüngliche Waldbild Deutschlands in der geschichtlichen Zeit durch Rodung, Viehweide, allgemein wirtschaftliche Verhältnisse und besondere forstliche Maßnahmen stark vom Mischwald zum Reinbestand, von Laubholz- zu Nadelholzbestockung verändert hat,* so daß das ehemals geltende gegenseitige Verhältnis von vielleicht 2 : 1 sich heute etwa in 1 : 2 umgekehrt hat. Dabei hat die Eiche meist ihr Gebiet an Buche und Kiefer, die Buche an Fichte und Kiefer und schließlich die Tanne an die Fichte verloren.

8. Kapitel Die Wald- und Holzartenverteilung in Deutschland uud die heutigen Waldgebiete[3]).

Die in den vorigen Abschnitten geschilderte vorgeschichtliche und geschichtliche Entwicklung führte als Endergebnis *zu dem heutigen Stand der Waldfläche und der Verteilung der Holzarten.* In Deutschland hat die erstere im letzten Jahrhundert nur noch geringe Veränderungen durch Waldrodungen und Aufforstungen hier und da erfahren. Etwas stärker ist noch bis in die jüngste Zeit hinein eine Verschiebung des Holzartenbestandes, meist durch künstlichen

---

[1]) Von Oberförster Dr. R. HILF. Nur im Manuskript.

[2]) OLBERG, A.: Die Entwicklung des Waldzustandes in der Oberförsterei Chorin. Mitt. F.W.W. 1933, H. 3.

[3]) DENGLER, A., u. WAGENHOFF: Wandkarte der Wald- und Holzartenverteilung in Deutschland in 1 : 1 000 000. Mit Erläuterungen u. Tabellen dazu. Berlin 1936. Verlag Dietrich Reimer.

HESMER, H.: Die heutige Bewaldung Deutschlands. Mit 17 Einzelkarten der Holz- und Betriebsarten. Berlin 1937. Verlag P. Parey.

HESKE, F.: Waldverbreitung Deutschlands. 1 : 1 000 000. Verlag J. Neumann-Neudamm.

Atlas des deutschen Lebensraumes. Karten Nr. 11 und 12. Leipzig. Bibliograph. Institut.

Additional information of this book

Waldbau auf Ökologischer Grundlage. Ein Lehr- und Handbuch; 978-3-642-98729-8) is provided:

http://Extras.Springer.com

Anbau der Nadelhölzer Kiefer und Fichte in früheren Laubholzgebieten aus wirtschaftlichen Gründen erfolgt.

Während die *Walddichte* im Altreich von 1878 bis 1913 von 13,87 Millionen ha langsam auf 14,22 ha, also um rund 2,5 % gestiegen ist, betrug die *Verschiebung vom Laub- zum Nadelholz* für die gleiche Zeit etwa 5—6 %, wobei in einigen Gegenden, namentlich im westdeutschen Bergland, diese Veränderung sogar ein Mehrfaches dieser Zahlen erreicht. Hier hat sich das Bild der Landschaft noch in jüngster Zeit stark verändert. Erst in allerletzter Zeit beginnt hier in der Erkenntnis, daß man damit stellenweise zu weit gegangen ist, ein Einhalten dieser Bewegung. Es bahnt sich hier sogar eine *Umkehr* an, die sich im neuen Reich durch eine zentral geleitete *großzügige Raumplanung* weiter fortsetzen dürfte. Es sollen hierbei alle ökologischen, wirtschaftlichen und landschaftlichen Belange berücksichtigt und mit einander abgestimmt werden.

Das durchschnittliche Bewaldungsprozent Europas soll etwa 27 % betragen. Doch ist dabei in einigen Ländern zu der Waldfläche wohl manches mitgezählt worden, was nach unseren Begriffen nicht zum Wald rechnen würde (so besonders in Südeuropa, Rußland und den nordischen Ländern).

Die waldreichsten Länder finden sich im Norden und Osten Europas, in Finnland, Schweden und dem nördlichen Rußland, die waldärmsten im Westen und Süden, auf den britischen Inseln, in Dänemark, Holland und Spanien. *Deutschland steht etwa in der Mitte, und auch seine Waldverteilung ist im Verhältnis zu andern Ländern befriedigend.* Auf der beigegebenen Karte (Tafel II) ist die *Verteilung des Waldes und der Hauptholzarten nach den statistischen Erhebungen vom Jahre 1900 für den damaligen Umfang des Deutschen Reichs nach Unterbezirken dargestellt.*

Obwohl diese Erhebungen schon einige Jahrzehnte zurückliegen und die politischen und Verwaltungsgrenzen sich völlig geändert haben, so gibt das Kartogramm doch noch heute einen in großen Zügen durchaus richtigen Überblick, so daß es beibehalten werden konnte, zumal entsprechende neuere statistische Unterlagen für die heutigen Verhältnisse noch fehlen.

Wenn man auf der Karte zunächst die Verteilung von Wald- und Nichtwaldfläche (farbig gedeckte zur weißen Fläche) betrachtet, so wird man die häufig verbreitete *falsche Vorstellung von dem besonders großen Waldreichtum des Ostens* fallen lassen müssen. Gerade umgekehrt ist es der *mitteldeutsche Westen und der Süden, die am stärksten bewaldet sind.* Das Bewaldungsprozent beträgt dort in den meisten Bezirken über 30—40 % (Hessen, Pfalz, Hessen-Nassau und Rheinland, Elsaß, Baden und Württemberg). Umgekehrt liegt es im Osten meist unter oder knapp bei 20 % (Ostpreußen, Westpreußen, Posen und Pommern). Die *geringste Bewaldung* findet sich aber im Norden und Nordwesten *im nordwestdeutschen Küsten- und Heidegebiet und auf der schleswig-holsteinischen Halbinsel.* Hier bleibt das Bewaldungsprozent unter 10 zurück.

Wir sehen also, daß sich im Westen und Süden trotz des fruchbareren Bodens und günstigeren Klimas und auch trotz älterer Besiedlung mehr an Wald erhalten hat. Das Ausschlaggebende ist *die reiche Gebirgsgliederung* gewesen. Auch verhältnismäßig niederes Bergland enthält immer schon viele steinige und flachgründige Böden und zu steile Hänge, als daß der Feldbau sich auf ihnen lohnen würde. Vielfach verbietet sich dieser auch schon wegen der Schwierigkeiten der Dunganfuhr bergaufwärts. Damit ist der schärfste Konkurrent des Waldes um den Boden ausgeschaltet, der sonst überall, wo Bedingungen besonders hoher Fruchtbarkeit gegeben sind, diesen völlig in Besitz genommen oder doch die Bewaldung auf einige wenige Prozente herabgedrückt hat (Löß- und Schwarzerdegebiete der Magdeburger Börde, Goldenen Aue, mittelschlesischen Tiefebene u. a. m.).

Überblickt man dann weiter die *Holzartenverteilung,* so fällt sofort der große Unterschied der *vorwiegenden Laubholzbestockung im ganzen Westen gegen das starke Überwiegen des Nadelholzes im Osten* in die Augen. Dabei ist zu bedenken, daß dieser Unterschied ohne den Einfluß der forstlichen Wirtschaft sogar noch viel schärfer sein würde, da die gesamten Nadelholzflächen in Westdeutschland nördlich der Mainlinie und westlich vom Harz—Thüringer Wald fast ganz auf künstlicher Einführung von Kiefer und Fichte beruhen. Die gesamte Laubholzfläche des deutschen Waldes betrug um 1900 rund 32%, die des Nadelholzes 68%, also etwa 1:2.

Das *Verhältnis der einzelnen Hauptholzarten* stellte sich etwa folgendermaßen:

	1900	1927		1900	1927
Kiefern	45%	44%	Eiche	7%	6%
Fichte	20%	25%	Tanne	3%	2%
Buche	14%	13%			

Der Rest wird von Laubholzmischwald, Erlen, Birken u. a. gebildet. Das Verhältnis hat sich also selbst in 3 Jahrzehnten nur wenig verschoben.

Die *Kiefer* findet ihre *Hauptverbreitung in der Mark,* wo sie absolut (nach Größe der Fläche) wie relativ (im Verhältnis zu den anderen Holzarten) ihr Maximum erreicht, das aber noch in die östlich und nördlich angrenzenden Bezirke Pommern, das ehemalige Westpreußen und Posen und den Liegnitzer Bezirk (Lausitz und Niederschlesien) übergreift und sich nach Osten über die Grenzen des Altreichs hinaus fortsetzt.

Ein *abseits gelegenes Hervortreten* findet sich dann noch *südlich der Mainlinie in der Pfalz und in Franken.* (Bez. H. Pf. und M.—OF.—OP. der Karte.) Im Westen klingt ihre Verbreitung sehr stark ab (künstliche Einführung). Auch im Nadelwald spielt sie dort neben der ebenfalls künstlich eingeführten Fichte doch eine mehr untergeordnete Rolle.

Die *Fichte* zeigt deutlich *zwei Hauptverbreitungsgebiete,* das eine im *Nordosten in Ostpreußen,* das andere im *mittleren und südlichen Deutschland* (Sachsen, Hildesheim—Braunschweig, Thüringen, Bayern, Württemberg und Baden). Auch in Schlesien und in einzelnen der westdeutschen Bezirke (Kassel, Arnsberg) tritt sie noch stark hervor, trotzdem sie in den letzteren nur künstlich eingeführt wurde. Abgesehen davon hebt sich aber doch ihr *natürliches* Verbreitungsgebiet durch den stärkeren Flächenanteil am Walde überall noch ziemlich scharf heraus.

Die *Buche* hat ihr *Maximum in Hessen-Nassau und den umgebenden Nachbarbezirken.* Nach Osten hin ist eine rasche und starke Abnahme bis zu den minimalen Flächen in Schlesien, Posen und Westpreußen zu bemerken. *Im Norden längs der Küste von Schleswig bis zum westlichen Ostpreußen* (Bez. Königsberg) zeigt sich aber wieder deutlich eine *starke Zunahme,* so daß man sagen kann, daß ihre Maximalverbreitung von Westen aus in einem Flügel über Norden nach Osten hin ausklingt. Man kann hierin wohl die Wirkung des ebenso ausklingenden ozeanischen Klimas sehen, in welchem ja, wie wir früher sahen, der Schwerpunkt ihres europäischen Verbreitungsgebietes liegt.

Das *Maximum der Eichenverbreitung liegt nahe dem der Buche, jedoch etwas westlich davon im Rheinland, Westfalen und den angrenzenden Bezirken.* Der Abfall der Verbreitung nach Osten ist lange nicht so jäh und stark wie bei der Buche, auch zeigt sich kein Wiederanschwellen in den Küstenlandschaften, was recht gut mit den biologischen Grundlagen übereinstimmt, die wir früher bei den natürlichen Verbreitungsgebieten besprochen haben. Es sind eben trotz der langen und weitgehenden Beeinflussung durch den Menschen die natürlichen Züge des Waldbildes immer noch nicht ganz verwischt.

Die als *Laubmischwald* angegebene Fläche bezieht sich auf diejenigen Waldteile, in denen *keine bestimmte Holzart vorherrscht.* Sie dürfte in der Hauptsache wohl von Eiche, Buche, Hainbuche und Birke gebildet sein, da die andern Laubhölzer neben diesen kaum erheblich ins Gewicht fallen. Besonders reich an derartigen Flächen ist Süd- und Mittelwestdeutschland.

Die *Weichhölzer Birke, Erle, Aspe, Weide* spielen eine erhebliche Rolle nur *im äußersten Nordosten.* Hierin deutet sich in Ostpreußen bereits der Beginn eines Waldcharakters an, der dann weiter östlich im Baltikum und in Rußland immer ausgeprägter zutage tritt.

Die *Tanne* hat nur in den 4—5 südlichsten Bezirken eine merkbare Verbreitung. Relativ am *stärksten tritt sie im Elsaß* auf.

Wenn im folgenden noch eine Einteilung Deutschlands in verschiedene *Waldgebiete (Waldgroßlandschaften)* gegeben werden soll, so wird sich diese auf den *heutigen Bestockungszustand* stützen, wie er durch die statistischen Erhebungen bekannt ist. Diese Waldgebiete sind also *keine natürlichen.* Sie sollen vielmehr im wesentlichen nur darüber unterrichten, *welche Waldzusammensetzung und Waldlandschaften* man *in den verschiedenen Gegenden Deutschlands heute antrifft.* Dabei wird jedoch auf die künstliche Veränderung des Waldbildes überall da hingewiesen werden, wo diese uns bekannt und wo sie besonders stark ist. Selbstverständlich sind die Waldcharaktere der einzelnen Gebiete in sich niemals ganz einheitlich. Auch gehen sie an den Grenzen ineinander über. Daher lassen sich solche besonderen Gebiete nur mehr oder minder deutlich voneinander unterscheiden. Die älteste Einteilung hat seinerzeit B. BORGGREVE in seinem Lehrbuch der Holzzucht gegeben. Sie ist aber heut durch die neueren statistischen Erhebungen und die politischen Veränderungen überholt. Eine sehr ins einzelne gehende Gliederung in 60 Waldgebiete für Großdeutschland haben neuerdings HESMER und MEYER gegeben[1]) deren Zusammenfassung in 11 „Waldgroßlandschaften" aber ziemlich weitgehend mit der hier gegebenen übereinstimmt.

Während die Unterlagen für das Altreich meiner im Jahre 1935 erschienenen Wandkarte der Wald- u. Holzartenverteilung in Deutschland nach kleineren Verwaltungsbezirken" (Verlag Dietrich Reimer-Berlin) entnommen werden konnten, mußten für die eingegliederten und angegliederten Gebiete wesentlich ungenauere und mehr summarisch gehaltene Unterlagen aus der einschlägigen Literatur benutzt werden.

Von Nordwesten nach Südosten ergibt sich danach folgende Gliederung:

1. Das nordwestdeutsche Kiefern-Eichen-Gebiet (Heidegebiet)

umfaßt Ostfriesland, Oldenburg und das Gebiet der Lüneburger Heide bis zur Elbe mit der Altmark. Das Gebiet ist waldarm, besonders im nördlichen Teil, wo *große Weiden und Moore* auftreten, enthält auch noch zahlreiche Heideflächen, von denen aber ein großer Teil mit *Kiefer* aufgeforstet ist, die daher überall vorherrscht, während die *Eiche* nur teilweise hervortritt. Schöne alte Eichen an den Einzelsiedlungen der „Heidjer" (Heidebauern) als Reste und Wahrzeichen der alten Bestockung; „*Eichenstühbusch*", d. h. buschartige, vom Weidevieh verbissene Stockausschläge auf den Heideflächen sind ebenfalls solche Überbleibsel ehemaligen Waldes, überall häufig einzelne Birken, reicher und hoher Wacholderwuchs. Die Stechpalme (*Ilex aquifolium*) tritt in starken Exemplaren bis zu Baumstärke auf. Atlantisches Klima, infolgedessen starke Rohhumusbildung. *Kiefer* und *Fichte* auf den aufgeforsteten Böden leiden viel an *Wurzelfäule* und „*Ackersterbe*".

---

[1]) HESMER, H., u. MEYER, J.: Waldkarten als Unterlagen forstl. Planung. Hannover 1939. Ferner HESMER, H.: Der Wald i. Warthe- u. Weichselraum. Hannover 1941.

2. Das schleswig-mecklenburgische Buchen-Kiefern-Gebiet

umfaßt Schleswig, den Nordteil von Mecklenburg und den Nordwestzipfel von Pommern mit der Insel Rügen. Im Schleswiger Teil ebenfalls sehr waldarm und viel *Weide*, durch „*Knicks*" eingefriedigt (Laubholzhecken mit viel Hainbuche), „*Eichenkratt*" ähnlich wie Stühbusch im vorigen Gebiet, mit dem dieser Teil überhaupt viel Ähnlichkeit hat (auch Ilex im Walde!). An der Ostseeküste aber von der Nordgrenze bis Rügen z. T. *sehr schöne Buchenwälder* auf den lehmigen Böden, während auf den trockeneren, sandigeren die *Kiefer*, auf den feuchteren die künstlich eingeführte *Fichte* gut wachsen, die aber beide an der Nordseeküste versagen (Wind und Salzgehalt?), weswegen dort vielfach ausländische Holzarten (*Sitkafichte* und *japanische Lärche*) versucht werden.

3. Das große nordostdeutsche Kiefern-Gebiet

umfaßt die norddeutsche Tiefebene von der Elbe bis zum Narew und von der Ostseeküste bis zum Hügel- und Bergland Sachsens, Schlesiens und des ehemaligen Polens. Hier bildet die *Kiefer* überall den Charakterbaum der Landschaft („*Brotbaum" des Ostens*) und *große zusammenhängende Waldungen* (*Kienheiden* im Volksmund), so die Schorfheide, Görlitzer, Landsberger, Johannisburger, Tuchler Heide u. a. Auf grundwassernahen Senken und Mulden bilden Erlenbestände (*Erlenbrücher*) oft die einzigen Laubwaldinseln im Kiefernmeer, im „Spreewald" ein großes Erlenbruchgebiet. Doch finden sich im ganzen nördlichen Teil auf den dort noch dem Wald verbliebenen Moränenböden auch schöne Buchen- und Traubeneichenbestände und auf den vorgelagerten Sandern und feuchten Beckensanden häufig Mischbestände beider Arten und der Hainbuche mit der Kiefer. Nach Osten zu und im Warthegau tritt die Eiche rein und als Mischholz vor der seltener werdenden Buche hervor. In der *ganzen südlichen Hälfte* (Lausitz, Frankfurter Bezirk, Netzegebiet und Masovien) *treten auf den ärmeren Böden* (älteres Diluvium) die *Laubhölzer sehr zurück*. Hier hat Waldmißhandlung, besonders das uralte, weitverbreitete *Streurechen* u. a. m., namentlich im privaten Kleinbesitz, erschreckend traurige Waldbilder geschaffen (*Bauernkusseln*), im östlichen Teil (Zichenau) im ehemaligen Polen hat dies zu großen Flugsandbildungen (*Binnendünen*) geführt. Trotzdem bleibt dieses Gebiet die *Hauptholzkammer des Ostens*. Waldarme Gebiete finden sich auf den besonders fruchtbaren Böden der nördlichen Uckermark, der Danziger Niederung und der Warschauer Ebene.

4. Das ostpreußische Kiefern-Fichten-Gebiet

umfaßt das nordöstliche Ostpreußen vom Frischen Haff bis zur Ostgrenze gegen Litauen.

Die *Fichte* tritt in starkem Umfang *neben die Kiefer* und bildet mit ihr Mischbestände, in denen sie teils nur als Unterstand, teils aber auch mitwüchsig, hier und da aber auch in Reinbeständen auftritt (Rominter und Borker Heide).

Auf den niedrig gelegenen feuchten Lehmböden (sogen. *litauische Lehmreviere*) findet sich ein eigenartiger Waldtyp: Die Rotbuche fehlt, dagegen entwickelt sich *ein artenreicher Mischwald*, in dem neben *Eiche* (*meist Stieleiche*) *und Fichte die Hainbuche, Esche, Birke, Aspe und Linde* (*parvifolia*) *in sehr reicher Einsprengung und hoher Vollkommenheit* auftreten. *Große Erlenwaldungen* im Memeldelta und in zunehmendem Umfange auch *große Hochmoorbildungen*. (Übergang zu osteuropäischen Waldformen.)

5. Das niederrheinisch-westfälische Eichen-Nadelholz-Gebiet

umfaßt die niederrheinische Tiefebene und das Münstersche Kreidebecken sowie die niedrigeren Berg- und Hügellagen des Sauerlandes. Ist in seinem nördlichen und nordwestlichen Teil infolge fruchtbaren Bodens und des Bergwerks- (Ruhrkohle) und Industriebetriebes sehr waldarm, und nur im Südosten (Sauerland) stark bewaldet. Die *Eiche* nimmt teils rein, teils aber auch in Mischung mit Buche,

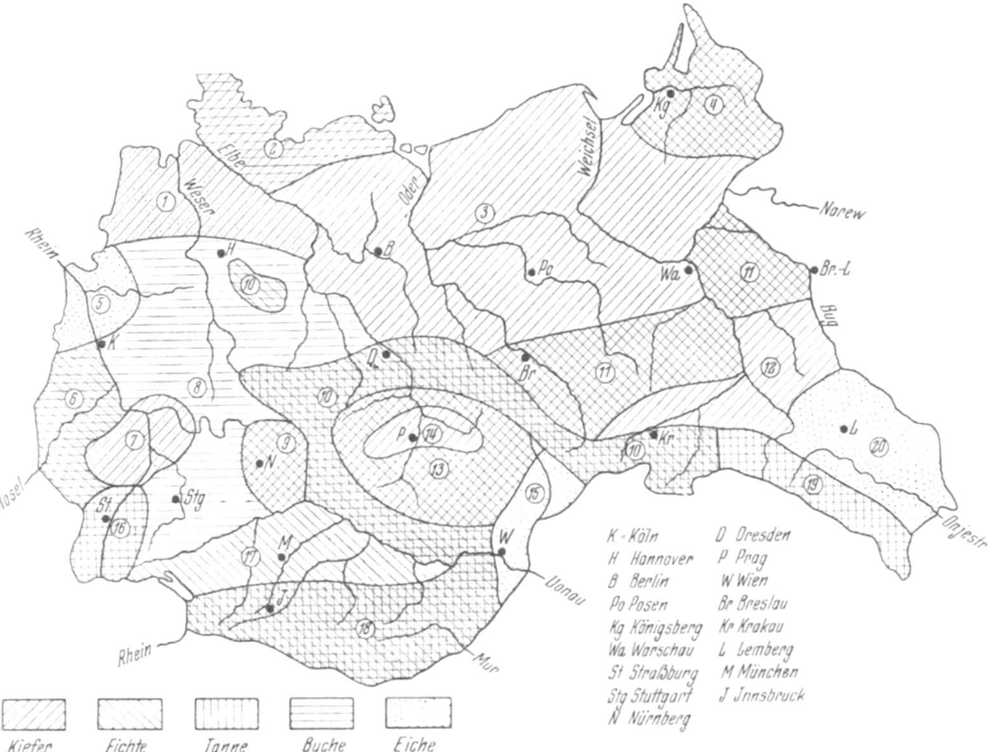

Abb. 40. Gebiete der heutigen Waldbestockung in Deutschland und angeschlossenen Gebieten.

1. Das nordwestdeutsche Kiefern-Eichengebiet (Heidegebiet).
2. Das schleswig-mecklenburgische Buchen-Kieferngebiet.
3. Das große nordostdeutsche Kieferngebiet.
4. Das ostpreußische Kiefern-Fichtengebiet.
5. Das niederrheinisch-westfälische Eichen-Nadelholzgebiet.
6. Das mosel-saarländische Eichen-Buchen-Fichtengebiet.
7. Das pfälzisch-hessische Kiefern-Laubholzgebiet.
8. Das west- u. süddeutsche Buchengebiet.
9. Das fränkisch-oberpfälzische Kiefern-Fichten-(Tannen)Gebiet.
10. Das deutsche Mittelgebirgswaldgebiet aus Fichte-Tanne-Buche (i. Harz ohne Tanne).
11. Das oberschlesisch-polnische Kiefern-Fichten-(Tannen)Gebiet.
12. Das südpolnische Kieferngebiet.
13. Das böhmisch-mährische Fichten-Kieferngebiet.
14. Das Eichen-Kieferngebiet im Prag-Pilsener Becken.
15. Das Eichengebiet im Wiener Becken und der Marchebene.
16. Das elsässisch-badische Buchen-Tannengebiet.
17. Das schwäbisch-bayrische Fichtengebiet.
18. Das alpine Fichten-Tannen-Buchengebiet.
19. Das galizische Buchen-Tannen-Fichtengebiet der Karpaten.
20. Das galizische Eichensteppenwaldgebiet.
21. Das Auewaldgebiet.

Hainbuche, Birke und anderen Laubhölzern den überwiegenden Teil der Waldfläche ein. Ein großer Teil dieser Laubholzwälder wird noch im *Niederwaldbetrieb* bewirtschaftet (z. B. die sogen. *Hauberge* im Kreis Siegen und Olpe) oder ist noch in Überführung in Hochwald begriffen. Der oft sehr starke und oft *bis nahe zur Hälfte gehende Nadelholzwald*, überall künstlich eingeführt, wird im Nordteil mehr von der *Kiefer* (Grubenholz), im bergigen Südteil von der *Fichte* gebildet. *Das Gesicht der Landschaft hat sich hierdurch gegen früher völlig geändert.*

6. Das mosel-saarländische Eichen-Buchen-Fichten-Gebiet

umfaßt das Bergland im Einzugsgebiet der beiderseitigen Nebenflüsse der Mosel (Eifel, Hunsrück, Hoch- und Idarwald). *Eiche, Buche* und *Fichte* zeigen fast überall gleichen Flächenanteil, obwohl die Fichte auch hier nur künstlich eingebracht worden ist. Auch hier nimmt der Niederwald (*Eichenschälwald*) und anderer Stockausschlagwald noch große Flächen ein, doch finden sich auch schöne, große Hochwaldungen aller drei Holzarten im Staats- und Gemeindebesitz, von denen der letztere stark überwiegt.

7. Das pfälzisch-hessische Kiefern-Laubholz-Gebiet

umfaßt hauptsächlich die Pfälzer Haardt, den Odenwald und Spessart.

Die *Kiefer*, nur zum kleinsten Teil natürlich vorkommend, nimmt heute *an Stelle herabgewirtschafteter Niederwälder* fast überall die Hälfte und mehr der Waldfläche ein, während *Eiche und Buche* sich in den Rest teilen. Sie bilden vielfach Mischbestände miteinander, von denen die des *Spessarts* mit ihren *alten und hochwertigen Eichen* (Furnierhölzer) besonders berühmt sind. In den Kiefernbeständen, die meist auf empfindlichen und an warmen Hängen *stark austrocknenden Sandsteinböden* stocken, vielfach durch Streunutzung ausgeschunden, *starker Heidewuchs und schwere Wuchsstockungen*. Die Kiefer zeigt rassisch schlechte Form (Schiefstand, Krummschaftigkeit, abgeflachte, schirmartige Kronen).

8. Das west- und süddeutsche Buchen-Gebiet

umfaßt in der Hauptsache das Berg- und Hügelland der Provinz Hessen-Nassau, Oberhessen, die bergigen Teile von Hannover und Braunschweig und geht südlich über die Mainlinie nach Württemberg bis zum Schwäbischen Jura (Rauhe Alb).

Die *Buche* ist auch heute noch die *Hauptholzart* und bildet *in größtem Umfange rein oder vorherrschend ganze Waldungen.* Die *Eiche* (von Natur *meist Traubeneiche*) tritt aber *mehr oder minder reichlich eingesprengt* auf, besonders in den unteren Lagen und auf wärmeren südlichen Hängen. Hier und da finden sich auch *reine Eichenbestände*, meist künstlich aus früherer Zeit stammend (sog. *Hute- oder Pflanzwälder*). Als seltenere, aber bemerkenswerte Mischhölzer finden sich auch Bergahorn, Bergrüstern und Eschen, besonders auf Muschel- und Jurakalk. Die *Kiefer*, die aber im süddeutschen Teil sehr zurücktritt, ist ebenso wie die Fichte sonst in *weitestem Umfang auf sog. buchenmüden Standorten und auf Räumden und Lücken künstlich in reinen Beständen im Buchenwald angebaut worden*. Unter den älteren dieser Kiefernbestände findet sich aber schon vielfach wieder die Buche natürlich als Unterholz oder künstlich durch Unterbau ein. Im östlichen Zipfel im Regenschatten des Harzes liegt von der Saale bis zur Elbe auf den fruchtbarsten Böden der Braunschweiger und Magdeburger Börde ein besonders waldarmes Gebiet (Weizen- und Zuckerrübenanbau).

9. Das fränkisch-oberpfälzische Kiefern-Fichten- (Tannen-) Mischgebiet

zwischen Frankenhöhe im Westen bis an den Böhmerwald im Osten und vom oberen Main im Norden bis zur Donau im Süden. *Hier herrscht teils die Fichte, vereinzelt mit der Tanne, teils die Kiefer* vor, letztere besonders auf den ärmeren und trockenen Keupersanden um Erlangen und Nürnberg), die ersteren beiden auf allen frischeren und kräftigen Böden, besonders im fränkischen Jura. Daneben finden sich *viele Mischbestände aller drei Nadelhölzer und auch solche mit der Buche*. Ähnlich wie der Landschaftscharakter durch die vielen Höhenzüge und kleinen Gebirge stark gegliedert ist, wechselt auch das Waldbild. Je nach Höhenlage und Gesteinsart schiebt sich bald die eine, bald die andere der drei Nadelholz- arten, stellenweise auch das Laubholz, in den Vordergrund. Im ganzen aber stellt es doch ein ausgesprochenes Mischwaldgebiet dar. Die Kiefer zeigt besonders in der Oberpfalz rassisch gute Formen (Geradschäftigkeit und Spitzkronigkeit der *Höhenkiefer*).

10. Das deutsche Mittelgebirgs-Waldgebiet aus Fichte, Tanne und Buche

umfaßt die Gebirgslagen der Sudeten und sächsischen Gebirge, das Fichtel- gebirge, den Thüringer, Bayrischen und Böhmer Wald, die Westbeskiden mit der Tatra und den Harz als vorgeschobene Insel. Dieses Gebiet bildet einen zangen- artigen Gürtel um das böhmische Becken.

Hier bildet die *Fichte* die *Hauptholzart* bis zur oberen Waldgrenze. Wo diese in den höheren Gebirgen erreicht oder überschritten wird, findet sich darüber noch ein *Strauchgürtel der Bergkiefer* mit oft riesigen „*Latschenfeldern*". Von der Tatra im Südosten bis zum Thüringer Wald im Nordwesten ist der Fichte heute nur *noch recht spärlich, ursprünglich wohl überall reichlicher, die Weißtanne* im unteren Teil beigesellt. Im Harz fehlt diese von Natur, dagegen tritt sie wieder verhältnismäßig sehr stark im südlichen Zipfel (Bayrischen Wald) auf, in letzterem an Fläche sogar vielfach der Fichte nahekommend. Die *Rotbuche ist als Einzel- mischholz*, aber auch *gelegentlich* (besonders auf kalkreicheren Gesteinsarten) *in Beständen*, im unteren Teil des Fichtengürtels eingesprengt, und zwar von Ost nach West (Schlesien nach Thüringen) mit zunehmender Häufigkeit, so daß sich *in den untersten Lagen oft ein Buchengürtel* ausbildet. Bergahorn, Bergrüster und Esche finden sich darin zerstreut als Mischholzarten. Tanne und Buche sind in diesem Gebiet durch den seit lange bestehenden Kahlschlagbetrieb sehr stark zurückgedrängt. In der Tatra und den Westbeskiden finden sich als alpine Ele- mente noch Zirbe und Lärche in den obersten Lagen, letztere als besondere Rasse (*Sudetenlärche*) auch in niedrigeren Lagen des mährischen Gesenkes.

11. Das oberschlesisch-polnische Kiefern-Fichten- (Tannen-) Gebiet

umfaßt die oberschlesische Ebene und das mittlere Gebiet des ehemaligen Polen mit seinen Erhebungen bis zu den Kreuzbergen (Lysa Gora) im Weichselbogen und über diesen hinaus noch die Lukower Platte bis zum Bug. Die *Kiefer* bildet auf allen sandigen, trockeneren Lagen die Hauptholzart, auf allen frischeren und anlehmigen Standorten mischt sich aber die *Fichte, seltener* die *Tanne* ein, die hier ihre nordöstliche Verbreitungsgrenze hat. Die *Buche* tritt *noch seltener* auf, erreicht aber in den östlichen Bergen (Lysa Gora) noch einmal etwas stärkere Verbreitung zugleich mit der Tanne, mit der sie dort noch alte urwaldartige, unter Naturschutz gestellte Mischbestände bildet. Auch die *Lärche* findet sich hier noch in einzelnen zerstreuten Beständen als Reste einer früher häufigeren Verbreitung (*Polnische* oder *Weichsellärche*). Der westlich der Oder gelegene

Streifen des schlesischen Schwarzerdegebietes mit seinem Zuckerrübenbau ist äußerst waldarm und zeigt mehr Eichenbeimischung. Auch tritt die *Eiche* (meist *Traubeneiche*) im ganzen *nördlichen und östlichen Teil* noch häufiger auf.

12. Das südpolnische Kieferngebiet

umfaßt die südlich vom vorigen gelegenen Gebiete des ehemaligen Polen von der oberen Weichsel bis zum Bug und bis zu den Vorbergen der Ostbeskiden und an die Nordgrenze von Galizien. Ein großer Teil ist fruchtbare Lößlandschaft und waldarm, ein anderer auf sehr armen und trockenen, z. T. tertiären Sanden, trägt aber *große, äußerst einförmige Kiefernwaldungen*, in denen nur sehr spärlich die *Eiche* (neben *Birke* und *Aspe*) vorkommt (Sandomirer und Bilgorajer Heide). Auf lehmigeren Stellen *reichlicheres Auftreten der Eiche mit Hainbuche*, die hier mehr und mehr an Stelle der Rotbuche als Mischhölzer unter und neben die Kiefer treten und schon die *Annäherung an den südrussischen Waldcharakter* andeuten. Am Südostrand auf den höher gelegenen (400 m) und niederschlagsreicheren Lagen des dortigen Hügellandes finden sich auch noch *Fichte, Tanne* und *Buche als Vorposten* im äußersten Nordosten ihres Verbreitungsgebietes.

13. Das böhmisch-mährische Fichten-Kiefern-Gebiet

umfaßt die Berg- und Hügellandschaft, die sich den Gebirgszügen um das böhmische Becken nach innen vorlagert, und das mährische Hügelland, das dieses Becken nach Südosten von der March- und Donauebene abschließt. Die *Fichte*, fast überall in stärkstem Umfang *künstlich eingeführt, herrscht vor*, daneben tritt aber auch die *Kiefer recht stark* auf, die teilweise hier beheimatet, ihre Verbreitung ebenfalls durch künstlichen Anbau sehr erweitert hat. Dagegen kommt die *Buche* zwar auch noch öfter *in kleinen Beständen* und Wäldern vor, hat aber zweifellos hier viel Raum an die beiden Nadelhölzer verloren, während sie an den unteren Hängen der Grenzgebirge, die aber zu Gebiet 10 gehören, noch öfter in großen und stattlichen Beständen auftritt, so daß sich dort eine deutliche Buchenregion ausbildet. Von der *Tanne* gilt Ähnliches wie von der Buche, doch ist sie im äußersten Südosten nördlich von Brünn noch häufiger mit der Fichte vergesellschaftet. Die *Eiche* ist zwar überall *verbreitet, aber verhältnismäßig schwach*. *Flaumeichen* finden sich auf bestimmten Standorten *vereinzelt* als Zeichen des warmen Klimas.

14. Das Eichen-Kiefern-Gebiet im Prag-Pilsener Becken

umfaßt ein inselartig vom vorigen umschlossenes Gebiet im Tiefland des Pilsener und Prager Beckens, das sich elbaufwärts noch bis Pardubitz zieht. Ein in hoher landwirtschaftlicher und Gartenkultur stehender, waldarmer Strich, in dem nur *kleinere Eichen-* und *Kiefernwälder* zerstreut vorkommen.

15. Das Eichengebiet im Wiener Becken und der Marchebene

umfaßt die Donautiefebene südlich von Wien, das Marchfeld nördlich davon, das österreichische „Weinviertel" und die mährische Marchniederung etwa bis Olmütz. Noch mehr wie das vorige Gebiet durch Feld-, Garten- und Weinbau besetzt und daher waldarm. Soweit Wald vorhanden, besteht er hauptsächlich aus *Eichen* (*viel Mittel- und Niederwald*) in Mischung mit *Hainbuche, Buche und anderen Laubhölzern. Waldkiefer* vereinzelt, viel *Robinienanbau*. Am Südrand tritt schon die *Schwarzkiefer* auf, die seit uralter Zeit geharzt wird. Auch die wärmeliebende *Zerreiche* dringt mit ihren *Vorposten* bis hierher vor.

16. Das elsässisch-badische Buchen-Tannen-Gebiet

umfaßt als Kern den Schwarzwald und die Vogesen mit ihren Vorbergen, dazwischen die Rheinebene (ohne den Auewald an seinen Ufern). Vorherrschend sind *Buche* und *Tanne in Rein-* und *Mischbeständen.* Die *Buche* tritt *mehr im Schwarzwald,* die *Tanne mehr in den Vogesen* hervor. Beide erreichen hier optimale Leistungen und gehen bis zur Kammhöhe hinauf. Die *Fichte* ist *künstlich stark verbreitet* worden, von Natur fehlte sie in den Vogesen fast ganz, im Schwarzwald war sie jedenfalls auch nur selten. Auf trockeneren Hängen finden sich außerordentlich geradschaftige, schmalkronige *Höhenkiefern* von edelster Rasse im Tannenwald (*Schwarzwald- und Vogesenkiefer*), an den unteren, warmen Gebirgsrändern haben sich *neben der Eiche auch Eßkastanien* seit der Römerzeit *eingebürgert.* Viele Standorte der *Flaumeiche* und das natürliche Auftreten des *Buchsbaums* als Strauchunterstand bezeichnen die Wärme und Gunst des Klimas. In den spärlichen Wäldern der *Rheinebene* finden sich *Kiefer und Eiche* (meist Stieleiche), z. B. im großen „Heiligen Wald von Hagenau", einem alten Bannforst des Mittelalters. Die Kiefer zeigt hier meist ähnlich schlechte Form wie im nördlich anschließenden Gebiet 7 (südwestdeutsche Tieflandsrasse.)

17. Das schwäbisch-bayrische Fichtengebiet

umfaßt im wesentlichen die schwäbisch-bayrische Hochebene südlich der Donau bis zum Alpenrand. Das Klima ist hier bedeutend rauher. *Die Fichte tritt überall stark in den Vordergrund* und macht heute etwa 80 % der Waldfläche aus. In früheren Jahrhunderten trat sie, besonders auf der Münchener Schotterebene, sehr gegen das Laubholz zurück, wenn sie auch nirgends ganz gefehlt zu haben scheint.

Die *Tanne* kommt zwar *im östlichen Teil reichlicher beigemischt* vor, *fehlt aber im zentralen Teil* (um München) *und im nördlichen Teil nach der Donau zu ganz oder fast ganz.* Die Laubholzarten, besonders die Buche, sind auch hier nachweislich durch die Kultur stark zurückgedrängt worden und heut sehr selten. Verhältnismäßig reichlich tritt an vielen Orten, besonders in kleineren Bauernwaldungen, die *Birke* auf (in den sog. *Reutbergen*). Charakteristisch für das kalte Klima und die Hochflächenlage sind auch *größere Hochmoorbildungen* (Filze oder Möser) mit der *Spirke* (aufrechte Form der Bergkiefer). Die gewöhnliche Kiefer tritt mit der Fichte zusammen und auch gelegentlich bestandsweise vorherrschend in meist schönen, geradwüchsigen Formen auf, ist aber im ganzen nicht häufiger als Tanne und Buche. *Die Fichte ist heute jedenfalls fast überall tonangebend.*

18. Das alpine Fichten-Tannen-Buchen-Gebiet

umfaßt die Gebirgs- und Hochgebirgswälder vom Bodensee im Westen bis zum Wiener Wald und dem oststeirischen Berg- und Hügelland im Osten und bis zur Reichsgrenze mit Italien im Süden.

Trotz der durch die Höhenlage bedingten *regionalen Verschiedenheiten* und ebenso solchen infolge der mehr *kontinentalen Klimatönung im Innern gegenüber der mehr maritimen in den Randlagen* und schließlich auch des Wechsels der Gesteinsarten scheint eine Zusammenfassung für unsere Zwecke doch möglich. *Herrschender Waldbaum ist fast überall die Fichte,* die bis zur Waldgrenze hinaufgeht, aber sich auch noch bis in die Tallagen hinunterzieht, hier wie auch im Gebiet 10 *künstlich auf Kosten der Tanne und Buche verbreitet,* mit der sie von Natur wohl zu gleichen Teilen vorgekommen ist. In den maritimeren Randzonen und nach Westen geöffneten Tälern traten und treten diese beiden Arten noch heute stärker hervor, während sie im Innern und in entgegengesetzten Lagen seltener werden oder gar fehlen. Dafür treten dort *Lärche* (Alpenlärche) und *Zirbelkiefer* in höheren und höchsten Lagen auf. Auf besonders trockenen Standorten im Innern, besonders solchen, die viel den *Föhnwinden* ausgesetzt sind, finden sich auch *Kiefern*, z. T. in einer besonderen Form der Engadinföhre, die durch dichtere und starrere Benadelung an *montana* erinnert, aber durch ihren aufrechten, einstämmigen Wuchs von ihr sicher unterschieden ist. *Berg-ahorn, Bergrüster* finden sich einzeln oder gruppenweise bis in die Hochlagen, *Eschen, Eichen, Hainbuchen* und *Schwarzerlen* mehr in den unteren und mittleren Lagen, Tälern und unteren Einhängen. Die *Weißerle* geht etwas höher hinauf. Die *Birke* ist zwar überall hier und da in Tälern und auf offenen Stellen zu finden, aber im dunklen Wald von Fichte, Tanne und Buche nur selten. Dagegen kommt sie regelmäßig in den Strauchfichten- und Latschenhorsten an der Waldgrenze mit der Eberesche als sturmzerzauster Krüppel und letzter Vorposten der Laub-holzarten vor. *Latschen- und Grünerlenfelder* mit *Alpenrosen* bedecken die Flächen oberhalb der Baumgrenze. Überall liegt der Wald in den höheren, an Almen anstoßenden Lagen im *Kampf mit der Viehweide.* Während in der stark *maritimen Westgrenze* im Allgäu *Ilex, Efeu* und *Eibe* bezeichnenderweise einzelne Standorte aufweisen, treten an der *Südgrenze* in den Karnischen und Südkärntner Alpen die wärmeliebende *Schwarzkiefer*, die *Hopfenbuche* (*Ostrya carpinifolia*) und die *Mannaesche* (*Fraxinus Ornus*) auf, am östlichen Auslauf in den Vorbergen der Österreichischen und Steirischen Alpen neben der Schwarzkiefer auch noch die *Eßkastanie*, die *Zerreiche*, der *Perückenstrauch* (*Rhus Cotinus*) als Vertreter der südeuropäischen Flora.

19. Das galizische Buchen-Tannen-Fichten-Gebiet der Karpaten

umfaßt die Nord- und Nordostseite der Ostbeskiden und Waldkarpaten von der Kammlinie (slowakisch-ungarische Grenze) bis zu ihrem Auslauf in die ga-lizische Ebene hinunter. Das Gebiet zeichnet sich vor den beiden anderen Gebirgs-gebieten (10 und 18) durch das *starke Vorherrschen der Buche* aus, die *bis an die Waldgrenze geht* und gerade in den Höhenlagen oft reine Bestände bildet, während *Tanne und Fichte*, mit denen sie sonst *Mischbestände* bildet, dort zurück-treten. Die *Fichte*, die oft nur die Täler dichter besiedelt hat, bleibt hinter und unter der Buche zurück. Es findet vielfach eine *Umkehr der üblichen Höhenstufen-folge* statt. Ebenso fällt auf, daß trotz der ausreichenden Höhen (bis zu 2000 m) *Lärche* und *Zirbel fast völlig fehlen* und nur wenige Standorte von ihnen bekannt sind. An der oberen Waldgrenze tritt neben der *Latsche* auch der *Zwergwacholder* (*Juniperus nana*) stark in Erscheinung. Sonst ähnelt die Bestockung, die hier noch *in vielen abgelegenen Tälern völlig unberührt* und *urwaldartig* ist, denen der übrigen montanen Gebiete.

20. Das galizische Eichensteppenwaldgebiet

umfaßt das östlich vom vorigen gelegene Gebiet, das vom Oberlauf des Dnjestr durchzogen wird, bis zur bessarabischen Grenze. Diese fruchtbare Lößlandschaft, die schon in südlichem Steppenklima liegt, ist wieder sehr waldarm. Die zerstreut liegenden Waldungen, vielfach *niederwaldartig bewirtschaftet*, setzen sich aus *Eichen als Hauptholzart, Winterlinden, Hainbuchen, Feldahorn, Vogelkirsche* und *Elsbeere* ziemlich bunt zusammen. Als ausgesprochen südliches Element tritt auch der *tartarische Ahorn* auf und als tertiäre Relikte die pontische Azalee und die äußerst seltene Fliederart *Syringa Josikaea*.

21. Das Auewaldgebiet

umfaßt, *alle vorigen Gebiete aderartig durchsetzend*, die ehemaligen oder noch jetzigen *Überschwemmungsgebiete* der großen deutschen Ströme (Weichsel, Oder, Elbe, Weser, Rhein, Donau) und ihrer Seitenströme (Havel, Mulde, Saale,

Main u. a.), soweit deren fruchtbare Schlickböden nicht längst von der Landwirtschaft in Anspruch genommen sind.

Diese *Auewälder* zeigen von Ost nach West und von Nord nach Süd einen *recht einheitlichen Charakter*, bezeichnet durch das *Fehlen aller Nadelhölzer und der Rotbuche*, während die *Eiche* (von Natur fast nur *Stieleiche*) mit *Esche* und *Feldrüster* einen *bunten Mischwald* bildet, in dem auch vielfach *Pappeln, Weiden, Schwarz-* und *Weißerlen* (letztere im Südosten „Erlenauen" bildend), *Birken, Ahorne* und *wilde Obstbäume eingesprengt* sind, und in dem eine stark entwickelte Unterschicht von allerlei Sträuchern, Gräsern und Kräutern auftritt, so daß dieser Wald von allen unseren Formen *dem Bild des ganz von Grün erfüllten tropischen Regenwaldes nahekommt*, zumal auch Efeu, wilder Hopfen, Waldrebe und rankendes Geißblatt den Typ der Lianen vertreten. Die reiche Schichtung ist aber zweifellos auch auf Rechnung des hier noch lange herrschenden Mittelwaldbetriebes zurückzuführen. In neuerer Zeit werden besonders in den Rheinauen in großem Umfang *raschwüchsige Pappelsorten* angebaut.

Die hiermit gegebene verhältnismäßig grobe und zusammenfassende Gliederung, die mit Rücksicht auf leichte Übersichtlichkeit gewählt wurde, kann und muß selbstverständlich für eingehendere Studien noch weiter ausgebaut werden. So hat HESMER das getan und ist dabei (ohne Galizien) schon zu 78 kleinen Waldgebieten gekommen. Er hat dabei zum Unterschied von anderen Versuchen mit Recht scharf die *heutige Bewaldung* von der natürlichen getrennt, wie auch hier nur die erstere dargestellt worden ist. Es ist nun neuerdings mehrfach versucht worden, auch *natürliche Waldgebiete* auszuscheiden, in denen die künstliche Veränderung des Waldbildes durch den Menschen ausgemerzt wird. Man hofft das unter Benutzung der Ergebnisse der Pollenanalyse, forstgeschichtlicher Forschung und der pflanzensoziologischen Aufnahme zu erreichen und damit wertvolle Unterlagen für den Waldbau (Wahl der Holzarten), für die Anerkennung des Saatgutes für die einzelnen Anbaugebiete u. a. m. gewinnen zu können. Im großen und ganzen wird das wohl einigermaßen möglich sein, wie weit es auch im kleinen und einzelnen gelingen wird, bleibt noch abzuwarten. Das Ziel der forstlichen Raumplanung geht jedenfalls dahin, auf Grund dieser Ergebnisse besondere *Wuchsgebiete* und in ihnen kleinere *Wuchsbezirke* auszuscheiden, für die die gesamte Wirtschaftsführung durch einheitliche Grundsätze und Richtlinien (*Wirtschaftsregeln*) zu bestimmen wäre. Eine besonders wertvolle, vielleicht die wertvollste Grundlage wird dabei die geplante *forstliche Boden- und Standortskartierung* bilden. Bis zum Abschluß dieser Vorarbeiten hat das Reichsforstamt bereits für die einzelnen größeren Verwaltungsbezirke (Landesforstämter) *Vorschläge für eine vorläufige waldbauliche Planung* ausarbeiten lassen. Im übrigen gibt auch die Abgrenzung von Waldgebieten nach dem heutigen Zustand der Bestockung schon wertvolle Fingerzeige, wenn man sie mit den Erfahrungen zusammenhält, ob und wie weit sich eine Holzart oder Holzartenmischung auch außerhalb ihres natürlichen Wuchsgebietes bewährt und was sie dort geleistet hat. Wir wollen ja nicht nur vom Zustand in der Natur lernen, sondern auch aus unseren Erfolgen wie auch unseren Fehlern bei ihrer Lenkung zu unseren wirtschaftlichen Zwecken.

Von einer Darstellung natürlicher Waldgebiete ist hier abgesehen worden, da die bisherigen Versuche noch zu uneinheitlich erscheinen und die Grundlagen dazu vorläufig noch unvollständig sind.

Zweiter Abschnitt.

Der Einfluß der Lebensbedingungen auf den Wald und die einzelnen Holzarten[1].

Vorbemerkungen.

In der Natur wirken *alle Lebensbedingungen als Gesamtheit* auf die Pflanzen-welt ein (*Komplexwirkung*). Wenn auch nur eine fehlt, ist Leben nicht möglich. Die Wirkung im ganzen wird aber schon ungünstig beeinflußt, wenn auch nur einer der Faktoren, obwohl zum Leben noch hinreichend, in ungünstiger Form oder in zu geringer Menge auftritt. Dabei können sich aber einzelne Faktoren offenbar bis zu einem gewissen Grade vertreten, z. B. Mangel an Licht durch größere Wärme oder besseren Boden u. a. m. (*Ersetzbarkeit der Faktoren*)[2]. LIEBIG begründete vom agrikulturchemischen Standpunkt (Menge der ver-schiedenen Mineralstoffe im Boden), das sog. *Gesetz des Minimums: Maßgebend für die Produktion ist der im Minimum vorhandene Faktor der Pflanzenernährung.* In der Folge hat man dieses Gesetz auch auf die andern Lebensfaktoren, wie Wärme, Feuchtigkeit, Licht u. a., übertragen. Später hat MITSCHERLICH[3] dieses Gesetz des Minimums abgeändert und durch sein *Wirkungsgesetz der Wachstumsfaktoren* ersetzt. Nach diesem wirkt jeder Faktor nach Maßgabe „1. der ihm für die Pflanzen zukommenden Bedeutung (*Wirkungswert*), 2. *seiner jeweiligen Optimumferne* (in Minimumnähe starke ertragsteigernde Wirkung, in Optimumnähe schwache) und 3. des *Niveaus der anderen Faktoren*"[4]. Alle zu diesen Fragen auf Grund exakter Versuche gewonnenen Ergebnisse zeigen, wie verwickelt die Wirkung der Einzelfaktoren und wie schwer sie zahlenmäßig festzustellen ist. Man kann das nur dann, wenn *alle andern Faktoren gleich bleiben und nur der eine zu untersuchende sich verändert.* Das ist vielleicht bei Vegetations-versuchen im Gewächshaus möglich, auch da nur bis zu einem gewissen Grade, niemals aber durch Untersuchungen im Freien. Aus diesem Grunde muß auch der Versuch von OELKERS[5] aus Ertragsprobeflächen im Walde Optimalwerte

---

[1] Hauptsächlichste Literatur: Außer den schon bei Abschnitt I angeführten Werken von SCHIMPER, WARMING, RÜBEL, WALTHER, MAYR, RUBNER und MOROSOW die neueren Werke über Pflanzenphysiologie, besonders BENECKE-JOST: Pflanzenphysiologie, 4. Aufl. Jena 1924. — Ferner: LUNDEGARDH, H.: Klima und Boden in ihrer Wirkung auf das Pflanzenleben. Jena 1925. — Rein forstlich: HESS, R.: Die Eigenschaften und das forst-liche Verhalten der wichtigeren in Deutschland vorkommenden Holzarten, 3. Aufl. Berlin 1905.

[2] RÜBEL, E.: Die Pflanzengesellschaften d. Erde 1928. S. 36 ff.

[3] MITSCHERLICH, E. A.: Das Wirkungsgesetz der Wachstumsfaktoren. Landwirtsch. Jb. 1921. Bogen 11—15.

[4] Zitiert nach SCHMIDT, W.: Neue Untersuchungen zum Kohlensäureproblem. Z.F.J.W. 1923, S. 536.

[5] OELKERS, J.: Standort und Holzart. A.F.J.Z. 1924; ferner: Waldbau, Teil I. Han-nover 1930.

für Wärme, Niederschlag und Bodenbeschaffenheit für die einzelnen Holzarten
zu berechnen, von vornherein Bedenken erregen, wie er auch von der Kritik
fast einmütig abgelehnt worden ist[1]). Wir werden uns meist damit begnügen
müssen, die Wirkung der einzelnen Faktoren nur nach Art und Richtung kennenzulernen und ihre Größe nur in weiten Grenzen bestimmen zu können. Experimentelle Untersuchungen liegen wegen der Schwierigkeit der Versuchsanstellung
meist nur für krautige Kleinpflanzen vor. An diesen hat man gefunden, daß sich
überall *drei Kardinalpunkte* ergeben: ein *Minimum*, bei dem das Leben oder die
Lebensäußerungen beginnen, ein *Optimum*, bei dem sie ihren Höhepunkt erreichen, um darüber hinaus wieder abzufallen, und ein *Maximum*, bei dem sie
wieder aufhören bzw. Starre oder Tod eintreten. *Die Lage dieser Kardinalpunkte
ist aber für die einzelnen Äußerungen des Lebens: Assimilation, Atmung, Verdunstung
und Wachstum verschieden.* Das *absolute Optimum* der einzelnen Funktion bedeutet
daher nicht immer das Beste für den Gesamthaushalt der Pflanze, sondern nur
jener Intensitätsgrad, bei dem auch die übrigen Lebensfunktionen möglichst
günstig verlaufen (*harmonisches Optimum*). *Das ökologische Optimum* wird daher
durch die Gesamtheit aller harmonischen Optima gebildet.

9. Kapitel. **Die Wärme.**

Allgemeines über Wärmewirkung. Daß ein gewisses Maß von Wärme zum
Leben überhaupt notwendig ist, ist bekannt, ebenso auch, daß dieses Maß sehr
verschieden bei den einzelnen Arten ist. So kommen niedere Lebewesen noch
bei sehr tiefen Temperaturen unter $0°$ fort, höhere, wie unsere Holzarten, brauchen
schon ein erheblich größeres Maß. In ganz groben Zahlen liegen die Kardinalpunkte für die Assimilation bei den höheren Pflanzen etwa zwischen $0—5°$
(Minimum), $20—30°$ (Optimum) und $40—50°$ (Maximum).

Die Kurven verlaufen aber für dieselbe Funktion auch bei Gleichheit der
übrigen Bedingungen oft in sehr unregelmäßigem Anstieg und Abfall. Bei Veränderungen der andern Bedingungen, z. B. des Lichtes oder des Kohlensäuregehaltes, wird aber die Wirkung der Temperatur sogar gänzlich verschoben
(vgl. hierzu Abb. 41). Es muß nach diesen Untersuchungen, deren Ergebnisse
wohl allgemeiner Natur sein dürften, und die auch für die meisten, wenn nicht
alle übrigen Faktoren Geltung haben werden, ziemlich aussichtslos erscheinen,
daß wir jemals zu einer zahlenmäßigen Bestimmung dieser Kardinalpunkte aus
Beobachtungen und Messungsergebnissen *in der freien Natur* gelangen können,
wo alle Faktoren in den mannigfachsten Kombinationen miteinander auftreten
und fast niemals ein Faktor, wie die Wärme, sich allein ändert, sondern damit
fast immer auch andere, wie z. B. Licht, Feuchtigkeit, Humuszersetzung u. a.
Es kommt hinzu, daß die *von der Meteorologie gelieferten Temperaturzahlen für
ökologische Zwecke sehr ungeeignet* sind, da sie nur die *Lufttemperaturen im Schatten,*
und auch diese nur in Mittelwerten (morgens, mittags, abends) angeben. Für
die Pflanze im Freistand, auch für das dem freien Himmel zugewendete Kronendach des Waldes kommt aber die erheblich höhere und oft sprunghaft wechselnde
Strahlungswärme in Betracht, die mit sog. Schwarzkugelthermometern gemessen

---

[1]) Hausrath, H.: Bericht über die 60. Hauptvers. d. bad. Forstver. 1926, S. 11. —
Rubner, K.: Th.Jb. 1931, S. 176. — Die pflanzengeographischen Grundlagen des Waldbaus, 3. Aufl., S. 5. 1934. — Ferner Diskussion zu dem Vortrag von Oelkers auf der Vers.
d. dtsch. Forstver. Danzig 1929. — Wiedemann, E.: Über die Brauchbarkeit der Zahlenangaben der Waldbauschriften von Prof. Oelkers. Z.F.J.W. 1933, S. 177.

wird. Zur Feststellung der Temperaturen im Pflanzenkörper selbst dienen heut feine thermoelektrische Apparate, deren nadelförmige Anoden in die Gewebe eingestochen werden.

Versuche zur Berechnung der Wärmewirkung. Die Versuche, trotzdem zu einer zahlenmäßigen Erfassung der Wärmewirkung bei unsern Holzarten zu kommen, sind zahlreich und bis in die Neuzeit hinein fortgesetzt worden. Sie führen aber trotz einzelweise scheinbar guter Übereinstimmung bei weiterer Nachprüfung meist zu Widersprüchen.

Ganz ungenügend ist die Angabe einer *Jahresdurchschnittstemperatur*, da in einem derartig verwaschenen Mittelwert wichtige wärmeklimatische Verhältnisse gar nicht zum Ausdruck kommen. Ein kühler Sommer und milder Winter können dasselbe Mittel ergeben wie ein warmer Sommer und kalter Winter.

So haben z. B. Irland und Odessa die gleiche Jahrestemperatur von 10°. In Irland reift aber wegen des kühlen Sommers der Wein nicht mehr, dagegen halten wegen des milden Winters Fuchsien, Kamelien und sogar Palmen im Freien aus. In Odessa erfriert schon der Efeu im strengen Winter, dagegen reifen wegen des heißen Sommers dort noch Trauben und Melonen!

H. MAYR hat in seinem Waldbau schon etwas besser als Maßstab für die Wärmeansprüche der verschiedenen Waldzonen die *Mitteltemperatur der vier Hauptvegetationsmonate* (auf der nördlichen Halbkugel Mai—August) angegeben und dies als „*Tetratherme*" bezeichnet. Als Minimum für die Existenz des Waldes überhaupt hat er eine Viermonatsmitteltemperatur von mindestens $+10°$ C berechnet (Wärmegrenze des Waldes).

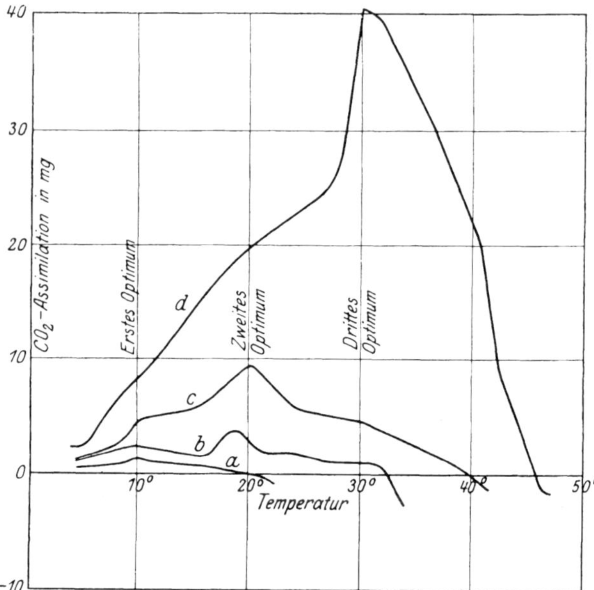

Abb. 41. Die Abhängigkeit der CO_2-Assimilation von Temperatur, Licht und CO_2-Konzentration. *a* sehr schwaches Licht, sehr niedrige CO_2-Konzentration (theoretische Kurve); *b* $^1/_{25}$ Licht, 0,03% CO_2; *c* $^1/_1$ Licht, 0,03% CO_2; *d* $^1/_1$ Licht, 1,22% CO_2. (Nach LUNDE-GARDH.) Die Assimilationskurven zeigen nicht nur verschiedene Höhe, sondern auch ganz verschiedene Lage des Optimums je nach der verschiedenen Stärke von Licht, Kohlensäure und Temperatur. Bei vollem Licht und hohem Kohlensäuregehalt (*d*) findet das Optimum der Assimilation erst bei 30° statt, bei vollem Licht und gewöhnlichem Kohlensäuregehalt (*c*) etwa bei 20°, ein zweites schwächeres Optimum bei etwa 10° usw.

BROCKMANN-JEROSCH[1]) hat diese Zahl für die Alpen an drei Stellen der Waldgrenze nachgeprüft, kommt aber zu drei ganz verschiedenen Viermonatsmitteln von 5,4°, 6,9° und 7,7°! Mit der Tetratherme kennzeichnet MAYR aber im allgemeinen nur das Wärmeklima seiner Waldzonen, in denen verschiedene Holzarten unter einer leitenden Art oder Gattung vereinigt sind, so für sein Picetum 10—14°, für das Fagetum 16—18°.

---

[1]) BROCKMANN-JEROSCH, H.: Baumgrenze und Klimacharakter, S. 21. Zürich: Rascher & Co.

Für die einzelne Holzart berechnete MAYR noch eine besondere *Vegetationstherme*, d. h. eine durchschnittliche Wärmekonstante für die ihr eigentümliche Vegetationszeit (z. B. für Lärche und Fichte 14°, Buche 16°, Stieleiche 17°). Da die Unterlagen nirgends angegeben worden sind, entziehen sich diese Zahlen jeder kritischen Nachprüfung.

OELKERS[1]) hat nach ähnlichem Verfahren aus den forstlichen Versuchsflächen, die zur Aufstellung der einzelnen Ertragstafeln gedient haben, diejenigen mit den Bestleistungen (I. und II. Bonität) herausgesucht und daraus die optimalen Standortsfaktoren durch umfangreiche Rechnungen festzustellen gesucht. Für die Wärmeansprüche hat er die durchschnittliche Temperatur der Vegetationszeit (t_v) zugrunde gelegt. Als Vegetationszeit sind ursprünglich die Tage zwischen Erstfrühling und Spätherbst nach den 10jährigen forstlich-phänologischen Beobachtungen der deutschen forstlichen Versuchsanstalten, neuerdings die fünf Monate Mai bis September angenommen, die im Optimalgebiet der Holzarten nach unveröffentlichten Untersuchungen der Jahresringbildungszeit entsprechen sollen[2]). Eine Nachprüfung von WIEDEMANN[3]) ergab jedoch, daß für weite Gebiete, in denen die OELKERSschen *tv*-Werte nicht zutreffen, sich trotzdem Optimalleistungen finden und umgekehrt[4]). Auch kann die t_v-*Zahl für klimatisch grundverschiedene Orte die gleiche sein*. Z. B. gibt OELKERS selbst (in Waldbau IV S. 640 für Hasselt (Belgien) und Klivenhof (Kurland) den gleichen Wert 14,9° an. Eine von anderer Seite[5]) durchgeführte Berechnung der Klimawerte dieser beiden Orte ergibt aber folgende Unterschiede:

	Hasselt	Klivenhof
Zahl d. Monate $\geq +10°$ . . .	6	5
Mittel der Monate $\geq +10°$ . .	$+16°$	$+14,5°$
Mittel d. wärmst. Monats . . .	$+19,1°$	$+17,5°$
Zahl d. Monate ≤ 0	0!	4!
Mittel d. Monate ≤ 0	$(+2,7°)$	$-3,9°$
Unterschied zw. wärmst. u. kältestem Monat	16,4°	22,8°

Der scharfe *Gegensatz eines milden atlantischen Klimas* (Belgien) *gegen ein kontinentales* (Kurland) *fällt also bei der* OELKERSschen *Wärmekonstante vollständig unter den Tisch!*

Auch dieser Versuch einer zahlenmäßigen Berechnung des Wirkungswertes der Wärme für unsere einzelnen Holzarten muß demnach als wissenschaftlich unhaltbar bezeichnet werden!

Die *natürlichen Verbreitungsbezirke der einzelnen Holzarten*, insbesondere ihre unverkennbar *gleiche Zonenbildung übereinander in unsern Gebirgen sprechen aber deutlich für eine wärmeklimatische Wirkung*. Man kann daraus wohl die Wärmeansprüche der verschiedenen Holzarten vergleichsweise beurteilen, wenn man feststellen muß, daß eine Art, wie z. B. die Fichte, höher ins Gebirge hinauf und weiter nach Norden geht als eine andere, z. B. die Eiche.

Sicher ist dabei aber nicht nur *die durchschnittliche Höhe der Wärme während der Vegetationszeit, sondern auch deren Dauer gerade bei den Holzgewächsen* von einem gewissen Einfluß, da der Vorgang der Verholzung eben eine gewisse Zeit braucht (nach MAYR im Minimum $1\frac{1}{2}$ Monat?). Auch eine zu lange Vegetations-

---

[1]) OELKERS, J.: Standort und Holzart. Festschrift z. Feier d. Einführung d. neuen Hochschulverfassung an d. seitherigen Forstakad. H.-Münden. Frankfurt a. M.: Sauerländer 1924.

[2]) OELKERS, J.: Waldbau II, S. 129.

[3]) WIEDEMANN, E.: Über die Brauchbarkeit der Zahlenangaben von Prof. OELKERS. Z.F.J.W. 1933, S. 177.

[4]) Die Entgegnung von OELKERS in Forstarchiv 1933, S. 163 u. 302, geht auf diese Widersprüche nicht ein und gibt keine Widerlegung der WIEDEMANNschen Feststellungen!

[5]) KALELA, A.: Zur Synthese d. experiment. Untersuchungen über Klimarassen d. Holzarten. Helsinki 1937. S. 69.

zeit kann aber schädlich werden, indem die Jahrestriebe dann unverholzt von den ersten Herbstfrösten getroffen werden, wie das z. B. fast regelmäßig bei der Akazie (*Robinia pseudacacia*) und bisweilen auch bei lange treibenden Eichen (Johannistriebe), bei der grünen Douglasie, sowie bei üppig ernährten Jungkiefern im Saatkamp geschieht.

Auch die *Verteilung der Wärme über das Jahr hin* (kontinentaler und ozeanischer Klimatyp) spielt nach unsern früheren Betrachtungen mindestens eine große Rolle.

Durch diese in der freien Natur ungemein vielfältig wechselnden Verhältnisse, die durch lokale Lage (*Klima auf kleinstem Raum*) sehr stark beeinflußt werden können, entzieht sich nach Überzeugung vieler Pflanzenökologen (z. B. WALTHER, LUNDEGARDH, RUBNER u. a.) die zahlenmäßige Bestimmung des Wärmefaktors für die einzelnen Pflanzenarten jeder zuverlässigen Berechnung! Wir müssen uns vorläufig damit begnügen, die Wärmeansprüche unserer Holzarten aus ihrer horizontalen und vertikalen Verbreitung je nach Klimacharakter dieser Verbreitungsgebiete mehr oder minder gutachtlich zu beurteilen.

Wärmeextreme. Was die *Wärmeextreme* anlangt, so ist ein tödliches *Maximum* bei uns wohl überall ausgeschlossen. Wo bei Hitze ein Welken oder Eingehen ganzer Pflanzen stattfindet, ist es meist auf Überverdunstung und Trocknis zurückzuführen. Bei starker Besonnung erhitzen sich allerdings feste Gegenstände an ihrer Oberfläche sehr stark über die Lufttemperatur. So hat man an Baumrinden auf der besonnten Südwestseite 45—55° gemessen[1]). In solchen Fällen tritt bei glattrindigen Bäumen, wie Buche, Hainbuche, Esche u. a., leicht *Rindenbrand* ein, bei dem die Rinde abstirbt und sich später loslöst. Auf noch höhere Erhitzung der freien Bodenoberfläche bis zu 54° und 60° soll der von MAYR, MÜNCH und RAMANN beobachtete *Hitzetod von jungen Keimpflanzen* zurückzuführen sein, deren Stengel sich gerade an der Austrittsstelle aus der Erde bräunten und abstarben[2]).

Auch *winterliche Minima* rufen bei uns nur selten ein wirkliches Erfrieren bei unsren Waldbäumen hervor. Häufig spielt auch hier die Verdunstung bei scharfen Ostwinden und heiterem Himmel eine größere Rolle als die tiefe Lufttemperatur, wie man unter anderem auch daran erkennen kann, daß vielfach nur die dem Wind oder der Sonne ausgesetzten Seiten Frosterscheinungen zeigen. Es *erfrieren bei uns in sehr kalten Wintern* (*Winterfrost*) gelegentlich Eibe, Weißtanne, grüne Douglasie, meist allerdings nur teilweise, von Laubhölzern vor allem die Nußbäume und manche Obstsorten. In dem extrem strengen Winter 1928/29 erfroren auch Hainbuche und Rotbuche in älteren Stämmen, allerdings nur in besonders kalten Gegenden (Ostpreußen, Oberschlesien), wo die Temperaturen bis —35° und mehr heruntergegangen sind. Bei der Rotbuche ist teilweise auch ein Schaden im Holz, die sog. Frostkernbildung[3]) und auch ein Aufreißen und Loslösen der Rinde (Rindenschäle)[4]) aufgetreten. In geringerem Grade (Erfrieren einzelner Zweige und Zweigteile) zeigten auch andere Laubbäume, z. B. Esche, Erle, Akazie, einige Frostschäden. Unsere immer-

---

[1]) VONHAUSEN, W.: A.F.J.Z. 1873, S. 8. — HARTIG, R.: Lehrbuch der Pflanzenkrankheiten, 3. Aufl., S. 228. 1900.

[2]) MAYR, H.: Waldbau, 2. Aufl., S. 88. — MÜNCH, E.: Hitzeschäden an Waldpflanzen. Naturwiss. Z. f. Forst- u. Landw. 1913, H. 11; 1914, H. 12; 1915, H. 13. — RAMANN, E.: Bodenkunde, 3. Aufl., S. 397.

[3]) LIESE, J.: Der Frostkern der Rotbuche. Dtsch.F.W. 1930, S. 811. — JAHN: Der Frostkern der Rotbuche. Z.F.J.W. 1931, S. 429.

[4]) SEEHOLZER, M.: Rindenschäle u. Rindenriß an Rotbuche im Winter 1928/29. F.Cbl. 1935, S. 237 ff.

grünen Holzgewächse erleiden dagegen ein solches Erfrieren öfter und umfangreicher (bis auf den Wurzelknoten), z. B. Efeu, Hülsenstrauch, Besenginster, ja sogar auch das Heidekraut. Eine *sehr häufige Frosterscheinung im Walde* ist der im *Frühjahr* auftretende *Spätfrost* (Maifrost), der die gerade in der Entfaltung stehenden Triebe und Blätter trifft, die bei ihrem zarten Zustand besonders empfindlich sind. Da diese Fröste meist durch nächtliche Wärmeausstrahlung vom Boden aus entstehen, so ist die Frostgefährdung dort am größten und nimmt nach oben ab, bis in der Regel bei 1—3 m die sog. *Frostgrenze* überschritten ist, so daß meist nur der Jungwuchs erfriert. Jede Herabsetzung der nächtlichen Ausstrahlung durch leichte Bewölkung des Himmels, aber auch durch einen lockeren Schirmbestand, verringert die Spätfrostgefahr erheblich. Schon ein Schirm lichtbelaubter Birken von 11 m Höhe bewirkte in kalten Mainächten in einem Bestand der Münchener Hochebene in 25 cm Höhe über dem Boden eine Abstumpfung der Minimaltemperaturen um 4—6°![1]). Bei manchen sehr empfindlichen Holzarten, wie Rotbuche und Weißtanne, ist daher eine Verjüngung fast nur unter einem Schirmbestand durchzuführen. Fast ebenso empfindlich sind Esche und echte Kastanie, etwas weniger Fichte, Eiche und grüne Douglasie. Seltener finden sich Spätfrostschäden bei Ahorn, Linde und Lärche[2]). Bei Hainbuche, Birke, Aspe, Erle[2]), Weide und Kiefer[3]) sind solche nur in seltenen Ausnahmefällen beobachtet worden. Diese gelten daher im allgemeinen als „frosthart".

Einen empfindlichen Schaden für den Verjüngungsfortschritt im Walde stellt das häufige Erfrieren der Blüten einiger Waldbäume dar, wie besonders bei der Eiche und Buche. Aber auch bei den frühblühenden Erlen und der Haselnuß kommt nach meinen mehrfachen Beobachtungen ein Erfrieren der Blüten vor. Die männlichen Kätzchen, die schon geöffnet waren, wurden braun, trockneten ein und stäubten nicht mehr. Der Samenertrag wird dadurch oft geschmälert oder ganz vernichtet.

Die *Häufigkeit der Spätfröste ist örtlich sehr verschieden.* Es gibt nicht nur *Frostgegenden,* wie z. B. die Münchener Hochebene, sondern auch kleine engbegrenzte „*Frostlöcher*" und „*Kälteinseln*". Auch kleine und kleinste Geländeeinsenkungen können hier einen Kaltluftstau bewirken und zu Temperatursenkungen über dem Boden führen, die oft entscheidend für Spätfrostbeschädigungen werden[4]). Die näheren klimatischen und sonstigen Verhältnisse der Spätfrostbildung haben bis in die neueste Zeit eine umfangreiche Behandlung in der forstlichen Literatur gefunden. Da die ganze Frage aber mehr in das Gebiet des Forstschutzes gehört, muß im einzelnen auf die Werke verwiesen werden, die diesen behandeln.

Wärmeverhältnisse in Deutschland. Die *Wärmeverhältnisse in Deutschland* sind im allgemeinen *am günstigsten im Südwesten (Rheinebene), am ungünstigsten im Nordosten (Ostpreußen).* So betragen die Mittel für

	Jahr Grad C	Januar Grad C	Juli Grad C	Min. Grad C	Max. Grad C	Schwankung Grad C
Heidelberg	+10,0	+0,8	+19,0	—13	+33	46
Klaußen i. Ostpr. . .	+ 6,5	—4,4	+17,6	—22	+33	55

[1]) Amann, H.: Birkenvorwald als Schutz gegen Spätfröste. F.Cbl. 1930, S. 493 ff.
[2]) August: F.Cbl. 1903, S. 266.
[3]) Dengler, A.: Junifrostschäden an der Kiefer. Z.F.J.W. 1910, S. 670.
[4]) Geiger, R.: Das Klima der bodennahen Luftschicht. 2. Aufl. Braunschweig 1942, S. 181 ff.

Neben diesen beiden Extremen in Südwest und Nordost heben sich noch zwei *besondere Klimacharaktere in Nordwestdeutschland und in den Gebirgen* heraus. Als Beispiele hierfür seien folgende Zahlen gegeben:

Bremen	+8,8	+0,6	+17,3	—13	+30	43
Inselsberg i. Thür., 900 m	+4,0	—4,2	+12,3	—14	+23	37

Die mittlere Jahrestemperatur nimmt um etwa 0,5—0,6° für 100 m Erhebung ab.

Einen warmen Sommer und milden Winter zeigt die Rheinebene, einen ebenso milden Winter, aber schon erheblich kühleren Sommer Nordwestdeutschland. Ostpreußen hat einen ebenso kühlen Sommer, aber schon einen ausgeprägt kalten Winter. In den höheren Lagen unserer Mittelgebirge ist der Winter ähnlich kalt wie in Ostpreußen, dazu kommt aber noch ein sehr viel kühlerer Sommer. In den Extremen zeigt das Gebirgsklima dagegen einen viel ausgeglicheneren Charakter. (Vgl. oben *Inselsberg* und *Klaußen*. Für den 1140 m hohen Brocken fand SCHUBERT[1]) Extreme von —17 und +23°, für das an seinem Fuß liegende Wasserleben (150 m) dagegen —18 und +32°, also viel stärkere Schwankungen.)

Vegetationszeit. Die *Dauer der Vegetationszeit* und ihr Verlauf ist dementsprechend natürlich auch verschieden. Betrachtet man auf Abb. 42 den Gang der mittleren Monatstemperaturen an den obengenannten vier Orten, so ist besonders das *frühe Ansteigen der Wärme im März in der Rheinebene und im nordwestdeutschen Tiefland* bemerkenswert. Nimmt man etwa 5° C als untere Schwelle des Beginns der hauptsächlichsten Lebenstätigkeiten bei unsern Holzgewächsen an, so hat Ostpreußen gegen die Rheinebene eine Verspätung von fast einem Monat. Gegen den Sommer hin nähern sich die Kurven mit Ausnahme der für die höheren Berglagen und bleiben auch im ganzen Herbst noch genähert, bis sich die ostpreußische gegen den Winter hin wieder stärker von den beiden andern trennt. *Der Hauptwärmeunterschied zwischen Ost und West liegt also im Frühling bzw. im Vorfrühling.* (Die Gesamtdauer der Zeit über 5° C beträgt in Heidelberg etwa 8 Monate, in Bremen 7,4, in Klaußen 6,3 und am Inselsberg (900 m) nur noch 5,7 Monate.) Rechnet man als Vegetationszeit aber nur die Zeit vom Beginn der sichtbaren Vegetationstätigkeit (Entfaltung des Laubes oder der Blüten bei einigen Frühblühern) bis zur Laubverfärbung, so sind die Zeitspannen noch kürzer. Mit derartigen Feststellungen beschäftigt sich besonders die sog. *Phänologie.* Sie beobachtet das Austreiben, Aufblühen, die Fruchtreife, die Blattverfärbung u. a. m. bei einzelnen weit verbreiteten und besonders bezeichnenden Pflanzenarten an verschiedenen Orten und sucht diese Beobachtungen dann klimatologisch und ökologisch auszudeuten[2]). Obwohl man manche berechtigten Bedenken gegen die Methoden dieses Wissenschaftszweiges vorgebracht hat, lassen sich doch einige allgemeinere Folgerungen aus ihren Ergebnissen ziehen, namentlich wenn reichliche und langjährige Beobachtungen vorliegen. Solche sind in den Jahren 1885—1894 auch von seiten der deutschen forstlichen Versuchsanstalten an einer Reihe von Waldbäumen angestellt worden[3]). Hierbei zeigte sich ein unverkennbarer *Einfluß der geographischen Lage auf den Vegetationsbeginn. Am frühesten tritt er in der Rhein-Main-Ebene ein und verspätet sich dann sowohl nach Norden wie auch nach Osten hin immer mehr. Die spätesten Termine liegen in Ostpreußen.* (So begrünte sich die Buche z. B. in der Rhein-

---

[1]) SCHUBERT, J.: Das Klima des Harzgebirges. 1909.
[2]) Literatur in DRUDE, O.: Deutschlands Pflanzengeographie.
[3]) WIMMENAUER, K.: Die Hauptergebnisse 10jähriger forstlich-phänologischer Beobachtungen in Deutschland. Berlin 1897.

ebene im Durchschnitt am 20. April, im nördlichen Hannover am 5. Mai, in Ostpreußen erst am 11. Mai.). Ebenso zeigt sich eine *Verspätung des Frühlings nach der Höhe zu*, im Durchschnitt betrug sie etwa 2—2,5 Tage für 100 m. (Austreiben der Buche bei Pirna (120 m) am 1. Mai, im Erzgebirge bei 800 m etwa am 16. Mai.) Vergleicht man den Wärmegang bis zum Austreiben (vgl. Abb. 43), so zeigt sich, daß der *Wärmegenuß der Rotbuche bis zur Blattentfaltung,* wenn man von 0° ausgeht, *in Nordwest- und Südwestdeutschland ziemlich gleich*

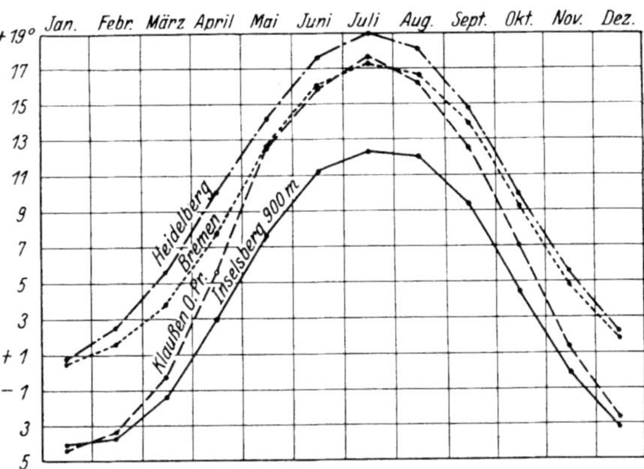

Abb. 42. Verlauf der mittleren Monatstemperaturen an vier charakteristischen Klimaorten in Deutschland (Heidelberg, Bremen, Klaußen i. Ostpr. und Inselsberg i. Thür. bei 900 m). (Entw. von A. DENGLER.)

ist, in Ostpreußen aber anfänglich geringer, später auch gleich. Nimmt man erst 5° als untere Schwelle an, so ist der Wärmegenuß sogar an allen drei Orten im ganzen gleich. *In jedem Fall aber bleibt er im Gebirge ganz erheblich zurück.* Die Vegetation beginnt dort also nach sehr viel geringerem Wärmegenuß. Diese Erscheinung ist phänologisch auch noch an andern Pflanzen beobachtet worden. Das Gebirgsklima muß also andere ökologische Vorteile haben, die man vielleicht in der stärkeren Sonnenstrahlung zu suchen hat. Einer zahlenmäßigen Erfassung entziehen sich aber derartige Ausgleichswirkungen.

Wichtig ist die Feststellung, die in vielen Fällen gemacht worden ist, daß *die unteren Berglagen bis zu 200 m* im Einzug des Frühlings *gegen die Tieflagen nicht verspätet, sondern vielfach sogar noch etwas verfrüht* sind. Sie sind wahrscheinlich im Frühling durch ihre Hanglage gegen die noch tiefstehende Sonne und durch das bessere Abfließen der kalten Luft in Frostnächten klimatisch begünstigt.

Im Eintritt des Spätherbstes zeigen sich weder beträchtliche noch regelmäßige Unterschiede zwischen Ost und West. Dagegen tritt im Gebirge nach der Höhe zu der Herbst etwas früher ein (1—2 Tage auf 100 m).

Die *Länge der gesamten Vegetationszeit* (vom mittleren Laubausbruch der früh treibenden Holzarten bis zur Laubverfärbung) berechnet WIMMENAUER für die Rheinebene auf 177 Tage, für das nördliche Hannover auf 164 Tage, für Ostpreußen auf nur 155 Tage, für die mitteldeutschen Gebirge bei 700 m auf 150—155 Tage[1]).

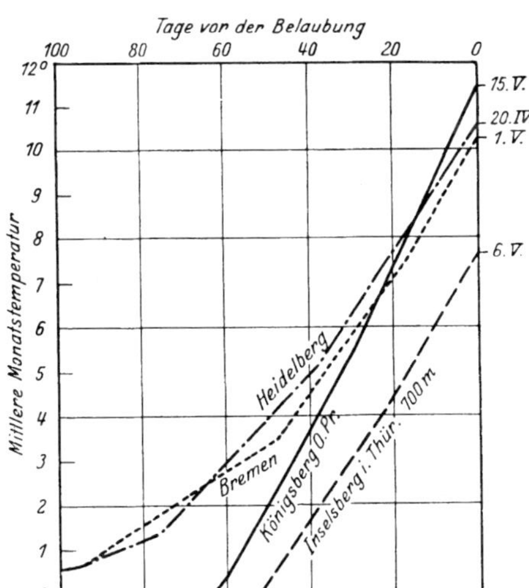

Abb. 43. Wärmegenuß der Rotbuche bis zur Laubentfaltung an vier verschiedenen Orten in Deutschland. (Entw. von A. DENGLER.)

---

[1]) Auffällig ist auch hier wieder die verhältnismäßige Begünstigung der Gebirgslagen, die trotz ihres im ganzen kühleren Klimas, besonders kühleren Sommers, doch eine relativ lange Vegetationsdauer aufweisen!

Bodenwärme. Neben der in erster Linie für die oberirdischen Pflanzenteile entscheidenden Temperatur der Luft ist aber auch noch die *Bodentemperatur* in Betracht zu ziehen, *in der die Wurzeln leben und arbeiten müssen.* Diese weicht nicht nur von der Lufttemperatur recht beträchtlich ab, sondern sie zeigt auch unter sich in den verschiedenen Bodentiefen recht große Abweichungen.

Die Bodentemperaturen sind im ganzen von der an der Oberfläche einstrahlenden und von dort nach der Tiefe zu weitergeleiteten Wärme abhängig. Sie zeigen an der Oberfläche außerordentlich starke Schwankungen. Besonders die Maxima sind ungewöhnlich groß. Wir hatten schon erfahren, daß sie bei starker Sonnenbestrahlung zeitweilig bis zur Tödlichkeitsgrenze (50—54°) ansteigen können. Die Minima liegen im allgemeinen nur wenig tiefer als in der Luft und überhaupt nur bei klarem Himmel und unbedecktem Boden zur Nachtzeit bzw. in den ersten Morgenstunden (Reif und Bodenfröste). *Nach der Tiefe zu gleichen sich alle Wärmeunterschiede sowohl in den Extremen wie auch im Durchschnitt sehr rasch aus,* so daß in größeren Tiefen (bei uns etwa in 20—30 m) schließlich eine dauernd gleiche Temperatur herrscht.

Für die Verschiedenheit des jährlichen Temperaturganges in Luft und Boden hat SCHUBERT[1]) im Durchschnitt von 16 über Deutschland verteilten Stationen folgende Übersicht gegeben:

Mitteltemperatur.

	Jan.	Febr.	März	April	Mai	Juni	Juli	Aug.	Sept.	Okt.	Nov.	Dez.	Jahr
Luft	−2,26	−0,37	0,91	5,81	10,64	14,19	15,56	15,09	12,11	6,48	2,11	−1,64	6,51
Boden in 60 cm .	1,74	1,41	1,89	4,54	9,14	13,04	14,98	14,91	13,14	9,27	5,53	2,99	7,71
„ „ 120 „. .	3,34	2,66	2,70	4,09	7,31	10,66	12,84	13,52	12,82	10,31	7,23	4,82	7,69

Der *Boden ist also in der Wurzelzone im ganzen Herbst und Winter erheblich wärmer als die Luft, im ganzen Frühling und Sommer aber etwas kühler,* da auch noch die höheren Schichten bei 15 und 30 cm, wenn auch schon in abgeschwächtem Maße, daran Anteil haben. Ebenso wie der jahreszeitliche Wärmegang sich gegenüber der Luft nach der Tiefe zu immer mehr verspätet und abschwächt, gilt das auch für den täglichen. Das tägliche Maximum und Minimum tritt in 15 cm Tiefe erst 2 Stunden, in 30 cm Tiefe sogar erst 6—8 Stunden später ein als in der Luft und an der Bodenoberfläche.

Dabei sind auch die täglichen Schwankungen sehr stark abgestumpft. So z. B. nach Beobachtungen MÜTTRICHS auf Eberswalder Sandboden im Juni 1889:

	Luft Grad	Bodenoberfläche Grad	0,15 m Grad	0,30 m Grad	0,60 m Grad
Höchste Temperatur	22,6	26,4	22,9	18,1	15,9
Tiefste Temperatur	12,5	15,1	17,4	16,6	15,8
Mitteltemperatur	17,8	20,1	20,0	17,3	15,85

Die Schwankung, die an der Oberfläche also noch 11,3° betrug, war schon in 0,60 m Tiefe auf den bedeutungslosen Betrag von 0,1° gesunken, die Mitteltemperatur, die an der Oberfläche mit 20,1° sogar noch 2,3° über der der Luft lag, war in 60 cm Tiefe um über 4° kühler als in der obersten Schicht und schon 2° tiefer als in der Luft. Diese Zahlen ergeben *die eigentümliche Tatsache, daß Krone, Stamm und Wurzeln unserer Waldbäume in ganz verschiedenem Wärmeklima leben.* Daß die Tätigkeit der Organe, hier insbesondere der oberen und

---

[1]) SCHUBERT, J.: Der jährliche Gang der Luft- und Bodentemperatur. Berlin 1900.

unteren Wurzeln danach verschieden ausfallen muß, ist anzunehmen. Es fehlen aber darüber alle näheren Beobachtungen und Untersuchungen.

Wärmeklima auf kleinstem Raum (Mikroklima). Neben der wärmeklimatischen Verschiedenheit im großen bestehen aber noch *örtliche Besonderheiten einzelner Gegenden,* die sich schon im Bewußtsein und mitunter auch in der Sprache des Volkes als besonders begünstigt oder benachteiligt ausprägen (Goldne Aue, Rauhe Alb u. a.). Schließlich finden sich auch *nicht unbedeutende Unterschiede auf kleinem und kleinstem Raum* nebeneinander. Im Walde kommen dabei hauptsächlich die *verschiedenen Hanglagen und die nach verschiedenen Himmelsrichtungen hin geöffneten Bestandsränder* in Betracht. Hier macht sich der *Einfluß der Wärmestrahlung* besonders bemerkbar, über die wir freilich im Walde noch keine fortlaufenden Messungen besitzen.

Besonders bemerkenswert ist der *starke Strahlungsausfall von Nordhang und Nordwand*[1]). Auch die von verschiedenen Seiten ausgeführten Bodentemperaturuntersuchungen haben daher immer einen beträchtlichen Unterschied der einzelnen Hanglagen (Expositionen) gefunden.

In der Praxis der Gärtnerei und Landwirtschaft, auch in der Forstwirtschaft hat man diese Tatsachen ja längst gekannt. Schon in den älteren forstlichen Schriften wird beim Anbau der wärmeliebenden Eiche auf den Vorzug der Sommerhänge (S) gegenüber den Winterhängen (N) hingewiesen. Ebenso ist die mit der größeren Erwärmung verbundene Dürregefahr der südlichen Hänge eine allgemein bekannte Erscheinung. Da, wo eine solche Gefahr nicht besteht, wie im Hochgebirge an der Waldgrenze, und wo die Wärme gleichzeitig ins Minimum rückt, wäre also regelmäßig eine entsprechende Erhöhung bzw. Erniedrigung der Wald- oder Baumgrenze zu erwarten. Im einzelnen haben sich auch Unterschiede von 100 und sogar 200 m zwischen Nord- und Südseiten ergeben. Wo aber wie in der Schweiz und in den Karpaten sehr zahlreiche Messungen ausgeführt sind und daraus Mittelwerte berechnet wurden, schwächen sich die Unterschiede in der Regel sehr ab, und die einzelnen Expositionen zeigen manche Unregelmäßigkeiten, wie nachfolgende Zusammenstellung beweist:

Abweichung der oberen Wald- bzw. Baumgrenze vom Mittel nach Expositionen:

	SE m	S m	SW m	W m	NW m	N m	NE m	E m
Waldgrenze in der Schweiz nach Imhof[2])	+14	+31	+61	+26	+ 6	—24	—44	—34
Baumgrenze der Fichte (8 m) in den Karpaten nach Fekete u. Blattny[3])	+23	+19	+11	—5	—12	—22	— 7	—17

Liegen auch die *Maxima in beiden Fällen auf den südlichen und die Minima auf den nördlichen Expositionen,* so sind die Unterschiede im einzelnen sehr unregelmäßig. Man hat das auf die Eingriffe der Alm- und Weidewirtschaft in der Schweiz geschoben, die besonders im Frühjahr die wärmeren Südost- und Südlagen aufsucht und vielfach durch Abbrennen erweitert. Derartiges findet man auch in den ganzen Karpaten. Es dürften daneben aber auch noch

---

[1]) Schubert, J.: Die Sonnenstrahlung im mittleren Deutschland. Meteorol. Z. 1928, H. 1.

[2]) Imhof, E.: Die Waldgrenze i. d. Schweiz. Gerlands Beiträge z. Geophysik, Bd. IV, H. 3.

[3]) Fekete, L., und Blattny, T.: Die Verbreitung der forstlich wichtigen Bäume und Sträucher im ungarischen Staate. 1914.

manche anderen Ursachen in Frage kommen, die die rein klimatische Ausprägung der Waldgrenze stören (vgl. S. 43).

Daß die Expositionen auch in der Ebene bei verhältnismäßig niedrigen Bodenerhebungen eine Rolle spielen können, zeigt die oft ganz verschiedene Bodenflora auf den Nord- und Südflanken der Binnendünen im norddeutschen Kiefernwalde.

Auf den klimatischen Einfluß der verschiedenen Bestandsränder, insbesondere des schattigen und frischen Nordrandes hat CH. WAGNER[1]) hingewiesen und hierbei die Verhältnisse der einzelnen Ränder mit Bezug auf Besonnung und Beregnung theoretisch und auf Grund von allgemeinen Beobachtungen erörtert. Eine anschauliche Darstellung der Sonnenscheindauer und Schattenbreite an den verschiedenen Bestandesrändern gibt Abb. 44. Es ist kein Zweifel, daß auch hier wichtige klimatische Unterschiede bestehen, die sich sofort in der Zusammensetzung der Flora äußern. Wenn es in solchen Fällen auch zunächst oft die verschiedene Bodenfeuchtigkeit ist, die die unmittelbare Ursache für die Veränderung der Vegetation bildet, so ist letzten Endes hieran doch wieder nur die verschiedene Erwärmung schuld. So konnte ich z. B. auf Bestandeslücken im Eberswalder Revier feststellen, daß an den Schattenrändern sich die Fichte in Mischsaaten mit der Kiefer nicht nur gehalten, sondern diese sogar teilweise überwachsen hatte (vgl. Abb. 45), während sie an den entgegengesetzten Sonnenrändern vollständig verschwunden war. Am Südrand der Lücke (Mittagsschattenrand) hatte sich also ein kühleres Fichtenklima, am entgegengesetzten Rand ein wärmeres Kiefernklima ausgebildet, das der Fichte ungünstig war, so daß sie von der Kiefer überwachsen wurde und verschwand. Man spricht in allen solchen Fällen heute von einem „*Mikroklima*“ oder „*Klima auf kleinstem Raum*“[2]).

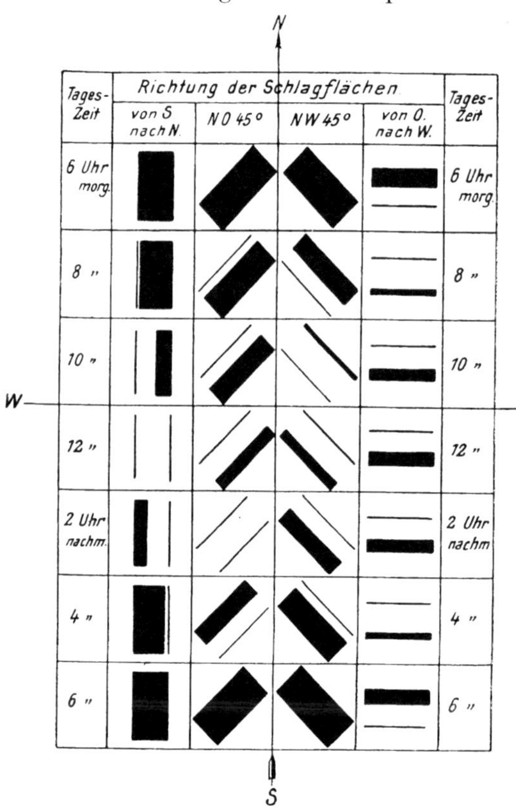

Abb. 44. Sonne (weiß) und Schatten (schwarz) auf Kulissenschlagflächen von 40 m Breite bei verschiedener Himmelsrichtung (berechnet für Mitte Juli und 52 Grad nördlicher Breite von OJIJEWSKI). (Aus MOROSOW: Lehre vom Walde.)

Waldinnenklima. Schon lange hat man erkannt, daß auch der *Wald in seinem Innern ein besonderes Klima geschaffen hat,* das in bezug auf die Wärmegestaltung nicht unerheblich von dem Außenklima über ihm und neben ihm, *dem sog. Freilandklima,* abweicht.

---

[1]) WAGNER, CH.: Die räumliche Ordnung im Walde, S. 42. 1911.
[2]) Vgl. KRAUS, G.: Boden und Klima auf kleinstem Raum. Jena 1911. — GEIGER, R.: Das Klima der bodennahen Luftschicht. II. Abschnitt: Orographische Mikroklimatologie. Braunschweig 1927.

Das geschlossene Kronendach des Waldes fängt zunächst den größten Teil der Strahlungswärme ab. Es trennt aber auch den unter ihm liegenden Luftraum vom oberen und erschwert dadurch bis zu einem gewissen Grade den Luft- und Wärmeaustausch. Das wird sich je nach Dichtigkeit des Kronendachs, also nach Schlußgrad und Holzart, verschieden stark äußern.

Die Abhaltung der Wärmestrahlen ist im allgemeinen die wichtigere der beiden Einwirkungen. Nach neueren Messungen[1]) betrug die Strahlungsintensität an einem Junitage in einem 20 m hohen dicht geschlossenen Fichtenwald nur 0,01 cal/qcm in der Minute und selbst in einem 15 m hohen Kiefernwald noch immer nur 0,04 cal gegen 0,99 zu gleicher Zeit im Freien! Fast die gesamte Strahlung wurde also an den Baumkronen abgefangen.

Waldbodentemperatur. *Die Abhaltung der Wärmestrahlen durch die Kronen verhindert natürlich auch die Erwärmung des Waldbodens und der darüber ruhenden Luftschicht.* Die Unterscheide der Bodentemperatur im Walde und im Freiland faßt Schubert[2]) nach den Ergebnissen von über 10 jährigen Messungen dahin zusammen, daß *der Waldboden im ganzen Sommerhalbjahr bis zu der Tiefe von 1,20 m kühler ist.* (Im Kiefernwald steigt der Unterschied bei 60 cm auf 2,7°, unter Fichten auf 3° und unter Buchen auf 3,2°. An der Oberfläche [1 cm tief] verstärken sich diese Beträge im Mittel noch um 1°.) *Im Winter ist der Waldboden dagegen etwas wärmer* als der des freien Landes, bezeichnenderweise sogar unter den dann kahlen Buchen, was wohl auch mit der Laubdecke auf dem Boden zusammenhängen dürfte. Die durchschnittlichen Unterschiede im Winter sind aber bedeutend geringer als im Sommer (meist nur etwa 0,5°), *so daß der Waldboden im Durchschnitt des ganzen Jahres doch etwa nur um 1° kühler ist als der Freilandboden.*

Abb. 45. 6jährige Kiefern- × Fichtenmischsaat am Nordrand einer Bestandeslücke im Eberswalder Dauerwald auf frischen graswüchsigen Spatsanden. Die Fichten haben die Kiefern (+) hier überraschenderweise überwachsen. (Am Südrand der Lücke sind sie verschwunden, in der Mitte kümmern sie und bleiben weit hinter der Kiefer zurück.) Beispiel für Klimaunterschiede auf kleinstem Raum. (Phot. A. Dengler.)

Viel auffälliger zeigt sich der Einfluß des Waldes aber in den Extremtemperaturen. Hier ist der Waldboden in der Hauptwurzelzone (15—30 cm) in den wärmsten Tagen 4—5° kühler, in den kältesten Tagen 1—2° wärmer als der Freilandboden. *Der Frost dringt daher auch erheblich weniger tief in den Waldboden ein als im Freiland.*

Das Bodenklima des Waldes ist also gemäßigter, im Sommer kühler und im Winter etwas milder, die Schwankungen sind geringer. *Im Walde ist also das Bodenklima vom kontinentalen zum ozeanischen Klimacharakter verschoben.* Wenn

---

[1]) Angström, A.: The Albedo of various surfaces of ground. Geograf. Annaler. Stockholm 1925. S. 323.

[2]) Schubert, J.: Der jährliche Gang der Luft- und Bodentemperatur im Freien und in Waldungen. Berlin 1900.

die Zahlen auch an sich gering erscheinen, so ist die Gesamtwirkung wegen ihres dauernden Einflusses nicht zu unterschätzen!

Lufttemperaturen in Wald und Freiland. *Über den Unterschied der Lufttemperaturen im Walde gegenüber dem benachbarten Freiland* sind langjährige Messungen durch die preußische forstliche Versuchsanstalt[1]), in Bayern[2]), Österreich[3]) und der Schweiz[4]) ausgeführt worden.

Die Ergebnisse sind zwar im allgemeinen gleichsinnig, d. h. sie zeigen den Einfluß des Waldes in gleicher Richtung, aber doch in verschiedenen Ausmaßen. Schubert hat durch genaue Vergleichsbestimmungen nachgewiesen, daß die ersten für Preußen veröffentlichten Zahlen durch die Aufstellung der Instrumente in einer nicht genügend ventilierten „Forstlichen Hütte" und durch die Berechnung des Tagesmittels aus nur zwei Ablesungen um 8° vormittags und 2° nachmittags zu hohe Unterschiede ergeben haben. Er ist durch Verbesserung dieser Fehler zu erheblich niedrigeren Werten als alle anderen gekommen. Jedenfalls sind die Schubertschen Werte aber die richtigeren. Sie sind daher hier allein zugrunde gelegt worden.

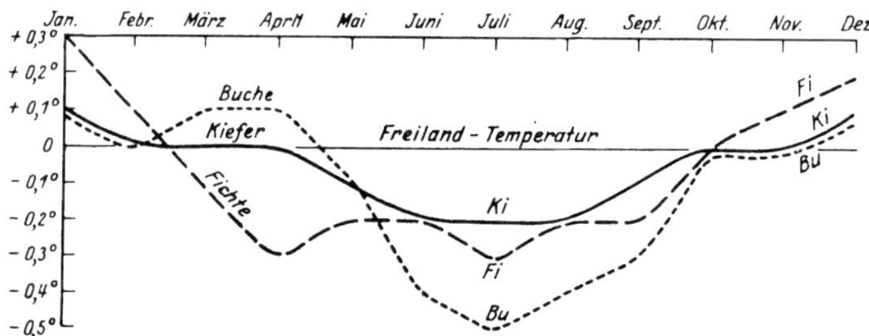

Abb. 46. Unterschied der mittleren monatlichen Lufttemperatur im Walde gegen das freie Land. (Nach Schubert.)

Der Unterschied der Lufttemperatur im Walde gegen das Freiland betrug danach in 1,3 m Höhe:

	Januar Grad C	April Grad C	Juli Grad C	Oktober Grad C	Jahr Grad C
Unter Kiefern	+0,1	0,0	—0,2	0,0	—0,1
„ Fichten	+0,3	—0,3	—0,3	0,0	—0,1
„ Buchen	+0,1	+0,1	—0,5	0,0	—0,1

Den monatlichen Verlauf der Abweichungen im Walde zeigt Abb. 46.

Danach ist *die Luft im Walde in den Wintermonaten bei allen drei Holzarten etwas wärmer*, am meisten unter Fichten. In den *Sommer- und Frühherbstmonaten ist sie etwas kühler*, am meisten bei der Buche, deren steiler Abfall im Mai und Juni offenbar in Zusammenhang mit der Laubentfaltung steht. Die absoluten Unterschiede von wenigen Zehntelgraden erscheinen zwar klein, aber man darf

[1]) Müttrich, A.: Über den Einfluß des Waldes auf die periodischen Veränderungen der Lufttemperatur. Z.F.J.W. 1890. — Schubert, J.: Vergleichende Temperatur- und Feuchtigkeitsbestimmungen. Abh. d. Kgl. preuß. meteorol. Inst., Berlin Bd. 1, H. 7, 1901. — Der jährliche Gang der Luft- und Bodentemperatur im Freien und in Waldungen. Berlin 1900.

[2]) Ebermayer, E.: Die physikalischen Einwirkungen des Waldes auf Luft- und Bodenwärme. Aschaffenburg 1873.

[3]) v. Lorenz-Liburnau, J.: Resultate forstlich-meteorologischer Beobachtungen. Mitt. a. d. forstl. Versuchswes. Österr. Bd. 12 u. 13. Wien 1890.

[4]) Zusammenstellung siehe Wollny: Forschungen auf dem Gebiete der Agrikulturphysik Bd. 5. — Für die Schweiz an neueren Veröffentlichungen noch: Burger, H.: Waldklimafragen. Mitt.Schw.Anst. 1931, H. 1; 1933, H. 1.

dabei nicht vergessen, daß es sich nur um ausgeglichene Mittelwerte handelt, die die tatsächlichen Unterschiede leicht zu gering erscheinen lassen.

Viel schärfer tritt auch hier die *ausgleichende Wirkung des Waldes auf die Extreme*, insbesondere die Maxima zutage. Diese waren nach den MÜTTRICHschen (nicht korrigierten) Ergebnissen z. B. im Mittel für Juli unter Kiefern 2,1°, unter Fichten 2,8° und unter Buchen 3,5° niedriger als im Freiland. Am allerschärfsten zeigen sich die Unterschiede natürlich, wenn man nicht die Lufttemperatur im Schatten, sondern die gesamte Strahlungswärme mit Schwarzkugelthermometern mißt.

Solche Messungen von MARKGRAF[1]) in der Bredower Forst ergaben z. B. an heiteren Tagen:

Datum (1920) Tageszeit	17. Februar 14 30 Grad C	4. Mai 9 30 Grad C	11. Mai 11 00 Grad C	14. Mai 930 Grad C	18. August 12¹⁵ Grad C
Im Freien	11,5	23,2	41,0	30,5	45,0
Unter Eichen	7,3	17,6	18,3	19,0	28,4

An bewölkten Tagen:

Datum (1920) Tageszeit	9. März 12³⁰ Grad C	28. April 9⁰⁰ Grad C	10. Mai 9 30 Grad C
Im Freien	11,0	13,5	14,0
„ Walde	10,5	10,4	12,1

Vor Eintritt der Belaubung waren die Unterschiede verhältnismäßig gering, nachher stiegen sie aber an heiteren Frühlings- und Sommertagen bis auf 20° und mehr! An bewölkten Tagen bleiben sie dauernd klein.

Der Einfluß des Waldes auf die Wärme in seinem Innern besteht also im ganzen *in einer geringen Herabsetzung der Lufttemperatur und einer schon sehr merklichen Abstufung ihrer Extreme. Dagegen fängt er von der Strahlungswärme ganz außerordentlich große Mengen ab.* Diese geht aber dem Wald als solchem nicht verloren, sondern wird vom Baumbestand an dessen Kronenoberfläche ausgenutzt, wohl aber fehlt sie allem, was unter dieser wächst. Der Unterbestand, auch der Jungwuchs des Waldes, wächst also immer in einem kühleren, aber auch etwas ausgeglichneren, milderen Klima als der Mutterbestand. Bei Holzarten mit lockeren, durchlässigen Kronen (wie Kiefer, Birke, Lärche) ist der Unterschied dauernd gering, bei denen, die dunkle, immergrüne Kronen haben (Fichte und Tanne) dauernd stark, bei den Laubhölzern mit dunkler Belaubung ist er im Winter gering, aber im Sommer stark.

Die wärmeklimatischen Wirkungen des Waldes auf sein Inneres *schwächen sich naturgemäß um so mehr ab, als sich der Bestandesschluß lockert oder gar mehr oder minder unterbrochen wird.* Auf großen Lücken und Schlagflächen herrscht schließlich das Freilandklima. Erst in neuerer Zeit haben hier exakte Untersuchungen eingesetzt, die vorläufig erst Bausteine zu einer umfassenderen Bestandesklimatologie bilden (vgl. bei GEIGER a. a. O.). In einem mit unterständigen Fichten verschiedener Höhe stufig geschlossenen 65jährigen Kiefernbestand der Oberpfalz lag die Höchsttemperatur an einem warmen Maitag um 2° niedriger als in einem nur 90 m entfernten Bestandesteil ohne Unterstand, nachts war es umgekehrt im ersteren etwas wärmer. In Nordschweden wurde bei Untersuchungen in stark durchforsteten Beständen die Bodentemperatur um

---

[1]) MARKGRAF, FR.: Die Bredower Forst. Berlin-Lichterfelde: Naturschutz-Verlag 1922.

2—3° höher als in undurchforsteten gefunden. Im Vergleich zu einem kleinen *Gruppenaushieb* von 12—14 m Durchmesser in einem aus Kiefer, Fichte und Tanne gemischten Bestand des fränkischen Juragebietes waren die Temperaturschwankungen in einem nahegelegenen 50—60 m breiten Schirmschlag, der auf über die Hälfte des Schlußstandes aufgelichtet war, im Monatsmittel um 2—3° größer und näherten sich damit dem Freilandklima. Den Einfluß der verschiedenen Größen von Lücken und Schlaglöchern im Bestand auf den Wärmegang und die nächtliche Ausstrahlung (Frostgefahr) maß GEIGER an 3 Lochkahlschlägen von 12, 38 und 87 m Durchmesser[1]).

Alle diese neueren mikroklimatischen Untersuchungen zeigen, daß sich im Walde je nach Holzart, Bestandesform, Schlußgrad und Exposition überall feine und feinste Klimaverschiedenheiten finden, die trotz ihrer geringen Größe doch durch ihre Dauer oder häufige Wiederholung oft schon recht merkliche Wirkungen ausüben können.

Berücksichtigung des Wärmefaktors in der Forstwirtschaft. *Der Wärmefaktor ist in der Forstwirtschaft* in erster Linie *durch den Anbau der Holzarten entsprechend ihrem Wärmebedürfnis zu berücksichtigen,* das wir nach dem vorher Gesagten vorläufig nur nach Beobachtungen und Erfahrungen über Vorkommen und Gedeihen der verschiedenen Holzarten bei verschiedenem Wärmeklima gutachtlich beurteilen können. Wenn wir uns hierbei zunächst nach den vertikalen Verbeitungsgrenzen richten, so würden wir etwa folgende *Reihenfolge für abnehmendes Wärmebedürfnis der wichtigsten Holzarten* bekommen:

Eßkastanie.
Stieleiche, Roterle, Weißbuche.
Traubeneiche, Sommerlinde (?).
Esche, Winterlinde (?).
Rotbuche, Bergahorn.
Weißtanne.
Fichte, Kiefer, Birke, Aspe.
Lärche.

Wenn man diese Reihe mit den horizontalen Verbreitungsgrenzen und der Lage der Optimalgebiete vergleicht, so treten einige auffällige Unregelmäßigkeiten zutage. So vor allem bei der Stieleiche, Roterle und Weißbuche, die nach Norden und Osten zu viel weiter gehen als Traubeneiche, Rotbuche und Weißtanne, die umgekehrt im Gebirge höher ansteigen als jene. Wir können vorläufig nur annehmen, daß hier gewisse Unterschiede des Gebirgsklimas vom nordischen bzw. östlichen kontinentalen Klima (anderer Verlauf der Jahreszeiten, anderes Verhältnis der Extreme, Ausgleich durch Lichtstrahlung u. a. m.) an den Abweichungen schuld sind. Damit müssen wir aber zugeben, daß wir uns mit der Aufstellung einer allgemein gültigen Reihenfolge für das Wärmebedürfnis unsrer Holzarten auf etwas unsicherem Boden bewegen, besonders bei den erwähnten Arten. Man wird richtiger tun, *wenn man die obige Reihenfolge eben nur für das mitteleuropäische Gebirgsklima gelten läßt, und für das Tieflandsklima* mit seinen hauptsächlich von Südwest nach Nordost abnehmenden Wärmeverhältnissen *eine andere Reihenfolge aufstellt:*

Eßkastanie.
Traubeneiche, Rotbuche, Tanne, Sommerlinde.
Weißbuche.
Stieleiche, Esche.
Roterle, Spitzahorn, Winterlinde.
Weißerle, Aspe, Birke, Fichte, Kiefer.

---

[1]) GEIGER, R.: Das Standortsklima in Altholznähe. Mittlg. d. H. Göring-Ak. d. Dtsch. Forstwiss. 1941, Bd. I.

Daß die beiden Reihenfolgen überhaupt nur als ein Anhalt aufzufassen sind, bedarf nach allem, was über die Verbreitungsgrenzen der Arten und das Zusammenwirken der Wachstumsfaktoren gesagt worden ist, wohl keines besonderen Hinweises.

Nicht nur in der Wahl des klimatisch passenden Anbaugebietes im großen kann der Wärmefaktor in der Forstwirtschaft berücksichtigt werden, sondern ebenso auch in der *Auswahl des passendsten Standorts im kleinen.* Hier gilt alles das, was vorher über die Verhältnisse der niederen Hanglagen, die verschiedenen Expositionen, Frostlagen usw. gesagt worden ist. Ebenso wirkt *jede Durchbrechung des Bestandesschlusses wärmeerhöhend, freilich bei weiterem Fortschritt auch die Extreme steigernd.* Ganz besonders gilt das für die Gegensätze Bestandesschirm und Freilage auf dem Kahlschlag. Wichtig ist auch die Möglichkeit klimatischer Beeinflussung durch *die Richtung der Schlagfronten zu den verschiedenen Himmelsrichtungen.* Es sind das alles kleine Mittel, aber durch die Dauer ihrer Einwirkung können sie nicht nur für das Gelingen der Verjüngung, sondern auch für Größe und Güte der Wuchsleistungen oft entscheidend werden. Daß auch die *Art der Bodenbearbeitung* den Wärmehaushalt des Bodens beeinflussen muß, ist von vornherein klar. Ganz überraschende Ergebnisse brachte hier aber eine Untersuchung von GEIGER[1]) auf einer großen Kulturfläche bei Eberswalde, auf der ein größerer Teil nach dem *Vollumbruchverfahren* (vgl. Teil II, Kap. 8) behandelt worden war. Auf dieser Teilfläche waren die *Temperaturen* in Bodennähe in kritischen *Spätfrostnächten* 1939 *um 4° höher* und der Jungwuchs dort hatte in der Frühjahrszeit *nur den fünften Teil nächtlicher Froststunden* auszuhalten, gegenüber dem Jungwuchs auf nicht bearbeiteten, verunkrauteten Nachbarflächen. Der Grund ist nach GEIGER hauptsächlich in der Rohhumusdecke und dem Grasfilz zu suchen, die als isolierende Schicht die Abgabe der tagsüber gespeicherten Wärme aus dem Boden und damit den Ausgleich der nächtlichen Kälte auf der verunkrauteten Fläche gegenüber der umgebrochenen verhinderten.

Die heute noch in den ersten Anfängen stehende Klimatologie der forstlichen Bestandes- und Betriebsformen wird uns in Zukunft gewiß noch weitere wertvolle Aufschlüsse über die hier bestehenden Zusammenhänge bringen.

10. Kapitel. **Das Wasser.**

Allgemeine Bedeutung des Wasserfaktors. Das Wasser ist zunächst unentbehrlicher *Baustoff* für alle die vielen H-Verbindungen, die in der Pflanze vorkommen. Ebenso ist es unentbehrlich zur *Lebenstätigkeit des Protoplasmas,* das ohne Wasser in einen Erstarrungszustand übergeht. Endlich aber dient es, und zwar im größten Umfange, zur *Aufrechterhaltung des Transpirationsstromes,* der, von den Wurzeln ausgehend, die im Bodenwasser gelösten Mineralstoffe allein zu den Blättern zu schaffen vermag, wo das Wasser dann an der Außenfläche, meist durch die beweglichen Spaltöffnungen, wieder in Form von Wasserdampf abgegeben wird. Daß für diesen Zweck so bedeutende Wassermengen auf so große Höhen gehoben werden müssen und dementsprechend große Energiemengen verbraucht werden, hat zu dem Wort von der Transpiration als „*notwendigem Übel*" geführt.

Extreme. Auch für die Wasserversorgung der Pflanze gibt es jedenfalls ein Minimum, Optimum und Maximum. Doch tritt hierbei, namentlich in trockeneren

---

[1]) GEIGER, R.: Spätfrost u. Vollumbruch. F.Arch. 1940, H. 10/11.

Gebieten oder bei Trockenzeiten die ökologische Bedeutung des Minimums viel schärfer in Erscheinung als die der beiden anderen Kardinalpunkte. Die *Minimumnähe* wird meist *durch Eintritt des Welkens der Blätter* angezeigt, im weiteren tritt dann Dürre- oder Trocknistod einzelner Organe oder des ganzen Individuums ein. Die verschiedenen Pflanzen zeigen hierin eine sehr verschiedene Widerstandsfähigkeit (*Dürreresistenz*). Man unterscheidet danach *Xerophyten*, die an hohe Grade der Austrocknung angepaßt sind, *Hygrophyten*, die dagegen sehr empfindlich sind, und endlich solche, die ein mittleres Verhalten zeigen (*Mesophyten*). Daneben gibt es noch Pflanzen, die an wechselnde Feuchtigkeitsverhältnisse (Trocken- und Regenzeiten) angepaßt sind (*Tropophyten*). Im allgemeinen besitzen die verschiedenen Gruppen besondere *äußere und innere Anpassungen* nach dieser Richtung, z. B. die Xerophyten derbe, lederige und kleine, im äußersten Falle ganz reduzierte Blätter, geschützt liegende Spaltöffnungen, dicke Epidermis, filzige Behaarung u. a. m., die Hygrophyten große, dünne, vielfach fein gefiederte Blätter, schwache Epidermis, keine Behaarung u. a. m. Die Zahl der so gedeuteten Anpassungsformen in äußerer Gestalt und innerer Struktur ist hier geradezu Legion, doch finden sich bei kritischer Überprüfung im einzelnen allerlei *Unstimmigkeiten*. So zeigen manche Pflanzen von äußerlichem Xerophytencharakter recht starke Transpiration. Andere wollen auf trockenen Standorten nicht mehr gedeihen, wie z. B. unter den Waldbäumen die Fichte und Tanne, wieder andere mit hygrophilem Bau, wie z. B. die Robinie mit ihren dünnen Fiederblättern, tun dies recht gut!

Ein *Maximum an Wasser* tritt bei uns nur selten auf, z. B. bei Überschwemmungen, flachem Grundwasser u. dgl., was viele Holzarten nicht ertragen. Da die Wurzeln aber im allgemeinen nicht mehr Wasser aufnehmen als die Pflanze braucht, so dürfte es sich hierbei mehr um schädliche Nebenwirkungen (Sauerstoffmangel) als um ein eigentliches Zuviel an Wasser an sich handeln.

Quellen der Feuchtigkeit. Die äußeren Umstände, die der Pflanze das nötige Wasser verschaffen bzw. ihren Wasserhaushalt regeln, sind 1. die *atmosphärischen Niederschläge* in Gestalt von Regen, Schnee, Nebel und Tau, 2. das aus diesen Niederschlägen in den Boden einsickernde und dort festgehaltene *Bodenwasser*, 3. der im Luftraum des Blattwerkes herrschende Gehalt an Wasserdampf, die sog. *Luftfeuchtigkeit.* Sie erfordern zunächst eine gesonderte Betrachtung.

Niederschläge und ihre Verteilung. Die *Niederschläge* fallen in der Hauptsache bei uns als *Regen*, zum geringeren Teil als *Schnee*, der dann beim Auftauen in den Boden einsickert. Die Höhe der Niederschläge ist in Deutschland immerhin recht verschieden (vgl. Abb. 47). In der Ebene sind sie am größten im Nordwesten, wo sie 700—800 mm im Jahr betragen, am geringsten im binnenländischen Osten, wo sie bis auf 500—550 mm sinken. Die ausgeprägtesten Trockengebiete finden sich in der Magdeburger Gegend (Regenschattengebiet des Harzes), in der Oderniederung und im Warthe- und Weichselraum, wo am Goplosee bei Hohensalza die jährliche Niederschlagsmenge sogar unter 450 mm sinkt! Mit zunehmender Höhenlage steigen die Niederschläge an. Deshalb hat der ganze Westen und Süden Deutschlands auch in den unteren Lagen schon meist höhere Niederschläge (700—800 mm). Doch finden sich auch im Süden einige Trockengebiete, so im Rhein-Main-Becken, im böhmischen und Wiener Becken, mit nur 500—600 mm. Auf der oberbayrischen Hochebene (München) fallen schon über 900 mm, in den oberen Gebirgslagen meist weit über 1000 (Brocken 1640 mm, Todtnauberg im Schwarzwald 1660 mm und im bayrischen Allgäu sogar 2600 mm!). Dagegen haben die Gebirge im östlichen Raum (Beskiden, Karpaten) infolge ihrer kontinentaleren Lage erheblich geringere Niederschläge (meist nur bis 1000 mm).

Die *Verteilung der Niederschläge über das Jahr hin* ist bei uns im allgemeinen günstig. Die meisten Niederschläge fallen in die drei Sommermonate. Im Seeklima Nordwestdeutschlands verschiebt sich das Maximum etwas gegen den Herbst hin, in den hohen Berglagen überwiegen zwar meist die Winterniederschläge, aber auch die Sommerniederschläge sind dort reichlich genug. Auch im trockneren Osten verteilen sich die übrigen Jahresniederschläge (außerhalb des Sommers) wenigstens ziemlich gleichmäßig (6—8 % je Monat).

H. MAYR hat als *Minimum für das Vorkommen von Wald* 50 mm Niederschlag für die vier Vegetationsmonate Mai—August gefordert, wenn die relative

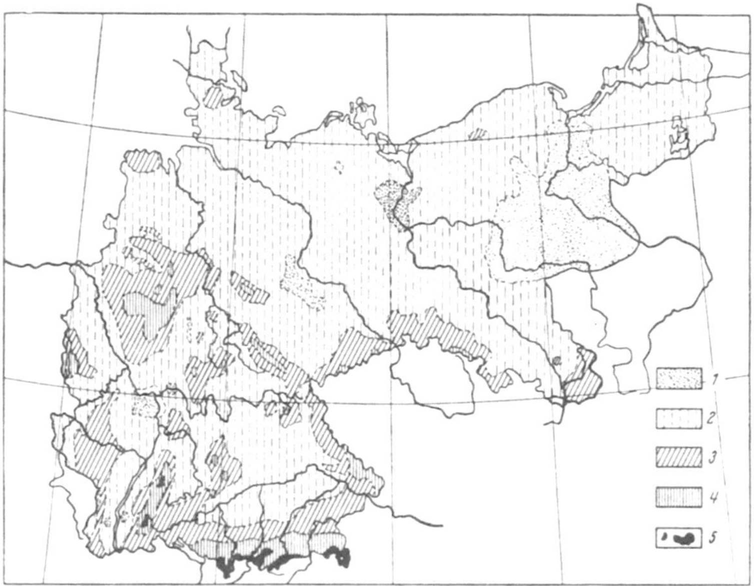

Abb. 47. Die Niederschlagsverteilung in Deutschland. (Nach HELLMANN.)
1) Unter 50 cm. 2) 50—75 cm. 3) 75—100 cm. 4) 100—150 cm. 5) 150—200 cm und darüber.

Luftfeuchtigkeit durchschnittlich einigermaßen hoch liegt (was allerdings nur sehr selten zusammenfällt) oder 100 mm, wenn sie niedrig ist, aber wenigstens nicht unter 50 % sinkt.

Derartige abgerundete Zahlen können natürlich nur grobe Näherungswerte darstellen. Da wir von den verschiedenen Trockengrenzen des Waldes (Steppe, Prärie, Savanne usw.) zu wenig meteorologische Daten, namentlich über die relative Feuchtigkeit haben, lassen sie sich schwer nachprüfen. Sie scheinen nach einigen vorhandenen Daten eher etwas zu niedrig geschätzt zu sein.

In Deutschland ist jedenfalls diese Minimumgrenze nirgends auch nur nahegerückt. Selbst in den trockensten Gebieten fallen bei uns in den vier Monaten Mai—August noch immer über 200 mm bei mindestens 65—70 % relativer Luftfeuchtigkeit. Deswegen ist Wald bei uns überall möglich. Die Trockengrenze für diesen liegt ja auch tatsächlich erst viel weiter südöstlich im russischen Steppengebiet. Die Gefahr einer „*Versteppung*", von der in neuester Zeit vielfach bei uns geredet wird, ist jedenfalls etwas übertrieben!

Wohl aber leidet der Jungwuchs im Walde, der mit seinen flach streichenderen Wurzeln stärker der Gefahr oberflächlicher Bodenaustrocknung ausgesetzt ist, vielfach, namentlich im Osten, durch einzelne *Trockenperioden im Frühjahr und Sommer.* Die dem Forstwirt des Ostens leider nur zu bekannte Frühjahrsdürre (*Maidürre*) bringt oft Verluste in jungen Saaten und Pflanzungen. Ältere Bäume ertragen selbst solche Trockenzeiten meist noch immer leidlich gut. Nur die Fichte hat in Dürrejahren, wie z. B. 1904 und 1911, auf trockneren Standorten auch in älteren Stämmen massenhaftes Eingehen gezeigt. In Fällen geringerer Schädigung fand WIEDEMANN[1]) langjährige und schwere *Wuchsstockungen,* die sich an solche Dürrejahre anschlossen. Er stellt fest, daß diese Schäden in Sachsen von den niederschlagsreicheren Gebieten im Erzgebirge nach den niederschlagsärmeren Tieflagen zu (natürliche Grenze der Fichte vgl. S. 54) häufiger und stärker wurden. Er fand dabei, daß einen viel schärferen Ausdruck für den Trockencharakter, als ihn der Jahresniederschlag gibt, die Zahl der Dürremonate (mit unter 40 mm Niederschlag) bildet. Diese Zahl steigt nämlich erheblich stärker an, als der Gesamtniederschlag abnimmt.

Zuwachsrückgänge haben sich auch bei anderen Holzarten nach Dürrejahren gezeigt. So stellten BÖHMERLE und CIESLAR[2]) solche an den verschiedensten Bäumen für 1904, SCHWAPPACH[3]) auch für die genügsame Kiefer für frühere Trockenperioden fest. Von WIEDEMANN wurden *Zuwachsschwankungen* je nach dem Wechsel niederschlagsärmerer und reicherer Jahresfolgen bei verschiedenen Holzarten festgestellt. Wir sehen also, daß trotz der im allgemeinen günstigen Niederschlagsverhältnisse in Deutschland doch *einzelne Trockenzeiten das Minimum vorübergehend oft recht nahe rücken.* Die Rücksichtnahme auf den Wasserfaktor spielt deswegen in der Forstwirtschaft auch eine viel wichtigere Rolle als die auf den Wärmefaktor.

Das Wasser im Boden. Das Niederschlagswasser, das zu Boden gelangt und nicht an dessen Oberfläche oder auf dem Umwege durch die Wurzeln und Blätter der Pflanzen wieder verdunstet wird, sammelt sich in den verschiedenen Bodenschichten zwischen den Bodenteilchen an und dient hier, soweit diese im Wurzelbereich liegen, als Bodenwasser den Pflanzen als dauernde Quelle für die Wasserentnahme[4]). Soweit es, im Überschuß vorhanden, in den oberen Schichten nicht festgehalten wird, sinkt es tiefer ab und sammelt sich über undurchlässigen Schichten als sog. *Grundwasser* an. Seitlich austretend speist es dann unsre Quellen, Bäche und Flüsse.

Der *verschiedene Grad der Bodenfeuchtigkeit* wird in Gewichts- oder Volumenprozenten des Wassergehalts der entnommenen Bodenprobe festgestellt. In der forstlichen Praxis bedient man sich einiger mehr schätzungsmäßiger Ausdrücke, indem man von „naß, feucht, frisch, trocken und dürr" spricht und dafür gewisse Anhaltspunkte als ungefähren Maßstab gibt[5]). Eine allgemeine Übersicht über die Bodenfeuchtigkeit innerhalb der einzelnen Gebiete Deutschlands läßt sich nicht geben, da hier auf kleinstem Raum oft die verschiedensten Verhältnisse vorliegen, die von Höhen- und Tiefenlage, undurchlassenden Schichten im Untergrund und Bodenart viel mehr beherrscht werden als von allgemein klimatischen und geographischen Unterschieden. Im großen und ganzen sind

---

[1]) WIEDEMANN, E.: Zuwachsrückgang und Wuchsstockungen der Fichte. Tharandt 1925.

[2]) BÖHMERLE: Die Dürreperiode 1904 und unsere Versuchsbestände. C.ges.F.W. 1907. — CIESLAR, A.: Einige Beziehungen zwischen Holzzuwachs und Witterung. Ebenda 1907.

[3]) SCHWAPPACH, A.: Die Kiefer. Neudamm 1908.

[4]) Unsere Waldbäume besitzen übrigens auch in dem hohen Wassergehalt ihrer Stämme (bis 50%!) eine Hilfsquelle, die bei eingeschränkter Verdunstung in Fällen der Not über Trockenzeiten hinweghelfen kann. Daher und wegen der tieferen Bewurzelung wohl auch die größere Widerstandsfähigkeit alter Stämme gegenüber dem Jungwuchs.

[5]) Vgl. die Anleitung der dtsch. forstl. Versuchsanst. zur Standorts- und Bestandsbeschreibung von 1909.

aber unter sonst gleichen Verhältnissen die Böden in den niederschlagsreicheren Gebieten (Nordwest- und Süddeutschland) und in den Gebirgen doch immer feuchter als im Osten, zumal hinzukommt, daß sandige Böden das Wasser viel schlechter halten als lehmige. Hierdurch wird der Unterschied zwischen Osten einerseits, Westen und Süden andrerseits noch verschärft, da hier die Lehmböden, dort die Sandböden, namentlich im Walde, vorherrschen. Weiter gilt allgemein, daß der Boden in örtlichen Tieflagen, wie in Mulden und Tälern, im allgemeinen immer feuchter ist als in umgebenden Hängen, auf Kuppen und Rücken. Im Gebirge selbst nimmt die Bodenfrische gewöhnlich mit größerer Höhe zu. In der sandigen Tiefebene Norddeutschlands wird sie in erster Linie von der Korngröße des Sandes, seinem Humusgehalt und der stark wechselnden Höhe des Grundwasserspiegels beherrscht. Oft nur ganz geringe, im Freien kaum merkbare Geländeneigungen können hier schon starke Unterschiede bedingen.

RAMANN[1]) fand, daß im großen Durchschnitt unsere Sandböden nur etwa 2—4 %, Lehmböden aber 10—20 % (Gewichtsprozente) Wasser enthalten. Im *Laufe des Sommers* findet in den oberen Schichten, hier und da unterbrochen durch bedeutende Niederschläge, *eine stetige Abnahme* durch die oberflächliche Verdunstung und den Wasserverbrauch der Pflanzen statt, so daß im *Spätherbst gewöhnlich ein Minimum* eintritt. Da im Winter die Verdunstung herabgesetzt ist und der Verbrauch durch die Pflanzen so gut wie wegfällt, so steigt dann der Wasservorrat wieder langsam an, um *im Frühjahr* vor Beginn der Vegetation wieder *ein Maximum* zu erreichen. Es ist das jene in der Land- wie Forstwirtschaft so wohlbekannte und hochgeschätzte „*Winterfeuchtigkeit*". Eine sehr exakte Darstellung dieser Verhältnisse für Sandböden hat neuerdings BARTELS[2]) an Hand der Ergebnisse einer großen Verdunstungs-Meßanlage bei Eberswalde gegeben.

Der *Grundwasserstand* ist örtlich fast ebenso wechselnd wie die Bodenfeuchtigkeit. Er kann von oberflächlichem Anstehen bis zu großen Tiefen von 70 m und mehr schwanken. Für die tiefer wurzelnden Waldbäume kommt nur ein Grundwasserstand in Betracht, der nicht zu tief liegt. Im allgemeinen zeigt der Grundwasserstand auf Sandböden jedenfalls nur bei flacherem Anstehen als 2 m eine Förderung des Wachstums und Gedeihens unserer Waldbäume, da in größere Tiefen hinab eben doch nur wenige Wurzeln hinuntergehen und die Mehrzahl sich in der oberen Schicht bis höchstens 1 m hält. HARTMANN fand unter Kiefernbeständen das *Optimum* bei einem *Stand von* 0,80 *m* unter der Oberfläche, da mit zunehmender Tiefe ein Absinken der Höhenwuchsleistung nachzuweisen war. Ein sehr flacher Stand wirkt aber u. U. auch hemmend und schädlich. Auch ist es von Einfluß, ob das Grundwasser kalkhaltig ist oder nicht, ob es sich bewegt oder mehr oder minder stagniert. Das erstere ist besser[3]). Da, wo sich die Wurzeln der Waldbäume auf ein bestimmtes Grundwasserniveau eingestellt haben, schadet *eine länger dauernde Senkung*, wie sie z. B. bei Wasserabzapfungen in der Nähe großer Städte, Meliorationen u. dgl. stattfindet, meist sehr stark und auffällig. Besonders bei alten Eichenbeständen hat man dann öfters Kronentrocknis und langsames Absterben beobachtet[4]).

---

1) RAMANN, E.: Forstliche Bodenkunde.
2) BARTELS, J.: Verdunstung, Bodenfeuchtigkeit und Sickerwasser unter natürlichen Verhältnissen. Z.F.J.W. 1933, S. 204, und folgende Jahrgänge.
3) HARTMANN, F. K.: Waldbaulicher Wert des Grundwassers. Mitt.F.W.W. 1930, H. 4.
4) OELKERS, J.: Trauben- und Stieleiche in der Provinz Hannover. Z.F.J.W. 1923, S. 109 (Eingehen der Stieleiche in der Eilenriede bei Hannover). — VATER, H.: Die Sicherstellung des Wasserbedarfs des Waldes. Bericht über die Versammlung d. sächs. Forstver. 1905 u. 1913. (Massenhaftes Absterben von alten Eichen-, Eschen-, Erlen- und Fichtenbeständen im Naunhofer Revier durch Anlage eines Wasserwerks der Stadt Leipzig.)

Die Verdunstung . Ein tief in den Wasserhaushalt des Bodens und der Luft eingreifender Vorgang ist die *Verdunstung.* Sie steigt im allgemeinen proportional der Temperatur, mit zunehmendem Sättigungsdefizit der Luft an Wasserdampf und mit zunehmender Windbewegung. Sie ist daher *am größten in warmen Gegenden und in warmen Zeiten, in trockener Luft und an windausgesetzten Orten.*

Je nachdem die Niederschläge die Verdunstung überwiegen oder umgekehrt, unterscheidet man ein *humides* und *arides Klima.* LANG[1]) berechnete zu diesem Zweck den sog. *Regenfaktor,* d. h. das Verhältnis des Jahresniederschlags zur mittleren Jahreswärme und setzt die Grenze zwischen arid und humid bei einer

Größe dieses Faktors = 40 (z. B. Braila am Schwarzen Meer $\dfrac{430 \text{ mm}}{10{,}5^0}$ = rund 41).

OELKERS bezieht den Regenfaktor nur auf die fünf Hauptvegetationsmonate Mai bis September, ALBERT[2]) nur auf die frostfreie Zeit, da bei gefrorenem Boden das Einsickern der Niederschläge und die Verdunstung bedeutungslos sind und sich für den LANGschen Regenfaktor manche Unstimmigkeiten mit den Bodenverhältnissen ergeben (Überwiegen der Auswaschung oder nicht).

Die Luftfeuchtigkeit. Von der Höhe der Niederschläge und der Größe der Verdunstung hängt neben der Bodenfeuchtigkeit auch der *Gehalt der Luft an Wasserdampf* ab, den man in Gramm für den Kubikmeter ausdrückt (*absolute Luftfeuchtigkeit*). Wichtiger ist aber für die Pflanzenökologie die *relative Luftfeuchtigkeit*, die man in Prozenten zu beziffern pflegt. Sie gibt an, wieviel von dem bei der betreffenden Temperatur überhaupt möglichen Wassergehalt die Luft z. Z. enthält. Bei einer relativen Luftfeuchtigkeit von 100 %, meist schon etwas darunter, tritt Niederschlag ein. Eine relative Luftfeuchtigkeit von 50 % würde also bedeuten, daß nur die Hälfte des zur Niederschlagsbildung nötigen Wasserdampfs in der Luft enthalten ist.

Die *relative Luftfeuchtigkeit schwankt im Verlauf des Tages stark* mit der wechselnden Temperatur, die *Mittel aber zeigen ziemliche Ausgeglichenheit.* Sie betragen im Jahresdurchschnitt für ganz Ost- und Mitteldeutschland etwa 75—80 % und sinken in den Frühlings- und Vorsommermonaten (Mai, Juni) meist auf nur etwas über 70 %. Nur im mittleren Westen und Süden sind die Mittel stellenweise noch niedriger, etwa um 5—10 % (Frankfurt a. M.—Bamberg—Nürnberg). Hier sinken sie im Mai—Juni verschiedentlich sogar bis auf 65 %. Einen großen unmittelbaren Einfluß auf die Pflanzenwelt scheinen diese Unterschiede aber nicht zu haben.

Einwirkung des Waldes auf den Wasserfaktor. *Die Einwirkung des Waldes auf den Wasserfaktor* ist sehr bedeutend. Wir wollen zunächst die *Niederschläge* betrachten.

Hierbei soll aber die oft aufgeworfene und ebenso oft verschieden beantwortete Frage nicht weiter berührt werden, ob der Wald auf die Niederschläge des außerhalb gelegenen Gebietes einwirkt. Sie ist bei kritischer Betrachtung der tatsächlich exakt durchgeführten Untersuchungen dahin zu beantworten, daß eine Erhöhung nur in ganz geringem Grade (wenige Prozent) stattfinden dürfte.

Niederschläge im Walde. Innerhalb des Waldes und jedes Einzelbestandes werden *die Niederschläge zu einem großen Teil an den Baumkronen von den Blättern und Ästen abgefangen.* Ein Teil davon tropft zwar noch nachträglich zu Boden oder läuft an Zweigen und Stämmen herunter, *ein anderer Teil aber verdunstet und geht dem Waldboden verloren.*

Die an zahlreichen Orten in Deutschland, Österreich, in der Schweiz und in Frankreich durchgeführten Vergleichsmessungen des Niederschlags im Walde

---

[1]) LANG, R.: Verwitterung und Bodenbildung als Einführung in die Bodenkunde. 1920.
[2]) ALBERT, R.: Chem. d. Erde 1928, S. 27 ff.

und im Freiland haben je nach der Aufstellung der Regenmesser auf dichter oder lockerer geschlossenen Bestandsstellen und je nach dem Alter der Bestände beträchtliche Abweichungen voneinander ergeben[1]). Im allgemeinen kann man daraus etwa folgende Zahlen für die durchschnittlichen Verhältnisse entnehmen:

Es werden vom Gesamtniederschlag im Walde unter mittelalten Beständen zurückgehalten:

Bei Kiefer 140—170 mm, bei Buche 180—250 mm, bei Fichte 300—400 mm. Die Zahlen zeigen, daß je nach den Holzarten ein verschieden starker, aber doch recht beträchtlicher Teil der Jahresniederschläge von den Baumkronen abgefangen wird und dem Waldboden verlorengeht. Unter Berücksichtigung der durchschnittlichen Niederschläge in den Hauptgebieten der einzelnen Holzarten dürften die Ausfälle etwa betragen bei Kiefer 15—25%, bei Buche 25—30% und bei Fichte 30—40.%.

Übrigens werden *die schwächeren Niederschläge ungleich stärker abgefangen als die stärkeren.* Von Niederschlägen unter 1 mm kommt im Walde meist überhaupt nichts mehr zu Boden!

Die ebenfalls vielerorts angestellten Beobachtungen über die *Höhe und Dauer der winterlichen Schneedecke im Walde gegenüber dem freien Lande* haben ebenfalls zu keinem ganz übereinstimmenden und eindeutigen Ergebnis geführt, was auch nicht wundernehmen kann, wenn man die Unterschiede auf kleinstem Raum beobachtet, wie sie an dünnen Schneedecken oft dicht nebeneinander und beim Auftauen sichtbar werden. Kleine Unebenheiten des Bodens, Wechsel der Bodenflora u. a. m. bedingen diese Unterschiede. Nur für den Fichtenwald im Gebirge ist allgemein eine im Winter zwar etwas geringere, dafür aber im Frühjahr später abtauende und dann etwas höhere Schneedecke festgestellt worden[2]).

Die Luftfeuchtigkeit im Walde. Was die *Luftfeuchtigkeit* betrifft, so haben die Messungen verschiedener Forscher[3]) für die relative Luftfeuchtigkeit *im Jahresdurchschnitt meist ein Mehr von 3—5% im Walde* gegenüber dem Freiland ergeben. In den Monatsmitteln finden sich aber, besonders im Sommer, verschiedentlich auch höhere Beträge bis zu 10% und mehr. Allerdings haben sich in einzelnen Fällen auch keine und sogar umgekehrte Unterschiede ergeben, so daß es im Walde etwas trockner war, ohne daß dieser Widerspruch genügend erklärt werden konnte (Versuchsfehler oder anormale Verhältnisse?). Im Fichtenbestand war die Luft meist feuchter als unter Buchen und Kiefern, um die Mittagsstunden war der Unterschied größer als in den Morgenstunden, trotzdem in letzteren die Luftfeuchtigkeit meist am höchsten liegt (Morgentau). Daß neben der kühleren Waldlufttemperatur auch die Verdunstung der Baumkronen und von Boden und Bodenflora feuchtigkeitserhöhend wirkt, beweist der Umstand, daß man *im Walde zwei Maxima im Kronenraum und in Bodennähe* gefunden hat[4]).

Die Verdunstung im Walde. Viel wichtiger ist aber *die bedeutende Herabsetzung der Verdunstung im Innern des Waldes* gegenüber dem Freiland. Sie ist bedingt durch die verringerte Wärmestrahlung und den größeren Windschutz im Walde. Übereinstimmend wurde von allen Beobachtern mit dem Evaporimeter (Verdunstungsmesser) für eine freie Wasseroberfläche *ein Weniger von 40—50% Verdunstung im Wald gegenüber dem Freien* gefunden. Den Verlauf des Jahresganges und die verschiedene Größe im Nadel- und Laubwalde zeigt

---

[1]) Eine sehr ausführliche Zusammenstellung hierüber in BÜHLER: Waldbau Bd. 1, S. 177,
[2]) SCHUBERT, J.: Die Höhe der Schneedecke im Walde und im Freien. Z.F.J.W. 1914. S. 567 ff.
[3]) Vgl. die Zusammenstellung bei BÜHLER, A.: a. a. O., S. 148.
[4]) GEIGER: a. a. O. S. 307.

Abb. 48 nach Messungen von J. SCHUBERT[1]). Wieweit auch der Boden im Walde weniger als auf freiem Felde verdunstet, hängt im einzelnen sehr davon ab, ob er nackt, mit Laub oder Nadeln bedeckt oder mit Bodenpflanzen dichter oder lockerer bewachsen ist.

Wenn dem Weniger an Niederschlägen im Walde vielleicht ein gleiches Weniger an Verdunstung gegenübersteht, so scheint damit die Bilanz für den Wald gegenüber dem Freiland zunächst nicht ungünstig zu sein. Hinzu kommt aber noch *die Verdunstung der Bäume selbst.* Und diese ist sehr bedeutend. Es gibt leider keine zuverlässige Möglichkeit, um die gesamte Verdunstungsmenge eines Bestandes festzustellen. Man hat dies bisher nur annäherungsweise durch Wägungen an jungen Pflanzen oder von frisch abgeschnittenen Zweigen und

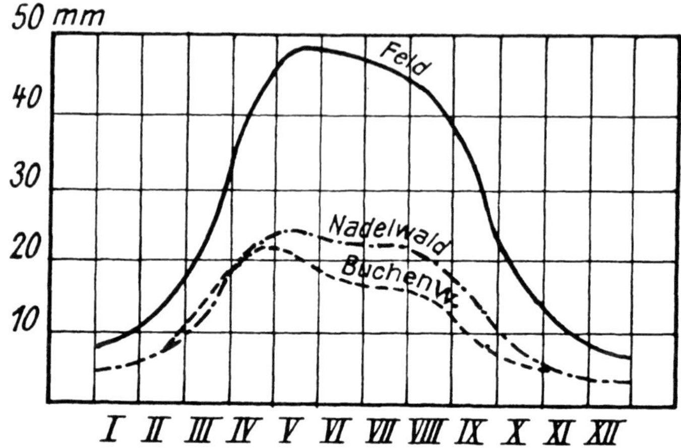

Abb. 48. Verdunstung einer freien Wasserfläche im Freiland und unter Wald.
(Nach J. SCHUBERT.)

Umrechnung der Ergebnisse auf die ungefähre Blattmasse eines älteren Bestandes versucht. Daß dieses Verfahren nur grobe Näherungswerte liefern kann, ist klar. Aber es gibt uns doch wenigstens eine ungefähre Vorstellung von dem Wasserverbrauch durch den Wald. Die von verschiedener Seite berechneten Werte schwanken für einen 100jährigen Buchenbestand zwischen 210—290 mm pro Jahr, für Fichte 170—320 mm, für Kiefer 50—100 mm[2]). Für Lärche ergab sich der unwahrscheinlich hohe Betrag von 680 mm[3]). Abgesehen von den Schwächen der Methoden liegt die Verschiedenheit der Werte jedenfalls auch in der aus der Pflanzenphysiologie bekannten Tatsache begründet, *daß die Pflanzen ihre Transpiration je nach dem vorhandenen Wasservorrat erhöhen und erniedrigen.* Sie folgen nicht einfach den physikalischen Gesetzen der Verdunstung, sondern regeln diese nach ihren Lebensbedürfnissen! Aus alledem erhellt, daß die obengenannten Zahlen mit Vorbehalt aufzunehmen sind.

Die Bodenfeuchtigkeit im Walde. Auf viel sichererem Grund stehen wir, wenn wir die *Bilanz von Niederschlag und Verdunstung* im Walde *in dem Verhalten*

---

[1]) SCHUBERT, J.: Verdunstungsmessungen an der Küste, im Flach- und Bergland, in Nadel- und Buchenwäldern. F.Arch. 1925, S. 97.
[2]) Zitiert nach den Angaben von BÜSGEN, M., u. MÜNCH, E.: Bau und Leben der Waldbäume, S. 296. 1927.
[3]) SCHUBERT, A.: Unters. über den Transpirationsstrom der Nadelhölzer und den Wasserbedarf von Fichte und Lärche. Th.Jb. 1940, S. 821.

der Bodenfeuchtigkeit selbst suchen. Hier hatte schon RAMANN[1]) gefunden, daß diese auf den untersuchten Böden um Eberswalde regelmäßig *unter Waldbestand bedeutend geringer* war als auf Blößen oder Schlagflächen daneben. *Nur die oberste 2—5 cm starke Schicht* machte eine Ausnahme und war *häufig etwas feuchter*. In der Wurzelschicht von 15—50 cm aber zeigte sich während der ganzen Vegetationszeit ein Weniger an Wasser gegen die benachbarte Blöße. In tieferen Lagen von 0,75—1 m glich sich der Feuchtigkeitsgehalt der Vergleichsflächen dann wieder aus. Es war also offensichtlich die Hauptwurzelzone der Waldbäume, auf die sich die Austrocknung beschränkte. Sie wurde sowohl für Kiefer wie Buche festgestellt. Ein deutlicher Unterschied der Holzarten im Grade der Aus-

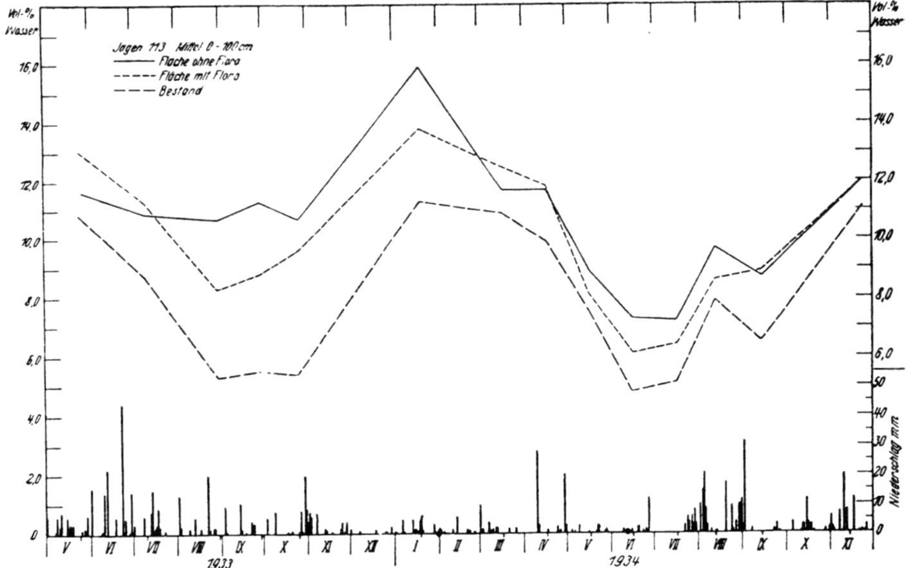

Abb. 49. **Wasservorrat im Waldboden auf einer Fläche ohne Flora, mit Flora und unter einem Baumbestand.**
(Nach HEINRICH.)

trocknung ergab sich nicht. Dieses Ergebnis, daß *jede Baumbestockung*, sogar nur *einzelne frei stehende Bäume* die *Bodenfeuchtigkeit* im durchwurzelten Raum mindestens während der Vegetationszeit *stark herabsetzen*, ist für die Sandböden um Eberswalde inzwischen durch sehr umfangreiche, 1½ Jahre umfassende Untersuchungen von HEINRICH[2]) nicht nur bestätigt, sondern noch weitgehend ergänzt worden. Auch von ihm konnte durch langfristige Beobachtungen festgestellt werden, daß der Wasservorrat im Boden unter einem Kiefernbestand bis zu 1 m Tiefe dauernd und erheblich unter dem einer benachbarten Kulturfläche lag. Zugleich konnte auch der *Wasserverbrauch der Bodenflora*, die zu 80% aus *Vaccinium Myrtillus*, zu 10% aus *Vaccinium vitis idaea* und zu 10% aus *Aira flexuosa* bestand, ermittelt werden. Der Verbrauch war bedeutend geringer als der durch die Baumwurzeln (vgl. Abb. 49).

Auch *unter dem Schirm einzelner Bäume* auf der Freifläche (Überhälter) wurde in der gleichen Arbeit eine starke Verminderung des Wassergehalts fest-

---

[1]) RAMANN, E.: Wassergehalt diluvialer Waldböden. Z.F.J.W. 1906, S. 13 ff.
[2]) HEINRICH, F.: Wasserfaktor und Kiefernwirtschaft auf diluvialen Sandböden Norddeutschlands. Z.F.J.W. 1936, S. 245 ff.

gestellt, und zwar nicht nur für Buchen, sondern auch für Kiefern und Birken. Die Einflußweite erstreckte sich bis zu 10 m vom Stamm!

Eine anschauliche Darstellung des Fehlbetrages unter einem alten Buchenbestand gegen eine große (sogar stark vergraste) Kahlschlagfläche bietet die von Schubert entworfene graphische Darstellung nach einer der Ramannschen Untersuchungen (Abb. 50). Zu ganz gleichsinnigen Ergebnissen gelangte man auch bei Untersuchungen in Bayern, in der Schweiz und in Rußland[1]).

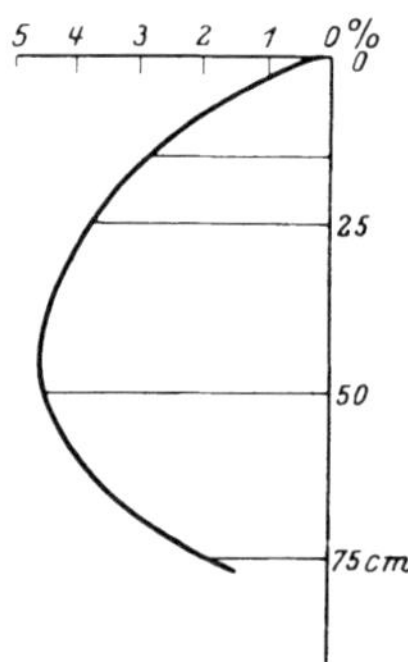

Abb. 50. Fehlbetrag des Wassergehaltes im Waldboden gegenüber der Kahlfläche. (Nach Schubert auf Grund der Ramannschen Analysen.) Der Waldboden zeigt sich in der Schicht des Hauptwurzelraums um 3—4% wasserärmer als auf der Kahlfläche, oben und unten gleichen sich die Unterschiede aus.

Den schärfsten Grad der in die Tiefe gehenden Austrocknung des Waldbodens durch die Baumwurzeln bezeichnen aber wohl jene Fälle, in denen man sogar eine *Senkung des Grundwasserspiegels unter dem Walde* gefunden hat, z. B. am Rande der russischen Steppe (vgl. Abb. 51). Gleiche Feststellungen hat man aber gelegentlich auch bei uns gemacht[2]). In Fällen, wo das Grundwasser fließt, und ein steter seitlicher Ausgleich stattfindet, oder wo es

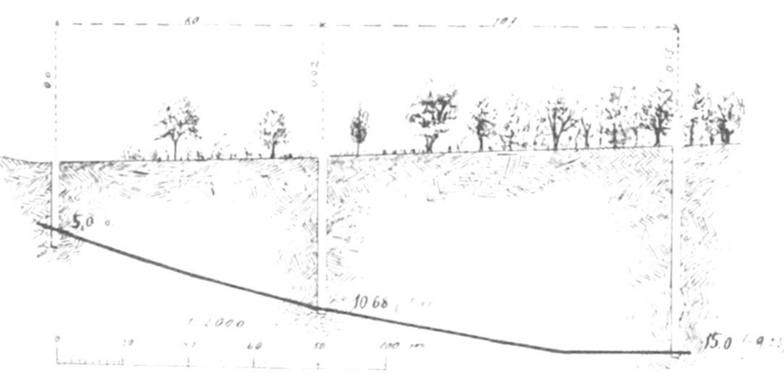

Abb. 51. Grundwasserstand im Schipow-Wald (Grenze von Wald und Steppe). (Nach Ototzki.) Der Grundwasserhorizont zeigt eine deutliche und starke Senkung von der Steppe (links) zum Walde (rechts) von 5,0 auf 15,0 m.

überhaupt außer dem Wurzelbereich liegt, fehlen solche Unterschiede natürlich. Sie stellen wohl überhaupt nur seltenere Fälle dar.

Eine *günstige Wirkung* übt dagegen der Wald *auf den Wasserhaushalt stark geneigter Gebirgshänge aus*, indem er gegenüber unbewaldeten Gebieten *den Wasserabfluß besser regelt und ausgleicht*. Das wenigstens ergaben vieljährige Beobachtungen in der Schweiz in zwei verschieden stark bewaldeten Seitentälern [Sperbelgraben 97%, Rappengraben 31% bewaldet[3])]. Doch kommt es nach den sehr sorgfältigen Untersuchungen Burgers hierbei sehr auf die vorhergegangene Witterung und den entsprechenden Wassergehalt des Bodens an. Bei Niederschlägen nach trockener Witterung, die aber meist auch nur harmlose Abflüsse verursachen, kam es vor, daß der gesamte Abfluß im besser bewaldeten Einzugsgebiet sogar manchmal größer war als im gering bewaldeten, bei Niederschlägen nach nasser Witterung und bei Schneeschmelzen, die gefähr-

[1]) Morosow, G.: Die Lehre vom Walde, S. 177. (Deutsch.) Neudamm 1928. — Wyssotzky, G. N.: Bodenfeuchtigkeitsuntersuchungen in Waldbeständen der ukrainischen Steppen- und Waldsteppenzone. ThJb. 1932, S. 521.
[2]) Vgl. Z. f. Gewässerkunde 1899, S. 174.
[3]) Engler, A.: Untersuchungen über den Einfluß des Waldes auf den Stand der Gewässer Mitt. Schw. Anst. Bd. 12 (1919). — Burger, H.: Der Einfluß des Waldes auf den Stand der Gewässer. Ebenda Bd. 18 (1934).

liche Hochwasserwellen erzeugen, war dagegen der Wasserabfluß im gering bewaldeten Gebiet fast ausnahmslos 30—50 % höher als im voll bewaldeten. Ganz besonders günstig aber wirkt der Wald im Gebirge auf die Erosion und damit die Geschiebeführung der Bäche und Flüsse, die durch ihn mehr als durch andere Vegetationsdecken sehr stark heruntergesetzt wird.

Lokale Feuchtigkeitsverhältnisse. Daß *in bezug auf die Feuchtigkeit* im *Walde* neben den allgemeinen Verhältnissen ganzer Gebiete auch eine *große Verschiedenheit auf kleinem und kleinstem Raum* herrscht, wurde schon erwähnt. Man kann sogar sagen, daß hier ein starker örtlicher Wechsel die Regel ist. Das gilt nicht nur *im Gebirge*, wo *Berg und Tal, Hochebene und Hang und die verschiedenen Expositionen* je nach Beregnung, Besonnung und Windbewehung große Feuchtigkeitsunterschiede aufweisen, sondern *auch für die norddeutsche Tiefebene*. Hier sind auch die *kleinsten, oft kaum auffallenden Geländewellen* schon von Einfluß auf die Bodenfeuchtigkeit. Auch bei ganz ebener Lage finden sich oft scheinbar unerklärliche Unterschiede, die sich aber im Wuchs des Bestandes und im Wechsel der Bodenflora sehr deutlich ausdrücken. Sie sind meist auf *verschiedene Feinkörnigkeit* und daher auch *verschiedene Wasserhaltung* oder auf *wechselnden Grundwasserstand* infolge der unregelmäßigen Lagerung undurchlässiger Schichten im Untergrund zurückzuführen.

Auch die *verschiedenen Bestandesränder* zeigen ein abweichendes Verhalten, obwohl wir darüber bisher erst wenige zahlenmäßige Angaben besitzen und dies mit CHR. WAGNER[1]) nur aus allgemeinen Erwägungen und Beobachtungen ableiten können. Der offene Westrand genießt mehr Niederschläge, der Nordrand etwas weniger, er hat aber wahrscheinlich auch geringere Verdunstung und offensichtlich (Bodenflora!) größere Bodenfeuchtigkeit. Der Ostrand empfängt die wenigsten Niederschläge, hat auch die schlechtesten Tauverhältnisse, vielleicht aber wegen der Beschattung in der wärmeren Tageshälfte gegenüber dem Westrand geringere Verdunstung. Der Südrand ist nach allen Beobachtungen immer der trockenste.

Wasserverbrauch und Wasserbedürfnis der einzelnen Holzarten. Für die *waldbauliche Berücksichtigung des Wasserfaktors* wäre zunächst eine zuverlässige *Feststellung des Wasserverbrauchs und Wasserbedürfnisses der verschiedenen Holzarten* notwendig. Leider gibt es auch dafür bisher keine einwandfreie zahlenmäßige Bestimmung. Einen gewissen Anhalt bieten nur die Untersuchungen von v. HÖHNEL[2]), die er über den Wasserverbrauch durch Transpiration an 5—7 jährigen Pflanzen in Töpfen durch Wägungen angestellt hat. Ein Mangel bei diesen Versuchen war der, daß die Töpfe luftdicht abgeschlossen waren und daher die Atmung der Wurzeln und wahrscheinlich auch die Wasseraufnahme anormal gewesen sein dürfte. Neuere Untersuchungen in entsprechend durchlüfteten Vegetationsgefäßen sind daher zu wesentlich anderen Ergebnissen gekommen[3]). Durch Feststellung der Wasseraufnahme und Abgabe an frisch abgeschnittenen Zweigen wurden wieder andere Werte[4]) gewonnen. Übereinstimmung besteht aber darin, daß die *Laubhölzer erheblich mehr Wasser* verbrauchen als die Nadelhölzer und daß unter den ersteren die Birke, unter letzteren die Lärche obenan stehen, die Tanne dagegen sehr tief unten.

---

[1]) Vgl. auch Teil II bei Blendersaumschlag
[2]) Mitt. a. d. forstl. Versuchswes. Österr. Bd. 2, S. 293, 1881; C.ges.F.W. 1884, S. 387 ff.
[3]) EIDMANN, F. E.: Untersuchungen über Wurzelatmung u. Transpiration unserer Hauptholzarten. Schriftenreihe. H.G.Ak. 1943, Bd. 5.
[4]) SCHUBERT, A.: Unters. über den Transpirationsstrom der Nadelhölzer und den Wasserbedarf von Fichte u. Lärche. Th.Jb. 1940, S. 822 ff.

Ebenso wurde auch hierbei festgestellt, daß die *Wasserabgabe und -aufnahme* auch bei derselben Holzart je *nach dem Wasservorrat* sehr verschieden sein kann. Die Transpiration kann bei geringem Vorrat ebenso eingeschränkt werden, wie sie bei hohem Vorrat steigt.

Man bezeichnet das als „*Luxusverbrauch*". Andererseits kann man aber auch bei Einschränkung der Transpiration in Trockenzeiten von „*Sparverbrauch*" reden. Die Pflanze ist bis zu einem gewissen Grade unabhängig von den physikalischen Außenbedingungen. Der Grund liegt in der Beweglichkeit der Spaltöffnungen und der Regulierbarkeit ihrer Öffnungsweite. Da diese Vorgänge aber auch noch von anderen Umständen stark beeinflußt werden, sind die ursächlichen Zusammenhänge auch hier äußerst verwickelt und schwer zu erforschen[1]).

Der starke Wasserverbrauch der Birke und der Lärche gegenüber der Tanne stehen mit den forstlichen Erfahrungen über Ansprüche dieser Holzarten an die Bodenfeuchtigkeit bzw. ihre Genügsamkeit in auffälligem Widerspruch. Teilweise erklärt sich das aus dem Umstande, daß die bei den Versuchen gewonnenen Zahlen sich auf die spezifische Transpiration der Blattmasseneinheit (100 g Trockengewicht) beziehen, und daß durch die Verschiedenheit der Gesamtbelaubung der einzelnen Holzarten (gering bei Lärche und Birke, groß bei Tanne) die Gesamtsumme der Wasserabgabe für den einzelnen Stamm ein anderes Bild ergeben muß. Ebenso ist ein flaches Wurzelsystem in trockenen Zeiten vielleicht trotz geringer Verdunstung nicht mehr imstande, die Wasserabgabe zu decken, während tiefer wurzelnde Holzarten dies auch trotz stärkerer Verdunstung vermögen. Wir sehen also, daß sich die *Feuchtigkeitsansprüche* der Holzarten *nicht einfach aus solchen Versuchen und Zahlen ableiten lassen,* sondern daß wir hierfür immer noch mehr oder minder auf die Beobachtungen über die Verbreitung der einzelnen Arten auf trockenen und feuchten Standorten und auf die Erfahrungen über ihr Gedeihen auf diesen angewiesen sind.

Die in der forstlichen Literatur hierüber aufgestellten Reihenfolgen stimmen zwar auch nicht ganz überein, namentlich bei den Holzarten mit mittleren Ansprüchen. Man wird sich damit begnügen können, folgende Hauptgruppen aufzustellen:

I. *Geringe Feuchtigkeitsansprüche:* Kiefer, Birke, Aspe, Akazie.

II. *Hohe Feuchtigkeitsansprüche:* Roterle, Esche, Pappeln (ohne Aspe), Weiden (mit Ausnahme der kaspischen Weide = *acutifolia*), Fichte.

III. *Mittlere Feuchtigkeitsansprüche:* Die übrigen Holzarten.

Die Traubeneiche kann im allgemeinen als genügsamer als die Stieleiche, die Hainbuche ebenso als etwas genügsamer als die Rotbuche gelten. Die Weißerle zeigt eine große Spannweite von feuchten bis zu recht trockenen Standorten, obwohl sie auf letzteren meist nur ein geringes Fortkommen zeigt, ebenso auch die Esche, die auf Kalkböden z. T. auch mit wenig frischen Böden vorlieb nimmt.

Alle Holzarten, auch die sog. genügsamen, sind für ein Mehr an Feuchtigkeit dankbar, soweit es nicht zum Übermaß wird. Auch Kiefer, Birke, Aspe wachsen schneller und geben mehr Masse auf frischeren als auf trocknen Standorten. Es ist also bei ihnen nur das Minimum nach unten verschoben.

Gegen ein *Übermaß an Wasser, insbesondere stagnierendes Grundwasser,* sind alle Holzarten letzten Endes empfindlich, sogar die Roterle, die zwar vielfach auf dauernd nassen Standorten wächst, aber besseres Gedeihen auch dort zeigt, wo ein Heben und Senken des Grundwasserspiegels im Laufe des Jahres statt-

---

[1]) Literatur bei BÜSGEN, M., u. MÜNCH, E.: Waldbäume, S. 213. — Ferner die Untersuchungen von STALFELT, M. G., für Kiefer und Fichte in Verh. d. Kgl. schwed. Akad. d. Wiss. Bd. 2, S. 8, 1926; ferner Flora 1927, S. 236, und PLANTA: Arch. f. wiss. Botan. Bd. 6, H. 2, 1928.

findet, oder wo durch fließende Gräben oder Bäche ein dauernder Wasserwechsel stattfindet. Wie schon erwähnt, ist daran wohl die Sauerstoffarmut stehenden Wassers, vielleicht auch die Bildung giftig wirkender Stoffe in solchem schuld.

Hiermit hängt auch die *Schädlichkeit von Überschwemmungen, besonders länger stehender* Sommerhochwasser, zusammen.

Hiergegen zeigen sich besonders empfindlich Rotbuche und Traubeneiche (im Gegensatz zur Stieleiche) und sämtliche Nadelhölzer. Man sieht darin wohl mit Recht den Grund ihres natürlichen Fehlens im Überschwemmungsgebiet unserer Flüsse (Auewald). Auch unsere einheimische Esche und Erle gehen übrigens bei längerer Dauer des Hochwassers ebenfalls ein. Am widerstandsfähigsten hat sich neben der Stieleiche noch die Hainbuche, ferner kanadische Pappel und amerikanische Grauesche gezeigt[1]).

Einfluß der Wirtschaft auf den Wasserfaktor. Der *Wasserfaktor unterliegt in hohem Maße der Beeinflussung durch die forstwirtschaftlichen Maßnahmen.* In erster Linie durch die *Schlagführung* (Kahlschlag oder Schirmschlag). Es ist aber zu betonen, daß die dem ersteren so oft nachgesagte Bodenaustrocknung nur für die alleroberste Schicht von wenigen Zentimetern gilt. Und auch das ist nicht einmal immer der Fall. Manchmal zeigt sich nach Kahlabtrieb sogar eine oberflächliche Vernässung (Binsenwuchs, Sphagnummoose u. dgl.), besonders in feuchten Gebirgslagen, auf abflußlosen Hochflächen usw. In der Hauptwurzeltiefe aber wird der Boden nach dem Abtrieb immer feuchter als unter geschlossenem Wald. Das haben bisher alle exakt durchgeführten Untersuchungen (vgl. oben) übereinstimmend ergeben. Die hier hartnäckig vertretenen gegenteiligen Ansichten sind bisher ohne Beweis geblieben.

Etwas anders liegen aber die Verhältnisse, wenn sich auf vorher unkrautfreiem Boden nach dem Kahlschlag eine starke, wasserverbrauchende Bodenflora einstellt. Dann wird die Bodenfeuchtigkeit natürlich auch noch in tieferen Schichten u. U. ungünstig beeinflußt werden können. Besonders günstig in bezug auf die Feuchtigkeit scheinen *kleine sog. Lückenhiebe* zu wirken, wie sie in Süddeutschland im Femelschlag- oder auch im Plenterbetrieb (vgl. Teil II) vielfach üblich sind und von GAYER[2]) besonders warm empfohlen wurden. Auf diesen Lücken, wenn sie nicht zu klein sind, so daß schräg fallender Regen abgefangen wird, erfolgen ja die vollen Niederschläge. (Bei 12 m Durchmesser fielen in einem Versuch[3]) nur 87 % der Sommerniederschläge.) Vor allem aber findet keine Austrocknung des Bodens durch die Baumwurzeln und keine starke Verdunstung wegen des Sonnen- und Windschutzes durch den Seitenbestand statt. Sie vereinigen also in sich alle günstigen Verhältnisse für den Wasserhaushalt. Tatsächlich zeigt sich daher fast durchweg Überlegenheit der Bodenfeuchtigkeit auf solchen Lücken sowohl gegen den umschließenden Bestand wie gegen das Freiland. Nur die Ränder der Lücken sind infolge der in sie hereinragenden Wurzeln des Altbestandes ungünstiger. Wenn die Lücken so groß werden, daß die hochstehende Sonne am Mittag hineinscheint, so tritt am Nordrand der Lücke (Südrand des Altholzes) durch die verstärkte Verdunstung und infolge Wurzelkonkurrenz dort sogar oft eine auffällige Austrocknung (*Verhagerung*) ein, die sich durch die Untersonnung oft noch tief bis unter den Rand des Altholzes hineinzieht. Im allgemeinen sind die mikroklimatischen Verhältnisse (Temperaturschwankung, Frostschutz, Niederschlag und

---

[1]) Vgl. KLOSE: Die Hochwasserschäden 1926 in den schlesischen Forsten. Jb. d. schles. Forstver. 1927.

[2]) GAYER, K.: Waldbau. 1898. — Der gemischte Wald, seine Begründung und Pflege, insbesondere durch Horst- und Gruppenwirtschaft. 1886.

[3]) GEIGER, R.: Das Standortsklima in Altholznähe. Mitt.H.G.A. 1941, H. I. S. 156.

Verdunstung) nur *bis zu einem Durchmesser gleich der Baumlänge* des umgebenden Bestandes günstig. Darüber hinaus nähern sie sich rasch denen der Freifläche[1]).

Daß auf trockenen Böden schon eine normale Durchforstung, d. h. eine Auflockerung des Kronenschlusses durch Wegnahme einzelner Stämme *eine Erhöhung der Bodenfeuchtigkeit zur Folge haben kann,* hat ALBERT durch Untersuchungen in zwei Vergleichsflächen im Eberswalder Stadtwald festgestellt[2]). In einem 25jährigen Kiefernbestand hatte die durchforstete gegen die undurchforstete Fläche im Durchschnitt bis zu 40 cm Tiefe einen um 1 % erhöhten Wassergehalt. Das bedeutete je Quadratmeter einen dauernden Mehrvorrat von 6 l Wasser im Boden, also eine recht beträchtliche Menge!

Ebenso fördern natürlich *alle Maßregeln die Feuchtigkeit, die den Wind vom Boden abhalten,* so die Belassung von sog. *Windmänteln* durch tief herunter beastete Randstämme an Feld- und Schlagrändern, die *Unterpflanzung* älterer, sehr offener Bestände mit jungem, noch bis unten beastetem *Bodenschutzholz* und *überhaupt jede Schichtenbildung im Bestand.* Allerdings kann diese günstige Wirkung ins Gegenteil umschlagen, wenn die Herabsetzung der Verdunstung durch den Wasserverbrauch der Unterschicht selbst übertroffen wird, was bei dichtem Unterstand auf trockeneren Böden der Fall sein kann. Verschiedene neuere Untersuchungen ergaben hier sogar einen geringeren Wassergehalt in mit Buche oder Fichte unterbauten Beständen gegenüber benachbarten Vergleichsbeständen mit reiner Kiefer[3])! und schränkten damit die Anschauung über die günstige Wirkung des Unterbaus nach dieser Beziehung ein. (Näheres in Teil II bei Unterbau.)

<h3 align="center">11. Kapitel. Das Licht.</h3>

Wirkung des Lichts auf die Pflanzen. *Das Licht ist für alle grünen Pflanzen zunächst unentbehrlich für den Vorgang der sog. Assimilation,* durch den im grünen Blatt aus der Kohlensäure der Luft und dem Wasser der Pflanze unter der Einwirkung der Lichtstrahlen zunächst Stärke und dann durch allerlei Umsetzungen auch alle anderen organischen Baustoffe des Pflanzenkörpers gebildet werden. Ohne Licht ist dieser Vorgang unmöglich und wäre alles Leben auf der Erde ausgeschlossen. Das Licht spielt also die bedeutendste Rolle bei der Stofferzeugung im Walde. Die assimilierende Blattfläche in unseren Beständen ist daher auch außerordentlich groß. Sie beträgt immer ein Vielfaches der Bodenfläche. Selbst bei der dünn benadelten Kiefer wurde sie 6—10mal so groß als diese gefunden[4]). Unter *sonst gleichen Verhältnissen* kann das Gesetz gelten: *Je mehr Licht ausgenutzt wird, desto mehr Masse kann gebildet werden.* Nicht aber darf das so ausgedrückt werden: Je mehr Blattwerk, desto mehr Masse. Bei dichter Belaubung tritt nämlich oft eine zu starke gegenseitige Beschattung und damit ungenügende Lichtausnutzung ein! (Vgl. auch S. 139—141). So viel ist aber richtig, daß im Walde meist der Kampf um das Licht besonders schwerwiegende Bedeutung hat.

Neben dieser *stofferzeugenden Kraft des Lichtes* steht aber noch eine andere *formbestimmende:* Pflanzen, auch Bäume, die im vollen Licht erwachsen sind,

---

[1]) GEIGER, R.: a. a. O.

[2]) ALBERT, R.: Ungünstiger Einfluß einer zu großen Stammzahl auf den Wasserhaushalt geringer Kiefernböden. Z.F.J.W. 1915, S. 241 ff.

[3]) KMONITZEK, E.: Die Einwirkung eines Buchen- und Fichtenunterbaus auf den Bodenzustand. F.Cbl. 1930, S. 886. — GANSSEN, R. H.: Untersuchungen an Buchenstandorten Nord- und Mitteldeutschlands. Z.F.J.W. 1934, S. 480.

[4]) TIREN, L.: Über die Größe der Nadelfläche einiger Kiefernbestände. Mitt. d. forstl. Vers.Anst. Schwedens, H. 23. — DENGLER, A.: Kronengröße, Nadelmenge und Zuwachsleistung von Altkiefern. Z.F.J.W. 1937, H. 7.

zeigen anderen Habitus als im Schatten lebende, und solche Veränderungen erstrecken sich bis tief ins Innere hinein, bis auf den Bau der Einzelzelle. Freilich treten mit dem Wechsel des Lichts in der freien Natur auch immer zahlreiche andere Veränderungen der Lebensbedingungen ein (Wärme, Feuchtigkeit, Verdunstung u. a. m.). Vieles, was dem Lichte allein zugeschrieben wird, ist oft auch von anderen Faktoren mitverursacht. Aber die experimentelle Forschung hat doch mit Sicherheit nachgewiesen, daß auch das Licht allein solche Formänderungen hervorrufen kann. Für die Wirtschaft ist es schließlich auch nicht so wichtig, die einzelnen Faktoren scharf voneinander zu trennen, wenn sie in der freien Natur zwangsläufig mit dem Lichte verbunden auftreten, wie z. B. mit stärkerem Licht auch höhere Wärme und umgekehrt. Wir werden daher auch hier nur von Lichtwirkungen sprechen, selbst wenn dabei vielleicht andere Faktoren mitwirken.

Lichtquellen. Alles Licht kommt zwar von der Sonne, aber nicht alles kommt unmittelbar als *Sonnenlicht*, sondern vieles nur als sog. *zerstreutes oder diffuses* Licht. (So z. B. das blaue Himmelslicht, das weiße bis graue Wolkenlicht und das verschiedenfarbige, von den Gegenständen auf der Erde ausgehende Licht.) Bei bedecktem Himmel herrscht nur diffuses Licht, bei Sonnenschein erhält jeder Körper außer dem direkten Sonnenlicht immer noch diffuses Licht vom Himmel und von der ganzen Umgebung. Die *Intensität des Sonnenlichtes* nimmt in der Ebene mit dem höheren Stand der Sonne zu. Sie ist also am Tage am höchsten um Mittag, im Jahre am höchsten im Sommer, auf der Erde am höchsten am Äquator. Im Gebirge nimmt die Intensität auch mit der Höhe zu, da die absorbierende Atmosphäre geringer wird. Neben der Intensität kommt aber noch die Dauer und die Verteilung des Sonnenscheins in Betracht. Hierdurch wird ein Teil der obigen Beziehungen zwischen Sonnenstand und Lichtintensität stark verändert. So zeigen die Tropen einen Ausgleich gegen ihren hohen Sonnenstand in ihrer starken Bewölkung, die nördlichen Gegenden einen Ausgleich gegen den niedrigen Sonnenstand in der Länge der Tage im Sommer. Diese Verschiedenheiten in der Belichtungsdauer haben bei vielen Pflanzenarten zu bestimmten ökologischen Anpassungen verschiedenster Art (Assimilation, Transpiration, Austreiben, Blühwilligkeit u. a. m.) geführt. Man unterscheidet danach neuerdings sog. „*Langtag- und Kurztagpflanzen*". Auch in den Gebirgslagen wird die stärkere Sonnenstrahlung wieder durch häufigere Bewölkung abgeschwächt.

Die *Sonnenscheindauer* ist innerhalb Deutschlands nicht sehr verschieden (meist nur Schwankungen von 100—200 Stunden im ganzen Jahre bei einem Durchschnitt von etwa 1600—1700 Stunden).

Die mittlere Bewölkung (ausgedrückt in einer zehnteiligen Skala, in der $0°$ = ganz heiter und $10°$ = ganz bedeckt bedeutet) ist am höchsten in den Gebirgen 7,0—7,5°. Nordwestdeutschland und Ostpreußen haben etwa 6,5—7,0°, das mittlere ostdeutsche Tiefland und Süddeutschland 6,0—6,5°, und die geringste Bewölkung mit 5,5—6,0° hat die Rhein-Main-Ebene.

Das *diffuse Licht ist in seiner Stärke neben dem Sonnenlicht nicht so gering,* wie es auf den ersten Blick erscheinen mag. An einem klaren Sommertag beträgt es noch ein Drittel bis ein Achtel der gesamten Lichtstrahlung. Ebenso tritt es mengenmäßig in nördlichen Breiten wegen des niedrigen Sonnenstandes stark hervor und überwiegt dort schon zeitweise das direkte Sonnenlicht.

Außer der Intensität des Lichtes ist auch *seine Richtung* bei allen ökologischen Fragen von Bedeutung. Wir unterscheiden mit WIESNER[1]), dem wir umfangreiche und grundlegende Untersuchungen über dieses ganze Gebiet verdanken,

---

[1]) WIESNER, J.: Der Lichtgenuß der Pflanzen. Leipzig 1907.

1. *das Oberlicht*, d. h. das gesamte auf die Horizontalfläche (z. B. das Kronendach oder bei Schlägen die Bodenoberfläche) einfallende Licht; 2. *das Vorderlicht*, das auf eine Vertikalfläche einstrahlt, z. B. auf eine Wand, einen Wald- oder Bestandsrand; 3. *das Hinterlicht*, das von einer senkrechten Fläche auf nahestehende Gegenstände zurückgeworfen wird, besonders z. B. von Mauern auf davorstehende Pflanzen, im Gebirge gelegentlich von Klippen und Felsen (bes. Kalk- und Kreide-) auf davorstehende Bäume; 4. *das Unterlicht*, das von einer Horizontalfläche, z. B. hellem Boden, Wasserflächen od. dgl., nach oben zurückgeworfen wird. Neben diesen von WIESNER aufgestellten vier Fällen, von denen Fall 3 und 4 nur eine geringe Rolle spielen, ist noch das sog. *Seitenlicht* als ein in der forstlichen Praxis gebräuchlicher und wichtiger Begriff zu nennen. Man versteht darunter dasjenige Licht, das an einem offenen Bestandsrand, besonders an Schlagrändern, meist schräg von der offenen Fläche bzw. vom Himmel her einstrahlt. Es setzt sich aus Oberlicht und Vorderlicht zusammen. Ihm entspricht der *Seitenschatten*, den der Bestandsrand auf die benachbarte Freifläche wirft.

Der Lichtgenuß der Pflanzen. Die Pflanze im ganzen erhält aber nicht das gesamte im Freien an irgendeiner Stelle einstrahlende Licht vollständig, da sie sich in ihren verschiedenen Teilen selbst beschattet. In der Lebensgemeinschaft des Waldes ist das in besonders starkem Maße der Fall, da hier ein Glied dem anderen das Licht wegnimmt. WIESNER bezeichnet das Licht, das die Pflanze tatsächlich empfängt, als *Lichtgenuß*, womit nicht gesagt ist, daß sie es auch tatsächlich ganz verwendet oder nicht etwa teilweise durchläßt oder zurückwirft. *Relativen Lichtgenuß* nennt er dann den Anteil, den das tatsächlich empfangene Licht am Gesamtlicht im Freien hat. Der relative Lichtgenuß wird in einem Bruch oder in Prozenten ausgedrückt. z. B. $\frac{1}{2}$ oder 50%, $\frac{1}{4}$ oder 25% usw. (wenn das empfangene Licht die Hälfte, ein Viertel usw. des vollen Lichtes im Freien beträgt).

Licht und Blattstellung. Im allgemeinen zeigen die meisten Pflanzen und auch die meisten Waldbäume eine *zweckmäßige Einstellung ihrer assimilierenden* Organe auf möglichst reichen Lichtgenuß, teils durch Bewegungen ihrer Blätter oder durch Drehungen und Krümmungen ihrer Blattstiele, teils auch durch Wachstumsbewegungen der die Blätter tragenden Sprosse. Nicht alle aber besitzen hier gleiche Empfindlichkeit. Dasjenige Laub, das in seiner Blattlage keine bestimmte Richtung zum einfallenden Licht erkennen läßt, nannte WIESNER *aphotometrisch*. Hierher gehört z. B. die Kiefer mit ihren allseits gewendeten Nadeln. Im Gegensatz dazu steht das *euphotometrische Blatt*, das sich senkrecht zur Haupteinfallsrichtung des Lichtes, bei Oberlicht also *meist horizontal* stellt. Diese Erscheinung findet sich besonders bei vielen im Waldschatten aufwachsenden Pflanzen, auch beim Jungwuchs vieler unserer Waldbäume, z. B. bei jungem Buchen- und Tannenaufschlag. Dabei kann man bei Seitenlicht meist auch sofort einen entsprechenden Übergang in die Schräglage feststellen.

Viele Pflanzen aber zeigen endlich noch ein drittes, andersartiges Verhalten. Sie stellen die dem direkten Sonnenlicht ausgesetzten Blätter mehr oder minder schräg aufrecht oder haben wenigstens aufwärts gebogene Blätter bzw. Blatthälften und wehren so das intensivste Sonnenlicht teilweise ab, während sie das diffuse Licht voll genießen. Solche Blätter nannte WIESNER *panphotometrisch*.

Hierher gehört das Laub vieler unserer Waldbäume in der oberen und äußeren Krone, während es im Innern oder an beschatteten unteren Zweigen euphotometrisch ist. So z. B. Buche, Tanne und Fichte, die im Wipfel schräg aufwärts stehende oder gekrümmte Blätter und Nadeln haben, im Innern und an den unteren Zweigen aber mehr oder minder horizontal stehende (Abb. 52).

Wirkung der verschiedenen Zusammensetzung des Lichtes. Neben der Menge und Richtung des Lichtes ist aber auch *seine Zusammensetzung* noch von Bedeutung. Wir wissen, daß die gesamte Strahlung, die auf die Erde gelangt, je nach ihrer Wellenlänge sehr verschiedene Wirkungen (Wärme, Licht, Elektrizität, chemische Wirkung) ausübt, und daß die davon als Licht bezeichnete nur einen geringen Bruchteil bildet. Die eigentlichen Lichtstrahlen selbst aber spielen auch wieder je nach ihrer Wellenlänge eine verschiedene Rolle im Leben der Pflanze. Im allgemeinen sind die *langwelligeren gelbroten Strahlen mehr für den Assimilationsvorgang, die kurzwelligeren blauvioletten Strahlen mehr für das Wachstum und die Formbildung* von Wichtigkeit. Doch ist eine scharfe Abgrenzung vielfach nicht möglich, und die physiologischen Untersuchungen hierüber haben manche Unsicherheiten und Widersprüche ergeben. *Für die Assimilation* ist festgestellt, daß ihr *Maximum* im Rot liegt, und daß im allgemeinen die Rotgelbstrahlung dabei am meisten beteiligt ist. Es wäre daher wichtig und wünschenswert, bei Messungen des Lichtes die einzelnen Spektralbezirke zu trennen, wie das OELKERS[1]) und KNUCHEL[2]) auch bei ihren Untersuchungen im Walde getan haben. Da die Apparatur aber sehr umständlich ist und die Beobachtungen mühevoll und zeitraubend sind, und da man vorläufig doch nichts Sicheres über Art und Größe der Wirkung in den einzelnen Spektral-

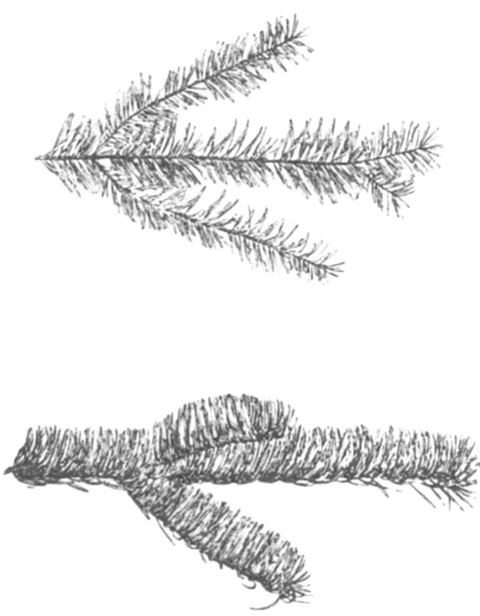

Abb. 52. Oben Schatten-, unten Lichtzweig eines älteren Baums von *Abies Nordmanniana*, die Nadeln im Schatten wagerecht ausgebreitet (euphotometrisch), im Licht senkrecht aufgerichtet (panphotometrisch). (Nach TAUBERT.)

bezirken weiß, so hat man sich in der Pflanzenökologie meist mit einfacheren Meßverfahren begnügt, die auf der Schwärzung von photographischen Papieren oder Filmstreifen beruhen[3]). Neuerdings benutzt man meist nur noch Photometer mit Selenzellen und einem Mikro-Ampèremeter, das die mit der Lichtstärke wechselnde Stärke des elektrischen Stroms anzeigt[4]).

Wenn man damit auch nur einen Teil der wirksamen Strahlen ermittelt, so kann man namentlich bei vergleichenden Messungen ohne allzu große Fehler annehmen, daß auch der andere Teil sich gleichsinnig und annähernd proportional mitverändert. Freilich scheint das gerade im Walde unter den verschiedenen Holzarten nicht immer der Fall zu sein. Die mühevollen Untersuchungen von OELKERS und KNUCHEL haben nämlich gezeigt, daß

[1]) OELKERS, J.: Jahrring und Licht. Z.F.J.W. 1914, 1917 u. 1918.

[2]) KNUCHEL, H.: Spektrophotometrische Untersuchungen im Walde. Mitt.Schweiz.Anst. Bd. 11, 1914.

[3]) WIESNER, J.: Der Lichtgenuß der Pflanzen. S. 10 ff. 1907.

EDER, M.: Ein neues Graukeilphotometer für Sensitometrie, photographisches Kopierverfahren und wissenschaftliche Lichtmessungen. Halle 1920.

LUNDEGARDH, H.: Klima und Boden in ihrer Wirkung auf das Pflanzenleben, S. 15. 1925.

[4]) VOLK, O. H.: Ein neuer für botanische Zwecke geeigneter Lichtmesser. Ber.d.dtsch. botan.Ges. 1934, H. 4, S. 195.

das Laub der einzelnen Holzarten das Licht in den verschiedenen Spektralbezirken ungleich absorbiert (sog. *selektive Lichtabsorption*). Trotzdem haben die einfacheren Meßmethoden doch so brauchbare Ergebnisse geliefert, daß man sie als Näherungswerte gelten lassen kann, um so mehr als sie allein zahlreichere gleichzeitige Augenblicks- und Dauermessungen erlauben, auf die es bei der raschen Veränderlichkeit des Lichtes namentlich bei ziehender Bewölkung für ökologische Zwecke vor allem ankommt.

Messung des Lichtgenusses. WIESNER und andere haben so den Lichtgenuß der einzelnen Pflanzen zu bestimmen versucht. Es zeigte sich auch bei den Waldbäumen, daß dieser Lichtgenuß bei den verschiedenen Arten in sehr weiten Grenzen schwankt. Eine Art braucht fast volles Tageslicht ($^1/_1$), eine andere kann noch im tiefsten Schatten ($^1/_{100}$ und weniger) wachsen. WIESNER bestimmte *für die Baumarten das Minimum des relativen Lichtgenusses*, das jede Art mindestens braucht, indem er im Innern der Baumkrone seine Messungen da ausführte, wo die letzten, kümmerlichen Blätter gebildet werden. Auch das kann natürlich nur Näherungswerte geben. Denn es ist nicht nur Lichtmangel allein, sondern auch die Konkurrenz der kräftigeren äußeren Blätter und Knospen, die das Ausbleiben der Blattbildung im Innern verhindert. (Man kann z. B. durch Entfernung äußerer Knospen innere zum Austreiben bringen, die sich für gewöhnlich nicht entwickeln.) WIESNER fand folgende *Werte für das relative Lichtgenußminimum* in der Gegend von Wien:

Lärche	$^1/_5$	Freistehender Baum.
Esche	$^1/_6$	Baumgruppe.
Birke	$^1/_9$	Gartenbaum (üppig entwickelt).
Schwarzkiefer . . .	$^1/_{11}$	Freistehender Baum.
Stieleiche	$^1/_{26}$	Baumgruppe.
Spitzahorn	$^1/_{55}$	Bestand.
Hainbuche	$^1/_{56}$	,,
Rotbuche	$^1/_{60}$	,,
,, ...	$^1/_{65}$[1])	Freistehender Baum.
Buchsbaum	$^1/_{108}$[1])	,, Gartenstrauch.

Das relative Lichtgenußminimum ist aber nicht für alle Gegenden gleich. WIESNER stellte bei vielen Pflanzen *ein Ansteigen mit zunehmender geographischer Breite* fest, z. B. für den Spitzahorn bei Wien (48° n. Br.) = $^1/_{55}$, bei Hamar i. Norw. (61° n. Br.) = $^1/_{37}$ bei Drondhjem (63° n. Br.) = $^1/_{28}$ und bei Tromsö (70° n. Br.) = $^1/_5$! Übrigens weist er auch darauf hin, daß ebenso wie die Wärme auch günstige Ernährungsbedingungen das Minimum etwas nach unten verschieben können (z. B. Gartenboden, Düngung u. a. m.). (*Ersetzbarkeit der Faktoren!*)

Lichtbedürfnis der Holzarten. Die obige Reihenfolge zeigt im allgemeinen gute Übereinstimmung mit den aus Beobachtung und Erfahrung gewonnenen Anschauungen der forstlichen Praxis. Danach nimmt das *Lichtbedürfnis* in etwa folgender *Reihenfolge* ab:

Lärche, Birke.
Kiefer, Aspe.
Stieleiche, Traubeneiche, Esche (?)
Edelkastanie, Schwarzerle, Schwarzkiefer, Weimutskiefer.
Linde, Ahorn.
Fichte, Hainbuche.
Rotbuche, Weißtanne.
Eibe.

Auch hier besteht übrigens Einigkeit der Anschauungen nur im großen und ganzen und mehr an den Enden der Reihenfolge als in der Mitte. Es wird auch in der Praxis angenommen, daß andere Faktoren (Wärme, guter Boden) das Lichtbedürfnis verschieben können. So soll die Edelkastanie im Süden mehr Schatten vertragen als bei uns. Ebenso fand ich üppig gedeihenden Eichenjungwuchs in Rumänien bei so dunklem Stand, in dem er bei uns längst verkümmert wäre. Alles stimmt gut mit den WIESNERschen Feststellungen zusammen.

---

[1]) Von $^1/_{80}$ an werden die Messungen unsicher.

Licht- und Schattholzarten. Im forstlichen Sprachgebrauch werden die am Anfang der obigen Reihenfolge stehenden Arten von Lärche bis einschließlich Eiche als *Lichtholzarten,* die am Ende stehenden von Fichte bis Eibe als *Schattholzarten,* die übrigen als *Halbschattholzarten* bezeichnet. Diese Einteilung stammt von GUSTAV HEYER[1]), der die Erfahrungen der Praxis über das verschiedene Lichtbedürfnis der Holzarten, vor allem bei der Verjüngung, darin zusammenfaßte, aber auch auf die Wichtigkeit der Unterscheidung bei anderen forstlichen Maßnahmen (Anlage von gemischten Beständen, Durchforstungen usw.) hinwies.

Er machte auch darauf aufmerksam, daß sich *das größere Bedürfnis der Lichtholzarten schon in ihrer lockeren Belaubung* gegenüber der dichteren der Schatthölzer zeigt, worauf ja letzten Endes auch das von WIESNER festgestellte Minimum des relativen Lichtgenusses beruht. Ebenso wies er auf die wichtige Tatsache hin, daß auch die *Bestände der Lichtholzarten* sich *mit zunehmendem Alter immer viel lichter stellen,* d. h. *mehr Licht durchlassen als die Schattholzbestände,* offenbar dadurch, daß ihre unteren und inneren Zweige und ebenso die zurückbleibenden Stämmchen schon bei höheren Lichtgraden absterben als bei den genügsameren Schatthölzern.

Diese erstmalig von GUSTAV HEYER ausgesprochenen Gedanken haben sich dann bald in der ganzen forstlichen Welt durchgesetzt und sind für die forstliche Praxis von größter Bedeutung geworden. HEYER selbst hatte nur von lichtbedürftigen und schattenertragenden Holzarten gesprochen. Später hat man daraus kurz Licht- und Schattenholzarten gemacht. Diese Ausdrücke, insbesondere der Ausdruck „Schattenholzarten", sind allerdings nicht ganz glücklich gewählt und insofern irreführend, als sie den Anschein erwecken können, als ob die Schattholzarten das Licht meiden und den Schatten lieben. Das ist nicht der Fall. Wohl gibt es derartige Pflanzen, die auf sehr tiefe Lichtintensitäten abgestimmt sind, wie sie z. B. im Waldesschatten oder in Felshöhlen vorkommen. Aber die mit ihren Kronen schließlich immer im vollen Licht wachsenden Waldbäume gehören nicht dazu. Sie ertragen nicht nur das volle Licht — gegen starke Besonnung schützen sich einige u. U. durch schräge Blattstellung (Panphotometrie) —, sondern sie wachsen auch allgemein rascher und besser im vollen Licht. Sie ertragen also nur den Schatten oder richtiger niedrige Lichtintensitäten. FABRICIUS hat deswegen vorgeschlagen, nur von „schattenfesten" statt „Schattenholzarten" zu sprechen. Es wird aber wohl bei dem alten kurzen und gebräuchlichen Namen bleiben. Er genügt auch, wenn man sich dabei bewußt bleibt, daß es sich dabei nur um Schattenfestigkeit handelt.

Außer dieser formalen Beanstandung hat die Anschauung von Licht- und Schattenholzarten aber auch noch eine grundsätzliche durch BORGGREVE[2]) und FRICKE[3]) gefunden. BORGGREVE hat sich in erster Linie nur gegen die Auffassung der Schattenholzarten als „schattenliebenden" und dagegen gewendet, daß die Lichthölzer „Sonne" haben müßten und nicht auch im diffusen Licht wachsen könnten, wofür er einige beweisende Beispiele in eigenen Beobachtungen und Versuchen beibrachte. Er hat darüber hinaus aber doch auch eine ziemlich zweifelnde Stellung gegenüber einer Abstufung der verschiedenen Holzarten im Grade des Lichtbedarfes überhaupt eingenommen. Es ist jedenfalls bezeichnend, daß nirgends in seinem Lehrbuch eine Reihenfolge der Schattenfestigkeit für die einzelnen Holzarten angegeben wird.

---

[1]) HEYER, G.: Das Verhalten der Waldbäume gegen Licht und Schatten. Erlangen 1852.
[2]) BORGGREVE, B.: Die Holzzucht, 2. Aufl., S. 120 ff. 1891.
[3]) FRICKE, K.: Licht- und Schattholzarten, ein wissenschaftlich nicht begründetes Dogma. C.ges.F.W. 1904.

Schattenwirkung oder Wurzelkonkurrenz[1]). Fricke ging noch weiter. Er meinte, daß *alle Holzarten die gleiche Fähigkeit hätten, Licht- und Schattenformen zu bilden,* und daß da, wo die sog. Lichthölzer, wie z. B. die Kiefer, im Walde unter Schirm kümmerten, dies *nur auf die Wurzelkonkurrenz der älteren Schirmbäume* auf trockenen Böden (Wasserentzug) zurückzuführen sei. Er zeigte in Versuchen, daß, wenn man diese Konkurrenz aufhebt, wie z. B. durch Stichgräben um die Jungwuchshorste herum, so daß die Altholzwurzeln abgeschnitten wurden, sich der kümmernde Wuchs sofort bessert. Es fehlte aber der weitere entscheidende Versuch, ob nicht bei Entfernung des Schirms, d. h. bei *vollem Licht neben Aufhebung der Wurzelkonkurrenz der Wuchs noch besser geworden wäre.* Jedenfalls bleibt es ein Verdienst Frickes, auf den vielfach übersehenen Einfluß der Wurzelkonkurrenz durch diese Versuche hingewiesen zu haben. (Die Anschauung von einer geringen Schattenempfindlichkeit der Kiefer ist übrigens auch neuerdings wieder in der sog. Dauerwaldbewegung besonders von Wiebecke vertreten worden, ebenso früher von Duesberg[2]).

Einen entscheidenden Beweis *für das tatsächlich verschiedene Lichtverhalten der Holzarten erbrachten die Versuche von* Cieslar[3]). Dieser erzog junge Holzpflanzen unter besten Bedingungen in feucht gehaltenen Gartenbeeten unter Lattenschirmen von verschiedenen Beschattungsgraden. Zum Vergleich diente ein Beet im vollen Licht, das durch Moosbedeckung zwischen den Reihen ebenfalls feucht gehalten wurde. Als Maßstab für die Leistung wurde das durchschnittliche Frischvolumen der einjährigen Pflänzchen bestimmt.

Es zeigte sich danach folgendes Ergebnis: Alle Arten haben zwar das größere Volumen im helleren Licht[4]) und das geringste bei den stärksten Beschattungsgraden, aber die *Abnahme ist ganz verschieden: Bei Tanne nur sehr gering, bei Fichte etwas, bei Kiefer sehr viel stärker und am stärksten bei Lärche* (vgl. Abb. 53).

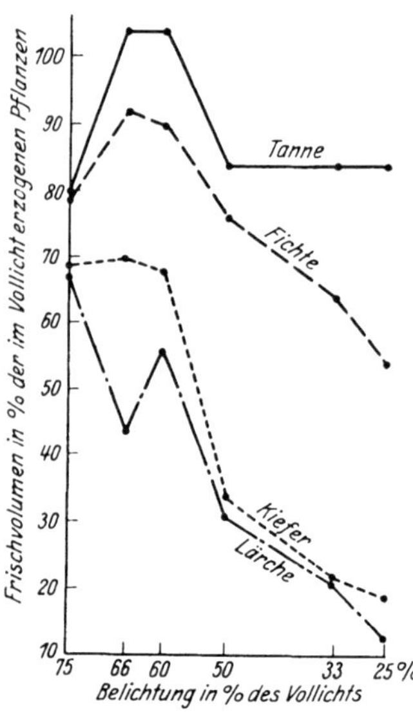

Abb. 53.
Verhältnis des Volumens 1jähriger Pflanzen bei verschieden starkem Lichtentzug. (Nach Versuchen von Cieslar.)

Eigenartigerweise zeigte sich bei Messung der durchschnittlichen *Höhe der Pflänzchen* eine *Zunahme der Länge mit stärkerer Beschattung!* Cieslar sah darin wohl mit Recht eine *Erscheinung von Etiolement,* d. h. einer krankhaften Überverlängerung der Sproßachse bei sonst kümmerlicher Entwicklung der Blätter, wie das im Extrem bei im Dunkeln auskeimenden Kartoffeln bekannt ist. In der forstlichen Pflanzenzucht spricht man von „*spillerigem Wuchs*". Ein solches Etiolement zeigte sich nun *bei der Tanne gar nicht, bei der Fichte schwach,*

---

[1]) Ich ziehe das als Fachausdruck eingebürgerte Fremdwort „Wurzelkonkurrenz" der Verdeutschung „Wurzelwettbewerb" auch aus dem Grunde vor, weil Wettbewerb mir für diesen rücksichtslosen Kampf viel zu zahm klingt!

[2]) Duesberg, R: Der Wald als Erzieher.

[3]) Cieslar A.: Licht- und Schattenholzarten, Lichtgenuß und Bodenfeuchtigkeit. C.ges.F.W. 1909, S. 4 ff.

[4]) Die einzige Ausnahme machte im obigen Versuch die Tanne, die bei 66 und 60% etwas mehr als im Vollicht produzierte. Merkwürdigerweise zeigt auch die Fichte bei den gleichen Lichtstärken ein Ansteigen, wenn auch viel schwächer. Ob hier noch ein anderer Faktor mitwirkt oder nur ein sog. Ausreißer vorliegt, bliebe noch zu untersuchen.

bei Kiefer und Lärche sehr stark. Die Holzarten wiesen also folgerichtig hier das umgekehrte Verhalten wie in ihrem Gesamtvolumen auf.

Ähnliche Ergebnisse hat auch eine Untersuchung einer größeren Zahl von Holzarten im Grafrather Versuchsgarten des Münchener Forstinstituts[1]) gebracht.

Als Reihenfolge der Schattenfestigkeit wird dort aufgestellt: 1. Esche, 2. Tanne, 3. Rotbuche, 4. Fichte, 5. Hainbuche, 6. Ulme, 7. Winterlinde, 8. Sommerlinde, 9. Traubeneiche, 10. Stieleiche, 11. Weißerle, 12. Schwarzerle, 13. Kiefer, 14. Birke, 15. Lärche.

Dieses ebenfalls durch genaue Vergleichsversuche gefundene Ergebnis stimmt gut mit unserer oben aus der Praxis gegebenen Reihenfolge überein. Nur die Esche macht eine Ausnahme. Sie hat im ersten Jahre einen außerordentlich hohen Grad von Schattenfestigkeit gezeigt. Es ist auch bekannt, daß Eschenjungwuchs sich anfangs noch in sehr starkem Schatten hält, ebenso aber auch, daß die Esche in späterem Alter bedeutend mehr Licht braucht. Ein solches *Steigen des Lichtanspruches mit zunehmendem Alter* zeigen auch andere Holzarten mehr oder minder, wenn auch nicht so stark wie die Esche. Es entspricht das der natür-

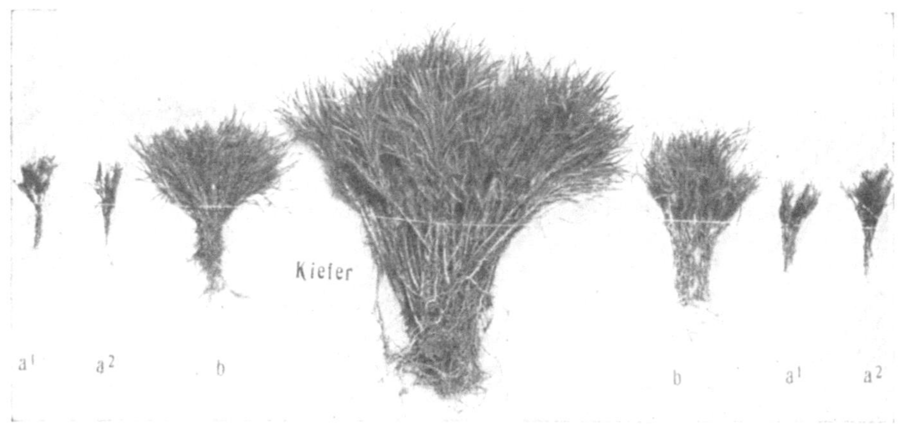

Abb. 54. Einfluß von Lichtentzug und Wurzelkonkurrenz bei der Kiefer. (Nach Versuchen von FABRICIUS.) In der Mitte: Entwicklung von Durchschnittspflanzen auf freier Fläche (volles Licht, keine Wurzelkonkurrenz), *b* unter Schirm, Altholzwurzeln durch Isoliergräben abgeschnitten (Halbschatten ohne Wurzelkonkurrenz), *a¹* und *a²* = wie *b*, aber ohne Isoliergräben (Halbschatten mit Wurzelkonkurrenz).

lichen Entwicklung im Walde, bei der aller Jungwuchs anfangs im Schatten seiner Mutterbäume aufwachsen muß, später aber ans volle Licht tritt. Wir werden noch sehen, daß auch eine gleichsinnige Verschiebung der inneren Blattstruktur damit Hand in Hand geht.

Vergleichende Beschattungsversuche. Schließlich hat FABRICIUS[2]) dann *den entscheidenden Vergleichsversuch* ausgeführt, den FRICKE unterlassen hatte, indem er Pflanzen verschiedener Holzarten unter einem Schirmbestand erzog und bei *einem* Teil die *volle Wurzelkonkurrenz* des Altbestandes beließ, daneben bei einem anderen Teil durch Abstechen der Wurzeln diese *mittels Isoliergräben ausschloß*, drittens aber auch noch das *Verhalten auf benachbarten Freiflächen mit vollem Oberlicht* untersuchte. Hierbei zeigte sich nun, wie von vornherein zu erwarten war, daß die Entwicklung dort am allerbesten war. Bei der Kiefer stellte sich das Verhältnis in abgerundeten Zahlen etwa so, daß die Pflanzen im zweijährigen Alter im Schatten des Schirmbestandes ohne Wurzelkonkurrenz eine Steigerung des Gewichts auf das Zwei- bis Dreifache zeigten. Bei Vollicht im Freistand aber leisteten sie etwa das Zehnfache gegenüber den beschatteten

---

[1]) GIA, T. D.: Beitrag zur Kenntnis der Schattenfestigkeit verschiedener Holzarten im ersten Lebensjahr. F.Cbl. 1927, S. 386 ff.

[2]) FABRICIUS, L.: Forstliche Versuche Bd. 7. F.Cbl. 1929, S. 477.

Abb. 55. Oben: Lichtbuchen, 3jährig. Unten: Schattenbuchen, 7jährig.
(Phot. Arnold Engler.)

Abb. 56. Schirmförmiger Habitus einer im Schatten erwachsenen Jungfichte.
(Nach Gräbner.)

ohne Wurzelkonkurrenz. *Damit erwies sich der Lichtentzug in diesem Falle noch als erheblich schädlicher als die Wurzelkonkurrenz* (vgl. Abb. 54).

Durch diese unter möglichst natürlichen Verhältnissen ausgeführten Versuche ist zum erstenmal der Anteil, den Lichtentzug und Wurzelkonkurrenz an der Benachteiligung des Jungwuchses unter Schirm haben, einwandfrei nachgewiesen worden. Da die Versuche außerdem bei verschiedenen Holzarten durchgeführt sind, so haben sie nebenbei auch wertvolle Ergebnisse über das unterschiedliche Verhalten der einzelnen Arten gebracht. Auch hierbei wurde der Unterschied von Licht- und Schattholzarten, der inzwischen schon durch anderweitige Versuche festgestellt worden war, aufs neue bestätigt.

Abb. 57. Mosaikartige Blattstellung an einem Schattenzweig der Rotbuche. (Nach GRÄBNER.)

Licht- und Schattenhabitus. Der *formbestimmende Einfluß des Lichtes zeigt sich schon im äußeren Habitus.* Im Schatten erwachsene Pflanzen haben nicht nur kümmerlichen Wuchs, sondern es findet auch eine Verschiebung der Größenverhältnisse und andere Stellung der Zweige und Nadeln statt. Besonders scharf sind diese Unterschiede natürlich dort, wo die Breite zwischen Lichtmaximum und -minimum besonders groß ist, wie bei den Schattholzarten. Junge Buchen, Tannen und Fichten, die im Schatten aufwachsen, zeigen eine mehr *horizontale Ausbreitung der Seitenäste.* Bei jungen Buchen neigt sich der an sich schräggestellte Hauptsproß oft fast in die wagerechte Lage (vgl. Abb. 55). Bei Fichte und Tanne wird er ganz kurz, während die Seitenzweige relativ länger bleiben. Die Schattenkronen werden daher geradezu schirmförmig (Abb. 56).

Die *Blattstellung ist im Schatten horizontal* (euphotometrisch), und die Blätter stellen sich *mosaikartig* nebeneinander, so daß gegenseitige Beschattung ver-

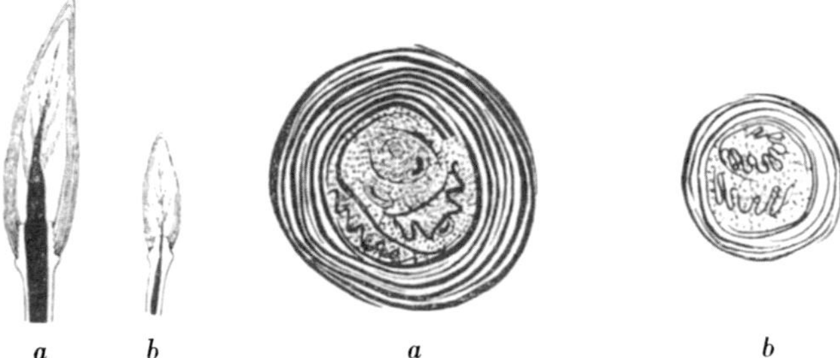

a   *b*   *a*   *b*

Abb. 58. Links Längsschnitt, rechts Querschnitt durch die Knospen einer Rotbuche. *a* Lichtknospen, *b* Schattenknospen, jedesmal im gleichen gegenseitigen Verhältnis. Die Lichtknospen zeigen viel zahlreichere und dickere Knospenschuppen als die Schattenknospen. (Nach A. ENGLER, Zürich.)

Abb. 59. Versuche über das Austreiben von Licht- und Schattenbuchen. (Nach A. ENGLER, Zürich.) 1. Lichtbuchen, dauernd am Licht gehalten. 2. Schattenbuchen, im Frühjahr vor dem Austreiben ans Licht gesetzt. 3. Lichtbuchen, vor dem Austreiben in den Schatten gesetzt. 4. Schattenbuchen, dauernd im Schatten gehalten. Alter der Pflanzen zwei Jahre, Aufnahme vom 9. Mai 1906.

mieden wird (Abb. 56). Bei den Nadelhölzern Tanne und Fichte entspricht dem die stärker ausgeprägte Scheitelung der Nadeln an Schattenzweigen gegenüber den mehr bürstenartig benadelten Lichtzweigen (vgl. Abb. 52).

Die im *Licht erwachsenen Blätter sind immer dicker und derber* als die Schattenblätter.

Was *Größe und Farbe der Licht- und Schattenblätter* anbetrifft, so sind die Verhältnisse nicht ganz einheitlich. In vielen Fällen scheint die Blattgröße zunächst bei geringeren Beschattungsgraden etwas zuzunehmen und erst bei stärkerer Beschattung abzunehmen, dann aber ziemlich rasch. Das Blattgrün ist bei Lichtblättern meist heller und saftiger, bei sehr dem Licht ausgesetzten Blättern geht es aber zurück und wird gelblicher. WIESNER führt dies auf teilweise Zerstörung des grünen Farbstoffes im grellen Licht zurück. Bei Schattenblättern ist das Grün vielfach etwas dunkler. Der Chlorophyllgehalt nimmt zunächst mit abnehmender Lichtintensität zu, um nach Überschreitung eines gewissen Grades wieder abzusinken. (Auch hier zeigt sich ein verschiedenes Verhalten der Licht- und Schattenhölzer. Bei der Fichte erstreckt sich dieses Ansteigen des Chlorophyllgehaltes z. B. nur auf viel geringere Lichtgrade als bei der Kiefer[1]).

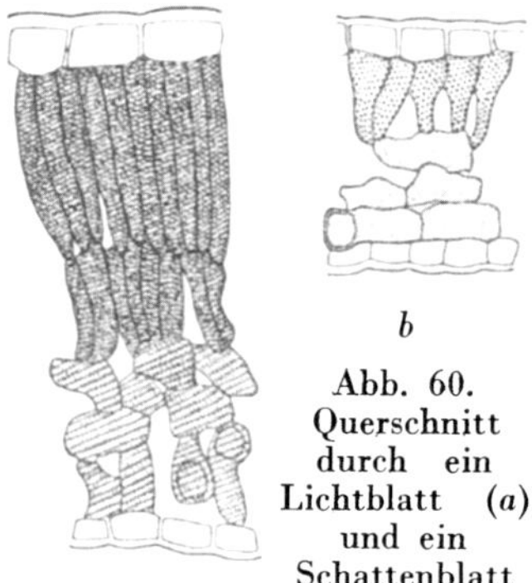

Die Anpassung der einzelnen Organe an verschiedenen Lichtgenuß erstreckt sich schließlich auch auf die *Knospen*. Diese Verhältnisse sind in einer schönen Arbeit des verstorbenen Waldbauprofessors ARNOLD ENGLER in Zürich[2])

Abb. 60. Querschnitt durch ein Lichtblatt (*a*) und ein Schattenblatt (*b*) der Rotbuche. Bei *a* 2—3fache Blattdicke, verstärkte Epidermis, 2 Reihen Palisadenzellen, bei *b* nur eine Reihe, als sog. Trichterzellen ausgebildet. (Nach SCHRAMM.)

---

[1]) LJUBIMENKO: Revue gen. botan. 1908, S. 237.
[2]) ENGLER, A.: Untersuchungen über den Blattausbruch und das sonstige Verhalten von Schatten- und Lichtpflanzen der Buche und einiger anderer Laubhölzer. Mitt.Schw.Anst. Bd. 10, H. 2, 1911.

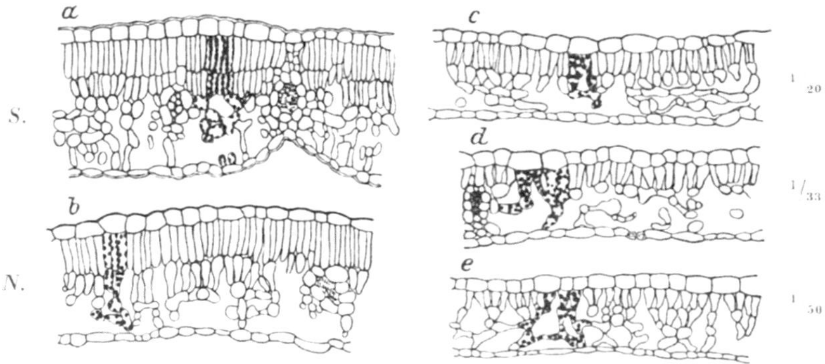

Abb. 61. Blattquerschnitte von *Corylus avellana. a* von der Südseite eines Strauches; *b* von der Nordseite (Sonnenblätter); *c—e* Schattenblätter, Lichtfaktor $c = {}^1/_{20}$, $d = {}^1/_{33}$, $e = {}^1/_{50}$. (Nach H. HESSELMAN, 1904.) Die Blattstruktur zeigt eine feine Abstufung je nach dem Grad des Lichtgenusses.

eingehend untersucht worden. Die *Schattenknospen sind nicht nur kleiner, sondern die Zahl und Dicke ihrer Knospenschuppen ist viel geringer* (vgl. Abb. 58). Dies bewirkt, daß sich z. B. bei der Buche die unteren und inneren Zweige und die unterdrückten und beschatteten Stämme früher begrünen als die im vollen Oberlicht stehenden, da das Licht (bzw. die damit verbundene Wärme) rascher und kräftiger durch die dünneren Hüllen der Schattenknospen durchdringt. ENGLER hat gezeigt, daß das frühere und spätere Austeiben der Schatten- und Lichtpflanzen auch dann bleibt, wenn die Belichtungsverhältnisse kurz vor dem Austreiben im Frühling vertauscht werden, weil eben die Dicke der schon gebildeten Knospenhülle in erster Linie entscheidend ist (vgl. Abb. 59)[1]).

Innere Struktur der Licht- und Schattenblätter. Schon vorher ist erwähnt worden, daß der formbestimmende Einfluß des Lichtes sich auch auf den inneren Aufbau der Pflanze erstreckt. Bereits STAHL[2]) hatte festgestellt, daß die *Blätter von Schattenpflanzen einen anderen Bau ihrer Gewebe zeigen als die von sonnigen Standorten.* Sonnenblätter haben eine dickere Epidermis, ein stark ausgeprägtes, oft *mehrschichtiges Palisadengewebe* auf der Oberseite, das durch die Entwicklung einer großen Innenfläche möglichst vielen wandständigen Chlorophyllkörnern Raum darbietet. Bei Schattenblättern ist die Epidermis dünner, eigentliche Palisadenzellen fehlen, oder sie sind nur unvollkommen und einschichtig ausgebildet (Abb. 60). Diese und noch andere Unterschiede sind dann durch eine große Zahl späterer Untersuchungen und gerade bei Waldbäumen, Laub- wie Nadelhölzern, immer wieder gefunden und bestätigt worden.

HESSELMAN[3]) fand bei der Hasel sogar am selben Strauch, je nach der Stellung der Blätter und ihrem geringeren oder stärkeren Lichtgenuß, eine Differenzierung mit allen Übergängen vom Licht- zum Schattengewebe (vgl. Abb. 61).

So besteht also *eine äußerst weitgehende Anpassung an die geringsten Unterschiede im Lichtgenuß.* Andere Untersuchungen[4]) haben dann noch gezeigt,

---

[1]) Das gleiche wurde auch für junge Licht- und Schattenpflanzen der Weißtanne festgestellt. GAISBERG, v. E., u. HUBER: Silva 1933, S. 399.

[2]) STAHL, E.: Einfluß des sonnigen und schattigen Standortes auf die Ausbildung der Laubblätter. Jenaische Z. f. Naturkunde Bd. 16, 1883.

[3]) HESSELMAN, H.: Zur Kenntnis des Lebens schwedischer Laubwiesen. Beih. z. botan. Zbl. 1904, S. 376.

[4]) SCHRAMM, R.: Über die anatomischen Jugendformen der Blätter einheimischer Holzpflanzen. Flora 1912, S. 225 ff. — TAUBERT, F.: Beiträge zur äußeren und inneren Morphologie der Licht- und Schattennadeln bei der Gattung Abies. Mitt. d. dtsch. dendrol. Ges. 1926, S. 206 ff.

daß an jungen Pflanzen alle Blätter und Nadeln, selbst wenn sie im vollen Licht erwachsen sind, doch mehr oder minder Schattenstruktur zeigen, während die von älteren Bäumen auch im Schatten noch gewisse Anklänge an Lichtstruktur aufweisen. Die Anpassung ist also offenbar auf den natürlichen Entwicklungsgang eingestellt, bei dem aller Jungwuchs im Walde im Schatten des Mutterbestandes aufzuwachsen gezwungen ist. Die innere Struktur vermag sich bei abweichender Lebenslage zunächst nur langsam darauf umzustellen. Besonders ist das bei Schattholzarten der Fall. Bei *Lichthölzern* ist, wieder entsprechend den natürlichen Lebensverhältnissen, die *äußere und innere Differenzierung von Licht- und Schattenformen überhaupt viel geringer*. Bei *stärkerer Beschattung*

Schattenbuchen.   Lichtbuchen.

Abb. 62. Nachwirkung des ursprünglichen Lichtcharakters bei Licht- und Schattenpflanzen der Rotbuche. Noch sieben Jahre nach der Verpflanzung zeigen sich Unterschiede im Wuchs, Habitus und Austreiben. (Nach A. ENGLER, Zürich.)

treten *krankhafte Erscheinungen von Etiolement bzw. ein Kümmern* der Pflanzen ein. (Vgl. hierzu die Untersuchungen von CIESLAR über Etiolement von jungen Kiefern und Lärchen (S. 132) und die Untersuchungen von WIEDEMANN[1]) über die sogenannte *„edle Halbschattenform"* der Kiefer.)

Nachwirkung der Lichtverhältnisse. Es hängt offenbar mit dieser nur schwer erfolgenden Anpassung an veränderte Lichtverhältnisse zusammen, daß der *gegebene Licht- oder Schattencharakter unter anderen Lichtverhältnissen noch lange nachwirkt.* Auch hierfür hat ARNOLD ENGLER in seinen Versuchen mit Licht- und Schattenbuchen Nachweise geliefert. Einige in seinen Versuchsgarten verpflanzte Schattenbuchen zeigten noch nach 7 Jahren vollen Lichtstandes in ihrem überhängenden Wipfel und der horizontalen Blattstellung ihren Schattencharakter gegenüber den danebengepflanzten Lichtbuchen mit mehr aufgerichtetem Wipfel und schräg aufwärts stehender Belaubung (vgl. Abb. 62)[2]).

---

[1]) WIEDEMANN, E.: Die Kiefernnaturverjüngung in der Umgebung von Bärenthoren. Z.F.J.W. 1926, S. 269 ff.

[2]) Vgl. dazu auch noch: NORDHAUSEN, M.: Über Sonnen- und Schattenblätter. Ber. d. dtsch. botan. Ges. 1903, u. 1912. — v. GAISBERG, E.: Silva 1933, S. 412.

Licht und Assimilation. Die *Wirkung des Lichtes auf die Assimilation* folgt nach den Untersuchungen von LUNDEGARDH und anderen dem Gesetz, daß bei sonst gleichen und genügenden Bedingungen (Wärme, Feuchtigkeit, Kohlensäure) die *Assimilation bei geringen Lichtgraden (Optimumferne) anfangs stark steigt, wenn das Licht erhöht wird, daß die Steigerung aber mit zunehmender Lichtintensität immer mehr nachläßt.* Dabei steigt die Kurve bei Lichtpflanzen viel länger als bei Schattenpflanzen, bei denen schon bei geringeren Graden das Maximum erreicht wird (vgl. hierzu Abb. 63).

Mit der Erhöhung der Assimilationstätigkeit geht aber zumeist auch eine Steigerung der Atmung Hand in Hand. Diese wächst oft rascher an, so daß bei einem gewissen Grad der Punkt erreicht ist, bei dem sich der Stoffgewinn durch Assimilation und der Stoffverlust durch die Atmung ausgleichen (sog. *Kompensationspunkt*). Auch dieser liegt nicht nur bei den verschiedenen Arten, sondern innerhalb der gleichen Art bei Licht- und Schattenblättern verschieden hoch. Bei ersteren tritt er erst bei bedeutend stärkerer Lichtintensität ein als bei letzteren[1]). Man darf also bei Steigerung des Lichts trotz Erhöhung der Assimilation nicht ohne weiteres auf eine ebensolche Steigerung der Stofferzeugung schließen.

Licht und Zuwachs. Die Feststellung der Zuwachssteigerung durch erhöhten Lichtgenuß ist im Walde dadurch erschwert, daß diese Erhöhung meist nur durch Durchforstungen oder Lichtungshiebe, also durch Entfernung von Bestandesgliedern erfolgt. Hierdurch wird aber auch die Bodenfeuchtigkeit mehr oder minder

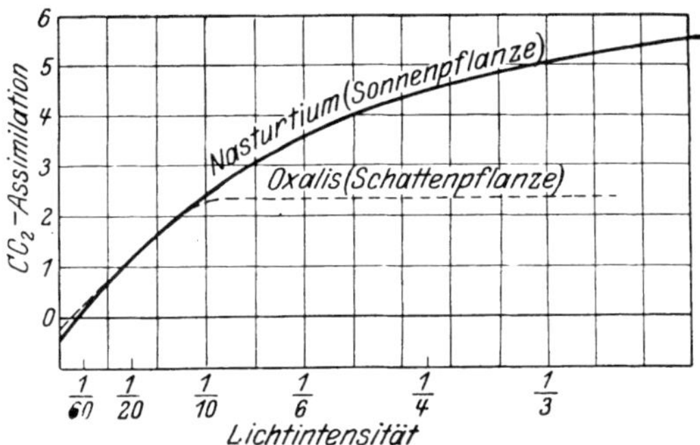

Abb. 63. Assimilationskurven einer Sonnen- und einer Schattenpflanze bei verschiedener Lichtintensität. (Nach LUNDEGARDH.) Die Schattenpflanze zeigt schon bei Lichtsteigerung über $^1/_{10}$ Vollicht keine erhöhte Assimilationstätigkeit mehr.

stark mitverändert (Erhöhung der zu Boden gelangenden Niederschläge, Verminderung der wasserverbrauchenden Bodenwurzeln, dafür aber Vermehrung der Bodenflora). Infolgedessen sind einigermaßen exakte Versuche nur mit Jungpflanzen in Beeten oder Töpfen möglich, die durch künstliche Vorrichtungen verschieden stark beschattet werden.

Hier wurden von CIESLAR[2]) und WERNER SCHMIDT[3]) in abgerundeten Zahlen folgende Verhältnisse gefunden:

Lichtstärke	100	93	80	75	72	60	50	25%	
Kiefer (CIESLAR) .	100	—	—	69	—	68 (?)	33	20%	Frischvolumen
,, (SCHMIDT) .	100	74	37	—	11	—	—	—	,,
Fichte (CIESLAR) .	100	—	—	79	—	90 (?)	73	57%	,,
,, (SCHMIDT) .	100	95	75	—	49	—	—	—	,,

Die Zuwachsminderung bei abnehmender Lichtstärke ist zwar in beiden Versuchsreihen hervorgetreten, aber sehr ungleich (bei CIESLAR erst bei stärkerer

---

[1]) STALFELT, M. G.: Medd. Sk. Anst. 1922, H. 5. — Vgl. auch HARDER, R.: Bemerkungen über die Variationsbreite des Kompensationspunktes. Ber. d. dtsch. botan. Ges. 1923, S. 194.

[2]) CIESLAR, A.: Licht- und Schattenholzarten, Lichtgenuß und Bodenfeuchtigkeit. C.ges.F.W. 1909, S. 4 ff.

[3]) SCHMIDT, W.: Vegetationsversuche zum Ertragsfaktor Licht. Z.F.J.W. 1924, S. 461 ff.

Lichtabschwächung, bei SCHMIDT schon bei geringer auffällig stark). Neuere Versuche solcher Art wären daher noch zu wünschen.

Für *ältere Bestände* hat CIESLAR[1]) die *Größe der Zuwachsleistung in der Abhängigkeit vom veränderten Lichtgenuß* untersucht. Er hat hierbei durch mehrfache vergleichende Lichtmessungen in verschieden stark geschlossenen, ca. 70 jährigen Buchenbeständen im belaubten wie unbelaubten Zustand festgestellt, welchen Lichtanteil vom Freilicht die verschieden starke Belaubung der Vergleichsbestände absorbierte, und ob diese Lichtmenge mit der Zuwachsleistung in entsprechendem Verhältnis stünde. Eine derartige Berechnung hat natürlich auch gewisse Schwächen.

Die Versuchsflächen zeigen danach folgenden Befund:

	Fläche I stark durchforstet	Fläche II auf 0,8 von Fläche I gelichtet	Fläche III auf 0,65 gelichtet	Fläche IV auf 0,5 gelichtet
Stammzahl	1004	624	404	256
Durchschnittlicher Massenzuwachs je Stamm in 5 Jahren . . . . . cbm	0,068	0,133	0,202	0,319
Verhältnis der Zuwachsleistung des *Einzelstamms*	1,0	1,9	3,0	4,7
Verhältnis der durchschnittlichen Blattmenge des Einzelstammes nach Größe der Lichtabsorption	1,0	2,6	4,5	7.7

Aus dem Mißverhältnis der beiden untersten Zahlenreihen zieht CIESLAR den Schluß, daß *die vermehrte Lichtabsorption durch die dichtere Belaubung* der stärker freigestellten Einzelstämme den Zuwachs nicht in gleichem Maße erhöht, sondern daß dieser in steigendem Maße hinter jener zurückbleibt.

Er nimmt an, daß die dichtere Belaubung des Einzelstammes das Licht verhältnismäßig schlecht ausnützt und weist dabei auf einen Versuch von R. HARTIG hin, bei dem dieser zwei 99 jährige, im Freistand erwachsene Rotbuchen bis *auf etwa die Hälfte der Belaubung entästen* ließ. Die nach 9 Jahren vorgenommene Untersuchung zeigte bei beiden Stämmen *keinerlei Zuwachsrückgang*. HARTIG hatte daraus schon geschlossen, daß bei sehr vollbelaubten Kronen ein Teil der Blätter (wahrscheinlich gerade der untere und innere) träge assimiliert, und daß nach ihrer Entfernung die übrigen Blätter infolge vermehrter Nährstoffzufuhr energischer arbeiten und damit die kleinere Krone mit ihrem geringeren Lichtgenuß dasselbe leistet wie vorher die größere. Diese Vermutung wurde später durch physiologische Untersuchungen[2]) an Fichtenkronen bestätigt, bei denen festgestellt wurde, daß die Spaltöffnungen der Schattennadeln sich bei stärkeren Lichtgraden rascher schließen oder mehr verengen als bei Lichtnadeln, die Gasdiffusion bei ersteren also ungünstiger wird.

Auch KIENITZ[3]) hat durch *Aufastungsversuche* an 25 jährigen Fichten ganz ähnlich gefunden, daß die *Entnahme von unteren Ästen*, die mehr Schattenblattcharakter tragen, *den Zuwachs nicht nur nicht geschädigt, sondern sogar gefördert hat*. Auch er sucht die Erklärung in gleicher Richtung wie HARTIG.

Untersuchungen über die *Entwicklung der Baumkronen* von Fichte[4]) und

---

[1]) CIESLAR, A.: Die Rolle des Lichts im Walde. Mitt. a. d. forstl. Versuchswes. Österr. 1904. H. 30.

[2]) STALFELT, M. G.: Die Abhängigkeit der stomatären Diffusionskapazität von der Exposition der Objekte. Svenska Vetenskapsakad. Handlingar Bd. 2, Nr. 8. Stockholm 1926.

[3]) KIENITZ, M.: Die Erziehung astreinen Holzes. Silva 1928, Nr. 50.

[4]) WOHLFAHRT, E.: Auswirkungen langjähriger Kronenpflege im mitteldeutschen Fichtenbestand. Z.F.J.W. 1935, S. 289 ff.

Kiefer[1]) bei *dichterem* und *lockerem* Schluß der Bestände und dementsprechend
geringerem bzw. größerem Lichtgenuß führten zunächst zu dem Ergebnis, daß
die Kronenlänge und -breite und damit auch ihre Oberfläche mit steigendem
Lichtgenuß wachsen, bei der Fichte verhältnismäßig stark, bei der Kiefer
schwächer, daß aber der Zuwachs des Einzelstammes nicht in dem gleichen
Maße steigt, namentlich nicht bei den größten Kronen, die häufig sogar
absolut weniger geleistet haben als die mittelgroßen.

Ich selbst[2]) fand an 4 verschieden stark bekronten Altkiefern ein Verhältnis
des Zuwachses zum gesamten Nadeltrockengewicht:

	Stamm	I	II	III	IV
Verhältnis des Zuwachses		5,7	3,1	2,6	1,0
Verhältnis des Nadeltrockengewichts		6,4	4,0	2,5	1,0

Durch alle diese und noch mehrere andere Untersuchungen[3]) ist übereinstimmend festgestellt worden, daß *der Zuwachs bei unseren Waldbäumen nur bis zu
einer gewissen Kronengröße etwa proportional zu dieser wächst, daß darüber hinaus
aber die Steigerung immer schwächer wird. Die Kurve der Zuwachssteigerung verläuft also in Gestalt einer Optimumkurve!* Diese nunmehr einwandfrei festgestellte
Beziehung ist von grundsätzlicher Bedeutung für die Handhabung des Durch-
forstungs- und Lichtungsbetriebes im Walde.

Die Frage des Lichtungszuwachses. Die Tatsache, daß eine Wegnahme von
Stämmen in der Regel den Zuwachs der benachbarten fördert und die Jahrringbreite zu erhöhen pflegt, ist unter der Bezeichnung als *Lichtungszuwachs*
in der Forstwirtschaft bekannt und so allgemein nachgewiesen, daß daran
nicht zu zweifeln ist (vgl. Abb. 64). Insbesondere ist diese Erscheinung am
Einzelstamm bei allen Untersuchungen über Durchforstungen und Lichtungen
oft bestätigt worden. Fraglich ist aber, inwieweit hieran nur das Licht beteiligt
ist oder andere Faktoren mitwirken, wie vermehrte Niederschläge, Bodenfeuchtigkeit, verminderte Wurzelkonkurrenz u. a. m. Diese werden bei allen
derartigen Maßnahmen mit geändert, und zwar auch immer nach der günstigen,
den Zuwachs erhöhenden Richtung hin. Die Gleichsetzung von Lichtstands-
zuwachs = Lichtzuwachs ist also eigentlich unstatthaft. Eine Steigerung durch
das Licht allein findet wahrscheinlich nur bei vorher schwacher Belichtung
(Optimumferne) statt, bei stärkerem Licht aber nicht mehr. Wo hier die optimalen Verhältnisse für eine Zuwachssteigerung durch erhöhten Lichtgenuß
und Vergrößerung der Blattfläche bei den verschiedenen Holzarten und dem
jeweiligen Lichtgenuß liegen, das wissen wir jedenfalls trotz einzelner Feststellungen über das Verhältnis von Kronengröße und Zuwachs (s. oben) noch
nicht genügend. Es spricht aber vieles dafür, daß in dicht geschlossenen Beständen mit kleinen Kronen, namentlich im jüngeren und mittleren Alter, jener
günstigste Zustand meist nicht erreicht sein dürfte. Eine noch ganz andere,
viel weiter führende Frage ist die, inwieweit man *durch Durchforstung und
Lichtungshiebe den Gesamtzuwachs je Flächeneinheit* heben kann. Denn hierbei
kommt noch in Betracht, daß durch derartige Hiebe ja auch die Zahl der Zuwachsträger vermindert wird und daher trotz Mehrzuwachses am Einzelstamm
die Gesamtleistung je Hektar sinken kann. Über die bisherigen Ergebnisse der

---

[1]) Toma, G. T.: Kronenunters. i. langfristg. Kieferndfstgsfl. Z.F.J.W. 1940, S. 305 ff.
[2]) Dengler, A.: Kronengröße, Nadelmenge und Zuwachsleistung von Altkiefern.
Z.F.J.W. 1937, S. 321 ff.
[3]) Burger, H.: Holz, Blattmenge und Zuwachs. Mitt.Schw.Anst. f. d. forstl. Versuchswesen Bd. 15, H. 2 (1929). — Busse, J.: Baumkrone und Schaftzuwachs. F.Cbl. 1930,
S. 310. — Ferner Boysen-Jensen, P.: Die Stoffproduktion der Pflanzen. Jena 1932.

verschiedenen Durchforstungsversuche nach dieser Beziehung wird Näheres in Teil II gesagt werden.

Das Licht im Innern des Waldes. *Daß der Wald das Licht in seinem Innern aufs stärkste beeinflußt,* ist ohne weiteres klar. Es bleibt hier nur übrig, den Grad der Lichtabschwächung im einzelnen näher kennenzulernen. Es läge zunächst

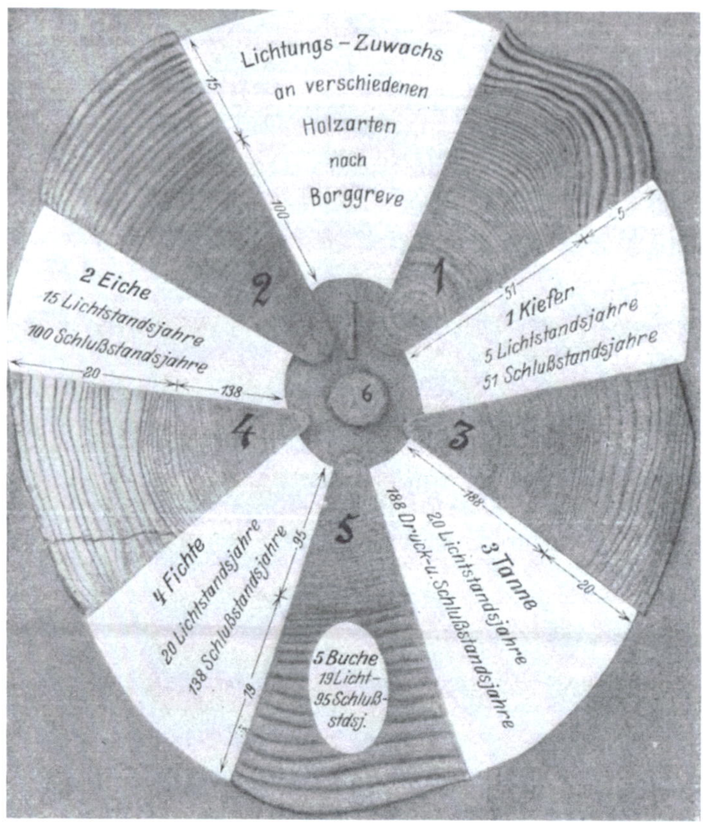

Abb. 64. Lichtungszuwachs an 1. Kiefer, 2. Eiche, 3. Tanne, 4. Fichte, 5. Buche. (Nach B. Borggreve.) Es handelt sich in allen Fällen um Bäume, die vorher lange in starkem Druck gestanden haben! (Dengler.)

nahe, die Innenlichtstärke der verschiedenen Bestände beim Minimum des relativen Lichtgenusses der einzelnen Holzarten (vgl. S. 122) zu suchen. Tatsächlich liegt sie aber meist noch weit darunter, da auch die Baumschäfte und das innere blattlose Gezweig noch viel Licht wegnehmen. So fand Cieslar[1]) in einem sogar stark durchforsteten 70jährigen Buchenbestand des Wiener Waldes (1000 Stämme pro Hektar) vor Laubausbruch bei klarem Himmel nur etwa 25% der Lichtintensität im Vergleich zum benachbarten Freiland. Und selbst in einer sehr stark durchlichteten Vergleichsfläche (nur 300 Stämme pro Hektar) stieg die Lichtintensität doch nur bis knapp auf 50%. Bei eintretender Belaubung sinkt das Licht unter dem Kronendach natürlich rasch und stark (vgl. Abb. 65). Eine

---

[1]) Cieslar, A.: a. a. O., S. 20.

Zusammenstellung[1]) anderer Photometermessungen in Beständen verschiedener Holzarten ergab folgende Werte in Prozenten der Helligkeit im Freien:

	belaubt	unbelaubt
Rotbuche	2—40	26—66
Eiche	3—35	43—69
Esche	8—60	39—80
Birke	20—30	
Tanne	2—20	
Fichte	4—40	
Kiefer	22—40	

Die Schwankungen erklären sich aus dem verschiedenen Alter und Schlußgrad der Bestände. Deutlich tritt die höhere Lichtdurchlässigkeit der Lichthölzer Birke und Kiefer hervor. Letztere entzieht kaum mehr Licht als ein unbelaubter Buchenbestand.

Die Extremzahlen der Schattholzarten von 2—4% zeigen, wie tief das „Waldesdunkel" sein kann, in dem alles, was unter dem Kronendach steht, sein Leben zubringen muß.

Mit *zunehmendem Alter* werden die Bestände aber lichter, im Wirtschaftswald noch durch die regelmäßigen Durchforstungen künstlich gefördert. So fand Mitscherlich[2]) in Thüringer Fichtenbeständen auf verschiedenen Ertragsklassen die in Abb. 66 dargestellte Zunahme der Helligkeitswerte von etwa 10% im 20. bis etwa 30% im 130. Jahre.

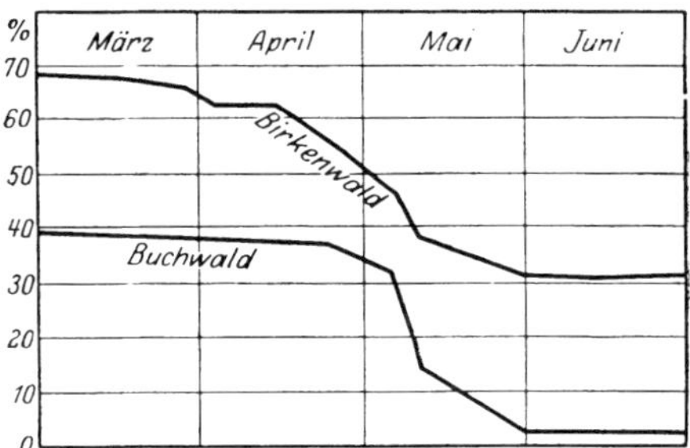

Abb. 65. Abnahme des relativen Lichtgenusses in Prozenten im Birkenwald und im Buchenwald bei der Laubentfaltung. (Nach Hueck, 1926.)

Bei *wechselndem Bestandesschluß*, besonders größeren Lücken, Tümpeln oder Wiesenschlenken bilden sich durch die Dauerwirkung der verschiedenen Lichtlage nicht nur auf den Lücken, sondern auch von diesen weg infolge der Einstrahlung von den Rändern her förmliche Zonen abgestufter Lichtverhältnisse,

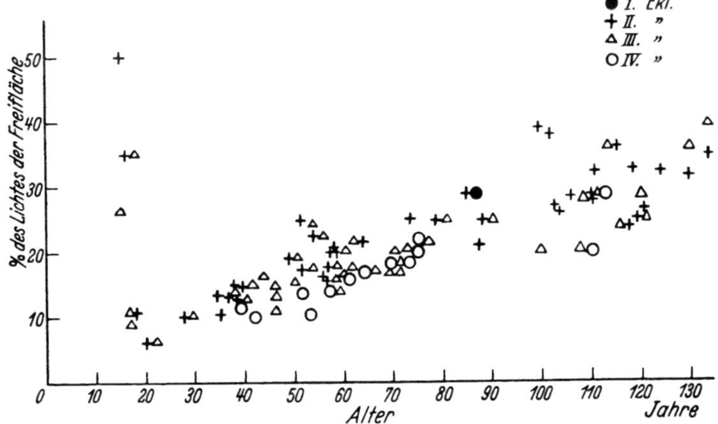

Abb. 66. Helligkeit in Fichtenbeständen verschiedenen Alters. (Nach Mitscherlich)

---

[1]) Nach Geiger, R.: Das Klima der bodennahen Luftschicht. 2. Aufl. S. 296.
[2]) Mitscherlich, G.: Das Forstamt Dietzhausen. Z.F.J.W. 1940, S. 149.

die wie Höhenschichtenlinien verlaufen, ebenso auch auf den Lücken selbst an deren Rändern durch den Seitenschatten des Bestandes. Da das diffuse Licht in unseren Gegenden weitaus vorherrscht, so geben Messungen an Tagen mit bedecktem Himmel hier die durchschnittlichen Lichtverhältnisse besser wieder als solche bei Sonnenschein mit kurzem und jähem Wechsel auf kleinen Flächen. Eine dahingehende Untersuchung[1]) in einem 150 jährigen Buchenbestand bei

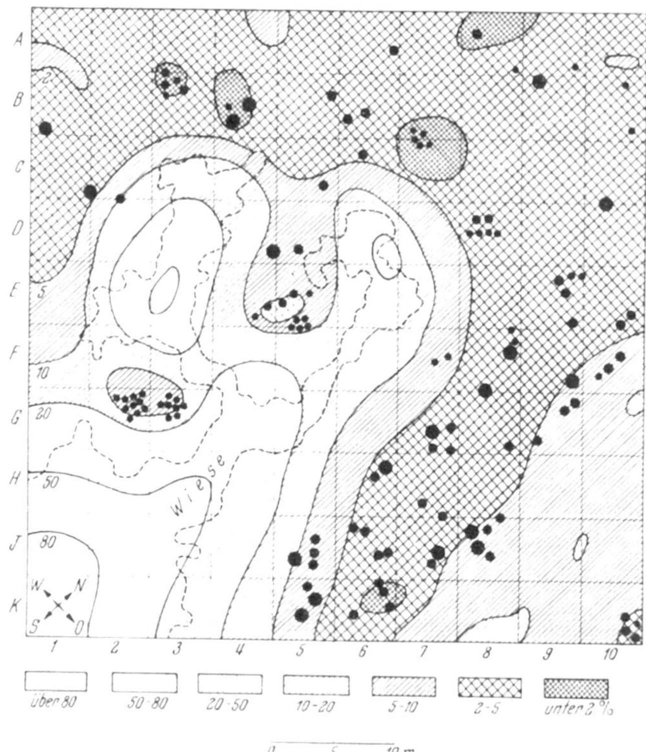

Abb. 67. Die Helligkeitsverteilung bei trübem Wetter in einem 150 jährigen Buchenbestand mit einer Wiesenschlenke. (Nach E. TRAPP.) Die schwarzen Kreise geben die Baumstämme nach ihrem Durchmesser wieder.

Lunz mit einer einspringenden Wiesenschlenke führte auf Grund von Tausenden von Einzelmessungen zu einer „Trübwetter-Helligkeitskarte" des 2500 qm großen Bestandes (Abb. 67). Neben einigen Tiefdunkelinseln mit unter 2% (hauptsächlich unter dichtstehenden Baumgruppen) haben sich Lichtzonen gebildet, die innerhalb des Bestandes meist nur 2—5% betragen, nach den Wiesenrändern zu aber rasch über 10—20% erreichen, um schließlich auf der freien Wiese (linke Ecke unten) bis auf über 80% zu steigen. Bemerkenswert ist die starke Seitenschattenwirkung des Bestandes auf die Wiesenränder. Durch eine entsprechende Aufnahme der Bodenflora haben sich feine Wechselbeziehungen mit der durchschnittlichen Helligkeit ergeben.

Aber auch bei *gleichmäßigem Bestandesschluß* fällt das Sonnenlicht noch durch kleinste Lücken in das Innere und bildet auf dem Waldboden „*Sonnenflecke*",

---

[1]) TRAPP, E.: Untersuchung über die Verteilung der Helligkeit in einem Buchenbestand. Bioklim. Beibl. d. Met. Z. 1938, S. 153 ff.

die mit dem wechselnden Stand der Sonne
über den Boden hinwandern und dabei dem
Unterwuchs für kurze Zeit volles Licht gewähren,
um ihn dann wieder im tiefen Schatten zu-
rückzulassen. Über die Reaktionen, die diese
sprunghaften Lichtveränderungen am Unterstand in bezug auf Transpiration und Assimilation hervorrufen mögen, sind wir leider noch
gar nicht unterrichtet.

Den *Tagesstand der Lichtstärke unter einzel-
stehenden Bäumen* gibt Abb. 68 wieder. Im
Gegensatz zu den durchlässigen Kronen von
Erle und Eiche zeigt sich unter der Krone der
Buche auch um die Mittagsstunden keine Kul-
mination, sondern das Licht bleibt gleichmäßig
auf seiner Morgenhöhe von 10 %, um gegen
Abend auf 2—3 % abzusinken.

Waldinnenlicht und Bodenflora. *Alle diese
Untersuchungen zeigen,* wie außerordentlich
stark das Innenlicht im Walde vom Baumbestand beherrscht wird. *Die Wirkung zeigt sich in
erster Linie in den Unterschichten des Waldes, vor*

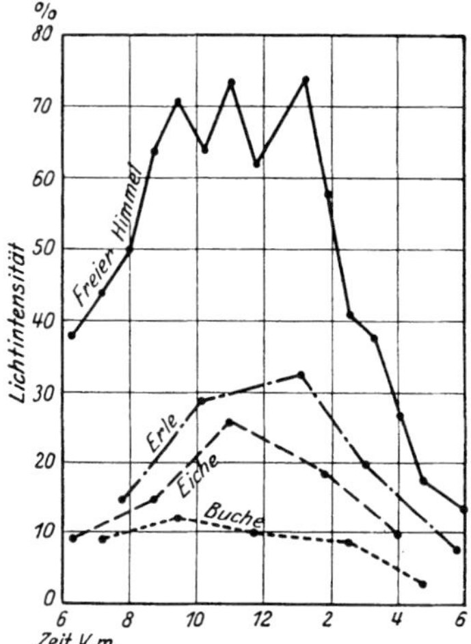

Abb. 68. Gleichzeitige Lichtstärke, gemessen am 23. Mai
mit dem Graukeilphotometer
unter freiem Himmel und einzelnen Bäumen. (Nach
H. VALLIN aus LUNDEGARDH.)

allem bei der sog. Bodenflora. Genauere Untersuchungen hierüber[1]) haben ergeben,
daß mit steigendem Innenlicht nicht nur die Dichtigkeit der den Boden über-
ziehenden Moose, Gräser und Kräuter zunimmt, sondern auch die Zahl der
Arten. (Natürlich hängen auch diese Veränderungen nicht nur vom Licht ab,
sondern auch von den übrigen Faktoren.) Die verschiedenen Lichtgrade im Walde
haben aber unverkennbar eine stark bestimmende und manchmal entscheidende
Wirkung auf das Vorkommen vieler unserer Waldbodengewächse, bei denen
es offenbar noch viel ausgeprägtere Licht- und Schattenarten gibt als bei den
Waldbäumen selbst. Hier finden sich wahrscheinlich sogar echte Schattenarten = schattenliebende Arten, da sie von Natur aus niemals oder doch höchst
selten im vollen Licht angetroffen werden. Man kann sie *obligate Schattenpflanzen*[2]) nennen.

Hierher gehören viele Waldmoose, Farne, *Oxalis acetosella* u. a. m. Zu den
stark lichtbedürftigen rechnen dagegen *Calluna vulgaris, Epilobium, Senecio*-
Arten und viele Gräser, die sich erst bei sehr starken Lichtgraden, in größerer
Menge oft erst bei vollem Oberlicht nach Kahlschlag als sog. *Schlagunkräuter*
einzustellen pflegen. So fand MIT-
SCHERLICH[3]) bei seinen Untersuchungen in Fichtenbeständen die
Einwanderung der Bodenmoose, dann
des Beerkrauts und schließlich des
Waldgrases *Aira flexuosa* erst *bei
steigenden Lichtgraden* (Abb. 69).

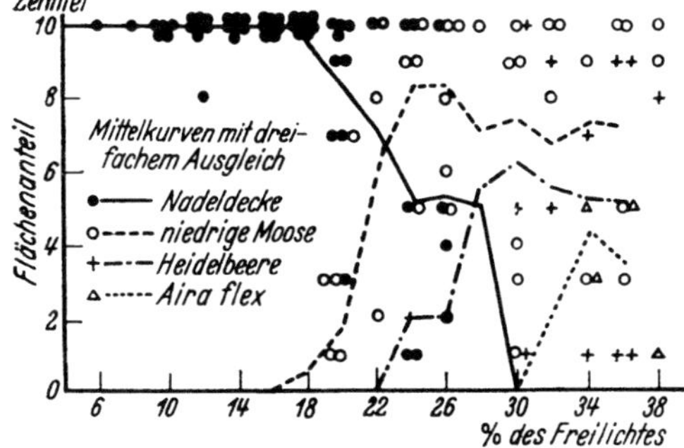

Abb. 69. Bodenflora und Lichtprozente in
Fichtenbeständen. (Nach MITSCHERLICH.)

———
[1]) CIESLAR, A.: Die Rolle des Lichts
im Walde. Mitt. a. d. forstl. Versuchswes.
Österr., H. 30. — HARTMANN, F. K.: Die
Bestandesbodenflora als Gesamtwirkung
aller Standortsfaktoren. Z.F.J.W. 1923,
S. 609 ff.

[2]) LUNDEGARDH, H.: a. a. O., S. 67.

[3]) a. a. O. S. 158.

Der Grad des Innenlichtes im Walde entscheidet aber auch über das Ankommen und Fußfassen der natürlichen Verjüngung im Walde. (In den von MITSCHERLICH untersuchten Fichtenbeständen fand sich lebensfähiger Anflug erst bei 30 % ein.) In gemischten Beständen treten bei der Auflockerung des Kronendaches die Jungwüchse im allgemeinen nach dem Grade ihrer Schattenfestigkeit auf: z. B. erst Tanne oder Buche, dann Fichte, zuletzt Kiefer oder Birke usw. Eine aufmerksame Beobachtung von Bodenflora und Jungwuchs nach Dichte und Artzusammensetzung ergibt also vielfach schon ein gutes Bild von dem im Bestande herrschenden Innenlicht und kann ein guter Anzeiger für die Regelung des Lichtes zur Förderung der Verjüngung sein.

Einwirkung der Wirtschaft auf den Lichtfaktor. *Gerade beim Lichtfaktor ist* wie bei kaum einem anderen *dem Wirtschafter im Walde die größte Möglichkeit der Einwirkung gegeben,* allerdings — und das muß eine Warnung sein — meist *nur nach einer Richtung hin:* nämlich einer *Verstärkung des Lichtes.* Diese kann mehr oder minder plötzlich und sprunghaft erfolgen, z. B. durch Kahlschlag aus dunklem Vollbestand, oder allmählich und schwach durch wiederholte Durchforstungen und Lichtungshiebe. Schon die festgestellte Anpassung des Baumhabitus, der Blattstellung und des inneren Blattbaues an die gegebene Lichtlage und die langsame Umstellung auf andere Lichtverhältnisse lassen in den meisten Fällen, namentlich bei Hieben über Naturverjüngungen, *ein langsames Vorgehen als grundsätzlich richtiger* und ratsamer erscheinen. Vor allen Dingen ist hierbei auch die *Gefahr der Bodenverwilderung durch vorzeitig einwandernde Unkräuter* zu beachten. Ein Zurück gibt es leider nur in sehr ungenügendem Maße. Man kann zwar durch weitere Einstellung aller Hiebe in solchen überlichteten Beständen von der Kronenverbreiterung ein Wiederdunklerwerden erwarten, aber das geht rückwärts leider viel langsamer als vorwärts. Und das einmal festgewurzelte Unkraut verschwindet erst wieder bei viel tieferen Lichtgraden, als es gekommen ist. Oft zeigen einzelne Arten eine unglaubliche Zähigkeit nach dieser Beziehung. So hält sich z. B. die durchaus lichtbedürftige Waldschmiele (*Aira flexuosa*) von den Kahlschlägen her durch das ganze Dickungs- und Stangenholzalter in unseren Kiefernbeständen unter dem dicht geschlossenen Kronendach. Zwar nur in kümmerndem, nie blühenden und fruchtenden Zustand, aber bei jeder späteren Lichtung setzt sofort wieder üppige Entwicklung ein, um bald alles zu überziehen. Ebenso zäh hält sich auch das Landschilf (die sog. Segge, *Calamagrostis epigeios*) durch ihre Rhizome im dunklen Bestand jahrzehntelang.

Auch die noch *unsicheren und widersprechenden Ergebnisse der Zuwachssteigerung nach stärkeren Eingriffen* in den Bestand (vgl. Teil II, 16. Kap.) mahnen zur Vorsicht und zu allmählichem Vorgehen. Hier gibt es noch weniger ein Zurück. Ist die Stammzahl erst einmal zu stark verringert und leisten die wenigen Stämme nicht das Erwartete, dann ist die Minderleistung für lange Zeit festgelegt! *Aus allen diesen Gesichtspunkten heraus hat sich in der neueren Wirtschaft ganz allgemein der Gedanke Bahn gebrochen, bei allen das Licht beeinflussenden Eingriffen über Verjüngungen und Unterwuchs möglichst alle Plötzlichkeit zu vermeiden und langsam vorzugehen.*

12. Kapitel. Die Kohlensäure.

Bedeutung des Kohlensäurefaktors im allgemeinen. Die Kohlensäure ist ebenso wie das Licht ein *unentbehrlicher Faktor für den Vorgang der Assimilation* bei allen grünen Pflanzen. Die Kohlensäure spielt aber auch beim Aufbau des Holzkörpers unserer Waldbäume eine außerordentlich wichtige Rolle, da dessen

Trockensubstanz bis zu 40% aus Kohlenstoff besteht. Wenn man trotzdem bis vor kurzem diesem Lebensfaktor ökologisch keine besondere Beachtung geschenkt hat, so lag das daran, daß man den Kohlensäuregehalt der Luft mit seinem durchschnittlichen Wert von 0,03% als unabänderlich gegeben oder nur wenig veränderungsfähig ansah. Außerdem hatte man festgestellt, daß die Assimilation auch bei dieser geringen Konzentration unter sonst günstigen Umständen noch recht lebhaft sein kann.

In diesen Anschauungen ist in der letzten Zeit ein bemerkenswerter Wandel eingetreten, wenn auch die Ergebnisse der hier von LUNDEGARDH u. a. ausgeführten Versuche und die daraufhin entwickelten Anschauungen von anderer Seite noch für unsicher und zweifelhaft angesehen werden[1]).

Zahlreiche Untersuchungen haben jedenfalls gezeigt, daß *eine Erhöhung des Kohlensäuregehalts der Luft über den Durchschnittswert von* 0,03% in vielen Fällen *die Assimilation zu steigern vermag.* (Ebenso haben auch Kulturversuche in Gewächshäusern wie auch auf Äckern mit künstlicher Kohlensäuredüngung z. T. ganz erhebliche Wachstumssteigerungen gebracht.)

Für Kiefernnadeln in vollem Tageslicht wurde bei Erhöhung des Kohlensäuregehalts eine Steigerung der Assimilation gefunden, die zunächst fast proportional damit stieg, später aber stark abgeschwächt verlief (vgl. Abb. 70). Nach LUNDEGARDH befindet sich bei normalem Licht der Kohlensäurefaktor mit 0,03% im Minimum oder in Minimumnähe, so daß auch eine nur geringe Erhöhung, wie sie in der Natur allein vorkommt, schon starke Wirkungen hervorbringen

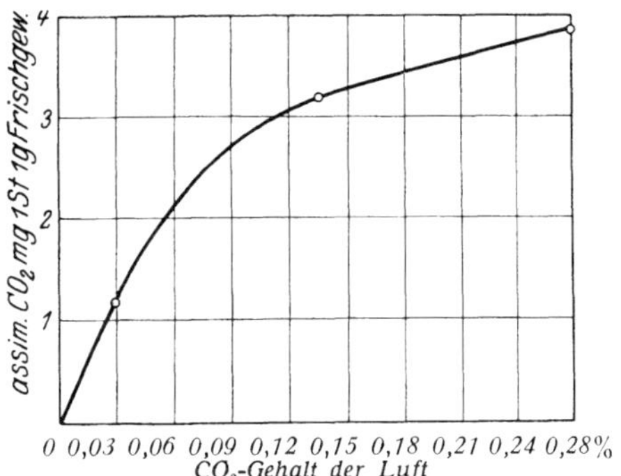

Abb. 70. Die Assimilationsintensität von Kiefernnadeln bei steigendem Kohlensäuregehalt der Luft von 0,03 normal bis 0,09 starke Steigerung, von da ab rasch nachlassend. (Nach STALFELT, 1924.)

kann. Bei schwachen Lichtintensitäten spielt dagegen die Steigerung des Lichtes zunächst die größere Rolle. Aber schon bei $^1/_{10}$ Tageslicht, wie es doch in vielen Waldbeständen vorkommt, wird nach LUNDEGARDH die Assimilation vorwiegend durch den Kohlensäurefaktor beherrscht, besonders bei den Schattenpflanzen. Im Gegensatz dazu steht die von MITSCHERLICH und seiner Schule vertretene Anschauung, daß der durchschnittliche Gehalt der Kohlensäure von 0,03% für diesen Faktor schon Optimum oder Optimumnähe bedeutet, und daß eine Ertragssteigerung, wie sie von anderer Seite experimentell nachgewiesen wurde, auf die gleichzeitige Veränderung anderer dabei mit veränderter Faktoren zurückzuführen sei. (Vgl. die angeführte Literatur.)

Die Quellen der Kohlensäure. Die *Quellen der Kohlensäure* sind in der Hauptsache die *Verbrennung von Kohle und die Atmung von Mensch, Tier und Pflanze.* Den allergrößten Anteil scheinen hierbei die im Boden lebenden niederen Organismen, Pilze und Bakterien, zu liefern, welche die Zersetzung der organischen

---

[1]) Aus der sehr umfänglichen Literatur sei hier nur hingewiesen auf: LUNDEGARDH, H.: Der Kreislauf der Kohlensäure in der Natur. Jena 1924. — REINAU: Kohlensäure und Pflanzen. Halle 1920. — BORNEMANN, F.: Kohlensäure und Pflanzenwachstum, 2. Aufl. Berlin 1923. — MEINECKE d. J.: Die Kohlenstoffernährung des Waldes. Berlin 1927. — Für die Gegenseite: SPIRGATIS: Untersuchungen über den Wachstumsfaktor Kohlensäure Dissert., Königsberg 1923. — LEMMERMANN, Mitt. d. dtsch. Landw.-Ges. 1925, S. 693. — JANERT: Botan. Arch. 1922, H. 3/4. — Eine Reihe von kritischen Artikeln von SCHMIDT, W., ALBERT, R., u. a. in Z.F.JW. 1923. — LUNDEGARDH, H.: Klima und Boden. 2. Aufl. 1930.

Stoffe, im Walde also der Abfall- und Humusstoffe, bewirken und hierbei die organischen Kohlenstoffe wieder in die anorganische Kohlensäure überführen. Diese sog. *Bodenatmung*, deren Größe in letzter Zeit mehrfach messend verfolgt wurde, scheint in besonders starkem Maße den Ersatz der durch die Assimilation in großen Mengen verbrauchten Luftkohlensäure zu liefern. Neuere Untersuchungen von F. E. Eidmann[1]) haben aber auch eine überraschend *starke Kohlensäureatmung der Baumwurzeln* ergeben, die u. U. die durch Mikroorganismen erzeugte erreichen oder sogar übertreffen kann, wobei die Atmungsintensität der einzelnen Holzarten sehr verschieden war.

Verschiedenheiten des Kohlensäuregehalts im Freien und im Walde. Die *Schwankungen des Kohlensäuregehaltes der Luft zu verschiedenen Zeiten sind nicht unbedeutend.* So fand Lundegardh auf Hallands Vaderö, einer Insel im Süden Schwedens, in den Sommermonaten des einen Jahres als Mittel 0,033 %, im andern nur 0,028 %. Nachts, wo nicht assimiliert wird, ist der Gehalt höher als am Tage, im Sommer pflegt er zu sinken und im Herbst wieder zuzunehmen. Aber der Verbrauch durch die Pflanzen bestimmt den Gang nicht allein, sondern ebenso oder noch mehr die Anlieferung durch die Bodenatmung. Da diese in hohem Maße von den Wärme- und Niederschlagsverhältnissen abhängt — nach warmen Regen steigt z. B. die Bakterientätigkeit stark an —, so kommen fortwährende mehr oder minder große Schwankungen vor, die absolut zwar nicht sehr hoch sind, wohl aber relativ (20—30 %), und die durch den steilen Anstieg der Kurve im Minimumgebiet nach Lundegardh nicht ohne Wirkung sein können. (In Großstädten wurden Werte von 0,05 %, in London werktags bis 0,07 % gegen 0,03 % feiertags beobachtet!)

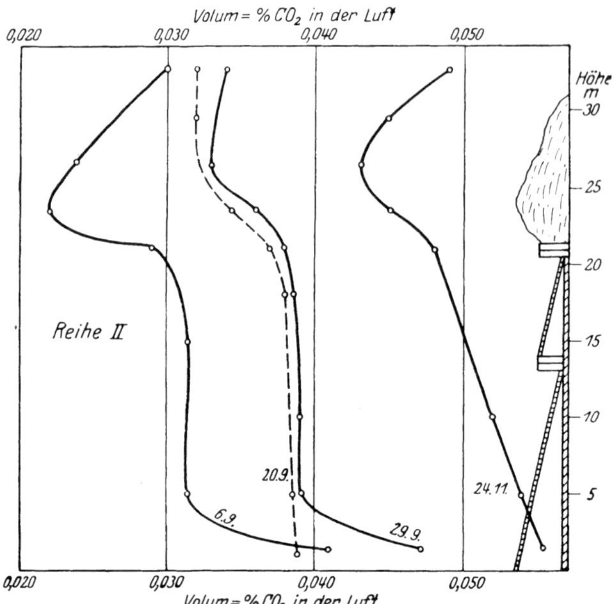

Abb. 71. CO₂-Verteilung in der Bestandesluft eines Buchenbestandes nach Meinecke d. J. an vier Aufnahmetagen (6. September, 20. September, 29. September und 24. November). (Rechts: Skizze des Aufnahmegerüstes und der Baumkronenhöhe.) Alle Kurven zeigen in der Kronenhöhe eine Ausbauchung = Abfall des CO₂-Gehalts, unten über dem Boden ein Ansteigen desselben.

Uns berührt hier besonders die Frage, wie es mit dem *Kohlensäuregehalt der Waldluft* steht. *Ältere Untersuchungen von* Ebermayer[2]) hatten im großen Durchschnitt in 1—2 m über dem Boden *nur ein Mehr von* 0,001 % *im Walde* gegenüber dem Freiland ergeben, und da Ebermayer die Kohlensäuremenge überhaupt als optimal ansah, so schloß er daraus, daß keinerlei fördernde Wirkung anzunehmen sei. Im einzelnen fand auch Ebermayer aber recht bedeutende

---

1) Vgl. Fußnote S. 123.
2) Ebermayer, E.: Die Beschaffenheit der Waldluft. Stuttgart 1885.

Unterschiede. So wurde z. B. in jungen, dichten Buchenbeständen gelegentlich ein Maximum von 0,05 % und in alten Fichtenbeständen ein Minimum von 0,027 % gefunden. *Neuere Untersuchungen von* LUNDEGARDH *und besonders von* MEINECKE[1] haben in vielen Fällen *bedeutend höhere Werte* (0,05—0,07 %) ergeben. Allerdings lagen diese hohen Werte *meist tief am Boden.* Aber MEINECKE hat auch bis zur Höhe der Baumkronen nicht selten noch Werte von 0,04—0,05 % gefunden. Fast ausnahmslos war aber der CO_2-Gehalt am Boden am höchsten, darüber sank er, um in der Höhe der Baumkronen wieder sehr stark und plötzlich abzunehmen (vgl. Abb. 71), was MEINECKE in Zusammenhang mit dem großen Verbrauch durch die assimilierenden Blätter bringt. Danach besteht in der Hauptsache ein Konzentrationsgefälle vom Boden bis zu den Baumkronen hinauf, in geringerem Grade auch ein solches von den Luftschichten über den Kronen zu diesen hinab.

Diese sehr interessanten und an sich einleuchtenden Ergebnisse sind aber doch wohl noch nicht sicher genug als Durchschnitt im ganzen festgestellt, denn die nicht sehr zahlreichen Messungen, die bis zu Baumhöhen und darüber hinaus ausgeführt werden konnten, zeigen bei näherer Betrachtung doch mancherlei starke Abweichungen. Die Beobachtungen sind außerdem meist bei sehr ruhiger oder nur gering bewegter Luft ausgeführt worden, wie sie bei uns nur selten vorkommt. Es ist aber gerade *ein Hauptbedenken, ob der Ausgleich der verschiedenen Konzentration in den Luftschichten hauptsächlich durch die sehr langsam vor sich gehende Diffusion in Richtung des Konzentrationsgefälles stattfindet, oder ob nicht vielmehr durch auf- und absteigende Luftströmungen und unregelmäßige Winde mit ihren zahlreichen Wirbelbildungen (besonders im Walde!) häufiger eine rasche Durchmischung und Fortführung erfolgt.* Damit aber würde einer der Hauptvorteile, der dem Walde für die eigene Kohlensäureversorgung von den Anhängern dieser Anschauung zugeschrieben wird, wieder ernstlich in Frage gestellt werden. Ein nur schwacher, horizontal streichender Wind von 5 m/sek würde schon in 10 Minuten die gesamte Luft aus einem Wald von 3 km Breite ins Freie entführen, jede auf- und absteigende Böe in wenigen Sekunden die oberen und unteren Luftschichten durcheinandermischen!

Einfluß der Wirtschaft auf den Kohlensäurefaktor. Alle Erfahrungen stimmen jedenfalls darin überein, daß richtig angewandte Mittel der Bodenbearbeitung und Bodenpflege immer fördernd auf den Wuchs wirken. Man wird damit nicht nur die allgemeinen Wachstumsbedingungen, sondern vielleicht auch die Kohlensäureerzeugung verbessern können und auf diese Weise nach allen Richtungen hin dem jungen Nachwuchs im Walde helfen. Ob die Wirkung einer solchen höheren Kohlensäureerzeugung sich aber noch bis in die höheren Luftschichten hinauf in bedeutender Weise fühlbar macht, das müssen wir vorläufig noch als unsicher, wenn nicht sogar als unwahrscheinlich bezeichnen[2].

13. Kapitel. **Der Wind.**

Physiologische Wirkung des Windes. Luftbewegung ist an sich förderlich für die Transpiration der Pflanzen und damit auch für die schnellere *Hebung des aufsteigenden Nährstromes.* Im allgemeinen genügt dazu aber schon *ein leiser Lufthauch,* der die wassergesättigte Verdunstungsluft von der Blattfläche hinweg-

---

[1] MEINECKE: a. a. O., S. 124 ff.
[2] Vgl. hierzu R. ALBERTS zusammenfassende, ähnliche Stellungnahme zu der ganzen Frage in Z.F.J.W. 1923, S. 711.

Abb. 72. Schädigung der Kronen eines Fichtenbestandes am windausgesetzten Berghang
(Kickelhahn bei Ilmenau). (Gerade hier
dichtete übrigens Goethe: „Über allen Gipfeln
ist Ruh"!!) (Phot. F. Schwarz.)

führt und dafür trockenere an ihre
Stelle bringt. *Stärkere Luftbewegung,*
wie wir sie meist erst als Wind zu
bezeichnen pflegen (etwa von 3—4 m
pro Sekunde) *überschreitet wahrscheinlich schon das Optimum,* indem dann
*die Transpiration übermäßig gesteigert
wird,* daraufhin die Spaltöffnungen
der Blätter sich verengen oder gar
schließen, und dadurch dann auch
die *Assimilation herabgesetzt* wird.

Pathologische Wirkung des Windes.
Aber nicht nur die Assimilation leidet
durch den Wind, sondern es finden
nach den Beobachtungen und experimentellen Untersuchungen Bern-
becks[1]) auch *unmittelbare Schädigungen der Gewebe an Blättern und
Stengeln* statt, die auf die unauf-
hörlichen Erschütterungen und Stöße
im Winde zurückzuführen sind. Sie
rufen meist unbeachtete kleine Verfärbungen (Flecken und Streifen) an
den Stellen hervor, die hauptsächlich
der Faltung und Biegung ausgesetzt
sind. Die Schädigung durch den Wind
ist hierbei also mechanischer Art,
indem die Zellen und Gewebe zu-
sammengepreßt und gestaucht werden
und wahrscheinlich das Zellplasma

---

[1]) Bernbeck, O.: Wind und Pflanze. Th.Jb. 1920, S. 130 ff. Weitere sehr ausführliche
Literatur vom genannten Verfasser u. a. ebenda S. 186.

Abb. 73. Windfahnenbildung an der Fichte und windgescherte Buchenkronen am Halden-
köpfle i. Schwarzwald (ca. 1200 m). (Phot. L. Klein.)

hierunter leidet. Es gelang BERNBECK[1]) durch Versuche bei künstlich erzeugten Windstärken an frei beweglichen und an festgelegten Pflanzen und Blättern den Unterschied nachzuweisen und die Schädigungen einwandfrei auf die Erschütterung durch den Wind zurückzuführen.

Darüber hinaus kommen wir dann in das Gebiet der *grobmechanischen Beschädigungen*, die durch gegenseitiges Reiben und Peitschen von Nadeln und Blättern an einzelnen Zweigen stattfinden. Sie zeigen an windausgesetzten Örtlichkeiten nicht nur deutlich sichtbare Spuren durch Kahlwerden und Absterben der Kronen und Äste (Abb. 72), sondern sie haben auch einen starken Zuwachsrückgang zur Folge. Sowohl an den Meeresküsten als auch mit zunehmender Höhe im Gebirge zeigen sich dann an ungeschützten Stellen eigentümliche Kronenformen, bei den Laubhölzern meist eine dichte, buschige Form mit dachartiger Abschrägung gegen die Hauptwindrichtung *(scherende Windwirkung)*, bei Nadelhölzern, besonders bei der Fichte, eine fahnenartige Ausbildung nach der windabgekehrten Seite (*Windfahnenbildung*, Abb. 73). Noch absonderlichere Windfahnenbildung zeigen Kiefern an der stark windausgesetzten Meeresküste (Abb. 74). Auch die besonders windempfindliche Form der Kiefer im südwestdeutschen Tiefland zeigt nach MÜNCH ähnliche Erscheinungen in der Krone.

Abb. 74. Windfahnenbildung der Kiefer auf der Halbinsel Darss. (Nach R. B. HILF.)

Abb. 75. Windwirkung an der Meeresküste (sog. Gespensterwald der Kiefer; Düne bei Zinnowitz). (Phot. F. SCHWARZ.)

Ebenso soll die sibirische Lärche vielfach ihre Wipfelspitzen mit den Seitenästen in die Hauptwindrichtung einbiegen (sibirischer Jägerkompaß).

---

[1]) BERNBECK, O.: Der Wind als pflanzenpathologischer Faktor. Dissert., Bonn 1907.

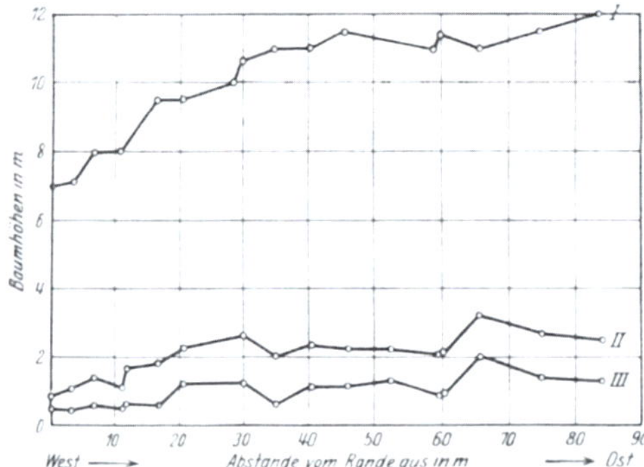

Abb. 76. Höhenprofil eines Strobenbestandes im Wuchsalter von 19 (I), 7 (II) und 5 (III) Jahren. Abdachung der Bestandeshöhe gegen den Westrand. (Nach Münch.)

Schließlich führt *an der Baumgrenze* der Wind im Verein mit anderen Faktoren vielfach zu noch schwereren Beschädigungen an Krone und Ästen (*Wetterbäume*), zur Krüppelbildung und schließlich auch vielfach zur Bildung der Baumgrenze selbst (vgl. Kap. 5, S. 38).

An der *Meeresküste* finden wir in den Dünenwäldern oft Bilder, die durch die scherende und brechende Kraft des Windes verursacht, zur Ausformung eigentümlicher Krüppelbestände (sog. *Gespensterwälder*) geführt haben (vgl. Abb. 75).

Die noch gröber mechanischen Wirkungen des Windes bei den höchsten Stärkegraden, die durch Bruch oder Wurf ganzer Stämme und Bestände schaden und oft zu schwersten Katastrophen im Walde führen, gehören ins Gebiet des sog. Forstschutzes und sind daher hier nicht näher zu erörtern, wenn ihnen auch waldbaulich die größte Aufmerksamkeit zu widmen ist. Das Nötige hierüber wird in Teil II zu behandeln sein.

Die *Zuwachsschädigungen durch den Wind* schätzt Bernbeck durch Vergleich von Beständen auf sonst guten und feuchten Böden je nach der durchschnittlichen lokalen Windstärke auf ein Zuwachsverhältnis von 3:2:1 bei 0:5:10 m pro Sekunde. (In Versuchen mit krautigen Pflanzen fand er ein Verhältnis von 3:2:1 bei 1:3:9 m pro Sekunde.)

Münch, der in einer besonderen Arbeit[1]) das ganze Schadenregister des Windes im Walde zusammengestellt hat, gibt dort auch eine sehr anschauliche graphische Darstellung des abfallenden Höhenprofils bei der Weimutskiefer an windausgesetzten Bestandesrändern (Abb. 76). Die gleiche Schädigung wurde auch an windausgesetzten Rändern von Kiefern- und Fichtenbeständen beobachtet, bei denen die volle Bestandeshöhe erst 30—40 m vom Rande erreicht wurde[2]) (vgl. Abb. 77).

Wirkung auf den Boden. Neben diesen physiologischen und pflanzenpathologischen Wirkungen des Windes ist aber auch noch der *Einwirkung auf den Boden durch Austrocknung und Laubverwehung* zu gedenken. Auch

Abb. 77. (Abdachung eines Kiefernbestandes an der Samlandküste. (Phot. A. Dengler.)

hier sind Ränder, windausgesetzte Hänge und Bergnasen oft in sehr deutlicher Weise geschädigt („*verhagert*" oder „*ausgeblasen*"). Allerdings darf man diese

---

[1]) Münch, E.: Windschutz im Walde. Silva 1925, H. 1.
[2]) Fritzsche, K.: Physiologische Windwirkung auf Bäume. Neudamm 1929.

Wirkung nicht verallgemeinern und überschätzen, da der Wind im Innern des Waldes und besonders am Boden stark abgeschwächt ist, und weil eine schützende Laub- oder Nadeldecke die Austrocknung des Bodens mehr oder minder ganz zu verhindern imstande ist.

Einfluß auf Baum- und Schaftform. Den *formbestimmenden Einfluß des Windes* hatten wir vorher schon bei der *Kronenausbildung* in windausgesetzten Lagen kennengelernt. Diese Erscheinung ist durchaus pathologischer Natur. Wieweit das auch bei *Stammkrümmungen* der Fall ist, wie z. B. bei dem sog. *Säbelwuchs der Lärche*, der häufig, aber nicht immer, mit der Hauptwindrichtung zusammenfällt, ist noch strittig[1]).

Einen weiteren formbestimmenden Einfluß übt der Wind auch vielfach *auf den Durchmesser unserer Bäume aus*, indem dieser in der Hauptwindrichtung größer wird als senkrecht dazu. Der *Stammquerschnitt ist dann nicht mehr kreisförmig, sondern er bildet eine Ellipse*, deren große Achse in der Hauptwindrichtung liegt. Der Mittelpunkt der Stammscheibe liegt *exzentrisch*, die Jahrringbreiten nach der Luvseite zu sind bei Nadelhölzern kleiner, nach Lee größer, bei Laubhölzern aber umgekehrt. Man erklärt dies als Wirkung des Zugreizes auf der einen und des Druckreizes auf der andern Seite bei den häufigen Biegungen des Schaftes in der Hauptwindrichtung. Häufig sind solche vom Winde stark getroffenen Bäume allerdings auch gleichzeitig etwas schief gedrückt, so daß dann auch noch die dauernde ungleiche Zug- und Druckwirkung durch den Schiefstand hinzukommt und die Exzentrizität noch erhöht. Diese Erscheinung scheint sich im Walde hauptsächlich an den im Winde stark schwingenden Nadelhölzern zu finden[2]).

Sie wurde in einem älteren Versuch von KNIGHT auch künstlich an einem jungen Obstbaum erzeugt, der so befestigt war, daß er vom Winde nur in Nordsüdrichtung bewegt werden konnte, worauf im nächsten Jahre sofort eine Vergrößerung des Jahrrings in dieser Richtung erfolgte.

Einen *allgemeinen Einfluß auf die statische Ausbildung des Schaftes* unserer Bäume übt der Wind noch insofern aus, als diese in ihrem Aufbau *die Form eines Trägers gleichen Widerstandes gegen die senkrecht angreifende Kraft des Windes zeigen*. Dieser Gedanke ist zuerst von METZGER[3]) ausgesprochen worden, der in Durchführung der berühmten SCHWENDENERschen Theorie vom Aufbau der Pflanze nach statischen Gesetzen nachwies, daß diese auch für die Form der Baumstämme zutreffen. Der Baumschaft ist danach als ein am Wurzelende im Boden befestigter Träger zu denken, auf den der Wind im Schwerpunkt der Krone seitlich angreift. Mit der Länge des Hebelarmes muß danach die Verstärkung nach unten zunehmen und nach oben abnehmen. Nach dem Gesetz von der möglichst sparsamen Verwendung der Baustoffe nimmt sie nun genau in dem Maße zu und ab, wie es die Gleichheit des Widerstandes nach statischen Berechnungen erfordert. Daher sind auch die *Bäume im Schlußstand im allgemeinen immer vollholziger*, d. h. nach oben hin relativ dicker als

---

[1]) Vgl. TSCHERMAK, L.: Die Formen der Lärche in den österreichischen Alpen und der Standort. C.ges.F.W. 1924, H. 7/12.

[2]) SCHWARZ, F.: Dickenwachstum von *Pinus silvestris*. 1899. — HARTIG, R.: Wachstumsuntersuchungen an Fichten. Forstl. naturwiss. Z. 1896, S. 42. — MER: Recherches sur les causes d'exentricité de la moelle des sapins. Paris 1889. (Sonderabdruck aus Revue des eaux et forêts). — FRITZSCHE, K.: a. a. O.

[3]) METZGER, C.: Der Wind als maßgebender Faktor für das Wachstum der Bäume. Mündener forstl. Hefte 1893. — Studien über den Aufbau der Bäume nach statischen Gesetzen. Ebenda 1894 u. 1895. — Ferner Konstruktionsprinzip des sekundären Holzkörpers. Naturwiss. Z. f. Forst- u. Landwirtsch. 1908.

die im *Freistand* erwachsenen, deren Stammstärke nach oben hin rascher abnimmt (*abholzigere Stammform*). Nach jeder Freistellung (starke Durchforstung bzw. Lichtung) nimmt entsprechend der größeren Angriffskraft des Windes der Zuwachs im unteren Stammteil stärker zu als im oberen, der Stamm wird abholziger. Diese auch für die forstliche Zuwachslehre und Ertragskunde wichtigen Beziehungen hatte METZGER zunächst an Fichten nachgewiesen. Sie sind später von SCHWARZ für die Kiefer[1]) und neuerdings auch von MÜNCH[2]) für Fichte, Kiefer und Lärche bestätigt worden. Wie genau die durch Messungen gefundenen Werte mit den berechneten übereinstimmen, zeigt die graphische Darstellung

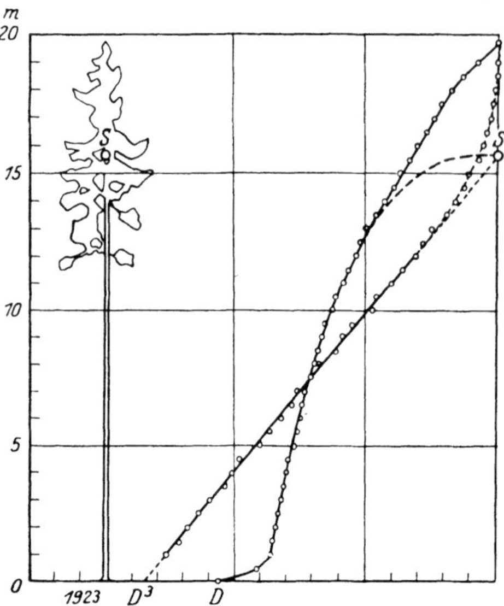

Abb. 78. Stammanalyse einer 76jährigen Fichte aus dem Tharandter Forstgarten. Der astfreie Stammteil von 1 m Höhe bis zum Kronenansatz bildet ein kubisches Paraboloid *D* (die Durchmesserkuben *D³* liegen auf einer durch den Kronenschwerpunkt *S* gehenden Geraden). Innerhalb der Krone, mit Ausnahme eines kurzen Gipfelstückes, bildet der Stamm einen Kegel. Der Stamm hat also die Form eines Trägers gleichen Widerstandes. Maßstab für die Höhen 1 : 200, für die Durchmesser 1 : 4. (Nach MÜNCH.)

(Abb. 78). Auch FRITZSCHE[3]) fand an 30 von 31 untersuchten Nadelholzstämmen, die zu den vorherrschenden Bäumen in besonders windexponierten Beständen gehörten, das Gesetz meist gut bestätigt. Bei unterdrückten Stämmen im dichteren Stand fanden sich aber Abweichungen, die darauf hindeuten, daß bei geringerem Windeinfluß noch andere formende Kräfte auf die Schaftbildung einwirken.

Verteilung der Winde in Deutschland. Die *Windstärke und Windhäufigkeit in Deutschland* ist meist durch mehr oder minder offene Lage zu den bei uns hauptsächlich aus westlicher Richtung kommenden Winden bedingt. Am windreichsten sind die Meeresküsten[4]). Besonders die Westküste der schleswig-holsteinischen Halbinsel zeigt in der Schwierigkeit, denen Wald- und Baumwuchs dort begegnen, die Stärke der dortigen Windwirkung. Aber auch die Ostseeküste, sowie ganz Norddeutschland haben wegen ihrer offenen Lage stärkere Winde als Mittel- und Süddeutschland in entsprechenden Höhenlagen.

So beträgt z. B. die prozentuale Häufigkeit der stärkeren Windgeschwindigkeiten von 5—10 m pro Sekunde im Jahresdurchschnitt an der Nordseeküste und in der nordostdeutschen Tiefebene etwa 25%, in Mitteldeutschland 19—22%, in Süddeutschland aber nur 16—17%.

In den Gebirgen nimmt der Wind mit der Höhe zu, besonders häufen sich die starken und stärksten Windgrade. Aber auch hier haben die norddeutschen Gebirge als die ersten Windbrecher am Rande des nördlich vorgelagerten Tieflandes viel ungünstigere Verhältnisse als die süddeutschen.

---

[1]) SCHWARZ, F.: Das Dickenwachstum von *Pinus silvestris*, S. 154 ff.
[2]) BÜSGEN, M., u. MÜNCH, E.: Bau und Leben unserer Waldbäume, S. 165 ff.
[3]) a. a. O. (vgl. S. 163).
[4]) Eingehende Darstellung der Windverhältnisse gibt das grundlegende Werk von R. ASSMANN: Die Winde in Deutschland. Braunschweig 1910.

So zeigen z. B. im Jahresdurchschnitt:

Windgeschwindigkeit:	5—10 m %	10—15 m %	über 15 m %
Brocken (Harz), 1140 m	33	24	14
Großer Belchen (Vogesen), 1394 m	27	11	5
Höchenschwand (Schwarzwald), 1005 m	15	3	1

Die *Windstärke nimmt überall auch mit der Höhe über dem Boden außerordentlich stark zu, umgekehrt nach dem Boden zu infolge der dortigen Abbremsung ab,* was ökologisch außerordentlich wichtig ist. Diese Abschwächung des Windes nach unten zu macht sich schon bei recht geringen Höhenunterschieden stark geltend.

So fand SCHUBERT[1]) im Sommer 1908 auf der Feldstation bei Eberswalde folgendes Verhältnis in den verschiedenen Schichten:

4,2 m über Boden 3,81 m/sek   1,0 m über Boden 2,36 m/sek
2,2 „   „   „ 3,05   „   0,2 „   „   „   1,76   „

Auf großen freien Wiesenflächen bei Potsdam wurde von HELLMANN[2]) der durchschnittliche tägliche Gang der Windgeschwindigkeit von Juli—Oktober 1918 in Höhen von 2 m bis 0,05 m über dem Boden festgestellt und dabei das in Abb. 79 dargestellte Verhältnis gefunden.

Eine Luftbewegung, die in menschlicher Kopfhöhe noch als leichter Wind (3—4 m pro Sekunde) empfunden wird, ist also

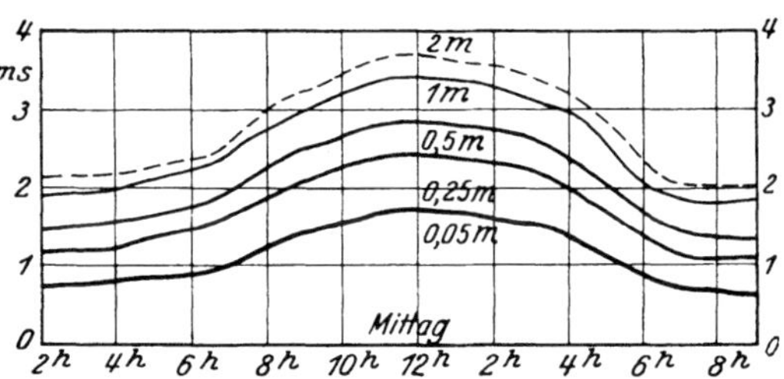

Abb. 79. Täglicher Gang der Windgeschwindigkeit in verschiedenen Höhen (0,05—2 m) über dem Boden. (Nach GEIGER.)

schon in 10—20 cm über dem Boden nur noch ein leiser Zug (1—2 m pro Sekunde).

Die *hauptsächlichste Richtung der Winde ist in Deutschland fast überall die aus NW—SW.* Ihre Häufigkeit beträgt fast das Doppelte wie die aus der entgegengesetzten Richtung NO—SO (rund etwa 50 gegen 25—30 %). Dieses Verhältnis ist insofern bedeutungsvoll, als die Westwinde bei uns immer feuchter, ja meist sogar regenbringend sind und daher nicht so austrocknend wirken wie die gefürchteten Ostwinde.

Einfluß des Waldes auf den Wind. *Daß der Wind durch den Wald eine starke Beeinflussung erfahren muß,* ist klar. Es wird hier nur die Aufgabe sein, die Art und das Maß dieses Einflusses festzustellen.

Wenn ein horizontaler Wind auf einen *Waldrand* auftrifft, so muß sich die Luft dort stauen, und der Wind wird zum *Aufsteigen gezwungen, hinter dem Walde fällt er wieder ab* und erreicht bald wieder seine luvseitige Stärke, wie vergleichsweise Messungen gezeigt haben.

Der Wind wird im Walde am stärksten am oberen Kronendach abgebremst, eine zweite, etwas schwächere Abbremsung findet außerdem noch am Waldboden statt. Die Abschwächung im Stammraum unter den Kronen ist je nach der Bestandeszusammensetzung verschieden stark. In einem 65jährigen, 15—16 m

---

[1]) SCHUBERT, J.: Über die Windstärke in den unteren Luftschichten und den Windschutz des Waldes. Silva 1922, S. 377.
[2]) HELLMANN, G.: Über die Bewegungen der Luft in den untersten Schichten der Atmosphäre. Sitzgsber. d. preuß. Akad. d. Wiss. Bd. 22, S. 404, 1919.

hohen reinen Kiefernbestand der Pfalz ergab sich nach GEIGERS Messungen der in Abb. 80 dargestellte sehr charakteristische Verlauf.

In einem benachbarten ähnlichen, aber reichlich mit Fichte durchstellten Bestand war aber die Abschwächung auch unter dem oberen Kronenraum noch stark ausgeprägt.

Ebenso fand SCHUBERT[1]) eine solche im unteren Stammraume eines mit Laubholz unterstellten Kiefernbestandes:

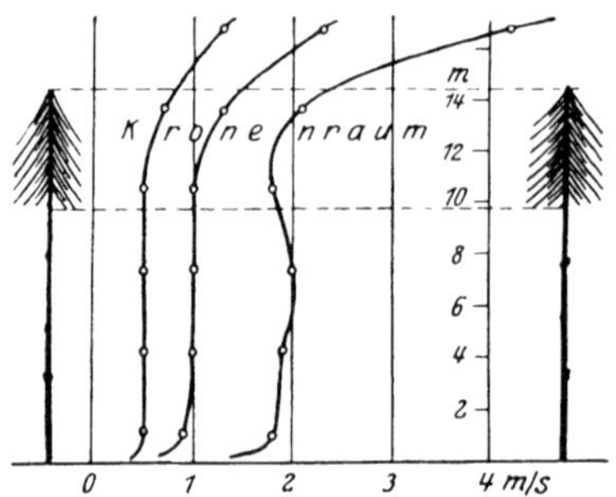

Abb. 80. Vertikale Verteilung der Windstärke im Walde bei verschiedener Windgeschwindigkeit. (Nach GEIGER.)

Höhe über Boden	Windgeschwindigkeit	
	Feld	Kiefern mit Laubholz unterstand
m	m/sek	m/sek
3,2	3,7	0,9
2,2	3,3	0,5
0,2	1,8	0,2

Diese Zahlen bestätigen also nur die bereits in der forstlichen Praxis verbreitete und eigentlich selbstverständliche Annahme, daß ein geschlossener *Bestand mit gleich hohem Kronendach (gleichaltriger Bestand)* in seinem Stammraum die Windwirkung nicht wesentlich abzuschwächen vermag. Man hat im Gegenteil bei solchen Beständen von „*Trockenschuppen*" gesprochen, da sie mit ihrem Kronendach den Regen abfingen und unten den Wind durchpfeifen ließen. Das ist allerdings insofern eine Übertreibung, als die Abbremsung der Windgeschwindigkeit im Kronenraum immer schon eine starke Herabsetzung auch im Stammraum nach sich zieht — der Wind springt eben großenteils über den Wald hinweg —, aber andererseits ist es doch richtig, daß ein Unterstand oder ein geschichtetes Kronendach, wo sie vorhanden sind, die Windstärke noch weiter herunterzusetzen vermögen. Im allgemeinen herrscht aber „*Windruhe am Boden*", von der heute viel gesprochen wird, in 10—15 cm auch ohne Unterstand schon an der Bodenoberfläche, und besonders, wenn eine Bodenflora vorhanden ist.

Einige stichprobeweise Messungen an solchen Stellen[2]) zeigten z. B. folgende Windstärken:

	Höhe über dem Boden cm	Windstärke m/sek
Lichtung im Fichtenhochwald . . .	180	1,3
Zwischen dürrem Gras	5	0
Heidehochwald	100	2,4
In der Heide	5	1,2
Offene Heide	180	9,3 (!)
Wipfel von Calluna	30	1,4
Zwischen Calluna	10	1,0 (!)

Freilich steht dem Schutz, den diese dem Boden gegen Verdunstung gewährt, der eigene Wasserverbrauch entgegen, und nackter Boden verhält sich daher im allgemeinen in der gesamten Feuchtigkeitsbilanz noch günstiger als bewach-

---

[1]) SCHUBERT, J.: Über die Windstärke in den unteren Luftschichten und den Windschutz des Waldes. Silva 1922, S. 377.

[2]) STOCKER, O.: Klimamessungen auf kleinstem Raum an Wiesen-, Wald- und Heidepflanzen. Ber. d. dtsch. bot. Ges. 1923, S. 145 ff.

sener, eine Tatsache, die meist verkannt wird, aber durch die Eberswalder Lysimetermessungen einwandfrei nachgewiesen worden ist[1]).

Berücksichtigung des Windfaktors in der Wirtschaft. Die *forstlichen Maß-regeln zur Erhöhung des Windschutzes* werden sich in erster Linie auf diejenigen Stellen zu richten haben, an denen dauernde Einwirkungen des Windes zu er-warten sind, also auf *Wald- und Bestandesränder, windausgesetzte Berghänge und Bergnasen.* Hier kann viel durch Anlage von *Windmänteln* geholfen werden, indem man einen tiefbeasteten Rand schafft, der den Wind abhält. Die gern hierfür gewählte Fichte ist trotz ihrer sehr dichten Bemantelung leider unsicher, da sie zu leicht vom Sturm geworfen wird. Laubholz, wie Eichen und Buchen, bemanteln sich im Freistand zwar auch noch ziemlich tief, gewähren aber im Frühjahr erst sehr spät nach voller Belaubung richtigen Schutz. Es ist empfehlens-wert, sie nach außen mit niedrigen Sträuchern oder zu köpfenden Bäumen (Hainbuche) zu umgürteln. Auch Schlehdorn, Weißdorn, Wildrosen, auf ärmeren Böden auch Besenginster sind hierfür geeignet. Natürlich ist jeder vorhandene Unterwuchs zu erhalten und zu pflegen. Ein sehr gutes Mittel für ausgeblasene Hänge und Bergnasen besteht in Deckung mit dem bei Durchforstungen an-fallenden Astreisig, das vor allem das leicht verwehende Laub fängt und festhält.

Man hat auch empfohlen, wo Unterbau von ganzen Beständen mit Laubholz (Buche, Hainbuche u. a.) der Kosten wegen nicht möglich ist, wenigstens die einzelnen Bestandesränder damit zu versehen, oder große gleichförmige und der Austrocknung ausgesetzte Bestände wenigstens streifenweise senkrecht zur Hauptwindrichtung zu unterbauen (*Windkulissen*).

Natürlich vermehrt *jede Abstaffelung des Kronendachs, jede Erhaltung lebens-fähigen Unterstandes* die Windruhe im Bestande. Auch die *Hiebsführung* nach Schlagfronten wirkt darauf ein.

So beachtenswert auch jede Maßregel zur Abschwächung des Windes an allen Stellen im Walde ist, so wird sich die *Hauptsorge* im allgemeinen immer *auf die Wald- und Bestandsränder und die ausgeblasenen Hänge* zu richten haben. Bei der Hiebsführung und Verjüngung ist der beste Windschutz immer ein rasch emporwachsender und sich schließender Jungwuchs. In manchen Fällen wird dieser sich freilich leichter und williger finden, wo Windruhe vorhanden ist. Aber gerade dort, wo diese am nötigsten ist, wie auf unsern trockenen Kiefern-böden, ist sie im Innern ganzer Bestände meist schwer oder gar nicht zu schaffen!

14. Kapitel. **Der Boden**[2]).

Gründigkeit. Der Boden stellt zunächst das *Fundament dar, in dem die Bäume mit ihrem Wurzelwerk verankert sind und in dem ihre schweren Massen den festen Halt finden müssen.* Man spricht in diesem Sinne auch von der *Gründigkeit des Bodens* und bezeichnet diese nach Übereinkommen der forstlichen Versuchs-

---

[1]) BARTELS, J.: Verdunstung, Bodenfeuchtigkeit und Sickerwasser unter natürlichen Verhältnissen. Z.F.J.W. 1933, S. 204.

[2]) Für eine eingehendere Darstellung wird verwiesen auf RAMANN, E.: Bodenkunde, 3. Aufl. 1911. — MITSCHERLICH, E. A.: Bodenkunde, 4. Aufl. 1923. — LANG, R.: Forst-liche Standortslehre. In LOREY T., u. WEBER: Handbuch der Forstwissenschaft, 4. Aufl., Bd. 1, Abt. IV. 1926. — LEININGEN, W.: Edaphische Faktoren. Forstlich-bodenkundlicher Abschnitt in RUBNER, K.: Pflanzengeographische Grundlagen des Waldbaus, 3. Aufl. — LAATSCH, W.: Dynamik der deutschen Acker- und Waldböden.

anstalten je nach der Mächtigkeit der lockeren, für die Wurzeln durchdringbaren Schicht mit folgenden Stufen:

sehr tiefgründig . . . . über 1,2 m
tiefgründig . . . . 0,6 —1,2 ,,
mitteltiefgründig . . . . . . 0,3 —0,6 ,,
flachgründig . . . . 0,15—0,3 ,,
sehr flachgründig . . . . . . bis 0,15 ,,

Es braucht nicht immer ein festes Gestein die abgrenzende Schicht zu bilden, die das Eindringen der Wurzeln verhindert, auch nicht einmal eine verkittete oder verfestigte Schicht, wie z. B. der sog. Ortstein, sondern es genügt, daß andere Umstände, wie z. B. ungenügende Durchlüftung oder flach anstehendes Grundwasser den Boden nach unten hin für die Durchwurzelung abschließen. Man spricht in solchen Fällen von *physiologischer Flachgründigkeit*. Die Verhältnisse sind nicht für alle Holzarten gleich zu beurteilen. Für Arten, die von Natur ihre Wurzeln bis in größere Tiefen schicken, kann schon ein tief- oder mitteltiefgründiger Boden relativ flachgründig werden, wenn er zur Verkürzung des Wurzelwerks zwingt. Ein solcher Fall ist z. B. nicht selten für die Kiefer

Abb. 81. Windwurf an Kiefer auf Lehmboden im Forstamt Chorin. (Völlig flache Wurzeltellerbildung wie bei Fichte.) (Phot. F. Schwarz.)

gegeben, wenn sie auf flach anstehendem Ton oder Lehm auftritt (Abb. 81). Hier pflegen dann Windwurfkatastrophen die Folge zu sein, die damit die ungenügende Fundamentierung trotz üppigen Wachstums beweisen. Meist handelt es sich in solchen Fällen nicht um ursprünglich natürliches Vorkommen der Kiefer, sondern nur um künstlichen Anbau auf ehemaligen Laubholzböden oder nur um eine vorübergehende natürliche Ansiedlung auf alten, durch Mißwirtschaft entstandenen Laubholzräumden. Ein solcher Fall lag z. B. auch bei dem großen Windwurf in Abb. 82 vor. Auch hoher Grundwasserstand führt zu physiologischer Flachgründigkeit und häufigen Windwürfen bei der sonst so sturmfesten Kiefer.

Andererseits vermögen auch flachgründige Böden, wie z. B. steinige und felsige Gebirgsböden, für flachwurzelnde Holzarten, wie die Fichte, durch Umklammerung der Blöcke und Felsstücke mit ihren Wurzeln relativ tiefgründig zu werden und ihr einen sehr festen Halt zu geben. Überhaupt ist *die Gründigkeit solcher Gesteinsböden je nach der Klüftung und dem Reichtum an Spalten zu beurteilen*. Besonders zeigen einzelne Kalkgesteine, z. B. im Karstgebiet von Dalmatien, manchmal geradezu überraschende Möglichkeiten für das Gedeihen an sich tiefwurzelnder Holzarten, wie das bei der Aleppokiefer in Abb. 83 auf solchen Böden der Fall ist. Auch für das Auftreten der Lärche auf manchen nur flach mit Bodenkrume bedeckten Kalkgesteinen der Schweiz gilt Ähnliches[1]). Ebenso findet sich auch die Kiefer öfters auf tiefgeklüfteten Sandsteinklippen (Felsenstadt des Heuscheuergebirges in Schlesien, Sächsische Schweiz, Bodetalklippen im Harz u. a. m.), meist aber nur in niedrigen krüppeligen Formen.

Im allgemeinen gilt doch die Regel, daß *der Boden um so tiefgründiger sein muß, je tiefer die normale Wurzelentwicklung der verschiedenen Holzarten geht,* während er um so flachgründiger sein darf, je flacher diese ist. Jede *flachwurzelnde Holzart* ist aber auch *für größere Tiefgründigkeit dankbar* und erhöht ihre Standfestigkeit dort sofort in entsprechender Weise (vgl. S. 192).

Abb. 82. Großer Windbruch in einem auf Lehm stockenden Kiefernbestand im Forstamt Freienwalde a. d. O. Vorbestand eine alte Laubholzräumde, die mit Kiefer aufgeforstet wurde. (Phot. F. SCHWARZ.)

Der Boden als Nährstoffquelle. Viel wichtiger aber ist die Rolle, die der Boden als *Nährstoffquelle* für die Pflanzenwelt spielt. Da die Nährstoffe (Mineralstoffe) nur im Bodenwasser gelöst von den Wurzeln aufgenommen werden können, so ist *in erster Linie das Wasser im Boden* hierfür entscheidend. Auch der reichste Boden kann ohne Wasser nichts hergeben, andererseits kann ein armer Boden, wenn er feucht ist, mehr leisten, als seinem Mineralstoffgehalt entspricht, weil in der größeren Menge von Wasser auch mehr gelöste Mineralstoffe angeboten und aufgenommen werden können. Da die Wurzeln aber zur normalen Lebenstätigkeit auch Luft brauchen, so tritt als drittes Erfordernis neben Mineralstoffgehalt und Wasser noch eine *genügende Durchlüftung* des Bodens zur Ausnützung seiner Nährstoffe hinzu.

Die außerordentlich verwickelten Wirkungen, die diese und andere Faktoren nun auch auf den Boden selbst ausüben, sind Gegenstand einer besonderen Wissenschaft, der Bodenkunde, geworden, die in ihrem Aufschwung und in ihrer Entwicklung während der letzten Jahrzehnte ein Problem nach dem anderen vor uns aufgerollt hat. Neben der Pflanzen-

---

[1]) Vgl. FANKHAUSER, F.: Zur Kenntnis der Lärche. Z.F.J.W. 1919. Dort auch eine sehr bezeichnende Abbildung für einen solchen scheinbar flachgründigen Standort.

physiologie ist die Bodenkunde die wichtigste ökologische Grundlage für den Waldbau geworden. Die Aufgabe und der Umfang dieses Buches gestatten uns hier aber nur auf einige der wichtigsten Beziehungen zwischen Boden und Wald einzugehen.

Chemische Verhältnisse, Gesteins- und Bodenarten. Was zunächst *die verschiedenen Gesteinsarten* betrifft, aus denen sich der Boden gebildet hat, so findet man in vielen Fällen bei der natürlichen Verbreitung unserer Holzarten *eine auffällige Indifferenz.* Die gleiche Holzart tritt innerhalb engbegrenzter Gebiete auf den verschiedensten Gesteinen auf, z. B. die Buche in Westdeutschland auf Basalt, Muschelkalk und Buntsandstein, die Fichte im Harz ebenso auf Granit wie auf Grauwacke. Ja hier konnte ich sogar in einer besonderen Untersuchung[1]) nachweisen, daß die natürliche Grenzlinie zwischen ihr und der Buche in geradem und glattem Zug quer über alle geologischen Scheidelinien hinweg-

Abb. 83. Die Aleppokiefer (*Pinus halepensis*) in den Trichtern und Spalten des Karstgebirges wurzelnd. (Phot. A. DENGLER.)

geht. Offenbar sind hier andere Bedingungen wirksamer und allein bestimmend. Der geologische Unterschied ist aber doch sehr oft in feineren Einzelzügen (Leichtigkeit der Verjüngung, Wachstumsgang, Gesundheitszustand und Lebensdauer) zu erkennen und selten ganz gleichgültig!

Nur da, wo *Kalkgesteine* im Wechsel mit kalkarmen die *geologische Grundlage* bilden, ist auch der geologische Unterschied meist mit einem Wechsel der Holzarten und der sie begleitenden Bodenflora verbunden. Eine solche *Vorliebe für Kalkgesteine zeigen insbesondere Buche, Esche, die Ahornarten, die Elzbeere, die Mehlbeere, auch die Weißerle. Eine Bodenflora mit großem Reichtum an Orchideen* begleitet diese Kalkböden.

Es bildet sich dann geradezu eine *Kalkflora*, zu der auch die entsprechenden Gehölze zu rechnen sind. Man spricht bei einzelnen von diesen Arten auch von *Kalkstetigkeit*, wenn sie ausschließlich auf Kalkböden angetroffen werden. Von unseren Holzarten trifft das in erster Linie wohl nur auf die Elzbeere und von den krautigen Pflanzen auf die Orchideen *Cypripedium* und *Ophrys* zu. Im allgemeinen dürfte es richtiger sein, nur von *kalkliebenden* Pflanzen zu sprechen und sich bei der Beurteilung des Kalkgehaltes im Boden nicht auf vereinzeltes

---

[1]) DENGLER, A.: Die Wälder des Harzes einst und jetzt. Z.F.J.W. 1913.

Vorkommen, sondern auf das Gesamtbild der Flora zu stützen, da doch recht viele Ausnahmen zu beobachten sind. Noch unsicherer ist die sog. *Kalkfeindlichkeit* anderer Pflanzen (*Kieselpflanzen*). Von unseren Waldbäumen werden hierzu *Castanea vesca* und *Pinus pinaster* gerechnet, von Sträuchern *Sarothamnus scoparius, Calluna vulgaris, Vaccinium Myrtillus*, von den Moosen die meisten Sphagnumarten. Aber für eine ganze Anzahl von Fällen ist auch deren Vorkommen auf Kalkböden festgestellt, wenn auch selten.

Eine Anzahl von Waldpflanzen zeigt eine besondere Vorliebe für Standorte, auf denen eine reiche Bildung von salpetersauren Salzen stattfindet. Es sind das die sog. *Nitratpflanzen*. Ihr reicher Nitratgehalt läßt sich sogar chemisch durch gewisse Reaktionen im Pflanzensaft nachweisen. Zu ihnen gehören vor allem die *Urtica*-Arten, auch *Epilobium angustifolium, Senecio*-Arten und *Rubus Idaeus*[1]).

Daß Reichtum des Bodens an einem der genannten Mineralstoffe nicht nur die Zusammensetzung der Flora, sondern auch *den Habitus, das Wachstum und den Gesundheitszustand* einzelner Arten bestimmen kann, scheint nach vielen Beobachtungen erwiesen. So wird der *Buche auf Kalkboden* ein besonders guter, schlanker Wuchs, eine glatte, silbergraue Rinde und eine größere Weißkernigkeit nachgesagt. Die Fichte ist auf solchen Böden zwar auch sehr raschwüchsig, wird aber umgekehrt gerade hier frühzeitig rotfaul. Allerdings scheint das nur im wärmeren Wuchsgebiet der Fall zu sein, wie z. B. im westdeutschen Muschelkalkgebiet, wo der Unterschied des Rotfäuleprozentes gegen die angrenzenden Buntsandsteinböden tatsächlich außerordentlich scharf hervortritt. Dagegen fand ich z. B. in den kühleren Hochlagen der südosteuropäischen Kalkgebirge (Bosnien) uralte Fichten und ganze Fichtenbestände, bei denen von einer frühzeitigen Rotfäule nichts zu bemerken war.

Reicher Nitratgehalt macht sich besonders in einem auffällig lebhaften und saftigen Grün der Blätter bemerkbar. Er steigert überhaupt die Ausbildung der vegetativen Organe auf Kosten der fruktifizierenden, wie man das besonders aus landwirtschaftlichen Erfahrungen bei starker Stickstoffdüngung weiß. Stickstoffmangel drückt sich dagegen häufig durch eine mehr oder minder starke gelbliche Färbung aus (Kiefern auf streugerechten Böden oder auf Ödland). Nach Düngung mit stickstoffhaltigen Mitteln werden solche Pflanzen rasch wieder saftig grün.

Überhaupt kann das *Fehlen* oder der *Mangel an einzelnen Mineralstoffen* im Boden sich in einzelnen Fällen schon in äußeren Erscheinungen ausdrücken. So hat MÖLLER[2]) derartige als „*Karenzerscheinungen*" bezeichnete Unterschiede bei der Kiefer in gewissen eigentümlichen Verfärbungen der Nadeln beobachtet und experimentell festgestellt (violette Nadeln bei Mangel an Phosphor, orangegelb bei Magnesium, fahlgrün mit kümmerlicher Entwicklung bei Kalimangel).

Mineralstoffgehalt und Fruchtbarkeit der Böden. In früherer Zeit hat man *dem Mineralstoffgehalt unserer Waldböden eine ausschlaggebende Rolle für ihre Fruchtbarkeit*, also für die Massen- und Zuwachsleistung der darauf wachsenden Bestände, zuerkannt. Besonders sollte das für die norddeutschen Sandböden und das Wachstum der Kiefer auf ihnen zutreffen, deren Bonität man geradezu aus dem mittels der chemischen Bodenanalyse gefundenen Werten stufenförmig bestimmen zu können glaubte[3]). In Lehmböden sind ja die Mineralstoffe an sich immer in reichlicher bzw. überreichlicher Menge vorhanden, so daß Unterschiede darin von vornherein nicht so wichtig erscheinen. RAMANN schrieb in

---

[1]) HESSELMANN, H.: Medd.Sk.Anst. 1916 u. 1917, S. 297.
[2]) MÖLLER, A.: Karenzerscheinungen bei der Kiefer. Z.F.J.W. 1904, S. 745 ff.
[3]) SCHÜTZE: Beziehung zwischen chemischer Zusammensetzung und Ertragsfähigkeit des Waldbodens. Z.F.J.W. 1869, S. 500; 1871, S. 367.

seiner forstlichen Bodenkunde vor 50 Jahren: ,,Außer Zweifel scheint aber zu stehen, daß für *die diluvialen Sandböden* der Mineralstoffgehalt der zumeist bestimmende Faktor der Fruchtbarkeit ist[1])."

Später kam dann eine Zeit, in der man *dem Mineralstoffgehalt* umgekehrt *fast gar keine oder doch nur eine sehr geringe Bedeutung* für den Wald beilegen zu müssen glaubte. Hierzu trug eine Reihe von Fällen bei, in denen man auf mineralstoffreichen Böden recht geringe, noch mehr aber solche, in denen man auch gutwüchsige Bestände auf armen Böden gefunden hatte bzw. gefunden haben wollte[2]). Besonders in der *Dauerwaldbewegung* der Jahre nach 1920 wurde verschiedentlich die Auffassung vertreten, daß man bei entsprechender Wirtschaftsführung auch auf den ärmsten Böden durchaus ertragreiche Bestände erziehen, die Buche anbauen könne u. a. m. (vgl. auch S. 181). Neben dem Humusgehalt, der allerdings durch die Wirtschaft stark beeinflußbar ist, wurde bei den Sandböden auch der Korngrößenzusammensetzung eine entscheidende Rolle beigemessen[3]).

Unter Einschränkung von Übertreibungen und Richtigstellung von Irrtümern nach dieser Richtung durch verfeinerte Analysenmethoden hat WITTICH[4]) *neuerdings wieder die Bedeutung des Mineralstoff- bzw. Silikatgehaltes* betont. Schlechtwüchsige Bestände können durch falsche Behandlung auch auf an sich reichen Böden (z. B. nach Streunutzung) entstehen, dagegen finden sich auf silikatarmen Böden, wie sie im norddeutschen Diluvialgebiet, besonders in den sog. *Talsanden* und vielen *Dünensanden (Binnendünen)*, vorkommen, wenn nicht Grundwassernähe vorliegt, niemals bedeutende Leistungen oder Möglichkeiten zu großen Leistungssteigerungen.

Auf den an sich schon *immer silikatreicheren Lehmböden*, wie sie als Verwitterungsprodukte der Gebirgsgesteine in West- und Süddeutschland auftreten, spielen dagegen die *physikalischen Zustände des Bodens* oft die größere, manchmal sogar ausschlaggebende Rolle.

Inwieweit die sogen. *Spurenelemente* (wie Bor, Kupfer, Zink u. a.), deren Wirkung in fast unglaublichen Verdünnungen an landwirtschaftlichen Gewächsen neuerdings festgestellt wurde[5]), auch im Walde eine Bedeutung haben, ist noch unbekannt oder erst in Einzelfällen untersucht worden[6]).

Mineralstoffgehalt der Bäume und Ansprüche an den Boden. Verhältnismäßig *reich an Mineralstoffen sind die Blätter und die feinen Zweige unserer Waldbäume.* Auch die Rinde ist etwas aschenreicher, *das Holz aber weist den geringsten Mineralstoffgehalt auf.* Zahlreiche Analysen darüber liegen vor[7]), die, ohne im einzelnen immer übereinzustimmen, doch diese Verhältnisse im allgemeinen sicherstellen. So sind in 1000 Gewichtsteilen Trockensubstanz an gesamten Mineralstoffen (Reinasche) enthalten[8]):

---

[1]) RAMANN, E.: Forstliche Bodenkunde, 1. Aufl., S. 348. 1893.

[2]) VOGEL v. FALKENSTEIN, K.: Internat. Mitt. f. Bodenkunde Bd. 1, H. 6, S. 22, 1912.

[3]) SCHOENBERG, W.: Über den Zusammenhang zwischen Ertragsleistung und Bodenbeschaffenheit bei der Kiefer. Z.F.J.W. 1910, S. 649 ff.

ALBERT, R.: Die ausschlaggebende Bedeutung des Wasserhaushalts für die Ertragsleistung unserer diluvialen Sande. Z.F.J.W. 1924, S. 193 ff. — Der waldbauliche Wert der Dünensande sowie der Sandböden im allgemeinen. Ebenda 1925, S. 129 ff.

[4]) WITTICH, W.: Natur und Ertragsfähigkeit der Sandböden im Gebiet des norddeutschen Diluviums. Z.F.J.W. 1942, S. 1 ff.

[5]) BOAS, FR.: Dynamische Botanik, 2. Aufl., S. 116 ff.

[6]) RADEMACHER, B.: Kupfermangelerscheinungen bei Forstgewächsen auf Heideböden. Mitt.F.W.W. 1940, S. 335 ff.

[7]) EBERMAYER, E.: Physiologische Chemie der Pflanzen. 1882. — HARTIG, R., u. WEBER: Das Holz der Rotbuche. 1888. — SCHRÖDER: Forstchemische und pflanzenphysiologische Untersuchungen. 1878. — WOLFF: Aschenanalysen. Berlin 1871 u. 1880. — Ferner Einzelarbeiten von RAMANN, E., u. COUNCLER in Z.F.J.W. Bd. 13, 14, 18 u. 19.

[8]) In abgerundeten Zahlen nach WOLFFS Aschenanalysen.

	Blätter $^0/_{00}$	Junge 1—4j. Pflanzen $^0/_{00}$	Reisholz $^0/_{00}$	Stammholz von alten Stämmen $^0/_{00}$
Buche . . .	50—70	27	14—18	3—4
Eiche . . .	40—50	—	17—18	2—3
Birke . . .	—	—	7	3
Kiefer . . .	19	26	12	3
Lärche . . .	36	—	—	2
Fichte . . .	26	27	—	2
Tanne . . .	33—37	—	—	2—3

Dagegen bei landwirtschaftlichen Gewächsen:

Wiesenheu . . . . 70 $^0/_{00}$ Weizen im Schossen . . 97 $^0/_{00}$
Kartoffelkraut . . . . . . 86 $^0/_{00}$ Brennessel . . . . 135 $^0/_{00}$

Die Zahlen zeigen den weit geringeren Aschengehalt der Waldbäume gegenüber den landwirtschaftlichen Kulturgewächsen und den verschwindend kleinen Anteil des Stammholzes gegenüber dem schwächeren Reisig und jungen Pflanzen. Bei der regelmäßigen Ernte solcher Jungpflanzen in Saat- und Schulkämpen muß sich daher auch leichter eine Erschöpfung des Bodens bemerkbar machen, und eine derartige Benutzung erfordert hier öfter schon künstliche Düngung. Am *stärksten ist der Aschenanteil der Blätter*, der aber doch immer noch hinter dem der landwirtschaftlichen Kulturgewächse zurückbleibt. Die Nadeln sind dabei aschenärmer als die Laubblätter. Am reichsten fand RAMANN die Blätter bei einer 30jährigen Esche, die allein $^{49}/_{50}$ der im ganzen Baum abgelagerten Mineralstoffe enthielten, die Nadeln einer 30jährigen Kiefer immer noch zwei Drittel.

EBERMAYER hat die Holzarten *nach dem Ergebnis der Aschenanalysen in eine Reihenfolge* geordnet, *die den Bedarf* bzw. *die Ansprüche, die sie an den Boden machen*, angeben soll. Er setzte dabei den Anspruch gleich dem tatsächlichen Entzug. RAMANN hat schon darauf hingewiesen, daß dies nicht richtig ist, indem die Pflanzen oft mehr aufnehmen als sie bedürfen und die Größe der Aufnahme sicher auch vom Wasservorrat, dem Reichtum an gelösten Mineralstoffen u. a. Verhältnissen abhängt. Trotzdem stimmt die von EBERMAYER gefundene Reihenfolge, die durch Analyse von Blättern, Zweigen und Schaftholz gewonnen wurde, im ganzen leidlich mit der überein, die sich die forstliche Praxis aus der Erfahrung gebildet hat.

Ordnet man die Holzarten nämlich nach dieser letzteren, wobei allerdings zu betonen ist, daß die Ansichten darüber nicht ganz einheitlich sind, und vergleicht man sie mit der EBERMAYERschen Reihe, so ergibt sich folgendes Bild:

Reihenfolge nach Ansprüchen (nach Anschauung in der Praxis)		Kali	Phosphor	Kalk	Gesamtbedarf
Anspruchsvolle Holzarten	1. Esche	2.	1.	6.!	6.! Stelle
	2. Ahorn	1.	4.	5.	3. ,,
	3. Ulme	4.	5.	1.	1. ,,
	4. Eiche	7.	8.	4.	4. ,,
Holzarten mit mittleren Ansprüchen	5. Buche	6.	6.	7.	7. ,,
	6. Hainbuche	8.	2.	3.	5. ,,
	7. Tanne	5.	7.	11.	9. ,,
	8. Lärche	9.	9.	9.	10. ,,
	9. Fichte	10.	10.	8.	8. ,,
Anspruchslose oder genügsame Holzarten	10. Aspe	3.!	3.!	2.!	2.! ,,
	11. Birke	11.	11.	12.	12. ,,
	12. Kiefer	12.	12.	10.	11. ,,

Nicht stimmen will die Esche, die zwar nach Kali- und Phosphorbedarf obenan steht, aber durch ihren geringen Kalkbedarf (?) in der letzten Spalte ziemlich tief heruntergedrückt wird. Ganz aus dem Rahmen fällt die Aspe, die nach ihrem Vorkommen auch auf recht geringen Böden als genügsam bekannt ist, aber in allen vier Spalten fast obenan steht. Ähnliches ist übrigens auch von der Akazie bekannt, die nach RAMANN sehr hohe Mengen von Mineralstoffen aufnimmt, im Holz sogar die höchsten von allen Waldbäumen, und die doch auch auf recht geringen Böden fortzukommen vermag. Sie ist ein besonders drastisches Beispiel dafür, daß sich Entzug und Bedarf nicht immer mit Anspruch decken. Die Analysenergebnisse zeigen auch, daß der Entzug an den verschiedenen Mineralstoffen bei den einzelnen Arten recht verschieden ist. So steht z. B. die Esche beim Phosphor an erster, beim Kalk erst an sechster Stelle, die Ulme dagegen beim Kalk an erster und beim Phosphor an fünfter u. a. m.! Dies läßt annehmen, daß *verschiedene Arten in geeigneter Mischung sich weniger Konkurrenz machen und den Boden besser ausnützen als Reinbestände der gleichen Art.*

Humusgehalt des Bodens. Neben den Mineralstoffen spielt aber bei der Ernährung der Pflanze im Walde auch der Humus eine bedeutende Rolle. Sind doch gerade im Walde die pflanzlichen Abfälle, die hier erzeugt und in Humus übergeführt werden, besonders groß. Der Humus beeinflußt zunächst durch die bei seiner Verwesung auftretende Kohlensäure und organischen Säuren das Löslichwerden der Karbonate, Phosphate und Silikate im Mineralboden. Außerdem werden aber auch *die im Humus selbst reichlich enthaltenen Mineralstoffe frei.* So wirkt der Humus nach beiden Beziehungen zunächst mineralstoffanreichernd. Außerdem geht die Mineralstoffumsetzung infolge seines raschen Abbaus viel schneller als die besonders im kühlhumiden Klima unendlich langsam fortschreitende Verwitterung. Leider wird diese günstige Wirkung des Humus im humiden Gebiet durch die dort ständig unter ihm vor sich gehende Auswaschung z. T. wieder aufgehoben oder doch eingeschränkt.

Diese Auswaschung, die sich schon äußerlich in der bleichen Farbe der oberen Bodenschichten gegenüber den tieferen unverwitterten Schichten zeigt, hängt aber in hohem Maße von der Art der Humusbildung und dem Gang seiner Zersetzung ab (vgl. darüber weiter unten).

In der Hauptsache spielt der Humus im Boden eine doppelte Rolle, einmal als sog. *„Dauerhumus"*, der gegen mikrobielle Angriffe resistent ein wichtiger Träger von Sorptionseigenschaften des Bodens ist, und als *Nährhumus*, der durch Abbau mineralisiert den Pflanzen die Nährstoffe, darunter besonders den Stickstoff, *durch Bildung von Nitraten (salpetersauren Salzen* oder im Walde wohl häufiger von *Ammonverbindungen)* darbietet. Wenn auch in einzelnen Fällen eine Bindung des Stickstoffes der Luft durch gewisse Bodenbakterien in Betracht kommen mag, so scheint doch die Hauptquelle der Stickstoffversorgung der Humus zu sein. Mit wenigen bisher bekannten Ausnahmen, wo einzelne höhere Pflanzen in Symbiose mit Bakterien den freien Stickstoff der Luft zu assimilieren vermögen, scheinen alle übrigen, auch die meisten unserer Waldbäume, auf die Aufnahme des Stickstoffes aus dem Boden angewiesen zu sein. Nur die Akazie und die beiden Erlenarten mit ihren bakterienhaltigen Wurzelknöllchen machen unter den Waldbäumen hier eine Ausnahme.

Die Mykorrhizafrage. Ob die in den Wurzeln vieler Waldpflanzen, auch der meisten Waldbäume, regelmäßig auftretenden *symbiontischen Fadenpilze, die sog. Mykorrhizapilze,* eine Rolle bei der Stickstoffernährung spielen, wie manche vermuteten, war bislang noch völlig umstritten und unsicher.

Die Bedeutung, die diese eigenartige Verbindung von Pilzen mit den Wurzeln unserer Waldbäume besitzt, hat in der bisherigen Literatur die widersprechendste

Beurteilung gefunden. Erst die bahnbrechenden Untersuchungen des Schweden ELIAS MELIN[1]), dem es zum ersten Male gelungen ist, die Mykorrhiza aus rein gezüchteten Pilzkulturen und vorher pilzfrei erzogenen Kiefernwurzeln künstlich herzustellen und Kiefern- und Fichtenpflänzchen mit derartigen künstlich gebildeten Mykorrhizen bis zu 3 jährigem Alter in abgeschlossenen Glaskolben auf verschiedenen Nährlösungen zu ziehen, dürften eine Klärung der ganzen Frage ermöglichen. MELIN fand bei der Mykorrhiza ganz verschiedene und verschieden wirkende Formen, je nach den einzelnen Pilzarten. Neben sog. echten Mykorrhizen mit mehreren unterschiedlichen Typen treten auch sog. Pseudomykorrhizen auf. Bei einigen Formen fand MELIN *eine deutliche gegenseitige Förderung im Wachstum (echte Symbiose), bei anderen traten aber auch gewisse Schädigungen auf (Parasitismus),* so daß hier weitgehend verschiedene Wirkungen des Zusammenlebens vorliegen, die erst noch durch weitere Forschungen aufzuklären sein werden.

Humus und Bodenfeuchtigkeit. Durch die Beimengung von Humus im Boden findet aber jedenfalls auch eine sehr weitgehende Beeinflussung der physikalischen Bodenverhältnisse statt. Vor allem wird *durch die wasserhaltende Kraft der feinen Humusteilchen die Bodenfeuchtigkeit in starkem Maße erhöht.* So fand ich bei einer Dürreprobe, bei der junge Kiefernkeimlinge nach erfolgtem Auflaufen in einem Gewächshaus vom 26. Mai ab ganz trocken gehalten wurden, ein viel langsameres Absterben der jungen Pflänzchen im humosen gegenüber humuslosen Sand. In letzterem waren alle Keimlinge schon am 27. Juni abgestorben, während im humosen Sand noch 40—50 % frisch geblieben waren, und die letzten davon erst zwischen 11.—22. August verdorrten[2]).

Wir sehen also, daß die Wirkung des Humus recht verschiedenartig ist. Ein reicher Humusgehalt hat schon immer als Grund besonderer Fruchtbarkeit des Bodens gegolten. THAER sah in ihm sogar die Grundlage aller Pflanzenernährung überhaupt, was freilich zu weitgehend war. Die ungünstige Einwirkung durch Erhöhung der Auswaschung ist nicht zu übersehen. Sie wird von anderer Seite, z. B. von SÜCHTING[3]), sogar meist über die Vorteile gestellt, was im allgemeinen auch wieder zu weit gehen dürfte. Auch die Landwirtschaft erkennt immer mehr die Notwendigkeit einer Beigabe von organischen Abfallstoffen (Stallmist) neben der Düngung mit Mineralstoffen.

Düngewirkung des Humus. Da Humus im Walde mehr oder minder überall vorhanden ist, so ist *die Frage seiner Düngewirkung,* besonders auf den ärmeren Sandböden, bei der Bodenbearbeitung von größter Wichtigkeit. Wir verdanken hier einer Reihe von Versuchen von MÖLLER[4]) die Feststellung, daß sich der Humus, auch der schlecht zersetzte, als äußerst wirksamer Dünger erweisen kann, wenn er gründlich zerkleinert und mit dem humuslosen Sand gemischt wird. Nur Rotbuche und Hainbuche machten eine Ausnahme, indem eine fördernde Wirkung bei ihnen ausblieb oder sogar eine gewisse Empfindlichkeit gegen die Beigabe von solchem unzersetzten Humus (Rohhumus) festgestellt wurde.

---

[1]) Eine vorläufige Zusammenfassung findet sich in E. MELIN: Untersuchungen über die Bedeutung der Baummykorrhiza. Eine ökologisch-physiologische Studie. Jena 1925.

[2]) DENGLER, A.: Über die Wirkung der Bedeckungstiefe auf das Auflaufen und die erste Entwicklung des Kiefernsamens. Z.F.J.W. 1925, S. 398.

[3]) SÜCHTING, H.: Die Bekämpfung des Humus der Waldböden. Z.F.J.W. 1929, S. 349.

[4]) MÖLLER, A.: Über die Wurzelentwicklung 1- und 2jähriger Kiefern in märkischem Sandboden. Z.F.J.W. 1902, S. 197; 1903, S. 257 ff. — Ferner: Die Nutzbarmachung des Rohhumus bei Kiefernkulturen. Ebenda 1908, S. 273. — MÖLLER u. HAUSENDORFF: Humusstudien. Ebenda 1921, S. 789 ff.

Die MÖLLERschen Versuche wurden teils in Versuchstöpfen, teils in Versuchsbeeten, die durch Blechwände gegen jede Seiteneinwirkung abgeschlossen waren, in möglichst exakter Weise durchgeführt. Ihre wissenschaftlichen Ergebnisse sind zweifellos unanfechtbar und bahnbrechend für unsere Erkenntnis von der Bedeutung der Humusdüngung auf Sandböden geworden. MÖLLER hat die Hauptwirkung in der besseren Stickstoffernährung gesucht, und hierfür spricht auch vieles in seinen Untersuchungsergebnissen, trotzdem dies von anderer Seite noch bezweifelt wird[1]).

Die Unterschiede in der Entwicklung auf rohhumusgedüngtem und auf humuslosem Untergrundsand waren z. T. ganz außerordentlich groß, und, was besonders bedeutungsvoll ist, auch nachhaltig.

So betrug die Entwicklung von zwei Versuchskiefern, die im Jahre 1903 gepflanzt waren:

	1903	1904	1905	1906	1916	1919 (16jährig)
	m	m	m	m	m	m
auf humuslosem Sand .	0,31	0,38	0,45	0,50	1,0	1,3
auf humusgedüngtem Sand	0,33	0,59	0,85	1,25	5,7	7,0

Von mehreren im Jahre 1906 in Versuchsbeeten ausgepflanzten Nadelhölzern hatten die höchsten im Jahre 1919, also 13jährig, eine Höhe:

	Lärche	Fichte	Kiefer	Tanne
	m	m	m	m
auf Sand	0,6	0,7	2,4	0,17
auf Sand + Humus . .	7,0	4,5	3,7	0,82

Eine Aufnahme eines dieser Versuche im dritten Jahre zeigt Abbildung 84.

Für die Übertragung dieser Ergebnisse in die waldbauliche Praxis muß aber berücksichtigt werden, *daß in den Versuchen sehr extreme Verhältnisse geschaffen waren.* Ein so humusloser Sand aus dem Untergrund, wie ihn MÖLLER verwendete, ist auch bei mittelmäßigen Böden selbst bei Abschälung der Humusdecke mit dem Waldpflug, dessen Anwendung MÖLLER deswegen verwerfen wollte, niemals vorhanden. Das zeigt schon die abnorm niedrige Höhe der 16jährigen Kiefer mit 1,3 m Höhe! Selbst auf den geringsten Böden (V. Bonität) beträgt sie in diesem Alter beim Durchschnittsstämmchen noch immer 1,5—2,0 m.

Andererseits ist eine derartig starke Düngung, wie sie MÖLLER gab, indem er eine 20 cm hohe Rohhumusschicht (!) mit einer 40 cm hohen Mineralbodenschicht auf 60 cm Gesamttiefe gleichmäßig durchmischte, in der Praxis meist wegen der Kosten undurchführbar, die das verursachen müßte, aber auch schon deswegen, weil wir solche dicken Humusdecken im Walde für gewöhnlich glücklicherweise gar nicht haben.

Die Unterschiede müssen daher unter den praktisch in Betracht kommenden Verhältnissen viel geringer ausfallen. Die amtlicherseits angeordneten Versuche auf Vergleichskulturen in vielen preußischen Staatsforsten haben daher auch nicht annähernd solche Überlegenheit gezeigt. Ja, wie MÖLLER[2]) selbst berichtet, standen „den günstigen Beurteilungen der Zahl nach überwiegend absprechende gegenüber". Es zeigten sich nämlich oft auf den Freikulturen mißliche Nebenumstände: „gesteigerte Dürre und Unkrautgefahr, schlechteres Auflaufen der Saat auf einem oberflächlich mit Humus gemischten Boden und eine Verteuerung der Bodenarbeit, welche mit dem zu erzielenden Erfolge vielerorten nicht in Einklang stehen soll". Neben der Schwierigkeit der sorgfältigen Zerkleinerung und Unterbringung des Rohhumus wirkte besonders die Bekämpfung der Unkräuter stark kostenerhöhend, da diese durch die Düngung fast noch mehr gefördert wurden als die Holzpflanzen.

---

[1]) Vgl. LANG, R.: Forstliche Bodenkunde. In LOREY, T., u. WEBER: Handbuch Bd. 1, S. 421.

[2]) Z.F.J.W. 1908, S. 273.

Später hat HESSELMAN[1]) in ähnlicher Weise wie MÖLLER Düngungsversuche mit Auflagehumus von schwedischen Waldböden angestellt und hierbei nachgewiesen, *daß die einzelnen Rohhumussorten sich hierbei sehr verschieden verhielten.*
Während der Rohhumus von gewissen schlechten Waldtypen nur kleine und nicht geförderte Pflanzen lieferte, zeigten besonders zwei Sorten, eine aus einem Fichten- × Birkenmischbestand, die andere von einer Fichtenkahlschlagfläche mit mehrjähriger Freilage (!) eine ganz bedeutende Wuchssteigerung. Der Erfolg ging im allgemeinen gleich mit der geringeren und stärkeren Nitrat- bzw. Am-

Abb. 84. Wachstum von Kiefer, Fichte, Tanne und Lärche in humuslosem Untergrundsand (links) und zu $^1/_2$ mit Rohhumus gemischtem Sand (rechts). Aufnahme nach 3 jährigem Stand in den Versuchskästen. (Nach MÖLLER.) In den Kästen jedesmal links: Fichten 4 jährig, vorn: Tannen 4 jährig, rechts: Kiefern 3 jährig, hinten Lärchen 6 jährig. (Phot. A. MÖLLER.)

moniakbildung dieser verschiedenen Rohhumussorten. Die jungen Kiefernpflanzen zeigten auch je nach der Güte des verwendeten Rohhumus eine ganz verschiedene Mykorrhizenbildung.
Die düngende Wirkung eines gut zersetzten Humus dürfte in jedem Fall feststehen. Auch der *schlechteste Humus* aber kann durch entsprechende *Melioration* (Kalkung, Anbau von perennierender Lupine) noch *nutzbar* gemacht werden[2]). Die *Entfernung des Auflagehumus* aus dem Walde, sei es durch langjährige Streunutzung, sei es auch nur durch eine einmalige Entnahme vor der Kultur hat sich jedenfalls *auf den ärmsten Kiefernböden* in Nordostdeutschland *nachweisbar schädlich* gezeigt[3]).

---

[1]) HESSELMAN, H.: Die Bedeutung der Stickstoffmobilisierung in der Rohhumusdecke für die erste Entwicklung der Kiefern- und Fichtenpflanze. — MELIN, E.: Die Ausbildung der Kiefernpflanze in verschiedenen Rohhumusformen. Medd.Sk.Anst. 1927, H. 23.
[2]) WITTICH, W.: Die Aktivierung von Rohhumus extrem ungünstiger Beschaffenheit. Z.F.J.W. 1942, S. 241 ff.
[3]) WIEDEMANN, E.: Die schlechtesten ostdeutschen Kiefernbestände. Berlin, Reichsnährstandverlag 1942, S. 59 ff.

Azidität des Bodens. In letzter Zeit hat man unter den chemischen Bodenwirkungen in Verfolg landwirtschaftlicher Erfahrungen auch im Walde der *Säurebildung (Azidität) des Bodens* eine besondere Aufmerksamkeit geschenkt. Die dabei aufgegriffenen Fragen können hier nur kurz berührt werden, um so mehr, als sie noch wenig geklärt sind und ihre unmittelbare Wichtigkeit für das Gedeihen unserer Waldbäume nach manchen Beobachtungen sehr viel geringer als in der Landwirtschaft sein dürfte.

Die *Säuregrade werden gewöhnlich als Wasserstoffionenkonzentration in einem vereinfachten Ausdruck, dem sog.* p_H-*Wert, angegeben,* wobei $p_H = 7$ neutral bedeutet. Werte über 7 zeigen alkalische, unter 7 saure Reaktion an, wobei Werte unter 5 schon einem ausgesprochen sauren, solche unter 4 einem sehr stark sauren Grad entsprechen.

Wichtig ist zunächst die Feststellung, daß *im Waldboden die Oberschichten fast immer mehr oder weniger sauer sind, daß aber nach der Tiefe zu oft eine sehr*

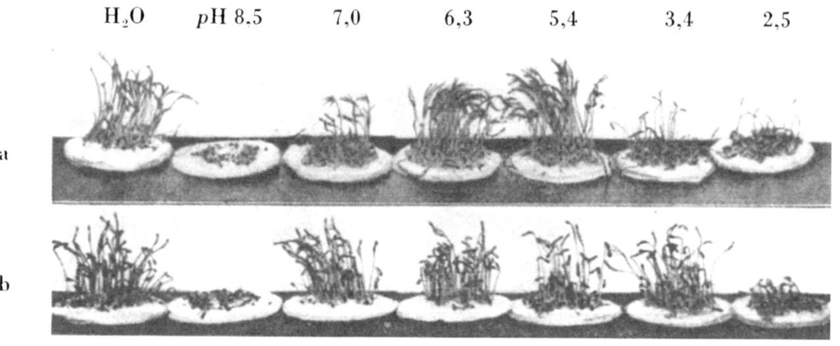

Abb. 85. Reaktionsempfindlichkeit von a) Fichten- und b) Kiefernkeimlingen bei verschiedenen Säuregraden. (Nach W. SCHMIDT.) Links Wasserkontrolle, daneben der Verlauf bei alkalischer Reaktion ($pH = 8,5$) über neutral (etwa bei 6,3) bis zu stark sauer 2,5.

gleichmäßige und rasche Abnahme erfolgt[1]), so daß auch eine hohe Azidität im Oberboden meist schon in 30—50 cm Tiefe sehr gering wird, oder der Boden dort gar schon neutrale Reaktion aufweist[2]). Hiernach müssen die Wurzeln der Waldbäume dann in Schichten von ganz verschiedenen Säuregraden wachsen und arbeiten. Da man vorläufig keinerlei damit in Zusammenhang stehende Unterschiede im Wurzelwachstum beobachtet hat, und auch bei recht hohen Säuregraden in der Oberkrume noch ein durchaus normales Wachstum, zum mindesten bei den Nadelhölzern Fichte und Kiefer festgestellt worden ist, so scheint eine fühlbare Beeinträchtigung der Wurzeln, wenigstens bei älteren Pflanzen, nicht stattzufinden[3]).

An jungen Keimpflanzen haben dagegen Versuche von SCHMIDT deutliche Unterschiede ergeben[4]) (vgl. Abb. 85). Kiefern- wie Fichtenkeimlinge zeigen

---

[1]) KRAUSS, G.: Zur Aziditätsbestimmung in Waldböden. F.Cbl. 1924, S. 85 u. 137 ff. — Auch NEMEC u. KVAPIL: Biochemische Studien über die Azidität der Waldböden. Z.F.J.W. 1924, S. 323 ff.

[2]) So wenigstens auf den diluvialen Sandböden. Alte Gebirgsböden zeigen oft auch in größerer Tiefe noch starke Versäuerung.

[3]) NEMEC u. KVAPIL: a. a. O. und auch Z.F.J.W. 1925, S. 193 ff. — SCHNEIDER: Erfahrungen in der Ödlandsaufforstung. Ebenda 1924, S. 169 ff. — WIEDEMANN, E.: Untersuchungen über den Säuregrad des Waldbodens im sächsischen oberen Erzgebirge. Ebenda 1928, S. 659.

[4]) SCHMIDT, W.: Reaktionsempfindlichkeit von Keimlingen. F.Arch. 1927, S. 82.

eine starke Schädigung bei alkalischer, ebenso aber auch stark saurer Reaktion der Nährlösung. Dem stehen allerdings andere Untersuchungen gegenüber, bei denen relativ gute Keimung von Kiefern- und Fichtensamen sogar in den weiten Grenzen von p_H 2,5—10 festgestellt wurde, sowie Beobachtungen, die auch bei sehr saurem Alpenhumus noch sehr gute Verjüngungen feststellen konnten[1]). *Unter Laubholzbeständen* wurden auf zahlreichen Standorten in Böhmen in der Oberschicht *meist sehr viel geringere Säuregrade als unter Fichten* gefunden, unter Esche in einem Fall sogar eine alkalische Reaktion von 7,25—7,3 p_H. Ebenso wiesen Nadel- und Laubholzmischbestände geringere Säuregrade als reine Nadelholz- und besonders reine Fichtenbestände auf.

Jedenfalls ist nach Ansicht von Bodenkundlern, wie ALBERT, KRAUSS, LANG u. a., *für unsere Waldbestände, vor allem die älteren, die unmittelbare Bedeutung der Azidität offenbar nicht sehr erheblich,* während die landwirtschaftlichen Kulturgewächse vielfach große Empfindlichkeit zeigen.

Viel bedeutsamer dürfte die Säurewirkung im Walde in Verbindung mit dem Humuszustand für das Auftreten der Bodenflora und Bodenfauna sein. Hier haben neuere Arbeiten[2]) deutliche Zusammenhänge gezeigt.

Im Topfversuch konnte OLSEN das verschiedene Verhalten einzelner Arten der Bodenflora sehr schön nachweisen. Die Abb. 86 zeigt das üppigste Wachstum bei dem säureliebenden Sphagnummoos bei dem hohen Säuregrad von pH = 3,5, bei der säurefliehenden *Sanguisorba minor* dagegen bei alkalischer Reaktion von 7,6, bei *Senecio silvaticus* aber bei dem mittleren Säuregrad von 5,2—5,4.

Untersuchungen von HARTMANN zeigten für das Auftreten der hauptsächlichsten Vertreter der nordostdeutschen Kiefern- und Buchenflora ebenfalls ein sehr abweichendes Verhalten je nach dem Säuregrad des Oberbodens (vgl. Abb. 87). Einzelne häufige Begleiter des Kiefernbestandes, wie besonders *Hypnum Schreberi* und *purum* haben eine große Breite des Vorkommens von stark sauren bis zu alkalischen Böden. Bei der Waldschmiele (*Aira flexuosa*) zeigt sich schon ein Fehlen auf schwach sauren bis alkalischen, aber auch auf den stark sauren Böden. Preißelbeere und Heidelbeere haben engere und fast ganz im sauren bis stark saurem Reaktionsgebiet liegende Verbreitung.

Erdbeere, Sauerklee, *Dactylis glomerata* und vor allem *Geranium Robertianum* (Akazienflora) kommen dagegen nur mehr auf schwach sauren Böden vor und gehen bis ans alkalische Gebiet heran. Die Ergebnisse bestätigen in bester Weise unsere auf Grund allgemeiner Beobachtungen im Walde gewonnenen Anschauungen über die bodenanzeigende Bedeutung dieser Standortsgewächse. Sie werden bei Ergänzung durch weitere Untersuchungen ermöglichen, den Säuregrad unserer obersten Waldbodenschichten schon nach der Zusammensetzung und dem mehr oder minder üppigen Entwicklungsgrad der Bodenflora annähernd einzuschätzen.

Eine noch viel höhere Bedeutung dürfte die Azidität für das Vorkommen und die Lebenstätigkeit der im Boden lebenden Mikroflora und Mikrofauna besitzen. Dies haben schon die ersten hier vorliegenden Untersuchungen gezeigt. Die Wichtigkeit des ganzen Aziditätsproblems dürfte sich überhaupt mehr und mehr auf dieses Gebiet verschieben, woraus sich dann natürlich auch mittel-

---

[1]) LEININGEN, W., in RUBNER, K.: Waldbau, 3. Aufl., S. 183 u. 199.
[2]) OLSEN, C.: Studies on the hydrogen ion concentration of the soil and its significance to the vegetation, especially to the natural distribution of plants. Compt. rend. d. trav. du Laborat. Carlsberg 15, Nr. 1, 1923, Kopenhagen. — HARTMANN, F. K.: Untersuchungen zur Azidität märkischer Kiefern- und Buchenstandorte unter Berücksichtigung typischer Standortsgewächse als *Weiser*. Z.F.J.W. 1925, S. 321 ff.

Wachstum von *Sphagnum rubellum* in Wasserkultur bei verschiedenen pH-Werten.

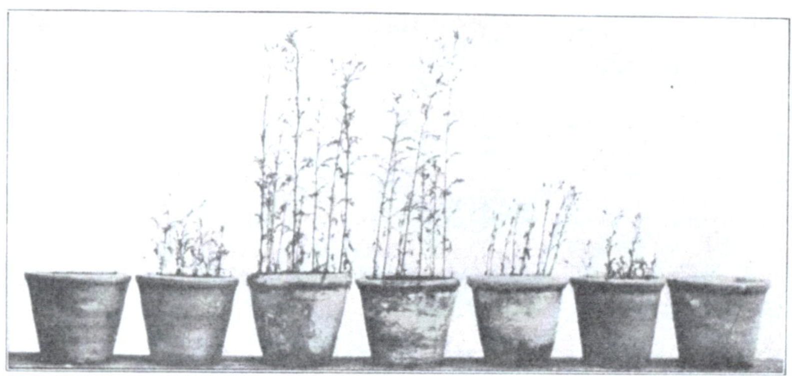

Wachstum von *Senecio silvaticus* in Böden mit verschiedenen pH-Werten.

Wachstum von *Sanguisorba minor* in Böden mit verschiedenen pH-Werten.

Abb. 86. Wachstum von 3 verschieden säureempfindlichen Pflanzen bei Kultur unter verschiedenen Säuregraden (links stark sauer, rechts alkalisch). (Nach Olsen.)

bare Folgen für die Bildung und den Abbau des Humus und den Wald im ganzen ergeben können[1]).

Physikalische Bodeneigenschaften. Die *physikalischen Eigenschaften des Bodens* werden hauptsächlich durch die Zusammensetzung des Bodens aus mehr oder minder groben bis feinsten Teilchen (*Feinkorngehalt*) und deren gegenseitige Lagerung (*Krümelstruktur oder Einzelkornstruktur*) bedingt. Daraus ergeben sich dann weiter die Wärme- und Wasserverhältnisse und die Durchlüftung des Bodens, und diese sind zuweilen in höherem Grade ausschlaggebend für das Wachstum unserer Bestände als die chemischen Verhältnisse.

---

[1]) Vgl. hierzu die Untersuchungen von Hesselman, H.: Mitt. d. schwed. forstl. Versuchsanst. 1917, 1926, 1927. — Wittich, W.: Mitt.F.W.W. 1930. — Feher, D.: Mikrobiologie des Waldbodens. Berlin 1933. — Bornebusch, C. H.: Tierleben der Waldböden. F.Cbl. 1932. — Blancks Handbuch der Bodenlehre. Berlin: Julius Springer.

Wärmeverhältnisse. Über die Bodentemperaturen ist das Nötige schon beim Wärmefaktor (S. 106) gesagt worden. Es erübrigt sich hier nur noch auf einige physikalische Grundlagen der Bodenwärme hinzuweisen. *Wärmekapazität und Wärmeleitung hängen in hohem Grade von dem Wassergehalt des Bodens ab, so daß sie oft geradezu durch diesen bestimmt werden.*

Der Einfluß des Wassers wirkt hier abkühlend, da es sich viel schwerer erwärmt als feste Bodenteile. Ebenso findet durch die an der Oberfläche stattfindende Verdunstung ein starker Wärmeverlust statt. Wenn Ton- und Moorböden im allgemeinen als kalte Böden gelten, so beruht das auf ihrer starken Verdunstung bei hohem Wassergehalt und ihrer langsamen Erwärmung im

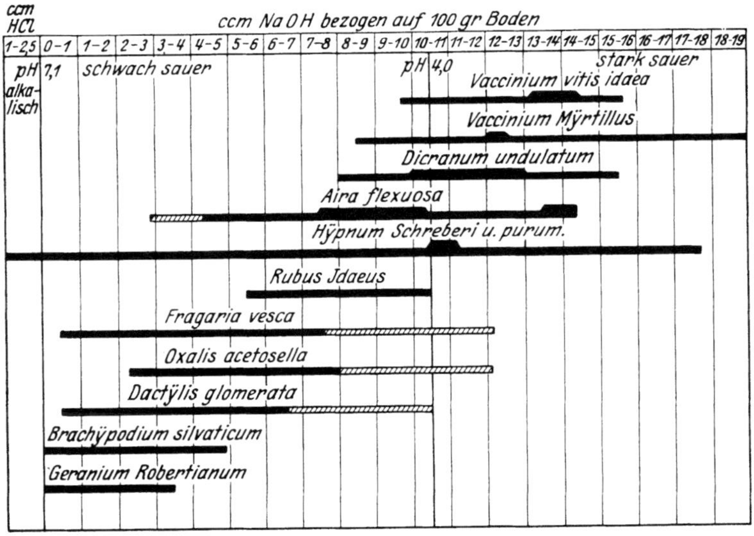

Abb. 87. Variationsbreite verschiedener Bodenpflanzen in bezug auf ihr Vorkommen auf verschieden sauren Böden. (Nach HARTMANN.) Links alkalisch, rechts stark sauer. Verdickung der Balken bedeutet häufigeres, Schraffierung selteneres Vorkommen nach dem Umfang der Aufnahmen.

Frühjahr. Ausgetrocknete Humusböden erhitzen sich u. U. sehr stark. Diese Verhältnisse haben aber offenbar in der Landwirtschaft mehr Bedeutung als im Walde, dessen Bodenwärmegang wegen der Beschirmung ja überhaupt viel ausgeglichener ist.

Feuchtigkeitsverhältnisse. Die *Bodenfeuchtigkeit* hat bereits beim Wasserfaktor eine weitgehende Besprechung erfahren. Auch die *Zusammensetzung des Bodens nach der Größe der einzelnen Körner spielt auf den Sandböden trockenerer Gebiete oft eine große Rolle.* Die Wasserhaltung ist um so besser, je höher der Anteil der feinen Körner ist.

Auch *eine stärkere Humusbeimengung im Boden wirkt ähnlich erhöhend auf den Wassergehalt,* da diese im allgemeinen auch den Anteil an feinen Teilchen erhöht und die Humusteile selbst hygroskopisch Wasser aufnehmen (vgl. S. 165).

Durchlüftung. Hierfür sind in erster Linie die strukturellen Verhältnisse (*Krümel- und Einzelkornstruktur, Porenvolumen und Luftkapazität*) bestimmend.

Eine gute Krümelstruktur des Bodens, bei der, wie schon der Name sagt, die Bodenteilchen in kleinen Gruppen (Krümeln) zusammengeballt sind, *verbürgt gegenüber der dichten Einzelkornlagerung zunächst ein besseres Eindringen*

der Luft und ebenso ein leichtes Eindringen und Arbeiten der feinsten Würzelchen.
Wir finden daher auf solchen Böden immer eine reichere und tiefere Bewurzelung,
dagegen auf dicht gelagerten meist flachstreichende, oft kranke Wurzeln (Wurzelfäule), obwohl der Zusammenhang nicht immer klar und sicher zu erweisen ist[1]).
Die Krümelstruktur erleichtert aber auch, namentlich auf schwereren Böden,
bei Regen das Eindringen des Niederschlagswassers. Sie geht Hand in Hand
mit noch allerlei anderen günstigen Nebenerscheinungen und bezeichnet jenen
aus der Landwirtschaft bekannten Zustand der „*Bodengare*", bei dem alle
Wachstums- und Lebensvorgänge der Pflanzenwelt, wie auch die Zersetzung der
organischen Abfallstoffe am besten vor sich gehen.

Das Vorkommen und die Verteilung der Bodenarten in Deutschland. Eine
statistische oder gar kartographische Darstellung der Bodenarten im deutschen
Walde besitzen wir noch nicht. Doch soll eine *forstliche Bodenkartierung* für ganz
Deutschland Hand in Hand mit der pflanzensoziologischen demnächst aufgenommen und durchgeführt werden.

*In der norddeutschen Tiefebene herrschen aber im Walde die leichten und mitt-
leren Bodenarten (Sand und lehmiger Sand) vor.* Alle größeren Flächen mit
schwereren Böden (Lehm-, Ton- und Marschböden) sind hier meist längst und
ausschließlich von der Landwirtschaft in Anspruch genommen. Dem Walde
sind nur Lehmeinsprengungen verblieben, die sich wie die in den Endmoränen-
zügen liegenden durch starke Hügeligkeit des Geländes nicht zur Beackerung
eignen, oder kleine Lehminseln, die in größere Waldgebiete mit Sandboden
eingeschlossen, ihrer abgelegenen Lage wegen der landwirtschaftlichen Benutzung entgangen sind. Allerdings finden sich im norddeutschen Wald auch
noch häufiger *zweietagige Böden* (Lehm im Untergrund mit einer mehr oder
weniger starken Sanddecke). Endlich findet sich Wald auch noch auf den
schweren, fruchtbaren Schlickböden im Überschwemmungsgebiet der großen
Ströme und Seitenflüsse der norddeutschen Tiefebene (sog. Auewälder). *Zum
allergrößten Teil aber stockt der Wald in der ganzen norddeutschen Tiefebene
auf Sandböden.* Die Fruchtbarkeit dieser Sande ist durch ihren Gehalt an Silikaten, durch etwa unterliegende Lehmschichten oder günstigen Grundwasserstand gegeben. Sehr arme Böden bilden meist die großen *Talsandgebiete* und
zahlreiche *Binnendünen* im östlichen Teil, ebenso die stark ausgewaschenen
und z. T. durch Wind umgelagerten *Heidesande* in Nordwestdeutschland und
in Schleswig-Holstein. Die an Feldspat und anderen Silikaten, teilweise auch
Kalkkarbonaten reicheren Diluvialsande (sog. *Spatsande*) zeigen ihre größere
Fruchtbarkeit meist schon durch reichere Beimischung von Laubhölzern an.

Ungleich besser ist das Verhältnis im Westen und Süden des Altreichs, Österreichs und in Böhmen und Mähren. *Hier hat die Berglage dem Wald noch große
Gebiete fruchtbarer Lehmböden erhalten.* Man wird hier umgekehrt den Anteil
der Sandböden im Walde als sehr gering gegenüber den Lehm- und Tonböden
annehmen dürfen. *Größere reine Sandgebiete* finden sich nur in der Rhein-Main-
Ebene, im fränkischen Keupergebiet (Bamberg—Erlangen—Nürnberg), in einem
Teil der Buntsandsteingebiete von Hessen-Nassau, sowie im Schwarzwald und
in der Pfalz. *In den übrigen Gebieten aber herrschen die Lehmböden im Walde vor.*
Hervorragend fruchtbare Böden liefern die zahlreichen Basaltberge in West-
deutschland (Vogelsberg, Rhön und viele andere kleinere Köpfe) und die großen
Kalkgebirge (Muschelkalk, Jura u. a.), ebenso die Lößüberlagerungen in einigen
Mittelgebirgen und Hügellandschaften.

---

[1]) Vgl. ALBERT, R.: Besteht ein Zusammenhang zwischen Bodenbeschaffenheit und
Wurzelerkrankung der Kiefer auf aufgeforstetem Ackerland? Z.F.J.W. 1907, S. 283 ff.

Trotzdem findet sich auch im Westen und Süden des Reiches eine reiche Abstufung und eine waldbaulich wechselnde Einstellung der einzelnen verschiedenen Böden[1]), in besonderen Fällen auch mit hoher Empfindlichkeit und großen Schwierigkeiten für die waldbauliche Behandlung (wie z. B. die Phyllitböden im sächsischen Vogtland). Aber abgesehen von den klimatisch ungünstigen höheren Gebirgslagen, sind sie doch fast alle fähig, auch die anspruchsvolleren Laubholzarten zu tragen.

Zu der klimatischen Begünstigung West- und Süddeutschlands tritt so noch schwerwiegend der reichere und bessere Boden. In Norddeutschland haben wir nur Brocken davon im Walde, im Westen und Süden aber ist der nährstoffreichere Lehm fast überall des Waldes tägliches Brot!

Der Einfluß des Waldes auf den Boden. Der Einfluß des Waldes auf den gegebenen Boden ist offenbar tief einschneidend. *Waldboden ist auch bei gleicher geologischer Grundlage und gleichem Außenklima ökologisch etwas ganz anderes als nackter Boden oder Acker- und Wiesenboden.*

Wir sehen das vielleicht am krassesten, wenn solcher Boden aufgeforstet wird, und dann die Nadelhölzer, wie Kiefer oder Fichte, Erkrankungen und Absterben, die sog. *„Ackersterbe"* oder *„Ackertannenkrankheit"*, zeigen, während sie oft dicht daneben auf altem Waldboden gut gedeihen[2]).

Mineralstoffentzug. Die Einwirkung des Waldes auf den Boden in bezug auf Wärme, Feuchtigkeit, Licht, Kohlensäure und Wind ist schon bei diesen Faktoren besprochen worden. Hier haben wir zunächst noch seinen *Einfluß auf den Mineralstoffvorrat* zu behandeln.

Wir hatten schon gesehen, daß der *Mineralstoffgehalt nur in den Blättern und im feinen Reisig stark ist.* Diese werden aber im allgemeinen *dem Boden beim Abfall wieder zurückgegeben.* Ja, es kann hier sogar *eine gewisse Bereicherung* eintreten, indem die von den Wurzeln aus größeren Tiefen entnommenen Mineralstoffe an die Oberfläche gebracht und aufs neue dem Kreislauf zugeführt werden. Wie bedeutend diese Mengen sind, aber auch wie verschieden bei den einzelnen Holzarten, zeigt die von ALBERT entworfene anschauliche Darstellung in Abb. 88. Da bei den verschiedenen Holzarten auch ein verschieden starker Entzug an den einzelnen Mineralstoffen vorliegt, so kann *durch Holzartenmischung ein günstiger Ausgleich* stattfinden, während bei Reinbeständen leichter eine einseitige Ausnutzung und Verarmung an einem Stoff eintreten kann. Man hat sogar teilweise hierauf die sog. *Bodenmüdigkeit* bei Reinanbau auf ärmeren Standorten zurückführen wollen, z. B. bei der Rotbuche auf Buntsandstein. Allerdings ist bisher kein Nachweis dafür erbracht worden, daß die Wuchsleistung tatsächlich mit den Generationen zurückgegangen ist und der Vorrat an irgendeinem Mineralstoff damit abgenommen hat[3]).

Die Frage *der Bilanz zwischen Mineralstoffentzug und Vorrat im Boden* hat schon immer in der forstlichen Welt Interesse erweckt.

Freilich steht jede Berechnung auf sehr unsicheren Grundlagen. Vor allem gilt das für den Vorrat: Kann die mit Salzsäure aufgeschlossene Mineralstoffmenge mit der durch die

---

[1]) Eine vorzügliche Darstellung dieser waldbaulichen Verhältnisse bei wechselnder geologischer Grundlage gibt REBEL in seinen fein ausgezeichneten Einzelbildern: „Waldbauliches aus Bayern" Bd. 1 u. 2. 1922 u. 1924, sowie SCHABER: Waldbauliches aus Thüringen. Weimar 1934.

[2]) Vgl. hierzu Teil II, Kap. 13.

[3]) Andere wollen die Erscheinung auf die Ausscheidung ungünstiger oder giftiger Stoffe aus den Wurzeln oder im Streuabfall zurückführen. „Keine Pflanze wächst gern in ihrem eigenen Mist." In der Landwirtschaft sind derartige Erscheinungen einer Bodenmüdigkeit allerdings nachgewiesen (z. B. bei Klee, Luzerne u. a.). Ein Analogieschluß auf den Wald ist aber ohne tatsächliche und sichere Unterlagen unzulässig!

Wurzeln aufnehmbaren in Vergleich gebracht werden? Welcher Raum soll als Wurzelraum gelten? Kann Auswaschung einerseits, kapillarer Aufstieg andererseits nicht weitgehende Vorratsverschiebung in der Wurzelschicht bewirken u. a. m.? HAUSRATH[1]) hat einmal für die Kiefer und für diluviale Sandböden eine schätzungsweise Berechnung aufgestellt, wie lange bei Entnahme des gesamten Holzes der Vorrat an den einzelnen wichtigsten Mineralstoffen reichen dürfte und ist zu folgenden ungefähren Zahlen gekommen:

Es wird eine Erschöpfung eintreten:

Auf Stand- ortsklasse für Kiefer	an Kali	an Kalk	an Phos- phorsäure
	nach Jahren (auf 100 abgerundet)		
I	4900	57000	9500
II	7100	5300	9800
III	5600	4100	9500
IV	4200	1300	8800
V	4600	2900	7600

Diese Zahlen dürften aber nur insofern einen tatsächlichen Wert haben, als sie zeigen, *daß auch bei voller Holzernte der Mineralstoffvorrat in der Wurzelschicht vorläufig noch auf Generationen hinaus reichen wird*, und daß sich vielleicht am ehesten beim Kalk auf geringeren Ertragsklassen eine Erschöpfung bemerkbar machen könnte.

Sehr lehrreich sind die Zahlen für den *Entzug bei Derbholz- und bei Reisignutzung*. Er beträgt im Durchschnitt je Festmeter bei der Kiefer:

	Kali	Kalk	Phosphorsäure
	g	g	g
Derbholz (altes Holz)	166	683	69
Reisholz (junges Holz)	793	2150	626

Eine *Belassung des wirtschaftlich sowieso schlecht verwertbaren schwächeren Reisigs kann also das Nährstoffkapital nicht unbeträchtlich strecken!*

Es ist aber bei der ganzen Frage der Mineralstoffbilanz nicht zu verkennen, daß wir dem Urwald gegenüber, in dem ja alle Mineralstoffe dem Waldboden wiedergegeben werden, *im Wirtschaftswald zweifellos einen langsamen Raubbau treiben*. Aber *die Frage eines Ersatzes durch künstliche Düngung nach der Ernte des Holzes* wird und kann erst dann einmal brennend werden, wenn die Erträge an Holz nachweisbar durch Nährstoffmangel nachlassen sollten, und der Wert des Holzes damit steigen wird. Vorläufig ist sie noch *ein Problem ferner Zukunft!*

Ein *Mineralstoffentzug durch die Sträucher, Kräuter und Gräser des Waldbodens* spielt im allgemeinen keine Rolle, da ja alles an den Boden zurückfällt. Der Verzehr durch Wild und Weidevieh, bei dem nur ein Teil dem Boden in den Exkrementen zurückgegeben, ein Teil aber zum Körperaufbau der Tiere verwendet wird, dürfte auch kaum ins Gewicht fallen. Bedenklicher ist schon ein *regelmäßig ausgeübter Grasschnitt, das Mähen von Beerkraut, Heide, vor allem aber eine regelmäßige Streunutzung*. Eine mehrmalige Wiederholung auf der gleichen Fläche muß bei dem verhältnismäßig hohen Mineralstoffentzug hierdurch auf ärmeren Böden eine *empfindliche Schmälerung des Nährstoffvorrates* herbeiführen. Wir haben allen Grund, diese Nebennutzungen, vor allen Dingen die Streunutzung (diese „Pest des Waldes") ganz aus dem Walde zu verbannen oder aufs Unumgänglichste zu beschränken!

Abfallstoffe und Humusbildung. *Den wohl wichtigsten Einfluß auf den Boden übt der Wald aber durch die organischen Abfallstoffe seiner Bäume und der Bodenflora (Waldstreu) bei der Bildung des Humus aus.* Sind es doch alljährlich gewaltige Mengen , die beim Abstoßen der Nadeln, Blätter, Knospenschuppen, Äste und Borke, sowie beim herbstlichen Absterben der Gräser und Kräuter auf dem Waldboden abgelagert werden. Die Menge der von der Bodenflora alljährlich gebildeten Abfallstoffe kann nach WITTICHs Ermittlungen, in Trockensubstanz umgerechnet, sogar den Streuabfall eines geschlossenen Buchenbestandes erreichen[2]). Alle diese Abfälle werden nun auf dem Waldboden einer Zerstörung

---

[1]) HAUSRATH, H.: Pflanzengeographische Wandlungen der deutschen Landschaft, S. 242. Leipzig 1911.

[2]) WITTICH, W.: Unters. i. Nordwestdeutschld. über d. Einfluß d. Holzart auf d. biolog. Zustd. d. Bodens. Mitt.F.W.W. 1933, S. 141.

und Verwesung durch allerhand physikalische, chemische und biologische Vor-
gänge entgegengeführt. Diese schon weitgehend veränderten, aber noch dem
Boden aufliegenden Stoffe bezeichnet man als „*Auflagehumus*", der sich sowohl
der noch unveränderten Streu (Förna der Schweden) wie auch den schon in den
Mineralboden durch Regen, Tiere usw. eingebrachten Humusteilchen, dem
Bodenhumus, gegenüberstellen läßt. Die Zersetzung der Streu kann nun sehr
verschieden vor sich gehen. Erfolgt sie rasch und gut, so werden die organischen
Bestandteile weitgehend zerkleinert und bald in eine feinkörnige, lockere Masse
von Humusteilchen übergeführt, in der man mit unbewaffnetem Auge keine

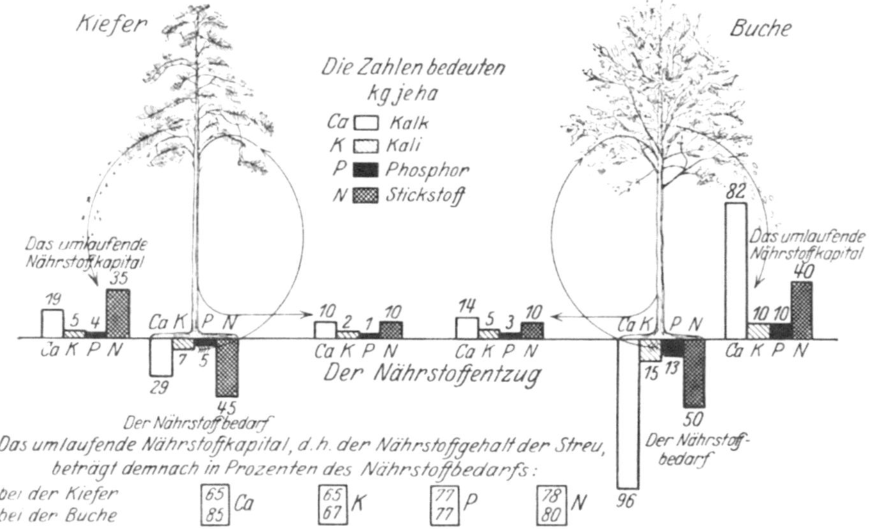

Abb. 88. Der Nährstoffhaushalt des Waldes. Von den Nährstoffen, die der Wald zu seinem
Aufbau benötigt (Nährstoffbedarf), wird nur ein verhältnismäßig geringer Teil durch die
Holznutzung dem Boden für immer entzogen (Nährstoffentzug). Der weitaus größte Teil
kehrt mit den abfallenden Blattorganen und Zweigen (Waldstreu) in den Boden zurück und
steht dem Walde wieder zur Verfügung (umlaufendes Nährstoffkapital). Die Waldstreu ist
der Dünger des Waldes. Ihre Entfernung (Streunutzung) stört das Gleichgewicht in seinem
Nährstoffhaushalt und schädigt ihn schwer.

Pflanzenstruktur mehr erkennen kann, und die wir als „*Moder*" bezeichnen
können. Geht sie langsam und schlecht vor sich, so bleiben die Abfallstoffe in
gröberen Teilchen zurück, deren Pflanzenstruktur man noch deutlich erkennen
kann. Sie sind dann mehr oder minder dicht von Pilzfäden durchzogen und
miteinander verflochten. Bleibt die ganze Masse dabei noch locker, so liegt
nach dem von RAMANN geprägten und allgemein eingebürgerten Wort der
sog. „*Rohhumus*" vor. Ist die Verflechtung und Verfilzung aber so dicht und so
fest, daß man beim Herausbrechen große, torfartig zusammenhängende Stücke
erhält, so liegt nach ALBERT[1]) „*Auflagetorf*" vor (vielfach auch Trockentorf
genannt).

Der in den Boden eingehende Humus kann entweder nur mechanisch durch
Regen oder wühlende Tiere in kleinen Körnchen den Mineralteilchen zwischen-

---

[1]) ALBERT, R.: Die Bezeichnung der Humusformen des Waldbodens. F.Arch. 1929,
S. 103. Wir halten die hier vorgeschlagene einfache und übersichtliche Einteilung und
Benennung gegenüber den vielfach recht verworrenen und in verschiedenem Sinne ge-
brauchten bisherigen Bezeichnungen für sehr glücklich und folgen ihr daher auch hier.

gelagert sein (*Bodenmoder oder Modererde*), oder er ist in Lösung gegangen und überzieht dann glasurartig die Mineralteilchen (*Mull oder Mullerde*).

Die *günstigsten Verhältnisse* nach allen Beziehungen liegen da vor, wo die *Abfallstoffe im Verlauf eines Jahres so vollständig abgebaut werden, daß beim Neuabfall im Herbst kein alter Auflagehumus mehr vorhanden ist.* Wo dies nicht geschieht, sondern eine Anhäufung stattfindet, da tritt nicht nur ein ungünstiger Abschluß des Bodens von Luft, Wärme und Wasser, sondern auch meist eine starke Säurebildung und verstärkte Auswaschung der oberen Schichten ein. Diese werden ausgebleicht (*Bleicherden*), die ausgewaschenen Eisen- und Humusverbindungen werden in der Tiefe wieder ausgefällt und führen dort oft zu einer mehr oder weniger festen Verkittung des Mineralbodens (*Orterde, Ortstein,* Abb. 89). Die Pflanzenwurzeln werden dann von dem darunter liegenden unausgewaschenen Mineralboden mehr oder weniger vollständig abgeschlossen.

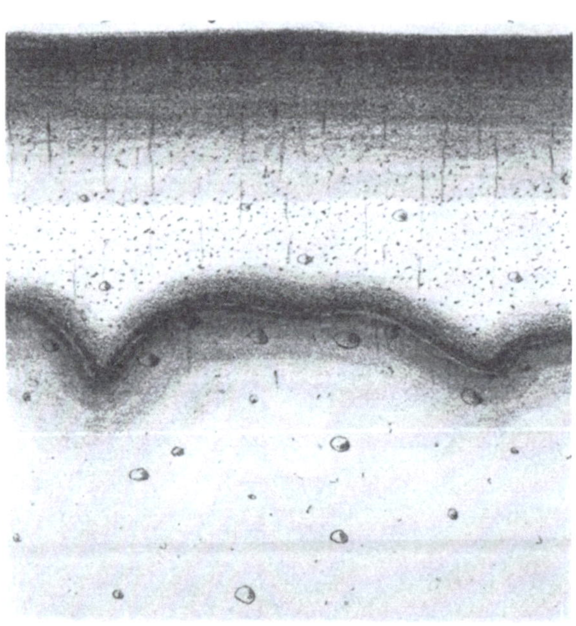

Abb. 89. Normales Profil eines Ortsteinbodens.
(Nach EMEIS.)
a humoser Sand, *b* Bleichsand, *c* Ortstein, *d* Untergrund.

Diese Vorgänge, die für den Waldboden besonders charakteristisch und entscheidend sind, zeigen sich nun je nach Klima, Bodenzusammensetzung und Holzarten in den verschiedensten Graden der Ausbildung. Schlechte Humuszersetzung und starke Auswaschung sind besonders im Norden und Nordosten Europas verbreitet und werden in Rußland auch mit „*Podsolierung*" bezeichnet (von *podsol* = Asche nach der grauen Farbe der oberen ausgebleichten Schichten). Ein *kühles und feuchtes Klima*, wie es dort und auch im höheren Gebirge herrscht, begünstigt diesen Vorgang. Aber ebenso findet sich ein solcher auch in starkem Maße auf gewissen Böden *des feuchten und wintermilden, aber sommerkühlen atlantischen Klimas,* so besonders im nordwestdeutschen Heidegebiet[1]).

Neben dem Klima spielt aber auch *der Boden selbst,* auf dem die Abfallstoffe auflagern, eine bedeutende Rolle bei der Zersetzung. Basenarme, insbesondere *kalkarme Böden* verhalten sich immer am ungünstigsten (sog. *untätige Böden*), während auf kräftigeren kalkreichen (*tätigen*) Böden auch im ungünstigen Klimagebiet die Zersetzung viel besser vor sich geht.

Neben Klima und Bodenart ist aber auch die *Bestockung durch die verschiedenen Holzarten* mit ihren verschiedenen Abfallstoffen und die *Art der Bodenflora* von großem Einfluß.

---

[1]) ERDMANN, F.: Die nordwestdeutsche Heide in forstlicher Beziehung. Berlin 1907. — Dauerwald. A.F.J.Z. 1924.

Die Nadelhölzer geben in der Regel in ihrer Streu ungünstigere Humusauflagen als alle Laubhölzer. Das gilt nach Untersuchungen von WITTICH[1])
in Nordwestdeutschland auch für die Tanne und sogar für die Lärche, die man
nach dieser Beziehung bisher offenbar falsch beurteilt hat, wenn man ihre Humusbildung immer als günstig angenommen hat. Sie ist auf gleichen Böden immer noch
ungünstiger als die der Laubhölzer. Ebenso dürfte es auch innerhalb dieser
beiden Gruppen der Laub- und Nadelhölzer je nach der Menge, dem Bau und
der chemischen Zusammensetzung der Abfallstoffe noch Unterschiede der
einzelnen Baumarten in der Bildung der Humusauflagen und ihren Abbau-
verhältnissen geben.

Unter den *verschiedenen Vertretern der Bodenflora* steht in bezug auf Rohhumusbildung die *Preißelbeere* (*Vaccinium Vitis idaea*) obenan[2]), ihr nahe *die*

Abb. 90. Heidelbeere (*Vaccinium myrtillus*), locker gelagerte Schicht von Rohhumus von
den Kriechtrieben der Pflanze durchwachsen. Die Wurzeln dringen nicht in den Mineralboden ein. (Orig.-Phot. Prof. ALBERT, 1909.)

Blaubeere (*Vaccinium Myrtillus*, vgl. Abb. 90). Der Rohhumus der *Heide* (*Calluna
vulgaris*) ist besonders auf den trockneren und ärmeren Böden nicht so stark,
aber auch recht ungünstig, und kann unter Umständen, namentlich im nordwestdeutschen Gebiet, sehr schädliche Ausmaße und Formen annehmen.

Von den Moosen haben die *Leucobryum-, Dicranum- und Polytrichum*-Arten
bei uns meist *Rohhumusunterlagen*, während die *Hylocomium-* und *Hypnum-*
Arten schon eine etwas besser zersetzte Form (sog. *Moosmoder*) aufweisen. Den
schlimmsten Grad völliger Vertorfung auf nassen Böden zeigen aber immer die
Sphagneen an. Von den *Gräsern* findet sich das Pfeifengras (*Molinia coerulea*)
fast regelmäßig auf Rohhumus. Die im Kiefernwald weitverbreitete Waldschmiele
(*Aira flexuosa*) zeigt meist schon etwas besseren Zersetzungszustand an, aber
ihre Stellung nach dieser Beziehung scheint noch nicht recht geklärt (Abb. 91).
Die breitblättrigen Süßgräser (*Holcus, Festuca, Aira caespitosa*), die Simsen
(Luzula-Arten) und Kräuter, wie die Erdbeere, *Fragaria vesca*, der Sauerklee,
Oxalis acetosella, Galium, Galeobdolon und viele andere, kommen entweder nur

---

[1]) WITTICH, W.: Untersuchungen in Nordwestdeutschland über den Einfluß der Holzart
auf den biologischen Zustand des Bodens. Mitt.F.W.W. 1933, H. 1.

[2]) Im Norden und im Gebirge scheinen auch *Vaccinium uliginosum, Empetrum nigrum
Arctostaphylus uva ursi* u. a. ähnlich stark rohhumusbildend zu sein.

auf vollständig zersetztem Humus (*Mullerden*) vor oder auf solchen, die ihnen doch schon nahestehen (*Modererden*). *Als besonders bezeichnend für beste Humuszersetzung darf das Auftreten des Waldmeisters* (*Asperula odorata*) gelten, der geradezu die *Leitpflanze der Buchenmullflora* geworden ist.

Man hat im Zusammenhang mit Art und Mächtigkeit der Humusbildungen unter den verschiedenen Holzarten und Bodengewächsen diese in *Rohhumusmehrer* und *Rohhumuszehrer* getrennt. Es ist aber *eine noch nicht ganz geklärte*

Abb. 91. Wurzelstock von *Aira flexuosa* (Wurzellänge 40 cm). (Orig.-Phot. Prof. ALBERT.) Die sehr dichten und feinen Faserwurzeln gehen senkrecht in die Tiefe. Keine horizontale Verflechtung wie bei den Beerkräutern, der Segge (*Calamagrostis*) u. a. horstbildenden Unkräutern mit Wurzelstöcken, Ausläufern u. dgl. Keine ausgesprochene Bildung von Auflagetorf.

Frage, inwieweit bei den verschiedenen Zersetzungszuständen der pflanzlichen Abfallstoffe, *die Bäume bzw. die Bodengewächse selbst, klimatische Verhältnisse oder die Bodenart die primäre Ursache bilden.*

Die Pflanzen- und Tierwelt im Boden. *Eine äußerst wichtige Rolle bei der Humuszersetzung spielen die Kleintiere und die Pilze und Bakterien des Waldbodens.* Hierbei muß auch an die Abhängigkeit von denjenigen Lebensbedingungen gedacht werden, die ihnen gerade der über dem Boden wachsende Baumbestand oder die ihn deckende Bodenflora durch ihre Abfälle oder auch nur durch Außenfaktoren, wie Licht, Feuchtigkeit u. a. m., zu bieten imstande sind. Welche Verkettungen feinster Art hier bestehen, die das erste Auftreten dieser Mikroflora und -fauna ermöglichen und dann ihre Weiterarbeit begünstigen, darüber wird uns erst die heute noch in den allerersten Anfängen stehende Mikrobiologie des Waldbodens aufklären müssen[1]).

---

[1]) Vgl. Literatur auf S. 170, Fußnote unten.

Wir kennen vorläufig nur einzelne Arten der hier mitwirkenden Pilze und Bakterien und wissen von ihren genaueren Lebensbedingungen noch wenig. Daß sie sehr bedeutsam sein müssen, geht aber schon aus ihren ungeheuren Zahlen hervor. RAMANN fand z. B. in 1 g Trockensubstanz in der Waldstreu bis zu 50 Millionen Spaltspilze und unzählbare Mengen Fadenpilze. *Im allgemeinen wiegen bei dicht gelagerten und sauer reagierenden Böden die Fadenpilze vor. Dabei nimmt die Gesamtzahl der Organismen überhaupt ab. Bei locker gelagerten und in guter Zersetzung befindlichen Böden nimmt sie dagegen zu und überwiegen die Bakterien.* Da beide Gruppen in bezug auf Licht, Wärme und Feuchtigkeit, soweit dies bisher untersucht ist, große Unterschiede und hohe Empfindlichkeit zeigen, so müssen alle Änderungen nach dieser Beziehung die Zusammensetzung der Mikro-Flora und Fauna und damit auch die Zersetzung der organischen Abfälle stark beeinflussen, in denen und von denen sie ja leben.

Auch der Einfluß der größeren Tierwelt des Waldes auf den Boden ist zweifellos bedeutend, angefangen von den nur wühlenden und grabenden Groß- und Kleintieren (Wildschwein, Maulwurf, Mäuse, Käfer, Larven u. a.) bis zu denen, die Erde und Pflanzenteile in sich aufnehmen und in ihren Exkrementen meist fein gekrümelt dem Boden wiedergeben, wie die in ihrer Bedeutung schon von DARWIN gewürdigten Regenwürmer, die leider im Wald meist nur auf neutralen und schwach sauren Böden auftreten[1]).

Jedenfalls bevölkert den Boden, namentlich den humosen Boden und seine Abfalldecke, eine Lebewelt von größeren bis kleinen und kleinsten Tieren und Pflanzen, die mit ihm und unter sich wieder besondere Lebensgemeinschaften bilden, deren verwickelte Beziehungen zueinander und deren Wirkungen auf den Boden wir heute noch nicht annähernd zu durchschauen vermögen. Man hat diese Kleinwelt des Bodens mit dem Namen „*Edaphon*" bezeichnet[2]) und in einer Reihe von Untersuchungen die Arten, die Zahl der Individuen und ihre Abhängigkeit von verschiedenen Bodenzuständen aufzuklären versucht. In guter Walderde (Mull) fand man ohne Großwürmer und ohne Bodenbakterien allein 100—150 Tausend Individuen pro Kubikzentimeter!

Rolle der Baumwurzeln im Boden. Eine besondere Rolle spielen im Waldboden die *Baumwurzeln*, die ihn in einem oft sehr dichten und feinen Netz bis zu mehr oder minder großer Tiefe durchziehen. Ein Teil von ihnen, namentlich die Feinwurzeln, stirbt alljährlich ab, verwest dann und bildet feine, mit lockerem Humus gefüllte Röhrchen im Boden. Stärkere Wurzeln bilden größere Röhren, deren Wände oft noch mit der schwerer verwitternden Wurzelrinde ausgekleidet sind. Nach dem Absterben des Baumes bleibt so schließlich ein ganzes großes System von weiteren und engeren, mehr oder minder mit Humus erfüllten Kanälen im Waldboden, das ihm im Gegensatz zum Ackerboden, wo dieses immer wieder durch die Bodenbearbeitung zerstört wird, ein dauerndes besonderes Gepräge verleiht, was BURGER[3]) sehr treffend mit „*Architektur des Waldbodens*" bezeichnet hat. Diese Wurzelkanäle *erhöhen seine Luftkapazität*, da sie wegen ihrer Größe nicht kapillar wirken und sich daher auch in feuchte Zeiten und bei wassergesättigtem Boden nie ganz mit Wasser füllen, sondern immer noch Luft enthalten. Im Gegensatz dazu fehlt es den Acker- und Wiesenböden (wenn dort nicht etwa durch Regenwürmer und andere Erdtiere Ersatz geschaffen wird!) an solchen Hohlräumen. BURGER fand daher auf den von ihm untersuchten *Freilandböden immer eine viel geringere Luftkapazität.* Die Wichtigkeit dieses

---

[1]) BORNEBUSCH, C. H.: Tierleben der Waldböden. F.Cbl. 1932.
[2]) FRANCÉE,. R. H.: Das Edaphon. München 1913.
[3]) BURGER, H.: Physikalische Eigenschaften der Wald- und Freilandböden. Mitt. Schw.Anst. Bd. 13, 1926.

Einflusses, den hier der Wald auf den Boden ausübt, ist unverkennbar. Aber sie dürfte auf den von BURGER untersuchten meist sehr feinerdigen und zu Verschlämmung und Verdichtung neigenden Lehm- und Tonböden ungleich höher sein als auf durchlässigen, grobkörnigen Sandböden, auf denen indessen auch eine günstige Wirkung in bezug auf die Wasserführung in die Tiefe und die Humusdüngung daselbst anzunehmen sein dürfte.

Ein Einfluß der Bäume auf den Lockerheitsgrad des Bodens wurde auf diluvialen Sandböden festgestellt, indem man fand, daß *die Festigkeit (Druckwiderstand) im Oberboden unter Akazien-, Roteichen- und Lärchenhorsten immer viel geringer war als im benachbarten Kiefernbestand* (vgl. Abb. 92)[1]). Ob dies aber mehr auf die Tätigkeit der Wurzeln, der begleitenden Tierwelt oder auf die günstigere Zersetzung der Abfallstoffe mit allen ihren Folgen (Krümelbildung) zurückzuführen ist, beibt noch aufzuklären.

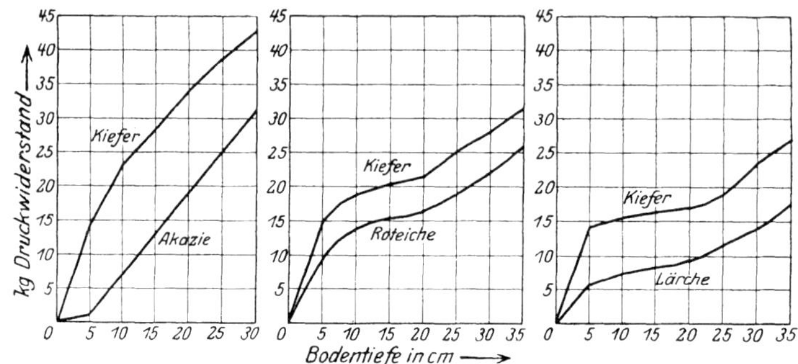

Abb. 92. Die Bodenlockerheit unter Akazie, Roteiche und Lärche im Vergleich zur Kiefer. Gemessen am Druckwiderstand bis zu 30—35 cm Tiefe mit der MEYENBURGschen Bodensonde. (Nach ALBERT und PENSCHUCK.)

Sicher ist aber, daß die physikalischen Verhältnisse der schweren und der leichten, sandigen Böden von ganz verschiedenen Gesichtspunkten zu beurteilen sind[2])*. Für die ersteren mag vielfach mehr die Durchlüftung entscheidend sein, für die letzteren aber in den allermeisten Fällen die Wasserführung und Stickstoff- (Humus-) Frage.*

Einfluß der Wirtschaft auf den Boden im Walde. Aus allem Vorhergesagten erhellt mit zwingender Gewißheit, daß *der Boden in hohem Grade durch viele Maßnahmen der Wirtschaft beeinflußt werden muß*, und daß hier Veränderungen eingeleitet werden können, die im Gegensatz zu den anderen Wachstumsfaktoren von größter Tragweite und längster Dauer sein können. In einzelnen Fällen müssen sie fast irreversibel genannt werden. Die Sorge um den Boden und für den Boden ist daher auch in der Forstwirtschaft schon immer betont worden. Männer wie GAYER, RAMANN u. a. haben die „*Bodenpflege*" in der Forstwirtschaft längst als eine der wichtigsten Produktionsgrundlagen erkannt und bezeichnet. Es bleibt aber *das unbestreitbare Verdienst* MÖLLERS *und* WIEBECKES, dieser Erkenntis durch ihre Gedankengänge und die mitreißende Kraft ihrer Beredsamkeit *in ihren Vorträgen und Schriften über den Dauerwaldgedanken einen neuen und kraftvollen Anstoß* gegeben zu haben.

---

[1]) ALBERT, R., u. PENSCHUCK: Über den Einfluß verschiedener Holzarten auf den Lockerheitsgrad des Waldbodens. Z.F.J.W. 1926, S. 181.

[2]) Vgl. auch BUNGERT: Die Unterschiede schwerer und leichter Böden in physikalischer Beziehung und ihre Bedeutung für die waldbauliche Praxis. F.Arch. 1925, H. 11.

Allerdings scheint bei näherer kritischer Abwägung manches übertrieben. So z. B. die *These* Möllers: „*Die Zuwachsleistung ist nicht durch die Bodenkraft, sondern durch die Wirtschaft bedingt, welche dem Boden erst Kraft verleiht oder entzieht*[1].“ *Und ähnlich bei* Wiebecke: „*Die Bodenbonität ist ein Erfolg des Waldes, der sich langsam die Güte des Bodens heranschuf.*“ Beiden Sätzen liegt die Anschauung zugrunde, daß der Mineralstoffgehalt des Bodens von Natur überall genügt, um Höchstleistungen zu erzielen, und daß diese eigentlich nur durch die Art der Wirtschaft bestimmt werden, die durch Vermeidung von Kahlschlag, durch Erziehung ungleichaltriger Bestände, durch Holzartenmischung u. a. m. jenen guten Zustand hervorbringen könne, der sich bei „Stetigkeit des Waldwesens“ überall von selbst herstellt. Demgegenüber hat schon Ramann[2]) richtig darauf hingewiesen, daß auch in dem von der Wirtschaft unberührten Urwald in Nordamerika, Rußland und Sibirien geringe und arme Böden vorkommen, die auch entsprechend schlechte Bestände tragen. „*Überall tritt auch hier die Abhängigkeit vom Boden hervor.*“ Auch im Urwald des Nordens und Ostens treten auf weiten Strecken Rohhumusbildungen auf. Hesselman[3]) hat ihn sogar in dem bekannten Urwaldrest am Kubany in Böhmen im Fichten- × Tannenmischwald festgestellt. Die Auffassung Möllers und Wiebeckes, daß man durch die Art der Hiebsführung, stetigen, vorsichtigen Einzelstammaushieb, Laubholzbeimischung und Reisigbelassung auch ärmste und trockenste Sandböden, die bisher nur kümmerliche Kiefern trugen, in hohem Maße verbessern könne — man rechnete mit Bonitätssteigerungen von 2—3 Stufen —, ist nach den Untersuchungen von Wiedemann[4]), Albert[5]) und Wittich[6]) zweifellos übertrieben. Man kann wohl sagen: *Eine starke Verschlechterung der natürlichen Bodenkraft ist in vielen Fällen leicht möglich, eine Verbesserung ist ungleich schwerer und auf viel geringeres Maß beschränkt*!

Sicher ist, daß alle Eingriffe in den Bestand, die Licht, Wärme, Niederschlag und Verdunstung verändern, auch die Lebensvorgänge im Boden und damit auch Humusbildung und -zersetzung sofort mit beeinflussen. Die Wirkungen sind aber oft ganz andere, als man sie sich vor der Anstellung exakter Untersuchungen vorgestellt hatte. Insbesondere haben sich die Vorwürfe, die man hier dem *Kahlschlag ganz allgemein* gemacht hat, großenteils als unrichtig herausgestellt. Die Arbeiten von Wittich in Deutschland, Hesselman in Schweden und Feher in Ungarn[7]) haben übereinstimmend ergeben, daß auf der *Kahlschlagfläche*, die ja meist überhaupt nicht kahl ist, sondern eine Schlagflora trägt, *das Bakterienleben nicht abstirbt* und die *Zersetzungsvorgänge nicht stocken*, sondern umgekehrt meist *beschleunigt* werden. Ja, Wittich und Hesselman konnten gleichzeitig und unabhängig von einander für gewisse Fälle in Norddeutschland und Nordschweden den *Kahlschlag* als ein „*Sanierungsmittel* für den Boden“ bezeichnen, um angesammelte ungünstige Rohhumusdecken rasch zur Zersetzung zu bringen! Man wird aber auch hier nicht ver-

---

[1]) Möller, A.: Der Dauerwaldgedanke, S. 30. Berlin 1922. — Wiebecke: Der Dauerwald, S. 18. 1920.

[2]) Ramann, E.: Bodenkunde, 3. Aufl., S. 280.

[3]) Hesselman, H.: Mitt. d. schwed. forstl. Versuchsanst. 1925, S. 510.

[4]) Wiedemann, E.: Die praktischen Erfolge des Kieferndauerwaldes.

[5]) Albert, R.: Z.F.J.W. 1924, S. 193 ff.; 1925, S. 129 ff.

[6]) Wittich, W.: Unters. über d. Einfl. intens. Bodenbearbeitung auf Hohenlübbichower u. Biesenthaler Sandböden. Dissert. Ebersw. 1925.

[7]) Hesselman, H.: Studien über die Humusdecke des Nadelwaldes. Mitt. d. schwed. forstl. Versuchsanst. 1926. — Ferner: Studien über die Entwicklung der Nadelholzpflanzen im Rohhumus. Ebenda 1927. — Wiedemann, E.: Fichtenwachstum und Humuszustand. 1924. — Wittich, W.: Untersuchungen über den Einfluß des Kahlschlages auf den Bodenzustand. Mitt.F.W.W. 1930, H. 4. — Feher, D.: Einfluß des Kahlschlages. Silva 1931.

allgemeinern dürfen und abzuwarten haben, ob auch auf anderen Bodentypen wie den untersuchten gleiche Verhältnisse vorliegen. Daß z. B. die Kahlschlagwirtschaft auf gewissen *empfindlichen Gebirgsböden* Hand in Hand mit der meist zwangsläufig damit verbundenen Nachzucht *reiner Fichtenbestände* an vielen Stellen zu *Bodenrückgängen bedenklichster Art* geführt hat, ist nach den sorgfältigen und aufschlußreichen Untersuchungen von Krauss[1]) und seinen Mitarbeitern auch nicht zu bezweifeln! An sich dürfte eine günstige Wirkung des Kahlschlags wohl überall da zu erwarten sein, wo sich das *Auftreten einer guten, reichen und üppigen Bodenflora nach dem Kahlschlag* zeigt. Diese mag zwar für die Verjüngung hinderlich sein, muß aber *biologisch* als *Anzeichen* einer *Belebung* und *besseren Zersetzung* der Bodendecke gewertet werden!

Ein höchst wichtiges Kapitel der Bodenbeeinflussung durch die Wirtschaft bildet die *Bodenbearbeitung.* Auch hier stehen sich in der Gegenwart noch recht auseinandergehende Anschauungen gegenüber. Sie werden aber erst im zweiten Teil dieses Buches bei der Technik des Waldbaus eingehender besprochen werden.

15. Kapitel. **Die inneren Anlagen. Arteigentümlichkeiten und Rassenbildung.**

Allgemeine Gesetze der Erblichkeit. So sehr auch die äußeren Faktoren das Wachstum und die Form der Pflanzen bestimmen, so entscheidet letzten Endes doch nicht die Umwelt hierüber, sondern die innere Veranlagung, die der Entwicklung gewisse Grundlinien verleiht und ihr bestimmte Grenzen setzt, über die hinaus auch die äußeren Faktoren keine Veränderungen hervorzubringen vermögen. In der neueren Erblichkeitslehre unterscheidet man nach Johannsen[2]) den Typ, *der nur durch die erblichen inneren Anlagen (Gene) bedingt ist, als Genotyp von dem ganzen, durch innere Veranlagung und äußere Einflüsse hervorgerufenen Phänotyp.* Die Veränderungen durch die äußeren Faktoren, die nicht auf innere Veranlagung zurückzuführen und die daher auch nicht erblich sind, bezeichnet man als *Modifikationen,* und, soweit sie durch den natürlichen Standort gegeben sind, als *Standortsmodifikationen.*

Was an der äußeren Erscheinungsform, am Phänotyp, auf rein innere Anlagen zurückzuführen ist, und was die äußeren Umstände bewirken, ist im Einzelfall ohne Vererbungsversuche und experimentelle Prüfung oft unmöglich zu entscheiden.

Ein sehr bezeichnendes Beispiel dafür hat Erwin Baur gebracht. Kultiviert man von zwei konstanten Rassen der chinesischen Primel die eine bei 20 und 30°, so sind ihre Blüten in beiden Fällen weiß. Die andere Rasse blüht bei 20° rot, bei 30° aber auch weiß, um bei Erniedrigung der Temperatur auf 20° wieder rote Blüten hervorzubringen! *Erblich ist also nicht die Blütenfarbe selbst, sondern nur die Anlage der einen Rasse, bei bestimmten Temperaturen rote, bei anderen weiße Blüten hervorzubringen, bei der anderen Rasse aber, bei allen Temperaturen gleich weiß zu blühen.*

Einen eindrucksvollen Nachweis, *wie sehr das äußere Erscheinungsbild täuschen* kann, konnte ich durch *Nachzucht von zwei krummwüchsigen Alleekiefern aus Ostpreußen und Hessen* erbringen. Die Nachkommen der ersten Herkunft erwuchsen schnurgerade, waren feinastig und spitzkronig, sie erwiesen sich bei starkem Schneebehang vollkommen schneedruckfest, die der anderen Herkunft

---

[1]) Krauss, G., Härtel, F., Gärtner, G., Jahn, R., Wobst, W. u. a. in Th.Jb. 1930, 1934, 1936 u. Jahresber. Dtsch. Forst-Ver. 1928.
[2]) Johannsen, W.: Elemente der exakten Erblichkeitslehre. Jena 1912.

waren krummschäftig, grobastig und breitkronig und waren schneedruck-empfindlich. (Abb. 93 a—d.) Beide Mutterbäume waren durch Freistand und windausgesetzte Lage krumm und sperrwüchsig geworden. Ihre Nachkommen aber zeigten, daß die Erbanlagen ganz verschieden, in einem Fall gut, im anderen aber schlecht waren[1]).

Der Begriff, daß nicht die äußeren Merkmale selbst vererbt werden, sondern nur die Anlagen für die Reaktion auf bestimmte Außenbedingungen, ist heute grundlegend für die ganze Auffassung der Erblichkeitsfrage geworden.

Trotz der Unsicherheit darüber, was an der äußeren Erscheinung, namentlich unter Verhältnissen der freien Natur, wirklich auf innere Anlagen zurückzuführen ist, und was die äußeren Umstände bewirkt haben, kann man jedoch durch vergleichende Beobachtung von Merkmalen, die sich unter den verschiedensten Verhältnissen wiederholen, bei vorsichtiger Beurteilung doch annehmen, daß diese genetisch bedingt sind, während man bei solchen, die sich mit dem Wechsel äußerer Umstände verändern, im allgemeinen auf nicht erbliche Modifikationen schließen wird. Sicherheit gibt allerdings nur der exakt durchgeführte Versuch.

Man hat schon längst in der Systematik eine Reihe von solchen unter verschiedensten Bedingungen gleichbleibenden und daher als erblich angesehenen Merkmalen zur *Abgrenzung und Unterscheidung der Arten benutzt und sie als Artmerkmale bezeichnet.* Es hat sich freilich bei feinerer Beobachtung herausgestellt, daß diese ursprünglichen sog. „*guten Arten*" LINNÉs vielfach nicht letzte genetische Einheiten darstellen, sondern daß viele von ihnen noch in eine mehr oder minder große Zahl von *Unterarten, Varietäten oder Rassen* aufzulösen sind, die sich durch kleinere Abweichungen voneinander unterscheiden.

Eines der bekanntesten Beispiele für die Uneinheitlichkeit der guten Arten bildet das sog. Hungerblümchen (*Draba verna*), das schließlich in weit über 100 sog. „*kleine Arten*" aufgelöst werden mußte, die sich als erblich erwiesen.

Bei der Feststellung solcher Varietäten oder Rassen ist aber sehr oft nur die phänotypische Verschiedenheit ausschlaggebend gewesen, ohne zu prüfen, inwieweit auch genotypische Abweichungen vorliegen. Namentlich Dendrologen und Gärtner neigen dazu, und viele hier mit besonderen Namen bezeichneten Formen sind keine Genotypen.

Dagegen hat sich andererseits herausgestellt, daß es innerhalb der Arten auch erbliche Unterschiede gibt, die sich gar nicht oder nur wenig in den äußeren Formen (morphologische Merkmale), wohl aber im Wuchsverhalten (Raschwüchsigkeit, Zeit des Austreibens, Widerstandsfähigkeit gegen bestimmte Krankheiten u. a. m.), also in den physiologischen Eigenschaften zeigen. Man spricht hier von „*physiologischen Rassen*". Solche sind u. a. besonders bei unseren Waldbäumen festgestellt worden, aber auch bei weitverbreiteten krautigen Pflanzen in verschiedenen Klimagebieten (*Ökotypen*)[2]).

Die letzten Einheiten mit ganz gleichen Erbanlagen werden heute nach JO-HANNSEN als sog. „*reine Linien*" bezeichnet. Auch diese ergeben in ihren Nachkommenschaften niemals ganz gleiche Individuen, da immer mehr oder minder zufällige Unterschiede in den äußeren Faktoren die Gleichheit der Entwicklung stören. Züchtungsversuche mit solchen reinen Linien ergeben vielmehr bei genügend hoher Individuenzahl immer das Bild einer *Variabilitätskurve*, die große Übereinstimmung mit der sog. *Zufallskurve* zeigt, wie sie sich nach mathe-

---

[1]) DENGLER, A.: Die Nachkommenschaften zweier krummwüchsiger Alleekiefern aus Ostpreußen und Hessen. Mitt. H.G.-Ak. 1942.

[2]) TURESSON, G.: Die Bedeutung der Rassenökologie für die Systematik u. Geographie der Pflanzen. Beih. zu Rep. spec. nov. regni veg. 1926.

a   b

c   d

Abb. 93. Zwei krummwüchsige Alleekiefern und ihre Nachkommenschaften.

a) Mutterbaum von einer Allee in Ostpreußen (Napoleonstraße, Kr. Dtsch.-Eylau)
b) Mutterbaum von einer Allee in Hessen. (Schepp'-Allee bei Darmstadt)
c) Nachkommenschaft von a: geradschnürig, schmalkronig, schneedruckfest
d) Nachkommenschaft von b: krummwüchsig, breitkronig, schneedruckempfindlich.

Phot. A. Dengler.

matischen Gesetzen unter der Einwirkung zufälliger Ursachen bei großen Zahlen bildet. Ordnet man z. B., wie JOHANNSEN das getan hat, die Bohnen einer reinen Linie nach Größenstufen, so findet man immer für die mittlere Größe die höchste Zahl, nach oben und unten hin aber immer kleinere Zahlen (vgl. Ab. 94). Die vom *Mittelwert* (Standard) nach oben und unten abweichenden Individuen werden *Plus- bzw. Minusvarianten* genannt, der Größenabstand der äußersten Plus- und Minusvarianten bezeichnet die *Variationsbreite* der reinen Linie. Mischt man nun die Bohnen mehrerer Linien zusammen und ordnet sie wieder nach der Größe, so kann sich, wie das im obigen Versuch der Fall war, wieder das Bild einer regelmäßigen Variabilitätskurve ergeben, trotzdem kein erblich einheitliches Material mehr vorliegt, sondern ein Gemisch aus verschiedenen reinen Linien. Ein solches Gemisch nannte JOHANNSEN eine „*Population*". *Bei allen Pflanzenbeständen mit großer Individuenzahl, die aus Fremdbestäubung hervorzugehen pflegen, liegen wahrscheinlich trotz einheitlicher Variabilitätskurven nicht reine Linien, sondern Populationen vor.*

Da innerhalb einer reinen Linie alle Varianten die gleichen Anlagen haben, *so kann eine Auslese hier niemals einen Erfolg haben!* Auch die größte Bohne aus der Linie *A* wird immer wieder eine Nachkommenschaft mit der gleichen Variationskurve *A* erzeugen. *Liegt aber eine Population vor wie in F, so ist ein Züchtungserfolg möglich,* indem bei Herausgreifen einer Bohne diese etwa der Linie *C* mit den relativ größten Individuen oder bei einer anderen der Linie *B* mit den kleinsten angehören kann. Die Nachkommenschaften werden dann ein anderes Bild, durchschnittlich größere bzw. kleinere Bohnen, zeigen als vorher die ganze Population. *Aber neue Eigenschaften oder Anlagen entstehen dabei nicht, es findet nur die Absonderung reiner Linien aus der Population durch die Auslese statt.* Es ist das große Verdienst JOHANNSENs, diese Verhältnisse durch zahlreiche Versuche klargestellt zu haben. Sie sind von grundlegender Bedeutung für alle Züchtungsversuche. Viele Züchtungserfolge sind nichts weiter als eine solche Auslese einer oder mehrerer reinen Linien aus einer Population. Sie haben also nichts Neues geschaffen.

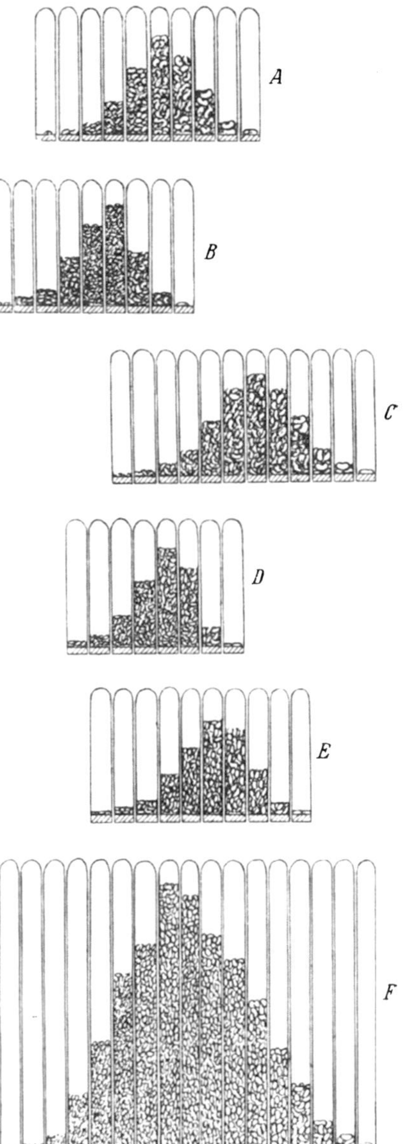

Abb. 94. Variabilität von 5 Linien der Feuerbohne (*A, B, C, D, E*) nach Größenklassen in Glasröhren geordnet. Jede gibt für sich das Bild einer Variabilitätskurve. Bei Durcheinandermischung der 5 Linien zu einer Population (*F*) ergibt sich aber wieder eine ähnliche Variabilitätskurve. (Nach JOHANNSEN.)

Reine Linien dürften im allgemeinen in der Natur nur bei Selbstbefruchtern auftreten. Bei obligaten Fremdbefruchtern, bei denen nur eine Befruchtung von einem Individuum zum andern Erfolg hat, können sowohl die Anlagen einer reinen Linie zusammentreffen, oder es können sich auch die Anlagen zweier verschiedener Linien miteinander verbinden (*Kreuzung*). Man nennt solche Individuen, die die Anlagen zweier verschiedener reiner Linien in sich vereinigen, *Heterozygoten* (auch *Bastarde* im weiteren Sinne) und im Gegensatz dazu Individuen mit Anlagen nur *einer* Linie *Homozygoten*. Solche *Bastarde und Bastardzüchtungen* können durch Vereinigung verschiedener Anlagen von Vater und Mutter her (*Kombination*) *wirklich neue Formen bilden*. Es hat sich nun gezeigt, daß die einzelnen Anlagen sich *getrennt vererben* und verbinden können. Es kann also ein solcher Nachkömmling in bezug auf *einzelne Anlagen heterozygotisch sein, in bezug auf andere dagegen homozygotisch*. Man kann aber dem Bastard oft nicht ansehen, ob er in seinen Anlagen rein oder unrein ist, da die Anlage des einen Elters herrschen, die des anderen zurücktreten kann, so daß nach der Kreuzung sich nur das Merkmal des einen Elters zeigt. Man spricht dann von *Dominanz* der einen Anlage, die andere nennt man *rezessiv*. Der Bastard kann, je nachdem er seine dominanten Merkmale von der Mutter her bekommen hat, dieser ähneln (*matroklin*), im entgegengesetzten Fall aber dem Vater (*patroklin*). Mischt sich die Anlage aber gleichwertig, dann nimmt das Aussehen des Bastards eine Zwischenstellung ein (*intermediäre* Vererbung). Jeder Bastard zeigt seine volle Bastardnatur nur in der ersten Generation, der sog. F_1-Generation (1. Filial-Generation). Kreuzt man Bastarde gleicher Veranlagung unter sich weiter, so kommen in der zweiten Generation, der sog. F_2-Generation, schon wieder neben Bastardformen die ursprünglichen, reinen Elternformen heraus. Es tritt eine sog. *Aufspaltung* ein, die nach mathematischen Gesetzen wegen der doppelt so großen Wahrscheinlichkeit, daß die Anlage a des einen Elters sich mit b des anderen verbindet, als a mit a oder b mit b, das Verhältnis $a : ab : b = 1 : 2 : 1$ aufweist. Diese Gesetzmäßigkeit bei der Bastardierung (die sog. *Spaltungsregel*) wurde zuerst von dem Augustinerpater GREGOR MENDEL in Brünn entdeckt[1]), und man hat die Erscheinung nach ihm kurzweg „*mendeln*" genannt. Kreuzt man aber den Bastard mit einem der beiden Eltern, etwa a (*Rückkreuzung*), so ist das Verhältnis in der Nachkommenschaft $a : ab = 1 : 1$. Immer also treten in den nachfolgenden Generationen die Elternformen wieder hervor, wenn die einmal entstandene Bastardform sich selbst überlassen bleibt und nicht immer wieder züchterisch durch Neueinkreuzung beeinflußt wird.

Eine dritte Art von Verschiedenheit unter den Nachkommen tritt mitunter plötzlich mit auffälligen Abweichungen vom Normaltyp bei Einzelpflanzen eines Bestandes auf, z. B. bei Bäumen Schlitzblättrigkeit, Buntfarbigkeit der Blätter, Hängeform der Zweige, Kugelform der Beastung u. a. m. Man spricht dabei von *Mutationen*, die sich weitgehend vererben und damit eine Änderung der Erbanlagen zeigen. Neben solchen und anderen sehr auffälligen, sprungweisen Änderungen hat man neuerdings immer häufiger auch kleinere, kaum merkliche Mutationen bei Zuchtversuchen feststellen können. Derartige kleine Änderungen der Erbanlagen können u. U. bei der Entwicklung der Arten im Laufe langer Zeiträume eine nicht unbedeutende Rolle gespielt haben. Auch ist die Entstehung von Mutationen durch künstliche Einwirkungen (Bestrahlung, Erhitzung) namentlich auf die Fortpflanzungsorgane gelungen[2]). Für die züchterische

---

[1]) Später und unabhängig davon wurde die gleiche Entdeckung durch die beiden Vererbungsforscher CORRENS und VON TSCHERMAK gemacht und inzwischen durch eine Fülle von anderen und höchst verwickelten Beziehungen ergänzt.

[2]) BAUR, E.: Einführung in die Vererbungslehre, 1930. S. 307 ff.

Praxis in Land- und Forstwirtschaft spielen allerdings die groben Mutationen, wie sie oben bei den Bäumen genannt und früher auch als Monstrositäten oder Launen der Natur (*lusus naturae*) bezeichnet wurden, kaum eine Rolle, eher in der Gärtnerei, wo solche abweichend geformten Pflanzen als Merkwürdigkeit einen gewissen Seltenheitswert besitzen.

Erblichkeit erworbener Eigenschaften, Akklimatisation. Die Frage, *ob die äußeren Faktoren nicht unter Umständen doch auch einen abändernden Einfluß auf die Erbanlagen gewinnen* können, im weiteren Sinne also *die Frage der Vererbung erworbener Eigenschaften,* ist viel umstritten worden. Die Mehrzahl der Vererbungsforscher lehnt sie ab. Auch diejenigen, die auf Grund mancher, sonst schwer erklärbarer Tatsachen für eine solche Möglichkeit eintreten, halten sie doch nur unter ganz besonderen Bedingungen für möglich, z. B. bei sehr langer, generationsweiser Einwirkung oder bei Einwirkung in besonders empfänglichen Entwicklungszuständen, z. B. bei Bildung der Fortpflanzungs- oder Keimzellen. Die Frage berührt sich damit u. U. eng mit der Frage der Entstehung von Mutationen, besonders der kleinen Mutationen (s. o.). In vielen Fällen kann man jedenfalls auch bei generationenlanger Dauer keine erbliche Beeinflussung durch äußere Umstände feststellen, selbst wo eine solche zweckmäßig wäre. So konnte z. B. beim Anbau einzelner Pflanzenarten in anderen Klimalagen eine *Akklimatisation im erblichen Sinne* bei der Nachkommenschaft nicht nachgewiesen werden. H. Mayr hat schon darauf aufmerksam gemacht, daß die bei uns durch Jahrhunderte hindurch angebauten und durch hier gewonnenen Samen weitergezüchteten Gleditschien, Akazien und Nußbäume ihre aus der wärmeren Heimat mitgebrachte Frostempfindlichkeit noch in keiner Weise abgeändert haben. Doch zeigte die Erfahrung der *letzten strengen Winter* z. B. bei *Nußbäumen,* daß *einzelne Stämme* diese besser überstanden als andere, und man hofft durch entsprechende Nachzucht von diesen zu Beständen mit größerer Frosthärte zu gelangen. Das wäre aber auch im Falle des Gelingens *keine Akklimatisation,* sondern nur ein *Erfolg der Auslese* einer frostharten Linie aus der Population (vgl. oben S. 185).

Die Waldbestände nach ihrer inneren Veranlagung. Die Frage, ob *die Bestände unserer Baumarten in Hinsicht auf ihre innere Veranlagung* reine Linien oder Gemische reiner Linien (Populationen) oder Bastarde reiner Linien in mendelnder Aufspaltung sind, ist nicht mit Sicherheit zu beantworten, da die experimentelle Klärung wegen des späten Eintritts der Mannbarkeit und der Unzugänglichkeit der Blüten gerade bei den Waldbäumen dem größten Widerstand begegnet.

Im allgemeinen neigt man dazu, nach Analogie von anderen windblütigen Fremdbestäubern, z. B. Wiesengräsern, züchterisch nicht beeinflußtem Getreide u. a. m., auch *die Waldbestände für bunte Mischungen von mehr oder minder reinen Linien mit Bastarden (Populationen) anzusehen.* Wenn fast alle unsere statistischen Aufnahmen, wie sie beim Messen von Höhe, Durchmesser u. a. m. in der Praxis gemacht werden, das Bild einer mehr oder minder regelmäßigen Variabilitätskurve ergeben, so steht das dieser Annahme nicht entgegen, da wir gesehen haben, daß nicht nur reine Linien, sondern auch Populationen eine solche ergeben können.

Trotz aller hier bestehenden Unsicherheiten kann ein gut geschulter und kritischer Beobachter im Walde wohl in manchen Fällen in der Fülle der verschiedenen Formen innerhalb unserer Bestände doch *einzelne erbbedingte von anderen nur umweltsbedingten mit großer Wahrscheinlichkeit unterscheiden.* So z. B. wenn von zwei unmittelbar benachbarten und unter gleichen Licht- und Bodenverhältnissen stehenden Bäumen der eine früh, der andere spät austreibt, wie

man das besonders oft und auffällig in Fichtenhecken finden kann. Hier ist
mit größter Sicherheit ein erblicher Unterschied anzunehmen. Dasselbe wird
der Fall sein, wenn bei regelmäßig wiederkehrenden Infektionskrankheiten sich
einzelne Bäume zwischen erkrankten gesund erhalten haben (wie man das z. B.
beim Blasenrost der Weymoutskiefer oder beim Kienzopf der Waldkiefer
(*Peridermium strobi* bzw. *pini*) finden kann. Andere Fälle sind schon weniger
sicher, z. B. wenn man bei gleichen Licht- und Schlußverhältnissen gerade Stämme
neben krummen, grobästige neben feinästigen findet. Besonders vorsichtig
und zurückhaltend wird man in bezug auf die Beurteilung von erblicher Raschwüchsigkeit bei einzelnen vorwachsenden Bestandesgliedern sein müssen, da
hier bei scheinbarer Gleichheit über der Erde Ungleichheiten unterirdischer Art
vorliegen können, die man nicht sehen kann (alte Stocklöcher, vermoderte
Wurzelreste u. a. m.). Fabricius hat einmal den Einfluß von *Erbanlage* und
Umwelt in jungen, sehr gleichmäßig angelegten Kulturen untersucht, von denen
dann eine bestimmte Anzahl von Einzelpflanzen zwischen ungedüngten gleichmäßig gedüngt wurde. Er hat hierbei z. B. *bei jungen Kiefern* gefunden, daß die
Bestleistungen in $^3/_5$ *der Fälle durch Erbgut, in* $^2/_5$ *durch die Umwelt bedingt* wurden,
so daß sich für beides fast gleiche Wahrscheinlichkeit ergeben würde[1]).

Erbliche Eigenschaften der Waldbäume nach Art und Rasse. Unter den nachweislich erblichen Art- und Rasseneigenschaften spielen bei unseren Waldbäumen
eine Reihe von Eigentümlichkeiten *der Stamm-, Kronen- und Wurzelform* eine
wichtige Rolle für die Wirtschaft, wobei die Stammform meist technisch von
Bedeutung ist, während die Kronen- und Wurzelformen vor allem ökologische
Wichtigkeit besitzen. Gerade diese Formen unterliegen aber auch *in starkem
Maße äußeren Einflüssen*.

Es zeichnen sich die Stämme aller unserer Nadelholzarten *durch einen geraden und langen bis zur Spitze durchlaufenden Schaft* aus, der sie vorzüglich
zur Verwendung als *Langnutzholz* geeignet macht. Bei Lärche, Fichte und Tanne
gilt das bis ins hohe Alter und in allen Gegenden ihres Vorkommens, darf also
als große einheitliche Arteigenschaft angesehen werden. Die Kiefer neigt dagegen
in ihrem nord- und noch mehr im westdeutschen Verbreitungsgebiet mit zunehmendem Alter zu einer Auflösung des Schaftes in Seitenäste. In andern
Gegenden (Gebirge und Nordeuropa) behält sie den durchlaufenden Schaft bis
ins hohe Alter bei. Man sieht dies daher als Folge einer besonderen Rassenbildung an, obwohl derartige Unterschiede auch durch rein äußere Umstände
(Wind, Licht oder Boden) bedingt sein könnten. Von den *Laubhölzern hat nur
die Schwarzerle eine lang durchlaufende Stammbildung. Alle anderen besitzen
kürzere Schäfte*, die sich verhältnismäßig tief in Seitenäste auflösen. Die kürzeste
und meist krümmste Schaftbildung haben unsere Weiden, in geringerem Grade
auch Akazie, Aspe, Birke und Hainbuche. Aber auch für diese gilt, daß sie in
anderem Klima längere und geradere Stammformen bilden, z. B. die Akazie
in Ungarn und Rumänien, Aspe, Birke und Hainbuche dagegen im Norden
schon von Ostpreußen an.

Auch in der *Beastung* finden sich starke Unterschiede. Am schwächsten und
feinsten beastet ist im allgemeinen die Lärche, dann die Fichte und Tanne,
viel stärker dagegen die Kiefer. Unter den Laubhölzern zeigen die feinste Beastung
die Schwarzerle und Birke. Im Gegensatz dazu stehen besonders die Eichen,
vor allem die Stieleiche. Die Traubeneiche zeigt meist etwas schwächere Äste.
Es ist aber sehr unsicher, ob das nicht vielfach nur auf äußere Umstände zurückzuführen ist (Aufwachsen der Stieleiche in früherem Freistand in sog. Mittel-

---

[1]) Fabricius, L.: Erbgut oder Umwelt. F.Cbl. 1938, S. 206 ff.

waldungen [Teil II, Kap. 19] u. a. m.). Die Äste der Rotbuche strahlen deutlich besenartig von einem Mittelpunkt auseinander, ähnlich bei der Birke, während die der übrigen Laubhölzer stärker abgespreizt von verschiedenen Punkten ausgehen. Überhaupt besitzt fast jede Baumart einen ganz besonderen Typ der Beastung und Verzweigung (*Baumschlag*).

In Zusammenhang mit der Beastung steht dann auch *die Form der Krone*. Sie ist bei den Nadelhölzern kegelförmig und läuft nach oben in eine scharfe Spitze aus. Fichte und Lärche zeigen diese Form bis ins höchste Alter. Bei der Tanne stumpft sich die Spitze später ab, indem der Höhentrieb in seinem Wachs-

Abb. 95. Südwestdeutsche Tieflandskiefern mit typischen Schirmkronen und teilweise krummen Stämmen.
Alte Überhälter b. Kaiserslautern i. d. Pfalz.
(Nach MÜNCH.)

Abb. 96. Ostpreußische Kiefern mit typischen Spitzkronen und schnurgeraden Stämmen.
160 jähr. Überhälter im Fostamt Kommusin.
(Nach H. GROSS-Allenstein.)

tum gegenüber den obersten Seitentrieben nachläßt, so daß es zur Bildung eines *Horstes* oder sog. *Storchennestes* kommt. Am stärksten wölbt sich die Krone der Kiefer im hohen Alter ab, aber verschieden nach Klimagebieten: am meisten in Südwestdeutschland, wo sie z. T. geradezu schirmartig wird, weniger im Gebirge und im Norden, wo sie bis ins Alter hinein oft völlig fichtenartigen Habitus behält (vgl. Abb. 95 u. 96). Bei diesen Verschiedenheiten dürfte es sich aber, wie wir später noch sehen werden, um *zwei verschiedene Rassen* der Kiefer handeln! Die Laubhölzer, die in der Jugend immerhin auch noch eine stumpf-kegelförmige oder doch nach oben verschmälerte Krone zeigen, runden diese schon frühzeitig mehr und mehr ab und zeigen im Alter meist halbkugelige Formen.

Bei der *Wurzelausbildung* unterscheiden wir 3 Typen: die *Pfahlwurzler*, bei denen eine oder mehrere rüben- bis pfahlartige Hauptwurzeln in große Tiefe gehen, während die Hauptseitenwurzeln mit ihren Nebenwurzeln mehr wagerecht in der Oberflächenschicht verlaufen. Hierzu gehört vor allem die Kiefer, die häufig neben der Hauptpfahlwurzel sogar noch einige kürzere, von Seitenwurzeln ausgehende Nebenpfahlwurzeln (sog. Abläufer) in die Tiefe schickt (vgl. Abb. 98), ferner die Eiche und weniger ausgeprägt die Lärche. Den Gegensatz dazu bilden die *Flachwurzler*, bei denen keine eigentliche Hauptwurzel gebildet wird und alle Seitenwurzeln strahlenförmig und in der Mehrzahl wagerecht unter der Oberfläche entlang streichen (*Wurzeltellerbildung*). Hauptvertreter hierfür ist die Fichte, auch Birke und Hainbuche stehen diesem Typ vielfach nahe. Die dritte und häufigste Form ist die der sog. *Herzwurzler*, bei

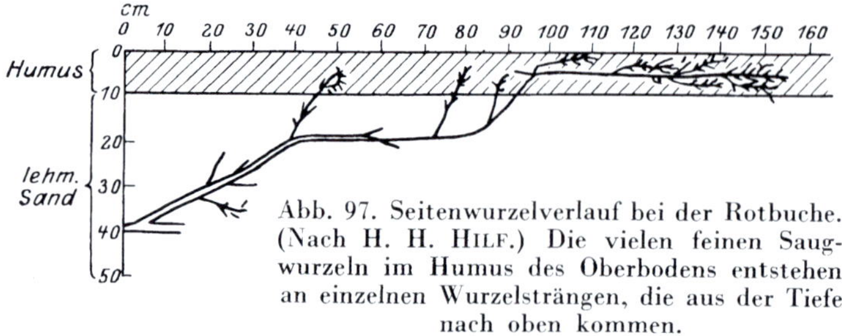

Abb. 97. Seitenwurzelverlauf bei der Rotbuche. (Nach H. H. HILF.) Die vielen feinen Saugwurzeln im Humus des Oberbodens entstehen an einzelnen Wurzelsträngen, die aus der Tiefe nach oben kommen.

denen von einem Knotenpunkt, dem Wurzelherz aus, zahlreiche Seitenwurzeln nicht nur wagerecht, sondern auch schräg abwärts in die Tiefe laufen. Hierher gehören, soweit die Wurzelbildung überhaupt bekannt ist, alle übrigen Holzarten, besonders Tanne und Buche. (Beide haben übrigens in der ersten Jugend noch eine ausgesprochene Pfahlwurzel, die aber dann nicht weiterwächst und sich zur Herzwurzel umbildet. Wahrscheinlich gilt das auch noch für mehrere andere Arten.)

Auch die *Seitenbewurzelung* unserer Waldbäume scheint trotz der großen Unregelmäßigkeit in der Zahl und der Richtung der verschiedenen Wurzeln doch auch gewissen inneren Veranlagungen nach 2 Haupttypen zu folgen, die BÜSGEN[1]) als *Extensiv-* und *Intensivsystem* bezeichnet hat. Bei dem ersteren finden sich verhältnismäßig lange und wenig verästelte Wurzelzweige — hierher gehört z. B. die Esche und Erle —, bei dem letzteren verhältnismäßig kürzere, aber dicht mit Saugwürzelchen besetzte Seitenwurzeln, wie z. B. bei Buche, Eiche und Birke. Bei der Buche stellte HILF[2]) die eigenartige Erscheinung fest, daß die schräg abwärts verlaufenden Seitenwurzeln Abläufer nach oben senden, die dann in der humosen Schicht sehr dicht verzweigte Saugwurzelbüschel entwickeln

Abb. 98. Kiefernbewurzelung auf kräftigem Spatsand. Reiche Seitenbewurzelung mit zahlreichen Abläufern in die Tiefe. (Phot. H. H. HILF.)

[1]) BÜSGEN, M.: Bau und Leben der Waldbäume und Flora 1905, Erg.-Bd.

[2]) HILF, H. H.: Studien über die Wurzelausbreitung von Fichte, Buche und Kiefer. Dissert., Hannover: Verlag Schaper 1927.

(vgl. Abb. 97). Ob dieser Seitenwurzeltyp auch noch bei anderen Baumarten auftritt, bedarf noch der Untersuchung.

Die äußeren Einflüsse (Modifikationen). *Alle vorgenannten Erscheinungsformen in Stamm, Krone und Wurzel,* die wir als innerlich bedingte Art- oder Rasseneigentümlichkeiten ansehen, unterliegen aber bei den verschiedenen Holzarten in mehr oder minder starkem Maße *dem umformenden Einfluß äußerer Faktoren. Die Geradheit und Länge des Schaftes wird besonders durch Windwirkung verändert.* Hierauf ist in vielen Fällen die einseitige Stammkrümmung vieler Lärchen (sog. *Säbelwuchs*) zurückzuführen. In sehr windausgesetzten Örtlichkeiten zeigt auch die Kiefer und die Buche oft mehrfach gekrümmte bis korkzieherartig gewundene Stämme (vgl. Abb. 73 u. 75, S. 151). Fichte und Tanne behalten dagegen auch in solchen Fällen ihren geraden Stamm bei (vgl. dazu Abb. 72). Wie also den einzelnen Arten hier eine erblich verschiedene

Widerstandsfähigkeit nach dieser Beziehung innewohnt, so kann das auch innerhalb der gleichen Art bei verschiedenen Rassen der Fall sein. Auch *ungleiches Licht* von der Seite her kann an Lücken oder an Bestandesrändern Schaftkrümmungen und Windungen hervorrufen, so

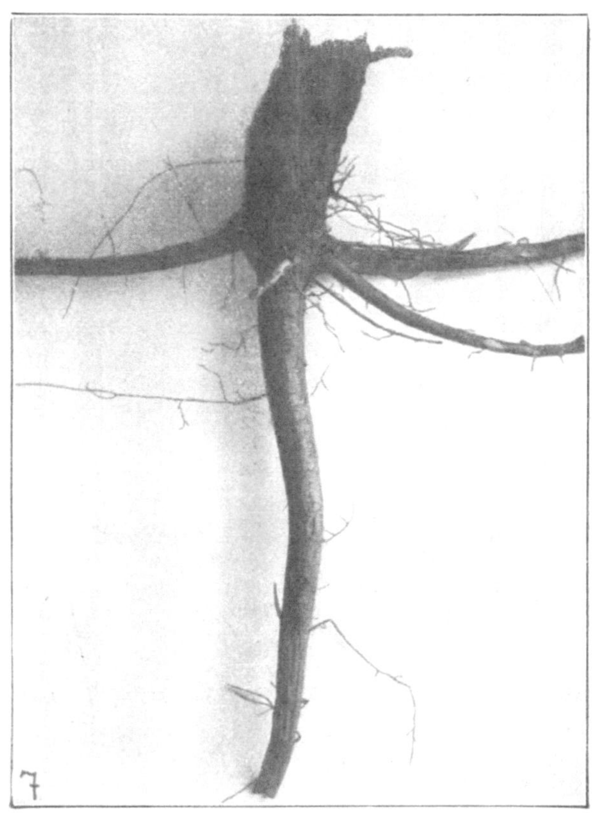

Abb. 99. Kiefernbewurzelung auf armem Sandboden (Ödland). Wenige, weitstreichende Hauptwurzeln, dürftige Faserwurzelbildung. (Phot. H. H. Hilf.)

Abb. 100. Tiefgehende Bewurzelung der Fichte auf lockerem Lehmboden. Reiche Abläuferbildung. (Phot. H. H. Hilf.)

daß solche *Randstämme* oft durch Wind und Licht aus der Lotrechten gezogen, besonders schlechte Stammformen zeigen, eine sehr unangenehme Begleiterscheinung an langen Wald- und Bestandsrändern.

Auch die *Kronenform unterliegt vielen Änderungen durch die gleichen äußeren Einflüsse.* Hier spielt *neben dem Wind* das *Licht* eine besonders starke Rolle. Bei allen im vollen Freistand erwachsenen Bäumen wird das Umrißbild der Krone immer viel breiter und abgestumpfter, einseitige Belichtung bildet auch einseitige Kronenformen aus u. a. m.

Abb. 101. Flache Tellerwurzelbildung bei der Fichte auf nassem, flachgründigem Boden. (Phot. H. H. Hilf.)

Die Wurzelbildung wird in weitgehender Weise durch die Bodenbeschaffenheit beeinflußt. Auf flachgründigen Böden und bei hohem Grundwasserstand kann sich keine Pfahlwurzel ausbilden. Auch die Kiefer wird dann zum Flachwurzler. Untersuchungen haben aber gezeigt, daß auch noch feinere Bodenunterschiede hier starke Veränderungen des ganzen Wurzelsystems hervorrufen können.

So fand Hilf[1]) bei der Kiefer auf feinkörnigen, humosen Spatsanden einen sehr reichen Wurzeltyp mit vielen Nebenpfahlwurzeln und dichter Ausfüllung des ganzen Raumes zwischen diesen und der Oberfläche (Abb. 98), bei geringeren Sanden waren nur wenig Nebenpfahlwurzeln entwickelt und der Achselraum zwischen horizontalen Seiten- und Pfahlwurzeln schon recht leer, am dürftigsten aber war die Seitenbewurzelung bei Kiefern auf trockenem, humuslosem Ödland (Abb. 99).

Andererseits können auch Flachwurzler wie die Fichte auf trockenen humosen Sandböden und auf lockeren, milden Lehmböden durch die Bildung von zahlreichen Abläufern, die von den horizontalen Seitenwurzeln bis 1 m tief nach unten gehen, ihren Charakter als Flachwurzler ganz verlieren (Abb. 100), während sie ihn am stärksten auf oberflächlich vernäßten Böden zeigen (Abb. 101). (Ähnliche Modifikationen der Wurzelbildung wurden auch noch von anderer Seite und bei anderen Holzarten festgestellt[2]).

---

[1]) Hilf, H. H.: Studien über die Wurzelausbreitung von Fichte, Buche und Kiefer. Dissert., Hannover: Verlag Schaper 1927.

[2]) Vater, E.: Die Bewurzelung der Kiefer, Fichte und Buche. Th.Jb. 1927, S. 65 ff. — Groth: Die Wurzelbildung der Douglasie. A.F.J.Z. 1927, S. 186. — Laitakari, E.: Das Wurzelsystem der Birke. Finnisch m. engl. Referat. Acta forest. fennica. Helsinki 1935. — Wagenhoff, A.: Unters. über d. Entwicklg. des Wurzelsystems der Kiefer auf diluvialen Sandböden. Z.F.J.W. 1938, S. 449 ff. Erteld, W.: Die Birkenwurzel auf armen Sandböden. Ebenda 1942. S. 193 ff.

Klimarassen (Provenienzfrage). Wie schon vorher erwähnt, können sich derartige Merkmale aber auch durch Ausbildung von besonderen Rassen innerhalb der gleichen Art *erblich verändern.* Besonders hat sich das bei weiter Verbreitung der Art über sehr verschiedene Klimate oder Standorte gezeigt, wie sie gerade manche unserer Waldbäume haben. Man spricht dann von *Klima-* oder *Standortsrassen.* Vergleichende Anbauversuche mit Saat- oder Pflanzgut verschiedener Herkunft (*Provenienzversuche*) haben die Erblichkeit derartiger Unterschiede bewiesen. Es hat sich dabei besonders gezeigt, daß oft die morphologischen Unterschiede nur sehr gering, vielfach überhaupt nicht vorhanden oder doch nicht nachweisbar sind, daß aber trotzdem im Wuchsverhalten (Raschwüchsigkeit, Zeit des Austreibens, Widerstandsfähigkeit gegen Krankheiten u. a. m.) bedeutende Verschiedenheiten bestehen. Man hat deshalb auch von *physiologischen Rassen* gesprochen. Neueste Untersuchungen haben dann auch ergeben, daß tatsächlich Unterschiede im Stoffwechsel (Gehalt an Chlorophyll, Zucker, Katalasen u. a. m.) vorliegen, die mit dem verschiedenen Wuchsverhalten gleichsinnig verlaufen[1]).

Unterschiede in der Schaftbildung in verschiedenen Gegenden waren es, die hier zuerst die Aufmerksamkeit erregten und *eine verschiedene innere Veranlagung* nach dieser Beziehung vermuten ließen, z. B. die berühmte Geradschäftigkeit der sog. *Rigakiefer* des Holzhandels.

So machte schon im Anfang des 18. Jahrhunderts der französische Dendrologe VIL-MORIN auf seinem Gute Les Barres vergleichende Anbauversuche mit Samen von dieser Rigakiefer und aus einigen anderen Gegenden (Elsaß und Frankreich). Der besonders gerade Wuchs der Rigakiefer gegenüber den anderen wurde hierbei schon damals als erblich erkannt. Fortlaufende Berichte über diesen Versuch liegen leider nicht vor. Heute sind die betreffenden Bestände schon wieder abgetrieben. Jedenfalls sind die Versuche von VILMORIN zunächst nicht weiter beachtet worden.

Von ganz anderen Gesichtspunkten aus nahm KIENITZ[2]) im Jahre 1879 eine Untersuchung von *Saatgut einzelner Waldbäume aus klimatisch verschiedenen Gegenden* Mitteleuropas vor. Er prüfte dabei *ihre Keimung unter verschiedenen Temperaturen* und fand je nach dem Herkunftsgebiet ein deutlich anderes Verhalten. Er ist der erste gewesen, der schon damals vor unterschiedsloser Verwendung von Saatgut aus stark abweichenden Klimagebieten gewarnt hat. Später hat dann CIESLAR[3]), durch die Ergebnisse von KIENITZ angeregt, in den achtziger Jahren des vorigen Jahrhunderts vergleichende Anbauversuche mit österreichischem und schwedischem Kiefern- und Fichtensamen gemacht und aus ihrem verschiedenen Wuchsverhalten bei sonst gleichen Bedingungen den Schluß gezogen, daß hier erbliche Verschiedenheiten, „*Klimavarietäten*", vorliegen müßten. Wenig später, im Jahre 1890 auf dem Internationalen Kongreß für Land- und Forstwirtschaft in Wien, hat er daraufhin bereits den Gedanken einer „*forstlichen Zuchtwahl*" ausgesprochen.

Den eigentlichen Anstoß bekam die ganze Frage aber erst durch *die schlechten Erfahrungen,* die man *auf den Kiefernkulturen in Norddeutschland und im Baltikum* in einzelnen Jahren *beim Ankauf von Saatgut* aus westdeutschen Klengen gemacht hatte, die ihre Zapfen verschiedentlich auch aus dem Ausland, besonders aus Frankreich, bezogen hatten. Wo daneben Kulturen mit einheimischem Saatgut ausgeführt waren, zeigte sich oft ein schroffer Gegensatz durch befriedigenden Stand der einheimischen gegenüber den vollständig mißlungenen Flächen aus angekauftem Samen.

Im Jahre 1900 setzte daraufhin der Internationale Verband der forstlichen Versuchsanstalten die Untersuchung der *Herkunfts-* (*Provenienz-*) *Frage* auf sein Arbeitsprogramm, und eine große Anzahl von vergleichenden Anbauversuchen ist dann in allen möglichen Ländern Europas angelegt worden.

---

[1]) LANGLET, O.: Studier öwer tallens fysiologiska variabilität och dess samband med klimatet. Medd. fr. Stat. Skogsförsöksanst. H. 29, S. 421—470. Stockholm 1936.

[2]) KIENITZ, M.: Vergleichende Keimversuche mit Waldbaumsamen aus verschiedenen Gegenden Mitteleuropas in MÜLLER, N. J. C.: Botanische Untersuchungen Bd. 2, H. 1. 1879.

[3]) CIESLAR, A.: Über den Einfluß des Fichtensamens auf die Entwicklung der Pflanzen nebst einigen Bemerkungen über schwedischen Fichten- und Weißföhrensamen. C.ges.F.W. 1895, S. 7.

Unterschiede der einzelnen Provenienzen finden sich danach überall, doch sind sie nicht immer gleich groß und nicht einmal gleichsinnig, was z. T. an falscher Anlage der Versuche, z. T. an Störungen und Schädigungen, z. T. aber auch daran liegen dürfte, daß einzelne Klimazüge bzw. klimatische Ereignisse (extreme Sommer oder Winter, Dürrejahre u. a. m.) im Einzelfall die Entwicklung gestört oder doch nachhaltig beeinflußt haben. Dankenswerterweise hat daher die *internationale Kommission für Saatgutforschung* neuerdings eine einheitliche und großzügige *Wiederholung* mit gleichen Samenprovenienzen in allen angeschlossenen Ländern in die Hand genommen.

Auch *einzelne Forscher* außerhalb des Arbeitsprogramms der forstlichen Versuchsanstalten haben sich bei uns daran beteiligt (CIESLAR-Wien, ENGLER u. BURGER-Zürich, MÜNCH u. RUBNER-Tharandt, DENGLER-Eberswalde). Ebenso ist die Provenienzforschung auch im Ausland, bes. in den nordischen Ländern, sehr gefördert worden. Von dort stammen auch zwei umfassende und kritische Zusammenstellungen aller bisherigen Versuche[1]).

Provenienzversuche. Wir können hier nur eine gedrängte Übersicht über *diese vergleichenden Anbauversuche* geben.

1. Kiefer. Am weitaus gründlichsten wurde *die Kiefer* bearbeitet. Hier liegen auch die ältesten Versuche und Ergebnisse vor.

a) *Wuchsleistung.* Die ersten Unterschiede, die sich meistens zeigten, waren die im *Höhenwuchs* (Abb. 102). Er ist ja auch schon in den ersten Jahren leicht meßbar. Es hat sich dabei gezeigt, daß die nach den ersten Anlaufjahren festgestellten Unterschiede meist geblieben sind und die gegenseitige Reihenfolge der einzelnen Herkünfte sich gar nicht oder nur wenig verschoben hat. Das reichste Material bietet hier der erste *internationale Anbauversuch der Kiefer vom Jahre* 1907.

Höhe der Kiefern in den Flächen des internationalen Rassenversuches in verschiedenen Ländern nach den letzten Aufnahmen[2]).

Zur Ermittlung der Prozentzahlen ist die beste Rasse jeder Versuchsreihe (*wagerechte Zeilen*) = 100 gesetzt worden und die übrigen Rassen der Versuchsreihe in Prozent der besten Rasse ausgedrückt worden. — Die beste (100%) und die schlechteste Rasse jeder Versuchsreihe sind **fett** gedruckt. Die senkrechten Reihen sind wegen der Verschiedenheit der Aufnahmejahre leider nur beschränkt vergleichbar.

Anbauort	Jahr der Aufnahme	Herkunftsland des Samens														
		Ost-preußen		Branden-burg		Belgien		Pfalz		Kurland Frühjahr 1907		Schott-land		Frank-reich		Ost-rußland	
		m	%	m	%	m	%	m	%	m	%	m	%	m	%	m	%
Chorin (Brandenbg.) .	1928	7,9	**100**	7,5	95	7,1	90	7,0	89	6,8	86	6,3	80	5,6	71	5,4	**68**
Tharandt (Sachsen) .	1921	4,23	95	3,51	79	4,45	**100**	3,46	78	3,58	80	3,63	82	3,09	**69**	3,09	69
Schiffenberg (Hessen)	1922	2,62	**56**	3,89	82	4,72	**100**	4,52	96	3,67	78	4,25	90	3,63	77	4,20	89
Raunheim ,, .	1920	2,49	80	—	—	3,02	97	3,12	**100**	2,25	72	1,85	59	1,66	**53**	—	—
Soignes I (Belgien) .	1922	4,0	89	4,0	89	4,5	**100**	4,0	89	3,5	78	3,0	67	3,0	67	2,5	**56**
,, II ,, .	1922	4,5	**100**	2,5	**56**	4,5	**100**	3,0	67	3,25	72	3,0	67	3,0	67	—	—
Raevels ,, .	1922	4,1	87	3,8	81	4,7	**100**	3,75	80	3,8	81	3,3	70	3,25	**69**	—	—
Pijnven I ,, .	1922	4,2	**100**	3,6	86	4,0	95	3,2	76	3,4	81	3,1	74	3,0	**71**	3,1	74
,, II ,, .	1922	4,0	84	4,1	86	4,75	**100**	3,6	76	3,25	68	3,1	65	2,85	**60**	—	—
Hertogenwald ,, .	1922	3,9	91	3,6	84	4,3	**100**	3,8	88	4,0	93	3,4	**79**	—	—	—	—
Mittelschweden .	1925	6,4	**100**	5,8	91	5,6	88	5,3	83	5,9	92	5,5	86	4,7	**73**	5,5	86

[1]) KALELA, A.: Zur Synthese der experimentellen Untersuchungen über Klimarassen der Holzarten. Helsinki 1937. — LANGLET, O.: Proveniensförsök med olika trädslag. Mit deutschem Resümee. Stockholm 1938, H. I u. II.

[2]) Wir entnehmen die folgende Zusammenstellung einer eingehenden Bearbeitung und Veröffentlichung von WIEDEMANN, E.: Die Versuche über den Einfluß der Herkunft des Kiefernsamens. Z.F.J.W. 1930, S. 498, 809 ff.

Abb. 102. Vier verschiedene Kiefernherkünfte auf der Choriner Versuchsfläche. Alter 18 jährig. Aufnahme in gleichem Maßstab. Meßstock 4 m hoch. Man beachte die verschiedene Durchschnittshöhe. (Aufn. von DENGLER.)

Vergleicht man die nach 15—20 Jahren erreichten Durchschnittshöhen, so zeigen sich überall sehr bedeutende Unterschiede. *Die besten Provenienzen haben fast die doppelte Länge erreicht wie die schlechtesten.* Die Reihenfolge an den einzelnen Versuchsorten ist aber z. T. verschieden. Im allgemeinen kann man nur sagen, daß die *Ergebnisse meist besonders schlecht sind, wenn das Klima des Herkunftsortes von dem des Anbauortes sehr abweichend war.* Doch haben sich auch bemerkenswerte Ausnahmen gezeigt. So haben insbesondere die ostpreußische und die belgische Herkunft weitgehende Anpassungsfähigkeit und Brauchbarkeit in recht verschiedenen Klimaten gezeigt.

Eine spätere Aufnahme der Choriner Fläche im Jahre 1936 ergab für das 27jähr. Alter folgende Zahlen: N = Stammzahl in Tausenden je Hektar, H = Mittelhöhe, D = Mitteldurchmesser, M = Gesamtmassenleistung je Hektar. (Die Zahlen in Klammern geben das Verhältnis der Provenienzen zueinander an.)

	N	H	D	M	
1. Ostpreußen	7,5 Tsd. (90)	9,8 m (98)	8,8 cm(87)	190 fm (**100**)	I
2. Brandenburg	7,4 ,, (89)	9,5 ,, (95)	8,7 ,, (86)	183 ,, (96)	Wuchsleistung
3. Belgien . .	8,3 ,, (**100**)	10,0 ,, (**100**)	9,2 ,, (91)	191 ,, (**100**)	stark
4. Pfalz . . .	6,9 ,, (83)	9,4 ,, (94)	10,1 ,, (**100**)	174 ,, (91)	
5. Kurland . .	7,5 ,, (90)	8,9 ,, (89)	8,3 ,, (82)	138 ,, (72)	II
6. Schottland .	8,3 ,, (**100**)	7,5 ,, (75)	7,7 ,, (76)	113 ,, (59)	mittel
7. Frankreich .	5,0 ,, (**60**)	7,0 ,, (70)	8,1 ,, (80)	72 ,, (38)	III
8. Ostrußland .	5,3 ,, (64)	6,9 ,, (**69**)	7,6 ,, (**75**)	63 ,, (33)	schwach

Diese Zahlen geben bei dem vorgeschrittenen Alter nun schon die *Durchmesser* und in Verbindung mit den Stammzahlen je Hektar auch die *Gesamtmassenleistung* an. Die Durchmesser gehen mit den Höhen ziemlich gleich, nur die Pfälzer und die Franzosen sind verhältnismäßig dicker als lang. Daraus ergibt sich eine etwas abholzigere Schaftform gegenüber den Ostpreußen und Brandenburgern. Die ursprünglich gleichen Stammzahlen sind durch stärkere Abgänge nur bei den Franzosen und Ostrussen auffallend niedrig. In der Gesamtmassenleistung treten *drei Gruppen* hervor. Ostpreußen, Brandenburg, Belgien[1]), Pfalz mit 90—100%, Kurland und Schottland mit 60—70% und Frankreich und Ostrußland mit 30—40%, d. h. nur etwa einem Drittel der Leistung von Gruppe I!

Neben der verschiedenen Höhenentwicklung sind aber noch einige andere sehr bemerkenswerte Erscheinungen beobachtet worden.

b) *Schaftform und Ästigkeit.* In Tharandt, in Chorin und einigen anderen Orten fallen besonders die *Kurländer, Ostrussen und Ostpreußen durch ihren geraden Wuchs auf,* auf der anderen Seite die Pfälzer *durch sehr krumme, oft geradezu korkzieherartig gewundene Stämme.*

Eine Einschätzung nach *Gütegraden* im 22jährigen Alter ergab für die Choriner Fläche folgende Verhältnisse:

	a ganz gerade	b schwache Krümmungen	a + b %	c starke Krümmungen	d ganz unbrauchbar	c + d %
1. Ostrußland	35	59	**94**	6	—	6
2. Ostpreußen	19	60	79	17	4	21
3. Kurland	14	59	73	21	6	27
4. Brandenburg	13	55	68	29	3	32
5. Schottland	2	44	46	53	1	54
6. Frankreich	3	29	32	53	15	68
7. Belgien	—	31	31	60	9	69
8. Pfalz	1	15	16	68	16	**84**

[1]) Die belgische Herkunft ist nicht autochthon, da es vor etwa 200 Jahren nirgends Kiefern in natürlichem Vorkommen dort gegeben haben soll. Woher die belgischen Kiefern stammen, ist leider bisher noch nicht aufgeklärt worden.

Die *Schaftgüte* hat sich also entsprechend den schon im jugendlichen Alter (vgl. Abb. 102) zu beobachtenden Unterschieden weiter entwickelt: Ostrussen, Ostpreußen und Kurländer stehen obenan, Franzosen und Pfälzer verhalten sich am schlechtesten. Auch in der *Ästigkeit* finden sich deutliche Unterschiede. Im allgemeinen sind die Rassen ⌊mit der besten Schaftform auch besonders feinastig und umgekehrt.

Ein anschauliches Bild von dem derzeitigen Stand geben die Abbildungen 103 a und 103 b der ostpreußischen und Pfälzer Herkunft im 35 jährigen Alter in Chorin.

Abb. 103 a. Ostpreußische Kiefern, 35 jährig,   Abb. 103 b.   Pfälzer Kiefern, 35 jährig,
auf der Choriner Provenienzfläche.   auf der Choriner Provenienzfläche.

(Phot. A. Dengler.)

Die Choriner Flächen werden seit einiger Zeit in 2 Unterflächen verschieden durchforstet: a) *nur schwach bis mäßig* durch Entnahme der abgängigen und zurückbleibenden Stämme, so daß das natürliche Bild der Rasse möglichst wenig verändert wird, b) *stärker* mit Eingriff in den herrschenden Bestand und *Entnahme der schlechten Vorwüchse*, um zu zeigen, wie weit man das Bild der Rasse künstlich verändern kann. (Die beiden Abbildungen sind auf den a-Unterflächen aufgenommen, geben also das natürliche Rassenbild wieder.)

c) *Winterverfärbung.* Eine verschiedene Verfärbung der Nadeln im Winter wurde von Kienitz[1]) in den ersten Jahren beobachtet und farbenphotographisch festgelegt. Sie zeigte sich in einem violett-braunem Farbton und war am stärksten bei den Ostrussen, dann bei den Kurländern und Ostpreußen, während Schotten und Franzosen ihre bläulichgrüne Sommerfarbe behielten. *Die aus dem Norden und Osten stammenden Herkünfte zeigten also eine auffallend starke Verfärbung, während sie bei den westlichen fehlte. Im späteren Alter schlug*

____

[1]) Kienitz, M.: Ergebnis der Versuchspflanzungen von Kiefern verschiedener Herkunft in Chorin. Z.F.J.W. 1922, S. 65 ff.

die Winterfarbe bei den ersteren in einen mehr olivgrünen Ton um, den auch die finnischen Kiefern in einem älteren Anbauversuch bei Eberswalde zeigten[1]).

d) *Krankheitserscheinungen.* Besonders wichtig war das *Verhalten gegen die Schütte*, eine Nadelerkrankung durch den Pilz *Lophodermium pinastri*, der in der ersten Jugend oft schwere Schäden und Abgänge verursacht. Es zeigten sich auch dabei recht bedeutende Unterschiede, aber die Beobachtungen stimmen nicht überein, was wohl teilweise an dem zufälligen Fehlen von Infektionsmöglichkeiten gelegen haben mag. In Chorin haben besonders die *französischen Kiefern* gelitten, die danebenliegenden Schotten nicht, *in den Tieflagen* der *Schweiz aber die Kiefern aus Hochlagen.* Eine Prüfung auf Schüttefestigkeit mittels gleichmäßiger künstlicher Infektion bei einem gemeinschaftlichen Versuch in meinem Eberswalder Versuchsgarten und in Finnland ergab hier wie dort eine *bedeutend größere Widerstandsfestigkeit der finnischen Kiefern gegenüber den märkischen.*[2])

Im Jahre 1922 konnte ich bei den schottischen und französischen Kiefern in Chorin einen sehr starken Befall von *Cenangium abietis* feststellen. Die betreffenden Parzellen sahen vollständig scheckig aus, während auf den übrigen nur ganz selten ein befallener Zweig zu finden war. Das Krankheitsbild schnitt geradezu haarscharf mit den Grenzlinien der Parzellen ab und bewies aufs schlagendste die verschiedene Empfänglichkeit. Die gleichen Unterschiede wiederholten sich bei dem starken Cenangiumbefall im Jahre 1934.

e) *Frühreife.* Die schon aus der Praxis bekannte Erscheinung, daß *manche aus fremdländischem Saatgut* entstandenen Dickungen *schon vorzeitig blühen und Zapfen tragen*, hat sich auch hier bestätigt. Es handelt sich offenbar um eine Reaktion auf das fremde Klima.

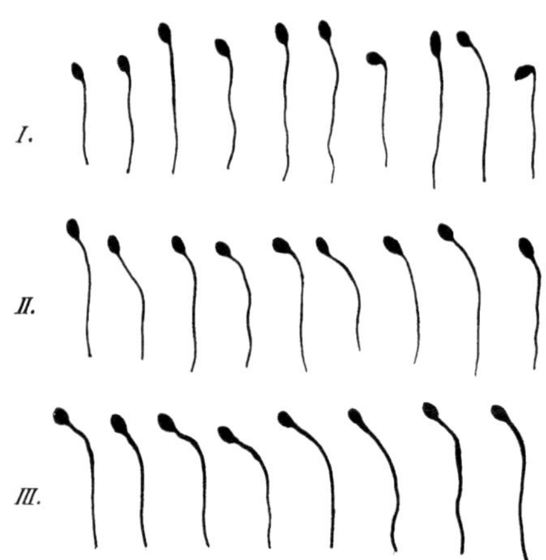

Abb. 104. Phototropische Reaktion von Kiefernkeimlingen verschiedener Herkunft nach Seitenbelichtung. (Nach W. SCHMIDT.)
I. Ostpreußen   II. Hessen   III. Pfalz.

In Chorin zeigten besonders die französischen und die schottischen Kiefern, in Tharandt dieselben und auch die belgischen eine krankhafte Frühreife durch fast alljährlichen Zapfenbehang im 20 jährigen Alter. Die daraus gewonnenen Samen hatten nach meinen Versuchen aber durchaus normale Keimkraft.

f) *Sonstige physiologische Verschiedenheiten.* Im Laboratoriumsversuch fand W. SCHMIDT[3]) auch Unterschiede im Katalasegehalt des Saatgutes sowie in der Lichtreizbarkeit der Keimlinge. Bei einseitiger Beleuchtung waren die Stengelkrümmungen bei den verschiedenen Herkünften verschieden stark (Abb. 104). Versuchsweise konnten diese Unterschiede sogar schon zur Herkunftsbestimmung von Samenproben benutzt werden.

Die überraschendsten Ergebnisse brachte aber eine umfangreiche Untersuchung von LANGLET in Schweden[4]), der auf Grund von Frostschäden an

---

[1]) DENGLER, A.: 52 jährige finnische und märkische Kiefern im Forstamt Eberswalde. Z.F.J.W. 1937, S. 562 ff.

[2]) DENGLER. A: Über die Schütteresistenz finnischer und deutscher Kiefern. Zeitschr. f. d. ges. Forstwesen. 1944. (Im Erscheinen begriffen.)

[3]) SCHMIDT, W.: Unsere Kenntnis vom Forstsaatgut. Berlin 1930; Jb. d. Hauptaussch. f. forstl. Saatgutanerkennung 1931 u. Jahresber. d. Hauptaussch. f. forstl. Saatgutanerkennung 1935.

[4]) LANGLET a. a. O. (vgl. S. 193).

Jungpflanzen verschiedener Herkunft chemische Analysen zur Feststellung von *osmotisch wirksamen Stoffen* (Zucker, Fette, Gerbstoffe, Katalasen u. a.) ausführte und hierbei an einem überaus reichhaltigen Material (582 Provenienzen!) eine deutliche Abstufung im Gehalt an solchen Stoffen je nach dem Wärmeklima des Herkunftsortes bei Anbau auf ein und derselben Fläche (Versuchsfeld bei Stockholm) feststellen konnte. Da der Gehalt an diesen Frostschutzstoffen mit dem *gesamten Trockensubstanzgehalt* weitgehend gleichging, so konnte schließlich dieser allein zur Ermittlung benutzt werden. Es fand sich dabei eine Abstufung von 31—40% Trockensubstanz bei jungen Keimpflanzen, wobei die höheren Prozente den Herkünften aus kälterem Klima entsprachen und umgekehrt. Hier zeigt sich also, daß der *ganze Stoffwechsel der einzelnen Herkünfte verschieden ist* und daß es daher durchaus richtig ist, von *physiologischen Rassen* zu sprechen.

g) *Morphologische Merkmale.* Es wäre natürlich von großem Wert für die Unterscheidung in der Praxis, *wenn man für die einzelnen Herkünfte auch bestimmte äußere Kennzeichen* in Form und Farbe der Nadeln, Knospen und Zweige angeben könnte. Sie sind auch vorhanden, *sie sind aber so gering und im einzelnen so veränderlich, daß sie zu einer untrüglichen Unterscheidung in der Praxis nicht hinreichen.* Auch sichere anatomische

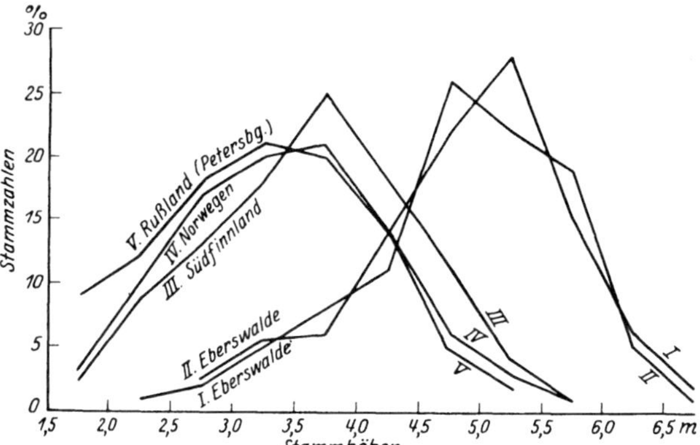

Abb. 105. Stammhöhen von 21jährigen Kiefern verschiedener Herkunft im Forstamt Eberswalde, ermittelt an je 250—300 Stämmen im Jahre 1907 durch Dengler.

Unterschiede in den Nadeln (Anzahl und Lage der Harzkanäle) konnten bisher nicht einwandfrei festgestellt werden.

Am meisten auffällig und regelmäßig ist noch die blaugrüne Nadelfarbe bei den Franzosen und Schotten und eine fahle, gelbgrüne Färbung der Ostrussen, ferner die rotbraunen Knospen und die starre, dichte Benadelung der Franzosen mit vielfach weit ausladenden unteren Ästen, die sich an den Enden oft armleuchterartig erheben und diesen, wie auch von Tharandt bestätigt wird, etwas Bergkiefernartiges im Aussehen geben. Doch trifft das durchaus nicht an allen Individuen zu.

Die absoluten *Höhenunterschiede* haben sich anfänglich *mit zunehmendem Alter verstärkt* und sind später ziemlich gleich geblieben, wobei unter den einzelnen Herkünften allerdings hier und da kleine Verschiebungen eingetreten sind. Relativ würden sie mit zunehmender Gesamthöhe allerdings allmählich abnehmen.

Im Jahre 1908 habe ich eine Kiefernfläche von verschiedener Herkunft des Saatgutes in der Oberförsterei Eberswalde untersucht[1]), die ursprünglich nur zur Prüfung verschiedener Schüttefestigkeit angelegt war und heute wohl mit zu den ältesten in Deutschland zählt! Sie enthielt neben einheimischen Kiefern noch russische (Nähe von Petersburg), südfinnische und norwegische. Alle drei fremdländischen Herkünfte verhielten sich ziemlich gleich. Sie blieben schon damals, 21jährig, im Gebiet der maximalen Stammzahlen um etwa 2 m hinter den beiden einheimischen zurück (vgl. Abb. 105). Die Kurven der beiden letzteren

---

[1]) Dengler, A.: Das Wachstum von Kiefern aus einheimischem und nordischem Saatgut in der Oberförsterei Eberswalde. Z.F.J.W. 1908, S. 137 ff.

liegen sehr gut beieinander und verlaufen deutlich ganz anders wie bei den nordischen, die wieder unter sich große Übereinstimmung zeigen (Beispiel für Variabilitätskurven näher und weiter verwandter Rassen). Auch für die Nadel-Längen und -Breiten konnte ich ein ähnliches Verhalten feststellen. Schon damals habe ich durch Jahrestriebmessungen an Probestämmen gefunden, daß *die Unterschiede im Höhenwachstum sich mit zunehmendem Alter vergrößert* hatten. Heute ist die russische Fläche, die nur 6 Reihen breit zwischen den 2 einheimischen lag, von diesen völlig überwachsen und durch zahlreiche Abgänge so gut wie vernichtet (vgl. Abb. 106 und 107). Es ist dies ein Beispiel dafür, wie eine *schlecht angepaßte fremde Rasse im Kampf mit der besser angepaßten heimischen aus-*

Abb. 106. Sechs Reihen nordischer Kiefern zwischen einheimischen (rechts und links). Oberförsterei Eberswalde. Aufnahme im Jahre 1908. 21jährig. (Phot. A. DENGLER.)

gemerzt werden kann, wenn sie mit dieser in enge Mischung gebracht wird. Das gilt aber nur in den Fällen, wo die fremde Rasse durch langsameren Wuchs und schlechtere Widerstandsfähigkeit gegen Gefahren (Frost, Pilzkrankheiten, Insekten) unterlegen ist, nicht aber wenn sie nur technisch minderwertig ist, wie etwa die Pfälzer Kiefer gegenüber der märkischen. Hier muß sogar umgekehrt eine Verdrängung der heimischen durch die üppig und sehr breitastig wachsende fremde Rasse befürchtet werden!

Die *Provenienzfrage ist bei der Kiefer infolge ihrer weiten Verbreitung* und des vielfachen künstlichen Anbaues, meist noch aus angekauftem Samen, *besonders wichtig,* und darum auch am eifrigsten untersucht worden. Für die übrigen Holzarten liegen weniger Versuche vor. Wir können hier auch nur die hauptsächlichsten behandeln.

2. Fichte. Für die *Fichte* wurde in Österreich, der Schweiz und in Sachsen[1]) das Verhalten bei *Herkunft aus verschiedener Höhenlage* untersucht. Die Versuche sind vielfach dadurch unsicher und erschwert, daß wegen des künstlichen

---

[1]) CIESLAR, A.: Über die Erblichkeit des Zuwachsvermögens bei den Waldbäumen. C.ges.F.W. 1895. — ENGLER, A.: Einfluß der Provenienz der Samen auf die Eigenschaften der forstlichen Holzgewächse. Mitt. d. Schweiz. Zentralanst. f. d. forstl. Versuchswes. 1905, S. 92 ff., ferner NAEGELI, ebenda. 1931, H. 1. — RUBNER, K.: Die Ergebnisse 10jähriger Fichtenprovenienzversuche im Erzgebirge. Th.Jb. Bd. 92, S. 526 ff.

Anbaus der Fichte bei uns die Frage der autochthonen Provenienz des Mutterbestandes schwer zu klären ist, auch wohl durch Pollenanflug aus verschiedenen Höhenlagen vielfach Kreuzungen entstanden sein werden. Es haben sich daher stärkere Unterschiede oft nur bei größerer Verschiedenheit der Höhenlage der Herkunftsorte ergeben. Doch läßt sich zusammenfassend sagen: *Hochgebirgs-fichten* wachsen in *unteren Lagen* immer *langsamer* als *Tieflandsfichten* (vgl. Abb. 108 u. 109). Auch in mittleren Lagen von 1000—1600 m blieben die hohen Herkünfte hinter denen des Tieflandes noch fast um 1 m in der Höhe zurück. In *ausgesprochenen Hochlagen* über 1600 m, in denen die Höhen bei beiden allerdings sehr gering waren, kehrte sich aber das Verhältnis um und überholten die Hochgebirgsfichten die Tieflandspflanzen etwa vom 20. Jahre ab (vgl. Abb. 110 unten), wobei meist Schnee- und Frostschäden die entscheidende Rolle spielten, gegen die sich die angestammte Hochlandsrasse im allgemeinen widerstandsfähiger zeigte. *Höhere Herkünfte* trieben in *tieferen Lagen* meist früher aus, hörten dafür aber auch früher mit dem Wachstum auf, während *Tieflandsfichten* in *Hochlagen* eine *längere Vegetationsdauer* zeigten und dann meist mit noch unvollendetem Höhentrieb

Abb. 107. Dieselbe Fläche wie Abb. 106 im Jahre 1928. 41 jährig. (Man beachte den gleichen Chausseestein bei + auf beiden Aufnahmen.) Die nordischen Kiefern sind, bis auf wenige Stämme, in den mittleren Reihen von den einheimischen Nachbarn total überwachsen und verschwunden. (Phot. A. Dengler.)

von den ersten Herbstfrösten überrascht wurden. Diese und manche anderen Schädigungen zeigen daher trotz des anfänglich rascheren Wachstums der Tieflandsfichten eine mangelhafte Anpassung an das rauhe Hochgebirgsklima. Andere Provenienzversuche mit Fichte in Dänemark, Schweden und Finnland haben neben Herkünften aus verschiedenen Höhenlagen auch solche aus *verschiedenem Ebenenklima* herangezogen. Im allgemeinen verhielten sich entsprechend den wärmeklimatischen Verhältnissen ihrer Heimat die *nördlichen Herkünfte* ähnlich wie die aus *hohen Gebirgslagen,* und die *südlichen* wie *die aus tiefen.*

3. Lärche. Bei den Provenienzversuchen mit der Lärche sind im Unterschied zu Kiefer und Fichte die Rassen meist zur Ermittlung der geeignetsten Herkunft

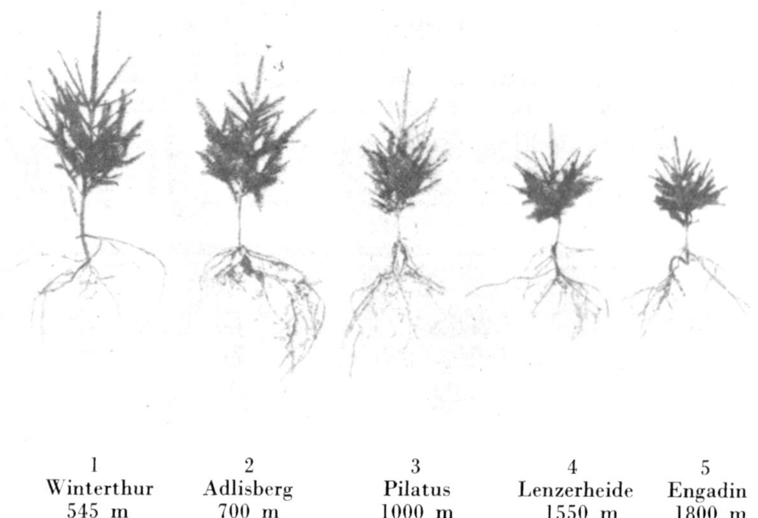

Abb. 108. 5jährige Fichten verschiedener Herkunft, erzogen im Versuchsgarten auf dem Adlisberg bei Zürich, 670 m ü. M. (Nach ENGLER.) Die Pflanzen zeigen je nach der Höhenlage des Herkunftsortes eine deutliche Abstufung in der Größe. Ausgeprägt dürftige Pflanzen erzeugten aber erst die Herkünfte 4 und 5 aus über 1500 m.

für den künstlichen Anbau außerhalb des natürlichen Verbreitungsgebietes geprüft worden. Neben Herkünften aus *verschiedenen Höhenlagen* der Schweiz wurden daher auch solche aus *verschiedenen Verbreitungsgebieten der Alpen, des Wiener Waldes, der Sudeten, Karpaten und von Polen* in Österreich, in Sachsen und in Norddeutschland[1]) untersucht.

Die Ergebnisse der ersten Reihe (Höhenlagen) sind bezüglich der Wuchsleistungen und des Austreibens ähnlich wie bei der Fichte. Doch waren die

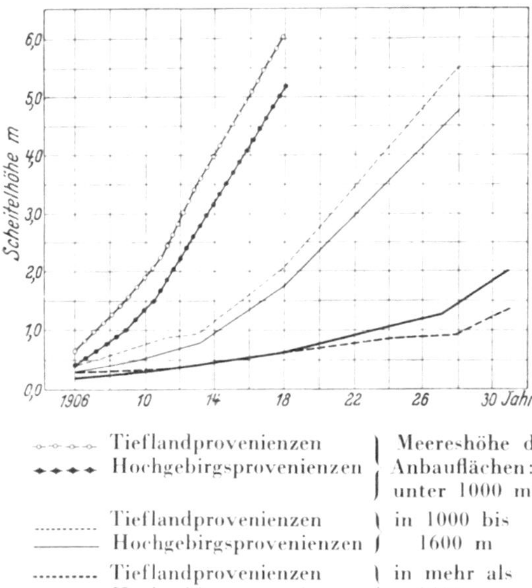

Abb. 109. Höhenentwicklung bei den Tieflands- und Hochgebirgsprovenienzen der Fichte in verschiedenen Meereshöhen der Schweiz. (Nach NAEGELI.)

[1]) BURGER, H.: Einfluß d. Herkunft d. Samens auf d. Eigenschaften forstl. Holzgewächse. IV. Die Lärche. Mitt. d. Schweiz. Zentralanst. f. d. forstl. Versuchswesen. 1935. S. 103 ff. — RUBNER, K.: Die Ergebnisse zweier Lärchenherkunftsversuche im Tharandter Wald. Th. Jb. Bd. 89, S. 465. Ders.: Die Ergebnisse 10jähriger Lärchenherkunftsversuche im Erzgebirge. Ebenda Bd. 92, S. 15. — DENGLER, A.: Ein Lärchenherkunftsversuch in Eberswalde. Z. F. J. W. 1942, S. 152. — MÜNCH, E.: Das Lärchenrätsel als Rassenfrage I. Th. Jb. 1933, S. 438. II. Z. F. J. W. 1935, S. 421. — SCHREIBER, M.: Beitr. zur Kenntnis der forstlichen und biologischen Eigenschaften einiger Klimarassen der europ. Lärche. C. ges. F. W. 1940, H. 9—12.

Unterschiede unregelmäßiger und nicht so groß, im Austreiben glichen sie sich sogar später teilweise aus. (Merkwürdigerweise zeigte in der Schweiz eine Herkunft aus Schottland, wo die Lärche gar nicht von Natur vorkommt, sondern unbekannt woher eingeführt ist, eine bedeutende Überlegenheit über alle Schweizer Herkünfte!)

Bei den Ergebnissen der zweiten Reihe haben sich besonders *die Sudetenherkünfte* vor allen anderen bewährt, sogar auf Sandböden und im Trockengebiet der Mark Brandenburg, während die *Alpenlärchen höherer Lagen fast überall sehr stark zurückblieben* (Abb. 110). (Mißerfolge des Lärchenanbaus in Nord- und Mitteldeutschland, wo früher meist Alpensaatgut verwendet worden

1. Sudeten	2. Wiener Wald	3. Sudeten	4. Steiermark	5. Polen	6. Schlitz	7. Schlesien
Hennersdorf	Altlengbach	Jägerndorf	Turrach	Mala	(nicht	Namslau
390 m	450 m	520 m	.350 m	Wies	autoch-	90 m
				190 m	thon)	

Abb. 110. Lärchen verschiedener Herkunft im 6jähr. Alter im Versuchsgarten Eberswalde. (Bei Rauhreif aufgenommen von A. DENGLER.)

ist.) Schon MÜNCH hatte in einigen Fällen bei älteren Beständen aus Sudetenherkunft die guten Stammformen und die Krebsfestigkeit dieser Rasse im künstlichen Anbaugebiet gegenüber den Alpenherkünften nachweisen können. Allerdings scheinen sich einige von diesen letzteren aus niedrigeren Lagen besser zu verhalten.

4. Eiche. Von den *Laubhölzern* ist besonders die *Eiche* von HAUCH in Dänemark[1]) und von CIESLAR am Wiener Wald[2]) untersucht worden. Bei den CIESLARschen Versuchen handelte es sich durchweg um Stieleichen. Sie umfassen 21 Proben von Südfrankreich im Westen bis zur Bukowina im Osten und von Istrien im Süden bis Mittelschweden im Norden. Die Versuche sind aber nicht ohne weiteres mit den übrigen Provenienzversuchen zu vergleichen, insofern die Samen nicht aus ganzen Beständen, sondern nur *von einzelnen oder 2—3 nahestehenden Mutterbäumen* gesammelt sind. Dadurch sind zwar interessante Anhaltspunkte für eine Vererbung individueller Anlagen gewonnen worden, aber es

---

[1]) HAUCH, L. A.: Provenienzforsøg med Eg. in Det forstlige Forsøgsvaesen in Danmark Bd. 4, S. 295; Bd. 5, S. 195; Bd. 10, S. 1.

[2]) CIESLAR, A.: Untersuchungen über die wirtschaftliche Bedeutung der Herkunft des Saatgutes der Stieleiche. C.ges.F.W. 1923, S. 97 ff.

Abb. 111. 19jähr. Stieleichenpflanzbestand. Heimat Lipovljane in Kroatien.
Anbauort Wienerwald. (Phot. A. CIESLAR.)

Abb. 112. 19jähr. Stieleichenpflanzbestand. Heimat Apatin im ehemal. Südungarn.
Anbauort Wienerwald. (Phot. A. CIESLAR.)

ist dafür auch die Wirkung der rein klimatisch bedingten Veranlagung etwas durchkreuzt. Trotzdem zeigte sich eine solche auch hier unverkennbar. Die *südfranzösischen und schwedischen Herkünfte standen im 18jährigen Alter an letzter Stelle und ihr Höhenunterschied gegenüber den besten Herkünften aus Bosnien, Kroatien und der Bukowina betrug 1,5—2,0 m.* Bemerkenswerte Unterschiede wurden auch in der *Neigung zur Johannistriebbildung* gefunden, die bei den aus südlichen Wuchsgebieten stammenden Eichen sehr groß war, bei den Anbauflächen aus nördlichen, z. B. Schweden, ganz fehlte. Hand in Hand damit gingen Frostbeschädigungen und Mehltaubefall, Laubverfärbung und Laubabfall, sowie auch eine mehr oder minder große Geradschäftigkeit, welch letztere allerdings stark durch individuelle Veranlagung vom Mutterbaum beeinflußt zu sein schien. Welche Unterschiede in der Stammausformung hier auftraten, zeigen die Abb. 111 und 112. Alle diese Beobachtungen CIESLARs stehen in guter Übereinstimmung mit denen von HAUCH in Dänemark. An dem Vorhandesein starker Unterschiede bei klimatisch verschiedener Herkunft ist danach auch bei der Stieleiche ebensowenig zu zweifeln, wie sie bei Kiefer, Fichte und Lärche erwiesen wurde.

5. Bergahorn, Hainbuche und Roterle. Für die übrigen Laubhölzer liegen bisher nur vereinzelte Untersuchungen vor. So z. B. für den *Bergahorn*[1]), der, ähnlich wie die Fichte, erst bei Herkunft aus relativ hohen Lagen starke *Unter-*

Bergahorn Nr. 3,   Bergahorn Nr. 6
aus 1050 m, noch belaubt.   aus 1570 m, schon entlaubt.

Abb. 113. Verschiedener Höhenwuchs und verschiedene Vegetationsdauer bei zwei Bergahornherkünften aus 1050 bzw. 1570 m Höhe. Anbauort Adlisberg bei Zürich, 670 m ü. M. Aufnahme am 10. Oktober 1904. Alter der Pflanzen 4jährig. (Nach A. ENGLER).

schiede im Wuchs und besonders auffällig auch *im herbstlichen Blattabwurf* zeigte (vgl. Abb. 113). Für die *Hainbuche* konnte RUBNER[2]) eine im Höhenwuchs etwas überlegene, vor allem aber besonders geradwüchsige und frühaustreibende Rasse in *Ostpreußen* gegenüber mehreren anderen Herkünften aus Bayern und Sachsen feststellen. Auch für die *Roterle* dürfte die Herkunftsfrage nach Beobachtungen in Ostpreußen[3]) eine Rolle spielen, insofern die aus angekauften Pflanzen unbekannter Herkunft entstandenen Bestände in Ostpreußen vielfach krüppelig erwachsen sind, dem Valsapilz zum Opfer fielen und vorzeitig abstarben, während einheimische Wildlingspflanzen dicht daneben gut gediehen waren (vgl. Abb. 114). MÜNCH[4]) ging dieser Sache durch Umfragen bei den deutschen Samenhandlungen nach und erfuhr dabei, daß diese schon seit langer Zeit ihren *Erlensamen aus bäuerlichen Anpflanzungen in Belgien* bezogen. Er fand dann an Ort und Stelle eine frühreife, übermäßig fruktifizierende Rasse von ebenfalls geringer Lebensdauer. Nachzuchtversuche mit Saatgut von den rück-

<hr>

[1]) ENGLER, A.: Mitt.Schw.Anst. 1905, S. 225.
[2]) RUBNER, K.: Verbreitung und Rassen der Hainbuche. F.Cbl. 1938, S. 255 ff.
[3]) BANSI, E.: Zur Provenienzfrage der Roterle. Z.F.J.W. 1924, S. 164.
[4]) MÜNCH, E.: Das Erlensterben. F.Cbl. 1936, S. 173 ff.

gängigen fremden Erlen in Ostpreußen neben den einheimischen ergaben für erstere den gleichen üppigen Wuchs und die gleiche Frühreife wie in Belgien. Das „*Erlensterben*" war also als *Rassenfrage* geklärt.

Zusammenfassung der Ergebnisse. Die Fülle der Ergebnisse, die bei den zahlreichen Anbauversuchen mit Saatgut aus verschiedenen Klimagebieten gewonnen wurden, läßt sich im großen und ganzen dahin zusammenfassen, daß die Nachkommen der verschiedenen Herkünfte besonders bei sehr weitverbreiteten Holzarten und demsentsprechend großen Unterschieden im Klima fast immer auch ein deutlich verschiedenes Verhalten beim Anbau nebeneinander gezeigt haben. *In der Hauptsache drückt sich dies in der Stärke des Wachstums, in längerer*

Abb. 114. Absterbende (×) und gesunde (× ×) Schwarzerlen aus einer Pflanzung. × = Pflanzen unbekannter Herkunft, vom Händler bezogen, × × = einheimischer Herkunft, selbst erzogen in der Oberförsterei Gertlauken i. Ostpr. (Nach BANSI.)

oder kürzerer Vegetationsdauer, in verschiedener Empfindlichkeit gegen klimatische Schädigungen und Empfänglichkeit gegen parasitäre Erkrankungen aus, in minderem Grade bemerkt man auch morphologische Unterschiede feinerer Art in Schaft- und Kronenform, Ästigkeit, Nadelfarbe u. a. m. Der Schwerpunkt liegt jedenfalls auf physiologischem Gebiet. *In der größten Mehrzahl der Fälle zeigen dabei die einheimischen oder klimaähnlichen Herkünfte früher oder später Überlegenheit gegenüber den fremden.* Doch traten auch in einigen Fällen bemerkenswerte *Ausnahmen* von dieser Regel auf!

Erklärung der Versuchsergebnisse. Die Frage ist nun: Wie ist das verschiedene Verhalten zu erklären? Man hatte zunächst an eine *Nachwirkung äußerer Umstände*, z. B. der Temperatur, auf das ja noch im fremden Klima ausgereifte Samenkorn gedacht. ENGLER hat aber schon nachweisen können, daß auch die Nachkommen von Tieflandsfichten, die über 40 Jahre im Hochgebirge gestanden hatten, neben solchen aus dem Hochgebirge erzogen, also in *zweiter Generation, auch noch die gleichen Wuchsunterschiede* zeigten[1]) (vgl. Abb. 115). Hier konnte

---

[1]) ENGLER, A.: Mitt. schw. Zentral-Anst. 1913, S. 364.

von Nachwirkung keine Rede mehr sein. Ebenso haben meine *Nachzuchten* einzelner Rassen der Choriner Provenienzfläche *durch künstliche Bestäubungen* ganz deutlich ergeben, daß auch die zweite Generation bei uns sich ganz ähnlich verhält wie die erste, und zwar nicht nur in bezug auf Wuchsleistung, sondern auch in Schaftform, Anfälligkeit gegen Schütte u. a. m.[1]). Da die zweite Generation in diesem Fall von beiden Eltern her rein nachgezogen war, haben diese Versuche noch mehr Beweiskraft als die von ENGLER, wo nur die mütterliche Herkunft feststand.

So spricht alles dafür, *daß es sich um reine Erblichkeit handeln muß*. Man hat daher mit Recht von *Rassen* gesprochen.

Die neuere Vererbungslehre gibt uns dafür folgende Erklärung: Die ursprüngliche Mischung aller bestehenden Linien, *die Population, ist beim Weiterwandern in ein fremdes Klima aussortiert worden*, indem die ungünstigeren Formen benachteiligt wurden und ausschieden. So entstanden durch *Ausmerze* aus der großen Population kleinere, enger begrenzte Populationen, die dem neuen Klima besser angepaßt waren (*Klimarassen*, etwa entsprechend den *Landsorten* bei züchterisch noch nicht beeinflußtem Getreide). Nach dem, was wir heute über das Auftreten von *kleinen Mutationen* wissen (vgl. S. 186), könnte allerdings ebenso auch an die Auslösung solcher Veränderungen infolge besonderer klimatischer Einflüsse in den Randgebieten gedacht werden, namentlich bei längerer oder wiederholter Einwirkung. Welche klimatischen Einzelerscheinungen hier ausmerzend oder mutationslösend gewirkt haben könnten, ob mehr der durchschnittliche Klimacharakter mit seinem Einfluß auf die Rhythmik des Vegetationsablaufs oder einzelne extreme Er-

Abb. 115. 5 jährige Fichten, erzogen im Versuchsgarten auf dem Adlisberg. Oben: Herkunft Samaden, 1750 m ü. M., aber von 40 jährigen Mutterbäumen, die aus dem Tiefland stammten. Unten: Herkunft St. Moritz, 1820 m ü. M., aber von 50 jährigen einheimischen Mutterbäumen. Die erbliche Veranlagung zur Raschwüchsigkeit ist bei der Samadener Herkunft also trotz 40 jähriger Verpflanzung ins Höhenklima erhalten geblieben.

eignisse (wie Dürrejahre, Frostwinter, Schneebrüche u. a. m.), ist schwer zu sagen. Jedenfalls muß man sich dabei von der Vorstellung freimachen, daß eine Erhöhung der Wärme und Niederschläge im Anbaugebiet immer eine Verbesserung der Lebensbedingungen bedeuten müßte. Die *Kiefern aus Finnland und Ostrußland bleiben bei uns* nicht nur im Wuchs *zurück*, sondern sie beginnen allmählich zu kränkeln und fangen nach einigen Jahrzenten sogar an *abzusterben* (auch da, wo sie nicht durch Konkurrenz benachbarter vorwüchsiger Rassen zu leiden haben!). Und das, trotzdem sie bei uns *scheinbar günstigere Wärmeverhältnisse* und *mehr Niederschläge* genießen als in der Heimat! Welche Verhältnisse hier zusammenwirken, um schließlich zu einer solchen Ausmerze zu führen, ist bei dem feinen Zusammenspiel von klimatischen und physiologischen Vorgängen nicht immer leicht zu entscheiden. Auch der Gegensatz zwischen mari-

---

[1]) DENGLER, A.: Über die Entwicklung künstlicher Kiefernkreuzungen. Z.F.J.W. 1939, H. 10/11.

timem und kontinentalem Klimacharakter, auf den KALELA[1]) das verschiedene Wuchsverhalten bei den Provenienzversuchen allgemein zurückzuführen versucht, erklärt nicht alles und zeigt doch so viele Ausnahmen, daß er auch nicht als allgemein gültiges Gesetz für die Entstehung der Rassen zu betrachten sein dürfte.

Jedenfalls ist aber festzustellen, daß *nicht alle im fremden Klimagebiet beobachteten Eigenschaften aus dem Heimatgebiet mitgebracht werden, sondern daß sie oft nur als Reaktion der mitgebrachten inneren Anlage auf die veränderte Lebenslage hin auftreten.* So sind z. B. die südfranzösischen Kiefern in ihrer Heimat durchaus nicht langsamwüchsig und krummschäftig, sondern nur bei uns und in anderen fremden Anbaugebieten. Dagegen bringen die nordischen Kiefern

Abb. 116. Entstehung einer frostharten Lokalrasse der Fichte in Frostlage. Die Frühfichten sind durch wiederholte Spätfröste getötet oder verstümmelt, die Spätfichten sind unversehrt geblieben und bilden allein den künftigen Bestand. (Nach MÜNCH und LISKE.)

ihren langsamen Wuchs und ihre gerade Schaftbildung aus ihrer Heimat zu uns mit und behalten sie hier bei. Das Ergebnis bei der Einführung fremder Rassen ist also ohne Versuch niemals vorauszusehen!

Standortsrassen. Ähnliche Unterschiede wie bei der Herkunft aus einem entfernten, andersartigen Klima hat man nun auch bei Besonderheiten lokaler Faktoren beobachtet (*Lokalrassen oder Standortsrassen*). So hat MÜNCH[2]) bei der Fichte gefunden, daß frühaustreibende neben spätaustreibenden in frostfreien Lagen zahlreich nebeneinander vorkommen, während in Spätfrostlagen die Frühfichten viel häufiger erfrieren und dann von den Spätfichten so überholt werden, daß sie allmählich im Bestand verschwinden. MÜNCH konnte das Entstehen einer solchen „*frostharten Lokalrasse*" durch natürliche Ausmerze im Erzgebirge unmittelbar beobachten (vgl. Abb. 116).

Auf einen anderen auslesenden Standortsfaktor, der die *Kronenform unserer Waldbäume* betrifft, hat KIENITZ hingewiesen. Es ist eine bekannte und sich

---

[1]) KALELA, A.: Vgl. Fußnote S. 194.
[2]) MÜNCH, E.: Die Knospenentfaltung der Fichte und die Spätfrostgefahr. A.F.J.Z. 1923. — MÜNCH, E., u. LISKE, L.: Die Frostgefährdung der Fichte in Sachsen. Th.Jb. 1926.

überall wiederholende Beobachtung, daß in Hochgebirgslagen und im hohen Norden die Fichte oft sehr schmale und spitze Kronen zeigt, so daß man geradezu von *Spitzfichten,* sogar „*Spindelfichten*", sprechen kann (vgl. Abb. 117). Auch für die Kiefer gilt Ähnliches für Gegenden mit strengen Wintern, während in den Gegenden mit milderem Winterklima (Südwestdeutschland, Schottland) mehr breitkronige Formen vorherrschen. KIENITZ[1]) hat dies durch eine große Zahl von typischen Einzelbildern aus verschiedenen Gegenden zu belegen versucht, von denen einige der wichtigsten in Abb. 118 hier wiedergegeben werden.

Er erklärt das ebenso wie bei den Spitzfichten *durch die auslesende Wirkung der Schneeauflage,* die die breitkronigen Formen durch Schneebruch allmählich ausmerzt. Wo dieser Faktor in größeren Gebieten gleichmäßig auftritt, würde er dann eine weitverbreitete Klimarasse schaffen, in enger umgrenzten Schneebruchlagen zu einer Standortsrasse führen. Die Erklärung ist zwar zunächst sehr einleuchtend, ihre Richtigkeit aber doch zweifelhaft. Die Spitzkronigkeit zeigt sich nämlich in den *nordischen Ländern auch bei der Birke,* bei der eine solche Ausmerze der breitkronigeren Formen durch Schneebruch wegen ihrer Laublosigkeit im Winter kaum in Frage kommt, auch

Abb. 117. Spitzfichtenformen in schneereicher Hochlage (1200 m) des Riesengebirges. (Nach ZÜCKERT [Mch.].)

wohl nirgends beobachtet worden ist. Außerdem finden sich die besonders spitzkronigen Kiefern und Fichten, wo sie vorkommen (Spindelformen) oft nur vereinzelt oder in kleineren Beständen zwischen breitkronigeren. In unseren Gebirgen treten sie oft erst in ausgesprochenen Hochlagen auf, wo die Schneebruchgefahr wegen des dort häufigeren Pulverschnees gar nicht mehr so groß ist als in tieferen Lagen, wo der Schnee öfter naß fällt. Es scheinen also vielleicht noch andere Umstände bei der Entstehung dieser Kronenform mitzusprechen.

OPPERMANN[2]) hat die auffällige Häufigkeit knorriger, dicht und gewunden beasteter Buchen, sog. „*Renkformen*", in Dänemark auf die dort besonders starke und durch parzellierte Lage noch erhöhte *Windwirkung* zurückgeführt (vgl. Abb. 119), welche die schlanken und hochkronig angesetzten Formen im Gegensatz zu den niedrigeren und buschig gewachsenen zurückgedrängt hat.

---

¹) KIENITZ, M.: Formen und Abarten der gemeinen Kiefer. ZFJ, 1911, H. 1.
²) OPPERMANN, A.: Vrange Bøge i det nordostlige Sjaelland. Mitt. d. dän. forstl. Versuchswes. 1908.

Abb. 118. Verschiedene Kronenformen der Kiefer in Anpassung an mehr oder minder starke
Schneeauflage. (Nach KIENITZ.)

1. Mark Brandenburg. Freistehender Randstamm . . 140jährig, 19 m hoch, 70 cm stark
2.   „   „   „   „   . . 150jährig, 26 m   „   84 cm   „
3.   „   „   Überhälter aus Kiefern = + Buchen-
   mischbestand . . . . 150jährig, 24 m   „   60 cm   „
4. Livland. (Aus Kiefern- + Fichtenplenterwald) über 100jährig, 30 m   „   63 cm   „
5. Schwarzwald. Überhälter (wahrscheinlich aus Kie-
   fern- + Fichten- + Tannenmischbestand)   über 100jährig,

Abb. 119. Alter, renkwüchsiger Buchenbestand in
der Forst Slagslunde i. Dänemark.
(Nach OPPERMANN.)

Eine erblich verschiedene Veranlagung ist nach den Beobachtungen an Nachzuchten in Dänemark und in der Schweiz[1]) deutlich erkennbar, wenn auch nicht alle Nachkommen gleiche Krüppelwüchsigkeit zeigten (fragliche Herkunft des väterlichen Pollens!) und auch der lockerere bzw. dichtere Schluß bei der Aufzucht das Ergebnis etwas verwischt hat.

Daß auch andere Standortsfaktoren die Wuchsform u. U. erblich beeinflussen können, wie z. B. *der Boden*, hat ENGLER an einem Beispiel nachzuweisen versucht. Er erzog nämlich von auffallend *krüppligen Mutterkiefern*, die auf *trockenen Kies-* und *Schotterböden* des

[1]) BURGER, H.: Dänische und schweizerische Buchen. Schweiz. Z. f. Forstwes. 1933, S. 46 ff.

Abb. 120. Schlechtwüchsige Föhren auf Rhein-schotter bei Bonaduz i. d. Schweiz. (Nach ENGLER.)

Abb. 121.

Abb. 121. Nachkommen der schlechtwüchsigen Bonaduzer Föhren, auf dem Adlisberg er-zogen. 6jährig. (Nach ENGLER.) Neben leidlich normalen Formen (oben) tritt ein großer Prozentsatz schlechtformiger bis krüppliger Formen auf!

Rheintals bei Bonaduz in der Schweiz gewachsen waren, in seinem Versuchsgarten eine Nachkommenschaft, die auch wieder auffällige Krummschäftigkeit, ja z. T. geradezu krüppeligen und buschigen Wuchs zeigte, wenn auch bessere und geradere Formen nicht fehlten (vgl. Abb. 120 u. 121). Ähnlich verhielten sich übrigens auch die Nachzuchten von ebenfalls sehr krummwüchsigen Lärchen von Bonaduz[1]).

Es waren bei den jungen Kiefern vorhanden optimale Formen: 8%, leidlich gerade: 27%, krumme: 28%, ganz schlechte: 37%, während das Verhältnis bei gutwüchsigen Mutterbäumen meist umgekehrt war.

ENGLER nimmt an, daß die Bonaduzer Kiefern schon seit Generationen auf dem kiesigen Boden stehen, wo die Pfahlwurzel verkümmert und Stamm und Krone verkrüppeln. Diese durch Ge-nerationen wiederholte, zunächst rein äußere Ein-wirkung habe schließlich eine Rückwirkung auf die Keimzellen gehabt und zu einer Veränderung der Erbanlagen geführt. (LAMARCKsche Theorie der direkten Anpassung im Gegensatz zur neueren Vererbungslehre.) Wie dem auch sei,' jedenfalls ist das Auftreten solcher Buschformen, wie in der Abb. 120 unten, etwas ganz Ungewöhnliches und spricht jedenfalls sehr für eine innere Veranlagung[2]).
BURGER hat aber später die Hypothese ENGLERS durch Beobachtungen über besserwüchsige Be-stände auf gleichen Böden in der Nähe, die in besserem Schluß standen als die Mutterstämme des obigen Versuchs, einigermaßen in Zweifel gezogen[3]). Jedenfalls ist die merkwürdige Er-scheinung wohl noch nicht genügend aufgeklärt.

Abb. 122. Sehr schöne und gerad-wüchsige Nachkommen von sog. Kussel-kiefern im Forstamt Rohrwiese. (Versuch von SPLETTSTÖSSER.) (Phot. A. DENGLER.)

---

[1]) Derselbe: Vererbung der Kronenwüchsig-keit bei der Lärche. Ebenda 1928, S. 298 ff.
[2]) BURGER, H.: Mitt.Schw.Anst. 1931, H. 2.
[3]) BURGER, H.: Einfluß von Rasse, Boden und Erziehung bei der Föhre. Z.F.J.W. 1925, S. 296 ff.

14*

Daß aber äußere Einflüsse, namentlich bei kürzerer Dauer, keine erblichen Wirkungen haben, betont auch ENGLER und hat er an einigen anderen Fällen[1]) auch selbst nachgewiesen. So können auch die Nachkommen unserer auf Ödland herangewachsenen „Kusselkiefern", wie verschiedene Versuche gezeigt haben, durchaus geradschäftige Nachkommen liefern, wenn die Mutterbäume von einer guten Rasse stammen (vgl. Abb. 93 u. 122). Die schlechte Form der Mutter-bäume ist hier also nur auf Beschädi-gungen oder ungünstige Aufwuchsver-hältnisse (Freistand) zurückzuführen. Wo die Rasse allerdings nicht fest-steht, z. B. in Gegenden, wo häufiger fremder Saatgutbezug stattgefunden hat, wird immerhin eine gewisse Vor-sicht bei Samen von solchen Kussel-kiefern geboten sein!

Das Vorkommen einer anderen „*Bodenrasse*" haben MÜNCH und DIETERICH bei der *Esche*[2]) nachzu-weisen versucht. Das Saatgut stammte teils von Jurakalk, teils aus sächsi-schem Auewald. MÜNCH spricht daher von *Kalkesche* und *Wasseresche*. Die Nachkommenschaft der *Kalkeschen* zeigte nach MÜNCH *eine erheblich größere Widerstandsfähigkeit gegen Trockenheit* als die Wassereschen und dementsprechend schließlich auch im Tharandter Versuchsgarten nach ein-getretenen Trockenperioden einen be-deutend kräftigeren Wuchs. Nach MÜNCHs Auffassung hat die auf Kalk-böden periodisch auftretende größere Trockenheit hier zu einer Ausmerzung der dürreempfindlicheren Linien und somit zur Ausbildung einer besonderen Rasse geführt. Nach mündlicher Mitteilung von MÜNCH haben sich die Unterschiede aber später wieder ver-wischt. Ein eigener kleiner Versuch

Abb. 123. Starke, alte Kiefer mit Schuppen-borke. Auf einer Teilfläche ist die äußere Borke abgetragen und erscheinen die breiten Borkeplatten, die im späteren Alter nach Ab-schilferung der äußeren Borkeschuppen auch natürlich zum Vorschein kommen werden. (Phot. A. DENGLER.)

von mir hat keinerlei Unterschiede ergeben. Eine Nachprüfung und Wiederholung in größerem Umfang und mit gegenseitigem Anbau auf trockenen Kalk- und feuchten Aueböden wird erst volle Sicherheit bringen müssen, ob es sich wirklich um echte Standortsrassen handelt oder nicht.

Für die *Kiefer* hat SEITZ[3]) das Vorhandensein von Standortsrassen ange-nommen, die er auf verschiedene Trockenheit des Bodens zurückführen will. SEITZ glaubt, daß die innere, verschiedene Veranlagung sich bei diesen Rassen äußerlich besonders *in der Art der Rindenbildung* (plattige, schuppige und muschelige Borke) auspräge, und unterscheidet danach *Platten-, Schuppen-* und *Muschelkiefern* als Edelrassen, neben der noch eine weniger ausgeglichene Rasse

[1]) ENGLER, A.: a. a. O., S. 321.
[2]) MÜNCH, E., u. DIETERICH, V.: Kalkeschen und Wassereschen. Silva 1925, S. 129 ff.
[3]) SEITZ, W.: Edelrassen des Waldes. 1927.

a   b

Abb. 124a. Kieferngruppe auf einem Felsgipfel in Nordfinnland. In der Mitte eine über 300j. Plattenkiefer mit 100—150j. Nachwuchs, der durchweg aus Schuppenkiefern bestand. b. Die stärkste Kiefer aus dieser Nachwuchsgruppe, nach der Altersermittlung mit dem Zuwachsbohrer 160 Jahre alt, zeigt noch Schuppenborke mit ersten Anfängen zu plattenartiger Verbreiterung (z. B. links über dem Nummernschild 9). (Phot. A. DENGLER.)

stehen soll, die *Landkiefer*, die sich von den beiden anderen hauptsächlich durch die tiefer heruntergehende dünne Spiegelrinde unterscheidet. Neben diesen Verschiedenheiten in der Rindenbildung sollen auch noch andere in der Holzqualität, Kernbildung usw. nebenhergehen.

Ich habe aber an einem umfangreichen Material[1]) nachweisen können, daß hier *keine Rassenunterschiede* vorliegen, sondern daß die Plattenborke eine Alterserscheinung ist, zu der die anderen Formen je nach Bodengüte oder sonstigen Wuchsbedingungen früher oder später übergehen. Das zeigte sich auch an der mit der Borkeform gleichlaufenden Zuwachsleistung (unter Plattenborke schmale, unter Schuppenborke breite Jahrringe). Durch Abtragen der äußeren Borke an älteren Schuppenkiefern konnte ich die sich darunter bereits entwickelnde Plattenbildung aufdecken (vgl. Abb. 123). Ebenso fand ich in mehrschichtigen alten Naturbeständen in Finnland zahlreiche Fälle, in denen die älteste Generation Plattenborke aufwies, während die darunter befindliche jüngere und von ihr abstammende noch Schuppenborke zeigte (Abb. 124). Von Erblichkeit dieser beiden Borkeformen kann also nicht die Rede sein![2])

---

[1]) DENGLER, A.: Über Platten- und Schuppenborke bei der Kiefer. Z.F.J.W. 1938, S. 1—44 u. 89—114.

[2]) Vgl. hierzu auch die Untersuchungen von SCHMIDT, W.: Holzgüte als Zuchtziel. F.Arch. 1928, H. 5, sowie den Bericht über die Versammlung d. märk. Forstver. in Havelberg 1928, wo die ganze Frage eingehend erörtert worden ist.

So beachtenswert im allgemeinen auch einzelne der bisherigen *Beobachtungen und Untersuchungen über eine Rassenbildung durch einzelne Standortsfaktoren* sind, so sind *ihre Ergebnisse doch gegenüber den Feststellungen bei den klimatischen Rassen vorläufig noch nicht überall genügend gesichert, z. T. sogar zweifelhaft oder unwahrscheinlich.* Wir werden daher erst von der weiteren Forschung auf diesem Gebiet ihre Bestätigung abwarten müssen.

Individuelle Vererbung (Einzelstammnachzucht) In der Landwirtschaft hat man mit der Nachzucht *von einzelnen besonders ausgewählten Mutterpflanzen,* z. B. beim Getreide, große Erfolge erzielt, wie z. B. in der berühmten Roggenzucht des Herrn von Lochow in Petkus. Man säte dort die Körner von besonders guten, ausgesuchten Ähren getrennt aus. Fand man dann die Nachkommenschaften einzelner Ähren wieder besonders gut, so nahm man an, daß die *Mutter* eine *gute Vererberin (Elite)* gewesen sein mußte, da bei der gleichmäßigen Durchmischung des Pollens in der Luft ein einseitiger väterlicher Einfluß nicht anzunehmen war. Alle *weniger geeigneten Pflanzen* eines Nachzuchtbeetes wurden dann *ausgemerzt,* damit die übrigbleibenden besten sich möglichst untereinander bestäubten. Auslese und Ausmerze wurden dann so oft wiederholt, bis ein gleichmäßig hochwertiges Saatgut entstanden war, das nun in Massen vermehrt und in sog. *Absaaten* an die Landwirtschaft abgegeben werden konnte. Freilich muß es immer wieder nachgezüchtet werden, da es draußen auf den Feldern durch fremde Bestäubung rasch wieder entartet. Man nennt dies Verfahren, das *eine Auslese besonderer Linien nach Einzelmutterpflanzen der Population* darstellt, „*Individualauslese mit Beurteilung durch die Nachkommenschaft*". Man verspricht sich auch für die Verbesserung der Rassen im Walde von diesem Verfahren viel für die Forstwirtschaft, um so mehr, als man hier den Vorteil hätte, die einmal als gut erkannten Vererber durch Samengewinnung am stehenden Stamm durch besonders ausgebildete Zapfenpflücker immer wieder benutzen zu können. Man ist daher auch wiederholt für eine solche Auslesezucht eingetreten[1]). Ausgeführt sind solche Versuche bei der Kiefer durch getrennte Aussaaten mit Samen von Elitestämmen im Walde von Petkus. Inwieweit die in einzelnen Fällen dort zu beobachtenden Unterschiede schon einwandfrei auf bessere oder schlechtere Veranlagung der Mutterbäume schließen lassen, ist ohne die bisher noch ausstehende kritische Bearbeitung der noch jungen und verhältnismäßig kleinen Versuche noch nicht zu sagen. Dagegen hat die sorgfältige und vorsichtige Auswertung von einigen Schweizer Kiefernherkunftsversuchen, bei denen auch *Herkünfte von gut- und schlechtgeformten Mutterbäumen und Mutterbeständen* der *gleichen Klimarasse* geprüft wurden, schon einige gesicherte Erfolge ergeben. Hierbei stellte sich in fast allen Fällen heraus, daß die *besseren* Mutterbestände auch eine *größere Zahl von gutgeformten Nachkommen* geliefert hatten und umgekehrt. Diese Feststellungen sind besonders wertvoll, weil sie im über 20jährigen Alter schon deutlich erkennbar waren[2]).

Ebenso sollen sich in einem älteren Versuch in Österreich[3]) und einem anderen in Müncheberg bei jungen Kiefern deutliche Unterschiede in Raschwüchsigkeit und *Widerstandsfähigkeit gegen Schütteerkrankung* gefunden haben[4]). Eigene noch laufende Versuche mit Einzelstammnachzuchten von früh- und spätaustreibenden Buchen und Fichten haben

<hr>

[1]) FABRICIUS, L.: Holzartenzüchtung. F.Cbl. 1922. — LÖFFLER, Grundlagen, Aufgaben und Ziele einer forstlichen Pflanzenzüchtung. Th.Jb. 1923. — BUSSE, J.: Forstpflanzenzüchtung. Dtsch.F.W. 1932, Nr. 35.

[2]) BURGER, H.: Mitt.Schw.Anst. 1931, H. 2.

[3]) ZEDERBAUER, E.: Versuche über individuelle Auslese bei Waldbäumen. C.ges.F.W. 1912 u. 1913.

[4]) BEHRNDT, G.: Die bisherigen Ergebnisse der Individualauslese bei der Kiefer. Mitt. F.W.W. 1935, S. 402.

in einigen Fällen scheinbar eine gewisse Erblichkeit von der Mutter her, in anderen aber das völlige Gegenteil (spätaustreibende Mütter frühaustreibende Kinder und umgekehrt) ergeben[1]). Dies kann sowohl auf heterozygotische Veranlagung als auch auf störenden Einfluß eines anders veranlagten Pollens zurückzuführen sein.

Man kann also die erbliche Veranlagung von der Mutter her und ihre Dominanz immer erst an der Nachkommenschaft und wegen der Möglichkeit jährlich verschiedener Pollenübertragung erst *nach wiederholter Nachzucht* feststellen! Eine *Sicherheit durch Auswahl der Mütter ohne solche Prüfung ist sonst nicht gegeben!*

Mutationen. In ein ganz anderes Gebiet gehört die nachgewiesene *Vererbung von einzelnen abnormen Baumformen* (Blutblättrigkeit, Hängeformen, Kugelformen u. dgl.). Bei diesen sog. Spielarten handelt es sich in den meisten Fällen wohl um *Mutationen,* die forstlich leider meist wertlose und sogar minderwertige Eigenschaften aufweisen. Unter der Nachkommenschaft zeigt meist nur ein Bruchteil die Eigenschaften des Mutterbaumes unverändert, ein anderer Teil hat die alte Normalform. Daneben kommen öfters noch Übergangs- und Zwischenformen heraus. Eine solche bei uns in einigen Waldungen in Hannover auftretende Form ist z. B. wahrscheinlich die sog. *Süntelbuche*(vgl.Abb.125).

Abb. 125. Sog. Süntelbuche (wahrscheinlich Mutationsform) bei Raden i. Hann. (Phot. FLÄMES.)

Ähnliche Hängeformen finden sich häufiger in Dänemark, und an ihren Nachzuchten konnte OPPERMANN[2]) die obenerwähnte sehr verschiedenartige Zusammensetzung beobachten. Ebenso fand ENGLER für eine abnorm buschig beastete Fichte bei Ringgenberg in der Schweiz[3]) in der Nachkommenschaft 53% buschige bis kugelige Jungfichten, 16% normale, die aber auffallend langsamwüchsig waren, und 31% Übergangsformen. Da in allen diesen Fällen der *väterliche Pollen unbekannt* war, wahrscheinlich aber teilweise von normalen Bäumen stammte, so ist die Unregelmäßigkeit in den Nachkommenschaften nicht verwunderlich.

Das *Bestehen besonderer Standortsrassen und die Vererbung von Wuchsanlagen bei einzelnen Mutterbäumen* ist also bis heute *noch nicht genügend einwandfrei* oder häufig genug *nachgewiesen,* um daran schon große Hoffnungen für praktische Ausnutzung knüpfen zu können. Dagegen haben die zahlreichen Anbauversuche mit Samen aus verschiedenen Klimagebieten zweifellos das Bestehen besonderer Rassen ergeben, die zwar durchaus kein erblich einheitliches Material darstellen, die aber jedenfalls im Durchschnitt ein besonderes Bild zeigen, das sich von dem der anderen Rasse deutlich abhebt. In der Landwirtschaft spricht

---

[1]) Noch nicht veröffentlicht.
[2]) OPPERMANN, A.: Renkbuchen im nordöstlichen Seeland. Mitt.d.dän.forstl.Versuchswes. 1908.
[3]) ENGLER, A.: Mitt.Schw.Anst. 1905, S. 198.

man in ähnlichen Fällen von *„Landsorten"*, z. B. märkischem, pommerschem Roggen u. dgl. Die in einem Gebiet alteinheimische Rasse stellt schon etwas vom dortigen Klima Durchgesiebtes und Erprobtes dar, was zunächst eine größere Sicherheit bietet als eine unerprobte fremde Rasse. Hierfür sprechen nicht nur die wissenschaftlichen Provenienzversuche, sondern auch die vielen Mißerfolge, die die Praxis bei Bezug von fremdem Saatgut erleben mußte.

Entwicklung der Saatgutanerkennung. Erst durch diese Mißerfolge war ja die ganze Frage in Fluß gekommen. Sie hat in der Folge dann immer weitere Kreise gezogen, die schließlich sogar zu forstpolitischen Maßnahmen führten. Schweden und Norwegen sicherten sich durch hohe Prohibitivzölle gegen die Einfuhr fremden Samens. In *Deutschland* bildete sich eine *Kontrollvereinigung von Samenhändlern*, die sich verpflichtete, nur *Samen garantiert deutscher Herkunft* zu liefern, und sich zur Sicherung dafür einer Kontrolle ihrer Bücher und Betriebe durch den Deutschen Forstverein unterwarf. Schließlich erkannte man aber, daß auch dies nicht genügte, da die fremdländischen Bestände in Deutschland schon frühzeitig und z. T. reichlich Samen trugen, der von den einheimischen Sammlern natürlich wahllos und wegen des bequemen Pflückens an den niedrigen Beständen sogar besonders gern genommen wurde. Außerdem stellte sich heraus, daß auch innerhalb des Landes die einheimischen Bestände einzelner Klimagebiete in ihren Nachkommenschaften Wuchsunterschiede zeigten, z. B. innerhalb Deutschlands die ostpreußische, die märkische und die südwestdeutsche (Pfälzer oder Darmstädter) Herkunft. Schließlich vertrat man sogar den Gedanken, daß gut gewachsene Bestände ganz allgemein auch bessere Nachkommenschaften liefern würden als schlecht- und besonders krummwüchsige, ästige oder stark von Krankheiten verseuchte. Man entschloß sich zur *Organisation einer Saatgutanerkennung* nach landwirtschaftlichem Vorbild. Es bildete sich im Jahre 1924 in Deutschland der *„Hauptausschuß für forstliche Saatgutanerkennung"* mit seinen über das ganze Land verteilten Ortsausschüssen, die auf Antrag einzelne Reviere bereisten und besichtigten, um die einzelnen Bestände als geeignet für die Saatgutgewinnung *„anzuerkennen"* bzw. als ungeeignet *„abzuerkennen"*, wenn sie schlecht waren oder sich schlechte, besonders verdächtige fremdländische Bestände in ihrer Nähe befanden. Die anerkannten Reviere wurden in den Fachzeitschriften veröffentlicht, und der Handel mit anerkanntem Saatgut unter eingetragenem Warenzeichen genoß gesetzlichen Schutz. Den letzten entscheidenden Schritt hat aber in Deutschland dann das *„forstliche Artgesetz"* vom Jahre 1934 getan, das den Waldbesitzer und Nutzungsberechtigten verpflichtet, *rassisch minderwertige Bestände* und *Einzelstämme auszumerzen* und zur *Nachzucht bestimmter Holzarten nur anerkanntes Saatgut* zu verwenden. Damit ist für die Möglichkeit einer *rassischen Verbesserung* des deutschen Waldes, ganz besonders für die *Abwehr seiner weiteren Verseuchung durch schlechte Fremdrassen* ein ungeahnt neues und weites Feld eröffnet. Als ich im Jahre 1924 bei den Vorverhandlungen zur Saatgutanerkennung erklärte, daß wichtiger als die Anerkennung zunächst die Aberkennung aller schlechten Bestände und ein gesetzliches Verbot des Zapfenpflückens in solchen wäre, wurde mir entgegengehalten, man solle nicht immer gleich „zum Polizeibüttel" greifen! Heute ist mehr getan, als ich damals zu fordern wagte. Es wird, richtig angewendet, dem deutschen Walde nützen und ihn vor dem Schaden, der ihm drohte, noch einigermaßen rechtzeitig bewahren!

Anbaugebiete in Deutschland. Das *Ideal der Saatgutbeschaffung nur aus eigenen oder in nächster Nähe befindlichen anerkannten Beständen* wird sich bei dem großen Bedarf und dem oft mangelhaften Samenertrag unserer Bestände nicht immer verwirklichen lassen. So hat man versucht, eine *Abgrenzung von*

Anbaugebieten in Deutschland teils nach klimatischen Gesichtspunkten, teils nach Unterschieden der Holzarten in Wuchs, Form und sonstigem Verhalten vorzunehmen. Selbstverständlich haftet einer solchen Einteilung, soweit noch vergleichende Anbauversuche fehlen, immer etwas Unsicheres an. Außerdem ist die Einteilung z. Z. noch sehr verschieden je nach gröberer oder feinerer Unterteilung (vgl. Abb. 126).

Im Deutschen Reich hat man 14, im Generalgouvernement 3 und im Protektorat Böhmen und Mähren 4 allerdings stark aufgesplitterte Anbaugebiete ausgeschieden. Die Einteilung wird nur als vorläufig betrachtet und später wohl noch mehr einheitlich ausge-staltet werden[1]).

Die rassische Ordnung im Walde ist in Großdeutschland und den angeschlossenen Gebieten heute vom Reichsforstamt übernommen worden, das für die einzelnen Bezirke besondere „*Beauftragte für das forstliche Artgesetz*" ernannt hat, die ihrerseits wieder „*Aufsichtsbeamte*" für die örtliche Durchführung ernennen. Diese führen an Hand von Besichtigungen die *Anerkennung* einzelner Waldteile und Bestände durch und erteilen dabei auch gleich das *Anerkennungszeichen*, welches angibt, für welches Anbaugebiet und in welchen Höhenzonen das anerkannte Saat- oder Pflanzgut zu verwenden ist. Die früher nur ausgesprochene

Abb. 126. Die Anbaugebiete des Deutschen Reiches nach der forstlichen Rassegesetzgebung.

Empfehlung ist bzw. wird noch in eine Mußvorschrift abgeändert. Durchgeführt ist die Regelung bisher nur für Kiefer und Lärche, für die anderen Holzarten soll sie folgen. Die Samengewinnung in nicht anerkannten Beständen ist aber seit Herbst 1943 auch für Fichte, Tanne, Douglasie, Erle, Birke, Buche und Eiche verboten!

Kombinationszüchtung. Den Höhepunkt aller Züchtung bildet aber die Verbindung gewünschter Eigenschaften von zwei verschieden veranlagten Eltern durch *künstliche Kreuzung*.

Bei unsern Waldbäumen bestehen aber hierbei besondere Schwierigkeiten durch die Höhe der Blüten über dem Erdboden, die meist den Aufbau von Gerüsten oder den Gebrauch von langen Leitern notwendig machen. Leicht sind dagegen Kreuzungen bei Pappeln und Weiden, die man an Stecklingen im Wasser im Gewächshaus ausführen kann, wo sie sich bewurzeln, blühen und fruchten. So sind in Müncheberg durch v. WETTSTEIN zahlreiche Kreuzungen ausgeführt und Pappelbastarde gezüchtet worden[2]). Ferner sind neben der üblichen Isolierung der weiblichen Blüten in Pergaminbeuteln noch besondere Vorsichtsmaßnahmen gegen einen ungewollten Pollenanflug während der Ausführung der Bestäubung beim Abnehmen der Isolierbeutel zu treffen. Außerdem erschwert die späte Mannbarkeit unserer Bäume die

---

[1]) LANGNER, W.: Die Sicherung der rassischen Ordnung im Walde. Dtsch.F.W. 1942, Nr. 29/30. — Ders.: Die Frage der Baumrassen im europäischen Walde. Intersylva 1942, Nr.4.

[2]) v. WETTSTEIN, W.: Kreuzungsmethode und die Beschreibung von F_1-Bastarden bei *Populus*. Zeitschr. f. Züchter 1933.

Wiederholung der Kreuzungen in der 2. Generation und damit die Steigerung der Züchtung. Aus allen diesen Erschwerungsgründen war eine forstliche Kombinationszüchtung bisher im Gegensatz zu Landwirtschaft und Gartenbau unterblieben und wird auch in Zukunft vielleicht nur geringe Aussicht haben.

Als ich mich vor über 10 Jahren trotzdem dazu entschloß, leitete mich dabei weniger die Hoffnung, auf diesem Wege praktisch zu verwertende Züchtungserfolge zu erreichen, als vielmehr der Wunsch, dadurch über einige wichtige theoretische Fragen Aufklärung zu erlangen, und zwar 1. ob die Unterschiede der einzelnen Provenienzen bei *Reinzucht in 2. Generation* sich wiederholen und sich damit als *wirklich erblich* erweisen würden, 2. ob und inwieweit eine

Abb. 127. Links: Nachkommen französischer Mütter und märkischer Väter,
rechts: gleichaltrige Nachkommen beiderseits französischer Eltern. (Phot. A. Dengler.)

Kreuzungsmöglichkeit zwischen der heimischen und fremden Rassen besteht, wie groß also die *Bastardierungsgefahr* ist, 3. wie die *Bastarde aussehen und sich verhalten* und 4. inwieweit auch *Selbstbestäubung* bei unseren Waldbäumen *möglich* ist und wie sie sich auswirkt. Durch mehrfache Wiederholung der sehr mühevollen Bestäubungen ist es gelungen, diese Fragen zum größten Teil zu klären, und zwar zunächst für Kiefer, dann auch für Eiche und Lärche[1]).

Zunächst stellte sich bei Reinzuchten der französischen, schottischen, Pfälzer und märkischen Kiefernrassen heraus, daß diese sich in 2. Generation in bezug auf Höhenwuchs, Schaftform und Schütteanfälligkeit durchaus gleich verhielten wie in der 1. Generation auf den Provenienzflächen; daß es sich also um *wirkliche Vererbung* und *echte Rassen*, nicht nur um Modifikationen oder Nachwirkungen handelte (vgl. S. 207). Ferner zeigte sich, daß die Kreuzung mit den fremden Rassen fast immer ebenso leicht gelang wie die innerhalb der gleichen Rasse, daß also die *Bastardierungsgefahr bei uns im Walde* bei Fremdanbauten *groß* sein muß. Was das Verhalten der Bastarde anbetraf, so war dieses verschieden

---

[1]) Dengler, A.: Künstliche Bestäubungsversuche an Kiefern. Z.F.J.W. 1932, S. 513 ff. Über die weitere Entwicklung künstlicher Kiefernkreuzungen. Ebenda 1939, S. 457 ff. Bericht über Kreuzungsversuche zwischen Trauben- und Stieleiche und zwischen europäischer und japanischer Lärche. Mitt.H.G.A. Bd. I, S. 37 ff.

und brachte Überraschungen. Einzelne Kreuzungen, wie z. B. die der französischen und schottischen Kiefernrasse mit der märkischen zeigten stärkeren Höhenwuchs als beide Elternrassen (Abb. 127), das sogenannte *Luxurieren der Bastarde* (auch *Heterosis* genannt), das auch bei manchen anderen Pflanzenbastarden schon beobachtet worden ist. Einige andere Kreuzungen, wie z. B. die der Pfälzer mit der märkischen Rasse zeigte ein solches Verhalten nicht. Dagegen schlug hier die schlechte Stammform der Pfälzer Rasse bei den Bastarden durch (Abb. 128), während umgekehrt bei der Einkreuzung der schlechtformigen französischen Rasse mit der märkischen eine Verbesserung der Schaftform eintrat. Wenn nun auch in einigen Kreuzungen eine Steigerung der Wuchsleistung

Abb. 128. 11 jährige Nachzuchten aus künstlicher Bestäubung. Links Pfälzer Mütter mit Märker Vätern, rechts reine Pfälzer, in der Mitte 3 Reihen schottische Mütter mit märkischen Vätern. (Phot. A. DENGLER.)

und sogar eine Verbesserung der Schaftform festzustellen war, so könnte *eine solche Bastardrasse doch kein Zuchtziel* sein, da sie im Walde sich selbst überlassen, in der nächsten Generation durch Herausmendeln der Elternrassen immer wieder auch die unerwünschten Fremdrassen erwarten läßt, die wir auf diese Weise dann nie los werden würden. Eine immer wiederholte Neuzüchtung der leistungsfähigeren F_1-Generation, wie sie in Landwirtschaft und Gartenbau Anwendung findet (sog. *Nutzungs-F_1*), ist aber wegen der technischen Schwierigkeiten der Bestäubung in größerem Umfang bei den meisten unserer Waldbäume wahrscheinlich ziemlich aussichtslos, wenn nicht durch Pfropfung oder Stecklingsvermehrung unter Zuhilfenahme von Wuchsstoffen noch neue Möglichkeiten geschaffen werden können.

Eine *außerordentlich leichte Kreuzungsfähigkeit* zeigte sich auch zwischen den beiden Arten der *europäischen* und *japanischen Lärche*. Dabei trat ein *auffällig starkes Luxurieren* beider Bastarde gegenüber beiden Elternrassen auf (bis zu 50% und mehr des Höhenwuchses!). Derartige Bastarde sind in Schottland schon vor über 30 Jahren aus benachbarten Pflanzungen von europäischen und japanischen Lärchen wiederholt natürlich entstanden[1] und dort zu größeren

---

[1] v. GEYR: *Larix eurolepis* Henry. Ein Referat. Z.F.J.W. 1924, S. 240.

Abb. 129. 9j. Bastard von montana-Mutter und silvestris-Vater. Benadelung, Schütteempfänglichkeit und Rasch-wüchsigkeit (9 j. = 1,60 m) nach dem Vater, buschiger bis kriechender Wuchs nach der Mutter. (Phot. A. Dengler.)

Auspflanzungen verwendet worden. Da sie ihre Wuchs-überlegenheit noch lange bewahrt haben (mit 16 Jahren 15 m hoch!) und sich neben krebsverseuchten europäischen Lärchen auch ganz gesund erhalten haben, so muß dieser Bastard als äußerst wertvoll angesehen werden. Hier könnte die *Züchtung einer Nutzungs-F_1-Generation durch entsprechende Mischpflanzungen von europäischen und japanischen Lärchen* in besonderen Zuchtgärten Erfolg versprechen und durchaus wirtschaftlich sein, wie schon die Ausnutzung bei Gelegenheit von Nachbaranpflanzungen in Schottland beweist. Es kommt hinzu, daß die Lärche schon sehr früh mannbar

wird und daß die Frühfruktifikation sich noch durch Wurzelabstechen künstlich steigern zu lassen scheint (vgl. S. 225). Schließlich würden sich auch die jungen Bastardpflanzen durch ihren starken Wuchs und die Zwischenfarbe ihrer Rinde zwischen dem Gelb und Rotbraun der Elternarten (*intermediäres Verhalten*) leicht erkennen und aussortieren lassen.

Eine völlige Überraschung brachten meine langjährigen Kreuzungsversuche zwischen *Stiel- und Traubeneiche*. Trotz der nahen Verwandtschaft gelang die Kreuzung nur äußerst selten (bei über 5000 Bestäubungen in 8 Jahren nur in 1—4 % gegen 40—60 % bei Bestäubungen innerhalb der gleichen Art!). Die in der forstlichen Praxis wegen der vielen sogenannten Zwischenformen weitverbreitete Ansicht einer leichten Bastardierungsmöglichkeit kann nach diesen bisherigen Mißerfolgen meiner Versuche daher nicht richtig sein. (Übrigens schrumpfen die sogenannten Zwischenformen in Blättern und Fruchtstielen nach meinen eigenen Beobachtungen über die Variationsbreite dieser Merkmale auf verhältnismäßig seltene Fälle wirklich zweifelhafter Artzugehörigkeit zusammen. Weitere Versuche und Beobachtungen sind noch erwünscht.)

Sehr selten glückte mir auch eine *Kreuzung von Bergkiefer und Waldkiefer*.

Abb. 130. 9j. Bastard von silvestris-Mutter und montana-Vater. Benadelung nach der Mutter, Langsamwüchsigkeit (9 j. erst 0,85 m!) und buschiger, mehrstämmiger Wuchs vom Vater. (Phot. A. Dengler.)

Die Besorgnis einer Bastardierung dieser beiden Arten bei Nachbarschaft (Gebirge und Dünenaufforstungen) ist also unbegründet. Andererseits hatte man eine solche Kreuzung auch als Zuchtziel genannt, da man hoffte, die Schüttefestigkeit der Bergkiefer mit dem Geradwuchs der Waldkiefer kombinieren zu können. An den wenigen Bastarden, die ich in meinem Versuchsgarten erhalten habe, ist leider das Gegenteil eingetreten: Der *Krummwuchs der Bergkiefer* hat sich *mit der Schütteempfänglichkeit der Waldkiefer verbunden!* (Abb. 129 u. 130).

Abb. 131. 5j. Nachzuchten von einem und demselben Mutterstamm märkischer Rasse.
Oben aus Kreuzung mit einem andern gleichrassigen Vaterbaum,
unten aus Selbstbestäubung.
(Phot. A. DENGLER.)

Die Versuche mit *Selbstbestäubung* ergaben bei Kiefer, Bergkiefer, Lärche und Eiche meist *gar keinen* oder nur *tauben Samen*. Die spärlichen Vollkörner keimten schlecht, die Keimlinge waren schwach und hatten viel Abgänge. Die wenigen am Leben gebliebenen Pflanzen zeigten kümmerlichen, z. T. geradezu Zwergwuchs (Abb. 131), in einem Fall sogar eine förmliche Monstrosität in einer über den Boden hinkriechenden Kiefer (Abb. 132). Alles in allem Zeichen einer Inzuchtdegeneration, die bei unsern Waldbäumen weitverbreitet zu sein scheint, im Gegensatz zu vielen anderen Pflanzenarten, die Selbstbestäubung nicht nur gut vertragen, sondern bei denen sie sogar Regel ist (kleistogame Blüten!).

Die Versuche haben also nicht nur die gewünschte Aufklärung gebracht, sondern noch darüber hinaus manche andere interessante Erscheinung gezeigt.

In einem Falle (Lärchenkreuzungen) stellen sie auch einen praktischen Züchtungserfolg in Aussicht.

Aussichten für eine forstliche Züchtung. Den *Hauptwert* sehe ich zunächst in der *forstlichen Saatgutanerkennung*, und zwar, wie schon oben bemerkt, besonders darin, *daß sie die untauglichen Fremdbestände ausschließt.* Damit ist schon viel gewonnen. Aber auch die Verwendung von *nur anerkanntem Saatgut* wird *förderlich* sein, vielleicht auch von besonders gutgeformten Mutterbeständen, in denen die Wahrscheinlichkeit besteht, daß *beide Eltern gute Vererber* sind (vgl. die Schweizer Ergebnisse hierzu S. 214). Erfolge größeren Umfangs könnten uns auf dem Gebiet der *Individualauslese* erstehen, wenn es gelänge, Mutterbäume in größerer Zahl zu finden, deren Nachkommenschaften gegen *epidemische*

Abb. 132. Eine 10j. Kiefer der Pfälzer Rasse, aus Selbstbestäubung hervorgegangen, seit ihrem 3. Jahre über den Boden hinkriechend.
(Phot. A. DENGLER.)

Jugendkrankheiten wie die Schütte *immun* oder doch *resistent* wären. Denn diese schädigt oft unsere Jungwüchse so, daß deren ganze Zukunft verdorben bleibt. Was aber die Aussichten einer *individuellen Auslese* auf *Raschwüchsigkeit, Geradschaftigkeit* und *Astreinheit* anbelangt, so liegen die Verhältnisse im Walde ganz anders als in der Landwirtschaft, und man wird hier wahrscheinlich niemals die gleichen Erfolge erzielen wie dort. In der *Landwirtschaft* muß von *jeder Einzelpflanze Höchstleistung* erwartet werden. In der Forstwirtschaft schwächt sich diese Forderung stark ab, weil der größte Teil der Pflanzen in einem Bestande schon *frühzeitig natürlich* oder *im Wege der Durchforstung ausscheidet,* ohne daß an dieses Material hohe Ansprüche gestellt zu werden brauchen. Wenn in einer Population von 10 000 Pflanzen auch nur 1000 dem Wirtschaftsziel entsprechen, so kann man diese bei der Durchforstung heraussuchen und begünstigen und damit für den praktischen Erfolg alles herausholen, was man wünscht, wenn dies auch keine züchterische Arbeit ist. Auch die technischen Schwierigkeiten bei einer forstlichen Auslesezucht sind unendlich viel größer als in der Landwirtschaft, und die Wiederholung von Auslese und Ausmerze, die dort alljährlich stattfinden kann und den raschen Zuchtfortschritt ermöglicht, könnte wegen der späten Mannbarkeit der Waldbäume nur immer nach Jahrzehnten erfolgen. So scheinen allzu hochgespannte Erwartungen hier nicht am Platze zu sein[1]). Trotzdem sollen Forschung und Versuchsarbeit nicht etwa ruhen. Es sind noch viele Fragen der Rassenbildung, der individuellen Veranlagung, der Blüten- und Fruchtbildung und der vegetativen Vermehrung zu klären. Dabei können sich noch unvorhergesehene Möglichkeiten und Ansatzpunkte für züchterische Erfolge ergeben. Daher ist die *geplante Gründung eines besonderen Institutes für forstliche Vererbungs- und Züchtungsforschung* auch bei uns wie in Amerika und Schweden aufs wärmste zu begrüßen!

---

[1]) Vgl. DENGLER, A.: Die Aussichten einer forstlichen Pflanzenzüchtung. Z.F.J.W. 1933, S. 83. — SCHLÖSSER, L. A.: Grenzen und Möglichkeiten einer Forstpflanzenzüchtung. Mitt.H.G.A. 1942.

Dritter Abschnitt. Die Lebenserscheinungen und der Ablauf des Lebens im Walde.

16. Kapitel. Blühen und Fruchten.

Allgemeine Bedingungen des Blühens. Zur Ökologie des Waldes gehört auch die Kenntnis seiner einzelnen *Lebenserscheinungen und des Entwicklungsganges, wie er sich im großen Kreislauf von der Verjüngung bis zur Ernte bzw. bis zum natürlichen Tode abspielt.* Wir wollen mit denjenigen Vorgängen beginnen, die die Vorbedingungen für die Verjüngung sind, nämlich mit dem Blühen und Fruchten.

Blühen und Fruchten ist nicht immer miteinander verbunden. In manchen Jahren blühen unsere Waldbäume reichlich und tragen doch nur wenig oder gar keine Früchte. Im allgemeinen werden uns nur die guten und schlechten Samenjahre bekannt, da diese sich bei der Verjüngung oder beim Sammeln des Samens deutlich bemerkbar machen. Die Beobachtung des Blühens aber ist wegen der Unscheinbarkeit unserer Baumblüten und ihrer Höhe über der Erde einigermaßen erschwert. Ein Teil unserer Waldbäume *wirft aber bald nach dem Blühen die männlichen Blütenstände ab, so daß man sie in großer Menge auf dem Boden, besonders auf den Waldwegen, finden* und danach auf den Umfang der eingetretenen Blüte schließen kann.

So finden wir die ähnlich wie großer Raupenkot aussehenden männlichen Blütenstände unserer Nadelhölzer, die wurmförmigen Kätzchen der Erlen und Hainbuchen, die unregelmäßigen Träubchen der Eichen und die büscheligen Köpfe der männlichen Buchenblüte. Eine aufmerksame Beobachtung dieser Zeichen am Boden des Waldes ermöglicht oft schon eine richtige Einschätzung des Umfanges der Blüte.

Bei der *Rotbuche* ist der Blütenansatz sogar schon im Winter vorher zu erkennen, da die *Blütenknospen* sich durch ihre Größe und rundlichere Form von den schlanken Blattknospen unterscheiden (Abb. 133). Bei einiger Übung sind sie dann auch von unten her gegen den freien Himmel ganz gut als solche zu erkennen. Seit alter Zeit ist dies in der forstlichen Praxis bekannt und als Vorzeichen eines Blütejahres bewertet worden.

Daß *die verschieden starke Blütenbildung* der einzelnen Jahre irgendwie *von der Witterung abhängen* muß, geht schon aus der oft schlagartig über große Gebiete hin einsetzenden Blüte vieler Waldbäume in manchen Jahren hervor, während in anderen Jahren auf ebenso großen Gebieten jede Blütenbildung unterbleibt. Da die Anlage der Blütenknospen aber schon im Sommer vorher erfolgt, so kann der Zusammenhang niemals in der Witterung des Blütejahres selbst gesucht werden, sondern er muß *im Vorjahr* liegen. Tatsächlich haben statistische Beobachtungen des Samenertrages bei einzelnen Waldbäumen gezeigt, daß *ein heißer und trockener Vorsommer den Blütenansatz zu begünstigen* scheint[1]). Das tritt besonders bei Bäumen mit selteneren Blütejahren, vor allem bei der Buche hervor, soll aber auch bei Obstbäumen beobachtet worden sein.

---

[1]) SEEGER, M.: Samenproduktion der Waldbäume in Baden. Naturwiss. Z. f. Forst- u. Landwirtsch. 1913, S. 529.

Die *physiologischen Ursachen der Blütenbildung* sind von namhaften Botanikern, besonders eingehend von KLEBS, auf experimentellem Wege erforscht. Es war danach bis zu einem gewissen Grade wahrscheinlich gemacht worden, daß das Verhältnis der in der Pflanze vorhandenen Kohlehydrate (C) zu den aufgenommenen Nährsalzen, besonders den Nitraten (N), die Blütenbildung in der Weise beeinflußt, daß erst bei einer gewissen Größe dieses Faktors $\frac{C}{N}$ Blütenbildung eintritt und sich dann mit zunehmender Größe steigert. Allerdings haben neuere Untersuchungen, besonders amerikanischer Forscher, gezeigt, daß die Dinge doch verwickelter liegen, als man anfangs nach der KLEBSschen

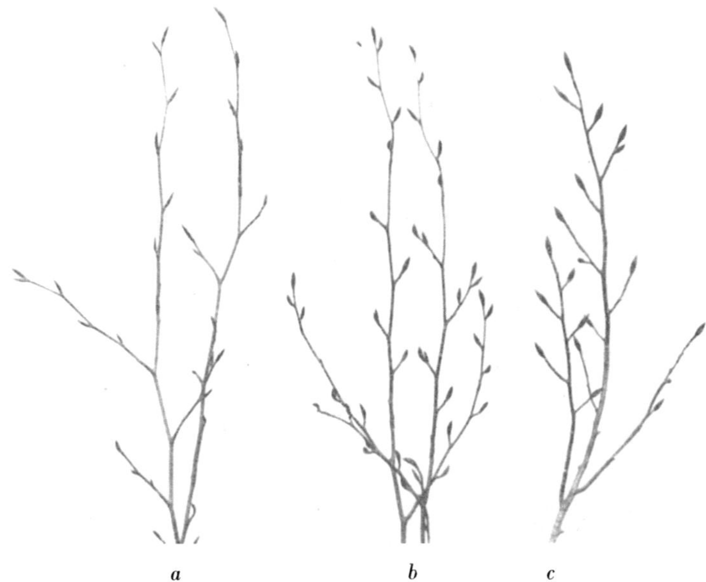

Abb. 133. *a* Blattknospen der Rotbuche. *b* und *c* Blütenknospen am Ausgang des Winters, bei *c* besonders kräftig ausgebildet. (Phot. A. DENGLER.)

Hypothese und späteren experimentellen Bestätigungen annahm, und daß auch noch andere Umstände hier mitsprechen und die Blütenbildung nicht einfach proportional mit dem Kohlehydrat-Stickstoff-Verhältnis verläuft[1]). Sehr wahrscheinlich sprechen besondere Stoffe (*Blühhormone*) dabei mit.

Mit der KLEBSschen Theorie decken sich sehr gut die Erfahrungen der Gärtner bei Ringelung[2]) oder Wurzelschnitt bei Obstbäumen zur Erhöhung des Blühens und Fruchtens, auch Beobachtungen wie die, daß nach Wurzelbeschädigungen gelegentlich auffälliges Fruchten eintritt, wie das z. B. in Abb. 134 zu sehen ist (sog. Hungerfruchtbarkeit). Ebenso erzielte ich an 6jährigen jungen Lärchen, die ich aus einer zu dicht stehenden Versuchskultur mit Ballen ausheben und anderweitig verpflanzen ließ, im folgenden Jahre eine ungewöhnlich frühe und reiche Blüte. Andererseits hat man aber eine solche Zunahme des

---

[1]) KOBEL, F.: Lehrbuch des Obstbaus auf physiologischer Grundlage, S. 47 ff. Berlin 1931.
[2]) Neuerdings ist dieses Verfahren auch für Waldbäume empfohlen und scheinbar mit Erfolg versucht worden. Vgl. dazu: LANTELME: Künstliche Herbeiführung von Fruchtbildung an Waldbäumen. Z.F.J.W. 1933, S. 378. — WABRA: Sudetendtsch. Forsztg. 1929, Februarheft.

Fruchtens auch nach Verstümmelung der Zweige und der Krone festgestellt[1]), was der KLEBSschen Theorie widersprechen würde, ebenso wie die Wirkung des sog. „*Mulschens*", d. h. einer Bedeckung des Bodens unter Obstbäumen mit Reisig, Streu oder Kartoffelkraut zur Erhöhung der Bodenfeuchtigkeit. In beiden Fällen müßte das Verhältnis von $C : N$ eher ungünstig beeinflußt werden.

Mannbarkeit. Im allgemeinen blühen unsere Waldbäume *erst nach Erreichung eines gewissen Lebensalters (Mannbarkeitsalter)*. Dieses ist bei den einzelnen Arten

Abb. 134. Frühreife einer ca. 15jährigen Douglasie kurz vor ihrem Eingehen durch den Hallimasch. Der Wipfel war dicht mit Zapfen besetzt, die auch einige keimfähige Samen enthielten. Einziger fruchtender Baum unter vielen Hundert gleichaltrigen (Oberförsterei Chorin). (Phot. A. DENGLER.)

verschieden, unterliegt bei derselben Art aber auch äußeren Einwirkungen. Alle Arten blühen *im Freistand gewöhnlich 10—20 Jahre früher als im geschlossenen Bestand.* Dementsprechend zeigen auch Randstämme immer reichlicheres Blühen und Fruchten als Innenstämme, und es ist ein alter, durch die Erfahrung erprobter Grundsatz, *daß man durch Freistellung der Kronen diese zu reichlicherem Blütenansatz erziehen kann.*

---

[1]) Im Jb. d. dtsch. dendrol. Ges. 1919, Tafel 20, findet sich die Abbildung einer jungen *Picea pungens*, der jahrelang die oberen Triebe ausgebrochen wurden, und die sich dann mit Hunderten von Zapfen bedeckte. — BUSSE, J.: Blüten- und Fruchtbildung künstlich verletzter Kiefern. F.Cbl. 1924, H. 8.

Zu den *am frühesten mannbar werdenden Holzarten* rechnen im allgemeinen *Birke, Erle, Lärche* und *Kiefer* (im Freistand 10—15 Jahre), vereinzelt aber schon früher. Danach folgen Hainbuche, Linden, Ahorne mit etwa 20—30 Jahren, Eichen und Fichten mit 30—40, die *Rotbuche* mit 40—50 und *am spätesten die Tanne* mit 50—60 Jahren. Doch sind das nur grobe Durchschnittswerte.

Blütezeiten der Holzarten. *Die Blütezeiten der einzelnen Arten im Jahre sind sehr verschieden.* Im wärmsten Teil von Süddeutschland liegen sie etwa 3 Wochen früher als im kältesten Teil Nordostdeutschlands (Ostpreußen). Die *durchschnittliche Blütezeit* fällt *im mittleren Norddeutschland* etwa in folgende Monate: Ende Februar—Mitte März: Hasel; März—April: Erle, Weiden, Aspe, Rüstern, Spitzahorn; April—Mai: Lärche, Esche, Birke, beide Eichen, Buche, Hainbuche, Bergahorn; Mai—Juni: Fichte, Kiefer, Tanne; Juni—Juli: Akazie, Eßkastanie, Linde.

Vielfach wird behauptet, daß die Stieleiche 8—14 Tage vor der Traubeneiche blühen und austreiben soll. Weder die 10jährigen forstlich-phänologischen Beobachtungen der deutschen forstlichen Versuchsanstalten[1]) noch die in der Schweiz von BURGER[2]) haben das bestätigen können, ebenso habe ich bei künstlichen Bestäubungsversuchen an besonders reinen Vertretern beider Arten in der Gegend von Eberswalde keinen eindeutigen Vorsprung der Stieleiche feststellen können. Es gibt bei beiden Arten Früh- und Spätblüher, deren Blütezeiten sich gegenseitig überschneiden.

Die großblättrige Sommerlinde blüht 8—10 Tage früher als die kleinblättrige Linde. Hier liegen übereinstimmende Beobachtungen, besonders von seiten der Bienenzüchter, vor.

Bestäubung und Befruchtung. Die *Bestäubung* und damit auch die Vorbedingung für den Eintritt der Befruchtung ist wie bei allen Blütenpflanzen in *hohem Maße vom Wetter abhängig.* Nasses und regnerisches Wetter behindert die Bestäubung durch den Wind, weil sich die Antheren dann nicht öffnen und etwa in der Luft befindlicher Blütenstaub von den Regentropfen zu Boden geführt wird, ebenso hemmt der Regen aber auch den Blütenbesuch durch Insekten, die im Walde aber wegen der Windblütigkeit der meisten Baumarten keine große Rolle spielen. Kurze Regenschauer mit dazwischen auftretendem Sonnenschein sind aber offenbar wenig schädlich, da nach eigenen Beobachtungen bei der Kiefer das Stäuben in Zwischenzeiten von oft nur einstündiger Dauer bereits wieder beginnt. Ebenso fliegen auch die Bienen dann wieder. Über den Verlauf des Ausstäubens und seinen Zusammenhang mit Reifezustand, Temperatur, Feuchtigkeit, Wind u. a. m. sind in meinem Institut an einer einzelstehenden Kiefer erstmalig interessante Beobachtungen angestellt worden[3])

Die meisten unserer einheimischen Waldbäume sind Windbestäuber, so alle unsere Nadelhölzer, und unter den Laubhölzern die Eiche, Buche, Erle, Hasel, Birke, Hainbuche und Aspe. Alle diese Arten haben ja auch getrenntgeschlechtliche Blüten, die weder in Farbe und Duft noch durch Nektarbildung irgendwelche Anlockungsmittel für Insekten besitzen, dagegen durch ihren *Pollenreichtum,* vielfach auch durch *lockere, hängende Form der männlichen Blütenstände* (Kätzchen) *ganz auf Windverbreitung* eingerichtet sind.

Allerdings wird der Pollen mancher Arten, z. B. der Tanne, auch von den Bienen gesammelt, ohne daß aber der Besuch auch weiblicher Blüten beobachtet ist. Die Eßkastanie, deren Blütenstände unten meist weiblich, oben männlich sind, und deren Blüten neben einem starken Duft auch gelegentlich Nektartröpfchen zeigen, soll teils wind-, teils insektenblütig sein. Auch die mehr oder minder zwitterblütigen Rüstern sind Windbestäuber, während umgekehrt die nicht nur eingeschlechtlichen, sondern sogar einhäusigen Weiden wieder

---

[1]) Herausgegeben von WIMMENAUER, K. Berlin 1897.
[2]) BURGER, H.: Über morphologische und biologische Eigenschaften der Stiel- und Traubeneiche. Mitt.Schw.Anst. 1914, S. 332.
[3]) SCAMONI, A.: Über Eintritt und Verlauf der männlichen Kiefernblüte. Z.F.J.W. 1938, S. 289 ff.

vorwiegend durch Insekten bestäubt werden und dementsprechend auch Nektarausscheidung besitzen. Bekannt ist ja die wichtige Rolle der frühen Salweidenblüte für die ersten Ausflüge der Bienen.

Unsere *Linden, Ahorne*, die Sorbus-, Prunus- und Pirusarten sowie die eingeführte *Robinie* sind dagegen *reine Insektenblütler.*

Offenbar ist *die vorherrschende Windblütigkeit* unserer Baumflora im Gegensatz zu den tropischen Wäldern eine *Anpassung an das ungünstigere Klima der Blütezeit*, die notwendigerweise früh sein muß, damit der Same noch ausreifen kann, andererseits aber den Insektenbeflug oft behindert. Man kann in der relativen Seltenheit des Vorkommens unserer insektenblütigen Waldbäume gegenüber dem massenhaften Auftreten der Windblütler, besonders der am meisten pollenerzeugenden Nadelhölzer vielleicht einen Zusammenhang mit diesen Verhältnissen sehen. Aber offenbar sprechen dabei auch noch andere Umstände mit.

Für die *Sicherheit und die Art der Bestäubung, ob Kreuzbestäubung oder Selbstbestäubung, ist natürlich die Stellung und Verteilung der Blüten in der Baumkrone von Bedeutung.* DARWIN sah schon in der auffälligen Häufigkeit der Eingeschlechtigkeit bei den Waldbäumen ein Mittel, um die Eigenbestäubung möglichst zu verhindern. Doch dürfte außerdem auch die Verteilung der männlichen und weiblichen Blüten am Einzelbaum hierbei von Einfluß sein.

Bei Fichte und Tanne sind diese ziemlich stark voneinander getrennt, indem die weiblichen sich meist auf die obere Kronenspitze beschränken, während die männlichen mehr unten sitzen. Bei der Kiefer ist diese Trennung nicht mehr so stark ausgeprägt, aber eine Neigung dazu ist ebenfalls unverkennbar. Bei den Laubhölzern, soweit diese nicht überhaupt zwitterblütig sind, sind aber männliche und weibliche Blütenstände durcheinandergestellt, bei Eiche und Buche stehen sie sogar vielfach ganz dicht beieinander am selben Kurztrieb. Daß eine derartige Mischung bzw. Nachbarschaft die Eigenbestäubung erleichtern müßte, ist anzunehmen. Trotzdem haben meine zahlreichen Selbstbestäubungsversuche an beiden Eichenarten, übrigens auch einige an Buche und Erle, fast stets ein minimales Befruchtungsprozent ergeben.

Die *Menge des Pollens ist besonders bei den windblütigen Nadelhölzern ungeheuer groß*. Bei der Flugfähigkeit des Pollens werden in Blütejahren oft riesige Mengen weit weggeführt und bei Regen niedergeschlagen, so daß sich Straßen und Rinnsteine gelb färben, was im Mittelalter zu abergläubischen Vorstellungen von ,,*Schwefelregen*'' geführt hat. So wurde in Kopenhagen am 25. Mai 1804 ein solcher außerordentlich starker Pollenanflug beobachtet, der nach der Windrichtung aus den mecklenburgischen Kiefernwaldungen stammen mußte, also aus mindestens 150 km Entfernung.

Sehr interessante Beobachtungen hat HESSELMAN im Jahre 1918 *auf zwei Feuerschiffen im Bottnischen Meerbusen* angestellt, wobei der anfliegende Pollen täglich in Petrischalen aufgefangen und dann mikroskopisch bestimmt und gezählt wurde. Die Zahl der Pollen, die in der Zeit vom 16. Mai bis 26. Juni anflog, betrug pro Quadratmillimeter Fläche:

	Feuerschiff I 30 km vom Land	Feuerschiff II 55 km vom Land
Fichte.	7 Stück	4 Stück
Kiefer	2 ,,	1 ,.
Birke	7 ,,	4 ,,

Der Pollen stammte jedenfalls wohl von der schwedischen Küste, da meist westliche Winde wehten und auch die Verdünnung des Pollens auf Schiff II (25 km weiter seewärts) dafür spricht. Dort betrug die Pollenmenge nur noch die

Hälfte wie auf Schiff I. Ich fing im Jahre 1931 vom 15. Mai—21. Juni, (also in der gleichen Zeit) auf dem in der Ostsee zwischen Deutschland und Schweden 40—50 km von Land liegenden Feuerschiff Adlersgrund aber 286 Pinus- und 6 Picea-Pollen, auf einem Eberswalder Aussichtsturm 282 Pinus- und 18 Picea-Pollen je qmm, also 100mal mehr! Wenn HESSELMAN schon nach seinen Ergebnissen auf die *Möglichkeit einer Fernbestäubung* unserer Waldbäume durch eine entfernte Rasse hinweist, so ist das nicht abzuleugnen. Immerhin sind die Beobachtungen über Menge, Dauer und Zugrichtungen des Pollenfluges doch erst noch eingehender auszubauen und auch mit den Blütezeiten in den verschiedenen Gebieten zu vergleichen, ehe man über die Möglichkeiten einer Rassenmischung durch Fernübertragung urteilen kann. Untersuchungen dieser Art sind von mir eingeleitet, aber noch nicht abgeschlossen.

Störungen der Bestäubung und Fruchtbildung. Sehr viel Schaden richten oft die späten *Frühlingsfröste* in der *Blütezeit* an. Besonders ist das *bei der Eiche und Buche* beobachtet worden[1]), wo nach solchen Frösten die Blüten schwarz werden und abfallen. Doch habe ich solche Störungen auch mehrmals an den Frühblühern Haselnuß und Erle beobachtet (vgl. S. 103). Auch die weitere Witterung ist von Einfluß auf die erfolgreiche Samenausbildung. So bleibt in *kalten Sommern die Eichel klein und grün* bis in den Spätherbst hinein, erfriert dann bei den ersten Oktoberfrösten und wird dabei innen schwarz. *Bei der Buche vertrocknen in heißen und trockenen Sommern* die Bucheckern und bleiben massenhaft taub. Auch *tierische Schädlinge* haben gelegentlich großen Ausfall der Ernte verursacht.

So *Balaninus glandium* an der Eiche (wurmige Eicheln), *Orchestes fagi* an der Buche (verkrüppelte Kupula). Die häufige Taubheit des Birkensamens ist auf eine Gallmücke (*Cecidomyia betulae*) zurückzuführen. Ebenso schadet bei der Eiche der Fraß des Wicklers (*Tortrix viridana*) mittelbar dadurch, daß er die Assimilation stark unterbindet, und es dann nicht zur Blütenbildung kommen läßt. Bei der Kiefer dürfte auch der Fraß des großen Waldgärtners (*Hylesinus piniperda*) in den jungen Trieben, die dann abbrechen, viele Blütenansätze gerade im oberen Kronenteil vernichten und damit bei starkem Auftreten oft schmälernd wirken. Auch an Fichten- und Tannenzapfen richten Kleinschmetterlinge und Käfer durch Samenfraß oft namhaften Schaden und massenhaften Ausfall an.

Fruchtreife. Die *Reifezeit nach der Blüte* ist bei einigen Waldbäumen *sehr kurz: Weiden, Pappeln und Rüstern* reifen ihren Samen schon im Spätfrühling (Mai—Juni). Er fällt dann auch gleich vom Baum und besitzt nur kurze Zeit danach noch Keimfähigkeit, die bei allen drei Arten überhaupt sehr gering ist. Bei den Rüstern ist oft sogar aller Same trotz reichen Ansatzes taub. Die *Birke* reift *etwa vom Juli* ab, doch bleiben ihre Samenkätzchen z. T. noch bis spät in den Herbst hinein am Baum. Diese sind dann auch meist taub, während die früher ausfallenden meist etwas besser keimen, obwohl der Anteil der keimfähigen Samen auch bei der Birke nur gering ist. Alle *übrigen Holzarten* werden erst im *Spätherbst* reif, die *Kiefern*-Arten, die *Zerreiche* und die *amerikanische Roteiche sogar erst im Herbst des zweiten Jahres*. Der Same fällt teils noch im Herbst ab, teils bleibt er noch bis zum nächsten Frühjahr am Baum. So bei Kiefer und Lärche und größtenteils auch bei Fichte, die aber bei warmer Spätherbstwitterung einen Teil schon dann abfliegen läßt. Die Weimutskiefer, Tanne und Douglasie entlassen ihre Samen ganz allgemein schon im Herbst von September an. Von den Laubhölzern behalten Esche und Akazie, auch Bergahorn und Winterlinde ihre Samen oft bis spät in den Winter bzw. bis ins Frühjahr hinein am Baum. Daß diese Verhältnisse für die Fortpflanzung und Verbreitung der Arten von Bedeutung sein müssen, liegt auf der Hand. Genauere Beobachtungen darüber,

---

[1]) Vgl. die langjährigen Beobachtungen von LAUPRECHT, über Buchen- und Eichenblüte- und Samenjahre im Zusammenhang mit der Witterung. Z.F.J.W. 1875, S. 246 ff.

wie sich hier Vorteile und Nachteile nach der einen und anderen Richtung hin auswirken, besitzen wir aber nicht. *Das frühe Abfallen im Herbst bringt wohl bessere Bedeckung und Einbringung der Samen ins Keimbett mit sich, dagegen vergrößert es auch wieder die Gefahr des Verschimmelns und Verderbens und bedingt stärkeren Verlust durch die Tiere des Waldes,* besonders Wild und Mäuse.

Eine Beobachtung von Michaelis[1]) nach der reichen Buchenmast des Jahres 1909 ergab, daß von durchschnittlich 522 Bucheln je Quadratmeter im Herbst 316 Stück oder 61% bis zum Frühjahr verschwunden waren. Von den noch übriggebliebenen 206 Stück waren 68 taub, 31 faul. Die Anzahl der tauben war fast gleichgeblieben (68 gegen 66 im Herbst), ein Zeichen, daß die Tiere diese erkennen und liegenlassen. Hauptsächlich beteiligt waren Mäuse und große Scharen von Bergfinken.

So schlimm solche Verluste zunächst aussehen, so notwendig erscheint doch letzten Endes eine starke Einschränkung bei starkem Samenertrag, damit die Verjüngung sich nicht gegenseitig auffressen und frühzeitig verkümmern soll. Wir müssen darin vielmehr oft eines jener Mittel sehen, die das Gleichgewicht in der Lebensgemeinschaft des Waldes zum eigenen Vorteil regeln.

Größe und Häufigkeit des Samenertrages. Die *Größe des Samenertrages ist bei den einzelnen Holzarten von Jahr zu Jahr in den einzelnen Gegenden schwankend.* Erhebungen hierüber sind in Preußen während der 20 Jahre 1875—94 durchgeführt und von Schwappach[2]) bearbeitet worden. Die danach berechnete *Ernteziffer gibt in Prozenten* an, wieviel im Durchschnitt des ganzen Landes *von einer Vollernte* für jede Holzart eingekommen ist.

Die einzelnen Arten bilden danach bezüglich ihrer Samenerzeugung folgende Reihe:
1. Birke . . mit durchschnittlich jährlich 44,8 % einer Vollernte
2. Hainbuche ,, ,, ,, 42,0 % ,, ,,
3. Erle . . ,, ,, ,, 39,9 % ,, ,,
4. Kiefer . . ,, ,, ,, 37,6 % ,, ,,
5. Fichte . . ,, ,, ,, 37,1 % ,, ,,
6. Tanne . . ,, ,, ,, 34,5 % ,, ,,
7. Esche . . ,, ,, ,, 33,3 % ,, ,,
8. Eiche . . ,, ,, ,, 17,1 % ,, ,,
9. Rotbuche. ,, ,, ,, 16,2 % ,, ,,

Die *leichtsamigen Laubhölzer erzeugen danach relativ am häufigsten, die schwersamigen am seltensten eine Vollernte,* die Nadelhölzer und die Esche stehen etwa in der Mitte, verhalten sich aber mehr wie die leichtsamigen Laubhölzer. Trotzdem die obigen Zahlen nach der Art der Erhebung und ihrer Berechnung mehr die wirtschaftlich wichtige Größe der Samenernte innerhalb des ganzen Landes zum Ausdruck bringen, spiegeln sich in ihnen doch offenbar auch die ökologischen Eigentümlichkeiten wieder. Besonders spricht sich *im Verhalten der Eiche und Buche* die schon von Hartig festgestellte *starke Inanspruchnahme der Reservestoffe für die Samenbildung* aus.

Hartig[3]) fand gerade bei der Buche nach vollen Samenjahren eine fast vollständige Entleerung der Markstrahlzellen von Stärkekörnern, die sich dann erst langsam wieder auffüllen müssen, ehe neuer Samen gebildet werden kann. Es folgt daher auch bei der Buche nach einem besonders guten Samenjahr meist ein besonders schlechtes.

Den Wechsel der größeren und geringeren Ernten im Verlauf von 20 Beobachtungsjahren zeigen die graphischen Darstellungen, die der Schwappachschen Arbeit entnommen sind (vgl. Abb. 135).

---

[1]) Michaelis: Einiges zur Buchenmast 1909. Z.F.J.W. 1911, S. 267.

[2]) Schwappach, A.: Die Samenproduktion der wichtigsten Waldholzarten in Preußen. Z.F.J.W. 1895, S. 147 ff.

[3]) Hartig, R.: Lehrbuch der Anatomie und Physiologie der Pflanzen, S. 252. 1891. Übrigens sprechen diese Feststellungen Hartigs wieder sehr stark zugunsten der Klebsschen Theorie von der Bedeutung des Quotienten $\frac{C}{N}$!

Die Ernte bei der *Eiche ist erheblich mehr ausgeglichen als bei der Buche*, die sich in den schärfsten Sprüngen nach oben und unten bewegt. *Ähnlich* verhält sich unter den Nadelhölzern die *Kiefer gegenüber der Fichte und Tanne*, die im Samenertrag der verschiedenen Jahre eine bemerkenswert große Übereinstimmung zeigen, die ihrer auch sonst großen Ähnlichkeit in ökologischer Beziehung entspricht.

Innerhalb Preußens zeigen *die westlichen Bezirke bei Eiche, Buche und Hainbuche viel öfter gute Samenjahre als die östlichen*, während dies für Birke, Erle, Kiefer und Fichte nicht hervortritt. In einzelnen Jahren zeigen sich ganz auffällige Unterschiede in den verschiedenen Gebieten. Z. B. hatten wir im Jahre 1942 eine sehr gute Buchenmast in Westdeutschland. Im Schwarzwald und in den Vogesen hingen die Bäume bis in die obersten Lagen zum Brechen voll,

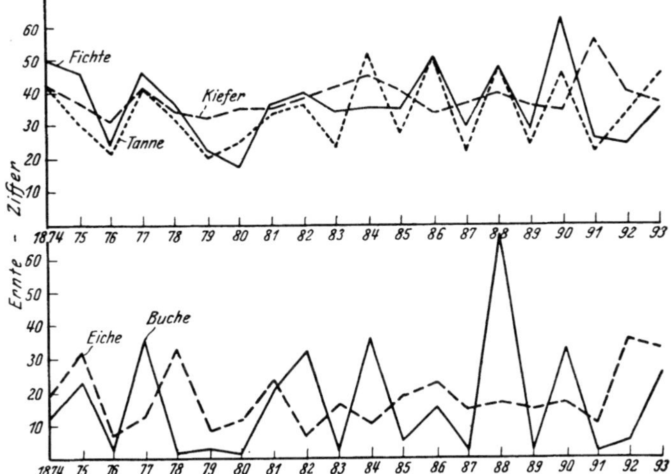

Abb. 135. Samenertrag der Hauptholzarten in Preußen in den Jahren 1874/93. Ernteziffer in Prozenten einer Vollernte. (Nach Schwappach.)

während in Nordostdeutschland die Buche überhaupt keine Mast trug und auch gar nicht geblüht hatte. Im Jahre 1926 war es umgekehrt der Westen, der keine Mast hatte, während diese in der Mark und den angrenzenden Gebieten sehr reichlich war. Die Tanne fehlt in zu vielen Bezirken, um dafür Anhaltspunkte zu bieten. Für Baden fand Seeger[1]) für die Tanne den besten Samenertrag im Schwarzwald, und zwar besonders auf den Westhängen. Bei Eiche und Buche zeigte sich ein deutlicher Minderertrag in ausgesprochenen Spätfrostgebieten.

Im allgemeinen bestätigen die statistischen Feststellungen das schon von H. Mayr ausgesprochene Gesetz, *daß die Holzarten in ihrem Optimum den besten und regelmäßigsten Samenertrag zeigen*, und daß dieser besonders nach der Kältegrenze zu stark abnimmt.

Im nördlichen Finnland[2]) trägt die Kiefer nur noch alle 10—20 Jahre Samen, und nach der Waldgrenze zu nimmt der Zeitraum dann so rasch zu, daß man dort nur etwa alle 100 Jahre einmal auf eine ausreichende Verjüngung rechnen kann, wobei allerdings auch die ungünstigen Verhältnisse für die Keimung und erste Entwicklung der jungen Pflanzen mitsprechen werden.

---

[1]) Seeger, M.: Ein Beitrag zur Samenproduktion der Waldbäume im Großherzogtum Baden. Naturwiss. Z. f. Forst- u. Landwirtsch. 1913, S. 529 ff.

[2]) Lakari, O. J.: Studien über Samenjahre und Altersverhältnisse der Kiefernwälder auf nordfinnischem Heideboden. Acta forestalia fennica 1915.

Die Größe des Samenertrages pflegt man nach altem Sprachgebrauch in der forstlichen Praxis als *Vollmast, Halbmast, Viertelmast* und *Fehlmast* zu bezeichnen. Wenn nur vereinzelte Bäume Samenbehang zeigen, spricht man von *Sprengmast*, wenn nur die obersten Kronenspitzen solchen haben, auch wohl von *Gipfelmast*. Diese Ausdrücke stammen noch aus der Zeit, wo die Eichen- und Buchenwaldungen regelmäßig von Schweinen beweidet wurden, und wo die „Mästung" oder „Feistung" ganz von dem jeweiligen Samenertrag abhängig war. Man findet daher noch in vielen alten Chroniken solche guten Mastjahre ebenso wie Fehlmastjahre besonders verzeichnet. Aus der Zahl der eingetriebenen Schweine kann man schließen, daß der *Samenertrag früher viel reicher gewesen sein muß, was wohl mit der viel lockeren Stellung der Oberholzbäume in dem damaligen Mittelwaldbetrieb* zusammenhängt[1]).

Die Zeitspanne, in der man in Nord- und Mitteldeutschland im einzelnen Wald auf eine den wirtschaftlichen Bedarf deckende gute Jahresernte rechnen darf, beträgt etwa im Durchschnitt bei den Hauptholzarten: alljährlich: bei Birke, Erle, Hainbuche; alle 1—2 Jahre: bei Rüster, Ahorn, Esche und Linde; alle 3—4 Jahre bei Kiefer, Fichte, Tanne; alle 5—6 Jahre bei der Eiche; alle 6—8 Jahre bei der Buche.

Im einzelnen treten aber viele Abweichungen auf.

Besonders hervorragende Vollmasten im vergangenen und diesem Jahrhundert waren 1811 und 1834 für Eiche und Buche gleichzeitig, 1888 und 1918 vorwiegend für die Buche. Eine Reihe weniger allgemeiner Vollmasten schieben sich aber dazwischen.

So werden noch genannt für Eiche: 1811, 1822, 1825, 1829, 1834, 1840, 1842, 1850, 1857, 1874, 1878, 1881, 1886, 1892, 1893;

für Buche: 1800, 1811, 1823, 1834, 1847, 1853, 1858, 1869, 1877, 1884, 1888, 1890, 1909, 1912, 1918, 1922.

Einzelne dieser guten Mastjahre, besonders bei der Eiche, sollen auffällig mit guten Weinjahren zusammentreffen!

Samenertrag der einzelnen Bäume. Über die absolute *Größe des Samenertrages von Einzelbäumen und Beständen* wissen wir einiges aus Untersuchungen von KIENITZ[2]) und mehrerer russischer Forscher. KIENITZ stellte in dem guten Samenjahr 1880 an *drei Kiefern im Alter von 90 bis 100 Jahren mit einzelstehenden großen Kronen* je 1560, 1630 und 2730 Zapfen fest. Da man auf einen Zapfen etwa 30—40 gut ausgebildete Körner rechnen kann, hätte *ein Stamm allein 50—80000 Samen* erzeugt. Sehr *viel geringer* war die Zahl der Zapfen aber in einem *geschlossenen 90jährigen Kiefernbestand*. An 42 Stämmen wurden zusammen nur 4537 Zapfen, also je Stamm wenig mehr als 100 Zapfen gefunden. Die *Einzelstämme* zeigten aber sehr *große Schwankungen* von 0 bis 526, *ohne daß ein bestimmter Zusammenhang mit der Kronenausbildung* gefunden werden konnte. Sehr *viel höhere Durchschnittszahlen im Bestande — je Stamm bis 900 Stück —* wurden in *Rußland* gefunden[3]). Aber auch hier zeigten Überhälter und frei stehende Bäume bedeutend mehr Zapfenansatz. Sehr wertvoll ist hierbei die Feststellung, daß bei diesen 1 kg Zweigreisig 5—12 Zapfen erzeugt hatte, im geschlossenen Bestand aber nur 1—3 Zapfen. Die Samenerzeugung wächst also nicht proportional mit der Kronengröße, sondern bedeutend stärker. Als *Samenbäume* hat man daher früher in richtiger Erkenntnis dieser Tatsache auf den Schlägen immer *besonders groß- und breitkronige* Stämme übergehalten, die man heutzutage, da sie immer auch ästige Schäfte haben, aus Gründen der Nutzholz-

---

[1]) So betrug nach HAUSRATH die Einnahme aus der Mastnutzung in der Lußhardt in der Pfalz im Jahre 1547 = 10000 Gulden oder etwa 10 M. je Hektar!

[2]) KIENITZ, M.: Beobachtungen über die Zapfenmenge an Kiefern. Z.F.J.W. 1881, S. 549.

[3]) Vgl. hierzu die sehr eingehende Darstellung der russischen Arbeiten auf diesem Gebiet bei MOROSOW, G. F.: Die Lehre vom Walde, S. 217 ff. 1928.

erziehung frühzeitig heraushaut. Hierin liegt sicher auch eine der Ursachen dafür, daß die Naturverjüngung so viel schwieriger geworden ist als früher!

Auf andere Weise, nämlich *durch Aufstellung großer trichterartiger Auffanggefäße* haben andere russische Forscher die auf die Bodenfläche auffallenden Samenmengen festzustellen gesucht. In einem Kiefernbestand wurden danach *auf 1 qm im Durchschnitt 292 Samenkörner* gefunden, wobei es sich nicht um ein einzelnes, besonders günstiges Samenjahr handelte, sondern um den Durchschnitt aus vier aufeinanderfolgenden Beobachtungsjahren. Die *Zahlen in den einzelnen Gefäßen schwankten aber sehr stark,* zwischen 537 bis nur 51 Körnern! Ähnliche Untersuchungen in einem 100—120jährigen *Fichtenbestande* ergaben pro Quadratmeter im Bestand selbst 700 *Körner,* am Bestandsrand 544, auf einer angrenzenden Schlagfläche, 21 m von dem einen und 42 m vom anderen Bestand entfernt, nur 76 Körner. Hält man damit die Feststellung von Michaelis für die Buche in einem guten Samenjahr — 522 Samen je Quadratmeter — und die ungefähre Berechnung von Borggreve für eine große Birke zusammen, die nach ihm ungefähr 30 Millionen Samen erzeugt hatte, so kann man allerdings mit Morosow sagen, daß *„die Natur mit vollen Händen sät"*. Man muß aber hinzusetzen: *leider auch zeitlich und örtlich sehr ungleichmäßig!* Davon kann man sich bei jeder Naturverjüngung überzeugen, wo immer neben übervollen Plätzen solche vorkommen, wo viel zu wenig bis gar keine Samen hingefallen sind, was für die wirtschaftlichen Anforderungen, die wir an die Entwicklung des Bestandes stellen müssen, oft von recht weittragender Bedeutung ist.

Zum Schluß noch einige Bemerkungen über das *Blühen und Fruchten in den Unterschichten des Waldes.* Während bei den Waldbäumen, wie wir sahen, die Windblütler vorherrschen, finden wir diese in der Strauchschicht nur durch die Hasel und den Wacholder vertreten, *alle anderen hauptsächlichen Waldsträucher sind Insektenblütler.* In der *Kräuterschicht* treten zwar *in den Gräsern wieder die Windblütler* mehr hervor, aber viele davon sind weniger auf Fortpflanzung durch Samen als durch Ausläufer, Kriechtriebe u. dgl. eingestellt. Ebenso gilt das für unsere weitverbreiteten Zwergsträucher, die Vacciniumarten und Calluna, die zwar starken Blüten- und oft auch reichlichen Fruchtansatz zeigen, ohne daß man im Durchschnitt viel junge Keimpflänzchen im Walde findet. Am meisten ist das noch bei der Heide der Fall. Die *Blütezeit* ist bei den Unterschichten des Waldes *sehr verschieden.* In den Schattholzbeständen, besonders im *Buchenwald,* treten *fast nur Frühblüher* auf, die die Zeit vor dem Laubausbruch ausnützen, wie z. B. Anemone, Waldmeister, Leberblümchen, Simse u. v. a. Im *lichten Birken-* und *Kiefernwald* aber ist die *Blütezeit über den ganzen Sommer* verteilt und treten auch noch *Spätblüher, wie die Heide,* auf. Es zeigt sich also eine feine Anpassung der jahreszeitlichen Blütenbildung an die verschiedenen Lichtverhältnisse der einzelnen Bestandesarten.

17. Kapitel. **Vermehrung und Verbreitung.**

Die Arten der Vermehrung. Die hauptsächlichste Vermehrungsart bei den Waldbäumen ist die durch Samen (*sexuelle Vermehrung*). Doch treten hier und da auch im Naturwalde, noch mehr aber im Wirtschaftswalde, auch *vegetative Vermehrungsformen* auf. Man pflegt die aus Samen hervorgegangenen Jungpflanzen als *Kernwuchs* zu bezeichnen, die aus vegetativer Vermehrung als *Ausschlag.* Je nachdem dieser an den verschiedenen Teilen der Mutterpflanze entsteht, unterscheidet man *Stockausschlag, Stamm-, Ast- und Wurzelausschlag.*

In der forstlichen Wirtschaft wird *bei manchen Betriebsformen fast ausschließlich die Ausschlagverjüngung*, und zwar schon seit Jahrhunderten, wenn nicht Jahrtausenden (vgl. S. 81) angewendet. Man hat an diese Art der Verjüngung vielfach die Vermutung geknüpft, sie müsse zu *Entartungserscheinungen* führen. Eine solche glaubte man z. B. bei der nur durch Stecklinge vermehrten Pyramidenpappel[1]) zu finden, als sich gelegentlich Kümmern und Absterben ganzer Pappelalleen zeigte. Die Erscheinungen sind aber wahrscheinlich nur auf äußere ungünstige Umstände zurückzuführen. Auch an den fast nur durch Stecklinge vermehrten Kulturweiden und an den vielen jahrhundertealten Stockausschlagbeständen des Eichenniederwaldes ist nichts zu bemerken, was wirklich auf Entartung hindeuten würde. Die in Kreisen der forstlichen Praxis vielfach verbreitete Meinung, daß Stockausschlagbestände keinen keimfähigen Samen ergeben, ist jedenfalls nicht richtig. Geringe Wüchsigkeit und frühzeitige Kernfäule lassen sich meist durch Bodenrückgänge und Infektion von den alten Mutterstöcken aus erklären und haben nichts mit Entartung zu tun.

Vegetative Vermehrung im Walde. Die *Fähigkeit zur Ausschlagbildung* ist den einzelnen Holzarten *in sehr verschiedenem Maße* eigen. Den Nadelhölzern fehlt sie so gut wie ganz. Nur die Eibe besitzt sie unter unseren einheimischen Nadelhölzern, und zwar in hohem Grade. Es kommen sowohl Absenkerbildungen aus niederliegenden Ästen als auch Stockausschläge am unteren Stammende bei ihr vor.

Die Laubhölzer besitzen mehr oder minder alle Ausschlagfähigkeit. Am stärksten wohl Weiden, Pappeln, Erlen, Hainbuche und Haselnuß, am geringsten Birke und Rotbuche. *Am reichlichsten und kräftigsten pflegt die Ausschlagbildung im jugendlichen Alter* zu sein. Etwa vom 40. Jahre an nimmt sie mehr und mehr ab. Besonders tritt das bei den an sich schon schlechter ausschlagenden Arten, wie Birke und Rotbuche, hervor.

Kräftiger und feuchter Boden, sowie Licht (oder Wärme) begünstigen die Ausschlagbildung, Schatten hält sie zurück, so daß man diesen geradezu benützt, um unerwünschten Ausschlag zu unterdrücken, z. B. bei Umwandlung alter Mittelwaldungen in Hochwald.

Manche Holzarten schlagen besser tief am Stock aus, andere etwas höher. *Gute Ausschlagfähigkeit bis hoch in den Stamm herauf* besitzen Weiden, Pappeln, Hainbuche, wohl auch noch einige andere Arten, bei denen das aber nicht so bekannt ist wie bei den genannten, die früher vielfach geköpft wurden, um aus dem dichten Ausschlag Flechtruten oder Laubheu zu gewinnen. *Sehr tief am Wurzelstock* und z. T. schon unter der Erde treiben besonders gern Birke, Linde und Eßkastanie, ebenso die Haselnuß aus.

Eigentliche Wurzelbrut, d. h. Ausschläge an oberflächlich streichenden Seitenwurzeln, oft mehrere Meter weit vom Stamm entfernt, besitzen vor allen Dingen Aspe, Weißerle, Rüster, Feldahorn, die Wildobstbäume und die Robinie. Die Wurzelbrut erfolgt besonders gern nach Wurzelverletzungen an Wundstellen, oft aber auch ohne solche nach Abtrieb des Stammes, und gelegentlich auch scheinbar ohne äußere Veranlassung.

Absenkerbildung durch Bewurzelung tief auf dem Boden liegender Äste findet sich in der Natur bei der Krummholzkiefer und Fichte an der oberen Waldgrenze und dient dort bei letzterer vielfach als Ersatz für die ausbleibende Samenbildung (vgl. S. 37).

Es ist auffallend und bemerkenswert, wie sich in bezug auf die Fähigkeit zu den verschiedenen Arten der vegetativen Vermehrung oft nahe verwandte

---

[1]) Es kommen hier fast nur männliche Individuen in Deutschland vor, und es sind nur ganz wenige weibliche bekannt.

Arten sehr ungleich verhalten und umgekehrt weit oder gar nicht verwandte sehr gleich. Man darf wohl nach den Untersuchungen über Wundheilung und Zellneubildung annehmen, daß hierüber das Auftreten bestimmter Stoffe (*Hormone*) und deren Lokalisierung in den einzelnen Teilen der Pflanze entscheidet. In der letzten Zeit sind solche Hormone oder Wuchsstoffe auch künstlich hergestellt und dazu benützt worden, um reichere Bildung von Adventivwurzeln für Stecklingskulturen zu erhalten.

Im Kunstwalde wird bei Weiden und Pappeln die Vermehrung meist durch *Stecklinge* (schwächere Zweigstücke) oder *Setzstangen* (stärkere Äste) betrieben. Diese werden in die Erde gesteckt und bewurzeln sich dann unten, um oben neue Triebe zu bilden. Dies geht im allgemeinen am besten vor sich, wenn der untere Zweigteil (*Wurzelpol*) auch nach unten in die Erde kommt, der obere (*Sproßpol*) aber nach oben.

Vermehrung und Verbreitung durch Samen im Walde. *Die häufigste Vermehrung und Weiterverbreitung der Waldbäume* erfolgt in der Natur aber durch *Samen.* Man bezeichnet in der forstlichen Praxis die aus Samen hervorgegangene Verjüngung bei den leichtsamigen Holzarten als *Anflug*, bei den schwersamigen als *Aufschlag* und kennzeichnet damit schon zwei der hauptsächlichsten Verbreitungswege. Auch bei den schwersamigen Arten tritt aber selbst bei nur senkrechtem Abfall der Früchte immer ein Weiterwandern bis zur halben Kronenbreite ein. Meist findet aber durch Schwingungen der Äste im Winde darüber hinaus noch eine geringe Weiterverbreitung statt. Die leichtsamigen Holzarten haben fast alle besondere Einrichtungen für die *Verbreitung durch den Wind.*

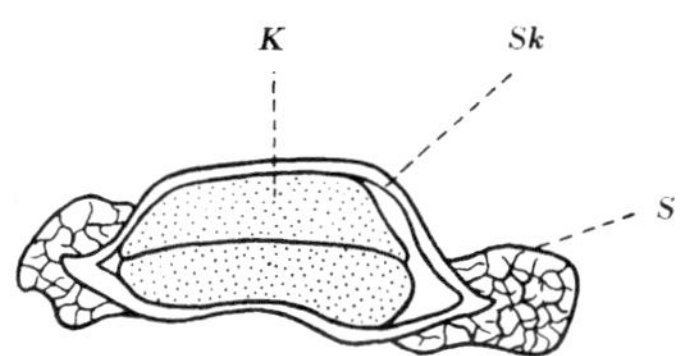

Abb. 136. Querschnitt der Erlenfrucht. Vergr. *K* Embryo, *Sk* Fruchtwand, *S* Schwimmpolster. (Nach BÜSGEN.)

Entweder ist das Samenkorn selbst *beflügelt*, wie z. B. bei Kiefer, Fichte und Tanne, oder die das Samenkorn einschließende Fruchthülle läuft in solche Flügel aus, wie z. B. bei Esche, Ahorn, Rüstern und Birken. In anderen Fällen sind besondere Deck- oder Tragblätter ausgebildet, die das Fliegen bewirken, wie z. B. bei Hainbuche und Linde.

Durch die *Lage des Schwerpunktes* und die *Form des Flügels* wird beim Abfliegen des Samens vielfach eine *schraubenartige Drehung und damit eine Verlängerung der Fallzeit* bewirkt, so daß das Samenkorn bei Wind weiter hinausgetragen wird (*Typ der Schraubendrehflieger*[1]). Die Samen der Weiden und Pappeln tragen kleine Haarschöpfe, die sich mit denen benachbarter Samen zu Flocken zusammenballen und dann bei ihrer Leichtigkeit vom Winde sehr weit fortgetragen werden.

Bei dem *Samen der Erlen* findet sich in der Samenkapsel ein Hohlraum, und an beiden Kanten zwei lufterfüllte *Schwimmkissen* (Abb. 136), die neben der Verbreitung durch den Wind auch die *durch das Wasser* ermöglichen. Der Samen hält sich durch diese Einrichtungen monatelang schwimmfähig.

In nördlichen Gegenden, in denen der Fichten- und Kiefernsamen im Frühjahr oft schon abfliegt, wenn der Boden noch von verfirntem Schnee bedeckt ist, soll dieser oft massenhaft und kilometerweit vor dem Wind auf der glatten Schneedecke gleiten und dadurch weiterverbreitet werden.

Bei den *schwersamigen* und *beerenfrüchtigen Holzarten* findet offenbar eine starke Verbreitung *durch die Tiere des Waldes* statt. Vor allen Dingen sind hier die sog. *Vogel- oder Hähersaaten* durch den Eichelhäher (*Garrulus glandarius*)

---

[1] DINGLER: Die Bewegung pflanzlicher Flugorgane. München 1889.

bekannt, der im Herbst Eicheln und Bucheln, die er nicht gleich verzehren kann,
zahlreich in angrenzende Nadelholzbestände verschleppen und dort im Moos
verstecken soll, wo er sie dann nicht wiederfindet und so zur Unterbauung solcher
Bestände mit beiträgt. An der Tatsache an sich ist wohl kaum zu zweifeln,
da man sich den Jungwuchs solcher schwerfrüchtigen Laubhölzer oft weitab
von den nächsten samentragenden Bäumen kaum anders erklären kann. Man hat
aber neuerdings bestritten, daß es sich um ein absichtliches Verstecken am
Boden handelt. Es soll vielmehr nur ein unwillkürliches Auskröpfen (Ausspeien)
aus dem überfüllten Kropf stattfinden. In der forstlichen Praxis wird der Umfang der Wirksamkeit des Hähers nach dieser Beziehung jedenfalls sehr hoch
eingeschätzt. Dagegen wollen andere der Ringeltaube, namentlich für die Fern-
verbreitung, eine bedeutend größere Rolle beimessen als dem Eichelhäher, der
schlechter fliegen und zu rasch verdauen soll[1]).

Auch die Eichhörnchen verschleppen wohl gelegentlich Eicheln und Bucheln,
und Mäuse legen sich in ihren Nestern oft Vorräte davon an, die dann, wenn
die Nestbesitzer über Winter eingegangen oder vom Fuchs und Raubvögeln
weggefangen sind, im Frühjahr in dichten Büscheln aus dem Lager hervor-
brechen.

Bei den *beerenfrüchtigen Bäumen* findet die Verbreitung meist *durch den Kot
der beerenfressenden Vögel*, hauptsächlich der Drosseln, statt. Vieler Ebereschen-
unterstand, besonders an Waldrändern, dürfte so entstehen[2]).

Birken- und andere sehr leichte Samen sollen auch gelegentlich durch
Ameisen verschleppt werden[3]).

Wanderungsvermögen der Holzarten. Im allgemeinen muß man eine mehr
schrittweise und dann vielfach *massenhafte Weiterverbreitung* und *Weiterwanderung*
der Holzarten von einer mehr *vereinzelten sprungweisen* über weitere Entfernungen
hin unterscheiden. Die letztere kann dann, wenn der Standort passend ist, wieder
der Mittelpunkt zu nachfolgender schrittweiser Wanderung werden. Nur so
kann man sich die natürliche Besiedelung von vielen inselartigen Standorten
erklären, die oft rings von anderen Gebieten umschlossen sind, auf denen die
betreffende Art nicht gedeihen oder sich doch nicht gegen besser angepaßte durchsetzen kann. Das gilt z. B. von unseren zahlreichen Erlenbrüchern, wo der auf
dem Wasser schwimmende Erlensamen, wohl am Gefieder des Wassergeflügels
anhängend, von Bruch zu Bruch übertragen worden ist. Ebenso gilt das aber
auch wohl von den zahlreichen, in arme Sandgebiete eingebetteten Lehminseln
des nordischen Diluvialgebietes, die mit einer geradezu staunenswerten Sicherheit und Vollständigkeit von Eiche und Buche aufgefunden und besiedelt sind.
Man kann sich das kaum anders vorstellen, als daß hier in der Hauptsache
Vögel die sprungweise Verbreitung besorgt haben. Diese uns zunächst doch
sehr zufällig und unsicher erscheinende Verbreitungsart muß doch wohl viel
häufiger und regelmäßiger vor sich gehen als wir denken, und im Laufe der Jahr-
tausende, die seit der Einwanderung der Eiche und Buche bei uns vergangen sind,
einen viel höheren Grad der Sicherheit für die Verbreitung erreicht haben, als
man annehmen möchte. Eine Verbreitung durch die großen Urströme und
Schmelzwässer der Nacheiszeit, die man auch angenommen hat, ist jedenfalls
für die schwersamigen Holzarten Eiche und Buche ausgeschlossen, da deren
Früchte im frischen Zustande sofort untersinken, aber auch die leichteren Nadel-

---

[1]) FISCHER, R.: Die Entstehung forstlich wichtiger Vogelsaaten. F.Cbl. 1933.
[2]) Über die Keimungsbedingungen des Vogelbeersamens vgl. die interessanten Versuche
von FABRICIUS, L.: F.Cbl. 1931, S. 413.
[3]) SERNANDER, R.: Den Skandinaviska vegetationens spridningsbiologie. Upsala u.
Berlin 1901.

holzsamen schwimmen nur so lange, bis sich der Flügel vom Korn ablöst, was meist nach wenigen Tagen geschieht.

Ohne die Annahme einer sprungweisen Wanderung würde man auch zu ganz unmöglichen Einwanderungszeiten kommen. Nimmt man z. B. bei der Buche die Weite bei schrittweiser Wanderung hoch gerechnet mit 20 m an, so würde der zweite Schritt frühestens erst wieder nach 60 Jahren erfolgen können, da die Buche nicht eher Samen trägt. *Zu 1 km Wanderung würden schon 3000 Jahre* und zu der ganzen Wegstrecke etwa von Frankreich, wo die Buche während der Eiszeit einen Rückzugsstandort gehabt haben könnte, bis nach Ostpreußen würden 3—4 Millionen Jahre erforderlich gewesen sein, was nach allen geologischen und prähistorischen Berechnungen viel zu hoch wäre. Die *sprungweise Verbreitung* durch Tiere muß daher die *Schnelligkeit* gewaltig gesteigert haben!

Eine Feststellung der früheren und heutigen *Südwestgrenze der Fichte* in Schweden[1]) auf Grund alter Karten und Waldbeschreibungen hat *für den Zeitraum von 200 Jahren* ein *Vorrücken* um *etwa 10—15 km* ergeben. Das würde für 1 Jahr etwa 50—70 m ausmachen und entspräche recht gut unseren Beobachtungen über die Verbreitung durch den Wind. Die weitverbreitete Anschauung, daß die schwersamigen Hölzer langsamer wanderten als die leichtsamigen, ist offenbar nicht allgemein richtig, da bei den ersteren wohl die sprungweise Weiterverbreitung durch Verschleppung gegenüber der schrittweisen durch Abfall oder Abflug in den Vordergrund tritt. Auch die frühe Einwanderung der Eiche und der Haselnuß nach der Eiszeit (vgl. S. 74) spricht dagegen!

Am weitesten fliegt wohl unter allen Waldbäumen *der Aspen-, Weiden- und Birkensamen,* der sich auch auf großen, kilometerlangen Brandflächen sehr bald reichlich einzufinden pflegt, obwohl oft weit und breit kein Samenbaum zu sehen ist. Für diese 3 Holzarten ist daher auch die sehr schnelle Einwanderung nach der Eiszeit erklärlich. Bei Kiefer, Fichte und Lärche darf man im allgemeinen höchstens auf etwa 1 Baumlänge (30—40 m) auf derartig reichlichen Anflug rechnen, daß er unter günstigen Umständen noch zur geschlossenen Bestandsbildung ausreicht, bei Esche, Ahorn und Hainbuche meist noch etwas weiter. Auf einem Versuchsfeld in Schweden[2]) wurden durch Aufstellung zahlreicher Auffangkästen an einem 90 jährigen 18 m hohen Kiefernbestand folgende Samenanflüge festgestellt: Im Innern: 37 m vom Rand 105 je qm, 22 m 89, am Rand selbst 73, nach außen 7,5 m 52, 22 m 29, 37 m nur noch 17, also eine ganz gesetzmäßige Abnahme. Dabei fanden sich am Bestandesrande nur 7 % Hohlkörner, in 37 m Entfernung aber schon 19 %. Die Qualität des Anfluges nahm also ab, da die leichteren Hohlkörner weiter hinausgetragen werden.

Vermehrung und Verbreitung in den Unterschichten des Waldes. Die *Sträucher und Zwergsträucher des Waldes sind fast alle beerenfrüchtig* und daher *größtenteils der Verbreitung durch die Tiere* unterworfen. Sehr oft herrscht aber bei ihnen, ebenso wie bei der Gras- und Krautflora überhaupt die *vegetative Vermehrung* durch Ausläufer, Kriechtriebe und Wurzelstöcke vor. Die großen zusammenhängenden Horste von *Vaccinium, Pteris aquilina, Calamagrostis epigeios, Carex brizoides* und viele andere Waldunkräuter verdanken meist nur solcher Vermehrung ihre dichte Ausbreitung. Im Buchenschattenbestand herrschen sogar fast ausschließlich Arten mit vegetativer Fortpflanzung vor, ohne daß die durch Samen aber ganz unterbunden wäre. Auch bei den beerenfrüchtigen Kräutern und Sträuchern scheint eine sprungweise Wanderung (durch Samenverschleppung) mit der danach einsetzenden schrittweisen (durch vegetative Vermehrung) den Gang der Besiedelung gebildet zu haben.

---

[1]) HESSELMAN, H., u. SCHOTTE, G.: Die Fichte an ihrer Südwestgrenze in Schweden. Mitt. d. schwed. forstl. Versuchsanst. 1906, S. 1.

[2]) HESSELMAN, H.: Weitere Studien über die Beziehungen zwischen der Samenverbreitung von Fichte und Kiefer und die Besamung der Kahlhiebe. Medd. fr. Statens Skogsförsöksanst. 1938, S. 1—64.

18. Kapitel. **Keimung und Fußfassen der Verjüngung.**

Reifezustände des Samens. Die Keimfähigkeit des Samenkorns ist von der Erlangung eines gewissen Reifezustandes abhängig. *In der Natur* wird es im allgemeinen nicht eher entlassen, als bis es seine *Vollreife* erreicht hat[1]), wohl aber wird es öfter noch darüber hinaus am Baum behalten. *In der Wirtschaft* muß *oft schon ein früherer Zeitpunkt für die Ernte des Samens* gewählt werden, da z. B. die Samenstände sonst auseinanderfallen, wie bei den Zapfen der Tanne und den Samenkätzchen der Birke, oder weil man sonst mit der vollständigen Gewinnung des Saatgutes bei großem Bedarf nicht rechtzeitig bis zur Saatzeit fertig werden würde. Es hat sich nun gezeigt, daß ein noch nicht vollreifer Samen, sofort ausgesät, oft trotzdem, wenn auch meist in geringerem Grade, keimfähig ist. Man bezeichnet diese Entwicklungsstufe gewöhnlich als *Notreife*.

NOBBE[2]) hat bei Fichte und Bergkiefer Versuche mit Zapfen ausgeführt, die in 3- bis 4 wöchentlichen Zwischenräumen von Juli bis November geerntet wurden. Bei der Fichte hatte die Ernte vom 15. Juli noch kein Keimergebnis, am 1. August begann die Keimung aber schon mit 41% und stieg dann bis Anfang November stetig bis auf 88%. Ähnliche Verhältnisse ergaben sich bei der Bergkiefer. Auch HAACK[3]) konnte an Samen der gemeinen Kiefer, der im August geerntet war, schon kräftige Keimung erzielen.

Solcher vor der Vollreife gesammelte Samen kann bei entsprechender Aufbewahrung noch eine *Nachreife* durchmachen, die seine Keimfähigkeit meist stark, u. U. bis zum Zustand der Vollreife, erhöht. Ebenso vollzieht sich eine solche Nachreife natürlicherweise immer am Baum. Allmählich nimmt aber nach der Vollreife, oft allerdings erst sehr spät und langsam, die Keimfähigkeit wieder ab, bis sie, namentlich bei künstlich aufbewahrtem Samen, schließlich erlischt (*Totreife*).

Keimruhe. Bei den meisten Samen der Waldbäume liegt *zwischen Reife und Beginn der natürlichen Keimung* eine längere Zeit, die man als *Keimruhe* bezeichnet. Bei den Weiden, Pappeln und Rüstern fällt diese ganz weg. Sie keimen sofort nach der Reife und verlieren sogar ihre Keimfähigkeit oft schon nach wenigen Tagen. Bei der Birke verhalten sich die einzelnen Samen verschieden: früh, d. h. schon im Sommer abgeflogene Körner keimen sofort, die später abfliegenden dagegen überwintern und machen eine halbjährige Ruhezeit durch, wie das überhaupt die meisten unserer Waldbäume tun. Andererseits hat SCHMIDT[4]) bei früh gepflücktem Birkensamen auch geringere Keimfähigkeit, bzw. einen Rückgang der Keimkraft bei Herbstaussaat festgestellt. Ein merkwürdiges ökologisches Verhalten zeigen aber noch einige andere Arten: sie keimen erst im übernächsten Frühjahr nach der Reife. Man nennt dies „*Überliegen*". Hierzu gehören Eibe, Zirbel, Linde, Hainbuche und Esche, in geringerem Grade auch die Ahorne. Auch bei der Douglasie findet bei Frühjahrssaaten oft nur ein sehr mangelhaftes Auflaufen im gleichen Jahr und ein starkes „Nachlaufen" im nächsten Jahr statt. Es wird dagegen Herbstsaat empfohlen, die dann gleichmäßigeres Auflaufen im nächsten Frühjahr gewährleisten soll. Gegen das Überliegen wendet man vielfach das sog. „*Stratifizieren*", d. h. die Überwinterung in Kästen oder Gruben mit feuchtem Sand mit Erfolg an.

---

[1]) Doch ist das nicht ausnahmslos der Fall. Bei *Gingko biloba* vollzieht sich sogar die Befruchtung erst nach dem Abfall des Samens!

[2]) NOBBE, F.: Handbuch der Samenkunde, S. 343. Berlin 1876.

[3]) Vgl. hierzu die verschiedenen Arbeiten Fr. HAACKS über Keimung des Kiefern- und Fichtensamens. Z.F.J.W. 1905. S. 302; 1906, S. 441; 1912, S. 194.

[4]) Vgl. auch SCHMIDT, W.: Unsere Kenntnis vom Forstsaatgut. Berlin 1930. S. 130.

Auch bei Buche und Kiefer hat man öfters beobachtet, daß ein Teil der Samens, der im ersten Frühjahr nicht keimt, dies im zweiten nachholt. Man bezeichnet dies als „*Nachlaufen*". Wahrscheinlich tritt das aber nur bei ungünstigen Umständen ein, z. B. bei großer Trockenheit kurz nach der Aussaat. Eigentümlicherweise findet ein solches Nachlaufen im Laufe des Sommers auch bei reichlicher Feuchtigkeit und günstiger Wärme nicht oder nur in geringem Umfange statt, sondern in der Hauptsache erst im nächsten Frühjahr, während trocken aufbewahrter Same im Keimapparat zu jeder Jahreszeit gut keimt! Es scheinen also durch die Einbringung ins Keimbett im Freien schon gewisse Veränderungen (Einleitung von Keimungsvorgängen) ausgelöst zu werden, die sich erst langsam wieder ausgleichen können. Bei Laboratoriumsversuchen fand Schmidt aber auch ein Ansteigen der Keimung im Frühjahr und ein Nachlassen bis zum Winter während dreier Jahre bei gleichem Saatgut der Kiefer[1]), was auf ein jahreszeitliches Auftreten von Keimhemmungen, bezw. eine innere Periodizität der Keimbereitschaft schließen läßt.

Ein besonderes Verhalten zeigt die *Traubeneiche*, die zum großen Teil schon *im Herbst gleich nach dem Abfall*, manchmal bei feuchtem, warmem Wetter *sogar schon am Baum* etwas vorkeimt, dann aber in der Natur durch die eintretenden tiefen Temperaturen zunächst wieder zur Ruhe kommt und, oft nach Verlust des kleinen Keimtriebes durch Frost, im Frühjahr von neuem und endgültig ankeimt.

Die äußeren Bedingungen der Keimung. *Die hauptsächlichsten äußeren Bedingungen für die Keimung sind Feuchtigkeit und Wärme.* Daneben scheinen auch in der Natur noch andere Umstände gewisse auslösende *Reizwirkungen*, aber auch *Hemmungen* auszuüben.

Die *Aufnahme des nötigen Wassers* erfolgt durch Benetzung des oberflächlich liegenden Samens bei Regen oder im feuchten Boden, dem die Körner aufliegen oder in den sie bei Regen mehr oder minder eingewaschen werden. Die *Samenschale* ist zu diesem Zweck *hygroskopisch*. Bei Eicheln und Bucheln scheint der Grund- oder Kupulafleck, d. h. die kleine rauhe Scheibe am Grunde des Samens, besonders wasseraufnahmefähig zu sein[2]). Die Menge des aufgenommenen Wassers ist nicht unbeträchtlich, bei Kiefernsamen z. B. rund 40 % des Trockengewichtes. Davon werden die ersten 30 % schon nach 10 Stunden aufgenommen[3]).

Das Wasser dient im Samen nicht nur *zur Einleitung und Unterhaltung der nun beginnenden Lebensvorgänge*, sondern auch zur *Sprengung der Samenschale durch Quellung* des Embryos und seines Nährgewebes. Ist die Samenschale geplatzt, so tritt aus ihr *zunächst das Würzelchen* hervor und *krümmt sich nach unten*. Damit gilt die Keimung als vollzogen. Ist der Same bedeckt, so vollzieht sich dieser Vorgang unterirdisch und unsichtbar. Das sichtbare Hervortreten des Keimlings über den Boden, das sog. „*Auflaufen*", erfolgt erst bedeutend später, da zunächst nur die Keimlingswurzel nach unten wächst. Erst wenn diese eine gewisse Länge erreicht hat, beginnt auch der Stengel sein Wachstum nach oben.

Zur Keimung ist auch *eine gewisse Wärme* und eine *mehr oder minder lange Dauer derselben* notwendig. Bei welchen Temperaturen die Keimung der einzelnen Arten im Freien beginnt, wissen wir nicht und läßt sich auch schwer feststellen, da die Temperaturen ja fortwährend wechseln. Im Versuch *mit gleichbleibender*

---

[1]) a. a. O., S. 118 u. 107.

[2]) Oelkers, J.: Frucht und Entwicklung der Rotbuche im ersten Jahre. Z.F.J.W. 1911, S. 283.

[3]) Nach Untersuchungen von Prof. W. Schmidt in der Samenprüfungsanstalt d. Forstl. Hochsch. Eberswalde.

Temperatur fand HAACK[1]) bei der *Kiefer ein Minimum von 5—6°. Das Optimum lag zwischen 25—29°*, das *Maximum* etwa *bei 37—38°*, wo zwar noch Keimung erfolgte, aber nur noch wenige und krankhaft aussehende Keimlinge erschienen. Bei der *Fichte* lag das *Optimum etwas tiefer*, etwa 23°, ebenso *auch das Maximum*, da bei 33° schon jegliche Keimung ausblieb. Jedenfalls werden in der *freien Natur* auch an warmen Frühlings- und Vorsommertagen die optimalen Keimungsgrade im Waldboden kaum jemals oder nur stundenweise erreicht. Der Samen muß vielmehr meist bei *Durchschnittstemperaturen* keimen, *die dem Minimum näherliegen als dem Optimum!* Deswegen können wir schon von vornherein nicht mit den hohen Keimergebnissen rechnen, wie sie bei der Prüfung im Laboratorium erreicht werden.

Keimprozent, Keimschnelligkeit und Pflanzenprozent. HAACK hatte bei seinen ausgedehnten sorgfältigen Untersuchungen aber noch einige weitere, für die Ökologie der Keimung wichtige Beziehungen aufgedeckt. Die *rasch keimenden Körner* sind im allgemeinen *viel lebenstauglicher* als die langsam und spät keimenden. Schon äußerlich findet man bei genauer Betrachtung dieser „*Mattkeimer*" vielfache Mißbildungen und eine mangelhafte Streckung von Hypokotyl und Wurzel gegenüber den lebhaft keimenden

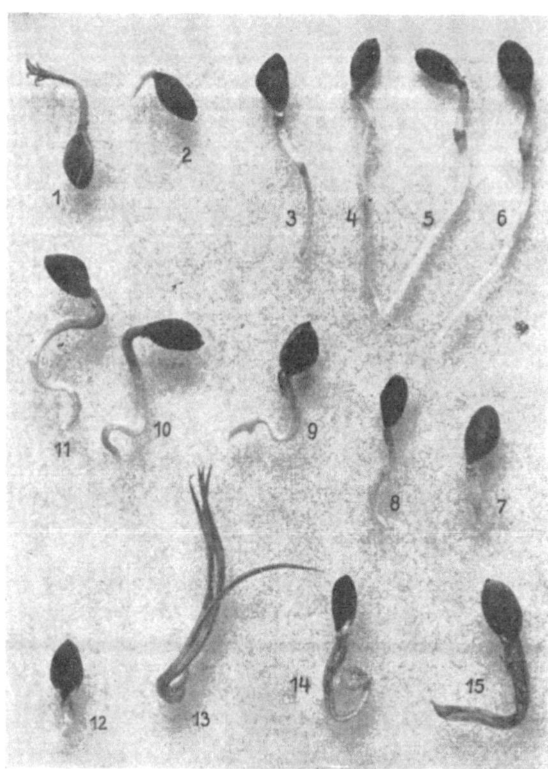

Abb. 137. Verschiedene Keimungstypen bei der Kiefer. (Nach HAACK.) 1. Verkehrte Keimung mit den Kotyledonen zuerst (verkehrte Lage des Embryos). 2—6. Normale Keimung. 7—11. Matte Keimung ohne kräftige Streckung der Wurzel. 12—15. Keimung mit verkümmerter oder verkrüppelter Wurzel (meist stark bei verdorbenem Samen).

(vgl. Abb. 137). Im allgemeinen kommen solche Mißbildungen nur unter den spät keimenden Körnern vor. Ein hoher Prozentsatz an solchen deutet meist auf einen verdorbenen, wenig brauchbaren Samen hin. Es ist daher für die Praxis oft noch wichtiger, die **Keimschnelligkeit** oder *Keimenergie*, d. h. den Anteil der rasch gekeimten Körner zu kennen, als das *Keimprozent*, d. h. den Anteil der bei langer Dauer der Keimprüfung überhaupt noch gekeimten Körner.

Die Wichtigkeit dieser Tatsache ist schon in der landwirtschaftlichen Samenprüfung bekannt gewesen. HAACK hat ihre Gültigkeit auch für die Sämereien unserer Waldbäume nachgewiesen und sie durch die Beobachtung der Mißbildungen bei den Mattkeimern erweitert. Er hat auch zuerst nachdrücklich die

---

[1]) HAACK, Fr.: Die Prüfung des Kiefernsamens. Z.F.J.W. 1912, S. 193 ff.

Berücksichtigung und Angabe der Keimenergie neben dem Keimprozent bei den Keimzeugnissen unserer Waldsamen gefordert. Heute werden danach auch bei den deutschen Samenprüfungsanstalten außer dem Keimprozent nach 21 Tagen auch noch für *Kiefer* die Keimzahlen für den 4., bei *Fichte* für den 7. Tag angegeben, die einen Maßstab für die *Keimschnelligkeit* abgeben sollen. Es zeigt sich dabei, daß bei gutem Samen mit einem Keimprozent von 90 oft schon 80 und mehr Körner in den ersten 4—7 Tagen keimen!

Ein neuer Begriff, den HAACK geschaffen und durch seine Untersuchungen begründet hat, ist der des *Pflanzenprozentes*. Er will darunter diejenige Pflanzenzahl von 100 Samenkörnern verstanden wissen, die sich *bei Aussaat im Freien unter normalen Verhältnissen* bis Abschluß des 1. Vegetationsjahres *als lebensfähig erweist*.

Durch vergleichsweise Erziehung verschiedenprozentigen Saatgutes in Beeten, die teils mit Humus gedüngt, teils ungedüngt und in Trockenzeiten teils begossen, teils nicht begossen wurden, stellte er *günstigere* und *ungünstigere Bedingungen* her. Das Ergebnis zeigte mit aller Schärfe, daß das *Pflanzenprozent ungleich rascher sinkt als das Keimprozent* und um so mehr, je ungünstiger die Verhältnisse waren, so daß z. B. bei einem 70 %-Samen bei günstigen Bedingungen zwar auch nur 30 % der Keimlinge am Leben blieben, bei ungünstigen aber nur noch 7!

Selbst *vom besten Saatgut* (90 %) blieben *unter günstigen Verhältnissen* auch nur 54 Pflanzen, d. h. *etwa die reichliche Hälfte am Leben, unter ungünstigen Verhältnissen aber nur 20, d. h. ein knappes Viertel!*

Keimung und Fußfassen in der Natur. Unter den Verhältnissen auf unseren Freikulturen und noch viel mehr bei der Naturverjüngung im Walde geht also auch bestenfalls die Hälfte des an den Boden gelangenden Saatgutes früher oder später verloren. Wenn das auch in erster Linie die Mattkeimer treffen mag, so doch bei der Hochwertigkeit des vom Baume abfliegenden Samens auch eine Vielzahl von gut veranlagten, keimkräftigen Körnern. Eine „*natürliche Auslese*" *ist hierbei ganz ungewiß und dem Spiel des Zufalls überlassen*, der das eine Korn auf die günstigere, das andere auf die ungünstigere Bodenstelle tragen wird, je nach den Ungleichheiten der Bodenbenarbung, der Humusbeimengung, Durchwurzelung u. a. m. Bei der künstlichen Kultur und entsprechender Bodenbearbeitung, am besten beim Vollumbruch, können diese zufälligen Ungleichheiten wenigstens großenteils ausgeschaltet werden.

Wenn wir in der Keimprobe *unter optimalen Wärme-, Feuchtigkeits- und Lichtverhältnissen schon nach 3—4 Tagen die ersten Samenkörner keimen* sehen, so ist *in der freien Natur* je nach Gunst oder Ungunst der Witterung und des Keimbettes immer *ein sehr viel längerer Zeitraum* notwendig. Im allgemeinen erscheinen unsere künstlichen Nadelholzsaaten erst nach etwa 3 Wochen über der Erde. Aber je früher sie kommen, desto besser ist es im allgemeinen. Ein *spätes Auflaufen* hat immer *irgendwelche Störungen* zur Ursache. Namentlich ist es die gefürchtete *Frühjahrsdürre*, die die obersten Bodenschichten so austrocknet, daß ihr viele der frisch angekeimten Körner zum Opfer fallen, und die Saaten dann auch nach späterem günstigen Wetter lückig bleiben. Bei der *natürlichen Verjüngung erfolgt der Samenabfall fast nie gleichzeitig.* Die Natur setzt hier nicht, wie wir das aus technischen Gründen tun müssen, alles auf eine Karte. Die russischen Untersuchungen in Samenauffanggeräten zeigten für die Fichte einen Abflug von März bis Mai, für die Kiefer von Mitte April bis in den Juni hinein, wobei allerdings über 50 % der Körner in 7—15 Tagen abfielen. Immerhin vermag auch ein kleiner Unterschied von wenigen Tagen oft schon über Gelingen oder Mißlingen des Auflaufens zu entscheiden, wie mir Beobachtungen im eigenen Revier verschiedentlich gezeigt haben.

So mußte z. B. bei einer Kiefernkultur die Saat abgebrochen werden, da der Boden infolge Regens unter der Sämaschine zu schmieren begann. Die Saat wurde dann wenige Tage darauf nach Besserung des Wetters wieder aufgenommen und vollendet. Genau bis zur letzten Reihe des ersten Teils lief sie gut auf, im andern Teil schlecht und stark lückig. Trotz sorgfältiger Nachbesserungen zeichnen sich die wenige Tage früher gesäten Reihen noch nach über 15 Jahren durch besseren Stand aus!

Ganz offenbar ist es eine äußerst nützliche Einrichtung, daß *alle keimenden Samen zuerst ihre Wurzel austreiben, und daß diese erst mehrere Tage rasch in die Tiefe wächst*, wo der Boden dauernder frisch bleibt, ehe die Streckung der Sproßachse nach oben beginnt. Man kann nur bedauern, daß dieses erste Fußfassen des Keimlings nicht noch länger und tiefer gehen kann, weil die Erschöpfung der Reservestoffe im Nährgewebe (Endosperm) des Samenkorns dies nicht zuläßt, vielmehr gebieterisch die Aufnahme der Assimilation zur Aufrechterhaltung des Lebens fordert und den Keimling zwingt, sein Wachstum nach oben zu richten. Für das Gelingen der Naturverjüngung ist in erster Linie *das Keimbett* entscheidend, *das der Same beim Abfall findet.* Hier sind die im Herbst abfallenden Laubhölzer Eiche und Buche im allgemeinen dadurch im Vorteil, daß ihre Samen von dem abfallenden Laub zugedeckt werden, das den Boden im Frühjahr auch vor Austrocknung schützt. Wie sich bei Fichte und Kiefer die Einbettung in den Boden vollzieht, darüber fehlen uns noch genauere Beobachtungen. Zunächst hindert der anhaftende Flügel jedenfalls ein Eindringen. Dieser wird aber nach meinen Versuchen bei der Kiefer auch bei offenem Liegen auf der Bodenoberfläche schon nach wenigen Tagen, offenbar durch kleine Spannungsänderungen infolge von Temperatur- und Feuchtigkeitsschwankungen, abgestoßen. Nach stärkerem Regen tritt ein *teilweises Einwaschen bzw. Einspülen in den Boden oder Bodenüberzug* ein. Sonst ist der Samen ganz dem Zufall und allen Fährlichkeiten des Obenaufliegens ausgesetzt. Ein solches gestattet wohl nur ausnahmsweise einmal bei längerer feuchter und warmer Witterung eine Keimung und ein Fußfassen. Lockere, flache Moospolster sind offenbar günstiger. Bei zu starker Entwicklung entsteht aber öfter ein loses *Hängen der Keimlinge* im Moosrasen, ohne daß die Wurzel festen Boden faßt. Ähnliches findet man bei *Buchenkeimlingen in dicken unzersetzten Laubschichten,* wie sie sich gern in Bodenvertiefungen ansammeln. Die Keimwurzel, die dann nicht senkrecht in die Tiefe dringen konnte, biegt seitlich ab, und man kann mit den oberen Blattlagen oft den ganzen jungen Keimling abheben. *Alles kommt aber darauf an, daß die junge Wurzel möglichst rasch den Mineralboden erreicht.*

So fand Nowak[1]) in einem aus Kiefern mit Laubholz gemischten russischen Waldbestand folgende Abhängigkeit der Anzahl von Keimlingen von der Höhe der Streudecke:

Mächtigkeit der Streudecke	Anzahl des Anflugs
0.3 cm	11 421
1,0 ,,	9 948
2,0 ,,	4 416
3,0 ,,	1 228
4,0 ,,	380
5,0 ,,	132
6,0 cm u. darüber	0

Dem Boden auflagernde *Rohhumusschichten* wirken vielleicht *nicht nur mechanisch* durch die vielen unzersetzten und übereinander gelagerten harten Teile, sondern auch *durch die Wasser- und Ernährungsverhältnisse ungünstig*[2]). Man findet sowohl bei jungen Buchen auf Rohhumus als auch bei der Fichte in der schlecht zersetzten Streu und schließlich auch bei der Kiefer, hier ganz besonders auf Cladonia-Böden, oft eine sehr *flache Wurzelentwicklung* nicht nur beim Keimling, sondern auch noch *bei älteren Jungpflanzen.* Eine längere Trockenperiode bringt dann alle solche Verjüngungen

---

[1]) Nach Morosow, G. F.: Die Lehre vom Walde, S. 226. Die Angabe der Größe der 50 untersuchten Probeflächen fehlt leider.

[2]) Vgl. hierzu auch die Untersuchungen von W. Schmidt über die Säureempfindlichkeit junger Keimlinge, S. 168.

wieder zum Verschwinden. Bei Kiefernanflug zwischen Renntierflechte ist das im trockenen Osten eine ganz allgemein zu beobachtende Erscheinung.

Die ersten Jugendgefahren. Aber selbst wenn der junge Keimling zunächst gut und sicher Fuß gefaßt hat, ist er *in der ersten Zeit vielen besonderen Gefahren ausgesetzt.* Eine der häufigsten ist das *Unkraut,* das wohl in der Hauptsache *durch Wurzelkonkurrenz* (Wasser- und Nährstoffentzug), zum Teil aber *auch durch Lichtentzug schadet.* So konnte ich bei Aussaaten in Versuchskästen mit verschiedener Bodenflora feststellen, daß auch auf bestem Mullboden bei nur lockerem Bewuchs von Sauerklee, Walderdbeere und Löwenzahn zahlreiche aufgelaufene Kiefernkeimlinge im Schatten der darüberstehenden Blätter unter allen Anzeichen des Lichtmangels kümmerten und bis auf wenige Einzelpflanzen, die zufällig eine kleine Lücke gefaßt hatten, im Laufe des Sommers restlos wieder eingingen. Daneben treten aber noch mannigfache andere Schädigungen auf. Bei Buche und Tanne ist es vor allem die Gefahr der *Mai- und Junifröste,* bei der Kiefer die *Frühlings- und Sommerdürre,* die viele Keimlinge wieder zum Absterben bringt. Eine besondere *Keimlingskrankheit* ist bei der Buche der Befall durch den Pilz Phytophtora, der in manchen Jahren die Keimlinge massenhaft tötet. Von den *Tieren des Waldes* stellen die *Rehe* besonders gern den jungen Keimblättern der Buche nach, die sie oft reihen- und plätzeweise abäsen (Buchensalat!). Die Nadelholzkeimlinge werden von den *Vögeln* (Meisen und Finken) abgebissen, meist solange die Samenschale noch auf den Kotyledonen sitzt. Im Herbst werden die kleinen Keimlinge von Fichte, Kiefer und Tanne oft durch das absterbende und sich überlagernde Unkraut oder durch übergewehtes Laub von Mischhölzern erstickt. So ist solches öfter durch Buchenlaub in Tannenanflügen süddeutscher Mischbestände beobachtet worden. Mir selbst mißglückte ein Versuch einer natürlichen Kiefernverjüngung in einem Kiefern-Buchenmischbestand trotz vorheriger Grubberung dadurch, daß das abgefallene Laub im ersten Winter gerade in den kleinen flachen Grubbermulden zusammengeweht war und die jungen, zahlreich dort angekommenen Keimlinge begrub und erstickte. Ich fand sie im Frühjahr nach abgetautem Schnee bleich und halb verfault unter dem nassen Laub. Mit Beginn des *zweiten Lebensjahres* tritt *bei der Kiefer* auf vielen Standorten der *Schüttepilz (Lophodermium Pinastri)* vernichtend auf, an Fichte und Kiefer beginnt der *große Rüsselkäfer (Hylobius abietis)* seinen Plätzefraß an den jungen Stämmchen. Zuweilen reißen auch die wurzelbrütenden Hylesinen und besonders die *Larven des Maikäfers, die Engerlinge,* große Lücken in den Jungwuchs. Erst mit zunehmendem Alter, wenn dieser „*aus dem Gras heraus*" ist, nehmen alle diese Gefahren und Schädigungen, die das junge Leben bedrohen, allmählich ab. Erst dann kann die *Verjüngung* als „gesichert" betrachtet werden! Erst dann ist der junge Bestand aus dem *zarten und schwerbedrohten Säuglingsalter* herausgetreten.

19. Kapitel. **Die weitere Entwicklung in der ersten Jugend.**
(Aufwuchs- und Dickungsalter.)

Wenn sich auch bereits in der ersten Stufe der Verjüngung, namentlich ber dichten Ansamungen, der Charakterzug der Vergesellschaftung, wie er den Waldbestand auszeichnet, mit allen seinen Folgen auszubilden beginnt, so tritt dieser mit voller Schärfe doch erst in den späteren Stufen hervor, sobald der gegenseitige Kampf um Licht und Nahrung bei inniger werdender Berührung die Bestandesglieder in immer stärkerem Grade einsetzt. Es lassen sich hier gewisse

Abschnitte unterscheiden, die man teils nach ökologischen, teils mehr nach wirtschaftlichen Gesichtspunkten als *natürliche Wuchsklassen* bezeichnet und wie folgt benannt hat:

1. *Anwuchs, Aufwuchs, Jungwuchs oder Hege* — bis zum Beginn des eintretenden Bestandsschlusses;

2. *Dickung,* von da bis zum Eintritt stärkerer Astreinigung und Stammausssscheidung;

3. *Stangenholz* bis zur Erreichung einer gewissen Stammstärke, und zwar a) schwaches Stangenholz bis 10 cm[1]), b) starkes Stangenholz bis 20 cm;

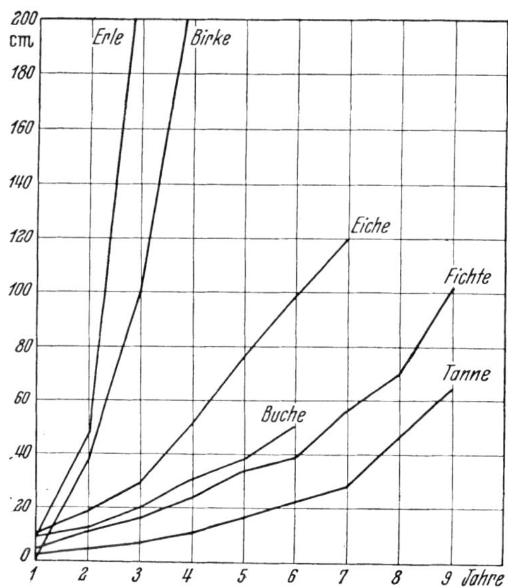

Abb. 138. Das Jugendwachstum einiger Hauptholzarten. (Nach Schweizer Untersuchungen.)

4. *Baumholz,* und zwar a) geringes bis 35 cm, b) mittleres bis 50 cm, c) starkes über 50 cm.

Man bedient sich dieser von den forstlichen Versuchsanstalten festgesetzten Ausdrücke allgemein bei der Bestandsbeschreibung, um damit sofort ein allgemein verständliches und plastisches Bild von dem jeweiligen Zustand der Bestandsentwicklung zu geben.

Äußere Gefahren. In der Folgezeit werden die *Jungpflanzen widerstandsfähiger.* Frost und Dürre schaden zwar auch noch, aber sie wirken meist nicht mehr tödlich. Der Hallimasch (*Agaricus melleus*) befällt meist nur einzeln, wenn auch vielfach nesterweise weitergreifend, besonders auf ehemaligen Laubholzböden, die knie- bis mannshohen Pflanzen von Kiefer und Fichte und bringt sie zum Absterben. Die Schütte ist bei der Kiefer nicht mehr vernichtend. Den *Hauptschaden* bringt in dieser Zeit *in unseren wildübersetzten Kulturwäldern meist der Verbiß durch Wild.* Aber auch er wirkt meist nur hemmend und verunstaltend, nicht tödlich.

Stammausscheidung. Der *Hauptabgang* an Einzelindividuen fällt jetzt vielmehr *dem gegenseitigen Kampf der jungen Baumpflanzen untereinander zu.* Es beginnt das große Wettrennen nach oben, wo jede durch schwächere Wuchskraft, aber auch durch Zufälle zurückbleibende Pflanze in rascher Steigerung der ungünstigen Verhältnisse „*unterdrückt*" wird, immer mehr kümmert und schließlich abstirbt. Wir sind über diese *erste Phase der Stammausscheidung* nur sehr ungenau unterrichtet. Sie ist auch je nach dem lockeren oder dichteren Stand der Natur- und Kunstverjüngungen sehr verschieden. Wenn wir aber wissen, daß in guten Nadelholzsaaten 40—50000 Keimlinge je Hektar stehen, daß in Naturverjüngungen bei der Kiefer ebenfalls bis 25 000, für die Tanne aber sogar bis 75 000 Jungpflanzen[2]) gezählt worden sind, während im Alter von 20 Jahren bei der Kiefer meist nur noch 4—5000, bei der Tanne etwa 10—15000 vorhanden sind, so kann man sich daraus ungefähr eine Vorstellung machen,

---

[1]) In Brusthöhe.
[2]) Nach Morosow, G. F.: Die Lehre vom Walde, S. 228 u. 229.

wie *Jahr für Jahr Tausende von Individuen unauffällig und unbemerkt dahinsterben*, damit die besser Veranlagten, vielfach auch nur die Glücklicheren, die kein ungünstiger Zufall betroffen hat, Platz bekommen. Daß eine solche unzweifelhaft grausam und widersinnig erscheinende *Jugendsterblichkeit* im Leben unseres Waldes aber doch *nützlich und nötig für die Gesamtentwicklung* des Bestandes ist, beweisen viele überdichten Saaten und allzu vollen Naturverjüngungen namentlich auf geringeren Böden. Hier sitzen tatsächlich oft zu viele an einem Tisch und keiner kann mehr recht satt werden. Der Wuchs gerät im ganzen ins Stocken, statt vorwärts zu eilen. Es gibt dann sog. *verhockte* oder *sitzengebliebene Jungwüchse*, in denen man nichts Besseres tun kann, als mit Kulturmesser oder Baumschere künstlich Luft zu schaffen, wonach dann der Höhenwuchs meist in Zug zu kommen pflegt.

Höhenwachstum der einzelnen Arten. Über die *Unterschiede im Höhenwachstum während der ersten Jugend* besitzen wir mehrere Untersuchungen, die sowohl die verschiedene Wuchskraft einzelner Individuen der gleichen Art als auch die durchschnittliche Größe der verschiedenen Holzarten unter sonst gleichen Umständen ermittelt haben.

So die Untersuchungen der Forstlichen Versuchsanstalt der Schweiz[1]) im Versuchsgarten auf dem Adlisberg bei Zürich (etwa 670 m). Die jungen Holzpflanzen wurden hier auf gleichem Boden und in gleichem Klima erzogen, und um auch den Unterschied in der Witterung der einzelnen Jahre möglichst auszuschalten, hat man fortdauernd neue Jungpflanzen nachgezogen, so daß für jedes Lebensjahr die Zahlen mehrerer Kalenderjahre zu einem Durchschnitt vereinigt werden konnten. Die Höhenentwicklung ist aus den Diagrammen (Abb. 138) zu ersehen.

Die Länge der einzelnen Jahrestriebe nimmt in diesem Jugendalter rasch zu. Der jugendliche Organismus erarbeitet sich also einen Überschuß, der ihn zunächst zu immer höherer Leistung befähigt, und den er in diesem Alter hauptsächlich *in verstärktes Höhenwachstum* umsetzt. Dieser Zustand dauert im allgemeinen bei unseren Holzarten etwa bis zum 20. bis 25. Jahre an.

Aber die Zunahme ist bei den verschiedenen Arten sehr ungleich, *am schwächsten bei der Tanne*, die erst vom 7. Jahre an ein Aufholen zeigt, verhältnismäßig auch *noch gering bei Fichte und Buche*. Eine *Mittelstellung* nimmt die *Eiche* ein, während einen geradezu *stürmischen Verlauf die Birke und Erle* zeigen. (Die nicht untersuchte *Kiefer* würde etwas über der Eiche stehen.) Dabei ist für die Birke sehr charakteristisch, daß sie im ersten Jahr ganz besonders klein bleibt, um schon im zweiten Jahr raschwüchsig zu werden.

Von BÜHLER[2]) wurden in seinem Versuchsgarten bei Tübingen an 11 jährigen Pflanzen vergleichsweise folgende Endhöhen festgestellt:

1.	*Taxus baccata*	0,77 m	unter 1 m	9. *Fraxinus excelsior*	2,86 m	2—3 m
2.	*Abies pectinata*	0,90 m		10. *Quercus pedunculata*	3,00 m	
3.	*Picea excelsa*	1,10 m	1—2 m	11. *Pinus silvestris*	3,00 m	
4.	*Fagus silvatica*	1,85 m		12. *Larix europaea*	3,50 m	
5.	*Carpinus betulus*	2,20 m		13. *Tilia grandifolia*	3,50 m	3—4 m
6.	*Acer pseudoplatanus*	2,60 m	2—3 m	14. *Ulmus montana*	3,74 m	
7.	*Quercus sessiliflora*	2,70 m		15. *Alnus glutinosa*	3,75 m	
8.	*Acer platanoides*	2,80 m		16. *Alnus incana*	4,40 m über 4 m	

Im allgemeinen stimmen beide Reihenfolgen (FLURY und BÜHLER) untereinander und auch mit den Anschauungen der Praxis gut überein. Ahorne und Esche erscheinen allerdings etwas zu niedrig. Es fehlen bei BÜHLER leider Birke und Akazie, die mit unter die raschwüchsigsten einzureihen sein würden.

Beide Versuchsgärten befanden sich aber in sehr günstiger klimatischer Lage und hatten fruchtbaren Lehmboden. Für das kühlere Klimagebiet und Sand besitzen wir leider keine

---

[1]) FLURY, Ph.: Untersuchungen über die Entwicklung der Pflanzen in der frühesten Jugendperiode. Mitt. Schw. Anst. 1895, S. 189 ff.

[2]) BÜHLER, A.: Waldbau Bd. 1, S. 521.

entsprechenden Beobachtungen[1]). Sicher würde nicht nur das absolute Ausmaß, sondern auch die Reihenfolge etwas anders ausfallen.

Immerhin dürfte der große Unterschied *der langsamwüchsigen Holzarten, Tanne, Fichte, Buche, gegenüber den besonders raschwüchsigen, Erle, Akazie, Birke, Lärche,* überall ziemlich gleichbleiben. Unverkennbar scheint ein gewisser Zusammenhang mit dem Lichtverhalten der Arten zu bestehen, indem *die Schattholzarten anfangs zu den langsamwüchsigen, die Lichthölzer zu den raschwüchsigen* gehören.

Entsprechend sind auch die *individuellen Unterschiede zwischen den größten und kleinsten Pflanzen der gleichen Art bei den langsamwüchsigen meist relativ geringer als bei den raschwüchsigen.*

So betrug z. B. der Unterschied in den von FLURY gebildeten Gruppen großer und kleiner Pflanzen: bei Akazie 82%, bei Birke 77, bei Fichte 68 und bei Tanne 53%.

Jedenfalls ist das Verhältnis derjenigen Stämmchen, die sich als größte und stärkste rasch über die anderen zurückbleibenden herausarbeiten, je nach Holzarten verschieden. HAUCH[2]) hat dies *Ausbreitungsvermögen* genannt. Da es sich dabei aber gar nicht so um ein In-die-Breite-, sondern mehr um das raschere In-die-Höhe-gehen handelt, wodurch die langsameren unterdrückt werden, wäre dafür besser der Ausdruck „*Ausscheidungsvermögen*" zu wählen.

Eine in der forstlichen Praxis viel umstrittene Frage ist das *gegenseitige Verhalten* des Höhenwuchses bei *Buche und Eiche,* weil diese oft in Mischbeständen vorkommen, und ein Überwachsen der Eiche durch die Buche meist sehr verhängnisvoll wird. Nach allen bisherigen Untersuchungen ist aber die Eiche in diesem jugendlichen Alter meist vorwüchsig. Das gilt nach eigenen Beobachtungen und Stammanalysen junger Stangen auch für norddeutsche Laubholzstandorte. *Wo die Eiche zurückbleibt,* ist das, abgesehen von einem zu dunklen Oberholzschirm, der dann allerdings die lichtbedürftige Eiche stärker zurückhält als die schattenertragende Buche, fast immer *auf Wildverbiß* zurückzuführen, da die in Buchen stehenden jungen Eichen vom Wilde gern herausgesucht werden.

In diesem Jugendabschnitt tritt der Bestand bereits in den sog. „*Schluß*" ein, indem die Einzelstämmchen *mit ihren Kronen hart aneinanderstoßen und sogar ineinander überzugreifen* beginnen. Hand in Hand damit beginnt das *Absterben der unteren* Äste auch bei den führenden und mittleren Individuen (*Stammreinigung*). Der Bestand geht durch das sog. *Dickungsalter zum Stangenholzalter* über. Diese Begriffe, die in erster Linie freilich auf unsere großen, aus künstlicher Kultur hervorgehenden Jungbestände Anwendung finden, treffen aber auch bei natürlicher Verjüngung und auf kleiner Fläche zu. Sie finden sich sogar im Urwald überall da, wo auf Lücken der Jungwuchs gruppen- oder horstweise heranwächst, wie das sehr oft der Fall ist. Sie sind also auch durchaus natürliche Erscheinungsformen im Werdegang des Bestandes, wenn sie sich auch in reinster Form auf großen Flächen mehr im künstlich gebildeten Wirtschaftswald zeigen.

---

[1]) Die von BÜHLER: a. a. O., S. 518 u. 519, gegebenen Zahlen von Versuchen auf verschiedenen Bodenarten, die, von verschiedenen geologischen Böden stammend, in Versuchsbeete eingefüllt worden waren, sind so voll offenbarer Unstimmigkeiten, daß sie nicht zu brauchen sind. Wahrscheinlich beruhen die Fehler auf der veränderten Lagerung und Struktur der umgefüllten Böden (Dichtschlämmung u. a. m.).

[2]) HAUCH, A.: Über das sog. Ausbreitungsvermögen unserer Holzarten. A.F.J.Z. 1905, S. 41. — Zur Variation des Wachstums bei unseren Waldbäumen mit besonderer Berücksichtigung des sog. Ausbreitungsvermögens. F.Cbl. 1910, S. 565.

20. Kapitel. **Entwicklung und Wachstum im Stangen- und Baumholzalter.**

Auch in der Folgezeit wird die Entwicklung von Baum und Bestand zunächst *noch stark durch das Streben nach oben* beherrscht. Das Höhenwachstum nimmt weiterhin noch zu oder bewegt sich doch nahe an maximalen Leistungen. *Mehr und mehr tritt dann aber daneben schon die Verstärkung des Schaftes in den Vordergrund* und lenkt den Aufbau aus der Vertikalen nunmehr in die Horizontale. Diese aus inneren Anlagen hervorgehenden, aber in hohem Maße durch äußere Faktoren beeinflußten Wachstumsvorgänge sind von größter Wichtigkeit für die forstliche Wirtschaft, da sich auf ihnen die ganze Erzeugung an erntefähiger Holzmasse aufbaut. Zahlreiche Untersuchungen über den Wachstumsgang der einzelnen Holzarten in den verschiedensten Gegenden Deutschlands sind hier durch die forstlichen Versuchsanstalten ausgeführt und ihre Ergebnisse zu Durchschnittswerten in den sog. *Ertragstafeln* zusammengestellt. Ehe wir uns diesen Ergebnissen zuwenden, haben wir aber noch einige allgemeine ökologische Grundlagen des Wachstums zu erörtern.

Periodizität. Das *Wachstum* ist mehr oder minder bei allen Pflanzen *periodisch*. In unseren Breiten ist es deutlich in eine *winterliche Ruhezeit* und *eine im wärmeren Teil des Jahres liegende Zeit der Tätigkeit* geschieden, die man auch *Vegetationszeit* schlechthin genannt hat. Im allgemeinen sieht man diese schon äußerlich *begrenzt durch das Austreiben der Knospen im Frühjahr und das Vergilben und den Abfall des Laubes im Herbst.* Das sind aber nur Anzeichen für starke innere Veränderungen. Solche inneren, vorbereitenden Vorgänge gehen dem Austreiben im Frühjahr lange voraus (*Umsetzung von Reservestoffen, Anschwellen der Winterknospen*), andere abklingende folgen dem herbstlichen Laubfall noch lange nach. Dem Abfall des Laubes im Herbst geht meist eine *Rückwanderung von Mineralstoffen* in den Holzkörper voraus. Die äußeren Erscheinungen fallen also niemals mit dem Beginn und Ende der inneren Lebensvorgänge zusammen, und es ist nach verschiedenen Untersuchungen sogar wahrscheinlich, daß die Unterschiede zwischen inneren und äußeren Vorgängen auch bei den einzelnen Arten recht verschieden sind.

Für die wissenschaftliche Erforschung der *Zusammenhänge zwischen Wachstumsleistung und äußeren Bedingungen*, z. B. der *Witterung*, liegen hierin zweifellos große Schwierigkeiten. Sie sind die Ursachen für die vielen hier festgestellten Unstimmigkeiten und Unsicherheiten.

Der *Ruhezustand* scheint im allgemeinen mehr *ein Zustand der Hemmung* für gewisse Lebensvorgänge zu sein als ein solcher wirklicher und notwendiger Ruhe infolge eingetretener Erschöpfung. Es gelingt nämlich unter besonderen Bedingungen die bestehenden Hemmungen auszuschalten und die Pflanzen *vorzeitig zum Austreiben* zu bringen, wovon im gärtnerischen Betrieb bei der sog. Frühtreiberei im weitesten Maße Gebrauch gemacht wird. Die verschiedensten Mittel können hier die Ruhezeit abkürzen und aufheben, z. B. Warmwasserbäder, Narkotisierung der Zweige (Ätherverfahren) u. a. m. Bei vielen Holzpflanzen scheint auch die winterliche Temperaturherabsetzung eine ähnliche Rolle zu spielen, da *vorhergehende Frostperioden das künstliche Antreiben von Zweigen erleichtern.*

Bei der Buche, die allen Versuchen des Frühtreibens bisher am hartnäckigsten widerstand, gelang es KLEBS[1]) schließlich, sie durch dauernde elektrische Beleuchtung mitten im Winter, u. a. von Dezember bis März, fünfmal zum Austreiben zu zwingen.

---

[1]) KLEBS, G.: Über das Treiben der einheimischen Bäume, speziell der Buche. Abh. d. Heidelberger Akad. d. Wiss., Math.-naturwiss. Kl., Heidelberg 1914.

Im allgemeinen lassen sich in der Ruhezeit drei Abschnitte erkennen, die *Vorruhe*, die *Mittel-* und die *Nachruhe*, von denen die Mittelruhe den tiefsten Hemmungszustand darstellt, der am schwersten aufzuheben ist, während dies in den beiden anderen Abschnitten leichter gelingt.

Vegetationsbeginn. Das *natürliche Austreiben im Frühjahr erfolgt bei unsern Waldbäumen zu recht verschiedenen Zeiten.* Im allgemeinen ist aber die Reihenfolge der einzelnen Arten doch eine ganz bestimmte, wenn auch manchmal kleine Verschiebungen vorkommen.

Einige unserer Holzarten zeigen das Erwachen aus der Winterruhe zunächst durch *das Erscheinen ihrer Blüten* an, denen *der Blattausbruch erst nach einiger Zeit nachfolgt.* Hierher gehören vor allen Dingen die Haselnuß und die Erle, die schon im März[1]), selbst Februar, mit der Vegetation beginnen und den sog. *Vorfrühling* bezeichnen. Zu den vor Laubausbruch und sehr früh blühenden Holzarten gehören auch noch die Eibe, manche Weiden, besonders die Salweide, die Aspe und die Rüstern, deren Vegetation meist etwas später als bei den vorigen (Ende März, Anfang April) einsetzt. Dann folgen im sog. *Erstfrühling* mit dem Blattausbruch Lärche, Birke, Hainbuche (Mitte bis Ende April). Zu Anfang Mai ergrünen Rotbuche, Stiel- und Traubeneiche und die übrigen Laubhölzer, und wenig später um Mitte Mai folgen Tanne, Fichte und Kiefer nach (*Vollfrühling*). Bei der Kiefer setzt die Entfaltung der Nadeln meist erst ein, nachdem die Streckung der Triebe schon stark vorgeschritten ist. Zu den spät austreibenden Laubhölzern gehört vor allem die Akazie.

Abb. 139. Rechts 50jähriger reiner Stieleichenbestand, im Frühjahr bereits ergrünt, links gleichaltriger Eichenbestand mit vorwiegendem Traubeneichencharakter, noch kahl. Forstamt Havelberg. (Nach SEITZ.)

So günstig an sich ein frühes Austreiben für die Verlängerung der Vegetationszeit erscheint, so gefährlich ist es für die frostempfindlichen Holzarten, wie Tanne, Fichte, Buche und Eiche. Für die Fichte hat MÜNCH dies in besonders anschau-

---

[1]) Die Angaben beziehen sich hier überall auf das mittlere Norddeutschland. Im südwestlichen Deutschland tritt dagegen eine Verfrühung von 10—14 Tagen, im nordöstlichen eine Verspätung von 8—10 Tagen im Durchschnitt ein.

licher Weise nachgewiesen (vgl. Abb. 116). Für die Eiche konnte SEITZ Ähnliches für den Kahlfraß durch den Wickler (*Tortrix viridana*) beobachten. Ein später ausgetriebener Bestand dicht neben einem früher ausgetriebenen blieb vollständig verschont (vgl. Abb. 139 u. 140). Übrigens treibt bei der Tanne und noch mehr bei der Fichte die Terminalknospe meist etwas später aus als die Seitenknospen. Der führende Höhentrieb entgeht dadurch öfter dem Spätfrost.

Bei der Fichte ist ein individuell sehr verschiedener Vegetationsbeginn zu beobachten, auch bei der Buche fallen oft einzelne Spättreiber auf, während bei der Kiefer das Antreiben mehr gleichmäßig erfolgt.

Jährlicher Verlauf des Längenwachstums. Der *Verlauf des Längenwachstums* am einzelnen Trieb *geht meist überaus rasch vor sich.* Nach einer längeren oder kürzeren Reihe von Tagen mit kaum meßbaren Knospenverlängerungen setzt eine zweite, *meist sehr stürmisch verlaufende Phase* ein, in der tägliche Zuwachslängen von 1—2 cm, bei manchen Arten auch 3—3,5 cm vorkommen. (Esche nach BÜSGEN, Esche, Eiche und Rotbuche nach BURGER[1]). Diese *Hauptwachstumsperiode* umfaßt aber *meist nur eine sehr kurze Zeit,* bei manchen Arten nur 2—3 Wochen, in denen *der größte Teil des Höhentriebes gebildet wird.* Dar-

Abb. 140. Die gleichen beiden Bestände wie in Abb. 139, 3 Wochen später. Jetzt der rechte vom Wickler kahlgefressen, der linke, spättreibende, im vollen Laub. (Nach SEITZ.)

auf fällt dann das Wachstum ziemlich rasch ab. Diesem Typ (sog. *schubweises Wachstum*) folgen in der Hauptsache Eiche, Buche, Bergahorn und Esche, etwas weniger ausgeprägt auch Fichte und Kiefer. Ein anderer Typ, darunter auch sehr raschwüchsige Arten, hat dagegen ein viel länger anhaltendes kräftiges Wachstum ohne so starke Tagesleistungen wie die vorigen. Hierzu gehören z. B. Hainbuche, Birke und Schwarzerle (vgl. die Wachstumskurven Abb. 141).

Einige unserer Holzarten zeigen die merkwürdige Erscheinung, daß sie nach bereits eingestelltem Höhenwachstum und einer mehrwöchigen Ruheperiode noch

---

[1] BÜSGEN, M.: Blütenentwicklung und Zweigwachstum der Rotbuche. F.J.W. 1916, S. 289 ff. — BURGER, H.: Untersuchungen über das Höhenwachstum verschiedener Holzarten. Mitt.Schw.Anst. 1926.

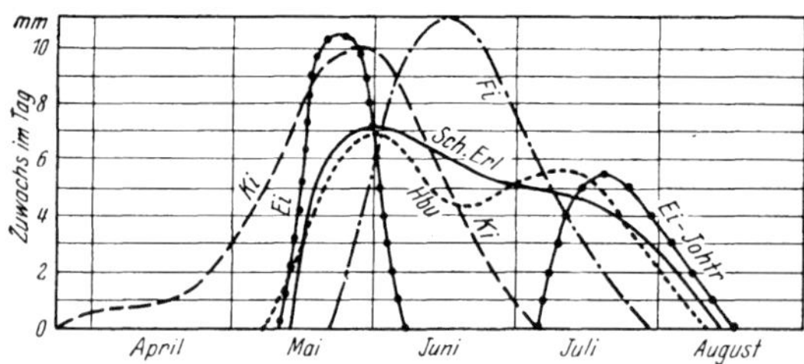

Abb. 141. Normalverlauf des jährlichen Höhenwachstums verschiedener Holzarten auf dem Adlisberg b. Zürich. (Nach Burger.)

Ki = Kiefer aus mitteleuropäischer Tieflage. *Fi* = Tieflandsfichte. *Ei* = Eiche. *Sch.Erl* = Schwarzerle. *Hbu* = Hainbuche. *Johtr* = Johannistrieb

einmal zu wachsen anfangen und dann noch einen meist kleineren Trieb, den sog. *Johannistrieb*, machen. Diese Johannistriebbildung[1]) tritt sehr regelmäßig bei der Eiche auf, wo ihre Länge oft sogar die der Maitriebe übertrifft, auch bei der Buche ist sie häufig. Sie kommt aber gelegentlich auch bei anderen Holzarten, wie jungen Hainbuchen und Birken, und unter den Nadelhölzern besonders bei der Lärche und der grünen Douglasie vor, meist aber nur an jüngeren Pflanzen und besonders nach Beschädigungen durch Frost, Insektenfraß u. dgl. Sog. „*verkappte Johannistriebe*" bilden vielfach die *Ahorne*, indem das Längenwachstum bei ihnen nicht ganz zur Ruhe kommt, sondern nur sehr stark abflaut und die Internodien ganz kurz werden, um dann noch einmal wieder anzusteigen und danach erst endgültig zur Ruhe überzugehen.

Die *Witterung des laufenden Jahres* ist nicht ohne Einfluß auf den Verlauf des Höhenwachstums. Es setzt gern mit einem scharfen Temperaturanstieg im Frühling ein, wenn die Holzart an sich bereit zum Austreiben ist. Es zeigt auch bei Kälterückfällen ein deutliches Nachlassen, um bei Wiederanstieg der Temperatur wieder zuzunehmen, wenn die Zuwachsperiode noch nicht abgelaufen ist. Die günstigste Witterung vermag aber *kein vorzeitiges Austreiben* zu veranlassen, *wenn die Holzart innerlich noch nicht fertig ist*, auch *keine Verlängerung des Wachstums*, wenn die *durchschnittliche Dauer der Wachstumszeit vorüber* ist. In sehr anschaulicher Weise zeigen das zwei Wachstumskurven über den Zuwachsgang von Kiefer und Fichte in Schweden (vgl. Abb. 142)[2]).

Die Kiefer beginnt am Versuchsort (Kolleberga i. Südschweden) stets erheblich vor der Fichte, die dort erst später fertig ist. Daher treibt mit dem starken Temperaturaufstieg

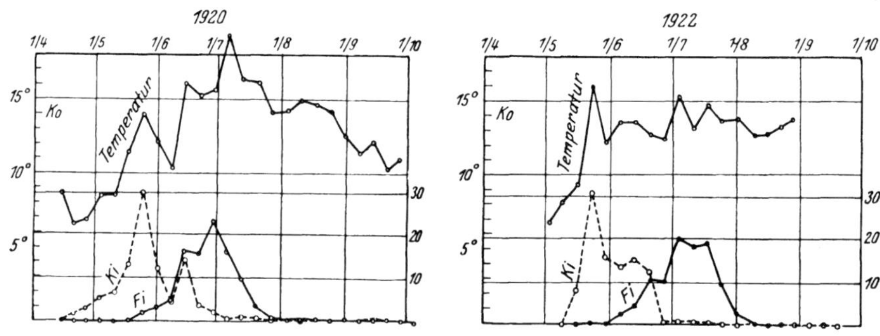

Abb. 142. Vergleich zwischen dem Verlauf der Temperatur und des Höhenwachstums bei Kiefer und Fichte in den Jahren 1920 und 1922 in Kolleberga i. Südschweden. (Nach L. G. Romell.)

Oben: Temperaturkurve.

Unten: ------- Wöchentlicher Höhenzuwachs der Kiefer in Prozent des Gesamtzuwachses.
    ———   „   „   „ Fichte „   „   „   „

---

[1]) Späth: Der Johannistrieb. Berlin 1912.
[2]) Romell, L.-G.: Växttidsundersökningar å Tall och Gran. Mitt. d. schwed. forstl. Versuchsanst. 1925, H. 22. Mit französischem Resümee.

Mitte Mai 1920 (von 8° auf 14° C) nur die erstere aus. Der Temperatursturz Anfang Juni drückt dann den Zuwachs bei der Kiefer stark herab, aber da ihre Zeit noch nicht abgelaufen ist, reißt der Temperaturanstieg Mitte Juni den Zuwachs noch einmal etwas hoch. Dann aber geht er trotz steigender Temperatur abwärts und ist schon am 1. Juli dauernd zum Abschluß gekommen. Die Fichte, die ihren Zuwachs erst Mitte Mai begonnen hat, zeigt den Einfluß des Temperatursturzes Anfang Juni nur in einer leichten Einknickung der Wachstumskurve, vom 1. Juli an fällt sie rasch und unaufhaltsam, trotzdem die Temperatur im ganzen Juli und dem größten Teil des August noch sehr günstig ist. Schon Ende Juli ist auch die Fichte vollständig zur Ruhe gekommen. Vergleicht man damit die Kurven des Jahres 1922, so zeigen sich trotz des viel gleichmäßigeren Temperaturverlaufes im Juni, Juli und August doch ganz unverkennbar große Übereinstimmungen in dem ganzen Ablauf der Phasen. Man beachte auch hier die Einknickungen der Kurven im Zusammenhang mit dem Temperaturgang. Beide Holzarten schließen auch ihr Höhenwachstum in der gleichen Reihenfolge und mit dem gleichen Abstand von etwa 1 Monat ab, trotzdem die Temperatur dauernd günstig und gleichmäßig bleibt.

Für *Norddeutschland* liegen so eingehende und genaue Untersuchungen leider nicht vor. Eigene Messungen[1]) aus dem Jahre 1910 in Dickungen und jungen Stangenhölzern bei Eberswalde ergaben *bei der Kiefer den Beginn des Wachstums in den ersten Maitagen und den Abschluß schon Anfang Juni.* Auch Büsgen[2]) hat bei den von ihm untersuchten *Laubhölzern* meist einen Beginn des *Austreibens um Ende April bis Anfang Mai* beobachtet, und die Streckung war ebenfalls *nach 1—1¼ Monat fast überall beendet.*

Etwas längere Zuwachsperioden bis zu 50 und 60 Tagen wurden im Versuchsgarten bei Zürich festgestellt. Die Unterschiede beruhen dort wohl aber mehr auf der Miterfassung der anfänglich kaum merkbaren Knospenverlängerung durch sehr feine Messungen als auf tatsächlich viel längerer Wachstumszeit. Für die *Buche bei Hann.-Münden* stellte Büsgen *folgende Wachstumsabschnitte* fest:

<pre>
1. Schwaches Wachstum: 27. April bis 6. Mai
2. Mittleres   ,,   7. Mai ,, 10. ,,
3. Starkes   ,,   11. ,,   ,, 18. ,,
4. Mittleres   ,,   19. ,,   ,, 26. ,,
5. Schwaches   ,,   vom 27. Mai ab
danach Stillstand (kein Johannistrieb).
</pre>

Alle Forscher, die sich mit der Frage beschäftigt haben, sind aber darin einig, daß die *Gesamtlänge des Jahrestriebes nur in verhältnismäßig geringem Maße von der Witterung des laufenden Jahres abhängt, dagegen sehr stark von der Witterung des Vorjahres* bestimmt wird, weil schon in diesem die Knospen für das nächste Jahr angelegt und die Reservestoffe dafür aufgespeichert werden.

So fand Hesselman[3]) bei der Kiefer in Schweden nach dem ungewöhnlich warmen (auch trockenen) Sommer 1901 die Jahrestriebe von 1902 um 50—100% länger als im Vorjahr, trotzdem der Sommer 1902 dort ungewöhnlich kalt und naß war. Die Folge dieses ungünstigen Sommers zeigte sich dann erst im Jahre 1903 in einer außerordentlichen Verkürzung der Triebe. In Nordschweden kam es sogar oft nur zur Bildung kleiner büscheliger Gebilde statt richtiger Jahrestriebe. Andererseits beobachtete Cieslar an der Fichte bei Wien nach dem besonders heißen (aber auch trockenen) Sommer 1904 im folgenden Jahre eine ungewöhnlich starke Verkürzung der Triebe. So betrug an 9jährigen Fichten der Höhenzuwachs:

1902	1903	1904	1905	1906
11,9	13,3	13,0	**7,5**	17,5 cm

Während in *Schweden also ein heißer Sommer des Vorjahres eine Verlängerung der Triebe erzeugte, erfolgte in Österreich dadurch eine Verkürzung.* Cieslar hat den scheinbaren Widerspruch wohl ganz richtig damit erklärt, daß in kälteren Klimaten die Wärme des Sommers

---

[1]) Nicht veröffentlicht.
[2]) Büsgen, M.: a. a. O., Z.F.J.W. 1916, S. 289 ff.
[3]) Hesselman, H.: Über den Höhenzuwachs und die Sproßbildung der Kiefer in den Sommern 1900—1903. Mitt. d. schwed. forstl. Versuchsanst. 1904. Deutsches Resümee. — Cieslar, A.: Einige Beziehungen zwischen Holzzuwachs und Witterung. Cbl.ges.F.W. 1907. — Laitakari, E.: Untersuchungen über die Einwirkung der Witterungsverhältnisse auf das Längen- und Dickenwachstum der Kiefer. Acta forest. fennica 1920.

fördernd wirkt, während in wärmeren die mit heißen Sommern immer verbundene Trockenheit den Zuwachs schädigt. Auch Möller[1]) konnte bestätigen, daß für die Länge des Höhentriebes bei der Kiefer die Ernährungsverhältnisse des Vorjahres entscheidend sind, während die Länge und Stärke der Nadeln durch die Verhältnisse des laufenden Jahres bestimmt wird, wie das auch schon Hesselman gefunden hatte.

Die *Witterung des laufenden Frühlings begünstigt und verzögert aber den Beginn des Austreibens.* Nach 20—30jährigen Beobachtungen in Gießen[2]) betrugen die Unterschiede in der Blattentfaltung zwischen extremen Jahren bei den meisten Holzarten 3—4 Wochen, bei der Buche sogar 5 und bei der Roßkastanie fast 6 Wochen. Aber ein verspäteter Beginn wird dann oft durch rascheres Wachstum oder durch eine Verlängerung der Wachstumszeit wieder ausgeglichen. Deswegen zeigt die Wärme des laufenden Jahres beim Höhenwachstum der Bäume meist nicht den ausschlaggebenden Einfluß, den man ihr nach den Erfahrungen an landwirtschaftlichen Gewächsen von vornherein geben möchte.

Vegetationsabschluß. Sehr ungenau sind wir über Zeitpunkt und Zeitfolge des *Abschlusses der Vegetationstätigkeit im Herbst* unterrichtet. Im allgemeinen pflegt man das *Verfärben des Laubes* und den danach eintretenden Laubabfall damit gleichzusetzen, was aber sehr ungenau ist, da die normale Assimilationstätigkeit infolge der schon vorher einsetzenden Rückwanderung wichtiger Stoffe in den Stamm wohl schon vorher aufhört. Bei den Nadelhölzern vollzieht sich der Abfall bzw. das Abstoßen der älteren Nadeln überhaupt sehr allmählich und oft über mehrere Monate verteilt, unter den Laubhölzern wirft die Erle ihre Blätter ohne jede vorhergehende Verfärbung grün ab. Gewöhnlich findet aber die *allgemeine Laubverfärbung* unter Auftreten der verschiedensten Farbentöne von Gelb über Braun bis Rot in den *Tagen von Anfang bis Mitte Oktober* statt. Die ersten Nachtfröste oder eintretende Stürme bewirken dann ein mehr oder minder rasches Kahl-

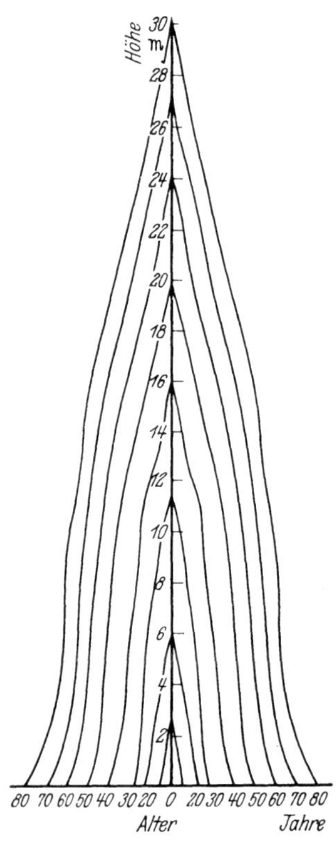

Abb. 143. Graphische Darstellung einer Stammanalyse (nach A. Schwappach.)

werden. Hier hat die vorhergegangene Witterung (trockenwarmer oder feucht-kühler Sommer) offenbar einen großen Einfluß auf den Eintritt der Verfärbung und ihre Dauer. Genaueres über die oft widerspruchsvollen Beobachtungen und ihre Deutung ist aber nicht bekannt. Auffallend ist die Tatsache, daß *junge Buchen und Eichen,* besonders letztere, ihr *trockenes Laub sehr lange,* oft den *ganzen Winter hindurch behalten.*

Jährlicher Verlauf des Dickenwachstums. Auch das *Dickenwachstum* der Stämme zeigt in unseren Breiten einen ausgesprochenen *Ruhezustand,* der mit der ungünstigen Jahreszeit im Winter zusammenfällt. Da die im Anfang des Wachstums gebildeten Zellen meist dünnwandiger, aber dabei weitlumiger gebaut sind (*Frühholz*) als die am Abschluß gebildeten, von denen namentlich

---

[1]) Möller, A.: Die Nutzbarmachung des Rohhumus bei Kiefernkulturen. Z.F.J.W. 1908
[2]) Nach Beobachtungen von H. Hoffmann, zusammengestellt von Danckelmann in Phänologie der Holzarten. Z.F.J.W. 1898. S. 268.

die letzten sehr eng, dickwandig und abgeplattet zu sein pflegen (*Spätholz*), so prägt sich die Periodizität des Dickenzuwachses schon für das unbewaffnete Auge mehr oder minder deutlich in den sog. *Jahrringen* aus. Man kann aus ihrer Breite den Zuwachs ersehen, den der Stammdurchmesser während einer Vegetationszeit erfahren hat. Aus der Zerlegung des Schaftes in kurze Abschnitte kann man dann aus der Jahrringfläche und der Länge der Abschnitte auch die gesamte jährlich zugewachsene Masse berechnen. Aus der Jahrringanzahl am oberen und unteren Ende des Abschnittes läßt sich auch das Höhenwachstum im betreffenden Alter bestimmen (Abb. 143). Diese sog. *Stammanalysen nach dem sektionsweisen Verfahren bilden ein großes Grundlagenmaterial der Ertragstafeln unserer forstlichen Versuchsanstalten.*

So gut und umfassend wir dadurch auch über den Dickenzuwachs des Stammes nach Jahren bzw. Fünf- oder Zehnjahresperioden unterrichtet sind, so wenig ist das für den *jahreszeitlichen Verlauf* der Fall.

Die Versuche, durch sehr fein empfindliche Meßapparate auch die schwächsten Vergrößerungen des Durchmessers bzw. des Baumumfanges während der Vegetationszeit festzustellen[1]), haben bedauerlicherweise zu keinem klaren Ergebnis geführt. Der verschiedene Wassergehalt des Stammes, vielleicht auch die verschiedene Wärme verändern das Volumen so stark, daß man nie weiß, ob die am Zuwachsmesser angegebene Zunahme auf wirklichen Zuwachs oder nur auf passiver Veränderung des Volumens durch Feuchtigkeit und Temperatur zurückzuführen ist. Das ganze Verfahren ist daher leider in dieser Form nicht brauchbar. So erfolgte z. B. eine regelmäßige Zunahme des Stammumfanges in der Nacht und eine Abnahme am Tage, die offenbar durch den Wasserverlust infolge der Transpiration bedingt wird und sehr genau der Kurve der relativen Feuchtigkeit folgt. Eine andere Methode besteht in der Entnahme von Bohrspänen mit dem PRESSLERschen *Zuwachsbohrer* und der Messung und Zählung der neugebildeten Zellen unter dem Mikroskop. Hier besteht aber die Schwierigkeit, daß man nicht fortlaufend Späne von demselben Baum und an derselben Stelle entnehmen kann, ohne Störungen befürchten zu müssen. Man muß sich nur mit Stichproben begnügen. Die meisten Untersuchungen sind aber auf diese Weise ausgeführt worden[2]).

Die Ergebnisse sind im einzelnen *recht verschieden*, was verständlich ist, wenn wir erfahren, daß HARTIG an einem Nordhang am 26. Mai noch keinen Zuwachs in einem Fichtenbestand fand, während etwa 100 Schritt davon entfernt an einem sonnigen Standort schon ein Viertel des Jahrringes gebildet war. Ja *sogar am selben Stamm wurde ein verschiedener Zuwachsbeginn zwischen Nord- und Südseite* beobachtet und auch bei gleichem Standort wurden individuelle Unterschiede von mehreren Wochen gefunden. Im allgemeinen läßt sich aber aus den vielen Einzelbeobachtungen zusammenfassend doch folgendes entnehmen: Auch *das Dickenwachstum beginnt anfangs langsam, bei uns etwa in den Monaten April bis Mai.* Bei vielen Arten setzt es ziemlich gleichzeitig mit dem Knospenaufbruch ein, öfter aber auch etwas später, nur bei einzelnen wenigen Arten auch schon vorher.

Auf das Anfangsstadium folgt dann ebenso wie beim Längenwachstum *eine Zeit starken Wachstums, aber hier erst in den Monaten Juni und Juli, um dann im August bis in den September hinein abzuklingen.* Bei uns dürfte das Dickenwachstum überall schon in der ersten Hälfte des September vollständig abgeschlossen werden, vielfach aber sogar schon im August. Gerade die *Dauer der Wachstumszeit scheint beim Dickenwachstum* je nach Standort, Jahreswitterung, aber auch nach individueller Wuchskraft *besonders starken und oft unerklärlichen*

---

[1]) FRIEDRICH: Über den Einfluß der Witterung auf den Baumzuwachs. Mitt. a. d. forstl. Versuchswes. Österr. 1897, H. 22.

[2]) So von HARTIG, R.: Holz der deutschen Nadelwaldbäume. 1885. — Holz der Rotbuche (mit R. WEBER zusammen). 1888. — Untersuchungen über die Entstehung und die Eigenschaften des Eichenholzes. Forstl. naturwiss. Z. 1884. — Ferner WIELER: Über die Periodizität im Dickenwachstum der Holzbäume. Th.Jb. 1898, S. 39 ff.

Schwankungen unterworfen zu sein, so daß die Gewinnung einer klaren Einsicht in die ursächlichen Zusammenhänge äußerst erschwert ist.

Methodisch besonders sorgfältige und umfangreiche Untersuchungen in Schweden[1]) haben das aufs eindringlichste gezeigt. So wurden z. B. an 20 etwa 17jährigen Kiefern in Nordschweden folgende Verhältnisse gefunden:

Jahr	1921	1922	1923
Wachstumsbeginn	21. Mai	6. Juni	26. Juni
Wachstumsdauer	**103**	79	**52** Tage
Zahl der gebildeten Zellen	28	32	25
Mitteltemperatur der Wachstumszeit	11,5°	13,5°	13,5°

Die Mitteltemperatur war in den Jahren 1922 und 1923 gleich, dagegen die Wachstumsdauer um 4 Wochen verschieden, 1921 war sie fast doppelt so lang wie 1923, dagegen die Temperatur erheblich niedriger. Trotzdem war der Zuwachs in allen 3 Fällen fast gleich!

Wie schon durch Untersuchungen von F. Schwarz[2]) festgestellt wurde, zeigen übrigens *jüngere Pflanzen den Einfluß der Witterung auf das Wachstum meist sehr viel unsicherer* als ältere, weil die hohe Wachstumsenergie im Jugendstadium, die sich in dem steilen Aufstieg der Wachstumskurve ausprägt, hemmende Einflüsse oft überflügelt und verdeckt. *An alten Stämmen* hat Schwarz *einen Zusammenhang zwischen der Größe des Dickenwachstums* und *dem Temperaturgang der Monate Januar bis März* gefunden, indem große Kälte in dieser Zeit den Beginn des Wachstums verspätete und die Gesamtleistung herabdrückte, andererseits warme Vorwitterung sie erhöhen soll. So überzeugend auch die von Schwarz gegebenen Beispiele seiner sehr sorgfältigen Untersuchungen sind, so sind doch in anderen Fällen wieder ganz andere Verhältnisse ausschlaggebend. Besonders gilt das für Jahre mit extremer Trockenheit. *Der Einfluß solcher Dürrejahre*, wie z. B. bei uns 1904 und 1911, prägt sich auf fast allen Stammscheiben sehr deutlich aus, sofern sie nicht von feuchten Standorten stammen. Namentlich bei Kiefer und Fichte finden wir einen so auffällig schmalen Jahresring, daß der ursächliche Zusammenhang hier ganz unverkennbar ist.

Das Auftreten solcher extrem schmalen Jahrringe in bestimmten Abständen, aber auch besonders breiter im Wechsel mit diesen, ist in Nordamerika durch Untersuchungen an mehrtausendjährigen Mammutbäumen zum Ausbau einer förmlichen **Jahrringchronologie** benutzt worden. Neuerdings sind auch in Deutschland nach diesem Verfahren Untersuchungen ausgeführt worden[3]). Es ist hierbei u. a. gelungen, die zeitliche Übereinstimmung prähistorischer Holzfunde aus solchen charakteristischen Jahrringfolgen nachzuweisen.

Zuwachsrückgänge durch große Trockenheit im Sommer, wobei hauptsächlich diejenigen Monate in Betracht kommen, in die die Hauptwachstumszeit fällt, sind von den verschiedensten Beobachtern[4]) festgestellt worden. Das Schlimmste dabei ist, daß nicht nur der Zuwachs des *einen* Jahres herabgesetzt ist, sondern daß sich oft *noch sehr lange Nachwirkungen* einstellen und der Zuwachs sich noch jahre- bis jahrzehntelang nicht erholen kann (vgl. Abb. 144). Offenbar findet hier wohl ein Absterben oberflächlich streichender Wurzeln statt, so daß das verringerte Wurzelsystem dann nicht sobald wieder eine ausreichende Wasserversorgung leisten kann. Welche schweren Schäden hierdurch besonders bei der flach wurzelnden Fichte in bestimmten Gebieten und auf gewissen Böden

---

[1]) Romell: a. a. O. (vgl. Fußnote S. 250).

[2]) Schwarz, F.: Dickenwachstum und Holzqualität von *Pinus silvestris*. Berlin 1899.

[3]) Huber, Br.: Aufbau einer mitteleuropäischen Jahrringchronologie. Mitt. H.G.A. Bd. I, 1941, S. 110 ff.

[4]) Cieslar, A.: Einige Beziehungen zwischen Holzzuwachs und Witterung. C.ges.F.W. 1907. — Böhmerle, K.: Die Dürreperiode 1904 und unsere Versuchsbestände. Ebenda 1907. — Schwappach, A.: Laufend jährlicher Zuwachs in Buchenbeständen. Z.F.J.W. 1904. — Die Kiefer, S. 72, 1908. — Wiedemann, E.: Zuwachsrückgang und Wuchsstockung der Fichte. Tharandt 1925. — Henry: Influence de la sécheresse de l'année 1893 sur la végétation forestière en Lorraine. Compt. rend. de Séance de l'Acad. de Sci. Bd. 19, S. 1025, 1894.

angerichtet werden, hat besonders WIEDEMANN in Sachsen für die Dürrejahre 1892, 1904 und 1911 nachgewiesen[1]).

Verlauf des Wurzelwachstums. Über *die Bedingungen und den Verlauf des Wurzelwachstums* sind wir naturgemäß weniger gut unterrichtet, da sich die Wachstumsvorgänge dem Auge entziehen und man sie nur durch Ausgrabung und vorsichtige Freilegung der feineren Wurzeln feststellen kann. Man hat hierbei das *Austreiben der Hauptwurzeln* und die Anlage neuer Seitenwurzeln von dem *anschließenden Streckungswachstum* zu unterscheiden. Ersteres ist leicht an den weißen Wurzelspitzen zu erkennen, letzteres schwieriger festzustellen, da die junge Wurzelrinde sich rasch braun färbt. Man mißt es entweder durch Tuschemarken auf den freigelegten und im 'Boden belassenen oder wieder' in ihn eingebetteten Wurzeln oder bei jungen Pflanzen auch zwischen den Wänden etwas schräg gestellter Glaskästen, an die sich die wachsenden Wurzeln durch ihren Geotropismus anlegen. Ein *gewisser Wechsel zwischen Ruhe und Wachstumstätigkeit* zeigt sich auch bei den Wurzeln, aber oft nur undeutlich und unregelmäßig. Jedenfalls findet *keine so deutliche Anpassung an unsere Jahreszeiten* statt, was offenbar mit dem viel ausgeglicheneren Bodenklima und der Verspätung des jahreszeitlichen Wärmeverlaufs in den tieferen Bodenschichten zusammenhängt. ENGLER[2]) und andere fanden meist eine stärkere Wachstumstätigkeit im Frühjahr, dann *eine gewisse Ruhezeit im Spätsommer* (August, September), *danach erneutes Wachstum, welches sich bei den Laubhölzern bei milder Witterung noch bis spät in den Winter hinein* fortsetzte, während die *Nadelhölzer* dann eine *ausgesprochenere längere Ruhezeit* haben. Volle Übereinstimmung mit den Ergebnissen anderer Beobachter besteht aber nicht, insbesondere nicht über die Ruhezeit im Spätsommer und die Tätigkeit der Wurzeln bis tief in den Winter[3]). Noch weniger wissen wir *über das fortschreitende Wachstum der Wurzeln in die Tiefe.* So viel ist aber festgestellt, daß die Entwicklung hierbei schon in der ersten Jugend sehr rasch geht. An 1jährigen

Abb. 144. Stammscheibe einer Fichte. Der Flächenzuwachs ist nach dem Dürrejahr 1904 auf weniger als die Hälfte zurückgegangen und hat sich seitdem nicht wiedererholt. (Nach MÜNCH.)

[1]) WIEDEMANN, E.: a. a. O., S. 28 u. Tafel 19.
[2]) ENGLER, A.: Untersuchungen über das Wurzelwachstum der Holzarten. Mitt. Schw. Anst. Bd. 8, S. 247 ff., 1903.
[3]) LADEFOGED, K.: Untersuchungen über die Periodizität im Ausbruch und Längenwachstum der Wurzeln bei einigen unserer gewöhnlichsten Waldbäume. Kopenhagen 1939.

Kiefern sind schon Pfahlwurzellängen bis zu 1 m und an 22 jährigen Kiefern schon solche von über 3 m gefunden worden. Ebenso wurde festgestellt, daß eine 80 jährige Kiefer schon mit 40 Jahren eine Tiefe von 4,3 m erlangt hatte. Auch die flach streichenden Seitenwurzeln hatten mit 40—50 Jahren gelegentlich schon ihre größte Länge von 10—14 m erlangt[1]). Es *scheint also, daß die endgültige Tiefe verhältnismäßig sehr früh erreicht wird* und das weitere Wachstum sich dann nur auf die Anlage und Ausbildung neuer Seitenwurzeln und die Verstärkung der alten Wurzeln durch Dickenwachstum beschränkt.

Das Wachstum in den verschiedenen Lebensaltern. Wenn wir schließlich *den Verlauf des Wachstums in Abhängigkeit vom Lebensalter* betrachten wollen, so werden wir hierbei in der Hauptsache auf die in den Ertragstafeln der forstlichen Versuchsanstalten niedergelegten Messungen und Zahlen zurückgreifen können.

Allerdings ist zu beachten, daß diese nur Durchschnittsergebnisse enthalten, die noch dazu meist durch Aneinanderreihung von Untersuchungen an verschiedenaltrigen Beständen zu einer Ertragsreihe (Bonität) gewonnen sind. Fehlende Zwischenstücke sind vielfach durch Interpolation eingefügt. Ebenso ist zu beachten, daß die Bestände, an denen die Zahlen gewonnen sind, in ihrem Wachstum und in ihrer Zusammensetzung durch die Eingriffe der forstlichen Wirtschaft (regelmäßige Durchforstungen) stark beeinflußt sind. Sie können also nur für die Verhältnisse des Wirtschaftswaldes, nicht für die des unberührten Naturwaldes gelten, den wir nirgends mehr haben. Wir haben deswegen hier meist die älteren Tafeln benutzt wo die Eingriffe noch nicht so stark gewesen sind.

Gang des Höhenzuwachses nach dem Lebensalter. Die *Entwicklung des Höhenwachstums* vollzieht sich zwar bei den einzelnen Holzarten verschieden rasch, aber überall im Zuge einer Kurve, die *nach langsamem Anstieg in der allerersten Jugend sich sehr rasch erhebt, um nach früher Erreichung eines Maximums wieder langsam und stetig abzunehmen,* um einem in weiter Ferne liegenden Nullpunkt zuzustreben, der bei Erreichung der überhaupt möglichen Höchsthöhe liegt (*Kurve der sog. großen Periode*). Diesen Verlauf pflegen eine große Anzahl von rein physikalischen, aber auch von Lebensvorgängen zu zeigen, bei denen mit der Steigerung der Leistung in gleichem Maße auch ein Widerstand zunimmt. Beim Längenwachstum liegt es nahe, hierbei an die zunehmende Schwierigkeit der Wasserhebung in immer größere Höhen zu denken. Es dürften aber daneben doch auch innere Gründe mitsprechen (Alterserscheinungen). An alten über 150 jährigen Kiefern betrug der jährliche Höhenzuwachs nach Analysen von Überhältern nur noch 1—2 cm[2]). Hier war also fast schon der Nullpunkt erreicht!

Der *durchschnittliche Jahreszuwachs der mittleren Bestandeshöhe* beträgt in günstigen Klimalagen und auf besten Böden bei den einzelnen Holzarten nach den Ertragstafeln:

	Alter in Jahren					
	1—20	21—40	41—60	61—80	81—100	101—120
	cm	cm	cm	cm	cm	cm
Fichte in Preußen[1])	30,5	**48,0**	38,0	25,0	17,5	11,5
Kiefer in Preußen[2])	**44,5**	40,0	27,0	19,0	14,5	11,5
Buche in Preußen[3])	27,5	**40,5**	34,0	27,0	19,0	13,5
Eiche in Hessen[4])	**46,5**	45,0	29,5	19,5	14,0	10,0
Tanne in Baden[5])	12,5	**54,0**	48,0	27,5	17,0	11,0
Erle in Preußen[6])	**72,5**	32,0	16,0	7,0	—	—

[1]) Ertragstafel A. SCHWAPPACH 1890.　　[2]) SCHWAPPACH, A., 1896.
[3]) A. SCHWAPPACH 1893 A.　　[4]) WIMMENAUER, K., 1900.
[5]) EICHHORN 1902.　　[6]) SCHWAPPACH, A., 1902.

---

[1]) WAGENHOFF, A.: Untersuchungen über die Entwicklung des Wurzelsystems der Kiefer auf diluvialen Sandböden. Z.F.J.W. 1938, S. 449 ff.
[2]) DENGLER, A.: Über das Kronenwachstum märkischer Altkiefern. Z.F.J.W. 1937, S. 1 ff.

Den Gang des Höhenwachstums in den verschiedenen Altersperioden gibt
außerdem die auf Grund der obigen Zahlen entworfene Darstellung an (Abb. 145).
Man ersieht daraus, daß *jede Holzart einen ihr eigentümlichen Zuwachsverlauf*
hat. Das Längenwachstum kulminiert sehr früh, schon zwischen 10—20 Jahren
bei Erle, Kiefer und Eiche, erheblich später, etwa um das 35. Jahr, bei Fichte
und Buche und am spätesten, um das 40. Jahr herum, bei der Tanne. Es fällt
dann sehr rasch wieder bei der Erle, verhältnismäßig rasch bei Eiche und Kiefer,
langsamer bei Fichte und Tanne und am langsamsten bei der Buche. *Auf un-*
günstigeren Standorten (geringeren Ertragsklassen) ist der Höhenzuwachs natürlich
absolut viel geringer, und die Kulmination tritt entsprechend später auf. Z. B. für
Fichte in Preußen:

auf Ertragsklasse	I	II	III	IV	V
im Alter	30	35	45	50	60 Jahren
mit einem jährlichen Höhenzuwachs von	50	43	36	30	24 cm

Ähnliches wiederholt sich mehr oder minder auch bei den übrigen Holzarten.
Aus den angeführten Zahlen scheinen sich folgende ökologischen Beziehungen

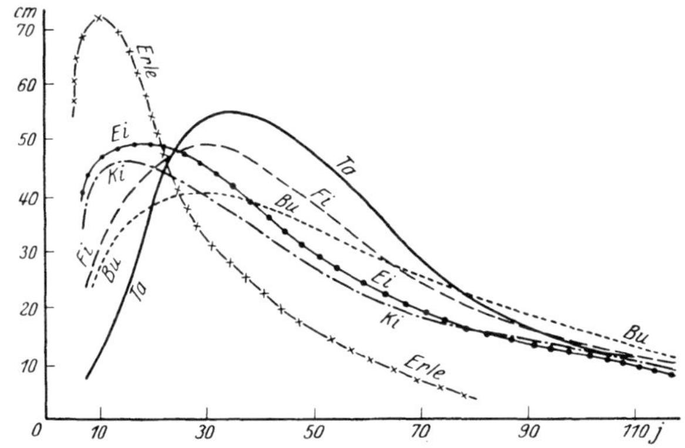

Abb. 145. Altersverlauf des jährlichen Höhenwachstums der Hauptholzarten
Deutschlands auf besten Standorten. Entworfen nach den Ertragstafeln.

zu ergeben: 1. *Die Schattholzbestände wachsen anfangs langsamer als die Lichtholz-*
bestände, im späteren Alter aber kehrt sich das Verhältnis um. 2. In der Jugend
sehr raschwüchsige Holzarten (Erle, ganz ähnlich auch Birke, Aspe und Akazie
bei uns) *lassen auch rasch wieder nach*, sie verpuffen ihre Wuchsenergie schon
in der Jugend, *langsamwüchsigere holen oft im späteren Alter nach*, was sie in der
Jugend versäumt haben.

Selbstverständlich gibt es auch Ausnahmen, aber die obigen Beziehungen treten doch
so augenfällig zutage, daß sie eine gewisse Regel zu bilden scheinen. Auch unter ganz anders-
artigem, viel ausgeglichenerem und günstigerem Klima zeigen sich derartige Erscheinungen
z. B. bei dem in der ersten Jugend so überaus raschwüchsigen Teakholz in Indien, das in der
Jugend 2 m lange Triebe macht, aber schon im 35. Lebensjahr das Höhenwachstum abschließt und deswegen doch nicht über 30—40 m hoch wird. „Es ist dafür gesorgt. daß die
Bäume nicht in den Himmel wachsen.“

Gang des Dicken- und Massenzuwachses nach dem Lebensalter. Für *die*
Massenerzeugung der Holzarten spielt neben dem Längenwachstum *das Dicken-*
wachstum des Stammes die wichtigere Rolle, besonders im höheren Alter, wo die
Höhenzunahme nur gering ist. Auch *die Jahrringbreiten nehmen von innen nach*
außen immer mehr ab, aber da ja auch der Umfang immer größer wird, so könnte
der Zuwachs trotzdem der gleiche bleiben. Entscheidend ist nur der Ringflächen-
oder, wie man in der Ertragskunde zu sagen pflegt, der *Kreisflächenzuwachs* am
ganzen Baum und schließlich auch an den Ästen. Ökologisch ist *der gesamte*

Massenzuwachs für die Wuchsleistung entscheidend. In der Wirtschaft kommt es wegen der geringen Verwertbarkeit der ganz schwachen Sortimente (Reisholz = unter 7 cm Durchmesser) mehr auf den Derbholzzuwachs (alles Holz über 7 cm Stärke) an. Wenn man die *Erzeugung reiner Holzsubstanz* erfassen will, so darf man überhaupt nicht das Volumen zugrunde legen, das ja in den Holzzellen sehr viel Luft enthält, und zwar bei den einzelnen Holzarten in sehr verschiedenem Maße, sondern man muß das Volumen mit dem spezifischen Gewicht im lufttrockenen Zustand multiplizieren. Man findet dann, daß viele raschwüchsigen Holzarten wegen ihres leichten Gewichtes gar nicht oder doch nicht viel mehr an fester Holzsubstanz erzeugen als langsamwüchsigere oder volumenmäßig Geringeres leistende Arten mit schwererem Holz.

Betrachten wir den *Gang des gesamten Massenzuwachses* (Derbholz + Reisig) bei den einzelnen Beständen, so ergibt sich folgendes Bild nach den Ertragstafeln für die I. Ertragsklasse.

Der laufend jährliche Gesamtzuwachs je Hektar beträgt:

	Jahr									
	30. fm	40. fm	50. fm	60. fm	70. fm	80. fm	90. fm	100. fm	110. fm	120. fm[1]
bei Fichte in Preußen . . .	16,6	20,0	**21,0**	19,8	19,6	19,0	17,4	15,2	13,6	11,6
„ Kiefer in Preußen . . .	**13,2**	12,8	11,6	10,0	8,4	7,4	6,1	5,6	5,0	4,3
„ Buche in Preußen . . .	12,0	14,5	**15,2**	14,4	13,4	12,6	11,7	11,0	10,2	9,5
„ Eiche in Hessen . . .	10,7	**11,4**	10,7	10,1	9,6	9,3	8,6	8,1	7,6	7,1
„ Tanne in Baden . . .	13,8	**31,0**	30,6	26,6	24,6	18,8	15,8	13,2	11‘2	9,8
„ Erle in Preußen	**12,4**	9,8	7,8	5,8	4,4	3,2	—	—	—	—

Auch hier zeigt sich also ein ähnlicher Verlauf der Kurven wie beim Längenwachstum, nur verlaufen sie viel flacher und die *Kulmination des Massenwachstums findet bedeutend später* statt, bei der Kiefer und Erle um das 30. Jahr, bei Eiche und Tanne um das 40., bei Fichte und Buche um das 50. Jahr. Die *größte Massenerzeugung auf der Fläche haben die Schattholzarten, vor allem die Tanne,* die in der ersten Zeit die Führung hat, während *im späteren Alter die der Fichte höher* ist. Die beiden Lichthölzer Eiche und Kiefer haben ziemlich gleiche Leistung. In der Jugend ist die erstere etwas überlegen, im Alter die letztere[2]. Die *Erle* nimmt wieder eine Sonderstellung ein. Ihr *Zuwachs ist nur in der Jugend hoch und läßt dann überaus rasch nach.*

Auch für die verschiedenen Ertragsklassen gelten ähnliche Beziehungen wie beim Längenwachstum. Der Gesamtzuwachs kulminiert:

```
auf Ertragsklasse . . .   I     II    III    IV     V
bei Fichte im Alter  .   50    55    55     55    60 Jahren
mit einem Zuwachs von  21,0  18,0  15,8  12,6   9,6 Festmeter je Hektar
```

Die Zuwachsleistung fällt also mit abnehmender Ertragsklasse, kulminiert aber später.

Schichtenbildung und Stammausscheidung. Hand in Hand mit der zunehmenden Höhe der Bestände geht auch ein *Längenwachstum der Seitenzweige und damit eine Verbreiterung der Baumkrone.* Auch diese Verbreiterung der Baumkronen ist in der Jugend noch verhältnismäßig stark, um im Alter mehr und mehr abzunehmen. In entsprechenden Astanalysen konnte ich an alten Kiefernüber-

---

[1]) fm = Festmeter, im forstlichen Sprachgebrauch = cbm Holzmasse.

[2]) Die Zahlen sind hier aber sehr viel unsicherer als beim Längenwachstum, da die Art der wirtschaftlichen Behandlung, vor allem die Handhabung der Durchforstung, große Unterschiede bedingt. Die Ertragstafeln geben recht abweichende Zahlen. Doch dürften die Verhältnisse der Holzarten zueinander sich dadurch nicht sehr verschieben.

hältern feststellen, daß die Kronen, die sich mit 50—70 Jahren noch um 10—20 cm jährlich verbreitert hatten, mit 100 Jahren nur noch eine Zunahme von 5—10 cm und mit 150 Jahren und später sogar nur von 2—5 cm zeigten. Auch hier war also wie beim Höhenwachstum fast der Nullpunkt erreicht[1]). Übrigens erfolgt die Verbreiterung der Kronen nicht nur durch das Längenwachstum der Seitenäste, sondern auch durch Änderungen ihrer Stellung im Raum. So hat man z. B. bei der Buche eine *Senkung der Seitenäste nach Umlichtungen* und damit auch eine Vergrößerung der Baumkronen unabhängig vom Wachstum der Seitenzweige beobachten wollen. Mit der Kronenverbreiterung ist natürlich ein dauernder Kampf um den Raum verbunden. Einzelne schwächer bekronte Stämme werden von stärkeren Nachbarn eingeengt und ihre Kronen dadurch abgeplattet (ein- oder zweiseitig *geklemmt*). An allen Berührungsrändern bilden sich meist durch Wind-, vielleicht auch Lichtwirkung, schmale Zwischenräume (*Kampfräume*). Ein Teil der Stämme bleibt zurück und hält sich je nach dem Grade des Lichtbedürfnisses noch neben und sogar unter den voraneilenden Nachbarstämmen. *Es bilden sich verschiedene Kronenschichten und Baumklassen von vorwüchsigen, herrschenden bis zu den mehr und minder unterdrückten* aus. (Näheres hierüber in Teil II, Kap. 16.) Fortdauernd findet dabei ein *Ausscheiden* der stärker unterdrückten Stämme statt und auch von den herrschenden und vorwüchsigen wird im Laufe der Jahre der eine oder andere durch Krankheiten oder Beschädigungen zum Absterben gebracht. In diese Verhältnisse greift heute die Wirtschaft in einschneidender Weise ein, indem sie dauernd im Wege der Durchforstung die Stammzahlen künstlich vermindert und nicht nur der Natur zuvorkommt, indem sie die früher oder später dem Untergang verfallenen unterdrückten Stämme wegnimmt, sondern darüber hinaus auch noch in den herrschenden Bestand eingreift. *Die Stammzahlen* sind daher heute *im Wirtschaftswald viel niedriger als es die natürliche Entwicklung mit sich bringen würde.*

Unter dieser Einschränkung ist die folgende *Übersicht über die Stammzahlverhältnisse bei den einzelnen Holzarten* nach den Ertragstafeln zu betrachten.

Stammzahlen je Hektar des sog. Hauptbestandes, in Klammern die des ausscheidenden Nebenbestandes, der im Wege der Durchforstung entnommen werden soll.

| | | | | Alter in Jahren | | | | |
				40	60	80	100	120
Fichte	I. Bonität	Preußen		2800 (700)	1250 (230)	770 (80)	550 (40)	473 (12)
Kiefer	I.	,,	,,	1770 (335)	924 (150)	578 (59)	427 (29)	348 (15)
Buche	I.	,,	,,	2335 (645)	1057 (183)	672 (65)	491 (36)	393 (19)
Eiche	I.	,,	Hessen	1250 (360)	586 (90)	388 (29)	281 (22)	211 (15)
Tanne	I.	,,	Baden	3200 (1600)	1140 (280)	645 (80)	485 (30)	400 (15)
Erle	I.	,,	Preußen	677 (117)	476 (31)	405 (11)	—	—

Die Stammzahlen sind am höchsten bei den Schatthölzern, besonders im jüngeren Alter. Im höheren Alter findet eine gewisse Annäherung statt. *Die Stammausscheidung ist überall am stärksten in der Jugend, mit zunehmendem Alter verringert sie sich stark.* Der Ausscheidungskampf liegt also der Hauptsache nach in den früheren Lebensabschnitten.

Auch hier besteht eine gesetzmäßige Beziehung zwischen den verschiedenen Ertragsklassen. *Die geringeren Ertragsklassen haben immer höhere Stammzahlen als die besseren.* Das ist eine zunächst etwas überraschende Tatsache, die sich aber ganz natürlich dadurch erklärt, daß die Ausscheidung der unterdrückten Bestandesglieder infolge der ebenfalls geschwächten Wuchskraft der vorwüchsigen viel träger vor sich geht.

---

[1]) DENGLER, A., wie S. 256 unten.

So hat z. B. die Fichte in Preußen nach der SCHWAPPACHschen Tafel A (mitteldeutsche Gebirge und Norddeutschland) vom Jahre 1890 folgende Stammzahlen je Hektar:

	Alter in Jahren		
	40	80	120
Ertragsklasse I	2800	770	473
„ II	3370	980	601
„ III	4810	1250	800
„ IV	6760	1620	—
„ V	9800	2000	—

und die Kiefer (SCHWAPPACH 1896):

	Alter in Jahren		
	40	80	120
Ertragsklasse I	1770	578	348
„ II	2126	714	406
„ III	2695	883	491
„ IV	3541	1137	610
„ V	4998	1526	—

Ähnlich wie die abnehmende Bodengüte wirkt auch kühleres Klima erhöhend auf die Stammzahl. So fand z. B. SCHUBERG[1]) für verschiedene Höhenlagen in Baden folgende Durchschnittszahlen für das 41.—80. Jahr:

	bis 400 m	bis 800 m	bis 1200 m
Buche	1524	1904	3694
Fichte	1437	1662	2726

Allerdings gilt das nur innerhalb der Zone der geschlossenen Waldbildung. Nach der Baumgrenze zu werden die Bestände dann rasch lichter und stammzahlärmer.

Es ist aber hier nochmals zu betonen, daß die ganzen, aus den Ertragstafeln gewonnenen Zahlen nur die Verhältnisse des Wirtschaftswaldes wiedergeben, und daß die hierauf begründeten Gesetze nicht mit denen des unbeeinflußten Naturwaldes bzw. des Urwaldes übereinstimmen, der sich oft grundverschieden von unseren auf großer Fläche gleichaltrig entstehenden und gleichaltrig heraufwachsenden Beständen entwickelt. Selbst da, wo dieser schließlich ein mehr gleichstufiges Bild zeigt, sind die Altersverhältnisse bei näherer Analyse doch meist auch auf kleinster Fläche recht verschieden, und muß auch der ganze Entwicklungsgang einen ganz anderen Verlauf gehabt haben.

Natürlich sind auch die Stammzahlen in nicht oder wenig durchforsteten Wirtschaftswäldern viel höher als in den obigen, den deutschen Ertragstafeln entnommenen Fällen[2]). So zeigen z. B. russische Aufnahmen von Kiefernbeständen[3]) im Gouvernement Petersburg ganz erheblich viel höhere Stammzahlen, nämlich:

im Alter	20	40	60	80	100	120
	5060	2800	1300	750	580	490 Stück.

Zusammenfassung. Überblicken wir den Entwicklungsgang unserer deutschen Wirtschaftswaldungen zum Schluß noch einmal im ganzen, so kann man die Grundzüge etwa in folgende Linien zusammenfassen:

In den ersten Entwicklungsstufen hat der Wald besonders *unter vielen und schweren Jugendgefahren* durch Konkurrenz mit dem Mutterbestand und der

---

[1]) SCHUBERG, K.: Das Gesetz der Stammzahl und die Aufstellung von Waldertragstafeln F. Cbl. 1880, S. 227.

[2]) Es sind aus diesem Grunde hier schon die älteren Tafeln gewählt worden, weil die neueren infolge verschärfter Durchforstungen noch mehr von den natürlichen Verhältnissen abweichende Ergebnisse liefern.

[3]) Aufnahmen von Graf VARGACE DE BEDEMAR nach MOROSOW: Die Lehre vom Walde, S. 215.

ihn hart bedrängenden Bodenflora, aber auch durch klimatische Schäden, besonders Frost und Dürre, schließlich auch durch viele, besonders auf dieses Jugendstadium eingestellte Feinde aus der Pilz- und Insektenwelt zu leiden. Die Natur sucht diesen Gefahren durch eine sonst unerklärliche Verschwendung bei der Fortpflanzung und Verbreitung zu begegnen. Auch in der Wirtschaft muß hierauf durch die Verwendung reichlicher Mengen von Samen und Pflanzen Rücksicht genommen werden, um so mehr, je weniger wir uns bis jetzt gegen jene Gefahren zu sichern vermögen.

Nach diesem ersten Entwicklungsabschnitt setzt dann *ein zweiter ein, der gegen äußere Gefahren und Störungen besser gesichert ist. Im Anfang liegt der Schwerpunkt in möglichst raschem Höhenwachstum.* Durch die Überfülle der Pflanzen in der ersten Jugend kehrt sich der Kampf ums Dasein jetzt nach innen. Eine *starke Ausscheidung von zurückbleibenden Individuen schafft Luft für die Masse der herrschenden und vorherrschenden.* Dieser Kampf ist notwendig und nützlich und bedroht, von Ausnahmefällen abgesehen (Wuchsstockungen überfüllter Jungwüchse auf ärmeren Böden), niemals die Biozönose im ganzen, sondern fördert sie nur. Nachdem auch zwischen den herrschenden Stämmchen der Schluß eingetreten ist, und diese nun auch ihre unteren Äste abzustoßen beginnen, beginnt bei immer noch lebhaftem Längenwachstum *nun auch das Dickenwachstum rascher anzusteigen. Die Massenerzeugung steigt schon im früheren oder späteren Stangenholzalter auf ihr Höchstmaß auf der gegebenen Fläche.* Alle Vorgänge bei der Produktion sind aufs äußerste gespannt. Für viele Bestände ist gerade dies *das kritische Alter,* in dem sich bei schlechten Wachstumsbedingungen oft schwere Wuchsstockungen und Erkrankungen zeigen. Später lassen die Spannungen langsam und allmählich nach. Das Höhenwachstum tritt sehr zurück, das Dickenwachstum sinkt zwar auch, aber doch nur sehr langsam. Ökologisch und wirtschaftlich *ruht das Schwergewicht jedenfalls auf der Verstärkung des Schaftes.* Nach der Sturm- und Drangperiode der Jugend ist der Bestand gewissermaßen in sein gesichertes Mannesalter getreten, in dem er, wenn Störungen von außen ausbleiben, oft durch viele Jahrzehnte bleibt. Ganz *allmählich macht sich dann aber im Schlußstand eine neue Bewegungsrichtung geltend.* Während anfänglich das Ausscheiden einzelner Stämme meist infolge Unterdrückung durch kräftigere Nachbarn erfolgt und Lücken im oberen Kronendach dabei bald von den zurückbleibenden Stämmen durch Seitenwachstum der Kronen wieder geschlossen werden, beginnen sich schließlich *Alterserscheinungen des Bestandes* zu zeigen. Der eine und andere Stamm stirbt auch, ohne unterdrückt oder bedrängt zu sein, ab. Die Wuchskraft der anderen ist nicht mehr groß genug, um die entstandene Lücke zu schließen, *der Bestand verlichtet immer mehr* und damit ist nun wieder Platz für den Nachwuchs. *Es beginnt die Verjüngung und damit eine neue Generation.*

Es ist eine bemerkenswerte Erscheinung, daß *sich der Wald in der Regel bei uns erst dann verjüngen kann und verjüngt, wenn die Bestände bereits Alterserscheinungen zu zeigen beginnen, nicht in der Vollkraft seiner Mannesjahre.* Wenigstens liegen die Verhältnisse in unseren Wirtschaftswaldungen meist so. Auch im Urwald scheint es aber nicht viel anders zu sein, soweit hier genauere Beobachtungen über Eintritt und Gang der Verjüngung vorliegen[1]).

---

[1]) Vgl. dazu die Literatur bei Kap. 2 in Teil II.

21. Kapitel. **Altern, Krankheit und Tod.**

Begriff des Alterns. Die Frage der *Alterserscheinungen* ist auch in der forstlichen Literatur öfters aufgeworfen und recht verschieden beantwortet worden. Sie ist eine ganz andere für den Bestand als Ganzes wie für den Einzelstamm.

Es ist zunächst überhaupt eine schwierige Frage, *was man unter Alterserscheinungen aufzufassen hat.* Die Physiologie vermag hierfür keine bestimmte Fassung zu geben. Es ist daher nicht so verwunderlich, wie es zunächst klingt, daß ein berühmter Mediziner einmal auf die Frage, wann der Mensch zu altern anfange, die Antwort gegeben haben soll: Von der Stunde der Geburt an!

Tatsächlich sind es fortwährende Einwirkungen der Außenwelt und kleine schädigende Wirkungen des Stoff- und Energieumsatzes im Organismus, die vom Augenblick seiner Bildung an auf ihn einwirken, sich allmählich häufen und verstärken und schließlich auch ohne gewaltsame Störungen zum Tode des Individuums führen. Jedenfalls gilt das allgemein für die höheren Organismen mit vielzelligem Körperbau. Wenn man aber mit dem großen Pflanzenphysiologen SACHS allgemein das *Gesetz der großen Periode des Lebens* gelten läßt, das eine Steigerung der Leistungen bis zu einem gewissen Höhepunkt, dann aber einen mehr oder minder starken Abfall zeigt, so könnte man *den Beginn des Alterns am ehesten bei der Überschreitung dieses Höhepunktes* annehmen. Hier zeigt sich aber, *daß die einzelnen Lebenserscheinungen diesen Punkt zu ganz verschiedenen Zeiten erreichen,* und daß seine Lage nicht nur vom Alter bestimmt, sondern auch durch die äußeren Umstände stark verschoben wird. So sahen wir, daß das Höhenwachstum bei allen unseren Holzarten schon sehr frühzeitig kulminiert. Für das Dickenwachstum bzw. die Gesamtmassenerzeugung fanden wir dagegen einen erheblich späteren Höhepunkt. Dies gilt aber überhaupt nur für die Bestände des Wirtschaftswaldes im ganzen. Die Einzelbäume verhalten sich hierin vielfach ganz anders. Die unterdrückten und zurückbleibenden Stämme erreichen das Maximum verhältnismäßig früh, die vorherrschenden Stämme aber viel später. Ja, viele Einzelanalysen solcher Stämme haben noch in sehr hohem über 200 jährigem Alter keine Abnahme, sondern ein lang andauerndes Gleichbleiben des Dickenwachstums gezeigt. Selbst wenn die Stammscheiben in den unteren Lagen schon eine Abnahme des Kreisflächenzuwachses zeigen, pflegen die oberen noch zuzunehmen. *Es zeigt sich also unten am Stamm schon ein Altern, oben noch nicht!*

An einigen alten Rieseneichen in Holland fand HOLTEN[1]) z. B. eine Durchmesserzunahme vom 150.—200. Jahre von 100 cm auf 125 cm, vom 200. bis 300. Jahre auf 160 cm, vom 300.—400. Jahre auf 190 cm und vom 400.—500.Jahre auf 215 cm. Danach blieb der Flächenzuwachs in dieser ganzen Zeit mit 77—79 qcm jährlich ziemlich konstant[2]). Ähnliche Fälle dürften sich bei Analysen alter Urwaldriesen wohl noch öfter finden, wie das auch einige von mir in bosnischen Urwäldern entnommenen Bohrspäne an ca. 300 jährigen Weißtannen bewiesen, bei denen der Zuwachs in den letzten 100 Jahren kein Sinken zeigte! Aber man darf dabei nicht vergessen, daß es sich bei solchen alten Riesenstämmen doch nur um Ausnahmen, um die wenigen besonders wuchskräftigen und lebensfähigen

---

[1]) HOLTEN: Alter und Zuwachsuntersuchungen an alten Eichen in holländischen Waldungen. Naturwiss. Z. f. Forst- u. Landw. 1920, S. 261.

[2]) Allerdings sind diese Berechnungen etwas unsicher, da keine ganzen Stammscheiben einzelner Bäume vorlagen, sondern nur kürzere Bohrspäne verschieden alter Stämme miteinander verglichen wurden!

Individuen handelt, die als die einzigen ihrer Generation übriggeblieben sind, und daß der Durchschnitt und die große Masse eben viel rascher altern und dahinsterben. Man kann wohl verstehen, wie R. WEBER[1]) auf Grund seiner Zuwachsuntersuchungen an alten, erlesenen Stämmen zu dem Gesetz kommen konnte, daß nach Überschreitung einer gewissen raschwüchsigeren Jugendstufe der Flächenzuwachs am Einzelstamm konstant bliebe. F. SCHWARZ[2]) hat neben gewissen Bedenken gegen die WEBERschen Berechnungsmethoden auf Grund seiner eigenen Untersuchungen an Kiefern und allgemeiner physiologischer Erwägungen aber wohl mit Recht die Gültigkeit dieses Gesetzes bestritten. Auch die bestwüchsigen Bäume werden einmal nachlassen und altern müssen, wenn dieser Wendepunkt bei ihnen auch vielleicht erst bei mehrhundertjährigem Alter eintritt. *Die große Mehrzahl zeigt im Durchschnitt diese Erscheinungen aber schon viel eher und altert früher.* In der *Wirtschaft* aber hat man mit diesen *Regelfällen* zu rechnen und *nicht* mit jenen *Ausnahmen!*

Lebensalter der Waldbäume. *Zweifellos gehören unsere Bäume zu den besonders langlebigen Gewächsen der höheren Pflanzenwelt.* Aber auch hierin zeigen die einzelnen Arten wieder ein recht verschiedenes Verhalten. Die höchsten Lebensalter an besonders starken Bäumen sind freilich meist nur nach dem Stammumfang geschätzt worden. In wenigen Fällen konnte das Alter auch historisch nachgewiesen oder nach Fällung ausgezählt werden. Die ältesten und stärksten Bäume der Erde stehen wohl in Mexiko und Kalifornien. Im ersteren Lande findet sich noch eine Sumpfzypresse (*Taxodium distichum*) von 11 m Durchmesser, deren Alter auf 6000 Jahre geschätzt wird. In Kalifornien sind es die wenigen noch erhaltenen Mammutbäume (*Sequoia gigantea*), deren stärkste 3000—4000 Jahre alt sein dürften. Die europäischen Baumarten erreichen solche Alter wohl niemals. Aus einer Zusammenstellung der ältesten Baumveteranen[3]) seien hier die folgenden Zahlen herausgegriffen:

Taxus baccata	11—16 m	Umfang,	2000—3000	Jahre
Juniperus communis	rd. 2½ m	,,	2000	,,
Quercus pedunculata	14—18 m	,,	1500—2000	,,
Tilia	14—16 m	,,	800—1000	,,
Ulmus	15—17 m	,,	500—800	,,
Castanea vesca	9—15 m	,,	700—1200 (?)	,,
Fagus silvatica	6—8 m	,,	600—900	,,
Abies pectinata	7—8 m	,,	300—400	,,
Picea excelsa	4—5 m	,,	300—400	,,
Pinus silvestris	4—5 m	,,	300	,,

Hainbuchen, Birken, Pappeln und Erlen werden kaum in mehrhundertjährigem Alter angetroffen. Bei ihnen setzt meist schon sehr frühzeitig Stock- und Kernfäule ein, die sie dann bei nächster Gelegenheit zusammenbrechen läßt, ebenso wie auch alle die alten Riesen der langlebigen Arten schließlich faul und hohl werden, wenn ihr lebenskräftigeres Splintholz auch oft noch jahrhundertelang den Stamm aufrecht hält und ihre Krone noch grün bleibt.

Fäulnis und Zopftrocknis als Alterserscheinungen. Gerade *in der von der Wurzel ausgehenden Stockfäule* dürfen wir wohl *eine besonders häufige Alterserscheinung* sehen. Die Wurzel scheint ja ihr Wachstum verhältnismäßig früh

---

1) WEBER, R.: Lehrbuch der Forsteinrichtung mit besonderer Berücksichtigung der Zuwachsgesetze der Waldbäume. 1891. — Untersuchungen über den Flächenzuwachs von Querschnitten verschiedener Nadelholzstämme. Forstl. naturwiss. Z. 1896, S. 220.

2) SCHWARZ, F.: Dickenwachstum und Holzqualität von *Pinus silv.* 1899. — Altert die Kiefer? Z.F.J.W. 1901, S. 460.

3) KANNGIESSER: Über Lebensdauer und Dickenwachstum der Waldbäume. A.F.J.Z. 1906, S. 181 ff. — Zur Lebensdauer der Holzpflanzen. Flora 1909, S. 414.

einzustellen. Es ist nun eine allgemein zu beobachtende und auch experimentell erhärtete Tatsache, daß Vegetationspunkte, die nicht mehr wachsen, bald zu kränkeln anfangen und absterben. So finden wir denn an sehr alten Bäumen immer auffällig viel faule Wurzeln. (Solche fand auch WAGENHOFF zahlreich am Wurzelwerk alter Kiefern[1]).) Von hier zieht sich die Fäule dann in den Stock und Stamm hinauf und höhlt diesen aus. Hand in Hand mit dieser Wurzelfäule zeigt sich dann an alten Bäumen auch *ein Trockenwerden der obersten Äste in der Krone* (sog. *Zopftrocknis*), die langsam nach unten weiterschreitet, wobei merkwürdigerweise oft einzelne Zwischenäste grün bleiben. Das alles dürfen wir als typische *Anzeichen der Vergreisung bei unseren Waldbäumen ansehen.*

Gewaltsamer und natürlicher Tod. In den meisten Fällen tritt *der Tod* bei solchen Baumgreisen dann *durch gewaltsamen Bruch* bei Sturm ein, seltener sterben sie durch langsam weiterschreitende Trocknis eines natürlichen Todes. In jüngerem Alter aber tritt dieser Fall *bei unterdrückten Stämmen* sehr oft ein, wobei Licht- und Nahrungsmangel zu einer allgemeinen Erschöpfung und zum schließlichen Eingehen führen. Vielfach laufen aber auch dabei noch besondere Erkrankungen und Beschädigungen durch Insekten nebenher, die gerade solch geschwächtes Material besonders gern aufsuchen.

Krankheitserscheinungen. Auch in der Pflanzenwelt muß bei Erkrankungen vielfach, wenn nicht immer, *eine gewisse Empfänglichkeit gegeben sein.* Wir können hier ebenso wie bei Mensch und Tier eine *lokale, eine temporäre und eine individuelle Disposition* unterscheiden.

So ist bekannt, daß der Schüttepilz besonders stark in Mulden und Einschnitten mit feuchter, unbewegter Luft auftritt, daß der Hallimasch die jungen Nadelholzpflanzen vorwiegend in der Nähe alter Laubholzstöcke befällt u. a. m. (lokale Disposition).

Die *Schütte* der Kiefer in Norddeutschland hat aber im Zusammenhang mit der Witterung auch *Zeiten, in denen sie heftiger und allgemeiner auftritt,* und wieder andere, wo man wenig von ihr spürt. Andere Pilzkrankheiten treten oft ziemlich plötzlich in einzelnen Jahren auf, um dann jahre- und jahrzehntelang wieder zu verschwinden, so z. B. *Cenangium abietis* an den Triebspitzen sonst gesunder kräftiger Kiefern (temporäre Disposition).

Beim Kienzopf (*Peridermium Pini*) stellten HAACK und KLEBAHN die Empfänglichkeit einzelner Stämmchen neben scheinbar völliger Unempfindlichkeit anderer fest (individuelle Disposition).

Es gibt bei unseren Holzarten ebenso *Massenerkrankungen, denen kaum eine Pflanze zu widerstehen scheint,* die mit dem Infektionsstoff in Berührung kommt, wie die schon mehrfach genannte Pilzschütte (*Lophodermium pinastri*), und auch der seltener auftretende Kiefernnadelblasenrost (*Coleosporium Senecionis*), und wieder *andere, die immer nur einzeln oder kleinnesterartig auftreten,* wie z. B. *Agaricus melleus* an jungen Nadelholzpflanzungen und der Kienzopf (*Peridermium Pini*). Wir finden also alle Analogien mit menschlichen Krankheiten. Ebenso gibt es typische *Jugend- und Alterskrankheiten.* Ähnliches wie für die Pilzkrankheiten gilt aber auch für den Insektenbefall und andere Schädigungen.

Es ist nicht zu verkennen, daß für die großen „Kalamitäten im Walde", wie wir sie gerade in der letzten Zeit wieder in dem riesigen Forleulenfraß 1922—1924 in Norddeutschland in erschreckendem Maße gehabt haben, *der gleichaltrige und reine Bestand eine besonders geeignete Verbreitungsmöglichkeit* darstellt. Es ist daher in der Neuzeit der Gedanke immer dringlicher geworden,

---

[1]) a. a. O. S. 256.

durch Schaffung ungleichartiger Verhältnisse (Mischbestände, Ungleichaltrigkeit, Kleinflächenwirtschaft) die Massenerkrankungen unserer Waldbestände durch eine Art „*Waldhygiene*" zu bekämpfen. Diese an sich richtigen Wünsche finden aber ihre Beschränkung an wirtschaftlichen Forderungen und waldbaulich-technischen Möglichkeiten, worüber im II. Teil näher zu sprechen sein wird.

Im übrigen ist es *unrichtig und eine Übertreibung, daß erst die menschliche Wirtschaft derartige Kalamitäten geschaffen* habe. Einzelne uns überkommene Nachrichten aus früherer Zeit, bis ins 15. und 16. Jahrhundert hinein, bezeugen, daß es solche auch früher gegeben hat[1]). *Und auch dem Urwald sind solche Katastrophen größten Umfanges* nicht fremd[2]). Sie scheinen bis zu einem gewissen Grade naturnotwendig und unabwendbar zu sein.

Im Urwald, der sich selbst überlassen bleibt, wird *die alte Lebensgemeinschaft nach ihrer Zerstörung, oft auf einem Umweg über andere Formen, immer wieder aufgebaut.* Das ist selbstverständlich kein Grund für uns, zuzusehen und die Hände in den Schoß zu legen. *Wir haben keine Zeit, zu warten*, bis der Wald sich unendlich langsam wieder von selbst bildet. Wir haben alle Veranlassung, derartige schwere Störungen möglichst zu beschränken und gegen sie alle Mittel der Hygiene wie der unmittelbaren Bekämpfung einzusetzen, soweit dies wirtschaftlich und möglich erscheint. Wir haben aber auch keinen Grund, angesichts solcher Katastrophen an der Zukunft und am Bestand unseres Waldes zu verzweifeln. Wo die klimatischen Bedingungen für ihn einmal gegeben sind, würde er sich so oder so immer wieder durchsetzen. „*Auf Massentod folgt Massenauferstehung*"[3]), ebenso wie im natürlichen und ungestörten Entwicklungsgang des Waldes *auf Altern naturnotwendig die Verjüngung folgt und damit den Kreislauf des Lebens zu einer Kette ohne Ende zusammenschließt!*

---

[1]) Vgl. Dengler, A.: Die Hauptfragen einer neuzeitlichen Ausgestaltung unserer Kiefernwirtschaft. Z.F.J.W. 1928, S. 65 ff.

[2]) Schenck, C. A.: Der Waldbau des Urwaldes. A.F.J.Z. 1924, S. 377 ff.

[3]) Schenck: a. a. O.

Zweiter Teil.

Technik des Waldbaus.

Einleitung. Ziel und Wesen des Waldbaus. Literatur.

Ziel und Wesen des Waldbaus. Als *Waldbau* bezeichnen wir einen Zweig der forstlichen Wirtschaftstätigkeit, der zur Aufgabe hat, den Wald planmäßig so an- und aufzubauen, daß die Bedürfnisse des Volkes an seinen Erzeugnissen dauernd in möglichst vollkommener Weise aus ihm gedeckt werden können. Vom wirtschaftlichen Standpunkt bleibt dabei zu beachten, daß alle Aufwendungen und Kosten hierbei in einem angemessenen Verhältnis zum erreichten Nutzen stehen sollen. Was hierbei angemessen ist, wird von allgemeinen volkswirtschaftlichen Gesichtspunkten zu bestimmen sein.

Das Ziel für den Waldbau ist also nicht nur, wie man oft lesen und hören kann, *möglichst hohe und hochwertige*, sondern auch *möglichst wirtschaftliche Produktion*. Diese Nebenbedingung kann u. U. das Ziel möglichst hoher und hochwertiger Produktion mehr oder weniger abändern und einschränken! Das gilt z. B. für die Frage der Düngung im Walde, durch die man u. U. bei hohen Kosten auch auf ärmsten Böden nachweislich große Zuwachssteigerungen erzielen kann (Basaltmehldüngung 1200 M je ha!).

Die *Erzeugnisse*, um die es sich im Walde handelt, sind in der Hauptsache *Holz* für Feuerung, Hausbau, Möbel und sonstige gewerbliche und industrielle Zwecke (*Hauptnutzung des Waldes*), daneben aber noch eine Reihe von anderen Stoffen, wie Rinde zur Gerberei, Harz für die Industrie, Baum- und Erdmast für Schweine, Gras für Viehweide, Streu für die Ställe, Beeren, Pilze für den menschlichen Genuß u. a. m. (die sog. *Waldnebennutzungen*). Diese Nebennutzungen haben bei uns Jahrhunderte hindurch manchmal eine viel größere Bedeutung gehabt als die Holznutzung selbst. In reichbewaldeten und dünnbesiedelten Ländern mit extensiver Wirtschaft liegen die Verhältnisse oft heute noch so. Bei uns hat aber der steigende Bedarf an Holz bei verkleinerter Waldfläche und die starke Zunahme der Bevölkerung schon längst die Bedeutung der Hauptnutzung so in den Vordergrund gerückt, daß die anderen Nutzungen daneben ganz zurücktreten und mehr und mehr aus dem Walde verschwinden, zumal sie sich meist mit der Holzerzeugung schlecht vertragen.

Wenn man gelegentlich in der forstlichen Literatur lesen kann, unser Ziel sei, Holz zu produzieren und nicht Geld, so ist das an sich richtig, aber überspitzt ausgedrückt. Insoweit Geld ein zutreffender Wertmesser ist, ist natürlich auch der Geldertrag bzw. der Reinertrag, den die Wirtschaft bringt, ein guter Ausdruck für den Wert der wirtschaftlichen Leistung und das einfachste Mittel seiner zahlenmäßigen Erfassung.

Eine Besonderheit der Forstwirtschaft ist die *Wirkung aller Maßregeln auf lange Sicht hin*. Was wir heute säen, das ernten meist erst unsere Nachkommen in dritter Generation. Wir wissen nicht, was für Erzeugnisse die Volkswirtschaft dann vom Walde verlangen wird. Wir stehen hier leider immer vor einem großen und unvermeidlichen „Ignorabimus"! Irgendeine Entdeckung oder Erfindung kann die bisherigen Wirtschaftsziele vollständig umwerfen. So hat die *Umstellung der Landwirtschaft* und Viehzucht vom extensiven zum intensiven Betrieb (künstliche Düngung, Stallfütterung) den *Wert der Nebennutzungen*, Streu und Weide, die im Mittelalter oft die Haupteinnahmen aus dem Walde brachten, fast ganz aufgehoben. So ist nach der *Entdeckung der Kohle* das Ziel von der *Brennholzwirtschaft* stark auf die *Nutzholzerzeugung* übergegangen. Während früher nur starkes Nutzholz einen großen Markt mit hohem Absatz hatte, ist seit Jahrzehnten durch den steigenden *Gruben-* und *Papierholzbedarf* nun auch der *Wert der schwächeren Hölzer* sehr stark heraufgegangen. In Zukunft kann jede Erfindung der chemischen Industrie (wie jetzt schon Zellwolle, Zucker und Treibstoff aus Holz!) und jede Änderung in der Bautechnik (Eisenbetonbauten, eiserne Bahnschwellen, Stahlwaggons, Stahlmöbel), wieder eine Verschiebung verursachen. Die besondere Schätzung feinringigen und astreinen Holzes (sog. *Wertholzes*) kann durch die neuere Herstellung sehr schöner und leicht zu verarbeitender *Kunsthölzer* alle Mühe und alles Kopfzerbrechen um die sehr schwierige Erziehung solcher Werthölzer in naher Zukunft vielleicht vollständig überflüssig machen. Das bringt unabwendbar eine gewisse Unsicherheit mit sich. Da wir die Entwicklungsmöglichkeiten hier auch nicht annähernd überall zu überschauen vermögen, so bleibt uns entweder nur eine Zielsetzung auf Grund der gegenwärtigen Verhältnisse, wobei die wahrscheinliche Tendenz der Weiterentwicklung berücksichtigt wird. (Z. B. läßt sich aus den allgemeinen Verwendungseigenschaften von Laub- und Nadelhölzern ziemlich sicher voraussagen, daß die ersteren gegenüber den letzteren auch in Zukunft immer nur eine untergeordnete Rolle spielen werden.) Oder man entschließt sich für einen Kompromiß, indem man jede einseitige Einstellung auf einzelne Holzarten und bestimmte Sortimente vermeidet und nach Möglichkeit von allem etwas bereit hält. Übrigens schaffen Klima und Boden hier meist eine gewisse Gebundenheit, über die wir sowieso nicht hinauskönnen.

Die *Länge der Produktionszeit* bedingt für die Forstwirtschaft auch eine richtige Einteilung der Nutzungen über diese Zeit hin und die Sorge für Erhaltung der gleichen Nutzungsmöglichkeiten noch über sie hinaus, d. h. sie muß die Forderung der *Nachhaltigkeit* erfüllen. Hierzu gehört nicht nur, *daß der Vorrat immer wieder ergänzt wird und entsprechende Holzbestände nachgezogen werden, sondern auch, daß der Boden in seiner Produktionskraft erhalten oder sogar gefördert wird!*

Es spielt hier die oft in der forstlichen Literatur aufgeworfene Frage hinein, *inwieweit wir in der Wirtschaft der Natur zu folgen haben oder nicht.*

Natur und Technik müssen sich hier von vornherein stets in einem gewissen Gegensatz befinden, da die wirtschaftlichen Maßnahmen, vor allem die Hauungen, stets Eingriffe in das natürliche Gefüge des Waldes darstellen. Aber es gibt hier *alle Abstufungen von natürlich, naturgemäß, künstlich, unnatürlich bis hin zu widernatürlich! Wie weit wir vom Wege der Natur abweichen dürfen, ohne den Wald und uns selbst zu schädigen, das ist die große Frage, aber auch die große Kunst der Technik des Waldbaus!* Die Landwirtschaft hat gezeigt, daß man damit unter Umständen sehr weit, ja bis zur völligen Unnatur, gehen kann. Der Ackerboden wird alljährlich um und um gedreht und einseitig bald mit diesem, bald mit jenem Gewächs bebaut. Die Wiese wird gemäht, ehe die Gräser zur Reife und damit zu ihrer natürlichen Fortpflanzung gelangen. Und je öfter sie gemäht wird, desto besser wird die Bestockung! Im Walde liegen die Grenzen sicherlich viel enger. Aber auch hier wäre es grundsätzlich falsch, nur der Natur folgen oder nachlaufen zu wollen, wie das aus vielen Äußerungen der forstlichen Literatur übertrieben herausklingt. *Auch hier ist das Ziel vielmehr, die Natur zu lenken, sie meistern zu lernen,* selbst wenn wir heute noch weit davon entfernt sein mögen. Es hieße in einem Zeitalter der Technik, die mehr und mehr in der Beherrschung der Natur fortschreitet, zurückbleiben, wenn wir daran zweifeln oder gar verzweifeln würden. „Vieles Gewaltige lebt, doch nichts ist gewaltiger als der Mensch!" (SOPHOKLES, Antigone.)

Das *besondere Wirtschaftziel* wird dem Waldbau im allgemeinen durch *Wirtschaftspläne* gegeben, die die *Forsteinrichtung* aufzustellen pflegt. Über deren Stellung zum Waldbau bestehen starke Gegensätze der Anschauungen. Man hat vielfach über Knebelung des Waldbaus durch die Forsteinrichtung geklagt. H. MAYR[1]) stellte demgegenüber die Forderung auf, daß sie „Dienerin des Waldbaus" zu sein habe, eine Auffassung, die auch heute noch von vielen Seiten vertreten wird. Beides ist unrichtig. Um Herrschen oder Dienen des einen oder anderen darf es sich überhaupt nicht handeln. Beide haben sich vielmehr zu verbinden und dem allgemeinen Wirtschaftsziel unterzuordnen. Das kann nur im verständnisvollen Zusammenwirken geschehen. Das Ziel ist nach ökonomischer Richtung hin hauptsächlich von der Forsteinrichtung, nach der produktionstechnischen aber vom Waldbau zu begründen und danach zusammen zu vereinbaren. Ist es einmal festgestellt, so ist es vom Waldbau auszuführen und seine Ausführung durch die Forsteinrichtung dauernd nachzuprüfen.

Unerläßlich scheint hier auf die Dauer auch die Feststellung des Erfolges der bisherigen Wirtschaft durch vergleichende Vorrats- und Zuwachsermittlungen nicht nur für den Wald im ganzen, sondern auch für einzelne typische und nach bestimmten Verfahren behandelte Bestände oder Bestandteile (sog. *Weiserbestände*). Nur dann werden wir zu sicheren Erfahrungen über Wert und Unwert unserer Wirtschaftsverfahren im ganzen wie im einzelnen kommen!

Ergeben sich nach der einen oder anderen Seite hin offenbare Nachteile, so haben Waldbau und Forsteinrichtung beide das Recht und die Pflicht, eine Änderung zu verlangen. Eine richtige Stellung des Waldbaus im ganzen Wirtschaftssystem verlangt aber auch eine *Berücksichtigung aller Forderungen,* die vom *Forstschutz* und von der *Forstbenutzung,* insbesondere der *Holzverwertung,* aufgestellt werden. Jeder Bestand muß so behandelt werden, daß er auch den *Ansprüchen* nach diesen Richtungen hin möglichst gerecht wird. Hieran fehlt es z. Z. noch oft. Das Ziel darf nicht nur sein, einen möglichst massen- und zuwachsreichen Bestand zu erziehen, sondern dieser muß auch gegen Gefahren gesichert sein oder gesichert werden, es muß auch seine Verwertungsmöglichkeit, ob als grobes Bauholz oder feine Schneideware, von vornherein ins Auge gefaßt und daraufhin die ganze Behandlung von Jugend auf eingestellt werden. Hier wäre neben dem allgemeinen Wirtschaftsplan noch *ein besonderes Wirtschaftsziel für jeden Einzelbestand* aufzustellen und die Wege zu seiner Erreichung in *besonderen Wirtschaftsregeln* vorzuschreiben.

Die Praxis empfindet solche Vorschriften zwar oft als drückend und sieht in ihr eine Beeinträchtigung der persönlichen Wirksamkeit. Man hat sogar neuerdings[2]) behaupten wollen, daß nur bei voller Freiheit des Wirtschafters unter alleiniger Bindung an einen jährlichen Abnutzungssatz ein Aufschwung und ein neues Zeitalter für den Wald möglich sein würde. Aber das sind Utopien, die nicht mit der Wirklichkeit, nicht mit dem häufigen Wechsel des Wirtschafters, seinen menschlichen Schwächen und Fehlern rechnen, und die auch beim jungen Anfänger eine wirtschaftliche Erfahrung voraussetzen, die er sich erst mit der Zeit erwerben kann.

---

[1]) In seinen Vorlesungen.
[2]) HAUSENDORFF, E.: Deutsche Waldwirtschaft. Ein Rückblick und Ausblick. Berlin 1927.

Wirtschaftsregeln sind natürlich nach Standort und Bestandestypen verschieden zu fassen und nur insoweit bindend zu gestalten, als langjährige und sichere Erfahrungen vorliegen. Sie werden auch abänderungsfähig und abänderungsbedürftig sein und bleiben. Aber sie werden einem willkürlichen Herumprobieren im Walde beim Wechsel der Wirtschafter und groben Mißgriffen vorbeugen, die sonst bei jungen Anfängern in der Praxis unvermeidlich sind. Im neuen Deutschland ist jetzt dieser hier seit langem vertretene Standpunkt auch amtlich anerkannt und durchgeführt worden. Unter dem allgemeinen Ziel eines *„naturgemäßen Wirtschaftswaldes"* ist nunmehr eine *„waldbauliche Planung"* für die verschiedenen Standortstypen vorgesehen, die die wichtigsten waldbaulichen Maßregeln, insbesondere Wahl der Holzarten und Holzartenmischungen, Art der Verjüngung u. a. m. vorschreibt. Eine *Standorts-* und *Vegetationskartierung* soll überall vorangehen und die Grundlage bilden. Bis dies ausgeführt und fertiggestellt sein wird, ist eine *„vorläufige Planung"* innerhalb der Regierungsforstämter nach den örtlich schon erkennbaren Standortstypen eingeleitet und nun auch in *Preußen* durchgeführt worden, nachdem solche *„Wirtschaftsregeln"* für einzelne Wuchsbezirke in *Süddeutschland* schon lange bestanden haben.

Der *Waldbau als Wissenschaft und Lehre* kann und soll die *Grundlagen für die richtige Erkenntnis der Zusammenhänge* geben, er kann auch unter Benutzung der vorliegenden Erfahrungen gewisse *allgemeine Regeln* aufstellen, aber *die richtige Anwendung im Walde* erfordert *bei aller persönlichen Befähigung doch meist noch ein Anlernen und Anleiten* dazu. Es gibt freilich auch hier Meister, die vom Himmel fallen, aber die Regel sind Lehrlinge, die sich erst langsam dazu ausbilden und dazu ausgebildet werden müssen!

Der Waldbau ist freilich kein bloßes Handwerk mehr. Er ist *Kunst*, und zwar, wie sein Name ursprünglich wohl ganz unbeabsichtigt sagt, eine *Baukunst.* *Waldbau ist nicht allein Waldanbau*, Holzzucht, wie man früher sagte, er ist *Waldaufbau* geworden. Aus der Art und Weise, wie wir die Bausteine aneinander- und übereinandersetzen, *aus Grundriß und Aufriß des großen Waldgebäudes und seiner Einzelteile, der Bestände*, bestimmen sich zum großen Teil und grundlegend die Verhältnisse der Produktion, des Forstschutzes und der Holzverwertung. *Diese Baukunst findet ihre Vollendung und Krönung in verschiedenen Formen*, die wir mit dem Namen *Betriebsformen* bezeichnen, die nach unserer Auffassung *Aufbauformen* sind. Wenn Chr. Wagner neuerdings den Waldbau hier ausschließen und die Frage des Betriebssystems als technische Frage ausschließlich seiner Betriebslehre (Forsteinrichtung im erweiterten Sinne) zuweisen will, so verschiebt er damit eine aus alter Geschichte erwachsene Abgrenzung und Einteilung, die der Waldbau wahrscheinlich auch in Zukunft behalten und für sich behaupten wird. Die Trennung eines biologischen Aufgabenkreises für den Waldbau und eines technischen für die Betriebseinrichtung ist weder geschichtlich begründet noch sachlich gegeben. Waldbau ist von jeher auch Technik gewesen, und die Ausbildung der Aufbauformen ist überall durch ihn und nicht durch Forsteinrichtung und Betriebslehre erfolgt. Er würde seinen Namen nicht mehr verdienen, wenn er sich von diesem Gebiet ausschließen lassen wollte!

Literatur. Die *Entwicklung der Lehre vom Waldbau* hat sich etwa vom Ende des 18. Jahrhunderts an langsam vollzogen. Sie ist aus der unten angefügten Übersicht über die hauptsächlichste Literatur zu ersehen. Aus ihr sollen hier nur einige der führenden Werke herausgegriffen und in ihrer Eigenart und Bedeutung kurz skizziert werden.

Grundlegend war die 1791 erschiedene *„Anweisung zur Holzzucht (später Lehrbuch) für Förster und die es werden wollen"*, von Georg Ludwig Hartig, damaligem württembergischen Oberforstrat und späteren Chef der Preußischen Staatsforstverwaltung. Hier wurden die bisherigen Kenntnisse über die *forstlich wichtigen Eigenschaften der einzelnen Holzarten und die praktischen Erfahrungen bei der Verjüngung und Behandlung* der verschiedenen Bestände *zum erstenmal systematisch zusammengefaßt* und daraus ein wenn auch noch einfaches Lehrgebäude des Waldbaus errichtet. HARTIGS eigene Erfahrungen lagen besonders in der Buchenwirtschaft des Westens. Man hat ihm den Vorwurf gemacht, daß er diese Verhältnisse ohne weiteres auch auf die anderen Holzarten übertragen, überhaupt zu sehr „*generalisiert*" habe. Dieser Vorwurf ist zwar teilweise begründet, aber die allgemeine Anschauung darüber geht doch vielfach zu weit. Die berühmten und oft angeführten 8, später 10 *Generalregeln* beziehen sich nur auf so allgemeine und grundlegende Verhältnisse, daß bei ihnen von einem fehlerhaften Generalisieren wirklich nicht gesprochen werden kann. Bezeichnend für HARTIGS Anschauungen war u. a. seine Stellung zur *Frage des Bestandsschlusses*. Hier warnt er eindringlich vor einer Durchbrechung des Schlußstandes vor Beginn der Verjüngung und empfiehlt auch bei dieser selbst zunächst eine recht dunkle Schirmstellung. Die Durchforstung sollte nur Totes und Unterdrücktes entnehmen. Dies hat ihm und seinen Schülern bei den Gegnern später den Spottnamen der „*Dunkelmänner*" eingetragen. Besonders schwerwiegend und nachteilig war jedenfalls *sein Eintreten für die Zusammenlegung großer gleichaltriger und reiner Bestände*. Viele unserer heutigen, oft in mehreren Jagen bzw. Distrikten nebeneinander liegenden Altholzgroßflächen sind unter dem Einfluß dieser HARTIGschen Anschauung entstanden. Sein Lehrbuch hatte jedenfalls s. Z. einen glänzenden Erfolg. Es erlebte 9, damals allerdings gewöhnlich nur sehr kleine Auflagen.

Das zweite bedeutende Waldbaulehrbuch, das erst im Jahre 1860 nach des Verfassers Tode herausgegeben wurde, war „*Die deutsche Holzzucht*" von WILHELM PFEIL, dem ersten Direktor der Forstakademie Eberswalde. Wenn HARTIG zum Generalisieren neigte, so umgekehrt PFEIL zum *Spezialisieren*. Er hob zuerst scharf die *Verschiedenheiten des Standorts* hervor und betonte, daß sie es verbieten, allgemeine Regeln zu geben, daß man diese vielmehr für jeden Standort und jede Holzart besonders fassen müsse. Das ganze Werk ist auch so angelegt, daß es das Verhalten der einzelnen Holzarten und die Wirkung der einzelnen Wirtschaftsmaßnahmen nach den verschiedenen Standorten darstellt. PFEIL war nach dieser Richtung ein *ganz hervorragend scharfer und guter Beobachter*, und vieles, was er s. Z. schon über die Verjüngungsfähigkeit der Kiefer auf den einzelnen Bodenarten und in einzelnen Gegenden Norddeutschlands festgestellt hat, was dann aber wieder in Vergessenheit geraten war, ist heute wieder hervorgeholt und bestätigt worden. Er kann sogar als der eigentliche Schöpfer des Gedankens vom „*eisernen Gesetz des Örtlichen*" betrachtet werden, das WIEDEMANN neuerdings so scharf hervorgehoben hat[1]). Anfänglich vertrat er die Naturverjüngung der Kiefer sehr viel stärker als später nach den jahrzehntelangen Erfahrungen im norddeutschen Diluvialgebiet, wo er viele Mißerfolge dabei erfuhr. Er führte dann auch die *Erziehung und Verpflanzung der Kiefer mit „entblößter Wurzel"* (im Gegensatz zu der bisher allein üblichen „*Ballenpflanzung*") ein und hatte damit große Erfolge auf den vielen völlig verwilderten Blößen und Räumden, aber auch auf den sich mehr und mehr einbürgernden Kahlschlägen an Stelle der vielfach verunglückten Schirmschläge mit natürlicher Verjüngung. Die Abneigung PFEILS gegen „Generalregeln" wie die von G. L. HARTIG, zu dem er sich überhaupt in einen bewußt scharfen und per-

---

[1]) WIEDEMANN, E.: Die praktischen Erfolge des Kieferndauerwaldes, S. 166. 1925.

sönlichen Gegensatz stellte, ging so weit, daß wir in seinem Lehrbuch fast überhaupt keine allgemeinen Lehrsätze finden. Das ist natürlich auch übertrieben und tut dem Lehrzweck entschieden Abbruch, der doch gerade darauf gerichtet sein muß, dem Lernenden zuerst die allgemeinen Beziehungen zwischen Ursache und Wirkung, wie sie überall bestehen, vor Augen zu führen, um die Verschiedenheiten des Örtlichen dann erst als Sonderfälle richtig erkennen und beurteilen zu lernen. Besonders bekannt geworden ist PFEILS Ausspruch: *Fraget die Bäume, wie sie wachsen! Sie werden Euch besser belehren als Bücher dies tun!* Man hat vielfach zu Unrecht darin eine Geringschätzung der Wissenschaft durch PFEIL gesehen. Der Ausspruch war bei seiner scharfen und kritischen Einstellung nur eine verständliche Reaktion auf den damaligen Tiefstand der forstlichen Literatur und die noch mangelhafte Erkenntnis der verwickelten Lebens- und Wachstumsvorgänge im Walde. PFEILS eigene und sogar sehr reiche literarische Tätigkeit würde bei anderer Auffassung sein eigenes Wort Lügen strafen! Sein Wirken und Lehren auf Grund einer fast 60jährigen Tätigkeit hat jedenfalls der Forstwirtschaft Norddeutschlands eine Fülle von Anregungen gebracht. Er hat den *leichtfertigen Hypothesen und Dogmen,* wie sie sich von jeher und auch heute noch gerade in der forstlichen Literatur finden und allzu leicht Anhang gewinnen, jene *fruchtbare Kritik* gegenübergestellt, die zur Nachprüfung zwingt, und auf diesem Wege ebensooft und ebensogut zur richtigen Erkenntnis der Wahrheit führt, wie die Aufstellung neuer Gedanken.

Das dritte der älteren Hauptwerke, das nun auch zuerst den Namen „*Waldbau*" trägt, ist das von HEINRICH COTTA, dem ersten Direktor der sächsischen Forstakademie Tharandt. Das Erscheinen der ersten Auflage (1816) liegt zeitlich sogar lange vor dem von PFEIL. Es wird hier aber deswegen später erwähnt, weil es in seiner ganzen Einstellung gewissermaßen *die glückliche und richtige Mittelstellung zwischen der Generalisierungsrichtung* von G. L. HARTIG und *der Spezialisierung bei* PFEIL einnimmt. Es beginnt mit dem berühmt gewordenen Wort: „*Wenn die Menschen Deutschland verließen, so würde dieses nach 100 Jahren ganz mit Holz bewachsen sein*", ein Gedanke, den auch das vorliegende Buch zum Ausgangspunkt für die Stellung des Waldes in der Natur genommen hat (vgl. Teil I). Den *Begriff des Waldbaus* faßt COTTA *aber enger,* als wir dies hier tun wollen, nämlich *in Anlehnung an den Feldbau nur als Anbau des Waldes,* trotzdem die Erkenntnis von der Wichtigkeit des Aufbaus auch bei ihm schon überall durchschimmert. Eine wie bescheidene Stellung der Waldbau damals noch einnahm, zeigt der Schluß seines Vorwortes: „Die Lehre vom Waldbau, die hier vorgetragen wird, hat nur einen geringen Rang in der Forstwissenschaft; ihrer Wichtigkeit nach gebührt ihr aber die erste Stelle, und sie verdient daher vorzüglich ausgebildet zu werden." Auch sonst enthält dieses Vorwort noch eine Menge klarer und origineller Gedanken, besonders über das Verhältnis von Erfahrung und Wissenschaft, damals richtiger Pseudowissenschaft.

COTTA behandelt den ganzen Waldbau in zwei großen Abschnitten: 1. *Die Holzzucht,* worunter er die *natürliche Verjüngung* versteht, und wobei er auch schon die verschiedenen Betriebsformen behandelt, und 2. den *Holzanbau,* d. h. *die künstliche Verjüngung.* Trotzdem heute eine andere Haupteinteilung gebräuchlich ist, stimmt die feinere Gliederung und Behandlung des Stoffes schon weitgehend mit neueren Werken überein. Eine große Anzahl von Einzelbegriffen ist von ihm überhaupt zum erstenmal klar herausgearbeitet worden. In dieser Beziehung verdankt ihm die Lehre vom Waldbau viel, ebenso wie sie ja ihren Namen von ihm erhalten hat. COTTA erkannte auch schon richtig die *Notwendigkeit und den Wert erzieherischer Eingriffe in den Bestandesschluß,* und wenn er im Maß dieser Eingriffe auch noch weit hinter dem zurückbleibt, was wir heute in der Durchforstung fordern, so trug ihm und seiner Schule diese Stellungnahme doch schon den Namen der „*Lichtfreunde*" im Gegensatz zu den HARTIGschen „Dunkelmännern" ein.

Im Jahre 1854 erschien von CARL HEYER, Professor der Forstwissenschaft in Gießen und ehemaligem hessischen Forstmeister, „*Der Waldbau oder die Forstproduktenzucht*", ein Werk in zwei Bänden, das durch sorgfältige Sichtung und Zusammenstellung der zerstreuten Zeitschriftenliteratur und auch durch die gleichmäßig klare und objektive Behandlung des Stoffes seinen Wert als Lern- und Nachschlagebuch erhielt. Die späteren Auflagen sind von seinem Nachfolger, Professor HESS, herausgegeben. Eine originelle Stellungnahme oder neue befruchtende Gedanken finden sich aber weder in der Anlage des Ganzen noch in der Ausführung im einzelnen.

Ähnliches gilt auch von dem sonst trefflich geschriebenen *Abschnitt „Waldbau" von* TUISKO LOREY *in dessen Handbuch der Forstwissenschaft* (1888), an dessen Fassung und Gedankengang auch die späteren Bearbeiter der neueren Auflagen wenig geändert haben. (Neueste 4. Auflage 1925 u. 1926.)

Unter dem eigenartigen Titel „*Säen und Pflanzen nach forstlicher Praxis. Ein Handbuch der Holzerziehung*", erschien dann 1854 ein waldbauliches Werk von größerem Umfang von dem hannöverschen Forstdirektor HEINRICH BURCKHARDT. Unter dem anspruchslosen Titel verbirgt sich viel mehr, als man danach vermuten könnte. Es ist zwar kein Lehrbuch des Waldbaus im eigentlichen Sinne und will es auch nicht sein. Es gibt aber in ganz vortrefflichen und aus reicher Erfahrung geschöpften Einzelabhandlungen *eine bis dahin noch nicht erreichte vollständige Darstellung der verschiedenen Wald- und Wirtschaftsformen des hannöverschen Berg- und Flachlandes mit allen standörtlichen Feinheiten.* Die Vorzüge und Nachteile der einzelnen Verfahren werden in ihrer standörtlichen Bedingtheit dargestellt. Mit Recht wird daher auch dieses ältere Werk zu den Hauptwerken unserer Waldbauliteratur gezählt und heute noch oft angeführt.

Ganz neue und eigenartige Gedanken brachte dann aber der im Jahre 1878 erschienene und in der ganzen Welt bekannt und berühmt gewordene „Waldbau" von KARL GAYER, dem Inhaber des waldbaulichen Lehrstuhles in München. GAYER vertrat hier — und damals aus ganz besonderem Anlaß — den Standpunkt, *daß der Waldbau seine Hauptaufgabe in der Pflege der Standorttätigkeit als der wichtigsten und zugleich gefährdetsten Quelle der Produktion zu suchen habe.* Er warnte vor der Einseitigkeit, mit der man im Walde in erster Linie den augenblicklichen Erträgen und ihrer Größe nachginge, ohne auf die *Rückwirkung aller Maßregeln auf den Bodenzustand* zu achten. Er wies eindringlich auf die Gefahren hin, die mit der Abkehr von der Mischwaldbestockung verbunden sind. Es mangele vielfach noch an Mut, diese Gefahren als solche zu sehen und sich an die „*lautere Quelle der Natur zurückzubegeben, die uns allein auf die von uns einzuschlagenden untrüglichen Wege verweist*". Diese im Vorwort ausgesprochenen Gedanken ziehen sich wie ein roter Faden durch das ganze Buch. Man muß sich hierzu vergegenwärtigen, daß *die damalige Zeit eine Zeit der einseitigen Überschätzung des Reinbestandes* wegen seiner leichteren Bewirtschaftung, größeren Übersichtlichkeit und besseren Einpassung in die taxatorischen Anschläge war (*Ertragstafelwald*), obwohl der Mischbestand gerade in Süddeutschland fast überall von Natur gewesen und gegeben war. Ebenso war man durch allzu einseitige „Anwendung des Rechenstiftes" in eine *Vorliebe für die Fichte gegenüber dem Laubholz*, besonders der damals noch schlecht zu verwertenden *Buche*, verfallen, die man mit Recht später als „*Fichtomanie*" gebrandmarkt hat. Gegenüber allen diesen Einseitigkeiten und Auswüchsen bedeutete die Auffassung GAYERS eine rechtzeitige und nachdrückliche Warnung und Umkehr. Dabei *hat* GAYER *selbst auch hierin überall Maß gehalten und sich keinerlei Über-treibungen hingegeben.*

Er leugnet z. B. nicht, daß es Standorte gibt, in denen der Reinbestand ungefährlich und naturgegeben ist, er verwirft auch den Kahlschlag nicht grundsätzlich, sondern nur da, wo es auch ohne ihn geht. Obwohl ein begeisterter Anhänger der Naturverjüngung, sagt er doch selbst: ,,Aber es wäre ein strafbarer Sprung von einem Extrem zum anderen, wenn man, wie bisher der künstlichen, *nun der natürlichen Verjüngung allein und für alle Fälle das Wort reden wollte.* Es gibt und wird immer zahlreiche Bestands- und Standorts-vorkommnisse geben, für welche vorzugsweise die künstliche, andere, für welche die natür-liche Bestandsgründung die gerechte Verjüngungsmethode ist; für die Mehrzahl der Fälle (sc. vom süddeutschen Standpunkt!) aber ist es die Verbindung beider Methoden!"

Ganz unzweifelhaft ist es GAYERs *hohes und dauerndes Verdienst, daß er der damaligen Einseitigkeit in waldbaulichen Fragen entgegengetreten ist und sie nach-drücklich und wirksam bekämpft hat.* Seine Lehren nach dieser Beziehung haben zwar langsam, aber sicher überall Schule gemacht.

Die Begründung seiner Lehre war ganz auf die Erfahrungen der Praxis ge-stützt. Die Heranziehung experimenteller Ergebnisse oder die Anstellung eigner vergleichender Versuche lag ihm noch völlig fern. Wir finden in seinem Buch nichts von Zahlen, Schaulinien und Formeln. Alles ist nur aus der eigenen, aller-dings hervorragend scharfen und fein abwägenden Beobachtung entwickelt.

Von ganz anderem Schnitt war die im Jahre 1885 erschienene ,,*Holzzucht*' von BERNARD BORGGREVE, Professor und Akademiedirektor in Hannöversch-Münden. *Ein geistvoller Mann von höchster Originalität der Gedanken, eine kampf-frohe und kampfbedürftige Natur durch und durch,* setzt sich hier mit den geg-nerischen Anschauungen auseinander. BORGGREVE selbst bezeichnet es im Vor-wort nicht als seine Absicht, ein möglichst vollständiges Lehrbuch zu schreiben und ,,alles, was irgendwo vorgeschlagen und behauptet ist, ausführlich und bis ins Detail hinein" zu erörtern. Das möge vielleicht seine Berechtigung haben, wenn man ,,für Autodidakten" schreibe! Das aber wolle er nicht. Sein Buch solle *im Gebiet des allgemein Anerkannten und nicht Umstrittenen nur ein Grundriß* sein. Dagegen sollte es da, wo die Anschauungen auseinandergehen, oder wo nach seiner Ansicht *Reform* derselben *dringend notwendig* sei, sich eingehend und eindringend mit allem Für und Wider auseinandersetzen und ,,den in der Wirt-schaft stehenden Fachgenossen *einen sicheren Leitfaden durch das Chaos der Meinungen oder ,Ansichten', einen wissenschaftlichen Grundton in dem Geklingel der sich widersprechenden Schlagwörter der Mode des Tages bieten".* Die kleine Probe aus dem Vorwort klingt schon wie Trompetenstoß zu geistigem Turnier. Und das ist es denn auch reichlich geworden! Trotzdem enthält das Buch doch viel mehr als etwa nur einseitige Polemik. Und selbst da, wo es rein polemisch ist, blitzen überall neue und tiefe Gedanken auf. Man kann von ihm in Abwandlung des bekannten Goethewortes wohl sagen: ,,Und wo er's packt, da ist's interessant!" BORGGREVEs ,,Holzzucht", besonders die sehr viel umfangreichere zweite Auf-lage (1891), gibt auch *zum ersten Male dem Waldbau eine allgemeine pflanzen-physiologische und pflanzengeographische Grundlage,* die schon in einer seiner ersten wissenschaftlichen Schriften ,,*Über die Haide*" hervortritt. Diese kann geradezu als eine vegetationskundliche Studie zu einer forstwirtschaftlichen Frage bezeichnet werden. Viele seiner Begründungen haben dauernd ihre Be-rechtigung behalten. Auf die einzelnen reformatorischen Gedanken BORGGREVEs auf dem Gebiet der Naturverjüngung und der Bestandeserziehung wird später noch näher einzugehen sein.

Im Jahre 1908 erschien dann der ,,*Waldbau auf naturgesetzlicher Grundlage*" von HEINRICH MAYR, dem Nachfolger GAYERs auf dem Münchener Lehrstuhl. Der Nachdruck, der schon im Titel auf die naturgesetzliche Grundlage gelegt wird, verleiht auch diesem Werk eine besondere Note und seinen besonderen Wert. MAYR selbst hatte *durch große Auslandsreisen und eingehende forstliche Studien in Nordamerika und in Japan,* wo er sogar einige Jahre lang als Dozent wirkte, den Wald in den verschiedensten Teilen der Erde kennengelernt. Aus der Fülle des dort Gesehenen und Erlebten hat er dann eine besondere *forstliche Klimatologie* in großen Zügen aufgebaut, die in den pflanzengeographischen Werken von HUMBOLDT, DRUDE, WARMING und SCHIMPER zwar schon im allgemeinen gegeben, aber doch noch nicht für den Wald im einzelnen entwickelt war. H. MAYR betonte *besonders stark den Einfluß des Wärme- und Wasserfaktors,* während die übrigen Faktoren, insbesondere der Boden und die für den Wald so überaus wichtige Humusfrage, etwas kurz wegkommen. Auf dem Gebiet der forstlichen Klimalehre entwickelte er *eine Reihe von scharfgeformten Lehrsätzen,* die in der Hauptsache wohl das Richtige treffen, im einzelnen freilich nicht immer genügend begründet erscheinen und manchen Anfechtungen begegnet sind. Neben der allgemeinen Klimatologie des Waldes, d. h. seiner Bedingtheit vom Außenklima, finden wir bei ihm auch schon eine *Bestandesklimatologie,* d. h. die Lehre vom Innenklima, das die Bestände sich selbst schaffen. Ebenso spricht er unter Anlehnung an die Begriffe der Pflanzengeographie schon von einer *Bestandessoziologie,* d. h. der Lehre von den verschiedenen Formen der Vergesellschaftung der Bäume in den einzelnen Bestandesarten.

Überall finden wir in seinem Werk Beziehungen und Hinweise auf Ähnlichkeiten und Unterschiede der deutschen Verhältnisse mit den ausländischen. Überall werden aus diesen Vergleichen fruchtbare und allgemein anregende Schlüsse gezogen. *„Naturgesetzlicher Waldbau ist international",* sagt er stolz und großzügig. Das gilt natürlich zu Recht. Nur setzt es voraus, daß die entwickelten Beziehungen wirklich Naturgesetze sind und als solche auch richtig bewiesen werden können. Wenn man nach dieser Richtung hin die MAYRschen Lehrsätze nachprüft, so schmilzt freilich die Fülle derselben nur auf einen kleinen Bestand zusammen und die Folgerungen daraus für eine internationale Praxis des Waldbaus ebenfalls! Ein besonderes Verdienst hat sich MAYR noch um die *Klärung der Anbaufähigkeit der ausländischen Holzarten* erworben (vgl. das nachfolgende Kapitel 5 B).

Als weiteres großes Waldbauwerk ist schließlich noch das von ANTON BÜHLER, Professor der Forstwissenschaft in Tübingen, zu nennen. Es trägt den Titel *„Der Waldbau nach wissenschaftlicher Forschung und praktischer Erfahrung"* und ist in zwei Bänden 1918 und 1922, der letzte Band erst nach dem Tode des Verfassers, erschienen. Es ist das umfangreichste aller Waldbauwerke geworden, das wir besitzen und wohl je besitzen werden. Denn es umfaßt nicht weniger als 1300 Seiten! Mit *einem schier unglaublichen Fleiß ist hier die Literatur zusammengetragen, sind Zahlen gesammelt und die Ergebnisse fremder und vieler eigenen Versuche zusammengestellt.* Leider hat dadurch die Übersichtlichkeit stark gelitten. Auch vermißt man oft eine klare persönliche Stellungnahme zu dem oft recht widerspruchsvollen Tatsachenmaterial. Es ist seiner ganzen Anlage und Stoffbehandlung nach *ein wertvolles Nachschlagewerk und ein Handbuch, aber kein eigentliches Lehrbuch mehr.*

Aus der neuesten Zeit sind noch zwei inzwischen erschienene Lehrbücher zu nennen: ALFRED MÖLLERS, des verstorbenen ehemaligen Direktors der Forstakademie Eberswalde, nach seinem Tode herausgegebene *Vorlesungen über Waldbau,* von denen aber nur der erste Teil erschienen ist, der die *Bedeutung der Pilze für das Leben des Waldes* und einige *pflanzenphysiologischen Grundlagen* der Waldbaulehre umfaßt, und der Waldbau von JULIUS OELKERS, Professor der Forstwissenschaft an der Forstlichen Hochschule Hann. Münden, der seinen Stoff in die 4 Teile: *Standortsfaktoren, wesentliche Eigenschaften der Holzarten, Durchforstung* und *Verjüngung* gegliedert hat. Als Aufgabe wird bezeichnet „die quantitative und qualitative *zahlenmäßige* Erforschung des Zusammenhanges zwischen Holzartleistung und Standort und Wirtschaftsführung im Bestande, im Rahmen des forstpolitischen, volkswirtschaftlichen Zieles der Forstwirtschaft: Höchste Wertleistung in Holz, nachhaltig, mit geringstem Aufwand von Kosten, Zeit, Arbeit, Holzvorrat". Der Zahl wird überall eine beherrschende Stellung zugewiesen. Es ist ein „*Waldbau in Zahlen*". (Über Richtigkeit und Anwendbarkeit dieser Zahlen vgl. Teil I S. 98.) Eine kritische Würdigung dieser beiden Werke und ihre Bedeutung für die Entwicklung der Waldbaulehre muß einer späteren Zeit vorbehalten bleiben.

Neben diesen großen allgemeinen und führenden Werken über den gesamten Waldbau gibt es noch eine Reihe kleinerer, ebenso auch viele selbständige Schriften, die Teilgebiete behandeln. Viel und wertvolles Material ist in den forstlichen Zeitschriften zerstreut. Der nachstehende Literaturnachweis will keinen Anspruch auf Vollständigkeit machen. Es ist vielmehr absichtlich nur eine Auswahl getroffen, die nur einen gewissen Überblick vermitteln soll. Für die verschiedenen Teilgebiete und Sonderfragen wird auf die bei den einzelnen Kapiteln angeführte Literatur verwiesen.

Übersicht über die allgemeine Waldbauliteratur.

I. Lehrbücher und Handbücher.

1791. HARTIG, G. L.: Anweisungen zur Holzzucht für Förster, 9. Aufl. Marburg 1818. — 1808. Ders.: Lehrbuch für Förster, 11. Aufl. Stuttgart 1877. — 1816. COTTA, H.: Anweisung zum Waldbau, 9. Aufl. Dresden u. Leipzig 1865. — 1821: HUNDESHAGEN, J. Chr.: Enzyklopädie der Forstwissenschaft. 1. Abt.: Forstliche Produktionslehre. 3. Aufl. 1835. — 1834. GWINNER, W. H.: Der Waldbau in kurzen Umrissen, 3. Aufl. d. LEOP. DENGLER. Stuttgart 1850. — 1850. STUMPF, C.: Anleitung zum Waldbau, 4. Aufl. Aschaffenburg 1870. — 1855. BURCKHARDT, H.: Säen und Pflanzen, 6. Aufl. Hannover 1893. — 1856. FISCHBACH, v.: Lehrbuch der Forstwissenschaft. Stuttgart. — 1860. PFEIL, W.: Die deutsche Holzzucht. Leipzig. — 1878. GAYER, K.: Der Waldbau, 4. Aufl. Berlin 1898. — 1884. WAGENER, G.: Der Waldbau und seine Fortbildung. Stuttgart. — 1885. BORGGREVE, B.: Die Holzzucht, 2. Aufl. Berlin 1891. — 1885. NEY, C. E.: Die Lehre vom Waldbau für Anfänger in der Praxis. Berlin. — 1888. WEISE, W.: Leitfaden für den Waldbau, 4. Aufl. Berlin 1911. — 1888. LOREY, T.: Handbuch der Forstwissenschaft, Abschnitt Waldbau, 4. Aufl. Tübingen 1925. — 1899. Neudammer Försterlehrbuch, Abschnitt Waldbau von A. SCHWAPPACH, 8. Aufl. 1928. — 1909. MAYR, H.: Waldbau auf naturgesetzlicher Grundlage, 2. Aufl. Berlin 1925. — 1910. DITTMAR, H.: Waldbau, ein Leitfaden für Unterricht und Praxis, 3. Aufl. 1929. — 1918. BÜHLER, A.: Der Waldbau nach wissenschaftlicher Forschung und praktischer Erfahrung. Stuttgart, Bd. 1 1918, Bd. 2 1922. — OELKERS, J.: Waldbau. Hannover 1930—1937.

II. Werke über Einzelgebiete mit allgemeinem Einschlag.

a) Ökologie und sonstige naturwissenschaftliche Grundlagen. HEYER, G.: Das Verhalten der Waldbäume gegen Licht und Schatten. Erlangen 1852. — WILLKOMM, M.: Forstliche Flora von Deutschland und Österreich. Leipzig 1785. — HESS, R.: Eigenschaften und Verhalten der wichtigsten in Deutschland vorkommenden Holzarten. Berlin 1886, 3. Aufl. 1905. — BÜSGEN, M.: Bau und Leben unserer Waldbäume. Jena 1897, 3. Aufl. 1928. — RUBNER, K.: Die pflanzengeographischen Grundlagen des Waldbaus. Neudamm 1924, 3. Aufl. 1934. — MOROSOW, G. F.: Die Lehre vom Walde. Neudamm 1928.

b) Bestandes- und Betriebsformen. GAYER, K.: Der gemischte Wald, seine Begründung und Pflege, insbesondere durch Horst- und Gruppenwirtschaft. Berlin 1886. — FÜRST, H.: Plänterwald oder schlagweiser Hochwald? Berlin 1885. — WAGNER, Chr.: Die Grundlagen der räumlichen Ordnung im Walde. Tübingen 1907, 4. Aufl. 1923. — MARTIN, H.: Folgerungen der Bodenreinertragstheorie. 5 Bde. Leipzig 1894—99. — DUESBERG, R.: Der Wald als Erzieher. Berlin 1910. — KUBELKA: Die intensive Bewirtschaftung der Hochgebirgsforste. Wien 1911. — WAGNER, Chr.: Der Blendersaumschlag und sein System. Tübingen. 1912, 3. Aufl. 1923. — KUBELKA, A.: Moderne Forstwirtschaft. Wien 1918. — MÖLLER, A.:

Der Dauerwaldgedanke. Berlin 1922. — WIEBECKE: Der Dauerwald. Stettin 1920. — WIEDEMANN, E.: Die praktischen Erfolge des Kieferndauerwaldes. Braunschweig 1925. — KRUTZSCH: Bärenthoren 1924. Neudamm 1926. — SIEBER, Ph.: Der Dauerwald. Berlin 1928. — WAGNER, Chr.: Grundlegung einer forstlichen Betriebslehre. 1935. — KRUTZSCH-WECK: Bärenthoren. 1934. Der naturgemäße Wirtschaftswald. 1935.

c) Waldschönheitspflege. SALISCH, v.: Forstästhetik. Berlin 1. Aufl. 1885, 3. Aufl. 1911. — DIMITZ, L.: Über Naturschutz und Pflege des Waldschönen. Wien 1903. — v. VIETINGHOFF-RIESCH, A.: Forstliche Landschaftsgestaltung. 1940.

d) Örtliche Sondergebiete. SPEIDEL, E.: Waldbauliche Forschungen in württembergischen Fichtenbeständen. Tübingen 1889. — RAMM, S.: Die waldbauliche Zukunft des württembergischen Schwarzwaldes. Tübingen 1911. — GAYER, K.: Über den Femelschlagbetrieb und seine Ausgestaltung in Bayern. — REBEL, K.: Waldbauliches aus Bayern. 2 Bde. Diessen vor München 1. Aufl. 1922—24, 2. Aufl. 1926. — Badisches Ministerium der Finanzen: Richtlinien für Erziehung und Verjüngung der Hochwaldungen in Baden. Karlsruhe 1925. — PHILIPP u. KURZ: Die Verlustquellen in der Forstwirtschaft. I. Waldbau und Forsteinrichtung. Karlsruhe 1928. — HESSEN: Wirtschaftsgrundsätze für die der Staatsforstverwaltung unterstellten Waldungen des Großherzogtums Hessen Darmstadt 1905. — HAGEN-DONNER: Die forstlichen Verhältnisse Preußens, 3. Aufl. 2 Bde. Berlin 1894. — ERDMANN, F.: Die nordwestdeutsche Heide in forstlicher Beziehung. Berlin 1907. — SCHÜTTE: Die Tucheler Heide. Danzig 1893. — VANSELOW, K.: Die Waldbautechnik im Spessart. Berlin 1926. — MÜLLER, H.: Grundlagen der Forstwirtschaft im sog. Preußisch-Litauen. Neudamm 1928. — SCHABER: Waldbauliches aus Thüringen. Weimar 1933. — GRASER, H: Die Bewirtschaftung des erzgebirgischen Fichtenwaldes. 3 Bd. Dresden u. Frankfurt a. M. 1928—43.

Im übrigen wird bezüglich der Literatur auf die Einzelabschnitte verwiesen!

Erster Abschnitt.

Die Bestandesarten.

1. Kapitel. Allgemeines über Begriff und Einteilung der Bestände.

Der Wald zeigt auch auf kleineren Flächen immer mehr oder weniger weitgehende Unterschiede in seinem Aussehen. Nicht nur, daß er hier von der einen, dort von einer anderen Holzart gebildet wird, womit auch meist der Unterstand, Sträucher und Bodenflora, wechseln, auch bei gleicher Holzart zeigen sich oft starke Verschiedenheiten in der Höhe und Vollkommenheit des Wuchses. Vor allem aber fällt in unserm Wirtschaftswald der Wechsel auf, den das ungleiche Alter der einzelnen Flächen mit sich bringt. Überall, wo sich solche Waldteile von verschiedenem Aussehen und verschiedener Zusammensetzung voneinander abheben, sprechen wir von der Bildung besonderer *Bestände*. Im Grunde genommen ist natürlich kein Fleck dem andern ganz gleich. Wie weit man mit der Zusammenfassung bzw. Unterscheidung gehen soll, kann nur durch Übereinkommen bestimmt werden. Die *naturwissenschaftlich-ökologische* Betrachtungsweise wird die Grenzen immer *möglichst eng* zu ziehen suchen. Für die *forstliche Praxis* ist dagegen nur notwendig, daß der Bestand sich zu *gleichartiger Bewirtschaftung* eignet. Dabei können geringere Unterschiede mit in Kauf genommen werden. Dagegen darf die Fläche nicht zu klein sein, damit eine besondere Behandlung auf ihr überhaupt stattfinden kann (gewöhnlich nicht unter 0,3—1,0 ha). Andererseits müssen aus wirtschaftlichen Gründen (Übersichtlichkeit, Sturmsicherung) öfters auch gleichartige größere Bestände durch Einteilungslinien und Wege zerlegt werden. Der wirtschaftliche Bestandesbegriff deckt sich also nicht immer mit dem ökologischen. Es ist aber eine Übertreibung und als solche eine Unrichtigkeit, zu behaupten, die Natur kenne keine Bestände, sondern nur Individuen. Selbst im Urwald gibt es flächenweise Gleichartigkeit in der Zusammensetzung und im Aufbau des Waldes, die dem richtig aufgefaßten Begriff des Bestandes entsprechen. Zuzugeben ist nur, daß im Wirtschaftswald die Bestandesbildung viel häufiger und ausgeprägter ist und oft nicht mit den natürlichen Grundlagen übereinstimmt!

Von wesentlichem Einfluß auf die waldbaulichen Verhältnisse der Bestände ist *ihr Aufbau in horizontaler wie in vertikaler Richtung (Grundriß und Aufriß)*.

Aufbau in horizontaler Richtung. Danach unterscheidet man zunächst *Groß- und Kleinbestände*, d. h. solche, die auf großen oder kleinen Flächen gleichartig sind. Groß und Klein sind aber relative Begriffe, ihre Abgrenzung ist unsicher. Vom ökologischen Gesichtspunkt aus wollen wir die Entscheidung darin suchen, ob die Bestandesfläche im wesentlichen *ökologisch selbständig* ist, oder ob sie *von der Nachbarschaft mehr oder minder stark beeinflußt* wird. Die Größe soll sich eben in der Unabhängigkeit, die Kleinheit in der Abhängigkeit zeigen. Solche Nachbareinflüsse sind z. B. seitlicher Lichteinfall bzw. Schattenwirkung, Nadel- und Laubeinwehung, Samenanflug vom Nebenbestand u. a. m. Hierdurch kann der Eigencharakter der Fläche nach Lichtverhalten, Streuzustand und Bodenflora oft stark verändert werden. Diese Seitenwirkungen gehen zwar verschieden weit, im großen und ganzen aber bewegen sie sich etwa in den Grenzen einer Baumlänge, etwa bis 20 oder 30 m.

Wir wollen also überall da, wo *auf dem größten Teil einer Bestandesfläche sich solche Nachbarwirkungen noch deutlich zeigen, von Kleinflächen* sprechen. Da die Wirkungen von zwei entgegengesetzten Seiten kommen, so liegt die Durchmessergrenze etwa bei zwei Baumlängen. Ist die Fläche breiter, so ist sie im allgemeinen zu den Großflächen zu rechnen! Doch scheint eine noch weitergehende Gliederung möglich und erwünscht.

Die Kleinfläche kann nämlich so klein werden, daß *die ökologische Wirkung des eigenen Bestandes durch die Nachbarwirkungen schließlich* fast völlig *überdeckt wird*, wenn z. B. ein sehr kleiner Lichtholzbestand durch Schattholzbestände so eingeengt und seine Streudecke durch Seiteneinwehung so verändert wird, daß Bodenflora, Humusbildung u. a. m. keinen typischen Eigencharakter mehr zeigen. Solche Flächen können wir *Zwergflächen* nennen. Andererseits können *Großflächen so groß werden, daß besondere Bestandesgefahren* sich weit über sie hinaus zu *Katastrophen für den gesamten Wald* auswachsen, z. B. Sturm- und Feuerschäden, Insektenvermehrungen u. dgl. Solche Flächen könnte man *Riesenflächen* nennen. Bei diesen spielt eine Trennung durch Wege, Gestelle und andere Linien meist keine Rolle mehr, wenn sie nicht durch entsprechende Wirtschaftsmaßnahmen in ihrer trennenden Wirkung noch besonders unterstützt werden, wie z. B. durch Loshiebe und Traufbildung gegen Wind, Sicherungsstreifen gegen Feuer u. dgl. m. Natürlich läßt auch eine solche weitgehende Gliederung im Einzelfall immer noch manche Unsicherheit bestehen. Aber darauf kommt es weniger an, als auf die Tatsache, daß sich mit der Abstufung der Flächengröße die genannten ökologischen Eigentümlichkeiten steigern oder abschwächen, die für die wirtschaftliche Behandlung von größter Bedeutung sind.

Die *Seitenwirkung der Nachbarschaft* läßt noch zwei Sonderfälle unterscheiden: den einen, daß der Bestand an eine freie Fläche oder an einen so viel niedrigeren Nachbarbestand stößt, daß seine Flanke als offen gelten muß (*ungedeckter Stand*), oder daß er durch einen hohen oder doch nur wenig niedrigeren Bestand geschützt wird, so daß Sonne, Wind usw. abgehalten werden (*gedeckter Stand*).

Außer der Größe der Fläche spielt aber auch *ihre Form* eine entscheidende Rolle. Je runder und zusammengeschlossener dieselbe ist, desto eher vollzieht sich der Übergang von einer Stufe zur anderen, je langgestreckter, desto größer kann der Unterschied in der absoluten Fläche sein. So kann ein Hunderte von Metern langer, aber nur sehr schmaler Bestand trotz großer Fläche noch durchaus Kleinbestandscharakter tragen! Es entscheidet eben nur der kleinste Durchmesser!

Wir haben hier den *Formgegensatz* des *Horstes* einerseits und des *Streifens* andererseits. In der Waldbautechnik sind aber nach der Größe dieser beiden Grundformen von jeher auch noch andere Ausdrücke gebräuchlich, ohne daß man bisher zu einer Einheitlichkeit in Begriff und Abgrenzung gekommen ist. Es sind dies die verschiedenen Ausdrücke, wie Trupp, Gruppe, Horst für die runden, Saum, Streifen, Kulisse u. dgl., für die langgestreckten Flächen. Eine feste Norm wird wohl bei den vielen auseinandergehenden Vorschlägen kaum zustande kommen. Hier soll folgende Abgrenzung innegehalten werden:

Trupp ist nur eine Vereinigung von wenigen Bäumen, die *überhaupt keinen Flächencharakter* trägt.

Mit *Gruppe* wollen wir nur diejenigen Flächen bezeichnen, die bei annähernd runder Form den ökologischen Charakter der Zwergflächen zeigen. Ihr entspricht unter den langgestreckten der *Schmalstreifen* oder *Saum*[1]).

Unter *Horst* sind nur solche Flächen zu verstehen, die, *ohne Zwergflächen zu sein, doch noch Kleinbestandscharakter* tragen. Dem Horst entspricht der langgestreckte *Breitstreifen oder Streifen* schlechtweg.

Alles, was darüber hinausgeht, ist *Großfläche* und trägt überhaupt keinen besonderen Namen, weil die Form hierbei kaum noch ökologische Unterschiede bedingt.

Wenn man einen *ungefähren zahlenmäßigen Anhalt* haben will, so kann man ihn im großen Durchschnitt etwa für Gruppe und Schmalstreifen bzw. Saum bei einem Höchstdurchmesser von einer Baumlänge = 20—30 m, bei Horst und Breitstreifen bei etwa doppelter Breite, also 40—60 m, suchen. Darüber beginnt die Großfläche und geht bis etwa zum Umfang der Hauptwirtschaftsfiguren (in Norddeutschland Jagen bzw. Distrikte, in Süddeutschland Wirtschaftsabteilungen genannt). Diese haben meist eine Größe von 15—25 ha. Liegen mehrere solcher gleichartiger Bestände zusammen, so hätte man in unserem Sinne von Riesenflächen zu sprechen.

In den Vorschlägen des Vereins der deutschen forstlichen Versuchsanstalten zur Festlegung forstlicher Fachausdrücke[2]) ist die Begriffsbildung und Trennung in Kleinfläche, Mittelfläche und Großfläche empfohlen worden. Zur Bestimmung wird angegeben: Für die *Kleinfläche:* „Überwiegende Seiteneinwirkung (Flächen, auf denen dem Werte nach die Seiteneinwirkung der Nachbarschaft überwiegt)." Hierunter sollen fallen: 1. Stelle = räumliche Grundlage für Einzelmischung, 2. Platz (Lücke) = Grundlage für Trupp. 3. Gruppenfläche = Grundlage für Gruppe. Für die *Mittelfläche:* „Überwiegend selbständiger biologischer Charakter." Hierher sollen rechnen: Horst bzw. Streifen. Für die *Großfläche:* „Ohne wesentliche Seiteneinwirkung."

Ich kann mich aber beim besten Willen, an der Vereinheitlichung unserer Fachausdrücke mitzuwirken, hier dieser Einteilung nicht anschließen, weil ich sowohl den Ausdruck „Mittelfläche" wie ihre Begriffsbestimmung gegenüber der Großfläche für zu wenig scharf und klar halte, wenn ich auch nicht verkenne, daß es in der Praxis solche Übergangsfälle gibt. Namentlich für den Lehrzweck halte ich vorläufig meine Einteilung in Zwerg-, Klein-, Groß- und Riesenfläche für geeigneter.

Aufbau in vertikaler Richtung. Im *Aufriß des Bestandes* zeigen sich im allgemeinen *drei verschiedene Formen:* Im einen Falle liegen die Kronen im wesentlichen in gleicher Höhe, wenn auch einzelne vorwüchsige immer etwas darüber herausragen und einige andere etwas darunter zurückbleiben. Es findet sich jedenfalls eine *ausgeprägt horizontale Kronenschicht,* unter der der verhältnismäßig *laubleere Stammraum* liegt. Man spricht in diesem Falle von *Gleichaltrigkeit* oder richtiger *Gleichstufigkeit,* da es auf gleiches Alter nicht ankommt. Es kann nämlich auch bei verschiedenem Alter der Fall eintreten, daß die Kronen der jüngeren Stufe sich später in die obere Kronenschicht einschieben, wenn das Höhenwachstum der oberen Stufe mit zunehmendem Alter zurückbleibt.

Findet sich *unter der oberen Kronenschicht noch eine zweite,* deutlich von ihr getrennte, die *im mittleren oder unteren Teile des Stammraumes liegt,* so haben wir den *zweistufigen (zweialtrigen) Bestand* vor uns, der aber mit zunehmendem Alter wegen der Verhältnisse des Höhenwachstums mehr und mehr in den einstufigen übergehen wird.

Sind endlich *drei oder mehr verschiedene Kronenschichten* entwickelt, so haben wir den *mehr- oder vielstufigen (ungleichaltrigen) Bestand.* Bei uns liegen aber

---

[1]) Chr. WAGNER hat mit Recht betont, daß man von Saum im richtigen Sprachsinne nur von der Außenseite eines Bestandes sprechen kann. Obwohl die schmalen Streifenbestände gerade dort häufig auftreten und eine besondere Rolle spielen, kommen doch auch gelegentlich schmale Innenstreifen vor.

[2]) Herausgegeben von FABRICIUS, im F.Cbl. 1932, H. 24.

selten mehr als zwei Kronenschichten wirklich übereinander. Wo scheinbar der ganze Raum eines Bestandes von oben bis unten mit Grün erfüllt ist, handelt es sich meist um ein Nebeneinander verschieden hoher Schichten. Nur im tropischen Urwald finden sich häufiger drei und mehr Kronenschichten wirklich senkrecht übereinander.

Da, wo der Kronenschluß nur in einer Schicht seitlich erfolgt, sprechen wir von *Horizontalschluß*, wo er senkrecht von oben nach unten vor sich geht, von *Vertikalschluß* (Abb. 146). Christof Wagner, dessen grundlegenden Ausführungen wir hier die Klärung und Begriffsbildung verdanken, hat neuerdings[1]) noch einen dritten Fall zugefügt, nämlich den, wenn die Kronen zwar in verschiedenen Schichten, aber nicht untereinander, sondern gestaffelt nebeneinander liegen, so daß das Kronendach stufig wie bei einer Treppe ausgebildet ist. Dies nennt er *Stufenschluß*. In Verfolg der vorgenannten Bezeichnungen könnte man von Diagonalschluß sprechen oder verdeutscht von allen drei Schlußstellungen als von *Wagrecht-, Senkrecht-* und *Schrägschluß*.

Bestandesdichte. Neben der Richtung des Bestandsschlusses spielt aber auch dessen *Dichtigkeit* eine Rolle im Aufbau. Auch hier herrscht noch manche Unklarheit der Begriffe. In einem Falle betrachtet man nämlich den Schlußgrad mehr vom Gesichtspunkt der Massenbildung, im anderen mehr von dem der Beschirmung. Der Schluß nach der ersten Beziehung sollte, wie Gehrhardt[2]) richtig betont hat, am besten nur „*Bestockungsgrad*" oder noch eindeutiger „*Vollertragsgrad*" genannt werden. Er wird nach der *Stammgrundflächensumme* bemessen, die die in Brusthöhe ermittelten Stammdurchmesser des Bestandes ergeben,

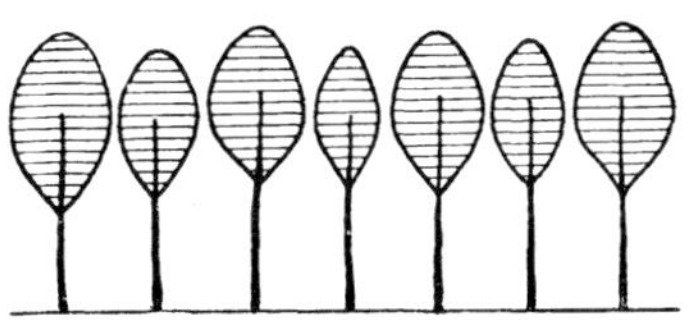

1. Horizontalschluß.

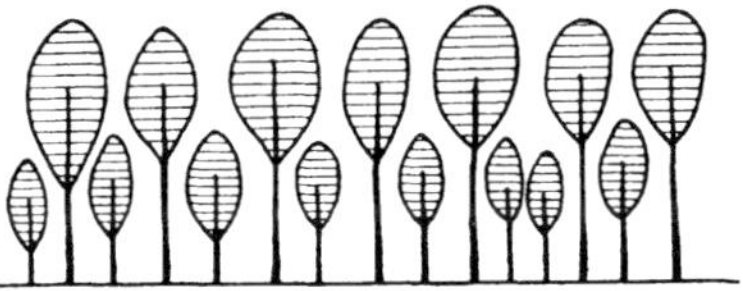

2. Vertikalschluß.

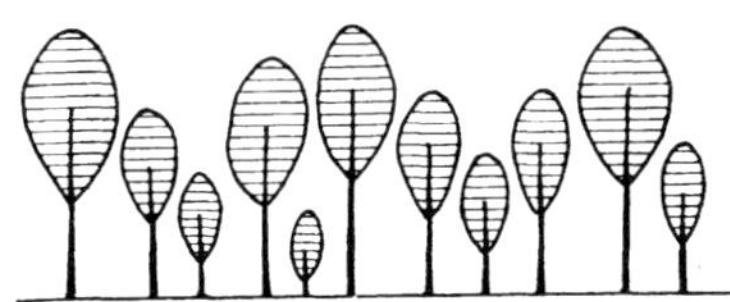

3. Stufenschluß.

Abb. 146. Profilansicht der verschiedenen Aufbauformen des Bestandes.

und wird in Zehnteln der für die verschiedenen Ertragsklassen ermittelten Größen ausgedrückt. Ein Vollbestandsgrad von 0,5 bedeutet also, daß die Stammgrundfläche bzw. die Masse des Bestandes nur die Hälfte von der in der Ertragstafel beträgt. Demgegenüber steht der „*Beschirmungsgrad*", der die *Deckung bezeichnet, die die Kronen gegen den freien Himmel einerseits, gegen den Boden andererseits geben.* Auch diesen Schlußgrad kann man schätzungsweise in Zehnteln der vollen Deckung ausdrücken. Es sind dafür aber auch noch andere, mehr beschreibende Ausdrücke gebräuchlich, die nach der Anleitung zur Standorts- und Bestandsbeschreibung der deutschen forstlichen Versuchsanstalten[3]) folgendermaßen lauten: *gedrängt, geschlossen, lichtgeschlossen, licht, räumlich und lückig.* Eine nähere Bestimmung für die Anwendung ist nicht gegeben, wäre aber erwünscht.

Innere Zusammensetzung. Nach der *inneren Zusammensetzung* unterscheiden wir schließlich noch *reine* und *gemischte Bestände*, je nachdem sie aus nur einer bzw. zwei oder mehreren Holzarten gebildet werden. Treten *nur einzelne wenige*

---

[1]) Wagner, Ch.: Lehrbuch der theoretischen Forsteinrichtung, S. 115. Berlin 1928.
[2]) Silva 1926, S. 292.
[3]) Zweite unveränderte Auflage. Neudamm 1911.

Individuen einer anderen Art in einem im übrigen reinen Bestand auf, so pflegt man diesen deswegen noch nicht als Mischbestand zu bezeichnen, sondern *nur von Einsprengung* zu reden. Auch *die Mischung wird nach Zehnteln angegeben,* und zwar nach den Vorschriften der Versuchsanstalten nur *bezogen auf die Stammgrundfläche.* Dies wird aber in vielen Fällen den waldbaulich-ökologischen Gesichtspunkten nicht gerecht, z. B. wenn eine erheblich jüngere Mischholzart im Unterstande Licht- und Streubildung fast allein beherrscht, während sie von der Stammgrundfläche nur ein oder wenige Zehntel einnimmt. In solchen Fällen wird man sich bei der Bestandsbeschreibung durch Zusätze, wie „geschlossener, lockerer Unterstand" od. dgl., helfen müssen.

Zur Bezeichnung der *Mischungsform der Fläche nach* dienen die Ausdrücke: *Einzelmischung, truppweise, gruppenweise und horstweise Mischung* bzw. *Reihen- und Streifenmischung,* wobei die früher gegebenen Gesichtspunkte für deren Abgrenzung auch hier gelten sollen. Bei Flächen, die über die Horst- und Breitstreifengröße hinausgehen, würde *großflächenweise Mischung* vorliegen, die aber eigentlich schon keine Mischung mehr ist, sondern die Bildung besonderer Bestände bedingt. Überhaupt ist der ökologisch vollkommenste Mischungszustand an sich immer in den kleinsten Formen zu suchen. Die wirtschaftliche Behandlung ist aber gerade bei diesen oft schwierig.

In vertikaler Richtung können nun die Kronen der verschiedenen Mischholzarten in gleicher Höhe liegen, wofür MAYR den bezeichnenden Ausdruck „*Kronenmischung*" geprägt hat. Sie können aber auch verschieden hoch liegen.

Folgerichtig sind auch für diese Fälle die klaren Bezeichnungen *Horizontal-, Vertikal- und Stufen*-Mischung anzuwenden. Im übrigen kann man in den ersten beiden Fällen auch die Ausdrücke „durch- bzw. unterstellt" in der Beschreibung gebrauchen. Jedenfalls ist auf eine genaue und plastische Ausdrucksweise bei jeder Bestandsbeschreibung größter Wert zu legen.

Leider fehlt es daran in unseren neueren Forsteinrichtungswerken im Gegensatz zu den älteren oft sehr stark. Sie werden dadurch an Wert für die spätere Bestandsgeschichte verlieren, trotzdem die dafür aufzuwendende Zeit und Arbeit nur gering sein würde!

Zu beachten ist noch, daß die *Anfangsmischung,* d. h. die in der ersten Jugend, oft andere Form- und Größenverhältnisse ergibt wie die *Endmischung*[1]) im haubaren Alter. So wächst aus der Trupp- und Gruppenmischung schließlich oft nur Einzel- bzw. Truppmischung im höheren Alter heraus. Allerdings kann die Bestandeserziehung gerade hier stark ändernd eingreifen und die zurücktretenden Mischhölzer durch besondere Freihiebe und Pflege erhalten und fördern.

In bezug auf die Dauer der Mischung unterscheidet man *vorübergehende Mischungen,* die nur einen Teil des Bestandesalters bleiben und nach Erfüllung ihres besonderen Zweckes (z. B. Frostschutz in der Jugend durch vorwüchsige Birken oder Weißerlen [Schutzholz] oder Ausfüllung lockerer oder lückiger Verjüngungen durch raschwüchsige, aber geringwertige Weichhölzer (*Füll- und Treibholz*)) dann wieder verschwinden, während in den meisten Fällen die Mischung dauernd bleiben soll (*Dauermischung*).

Ein wichtiger *Unterschied für den waldbaulichen Wert der Mischung* ergibt sich *aus dem verschiedenen Lichtverhalten der Mischholzarten,* womit meist auch ein *verschiedener Einfluß auf die Bodenpflege* verbunden ist. Wir haben die *besonders wertvolle Mischung von Licht- und Schattenhölzern,* die schon etwas *weniger wertvolle* von *Schattenhölzern untereinander* und schließlich *die am wenigsten wertvolle von Lichthölzern untereinander.*

In extremen Fällen bildet die eine Holzart allein das eigentliche Wirtschaftsziel (*Nutzholz*), die andere dient vorwiegend nur der Bodenpflege oder noch

---

[1]) Diese Begriffe sind ebenfalls von Chr. WAGNER geprägt.

der Stamm- und Astreinigung der Hauptholzart (*Schutzholz, Füll- und Treib-holz*). Man hat in solchen Fällen einen Haupt- oder Grundbestand; die anderen Holzarten bilden den Nebenbestand, wobei allerdings zu beachten bleibt, daß der Begriff des Haupt- und Nebenbestandes in der Lehre von der Bestandes-erziehung (Durchforstung) einen ganz anderen Sinn hat, und man deswegen, um Verwechslungen vorzubeugen, besser nur von *Grundbestand* und *Neben-holzarten* sprechen sollte.

2. Kapitel. Vorkommen und Bewertung der verschiedenen Bestandesarten. Wald- und Bestandestypen.

In der Natur kommen die einzelnen Bestandesarten selbstverständlich nicht immer in rein ausgeprägter Form, sondern in allen möglichen Übergängen und Abschattierungen vor. Am reinsten finden sie sich noch im künstlich be-gründeten Wald, wo bewußt und planmäßig auf die eine oder andere Form hingearbeitet wird. Doch finden sie sich, wenn auch seltener und weniger aus-geprägt, auch in dem vom Menschen unberührten Urwald.

Aufbau des Urwaldes. Man hat gerade mit Bezugnahme auf den Bestockungs-aufbau oft auf die Natur als Lehrmeisterin hingewiesen, wobei man sich aller-dings vielfach falsche Vorstellungen von den tatsächlichen Verhältnissen im un-berührten Naturwald gemacht hat. Wir haben hierüber erst in letzter Zeit durch eine Reihe von einzelnen Arbeiten mehr erfahren, die eine eingehende und zu-sammenfassende Darstellung durch RUBNER[1]) gefunden haben.

Die *frühere Auffassung von einem überall stark wechselnden Aufbau und verti-kalen Schluß ist für die Urwaldungen der nördlichen Halbkugel danach jedenfalls nicht richtig.* Da, wo heute noch große Urwaldungen in Europa, Nordamerika und Asien vorhanden sind, finden sich überall *riesige Flächen von recht gleich-artigem Bestandescharakter,* soweit die Standortsbedingungen nicht schroff wechseln. Es fehlt zunächst die flächenweise Altersgliederung, die die Wirtschaft durch ihre Hauungen und Kulturen mit sich bringt. Was den *Aufbau im Innern* anlangt, so hat TSCHERMAK durch seine Studien in bosnischen Wäldern wohl zuerst darauf aufmerksam gemacht, daß *jeder Urwald* auch bei anfänglicher Ungleichaltrigkeit und Ungleichstufigkeit schließlich *mehr oder minder gleich-stufig werden muß,* weil das Höhenwachstum im späteren Alter so gut wie ganz aufhört, und die jüngeren Glieder, soweit sie nach oben freie Entwicklung haben, die älteren dann einholen müssen. Nach eigenen Beobachtungen in Rumänien und Bosnien, sowie nach genauen Aufnahmen in den galizischen Karpaten[2]) muß hierzu allerdings hinzugefügt werden, daß da, wo *Schatthölzer, insbesondere solche verschiedenen Grades,* wie z. B. Tanne, Buche und Fichte, den Bestand bilden, trotzdem *eine ziemlich starke Schichtung im Kronenraum und auch im unteren Stammraum vorhanden* ist, weil eben viele unterdrückte Individuen der am meisten Schatten ertragenden Arten (Buche und besonders Tanne) bis zu 100 Jahren und mehr sich im Unterstand halten (Abb. 147). Selbst im reinen Buchenurwald Albaniens konnte das Vorkommen stark geschichteter Bestände neben mehr gleichstufigen nachgewiesen werden[3]). Sehr scharf treten diese Unter-

---

[1]) RUBNER, K.: Die pflanzengeographisch-ökologischen Grundlagen des Waldbaus, 3. Aufl., S. 494 ff.

[2]) MAUVE, K.: Über Bestandesaufbau, Zuwachsverhältnisse und Verjüngung im gali-zischen Karpatenurwald. Mitt. F.W.W. 1931, H. 2.

[3]) MARKGRAF, F., u. DENGLER, A.: Aus den südosteuropäischen Urwäldern. Z.F.J.W. 1931, S. 1 ff.

schiede an einem Modell hervor, das ich nach dortigen Probeaufnahmen von 4 nebeneinander liegenden Flächen von 25×25 m Seitenlänge anfertigen ließ. Es sind dabei alle unterständigen Bestandesglieder bis zu 1 m Höhe zur Darstellung gekommen (Abb. 148/A—D). Die Flächen A und B zeigen ausgeprägt vielstufigen Aufbau, die unmittelbar daneben liegenden C und D aber sehr starke Gleichstufigkeit. Aber auch bei Schichtung im Innern ist *das Kronendach, von außen und oben gesehen, fast niemals treppenstufig, sondern steht meist in lockerem Horizontalschluß.* Wenn man es von Berggipfeln über der Waldgrenze überschaut, macht es daher immer den Eindruck der Gleichstufigkeit. Lückiger Schluß mit treppenstufigem Aufbau findet sich meist nur an steilen, schottrigen Hängen oder an quelligen, dem Windwurf ausgesetzten Orten, sowie an der oberen Waldgrenze. In den Urwäldern der Lichthölzer, besonders der Kiefernarten, fällt, nach Schilderungen und Bildern aus Nordamerika, Finnland und Rußland, auch die innere Schichtung oft ganz weg, und der Bestand wird, abgesehen von gelegentlichen Verjüngungsgruppen auf Lücken, vollständig gleichstufig (Abb. 149) und vielfach auch gleichaltrig. [In den meisten Fällen scheinen allerdings alle diese Kiefernwälder aus Verjüngungen nach Brandkatastrophen hervorgegangen zu sein, die aber nach neueren amerikanischen Beobachtungen (Forstschutzdienst vom Flugzeug aus) sehr häufig nach Gewittern entstehen (Blitzschläge in alte Baumleichen mit Zündung und Weiterverbreitung durch die Trockenflora des Bodens mit dem vielen alten Fall- und Lagerholz) und daher mit zu den Naturgegebenheiten dieser Urwaldform zu rechnen sind[1]).

Abb. 147. Mehrstufiger Aufbau des Urwaldes, aus Fichte, Tanne und Buche gebildet. (Rumänische Karpaten.) (Aufn. von R. Hilf.)

Ebenso war die *frühere Auffassung unrichtig, daß der Urwald immer gemischt wäre. Reinbestände fehlen durchaus nicht.* So bildet die Kiefer solche, und zwar auf großen Flächen, auf trockenen Sanden im russisch-sibirischen Waldgebiet, und in noch höherem Grade in Nordamerika. Auf der Balkanhalbinsel treten auf ärmerem Serpentin sofort reine Schwarzkiefernwälder auf, mitten unter ebenfalls reinen Buchenwäldern, die auf Kalk stocken[2]). Wo auch auf frischeren und lehmigen Sanden im Urwald gelegentlich reine Kiefernbestände vorkommen, da sind allerdings meist Waldfeuer vorhergegangen, und der Reinbestand von Kiefer

---

[1]) Vgl. dazu die Literaturzusammenstellung bei Rubner: a. a. O., S. 511 ff.
[2]) Markgraf, F.: An den Grenzen des Mittelmeergebietes. Dahlem 1927.

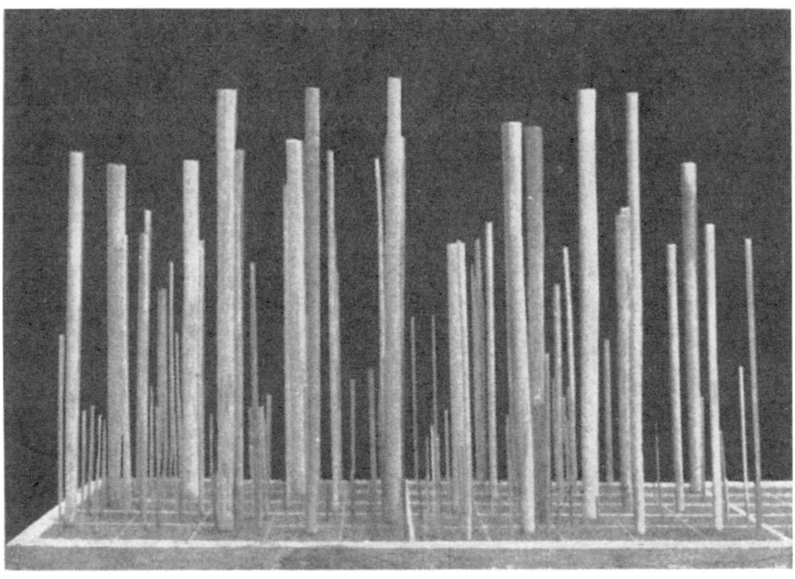

Abb. 148. Modell von Probeflächen mit verschiedenstufigem Aufbau im albanischen Buchenurwald (aufgenommen von Fr. Markgraf).

oder noch häufiger von Birke oder Aspe ist dann nur ein Übergangstyp, in den sehr bald wieder Fichte und Tanne oder edlere Laubhölzer einwandern[1]).

Ich habe aber auch in den Südkarpaten große Strecken reiner Buchenwälder angetroffen, in denen nur ganz zerstreut einzelne Mischhölzer eingesprengt waren, jedenfalls so gering, daß sie waldbaulich in keiner Weise ins Gewicht

Abb. 149. Gleichstufiger Aufbau des Urwaldes. Unberührter Reinbestand von *Pinus Murrayana* in Kanada. (Aus MAYR: Wald- und Parkbäume.) (Aufn. Canadian Forestry Journal.)

fallen. Ebenso findet sich in den Hochlagen der Gebirge unter der Waldgrenze auch im Urwald immer ein breiter Gürtel von reinen Fichtenbeständen. Auf frischeren und kräftigeren Böden der Ebene und in den mittleren Lagen der Gebirge, wo Fagetum und Picetum ineinander übergehen, findet sich aber *meist der Mischwald.* So z. B. im Urwald von Bialowies die Kiefer mit Eiche, Hainbuche und auch Fichte, im Urwaldreservat am Kubany im Böhmerwald und in den bosnischen Gebirgen um 1000 m herum überall Tanne mit Buche und Fichte. Auch in Nordamerika ist nach SCHENCK[2]) *der Mischwald doch das Häufigere.*

---

[1]) Sehr eingehende Schilderungen dieser Übergangsbilder und ihrer Entwicklung finden sich bei MOROSOW: Die Lehre vom Walde, S. 257 ff., unter dem Kapitel „Wandlungen der Wälder".

[2]) SCHENCK, C. A.: Der Waldbau des Urwaldes. A.F.J.Z. 1924, S. 377.

Es ist jedenfalls *kein Zweifel, daß der neuzeitliche Wirtschaftswald in Europa auf sehr großen Flächen den Reinbestand erst künstlich geschaffen hat und ihn künstlich dort erhält*, wo von Natur ehemals Mischwald war. Man darf nur nicht in die Übertreibung verfallen, daß dies überall der Fall ist, und daß die Natur Reinbestände überhaupt nicht kenne.

Eine ebensolche Übertreibung scheint auch in dem Gedanken zu liegen, daß die Natur „*Fruchtfolge*", also einen zeitlichen Wechsel der Holzarten, wolle[1]). Freilich kann man eine solche Fruchtfolge in der Natur, namentlich nach Störungen (Waldbränden, Abholzungen, Anbau standortsfremder Holzarten), oft beobachten, aber immer mit dem Endziel eines bestimmten Waldbildes, dem die Entwicklung als dem standortsgemäßen Typ wieder zustrebt. Ist dieser wieder erreicht, dann bleibt die Zusammensetzung im wesentlichen gleich. Die Ergebnisse der Pollenanalyse haben dies für die vieltausendjährige Entwicklung unseres Waldes ganz eindeutig bewiesen, denn sie haben nirgends einen regelmäßigen Wechsel der Holzartenbestockung hin und her ergeben, wie sich das deutlich in den übereinandergelagerten Schichten namentlich der kleineren untersuchten Waldmoore widerspiegeln müßte[2]).

Wertung der Bestandesformen. Wenden wir uns der *allgemeinen Wertung der verschiedenen Bestandesformen zu*, so liegt der *Hauptvorzug der Großbestände* in ihrer *Übersichtlichkeit, in der einfacheren taxatorischen Behandlung*, in der besseren *Vereinigung der Arbeit, des Holzanfalls* und damit auch des *Verkaufs*. Das waren auch vorwiegend die Gesichtspunkte, die im Anfang des 19. Jahrhunderts in Norddeutschland bei der Kiefer und in Westdeutschland bei der Buche zu den allzu großen Altersklassenzusammenlagerungen geführt haben, die man heute wieder aufzuteilen bemüht ist. Dieser *Vorteil der Vereinfachung des ganzen Betriebes*, der sich vom Betriebsleiter bis zum Waldarbeiter, im Außendienst ebenso wie in der Schreibstube, arbeitersparend auswirkt, ist besonders wichtig in Kriegszeiten, bei Verwaltung eroberter Gebiete, bei Exploitation von Urwaldgebieten und Kolonialwäldern, überhaupt bei *Notwendigkeit extensiverer Wirtschaft*. Bei Möglichkeit intensiverer Wirtschaft, bei Vorhandensein eines zahlreichen gut geschulten Beamten- und Arbeiterpersonals tritt er selbstverständlich sehr zurück.

Der *Hauptnachteil der Großbestände liegt in der Erhöhung der Bestandesgefahren*. Wegen der Gleichmäßigkeit auf großen Flächen ist immer für diese Gefahren eine breite Angriffsfront und eine rasche Vermehrungsfähigkeit gegeben. Sturm, Schnee, Feuer, Insekten und Pilze verursachen daher hier sofort Massenschäden, die sich bei Gelegenheit zu *Wirtschaftskatastrophen* schlimmster Art auswachsen.

In ganz ähnlicher Richtung bewegen sich auch die Vorteile und Nachteile der gleichstufigen gegenüber den ungleichstufigen und der reinen gegenüber den gemischten Beständen. Auch hier sind die *gleichstufigen und reinen leichter zu bewirtschaften, dafür aber die ungleichstufigen und gemischten gesicherter gegen viele Gefahren*. Allerdings gilt das letztere nicht allen Gefahren gegenüber und bei den Mischbeständen überhaupt nur insoweit, als eine widerstandsfähigere Holzart einer gefährdeteren beigesellt wird. Im umgekehrten Fall kann die Sicherheit des Reinbestandes nicht nur nicht erhöht, sondern sogar gemindert werden, z. B. durch Einmischung der sturmgefährdeten Fichte in sturmsichere Kiefernbestände u. a. m.

Durch die gleichsinnige Wirkung der verschiedenen Formgegensätze können auch die Nachteile der einen Form abgemildert oder sogar aufgehoben werden, wenn nach anderer Richtung hin eine vorteilhaftere Form vorliegt, so z. B. die Gefährdung der Großbestände, wenn sie aus Mischwald bestehen, oder der

---

[1]) JUNACK, C.: Der Fruchtfolgewald. Eine Antithese gegen den Dauerwaldgedanken. Neudamm 1924.

[2]) z. B. HESMER, H.: Die natürliche Bestockung und Waldentwicklung auf verschiedenartigen märkischen Standorten. Z.F.J.W. 1933, S. 505 ff.

Reinbestände, wenn sie in Kleinbestände gegliedert oder ungleichstufig entwickelt sind. Überhaupt pflegt man bei der ganzen Frage der Bestandesformen und ihrer Bewertung meist nur an die ungünstigsten Extreme, wie den großen und gleichstufigen Nadelholzreinbestand einerseits und den geschichteten Laub-Nadelholz-Mischbestand andererseits, zu denken und verallgemeinert dann die Vorzüge und Nachteile allzusehr.

Ungleichstufigkeit und *Mischung* bieten aber neben der größeren Sicherheit noch *eine Reihe von anderen waldbaulichen Vorteilen*, die beide Formen neuerdings in der allgemeinen Wertschätzung obenan gestellt haben. Für den *ungleichstufigen Wald* wird die *bessere Ausnutzung* des *Lichtes* und der Kohlensäure durch die Schichtung des Kronendaches und die damit verbundene Vergrößerung der assimilierenden Blattmenge betont. Allerdings ist die weitverbreitete Vorstellung, daß das Kronendach des gleichstufigen Waldes flach wie ein Tisch wäre, übertrieben. Jeder Blick von erhöhtem Standpunkt, wie von Aussichtstürmen, Berggipfeln und dergleichen, zeigt vielmehr, daß dies durchaus nicht der Fall ist. Besonders die Bestände der spitzgipfligen Nadelhölzer zeigen ein recht gezacktes und gewelltes Kronendach, und nur bei sehr gedrängter Stellung verflacht sich dieses mehr und mehr. Es ist auch zu bedenken, daß der *untere Teil der Kronen und aller Unterstand immer Schattenstruktur zeigt und träge assimiliert* (vgl. Teil I, S. 140), so daß die oft behauptete Proportion von Kronengröße und Zuwachsleistung wohl niemals zutreffen dürfte. Im übrigen ist auch nicht zu übersehen, daß nur der vertikale Schluß wirklich ein Mehr an Kronenfläche auf dem gegebenen Boden erzeugt, während bei mehr treppenartigem Schluß, d. h. einem Nebeneinander verschieden hoher Kronen dieser Vorteil mehr oder minder wegfällt.

Der Gedanke, daß man *durch Übereinanderstellung von zwei Baumschichten ein Mehr an Zuwachs erzielen müsse, ist jedenfalls anfechtbar und dürfte nur in günstigen Fällen zutreffen.* Für den zweistufigen Kiefernwald auf einem trockenen Sandboden der sächsischen Niederlausitz konnte die Minderleistung von Ober- + Unterstufe gegenüber einem einstufigen Bestand jedenfalls zahlenmäßig nachgewiesen werden[1]). Neben der starken *Schattendruckwirkung des Oberbestandes* auf den Unterstand ist hier auch die *gegenseitige Wurzelkonkurrenz* zu beachten, die sich zwei untereinander geschobene Schichten machen müssen. BORGGREVE war sogar ein entschiedener Gegner des Unterstandes und sah in ihm meist nur einen lästigen Konkurrenten des Oberbestandes. Auch dies ist, so allgemein gefaßt, übertrieben. Es kommt hier alles auf das Lichtbedürfnis der verschiedenen Holzarten, die Güte des Bodens, den vorhandenen Bodenüberzug u. a. m. an. Unter Umständen kann der letztere mehr schädigen als ein Unterstand, der ihn verdrängt oder zurückhält. Auch die Dichtigkeit des Unterstandes spielt oft eine entscheidende Rolle. Da, wo dieser zu dicht steht, haben sich selbst bei der sonst so bodenpfleglichen Buche öfter Rohhumusanhäufungen gezeigt, die den beabsichtigten Erfolg dann natürlich hinfällig machen müssen. Man wird auch hier niemals „generalisieren“ dürfen, sondern alles vom gegebenen Fall abhängig machen müssen.

Ein *unleugbar allgemein günstiger Einfluß des Vertikal- und Treppenschlusses* besteht in der *Erhöhung der Windruhe* im Innern. Man hat den *gleichstufigen Bestand* mit einem „*Trockenschuppen*“ verglichen, der mit seinem Dach den Niederschlag abfängt, unten aber den Wind durchpfeifen läßt. Auf der anderen Seite hat man von der „*Treibhausluft“ des geschichteten Bestandes* gesprochen. Alle derartigen Schlagworte sind aber meist einseitig, und die Vergleiche recht

---

[1]) BUSSE, J.: Zweistufige Kiefernbestockung. Th.Jb. 1931, S. 425.

schief. Das Dach des Trockenschuppens ist doch so undicht, daß es immerhin 60—70% der Niederschläge durchläßt, und dem Treibhaus fehlt leider das Oberlicht, da der Lichtgenuß oft um die Hälfte und mehr heruntergesetzt ist! Das alles darf man nicht vergessen und einseitig nur Vorteile sehen, wo auch Nachteile nebenherlaufen. Immerhin liegt aber doch etwas Wahres in dem obigen Schlagwort. Die meteorologischen Beobachtungen in der Schweiz[1]) in einem reinen Fichtenbestand mit Horizontalschluß und einem benachbarten gemischten Fichten-Tannen-Bestand mit Vertikalschluß (Plenterwald) haben ergeben, daß der letztere ein etwas abgemildertes Wärmeklima, besonders in der Abstumpfung der Extreme (Minima und Maxima), aufzuweisen hatte. Allerdings waren die absoluten Unterschiede nur sehr gering (meist nur wenige Zehntelgrade). Die Luftfeuchtigkeit war merkwürdigerweise so gut wie gleich, dagegen die Verdunstung bei Vertikalschluß stark herabgesetzt (Sommerverdunstung des Bodens nur 16% gegen 27% bei Horizontalschluß. Allerdings ist hierbei die Bodenfeuchtigkeit in Bodenzylindern bestimmt und dadurch der Entzug durch die Transpiration der Waldbäume nicht mitgemessen worden).

Eine einseitige allzu günstige Bewertung verbietet sich auch für die *Mischbestandsfrage*, obwohl hier die *allgemeinen Vorteile stärker und deutlicher hervortreten*. Die größere Sicherheit gegen viele Gefahren wurde schon oben erwähnt. Aber auch das trifft durchaus nicht immer zu. So wird z. B. die Hallimaschgefahr für Nadelhölzer durch Buchenbeimischung erhöht, ebenso die Engerlingsgefahr im Kiefernwald durch Beimischung der Birke, die den Maikäfer anlockt u. a. m. Daneben tritt vielfach eine *bessere, sich ergänzende Bodenausnutzung* durch ungleichen Nährstoffentzug der verschiedenen Holzarten und verschiedene Tiefe der Durchwurzelung. Im allgemeinen ist auch die *Streuzersetzung im Mischbestand meist günstiger* als im reinen. Aber auch hier kommt letzten Endes alles auf die richtige Wahl der zusammenpassenden Holzarten an. Wird die flachwurzelnde Fichte mit der tiefwurzelnden Eiche gemischt, so ist die Wirkung auf trockeneren Böden oft ungünstig, weil die Fichte das ganze Niederschlagswasser abfängt, so daß die Eichen trockenspitzig werden. Die Zersetzung der Fichtennadelstreu wird wohl durch Buchenlaub beschleunigt, aber nicht umgekehrt. Recht oft liegt der Fall so: Die eine Holzart verbessert die Verhältnisse in gewisser Richtung, die andere verschlechtert sie.

Am zweifelhaftesten und am meisten umstritten sind die *Massen- und Wertleistungen der Mischbestände gegenüber den reinen*.

Da diese Frage von größter Wichtigkeit für die Wirtschaft ist, sind hierüber eine ganze Reihe von Untersuchungen angestellt worden, die aber schon grundsätzlich so viel Schwierigkeiten und Fehlerquellen bieten, daß ein eindeutiges Ergebnis vielfach nicht herausgekommen ist. Meist fehlt es überhaupt an vergleichsfähigen Misch- und Reinbeständen in gleichem Alter und gleicher Lage. Man ist daher auf den Vergleich der Mischbestandsmassen mit den Durchschnittszahlen der Ertragstafeln für Reinbestände angewiesen, ohne zu wissen, ob diese im vorliegenden Fall für den Reinbestand auch wirklich ganz zutreffend sein würden.

Ältere Untersuchungen dieser Art in Preußen[2]) für die verschiedensten Formen der Mischung von Kiefer, Fichte, Buche und Eiche, in Sachsen für Kiefer und Fichte[3]), in Hessen[4]) für Buche, Eiche und Kiefer und in Württemberg[5]) und

---

[1]) BURGER, H.: Waldklimafragen III. Mitt.Schw.Anst. 1933, H. 1.

[2]) SCHWAPPACH, A.: Untersuchungen in Mischbeständen. Z.F.J.W. 1909, S. 313; 1914, S. 472 ff. — SCHILLING, L.: Ostpreußische Kiefern-Fichten-Mischbestände. Z.F.J.W. 1925, S. 257.

[3]) BUSSE, J.: Ein Kiefern-Fichten-Mischbestand in Sachsen. Th.Jb. 1931, S. 595.

[4]) WIMMENAUER, K.: Zur Frage der Mischbestände. A.F.J.Z. 1914, S. 90.

[5]) BÜHLER, A.: Waldbau, Bd. 2, S. 233. — DIETERICH, V.: Beiträge zur Zuwachslehre. Die Mischwuchsfrage. Silva 1923, S. 193. — Untersuchungen in Mischwuchsbeständen. Mitt. württemb. forstl. Versuchsanst. Tübingen. 1928.

in der Schweiz[1]) für die vorgenannten Holzarten und Tanne haben bald ein Mehr, bald ein Weniger, vielfach auch nur ein Gleichbleiben von Vorrat und Zuwachs ergeben. Im allgemeinen wird man von vornherein nur eine Erhöhung der Massenleistung erwarten können, wenn eine massenreichere Holzart zu einer massenärmeren und ebenso eine Erhöhung der Wertleistung, wenn eine wertvollere Holzart zu einer weniger wertvollen hinzutritt, ohne daß beide sich stärker beeinträchtigen, in keinem Falle aber umgekehrt! Man hat also bei unterschiedlicher Leistung immer eine Holzart, die diese erhöht und eine andere, die sie erniedrigt. Diese hier von vornherein vertretene Auffassung hat ihre volle Bestätigung durch die neuesten, außerordentlich umfang- und aufschlußreichen Untersuchungen und Veröffentlichungen der Preußischen Versuchsanstalt unter WIEDEMANN gefunden, die sich auf ein äußerst vielseitiges und langfristiges Unterlagenmaterial stüzen konnten[2]).

Die Wirtschaft wird hier von Fall zu Fall neben den Ertragsleistungen *auch die allgemeinen Gesichtspunkte* zu berücksichtigen haben, die neben der Bodenpflege und Gefahrensicherung auch die Versorgung der nächsten Umgebung mit den verschiedenen Holzsorten im großen wie im kleinen in Betracht zu ziehen haben. Besonderes Gewicht ist darauf zu legen, daß *vorhandene Mischbestände richtig gepflegt und erhalten werden.* Hieran hat es in der früheren Zeit entschieden gefehlt, und hier trägt auch unleugbar der Kahlschlag und die schablonenhafte Reinkultur, die ihm folgte, einen großen Teil von Schuld. Dies trifft aber nicht nur auf die norddeutsche Kiefernwirtschaft zu, sondern ebenso auch auf die west- und süddeutschen Verhältnisse, wo der reine Fichtenbestand in großem Umfang an die Stelle früheren Mischwaldes getreten ist.

Wald- und Bestandestypen. Nach der allgemeinen Übersicht und Bewertung werden wir uns nun der Betrachtung der einzelnen Bestandesformen zuzuwenden haben. Diese Formen sind nichts Zufälliges. Sie sind in der Natur gegeben durch den Standort. Ihre Entwicklung und ihre wirtschaftlichen Leistungen stehen in Abhängigkeit von den Bedingungen dieses Standorts.

Wir haben schon im ersten Teil gesehen, daß der Wald in den verschiedenen Klimazonen der Erde einen mehr oder minder bestimmten Typ annimmt. Im großen ist also zunächst das Klima bestimmend für die Form und Zusammensetzung des Bestandes. Wenn man aber *innerhalb eines engeren Klimabezirks* den Wechsel im Waldbild durchmustert, so sind die *Unterschiede* neben lokalklimatischen Einflüssen *hauptsächlich vom Boden bedingt.* Diese Unterschiede zeigen sich nicht nur in der Bestandesbildung durch verschiedene Holzarten, obwohl dies am augenfälligsten ist, sondern wir finden auch solche im Höhenwuchs, in der Stammstärke und Stammzahl, ja sogar in der Ästigkeit, Holzgüte und der Widerstandsfähigkeit gegen Schädigungen und Erkrankungen. Ganz besonders in die Augen fallend sind auch die Unterschiede in der begleitenden Strauch-, Kräuter- und Moosflora. Bei aufmerksamer Beobachtung und Vergleichung finden wir nun, daß *gewisse gleichartige Typen sich an gewissen Stellen immer wiederholen.* So z. B. im nordostdeutschen Diluvialgebiet der langsamwüchsige, kurzschäftige und frühzeitig abgewölbte Kiefernbestand mit Heide- und Renntierflechte als Bodenüberzug, andererseits der raschwüchsige, langschäftige, aber vielfach ästige und grobwüchsige Kiefernbestand mit eingesprengter Buche und mit Himbeere, Süßgräsern und allerhand Kräutern im

---

[1]) BURGER, H.: Reine und gemischte Bestände. Z.F.J.W. 1928, S. 100.

[2]) WIEDEMANN, E.: Ertragskundliche Fragen des gleichalterigen Mischbestandes aus der Preußischen Versuchsanstalt. Dtsch.F.W. 1939, Nr. 51. — BONNEMANN, A.: Der gleichaltrige Mischbestand von Kiefer und Buche. Mitt.F.W. 1939. — WIEDEMANN, E.: Der gleichaltrige Fichten-Buchen-Mischbestand. Ebenda 1942.

Unterstand. Ersteren Typ treffen wir immer wieder auf den trockenen Rücken der Binnendünen, letzteren auf den Sandern im Vorgebiet der Endmoräne. Oder in Westdeutschland: Auf anlehmigen Buntsandsteinböden Buche in Mischung mit der Traubeneiche, auch bei lockerem Schluß meist ohne Strauchunterstand, aber mit Waldmeister, Hainsimse, Anemone, Sauerklee, die die braune Buchenlaubschicht des Bodens locker mit Grün durchsetzen, auf lehmigem Muschelkalk dagegen Buche mit Esche und Ahorn, Elzbeere und wilder Kirsche. Im Unterstand wachsen bei lockerem Schluß schon Sträucher, wie *Cornus, Evonymus, Acer campestre*. Eine besonders üppige Bodenflora von *Hepatica, Asperula* mit eingesprengten Orchideen und Schmetterlingsblütlern bildet neben breitblättrigen Süßgräsern die Kräuterschicht und bedeckt den Boden vollständig. Diese grob herausgegriffenen Beispiele sollen nur zeigen, was man sich unter einem *Waldtyp* vorzustellen hat.

Waldtypenlehre und Pflanzensoziologie. Die Waldtypenlehre ist eigentlich nur ein engerer Teil der neuzeitlichen *Pflanzensoziologie*, die sich mit den *Gesellschaftsformen der gesamten Pflanzenwelt* beschäftigt, während jene sich auf den Wald als solchen beschränkt. Beide sind verhältnismäßig noch jung und ihre Begriffs- und Systembildungen seitens verschiedener Schulen noch nicht übereinstimmend und noch strittig. Im allgemeinen deckt sich der *Begriff des Waldtyps* mit dem der *Assoziation* in der Pflanzensoziologie. Hierunter versteht man *eine Pflanzengesellschaft von bestimmter floristischer Zusammensetzung, einheitlichen Standortsbedingungen und einheitlicher Physiognomie.* Die Assoziationen werden durch Aufnahme aller auf größeren oder kleineren Flächen (Probequadraten) vorkommenden Pflanzenarten bestimmt, die in *Pflanzenlisten* zusammengestellt werden, in denen noch die Mengenverhältnisse (Abundanz, Deckungsgrad, Dominanz, Geselligkeit und Frequenz) nach ihrer Größe schätzungsmäßig in Ziffern bei jeder Art eingetragen werden. Daneben wird noch die Konstanz, d. h. das mehr oder minder stetige Auftreten einer Art auf verschiedenen Flächen derselben Gesellschaft, ferner die Gesellschaftstreue, d. h. die strengere oder lockere Gebundenheit an nur die eine oder mehrere Gesellschaften sowie die Vitalität, d. h. das bessere oder schlechtere Gedeihen der Art, vermerkt. Neben *Charakterarten*, die für die betreffende Pflanzengesellschaft besonders bezeichnend sind, gibt es noch *Differenzialarten*, die die verschiedenen Unterformen der Assoziationen (Subassoziationen und Fazies) unterscheiden sollen. (Näheres über weitere Begriffe und die Arbeitsmethoden muß aus den besonderen Lehrbüchern der Pflanzensoziologie ersehen werden.) Die Bezeichnung der Assoziation erfolgt unter dem Namen der führenden Leitpflanze mit angehängtem -etum und Beifügung eines Adjektivums, das die Begleitflora möglichst verständlich bezeichnen soll, z. B. den flechtenreichen Kiefernwald als *Pinetum silvestris cladinosum* im Gegensatz etwa zum kräuterreichen Typ *Pinetum silvestris herbosum* oder *oxalidosum, myrtilledosum* u. a. m.

Die Pflanzensoziologie glaubt nun mit großer Sicherheit schon *allein aus der Aufnahme der Bodenflora* in allen Fällen, auch in künstlich stark und lange veränderten Waldbeständen, sowie auch auf Ödland und sogar Acker auf den *natürlichen Typ* schließen zu können. Wie weit das wirklich zutrifft, muß erst noch durch Nachprüfung der Bestandesgeschichte geklärt werden. In einzelnen Fällen haben sich schon offenbare Unstimmigkeiten ergeben. Bei den viel tieferen Reichweiten der Baumwurzeln müssen eigentlich von vornherein beim Auftreten von Lehm und Grundwasser, überhaupt bei geschichteten Böden, *unterschiedliche Standortsbedingungen für den Baumbestand und die nur flach wurzelnde Bodenflora* angenommen werden. So wertvoll auch in vielen Fällen, die einfacher und gleichmäßiger liegen, die *Bodenflora als Standortsweiser* sein mag und tatsächlich ist, so ist doch allem Anschein nach kein unbedingter Verlaß darauf, daß sie immer einen ausreichend sicheren Ausdruck für den gesamten Bodenkomplex gibt. Bodenuntersuchungen sind für den Wald nicht zu entbehren.

Methoden und Ergebnisse der Waldtypenlehre. Die *Waldtypenlehre* geht genau so wie die Pflanzensoziologie von der Auffassung aus, *daß bei einem bestimmten Klima*, wobei nicht nur an das Makroklima, sondern auch an das *Mikroklima* auf kleinstem Raum zu denken ist, und bei *bestimmtem Boden*, wobei nicht nur der Mineralstoffgehalt, sondern auch Korngröße, Durchfeuchtung, Durchlüftung u. a. m. zu berücksichtigen sind, sich *immer eine bestimmte Waldform nach Holzartenzusammensetzung, Wuchs, Begleitflora usw., eben der Waldtyp, herausbilden muß*, daß also umgekehrt da, wo gleiche Typen vorliegen, auch gleiche Standortsverhältnisse vorhanden sind. Jeder Wechsel des Typs würde auch einen Wechsel der Standortsbedingungen anzeigen. Selbstverständlich können wir eine solche *enge Gesetzmäßigkeit nicht in dem vom Menschen stark beeinflußten Wirtschaftswald* erwarten, wo u. U. durch künstlichen Anbau standortsfremder Holzarten, aber auch durch Schlagführung, Bodenbearbeitung u. a. m. der Bestands- und Florencharakter stark verändert worden ist, sondern im allgemeinen nur im *unbeeinflußten Natur- oder Urwald*.

Wir sehen dort, wie *nach Katastrophen* (Waldbrand, Sturm u. a.) zwar oft *erst andere Holzarten auftreten*, z. B. Birke und Aspe, wie aber unter diesen allmählich wieder *die alten Arten einwandern* und den Übergangstyp verdrängen. Auch im Wirtschaftswald findet man häufig ähnliches. So z. B. wenn auf ehemaligen Laubholzstandorten nach künstlicher Umformung in Kiefernbestände durch Verschleppung von Tieren (Eichelhäher, Mäuse) allmählich, aber stetig Buche und Eiche wieder erscheinen und die Wiederverjüngung der Kiefer verhindern. Die Natur scheint tatsächlich überall einem bestimmten Endzustand („*Klimax*" der Pflanzensoziologen) zuzusteuern, der eben den *eigentlichen standortsgemäßen Waldtyp* darstellt, der ohne Störungen den Dauerzustand bildet.

Die *Gesetzmäßigkeit der Zusammenhänge* zwischen Standortsverschiedenheit und Wechsel des Waldtyps ist jedenfalls *groß*. Jede Lehminsel im Sandgebiet zeigt meist sofort auch Auftreten von Laubholz mitten im großen Kiefernwald. Und mit der Buche ist auch zugleich die zugehörige Bodenflora da (Leberblümchen, Haselwurz, Waldmeister, Buchenfarn u. a.), obwohl die nächste Insel vielleicht kilometerweit entfernt ist. Wo im westlichen Buchengebiet Kalk die Grundlage bildet, da treten sogar solche Seltenheiten wie die Eibe und die Frauenschuhorchidee immer mit einer gewissen Regelmäßigkeit auf. Man muß wirklich oft staunen, mit welcher Sicherheit die Natur bei der Verbreitung arbeitet, und man fragt sich vergebens, wodurch eine solche eigentlich bei so weit getrennten Standorten erreicht wird. Natürlich fehlt auch gelegentlich einmal eine Pflanzenart, die zur Assoziation gehört, und ebenso kommt auch einmal eine fremde Art darin vor. Aber solche Fälle scheinen im großen und ganzen doch nur Ausnahmen von der Regel zu bilden.

Die *grundsätzliche Bedeutung der Waldtypen* liegt darin, daß sie uns *ökologisch gleichwertige Einheiten* bieten, die nicht nur gleiche Nutzungsmöglichkeiten (Massenleistung und Holzqualität) besitzen, sondern die auch in bezug auf Verjüngung, Erziehung, Bodenpflege und sonstige Wirtschaftsmaßregeln eine bestimmte gleichmäßige Behandlung ermöglichen würden. Mit Recht hat man darauf hingewiesen, daß die Bonitäten unserer Ertragstafeln nach dieser Richtung hin sehr willkürlich und unvollständig sind. Ein Kiefernbestand V. Bonität kann sowohl auf einem nassen Hochmoor wie auf einem trockenen Dünenkopf stocken; ein Buchenbestand bester Bonität auf Muschelkalk wie auf Buntsandstein. Die waldbauliche Behandlung aber muß in jedem Fall eine ganz andere sein. Die *Bonitäten der Ertragstafeln sind in erster Linie eben nur Ertrags- und nicht Standortsklassen*. Freilich fällt beides in vielen Fällen bis zu einem gewissen Grade zusammen, und in der Praxis wird es daher mehr oder minder meist zusammengeworfen.

In der Grundauffassung, daß der richtig erfaßte Waldtyp die natürliche Wirtschaftseinheit mit gleichen Standortsbedingungen, waldbaulichen und Ertragsverhältnissen darstellt, sind sich wohl alle Vertreter dieses Gedankens einig. Ein *Unterschied besteht nur in der Art und Weise, wie der Typ zu erkennen und festzulegen ist.* Prof. Morosow[1]), der Begründer der Waldtypenlehre in Rußland, wollte ihn *durch Klima, Boden und Untergrund* bestimmt wissen. Klimazone und Waldgebiet bilden bei ihm die Haupteinteilung, im Waldgebiet entscheidet dann lokale Lage, Boden und Untergrund.

So gibt er z. B. für die südrussische Waldsteppe als Typen an: den Eichen-Eschen-Bestand auf degradierter Schwarzerde auf hochgelegenen Waldinseln und den Kiefern-Eichen-Bestand auf ebensolcher degradierter Schwarzerde, die aber über Lehmsand und auf der Übergangszone von den Hochflächen zu den tief gelegenen Wiesenterrassen liegt.

Noch weiter in der Differenzierung geht A. von Kruedener[2]), der auch die feineren physikalischen Bodenverhältnisse, wie Durchfeuchtung, Durchlüftung, Humus- und Schichtenbildung im Boden, bei seiner Einteilung berücksichtigt und dadurch zu einer sehr vielseitigen, aber auch sehr verwickelten Typenbildung kommt.

Da für den praktischen Gebrauch eine kurze Bezeichnung notwendig erscheint, so benutzen beide, Morosow wie Kruedener, die in der russischen Volkssprache hierfür eingebürgerten Namen, die eine reiche Abstufung zeigen, die ebensosehr von der engen Verbundenheit dieses Volkes mit dem Naturwalde wie auch von einer feinen Beobachtungsgabe zeugen. So unterscheidet es z. B. die „weiße Heide" (Kieferntyp mit Cladonia), die „Grünmoosheide", „Heidekrautheide", die „Ramenji", von Kruedener mit „Lehme" übersetzt, Lehminseln mit Fichte und Laubhölzern, und vieles andere mehr. In der deutschen Sprache fehlen entsprechende Ausdrücke[3]). Die Übersetzungen Krueden ers (wie z. B. Anheide, gedüngte Heide, durchschlämmte Lehme u. a.) muten uns fremdartig an und können uns keine rechte Vorstellung vermitteln.

In Finnland ist die Waldtypenlehre von Cajander[4]) ausgebildet worden. Dieser benutzt zur Bezeichnung in der Hauptsache die vorherrschende *Bodenflora*, z. B. Oxalis-, Myrtillus-, Vaccinium (vitis idaea)-, Calluna-, Cladonia-Typ u. a. m. Auf die bestandsbildende Holzart kommt es bei Cajander nicht an. Der Myrtillus-Typ kann sich sowohl unter Kiefer wie Fichte oder Birke finden. Die Cajanderschen Waldtypen berühren sich eng mit den Assoziationen der Pflanzensoziologen, mit dem Unterschied allerdings, daß sie sich auf das *vorherrschende Element der Bodenflora* allein stützen und nicht auf lange Pflanzenlisten und besondere, oft gar nicht dominante Charakter- und Differenzialarten. Cajanders Waldtypen treten in Finnland vollständig an die Stelle unserer Ertragstafelbonitäten. Man bestimmt Zuwachs und Ertrag dort allein nach dem Waldtyp.

Gegen die *Übertragbarkeit auf unsere Verhältnisse* sind aber vorläufig noch *Bedenken* geäußert worden[5]). Vor allen Dingen hat man darauf hingewiesen, daß in Finnland der Boden viel flachgründiger und einheitlicher ist als bei uns, daß auch die Holzarten dort alle viel flacher wurzeln, und daß daher die für Bodenflora und Baumbestand in Betracht kommenden Schichten mehr zusammenfallen. Es zeigen sich daher nicht solche Unterschiede wie bei uns, wo die tieferen Untergrundverhältnisse, wie Lehm-, Mergel- und Tonschichten

---

[1]) Morosow, G. F.: Die Lehre vom Walde, S. 326.

[2]) Kruedener, A. v.: Waldtypen. Neudamm 1927.

[3]) Wir haben solche nur ganz spärlich, z. B. Aue, Schlenke, Bruch, Fenn, in Bayern Möser und Filze, im Schwarzwald Missen. Merkwürdigerweise alles für nasse Waldstellen. Für trockene etwa noch „Heide" und „Kiefernkusseln".

[4]) Cajander, A. K.: Über Waldtypen. Act. forestal, fennica 1909. — The Theory of Forest Types. Ebenda 1925.

[5]) Vgl. hierzu die Vorträge von Rubner und Kruedener: Waldtypen und Forstwirtschaft. Jber. d. dtsch. Forstver. 1927.

oder Kiesbänke, Schotterlager oder auch schon der Wechsel von Feinsand und Grobsand für die Wurzeln der tief reichenden Waldbäume oft ganz andere Bedingungen schaffen müssen als für die Bodenflora. Rubner[1]) hat z. B. für die Wälder der Münchener Gegend feststellen können, daß die Fichte dort auf den flachgründigen Schotterböden nur den mittleren Ertragsklassen angehört, während sie auf den angrenzenden Hochterrassen auf tiefgründigem, aber schwerem und untätigem Boden die erste Bonität erreicht. Die Bodenflora aber ist umgekehrt auf den ersteren Böden besser (Oxalis-Typ) als auf den letzteren

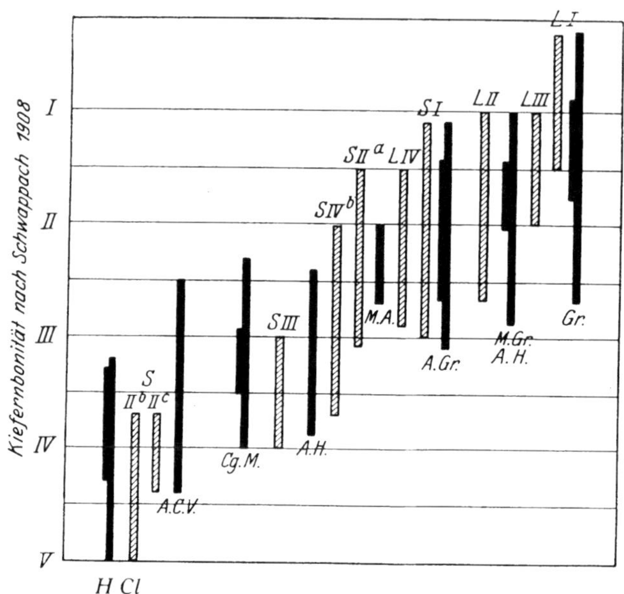

Abb. 150. Bodentypen und Bodenflorentypen märkischer Kiefernwaldungen in ihrer Variationsbreite innerhalb der Ertragstafelbonität. (Nach Hartmann.) Schwarz: Florentypen, verdickt: häufigstes Vorkommen. Schraffiert: Bodentypen. Die Typen, besonders die Florentypen, zeigen meist eine Breite über zwei Bonitäten hinweg! Erläuterungen: *HCl* = Hypnum-Flechten-Typ. *ACV* = Aira-Calluna-Myrtillus-Typ. *CgM* = Segge-Beerkraut-Typ. *AH* = reiner Aira-Hypnum-Typ. *MA* = Blaubeere mit *Aira fl.*, ohne Süßgräser. *AGr* = Aira-Süßgras-Mischtyp. *MGr AH* = Blaubeere mit Süßgräsern. Aira und Hypnum. *Gr* = reiner Süßgrastyp mit Kräutern. *S* = Sandböden. I. Geröll-, kalk- und kolloidreich. II. Grobsande mit kalkreichen Schichten im Untergrund. a) Kahlenberger Typ, b) Trockengebiet Breitelege, c) Hegermühler Grobsande mit 1. Waldgeneration. III. Kalk-schluff- und kolloidarme Feinsande. IV. Sandböden mit wechselnden Schichten. b) Feinsandschichten mit kalkreichen Grobsand- und Kiesschichten. *L* = Lehmböden. I. milder, tiefgründiger Lehm. II. strenger Lehm, oberflächlich oder höchstens bis 0,80 m tief anstehend. III. wie vor, aber erst unter 0,80—3,00 m anstehend. IV. Lehm erst unter 3 m.

(Myrtillus-Typ). Auch Hartmann hat bei der Untersuchung von Kiefernböden in der Mark[2]) nicht immer ein enges Zusammenfallen von Höhenbonität und Bodenflorentyp feststellen können. Insbesondere war dies nicht bei wechselndem Grundwasserstand der Fall. Die Bodenflora zeigte dann zwar einen gewissen Unterschied in der Üppigkeit, aber im allgemeinen den gleichen Artenbestand, also denselben Waldtyp, während der Höhenwuchs der Kiefer und die Ertrags-

---

[1]) Rubner, K.: Die Bedeutung der Waldtypen für den deutschen Wald. Silva 1922.
[2]) Hartmann, F. K.: Die Abhängigkeit der Höhenbonität und der Bodenflora der Kiefer vom Feinerdegehalt und Untergrund gewisser diluvialer Sandböden. Z.F.J.W. 1926, S. 226.

klasse in weiten Grenzen schwankte. Solche Fälle finden sich nach eigenen Beobachtungen auch besonders häufig und deutlich in Oberschlesien (Forsten um Oppeln) auf grundwassernahen, aber verhältnismäßig armen ausgebleichten Sanden, die meist eine ziemlich tiefe Stufe der Bodenflora (Calluna-Vaccinium-Typ) aufweisen, dabei aber recht gutwüchsige Kiefern-Fichtenmischbestände mit großer Neigung zur Naturverjüngung tragen. Besonders unzuverlässig scheinen sich bei uns Heidelbeere (*Vaccinium Myrtillus*) und Waldschmiele (*Aira flexuosa*) zu erweisen, die sich über recht verschiedene Ertragsklassen hinweg erstrecken. Auf jeden Fall würden wir im nordostdeutschen Kieferngebiet mit den CAJANDERschen Typen nicht auskommen. Bodenfloristische Arten, wie *Aira flexuosa, Calamagrostis epigeios, Pteris aquilina* u. a., sind bei uns auf weiten Gebieten tonangebend, fehlen aber in der finnischen Skala ganz oder werden nur nebensächlich berücksichtigt.

In seiner letzten größeren Arbeit über Kiefernbestandestypen[1]) hat HARTMANN eine sehr eingehende Gliederung einmal nach verschiedenen Bodentypen und daneben auch nach Florentypen vorgenommen. Es zeigte sich bei beiden eine recht starke Schwankung, die sich meist über zwei Bonitätsstufen hinweg erstreckte (vgl. Abb. 150). Die Florentypen waren dabei noch etwas schwankender als die aus den Bodenverhältnissen abgeleiteten. Immerhin zeigte sich doch ein deutliches Aufsteigen der Bonitäten von den trockenen Grobsanden über die Feinsande zu den anlehmigen Sanden bzw. Lehm im Untergrund und Hand in Hand damit auch ein Übergang der Bodenflora vom armen Hypnum-Flechten-Typ über den mittleren Blaubeer-Aira-Mischtyp bis zu dem reichsten Süßgras-Kräuter-Typ. Auch die umfangreichen Untersuchungen der Preußischen Forstlichen Versuchsanstalt[2]) in der nordostdeutschen Tiefebene ergaben zwar im allgemeinen einen deutlichen Zusammenhang zwischen Ertragsleistung und Bodenflorentyp. Aber auch hier streuen die Einzelwerte sehr stark (z. B. beim Myrtillus-Farn-Typ von 0,7—3,1 Bonität, beim sonst mehr einheitlichen Vaccinium-Cladonia-Typ in Einzelfällen von 3,0—5,0 Bonität. Dagegen haben andere Untersuchungen in Fichtenbeständen im Erzgebirge[3]) wieder eine recht gute Übereinstimmung von Höhenbonität der Fichte und Waldtyp gezeigt. Bezeichnenderweise handelte es sich um einschichtige Urgebirgsböden von recht einheitlicher geologischer Herkunft und die flachwurzelnde Fichte, also jene Fälle, für die wir oben schon die Brauchbarkeit pflanzensoziologischer Aufnahmen von vornherein günstig beurteilen konnten.

Die ganze Frage ist jedenfalls bei uns noch in der Entwicklung. Ihre allgemeine Bedeutung für den Waldbau ist unverkennbar, aber eine Überschätzung der pflanzensoziologischen Ergebnisse für die *waldbauliche Planung* ist andererseits auch nicht angebracht. Wenn z. B. in zahlreichen Fällen die Aufnahmen der Pflanzensoziologen in norddeutschen Kiefernwaldungen das „azidiphile Querceto-Betuletum" als den natürlichen Klimaxzustand festgestellt haben, so verbieten es allein schon volkswirtschaftliche Gründe, deswegen etwa den Anbau der vom Markt stark begehrten Kiefern hier in nennenswertem Umfang zugunsten ertragsärmerer und weniger wertvoller Holzarten einzuschränken, wie es die Birke und auf solchen ärmeren Sandböden auch die Eiche sind. Trotzdem wird die Praxis solchen Feststellungen ihre Aufmerksamkeit zuzuwenden haben und bei der Wahl von Mischholzarten für die Kiefer dann lieber die Eiche und Birke statt der Buche oder Hainbuche anbauen. Bei Beobachtung von Wuchsunterschieden in den Beständen sollte man immer Vergleiche mit der Bodenflora anstellen und dann dort, wo auch diese wechselt, tiefere Bodeneinschläge vornehmen, um sich hierdurch Aufschluß darüber zu verschaffen, ob Standortsunterschiede vorliegen, die zu berücksichtigen sind, oder ob nur die wirtschaftliche Vorbehandlung zu solchen Unterschieden geführt hat.

---

[1]) HARTMANN, F. K.: Kiefernbestandestypen des nordostdeutschen Diluviums. Neudamm 1928.

[2]) GANSSEN, R. H.: Standort und Ertragsleistung der Kiefer in Norddeutschland. Z.F. J.W. 1932, S. 290.

[3]) KÖTZ, Fr.: Untersuchungen über Waldtyp und Standortsbonität der Fichte im oberen sächsischen Erzgebirge. Diss. Eberswalde 1929.

3. Kapitel. **Die hauptsächlichsten Reinbestandsformen des deutschen Waldes.**

1. Der Kiefernbestand[1]).

Verbreitung. Der Kiefernbestand hat seine natürliche Hauptverbreitung im norddeutschen Osten (Ostelbien), wo er oft in ganzen Waldteilen rein oder nur mit gelegentlicher und unbedeutender Einsprengung von Laubhölzern, hauptsächlich Birke und Aspe, auftritt. Mit Recht wird die Kiefer hier nach ihrer großen Verbreitung und Anspruchslosigkeit der *,,Brotbaum des Ostens"* genannt. Besonders umfangreich ist ihr Vorkommen auf den ärmeren und trockeneren Diluvialsanden, besonders den Talsanden, die von den Gletscherströmen oft weithin verfrachtet und dabei stark ausgewaschen worden sind. Aber auch auf durchlässigen und trockenen Hochflächensanden und auf den nachträglich aufgewehten Binnendünen des nordostdeutschen Diluviums finden sich reine Kiefernbestände in weiter Verbreitung. Große Waldgebiete, die heute noch den Namen ,,Heiden" (=Kienheiden in alter Zeit) führen, sind ganz überwiegend mit Kiefer bestockt und wahrscheinlich auch früher bestockt gewesen. (So z. B. Teile der Tucheler Heide, der Landsberger und Schorfheide in der Mark, die Dübener und Annaburger Heide in Sachsen, die großen Heiden in der Niederlausitz u. a. m.) In Nordwestdeutschland dürfte, abgesehen von der Altmark, der reine Kiefernbestand von Natur nur ganz vereinzelt vorgekommen sein. Heute ist er auch dort künstlich durch Aufforstung von Ödland und Heide weitverbreitet. Im gebirgigen Westdeutschland wird auch da, wo die Kiefer natürlich vorkam, meist eine Mischung mit Laubholz vorgelegen haben, in Süddeutschland war der Kiefernreinbestand wahrscheinlich ebenfalls selten (in der Rhein-Main-Ebene auf Sand und Kies und in der Nürnberger Gegend auf sehr armen Keupersanden). Wo die Böden anlehmig werden oder gar in reinen Lehm übergehen, da mischen sich sofort anspruchsvollere, aber auch mehr Schatten werfende Arten ein, wie besonders Buche und Fichte, und verdrängen die Kiefer dann mehr oder minder.

Bestandestypen[2]). *Die geringsten und schlechtesten Formen* zeigen sich auf *Dünenrücken* (auch Binnendünen) und auf sehr *groben und durchlässigen Sanden mit tiefem Grundwasserstand.*

Sehr schlechte Bestände finden sich auch in den *durch langjährige Streunutzung ausgeschundenen* und auch sonst unpfleglich behandelten kleinen *Bauernwaldungen* des Ostens (*Kiefernkusselbestände*), sowie auf den ebenfalls durch Streuberechtigungen mißhandelten Böden der Pfalz[3]).

Auf solchen Standorten V. (—IV.) Ertragsklasse erwachsen meist frühzeitig stockende Bestände, die mit 100 Jahren nur Höhen von etwa 12 m aufweisen, kleine, dürftig benadelte Kronen haben, die sich frühzeitig flach abwölben, und die an Stamm und Ästen starken Überzug von grauen Flechten zeigen. Bei lückigem Stand ist auch Krummschäftigkeit und Krummästigkeit herrschend, die bis zu strauchartigem, buschigem Wuchs gehen kann. Hieran ist nach eigenen

---

[1]) GODBERSEN: Die Kiefer. Neudamm 1904. — WIEBECKE: Ostdeutscher Kiefernwald, seine Erneuerung und Erhaltung. Z.F.J.W. 1911, 1912, 1913 u. 1921.

[2]) Vgl. hierzu die Arbeit von HARTMANN: Kiefernbestandestypen des nordostdeutschen Diluviums. Neudamm 1928.

[3]) REBEL, K.: Heidekrankheit reiner Föhrenbestockung auf Trockeninseln. Waldbauliches aus Bayern. Bd. 1, S. 89, 1922.

Beobachtungen wohl oft der dauernde Befall durch Knospen- und Triebwickler schuld, die auf solchen Flächen offenbar besonders heimisch sind. Der Boden ist meist von *grauen Renntierflechten* (*Cladonia-Arten*) überzogen. Von Grünmoosen treten vorwiegend nur die ungünstigeren *Dicranum*-Arten (bes. *scoparium*), auch *Leucobryum* auf. Mehrfach findet sich in dem Flechtenteppich in dünnem Gerank noch die Preißelbeere (*Vaccinium vitis idaea*), die mit ihrem glänzend dunkelgrünen Laub, ihren rosa Blütenglöckchen und leuchtendroten Beeren einen merkwürdigen Gegensatz zu dem öden Grau des Bodenüberzuges bildet. (Wo die Preißelbeere stärker hervortritt und sich mit grünen Moosen verbindet, tritt der bedeutend bessere Vaccinium-Typ auf.) Der Graswuchs beschränkt sich auf besonders genügsame, an Trockenheit angepaßte Angergräser, wie den Schafschwingel (*Festuca ovina*) und das grau bereifte Silbergras (*Weingaertneria canescens*). Wo Streunutzung bis in letzte Zeit stattgefunden hat, ist der Boden kahl und fest wie eine Tenne. Einen meist schon etwas besseren Grad zeigt häufiger, aber nicht allzu hoher Wuchs der Heide (*Calluna vulgaris*) an. In vielen Fällen scheint das Auftreten der Heide aber nur eine Lichtfrage zu sein, da sie sich oft nur auf Lücken, Blößen und besonnten Wegrändern einstellt, im Bestandesschirm aber kümmert oder ganz fehlt.

Auf den *mittelguten Typen* hebt sich der Wuchs schon bedeutend. Auf Ertragsstufen III. Bonität werden mit 100 Jahren schon Höhen von 20 m erreicht. Auf diesen mittleren Stufen ist der Wuchs des Holzes nicht zu rasch, die Neigung zur Ästigkeit noch nicht groß. Hier erwächst oft *gutes Schneideholz*, allerdings nur unter der Voraussetzung entsprechenden Alters. Besonders scheint das dort der Fall zu sein, wo im tieferen Untergrund Lehm ansteht, der erst im späteren Alter erreicht oder wirksam wird und die Jahrringbreite noch lange auf gleichmäßigem Stand hält (ostpreußische, aber auch sonstige Standorte in Ostelbien mit berühmtem, feinringigem und kernigem Schneideholz, als ostpreußische Kiefer, polnische Kiefer u. a. im Holzhandel bekannt). Auf diesen mittleren Gütestufen finden sich im Unterstand meist schon Sträucher ein, und zwar vor allem *Wacholder* und die *Eberesche*, ersterer oft auf weiten Flächen tonangebend und bisweilen bis zu mehreren Metern hoch (Abb. 151). In Westpreußen nennt man diesen Typ Kaddik-Heide (von *Kaddik* = Wacholder). An Stelle der Flechten und kurzrasigen Polstermoose findet sich weitverbreitet das überaus gemeine *Hypnum Schreberi* und eingesprengt *H. purum*; in gewissen Gegenden scheint *Hylocomium splendens* tonangebend zu sein. Von Gräsern tritt am häufigsten die ebenfalls borstblättrige Waldschmiele (*Aira flexuosa*) auf, deren feine Blütenrispen den Boden weithin mit einem dichten feinen Schleier überziehen. An anderen Stellen ist es dagegen die Blaubeere (*Vaccinium Myrtillus*), die große Flächen mit ihrem kurzen Gesträuch vollständig abdeckt. Es sind also drei Hauptleitpflanzen, die bei uns die mittleren Ertragsstufen der Kiefer wechselnd begleiten: *Hypnum, Aira flexuosa* und die Blaubeere, wobei allerdings die Hypnum-Moose auch in den beiden letzteren Typen als Mischbestandteil immer recht verbreitet sind, aber durch das höhere Gras und Beerkraut meist verdeckt werden.

Eine besondere Rolle spielt der Adlerfarn (*Pteris aquilina*), der meist nur kleinflächenweise in Gruppen und Horsten auf den mittleren bis besseren Bonitäten vorkommt. Gegen den Ostseeküstenrand aber wird er auf weiten Flächen herrschend und entfaltet dort auch einen besonders üppigen Wuchs (oft noch über 2 m hoch). Auch das Landschilf, gemeinhin, wenn auch fälschlich, Segge genannt, *Calamagrostis epigeios*, tritt ebenfalls gegendweise ganz verschieden stark auf. In manchen Revieren kommt es nur zerstreut in kleineren und größeren Horsten vor, in anderen auf riesigen zusammenhängenden Flächen, die dann der Kultur die schwersten Hindernisse bieten, während merkwürdigerweise im späteren Bestandesalter trotz des dichten Filzes von Stolonen und den vielen feinen, bis über 1 m in die Tiefe gehenden Faserwurzeln eine merkbare Beeinträchtigung des Baumwuchses bisher nicht beobachtet ist.

Auf den *besten Ertragsstufen* (I.—II. Bonität) geht der Höhenwuchs der Kiefer im 100jährigen Alter schon bis zu 25—30 m herauf. Die Kronen sind groß und dicht und wölben sich in diesem Alter noch nicht beträchtlich ab. Die Beastung ist meist stark, die Seitenäste werden nur langsam und schwer abgestoßen, die *Qualität des Holzes ist vielfach grob* und entspricht nicht immer der hohen Massenleistung. Hierher rechnen besonders die stark anlehmigen und lehmigen Böden oder solche, unter denen Lehm oder Mergel nur sehr flach (etwa 0,50 m) ansteht. Viel besser in der Holzqualität scheinen die frischen, silikatreichen Sandböden zu sein, die auch bei besten Ertragsstufen in den ältesten, aus gelungenen Naturverjüngungen hervorgegangenen Beständen oft hervorragend feines Schneideholz aufweisen.

Abb. 151. Kiefernaltholz im Forstamt Eberswalde, etwa 100- bis 120jährig, auf mittlerer bis besserer Bonität. Reichlicher Wacholderunterstand, vorn rechts einige ältere Anflugkiefern. (Aufn. von JAPING.)

In den meisten Fällen sind reine Kiefernbestände auf stärker lehmigen Böden nur Kunstgebilde, häufig nur aus Reinanbau nach Laubholz entstanden, das durch frühere Ausplenterung zur Räumde geworden war. Meist mischen sich sehr bald die Laubhölzer, auf den geringeren Stufen noch unterständig, auf den besten schon mitwüchsig, in den Kiefernhauptbestand wieder ein.

Der Strauchunterstand ist reichhaltiger. Neben Wacholder findet sich besonders an Bestandesrändern und in Lücken gelegentlich Weißdorn, Schlehdorn, wilde Rose, Haselnuß, besonders aber immer viel *Himbeere* und auch Brombeere. In der Gras- und Krautschicht treten die Moose und Beersträucher stark zurück. Dagegen herrschen zahlreiche breitblättrige sogenannte *Süßgräser* (*Holcus, Brachypodium, Aira caespitosa, Anthoxanthum* u. a.), Simsen (*Luzula*). In diese Grasdecke eingestreut finden sich viele Kräuter, unter denen besonders die Walderdbeere und der Sauerklee bezeichnend sind.

Eine verhältnismäßig geringe Rolle spielen im nordostdeutschen Flachland die *Kiefernbestände auf Hochmoor*. Erst im äußersten Nordosten (Ostpreußen) beginnen diese stärker hervorzutreten und nehmen dann weiter nach Osten und ebenso auch nach Norden an Häufigkeit und Wichtigkeit zu. Bei uns sind derartige Flächen meist klein. Sie sind dann von sehr geringwüchsigen, teilweise sogar krüppelhaften Kiefernbeständen IV. und V. Bonität bewachsen und spielen wirtschaftlich auch wegen ihrer Unzugänglichkeit und erschwerten Nutzungsmöglichkeit selten eine Rolle. Die Bodenflora ist die charakteristische der norddeutschen Hochmoore (Sphagnum-Moose als Hauptbestand, Moosbeere (*Vaccinium oxycoccus*), Wollgras- (*Eriophorum*) Arten, der Sumpfporst (*Ledum palustre*) u. a. m.

Entwicklung des Bestandes. Der reine Kiefernbestand entsteht heute und schon seit vielen Jahrzehnten in Deutschland ganz *überwiegend aus künstlicher Begründung,* auf den sehr gras- und beerkrautwüchsigen Böden und ebenso auf den leichtesten, vor dem Winde wehenden Sanden meist durch Pflanzung, im übrigen aber hauptsächlich aus Saat (Abb. 152). Die *Naturverjüngung* ist heute meist *nur auf wenige Stellen beschränkt,* an denen sie sich williger zeigt, als das im allgemeinen der Fall ist. Zum Teil sind das nur einzelne Bestände in größeren Revieren, die sonst mit Kunstverjüngung arbeiten, zum Teil aber auch ganze Gegenden, in denen eine solche Verjüngungsfreudigkeit stärker hervortritt.

Berühmt geworden ist hier insbesondere durch die Dauerwaldbewegung die Kiefernnaturverjüngung in Bärenthoren bei Zerbst (Privatforst des Kammerherrn VON KALITSCH) (vgl. Kap. 20,26). Auch die dortigen umliegenden anhaltischen Forsten, besonders das angrenzende Revier Nedlitz, zeigen aber ähnliche Verjüngungsbilder (vgl. Abb. 300).

Abb. 152. Gut gelungene 2 jährige Kiefernsaat auf Wühlgrubberstreifen (Stadtförsterei Waren i. M.).

Wie WIEDEMANN[1]) angegeben hat, scheint sich ein ganzes Gebiet mit starker Anflugfreudigkeit der Kiefer noch westlich bis in die Altmark (Letzlinger Heide Privatforst Weteritz[2]) zu finden. Darüber hinaus wurde auch aus der Gegend von Celle[3]) von einer regelmäßigen Naturverjüngung der Kiefer in dortigen Waldungen berichtet. Ebenso scheinen auch in Ostpreußen und Oberschlesien teilweise günstigere Verhältnisse zu bestehen. Allerdings handelt es sich dort z. T. schon um Mischbestände mit Fichte, ebenso wie in den durch REBEL[4]) bekanntgewordenen großen Kiefernnaturverjüngungen in Niederarnbach in Bayern, wo die meist unterständige Fichte den Boden bis zur Verjüngung reinhält. Unverkennbar sind die Bedingungen für die Naturverjüngung in den Ländern nördlich und östlich von Deutschland auch heute noch viel günstiger als bei uns. In manchen Teilen von Polen und Rußland, in Finnland und Schweden vollzieht sie sich heute noch spielend leicht, während sie bei uns meist an den schon vor der Hiebsreife vorhandenen verfilzten Bodendecken (Graswuchs und Beerkraut) und der schweren Gefährdung durch die Pilzschütte scheitert. Nur auf den Hypnum-Typen mit schwacher Gras- und Heidekrautbeimischung, wie sie z. B. auch in Bärenthoren und Umgebung vorliegen, und bei verhältnismäßig frühzeitiger Einleitung der Verjüngung in noch jungen Beständen gelingt sie leichter. Auch ist vielfach bei uns beob-

---

[1]) WIEDEMANN, E.: Die praktischen Erfolge des Kieferndauerwaldes, S. 36. — Die Kiefernnaturverjüngung in der Umgebung von Bärenthoren. Z.F.J.W. 1925, S. 269, ferner GOEDECKEMEYER: Zur Kiefernnaturverjüngung. Z.F.J.W. 1938, S. 497. BENINDE, R. Kiefernwirtschaft auf bestandesgeschichtlicher Grundlage. Mitt. F.W. 1938 G. 5/6.

[2]) Bericht über die 47. Versammlung d. märk. Forstver. in Gardelegen. Neudamm: J. Neumann.

[3]) RITTER: Naturverjüngung der Kiefer usw. in der Oberförsterei Ütze. Z.F.J.W. 1928, S. 725.

[4]) REBEL, K.: Föhrennaturverjüngung bei Frhr. v. PFETTEN, Niederarnbach. Waldbauliches aus Bayern Bd. 2, S. 191.

achtet worden, daß sie sich in Aufforstungsbeständen auf ehemaligem Ödland oder Acker gern zeigt, vielleicht auch hier wegen verhältnismäßig schwacher Entwicklung der Waldbodenflora. Solche Verhältnisse liegen z. B. in der größtenteils aus Aufforstung entstandenen Gutsforst Weteritz in der Altmark vor, wo in den Stangenhölzern oft jegliche Bodenflora fehlt, und der Gegensatz zu den alten Waldböden ganz scharf in Erscheinung tritt.

Schon PFEIL hat s. Z. auf das *sehr verschiedenartige Verhalten der Kiefer in bezug auf die Naturverjüngung in Norddeutschland* aufmerksam gemacht. Die mehrfachen späteren Versuche, die Naturverjüngung wieder allgemein durchzuführen, haben fast überall zu Mißerfolgen[1]) und zur Beibehaltung der sicheren Kunstverjüngung geführt.

Die Verhältnisse haben sich auch gegen früher zweifellos heute ungünstiger gestaltet, weil, wie MARTIN richtig hervorhebt, die „3 *großen Bundesgenossen der Kiefernnaturverjüngung“, Viehweide, Streunutzung und Waldfeuer,* welche den hinderlichen Bodenüberzug zurückhielten, mehr und mehr aus dem Walde *verschwunden sind.* Viele der *Naturverjüngungen* aus früherer Zeit sind auch durch *Ballenpflanzungen* so *stark ergänzt* worden, daß man kaum noch von Naturverjüngung sprechen kann, z. B. im Forstamt Sachsenhausen, nördlich von Berlin, wo nach Feststellungen aus den alten Kulturakten in einer besonders berühmten „Naturverjüngung“ 40 % der Fläche aus Ballenpflanzung entstanden sind! Außerdem müssen wir aber auch heute viel mehr Holz aus dem Walde herausholen als früher. Deswegen müssen wir auch eine raschere und geschlossenere Verjüngung fordern als dies für die frühere Zeit notwendig war. Wir können uns auf schwierigeren Böden nicht auf eine langsame, oft lückige oder unregelmäßige Naturverjüngung einlassen, die selbstverständlich schließlich auch hier eintreten würde, wie sie vor Zeiten im Urwald vor sich gegangen ist. Allerdings glauben verschiedene Wirtschafter, daß sich genügend *feinringiges und astfreies Wertholz* bei der Kiefer *nur unter langjährigem Schirm* erziehen lassen werde und daß auch sehr gute geschlossene Kulturen (Vollumbruch) selbst mit Zuhilfenahme der Ästung solches Wertholz nicht liefern würden, so daß man die Naturverjüngung also auf solchen besonders zur Wertholznachzucht bestimmten Flächen beibehalten müssen werde[2]).

Die *Stammzahlen in der Jugend* sind auch im künstlich begründeten Kiefernwald meist groß und müssen das auch sein wegen der unverkennbaren Neigung der Kiefer zur Sperrwüchsigkeit. Bei Saat stehen anfänglich wohl 50—100000 brauchbare Pflanzen auf dem Hektar, bei Pflanzung 10—20000, auf den neuen Vollumbruchkulturen (vgl. später bei Abschnitt II Bestandesgründung) sogar 20—30000 (dagegen bei Fichte meist nur 4—6000).

Ohne Störung ist der *Jugendwuchs rasch* (Abb. 153). Der *Schluß tritt meist schon um das 10. Jahr ein.*

Von den *Jugendgefahren* ist die schlimmste in ganz Norddeutschland die *Pilzschütte (Lophodermium pinastri),* die besonders auf den graswüchsigen Böden in sehr dichten Saaten und örtlich in Mulden und Einsenkungen besonders schwer und regelmäßig auftritt. Tödlich und große Lücken reißend wird sie zwar meist nur bis zum 3.—4. Lebensjahr. Im späteren Alter werden meist nur die an sich zurückgebliebenen und doch der Ausscheidung verfallenen Pflanzen vernichtet. In manchen Jahren tritt allerdings auch ein stärkerer Befall der Dickungen auf (sog. Dickungsschütte). Diese dürfte aber im allgemeinen nur eine zeitweilige Schwächung und einen Zuwachsverlust verursachen.

---

[1]) Eingehende Darstellung hierüber und die umfangreiche Literatur gibt WIEDEMANN, E.: Praktische Erfolge des Kieferndauerwaldes, S. 3 ff.

[2]) OLBERG, A.: Über den Zusammenhang zwischen der Holzqualität und der Jugendentwicklung der Kiefer. Z.F.J.W. 1930. — Derselbe: Alters- und Qualitätsuntersuchungen an einem aus Plenterbetrieb hervorgegangenen Kiefernaltholzbestand. Mitt. H.G.A.K. 1943.

Im rechtzeitigen und richtigen Bespritzen mit Bordeläser Brühe haben wir zwar ein sicheres, aber leider auch ziemlich teures und umständliches Gegenmittel (Wasseranfuhr!). Außerdem kann man dadurch die Kiefern erst im 2. Lebensjahr vor Infektion schützen, da die Brühe an den Primärnadeln wegen ihrer starken Wachsbereifung nicht haftet. Bei sehr starken Infektionen im 1. Jahr kommt deswegen eine Bespritzung im 2. Jahr oft schon zu spät, um den Anwuchs in der wünschenswerten Gleichmäßigkeit des Schlußstandes zu erhalten.

Daß die Schütte in Naturverjüngungen und unter Schirm weniger stark auftreten soll, ist eine mehrfach geäußerte, aber durchaus unrichtige Behauptung, die ihren Grund wahrscheinlich nur darin hat, daß man solche Beobachtungen nur dort gemacht hat, wo besonders günstige Bedingungen für die Naturverjüngung (fehlende Verunkrautung) vorlagen, und wo aus den gleichen Gründen sich auch die Schütte nicht stark zu entwickeln pflegt. Die von MÖLLER angeregten großen Versuche künstlicher Kultur unter Schirm in dem Forstamt Freienwalde a. d. O. (Bez. Breitelege), meine eigenen Naturverjüngungsversuche am Nordsaum in Chorin und zahlreiche andere Erfahrungen haben immer wieder ergeben, daß die Schütte unter Schirm mindestens ebenso stark auftritt und wegen der zarteren und schwächeren Benadelung im Halbschatten sogar noch verderblicher wird als auf der Freikultur. Selbst in Bärenthoren, wo die Schütte im allgemeinen nicht oft und schwer auftritt, schütteten vor Jahren doch einmal fast sämtliche bis mannshohen Naturverjüngungen unter Schirm. In Schweden, in Finnland und wahrscheinlich ebenso in Rußland kennt man etwas Derartiges nicht. Prof. HESSELMAN, Stockholm, dem ich diese Erscheinungen an meinen Naturverjüngungsversuchen in Chorin zu zeigen Gelegenheit hatte, konnte sich nicht genug darüber wundern. Auch durch vollständige Freihaltung des Bodens von Unkraut durch vollen Umbruch vor der Kultur und nachfolgende Bekämpfung mit entsprechenden Geräten, wie sie in Hohenlübbichow (vgl. Kap. 8 B und 20, 6) geschieht, kann diese Jugendgefahr wirksam bekämpft und auf ein unschädliches Maß herabgedrückt werden, so daß dort auf das teure Bespritzen mit Bordeläser Brühe verzichtet werden konnte.

Abb. 153. Gutwüchsige und gleichmäßig gelungene 5jährige Kiefernsaat auf Pflugfurchen (Forstamt Eberswalde). (Aufn. von JAPING.)

Neben der Schüttegefahr ist es der *Graswuchs*, der besonders auf den kräftigeren Böden ohne ein mehrmaliges und leider ebenfalls sehr teures Behacken in den ersten Jugendjahren die Kiefer oft bis zum Ersticken bringt. In trockenen Jahren und auf trockenen Böden erfolgt besonders im ersten Lebensjahr oft ein massenhaftes Absterben durch *Dürre*. Der Engerling pflegt gewöhnlich nur auf großen Kahlschlägen oder bei vorausgegangener sehr verlichteter Bestockung (Räumden) zu dann allerdings sehr schweren Schäden zu führen. Der große braune Rüsselkäfer kann durch Käfergräben von den bedrohten Kulturen großenteils abgehalten oder durch Bespritzen mit Hylarsol bekämpft werden. Wurzelbrütende Hylesinen treten zwar manchmal auch stärker auf, doch sind umfangreiche Schäden im allgemeinen selten. Hallimasch und *Pissodes notatus* töten meist nur einzeln oder nesterweise. Tortriciden und Wildverbiß verursachen durch Verlust der Gipfeltriebe häufig Mißförmigkeit.

Im Dickungs- und angehenden Stangenholzalter ist der Schluß unter normalen Verhältnissen ziemlich dicht, der Höhenwuchs ist lebhaft und erreicht seinen Höhepunkt. Jahrestriebe von 50—70 cm Länge auf besseren Standorten sind dann bei den führenden Bäumchen nicht selten. In diesem Lebensabschnitt ist der Bestand am *bodenpfleglichsten.* Das Beerkraut ist meist schon auf der Kahlschlagfläche durch Frost und Trocknis zurückgegangen, Heide und Gräser tun dies erst nach eingetretenem Schlußstand. Das überall vorhandene Hypnum breitet sich jetzt stark aus und überzieht auf mittleren und besseren Standorten den Boden mit einem dichten grünen Teppich. Freilich bleiben manche zähen Arten, wie *Aira flexuosa* und *Calamagrostis epigeios,* in meist kümmerndem und sterilem Zustand zwischen der Hypnum-Decke überall in Resten erhalten, um bei beginnender lichterer Stellung sofort wieder die Oberhand zu gewinnen.

Auf ärmeren und trockneren Böden treten vielfach nach anfänglich täuschendem leidlichem Wachstum schon jetzt oder im späteren Stangenholzalter, besonders nach Dürrejahren, *Wuchsstockungen* auf[1]). Auf aufgeforsteten Acker- oder Ödlandsflächen beginnt das nesterförmige Absterben in Verbindung mit dem Auftreten des Wurzelpilzes

Abb. 154. Normal durchforstetes 50jähriges Kiefernstangenholz auf kräftigen Spatsanden (Forstamt Eberswalde). Bereits wieder starker Beerkrautwuchs. (Aufn. von JAPING.)

(*Polyporus annosus,* primär oder sekundär?). Der Bestand tritt auf solchen Standorten in sein „*kritisches Alter*" (RAMANN), indem durch die hohen Stammzahlen und die Größe der Nadel- und Reisigerzeugung die Leistungsfähigkeit aufs schärfste angespannt wird. Ebenso fängt schon im Dickungsalter der Befall durch den Kienzopfpilz (*Peridermium Pini*) an, der meist an Seitenzweigen seine orangeroten Äcidienpolster aufbrechen läßt und jetzt am besten durch Ausschneiden der befallenen Zweigteile und Verbrennen oder Vergraben derselben bekämpft werden kann, obwohl ein durchschlagender Erfolg davon bisher noch nicht festgestellt worden ist.

Im *späteren Stangen- und Baumholzalter* beginnt der Bestand bereits *wieder lichter zu werden,* was man an der raschen Zunahme der Bodenflora beobachten

---

[1]) REBEL, K.: Heidekrankheit reiner Föhrenbestockung auf Trockeninseln. Waldbauliches aus Bayern Bd. 1, S. 89. — WITTICH, W.: Beobachtungen über Wuchsstockungen der Kiefer. Z.F.J.W. 1923, S. 679. — MEYER, J.: Über die Kronenabwölbung und Zuwachsschwankungen der Kiefer in Nordostdeutschland. Z.F.J.W. 1939, S. 369 ff.

kann (Abb. 154). Man zögert oft bei der Durchforstung bei jedem Stamm, den man zu entnehmen hätte, weil man die Beschleunigung der Verunkrautung fürchtet. Trotzdem scheint in Fällen mit Wuchsstockungen und bei Ackertannenkrankheit eine Verminderung der Stammzahlen gerade jetzt besonders angezeigt, da vielfach damit eine Wiederbelebung des Wuchses bzw. ein Aufhören

des nesterweisen Absterbens beobachtet werden kann. Das kritische Alter scheint dadurch leichter und rascher überwunden zu werden.

Von *Gefahren im Stangenholzalter* ist besonders die weitere *Verbreitung des Kienzopfes* zu erwähnen, der nunmehr hoch an den Kronen sitzt, aber von unten an der auffälligen und ziemlich plötzlich eintretenden Rotfärbung einzelner befallener Zweige in den sonst frischgrünen Kronen im Juni/Juli zu erkennen ist. Von Insekten treten im Stangenholzalter besonders die *Blattwespe* (*Lophyrus pini*), der *Kiefernspanner* (*Bupalus piniarius*) und die *Forleule* (*Panolis piniperda*) periodisch bei großen Massenvermehrungen geradezu verheerend auf.

Im *Haubarkeitsalter* sind die reinen Kiefernbestände meist schon *stark verlichtet*. Neben der natürlichen Lockerheit der Baumkronen und der nur äußerst geringen Kronenverbreiterung (nach dem 100. Jahre oft nur noch wenige Zentimeter jährlich)[1]) wird

Abb. 155. 120—140jähriges Kiefernaltholz auf gutem Boden mit reichlichem Wacholder- und vereinzeltem Buchenunterstand. Durch Hallimasch, Kienzopf und Schwamm lückig, und auf den Lücken stark vergrast. (Aufn. von JAPING.)

dieser Vorgang noch durch das mit höherem Alter zunehmende Auftreten von *Kienzopf, Kiefernbaumschwamm* (*Trametes pini*) und *Hallimasch* (*Agaricus melleus*) verstärkt, die den Hauptanfall an den jährlich zu wiederholenden Trocknishieben liefern. Die normale Stammzahl nach den Ertragstafeln wird daher sehr selten erreicht. Die meisten über 100jährigen Reinbestände haben nur noch einen Bestockungs- und Beschirmungsgrad von 0,7 (vgl. Abb. 155).

Die *vollen Ertragsleistungen* sind in der *nordostdeutschen Tiefebene* mit 100 *Jahren* etwa folgende[2]) (siehe die Tabelle auf der nächsten Seite).

Im allgemeinen scheinen die Stammzahlen und Stammstärken in West- und Süddeutschland etwas höher zu liegen. Doch ist ein richtiger Vergleich wegen der abweichenden Durchforstungsmethoden und der verschiedenen Art der Ertragstafelberechnungen sehr schwierig.

---

[1]) DENGLER, A.: Über das Kronenwachstum märkischer Altkiefern. Z.F.J.W. 1937, H. 1.
[2]) Nach SCHWAPPACH, A.: Die Kiefer, 1809. In abgerundeten Zahlen.

Standortsklasse	Stammzahl	Mittlere		Derbholz-masse fm	Gesamtzuwachs an Masse (Derbholz + Reisig) fm	Lfd. jährl. Gesamtzuwachs fm
		Höhe m	Durchm. cm			
I	340	28	35	430	900	6,8
III	530	20	27	280	620	4,8
V	1230	13	17	160	350	3,2

Von den Altersgefahren sind die dauernden und schleichenden Pilzkrankheiten Baumschwamm, Kienzopf und Hallimasch bereits genannt. Der *Baumschwamm* findet sich in *West- und Süddeutschland äußerst selten,* während die *ostdeutschen Altbestände* heute damit *geradezu verseucht* sind. MÖLLER berechnete hier den Schaden, der in den preußischen Staatsforsten durch den Ausfall an Nutzholz in den schwammzersetzten Stämmen erfolgt, auf jährlich über 1 Million Mark. Die von MÖLLER empfohlenen Gegenmittel (Aushieb, Abstoßen der Pilzkonsolen und Bestreichen mit Teer) haben bisher einen deutlichen Erfolg leider nicht gezeitigt, was vielleicht auf teilweise unzureichender Ausführung beruhen mag. Vor allem bildet auch der Privatwald, in dem ein solcher Schwammaushieb bisher nur sehr vereinzelt stattgefunden hat, bei der ungeheuren Zahl und weiten Verbreitungsfähigkeit der Sporen eine Wiederansteckungsquelle, die vielleicht den bisherigen mangelhaften Erfolg erklären kann.

Unter den *Insekten* tritt als besonderer Altersfeind der *Kiefernspinner (Dendrolimus Pini)* auf, der aber in seiner Schädlichkeit durch Leimringe wirksam bekämpft werden kann. Aber auch *Kiefernspanner und Forleule greifen bei Massenvermehrungen immer auf die Althölzer über* und haben, da durchschlagende Gegenmittel hier bisher fehlten, periodisch die furchtbarsten Verluste im deutschen Kiefernwald verursacht, wie z. B. die letzte und wahrscheinlich größte derartige Kalamität, der große Forleulenfraß in Norddeutschland in den Jahren 1922/23 in Ostpreußen und 1923/24 in Pommern, der Mark und Niederschlesien. Mit dem neuzeitlichen Mittel der Giftbestäubung vom Flugzeug aus besteht jedoch die Hoffnung, auch diese Insektengefahren zu bekämpfen. Auch die Nonne (*Liparis monacha*), in der Hauptsache ein Fichtenschädling, hat öfter auch auf der Kiefer Massenfraß verursacht, der aber im allgemeinen hier nicht so starkes Absterben zur Folge hat. *Im Gefolge der Raupenschäden* finden sich dann meist noch die *Borkenkäfer* ein, die noch nach Erlöschen des Kahlfraßes ein mehr oder minder schweres Nachsterben bewirken. Der sog. Regenerations- und Ernährungsfraß des *großen Waldgärtners* (*Hylesinus piniperda*), der im Sommer die jungen Triebe aushöhlt, die dann abbrechen und nach Stürmen im Herbst als „Absprünge" oft massenhaft den Boden bedecken, führt wohl auch zu Verlichtung der Kronen, zu Zuwachsverlusten und Verlust an Blütenknospen und Zäpfchen. Hauptsächlich tritt dieser Schaden aber nur bei „unsauberer Wirtschaft" (langes Liegenlassen ungeschälten Holzes im Walde) und in der Nähe von Holzablagen in Erscheinung, wo die bekannten, spindelförmigen und wie mit der Schere beschnittenen Baumkronen (Waldgärtner!) die Schädigung besonders auffällig zeigen.

Die Windwurfgefahr spielt dagegen bei der Kiefer wegen ihrer tiefen Pfahlwurzeln außer auf flachgründigen Böden (Ton, strenger Lehmuntergrund oder moorige Böden) keine Rolle. Ebenso sind Schneebruchschäden außer in Mittelgebirgslagen selten. In fast allen Altern ist die *Feuersgefahr* wegen der leicht entzündlichen Bodendecke (Trockengräser, Heide) groß. Doch schadet ein Lauffeuer in älteren Beständen wegen der dicken Borke meist wenig, ja in manchen Fällen hat es sogar die Naturverjüngung begünstigt.

Im allgemeinen ist der reine Kiefernbestand während seines ganzen Lebens also von recht vielen und schweren Gefahren bedroht. Seine gerade damit oft in Zusammenhang stehende Verlichtung macht ihn in vielen Fällen recht wenig bodenpfleglich. Das Bestreben, von ihm immer mehr loszukommen und durch Unterbau und Einmischung des Laubholzes mehr gesicherte und bodenpfleglichere Bestände zu schaffen, ist daher überall begründet. Leider muß und wird das in manchen Fällen doch nur ein Ideal bleiben, da auf den ärmsten und trockensten Sandböden, die es gerade am nötigsten hätten, die Einmischung von Schattlaubhölzern an der Schwierigkeit der Durchbringung und an deren Kosten scheitert, während die Beimischung der genügsamen Birke als Lichtholz weder gegen die Bodenverwilderung durch Unkraut noch gegen die Pilz- und Infektionsgefahren oder den Waldbrand nennenswerte Vorteile zu bieten vermag. Immerhin sollte nichts unversucht bleiben, um die Grenze hier soweit wie möglich nach unten zu treiben. *Es ist kein Zweifel, daß heute noch in Norddeutschland riesige Flächen von reinen Kiefernbeständen vorhanden sind, die unbedingt laubholzbeimischungsfähig wären!* Der Gefahr, hierdurch zu viel Fläche für die vom Bau- und Grubenholzmarkt vordringlich benötigte Kiefer zu verlieren, kann durch die Form der Beimischung (am besten Laubholzunterbau) wirksam begegnet werden.

2. Der Fichtenbestand[1]).

Verbreitung. Von Natur ist der Reinbestand der Fichte in Deutschland wahrscheinlich viel beschränkter vorgekommen als bei der Kiefer. Er war sicher überall *in der höheren Gebirgsregion,* wo die Buche bzw. die Tanne nicht mehr gedeihen, die alleinige Form. Möglicherweise auch *in Ostpreußen auf ausgesprochenen Lehmböden,* wo nur Kiefer und Birke, allenfalls auch Stieleiche in Frage kommen, die aber wegen ihrer Lichtbedürftigkeit rasch verdrängt werden mußten, während Tanne und Buche dort fehlen. Sonst ist eigentlich überall nachzuweisen, daß der reine Fichtenbestand nur ein Kunstprodukt und an die Stelle von ehemaligen Mischbeständen oder gar von reinem Laubwald getreten ist.

In welch großem Umfang dies geschehen ist, konnte ich geschichtlich noch genau für den Südwestharz feststellen (vgl. Teil I S. 84). Ähnlich wird es auch anderswo gewesen sein. So sind z. B. in den Waldungen der Umgegend von München die heute ebenfalls reinen Fichtenbestände nach RUBNER alle nur Kunsterzeugnisse an Stelle früherer Mischwälder mit Laubhölzern.

Künstlich ist der reine Fichtenbestand dann auch noch *außerhalb des natürlichen Verbreitungsgebietes* dieser Holzart in *ganz Westdeutschland* und *Nordwestdeutschland* bis hinauf nach Schleswig-Holstein angebaut worden. Im nordostdeutschen Tiefland zwischen Elbe und Weichsel fehlt er dagegen meist, mit Ausnahme der Küstenstriche an der Ostsee und einzelner kleinerer Anpflanzungen auf besonders feuchten Stellen (Schlenken, Bruch- und Seeränder) fast ganz.

Bestandestypen. Die *geringsten und schlechtwüchsigsten Bestände* V. und IV. Bonität finden sich nicht häufig und eigentlich nur auf besonders ungünstigen Standorten im Gebirge in Höhen, wo die Fichte nur noch allein vorkommt. In den Ebenengebieten geht die Fichte auf allen ärmeren und trockeneren Standorten als Unterstand in den Kiefernwald. Hierdurch müssen die geringsten Typen des Reinbestandes verhältnismäßig selten vorkommen[2]). Sie finden sich einmal in *Hochlagen nahe an der Waldgrenze,* teilweise auch auf *Gebirgshochmooren, in mittleren Gebirgslagen* auch auf besonders *flachgründigen und trockenen Köpfen*

---

[1]) Eine außerordentlich eingehende und alle waldbaulichen, bodenkundlichen und wirtschaftlichen Fragen behandelnde Bearbeitung des Fichtenbestandes findet sich bei WIEDEMANN, E.: Die Fichte 1936. Aus der Preuß. Versuchsanst. f. Waldwirtschaft. Mitt.F.W.W. 1936, H. 1, u. 1937, H. 2.

[2]) SCHWAPPACH hat z. B. in seiner Ertragstafel für die Fichte 1902 in Preußen überhaupt nur 2 Probeflächen V. gegenüber 40 I. Bonität!

und Rücken. Die Höhen solcher Bestände im 100. Jahre sind meist nur 17—20 m, immerhin übertreffen sie damit aber doch die schlechtesten Kiefernstandorte noch um mehrere Meter. Die Durchmesser in Brusthöhe betragen etwa nur ebenso viele Zentimeter wie die Höhe Meter, die Benadelung ist auffallend kurz. Flechtenwuchs an Stämmen und Ästen ist auch hier wie überall ein Zeichen von langsamem Wuchs. In den feuchten Hochlagen nahe der Waldgrenze tritt besonders charakteristisch die Bartflechte (*Usnea barbata*) auf. Der Schluß ist dort sehr locker, der Boden meist von harten Riedgräsern (Carex-Arten, *Calamasgrostis Halleriana* u. a.) überwuchert. Zwischen und an dem oberflächlich liegenden Gestein wuchern viele Dickmoose und große Flechten (bes. Cetraria-Arten, sog. Isländisches Moos). Die Kronen sind vielfach von Wind und Schnee beschädigt, die trockenen Äste halten sich als Hornäste noch lange am Stamm. Der Wald hat ein greisenhaftes, graues und düsteres Aussehen (vgl. Abb. 17). Wirtschaftlich spielen derartige Bestände in Hochlagen kaum eine Rolle, wohl dagegen als Schutzwald. Ähnlich unwichtig sind die kümmernden Typen auf Gebirgshochmooren. Eine größere Bedeutung haben aber die Trockenstandorte. Sie charakterisieren sich meist neben der geringen Höhe und Stärke durch kleine spitze Kronen, kurze und fahlgrüne, vielfach ins Gelbliche spielende Benadelung. Der Boden ist auch auf lichteren Stellen nur mit Nadelstreu bedeckt. Von Bodenpflanzen treten Flechten (Cladonia-Arten) und die geringeren Moose (*Dicranum scoparium, Leucobryum glaucum*) auf. Die Blaubeere findet sich meist nur dünn, häufiger dagegen die Preißelbeere. Alle anspruchsvolleren Kräuter (vgl. die besseren Typen) fehlen. Bei längerer Freilage auf Lücken und besonders auf Kulturen entwickelt sich oft die Heide stark. Man hat diesen Typ daher auch hier Calluna-Typ genannt[1]), obwohl diese Pflanze im geschlossenen Fichtenbestand ganz fehlt. Ähnliches gilt aber auch für die Leitpflanzen der besseren Typen. Man kann die bezeichnende Bodenflora im Fichtenwald meist nur in gelichteten älteren Beständen oder auf Bestandeslücken feststellen.

Auf den *mittleren Bonitäten,* um die III. herum, erheben sich die Höhen und Stammstärken im 100jährigen Alter etwa auf 25 m und 27—28 cm. Hier tritt dann die *Blaubeere* stark hervor (Myrtillus-Typ Cajanders), auch die *Waldschmiele, Aira flexuosa,* findet sich mit ihr vergesellschaftet. Von den Moosen finden sich zwar noch die geringeren Dicranum-, aber häufiger auch schon die besseren Polytrichum- und Hypnum-Arten. *Im Fichtengebirgswald treten H. loreum und splendens, auch andere seltenere Arten bezeichnend auf*[2]). *Auch Farne sind eingemischt.* (*Aspidium-* und *Asplenium*-Arten, *besonders Aspidium spinulosum,* und besonders auffallend das eigenartige *Blechnum Spicant.*)

Auf den *besten Bonitäten* gehen die Höhen im 100jährigen Alter bis auf 30 m und darüber, die Stammstärken auf 35—40 cm.

Auf diesen besten Böden findet sich *bei Lichteinfall* eine recht zahlreiche und üppige Flora. Von Sträuchern ist besonders der rotbeerige Holunder (*Sambucus racemosa*) bezeichnend, meist nur an Bestandsrändern, Wegen und auf Lücken, aber auch Himbeere und Brombeere treten dann auf lichten Stellen (nur dort) auf. In der Bodenschicht tritt die Blaubeere sehr zurück, dafür findet sich reichlich und regelmäßig *Oxalis mit einer größeren Anzahl von Stauden und Kräutern,* wie *Galium-, Majanthemum-, Pirola-, Hypericum*-Arten u. a. Neben

---

[1]) Cajander A. K.: Über Waldtypen Bd. 1. Acta forestal. fennica. Helsingfors 1908. — Kötz, Fr.: Untersuchungen über Waldtyp und Standortsbonität der Fichte im sächsischen Erzgebirge. A.F.J.Z. 1929, S. 41 ff.

[2]) Vgl. dazu Grebe, C.: Zur Biologie und Geographie der Laubmoose. Hedwigia 1918. — v. Gaisberg, E.: Moose als Standortsweiser. Silva 1924, S. 73; dort auch ausführliche Literaturzusammenstellung.

Polytrichum- sind unter den Moosen auch die empfindlicheren Mnium-Arten häufig zu finden, von Farnen treten mehr *A. filix femina* und *mas* auf. (Oxalis-Typ nach CAJANDER.)

Auffällig ist auch ganz allgemein der Reichtum an *Hutpilzen*, besonders dem *Steinpilz* (*Boletus edulis*), ebenso ist für die Schlagflora das hohe Hainkreuzkraut (*Senecio Fuchsii*), das Weidenröschen (*Epilobium angustifolium*) und der rote Fingerhut (*Digitalis purpurea*) charakteristisch, die auf mittleren und besseren Bonitäten die Schlagflächen in den ersten Jahren dicht überziehen und die kahlen Berghänge zur Blütezeit der beiden letzteren in ein leuchtendes Purpurrot tauchen. Nach eingetretenem Schluß verschwindet diese ganze Schlagflora aber wieder vollständig. In den Fichtenschlägen Süddeutschlands tritt das Seegras (*Carex brizoides*) oft alles überziehend und sehr verderblich für die Verjüngung auf. Es ist viel zäher als die vorgenannten Arten und hält sich ähnlich wie im Kiefernwald *Aira und Calamagrostis* außerordentlich lange in Resten und Spuren, um bei Lichtung sofort wieder hervorzubrechen.

Entwicklung des Bestandes. Auch der Fichtenbestand entsteht heute *überwiegend künstlich* und meist in der Form der weitständigen *Plätzepflanzung mit vierjährigen verschulten Fichten*, da diese Kulturart sich als besonders

Abb. 156. Junger Fichtenaufwuchs, 8jährig, aus Plätzepflanzung in Quadratverband auf stark graswüchsigem Gebirgsboden (Harz bei Dreiannen-Hohne). Im Hintergrund und rechts gut bemantelte junge Stangenhölzer. (Aufn. von DENGLER.)

sicher und widerstandsfähig erwiesen hat (Abb. 156). Doch ist die *Naturverjüngung* auch im reinen Fichtenbestand, freilich mehr dort, wo ihr Tanne und Buche beigemischt sind, nie ganz abgekommen. Besonders in Süddeutschland finden wir sie *noch häufig*. Sie ist auch zweifellos da, wo keine besondere Sturmgefahr für den Schirmbestand besteht, oder wo diese durch geeignete Schlagführung beschränkt werden kann, viel aussichtsvoller und wirtschaftlich eher durchzuführen als bei der Kiefer, wo der schon im Altbestand vorhandene Graswuchs und die stete Schüttegefahr viel schwerere Hindernisse bieten. Auf den trockneren Standorten findet sich zwar auch eine natürliche Verjüngung ein, die aber sehr häufig in niederschlagsarmen Jahren wieder vergeht. Man ist in der Neuzeit wieder bemüht, der Fichtennaturverjüngung mehr Feld zu gewinnen. Auch in Norddeutschland (Harz, Thüringer Wald, Erzgebirge, Ostpreußen und Schlesien) sind verschiedentlich dahingehende Versuche gemacht worden, die hier und da auch schon zu guten Ergebnissen geführt haben[1]. Jedenfalls findet man bei der Fichte auf Lücken, an Bestandsrändern und an Wegeböschungen recht oft so dichte Jungwüchse, daß man ganz allgemein bei ihr eine höhere

---

[1] JAHN, R.: Lehesten, ein Fichtennaturverjüngungsbetrieb im Thüringischen Frankenwald. F. Arch. 1940. H. 21/22.

Anflugfreudigkeit und Verjüngungswilligkeit feststellen kann als bei der Kiefer. Trotzdem wird die künstliche Kultur auch in der nächsten Zeit wohl immer noch die häufigere Methode in der großen Praxis bleiben. Die Individuenzahl auf der Verjüngungsfläche ist je nach der Art der Entstehung sehr verschieden. *Naturverjüngungen* sind oft *ungeheuer dicht* und bedingen dadurch oft ein *Stocken* oder „*Sitzenbleiben" der Jungwüchse*, wenn nicht durch Ausschneiden oder Ausziehen Luft geschaffen wird. Die *übliche Pflanzkultur* mit vierjährigen Fichten ergibt dagegen nur die *sehr niedrige Zahl von 4000 bis 6000 Jungpflanzen* je Hektar.

An *Jugendgefahren* droht dem Bestand der *Graswuchs* (besonders gefährlich das Seegras), außerdem *Spätfröste*, die die jungen Maitriebe töten und schlaff und braun herabhängen lassen. Immerhin wirken sie selten für die ganze Jung-

Abb. 157. Durch Weidevieh verbissener Fichtenjungwuchs aus Naturanflug im höheren Gebirgswald. (Aufn. von F. Schwarz.)

pflanze tödlich. Nur in ausgesprochenen Frostlagen (Frostlöchern) vernichtet wiederholter Frost und Hand in Hand damit zunehmende Vergrasung oft auch größere Kulturflächen. Die *beiden großen Rüsselkäfer* (der braune und schwarze) machen besonders in den Pflanzungen viel Schaden und verursachen viele Nachbesserungen. In vielen Gebirgsgegenden mit Weidebetrieb im Walde werden die Jungfichten oft jahrelang durch *Verbiß* kurzgehalten und sehen wie mit der Heckenschere beschnitten aus (Verbißfichten, in den Alpen „Geißtannli" genannt, Abb. 157). Eine *Pflege der Kulturen* durch *Freischneiden* bei starker Verunkrautung, Schutz gegen Rüsselkäfer und Wildverbiß ist vielfach unentbehrlich. Auf *untätigen Böden* haben sich *Meliorationsmaßnahmen* wie *Kalkdüngung* und *Zwischenbau perennierender Lupine* meist außerordentlich und nachhaltig förderlich gezeigt[1]).

Der *Bestandesschluß* tritt wegen des anfänglich etwas langsamen Wuchses und bei Pflanzung auch wegen des weiten Standes meist erst etwas später als bei der Kiefer (mit 15—20 Jahren) ein. Nach der Verpflanzung stocken die jungen Fichten gewöhnlich erst 2—3 Jahre, ehe sie richtig „anwachsen". Mit eintretendem Schluß folgt dann aber *eine Zeit sehr lebhafter Streckung*. Meterlange Triebe sind dann auf frischen, kräftigen Böden an vorwüchsigen Stämmchen nicht selten. Dieses energische Wachstum hält dann verhältnismäßig lange an (z. B. gegenüber Buche, die im Stangenholzalter gern überflügelt wird). Das Unkraut wird ganz verdrängt, und auf tätigem Boden ist der Bestand dann bodenpfleglich. In sehr vielen Fällen aber macht sich mangelhafte Streuzersetzung bemerkbar. Es beginnt je nach Feuchtigkeit und Kalkarmut des Bodens eine immer mehr zunehmende *Rohhumusbildung*. Die Fichtendickungen sind meist sehr dicht und schwer zugänglich und beliebte Standorte des Rot-

---

[1]) WIEDEMANN: a. a. O. Fußnote S. 305.

wildes, das von dort aus in die angrenzenden Kulturen und Stangenorte tritt und durch Verbiß und Schälen schwere Schäden verursacht.

Manche vorher sehr nassen Böden oder Bodenstellen zeigen im Stangenholzalter durch den *hohen Wasserverbrauch* des Bestandes — man hat die Fichte scherzhaft auch „den Säufer unter den Bäumen" genannt — eine *vollständige Austrocknung (Dränagewirkung)*. Auf ärmeren und trockneren Böden, wo der Wasservorrat knapp ist, zeigen sich daher auch hier wieder gerade im kritischen Stangenholzalter oft sehr *schwere Wuchsstockungen*, die nach WIEDEMANNs Untersuchungen in Sachsen[1]) besonders die Folge einzelner Trockenjahre sind, aber oft sehr lange nachwirken.

An sonstigen Gefahren tritt im Dickungs- und Stangenholzalter die der Kiefernschütte verwandte *Nadelröte* durch *Lophodermium macrosporum* auf, welche zwar auch die vorjährigen Nadeln zum Absterben bringt, aber doch nicht entfernt so verbreitet ist und so schädlich wirkt wie die Kiefernschütte, zumal es sich hier immer schon um halberwachsene Stämmchen mit größerer Widerstandskraft handelt. Noch weniger bedeutungsvoll ist der häufige Nadelrost (*Chrysomyxa abietis*). In wildreichen Revieren setzt aber im Stangenholzalter der *Schälschaden* ein, in wildübersetzten Revieren oft so stark, daß kaum eine Fichtenstange ungeschält bleibt. Der Schaden äußert sich zwar nicht im Zurückbleiben des Wuchses,

Abb. 158. Etwa 40jähriges Fichtenstangenholz, wüchsig, trotz Durchforstung noch sehr stammreich. Stärkste Gleichstufigkeit und geringe Gliederung der Stammklassen. Bodendecke nur Nadelstreu. (Aufn. von JAPING.)

verursacht aber eine technische Entwertung des unteren Stammstückes und sehr häufig eine Faulstelle im Holz, die dann bei Schnee oder Wind zum Bruch führt. Die *Schneebruchgefahr* ist überhaupt in diesem Alter groß. Der junge Fichtenbestand liefert schon große Vorerträge durch die vielseitige Verwendung der Nutzholzstangen und als Zelluloseholz. Dabei ist die natürliche Stammausscheidung und die Gliederung des Bestandes in vorwüchsige und zurückbleibende Stammklassen gerade in diesem Alter nicht sehr lebhaft, was, wie CHR. WAGNER hervorgehoben hat, eine gewisse Einförmigkeit schafft, die ebenso der Natur wie dem Wirtschafter die notwendige Auslese schwer macht (Abb. 158).

Auch im *Baumholzalter* und mit beginnender Hiebsreife ist der Fichtenbestand, wenn keine besonderen Kalamitäten eingetreten sind, im Gegensatz zum Kiefernbestand, noch *meist voll*, bei mangelnden Durchforstungseingriffen oft *übervoll*

---

[1]) WIEDEMANN, E.: Zuwachsrückgang und Wuchsstockungen der Fichte. Tharandt 1925.

geschlossen. Die *Rohhumusbildung* ist dann auf untätigen Böden bis zu dicken Polstern angewachsen, die durch Auswaschung, Versäuerung, Luftabschluß u. a. m. den Boden schwer schädigen können (*Bodenerkrankung*). Auf den besten und tätigsten Böden, die dann meist sehr hohe Erträge liefern, findet man jedoch auch manchmal einen recht guten Bodenzustand (vgl. Abb. 159).

Die *Massenleistungen* sind außerordentlich viel höher als bei der Kiefer. Sie betragen im 100. Jahre je Hektar im Durchschnitt etwa nach SCHWAPPACH (Wachstum und Ertrag normaler Fichtenbestände in Preußen, 1902):

Standortsklasse	Stammzahl	Mittlere Höhe m	Durchm. cm	Derbholz-masse fm	Gesamtzuwachs (Derbholz + Reisig) fm	Lfd. jährl. Gesamtzuwachs fm
I	400	33	40	730	1600	15,2
III	640	25	28	480	1000	9,6
V	1140	17	18	250	580	6,0

In *Süddeutschland* und der Ostmark sind die Wuchsleistungen noch höher. Die Derbholzmassen gehen dort auf I. Klasse bis auf 1000 fm, in den besten Lagen der Schweiz sogar bis fast 1200 fm, der Gesamtzuwachs bis auf 1800 fm, also bis auf das Doppelte wie bei der Kiefer in Norddeutschland.

Diese hohe Massenleistung mit gleichzeitig großer Nutzholzausbeute hat der Fichte den Namen des „*Goldbaumes*" eingetragen und namentlich um die Mitte des vorigen Jahrhunderts zu einer Vorliebe für die Fichte geführt, die man später als „*Fichtomanie*" gegeißelt hat.

Neben der großen Gefahr für einen Rückgang des Bodens, die allerdings nach den neueren Untersuchungen von WIEDEMANN (a. a. O.) meist nur auf empfindlicheren Bodenarten besteht, sind hierbei auch noch die vielen und schweren *Schäden am Bestand selbst* in die Gegenrechnung einzusetzen. Sie sind wohl fast ebenso groß wie bei der Kiefer. Vor allem bringt die *Windwurfgefahr*, vom späteren Stangenholzalter sich bis ins Baumholzalter steigernd, dauernd kleinere Störungen (Einzel- und Nesterbruch), aber auch große Massenschäden, die in wenigen Stunden Millionen von Festmetern werfen und die Wirtschaft vor schwere Aufgaben bei der Aufarbeitung und Verwertung stellen, und meist mit großen Verlusten verknüpft sind. Im Gefolge zeigt sich fast immer eine *Massenvermehrung der Borkenkäfer, Ips typographus* und *chalkographus*, die dann nicht nur kränkelnde und saftstockende Bäume, sondern auch gesunde Stämme anfallen und zum Absterben bringen. Ähnlich verlaufen kleinere und größere *Schneebruchschäden.*

Von Raupen ist bei uns zwar nur eine Art gefährlich, nämlich die *Nonne* (*Liparis monacha*), die dafür aber auch besonders häufig auf großen Gebieten und bei Massenvermehrung für die Fichte fast immer tödlich wirkt. Auch in ihrem Gefolge entwickeln sich immer noch Borkenkäferschäden. In neuerer Zeit hat sich auch die Fichtenblattwespe (*Nematus abietum*) in einzelnen Gegenden (meist außerhalb des natürlichen Verbreitungsgebietes der Fichte) recht unangenehm fühlbar gemacht.

Eine sehr häufige Erscheinung ist die vom Wurzelstock ausgehende *Rotfäule*, die sich äußerlich oft schon durch eine bauchige Auftreibung im untersten Schaftteil bemerkbar macht und immer einen Wertverlust am Holz, häufig aber auch noch vorzeitigen Bruch durch Wind oder Schnee hervorruft. In milderem Klima und auf besseren Böden setzt diese Erkrankung meist schon im Stangenholzalter ein. Auf unseren Kalkböden in unteren Lagen macht sie den Reinbestand oft geradezu unmöglich.

Diese schweren Störungen, Verluste und manche von der Bodenkunde festgestellten Rückgangserscheinungen unter dem reinen Fichtenbestand haben *in der Neuzeit die Vorliebe für ihn merklich abgekühlt*, ja diese ist manchmal schon, wie das so oft geht, unter Übertreibung *ins Gegenteil umgeschlagen*.

Es ist aber doch wohl unrichtig, die beobachteten Rückgangserscheinungen ohne weiteres für alle Fichtenstandorte zu verallgemeinern und ihre Steigerung von Generation zu Generation bis zum Selbstmord des Waldes voraussagen zu wollen. Die Ergebnisse der Pollenanalyse in Torfmooren beweisen, daß die Fichte schon seit vielen Jahrtausenden im Norden und Osten Europas, sowie in den Hochgebirgen Mitteleuropas auf gewissen Standorten herrschend gewesen sein muß. Müßte bei selbsttätiger Bodenverschlechterung unter ihr die Grenze nicht von Generation zu Generation zurückgegangen sein? Das ist aber nirgends, auch bei uns nicht, der Fall, weder im Gebirge noch in der Ebene. Für den Brocken konnte ich nachweisen, daß die obere Fichtengrenze noch heute da liegt, wo sie schon vor 300 Jahren lag, in Südschweden hat sie sich sogar im Laufe der letzten Jahrhunderte noch etwas vorgeschoben. Etwas ganz anderes ist es, wenn man auf Standorten, die früher Laubholz- oder Mischbestände getragen haben, jetzt Zeichen einer Bodenverschlechterung gegen vorher beobachtet, die den von der Umwandlung erhofften Nutzen oft sehr zweifelhaft erscheinen läßt.

Man wird auch hier von Fall zu Fall verschieden zu urteilen haben. Die *Mischung* mit Tanne, Kiefer und Lärche, die in ähnlichem Umfang vom deutschen Holzmarkt begehrt werden, wird überall anzustreben sein, mit der Buche nur dort, wo *besondere Gefährdung durch Boden und Klima* vorliegt. Auch sonst ist diese *aus Gründen der Bestandessicherung* öfter wünschenswert. Aber es wird auch hier gewisse *Grenzen der Wirtschaftlichkeit* geben, wie auch WIEDEMANN in seiner abschließenden Betrachtung seiner umfangreichen Untersuchungen betont, die sich auf zahlreiche und langfristige Beobachtungen stützen. Auch das *Fichtenholz* ist in der Volkswirtschaft Deutschlands, besonders zur *Zellulose-*

Abb. 159. 120 jähriges bestwüchsiges Fichtenaltholz mit über 1000 fm Derbholz je Hektar (Forstamt Westerhof, westliches Vorland des Harzes, ca. 300 m ü. M.). Leichte Begrünung, guter Bodenzustand. (Aufn. von JAPING.)

gewinnung, so *dringend notwendig* und *unersetzbar,* daß eine starke Verminderung der Fichtenanbaufläche für die Zukunft kaum zu verantworten ist. Bevor man zur Umwandlung oder stärkeren Einschränkung schreitet, wird man sich also immer die Tragweite einer solchen Änderung vor Augen halten und überlegen müssen, ob wirklich unabwendbare Bestandesgefahren oder sicherer Bodenrückgang zu befürchten ist, oder ob diese nicht durch entsprechende Sicherungs- bzw. Meliorationsmaßnahmen abzuwenden sind. Auch hier sollte man das Kind nicht mit dem Bade ausschütten!

3. Der Tannenbestand[1]).

Verbreitung. Der reine Weißtannenbestand findet sich heute bei uns nur noch *häufiger in Süddeutschland, besonders im Schwarzwald,* noch stärker jenseits

---

[1]) Vgl. die Monographie von GERWIG, F.: Die Weißtanne im Schwarzwald. Berlin 1868; und die Verhandlungen der 21. Hauptversammlung d. dtsch. Forstver. in Bamberg 1924: Die wirtschaftliche Bedeutung und waldbauliche Behandlung der Weißtanne.

des Rheins, *in den Vogesen. Nach Osten zu nimmt seine Verbreitung stark ab* und beschränkt sich hier meist nur auf kleinere Bestände in den Mittelgebirgslagen von Thüringen, Sachsen und Schlesien. Er hat auch hier vor dem Eindringen und der künstlichen Begünstigung der Fichte mehr Fläche gehabt. Aber im großen und ganzen wird die Abnahme nach Osten hin auch natürlich durch die Annäherung an die Verbreitungsgrenze der Tanne bedingt sein. Alles in allem ist die Gesamtfläche der reinen Tannenbestände in Deutschland jedenfalls verschwindend klein gegenüber Kiefer, Fichte und auch Buche. Die Tanne hat offenbar, von Natur in das Gebiet der Fichte und Buche eingewiesen, diesen beiden Holzarten gegenüber keine stark erobernde Kraft gehabt. Vielleicht spielt auch ihre späte Einwanderung eine Rolle. Außerhalb des natürlichen Verbreitungsgebietes finden sich nur einzelne, aber durch ihr Alter und gutes Gedeihen recht bemerkenswerte, künstlich begründete Tannenbestände, von denen besonders einige im Hinterland der Nord- und Ostseeküste bekanntgeworden sind[1]).

Von Natur finden sich Tannenbestände meist nur *auf den frischeren, lehmigen oder anlehmigen Gebirgsböden.* Von manchen Kennern wird aber behauptet, daß die *Tanne in ihren Ansprüchen an Bodenfrische* und *Lehmgehalt etwas genügsamer als die Fichte* wäre. Auch ihre Empfindlichkeit gegen Rohhumusbildung auf untätigen Böden kann nicht so groß sein, wie vielfach angenommen worden ist, da ihre Jungpflanzen sich auch im Beerkraut finden, wo ja immer Rohhumus vorhanden ist[2]). Jedenfalls ist aber ihre eigene Streuzersetzung besser als bei der Fichte, und sie bildet an sich nicht so leicht Rohhumus unter sich.

Bestandestypen. Auf den *geringsten Standorten* V. Bonität, meist kalkarmen und flachgründigen Sandsteinböden in trockener Lage, erreicht der Tannenbestand im hundertjährigen Alter meist nur eine Höhe von 15 m und eine Stammstärke von 18 cm in Brusthöhe. Auf *mittleren Stufen* (III. Bonität) betragen die entsprechenden Größen schon 23—24 m und 29 cm, auf *besten Standorten* I. Bonität, die gern auf Kalkböden (Muschelkalk, Jura) liegen, schon 31—32 m und etwa 41 cm. Auf diesen besten Standorten finden sich noch heute oft sehr alte, gesunde und riesige Stämme mit Höhen von weit über 40—50 m als Reste alter Urwaldherrlichkeit in Baden, im Bayerischen Wald und in der Schweiz. Über die begleitende Bodenflora der einzelnen Typen liegen bisher keine näheren Untersuchungen vor, doch dürfte sie kaum wesentlich von der des Fichtenbestandes verschieden sein. Auf den mittleren und etwas geringeren Böden auf Buntsandstein des Schwarzwaldes findet sich auch bei ihr der Myrtillus-Typ in recht ausgedehntem Maße. Die besten Typen auf Kalkboden zeigen neben *Oxalis* wohl noch ein stärkeres Auftreten bester Mullpflanzen (*Asperula, Impatiens, Mercurialis, Dentaria* u. a.).

Entwicklung des Bestandes. Im Gegensatz zu Kiefer und Fichte entsteht der Weißtannenbestand noch heute *fast ausschließlich aus natürlicher Verjüngung.* Ein Grund dafür mag in dem unmittelbaren Zwang liegen, da die Tanne wegen

---

[1]) Als besonders bemerkenswert muß ein 130—150jähriger Weißtannenbestand in Schlodien i. Ostpr. bezeichnet werden, der nach KÖNIG (vgl. a. Dtsch. Forstver. 1924) vollkommen gesund und gutwüchsig gewesen sein soll! In milderen Klimalagen befinden sich ebenfalls über 100jährige Tannenbestände in Ostfriesland (Forsten des Fürsten KNYPHAUSEN), auf der Insel Bornholm (OPPERMANN: Das forstliche Versuchswesen in Dänemark Bd. 4, 1912), in Südschweden (Rev. Omberg), in der Rostocker Heide (WIESE, F.: Die Nadelhölzer Mecklenburg-Schwerins. Mitt. d. dtsch. dendrol. Ges. 1923, S. 108). Auf fast allen diesen künstlichen Standorten war das Gedeihen bisher (!) überraschend gut und hat sich oft auch natürliche Verjüngung eingefunden! (Frage einer unvollkommenen Einwanderung der Tanne?)

[2]) Z. B. in höheren Lagen des Schwarzwaldes, wie Langenbrand, wo die Verjüngung sogar in und neben Sphagnum-Polstern erfolgt!

ihrer großen Spätfrostempfindlichkeit auf der Freifläche kaum hoch zu bringen ist. Andererseits ist eine andere Ursache aber doch wohl auch die, daß ihre Verjüngungsfreudigkeit auf allen ihr einigermaßen zusagenden Standorten groß ist. Die milde Form ihrer Streu, ihre große Schattenfestigkeit, eine gewisse Zähigkeit des jungen Anfluges u. a. dürften hierbei zusammenwirken. Besonders gern fliegt die Tanne auf kleinen Bestandeslücken an und hält sich dort gut in Gruppen und kleinen Horsten.

Allerdings haben sich in neuerer Zeit auch manche *rätselhaften Fälle des Versagens der Naturverjüngung* herausgestellt, die zu den verschiedensten Vermutungen und einer lebhaften Erörterung, besonders in Süddeutschland, geführt haben, ohne daß darüber bisher eine volle Einigung oder Aufklärung erzielt werden konnte[1]).

Die *anfängliche Jugendentwicklung* ist eine *äußerst langsame*. Zu dem ihrer Art eigentümlichen Verhalten tritt hierbei meist noch die Erziehung unter dunklem Schirmstand. Man kann fast sagen, daß der junge Anflug in den ersten Jahren überhaupt kaum in die Höhe wächst, sondern nur in die Breite. In diesem Alter ist die *Spätfrostempfindlichkeit eine der schlimmsten Jugendgefahren*, die oft nur dadurch etwas abgemildert wird, daß die Spitzknospe später austreibt. Als zweite Gefahr ist der *Wildverbiß* zu nennen, da das Wild die saftigen Haupttriebe sehr gern und stark annimmt und bei schwächerer Verjüngung nach Ansicht mancher süddeutscher Revierverwalter geradezu am Wiederverschwinden des jungen Anfluges schuld ist. Wo die Naturverjüngung dicht ist — und in günstigen Fällen ist sie oft ebenso übervoll wie manche Fichtenanflüge —, da kann der Wildverbiß sie freilich nicht ernstlich in Frage stellen.

Je nach dem Grade der Lichtung im schirmenden Mutterbestand setzt früher oder später im freigestellten Jungwuchs *dann eine Periode starker Streckung* ein, in der die Tanne mit der Fichte auf gleichwertigem Standort geradezu wetteifert und das in früher Jugend Versäumte meist rasch wieder aufholt. Überhaupt ist die *Erholungsfähigkeit* dieser Holzart ganz besonders bemerkenswert. Stangen mit ganz flacher, schirmartiger Krone, die bis zu mehreren Jahrzehnten im Schattendruck gestanden haben, vermögen sich *bei allmählicher Freistellung* fast immer noch umzustellen. Sie setzen dann auf dem breiten Unterteil der Krone einen spitzen Wipfel auf, „gehen los" und werden oft noch rechtzeitig große und starke Bäume. Im Urwald der Karpaten und Bosniens zeigen solche alten Tannen oft einen Druckstand bis zu 100 Jahren!

Die *verhältnismäßig rasche Höhenentwicklung hält bei der Tanne besonders lange an*. Gerade im späteren Stangenholzalter und im angehenden Baumholz überflügelt sie oft die Leistungen ihrer Schwesterart und Konkurrentin, der Fichte. Die Bestände zeichnen sich auch durch hohe Stammzahlen und dichten Schluß aus. Im höheren Baumholzalter beginnt dann ein sehr charakteristisches Zurückbleiben der Wipfeltriebe gegen die oberen Seitenäste, die bei *alten Tannen* schließlich zu der bekannten „*Horst-* oder *Storchnestbildung*" der Krone führt (Abb. 160).

Im 100jährigen Alter sind ihre Massenleistungen in Baden (nach EICHHORN: Ertragstafeln für die Weißtanne. 1902):

Standortsklasse	Stammzahl	Mittlere Höhe m	Durchm. cm	Derbholzmasse fm	Gesamtzuwachs (Derbholz + Reisig) fm	Lfd. jährl. Gesamtzuwachs fm
I	490	32	41	970	1750	13,2
III	780	24	29	620	1140	11,4
V	1500	15	18	330	600	8,6

---

[1]) STOLL: Das Versagen der natürlichen Weißtannenverjüngung usw. Naturwiss. Z. Forst- u. Landw. 1908, S. 279 ff. — ABELE: Die Naturverjüngung der Tanne in den Staatswaldungen des Bayrischen Waldes. F.Cbl. 1909, S. 187 ff.

Sie steht damit *in bezug auf Massenleistung an der ersten Stelle unter den deutschen Holzarten*. Allerdings steht ihr die Fichte in gleich günstigen Lagen Süddeutschlands mindestens sehr nahe.

Bezüglich der *Wertschätzung des Holzes* im Handel bestehen zwischen den beiden Arten gegendweise rechte Verschiedenheiten. Im allgemeinen ist das Tannenholz schlechter hobelfähig und vergraut leichter, dagegen ist es etwas fester und elastischer, auch meist astreiner. Zu Bauholz und Bohlen wird daher vielfach die Tanne, zu Brettern die Fichte vorgezogen. In den geringeren Sortimenten (Stangen und Papierholz) ist aber die Tanne ganz allgemein weniger geschätzt. So entwickeln sich oft wohl nach den besonderen Verwendungszwecken, gegendweise recht verschiedene Preisverhältnisse. An manchen Stellen tritt eine Preisminderung ein, wenn die Schläge neben Fichtenholz einen gewissen Prozentsatz an Tannen überschreiten, an anderen wird beides unterschiedslos aufgenommen.

Bisher galt die Weißtanne als eine recht gesicherte Holzart. Ihre hohe Wertschätzung in der Forstwirtschaft Süddeutschlands, die große Vorliebe des Altmeisters GAYER für sie, beruhte neben ihren bodenpfleglichen Eigenschaften zum großen Teil gerade hierauf. Gegen *Windbruch und Windwurf* gilt sie wegen ihrer Herzwurzelbildung allgemein als gesicherter als die Fichte. Doch sind auch Fälle bekanntgeworden, in denen sie ebenso wie diese geworfen worden ist[1]). Auch gegen

Abb. 160. Alter Weißtannenbestand im Schwarzwald mit typischer Storchnestbildung in den Kronen. Etwas ungleichstufiger Bestockungsaufbau infolge plenterartiger Wirtschaft. (Aufn. v. KLEIN.)

Schneeschäden soll sie widerstandsfähiger sein. Große Raupen- und Käferkalamitäten sind bei ihr so gut wie unbekannt. Eine gewisse dauernde Gefährdung besteht allerdings in dem häufigen Befall durch *Aecidium elatinum*, einem Pilz, der an den Seitenzweigen *Hexenbesen* hervorruft. Beim Einwachsen solcher Infektionsstellen in den Stamm entsteht aber auch der sog. *Stammkrebs*, und damit immer eine schwere technische Schädigung. Öfter gehen auch stark befallene Stämme ein. In verseuchten Gebieten, wie gerade in vielen Revieren des Schwarzwaldes, ist der Prozentsatz krebsiger Stämme, und zwar gerade unter den besonders starken, ein recht großer und der Schaden immerhin hoch. Technisch bringt auch manchmal die *Mistel* beim Überwachsen auf den Stamm eine gewisse Entwertung des Holzes mit sich. Im östlichsten Teil ihres

---

[1]) Vgl. die etwas zurückhaltende und einschränkende Beurteilung nach dieser Beziehung durch die beiden Berichterstatter MAYER und STEPHANI auf der Versammlung d. Dtsch. Forstver. 1924 in Bamberg.

Verbreitungsgebietes (Oberschlesien und in dem angrenzenden Gebiet des ehemaligen Polen bis zur Lysa Gora) haben die *extrem strengen Winter* der letzten Jahrzehnte *schwere Frostschäden* an den dortigen z. T. weit über 100jährigen Tannenbeständen bis zu völligem Erfrieren nach sich gezogen.

Aber das alles in allem würde doch den Ruf der Tanne als sichere Holzart nicht erschüttern können, wenn nicht in den letzten Jahrzehnten in zunehmender Verbreitung und Schärfe eine Erkrankung bei ihr aufgetreten wäre, die man zunächst nur allgemein als „*Tannensterben*" bezeichnet hat. Sie äußert sich in dem Dürrwerden von Wipfelteilen und Ästen, wobei die Spitze der Krone zunächst grün und lebensfähig bleibt. Die Erkrankung rückt dann mit zunehmendem Alter und zunehmender Höhe immer weiter nach oben. Die unteren Teile treiben oft viele Wasserreiser (Klebäste), so daß dann die dürre Zone in der Mitte liegt. Das Holz zeigt vielfach einen charakteristischen „Naßkern", der bei Fällung jauchiges Wasser in Tropfen abgibt und teilweise Braunfleckigkeit zeigt. Es treten lang anhaltende Wuchsstockungen und schwere Zuwachsverluste ein, die Erholungsfähigkeit ist gering, und ein großer Teil der Stämme geht schließlich ein. WIEDEMANN[1]), der diese Erkrankung näher untersucht hat, gibt als wahrscheinliche Ursache den Befall durch die *Tannenrindenlaus, Chermes (Dreyfusia) piceae* bzw. *Nuesslini*, an. Das Absterben der Stämme und das Weiterrücken der Krankheit am Stamm scheint dabei vielfach mit dem Auftreten von Trockenjahren zusammenzuhängen. Die Krankheit war bisher besonders stark in Sachsen verbreitet, so daß BERNHARD[2]) die Tanne dort nicht nur als aussterbende, sondern vielfach schon als „ausgestorbene Holzart" bezeichnet hat. Ähnlich verhält es sich in Thüringen[3]). Neuerdings ist sie aber auch von Dänemark bis in die Schweiz hinein und von Österreich bis in den Schwarzwald bebeobachtet worden und befällt in zunehmendem Maße neben Stangen- und Althölzern auch junge Nachwüchse. WIEDEMANN sieht auf Grund der Erfahrungen in Sachsen sehr schwarz und glaubt, „daß durch das unheimliche Gespenst des Tannensterbens die Tanne zu der unzuverlässigsten von unseren sämtlichen deutschen Holzarten geworden ist". Ob diese schlimme Voraussage berechtigt ist, oder ob die starke Vermehrung und Verbreitung nicht vielleicht doch nur durch eine Vereinigung besonders ungünstiger Umstände hervorgerufen worden ist und in späteren Jahrzehnten wieder abflauen wird, kann erst die Zukunft lehren.

Es wäre freilich nicht der einzige Fall, daß eine Holzart durch eine neuartige Krankheit unter unseren Augen ausstirbt. Wir haben ein solches Beispiel schon in Nordamerika, wo die dortige Eßkastanie (*Castanea americana*) durch eine Bakterienkrankheit auf weiten Gebieten völlig vernichtet sein soll.

4. Der Lärchenbestand[4])

Verbreitung. *Reine Lärchenbestände* finden sich *von Natur* innerhalb Deutschlands nur *auf meist kleinen Flächen in den Alpen* (Bayern, etwas häufiger in Österreich und in der Schweiz). (Abb. 161.) In der Hauptsache beschränken sich diese natürlichen Bestände auf die ausgesprochenen Hochgebirgslagen, wo

---

[1]) WIEDEMANN, E.: Untersuchungen über das Tannensterben. F.Cbl. 1927, S. 759 ff.
[2]) Dtsch. Forstver. Bamberg 1924.
[3]) SCHUBERT: Über das Tannensterben. A.F.J.Z. 1930, S. 276.
[4]) BODEN, F.: Die Lärche, ihr leichter und sicherer Anbau in Mittel- und Norddeutschland durch die erfolgreiche Bekämpfung des Lärchenkrebses. Hameln 1899. (Eine heute zwar überholte Sonderabhandlung, die aber waldbaulich doch manches Beachtenswerte enthält.) — KLAMROTH, K.: *Larix europaea* und ihr Anbau im Harz. Greifswald 1929. Dort auch ausführliches Literaturverzeichnis über die Lärche und die Lärchenfrage. — RUBNER, K.: Beiträge zur Verbreitung und waldbaulichen Behandlung der Lärche. Mitt. a. d. sächs. forstl. Versuchsanst. 1931.

die Verdrängungskraft der Fichte schon stark abnimmt. Sonst finden sich in den vorherrschend aus Lärchen gebildeten Beständen auch der höheren Gebirgslagen fast immer noch Fichten, Tannen, hier und da auch Buchen und Kiefern als eingesprengte, meist sogar eingemischte Holzarten. In *künstlicher Verbreitung* findet sich die Lärche aber *in zerstreuten Kleinbeständen auch durch das ganze übrige Deutschland*, rein allerdings meist in nur jungen Beständen, da im späteren Alter gewöhnlich Unterbau mit Schattenholzarten zu erfolgen pflegt.

Abb. 161. Alter Lärchenbestand in der Schweiz

Auf ihren natürlichen Standorten im Hochgebirge stockt die Lärche bald auf frischen, tiefgründigen Verwitterungsböden, bald auch auf mehr flachgründigen, auch gerölligen Flächen, wo die Fichte zurückbleibt (Konkurrenzfrage). Auch auf hoch gelegenen Kalkböden findet sie sich in den Alpen gern.

In der nordostdeutschen Tiefebene kann sie sich aber nur auf frischeren, anlehmigen Böden halten. Die Anbauversuche auf ärmeren Sandböden haben nach anfänglichen Scheinerfolgen im späteren Alter überall versagt.

Bestandesentwicklung. Reichliche natürliche Verjüngung findet sich häufig in ihrem eigentlichen Verbreitungsgebiet (Abb. 162), in den künstlichen Anbauflächen ist sie seltener beobachtet worden. Doch gibt es auch dort einzelne Beispiele für große Verjüngungsfreudigkeit (Schlitz in Hessen, Oldenburg, Oberschlesien). In den künstlich begründeten Beständen ist im allgemeinen die weitständige Pflanzung mit 3—4jährigen verschulten Pflanzen üblich. Diese leidet in hohem Maße durch Fegen des Rehbocks und bedarf daher immer eines besonderen Schutzes (Eingattern, Umwickeln).

Die *erste Jugendentwicklung ist äußerst rasch* und täuscht manchmal auch auf geringeren Standorten, wo sie dann später recht oft vom Stangenholzalter an auffallend stark nachläßt und zur völligen Wuchsstockung führt. (Dichter Flechtenüberzug von Stamm und Ästen.) Zwei Gefahren sind es hauptsächlich, die vom frühen Stangenholzalter an auftreten und auf sehr vielen Anbauflächen der letzten Jahrzehnte zu großen Enttäuschungen geführt haben: einmal die Lärchenminiermotte (*Coleophora laricella*), die alljährlich die frisch austreibenden Nadeln aushöhlt, so daß die Kronen erst grau, später braun überlaufen aussehen (oft mit Spätfrost verwechselt, der verhältnismäßig selten vorkommt), dann der Befall durch den Lärchenkrebs, *Dasyscypha* (*Peziza*) *Willkommii*, der durch zahlreiche Beulen das Stammholz entwertet und häufig zum Eingehen sehr stark befallener Stämmchen führt. Im natürlichen Verbreitungsgebiet fehlen zwar diese beiden Schädlinge auch nicht, aber sie spielen dort kaum eine wirtschaftlich wichtige Rolle. Inwieweit das häufige Kümmern der jungen Bestände im künstlichen Anbaugebiet mit diesen Beschädigungen zusammenhängt, was hier primär oder nur sekundär ist, ist heute noch nicht ganz klar. Merkwürdigerweise finden sich auch dort verschiedentlich ältere, sehr gut gedeihende Bestände, wo heute die jüngeren Anbauversuche immer wieder versagen (Abb. 163). Man hat daher nicht mit Unrecht vom „*Lärchenrätsel*" gesprochen. Eine befriedigende Lösung war bisher trotz der vielen verschiedenen Erklärungsversuche nicht gelungen. Man hatte für das allgemeine Kümmern häufig die Schuld in zu geringem Boden finden wollen (zweifellos in vielen Fällen zutreffend, aber längst nicht in allen!). Das Wasserbedürfnis der Lärche scheint tatsächlich einigermaßen

Abb. 162. Lärchenwald im Engadin mit gruppenweiser Naturverjüngung
(1900 m ü. Meer). (Nach Tschermak)

groß zu sein, wie aus den sehr eingehenden Untersuchungen von Schreiber[1]) hervorgeht. Aber auch da, wo die Fichte noch gut gedeiht, also der Wassergehalt sicher ausreichend ist, finden wir solche Kümmererscheinungen. Andere haben Flachgründigkeit des Bodens beschuldigt[2]). Auch hier sind aber Gegenbeispiele angeführt worden, wo ein gutes Gedeihen auf solchen Böden festgestellt wurde[3]), und ebenso solche, wo das Versagen auch auf tiefgründigen Böden erfolgte[4]). Später hat sich Lang[5]) eingehend mit den Standortsbedingungen der Lärche

---

[1]) Schreiber, H.: Beiträge zur Biologie der Lärche. C.ges.F.W. 1921.
[2]) Schönwald: Die Lösung des Lärchenrätsels. Z.F.J.W. 1918.
[3]) Fankhauser, F.: Zur Kenntnis der Lärche. Z.F.J.W. 1919.
[4]) Eberts u. Müller-Ussballen: Z.F.J.W. 1918. (Entgegnung auf den Artikel von Schönwald). — Mokry: Die Böhmerwaldlärche. Wiener Allg. Forst- u. Jagdztg. 1931, Nr. 36, 37.
[5]) Lang, R.: Der Standort der Lärche innerhalb und außerhalb ihres natürlichen Verbreitungsgebietes. F.Cbl. 1932. — Ferner: Lärchen, Wachstum und Boden. Silva 1933, Nr. 30. Dort auch weitere neuere Literatur. Vgl. auch die Entgegnungen von Rubner u. Tschermak in Verh. d. Dtsch. Forstver. 1933 sowie im Dtsch.F.W. 1933, Nr. 90. — Ferner Albert, R.: Optimale Lärchenstandorte im östlichen Pommern. Z.F.J.W. 1934, S. 449.

beschäftigt und ihr Versagen in vielen Fällen künstlichen Anbaus auf zu hohen Basengehalt des Bodens zurückführen wollen, da die Lärche im wärmeren Klima solche Böden nicht vertragen soll. Von anderen wieder wird falsche waldbauliche Behandlung, insbesondere Anbau in zu engem Verbande, zu spät zwischen höheren Vorwüchsen, in engen, feuchten Tälern u. dgl. als Hauptursache des Versagens bezeichnet. Ganz allgemein wird behauptet, daß die Lärche offene, luftbewegte Lagen zu ihrem Gedeihen braucht. Daß auch das

Abb. 163. Sehr gutwüchsiger 94jähr. Lärchenbestand aus künstlichem Anbau in Pommern mit 34 m Mittelhöhe. (Nach ALBERT.)

nicht immer zutrifft, konnte ich in meinem früheren Revier Reinhausen feststellen, wo im Grunde einer Schlucht (des sogenannten Bürgertals) prachtvolle alte Lärchen von fast 40 m Höhe zwischen Buchen, Eschen und Ahornen standen, wo sie in denkbar eingeschlossener Lage aufgewachsen waren. Auch MÜNCH hat von solchen Fällen guten Gedeihens in feuchten Schluchten berichtet und zahlreiche Beispiele beigebracht, die gegen die vorgenannten Erklärungsversuche des Versagens sprechen[1]). Trotzdem ist an der obigen Auffassung so viel richtig, daß die Lärche im allgemeinen viel Licht braucht, wenn sie nicht verkümmern soll. Für Vorwüchsigkeit im umgebenden Mischbestand oder Kronenfreiheit im Reinbestand muß also stets gesorgt werden, und hieran hat es sicher in sehr vielen Fällen gefehlt. Über die Biologie des Lärchenkrebspilzes sind neuerdings Untersuchungen[2]) ausgeführt, die ein neues Licht auf die Lebensbedingungen dieses Schädlings werfen und auch für seine Bekämpfung in waldbaulicher Beziehung neue Aussichten eröffnen. Nach den zahlreichen Beobachtungen und Untersuchungen von MÜNCH dürfte aber das rätselvolle Verhalten der Lärche bei ihren verschiedenen künstlichen Anbauversuchen letzten Endes vorwiegend durch Samenbezug aus geeigneten bzw. ungeeigneten Herkunftsgebieten (vgl. Teil I S. 203) zu erklären sein, wobei je nach der vorliegenden Rasse auch bei mehr oder weniger richtiger Behandlung Erfolge und Mißerfolge in wechselndem Ausmaß hervortreten müssen. Das *Lärchenrätsel* ist nach MÜNCH nur eine *Rassenfrage*.

Über die *Massenleistungen des Lärchenbestandes* wissen wir im allgemeinen wenig. Jedenfalls sind die Stammzahlen im höheren Alter gering, im Verhältnis

---

[1]) MÜNCH, E.: Das Lärchenrätsel als Rassenfrage. I. Th.Jb. 1933, S. 438 ff., u. II. Z.F.J.W. 1935, S. 421 ff.

[2]) PLASSMANN, E.: Untersuchungen über den Lärchenkrebs. Neudamm 1927.

dazu ist die Derbholzmasse aber doch groß. Im natürlichen Verbreitungsgebiet finden sich in optimalen Lagen bei meist allerdings sehr hohem Alter (150 bis 200 Jahre) Massen von 500—600 fm je ha und Höhen der herrschenden Stämme von 35—40 m. Sehr schwach ist die Beastung, daher die Reisholzmenge niedrig. Bühler gibt einige Zahlen für mehrere ältere württembergische Anbauflächen und eine sehr bekannte Fläche in Varel in Oldenburg, die besonders hohe Leistungen zeigt. Es handelt sich in allen diesen Fällen aber um beste Standorte und ausnahmsweise gut gelungene Versuche. Sie hatten im 100jährigen Alter in Württemberg bei 200—250 Stämmen je Hektar Mittelhöhen von 32—34 m, rund 430 fm Derbholz und 40 fm Reisholz, die Fläche in Varel schon mit 75 Jahren 470 fm, was für eine Lichtholzart eine ganz ungewöhnlich hohe Holzerzeugung darstellt. Auch für Österreichisch-Schlesien (Sudetenlärche) sind ebenso hohe und noch höhere Massenleistungen bekanntgeworden[1]).

Ähnliches hat die sibirische Lärche in Südfinnland in dem berühmten Wald von Raivola geleistet. Dort beträgt die Holzmasse bei allerdings 190jährigem Alter sogar über 1000 fm Schaftholz. Ilvessalo nennt diesen s. Z. künstlich angelegten Wald daher wohl mit Recht den „holzreichsten Bestand ganz Nordeuropas".

Derartige Wuchsleistungen werden zusammen mit dem hohen Wert des Lärchenholzes, der langen Lebensdauer und ihrem waldbaulich guten Verhalten immer wieder dazu anspornen, die Nachzucht dieser wertvollen Holzart in ihrem natürlichen Verbreitungsgebiet nachdrücklich zu fördern, aber auch ihren künstlichen Anbau außerhalb desselben weiter zu versuchen. Bei Beachtung richtiger Rassenwahl und richtiger waldbaulicher Behandlung wird die Lärche im deutschen Wald, wenn *auch weniger als Reinbestand*, sondern als mehr oder minder stark beizumischende, *hochwertige Mischholzart* in Zukunft vielleicht doch noch berufen sein, eine bedeutendere Rolle zu spielen, als dies nach den bisherigen Mißerfolgen anzunehmen war.

5. Der Rotbuchenbestand[2]).

Verbreitung. Die Rotbuche hat trotz ihrer späten Einwanderung in Deutschland offenbar eine große Eroberungskraft gehabt, denn sie bildet heute bei uns *in weitem Umfange reine Bestände*. Diese mögen vielleicht von Natur nicht ganz so rein gewesen sein, wie das heute der Fall ist, da die Wirtschaft, namentlich der im Anfang des vorigen Jahrhunderts übliche Dunkelschlag nach G. L. Hartig, die Lichthölzer stark zurückdrängen und ihre Reinbestandsbildung fördern mußte. Immerhin ist an der natürlichen Vorherrschaft der Buche in großen Gebieten bei uns nicht zu zweifeln. Große Reinbestände, ja große, überwiegend reine Buchenwaldungen sind vor allem im westdeutschen Bergland verbreitet, wo das alte Fuldaer Land schon im frühen Mittelalter „Bochonia" = Buchenland hieß. Doch kommen solche auch in der nordwestdeutschen Ebene und im ganzen östlichen Küstenstreifen von Schleswig bis Mecklenburg und Pommern vor. Im nordostdeutschen Tiefland nimmt die Verbreitung nach innen und nach Osten zu deutlich stark ab, besonders im Trockengebiet an der Oder (Niederlausitz, Westpreußen, Posen), wo der Buchenwald zu einer seltenen Erscheinung wird. Im ostdeutschen Tiefland beschränken sich die reinen Buchenbestände meist auf die lehmigen End- und Grundmoränen. Der Unterschied von Sand- und Lehmboden bestimmt hier weitgehend die Verteilung. Die Buche als Hauptbestandsholzart herrscht fast nur auf dem letzteren, wenn auch gelegentlich

---

[1]) Herrmann, E.: Die Rassenbildung der Lärche und das natürliche Verbreitungsgebiet der Sudetenlärche. Jb. d. schles. Forstver. 1925.

[2]) Wiedemann, E.: Die Rotbuche 1931. Mitt.F.W.W. 1932, H. 1 u. 2.

Ausnahmen vorkommen. Im westdeutschen Buntsandsteingebiet, wo Kiefer und Fichte von Natur fehlen, kommen Buchenbestände auch auf weniger lehmigen Böden vor, besonders auf Köpfen und Rücken. Hier ist aber die Buche meist künstlich durch das Nadelholz ersetzt worden. Auffällig ist das Fehlen der Rotbuche auf den fruchtbaren, schweren Böden der Stromtäler (Auegebiete), wo sie sich offenbar wegen ihrer Empfindlichkeit gegen Überschwemmungen nicht halten konnte, ein bemerkenswertes Beispiel dafür, wie manchmal ein besonderer einzelner Umstand entscheidend wirken kann, trotzdem alle sonstigen Standortsbedingungen erfüllt sind! Besondere Kraft in Wuchs und Verbreitung zeigt die Buche auf Kalkböden (Kreide auf Rügen, Muschelkalk in Thüringen und im hessisch-hannoverschen Bergland, Jura in Schwaben).

Bestandestypen und Standortsgewächse. Die *geringsten Bestände* V. Bonität sind verhältnismäßig selten und meist auf kleine, engumschriebene Flächen beschränkt, die auf trockenen, flachgründigen und steinigen oder sandigen Köpfen liegen. So besonders im Buntstandsteingebiet und im Kiesel- und Tonschiefergebiet des hessischen Hinterlandes, auf dem auch die meisten der wenigen Ertragsprobeflächen V. Bonität nach der SCHWAPPACHschen Tafel liegen. Der Wuchs der Buche ist hier kurz, im 100. Jahre etwa nur 15 m, die Stammformen sind meist krumm bis krüppelig. Vielfach zeigt sich Trockenspitzigkeit der Äste in der Krone. Der Schluß ist durch die kleinen und schütteren Kronen meist schon früh gelockert. Es stellt sich daher auch eine Bodenflora in den noch nicht künstlich gelockerten Beständen ein. Auf solchen Standorten findet sich der *Myrtillus-Typ* mit Auftreten von Heidelbeere und kurzrasigen Polstermoosen (bes. *Polytrichum, Dicranum,* auch *Leucobrycum*). Auch *Aira flexuosa* findet sich bei weitergehender Verlichtung.

Allerdings zeigt die Heidelbeere wieder eine gewisse Unzuverlässigkeit, da sie gelegentlich auch bis zu den *mittleren Ertragsstufen* der Buche hinaufgeht. Im 100jährigen Alter erreichen die Bestände III. Güte schon 23—24 m Mittelhöhe. Die *besten Stufen* I. Bonität erheben sich bis 32 m.

Die Bodenflora aller besseren Stufen gehört meist dem Oxalis-Haupttyp an. Es lassen sich aber bei näheren Untersuchungen noch eine Reihe von Subtypen mit verschiedenen Wuchsleistungen feststellen[1]). Im dunkelsten Buchenwald, wo jede sonstige Bodenflora fehlt, tritt an einzelnen Stellen die eigentümlichste Begleitpflanze der Buche, die bleichbraune, saprophytisch lebende Vogelnestorchidee (*Neottia nidus avis*) auf. Im gelockerten Bestand findet sich je nach dem Grad der Lichtung, anfangs dünn und spärlich, später immer reichlicher werdend, die ganze sog. *Mullflora* ein. Besonders häufig und bezeichnend sind hier der Waldmeister (*Asperula odorata*), das Windröschen (*Anemone nemorosa*), das Leberblümchen (*Hepatica triloba*), der Sauerklee (*Oxalis acetosella*), seltener die Hasenwurz (*Asarum europaeum*). Ebenso treten zwischen diesen die Simsenarten (*Luzula*) auf. Von Gräsern zeigt sich am frühesten in noch verhältnismäßig schattiger Stellung *Poa nemoralis.* Bei lichterer Stellung werden auf den besseren und besten Böden die ursprünglichen Mullkräuter durch eine sehr üppige Süßgrasflora verdrängt (*Melica uniflora, Milium effusum,* Festuca- und Brachypodium-Arten u. a. m.).

Einen *besonderen Waldtyp* bilden die *Buchenbestände auf Kalkboden.* In der Bodenflora fallen neben allgemeiner Üppigkeit (reiches Auftreten des Leberblümchens) einzelne seltenere Orchideen (*Ophrys, Cypripedium, Cephalanthera* u. a.), der Seidelbast (*Daphne Mezereum*), der Bärenlauch (*Allium ursinum*) u. a.

---

[1]) Eine eingehende Darstellung der Bodenflora des Buchenbestandes vom pflanzensoziologischen Zustand haben wir in der Zusammenstellung von RÜBEL: Die Buchenwälder Europas, Bern u. Berlin 1931, erhalten.

Arten auf. Bei lichterem Stand entwickelt sich hier auch ein Strauchunterstand (*Cornus, Evonymus, Acer campestre, Sorbus torminalis*). Der Baumbestand zeigt meist Beimischung von Esche und Ahorn. Die Stämme sind außergewöhnlich lang und schlank (vorausgesetzt, daß es sich nicht um sehr flachgründige, verödete Böden handelt, wie sie sich besonders gern an Steilhängen oder Kuppen finden). Die Rinde der Stämme ist glatt und silbergrau, das Holz gesund und weißkernig, die Verjüngung vollzieht sich schon bei sehr dunklem Stand und meist spielend.

Einen besonderen örtlichen Fall bilden die Buchenbestände auf den eigenartigen, äußerst feinkörnigen, mehligen sog. *Molkenböden* im Buntsandstein. Diese verdichteten und zur Vernässung neigenden Stellen, meist auf Plateaus oder Terrassen gelegen, zeigen stockenden Wuchs der Bestände, schwere Rohhumusbildungen und bei Lichtung Binsenwuchs, ja sogar Sphagnum-Bildung. Die Buche scheint hier mehr und mehr ein verlorene Holzart. Zum Glück sind diese Stellen meist örtlich beschränkt. Ähnliche Verhältnisse dürften bei den sog. *Missen im Schwarzwald* vorliegen.

Die Entwicklung des Bestandes. Der Rotbuchenbestand *entsteht fast nur natürlich*. Alte, aus Pflanzung hervorgegangene Bestände verdanken ihre Entstehung meist ehemaligen Weideberechtigungen. Im großen und ganzen kann man die *Verjüngungswilligkeit der Buche bei richtiger Behandlung doch noch als groß* bezeichnen. Sie ist jedenfalls bei uns diejenige Holzart, die auch in der Gegenwart noch die größten Flächen mit natürlicher Verjüngung aufzuweisen hat. Auf sehr kalkarmen Buntsandsteinböden und in trockenen Lagen macht ihre Verjüngung allerdings oft große Schwierigkeiten, während sie auf kalkreichen Standorten, z. B. Muschelkalkböden und in frischen Lagen meist mühelos gelingt, oft sogar sich schon nach stärkeren Durchforstungen vorzeitig einstellt und nicht wieder vergeht, so daß dadurch bei der späteren Ernte (Endnutzung) geradezu Schwierigkeiten entstehen können. So kommt es, daß auf den Böden ersterer Art der Wirtschafter oft *Sorge um die natürliche Verjüngung* hat, während er auf den Kalkböden ebenso oft *Angst vor ihr* haben muß!

Die *erste Jugendentwicklung* ist zwar langsam, aber doch nicht ganz so langsam wie bei der Tanne. Dem jungen Keimling droht der Befall durch den Keimlingspilz (*Phytophtora omnivora*), der die Kotyledonen schwarzfleckig färbt und in manchen Jahren massenhaft auftritt. Dann kann auch die eben einsetzende Verjüngung einmal flächenweise vernichtet werden. Ebenso sind die jungen Keimpflänzchen sehr dem Verbiß durch das Rehwild ausgesetzt (Buchensalat!). Besonderen Schaden richtet bei der Verjüngung auch der Finkenfraß, besonders der in Mastjahren scharenweise auftretenden Bergfinken an, die auf großen Plätzen die Bucheckern fast restlos verzehren. In der ganzen ersten Jugendperiode bis zur Mannshöhe bildet aber der *Spätfrost die hauptsächlichste Dauergefahr*. Tödlich ist er zwar nur in der ersten Jugend, aber öfterer Frostbefall wirkt immer verunstaltend auf die Stammbildung. Solche Bestandesstellen in Frostlöchern heben sich auch später durch krumme, knorrige Stamm- und Astbildung hervor. Bei gut gelungener Verjüngung nach Vollmastjahren zeigt der *Jungbestand oft eine unglaubliche Dichte* (Abb. 164). Ich habe in Dänemark, aber auch im Solling und im unteren Harz kniehohe Verjüngungen gesehen, in die man kaum hineingehen konnte, weil alles unter dem Fuß von dichtstehenden Jungpflanzen federte. Die Verjüngung steht dann tatsächlich, wie man bei solchen Gelegenheiten scherzhaft, aber doch mit einem gewissen Stolz zu sagen pflegt, „wie die Haare auf dem Hund"! Obwohl ein solcher überdichter Stand durchaus nicht als erstrebenswert bezeichnet werden kann, und man hierbei sogar zu recht groben Verdünnungsmitteln (Buchenhobeln), d. h. kreuzweises Durchreißen mit

Abb. 164. Ausschnitt aus einer überdichten 4jährigen Naturverjüngung der Rotbuche im westdeutschen Mittelgebirge. (Aufn. von JAPING.)

dem Pflug) gegriffen hat, so sind die Schäden im allgemeinen nicht so groß wie bei ähnlich dichten Fichtenjungwüchsen, da solche Fälle bei der Buche meist nur auf den besten Böden eintreten. Auch verbraucht sie nicht soviel Wasser, und es tritt rascher eine Gliederung in den Beständen ein. Es zeigen sich daher auch hier seltener vollständige Stockungen. Meist ergibt sich nur ein anfangs spilleriger (schwuppiger) Wuchs, der allerdings gelegentlich auch einmal zu Schneedruck im Dickungsalter führen kann. Häßliche Schäden verursacht im Aufwuchs oft der *Mäusefraß* durch Ringelung der jungen Stämmchen über dem Wurzelknoten. Besonders empfindlich werden solche Schäden bei Pflanzungen (Nachbesserungen und Unterbau) an Feldrändern, wo die Mäuse ja immer besonders zahlreich auftreten.

Die Stammzahlen sind im Stangenholzalter gewöhnlich noch sehr hoch (40jährig noch 6000—8000 Stück, ähnlich so hoch nur bei der Tanne, aber um 50% höher als bei Fichte und doppelt so hoch wie bei Kiefer und Eiche).

Schon im jungen Stangenholz und im ganzen späteren Alter fällt beim Buchenbestand *eine starke Gliederung* in vorwüchsige und zurückbleibende Stämme auf, die vielfach den Anschein größerer Ungleichaltrigkeit erweckt, in Wirklichkeit aber mehr auf der langen Lebensfähigkeit der unterdrückten Bestandsglieder beruht. Bei der Neigung dieser letzteren, auch noch Schattenwasserreiser zu bilden, kann man gerade bei den Buchenstangenhölzern bei entsprechender Handhabung der Durchforstung öfter jenen Zustand des Vertikalschlusses finden, bei dem ein grüner Laubschleier den ganzen Raum von oben bis unten durchzieht (Abb. 165).

Das Wachstum der Buche im *Stangen- und jungen Baumholzalter* ist verhältnismäßig *lange nachhaltig* und flaut erst verhältnismäßig spät ab. Gefahren spielen bei ihr dann kaum noch eine wirtschaftliche Rolle. Am ehesten macht sich noch in manchen Jahren der Larvenminierfraß des Buchenspringrüßlers (*Orchestes fagi*) an den jungen Blättern bemerkbar. Bei starker Vermehrung sehen die Buchenkronen dann braun überlaufen aus. Die Beschädigung wird fälschlich oft mit Frost verwechselt. Schwerer Schaden dadurch ist aber noch nie bemerkt worden. Noch seltener findet sich an der Buche ein Massenkahlfraß durch die Raupe des Rotschwanzes (*Dasychira pudibunda*), der im übrigen ebenfalls nie Absterben oder Eingehen ganzer Bestände zur Folge hat. Buchenwollaus und Hand in Hand damit der Schleimfluß befallen nur einzelne Stämme und führen auch an diesen nur selten zu schweren Erkrankungen. Hauptsächlich technisch schädlich wird besonders im Stangenholz der Buchenkrebs (*Nectria ditissima*), wenn er als Stammkrebs am unteren oder mittleren Schaft auftritt und durch seine Beulen und Wülste die Nutzholzverwendung beeinträchtigt. Im allgemeinen ist aber *die Buche heute weitaus die gesichertste unserer Holzarten*, zumal ihr auch Sturm- und Schneeschäden so gut wie nichts anhaben.

Noch im höheren Alter ist der Bestand sehr dicht und dunkel. Auch die schwächeren Glieder haben sich dann bis an und in den oberen Kronenraum eingeschoben. Der Stammraum ist wieder leer geworden. Das von den glatten, runden Schäften getragene Kronendach mit den spitz nach oben laufenden Ästen erweckt den Eindruck gotischer Dome „Heilige Hallen" (Abb. 166).

Die *Massenleistungen* im 100jährigen Alter sind für Preußen nach der SCHWAPPACHschen Tafel von 1893 für gewöhnlichen Schluß[1]):

Ertragsklasse	Stammzahl	Mittlere Höhe m	Durchm. cm	Derbholzmasse fm	Gesamtzuwachs (Derbholz + Reisig) fm	Lfd. jährl. Gesamtzuwachs fm
I	490	30	33	620	1060	8,6
III	800	24	23	300	650	7,6
V	1500	15	15	200	330	5,4

Die Leistungen bleiben also hinter Fichte und Tanne erheblich zurück. Noch schwerer ins Gewicht fällt aber die *geringe Nutzholzausbeute*, da gewöhnlich nur der unterste Stammteil hochwertiges Nutzholz ergibt, der obere aber wegen Krümmungen und Ästigkeit meist nur minderwertige Stücke (Schwellen und Faserholz). Jedenfalls ist das Nutzholzprozent meist gering. Erst in neuerer Zeit hat die Buche überhaupt eine steigend bessere Verwertung gefunden. Noch vor wenigen Jahrzehnten war das in so geringem Maße der Fall, daß man sie vom finanziellen Gesichtspunkte aus als eine „*verlorene Holzart*" bezeichnet hat. Erfreulicherweise haben sich diese Verhältnisse aber mehr und mehr zu ihren Gunsten verschoben.

Ihre *hohen pfleglichen Eigenschaften* durch Beschattung des Bodens und die intensive, verhältnismäßig tiefgehende Bewurzelung (Herzwurzel), die die Nährstoffe von unten heraufholt, ihr mineralstoff-, insbesondere kalkreicher Streuabfall, der dann der Oberfläche zugute kommt, haben ihr waldbaulich immer eine hohe Wertschätzung gesichert, die sich in dem schon aus alter Zeit stammenden Beinamen „*Nährmutter des Waldes*" ausdrückt. Allerdings besitzt sie diese schätzenswerten Eigenschaften nicht überall. Auf untätigen Böden im

Abb. 165. Etwa 40jähriges Buchenstangenholz aus Naturverjüngung auf mergeligem Endmoränenboden der Mark (Forstamt Chorin). Links undurchforstet, rechts durchforstet. Starke Gliederung in vorwüchsige und zurückbleibende Bestandesglieder. Durchschleierung des ganzen Stammraumes durch die unterdrückten Stämmchen und durch Wasserreiserbildung. (Aufn. von JAPING.)

---

[1]) Die spätere Tafel von 1911 hat ungewöhnlich niedrige Stammzahlen infolge stärkerer Durchforstungen, gibt daher die natürlichen Verhältnisse nicht so gut wieder.

nordwestdeutschen Heidegebiet, in höheren Berglagen, aber auch auf den leichteren Sanden des trockenen Ostens zersetzt sich schließlich auch bei ihr die Streu nicht mehr rasch genug und bildet dann ebenfalls Rohhumus.

Auf solchen geringeren oder doch nur mittelguten Böden ist die Buche auch durch ihre dichte Trauf- und Wurzelbildung recht unverträglich für die Verjüngung unter ihr, so daß H. MAYR sogar das bittere Wort für sie prägte, daß sie eine Mutter sei, die ihre eigenen Kinder auffräße! Man hat für solche und andere ungünstigen Stellen, wo der Wuchs nachläßt und die Verjüngung Schwierigkeiten macht, den Ausdruck „*Buchenmüdigkeit*" geprägt, der im Anschluß an ähnliche Ausdrücke in der Landwirtschaft (Kleemüdigkeit) doch wohl ausdrücken soll, daß die Buche hier durch die Folge ihrer Generationen den Boden übermäßig und einseitig in Anspruch genommen hat, so daß sie nun nicht mehr darauf wachsen könne. Nachgewiesen ist die Richtigkeit dieser Anschauung aber nicht, vor allen Dingen nicht, daß eine generationsweise Verschlechterung des Bodens und ein allmählicher Rückgang des Wuchses eingetreten ist. Und nur dann hätte man eine Berechtigung, von „Müdigkeit" zu sprechen.

Wie dem auch sei, so ist es zweifellos richtig, in solchen Fällen zum Nadelholz — meist aber nicht zur Fichte, sondern besser zur Kiefer, hier und da wohl auch Lärche — überzugehen, immer aber unter Erhaltung der Buche als Mischholz. In allen Fällen ist der Grund des Versagens der Buche aber erst sorgfältig zu prüfen, ehe auf „Buchenmüdigkeit" erkannt wird. Sehr häufig ist man damit zu rasch bei der Hand gewesen und es lagen nur wirtschaftliche Fehler vor, wo Müdigkeit festgestellt wurde!

Im allgemeinen wird aus finanziellen wie rein waldbaulichen Gründen das Bestreben der Wirtschaft überall darauf gerichtet sein müssen, nicht wieder große Reinbestände nachzuziehen, sondern der Buche überall *passende und wertvolle Mischhölzer beizugeben.* Manche voll Stolz gezeigte gelungene Buchenvollverjüngung „wie aus einem Guß" ist nach diesen Gesichtspunkten eigentlich als verfehlt zu bezeichnen!

6. Der Eichenbestand.

Verbreitung. Der Eichenbestand tritt in Deutschland in den beiden Arten des Stiel- und des Traubeneichenbestandes auf. Beide haben aber als Bestände so viel Gemeinsames, daß sie hier zusammenfassend behandelt werden können. Auf Abweichungen wird im einzelnen einzugehen sein.

Reine Eichenbestände sind wahrscheinlich *von Natur in Deutschland selten.* Große Eichenwaldungen haben wir überhaupt kaum bei uns.

Die verhältnismäßig hohen Ansprüche, die beide Eichen machen, beschränken ihr stärkeres Auftreten auf die Lehmböden. Als ausgesprochene Lichtholzarten haben sie aber nicht die Kraft, hier andere Holzarten ganz fernzuhalten, vielmehr unterliegen sie vielfach den Schatthölzern, bei uns insbesondere der Rotbuche, die bei ihrer Einwanderung in Deutschland nach der Eiszeit sich wohl größtenteils an den Platz der Eiche gesetzt hat. Diese Verdrängung dürfte sich vielerorts sogar erst in der frühgeschichtlichen Zeit vollzogen haben, wie das z. B. VANSELOW für den Spessart annimmt[1]), der gerade in seinem Innern heute noch berühmte, 200—300 Jahre alte Eichenbestände (Tr. Ei) trägt und dadurch in der ganzen forstlichen Welt bekannt ist. Es ist auch sehr bezeichnend, daß da, wo die Buche fehlt, wie im Überschwemmungsgebiet unserer Ströme und im östlichen Europa, der Eichenwald gleich stärker hervortritt. Freilich trägt er auch

---

[1]) VANSELOW, K.: Die Waldbautechnik im Spessart. Berlin 1926.

dort durch die Beimischung anderer Holzarten, besonders Rüster, Hainbuche und Esche, meist nicht ausgesprochenen Reinbestandscharakter.

In den *Auewaldungen*, die sich übrigens zerstreut auch noch in den Niederungen der kleineren Seitenflüsse finden, herrscht die *Stieleiche* vor. Ebenso tritt diese mehr im *Norden*, im niederen Westfalen und nördlichen Hannover, in Schleswig, Mecklenburg und schließlich auch in Ostpreußen auf den Lehmböden stärker auf, während die *Traubeneiche* bestandsbildend mehr *auf den wärmeren unteren Lagen der westdeutschen Gebirge und im ostdeutschen Hügelland* verbreitet ist. Durch künstliche Kultur sind aber seit alter Zeit beide Arten vielfach durcheinander gebracht worden, übrigens nicht zum Besten ihrer richtigen wirtschaftlichen Leistungsfähigkeit.

Bestandestypen. Der geringere Spielraum, den der Eichenbestand in bezug auf die Güte des Standortes besitzt, zeigt sich schon rein äußerlich darin, daß man in den Ertragstafeln nur zur Ausscheidung einer geringeren Anzahl von Bonitäten gekommen ist als die üblichen 5 (so WIMMENAUER für Hessen 1900 nur 4, SCHWAPPACH für Preußen 1905 sogar nur 3!). Über die begleitende Standortsflora liegen Untersuchungen von HARTMANN für einige hessische Eichenbestände[1]) vor.

Die *geringsten Stufen* liegen zumeist auf sandigeren Böden, auf flachgründigen Köpfen, z. T. auch auf strengen, zur Verschlämmung neigenden Ton-

Abb. 166. Sehr gutwüchsiger, langer und schlanker Rotbuchenaltbestand im westdeutschen Mittelgebirge, etwa 100 jährig. Die schwächeren Glieder haben sich nach oben eingeschoben. Dichter, horizontaler Kronenschluß. Bodendecke Laubstreu mit nur ganz schwacher Begrünung. (Aufn. von JAPING.)

böden. Der Wuchs der Eiche ist dann schon frühzeitig stockend. Die sonst glatte Spiegelrinde der jungen Stangen wird rasch borkig, Stamm und Äste weisen starken Flechtenbewuchs auf, die Schaftbildung ist krumm und in äußersten Fällen krüpplig. Im 100. Jahr beträgt die Höhe nach SCHWAPPACH auf der schlechtesten (III.) Bonität etwa 17 m. Solche Bestände zeigen nach HARTMANN in noch verhältnismäßig spätem Alter einen auffallend hohen Anteil an nacktem Boden und Artenarmut überhaupt, während sonst beim Eichenwald gerade das Gegenteil der Fall ist.

Auch hier bezeichnet das Auftreten der Heidelbeere, der Angergräser und der schlechteren Moose (*Dicranum, Polytrichum* u. a.) die ungünstigen Standorte. *Calluna* findet sich auf den HARTMANNschen Flächen nicht, tritt aber auf

---

[1]) HARTMANN, F. K.: Die Bestandesbodenflora als Ausdruck der Gesamtwirkung aller Standortsfaktoren. Z.F.J.W. 1923, S. 609 ff.

anderen geringeren Eichenböden doch häufiger auf. Auf den *besten Böden* geht die Bestandeshöhe im 100jährigen Alter bis 27 m herauf. Der Boden ist sehr stark mit Süßgräsern bewachsen, unter die zahlreiche Krautarten eingemischt sind.

Einen besonderen Typ bildet der *Stieleichenwald auf Aueboden.* Neben der schon erwähnten, fast immer vorhandenen Beimischung von Rüster, Esche und Ahorn finden wir in ihm auch häufiger noch die sonst seltenen Wildobstbäume eingesprengt. Fast immer ist auch der Strauchunterstand (*Crataegus, Prunus spinosa, Lonicera, Rhamnus cathartica* u. a. m.) gut entwickelt. Alle unsere Lianen (Efeu, Waldrebe, windendes Gaisblatt und wilder Hopfen) treten auf und geben dem Wald etwas Urwaldartiges. In der Kräuterschicht entwickelt sich die Brennessel zu dichten und weit über meterhohen Beständen.

Bestandesentwicklung. Die Eichenbestände entstehen heute wohl *ebenso oft noch natürlich wie künstlich durch Saat oder Pflanzung.* Im letzteren Fall sät man gern auf breiten, tief gelockerten Streifen und behackt die Saaten in den ersten Jahren gegen den fast immer sehr üppigen Unkrautwuchs, in dem sich die Eiche aber, wenn nicht Frost und Wildverbiß hinzukommen, meist zäh hält und verhältnismäßig gut durchkämpft (Abb. 167). Bei der Pflanzung wird jetzt mehr die Kleinpflanzung vorgezogen,

Abb. 167. 5jährige Eichenstreifensaat auf rajolten Streifen. Sehr wüchsig und geschlossen und bereits aus dem Graswuchs heraus. (Aufn. von JAPING.)

während man früher oft große und starke sog. *Heister* verwendet hat, die in sehr weitem Verband, bis 4 m im Quadrat, gesetzt wurden, was sehr stammzahlarme und lichte Bestände ergab. Oft hing das mit Mast- und Weideberechtigungen zusammen. Viele unserer alten Eichenbestände aus Pflanzung sind solche alten „*Hutewälder*" gewesen. Auch wurde früher öfter Voranbau und Zwischenbau von Hackfrüchten (Kartoffeln) bei Eichenkulturen angewendet, um eine kostenlose Lockerung und Unkrautfreihaltung zu erzielen.

Die Pflanzung der Eiche war in früheren Jahrhunderten wegen der Schweinemast vielfach sogar den Anwohnern des Waldes behördlich vorgeschrieben. Brautleute mußten vor der Verheiratung erst eine Anzahl solcher Eichenheister gepflanzt haben. Daraus entstanden dann Forstortsnamen, wie Bräutigamseichen, Bräutigamskoppel u. dgl.

In großem Umfang findet sich bei der Eiche auch noch die *Entstehung aus Stockausschlag,* besonders in den auf Schälrinde und Rebpfähle genutzten Niederwaldungen des Westens.

Im allgemeinen zeigt die Eiche bei uns eine *verhältnismäßig noch gute Verjüngungsfreudigkeit.* Es ist eine aus alter Praxis bekannte Erfahrung, daß sie sich sogar noch in verlichteten und verbeerkrauteten Altbeständen durchsetzt, wenn man Zeit und Geduld hat, zu warten. Berühmt sind nach dieser Beziehung z. B. die Verjüngungen, die der verstorbene Forstmeister MICHAELIS im Bramwald bei Hann.-Münden auf mehrere hundert Hektar großen, verbeerkrauteten und verheideten Huteeichenflächen ohne jede Bodenbearbeitung erzielt hat[1]). Erschwerend ist im allgemeinen nur der seltene Eintritt starker Samenjahre.

Alle Verjüngungen, natürliche wie künstliche, leiden in den ersten Jahren sehr stark unter *Wildverbiß*, da die Eiche ganz besonders gern angenommen wird. Auch *Spätfröste* schaden in den ersten Jahren, obwohl sie selten so stark und vernichtend auftreten wie bei der Jungbuche. Die Erholungsfähigkeit durch *kräftige Johannistriebe* ist bei der Eiche sehr groß. Die Johannistriebbildung, die nach vorhergehender Beschädigung bei beiden Eichenarten die Regel ist, tritt bei der Stieleiche häufig auch ohne solche auf und führt dann leicht wegen der ungenügenden Verholzung im Herbst wieder zu Frühfrostbeschädigungen, die zu Sperrwüchsigkeit und schlechten Stammformen Veranlassung geben.

Eichensaaten sind durch *Wildschweine* sehr gefährdet, die die Eicheln reihenweise auf ganzen Flächen aufnehmen. Daher sind solche Saaten in Revieren mit Schwarzwildbestand nur in starken Gattern hoch zu bringen. Auch der Eichelhäher tut stellenweise Schaden, indem er die Eicheln aus der Saatrille aushackt.

Der *Wuchs in der ersten Jugend* ist auf guten Böden *rasch*. Die Eiche ist hier der Buche anfänglich meist überlegen, wird aber fast immer vom

Abb. 168. Junge, etwa 10 jährige Eichendickung aus Streifensaat, an sich gutwüchsig, aber die stets in diesem Alter vorhandene Neigung zu Knickigkeit zeigend. Vergrasung zurückgegangen, aber trotz guten Schlußstandes noch immer reichlich. (Aufn. von JAPING.)

Wildverbiß zurückgehalten, wodurch das Verhältnis vielfach umgekehrt wird. Der Schluß und die Beschattung des Bodens ist aber selbst in der Dickung nie so dicht wie bei der Buche. Der Graswuchs verschwindet eigentlich nie ganz, und im jungen Stangenholzalter nimmt er meist schon wieder zu (Abb. 168). In diesem Alter zeigen auch an sich gutwüchsige Bestände immer eine leicht knickige Schaftbildung, die sich aber später ausgleicht. Man sagt, „die Eiche zieht sich noch gerade". Bei guter Wüchsigkeit ist die Rinde lange glatt und glänzend (Spiegelrinde). Neben Spätfrost tritt im Dickungs- und Stangenholzalter manchmal Hagelschlagschaden auf, der besonders in Niederwaldungen bei der Gewinnung der Schälrinde empfindlich wird. Seit einigen Jahrzehnten zeigt sich in Jungwüchsen und Dickungen, in schwereren Fällen bis in die höheren Kronen der Baumhölzer hinein, *Befall durch den Mehltaupilz*, bei dem sich die Blätter mit einem weißen Belag überziehen, kümmern und vielfach absterben. Besonders

---

[1]) Vgl. GODBERSEN: Die waldbaulichen Ergebnisse der MICHAELISschen Wirtschaft. Festschrift d. Hochsch. H.-Münden 1924.

stark werden junge, saftige Triebe von Stockausschlägen und die Johannistriebe befallen, weswegen die Stieleiche wieder meist stärker leidet als die Traubeneiche.

Über das gegenseitige Verhalten der beiden Eichenarten im Höhenwuchs bestehen noch verschiedene Anschauungen. SCHWAPPACH[1]) fand durch Stammanalysen an alten Stiel- und Traubeneichen auf allen drei Standortsklassen etwa bis zum 40. Jahre ziemlich gleiches Verhalten, von da ab war aber die Stieleiche bis zum 100. Jahre durchweg etwas überlegen (1—2 m), in eigenen Nachzuchten von einzelnen reinen Stiel- und Traubeneichenmutterstämmen war die Stieleiche auch in der Jugend stark überlegen.

Abb. 169. Gutwüchsiger, 70jähriger Eichenbestand in der Oberförsterei Haste (Hannover). Trotz Stieleiche sehr gute Stammformen, aber lockerer, lichtdurchlässiger Kronenschluß, kein Unterstand, starke Vergrasung. (Aufn. von JAPING.)

Jedenfalls bedürfen beide Arten zum Höhen- wie zum Dickenwachstum vom Stangenholzalter an *sehr viel Licht und Kronenspielraum.* Im allgemeinen hält man die Stieleiche für lichtbedürftiger. Man will das auch schon aus ihrer Belaubung ableiten, die mehr gebüschelt an den äußeren Zweigspitzen sitzt, während die Traubeneiche die Blätter mehr am Zweige verteilt hat und mehr bis ins Innere der Krone hinein belaubt ist. Von beiden Eichen gilt aber mehr oder weniger die alte Praktikerregel: *,,Kopf frei, Fuß bedeckt!"* Letzteres ist allerdings in reinem Eichenbestand nicht zu erreichen, da ganz im Gegensatz zur Buche sich hier kein vertikaler Schluß durch zurückbleibende Glieder ausbildet, sondern diese sehr rasch ausscheiden[2]) (Abb. 169). Daher wird der Eichenbestand im allgemeinen im Stangenholzalter mit Buche unterbaut. ,,Die Buche ist der Eiche Doktor!" Sowohl bei zu viel Licht (plötzlichen Freistellungen) wie auch bei zu dunklem Stand (unterdrückten, eingeklemmten Stämmen) zeigt sich *Neigung zur Wasserreiserbildung,* die bei starker Bildung teils den Holzwert herabsetzt, teils auch durch Wasserentzug die Krone schädigt

(Zopftrocknis). Die Stieleiche neigt mehr zu solcher Wasserreiserbildung als die Traubeneiche. Je *kräftiger die Kronen* entwickelt sind, desto *geringer ist die Neigung zur Wasserreiserbildung und umgekehrt*[3]). Die Entfernung der jungen Wasserreiser am unteren Schaftteil wertvoller Zukunftsstämme durch Abstoßen mit scharfen Eisen geht zwar leicht vor sich, muß aber gewöhnlich wegen Neubildung öfter wiederholt werden.

Die Massenleistungen sind im 100jährigen Alter nach SCHWAPPACH 1920 (ohne Unterscheidung nach Stiel- und Traubeneiche) je Hektar:

[1]) SCHWAPPACH, A.: Untersuchungen über die Zuwachsleistungen von Eichenhochwaldbeständen in Preußen. Neudamm 1920.
[2]) Vgl. hierzu die sehr bemerkenswerten Beobachtungen GODBERSENS zu den dahingehenden Versuchen von MICHAELIS (Fußnote S. 327).
[3]) FABRICIUS, L.: Ursachen der Wasserreiserbildung an Eichen. F.Cbl. 1932, S. 753.

Standortsklasse	Stammzahl	Mittlere Höhe m	Durchm. cm	Derbholz-masse fm	Gesamtzuwachs (Derbholz + Reisig) fm	Lfd. jährl. Gesamtzuwachs fm
I	220	27	35	300	840	7,4
II	300	23	29	240	640	6,2
III	380	19	25	190	480	5,0

Die Althölzer sind meist licht und bei der lockeren Belaubung und den kräftigen Böden tritt bei Reinbestockung immer sehr starke Vergrasung auf (Abb. 170). Wegen der geringen Stammzahlen (in den SCHWAPPACHschen Tafeln allerdings durch kräftige Durchforstungen besonders vermindert) sind die Derbholzmassen gering, trotzdem die Stammstärke des Durchschnittsstammes im Verhältnis zu Buche, Kiefer und Fichte überlegen ist. Verhältnismäßig groß ist in der Derbholzmasse auch der Anteil der Äste, die besonders bei der Stieleiche oft sehr stark und tief angesetzt sind, während der Traubeneiche eine höher angesetzte Krone und damit längere und bessere Schaftausbildung nachgerühmt wird. Wieviel an diesen Beobachtungen richtig ist, ist schwer zu sagen, da bei der Stieleiche durch ihr häufiges früheres Aufwachsen als frei stehendes Oberholz im Mittelwalde (vgl. Kap. 19) vielfach nur die äußeren Umstände die starke Ästigkeit begünstigt haben dürften.

Das *wirtschaftliche Schwergewicht* der Leistung liegt beim Eichenbestand weniger in der Masse als *im Wert des Holzes, das als Nutzholz obenan unter allen unsern Hauptholzarten steht.* Da hier

Abb. 170. 120jähriger gutwüchsiger Stieleichenbestand auf diluvialem Lehm im Forstamt Haste in Hannover. Schon etwas lückig, daher nur noch 600 fm Derbholz je Hektar, Wasserreiserbildung an den Stämmen, üppiger Unkrautwuchs. (Aufn. von JAPING.)

besonders feinringiges Starkholz (Furnierholz) ungewöhnlich hohe Preise erzielt (500—1000 RM je Festmeter) und die lange Lebensdauer der Eiche ein spätes Hiebsalter begünstigt, so ist das Ziel der Wirtschaft hier mehr als bei den anderen Holzarten auf Starkholzerziehung in sehr langen Umtrieben gerichtet, zumal die Eiche in schwachen Stammstärken und auch als Brennholz meist schlechte Verwertungsmöglichkeiten bietet. Die besten und wertvollsten Eichenbestände Deutschlands stocken heute noch im Spessart und sind 300 und mehr Jahre alt. In diesen Altern sind die Stämme dann in Brusthöhe 80—100 cm stark, und beste ausgewählte Stammabschnitte bringen heute vereinzelt sogar über 1000 RM je Festmeter[1]). Diese Stücke sind fast durchweg Traubeneichen. Überhaupt gilt das Holz dieser Art als hochwertiger (feiner, milder) als das der Stieleiche, das gewöhnlich härter und dunkler und daher zu Messerfurnieren

---

[1]) ENDRES, G.: Die Eichen des Spessarts. F.Cbl. 1929, S. 232.

weniger geeignet ist. Doch werden auch hier Ausnahmen erwähnt, die wohl durch Boden und Erziehungsweise bedingt sind.

Die schönsten und massenreichsten Traubeneichenbestände größten Umfanges finden sich noch heute in Frankreich, wo in einigen Staatsforsten zwischen Seine und Loire in ausgedehnten Altbeständen noch 200—250 j. Stämme von über 40 m Höhe und 70—90 cm Brusthöhendurchmesser, bis zu 30 m astrein, gerade und glattschaftig wie Säulen emporragen, das Schönste und Vollkommenste, was man sich denken kann.

Im allgemeinen konnte auch der Eichenbestand bisher als *recht gefahrensicher gelten*. Windwurf kommt wegen der tiefen und kräftigen Bewurzelung (Pfahlwurzel) bei ihm am allerseltensten vor. Von Insekten verursacht zwar der *Maikäfer* manchmal Kahlfraß. Es erfolgt aber immer noch im selben Jahr Neubelaubung. Etwas gefährlicher erscheint der z. T. häufig gewordene *Kahlfraß durch den Eichenwickler* (*Tortrix viridana*), namentlich dadurch, daß er wiederholt in mehreren Jahren nacheinander auftritt.

Doch ist in letzter Zeit auch bei der Eiche, und zwar etwa gleichzeitig in ganz verschiedenen Gebieten (Westfalen, Sachsen, Pommern, Slawonien und einigen anderen Stellen) ein massenhaftes „Eichensterben" aufgetreten, das die bisherige Sicherheitsschätzung doch einigermaßen erschüttert. FALCK[1]) glaubte, die Ursache in einer Verkettung ungünstiger Umstände: Schwächung durch Trockenjahre, dann Mehltaubefall und Wicklerfraß, schließlich Hallimasch suchen zu müssen (sog. Kettenkrankheit). Von anderer Seite sind andere Erklärungen versucht worden. In den letzten Jahren scheint die Erkrankung aber glücklicherweise zum Stillstand gekommen zu sein.

In Einzelfällen ist auch ein Eingehen von Eichenbeständen infolge *Grundwassersenkungen* durch größere Wasserabzapfungen (Entwässerung bei Meliorationen, Wasserwerkanlagen) beobachtet worden.

Auch für den Eichenbestand geht das *neuere waldbauliche Streben nicht auf völligen Reinbestand*, da dieser auf die Dauer immer starke Bodenverwilderung zur Folge haben muß. Die Beimischung eines deckenden Schattholzes ist also durchaus geboten. Auf besseren Standorten, die die Eichenzucht wirklich lohnen, wird man aber danach streben müssen, der ungeheuer wertvollen Eichenholzerzeugung so viel Fläche wie möglich zu erhalten. *Jeder andere Baum im oberen Kronenraum bedeutet Verlust.* Daher, und auch wegen der Empfindlichkeit der Eiche gegen Seitendruck, wird das vorzuzeichnende Ziel hier auf *Reinbestand in der Jugend und späteren Unterbau mit einem passenden Bodenschutzholz, nicht auf gleichaltrige Mischung*, zu richten sein, die meist schwierig, gefährlich und wertmindernd ist. Etwas anderes ist es natürlich, wenn es sich um weniger ausgeprägte Eichenstandorte oder überhaupt um die erstmalige Einführung der Eiche, z. B. in reine Buchenbestände, handelt. Ganz zweifellos gibt es in diesen letzteren allenthalben noch große, für die Eichenzucht geeignete Flächen. Jede eingesprengte gutwüchsige Eiche sollte hier als Hinweis beachtet werden und dem Wirtschafter zur Mahnung dienen, unserer wertvollsten Holzart hier neues Feld zu erobern. Die Hartholzvorräte der Welt sind knapp und werden nach der Abwirtschaftung des ostamerikanischen Eichengebietes immer knapper werden. Deswegen sollte jeder Hektar deutschen Waldbodens, der für sie taugt, unserer Eiche wiedergewonnen werden! Man vermißt in vielen Buchenwaldungen Westdeutschlands heute noch die klare Erkenntnis dieses Wirtschaftsziels oder doch die tatkräftige Durchführung desselben!

---

[1]) FALCK, R.: Eichenerkrankung in der Oberförsterei Lödderitz und in Westfalen. Z.F.J.W. 1918. — Über das Eichensterben im Regierungsbezirk Stralsund. Festschrift d. Forstl. Hochsch. H.-München 1924.

7. Der Roterlenbestand.

Verbreitung. Der Roterlenbestand ist bei uns in der Hauptsache im nordostdeutschen Tiefland verbreitet. Hier tritt er *inselartig* in Reinbeständen auf, die *durch ihre Tieflage und ihren hohen Grundwasserstand* bedingt sind, der alle anderen Holzarten ausschließt und der besonders angepaßten Erle die natürliche Alleinherrschaft sichert. Sogenannte *Brücher* und *Niederungsmoore* sind ihre Standorte. In zwei Gebieten in Deutschland, im Spreewald und im Delta der Memelmündung, finden sich heute auch noch große Waldungen dieser Holzart. In früheren Zeiten, vor den Flußregulierungen und großen Bruchmeliorationen, hat es solche sicher noch an mehreren anderen Stellen gegeben. So soll z. B. auch das große Oderbruch vor der Melioration durch Friedrich den Großen, der hier

Abb. 171. Erlenbruchwald auf nassem Standort. Die Erlen stehen überall auf den höhen Bülten von Riedgräsern (*Carex spec.*). Das Wasser steht während des größten Teils des Jahres zwischen den Bülten. (Aufn. von DENGLER.)

„eine ganze Provinz ohne Schwertstreich" gewann, einstmals ein riesiger Erlenbruchwald gewesen sein. Noch häufiger als im Altreich findet sich der Erlenbestand aber in den nordöstlichen Nachbargebieten.

Bestandestypen. Die *geringsten und schlechtesten Formen* liegen auf abflußlosen Senken mit kalkarmem Untergrund und sind meistens durch *Hochmoorbildungen oder Übergänge* dazu gekennzeichnet (Auftreten von *Sphagnum, Eriophorum*). Meist hat dieser Typ bei uns keine wirtschaftliche Bedeutung mehr. Bedeutend besser, aber *immerhin noch gering* sind die *sehr nassen Brücher* mit einem Wasserspiegel, der meist erst im Sommer bis Herbst verschwindet, und *wo die Erle dann auf den Bülten steht*, die die großen Riedgräser (Carex-Arten) bilden, während dazwischen noch eine ausgesprochene Sumpfvegetation herrscht (*Caltha palustris, Iris pseudacorus, Calla palustris, Menyanthes trifoliata, Hottonia palustris* u. a.) (Abb. 171).

Je weniger das Wasser oberflächlich ansteht, desto besser wird der Erlenbestand. Die besten Standorte sind solche *mit nicht zu hoher Moorschicht über Lehm und solche mit Schlicküberlagerung* durch durchfließende Wasserläufe (Abb. 172).

Die Erlen stehen dann unmittelbar auf dem Bruchboden, nicht auf Bülten. Dieser Typ zeigt vor allem als Standortsweiser für beste Klassen reiches

Auftreten der Brennessel, des Farns *Asplenium filix femina,* des Milzkrautes *Chrysosplenium alternifolium* u. a. m. Vielfach findet sich als Strauch die schwarze Johannisbeere (*Ribes nigrum*) und der windende wilde Hopfen (*Humulus lupulus*) (Annäherung an den Auewald). Faulbaum (*Rhamnus frangula*) und Werftweiden (*Salix cinerea, aurita*) kommen mehr auf den nassen, mittleren und geringen Standorten vor.

Bestandesentwicklung. Der Erlenbestand entsteht heute im Wirtschaftswald im großen und ganzen fast nur *durch Stockausschlag.* Daneben wird zur Ergänzung auch Pflanzung mit halbhohen sog. Lohden, hier und da auch Natur-

Abb. 172. Älterer, sehr gutwüchsiger Erlenbestand im Spreewald. Feuchter Boden mit Schlicküberlagerung durch fließendes Wasser. (Aufn. von F. Schwarz.)

verjüngung durch Samenabflug von übergehaltenen Mutterbäumen mit herangezogen. Die Stockausschlagfähigkeit ist groß und nachhaltig, nur bei sehr alten ausgefaulten Stöcken bleibt sie aus. Doch ergeben *Stockausschläge* meist *schiefstehende,* mehr oder weniger *gebogene Stämme mit Stockfäule* im untersten Schaftteil. Deshalb sollte auf besseren Standorten die künstliche Nachzucht, die viel bessere Nutzhölzer zu liefern vermag, mehr als bisher zur Anwendung gebracht werden. Sehr nachteilig wirkt auch die vielfach noch im Osten in den krautreichen Bruchwäldern übliche *Viehweide* (Verbiß und Beschädigung der Wurzeln durch Viehtritt) und das *Ausmähen* zur sog. „Sträußelgewinnung" (teils zu Kuhfutter, teils zur Einstreu in die Ställe), womit auch aller Naturanflug, der sich oft reichlich angefunden hat, wieder vernichtet wird.

Der Bestand ist *in der ersten Jugend außerordentlich raschwüchsig,* mit 3 Jahren schon 3 m, mit 15 Jahren schon 9—13 m hoch und übertrifft dann alle unsere anderen Hauptholzarten. Er hält auch noch im Stangenholzalter recht lebhaft an, um dann aber ungefähr *vom 60. Jahre ab sehr stark und ziemlich unvermittelt nachzulassen.* Mit dem 80. Jahre werden mit 20—25 m meist die höchsten Höhen erreicht. In einzelnen besonders guten Beständen in Ostpreußen und im Baltikum kommen aber auch solche über 30 m vor.

Die *Massenleistungen* betragen nach Schwappach, 1919, im 80jährigen Alter je Hektar:

Standortsklasse	Stammzahl	Mittlere Höhe m	Durchm. cm	Derbholzmasse fm	Gesamtzuwachs (Derbholz + Reisig) fm	Lfd. Jährl. Gezamtzuwachs fm
I	240	28	36	320	780	8,4
III	400	19	25	170	400	3,2

Die *Gefährdung der Holzart ist gering*. Gelegentlich schadet *Cryptorhynchus lapathi* durch seinen Larvenfraß im Holz so stark, daß die jungen Stämmchen nicht nur beulig werden, sondern auch abbrechen. Der Blatt- und Skelettierfraß von *Agelastica alni* ist zwar häufig stark, bedingt aber meist nur einen gewissen Zuwachsverlust. Das in letzter Zeit häufiger beobachtete Kümmern und Eingehen von Erlenstangen auf manchen Stellen, schlechthin „*Erlenkrankheit*" genannt, wurde z. T. mit dem Auftreten des Rindenpilzes (*Valsa oxystoma*) in Verbindung gebracht, der aber wohl nur sekundär auftreten dürfte. Stellenweise ist die eigentliche Ursache in Trockniserscheinungen durch Grundwassersenkungen, in sehr vielen Fällen aber durch Bezug rassisch ungeeigneten Pflanzenmaterials zu suchen (vgl. Teil I, S. 205).

Das *Wirtschaftsziel* wird bei der Erle auf den nassen Brüchern immer *auf den Reinbestand* beschränkt bleiben müssen. In Anbetracht der meist kostenlosen Verjüngung und der kurzen Umtriebe ist die Erlenwirtschaft auch durchaus rentabel. Der Zuwachs und die Ausformung besserer Stämme zur Erhöhung der Nutzholzausbeute verspricht sogar bei stärkererHandhabung derDurchforstungen, als sie in der Praxis gemeinhin üblich ist, noch eine Erhöhung der Leistung. Vielfach besteht hier allerdings ein gewisses Hemmnis durch die Zugänglichkeit der Bestände nur bei starkem Frost.

Erlennutzholz, meist in Rollen, zu Zigarrenkisten, Bleistiften, Pantoffeln u. a. m., ist aber bei uns in steigendem Maße gefragt und sichert dem Bestand auch in Zukunft seine wirtschaftliche Bedeutung, zumal in den armen Sandgegenden des Ostens, wo die Erlenbestände oft die einzigen Laubholzoasen in dem eintönigen Kiefernmeer bilden und hierdurch auch einen waldästhetischen Wert gewinnen.

4. Kapitel. **Die deutschen Mischholzarten.**

A. Allgemeines.

Mit den vorgenannten 7 Hauptholzarten ist schon die Reihe derjenigen Bäume erschöpft, die bei uns in größerem Umfange reine Bestände oder gar ganze Waldungen bilden. Wir haben daneben noch eine Anzahl von anderen Arten, die bei uns niemals Wälder und ganz selten einmal kleine Bestände bilden. Diese können daher ihrer soziologischen Natur nach als *Mischholzarten* bezeichnet werden. Es sind das die Esche, die Hainbuche, die Ahorn- und Rüsternarten, die beiden Linden, die Birken, Pappeln und Weiden, noch mehr die wilden Obstbäume, die Eberesche, Elzbeere und Eibe. Auch unter ihnen gibt es offenbar noch Unterschiede in der Besiedlungskraft, indem z. B. Esche, Hainbuche und Birke noch öfter in kleinen Beständen auftreten als die anderen, von denen

z. B. die Wildobst- und Sorbus-Arten nur noch vereinzelt und kaum einmal in Horsten angetroffen werden.

Es ist eine beachtenswerte Erscheinung, daß die *gleichen Gattungen, die bei uns massenhaft und waldbildend auftreten, dies auch in den anderen Erdteilen der nördlichen Halbkugel tun*, und daß ebenso die meisten unserer Mischholzgattungen auch anderswo nur als solche verbreitet sind. Kiefern-, Fichten-, Tannen-, Eichen, und Buchenwälder gibt es sowohl in Nordamerika wie im mittleren und nördlichen Asien. Eschen, Ahorne, Linden, Rüstern sind auch dort nur als Mischhölzer an der Waldbildung beteiligt. Das kann kein Zufall sein. Wir müssen annehmen, daß hier bestimmte ökologische Eigenheiten vorliegen, die den einzelnen Gattungen gemeinsam sind, und die die Eroberungs- und Stoßkraft derselben überall in gewissen Grenzen bestimmen und abstufen. Wenn diese Kraft auch bei den waldbildenden Arten besonders wuchtig sein muß, so bezeugt doch die Erhaltung der Mischholzarten in ihrem jahrtausendelangen Kampf mit jenen, daß ihnen andererseits eine gewisse Zähigkeit innewohnen muß. Welche Eigenheiten hier im einzelnen die Stellung der Gattung oder Art in ihrem Kampf um den Raum entscheidend bedingen, das können wir nur ungefähr vermuten. Im allgemeinen wird das Ergebnis auch hier nicht von einer einzigen Eigenschaft, sondern von dem feinen Zusammenspiel aller abhängen.

In einzelnen Fällen erscheinen die Verhältnisse durchsichtiger, in anderen ziemlich rätselhaft. Betrachten wir z. B. die Kiefer und die Birke, die in ihren klimatischen und Bodenansprüchen ja ziemlich gleich sind, so fällt bei der Birke die Häufigkeit und Massenhaftigkeit ihrer Samenbildung und die oft beobachtete weite Flugfähigkeit des Samens auf. Wo nur einige Mutterbäume in der Gegend stehen, ist der Same so gut wie allgegenwärtig. Aber ein großer Teil ist schlecht keimfähig, das junge Pflänzchen ist im ersten Jahre äußerst winzig und zart. Von den zwar *weithin vertragenen, aber dadurch auch sehr verzettelten Samen* wird nur hier und da eines einen günstigen Fleck finden und sich durchsetzen. Ist keine Konkurrenz durch die Kiefer da, so werden diese wenigen zerstreuten Erstankömmlinge bei ihrer frühen Mannbarkeit schon nach 15—20 Jahren eine neue und nun erheblich dichter stehende zweite Generation erzeugen. In 30—40 Jahren kann schon ein kleiner Birkenbestand da sein. So ist es auch tatsächlich im östlichen Urwald nach Waldbränden oft zu beobachten. Die Kiefer trägt nicht so häufig Samen, ihr Same fliegt auch nicht so weit, aber er liegt deswegen auch dichter beisammen, seine Keimfähigkeit ist groß. Von vornherein hält daher jeder Mutterbaum seine Nachkommenschaft besser zusammen. Der Anflug bildet sofort wieder einen Bestand. Dringt nun ein solcher entweder langsam von außen oder rascher noch von innen, etwa von einzelnen dickborkigen, beim Waldbrand am Leben gebliebenen Altkiefern in den Birkenbestand ein, so ist damit das Schicksal des letzteren besiegelt. Die Birke erreicht niemals das Lebensalter der Kiefer, auch ist sie noch erheblich lichtbedürftiger als diese. Es wird sich also viel häufiger Kiefernnachwuchs unter benachbarten Birken einfinden können als umgekehrt. Langsam, aber stetig wird die Birke verdrängt und kann sich schließlich nur noch auf Lücken zwischen den Kiefern halten. Solche Lücken werden ja auch später immer auftreten und ihr einen Platz sichern, da sie mit ihrem allgegenwärtigen Samen sofort wieder zur Stelle ist. Aber ihre Vorherrschaft ist gebrochen. Die Kiefer ist waldbildend geworden, die Birke ist zur Mischholzart heruntergesunken. Noch rascher entscheidet sich der Kampf, und noch vollständiger ist die Verdrängung der Birke natürlich, wo sie mit der Schattholzart Fichte zusammentrifft. Derartige Beispiele sind nicht erfunden, sondern sie sind in nordischen Ländern, in Rußland und auch in Amerika, nach Waldbränden im Urwald in allen Entwicklungsstufen zu finden und zu beobachten.

Wir sehen also, daß die *Art und Dichte der Samenverbreitung*, die *Keimfähigkeit* des Samens, das *Lichtbedürfnis* und die *Lebensdauer* der Arten in ihrem Zusammenwirken *die eine zur Bestandesbildung, die andere zur Mischholzart* führen. In anderen Fällen können auch besondere Ansprüche an den Boden die Seltenheit des Vorkommens bedingen. So verlangt z. B. die Esche frische bis feuchte und humose Standorte, die aber nicht sauer sein dürfen, wie sich solche nur gelegentlich in Schlenken und Mulden, an Bruchrändern oder schlicküberlagerten Ufern finden. Dadurch ist ihr Vorkommen von vornherein auf kleine Flächen beschränkt. In manchen Fällen ist das Verhalten der Arten aber doch ziemlich rätselhaft, z. B. bei den Rüstern, wo besonders die verschiedene Häufigkeit der drei sich doch so nahestehenden Arten auffällt: Feldrüster noch am häufigsten, z. B. in Auewäldern, Bergrüster schon seltener und höchstens gruppenweise, Flatterrüster ganz selten und nur vereinzelt. Man kann sich auch hier nur Vermutungen über die Gründe im einzelnen hingeben, da unmittelbare Beobachtungen fehlen. Jedenfalls ist aber so viel sicher, daß *weite Flugfähigkeit des Samens allein keinesfalls Massenhaftigkeit des Auftretens* bedingt, sondern eher das Gegenteil. Man vergleiche z. B. das Vorkommen von Weide, Aspe, Birke, auch Esche, Rüster und Linde gegenüber den schwersamigen Holzarten Rotbuche und Eiche!

B. Die einzelnen Mischholzarten nach ihrem forstlichen Verhalten.

1. Die Birken, und zwar die *Weiß- oder Rauhbirke (Betula verrucosa Ehrh.) und die Haar- oder Ruchbirke (Betula pubescens Ehrh.).* Die erstere ist bei uns die bei weitem häufigere und hauptsächlich auf armen trockenen Böden (*Sandbirke*) verbreitet. Doch findet sie sich auf Lücken und Blößen im Walde auch auf besseren und besten Böden. Starkes Auftreten in älteren Beständen ist bei uns meist ein Zeichen vorangegangenen lückigen Aufwuchses der Bestände (alte Räumden). So ist sie auch in den Heidegebieten Deutschlands auf den dortigen Rohhumusböden sehr häufig.

Die Haarbirke ist demgegenüber bei uns meist nur auf feuchten, moorigen Stellen (Bruchböden) und sogar auf Hochmooren verbreitet (*Moorbirke*). Sie ist die eigentliche nordische Birke und dementsprechend nimmt ihre Häufigkeit bei uns auch von Nordosten (Ostpreußen) nach Süden und Westen zu ab, und sie beginnt erst wieder in den Hochlagen der Gebirge stärker hervorzutreten.

Beide Birken sind die *ausgesprochensten Lichthölzer* und ihre Kronen äußerst locker und durchlässig. Der *Boden* ist daher unter ihnen je nach der Güte immer *mehr oder weniger verwildert.* Alle Typen, von der Renntierflechte bis zu den üppigsten Süßgräsern, finden sich vor. Ein treuer Begleiter ist der Birkenpilz (*Boletus scaber*) (Mykorrhizapilz der Birke).

Die *Entstehung* erfolgt meist durch *Samenflug,* oft von weither. Mit der Naturverjüngung der Birke ist es aber häufig eine merkwürdige Sache. Da, wo man sie haben will, kommt sie nicht, während sie sich an anderen Stellen, wo man sie nicht braucht oder doch nichts dazugetan hat, oft massenhaft einfindet. Birkenpflanzung von Lohden und Heistern wird meist nur zur Einfassung von Wegen und zu Lückenausfüllung im trockenen Kiefernwald angewendet. Man findet dabei häufig ein schlechtes Anwachsen und Trockenwerden der frisch gesetzten Pflanzen. Vielfach dürfte das nur auf zu späte Auspflanzung im Frühjahr zurückzuführen sein. Die Birke treibt ja außerordentlich zeitig an und ist in diesem Zustand äußerst empfindlich gegen Trocknis.

Die *Entwicklung im ersten Jahre ist winzig, nachher wird der Wuchs rasch, läßt aber bei uns bald nach.* Zwischen 60—80 Jahren hört er meist auf, und die Hiebsreife tritt frühzeitig ein, was besonders bei horst- oder gruppenweiser Einmischung in langlebigere Hauptbestandsarten sehr unangenehm ist.

Für Birkenbestände auf besten Böden gibt die Ertragstafel bei 80jährigem Alter eine Stammzahl von nur 230 je Hektar, eine Masse von 212 fm Derbholz und einen laufend jährlichen Gesamtzuwachs von 5,6 fm Derbholz und Reisig an, auf geringeren Standorten werden bei 280 Stämmen nur 150 fm Derbholz erreicht. Die Birke gehört also zu den schwächsten Massenbildnern unter allen einheimischen Holzarten.

Die *Gefahren sind gering.* Beide Birken sind ganz frosthart. Gern nimmt der Maikäfer, namentlich in den reinen Kiefernwaldungen, die Birke an. Wegen ihrer verhältnismäßig flachen Bewurzelung, namentlich auf nassen sowie auf Lehmböden, tritt häufig im Alter Windwurf ein. Ebenso ist eine frühzeitig von unten ausgehende Rot- oder Herzfäule manchmal die Ursache von Bruch und schädigt immer die Nutzholzverwendung. Der *Wuchs des Stammes ist bei uns fast immer krumm*, ganz im Gegensatz zu den schlanken und geraden Schäften im Norden. Wertvolles Furnierholz erwächst bei uns nur selten und nur auf frischen lehmigen oder schlickhaltigen Böden, nicht aber auf trockenen Sandböden. Besonders wertvolle Birken findet man in den Lehmrevieren Ostpreußens[1]). Das Holz wird sonst meist nur als Wagener- und Stellmacherholz und zu Garnrollen verwendet. Es wird bei längerem Liegen in der Rinde leicht stockig und muß daher sofort beschlagen werden (Bereppeln). Die *Stockausschlagfähigkeit* ist *gering* und erlischt frühzeitig. Ersatzknospen bilden sich an jungen eingegangenen Pflanzen meist tief am Wurzelhals, meist schon unter der Erde. Mit den feinen und namentlich im Alter stark hängenden und im Winde bewegten Zweigen (bes. bei *verrucosa*) schädigt die Birke durch „*Peitschen*" ihre Nachbarn (Kiefer und besonders Fichte). Aus diesem, vielfach übertriebenen Grunde ist die Birke früher überall herausgehauen worden. Sie verdient aber im eintönigen Kiefernwalde oft als einziges Laubholz sicher Erhaltung im Einzelstand und in mäßigen Grenzen, ebenso hat sie Bedeutung in Rohhumusgebieten wegen ihrer leichten Streuzersetzung und der Begünstigung der rohhumuszehrenden Grasflora. Ebenso bildet sie *ein unübertreffliches Vorholz in frostgefährdeten Lagen* für edlere Laubhölzer und die Fichte, die unter ihrem milden Schirm gern aufwachsen, wobei die Birke allmählich durch Besenmacher aufgeschneidelt und später durch Aushieb leicht beseitigt werden kann. Vielfach ist sie auch als Maikäferfangbaum in Randstreifen und an Wegen im Kiefernwald angebaut worden.

2. Die Hain- oder Weißbuche (*Carpinus Betulus L.*). Durch ganz Deutschland häufig, aber zersprengt verbreitet, tritt die Hainbuche im äußersten Nordosten (Ostpreußen), sowie in den Niederungen der Auegebiete, in der Wetterau, und im südlichen Deutschland etwas stärker hervor. Nur auf den besten Böden ist sie den Laubholzarten, denen sie sich meist gesellt, einigermaßen ebenbürtig, auf den geringeren Böden sinkt sie zum Unterstand herab. Sehr häufig findet man ihr Vorkommen auf strengen Lehm- und Tonböden unter Eichen (Querceto-Carpinetum der Pflanzensoziologen).

Der Rotbuche in bezug auf *Schattenfestigkeit* nahestehend, unterscheidet sie sich von dieser besonders durch ihre *vollkommene Frosthärte* und wird dadurch im natürlichen Entwicklungsgange vielfach zur Lückenbüßerin in Frostlagen und Frostlöchern. Durch ihre große *Widerstandsfähigkeit gegen Überschwemmungen* hat sie sich im Auewald, wo die Buche gerade deswegen fehlt, einen breiten Raum gesichert. Sie trägt zwar fast alljährlich Samen, und manchmal sind die Zweige damit übervoll beladen, aber der Same ist nicht so flugfähig wie bei der Birke, oft taub und durch das Überliegen am Boden sehr dem Verlust ausgesetzt. Auch ihre Lebensdauer ist verhältnismäßig kurz, jedenfalls kürzer als bei Eiche und Buche, die sie gern begleitet. Vor allem ist die Hainbuche diesen aber im *Höhenwuchs stark unterlegen*. Sie wird nur selten so hoch wie jene beiden (Ostpreußen und manche Auewaldungen).

In der Jugend ist sie stark dem Verbiß ausgesetzt, überwindet diesen aber durch ihre *reiche und zähe Ausschlagsfähigkeit* sehr gut. Deswegen kommt sie auch in allen Betriebsformen mit Ausschlagverjüngung (Mittelwald, Niederwald)

---

[1]) DELIUS: Untersuchungen über Wertbirken im Forstamt Pfeil in Ostpreußen. Z.F. J.W. 1935.

immer reichlich eingesprengt vor und drängt sich hier besonders der schlechter ausschlagenden Rotbuche gegenüber vor, ja sie erträgt hier sogar die schwersten Verstümmelungen durch *Köpfen* noch gut. Solche alten „Kopfhainbuchen" waren früher in Weidewaldungen häufig und sind in ihren abenteuerlichen Formen noch heute hier und da erhalten. Ihre *Stammform* neigt aber auch ohnehin *zu Krümmungen,* und dies sowie ihre *Spannrückigkeit* (lange, spiralig herablaufende wulstige Ausbauchungen im unteren Stammteil) beeinträchtigen ihre Nutzholzverwendung vielfach sehr stark. Wo das nicht der Fall ist, ist ihr *schweres und festes Holz* ganz außerordentlich gesucht und gut bezahlt (Klaviaturholz, Schuhleisten, Werk-

Abb. 173. Starke 120jährige Eschen als Mischholz der Stieleiche auf Aueboden im Forstamt Haste i. Hann.
(Aufn. von JAPING.)

zeugholz u. a.). *Hervorragend ist ihr Einfluß auf die Humusbildung.* Rohhumus ist unter ihr so gut wie unbekannt. Ihr Laub verwest außerordentlich rasch und gibt einen lockeren, mulligen Boden. Als *Misch- und Unterbauholzart* im Kiefernwald ist sie daher dort, wo die Buche nicht mehr recht wächst, oder wo Wildverbiß oder Frost diese ausschließen, empfehlenswert. Allerdings wird sie später bei der Verjüngung durch ihre dichten Stockausschläge manchmal hinderlich. Auf armen und trockenen Sanden leistet sie auch nichts mehr.

3. Die Esche (*Fraxinus excelsior L.*). Die Esche bildet in *feuchten Gründen* und Schlenken *auf besseren humosen Böden* noch öfter kleine Reinbestände. Dann kommt sie auch im Auewald gern und häufig als Mischholz der Eiche (Abb. 173), auf Kalkböden der Rotbuche vor. Auf *flachgründigen trockenen Kalkköpfen,* wie sie in Westdeutschland z. B. häufig dem Buntsandstein aufgesetzt sind, wo die Buche zurückbleibt, tritt die Esche wieder stark hervor. Freilich leistet sie dort auch nicht viel. Dieser merkwürdige Gegensatz zu ihrem sonstigen Verhalten in den Feuchtigkeitsansprüchen ist bisher noch nicht genügend aufgeklärt. Durch vergleichende Zuchtversuche hat man das Auftreten zweier verschiedener „Bodenrassen" (*Kalkesche* und *Wasseresche,* vgl. Teil I, S. 212) feststellen wollen.

Ihrem Lichtverhalten nach ist sie *in der Jugend außerordentlich schattenfest, mit zunehmendem Alter* wird sie *lichtbedürftiger* und mehr eine Halbschattenart, oft sogar mit Hinneigung zum Lichtholz. Ihre Krone ist ziemlich schütter. Der Grad der Begrünung unter ihr ist immer groß. Die besten Standorte zeigen oft Brennesselwuchs, auf etwas feuchteren finden sich starke Gräser, auch saure Riedgräser.

Die *Verjüngung* geht oft und leicht natürlich vor sich und der *Anflug reicht ziemlich weit* (100 und mehr Meter). Manchmal ist er sehr dicht, „*wie Unkraut*", namentlich auf Kalkboden (Abb. 174). Künstlich wird die Esche meist als Lohde oder schwacher Heister gepflanzt. Sehr oft ist Gelegenheit zur Entnahme der Pflanzen aus dichten Naturanflügen gegeben. Der außerordentlich reich mit Faserwurzeln besetzte Wurzelballen sichert ein gutes und glattes Anwachsen.

Ihre Jugend ist *sehr frostgefährdet*, auch leidet sie unter Wildverbiß. Heisterpflanzungen werden oft durch Mäuse und Mollmäuse beschädigt und zum Eingehen gebracht, ebenso fegt an ihnen der Rehbock gern. Auf Aueböden windet der wilde Hopfen an den jungen Stangen empor und bringt sie zum Umbiegen. Sie ist *außerordentlich raschwüchsig*.

Einen schweren technischen Fehler bildet der sehr häufig bei ihr auftretende *Zwieselwuchs*, der z. T. auf die Aushöhlung der Terminalknospe durch die Eschenzwieselmotte (*Prays curtisella*), teilweise auch auf Spätfrost, zurückzuführen ist, da bei ihr die Endknospe früher austreibt als die beiden kleinen, neben ihr stehenden Beiknospen, die dann zu einer Zweiggabel auswachsen. Ihr *Holz* gehört neben dem Eichenholz wegen seiner feinen Zeichnung und Farbe und wegen seiner hohen Elastizität *zu dem wertvollsten, das wir haben* (feine Möbel, Schneeschuhe, Turngeräte). Die Esche wird deswegen und auch wegen ihrer Ansprüche an den Boden mit den Ahornen und Rüstern zu den „*Edelhölzern*" gerechnet. Ihr Anbau in größeren reinen Horsten ist aber wegen der leicht eintretenden Bodenverwilderung nicht zu empfehlen. Ein passendes Beiholz auf Aueböden ist die Feldrüster, auf feuchten Humusböden die Weißerle[1]).

Abb. 174. Dichter Eschennaturanflug auf Mergelböden im märkischen Endmoränengebiet. Oberholz im Vordergrunde: 50—60jährige Eschen in reinem Horst, dahinter von Rotbuche unterstanden. (Aufn. von DENGLER.)

4. Die Ahornarten, und zwar *der Bergahorn* (*Acer Pseudoplatanus L.*), *der Spitzahorn* (*Acer platanoides L.*) und *der Feldahorn* oder *Maßholder* (*Acer campestre L.*). Von diesen dreien wird der Feldahorn meist nur ein Baum III. Größe und spielt nur als Füllholz im Jungwuchs und im Ausschlagwald, meist auf Kalkboden, eine Rolle. Sein Holz hat auch nur als Jungpflanze einen gewissen Wert, wo es für Peitschenstöcke und Pfeifenrohre gesucht wird.

Der *Bergahorn* tritt meist nur *einzeln oder gruppenweise in den mittleren Lagen unserer deutschen Gebirge* auf, meist in der Buchenzone. Häufiger findet er sich, ebenso wie der Spitzahorn, im Buchenwald der Kalkgebirge. Außerhalb seines eigentlichen Standortsgebietes ist er teils angepflanzt, teils auch von Chausseebäumen aus verwildert. Der Spitzahorn tritt ebenfalls *nur vereinzelt,* aber mehr *in den Laubwaldungen der Ebene* auf. Im Auewald findet man ihn etwas häufiger, ebenso in den feuchten Lehmrevieren in Ostpreußen und dem Baltikum.

Beide Ahornarten verlangen zu gutem Gedeihen und ansehnlichen Leistungen *bessere lehmige Böden*. Der Spitzahorn scheint etwas genügsamer. Das Licht-

---

[1]) SWART: Die waldbauliche Behandlung der Esche. Z.F.J.W. 1929, S. 385.

verhalten bewegt sich auf der Grenze *zwischen Halbschatten-* und *Schattholz.* Beide Arten sind *raschwüchsig,* ebenso wie die Esche, aber angeblich *weniger frostempfindlich,* namentlich der Spitzahorn, werden aber ebenso gern vom Wild verbissen. Die Schaftbildung neigt zu Krümmungen und Knicken. Im Gebirge erwächst der Bergahorn meist gerader und liefert starke vollholzige Stämme. Das *Holz* ist bei beiden Arten *wertvoll,* das des Bergahorns wird wegen seiner Weiße und seines Glanzes im allgemeinen noch höher geschätzt. Es findet zu Möbeln, als Schnitz- und Drechslerholz, feinen Maßstäben u. dgl. Verwendung.

5. Die Rüstern, und zwar die *Berg-* oder *Weißrüster (Ulmus montana Withering),* die *Feld-* oder *Rotrüster (Ulmus campestris Smith)* und die *Flatterrüster (Ulmus effusa).* Unter den drei Arten kommt die Flatterrüster wegen ihres seltenen Auftretens im Walde und ihres geringwertigeren Holzes forstlich kaum in Betracht.

Die *Weißrüster (montana)* tritt mehr *im Bergwald* in West- und Süddeutschland, aber auch da fast immer nur vereinzelt, ähnlich wie der Bergahorn, auf, die *Rotrüster (campestris) mehr in der Ebene und im Hügelland* Norddeutschlands, vor allem in den Auewaldungen, wo sie der Eiche und Esche oft sehr reichlich beigemischt ist, ja manchmal auch hauptbestandsbildend wird.

Die Flatterrüster macht unter den dreien wohl die geringsten Ansprüche an den Boden, da sie sich, so selten sie auch noch im Walde vorkommt (häufiger auf Dorfplätzen, Angern oder in Parks), doch auch mit Sandböden begnügt, während die beiden anderen fast *nur auf Lehmböden* auftreten. Den Lichtansprüchen nach werden sie zu den *Halbschattenholzarten* gerechnet. Sie sind *frosthart* und auch sonst *kaum gefährdet.* Neuerdings hat sich aber in Westeuropa bis nach Ostdeutschland hinein ein „*Ulmensterben*" gezeigt. Als Erreger ist ein Pilz, *Graphium ulmi,* festgestellt, der durch Borkenkäfer übertragen wird. Auch sollen letztere bei starkem Fraß die Bäume schon allein zum Eingehen bringen[1]). Trotz des oft reichen Samenbehangs findet man aber selten natürliche Verjüngung, wahrscheinlich wegen der geringen und äußerst kurzen Keimkraft und weil der Samenabflug oft in die Zeit der Frühlingsdürre fällt. Sehr *reichliche Naturverjüngung durch Wurzelbrut* hat die *Rotrüster im Auewald.* Gerade dadurch ist auch ihre größere Häufigkeit zu erklären. Sie spielt im Auewald nicht nur als Füllholz und Bodenschutzholz im Eichen- und Eschenbestand eine wichtige waldbauliche Rolle, sondern auch ihr *Holz* ist *recht wertvoll* (Wagner- und Tischlerholz). Das der Weißrüster soll etwas weniger geschätzt werden.

6. Die Linden, und zwar *die Winterlinde (Tilia parvifolia Ehrh.)* und *die Sommerlinde (Tilia grandifolia Ehrh.).* Die Sommerlinde ist von Natur mehr in Süd- und Mitteldeutschland, sowohl in der Ebene als auch in den Vorbergen und unteren Berglagen, die Winterlinde mehr im nördlichen und östlichen Tiefland verbreitet. Doch sind beide Arten durch Anbau und wohl auch Verwilderung von Chausseen und Parks her vielfach durcheinander gebracht worden. Beide treten heute überhaupt nur noch sehr untergeordnet und meist nur vereinzelt im deutschen Walde auf, während sie früher nach alten geschichtlichen Nachrichten viel öfter vorkamen. Häufiger ist nur die Winterlinde in Ostpreußen. Östlich davon tritt das immer stärker zutage, und in Rußland kommen sogar noch große Lindenbestände vor.

Die Linden machen *mittlere Ansprüche an den Boden,* die kleinblättrige Winterlinde wohl weniger als ihre Schwesterart. Sie findet sich häufiger noch auf besseren Sandböden.

Nach ihrem geringen Lichtbedürfnis und dem hohen Grad der Beschattung, den sie geben, muß man sie zu den *Schatthölzern* rechnen. Ihre *Ausschlagsfähig-*

---

[1]) LIESE, J., u. BUTOVICH: Dtsch. Forstztg. 1931.

keit ist sehr groß, ebenso sind sie sehr gefahrensicher. Sie haben aber eine Neigung zu *Krummschäftigkeit* und tief ansetzender, *starker Beastung*, was meist ihre Nutzholzverwendung stark beeinträchtigt. Doch rührt das wohl in vielen Fällen von Verbiß in der Jugend, ihrem vereinzelten Stand und mangelhaftem Schluß her, in dem sie aufgewachsen sind. Wo sie gelegentlich in Horsten dicht erzogen sind, kann man auch bei uns manchmal schlank und gerade gewachsene Stämme finden. Besonders ist das in Ostpreußen der Fall, wo die Winterlinde auf frischen Lehmböden mit Eichen, Eschen, Aspen u. a. zusammen ganz außerordentlich schöne Formen zeigt. Der reiche, aber rasch verwesende Laubabfall macht beide Arten zu *äußerst bodenpfleglichen* Holzarten. Ihre weitere Verbreitung, u. a. auch zum Unterbau, ist durchaus zu wünschen. Das *Holz* hat zwar wegen seiner *Weichheit* nur bestimmte Verwendungszwecke (Holzschnitzerei, Zeichenkohle, Blindholz), ist aber bei seiner Seltenheit trotzdem gesucht und gut bezahlt. Früher spielte die Linde auch noch durch die Bastgewinnung aus der Rinde eine sehr wichtige Rolle. In Süd- und Osteuropa ist das noch heute der Fall. Schließlich ist ihre *hohe Bedeutung für die Bienenzucht* hervorzuheben.

7. Die Pappeln, einheimisch wahrscheinlich nur die *Zitterpappel oder Aspe* (*Populus tremula L.*), während die Silberpappel (*P. alba*) und die Schwarzpappel (*P. nigra*), vermutlich nur aus südlicheren Gegenden Europas eingeführt, forstlich auch weniger bedeutungsvoll sind. (Die sog. raschwüchsigen Pappeln sind ausländische Arten und werden bei diesen behandelt werden.)

Die Aspe ist zwar durch ganz Deutschland verbreitet und gemein, kommt aber im Walde auch nur vereinzelt vor. Auch sie gehört zu den Holzarten, die erst östlich von Deutschland häufiger und ansehnlicher werden und dann auch Bestände bilden. Dies zeigt sich z. T. schon in Ostpreußen. Dagegen findet sie sich überall bei uns wie die Birke gern auf Ödland und alten Räumden als erstbesiedelnde *Pionierholzart*, so auch in ganz Nord- und Osteuropa nach Waldbränden.

Die Aspe ist an sich wohl *genügsam*, denn sie kommt auch auf leichten Sandböden vor. Aber sie bringt es dort meist zu keinem kräftigen, ansehnlichen und ausdauernden Wachstum. Nur auf besseren Böden wird sie ein starker, stattlicher Baum, besonders an Flußufern, im Auewald und in den sog. litauischen Lehmrevieren.

Sie ist *ausgesprochene Lichtholzart*, in der Jugend *sehr raschwüchsig* und kaum irgendwelchen anderen Gefahren unterworfen als einer oft frühzeitig eintretenden Kernfäule, die bei nicht rechtzeitig einsetzendem Aushieb dann auch zum Windbruch führt. Ihre *Stockausschlagsfähigkeit ist nicht sehr groß*, dagegen treibt sie *überaus reichlich und weithin Wurzelbrut* und wird hierdurch oft sogar lästig in jungen Kulturen. Als Gegenmittel wird Ringeln (gürtelweises Entrinden) 2—3 Jahre vor dem Abtrieb oder das Klopfen der Rinde mit dem Axtrücken empfohlen. Starkes Aspenholz ist sehr gesucht und wird in der Mollenhauerei, zu Zündhölzern, als Blindholz, zu Holzpantoffeln u. dgl. verwendet. Meist beeinträchtigt aber die Anbrüchigkeit durch Faulstellen den Wert sehr stark.

Wenig wichtig sind die verschiedenen *Weidenarten*. Als Bäume spielen sie im forstlichen Betrieb überhaupt keine Rolle. Eine Reihe von Arten wird aber im sog. Weidenhegerniederwald zur Gewinnung von Flechtruten angebaut. Ihr Verhalten im einzelnen wird bei diesem Betrieb näher besprochen werden (vgl. Kap. 18). Von untergeordneter Bedeutung sind die *Wildobstbäume* (wilde Kirsche, Birne und Apfel) und die *Elsbeere* (*Sorbus torminalis*), deren Holz zwar in stärkeren Stücken einen hohen Wert für feine Möbel besitzt, die aber nur in Auegebieten und auf Kalk öfter in älteren Stämmen vorkommen und meist nur Bäume II.—III. Größe bei uns werden. Ähnliches gilt von der *Eibe*. Die Erhaltung und Pflege dieser Holzarten, wo sie vorkommen, ist aber vom Standpunkt des Naturschutzes durchaus erwünscht und geboten!

5. Kapitel. **Ausländische Holzarten.**

A. Eingebürgerte Holzarten.

Einige Holzarten, dem deutschen Walde von Natur fremd, sind doch schon seit so langer Zeit in ihm verbreitet und haben ihre Brauchbarkeit so weit erwiesen, daß man sie als eingebürgert bezeichnen kann. Es sind das

1. Die Edelkastanie (*Castanea vesca Gaertner*). Sie stammt aus Südeuropa, ist aber wohl schon zur Römerzeit wegen ihrer eßbaren Früchte zunächst in Gärten und von da aus auch in den Wald eingeführt, dort aber nur in den wärmsten Lagen Deutschlands am Rhein und seinen Einhängen und Vorbergen stärker verbreitet (vom Taunus und der Pfalz im Norden bis zum Bodensee im Süden). Sie kommt dort teils in weitständigen Pflanzwäldern (*Kastanienhaine*), teils als Mischholz im Mittel- und Niederwald, hier und da auch als Unterholz vor. Ihre *Ansprüche an den Boden* sind im allgemeinen *nicht sehr hoch*, da sie auch auf den etwas geringeren Böden der südwestdeutschen Gebirge noch ganz gut wächst. Ihre sog. Kalkfeindlichkeit ist noch bestritten.

In ihrer wärmeren Heimat ein ausgesprochenes Schattholz, ist sie *bei uns entschieden lichtbedürftiger* und wohl den Halbschattenholzarten zuzurechnen. Die Krone ist aber auch bei uns dicht und dunkel, meist auch breit ausladend. Die Bewurzelung geht tief (Pfahlwurzel), die *Stockausschlagfähigkeit* ist *sehr groß*, weshalb sie auch in den Ausschlagbetrieben (Nieder- und Mittelwald) gern gesehen wird.

Sie ist in der Jugend *raschwüchsig*, aber *durch Spätfrost gefährdet*. Im ganzen gilt sie wegen ihres schattigen Standes und ihrer reichen Laubstreu als boden-pfleglich. Ihr Holz ist in starken Stücken ähnlich wertvoll wie Eichenholz mittlerer Güte, auch werden die schwächeren Stangen sehr gern zu Rebpfählen genommen. In Süddeutschland spielt sie vielfach durch ihre eßbaren Früchte (Maronen) eine wirtschaftlich bedeutendere Rolle als durch ihre Holzerzeugung.

2. Die Weißerle (*Alnus incana D. C*). Diese Art kommt von Natur in der Ebene nur nördlich und östlich von Deutschland vor oder reicht vielleicht gerade noch in das nordöstlichste Ostpreußen hinein. Im Süden ist sie in den Alpen heimisch. Im Zwischengebiet scheint sie zunächst nur durch Pflanzung eingeführt, dann aber später von da aus oft natürlich verwildert zu sein. Sie tritt sowohl in Uferwaldungen wie in Brüchern auf, ist aber forstlich am bedeutungsvollsten als *Aufforstungsholzart* auf *Muschelkalködland* und auf *Bergwerkshalden*, z. B. im Niederlausitzer Braunkohlengebiet. Sie zeigt sich hier äußerst genügsam, sehr raschwüchsig, deckt bald den Boden und bereichert ihn *durch ihre Bakterienknöllchen an Stickstoff*, so daß dann später anspruchsvollere Arten unter ihrem Schirm nachgezogen werden können. Ihr Lichtverhalten, ihre Frosthärte, ihre Stockausschlagsfähigkeit sind etwa gleich wie bei der Roterle. Daneben hat sie noch die *reiche Wurzelbrut*, die oft auch lästig wird, wenn man andere Holzarten neben oder nach ihr anbauen will. Ihr Holz ist ziemlich geringwertig, jedenfalls weniger geschätzt als das der Roterle. Man hat sie auch öfter der Kiefer als Laubholzbeimischung auf armen und trockenen Sandböden beizugeben versucht. Meist wächst sie aber auf diesen mäßig und bringt es auf die Dauer nicht zu befriedigenden Leistungen.

3. Die Akazie (*Robinia Pseudacacia L.*). Diese in Nordamerika einheimische Holzart findet sich schon seit dem 17. Jahrhundert bei uns. Im 18. Jahrhundert glaubte man in ihr das Mittel gefunden zu haben, um der drohenden Brennholznot zu steuern[1]). Ihre *allerdings außerordentliche Raschwüchsigkeit in der ersten Jugend* hält aber, namentlich auf geringeren Böden, bei uns nicht an, und als Baum erreicht sie selten die I. Größe. Auch ist die *Schaftbildung bei uns ungewöhnlich krumm und knickig.* Ganz anders ist das in wärmeren Klimaten (Ungarn, Rumänien), wo sie z. T. sehr schöne Bestände bildet (Abb. 175). Ähnlich geradschaftige Bestände finden sich aber auch vereinzelt auf guten lehmunterlagerten Böden in der Mark (z. B. Bollersdorf bei Bukow). Ihre *Genügsamkeit* ist jedenfalls *groß.* Sie wächst auch noch auf armen und trockenen Sanden leidlich, ebenso auf völlig rohem, humuslosem Boden (Eisenbahnböschungen, Wegeeinschnitten), ebenso auf gerölligen, schottrigen Böden (alte Steingruben, Bergwerkshalden). Auch ihr kommt hier wie der Weißerle die Fähigkeit zugute, *durch ihre Wurzelknöllchen den Luftstickstoff zu assimilieren.* Hierdurch bereichert sie den Boden, der unter ihr meist zahlreiche Nitratpflanzen aufweist (*Geranium, Chelidonium* u. a.) und immer einen großen Grad von Lockerheit besitzt.

Die *Lichtansprüche* sind *groß.* Sie ist *empfindlich gegen frühe Herbstfröste*, die fast alljährlich die Spitzen ihrer noch nicht verholzten Triebe töten, was ihr zwar an sich nicht allzuviel zu schaden scheint, aber vielleicht mit ihre schlechte, knickige Stammform verursacht. Ihre *Stockausschlagsfähigkeit* ist *groß*, ebenso treibt sie *reichlich Wurzelbrut*, wovon man nach Abtrieben zur Erzeugung einer möglichst dichten Wiederbestockung

Abb. 175. 11 jähriger Robinienbestand, sehr rasch- und geradwüchsig, in der Donauebene in Rumänien (bereits 100 fm je Hektar!) (Aufn. von R. Hilf.)

Gebrauch macht, indem man durch Abstechen der Wurzeln zwischen den Stöcken neuen Ausschlag hervorzurufen versucht. Junge Erstanpflanzungen werden besonders im Winter stark durch *Schälen* von *Hase* und *Kaninchen* geschädigt und müssen daher meist eingegattert werden.

Ihr *Holz* ist an sich *sehr fest und zäh* und ihr Kern *sehr dauerhaft*, weswegen sie besonders gern als Pfostenholz und zu Rebpfählen genommen wird. Die Nutzholzverwendung (Wagner-, Stellmacherholz, Schiffsnägel, Rechenzinken usw.) leidet durch die krumme Schaftbildung. Die Akazie hat ihren Hauptwert bei uns jedenfalls zur Aufforstung in sonst verzweifelten Fällen und zur gelegentlichen Ausfüllung von Lücken (Ackertannenbestände). Nebenbei ist auch ihr Wert für die Bienenzucht zu erwähnen.

---

[1]) Medicus, Casimir Fr., in Heidelberg, verfaßte 1796 eine 5 bändige Schrift über sie mit dem Titel: Unechter Akazienbaum; zur Ermunterung des allgemeinen Anbaues dieser in ihrer Art einzig dastehenden Holzart.

B. Eigentliche Ausländer.

1. Die Ausländerfrage.

Die Einführung ausländischer Holzarten in den deutschen Wald hat eine lange, aber sprunghafte Geschichte[1]).

Die ersten ausländischen Baumarten sind schon im *16. und 17. Jahrhundert* meist aus Nordamerika zu uns gekommen. Sie sind aber fast nur in botanischen Gärten, sog. *Arboreten*, und in *Parks* ausgepflanzt worden. Die Sache war mehr Liebhaberei, als daß sie wirtschaftliche Zwecke verfolgte.

Ende des 18. Jahrhunderts setzte dann, vielfach unter dem Gedanken, der *drohenden Holznot durch besonders rasch wachsende Holzarten zu begegnen*, z. T. auch schon aus anderen wirtschaftlichen Gründen, ein teilweise recht beträchtlicher, auch flächenweiser Anbau von Ausländern unter der Führung leitender und gelehrter Forstmänner ein (Du Roi[2]), v. Wangenheim[3]), v. Burgsdorf[4]) u. a.). Die Versuche wurden aber *ganz planlos* betrieben, ohne auf die Ansprüche der fremden Holzarten an Boden und Klima Rücksicht zu nehmen. Man baute oft Hunderte von Arten so, wie man die Pflanzen gerade bekam, wild durcheinander. Schwere Mißerfolge konnten daher nicht ausbleiben. G. L. Hartig und Pfeil wandten sich daher mit Recht gegen dieses Vorgehen als eine „*Modetorheit*", die es damals auch wirklich nur war. Trotzdem sind aus dieser Zeit schon einige zufällig geglückte Versuche erhalten geblieben, so vor allem alte Weimutskiefernbestände in Süddeutschland. Im allgemeinen endigte aber die ganze, vielfach mit starker Reklame aufgezogene damalige Bewegung mit einem vollständigen Mißerfolg.

Einen *neuen Anstoß* bekam die Ausländerfrage am *Ende des 19. Jahrhunderts* durch den Baumschulenbesitzer John Booth, der in Klein-Flottbek bei Hamburg ältere Anlagen von amerikanischen Koniferen hatte und besonders die Douglasie empfahl[5]). Er wußte das Interesse des Fürsten von Bismarck zu gewinnen, der in der Nähe im eigenen Sachsenwald selbst Anbauversuche anlegte und gleichzeitig auch die preußische Staatsforstverwaltung dazu veranlaßte, sich der Sache anzunehmen. Im Jahre 1880 setzten die *deutschen forstlichen Versuchsanstalten* den Anbau von 18 besonders ausgewählten ausländischen Holzarten auf ihren Arbeitsplan, und in der Folge sind dann in vielen deutschen Revieren solche Versuche, meist auf kleineren Flächen (*Ausländerhorste*), zur Ausführung gekommen.

Etwas später trat auch H. Mayr, gestützt auf die Erfahrungen und Beobachtungen seiner zahlreichen Auslandsreisen, für den Anbau ausländischer Holzarten ein. In einem großen, mit zahlreichen Abbildungen, Altersermittlungen und Messungen versehenen Werk[6]) schuf er die wissenschaftliche Grundlage für

---

[1]) Sehr ausführliche Darstellung in Bühler: Waldbau Bd. 2, S. 101.

[2]) Du Roi, D. Ph. J.: Die Harbkesche wilde Baumzucht. 1772.

[3]) Wangenheim, v. P. A. J.: Beitrag zur teutschen holzgerechten Forstwissenschaft. 1787.

[4]) Burgsdorf, v. F. A. L.: Anleitung zu einer sicheren Erziehung und Anpflanzung der einheimischen und fremden Holzarten. 1787. — Abhandlung von ungesäumtem ausgedehnten Anbau einiger in den preußischen Staaten noch ungewöhnlichen Holzarten. 1790.

[5]) Booth, John: Die Douglasfichte und einige andere Nadelhölzer, namentlich aus dem nordwestlichen Amerika. 1877. — Feststellung der Anbauwürdigkeit ausländischer Waldbäume. 1880. — Die Naturalisation ausländischer Waldbäume in Deutschland. 1882.

[6]) Mayr, H.: Fremdländische Wald- und Parkbäume in Europa. 1906. In neuer Auflage durch C. A. Schenck 1939 in einem stark vermehrten Umfang von 3 Bänden mit zahlreichen wertvollen Klimatabellen und ausländischen Literaturangaben herausgekommen, eigentlich keine Neuauflage mehr, sondern ein völlig neues Werk, das nur noch den alten Namen trägt.

die vorzunehmenden Anbauversuche. Mit Klarheit entwickelte er die *Voraussetzungen und Richtlinien für die ganze Ausländerfrage*, indem er forderte, daß in
jedem Falle zweierlei zu prüfen sei, nämlich 1. die *Anbaufähigkeit* und 2. die
Anbauwürdigkeit.

Anbaufähigkeit ist nur dann vorhanden, wenn das Klima des Anbaugebietes
mit dem des Heimatgebietes einigermaßen übereinstimmt, was durch Feststellung der einzelnen Klimadaten, aber auch schon genügend aus dem Vorkommen innerhalb der gleichen MAYRschen Klimazonen (*Castanetum, Fagetum,
Picetum,* vgl. Teil I, S. 30) abzuleiten sei, was aber C. A. SCHENCK auf Grund
überzeugender Beispiele als ungenügend abweist. Mit Recht weist MAYR darauf
hin, daß *eine völlige Klimagleichheit* in den verschiedenen Weltteilen zwar
nicht besteht, sondern nur „*ein Parallelismus der größten Ähnlichkeit*".

Hierin wird immer ein gewisses Bedenken bei der Einführung der ausländischen Holzarten liegen müssen. Wenn man die Klimadaten verschiedener meteorologischer Stationen
in den Weltteilen der nördlichen Halbkugel miteinander vergleicht, so finden sich trotz
mancher Übereinstimmung in einzelnen Werten doch immer mehr oder weniger bedeutende
Abweichungen in anderen. Und wenn wir gesehen haben, wie schon feine Unterschiede in
der Klimatönung bei uns das natürliche Vorkommen beeinflussen und begrenzen (vgl. Teil I
S. 43). so wird man daher auch nicht erwarten können, daß ausländische Holzarten bei uns
dasselbe leisten und sich ganz so verhalten werden wie an ihrem Heimatstandort, mag der
Anbauort auch noch so passend wie möglich ausgewählt sein! Die neuerdings gegen den
Ausländeranbau angeführten grundsätzlichen Bedenken wegen „Naturwidrigkeit" und „Un-
deutschheit" braucht man nicht zu teilen[1]).

Ein großes Verdienst H. MAYRS war es auch, daß er darauf hinwies, daß
man auch beim Anbau *innerhalb Deutschlands auf dessen klimatische Unterschiede*
zu achten habe, und daß eine Holzart, die vielleicht für den Westen passe, für
den Osten ganz ungeeignet sein könne. Man dürfe also dieselbe Art nicht ohne
weiteres für ganz Deutschland empfehlen und überhaupt keinen einheitlichen
Anbauplan für dieses aufstellen. MAYR hat sehr eingehend die Aussichten der
Holzarten aus den drei großen in Betracht kommenden Waldgebieten, dem östlichen (atlantischen), dem westlichen (pazifischen) Nordamerika und dem östlichen Asien (China und Japan) für die verschiedenen Klimagebiete Deutschlands untersucht. Seine Ausführungen haben auch heute noch grundlegende Bedeutung. Die Möglichkeit einer *Akklimatisation,* d. h. einer Anpassung an ein
fremdes, vom heimatlichen verschiedenes Klima durch langjährigen Anbau,
leugnet MAYR auch für praktische Anbauzwecke wohl mit Recht (vgl. Teil I,
S. 187). Solche Holzarten aus stark abweichenden Klimagebieten können sich
daher nur unter dem dauernden Schutz des Menschen bei uns halten und vielleicht
auch noch vermehren. Ohne diesen Schutz würden sie von der einheimischen
Waldflora bald verdrängt werden.

Ein Punkt, der bei der Entscheidung über die Anbaufähigkeit einer fremden
Holzart bisher noch nicht genügend berücksichtigt wurde, ist die *Auswahl des
passendsten Heimatgebietes für den Samenbezug (Provenienz),* namentlich in
Fällen, wo das natürliche Verbreitungsgebiet in der Heimat auch sehr groß ist.
Viele Fälle eines zunächst rätselhaften Versagens bei uns dürften vielleicht auch
darauf zurückzuführen sein! (Vgl. das später bei der Douglasie hierüber Gesagte.)

Anbauwürdig sind nur diejenigen anbaufähigen Holzarten, die gegenüber den
einheimischen *einen gewissen Vorteil* bieten. MAYR zählt als solche auf:

Die Schmuckwirkung. Die Ansichten hierüber sind natürlich verschieden.

v. SALISCH hat in seiner Forstästhetik alle Fremdländer abgelehnt und erklärt, daß
nur einheimische Arten im deutschen Walde ästhetisch schön wirken können. Auch WIE-
BECKE pflegte angebaute Chamaecyparis-Horste spöttisch als „Friedhof von Skutari" zu
benennen, worin übrigens gerade bei dieser Holzart sicher etwas Richtiges liegt. Aber das

---

[1]) DENGLER, A.: Zum Ausländeranbau im deutschen Walde. Dtsch.F.W. 1935, H. 7.

gilt durchaus nicht für alle. Die Douglasie, die Weimutskiefer, die Silbertanne (*Abies concolor*), die Roteiche u. a. passen sich dem deutschen Waldbild durchaus ein, ja sie bereichern es durch die schöne Färbung ihrer Benadelung und Belaubung so sehr, daß man dies wohl für einen Vorzug halten darf. Über den Geschmack ist freilich mit Gründen nicht zu streiten!

Andere Vorteile können nach MAYR sein: *Geringe Ansprüche an die Bodengüte*, insbesondere, wenn diese geringer als die der anspruchslosesten heimischen Art, bei uns der Kiefer, sein sollten. MAYR glaubte einen solchen Fall in der amerikanischen Bankskiefer gefunden zu haben. Wir werden sehen, daß dies nur anfänglich zutraf, daß diese Art aber mit zunehmendem Alter immer mehr enttäuscht hat.

Ferner kann Anbauwürdigkeit begründet sein durch *größere Widerstandsfähigkeit gegen Spätfröste* oder *gegen Dürre*, was dann auf Kahlschlägen leichtere Mischbestandserziehung ermöglicht.

Bessere Gesichertheit gegen Wildverbiß will MAYR nicht als Grund für Anbauwürdigkeit angesehen wissen. Er stand in dieser Beziehung auf dem schroffen Standpunkt, daß, wo das Wild solchen Schaden mache, daß es eine einheimische Holzart ernstlich beschädige, das Wild weichen müsse, aber nicht die Holzart.

Anbauwürdig sind ferner ausländische Arten, ,,wenn sie *ein besseres*, d. h. *ein dauerhafteres oder festeres oder schöneres, schwereres oder leichteres Holz* erzeugen als unsere einheimischen Arten", natürlich nur beim Anbau auf gleichwertigem Boden. Mit Recht betont MAYR, daß hierüber die Akten in den bisherigen Versuchen noch nicht geschlossen seien, ehe nicht hiebsreife Althölzer von den einzelnen Flächen vorliegen werden.

Schließlich könnte auch die *Lieferung eines wichtigen Nebenerzeugnisses* (Gerbstoff, Zucker, Harz, eßbare Früchte) einen Grund für die Anbauwürdigkeit abgeben.

Daß eine ausländische Holzart auf die Dauer bei uns *raschwüchsiger* sein und zu größeren Höhen mit längeren Schäften emporwachsen und *höhere Massen erzeugen* würde als unsere einheimischen Arten, *bezweifelt* H. MAYR sehr stark und warnt vor übertriebenen Hoffnungen, die man meist nur an die blendenden Zahlen über Ausmaße im heimatlichen Urwald geknüpft hätte. Diese sind aber nicht so sehr die ,,Folge einer von Jugend auf fortgesetzten außerordentlichen Raschwüchsigkeit, sondern eines außerordentlichen Alters". Auch hierin liegt viel Richtiges, doch sind die Zweifel MAYRs durch die bisherigen Wachstumsleistungen der Douglasie widerlegt worden, wie wir sehen werden.

18 Arten von Ausländern hatte man ursprünglich auf den Anbauplan der Versuchsanstalten gesetzt. Dieser ist dann noch mehrfach abgeändert und später auch noch erheblich erweitert worden. Im Jahre 1911 hat SCHWAPPACH[1]) über die wohl umfänglichsten Versuche in Preußen berichtet. Es waren 45 Arten auf zusammen 400 ha in den verschiedensten Revieren angebaut worden, von denen er 8 in Gruppe I als ,,in größerem Maße anbauwürdig" bezeichnet, 13 in Gruppe II ,,unter beschränkten Voraussetzungen oder als Mischhölzer", 18 in Gruppe III, die ,,zwar forstlich keine Vorzüge gegen einheimische oder empfehlenswertere ausländische Holzarten besitzen, aber wegen ihrer Schönheit für Parkanlagen und für Waldverschönerung geeignet sind", und endlich 8 Arten in Gruppe IV, ,,die weder forstlich noch ästhetisch Bedeutung haben".

Auch aus anderen Gebieten liegen ähnliche Berichte über die bisherigen Versuchserfolge vor[2]). Im einzelnen muß auf diese selbst verwiesen werden. Hier sollen nur einige Arten

---

[1]) SCHWAPPACH, A.: Z.F.J.W. 1911, S. 591. Frühere Berichte das. 1891, S. 18 und 1901, S. 137.

[2]) Hessen: WALTHER: A.F.J.Z. 1911, S. 154. — Baden: WIMMER, E.: Anbauversuche mit fremdländischen Holzarten in den Wäldern des Großherzogtums Baden. Berlin 1909. — HAUSRATH, H.: Mitt. d. dtsch. dendrol. Ges. 1921, S. 233. — Braunschweig: GRUNDNER, F.: Ebenda 1921, S. 19. — Bayern: MAYR, H.: F.Cbl. 1907, S. 1 ff. — HARRER, F.: Ebenda 1925, S. 19. — Bayern: MAYR, H.: F.Cbl. 1907, S. 1 ff. — HARRER, F.: Ebenda 1925, S. 49 ff. — Sachsen: NEGER, F. W.: Naturwiss. Z. f. Forst- u. Landw. 1914, S. 1. — Württemberg: HOLLAND, H.: Mitt. d. dtsch. dendrol. Ges. 1912, S. 20. — DIETERICH, V.: A.F.J.Z. 1923, S. 73 ff. PENSCHUCK: Die Anbauversuche mit ausländischen Holzarten unter Berücksichtigung ihrer Ertragsleistung. Z.F.J.W. 1935, S. 113, und 1937, S. 525.

herausgegriffen und näher besprochen werden, die neben den Anbauflächen der Versuchsanstalten auch sonst in der Praxis öfter Verwendung oder in der Literatur besondere Beachtung gefunden haben.

2. Die hauptsächlichsten angebauten ausländischen Holzarten.

Am wichtigsten ist entschieden:

1. Die Douglasie (*Pseudotsuga Douglasii. Carr.*)[1]. Sie ist eine Baumart des
westlichen Nordamerika und bewohnt dort ein sehr großes Gebiet von der Küste
des Stillen Ozeans bis in das schon weit im Binnenland liegende Felsengebirge
und von Kalifornien im Süden bis nach Britisch-Kolumbien im Norden. Daß
eine so weitverbreitete Holzart besondere klimatische Rassen oder Varietäten
ausgebildet haben muß, ist von vornherein anzunehmen, obwohl man s. Z. bei
ihrer Einführung hieran nicht gedacht hat. Man unterscheidet im allgemeinen
bei uns nur die beiden Formen *viridis* (*Küstendouglasie*) aus dem pazifischen
Gebiet mit verhältnismäßig mildem Klima, und *glauca* (*Felsengebirgsdouglasie*)
aus dem kontinentaleren Gebirgsklima im Innern. Beide haben nicht nur sehr
verschiedenes Wuchsverhalten (*viridis* raschwüchsig, aber etwas frostempfindlich,
glauca langsamwüchsig, aber frosthart), sondern auch verschiedene Farbe: Die
jüngsten Triebe sind bei der *glauca* meist stark bereift und daher grau- bis blau-
grün, bei der *viridis* aber unbereift und mehr reingrün. Aus Amerika wird aber
berichtet, daß es dort alle möglichen *Übergänge und Zwischenformen* gibt, und
daß auch in *glauca*-Urwaldbeständen *viridis*-Stämme vorkommen sollen und
umgekehrt. Auch die sonstigen Unterscheidungsmerkmale in Zapfenlänge, anliegenden oder zurückgeschlagenen Deckschuppen, Aststellung u. a. m., die bei
uns angegeben werden[2]), sollen nach Kennern der amerikanischen Verhältnisse
unzuverlässig sein. Immerhin hat sich beim Anbau bei uns bisher die Unterscheidung der beiden Formen und ihr Wuchsverhalten im allgemeinen als zuverlässig erwiesen.

Eine dritte, in Farbe und Wuchs zwischen den beiden obigen stehende Form,
die aber ganz frosthart sein soll und aus Britisch-Kolumbien eingeführt worden
ist, wurde *caesia* benannt.

Inzwischen war von Schwappach der Bezug von Samen aus verschiedensten
Herkunftsorten in Amerika in die Wege geleitet worden. Damit sind vergleichende
Anbauversuche in Chorin und bei Kaiserslautern ausgeführt worden. Die darüber
vorliegenden Veröffentlichungen bestätigen nun die naheliegende und oben
schon ausgesprochene Vermutung, daß die *Douglasie zahlreiche Klimarassen
entwickelt hat*, die alle Abstufungen des Wachstums auf den Vergleichsflächen
zeigen. Dabei entstammte zwar auch hier die raschwüchsigste Sorte einem
Standort von der pazifischen Küste und zeigte die *viridis*-Form. An zweiter
Stelle stand aber schon eine blaue Binnenlandsform. Auch im übrigen lief die
mehr grüne oder mehr blaue Nadelfarbe nicht immer mit dem Wuchs parallel.
Wenn in unseren älteren Pflanzungen die grünen Formen nach dieser Beziehung
einen so deutlichen und immer wieder hervortretenden Wuchsunterschied gezeigt
haben, so kann das möglicherweise nur darauf beruhen, daß man den Samen
früher immer aus der gleichen Gegend bezogen hat. Dies ist um so mehr wahrscheinlich, als es in Amerika damals nur wenige Bezugsquellen gab und die ganze
Belieferung in Deutschland durch J. Booth erfolgte. Im übrigen aber ist durch
die Ergebnisse festgestellt, daß die Länge der Vegetationszeit aus der Heimat

---

[1]) Kanzow, H.: Die Douglasie. Z.F.J.W. 1937, S. 65 ff.
[2]) Münch, E.: Anbauversuch mit Douglasfichten verschiedener Herkunft und anderen
Nadelholzarten. Mitt. d. dtsch. dendrol. Ges. 1923, S. 61, und Kanzow a. a. O.

sich besonders stark vererbt und daher bestimmend für die Wuchsleistung wie auch für die Frostempfindlichkeit wird, indem die Nachkommen aus Gebieten mit langer Vegetationsdauer zwar früher antreiben und später aufhören (Johannistriebe), dafür aber auch gelegentlich einmal Früh- oder Spätfrösten ausgesetzt sind. Wir werden also bei allen weiteren Versuchen und Neuanlagen *der Herkunft besonderes Gewicht* beilegen müssen. Am meisten zu empfehlen ist die Verwendung von selbstgesammeltem Samen von raschwüchsigen und gesunden Mutterbäumen, wobei aber darauf zu achten ist, daß keine anderen ungeeigneten Herkünfte in der Nähe stehen, da Bastardierungsgefahr sehr naheliegt. Im übrigen gibt es bereits anerkannte Mutterbestände in besonders großem Umfang in der Privatforst Gadow bei Lenzen a. d. Elbe).

Der Anbau wird zweckmäßig nur *durch Pflanzung* erfolgen, da der Same zu teuer und zu knapp ist, um ihn zu Freisaaten zu verwenden[1]). Auch ist ein *verhältnismäßig großer Wachsraum* bei der Douglasie von Jugend auf am Platze, da sich die Jungpflanzen bei ihrem raschen Wuchs sonst sehr bald gegenseitig bedrängen und unnötige Verluste durch Stammausscheidung entstehen. Allerdings darf der Abstand auch nicht zu groß werden, da die *Astreinigung schwer* vor sich geht (durch Aufästung zu befördern). Sehr zu empfehlen ist die *Zwischenpflanzung der Fichte*, die anfangs den Schluß herstellt, dann aber von der Douglasie überwachsen wird und entweder schon als Weihnachtsbaum oder später als Nutzstange verwertet werden kann[2]). Bei 1,5 m Verband im Quadrat würde dann nur alle 3 m eine Douglasie stehen. Manche empfehlen sogar noch weiteren Abstand (4 m). *Frischer Sand* bis *milder Lehmboden* sind am geeignetsten. Auf strengen Lehm- und Tonböden wird die sonst kräftige Herzwurzel sehr flach und es tritt leicht Winddruck oder Windwurf ein[3]). Im Lichtverhalten steht die Douglasie wohl auf ziemlich gleicher Stufe wie die Fichte. Die *Jugendentwicklung* ist vom 10. Jahre ab *ganz ungewöhnlich rasch* (richtige Herkunft vorausgesetzt). Die Douglasie überwächst dann im Stangenholzalter nicht nur die Fichte, sondern auch die Kiefer.

Kanzow konnte in der von ihm aufgestellten Ertragstafel für 2 Bonitäten folgende Leistungen im 50jährigen Alter für die preußischen Anbauflächen feststellen und zu Fi. I. Bonität in Vergleich setzen:

	Höhe	Durchmesser	Derbholzmasse	Gesamt-Derbholzleistg.	Lfd. jährl. Derbholzzuwachs
	m	cm	fm	fm	fm
Fichte I.	22,1	20,7	376	518	17
Dougl. I.	28,0	31,8	501	813	21
„ II.	23,0	29,3	391	553	18

Danach übertrifft die Douglasie I. die Fichte I. im 50jährigen Alter in der *Gesamtderbholzerzeugung um rund* 300 *fm* (!), bei den Flächen II. Bonität ist die Überlegenheit nur noch gering.

---

[1]) Bei eigener Samengewinnung von älteren Einzelbäumen ist zu beachten, daß die Zapfen sich schon im September öffnen, also rechtzeitig gepflückt werden müssen. Die Keimkraft ist meist nicht sehr groß, und die jungen Keimlinge im Saatbeet sind anfangs recht empfindlich. Sonnen- und Frostschutz durch Deckgitter oder Deckreisig sind in gefährlichen Perioden daher immer zu empfehlen, wenn man starke Verluste verhüten will.

[2]) Anderer Ansicht ist Dieterich (a. a. O.), der bei Zwischenpflanzung der Fichte ein Überwachsen der Douglasien in den ersten Jahren befürchtet, was aber nur auf besten Fichtenstandorten der Fall sein und leicht durch Verwendung schwächerer Fichtenpflanzen ausgeglichen werden könnte.

[3]) Groth: Die Wurzelbildung der Douglasie und ihr Einfluß auf die Sturm- und Schneefestigkeit dieser Holzart. A.F.J.Z. 1927, S. 186.

Diese Zahlen zeigen eine so *außerordentliche Überlegenheit der Douglasie, besonders in der Gesamtmassenerzeugung,* daß man angesichts dieser Ergebnisse eigentlich die Folgerung ziehen müßte, es gäbe kein besseres Mittel, um die Erträge des deutschen Waldes zu erhöhen, als überall soweit wie möglich und sobald wie nur möglich Douglasien statt unserer einheimischen Nadelholzarten und der Buche anzubauen. Vorläufig wäre das aber doch verfrüht! Eine Zeit

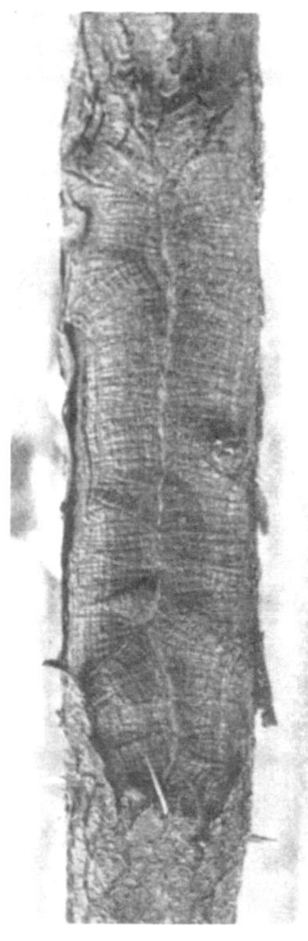

von 50 Jahren ist noch zu kurz, um alle für eine so große Umstellung erforderlichen Verhältnisse zu übersehen. Erst nach weiteren 50 Jahren wird man einen derartigen Entschluß wagen können. Schon manche eingeführte Art hat erst im späteren Alter plötzlich Rückgangserscheinungen und neue, dann meist sehr schwere Erkrankungen gezeigt (vgl. Weimutskiefer). Man wird also vorläufig noch vorsichtig und zurückhaltend sein müssen, um so mehr, als in der letzten Zeit eine drohende und gefährliche Erkrankung bereits eine ernste Warnung vor übereiltem Anbau gegeben hat.

Bisher hatte sich die Douglasie bei uns als *recht widerstandsfähig,* und wo sie beschädigt wurde, als *sehr reproduktionsfähig* gezeigt. Sie leidet besonders in der Jugend durch Fegen des Rehbocks, im Stangenholzalter durch Schälen des Rotwildes. Aber im ersteren Fall erhebt sich, selbst wenn der Wipfel abstirbt, immer ein Seitenast, der sehr energisch die Führung übernimmt, und Schälschäden überwallen im Gegensatz zu Fichte so gut, daß nach einem Jahrzehnt nur noch eine kaum erkennbare Narbe im Rindengewebe bleibt (vgl. Abb. 176)! Hallimasch tötet vereinzelt, ist aber sicher nicht schlimmer und häufiger als wie bei der Fichte, und gegen den Wurzelpilz (*Polyporus annosus*) hat sich die Douglasie mitten in Sterbegebieten der Lüneburger Heide im scharfen Gegensatz zu Fichte und Kiefer scheinbar immun gezeigt[1]). Auch Frostschäden an der *viridis*-Form sind trotz der extremen Winter der letzten Zeit meist nur gering gewesen, und wo sie eingetreten sind, verhältnismäßig gut ausgeheilt.

Abb. 176. Glatt vernarbte Schälstelle (80 cm lang, 23 cm breit) an einer ca. 40 jährigen Douglasie. (Aufn. von DENGLER.)

Dagegen hat sich in den letzten Jahren bei uns an verschiedenen Orten eine Pilzerkrankung, die *Douglasienschütte* (*Rhabdocline pseudotsugae*), gezeigt, die in England schon länger sehr schädlich aufgetreten ist. Die grünen Douglasien scheinen allerdings immun oder doch viel widerstandsfähiger zu sein als die blauen, die vielfach daran eingegangen sind, die für uns ja aber auch wirtschaftlich wenig in Betracht kommen. Es besteht aber doch die Gefahr, daß der Pilz eine neue Rasse bildet, die auch die grüne Douglasie stärker befallen und schädigen könnte. Viel ernster zu beurteilen ist aber der Nadelbefall durch einen anderen Pilz, *Adelopus Gäumannii,* der auch die grüne Douglasie ebenso wie die blaue infiziert und schwer schädigt. Diese Erkrankung hat in Schweizer Anbauten so starke Verheerungen und Abgänge angerichtet, daß der weitere Anbau aufgegeben werden mußte. Diese sogen. „*Schweizer Douglasienschütte*" hat sich inzwischen nach Norden fortschreitend an verschiedenen Stellen in

---

[1]) ZIMMERMANN, A.: Untersuchungen über das Absterben des Nadelholzes in der Lüneburger Heide. Z.F.J.W. 1908, S. 357.

Bayern und Württemberg bis in die Pfalz hinein gezeigt, so daß auch in Süddeutschland ernsteste Bedenken für eine Weiterführung des Anbaus entstanden sind. Nördlich der Mainlinie hat diese Erkrankung (im Gegensatz zu Rhabdocline) sich bisher noch nicht gezeigt, aber erst die nächsten Jahre oder Jahrzehnte werden erweisen können, ob hier die Lebensbedingungen für den Erreger nicht gegeben sind. Der Anbau braucht also hier vorläufig noch nicht aufgegeben zu werden, doch dürfte die Vorsichtsmaßregel zu empfehlen sein, den *Anbau nur in Mischung mit Fichte oder Buche* oder als *Unterbau* in Kiefernbeständen in einer Form und einem Umfang auszuführen, daß im Fall eines späteren Auftretens der Krankheit durch die dann unvermeidlichen Eingänge keine allzu großen Lücken und Ausfälle entstehen.

Die Frage der *Holzbeschaffenheit* ist wegen der Jugend unserer Bestände noch nicht genügend zu beurteilen. Ein solch engringiges Holz wie im heimatlichen Urwald wird und kann bei uns in der Erziehung im Freistand und weiten Verband natürlich nicht erwachsen. Das wird auch im heutigen amerikanischen Kunstwald, soweit ein solcher dort schon besteht, nicht mehr der Fall sein. Es ist aber schon an dem jungen, bisher entnommenen Holze festzustellen, daß trotz der breiten Jahrringe das *Spätholzprozent ungewöhnlich hoch* und daher die Festigkeit groß ist. Die *Verkernung tritt sehr früh* ein, weshalb Durchforstungsstangen dort, wo diese Vorzüge schon einigermaßen bekannt sind, außerordentlich gut bezahlt werden[1]). Auch die Verwendung der grünen Äste zu *Schmuckreisig* bildet eine sehr einträgliche Nutzung, die stellenweise, namentlich in der Nähe von größeren Städten ganz außerordentlich hohe Erträge abwirft.

In der *Bestandspflege* wird eine *kräftige Handhabung der Durchforstung* am Platze sein, da die *Douglasie* auf Lockerstellung mit starkem Lichtungszuwachs antwortet, andererseits bei enger Stellung sich schlecht bewurzelt und leicht vom Sturm geschoben und geworfen wird. Zur Verbesserung der Astreinheit ist *frühzeitige Aufastung* unbedingt erforderlich.

Wenn die neu aufgetretenen Pilzkrankheiten nicht alle unsere Hoffnungen vernichten, kann die *Douglasie* noch *eine große Zukunft im deutschen Walde haben*!

2. Die Weimutskiefer (*Pinus Strobus* L.)[2]). Die Strobe ist ein Baum des östlichen Nordamerika und nimmt das große Gebiet der nördlichen Seen bis zu den Alleghannys ein. Die riesigen Stroben- oder White-Pine-Waldungen dort sind aber schon sehr stark aufgebraucht, da das Holz in Amerika zu dem am meisten begehrten und gehandelten gehört. Sie wächst sowohl auf sandigem Lehm als auch nur auf reinen, aber meist frischen bis feuchten Sanden und geht bis in die Brücher hinein. Sie bildet bald reine, bald Mischbestände mit Laubholz, sowie mit einer zweinadligen Kiefer (*Pinus resinosa*) und der Balsamtanne, im Alleghanny-Gebirge auch mit der Hemlocktanne, wobei sie ganz ähnlich wie unsere Kiefer auf den kräftigeren, lehmigeren Böden mehr Mischholzart, auf den reinen Sanden aber allein bestandsbildend ist[3]).

Die Strobe ist *schon seit über* 100 *Jahren* im Walde bei uns *angebaut*. Die ältesten und sehr massenreichen Bestände stehen u. a. im Stadtwald von Frankfurt am Main, in Trippstadt i. d. Pfalz, in Oberschlesien und einigen anderen Orten. Dort hat sich auch fast überall ihre *leichte Naturverjüngungsfähigkeit* im

---

[1]) TRENDELENBURG, R.: Festigkeitsuntersuchungen an Douglasienholz. Mitt.F.W.W. 1931, H. 1.

[2]) Eine sehr eingehende Darstellung des heutigen Standes dieser Holzart in Deutschland, ihrer Erfolge und Gefahren gibt die Verhandlung d. dtsch. Forstver. 1927, S. 326, ergänzt durch einen späteren Bericht der Weymouthskiefernkommission in den Verhandlg. v. 1935, S. 216.

[3]) Vgl. die eingehende Darstellung von MALTZAHN: Jber. d. dtsch. Forstver. 1928. S. 292.

Gegensatz zur heimischen Kiefer erwiesen, der sie durch ihre Unempfänglichkeit gegen Schütte, geringere Beeinträchtigung durch Graswuchs und größere Schattenfestigkeit überlegen ist. Eine sehr schöne, fast 140jährige Anbaufläche in Oberschlesien gibt Abbildung 177 wieder.

Die Strobe ist eine *Halbschattholzart.* Ihre *Bodenansprüche* sind *nicht sehr hoch.* Sie kommt vor allen Dingen auch auf verarmten, streuberechten und verheideten Böden noch recht gut fort, ja sie hat sich auf abgewirtschafteten Niederwaldungen im Odenwald, auf flachgründigen, schottrigen Böden im Heidelberger Stadtwald und auf armen Phyllitböden des sächsischen Vogtlandes verschiedentlich geradezu als einzige leistungsfähige Holzart erwiesen. Ihre dichte Nadelstreu deckt den Boden gut und hält das Unkraut im Bestand länger und besser fern als die Kiefer. Allerdings zersetzt sich die Streu nicht leicht, und *Rohhumusbildungen* sind daher unter ihr, namentlich in feuchten Gebieten, nicht selten zu beobachten. Der *Wuchs ist rasch,* z. T. sehr rasch, die Massenleistung hoch und übertrifft die der Kiefer I. bei weitem, wenn sie auch meist nicht an die der Douglasie heranreicht. Das *Holz* ist zwar *weich und leicht,* aber gerade deswegen zu gewissen Zwecken (für Blindholz, leichte Kisten, Jalousien u. dgl.) sehr gesucht.

Abb. 177. 140j. Weimutskiefernbestand mit reicher Naturverjüngung. H. 28 m, D. 40 cm. Derbh. 770 fm. (Forstamt Schelitz, Oberschl.)

Die Strobe ist aber leider recht *gefährdet* und *wenig widerstandsfähig.* Sie ist allen Wildschäden vom Verbiß, Fegen, Schlagen bis zum Schälen in höchstem Maße ausgesetzt und heilt diese Schäden schlecht aus. Auch der Hallimasch hat vielerorts starken Abgang in der Jugend verursacht, ebenso wird sie von der Rindenwollaus recht häufig befallen, was aber schlimmer aussieht, als es schädlich ist. Die schwerste Gefahr bildet aber der *Blasenrost (Peridermium Strobi),* ein Rostpilz, dessen Zwischenwirte die Ribessträucher in Wald und Garten sind. Der Blasenrost befällt schon ganz junge Pflanzen, oft schon in den Baumschulen, und wird dann mit den jungen Pflanzen von dort verschleppt. Besonders stark und tödlich tritt er in Dickungen und jungen Stangenhölzern auf. Die Blasenrostepidemie hat sich erst in den letzten Jahrzehnten entwickelt. Wir haben nach TUBEUF die Strobe einstmals „als kerngesunde Holzart" aus Amerika bekommen. Die Krankheit hat dann aber durch Pflanzenversand, Verschleppung in die Gärten, wo Weimutskiefern ja gern als Schmuckbäume gepflanzt werden und so mit Ribesarten zusammenkommen, und von da aus dann wieder durch Sporenverwehung in den Wald bei uns einen derartigen Umfang erreicht, daß nach der Statistik, die anläßlich der Tagung des Deutschen Forstvereins 1927 durch VANSELOW zusammengestellt worden ist, über 90 % aller Anpflanzungen im Walde als befallen gelten mußten. Die Berichterstatter kamen daher damals im allgemeinen zu einem sehr pessimistischen Urteil über die Zukunft unserer heutigen jungen Anlagen und für den weiteren Anbau überhaupt. Die auf Anregung von WAPPES erfolgte Bereisung der hauptsächlichsten Anbauten durch eine besondere Kommission im Jahre 1935 hat aber ein *wesentlich günstigeres Bild* ergeben. Viele der früher schwer befallenen Flächen haben nach Aushieb der erkrankten Stämme kein weiteres Umsichgreifen und einen starken Zuwachs an den übriggebliebenen Stämmen gezeigt, so daß sie wieder durchaus befriedigende Produktion aufweisen. Die Blasenrostanfälligkeit scheint (ähnlich wie die Kienzopferkrankung durch den nahe verwandten *Peridermium Pini*) individuell sehr verschieden zu sein. Daher besteht auch vielleicht Aussicht, durch Auslesezüchtung von gesund gebliebenen Stämmen widerstandsfähiges Pflanzenmaterial zu erhalten.

Trotz dieses günstigeren Urteils wird man sich VANSELOW anschließen müssen, der den weiteren Anbau als *Hauptholzart* und in *reinen Beständen* als ein „Risiko“ bezeichnet. Dagegen kann die Strobe als Einzel- oder horstweise Mischung weiter Anwendung finden, da sie ein gutes Füll- und Treibholz bildet. Auch als Voranbau auf erkrankten, verödeten oder verheideten Böden wird sie noch anzuwenden sein, wo keine andere passendere Holzart zur Verfügung steht und wo sie, wie gesagt, oft Erstaunliches geleistet hat. Einen Anbau in der Nähe von Gärten mit *Ribes*-Sträuchern oder Vorkommen solcher im Walde wird man aber unter allen Umständen besser vermeiden.

Die Sitkafichte (*Picea sitkaensis Carr.*) aus dem pazifischen Westamerika hat viel geringere Bedeutung.

Für den kontinentalen, trockneren Osten ist sie bei uns kaum geeignet. Dagegen hat sie *im nordwestdeutschen Küstengebiet*, besonders in Schleswig-Holstein und im westdeutschen Gebirge *in nassen Lagen* in einzelnen Fällen Hervorragendes geleistet (Hochlagen der Eifel und des Hunsrück). Sie hat hier die Bestleistungen der einheimischen Fichte stark übertroffen[1].

Besonders *auf sehr feuchten und moorigen Böden*, wo unsere Fichte oft schon versagt, hält sie sich gut. Sie leidet aber unter Spätfrösten mindestens ebenso wie diese, und die Erwartung, daß sie wegen ihrer spitzen, stechenden Nadeln weniger dem Wildverbiß ausgesetzt sein würde, hat sich jedenfalls nicht erfüllt, wenn man die verschiedenen Berichte zusammenhält. SCHWAPPACH empfiehlt ihren Anbau daher auch nur für die besonderen Fälle: Küstenklima und sehr feuchte anmoorige Standorte.

4. Die Bankskiefer (*Pinus Banksiana Lamb.*). Diese aus dem östlichen Nordamerika stammende Kiefer ist besonders *wegen ihrer großen Anspruchslosigkeit* an den Boden nicht nur versuchsweise, sondern auch auf größeren Flächen zum Anbau von Ödland, besonders im trockenen Osten Norddeutschlands, auf Binnendünen und auf Flugsand empfohlen und viel verwendet worden.

Ihr *Jugendwuchs* ist in der Tat auf solchen ärmsten Böden noch *überraschend groß*. Sie treibt in jedem Jahr Doppelquirle (was bei der Alterszählung zu beachten ist). Manche behaupten, daß sie so gut wie *immun gegen die Schütte* sein soll. Dies ist aber nach den Feststellungen von HERRMANN[2] nicht richtig, sondern

---

[1] WIEDEMANN, E.: Über d. Beziehung d. forstl. Standorts zu dem Wachstum u. d. Wirtschaftserfolg i. Walde. Dtsch. Forschg. (A. d. Arbeit d. Notgemeinsch. d. dtsch. Wissensch.), H. 24.

MÜLLER, H.: Z. Frage d. Zuwachses d. Sitkafichte i. Schleswig. Z.F.J.W. 1939, S. 404 ff.

[2] HERRMANN, E.: Verhalten und Gedeihen der ausländischen Holzgewächse in Westpreußen. Mitt. d. dtsch. dendrol. Ges. 1911, S. 115. — Über die Krankheiten der ausländichen Gehölze. Ebenda S. 135.

sie kommt nur rascher aus der unteren, schüttegefährdeten Zone heraus. Um so mehr leidet sie aber unter *Wild- und Wicklerschäden*. Außerordentlich bedenklich muß es auch erscheinen, daß sie bei uns schon *ungewöhnlich früh mannbar* wird und schon vom 10. Jahre ab — manchmal noch viel früher — regelmäßig und reichlich Zapfen trägt, wodurch sie sich naturgemäß vorzeitig erschöpfen muß. *Das anfänglich rasche Jugendwachstum hat dann in der Folge überall nachgelassen.* Die ältesten Anlagen, jetzt 40—50jährige Stangenhölzer, zeigen selbst für den armen Boden, auf dem sie gewöhnlich stehen, geringen Wuchs und schlechte, vielfach *dünne, sich windende Stammformen.* Wo eine zufällig eingesprengte einheimische Kiefer dazwischensteht, hebt sie sich gewöhnlich durch erheblich größere Stammstärke und viel besseren Wuchs sofort heraus.

5. Die japanische Lärche (*Larix leptolepis Gord.*). Diese aus dem niederschlagsreichen japanischen Gebirge stammende Lärche ist bei uns als Ersatz für unsere einheimische Art angebaut worden, weil sie *weniger unter Motte und Krebs leiden soll.* Das erstere wird ziemlich allgemein bestätigt, das letztere nicht überall. Doch scheint es im großen und ganzen auch zuzutreffen. Dafür haben sich im nordwestdeutschen Anbaugebiet auf großen Flächen schwere Schäden durch die Lärchenblattwespe gezeigt. Meist erweist sich die Japanerin anfangs *raschwüchsiger* als unsere europäische Art. Doch warnt H. MAYR davor, darauf zu große Hoffnungen zu setzen, da sich das Verhältnis nach seinen Erfahrungen später umkehre. In Dürrejahren hat *leptolepis* mehrfach Empfindlichkeit und Spitzentrocknis gezeigt. Für arme Sandböden paßt sie ebensowenig oder noch weniger als unsere einheimische Lärche. Dagegen hatte sie sich im *nordwestdeutschen Heidegebiet und im Gebiet des Küstenklimas* (Schleswig-Holstein) besonders bewährt und war dort in letzter Zeit in größerem Umfang auch in reinen Beständen oder in Mischung mit Fichte angebaut worden. Doch haben sich neuerdings schwere Rückschläge bei diesen Großanbauten gezeigt[1]). Überhaupt stehen den guten Erfahrungen, die man an vielen Stellen mit ihr gemacht hat, fast ebenso viele schlechte entgegen[2]). Im allgemeinen sollte man sich vor Reinanbau auf größeren Flächen besser hüten, jedenfalls unter dem lichten Schirm ihrer Stangenhölzer zur Sicherheit noch andere Holzarten als Unterbau nachziehen.

Von anderen ausländischen Nadelhölzern ist noch eine ganze Reihe in Versuchen angebaut. Doch sind diese noch so jung oder so zweifelhaft in ihren Erfolgen, daß hier von einer Behandlung abgesehen und auf die einschlägigen Veröffentlichungen und deren Zusammenstellung in dem großen Werk von MAYR-SCHENCK verwiesen werden kann.

Neuerdings wird unter einigen anderen Ausländern noch die amerikanische *Pinus Murrayana* nach ihren Erfolgen in Finnland wegen ihrer Raschwüchsigkeit und Schütteimmunität besonders angepriesen und besonders für späte Nachbesserungen und Lückenauspflanzungen empfohlen. Auch hier ist die Beurteilung aber noch sehr widerspruchsvoll, was bei ihrem großen Verbreitungsgebiet, „dem größten und heterogensten aller amerikanischen Holzarten" (nach C. A. SCHENCK), auch damit zusammenhängen mag, daß sie sehr viele verschiedene Klimarassen ausgebildet hat und die bestgeeignete erst noch durch vergleichende Versuche herausgefunden werden muß. Man hat Grund genug, nach den vielen Enttäuschungen, die uns viele Ausländer oft erst spät gebracht haben, in der Praxis vorläufig zurückhaltend zu sein.

Von ausländischen Laubhölzern spielen nur wenige eine gewisse Rolle. Vor allen Dingen wäre zu nennen:

6. Die Roteiche (*Quercus rubra L.*). Diese nordamerikanische Eiche zeichnet sich außer durch ihre Schmuckwirkung (das große und im Herbst leuchtendrot gefärbte Blatt) durch größere *Anspruchslosigkeit* an den Boden gegenüber unseren

---

[1]) PENSCHUCK: Die Anbauversuche mit ausländischen Holzarten unter Berücksichtigung ihrer Ertragsleistung. Z.F.J.W. 1937, S. 536.
[2]) SCHENCK, C. A.: a. a. O. Bd. II, S. 191.

einheimischen Eichenarten aus. Sie kommt auch noch auf mittleren Sandböden gut fort, wenngleich sie auch nur auf besseren, etwas anlehmigen Sanden andauernd starkwüchsig zu sein scheint. Auf fast allen Versuchsflächen in Nord- und Süddeutschland hat sie sich bis zum 50. bis 60. Jahre an Höhen- und Stärkenwuchs den einheimischen Eichen I. Bonität überlegen gezeigt. Jedenfalls ist und bleibt sie eine wichtige *Laubmischholzart in unseren Kiefernbeständen* und auch zum *Unterbau* sehr geeignet. Sie sollte in der Praxis mehr, als dies im allgemeinen geschieht, herangezogen werden. Ihr reicher Laubabfall und ihre gute Humusbildung, ihre lockernde Wirkung auf die obere Bodenschicht (vgl. S. 180) verleihen ihr stark bodenbessernde Eigenschaften, die man in der Kiefernwirtschaft sehr brauchen kann. Dabei ist ihr Anbau in Deutschland schon so alt, daß er eine gewisse Gewähr für Dauer und Aushalten bis zum hiebsreifen Alter bietet. Ihr Holz ist freilich ebenso wie in Amerika *kein erstklassiges Eichenholz* und wegen seiner Porosität zu Weinfässern nicht geeignet, immerhin aber wertvoll genug, um den Kiefernwald des Ostens um ein gutes Nutzholz zu bereichern. Sie eignet sich besonders zur horstweisen Einsprengung, auch zur Ausfüllung von Lücken und zur Nachbesserung in Kulturen. Nur darf man damit nicht bis auf die geringsten Standorte heruntergehen, auch muß man die Horste gut durchforsten, da sie sonst leicht zu schlank bleibt und sich umbiegt. Auf ausgesprochenen Eichenböden (Lehm) wird man aber bei unseren einheimischen Arten bleiben, besonders der Traubeneiche, die uns sicherer ein hochwertiges Holz verbürgt.

Wegen ihres in der Heimat außerordentlich hochwertigen Nutzholzes (*Hickory-Handelsholz*) sind auch eine Reihe von *Carya-Arten* (*C. alba, porcina, tomentosa* u. a.), sowie die *schwarze Walnuß* (*Juglans nigra* L.) bei uns versuchsweise angebaut worden. Die Anlagen sind meist noch jung. Bewährt haben sich diese sehr anspruchsvollen Holzarten bis jetzt nur in sehr *günstigen Klimalagen* und auf *allerbesten Böden*, wo man auch unsere wertvollsten einheimischen Holzarten Eiche und Esche mit Erfolg nachziehen kann. Ihr Anbau in größerem Umfange dürfte kaum eine wirtschaftliche Berechtigung haben.

Als Ersatz für die einheimische Esche in Lagen, die durch *Stauwasser, besonders bei Überschwemmungen*, gefährdet sind, wird die *amerikanische Esche* (*Fraxinus americana*) empfohlen, die sich hier, wie das auch die letzten großen Überschwemmungen in Deutschland gezeigt haben, als widerstandsfähiger erweist als die einheimische Art. Aus gleichen Gründen ist die Amerikanerin auch zur Umpflanzung von nassen Bruchrändern mit stark wechselnder Wasserhöhe verwendet worden. Über die Holzgüte liegen widersprechende Angaben vor, da es erst wenig ältere Bäume gibt. Beim Pflanzenbezug ist Vorsicht geboten, da in der Benennung noch vielfach Unklarheit herrscht[1]).

Sehr frühzeitig hohe Erträge abwerfend sind einige *raschwüchsige ausländische Pappelarten* und ihre Kreuzungen, die im Pflanzenhandel unter den verschiedensten Formen und Namen vertrieben werden. Auch die als *Kanadische Pappel* (*P. canadensis*) schon sehr lange bekannte und verwendete Form ist keine einheitliche Art, sondern nur ein Sammelname für eine Reihe nahverwandter Bastarde[2]). Um die wissenschaftlich betriebene Züchtung von *Bastarden verschiedenster Pappelarten* hat sich besonders W. VON WETTSTEIN in Müncheberg im Kaiser-Wilhelm-Institut für Züchtungsforschung verdient gemacht. Alle diese Arten und Sorten

---

[1]) Vgl. HERRE: Erfahrungen mit amerikanischen und deutschen Eschen. — SCHWERIN, F. Graf v.: Was bedeutet „*Fraxinus americana*?" Mitt. d. dtsch. dendrol. Ges. 1928, S. 212 u. 214.

[2]) VILL, G.: Dendrologische Studien über Pappelbastarde. Mitt. d. dtsch. dendrol. Ges. 1930, S. 285. — HOUTZAGERS, G.: Die Gattung *Populus* u. ihre forstliche Bedeutg. Aus dem Holländischen ins Deutsche übersetzt von W. KEMPE. Hannover 1941. — v. WETTSTEIN, W.: Die Vermehrg. u. Kultur der Pappel. Frkf. a. M. 1937. — Forstabtlg. d. Badischen Finanz- u. Wirtsch.-Minist.: Die Nachzucht v. Pappel u. Baumweide i. d. bad. Auewaldungen. Hannover 1935.

werden durch *Stecklinge* vermehrt und lassen sich als solche bzw. als stärkere Setzstangen sehr leicht auspflanzen. Sie wachsen in Auewäldern sowie in Einzelanlagen an Flußufern, Graben-, Teich- und Bruchrändern, aufgegebenen Wiesenanlagen oft unglaublich rasch und können schon mit 30—40 Jahren sehr starke nutzbare Bäume von 80—90 cm Stärke ergeben, deren Holz zwar weich, aber für gewisse Verwendungszwecke äußerst gesucht und gut bezahlt ist. Derartige Leistungen sind aber nur auf *besten Aueböden* zu erzielen, deren Wasserstand nicht zu hoch und nicht zu tief ist, Standorte mit stagnierender Nässe und saurem Charakter sind für die raschwüchsigen Pappelsorten nicht geeignet. Ihr Anbau ist daher auf die kleinen, oben angegebenen Örtlichkeiten beschränkt, die aber bisher oft nicht genügend ausgenutzt wurden.

Hier ist sicher Gelegenheit gegeben, die Erträge des deutschen Waldes noch zu erhöhen und uns besonders vom Bezug aus dem Ausland (Okume-Holz) unabhängig zu machen. Deswegen hat auch das Reichsforstamt den Anbau auf allen geeigneten Standorten in Deutschland neuerdings nachdrücklich gefordert.

Weniger bewährt haben sich zwei raschwüchsige und genügsame Laubhölzer, *der eschenblättrige Ahorn* (*Acer negundo*) und die *spätblühende Traubenkirsche* (*Prunus serotina*). Sie werden zwar auch heute noch vielfach zur Auspflanzung von Lücken im Kiefernwald empfohlen, sind aber dort fast überall derartig *sperrwüchsig* und *schlechtformig*, daß man besser auf sie verzichten sollte.

Es ist durchaus wahrscheinlich, daß unter der großen Anzahl von nordamerikanischen und ostasiatischen Holzarten noch die eine oder andere unversuchte sein wird, die einen Anbau besser lohnen dürfte als manche, mit denen man bisher gearbeitet hat[1]). Die Tatsache, daß trotz sorgfältig überlegter Auswahl der bisherigen Versuchsarten viele Enttäuschungen eingetreten sind und eigentlich nur ein paar Arten übriggeblieben sind, die sich nicht nur bewährt haben, sondern auch wirtschaftlich wichtig sind, gibt zu denken. Wie schon vorher erwähnt, scheinen trotz der Gleichheit oder Ähnlichkeit der klimatischen Daten doch immer noch feine Abweichungen in diesen oder anderen standörtlichen Beziehungen zu bestehen, die sich in den Erfolgen bzw. Mißerfolgen oft handgreiflich zeigen, ohne daß man sie aus den klimatischen Angaben recht begründen könnte. Eine unter Umständen noch mögliche Bereicherung der Liste der anbauwürdigen Ausländer dürfte daher wohl nur von denjenigen Arten zu erwarten sein, die auch in der Heimat ein großes Verbreitungsgebiet haben, und die dadurch eine gewisse Breite des Lebensspielraumes zeigen, die ihnen auch das Einleben in fremde Verhältnisse ermöglichen wird.

6. Kapitel. **Die wichtigsten deutschen Mischbestandesarten.**

Obwohl wir das forstliche Verhalten der Reinbestände der Hauptholzarten und der einzelnen Mischholzarten schon kennengelernt haben, verdienen aber die Mischbestände als solche noch eine besondere Betrachtung, da sich ihr Verhalten nicht einfach als mixtum compositum aus den Eigenheiten der sie zusammensetzenden Arten ergibt, sondern sich aus dem Zusammentreten zu einer Lebensgemeinschaft oft neue und eigenartige Beziehungen ergeben, die wichtig und entscheidend für ihre ganze Bewirtschaftung sind.

Es kann aber nicht die Aufgabe sein, hier alle die vielen Mischbestandesformen, die es im deutschen Walde gibt und die überhaupt möglich sind, aufzuzählen und zu besprechen. Viele von ihnen sind untereinander so ähnlich und

---

[1]) Vgl. HARRER, F.: Anbau v. Exoten. F.Cbl. 1925, S. 49 u. 451.

in ihren waldbaulichen Wirkungen so gleich, daß man nur Wiederholungen vorbringen könnte. Andere zeigen zwar Abweichungen, die aber so selbstverständlich sind, daß man auf eine Erörterung füglich verzichten kann. Es sollen daher hier nur die hauptsächlichsten Formen herausgegriffen und in ihrem waldbaulichen Verhalten geschildert werden.

A. Mischbestände von Schatthölzern untereinander.

1. Fichte × Tanne, hauptsächlich in den *mittleren Gebirgslagen Deutschlands* (*besonders in Süddeutschland*), wo es für die Tanne noch nicht zu rauh wird. Die Mischung entsteht *meist natürlich,* indem die *Tanne* im gelockerten Altholz zuerst anfliegt, vielfach und gern *gruppenweise auf kleinen Lücken.* Die *Fichte* kommt dann *etwas später* nach weiterer Lichtung entweder *auch natürlich,* oder sie wird *künstlich* eingebracht. Dunkle Stellung des Mutterbestandes im Anfang ist wegen der Frostgefahr für die Tanne nötig. Diese muß erst richtig „angewachsen" sein und „Fuß gefaßt" haben, ehe die Fichtenverjüngung einsetzt. Bei gleichzeitigem Ankommen soll diese zunächst etwas zurückgehalten werden. Die *lichtere oder dunklere Schirmstellung* ist bei geschickter Wirtschaft der *beste Regler* von Grad und Altersverhältnis der Mischung. Starker Wildstand gefährdet vor allen Dingen die Tanne. Die Mischung ist wegen der Beimengung der günstigeren Tannennadelstreu zur ungünstigeren der Fichte und wegen der gleichmäßigeren Bodenausnutzung durch die tiefer wurzelnde Tanne neben der flachwurzelnden Fichte als besonders *bodenpfleglich* zu betrachten, kommt allerdings auch schon von Natur meist nur auf besseren, tätigeren Böden vor. Im allgemeinen sagt man ihr auch eine *größere Sicherheit* gegen Sturm, Schnee und Insekten nach. Jedenfalls bietet sie beste Gelegenheit zur Ausformung geschichteter Bestände wegen der größeren Schattenfestigkeit der Tanne. Bei geschickter Handhabung der Bestandserziehung kann nach Eintritt der Zuwachskulmination der Fichte durch Herausarbeiten der Weißtanne das Schwergewicht der Leistung mehr auf diese verschoben und der *Zuwachs noch lange auf der Höhe gehalten werden.* Wo diese Mischung zweier so leistungsfähigen, nutzholztüchtigen und miteinander verträglichen Holzarten von Natur gegeben ist, muß das schon als ein großer Vorzug betrachtet werden. Sie gibt dem geschickten Wirtschafter die beste Gelegenheit, seine Kunst zu zeigen, belastet ihn aber auch mit der vollen Verantwortung, diese hochwertvolle Form dem Walde zu erhalten und alle Möglichkeiten aus ihr herauszuholen.

2. Tanne × Buche, ebenfalls in *mittleren Gebirgslagen* wie die vorige, aber meist in *etwas tieferer Lage* verbreitet, wo die Fichte nicht mehr ihre volle Stoßkraft ausübt. Die *Tanne* bildet hier das *Hauptnutzholz,* die *Buche* übernimmt mehr die Rolle eines *Schutz-* und *Füllholzes,* darf also nicht zu stark hervortreten, um die Wertleistung des Bestandes nicht allzusehr herabzudrücken (am besten nicht über 0,2—0,3 des Vollbestandes). Pfleglich ist die Beimischung der *Buchenlaubstreu,* die aber bei der Verjüngung auch manchmal zur Gefahr für die jungen Keimpflänzchen der Tanne durch Zudecken und Ersticken werden kann. Die Mischung hat sonst vieles mit der Mischung Fichte × Buche gemeinsam, ist aber seltener als diese.

3. Fichte × Buche[1]). Von Natur *in unseren Gebirgen in der obersten Buchenregion* früher weit verbreitet, aber später durch Kahlschlagbetrieb und Ab-

---

[1]) KAUTZ, H.: Die Verjüngung und Pflege der Buchen- und Fichtenhochwaldbestände im Schmalschlagbetriebe in der Oberförsterei Sieber. Z.F.J.W. 1921, S. 348. — Die Verjüngung von Buche und Fichte im Harz. Ebenda 1922, S. 93. — MAHLER: Die Umwandlung reiner Fichtenbestände in Mischbestände. Dtsch.F.W. 1937. — WIEDEMANN, E.: D. gleichaltr. Fichten-Buchenmischwald. Mitt.F.W.W. 1942.

neigung gegen die Buche sehr zugunsten des reinen Fichtenbestandes (vgl. S. 84) zurückgedrängt. Dagegen ist diese Mischungsform andererseits auch durch Einbringung der Fichte in mehr oder minder reichlichem Anteil *künstlich in das eigentliche Buchengebiet eingedrungen und durch das ganze westdeutsche Berg- und Hügelland sowie in süddeutschen Buchengebieten weit verbreitet.*

Diese Mischbestandsform wechselt je nach Standort und Entstehungsart im Anteil der beiden Holzarten, z. B. *vorwiegender Buchenbestand* mit geringer, einzeln- oder gruppenweiser Beimischung gleichwüchsiger Fichten bis zu fast gleichmäßigem Anteil beider Arten, andererseits *vorwiegender Fichtenbestand* mit ebensolcher geringerer oder stärkerer Beteiligung der Buche, ebenso auch in der Wuchskraft der beiden Arten: In den *unteren Lagen* und auf *kalkreicheren Böden* hält sich die Buche gut gegen die Fichte, ja hier überwächst sie diese sogar manchmal, in *oberen, kälteren Lagen* oder auf *kalkarmen Böden* wird die Fichte aber so vorwüchsig, daß die Buche oft nur durch schärfste Eingriffe in die bedrängenden Fichten zu halten ist. Hier wird aber die Wertleistung durch die Verminderung des Fichtenanteils und durch die auf solchen Standorten ohnehin schlechte Produktionsleistung der Buche ganz außerordentlich stark herabgedrückt. Nach den Ermittlungen von WIEDEMANN (a. a. O.) sinkt hier die Wertleistung bei einem Anteil der Buche von nur 0,2—0,3 der Masse bei einem Umtrieb von 120 Jahren um fast 7000 RM je Hektar gegenüber einem reinen Fichtenbestand, dem reinen Buchenbestand gegenüber ist sie aber noch um 8000 RM je Hektar überlegen! Diese Zahlen beleuchten zwar sehr scharf die Wertleistungen beider Holzarten und die Opfer, die jede Verminderung des Fichtenanteils in dieser Mischungsform mit sich bringen muß. Trotzdem wird sie aus Gründen der Betriebssicherung und der Bodenpflege in vielen Fällen doch beizubehalten oder durchzuführen sein.

Die Rolle der *Bodenpflege* fällt *einseitig der Buche zu,* die hier durch ihr seitlich verwehendes Laub ungünstige Rohhumusbildung verhindern und die Bildung von Polstermoosen unterdrücken kann. (Beobachtungen von Forstm. KAUTZ in Sieber a. H.) Außerdem macht sie den Bestand sturmfester, wenn es gelingt, sie zu genügender Kronenausbildung im umgebenden Fichtenbestand heranzuziehen, was gerade bei derjenigen Mischform, wo die Fichte vorherrscht, größter Aufmerksamkeit und dauernder Bestandespflege bedarf. In diesen *oberen Lagen* ist *jede, auch die geringste Buche kostbar* und unbedingt zu halten, auch wenn dafür die eine oder andere gute Fichte fallen muß! Auch zeigt die *Buche* in vielen Fällen, wo die Fichte sehr oberflächlich wurzelt, ein *tieferes Eindringen in den Boden* und daher *bessere Aufschlußfähigkeit,* in anderen Fällen geht die Fichte allerdings auch nicht viel weniger tief. Die Verhältnisse sind hier je nach dem Untergrund sehr wechselnd und der bodenverbessernde Einfluß der Buche auch auf die Streuzersetzung und Humusbildung ist ebenso verschieden und überhaupt nicht überall so stark, als man das angenommen hat (WIEDEMANN a. a. O.) Für die *unteren Lagen* mit vorwiegender Buchenbestockung ist zwar eine *nicht zu knappe Beimischung der Fichte zur Erhöhung der Wertleistung* erwünscht. Es ist aber dabei nicht zu vergessen, daß dort meist noch andere und vielfach besser geeignete Holzarten hierfür in Frage kommen (Eiche, Lärche, Douglasie, Esche), und daß die schablonenmäßige Einpflanzung der Fichte oft nur aus Bequemlichkeit oder Gedankenlosigkeit geschieht.

Im allgemeinen ist die *Fichte* im Anfang in der Buchenverjüngung, in die sie meist später hineinkommt (durch Nachbesserung auf Fehlstellen als „*Lückenbüßerin*"), *nachwüchsig* und wird oft überwachsen, wenn der Altersvorsprung der Buche zu groß oder der Raum für die Fichte zu klein war. Kommt die Fichte aber bis zum Abschluß des Dickungsalters mit, dann *kehrt sich das Verhältnis später meist um.* Die Fichten schieben sich mit ihren Spitzen aus dem Buchendach heraus und behalten dann lange die Führung. Solche Fichten werden dann meist frühzeitig recht stark, aber auch ziemlich ästig.

Die umgekehrte *Einbringung der Buche in den bisher reinen Fichtenbestand* ist namentlich in den Gebirgslagen, wo die Fichte heute fast alleinherrschend geworden ist, *eine der schwierigsten Aufgaben für die Wirtschaft,* da der unter der Fichte versäuerte Boden der Buche Schwierigkeiten macht, und die junge Buche dort meist dem Verbiß durch Wild aufs schwerste ausgesetzt ist. Ohne Kalkdüngung und Eingatterung der Buchengruppen ist diese Aufgabe überhaupt selten durchführbar. Die Einbringung der Buche in gleichmäßig verteilten Gruppen und kleinen Horsten (den sogen. „*grünen Augen*") wird vielfach schon durch *Voranbau* auf freigeschlagenen Lücken im Fichtenbestand erfolgen müssen, wobei aber wegen der Sturmgefahr besondere Vorsicht am Platze ist (MAHLER a. a. O.). Im *Buchengebiet* wird man immer *zuerst die Naturverjüngung auf Buche* durchzuführen haben und die *Fichte dann leicht künstlich auf Fehlstellen* einbringen. Nur sollte man damit nicht so lange warten, wie dies gewöhnlich geschieht. Man verpaßt sonst den richtigen Zeitpunkt zur Einbringung der Fichte, die dann, zwischen hohe Buchenjungwuchshorste eingekeilt, nicht mehr mitkommt und meist wieder vergeht. Man läßt sich damit auch die Bestimmung des Anteils der Fichte am Bestand allzusehr von der Natur aus der Hand nehmen, und ihre Beimischung fällt dann meist zu gering oder zu ungleichmäßig aus. Die für sie übrigbleibenden Flächen bekommen sehr ungünstige, nicht abgerundete Formen (Gassen, Zipfel, Säcke). In keinem Fall aber sollte die Fichte auf flachgründige, trockene Köpfe hingebracht werden, auf denen auch die Buchenverjüngung schon aus diesem Grunde versagt hat. Hier gehört besser die Kiefer, auch die Lärche, u. U. sogar die Traubeneiche hin, namentlich wenn das unterliegende Gestein etwas zerklüftet ist. Die Fichte bringt es auf solchen Stellen erst recht zu nichts und verdirbt den Boden nur noch mehr. Sie hindert auch die unterständige Erhaltung der Buche u. a. m. Solche Fälle liegen besonders im *westdeutschen Buntsandsteingebiet* vor.

Auf *Kalkböden* ist die Beimischung der Fichte zur Buche zwar oft erwünscht, weil es auf diesen ausgesprochenen Laubholzböden an Nadelhölzern fehlt. Größere Horste oder Gruppen werden aber meist *vorzeitig rotfaul.* Einzeleinmischung geht in der Jugend meist durch die alles überwachsende Buche verloren. Hier würde sich, soweit man nicht überhaupt auf das Nadelholz besser verzichtet, gruppenweise Einsprengung der auf Kalk geeigneteren Lärche, Douglasie, vielleicht auch der Tanne, empfehlen, die wohl am ehesten mit der Buche Schritt halten und hier wahrscheinlich rasch zu Starkholz emporwachsen werden. Freilich liegen größere Erfahrungen hierüber noch nicht vor. Um so mehr dürften sich Versuche nach dieser Richtung empfehlen.

4. Fichte × Tanne × Buche. Dieses *Ideal der Mischung in Süddeutschland, besonders Bayern,* ist dort durch zahlreiche, schon von Natur vorhandene Althölzer mit allen drei Holzarten bereits vorhanden. Noch mehr als vom Fichten- × Tannenmischbestand gilt von dieser Form, daß es ein „Göttergeschenk" für den Wirtschafter ist. Nicht zum mindesten verdankt die süddeutsche Forstwirtschaft dieser Gabe der Natur die hohe Ausbildung ihres Standes, den guten Zustand ihrer Böden, die weite Möglichkeit zur Anwendung der Naturverjüngung und zum stufigen Aufbau des Bestandes. Wem solch ein Pfund gegeben ist, der kann gut wuchern, soll es aber auch tun.

Fichte und Tanne bilden die *Hauptnutzholzarten,* wobei die *Tanne* schon zu einem Teil *Bodenpflege-* und *Schutzholz* ist. Verstärkt wird beides dann noch durch die *Buche*. Das angestrebte Mischungsverhältnis der drei Arten ist meist etwa 0,5—0,6 Fichte, 0,3—0,2 Tanne und 0,2 Buche, wobei natürlich von Ort zu Ort auch kleine Verschiebungen möglich oder nötig sind. *Buche* und *Tanne* finden sich namentlich in der *Jugend gruppen-* und *horstweise* und werden *vorverjüngt*. Das entspricht nicht nur ihrer größeren Schattenfestigkeit, sondern auch ihrer Frostempfindlichkeit und ist wünschenswert wegen ihres langsamen Jugendwachstums. Die *Fichte kommt zuletzt* und soll die Buchen- und Tannenhorste gewissermaßen umfließen und alles ausfüllen. Der Gang wird durch den Lichtgrad im Altholz bestimmt. Je länger die Schirmstellung dunkel gehalten wird, desto mehr gewinnen Tanne und Buche an Raum. Je rascher zu lichterer Stellung übergegangen wird, desto mehr kommt die Fichte hoch. Wo die Naturverjüngung der letzteren nicht vorwärts will, ist langes Zuwarten unangebracht und muß künstliche Verjüngung zu Hilfe genommen werden, wenn man der Fichte den gewünschten Flächenanteil erhalten will. Manches zur Regelung des gegenseitigen Verhältnisses kann aber auch später noch durch Bestandeserziehung mit der Axt geschehen.

Die so erzielten Mischbestände sind *in hohem Maße bodenpfleglich*, besonders wenn darauf geachtet wird, daß die Tannen- und Buchengruppen sich gleichmäßig verteilen und auch die ungünstigeren Stellen im Bestand (Köpfe, Sonnenhänge usw.) mitumfassen. Die *Gefahrensicherung* ist ebenfalls, besonders durch die Buche im Hauptbestand, *erhöht*. Die *Wert-* und *Massenleistung* ist zwar nicht höher, vielleicht sogar meist etwas niedriger als im Fichten- $\times$ Tannenmischbestand. Dieser kleine Nachteil wird aber reichlich durch die anderen Vorteile, durch die Sicherheit, Freiheit und Beweglichkeit der Wirtschaft ausgeglichen.

5. Buche $\times$ Hainbuche. Diese Mischung entsteht *im westdeutschen Buchengebiet gewöhnlich in Frostlagen* durch das Vordringen der frostharten Hainbuche. Wo sich während der Verjüngungszeit mehrere scharfe Spätfröste wiederholen, gewinnt die Hainbuche stellenweise die Oberhand. Wo sie mehr gleichmäßig mit der Buche gemischt ist, überwächst sie diese in der Jugend leicht, und die Buche muß dann im Aufwuchsalter durch Freischneiden bzw. Köpfen der bedrängenden Hainbuchen gerettet werden. *Später bleibt die Hainbuche* sowieso *zurück*. Gutwüchsige Einzelstämme können und sollen durchaus wegen des hohen Holzwertes und der starken Nachfrage nach Hainbuchenholz erhalten werden. Gruppen sind aber schon vom Stangenholzalter an möglichst zu vereinzeln. Vor der Verjüngung sind auch die Einzelstämme möglichst ganz herauszuziehen, da sie andernfalls sich mit ihrem weit anfliegenden Samen zu sehr vordrängen. In ausgesprochenen Frostlagen aber wird man hiervon absehen, um sich den wertvollen Ersatz durch die Hainbuche für alle Fälle zu sichern. In bezug auf die *Bodenpflege* ist auch dieser Mischbestand *vortrefflich*, namentlich in rohhumusgefährdeten Lagen, wo die überaus leicht verwesende Hainbuchenstreu ein gutes Gegenmittel bildet.

B. Mischbestände aus Lichthölzern.

1. Kiefer $\times$ Eiche (hauptsächlich Traubeneiche). Diese Mischung finden wir auf besseren Sandböden in der Rhein-Main-Ebene, der Mark, in Pommern und in zunehmendem Umfang weiter nach Osten zu (Warthegau). Sie tritt aber in recht verschiedenartigen Formen auf. So z. B. vielfach als *einzelständige Beimischung der Eiche* in den Kiefernhauptbestand, wobei die Eiche meist sehr viel älter, also *offenbar durch Überhalt aus dem Vorbestand*, hervorgegangen ist. Früher war diese Form offenbar bedeutend häufiger und die Beimischung der Eiche noch reichlicher. Wenigstens geht das aus der Bearbeitung der Choriner

Bestandsgeschichte durch OLBERG[1]) und alten Forstbeschreibungen der preußischen Staatsforsten zu Ende des 18. Jahrhunderts[2]) sehr deutlich hervor.
Auch pollenanalytische Untersuchungen einer Reihe von Mooren in der Mark[3])
haben einen früher höheren Anteil der Eiche ergeben. Viele heute reinen Kiefernwaldungen enthielten damals einen mehr oder minder reichen Anteil an starken,
alten Eichen. In den jetzt noch erhaltenen Resten sind diese Eichen meist
schlecht. Aber das Bessere wird eben schon früher herausgehauen worden sein.
Ob es sich bei diesem Waldtyp nicht meist auch um besondere Verhältnisse unserer
Sandböden handelt (Lehmunterlagerung, kalkreiche Schichten im Untergrund —
so z. B. nach den HARTMANNschen Untersuchungen auf den grobsandigen Böden
in Chorin, Bez. Kahlenberg), würde noch einer besonderen geschichtlichen und
bodenkundlichen Untersuchung bedürfen.

In jüngeren Beständen haben wir eine andere, *künstlich entstandene Form
der Mischung*, indem man die Eiche entweder *horst- oder gassenweise und meist
mit einem Altersvorsprung von 5—10 Jahren* in die Kiefernverjüngung hineingebracht hat. Trotzdem im allgemeinen nach den DANCKELMANNschen Grundsätzen[4]) nur die besseren Kiefernböden hierzu ausgesucht werden sollten, hat
diese Mischung sich doch selten gut entwickelt. Bei dem gassenweisen Anbau ist
das nicht verwunderlich, da dieser bei seiner schematischen Aufteilung der Bestandesfläche auf örtliche Unterschiede in der Bodengüte keine Rücksicht nehmen
konnte. Auch bei dem horstweisen Anbau ist das wohl oft nicht genügend geschehen. Sehr viel trägt zu den Mißerfolgen aber jedenfalls auch der Umstand
bei, daß man statt der Traubeneiche sehr oft Stieleichen von Samenhandlungen
als Traubeneicheln bekommen hatte. Später ist man in Preußen daher von dieser
Eicheneinmischung in den Kiefernbestand ganz abgekommen, ja sie ist sogar
eine Zeitlang amtlich verboten worden. Heute wird man anders darüber denken.
Wenn man mit dem Tiefbohrer in 2—3 m noch lehm- oder kalkhaltige Schichten
feststellen und anerkanntes Traubeneichelsaatgut bekommen kann, dürfte die
gruppen- und horstweise Mischung durchaus ihre Berechtigung haben.

In einer anderen Form kommt sie endlich noch öfter *mit der Kiefer im Oberholz*
und der *Traubeneiche als Unterholz* auf besseren bis besten Kiefernböden vor.
Die Entstehung geht entweder auf Hähersaat zurück, vielfach auch von einzelnen
noch im Bestand erhaltenen oder schon verschwundenen Eichenüberhältern aus,
oder man hat die Bestände im Stangenholzalter in Mastjahren mit Eiche durch
Einhacken unterbaut. Manchmal dürfte beides, Hähersaat und Unterbau, zu-
sammengekommen sein.

Die Mischung Kiefer × Eiche ist nur bei reicherem Anteil der Eiche bodenpfleglich, stets aber erhöht sie die Wertleistung, wenn es gelingt, die Eiche zu
nutzbaren Stärken zu bringen. Eine Schwierigkeit wird immer die *Verschiedenheit in den Bodenansprüchen* der beiden Holzarten und ihre *verschiedene Hiebsreife* mit sich bringen. Ist die Eiche wirklich gutwüchsig, so wird man sie nicht
gern mit dem Kiefernaltbestand gleichzeitig abtreiben wollen. Es bleibt also nur
Überhalt, der aber wegen der Empfindlichkeit der Eiche bei Freistellung seine
Nachteile hat. Man wird dann mindetens den Überhalt von langer Hand vorbereiten müssen. Bei der Begründung wird den Eichengruppen oder -horsten
immer ein kleiner Altersvorsprung zu geben sein, der aber auch wieder nicht zu

---

[1]) Mitt.F.W.W. 1933, H. 3.
[2]) Sog. MORGENLÄNDERsche Handschrift in der Bücherei d. Forstl. Hochsch. Eberswalde.
[3]) HESMER, H.: Die natürl. Bestockung u. die Waldentwicklg. auf versch. märkischen
Standorten. Z.F.J.W. 1933, S. 505 ff.
[4]) Niedergelegt in den Betriebswerken für die Eberswalder Lehrforsten, aber durch
DANCKELMANN als langjährigen Lehrer unter seinen Schülern in Norddeutschland dann
weit verbreitet.

groß sein sollte, da sich sonst an den Horsten steile Außenränder bilden, die zu
Ästigkeit der Randstämme oder zum Umbiegen durch auflagernden Schnee,
Wind usw. führen (*Bukettbildung*). Eingatterung ist unbedingt nötig und nicht
nur reh-, sondern auch hasen- und kaninchensicher anzulegen, sonst ist alle
Mühe aussichtslos und alle Kosten sind vergebens.

2. Kiefer × Birke. Diese Mischung kommt von Natur nur auf den *geringeren
bis geringsten Sandböden* (Talsand, Binnendünen), sowie auf *moorigen und Torfböden* vor. Wo sie ausnahmsweise auch auf besseren Böden auftritt — abgesehen
von vereinzelter Einsprengung der Birke —, ist sie meist die Folge früherer Mißwirtschaft (alte Räumden) oder mißlungener und lückiger Natur- oder Kunstverjüngungen, auf denen die Birke nachträglich angeflogen ist. Von Boden-
pfleglichkeit dieser Mischung kann man kaum reden. Immerhin ist die Birke als
einziger Laubbaum auf ärmsten Sandböden doch willkommen, mehr vielleicht
aus Schönheitsrücksichten als aus wirtschaftlichen Gründen. Allzu *starkes,
gruppen- oder horstweises Auftreten der Birke* ist sogar wirtschaftlich *unerwünscht*,
da die *Birke* meist *frühzeitiger hiebsreif* wird und dann Lücken im Bestand entstehen. Die Krummschäftigkeit und häufige Rotkernigkeit der Birke hindern
auch eine bessere Nutzholzverwertung. Birkenfurnierholz erwächst eben auf
Kiefernstandorten bei uns nicht! (Vgl. S. 336.) Die *peitschende Wirkung der Birke*
auf ihre Nachbarschaft wurde früher sehr gefürchtet und hat zum schonungslosen
Aushieb derselben geführt. Die Gefahr ist aber, namentlich bei mäßiger Bei-
mischung im Einzelstand, nicht so schlimm. Bei Engerlingskalamitäten dient die
Birke als willkommener *Fangbaum* zum Sammeln der *Maikäfer*. Aus diesem
Grunde und auch gegen die *Feuersgefahr* hat man vielfach in trockenen Kiefern-
waldungen die Birke in Reihen und Streifen an den Seiten der Gestelle und
Straßen angepflanzt. Der Feuerschutz ist aber nur so lange wirksam, als die
Birken jung sind und mit ihren grünen Zweigen bis auf die Erde heruntergehen.
Später findet sich unter ihnen starker Graswuchs ein, der die Feuersgefahr sogar
wieder erhöht. Ebenso zieht die Birke den Maikäfer erst in den Wald und damit
den Engerling auch. Man weiß also nicht, ob man hier nicht den Teufel mit
Beelzebub austreibt! Die Mischung entsteht auch öfter durch Anflug von Birken-
überhältern über Kiefernkulturen, wobei aber bei reichlicherem Anflug eine so
starke Bedrängung der Kiefer durch die vorwüchsige Birke eintritt, daß nur
mehrmaliges Zurückschneiden der Birke sie retten kann. Man sollte daher von
vornherein nur ganz wenige Überhälter bzw. Samenbäume stehenlassen.

C. Mischbestände aus Licht- und Schatten- bzw.
Halbschattenholzarten.

1. Kiefer × Buche (ähnlich mit Hainbuche)[1]). Diese Mischung ist auf besseren
und besten Kiefernböden weitverbreitet und *waldbaulich* besonders für den Osten
von größter Bedeutung. Sie kommt einmal in der Form der *gleichaltrigen Mischung*
vor, hauptsächlich da, wo die Buche noch die Hauptholzart bildet. Sie ist dann
meist durch Naturanflug der Kiefer in die Buchenverjüngung oder durch künstliche Einbringung entstanden. Viel häufiger aber tritt die *ungleichaltrige*

---

[1]) Vgl. hierzu die sehr eingehenden Monographien von BERTOG, H.: Die Buche im nordostdeutschen Kiefernwalde. Neudamm 1921. — Aus der nordostdeutschen Kiefern-Buchen-
Wirtschaft. Neudamm 1927. — Referat von WIEBECKE u. KÜNKELE: Die Einbringung
und Erhaltung der Buche im Kiefernwald. Bericht über die Versammlung d. dtsch. Forstver.
1923. — GANSSEN, R. H.: Unters. an Buchenstandorten Nord- u. Mitteldeutschlands.
Z.F.J.W. 1934, S. 225 ff. — KMONITZEK: Die Einwirkg. eines Buchen- u. Fichtenunterbaus
auf den Bodenzustd. u. die Zuwachsleistg. v. Kiefernbeständen. F.Cbl. 1930, S. 882 ff. —
BONNEMANN, A.: Der gleichaltr. Mischbestd. v. Kiefer u. Buche. Mitt.F.W.W. 1939, H. 4.

Mischungsform auf, bei der die Buche 40—50 Jahre jünger ist (Abb. 178). So finden wir sie in zahlreichen Kiefernstangen- und jungen Baumhölzern der nordostdeutschen Tiefebene und in den Kiefernwaldungen Hessens und der Pfalz. Diese Form ist meist durch *Unterbau der Buche im Stangenholzalter der Kiefer* entstanden. Auf besseren Sanden wächst die Buche nach langsamer Jugendentwicklung auch unter dem lockeren Schirm später verhältnismäßig lebhaft und mehr und mehr in die Kronenschicht der Kiefer ein. Es wird *aus der zweistufigen Form allmählich die einstufige* (Abb. 179). Solche Bilder finden sich in allen Übergängen bis in die 140—160jährigen Kiefernaltbestände hinein. Die ältesten dieser Mischbestände sind nicht durch künstlichen Unterbau der Buche entstanden, sondern vielmehr durch natürliche Verbreitung von Buchenüberhältern und Verschleppung der Bucheln durch Tiere.

Die Einmischung der Buche in den Kiefernbestand wirkt sich *meist bodenpfleglich* aus. Schon RAMANN[1]) hatte in allerdings nicht ganz vergleichsfähigen Kiefern-Buchen-Mischbeständen bei Eberswalde in den obersten Bodenschichten *höheren Humus- und Kalkgehalt* gefunden als in reinen Kiefernbeständen. Der *Wassergehalt* aber war namentlich während der Vegetationszeit *geringer.* Neuere sehr umfangreiche und vergleichsfähige Untersuchungen haben diese Ergebnisse bestätigt und erweitert[2]). Im großen und ganzen ist meist eine bodenbessernde Wir-

Abb. 178. 50- bis 60jähriger Kiefernbestand, auf ganzer Fläche mit etwa 20jährigen Rotbuchen dicht unterbaut. Endmoräne des Forstamts Freienwalde (alter Laubholzboden). (Aufn. von DENGLER.)

kung der Mischung in bezug auf Humusgehalt, Lockerheit und Azidität festgestellt worden, dagegen ist die Bodenfeuchtigkeit fast dauernd und überall auf den verschiedenen untersuchten Böden geringer gewesen. Die Buche hat sich also als stärker wasserverbrauchend erwiesen als die Kiefer, selbst dann noch, wenn unter dieser eine starke Bodenflora auftrat! Man muß also die gute Meinung, die man von der Buchenbeimischung gehabt hat, nach dieser Beziehung etwas einschränken. Dementsprechend haben die *Zuwachsschwankungen* nach feuchten und trockenen Witterungsperioden, wie sie sich in reinen Kiefernbeständen gezeigt haben, auch in den Mischbeständen *keine Abschwächung* erhalten. Die *Stetigkeit* war also *nicht größer* als im Reinbestand (BONNEMANN a. a. O.), was verschiedentlich vermutet und behauptet worden ist.

Außerordentlich wichtig und wertvoll ist die *Schutzwirkung* des Buchenmischbestandes *in bezug auf die Feuers- und Insektengefahr.* Ein Lauffeuer im

[1]) RAMANN, E., in der Arbeit von RUNNEBAUM, R.: Die Kiefer im Buchenunterwuchse und im reinen Bestande. Z.F.J.W. 1885, S. 156.

[2]) KMONITZEK, E.: F.Cbl. 1930, S. 843 ff. — Besonders GANSSEN, R. H.: Z.F.J.W. 1934, S. 472 ff.

Walde bricht sich jedenfalls fast immer an solchen Beständen. Vom Kiefernspinner werden sie wohl nie befallen. Spanner und Eule greifen allerdings auch auf sie über. So sind z. B. gerade beim letzten Eulenfraß in Eberswalde große Flächen von Kiefernstangenhölzern mit Buchenunterstand vernichtet worden. In anderen Gegenden sind aber die Mischbestände doch vielfach umgangen, und niemals ist bisher das erste Entstehen derartiger Raupenkalamitäten in diesen, sondern immer in benachbarten Kiefernreinbeständen beobachtet worden. Selbst beim Übergreifen des Kahlfraßes bietet der Mischbestand immer noch den großen Vorteil einer vorläufigen Bodendeckung und geringeren Bodenverwilderung vor der Wiederaufforstung.

Abb. 179. Junges Kiefernbaumholz auf diluvialen Spatsanden im Forstamt Eberswalde mit jüngerem Buchen-Zwischen- und -Unterstand (natürlich entstanden durch Hähersaat und Verschleppung durch Mäuse, Eichhörnchen von alten Samenbäumen in der Nähe). (Aufn. von Japing.)

Überhaupt gibt der Kiefern- × Buchenbestand in der Form des zweistufigen Aufbaues dem Wirtschafter volle „*Freiheit des Handelns*“. Man kann z. B. bei schlechter Konjunktur für Grubenholz den Hieb ebenso einmal einstellen wie ihn bei guter Konjunktur verstärken und dafür im Altholz einsparen. Auch ist die beste und fast unumschränkte Gelegenheit gegeben, im Kiefernbestand schärfste Auslese und Kronenpflege in jedem gewünschten Maßstab zu treiben. Jeder, der das Glück gehabt hat, in solchen Beständen zu wirtschaften, wird dieses *doppelte Gefühl der Sicherheit und der Freiheit* empfunden haben, was der reine Kiefernbestand so sehr vermissen läßt!

Der Kiefern-Buchen-Mischbestand ist daher mit Recht das *Ideal der Wirtschaft auf den Sandböden des Ostens* geworden, hier aber leider noch nicht in dem Umfang durchgeführt, wie es möglich und wünschenswert wäre. Am weitesten voran ist darin bis jetzt wohl Hessen. ALBERT[1]) und WIEDEMANN[2]) haben durch ihre neueren Untersuchungen *die untere Grenze*, bis zu der man mit der Buche auf den geringeren Böden gehen kann, einigermaßen bestimmt.

Danach liegt diese etwa bei den mittleren Bonitäten der Kiefer (III.—III./IV.). Die noch weitergehenden Erwartungen und Verheißungen sind übertrieben und müssen durch unausbleibliche Enttäuschungen beim Unterbau auf zu geringen Böden der guten Sache mehr schaden als nützen. Auch das Wort KÜNKELES auf der Versammlung des Deutschen Forstvereins in Frankfurt a. d. O. 1923: „*keine Kiefer ohne Buche*“ findet an den im Osten leider noch reichlichen Böden

[1]) ALBERT, R.: Der waldbauliche Wert der Dünensande. Z.F.J.W. 1925, S. 129.
[2]) WIEDEMANN, E.: Die praktischen Erfolge des Kieferndauerwaldes 1925, S. 97.

IV.—V. Bonität seine natürliche und wirtschaftliche Grenz Wegen der meist nur Brennholz liefernden geringen Qualität der Buche in solchen Mischbeständen ist ihm als Einschränkung die Warnung beizugeben: „*Aber keine Buche für eine Kiefer*[1])!"

Über die *Massen- und Wertleistungen* des Kiefern-Buchen-Mischbestandes gingen die Ansichten bis zu einem gewissen Grade auseinander[2]). Alle Vergleiche sind von vornherein durch die große Mannigfaltigkeit der Formen erschwert, in der die Mischung auftritt (Buche unterständig oder zwischenständig; verschiedener Anteil der Buche am Hauptbestand, bei Unterständigkeit verschiedener Schlußgrad der Kiefer im Oberstand u. a. m.).

Daß die Buche den Derbholzvorrat des Mischbestandes im höheren Alter ganz erheblich vergrößert, darauf weisen u. a. auch die ganz ungewöhnlichen Massenleistungen hin, die BORGMANN[3]) in einigen solcher Bestände in Eberswalde feststellen konnte, z. B. in Jg. 106b: „Kiefer 115—130jährig mit reichem Buchen-zwischen- und -unterstand, einzelne Starkeichen. Kiefer 0,8, Kiefer × Buche 1,0 bestanden. Wüchsig." Die Massenermittlung ergab folgendes Bild:

| Holzart | Stammzahl | Stamm-grundfläche | Mittelhöhe | Durchmesser in 1,3 m | | | Derbholz-masse |
| | | | | von | bis | im Mittel | |
		qm	m	cm	cm	cm	fm
Kiefer	236	33,9	28,5	27,0	61,5	43,0	**408,3**
Buche	462	12,2	23,0	7,0	41,0	18,5	**135,4**
Eiche	6	0,7	27,5	33,5	45,0	38,0	9,4
Zusammen:	704	46,8	—	—	—	—	**553,1**

Der laufend jährliche Zuwachs je Hektar betrug in diesem Alter noch immer: 3,83 fm K*iefer*, 2,60 fm *Buche und* 0,08 fm *Eiche, zusammen* 6,51 fm! Ganz ähnliche Ergebnisse haben die kürzlich abgeschlossenen Untersuchungen auf den Mischbestandsflächen der Preußischen Forstlichen Versuchsanstalt gehabt. Die *Überlegenheit von Kiefer + Buche* gegenüber der reinen Kiefer im Gesamtmassenertrage betrug im Alter 60 = 2%, 120 = 12%, 160 = 27%. Daran war aber in steigendem Umfang mit zunehmendem Alter die Buche mit ihrer Massenleistung beteiligt (60j 9%, 120j. 29%, 160j. 44%!), die der Kiefer blieb entsprechend gegenüber dem Reinbestand zurück. Die Durchmesser der Kiefer sind zwar größer (160j. 52 gegen 46 cm), aber die verringerte Stammzahl setzte trotzdem die Gesamtleistung auf nur 83% des Reinbestandes herunter. Nicht zu übersehen ist dabei, daß die *Buche* in diesen Mischbeständen *meist wenig Nutzholz* liefert. Auf einer 5 ha großen Schlagfläche in dem vorgenannten Jagen 106 Eberswalde brachte die Buche bei einem Derbholzanteil von ⅓ nur ⅕ am Gesamterlös, ihr Nutzholzanteil betrug nur 3%, das der Kiefer über 70%! Das muß sich auf die Wertleistung ungünstig auswirken, besonders wenn bei weiteren Aushieben im höheren Alter die Anzahl der Kiefern zu gering wird, eine Gefahr, die bei der Deckung des Schlußstandes durch die Buche von unten dem Auge des Wirtschafters nur allzu leicht entgeht[4]). Die *Wertleistung* hängt aber nicht *nur von*

---

[1]) DENGLER, A.: Die hauptsächlichsten Fragen der nordostdeutschen Kiefernwirtschaft. Verh. d. dtsch. Forstver. 1933.

[2]) Literatur zu dieser Spezialfrage bei WIEDEMANN: a. a. O., Literaturverzeichnis Nr. 12, 18, 32, 33, 38 u. 49.

[3]) BORGMANN, W.: Grundzüge der Geschichte und Wirtschaft der kgl. Oberförsterei Eberswalde. Berlin 1905.

[4]) DENGLER, A.: Analyse eines alten Kiefern-Buchen-Mischbestandes. Z.F.J.W. 1935. — SCHWAPPACH, A.: Die Verjüngung von Kiefern-Buchen-Mischbeständen im norddeutschen Sandgebiet. Z.F.J.W. 1930, S. 437.

dem Anteil der Kiefer, sondern auch von deren *Qualität* (geringerer oder größerer Schneideholzanteil) ab. Die Berechnungen haben ergeben, daß die *Gesamtwertleistung* erst bei hohem Schneideholzanteil und über 150j. Alter *eine Überlegenheit* zeigt.

Somit ist tatsächlich auf besseren Kiefernböden in der geschickten und richtigen Beimischung der Buche die Möglichkeit gegeben, die Massenleistung und u. U. auch die Wertleistung auf unseren Kiefernstandorten erheblich zu steigern. Diese Möglichkeit liegt vor allem darin, daß die unterständige Buche in dem Maße, in dem der ältere Kiefernbestand natürlich verlichtet und lückig wird, sich in diese Lücken hineinschiebt und den Ausfall der Holzerzeugung sofort und nachhaltig auszufüllen imstande ist.

Die gleichaltrige Beimischung der Buche in den Kiefernbestand ist aber nicht nur schwierig zu erzeugen, sondern auch weiter zu behandeln, wenigstens da, wo die Buche nicht frühzeitig zurückbleibt, sondern mitwüchsig oder gar vorwüchsig wird, sich breit macht und der Kiefer von vornherein Platz wegnimmt. Eine solche gleichaltrige Mischung mag da angezeigt sein, wo die Buche den Hauptanteil des Bestandes innehat und behalten soll. Wo aber *der Nachdruck der Wirtschaft auf der Kiefer* ruht und ruhen soll, ist die *spätere Einbringung der Buche durch Unterbau die zweckmäßigste und zugleich auch die einfachste und sicherste Maßregel zur Erzielung solcher idealen Altbestände,* wie sie sich in den obigen Beispielen darstellen. Man soll allerdings noch etwas früher anfangen, als dies gewöhnlich geschieht, mit 20—30 Jahren (statt 40—60 Jahren), damit die Buche noch bis zum Ende der Umtriebszeit größere Stärken erreichen kann. Daß dies bei genügendem Alter durchaus der Fall sein kann, zeigten die bei meiner Analyse gefundenen Durchmesser von 25—35 cm bei einem Alter von 110—130 J., was durchschnittlich 30—40 J. unter dem der Kiefern lag.

Die *Wiederverjüngung eines Kiefern-Buchen-Mischbestandes* ist eine der schwierigsten und noch ungelösten Fragen dieser Mischbestandsform. Wird die Buche, wie es das Natürliche ist, als Schattholz auf größerer Fläche vorverjüngt und wegen der Frostgefahr mindestens 5—6 Jahre unter lichtem Schirm gehalten, so ist bei gelungener Verjüngung oft überhaupt kein Platz mehr für die Einbringung der Kiefer da. Ist die Verjüngung, wie es deshalb wünschenswerter ist, mehr gruppen- und horstweise eingeleitet, so sind die Zwischenstellen, besonders an den sonnseitigen Rändern, schon stark vergrast und verunkrautet. Natürliche Verjüngung der Kiefer versagt daher fast immer, und auch die künstliche ist dann schwierig und braucht kostspielige Pflege durch mehrjähriges Behacken, Spritzen gegen Schütte, und liefert besonders an den Berührungsrändern sehr unerfreuliche Bilder. Der umgekehrte Gang, zunächst im Kleinkahlschlag künstlich auf Kiefer zu verjüngen, und einen Überhalt von Buchen zu belassen, um unter diesen durch Einhacken späterer Mast die Buche nachzuverjüngen, wie es in den Eberswalder Lehrforsten versucht wurde, hat zum vollständigen Ausfall der Buche geführt. Die Buchenüberhälter wurden rindenbrandig und zopftrocken, die Buchmast kam zu spät und ging trotz Einhackens auf den vergrasten Plätzen unter den Überhältern nicht auf.

Die *gleichaltrige künstliche* Kiefern-Buchen-Mischverjüngung auf der Kahlfläche scheiterte bisher meist an den Spätfrostschäden, die die Buche dabei erlitt und sehr bald in den vorwüchsigen Kiefern verschwinden ließ. Neuerdings scheint aber in dem Vollumbruchverfahren (s. weiter hinten Kap. 8), das die Frostgefahr herabsetzt (vgl. S. 113) und den Wuchs des Laubholzes sehr stark fördert, eine bessere und aussichtsreiche Möglichkeit für diese Begründungsart gegeben zu sein.

In der *Jugend ist die Kiefer* bei gleichaltriger Mischung *oft vorwüchsig* und entwickelt sich leicht *protzig und sperrig.* Eine stark astreinigende Wirkung kann die Beimischung der Buche erst im Baumholzalter entwickeln, wenn sie die Kiefer eingeholt hat. Dann aber ist es für die Schaftbildung zu spät. In der ungleichaltrigen Mischung (Unterbau der Buche) muß die Kiefer sich zunächst selbst gegenseitig reinigen. Daher darf auch der Schluß nicht vorzeitig unterbrochen werden, oder es müßte denn gleichzeitig geästet werden. Die *Bestandeserziehung* nach Stamm- und Kronenformen und die Ausbildung und Erhaltung eines stufigen Schlusses bilden in der ganzen Zeit bis zur Hiebsreife und Verjüngung dauernd eine wichtige, aber auch dankenswerte Aufgabe.

Die weitere Vergrößerung des Kiefern- × Buchenmischbestandes, die restlose Erfassung aller hier möglichen Standorte und die beste und zweckmäßigste Ausformung dieser Mischbestände bilden noch ein weites und zukunftsreiches Arbeitsfeld für die nordostdeutsche Wirtschaft. *Hier ist der beste Tummelplatz für den Drang nach Verbesserung der Bodenpflege und Erhöhung der Ertragsleistung in der Kiefernwirtschaft. Hic Rhodus, hic salta!*

2. Eiche × Buche. Auch hier kommen die mannigfachsten Formen vor. Wo die *Eiche den Hauptbestand* bildet, findet sich die *Buche meist jünger und mehr oder minder unterständig*. Die Entstehung führt dann ähnlich wie beim ungleichaltrigen Kiefern × Buchenbestand auf natürlichen oder künstlichen Unterbau im Stangenholzalter der Eiche zurück (Abb. 180). Es kommen aber noch stärker *ungleichaltrige Formen* vor, bei denen *die Eiche* etwa 100 und mehr Jahre älter ist als die zwischen- und unterständige Buche, und wo die Eiche aus Überhalt bei der

Abb. 180. Ungleichaltriger Eichen-Buchenmischbestand. Eiche 140 j., Bu. später durch Unterbau eingebracht.

(Aufnahme d. Preuß. Forstl. Vers.-Anstalt)

Buchenverjüngung hervorgegangen ist (so z. B. im Spessart, Abb. 181). Endlich findet sich als dritter Fall auch *Gleichaltrigkeit beider Arten* aus gleichzeitiger Mischverjüngung. Besonders verbreitet ist hierbei diejenige Form, bei der die Buche den Hauptbestand bildet, und die Eiche in diesen, seltener natürlich, häufiger künstlich und meist mit einem kleinen Altersvorsprung von 5—10 Jahren eingebracht ist. In solchen Beständen ist die Erhaltung der meist in der Minderzahl befindlichen Eichen zwischen den Schattenkronen der gleichaltrigen Buchen nur durch dauernde Pflege und Freihieb der Eichenkronen zu erreichen (Abb. 182).

Im allgemeinen wird die Eichen- × Buchenmischung *auf allen guten Laubholzböden* anzustreben sein mit Ausnahme ausgesprochener Kalkböden, wo andere Mischhölzer für die Buche in Betracht kommen und die Eiche vor der mächtig vordrängenden Buche kaum zu schützen ist. Eine untere Standortsgrenze für die Beimischung der Buche gibt es hier nicht. Wo die Eiche wächst, wächst auch die Buche noch. Das gilt auch umgekehrt, wenn auch nicht so völlig. Auf den geringsten Buchenstandorten kommt die Eiche schlecht mit der Buche mit, und ist die Mischung daher nur unter gewissen Bedingungen und Formen wirtschaftlich durchführbar.

Die *Buche* bildet auch hier in der Hauptsache das *Schutz- und Füllholz* für die Eiche, die *Eiche* das *werterhöhende Nutzholz.* Dieses gegenseitige Verhältnis tritt hier besonders scharf in Erscheinung, weil der Holzwert der beiden Arten so weit auseinanderliegt. Eine besondere Schwierigkeit der Mischung liegt in der *sehr verschiedenen Hiebsreife* der beiden Arten (Eiche nicht unter 160—200 Jahren, bei Furniereichenzucht noch viel höher, Buche etwa 100—120 Jahre). Eine weitere Schwierigkeit bildet die *Gefahr des Überwachsenwerdens der Eiche durch die Buche* von Anfang an, besonders aber vom späteren Stangenholzalter. Das Verhältnis des Höhenwachstums der beiden Arten im Mischbestand ist für die Eiche geradezu entscheidend und hat daher in der Praxis wie in der Wissenschaft die lebhafteste Beachtung gefunden. Die Beobachtungen und Ermittlungen stimmen aber nicht alle überein[1]). Alle Beobachter sind sich aber darin einig, daß warme Lagen, z. B. die unteren Berglagen, sonnseitige Hänge usw., das Wachstum der Eiche vor der Buche begünstigen, während sie umgekehrt in kalten Lagen durch diese unterdrückt wird. *Spätfröste,* die im allgemeinen mehr die *Buche* schädigen, und *Wildverbiß,* der vorzugsweise die *Eiche* trifft, können ebenfalls das gegenseitige Verhältnis in der Jugend leicht verschieben. Im allgemeinen muß die *Eiche* wegen ihrer großen Lichtbedürftigkeit aber immer die größere Sorgfalt und Pflege genießen. Sie

Abb. 181. Etwa 200jährige Spessarteichen mit etwa 100jährigen unter- und zwischenstehenden Buchen. (FEDDEsche Lichtbildersammlung.)

wird daher auch bei der gleichaltrigen Form der Mischung meistens vorausverjüngt, und die Buche kommt erst 5 bis 10 Jahre später. Diese Reihenfolge ist aber nicht die natürliche. Sie schafft auch für die nachfolgende Buche oft ungünstige Verhältnisse (Frostgefahr und Vergrasung infolge bereits zu lichter Stellung des Schirmbestandes). Man hat deshalb neuerdings mehr eine flächenweise Trennung bei der Verjüngung vorgezogen (*horstweiser Voranbau der Eiche* im Buchenbestand). Andere haben aber doch auch mit der einzeln oder in vielen kleinen Gruppen erfolgten Einmischung Erfolge erzielt[2]). In vielen Fällen ist man infolge der Schwierigkeiten der Mischverjüngung mehr und mehr zum *groß-*

<hr>

[1]) SCHWAPPACH, A.: Zur Entwicklung der Mischbestände von Eiche und Buche. Z.F.J.W. 1916, S. 615. — Ferner SCHUBERG, K.: Der Wuchs und die Behandlung der Eiche im Mischbestand. F.Cbl. 1891, S. 203. — BERTOG, H.: Verhalten der Eiche und anderer Laubhölzer in Buchenbeständen. Z.F.J.W. 1900, S. 187. — WIEDEMANN, E.: Eichen-Buchen-Mischbestände. Ebenda 1931, S. 614 und Erörterung mit SWART: Ebenda 1933, S. 401 u. 651.

[2]) Vgl. Reg.- u. Forstrat MÜLLER: Forstl. Mitt. aus d. Solling. — 2. Die Eiche als Mischholz der Buche. Z.F.J.W. 1919, S. 301.

flächenweisen Reinanbau der Eiche übergegangen und hat die Bestandesmischung einem *späteren Unterbau mit der Buche* vorbehalten[1]).

Die ganze Frage ist zweifellos heute noch nicht spruchreif und entschieden. Jedenfalls ist aber *der Eichen-Buchenmischbestand heute ebenso das Ideal der Laubholzwirtschaft* auf allen eichenfähigen Standorten wie der Kiefern × Buchenmischbestand auf den buchenfähigen Kiefernböden. Auch hier ist noch manches zu tun und nachzuholen. Weniger gilt das wohl von den vorwiegenden Eichenbeständen, die man schon größtenteils mit Buchen ausgestattet hat, als von den vorwiegenden oder den reinen Buchenbeständen, in denen man heute noch vielfach nur auf Buche verjüngt, ohne rechtzeitig, d. h. hier vorzeitig, der Eiche einen genügenden Anteil zu sichern, den sie nach allen geschichtlichen Überlieferungen früher in viel größerem Umfang gehabt hat, und den man ihr bei dem Wert ihres Holzes unbedingt zurückgewinnen sollte! Die neuesten Untersuchungen über die Massen- und Wertleistung solcher Eichen-Buchenmischbestände[2]) haben gezeigt, daß bei entsprechender Behandlung, insbesondere sorgfältiger Pflege der Eiche, die noch bis in *sehr hohes Alter* hinein einen *beträchtlichen Wertzuwachs* behält, auch in dieser Form eine aussichtsreiche Steigerung der Leistung nicht nur dem reinen Buchen-, sondern auch dem reinen Eichenbestand gegenüber möglich ist. Hier liegt also ein *vordringliches Ziel* für die *Laubholzwirtschaft des Westens und in Süddeutschland!*

3. Kiefer × Fichte. Diese Mischbestandsform ist in der Hauptsache im *östlichsten Deutschland*, besonders *Ostpreußen* und *Oberschlesien*, verbreitet.

Abb. 182. Gleichaltriger 90—100 j. Eichen-Buchenmischbestand aus Buchennaturverjüngung mit Eicheleinsaat. Langjährige starke Pflege der Eichen.
(Aufn. d. Preuß. Forstl. Vers.-Anstalt.)

(In letzterem tritt in untergeordnetem Maße auch meist noch die Tanne hinzu.) In kleineren Waldteilen findet sich die Kiefer mit der Fichte aber auch noch in Mittel- und Süddeutschland.

Auch diese Mischung findet sich nach den Untersuchungen von SCHWAPPACH[3]) und SCHILLING[4]) in den verschiedensten Typen: von der Form des fast reinen Kiefernbestandes, in dem die Fichte nur als Unterstand auftritt, bis zu der anderen, wo sie neben dieser in den Hauptbestand mit einrückt und unter Umständen die Kiefer sogar stark zurückdrängt.

Entscheidend für die Ausbildung der einen oder anderen Form sind hier vielfach Besonderheiten der Bestandsgeschichte (Windwurf oder Nonnenfraß, der die Fichte im Hauptbestand zeitweilig vernichtet hat, und spätere Wieder-

---

[1]) VANSELOW, K.: Die Waldbautechnik im Spessart. Berlin 1926.
[2]) WIEDEMANN, E.: Der Eichenbestand mit Buchenunterwuchs. Z.F.J.W. 1942, S. 305 ff.
[3]) SCHWAPPACH, A.: Untersuchungen in Mischbeständen. Z.F.J.W. 1909, S. 313.
[4]) SCHILLING, L.: Ostpreußische Kiefern-Fichten-Mischbestände, ebenda 1925, S. 257.

einwanderung als Unterstand) (Abb. 183). In der Hauptsache aber bestimmt die *Bodengüte* das Auftreten der verschiedenen Typen. Der Anteil und die Leistung der Fichte wächst im allgemeinen mit der Frische und dem Lehmgehalt des Bodens. Auf den geringeren Böden bleibt sie meist auch bei gleichem Alter unterständig, auf den besten wächst sie auch bei etwas späterem Eindringen noch in den Hauptbestand ein.

Die *Fichte* bildet als *Schattholz* zwar auch in dieser Mischung das *Schutz- und Füllholz* für die Kiefer, aber sie steht dieser an Holzwert nicht viel nach und ist vielleicht in Anbetracht der hochwertigen Vorerträge *ebensosehr und manchmal noch mehr Nutzholz als jene.*

Bezüglich der *Massenleistung* hat die mustergültige Auswertung der eingehenden Untersuchungen von SCHILLING gezeigt, daß eine tatsächliche Überlegenheit der Mischbestände nur gegenüber dem Kiefernreinbestand, und hier auch nur auf den besten Typen stattfindet. Die Neubearbeitung dieser Versuchsflächen durch WIEDEMANN, die noch nicht ganz abgeschlossen ist, hat in einer vorläufigen Mitteilung[1]) festgestellt, „daß die *Überlegenheit der Gesamtleistung beider Holzarten* vom mittleren Stangenholzalter an um wenigstens 20 % *über der Leistung des reinen Kiefernbestandes* liegt und selbst *hinter der reinen Fichte nur wenig zurückbleibt.*" Für die Erziehung und Behandlung gibt WIEDEMANN als Richtlinie zunächst die ausschließliche Berücksichtigung der Kiefer mit dem Ziel, möglichst viel Schneideholzanwärter zu bekommen. Sobald die Astreinigung die nötige Höhe erreicht hat, ist dann durch Aushieb aller weniger guten Kiefern die

Abb. 183. Ostpreußischer Kiefern-Fichtenmischbestand. Kiefer 140j., Fichte 100j., durch Anflug im Kiefernstangenholz entstanden. (Aufnahme d. Preuß. Forstl. Vers.-Anstalt.)

Fichte zu begünstigen, die dann einen hohen und lange anhaltenden Zuwachszuschuß liefert, während gleichzeitig dadurch auch der Leistungszuwachs der freigestellten Edelkiefern gefördert wird, wodurch Massen- und Wertleistung noch bis zu verhältnismäßig hohem Alter gefördert werden können. Allerdings seien diese Ziele *nur auf besten Standorten mit frischen Böden* zu erreichen. Ein auch recht günstiges Bild der Massen- und Wertleistung ergab auch die Untersuchung gleichaltriger Kiefern-Fichten-Mischbestände in Sachsen durch BORGMANN und BUSSE[2]) (vgl. Abb. 184).

Nicht hierin aber kann der Wert dieser Mischbestandsform allein gesucht werden, sondern außerdem in der Tatsache, daß *die Beimischung der Fichte den Kiefernbestand bis in sehr hohes Alter voll zu erhalten vermag.* Die Mischung muß daher auch als *bodenpfleglich* bezeichnet werden, insofern sie einerseits die Verunkrautung des reinen Kiefernbestandes, andererseits die Rohhumusbildung des

---

[1]) WIEDEMANN, E.: Ertragskundl. Fragen des gleichalten Mischbestandes aus der Preuß. Versuchsanstalt. Dtsch.F.W. 1939, Nr. 51.

[2]) BUSSE, J.: Ein Kiefern-Fichten-Mischbestand in Sachsen. Th.Jb. 1931, S. 595.

reinen Fichtenbestandes zu mindern vermag. Sie ist auch *vom Standpunkt des Forstschutzes vorteilhaft*, weil sie die Sturmgefahr reiner Fichtenbestände vermeidet und bei den Insektenkalamitäten gewöhnlich nur eine der beiden Holzarten gefährdet ist. Dies gilt selbst für die Nonne, die zwar beide befällt, aber im allgemeinen nur für die Fichte tödlich wird.

Abb. 184. 85jähriger Kiefern-Fichten-Mischbestand im Tharandter Wald (Kiefer I., Fichte II. Bonität). Kiefer ca. 300 fm, Fichte ca. 150 fm Derbholz.
(Aus BORGMANN: Waldbilder aus Sachsen.)

Im allgemeinen ist die Mischung aber nur in den oben angegebenen natürlichen Verbreitungsgebieten und dort auch nur auf den besseren und frischeren Standorten wirtschaftlich vorteilhaft und möglich, vielleicht auch noch in Küstengebieten und im Hinterland der Ostsee, wo die Fichte z. T. noch recht leidlich wächst[1]). Die Versuche, ähnliche Mischbestände durch Kiefern-Fichten-Mischsaaten auch in den binnenwärts gelegenen Gebieten der Mark zu begründen, sind meist völlig gescheitert. Die Fichte ist hier schon im Jugendstadium erfroren oder vertrocknet, und was sich bis ins Stangenholzalter von ihr durchgehalten hat, fristet heute, abgesehen von Ausnahmen in feuchten Mulden und an Bruchrändern, nur noch ein kümmerliches Dasein als zuwachsloser Unterstand.

---

[1]) BÜLOW, v.: Peckateler Kieferndurchforstung und -lichtung mit Fichtenunterbau. Z.F.J.W. 1932, S. 257 ff.

4. Eiche × Fichte. Diese Mischungsform findet sich von Natur öfter *auf den feuchten Lehmböden in Ostpreußen*, wo sie auch durchaus am Platze ist und Gutes leistet. Im übrigen Deutschland ist sie aus früheren Zeiten her noch in der *Form des künstlichen Unterbaus der Fichte in älteren Eichenbeständen* vorhanden, hat sich aber hier wenig bewährt. Die Fichte trocknet den Boden meist zu sehr aus, vielleicht schadet auch die Rohhumusbildung. Jedenfalls ist sehr häufig ein *Rückgang der Eiche* eingetreten, der bis zu starker Zopftrocknis, ja zum vollständigen Eingehen geführt hat. Doch hat sich neuerdings in einigen preußischen Versuchsflächen gezeigt, daß bei einer *frühzeitigen und kräftigen Durchforstung und Lockerstellung des Fichtenunterstandes eine Beeinträchtigung des Wuchses der Eiche nicht stattfindet.*

Eine Anzahl von anderen Mischungen, die hier nicht besonders behandelt werden, kommen verhältnismäßig nur selten vor, wenn sie auch am einzelnen Ort manchmal recht wertvoll und bedeutungsvoll sein können, z. B. Lärche mit Fichte, Lärche mit Buche, Buche mit Esche und Ahorn auf Kalkböden, Erle mit Esche auf Lehmbrüchern u. a. m. Ihre waldbauliche Wertung und Behandlung ergibt sich im übrigen aus dem eingehend dargestellten Verhalten ähnlicher wichtigerer Mischungen, so daß hier nicht weiter darauf eingegangen wird.

D. Allgemeine Regeln für Mischbestände.

Es ist in den Lehrbüchern üblich, allgemeine Regeln für die Bewertung und Behandlung der Mischbestände aufzustellen. Das hat auch zweifellos einen gewissen didaktischen Wert. Wenn ich aus diesem Grunde einige solche hier ebenfalls anfüge, so geschieht das mit dem ausdrücklichen Hinweis, daß es eben nur Regeln sind, die für den Durchschnitt der Fälle zutreffen, daß es aber je nach Standort und Verhältnissen recht oft Ausnahmen gibt, die ja bekanntermaßen die Regel bestätigen. Sie sind also richtiger nur als allgemeine Richtlinien aufzufassen, die bei der Mischbestandsanlage zu beachten sind. Ich folge hierbei z. T. der Formulierung, wie sie DANCKELMANN in seiner sehr klaren Weise in seinen Vorlesungen gegeben hat, die ich als einer seiner Schüler noch hören durfte. Manches davon ist entsprechend unseren neueren Erfahrungen abgeändert und einiges Neue hinzugefügt:

1. *Die Standortsansprüche der zu mischenden Holzarten sollen stets einigermaßen gleich sein*, wenn die Mischung Erfolg haben und sich leicht erhalten soll.

2. *Auch Lebensalter und Hiebsreife müssen annähernd zusammenstimmen.* Andernfalls ist für die kurzlebigere oder früher hiebsreife Art nur Einzelmischung und geringe Beimischung mit Rücksicht auf die sonst entstehenden Lücken im Bestande gestattet.

3. *Bei gleichartigen Lichtansprüchen muß die langsamwüchsigere Art einen Altersvorsprung oder dauernde Pflege mit der Axt haben.*

4. *Jede Mischung* soll so zusammengestellt werden, daß sie *bodenpfleglich* wirkt.

5. Am *wertvollsten* sind im allgemeinen *Mischungen von Licht- mit Schattenhölzern, bei denen die ersteren zugleich Werthölzer sind.*

6. *Am idealsten ist an sich die Einzelmischung*, aber sie ist auch *am schwierigsten zu erziehen und zu behandeln.*

Gruppenmischung in der Jugend ist leichter. Sie erspart teure Pflegemaßregeln, da die Holzarten sich am besten in sich selbst reinigen, und führt im Alter doch zur Einzelmischung hin.

7. Man kann *nicht nur durch Verjüngung Mischbestände erziehen, sondern solche auch mit der Axt herausarbeiten*, indem man bei der Bestandserziehung einzeln eingesprengte Arten dauernd freihaut und ihnen so allmählich mehr und mehr Anteil am Bestande verschafft.

Zweiter Abschnitt.

Die Bestandesgründung oder Verjüngung.

Vorbemerkungen. Wer ernten will, der muß auch säen. Wer Holz hauen will, muß auch verjüngen. Jedenfalls gilt das unweigerlich für alle Hauungen im Walde, die im höheren Alter bei sinkender Stammzahl und nachlassendem Kronenverbreiterungsvermögen zunehmende Lücken im Kronendach und Wurzelraum und damit eine mangelhafte Ausnutzung dieser Grundlagen der Holzerzeugung mit sich bringen. Eine mit der Holzernte gleichmäßig Schritt haltende Verjüngung ist die selbstverständliche Voraussetzung für nachhaltige, ordnungsmäßige Wirtschaft im Walde. Die Sorge für die Verjüngung ist daher eine dauernde und ernste Pflicht jedes Wirtschafters. Daß man darüber nicht in den Fehler verfallen darf, den Holzvorrat, der noch gut arbeitet, unnötig zu schmälern, nur um zu verjüngen,und nicht hiebsunreife Bestände schlagen darf, ist ebenso richtig wie selbstverständlich.

Es ist zuzugeben, daß hiergegen in der forstlichen Praxis manchmal verstoßen wird, namentlich da, wo eine überraschend unter jüngerem Mutterbestand angekommene Naturverjüngung den Wirtschafter verleitet, ihr nachzuhauen und sie durch Lichtung des Altbestandes zu erhalten. Das führt dann zwangsläufig zu immer neuen und schärferen Eingriffen und schließlich zur vorzeitigen Räumung des unreifen Mutterbestandes. Für solche und ähnliche Fälle paßt das Schlagwort *„Verjüngungswirtschaft"*, der man die *„Vorrats- oder Zuwachswirtschaft"* gegenüberstellt, die zunächst nur auf die Ausnutzung des Vorrates ausgeht und die Sorge um die Verjüngung dahinter zurücktreten läßt.

Wie weit man sich aber auch hierbei von der goldenen Mittelstraße entfernen kann, zeigen übertriebene Äußerungen der neueren Literatur.

So sagte z. B. MÖLLER[1]: „Der Dauerwald (Näheres bei Kap. 20 Nr. 6) kennt überhaupt den Begriff der Verjüngung nicht." In ihm soll es statt dessen nur „Ergänzung" geben! MÖLLER findet unsere Verjüngungen meist viel zu reich an Jungpflanzen und will ihnen jedenfalls nicht besondere Flächen im Walde eingeräumt wissen, weil diese zur Zeit keine Werterzeugung hätten. Sein Standpunkt deckt sich hierin mit dem von EBERBACH[2], der sich aber noch schärfer ausdrückt, wenn er schreibt: „Der Vorrat einzig und allein ist unsere Maschine, mit der wir die Kräfte der Natur zwingen können, uns Holz zu liefern, und je größer, je wertvoller und zuwachskräftiger er ist, desto bedeutender werden die Erfolge der Wirtschaft in der nächsten Zeit sein. *Kulturen und Jungwüchse nützen uns jetzt nichts!"* Wenn man diese Worte einmal auf die Lebensgemeinschaft des Volkes übertragen wollte, so würden sie lauten: „Allein die werktätigen und werkfähigen Menschen bestimmen Wohlstand und Leistungen eines Volkes. Säuglinge und Kinder nützen uns jetzt nichts!" Daran wird sofort klar, wie falsch eine derartige Fassung ist! Zweifellos haben aber auch diese beiden Männer die grundsätzliche Forderung einer mit der Nutzung Schritt haltenden Verjüngung nicht ableugnen wollen, aber die scharfe und übertriebene Fassung, mit der sie einseitig die Vorratsbedeutung unterstreichen, läßt die Bedeutung der Verjüngung

---

[1] MÖLLER, A.: Der Dauerwaldgedanke, sein Sinn und seine Bedeutung.
[2] EBERBACH: Dauerwaldwirtschaft. Z.F.J.W. 1920, Oktoberheft.

24*

zu sehr zurücktreten. LÜDERSSEN[1]) hat dagegen das sehr richtige Wort geprägt: „*Nachwuchs ist auch Vorrat.*" Er ist eben Vorrat der Zukunft und als solcher durchaus nicht, auch nicht einmal „zur Zeit", wertlos! Als verfehlt muß es auch bezeichnet werden, wenn man die Sorge um eine Verjüngung gerade zur jetzigen Zeit als weniger dringend bezeichnet hat, weil dem deutschen Wald durch die geplanten Ödlandsaufforstungen ja die jüngste Altersklasse auch ohnedies zuwachsen würde. Abgesehen von dem oft sehr unsicheren Gelingen und der meist kurzen Lebensdauer solcher Erstaufforstungen fordert eine richtig aufgefaßte Nachhaltigkeit die Verjüngung aller abgenutzten Bestände im allgemeinen auch innerhalb ein und desselben Wirtschaftsobjektes. Der Ausfall einer Altersklasse würde sich sonst später in schweren Störungen der Einnahmen, lokalen Holzversorgung, Arbeiterbeschäftigung u. a. m. auswirken müssen!

Eine vernünftige Wirtschaft wird die richtige Mittellinie suchen und finden müssen, auf der bei der Vorrats- und Zuwachspflege auch immer eine rechtzeitige und ausreichende Verjüngung gesichert ist, bei der Verjüngung aber ebenso eine möglichst weitgehende Ausnutzung von Vorrat und Zuwachs. Nicht eins ohne das andere, sondern *Verjüngungs- und Vorratspflege in richtigem und engem Verein!*

Die Arten der Bestandesgründung. Von *Verjüngung* spricht man im allgemeinen nur auf altem Waldboden; wo dagegen auf Nichtwaldboden ein Bestand neu begründet wird, von *Aufforstung.*

Die Verjüngung ist *natürlich,* wenn der Jungwuchs *durch Besamung der Natur von einem Mutterbestand oder durch Ausschlag an Teilen des Vorbestandes* (Stock, Stamm und Ästen oder Wurzeln) erfolgt.

Bei der letzteren Form, der sog. Ausschlagverjüngung, findet keine Erzeugung neuer junger Individuen statt, sondern nur eine Bildung neuer Sprosse an alten.

Wir nennen die Verjüngung *künstlich,* wenn sie vom Menschen durch Ausstreuen von *Samen (Saat)* oder Aussetzen von *Pflanzen (Pflanzung)* begründet wird. Die künstliche Verjüngung erfolgt meist auf freier Fläche (Kahlschlag), und wenn man von künstlicher Verjüngung schlechtweg spricht, so denkt man meist nur an diese Form, doch kann sie auch unter einem Schirmbestand erfolgen.

Das Entscheidende für den Begriff der künstlichen Verjüngung ist also nur der Umstand, daß Samen oder Pflanzen durch die menschliche Hand auf die Verjüngungsfläche gebracht werden. So rechnet man denn zur künstlichen Verjüngung auch die Fälle, in denen ursprünglich natürlich im Walde entstandene Pflanzen wieder ausgehoben und dann auf die zur Verjüngung bestimmte Fläche gesetzt werden (sog. *Wildlingspflanzung*), andererseits zur natürlichen auch die Fälle, wo der Samen durch Tiere verschleppt ist und sich zu Jungwüchsen entwickelt. So besonders häufig z. B. Eicheln, auch Bucheln durch den Eichelhäher (sog. *Hähersaaten*). Man sieht, wie nahe sich in solchen Fällen die beiden Begriffe der natürlichen und künstlichen Verjüngung rücken können.

Die *Dauerwaldbewegung* hat den Grundsatz aufgestellt, daß auch die *künstliche Verjüngung ganz allgemein unter Schirm* erfolgen müsse, um den Altholzvorrat möglichst lange zu erhalten und seinen Zuwachs noch auszunützen (vgl. oben den Gegensatz von Vorrats- und Verjüngungswirtschaft). Den gleichen Grundsatz vertritt auch die sog. *Einzelstammwirtschaft,* die eigentlich nur eine Dauerwaldwirtschaft unter anderem Namen ist. Man übersieht oder verschweigt dabei aber, daß der Zuwachs an alten Stämmen und Beständen in seiner Größe oft unsicher und gering ist, und daß das mit großen Kosten gewonnene Saatgut oder das mit noch größeren Kosten erzogene Pflanzmaterial durch die Ein-

---

[1]) LÜDERSSEN: Hände weg vom Kieferndauerwald? Silva 1925, S. 123.

bringung unter Schirm immer mehr oder minder schweren Schädigungen ausgesetzt wird (Näheres darüber bei Naturverjüngung unter Schirm). Es ist erst festzustellen und abzuwägen, inwieweit sich Vorteile und Nachteile hier ausgleichen. Das wird von Fall zu Fall je nach Alter und Wuchskraft des Schirmbestandes, nach dem Boden und nach der nachzuziehenden Holzart (Licht- oder Schattholz) verschieden sein. Deshalb ist eine grundsätzliche Stellungnahme überhaupt falsch. In *zweifelhaften* Fällen wird man aber richtiger die Sorge um die Verjüngung in den Vordergrund zu stellen haben, damit einem nicht vor der Taube auf dem Dache der Spatz aus der Hand davonfliegt[1])!

Die Frage der Verjüngungsart. In manchen Fällen ist die Verjüngungsart keine Frage. Wo man noch von alter Zeit her den Ausschlagwald (Nieder- und Mittelwaldbetrieb) hat und nicht aufgeben will, da wird sich dieser nach jedem Hieb ohne weiteres wieder durch Ausschlag natürlich erneuern. Bei ersten Aufforstungen von Acker oder Ödland kann man nur künstlich verjüngen. Aber auch auf altem Waldboden gibt es solche Fälle: Wenn ein Holzartenwechsel stattfinden soll, wenn infolge von Kalamitäten (Schneebruch, Insektenfraß u. dgl.) noch nicht mannbare Bestände verjüngt werden müssen, oder wenn es in den Beständen an Samen mangelt, wenn schwer rauchgeschädigte Waldteile vorliegen oder aus allgemein wirtschaftlichen Gründen ein sofortiger Abtrieb eines Bestandes notwendig erscheint — in allen diesen und ähnlichen Fällen wird man stets nur die künstliche Verjüngung anwenden können.

In anderen aber hat man zunächst die Wahl — und damit auch die Qual! Denn die Frage, ob natürliche oder künstliche Verjüngung das Bessere sei, ist schon, solange es eine intensive Forstwirtschaft gibt, ist schon seit mehr denn einem Jahrhundert bei uns umstritten und bald so, bald so beantwortet worden.

Eine volle Würdigung des Für und Wider in allen Einzelheiten kann erst erfolgen, wenn wir den Gang und die Art und Weise der beiden Verjüngungsarten, ihre Bedingungen und Folgen kennengelernt haben werden.

7. Kapitel. **Die Bodenvorbereitung bzw. Bodenbearbeitung für die Verjüngung.**

Vorbedingung für jede Art der Verjüngung ist immer ein geeigneter Zustand des Bodens, ganz besonders der Bodenoberfläche und der obersten für die Durchwurzelung in Betracht kommenden Schichten.

Der *günstigste Zustand*, das Optimum, ist hierbei jedenfalls ein *völlig unkrautfreier, nackter Boden, mäßig lockere obere Schichten* und *kein Mangel an Nährstoffen und Feuchtigkeit.* Solche besten Bedingungen sind aber im großen im Walde selten oder doch nur mit großen Kosten herzustellen. Wir geben sie unseren Saat- und Pflanzgärten, in denen daher auch die Saaten fast nie mißlingen und die Pflanzungen das beste Wachstum zeigen. Die im großen zu schaffenden Vorbedingungen werden sich wegen des Aufwandes an Geld und Arbeitskräften von diesem Optimum mehr oder weniger entfernen müssen. Im Betriebe der forstlichen Praxis sind von je bis auf den heutigen Tag, ganz im Gegensatz zu Gärtnerei und Landwirtschaft, die verschiedensten Grade und Arten der Bodenbearbeitung für die Verjüngung in Gebrauch.

---

[1]) Vgl. dazu die Vorträge von ORTEGEL u. ABETZ und die anschließende Diskussion auf der Vers. d. dtsch. Forstver. in dessen Verhandlungen 1934, ferner DENGLER: Einzelstammwirtschaft. Z.F.J.W. 1935, S. 1.

Alle Maßregeln, die dabei ausgeführt werden, lassen sich im allgemeinen auf drei grundlegende Gesichtspunkte zurückführen: Es wird angestrebt 1. *die Beseitigung einer ungünstigen Bodendecke*, 2. *die Lockerung* und 3. *eine Durchmengung der oberen Bodenschichten*. Es wird aber durchaus nicht immer alles zusammen erstrebt, sondern häufig auch nur eins oder das andere.

Die Beseitigung einer ungünstigen Bodendecke. Jede Bodendecke im Walde ist wohl für die Verjüngung ungünstiger als der nackte, offene Boden. Solchen aber haben wir im Walde fast nirgends. Die gewöhnliche Waldbodendecke ist entweder Laub- oder Nadelstreu (*tote Bodendecke*), oder sie wird durch die den Waldboden überziehende Bodenflora gebildet (*lebende Bodendecke*). Nach alter Erfahrung ist jedes für sich allein meist ungünstiger als beides zusammen in lockerer Vermischung. Ein altes Sprichwort der Praxis sagt: Der Boden soll von ferne grün, von der Nähe braun aussehen! Das will heißen: In der Schrägansicht sollen die grünen Gewächse hervortreten, in der Nahsicht von oben soll überall die braune Streu durchschimmern. Ein solcher Zustand zeigt meist *eine gute Bodengare* an und ist besonders für die Naturverjüngung günstig. Erreicht wird das meist nur auf tätigeren, nicht allzu schweren und nicht zu feuchten Böden, auf denen die abgefallene Streu sich regelmäßig zersetzt und innerhalb eines Jahres mineralisiert wird, so daß keine Anhäufung und Rohhumusbildung stattfindet. Notwendig ist dazu auch ein nicht zu dichter, aber auch nicht zu lichter Schluß des Bestandes. Dieser günstige Bodenzustand stellt sich meist nur im Laubholz oder nur bei vorwiegender Schattholzbestockung ein. Wir finden auch im Nadelwald bei Fichte und Tanne manchmal ein ähnliches Bild: eine nur sehr dünne und lockere Moosdecke, die zwischen den kleinen Polstern überall den nackten Boden oder schwache Nadelstreuflecken zeigt. Auch hier sind es fast immer tätigere Böden, die solche erfreulichen Bilder aufweisen. Oft hat auch eine unbeabsichtigte Bodenverwundung bei der Holzfällung, durch Wild- oder Viehtritt, an Hängen auch durch das ablaufende Regenwasser mitgewirkt.

In anderen Fällen kann sich eine *dicke und schlecht zersetzte Bodendecke aus Laub oder Nadeln* gebildet haben, die zerstört oder beseitigt werden muß.

Die weitaus häufigsten und schwierigsten Hindernisse aber sind die *lebenden Bodendecken*. Den leichtesten Fall bilden noch die *Moose*, die dem Boden meist nur locker aufliegen. Ähnlich auf sehr trockenen, armen Sandböden die *Renntierflechte (Cladonia)*. Die schlimmeren Fälle bilden die verschiedenen *Gräser, die Beersträucher, das Heidekraut*, allein oder in Mischung miteinander. Als Sonderfälle sind noch zu nennen höhere Sträucher, wie Himbeere, Brombeere, Holunder und der Adlerfarn. Auch Wacholder und Besenpfrieme (*Spartium scoparium*) werden mitunter bei sehr üppigem Wuchs zum schweren Kulturhindernis.

Die *schädigende Wirkung*, die die vorgenannten und alle anderen Unkräuter im Walde für die Verjüngung haben, besteht einmal in dem *Raum- und Lichtentzug*, den ihre oberirdischen Teile je nach Dichtstand und Höhe gegenüber den jungen Keimlingen der Holzpflanzen ausüben, was man im allgemeinen mit dem Ausdruck *Verdämmung* bezeichnet, andererseits in der oft ungünstigen Form, in der ihre Abfälle verwesen (*Rohhumusbildung*), endlich aber, und das ist in den meisten Fällen das Schwerwiegendste, in der mehr oder minder starken und tiefgehenden Wurzelentwicklung, die ein dichtes Geflecht im Boden bildet, so daß es begreiflich erscheint, daß die zarten Jungpflanzenwurzeln damit nicht in Wettbewerb treten können (sog. *Wurzelkonkurrenz*). Man kann in solchen besonders schlimmen Fällen von *Verfilzung* des Bodens sprechen.

Die einzelnen Unkrautarten besitzen nach diesen und anderen Richtungen hin sehr verschiedene Eigenschaften, die uns leider mangels genauer Untersuchungen noch ungenügend bekannt sind. Jedenfalls treten für die Frage der Bodenbearbeitung aber deutlich *zwei Haupttypen* hervor: Der eine, bei dem sich durch die Entwicklung von Wurzelstöcken, Ausläufern u. dgl. ein *dichtes Geflecht nahe unter der Oberfläche* bildet, das *horizontal fest zusammenhängt*, während die senkrecht in die Tiefe gehende Bewurzelung mehr locker und zerstreut auftritt, und der andere, bei dem solche flach streichenden Organe fehlen, sich dafür aber eine *dichte in die Tiefe gehende Bewurzelung* bildet. Den ersten Typ vertreten hauptsächlich unsere Heide (*Calluna*) und die Beerkräuter (*Vaccinium Myrtillus* und *vitis Idaea*), den anderen die meisten unsrer Waldgräser (vgl. dazu die Abb. 90 und 91 in Teil I). Allerdings gibt es auch Übergangs- und Zwischenformen. Das auf unsern norddeutschen Kiefernböden besonders gefürchtete Landschilf, fälschlich meist Segge genannt, *Calamagrostis epigeios*, zeichnet sich z. B. sowohl durch starke seitliche Ausläuferbildung als auch durch eine sehr dichte und tiefe Wurzelbildung aus, die nicht selten bis zu 1 m hinuntergeht. Während beim Beerkrauttyp das Abziehen des oberflächlichen Filzes durch die seitliche Verflechtung erleichtert wird, wird es beim Grastyp wesentlich erschwert.

In den meisten Fällen wird eine schädliche Bodendecke für die Verjüngung mit besonderen Werkzeugen für die Bodenbearbeitung bekämpft. Hierüber wird später noch das Nötige gesagt werden. Andere mehr oberflächliche Mittel sind: das *Abschneiden mit Sicheln oder Sensen*, namentlich bei Streifenkulturen zwischen den Pflanzenreihen, um diese von der Lichtverdämmung durch hochwüchsige Unkräuter zu befreien und zu verhüten, daß letztere sich im Winter, durch Regen oder Schnee niedergedrückt, über die jungen Pflanzen legen. Man kann damit freilich nur für kurze Zeit helfen, da die ausschlagfähigen Unkräuter, wie manche perennierenden Gräser, Beerkräuter und Heide, oft um so stärker wiederkommen. In stark verheideten Kulturen wird auch das *Ausrupfen der jungen Heidepflänzchen* in den Kulturstreifen vielfach ausgeübt. Gegen den Adlerfarn soll auch mehrfaches Niederschlagen und Niedertreten der sich gerade entrollenden Wedel ein gutes Mittel sein, das bei öfterer Wiederholung die Pflanzen dauernd schwächt.

In anderen Fällen wird das *Abbrennen* des Bodenüberzuges vor Beginn der Verjüngung angewendet. So geschieht das teilweise heute noch im eigentlichen Heidegebiet. Früher war es auch anderswo bei uns häufiger. Vielfach bildeten auch die zahlreichen Waldbrände, die durch Unvorsichtigkeit der Hirten bei der Waldweide entstanden, eine geeignete Vorbereitung für die Naturverjüngung der Kiefer. Man hat daher auch neuerdings vorgeschlagen, dieses alte Mittel unter Beobachtung gewisser Vorsichtsmaßregeln versuchsweise wieder anzuwenden[1]. In den nordischen Ländern besteht sogar noch ein förmliches „*Brandkulturverfahren*", wobei nicht nur die Unkräuter zurückgedrängt, sondern nach den finnischen und schwedischen Untersuchungen[2] die in den nördlichsten Gebieten oft sehr ungünstigen Rohhumusbildungen verbessert werden. Eine Unkrautbekämpfung mit chemischen Mitteln stellt das neuerdings empfohlene *Bestäuben mit Natriumchlorat* dar, das sogar bei mehrmaliger Wiederholung im Frühjahr und Herbst starken Seggenwuchs nachhaltig vernichtet hat, ohne den Boden für die nächstjährige Kultur zu vergiften. Wegen Feuergefahr ist aber eine gewisse Vorsicht geboten. Ebenso wirksam, aber weniger feuergefährlich soll das Präparat *Anforstan* (I. G. Farbenindustrie) sein[3].

---

[1] Vgl. dazu GRAF V. D. RECKE: Naturverjüngung der Kiefer durch Brandkultur. Dtsch. F.W. 1928, S. 652.

[2] Acta forestal. fennica Bd. 4, 1925.

[3] HERRMANN, E.: Natriumchlorat als erprobtes Mittel gegen das Landrohr *Calamagrostis epigeios*. F.Arch. 1937, S. 106. HEINRICH, F.: Bedeutet die Anwendung chlorathaltiger Unkrautbekämpfungsmittel eine Waldbrandgefahr? Ebenda 1940, S. 189.

Die Bodenlockerung. Ein weiteres Ziel der Bodenbearbeitung ist die *Lockerung der obersten Bodenschichten* im Hauptwurzelraum der jungen Pflanzen. Dies soll den Keimlingen nicht nur leichteres und tieferes Eindringen ermöglichen, sondern es soll auch eine bessere Durchlüftung und ein besseres Einsickern der Niederschläge bewirken. Ein sehr fest und dicht gelagerter Boden scheint den jungen Wurzeln oft tatsächlich einen gewissen Widerstand entgegenzusetzen, außerdem wird die Durchlüftung und das rasche Eindringen der Niederschläge dadurch erschwert. Die Tiefe und den Grad der Lockerung kann man bei einiger Übung schon recht gut durch Einstoßen mit dem Spazierstock bestimmen. Es ist das auch tatsächlich ein in der Praxis vielgebrauchtes Mittel, um die Ausführung der Bodenbearbeitung im Walde nachzuprüfen[1]).

Über die *Notwendigkeit der Bodenlockerung für die Verjüngung* sind die Ansichten der forstlichen Praxis noch geteilt. Wissenschaftliche Untersuchungen und exakte Versuche darüber fehlen uns auch noch fast gänzlich, worauf schon RAMANN in seiner Forstlichen Bodenkunde hingewiesen hat. Man begnügt sich im allgemeinen, auf die Vorteile hinzuweisen, wie man sie aus den Erfahrungen der Landwirtschaft und des Gartenbaus kennt. Man muß aber demgegenüber bedenken, daß die natürliche Verjüngung im Walde in den meisten Fällen ganz ohne jede Bodenlockerung erfolgt und doch gedeiht, und daß das Wurzelsystem in den tieferen Schichten ja immer auf ungelockerten Boden stößt und doch darin weiterwächst, ohne daß man, von Ausnahmefällen abgesehen, irgendwelche Hemmungen oder Schwierigkeiten dabei bemerkt. Auch spricht die langjährige Übung mancher Kiefernwirtschafter des Ostens, auf ungelockerten Böden zu säen oder auch zu pflanzen, mindestens in manchen Fällen für die Entbehrlichkeit einer derartigen Bodenbearbeitung.

Die allgemeinen Vorteile einer Lockerung: Erleichterung des Eindringens der Wurzeln, bessere Durchlüftung des Bodens und daher Beförderung der Wurzelatmung, die wieder auf die Stoffaufnahme und Stoffumsetzung zurückwirken muß, schließlich auch rascheres Einsickern der Niederschläge sind trotzdem nicht zu bestreiten. Sie werden selbst da, wo man auch ohne Lockerung auszukommen vermöchte, der Verjüngung wohl meist ein besseres und schnelleres Hochkommen ermöglichen. Darauf kommt es in der Praxis aber wegen der vielen Gefahren der Keimlinge und Jungpflanzen doch oft in entscheidendem Maße an.

Eine *Lockerung in trocknen Zeiten und zu kurz vor Beginn der Verjüngung bringt aber leicht die Gefahr der Austrocknung* mit sich, weswegen es allgemeine Regel ist, die Bearbeitung so rechtzeitig auszuführen, daß der Boden sich wieder genügend „*setzen*" kann. Nötigenfalls muß man durch Anwalzen oder Antreten nachhelfen. Auch ist in der Frage der Bearbeitungstiefe bei schweren Lehm- und Tonböden große Vorsicht geboten, da hier eine zu tiefe Lockerung mit Heraufbringen des rohen Unterbodens sehr leicht zu Verschlämmung und Verdichtung führen und den Vorteil ins Gegenteil umkehren kann. Bei verfestigten Schichten im Untergrund (Pflugsohle, Ortstein) ist dagegen die Durchbrechung derselben allgemeine Regel. Im Durchschnitt begnügt man sich heute im Walde mit einer *Lockerung von* 15—20 cm *Tiefe,* was etwa der Länge eines Spatenstichs entspricht, während man früher tiefere Lockerung bis zu zwei Spatenstichen liebte und sich davon besonderen Nutzen versprach. Wie schon gesagt, fehlen uns leider genau durchgeführte Vergleichsversuche in diesen Fragen fast vollständig.

---

[1]) Ein feineres, aber mehr für wissenschaftliche Untersuchungen geeignetes Gerät ist die MEYENBURGsche Bodensonde, die den Druckwiderstand des Bodens in verschiedener Tiefe selbsttätig auf einem eingelegten Papierstreifen in Form einer Kurve darstellt. Vgl. Internat. Mitt. f. Bodenkde. 1923, S. 201, u. Z.F.J.W. 1926, S. 182.

Mengung des Bodens. Ein drittes Ziel der Bodenbearbeitung, das mit der Lockerung meistens Hand in Hand geht, ist die *Mengung des Bodens.* In früheren Zeiten sah man hier das Erstrebenswerte vielfach in einer Heraufbringung der tieferen, noch unverwitterten und daher für reicher und kräftiger gehaltenen Bodenschicht und umgekehrt die Herunterbringung der oberen, angeblich mehr ausgesognen Schicht nach unten. Daher galt das Rajolen (s. S. 382) als besonders vorteilhaft. Alle derartigen Verfahren pflegte man später mit *Umstülpverfahren* zu bezeichnen. Aus der Auffassung, daß die Menge der Mineralstoffe auch auf den ärmeren Böden den Bedarf unserer Holzpflanzen meist zu decken vermag, und daß viel wichtiger die Erhaltung einer reichen und guten Humusbeimischung ist, besonders auf Sandböden, ist das Ziel darin ins Gegenteil umgeschlagen. Man vermied umgekehrt gerade das Heraufbringen der unteren „sterilen‟ Schichten und erstrebte die Erhaltung der natürlichen Bodenlagerung. Allerdings sollte roher, unzersetzter Humus niemals oberflächlich liegenbleiben, sondern in möglichst guter Zerkleinerung mit den oberen Sandschichten vermischt werden. Hierfür sind in Norddeutschland besonders MÖLLER (s. auch S. 165) und SPITZENBERG eingetreten. Letzterer sah besonders in der wühlenden und mengenden Tätigkeit der im Boden lebenden Tiere das natürliche Vorbild und nannte das von ihm fein durchdachte und bis ins einzelne ausgearbeitete Verfahren „*Wühllockerung*‟ oder „*Wühlverfahren*‟[1]).

Leider mußte man dann aber feststellen, daß bei dieser Wühllockerung, bei der der humose Oberboden oben liegen bleibt, auch *der Unkrautwuchs besonders stark ist* und seine Bekämpfung zu hohen Kosten führt, so daß man wenigstens im östlichen Kieferngebiet nun wieder dazu übergegangen ist, eine *Überdeckung mit Sand aus tieferen Schichten* durch Anhäufelung mit sog. Aufhöhepflügen (S. 385) herbeizuführen. Ebenso wird bei dem neuerdings durchgeführten „Vollumbruchverfahren mit dem Trecker "(S. 392) wieder besonderer Wert auf Tiefumpflügen gelegt, um den humosen Oberboden mit „totem‟ Boden von unten zu überdecken der keine Unkrautsamen oder lebende Stolonen mehr enthält. Damit ist die durch SPITZENBERG verpönte Umstülpung bis zu einem gewissen Grade wieder zu Ansehen gekommen, da die Kulturerfolge die Berechtigung dazu erwiesen haben. (Näheres darüber S. 395). *Bodenumstülpung ist also nicht* „*Edaphonmord*‟[2]), wie man gesagt hat, *sondern vielmehr* „*Unkrautmord*‟. (Wieder hat hier der Gedanke, daß man alles der Natur nachmachen müsse, in die Irre geführt!)

Einen ähnlichen Weg in der Umkehrung der Bodenschichten geht übrigens auch das auf Moor- aber auch auf Rohhumusböden stellenweise angewandte *Sanddeckverfahren.* Ursprünglich bei der Melioration von Moorländereien angewendet (RIMPAUsches Deckverfahren), hat es sich auch im Walde bei der Verjüngung von moorigen und anmoorigen Böden zur Vermeidung des Auffrierens bewährt. Es ist dann auch auf Sandböden mit Rohhumusauflage in großem Umfange und mit bestem Erfolge zur Anwendung gebracht. So z. B. in Gelbensande in Mecklenburg, wo die dortigen sehr starken Rohhumusauflagen nach streifenweisem Abziehen des obersten Wurzelfilzes 4—5 cm hoch mit Sand aus dem Untergrund überdeckt wurden, den man aus Löchern der Zwischenstreifen entnimmt. v. OERTZEN verwirft sogar grundsätzlich jede Lockerung und Mischung des Bodens als überflüssig und schädlich und legt den Hauptwert auf die Überschichtung der Rohhumusauflage mit Decksand, die die dauernde Frischhaltung des Humus gewährleiste und nach den dortigen jahrzehntelangen

---

[1]) SPITZENBERG, G. K.: Die Wühlkultur. Neudamm.
[2]) JAKOB-Templin: Wühlkulturvorträge. Neudamm 1925.

Erfahrungen ein üppiges und anhaltend gutes Wachstum der Verjüngungen (meist Kiefernsaaten) verbürge[1]).

Ein bis zu gewissem Grade mit dem vorigen verwandtes Verfahren ist auch die *Dammkultur*, bei der mit dem Pfluge in zwei Pflugstrichen von rechts und links der Oberboden zu einem Damm nach der Mitte zusammengepflügt wird. Auch hierbei wird die humose Schicht wenigstens teilweise beim Umstürzen übersandet. Es finden sich im Damm oft drei Humusschichten (die unangerührte am Grunde und die beiden umgepflügten) mit entsprechenden Sandschichten dazwischen und darüber. In der Hauptsache ist das Verfahren deswegen angewendet worden, um die jungen Pflanzen, meist Kiefern, durch erhöhten Stand aus dem Unkraut herauszuheben. Ein solches Verfahren in Sachsen ist von WIEDEMANN[2]) beschrieben worden. Es soll dort recht gute Erfolge, insbesondere große Widerstandsfähigkeit gegen Dürre auf trocknen Dünensanden gezeigt haben. Die Pflugwallkulturen in Dobrilugk in der Lausitz haben aber nach anfänglich gutem Wachstum später die gleichen Wuchsstockungen und Kümmerungserscheinungen gezeigt wie auch nach anderen Verfahren begründete Bestände auf den dortigen armen Böden, so daß eine Überlegenheit nicht festzustellen ist. Manches in der Frage der zweckmäßigsten Bodenbearbeitung im Walde ist vorläufig noch strittig und ungeklärt und bedarf noch einer genauen und einwandfreien Erforschung und Versuchstätigkeit. Einen Anfang dazu bedeuten die Untersuchungen meines Assistenten Dr. WAGENKNECHT[3]), über die noch später zu berichten sein wird. Sicher wird die beste Form der Bearbeitung mit dem verschiedenen Standort zu wechseln haben. Neben den klimatischen Unterschieden (trockene und feuchte Gebiete) und den verschiedenen Bodenarten (Sand-, Lehm-, Ton- und Moorböden) werden gerade auch die Unterschiede in der Bodenflora (vgl. oben Beerkraut- und Grastyp) oft andere Methoden erfordern.

Bearbeitungsfläche. Die Bearbeitung kann entweder auf der *vollen Fläche* oder nur auf *Streifen* oder schließlich auch nur auf *Plätzen* erfolgen. Die Bearbeitung auf voller Fläche beschränkte sich bisher wegen der hohen Kosten meist nur auf leichtere und billigere Verfahren, z. B. Bodenverwundung mit Eggen und Grubbern zur Vorbereitung für die natürliche Verjüngung, wobei überhaupt eigentlich nicht jeder Teil der Fläche von der Arbeit betroffen wird, sondern dazwischen immer noch kleinere oder größere Flecke unbearbeitet bleiben. Vollbearbeitung im eigentlichsten Sinne finden wir nur in den Saatkämpen und bei dem sog. Vollumbruchverfahren (vgl. weiter unten). Die *Entfernung der Streifen* richtet sich ganz nach den Umständen und der gewünschten Dichte der zu erziehenden Bestände. Meist schwankt die Entfernung von Mitte zu Mitte zwischen 1—2 m, liegt aber bei der weitaus häufigsten Bodenbearbeitung für Kiefernkulturen in der Regel bei 1,3—1,5 m. Leider bedingt die Arbeit mit dem Waldpfluge mindestens diese Entfernung der Streifen, da die nach beiden Seiten abgeschälten Bodenüberzüge (Plaggen) sich sonst nicht richtig ablegen lassen, sondern übereinander gestülpt werden und abrutschen bzw. zurückklappen. Die Breite des bearbeiteten Streifens beträgt durchschnittlich 0,30—0,70 m. Früher begnügte man sich meist mit schmaleren, nur 40 cm breiten Streifen, heute strebt man im allgemeinen eine größere Breite von 50—70 cm an, damit

---

[1]) OERTZEN, v.: Humus und Kulturen auf Humus. Z.F.J.W. 1904, S. 32.

[2]) WIEDEMANN, E.: Die HERTERschen Pflugdammkulturen im sächsischen Staatsforst Dresden. Z.F.J.W. 1924, S. 387. — Eine ältere Anwendung findet sich in der Lausitz. Vgl. SCOTT-PRESTON: Der Anbau der Kiefer auf Pflugwällen in der Oberförsterei Dobrilugk. Z.F.J.W. 1888, S. 513.

[3]) WAGENKNECHT, E.: Über den Einfluß verschiedener Bodenbearbeitungsverfahren auf das Wachstum von Kiefernkulturen. Z.F.J.W. 1941, S. 297 ff.

die jungen Pflanzen freieren Entwicklungsraum zwischen dem Unkraut auf den unbearbeiteten Streifen behalten. Auch kann man auf den breiteren Streifen besser mit fahrbaren Geräten zum Behacken arbeiten. Die Bearbeitung in *Plätzen* ist meist nur bei Einzelpflanzung größerer Pflanzen (Eichen- und Buchenlohden, 4—5jährigen Fichten) üblich. Die Entfernung der Plätze voneinander wechselt auch hier. Bei der Fichtenpflanzung ist 1,5 m im Quadratverband das üblichste, die Größe der Plätze beträgt meist 30—40 cm im Geviert.

Zeit der Bearbeitung. Im allgemeinen ist eine *möglichst frühzeitige* Bearbeitung des Bodens vor der Kultur wünschenswert, damit die Winterfeuchtigkeit in den Boden einziehen und dieser sich wieder von selbst zusammenlagern, „setzen", kann. Eine späte Bearbeitung im Frühjahr kurz vor der Kultur ist namentlich für Saaten auf trocknen Sandböden gefährlich und erfordert mindestens noch ein vorheriges Anwalzen.

ALBERT[1]) möchte neuerdings die ganze Bodenbearbeitung schon in den Vorsommer in den noch stehenden Bestand hineinverlegen, damit die Bodengare unter dem Einfluß der Wärme besser und tiefer eindringen kann. Er weist hierbei auf die heutigen Grundsätze des Frühpflügens in der Landwirtschaft hin („Der Pflug soll schon an der Sense, nicht mehr bloß am Erntewagen hängen!"). Inwieweit sich aber die Bodenarbeit im stehenden Bestand ohne schwere Störungen durch den nachfolgenden Fällungsbetrieb und unverhältnismäßige Erhöhung der Kosten für ihre Wiederinstandsetzung durchführen läßt, müßte erst noch erprobt werden, ebenso, ob der Gewinn tatsächlich ein so großer sein würde. Wir dürfen nicht vergessen, daß bei uns doch grundlegend andere Verhältnisse wie in der Landwirtschaft vorliegen (starke Unkrautdecken, sofortiges Wiedereinsetzen der Verunkrautung, Notwendigkeit von Dauererfolgen und nicht nur von augenblicklichen Wirkungen u. a. m.).

8. Kapitel. **Die Geräte für die Bodenbearbeitung und ihre Anwendung.**

Die Geräte und Werkzeuge für die Bodenbearbeitung im Walde sind meist der Landwirtschaft und dem Gartenbau entnommen. Sie sind für die Arbeit im Walde entsprechend abgeändert, besonders wegen der größeren Hindernisse im Boden (Stöcke, Wurzeln, Steine) meist kräftiger und schwerer ausgestaltet. Einzelne Geräte sind auch unmittelbar für den Wald erdacht und erbaut worden. Gerade in letzter Zeit hatten sich in Deutschland und besonders in Norddeutschland die Erfindungen auf diesem Gebiete geradezu überstürzt, ein großer Teil von ihnen ruht aber heute schon wieder auf den „Maschinenfriedhöfen".

Es kann hier nicht die Aufgabe sein, alle Einzelformen in ihren oft nur unwesentlichen Abweichungen aufzuführen, zumal dann, wenn sie nicht lange und allgemein eingeführt sind. Ebensowenig soll auf die vielen älteren Geräte eingegangen werden, die heute meist außer Gebrauch gekommen sind. Es wird nur eine beschränkte Auswahl herausgegriffen werden, die entweder besonders häufig verwendet werden oder deren Konstruktion besondere, für die Bodenbearbeitung im Walde wichtige und eigenartige Gedanken verkörpert. Im übrigen wird auf die Preisverzeichnisse der hauptsächlichsten deutschen Formen für forstliche Geräte und Werkzeuge hingewiesen[2]).

---

[1]) ALBERT, R.: Bemerkungen zur Frage der Bodenbearbeitung im forstlichen Großbetrieb. Dtsch.F.W. 1929, Nr. 47.

[2]) NAGEL-Forstgeräte G. m. b. H. (vorm. E. E. NEUMANN) in Eberswalde, WILHELM GÖHLERS Witwe in Freiberg i. Sa.

A. Handgeräte.

1. Rechen oder Harken. Die Arbeitsteile sind *schmale, feststehende Zinken,* die in verschiedener Zahl und in verschiedenem Abstand auf einem Querbalken befestigt sind, der einen langen Stiel zur Führung besitzt. Zinken und Querbalken sind für den Gebrauch im Walde meist aus Eisen gefertigt.

Die Harken dienen in der Hauptsache nur zur Entfernung von Streu oder feinem Reisig als Vorbereitung für andere Bodenbearbeitung, oder zum Einebnen und zur feineren Zerkrümelung des Bodens nach Vorbearbeitung mit anderen Geräten. Nur bei leichten Streu- oder schwachen Moos- und Flechtendecken genügt ihre alleinige Anwendung oft schon zu ausreichender Bodenverwundung.

Eine besondere Konstruktion stellt die HILFsche *Krümelharke* (Abb. 185a) dar. Damit sich Streu und Reisig nicht so leicht vor den Zinken festsetzen, sondern seitlich abstreifen, ist der Balken des Rechens in der Mitte stumpfwinklig gebogen, außerdem besitzt er ein bogenförmiges Joch, um in Reihenkulturen die Jungpflanzen zwischen sich durchzulassen. Je ein Zinken auf jeder Seite ist verbreitert, um etwas kräftiger einzugreifen. Das Gerät ist in der Hauptsache zur

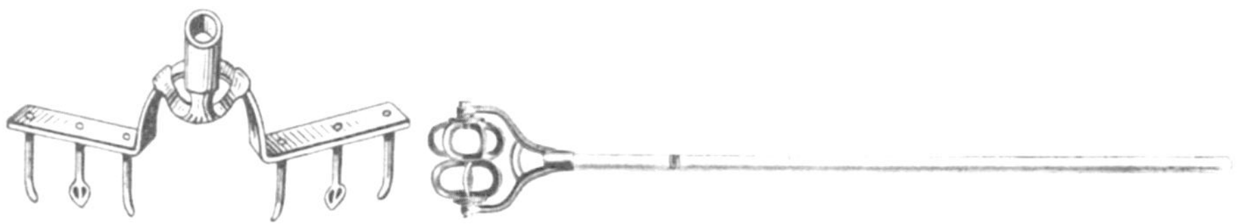

Abb. 185a. HILFsche
Krümelharke.

Abb. 185b. SPITZENBERGsche Rollhacke.

Pflege nach beendeter Kultur (Freihalten von Unkraut, Lockerhaltung der Oberfläche) bestimmt. Für Kämpe mit verschiedener Entfernung der Pflanzreihen wird auch eine Harke mit verstellbarer Breite geliefert.

Einen Übergang von den Rechen zu den Hacken bildet der SPITZENBERGsche *Wühlrechen* oder *Rollhacke* (Abb. 185b). Hier stehen eine Anzahl halbkreisförmiger Messer an einer drehbaren Achse. Beim Hin- und Herrollen drücken sich diese in den Boden ein und wirbeln ihn durcheinander. Zum tieferen Eindringen dienen Beschwerringe, die auf dem Stiel befestigt werden können. Das Gerät hat den Vorteil, daß es sich in verwurzeltem Boden nicht so leicht festsetzt wie die Rechen mit feststehenden Zinken, kann aber Hindernisse, wie Wurzeln und Steine, auch kleineren Umfangs, nicht entfernen.

2. Hacken. Bei den Hacken sind die Arbeitsteile *eiserne Blätter* (*Blatthacken*) oder *breite blattartige Zinken* (*Zinkenhacken*). Während die Rechen durch Ziehen bewegt werden, um die Bodenoberfläche aufzureißen, werden die Hacken schwungartig in den Boden eingeschlagen und brechen ihn auf.

Die breitesten Blatthacken sind die sog. *Plaggenhacken* (25—30 cm breit) (Abb. 186). Sie dienen dazu, starken Bodenüberzug vom Untergrund abzutrennen und abzuschälen. Diese Hacken sind sehr schwer und werden im allgemeinen von Männern geführt.

Nur $\frac{1}{2}$—$\frac{1}{3}$ so breit ist die gewöhnliche, in Garten oder Feld gebrauchte *Flach-* oder *Blatthacke*, die von Frauen bedient wird (Abb. 187a). Leichterer Bodenüberzug kann auch hiermit abgeschält werden. Außerdem kann der darunterliegende Mineralboden damit flach gelockert, „durchgehackt", werden. Je nachdem dies gröber oder feiner geschieht, spricht man von *Grob-* oder *Schollig-*

hacken oder von *Kurzhacken*. Ersteres ist im allgemeinen nur dann am Platz, wenn der Boden noch längere Zeit vor der Kultur (über Winter) liegenbleibt und dann durch die Einwirkung von Frost und Regen weiterzerkleinert wird. Für Saat, insbesondere Maschinensaat, wird aber meist nach jeder Hackarbeit noch ein Einebnen mit dem Rechen nötig sein. Die Handhackarbeit schafft bei sorgfältiger Ausführung eine recht gute, aber nur sehr flache Lockerung und Durch-

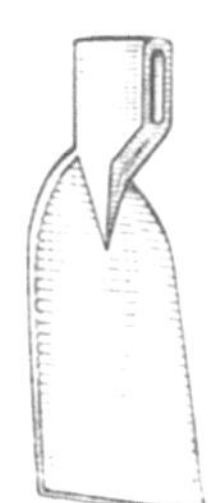

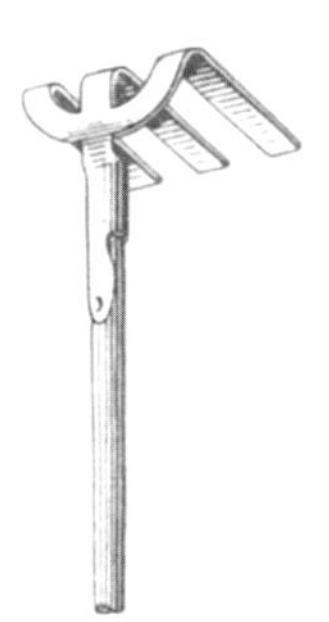

Abb. 186. Plaggenhacke.   a) Blatthacke   b) Dreizinkenhacke   c) Sollinger
Abb. 187 a—c.   Häckelhacke

mengung des Bodens, ist aber meist teuer, namentlich auf stärker verwurzelten Böden, wo oft jeder Hackenschlag auf Hindernisse stößt. Die Hacke wird auch zum *Entfernen von Unkraut* nach erfolgter Kultur gebraucht, wobei der Hackenschlag flach geführt und das Unkraut abgeschärft wird. Dieses wird dann mit der Hand leicht ausgeschüttelt und beiseite geworfen (sog. *Ausmengen*). Auch dieses Behacken der Kulturen ist verhältnismäßig sehr teuer und erhöht die anfänglichen Bodenbearbeitungskosten oft auf das Doppelte und Mehrfache, je nachdem, wie oft es nötig wird.

Statt der einblattigen Feldhacke wird auch viel die *dreizinkige Hacke* (Abb.187b) gebraucht, die im allgemeinen den Boden noch besser durchmengt als die Blatthacke. Ihr entsprechen auf schwereren Böden die stärkeren *Häckelhacken*, wie z. B. die Sollinger Häckelhacke (Abb. 187c).

Ein schmales, aber langes Blatt bei stärkerem Bau im ganzen haben die im Gebirge zur Herstellung von Pflanzlöchern verwendeten *Kulturhacken*, wie z. B. die Harzer Hacke (Abb. 188a) und ähnliche in anderen Gegenden Deutschlands verwendete Formen.

Zur Bewältigung schwerster Hindernisse im Boden, wie starker Wurzeln und größerer Steine, dienen die ganz starken *Rodehacken* und die *Spitzhacken* oder Pickel. Eine Zusammensetzung beider ergibt schließlich die *Kreuzhacke* (Abb. 188b).

Zu dem besonderen Zwecke der Unkrautbekämpfung gibt es noch eine Anzahl hackenähnlicher Werkzeuge. So z. B. den *Wassis-Hand-*

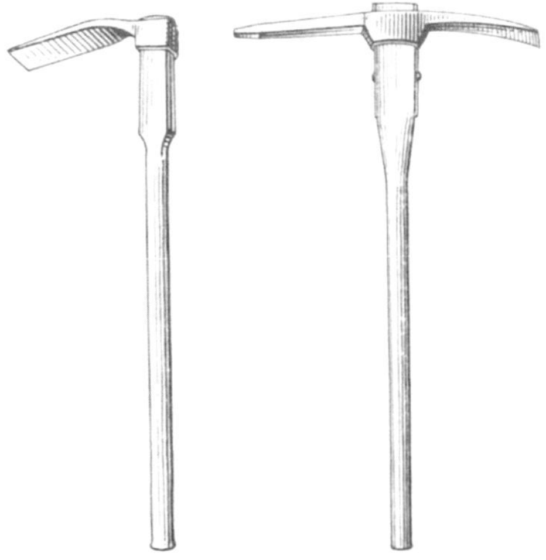

a) Harzer   b) Kreuzhacke (links Spitz-
Kulturhacke   hacke, rechts Rodehacke)
Abb. 188 a und b.

a) WASSIS Handpflug

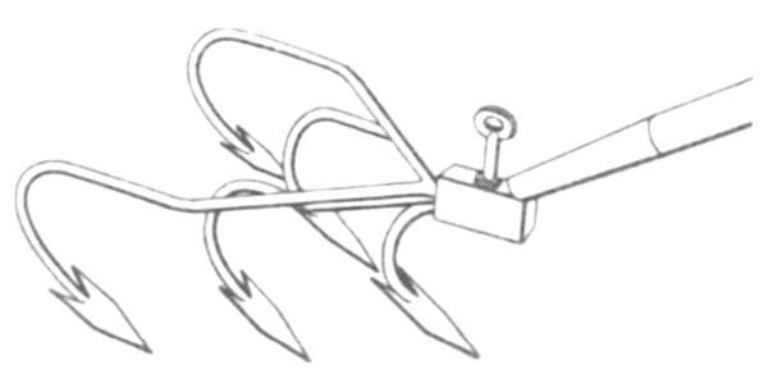

b) Verstellkultivator der Firma WOLF.
(Betzdorf a. d. S.)

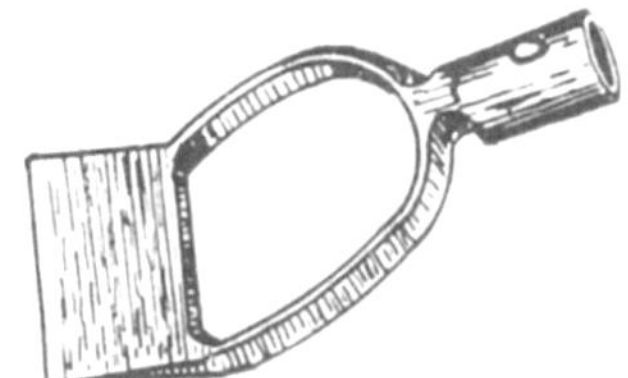

c) Halstenbeker Schuffel

Abb. 189 a—c. Unkrauthacken

pflug, der in der Landwirtschaft bei der Rübenkultur viel gebraucht wird (Abb. 189a), der WOLFsche Handkultivator (Abb. 189b) und die *Halstenbeker Schuffel* (Abb. 189c). Alle drei werden flach an der Oberfläche des Bodens hingezogen, um die Unkräuter abzuschneiden und abzuschürfen. Allerdings dürfen diese dabei noch nicht zu stark, sondern am besten in der ersten Entwicklung begriffen sein. Auch darf der Boden nicht zu fest sein. Sie finden daher meist nur in Pflanzgärten und Saatkämpen Anwendung, weniger in Freikulturen.

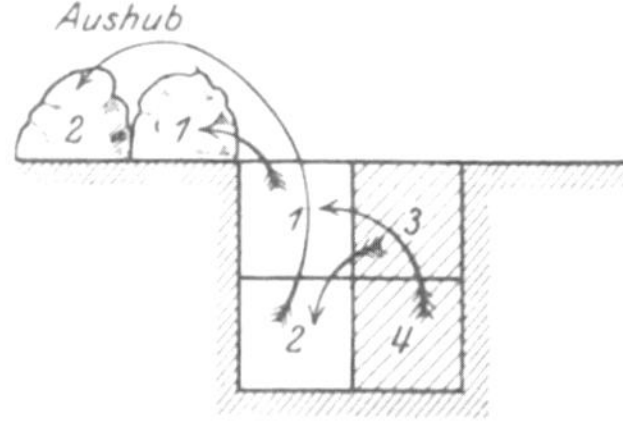

a) Rajolen mit Umkehr
der Schichten

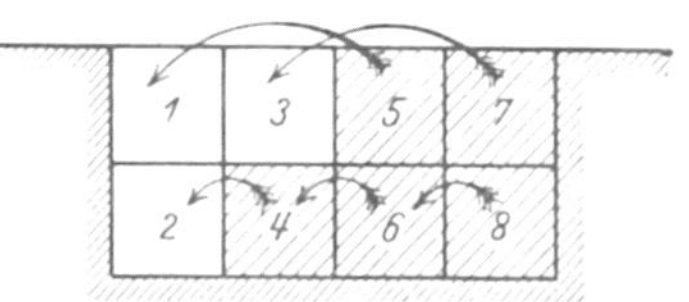

b) Rajolen ohne Umkehr
der Schichten

Abb. 190 a und b

3. Spaten. Die *Spaten* haben breite eiserne Blätter mit verstählter Schneide. Sie werden in den Boden hineingestoßen, meist unter Zuhilfenahme des Fußes, und es wird eine Erdscholle, ein Stich, ausgehoben und dann mit einer Wendung wieder abgelegt. Hierbei zerbricht die Scholle je nach der Bindigkeit des Bodens

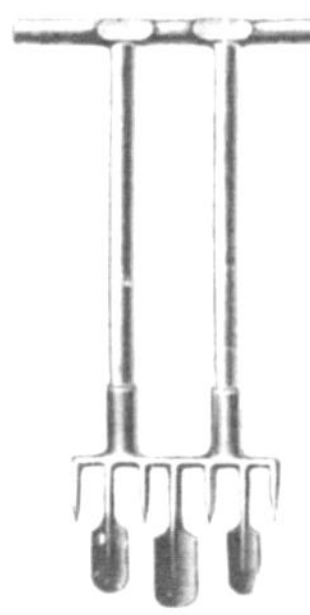

Abb. 191
SPITZENBERG-
scher Wühlspaten

mehr oder minder stark. Durch kreuzweises Einstoßen des Spatens kann sie noch weiter zerkleinert werden. Man unterscheidet bei der Spatenarbeit das *einfache Umgraben* und das *Rajolen* (Rijolen oder Rigolen). Auch beim Umgraben wird der oberste Boden immer etwas umgelagert, aber doch mehr gemengt als umgestülpt. Eine vollständige Umkehr der Schichten findet dagegen beim Rajolen statt. Dieses wird zwei Spatenstiche tief ausgeführt, womit also auch eine bedeutende Tiefenlockerung verbunden ist. Es wird in der Weise vorgenommen, daß man ein zwei Stich tiefes Loch oder einen entsprechenden Graben aushebt und den Aushub zunächst beiseite legt. Der oberste Spatenstich des anschließenden Lochs oder Grabens kommt dann in den Untergrund, der zweite, tiefere Stich darüber und so fort. Zum Schluß wird das letzte offene Loch mit dem Aushub des ersten zugefüllt. Über den Gang der Ausführung vergleiche man die Abb. 190a. Ein Rajolen ohne Umkehr der Schichten kann man auch durch die in Abb. 190b dargestellte Art der Ausführung erreichen.

Eine besondere Form des Spatens stellt der von Hegemeister SPITZENBERG erfundene *Wühlspaten* (Abb. 191) dar. Er besteht aus drei kleinen Spatenblättern, die nach obenhin in quer dazu gestellte, messerartige Teile auslaufen und an dem

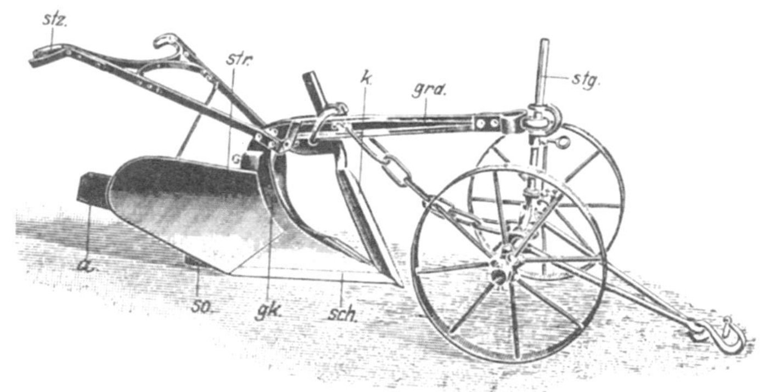

Abb. 192. Choriner Wald- oder Forstkulturpflug CFM in Arbeitsstellung
(Hersteller: Nagel-Forstgeräte G. m. b. H., vormals E. E. Neumann, Eberswalde).
sch = Pflugschar; *so* = Pflugsohle; *str* = Streichbretter; *a* = Abstreifer; *gk* = Grieskörper;
grd = Grindel; *stz* = Sterzen; *k* = Kolter (Messerkolter); *stg* = Stellstange mit Stellvor-
richtung zum Einstellen des Tiefganges.

eisernen Verbindungsbalken noch vier kleinere Messer zwischen sich tragen. Der Spaten wird mit genau vorgeschriebenen Stichen in den Boden gestoßen. Durch tiefes Vor- und Rückwärtsdrücken des Handgriffs wird dann der Boden zerschnitten und von unten her aufgebrochen. Es soll dadurch die von SPITZEN-BERG angestrebte Wühllockerung ohne jede Verlagerung der Bodenschichten bewirkt werden. Es ist dazu eine eingehende Gebrauchsanweisung von SPITZEN-BERG herausgegeben, die genau beachtet werden muß, um den beabsichtigten Erfolg zu erreichen und unnötige Zeit- und Kraftverschwendung zu vermeiden. Es können damit ebenso einzelne Grabe- bzw. Wühlplätze wie auch Streifen hergestellt werden. Das Gerät ist äußerst sinnreich durchkonstruiert, aber reichlich schwer und unhandlich. Es hat sich in der Praxis nur hier und da eingeführt.

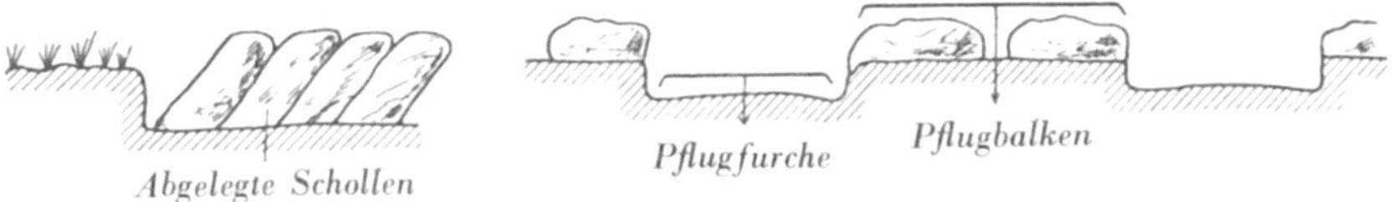

Abb. 193 a und b. Arbeit des Feld- und Waldpfluges.

B. Bespannte oder mit Motoren arbeitende Geräte.

1. Pflüge. Der Hauptarbeitsteil des Pfluges besteht aus einem meißel- bis keilförmigen, verstählten Eisenstück, der *Pflugschar* (*sch* in Abb. 192), die sich in den Boden eindrückt und ihn beim Vorwärtsziehen aufreißt. Die aufgebrochene Erde gleitet dann nach hinten auf das eiserne, nach oben umgebogene *Streichbrett* (*str*), wird von diesem gehoben und in Schollen nach außen abgelegt. Die Ackerpflüge, die nur ein Streichbrett haben, das kleiner und nicht so stark geschwungen ist als bei den Waldpflügen, legen die Scholle nur nach einer Seite ab und stellen sie schräg auf die hohe Kante. Die Waldpflüge, wie der in Abb. 192 dargestellte verbesserte ECKERTsche oder sog. *Choriner Waldpflug*, haben zwei größere und stark geschwungene Streichbretter, die nach jeder Seite eine Scholle ablegen und dabei umkehren. Während beim Feldpflügen die Pflugfurche beim

Abb. 194. Walzenforstpflug von STEHLE. (Aus der Bildersammlung. des Iffa, Institut für forstliche Arbeitswissenschaft, Eberswalde.)

nächsten Gang durch neue Schollen zugefüllt wird, bleibt beim Streifenpflügen, wie es mit dem Waldpflug ausgeführt wird, die *Pflugfurche* offen, und zwischen je zwei Furchen bildet der um die umgelegte Scholle erhöhte Boden dann den *Pflugbalken* (vgl. Abb. 193a u. b). Die Pflugfurche bildet den Streifen für die Kultur, der Pflugbalken bleibt unbenutzt liegen. Zum besseren Abstreifen und Umlegen der Scholle haben die Streichbretter der Waldpflüge meist noch kleine Ansätze, die sog. *Abstreicher* (*a* in

Abb. 192). Das unter der Schar und den Streichbrettern wagerecht liegende eiserne Verbindungsstück, auf dem der Pflug gleitet, ist die *Pflugsohle* (*so*). Schar, Streichbretter und Sohle sind auf dem aus Stahlguß hergestellten *Grieskörper* (*gk*) oder der *Griessäule* befestigt. Der deichselartig nach vorn gehende (eiserne) Balken heißt *Grindel* (*grd*). Er trägt nach hinten die zur Führung des Pfluges bestimmten Handgriffe oder *Sterzen* (*stz*) und, vor der Pflugschar eingeschaltet, meist noch ein sog. *Kolter* (*k*), das entweder, wie in Abb. 192, Messerform (*Messerkolter*) oder Scheibenform hat (*Scheibenkolter*) und den Bodenüberzug vor der Schar auftrennen soll. Am vorderen Ende des Grindels befindet sich die Anspannvorrichtung, die in Abb. 192 aus einem Räder-gestell mit senkrecht nach oben gehender *Stellstange* besteht. An dieser kann durch Höher- oder Tieferstellen des Grindel-baumes der gewünschte Tiefgang des Pfluges geregelt werden. Ein Pflug mit einer solchen Vorderkarre, die einen leichteren und gleichmäßigeren Gang bewirken soll, nennt man *Karrenpflug*. Befindet sich zur Führung am Grindel nur ein Stelz mit Gleitschuh oder kleinem Rad, so spricht man von *Stelzpflügen* (vgl. Abb. 195), ist

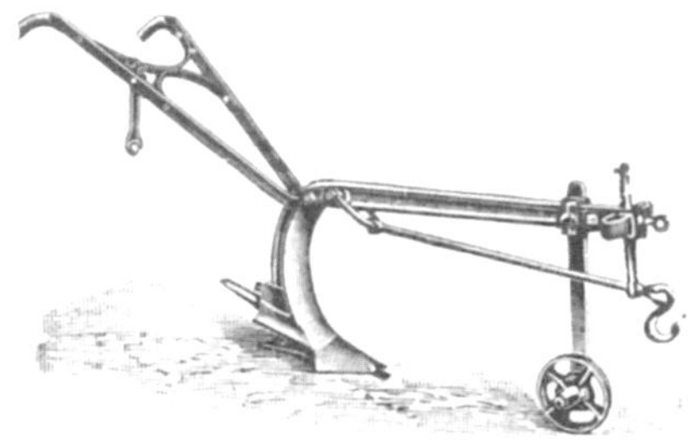

Abb. 195. Untergrundpflug.

der Grindelbaum ganz frei, so daß der Tiefgang dauernd durch den Führer mittels Druck auf die Sterzen geregelt werden muß, von *Schwingpflügen*. Da man im Walde im allgemeinen nur den Bodenüberzug möglichst flach abschälen will, so wird der Pflug hoch eingestellt. Allerdings setzt er dann bei Unebenheiten leicht aus, auch klappt der Bodenüberzug bei zu flachem Abschälen gern zurück, was dann ein meist teures Nacharbeiten mit der Hand erfordert. Um das Zurück-klappen möglichst zu vermeiden, sind an der Pflugschar häufig noch kleine Seitenmesser angesetzt, die den Bodenüberzug an der Umbiegestelle von unten anschneiden sollen. Später ist ein Waldpflug mit einer aus zwei Walzen bestehenden Vorderkarre herausgekommen, der ein besonders sauberes und gleichmäßiges Abschälen und Ablegen des Bodenüberzuges bewirken soll, der STEHLE-NEUMANNsche *Walzenforstpflug* (Abb. 194). Einen sehr starken, für besonders feste und schwierige Bodendecken gebauten Pflug stellt der sog. „*Kuli*" dar[1]).

Zum Lockern in der Tiefe dienen sog. *Untergrundpflüge* oder *Untergrundhaken* (Abb. 195), die keine Streichbretter, sondern nur eine sehr starke Schar mit meißelartiger Spitze haben, und die den Boden nur in einer schmalen Furche tief von unten her aufbrechen. Sie werden gewöhnlich nur auf verhärteten oder bindigen Böden angewendet, nachdem die Bodennarbe abgeschält oder durch ein flach gehendes Gerät zerstört ist (z. B. zur Lockerung nach dem Waldpflug).

Um die durch den Waldpflug geschaffene Tieflagerung der Furche möglichst auszugleichen und den Pflanzen einen erhöhten Stand zu geben, hat man neuerdings versucht, durch besondere Arbeit mit *Häufelpflügen* in der Furche einen Damm herzustellen, auf den die Pflanzen gesetzt werden. Gleichzeitig wird dabei der untere humuslose oder doch nur gering humose Mineralboden nach oben gebracht und dadurch die

Abb. 196. Neuruppiner Hochstreifen auf Beerkrautfilz. Frühjahr 1930 mit 1jährigen Kiefern bepflanzt. Lichtbildaufnahme 28. 8. 1930. Trotz 7wöchiger Regenzeit Streifen völlig unkrautfrei. Pflanzen kräftig entwickelt. Trieb 18 cm lang.

Verunkrautung der Pflanzstreifen hintangehalten, so daß die hohen Kosten für das Behacken der Kulturen teilweise gespart werden. Die Erfahrungen, die man mit diesem „*Aufhöheverfahren*" bei den Kiefernkulturen in Norddeutschland gemacht hat, sind jedenfalls sehr befriedigend[2]) (vgl. Abb. 196). Bei dem für diese Zwecke gebauten *Neuruppiner Aufhöhepflug* wird der Boden in der Furche einseitig hochgepflügt (vgl. Abb. 197 u. 198), bei dem *Zehdenicker Aufhöhepflug*[3]) dagegen von zwei Seiten her nach der Mitte zu (vgl. Abb. 199 u. 200).

---

[1]) BÜLOW, C.: Der „Kuli", ein neuer Kulturpflug. Z.F.J.W. 1932, S. 232.
[2]) Vgl. H. ARMBRUSTER: Ergebnisse des Aufhöhens der Pflugstreifen. Silva 1932, H. 7.
[3]) Bezugsquelle für beide Pflüge: NAGEL-Forstgeräte, Eberswalde. Im Prospekt der Firma sind beide Verfahren genau beschrieben.

2. Eggen, Grubber und ähnliche Geräte. Eine Reihe von anderen bespannten Geräten dient der *Zerreißung* und *Zerkleinerung* und dabei *zugleich auch der Mengung des oberen Bodens* mit Hilfe von Zinken oder Messern, die teils fest stehen, teils federn, teils auch an drehbaren Achsen angebracht sind und sich teils reißend, teils stechend durch den Boden bewegen. Solche Geräte werden in der Landwirtschaft *Eggen*, *Grubber* oder *Kultivatoren* genannt.

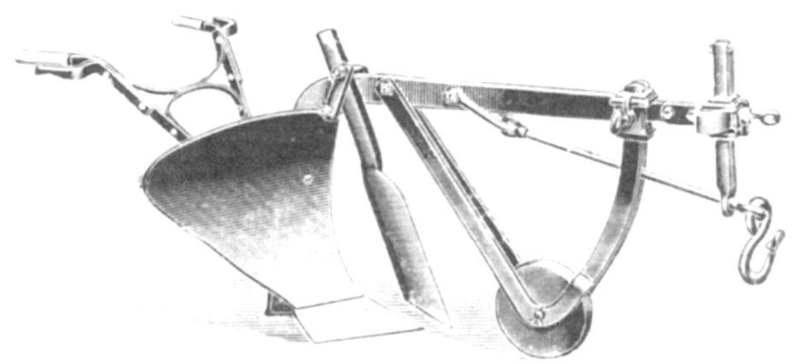

Abb. 197. Neuruppiner Streifen-Aufhöhepflug.

Es sollen hier nur einige der bekanntesten und häufiger verwendeten Geräte, sowie einige andere herausgegriffen werden, deren Baugrundsätze besonders eigenartige und neue Gedanken verkörpern.

Zu den älteren derartigen Geräten gehört die *dänische Rollegge* (Abb. 201), die an zwei drehbaren Achsen neun Scheiben und an jeder Scheibe sechs sichelförmig gekrümmte Zinken trägt, die sich bei der Bewegung in den Boden eindrücken, leichtere Bodendecken zerreißen und den Boden oberflächlich etwas

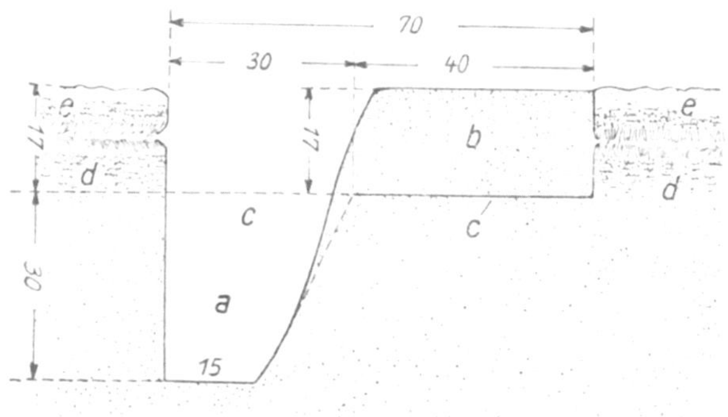

Abb. 198. Profil des Neuruppiner Hochstreifens nach der Herstellung. (Nach dem Setzen oder Anwalzen des aufgehöhten Bodens liegt dieser etwas tiefer.) *a* Ausgeworfener Graben; *b* aufgehöhter, lockerer Boden; *c* Waldpflugsohle; *d* Bodendecke; *e* umgeklappte Plaggen.

lockern und mengen. Das Gerät ist in Dänemark viel zur Bodenverwundung in Buchenbeständen verwendet worden. In früheren Jahrzehnten ist es auch bei uns mehrfach hierfür angewandt, aber neuerdings durch ähnliche, verbesserte und kräftiger wirkende Geräte ersetzt worden[1]).

Eine intensivere Bearbeitung als die dänische Rollegge ergibt sich durch Schrägstellung der Achsen und mehr flache, messerartige Form der Zinken bei

---

[1]) Näheres über diese s. HEYER u. HESS: Waldbau, 5. Aufl., Bd. 1, S. 125.

der *finnischen Spatenrollegge* (Abb. 202) und dem ähnlichen NAGELschen *Spaten-rolligel*. Durch diese wird der Boden kreuzweise zerschnitten und durchrissen. Immerhin sind auch diese Geräte mehr für leichtere Bodennarben (leicht begrünte Buchenböden, bemooste Kiefernböden, Auflockerung von Laub- und Nadelstreu-decken) und für ganz oberflächliche Bearbeitung geeignet und bestimmt.

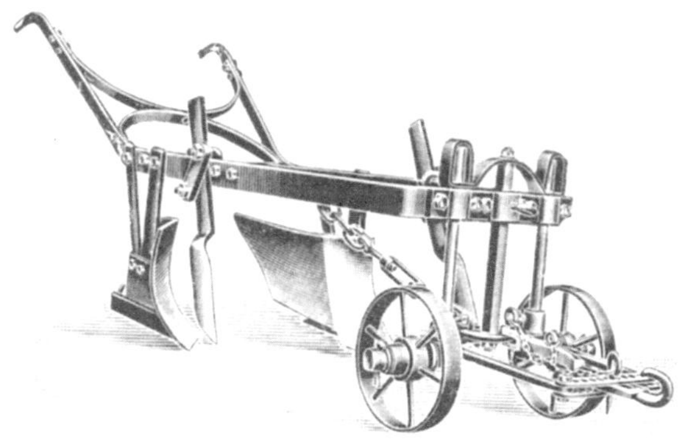

Abb. 199. Zehdenicker Streifen-Aufhöhepflug.

Ein tiefer arbeitendes Gerät ist der vom Senator GEIST in Waren in Mecklenburg erfundene *Wühlgrubber* in zwei Ausführungen, einer sehr schweren und wuchtigen, Marke „Keiler" (Abb. 203), und einer leichteren, früher „Frischling", jetzt „Überläufer" genannt. Besonders das erstere Gerät sollte zur Zerreißung stärkster Bodendecken und zur gleich-zeitigen Tieflockerung und Durchmengung dienen. Es hat sich aber auf den großen Forl-eulenkulturen mit starkem Seggewuchs als nicht ausreichend zur Bekämpfung gezeigt und ist heute durch die leistungsfähigeren Vollumbruchgeräte (s. später) verdrängt worden,

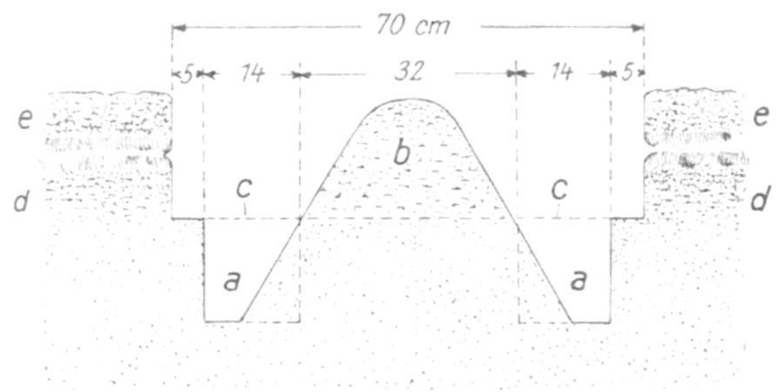

Abb. 200. Profil des Zehdenicker Hochstreifens nach der Herstellung. (Nach dem Setzen des Dammes ist dieser etwas niedriger und breiter.) *a* Ausgeworfener Graben; *b* aufgehöhter, lockerer Boden; *c* Wald-pflugsohle; *d* Bodendecke; *e* umgeklappte Plaggen.

Noch weniger bewährt haben sich die fahrbaren SPITZENBERGschen *Wühlgeräte*, die die Boden-bearbeitung auf schwer verunkrauteten Böden durch Anwendung von verschiedenen Arbeits-gängen mit besonderen Geräten (Wühlpflug, Wühlrad und Wühlegge) zu erreichen suchten, aber in Verfolgung des Grundsatzes, die natürliche Lagerung des Bodens dabei so wenig wie möglich zu stören (vgl. S. 377), zu keiner radikalen Beseitigung des Unkrautes geführt haben. Wo dieses durch nachfolgendes sorgfältigstes Ausmengen mit der Dreizinkenhacke versucht wurde, verursachte die Bearbeitung so hohe Kosten und Einsatz so starker menschlicher

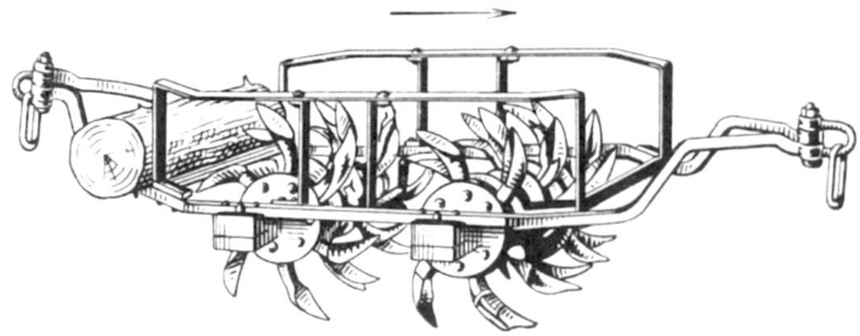

Abb. 201. Dänische Rollegge.

Abb. 202. Finnische Rollegge mit Stubbenkletterwalze.
(Aus der Sammlung des Iffa, Eberswalde.)

Arbeitskräfte, wie sie für die Kulturarbeiten fast nirgends im Walde mehr zur Verfügung stehen. Die Geräte und das ganze Verfahren sind hier nur wegen der Eigenart ihrer Konstruktionsideen erwähnt worden.

Eine Zerlegung der Bearbeitung in einzelne Arbeitsgänge findet auch beim NEUMANN-HILFschen *Wald- bzw. Gebirgsigel* statt. (Letzterer ist nur eine kräftigere Ausführung des ersteren, aber für alle verwurzelten und verunkrauteten Böden zu empfehlen.) Das Gerät ist ein Grubber mit Federzinken, welche den Widerständen im Boden nachgeben sollen. Durch die Ausgestaltung verschiedenartiger Schare, die an diesen Zinken angebracht und ausgewechselt werden können, soll der jedem Arbeitsgange eigentümliche Zweck gesondert erreicht werden. Für die verschiedenen Böden und Bodendecken sind daher bestimmte Verfahren ausgearbeitet, die aus den Gebrauchsanweisungen[1]) hervorgehen. Im großen und ganzen lassen sich die Teilarbeiten gliedern in:

1. ein Vorschneiden mit den Streifenschnittscharen (s. Abb. 204a), die den Bodenüberzug nur, wie der Name schon sagt, in Streifen schneiden;

2. das Abtrennen mit den Grubberscharen, das die Bodendecke etwas von unten und an den Rändern lösen soll (Abb. 204b);

3. das Ausmengen durch Handarbeit mit der Dreizinkenhacke,

Abb. 203. GEISTscher Wühlgrubber „Keiler".

____

[1]) Vgl. hierzu das neueste Preisverzeichnis der Firma NAGEL-Forstgeräte, Eberswalde, das die genauen Anweisungen für die verschiedenen Verhältnisse enthält.

a) Mit Streifenschnittscharen.

b) Mit Grubberscharen.

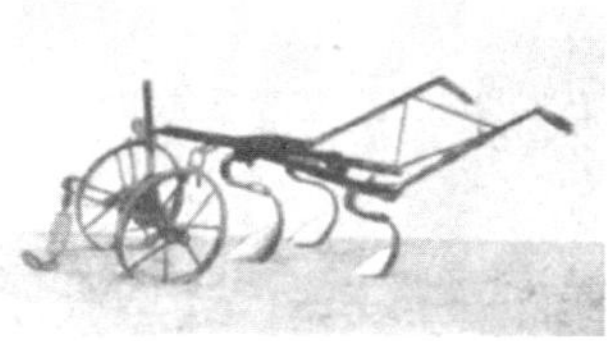

c) Mit Bodenschnittscharen.

d) Mit Winkelschnittscharen.

Abb. 204 a—d. Der NEUMANN-HILFsche Waldigel mit den verschiedenen Arbeitswerkzeugen.
(Aus der Sammlung des Iffa, Eberswalde.)

wobei der Bodenüberzug möglichst in zusammenhängenden Streifen abgehoben,
ausgeklopft bzw. ausgeschüttelt und dann beiseite gelegt wird.

4. das Durchkrümmern, entweder mit den Grubberscharen oder mit Feder-
eggenzinken oder auch mit Spatenrollen;

5. die Nacharbeit (Reinigung von Ästen und Einebnen), entweder mit Rechen
oder Gliedereggen, die auch schon beim 4. Arbeitsgang angehängt werden können.

An Bespannung genügen im allgemeinen 2 Pferde. Auch diese Bearbeitung erstrebt, wie ersichtlich,
möglichste Erhaltung des Humus,
Lockerung auf geringe Tiefe (10 bis
15 cm) und Durchmengung des Bodens, und bewährt sich für leichte
und mittlere Verhältnisse.

Einen ganz neuen Gerätetyp für
den Wald stellt die sonst mehr im
Gartengroßbetrieb benutzte „Fräse"
der SIEMENS-SCHUCKERT-Werke dar
(Abb. 205). Der Antrieb erfolgt hier
durch einen Explosionsmotor, der eine
Achse mit federnden Zinken in sehr
schnelle Drehung versetzt (1500 Um-
drehungen in der Minute) und hierdurch den Bodenüberzug und
Oberboden in feinste Teile
zerreißt und zerkrümelt und
äußerst locker ablagert (vgl.
Abb. 206). Auch hier ergab
sich für schwerere Boden-
decken eine zweckmäßige Gliederung in 2 Arbeitsgänge mit

Abb. 205. SIEMENS-Kleinfräse KV (5 PS) für
Forstwirtschaft mit Tiefenlockerungshaken
(Gesamtansicht mit Transportradkränzen).
(Hersteller: Siemens-Schuckert-Werke.)

Abb. 206. Vergleich zwischen Pflug- und Fräsarbeit
(Schema).

verschieden gestalteten und leicht auswechselbaren Werkzeugen[1]) (Schälhaken und Tiefenlockerungshaken). Außerdem ist noch eine Häufelvorrichtung anzuhängen, welche den gelockerten Boden nach der Mitte zu einem flachen Damm zusammenbringt, um den jungen Pflanzen von vornherein einen erhöhten Stand über dem Unkraut der Zwischenstreifen zu geben. In 2 Arbeitsgängen, unter sehr schwierigen Verhältnissen auch in 3 Gängen, läßt sich der nötige Kulturstreifen mit einer Lockerung von 15—20 cm Tiefe herstellen. Das Gerät ist unabhängig von den oft schwer zur gewünschten Zeit beschaffbaren Gespannkräften im Walde. (Zusammentreffen mit den landwirtschaftlichen Arbeiten.) Als Nachteil hat sich neben vielen Federbrüchen an stärkeren Wurzeln herausgestellt, daß bei Beerkrautdecken die in kleine Stücke zerhackten holzigen Stolonen sich im Boden

Abb. 207. Versuchskultur im Forstamt Eberswalde.
Links Fräsarbeit, rechts mit der Plaggenhacke abgeschälte Streifen,
2 Jahre nach der Ausführung. (Phot. W. WITTICH.)

zu sperrig lagern, ihn „*puffig*" machen und das Pflanzen erschweren, ebenso daß die zerschnittenen Wurzelreste bei Segge und anderen Gräsern im Kulturstreifen oft *sehr üppig wieder ausschlagen* (vgl. Abb. 207).

Eine Bodenarbeit durch vollständiges Umackern nach landwirtschaftlichem Muster und mit landwirtschaftlichen, für den Wald veränderten Geräten ist das sog. *Vollumbruchverfahren*. Vollumbruch ist an sich ein uraltes Verfahren, das unsere Vorfahren schon ausübten, wenn sie im Walde Schlagflächen landwirtschaftlich benutzten und dann nach einigen Ernten wieder mit Waldsämereien besäten. In den östlichen Ländern (Baltikum und Rußland) hat sich dieses Verfahren noch bis in die neuere Zeit erhalten. Man führte häufig die Waldsaat noch unter dem letzten Roggen aus (sog. *Roggendecksaaten*). Aus dieser Methode entstandene ältere Bestände sind u. a. noch heute im Lehrforstamt Chorin vorhanden. Später kam das Verfahren aber bei uns ganz ab (Wildschaden, zu geringe Ernten, Störungen im Walde durch Bestellungs- und Erntearbeiten u. a. m.). Es wurde ohne landwirtschaftlichen Zwischenbau aber noch vereinzelt als sog.

---

[1]) Vgl. Mitt. d. ATF. 1929, H. 2 (Berlin: Verlag d. Dtsch. Forstwirt 1929) mit den Ergebnissen der Prüfungen bei der Arbeit im Walde.

Abb. 208. (Erklärung im Text.)

Schwarzbrache auf verwilderten Schlägen angewendet. Schließlich fand es seine Wiederauferstehung in neuer und verbesserter Form in *Hohenlübbichow durch dessen Besitzer* VON KEUDELL, der nach Stubbenrodung die Schlagflächen *mit seinen landwirtschaftlichen Gespannen umpflügen* und nach erfolgter Kultur noch sehr intensiv zur Unkrautbekämpfung mit fahrbaren Hackgeräten „igeln" ließ und dabei hervorragend wüchsige Kiefernkulturen mit Laubholzbeimischung auch auf gras- und seggewüchsigen Böden erzielen konnte, die mit Recht das Staunen und die Bewunderung aller Besucher erregten. Sehr bald übernahmen es die Revierverwalter des benachbarten Hofkammerforstamts Peetzig mit gleich guten Erfolgen. Durch diese erfuhr man dann auch etwas über die Kosten, da man dort mit fremden Gespannen arbeiten mußte[1]). Diese betrugen nach möglichster Senkung durch rationelle Arbeitsgestaltung im Durchschnitt noch immer etwa 200 RM für die erste Bodenbearbeitung, wozu noch etwa 70—100 RM für das mehrjährige Igeln kamen, das sich als durchaus unentbehrlich und wichtig für den vollen Erfolg erwiesen hatte. Schon damals hatte Forstmeister GUSSONE aber darauf hingewiesen, daß diese hohen Kosten sich durch die Ersparung an Nachbesserungen, die fast gar nicht mehr notwendig waren, fast ganz wieder ausglichen. Trotzdem hatten die meisten Revierverwalter doch Bedenken wegen dieser hohen Erstkosten. In den meisten Revieren ergaben sich auch Schwierigkeiten bei der nötigen Gespannkraftbeschaffung, die 4—6 Pferde erforderte, und da die meisten Arbeiten im Sommer ausgeführt werden müssen, gerade zu einer Zeit, wo Pferde aus der Landwirtschaft kaum zu haben sind.

Eine *grundlegende Umgestaltung* und Beseitigung dieser Schwierigkeiten erfuhr dann das Verfahren

Abb. 209. (Erklärung im Text.)

---

[1]) HERTER: Über die Kosten der vollen Bearbeitung v. Kulturflächen mit Gespannen. Dtsch.F.W. 1925, Nr. 74. — GUSSONE: Diskussion z. d. Verhandl. d. märk. Forstver. 1933. — Derselbe: Vollumbruchkulturen i. Hofkammerforstamt Peetzig. F.Arch. 1936, H. 6/7.

im Frankfurter Bezirk unter Landforstmeister HANNEMANN *durch Motorisierung* unter Anschaffung reviereigener Trecker. Um die technische Verbesserung der Geräte und die Rationalisierung des ganzen Verfahrens hat sich dann Oberforstmeister Dr. LUBISCH außerordentlich verdient gemacht, dem wir auch eine ausführliche Darstellung aller einzelnen Arbeitsgänge mit den dabei unter verschiedenen Verhältnissen zu beachtenden Gesichtspunkten und Angabe der Kostensätze verdanken[1]). Für alle Einzelheiten muß auf diese eingehende Darstellung verwiesen werden. Hier seien nur die *Hauptgeräte* und *Hauptarbeitsgänge* kurz zusammengestellt: Als Zugmaschine hat sich am besten ein 55-PS-Lanz-Bulldogg-Radschlepper mit Ackerluftbereifung bewährt (Abb. 208). An Arbeitsgängen sind auszuführen:

1. *Schälen, so flach wie möglich,* aber doch so tief, daß der gesamte Bodenüberzug mit allen Stolonen abgetrennt wird. Zu diesem Arbeitsgang werden

Abb. 210.

2 Eisenräder von 70 cm Breite mit aufgenieteten 20 cm hohen, geschärften *Winkelgreifern* anmontiert, die die Bodennarbe beim Hin- und Hergang in kleine Würfel zerschneiden (Abb. 209),

2. *zweimaliges Grubbern* mit Federzinkengrubbern,

3. *zweimaliges Eggen* mit eisernen Feder- oder Gelenkeggen, wobei je 3 Grubber bzw. 3 Eggen nebeneinander angehängt werden. Die Arbeiten zu 2 und 3 wechseln miteinander ab und werden nach Pausen möglichst bei trocknem Wetter immer dann ausgeführt, wenn sich wieder eine leichte Begrünung zeigt, bis alles Unkraut schließlich zerstört und abgestorben ist.

4. *Tiefpflügen,* 40—50 cm im Spätsommer oder Herbst, „*je tiefer, um so besser*" (vgl. S. 377), verbunden mit *gleichzeitigem Abeggen bzw. Abschleppen der rauhen Furchen,* so daß die Fläche vollständig fertig zur Kultur ist, die dann nach Setzen des Bodens über Winter sofort im Frühjahr ausgeführt werden kann. Als Pflug hat sich besonders der in Abb. 210 wiedergegebene Sektor II mit Kuli-Pflugkörper bewährt.

Bei Engerlingsverseuchung müssen sämtliche Arbeitsgänge in die warme Jahreszeit vom 15. Mai bis 15. September verlegt werden, solange der Engerling oben sitzt. Dadurch ist nach SCHWERDTFEGER[2]) zwar keine schlagartige vollständige Vernichtung, aber doch eine derartige Verminderung zu erreichen, daß das Verfahren als „wirksame Abwehr von Engerlingsschäden" bezeichnet werden kann, die bisher zu den schlimmsten Kulturschäden gehörten, die man in verseuchten Revieren kannte.

Die Kosten der ganzen Bodenbearbeitung einschließlich der nachfolgenden Pflege der Kulturen durch Hacken und Igeln konnten nach genauer Buchführung auf großen Flächen auf rund 100 RM gesenkt werden. Damit ist die Wirtschaftlichkeit mehr wie erreicht, namentlich wenn man die Ersparung aller Nachbesserungen unter einigermaßen normalen Verhältnissen berücksichtigt. Auch die

---

[1]) LUBISCH, H.: Motorisierung u. Organisation des Vollumbruchbetriebes im Oberforstm.-Bez. Frankf.-Küstrin. F.Arch. 1941, H. 1/2.

[2]) SCHWERDTFEGER, F.: Engerlingsbekämpfung durch Vollumbruch. Merkbl. Nr. 5 d. Inst. f. Waldschutz, Eberswalde.

Amortisation ist nach LUBISCH außerordentlich günstig. Zur besseren Ausnutzung des teuren Treckers ist derselbe noch mit 2 Anhängern versehen, um damit Anfuhr von Holz, Steinen oder anderem Material ausführen zu können. Gesamtkosten dann 13000 RM.

Über die Kulturerfolge im Vergleich zu anderen Verfahren wird am Schluß dieses Kapitels berichtet werden.

Schließlich seien noch zwei eigenartige, neuerdings erfundene Geräte erwähnt, die sich durch schraubenartig angesetzte Rippen in den Boden einwühlen.

Das eine ist der „*Lindwurm*" von Oberforstmeister AUEROCHS in Heilsbronn (Abb. 211), der mit sägezahnartigen Kämmen den Boden aufreißt und bei seiner schraubigen Drehung in der Längsachse den Boden in einer Breite von 30—50 cm und einer Tiefe bis zu 8 cm verwundet. Er dient insbesondere zur Bodenvorbe-

Abb. 211. Der Lindwurm von Forstmeister AUEROCHS.
Hersteller: ERICH KRÜGER (vorm. EPPLE & BUXBAUM), Nürnberg.

reitung bei Naturverjüngung und zur Zerstörung von Rohhumusschichten mit gleichzeitiger Kalkdüngung und erfordert nur einpferdige Bespannung[1]). Ein ähnliches, aber schwereres, ganz aus Eisen gebautes Gerät ist die rotierende *Wühlschnecke*[2]) von Förster JAHN.

Kosten und Bewertung der verschiedenen Bearbeitungsmethoden.

Sowohl in der Kostenfrage wie in der Bewertung der verschiedenen Bearbeitungsmethoden gehen die Angaben und Ansichten heute noch weit auseinander. Die Kosten sind naturgemäß an sich immer starken Schwankungen je nach Stärke des Bodenüberzuges, Verwurzelung, Steingehalt, Witterungsverhältnissen bei der Arbeit u. a. m. unterworfen und können eigentlich nur dort in Vergleich gesetzt werden, wo besondere Versuche auf gleichartigen Böden und nebeneinander ausgeführt worden sind, woran es noch sehr fehlt.

Ähnliches gilt auch für die Bewertung der Arbeit für den Verjüngungszweck. Hier läßt sich von allgemeinen theoretischen Gesichtspunkten nur wenig Sicheres

---

[1]) Bezugsquelle: Vereinigte Fabriken landwirtschaftlicher Maschinen, ERICH KRÜGER (vorm. EPPLE & BUXBAUM), Nürnberg, Glockenhofstr. 11. Prüfungsergebnisse durch den ATF. 1929, H. 2.

[2]) Bezugsquelle: Maschinenfabrik GEBR. KREISEL, Keula i. d. Oberlausitz.

aussagen. Allein der *praktische Kulturerfolg*, und hier auch erst der *Enderfolg*, kann entscheiden! Es kann vorkommen, daß eine sehr gründliche und gute Bearbeitung gegenüber einer weniger gründlichen anfangs Überlegenheit im Wachstum zeigt, daß aber mit zunehmendem Alter mehr und mehr ein Ausgleich stattfindet, wenn die Wurzeln in die unbearbeiteten Bodenschichten treten. Solche Ergebnisse haben z. B. die zahlreichen Düngungsversuche im Walde wiederholt gezeigt. Methoden, die nur anfangs eine Förderung zeigen, sind deswegen nicht wertlos, da sie unter Umständen eine junge Kultur rasch aus dem gefährlichsten Jugendstadium herausbringen. Immer ist daher den Kulturkosten auch noch der Betrag zuzusetzen, der für Nachbesserungen und Kulturpflege ausgegeben werden muß. Aber hierbei kommt es sehr oft nicht nur auf die Art der Bodenbearbeitung, sondern auch auf die Güte des verwendeten Saat- und Pflanzenmaterials, auf die Witterung bei der Kulturausführung u. a. m. an. Dadurch sind viele Trugschlüsse möglich, und ist eine richtige Beurteilung erschwert.

Man hört hier oft den nicht unberechtigten Einwurf, daß billige Methoden sich wegen vieler Abgänge und Nachbesserungen schließlich als teurer herausstellen als die anfänglich kostspieligeren. Das ist vielfach sicher richtig, aber nicht ohne weiteres zu verallgemeinern. Es würde eben dazu eine größere Reihe sehr sorgfältig anzulegender Vergleichsversuche notwendig sein, die ganz gleichen Boden, gleiches Saat- und Pflanzenmaterial und gleichen Schutz gegen zufällige Schädigungen (Wildverbiß, Rüsselkäfer, Tortriciden u. a. m.) aufzuweisen hätten. Das ist erfahrungsgemäß schwer und eigentlich nur durch die Versuchsanstalten durchzuführen, zumal unbedingt eine langjährige Beobachtung anzuschließen ist. Eine erste wissenschaftliche Auswertung der wichtigsten Vergleichskulturen, die bisher von einzelnen Revierverwaltern und der Preußischen Versuchsanstalt in Norddeutschland angelegt worden sind, ist 1941 durch WAGENKNECHT[1]) erfolgt.

Bezüglich der *Kosten* (Anfangskosten) liegen in die Augen springende Unterschiede vor, die sich aus der Natur der Sache ergeben: Je gründlicher die Lockerung und Mengung ausgeführt wird, und je mehr Handarbeit statt Maschinenarbeit zur Anwendung kommt, desto höher werden im allgemeinen die Kosten.

So stellten sich in Biesenthal auf einer Vergleichsfläche die Kosten der Bodenarbeit:
1. SPITZENBERGsches Wühlverfahren mit fahrbaren Geräten . . . je ha 271 RM.
2. Hackstreifen mit der Hand . . . . „ „ 208 „
3. HILFsches Grubberverfahren . . . . „ „ 82 „
4. Waldpflug mit nachfolgendem Durchhacken . . . . „ „ 55 „

In Chorin (Jg. 95) stellten sich bei einigen von mir angelegten Vergleichskulturen auf graswüchsigen Böden die Kosten je Hektar:
1. SPITZENBERG-Verfahren[2]) . . . . 180 RM.
2. Waldpflug mit Lockern durch den *Hilf*schen Igel . . . . 81 „

Die Nachbesserung der Saat erforderte hier auf der SPITZENBERG-Fläche 2850 Pflanzen, auf der Waldpflugfläche 2590 Pflanzen, also sogar noch etwas weniger. Die Kosten für Behacken gegen Unkraut waren gleich.

Ähnliche Ergebnisse lieferten eine Reihe anderer Versuche. Überall betrugen die Kosten einer intensiven Wühllockerung oder von Handhackstreifen das 2- bis 3fache der Waldpflugarbeit. Die Kosten des *Vollumbruchs mit Pferdegespannen* waren bei der Kleinheit der Versuchsflächen, die selbstverständlich für dieses Verfahren unwirtschaftlich ist, durchschnittlich sehr hoch, etwa 250—300 RM. Trotzdem erwiesen sich die *Endkosten (einschließlich Pflege durch Behacken und*

---

[1]) WAGENKNECHT, E.: Über den Einfluß versch. Bodenbearbeitungsverfahren auf d. Wachstum v. Kiefernkulturen. Z.F.J.W. 1941, H. 10—12.

[2]) Das Ausmengen und Einhacken des Humus mit der Hand ist hier nicht so gründlich durchgeführt wie in Biesenthal, daher um 90 RM. billiger als dort!

den nötigen Nachbesserungen) beim Vollumbruchverfahren schließlich noch um etwa 60 RM. billiger als bei der Waldpflugkultur!

Die *Feststellung des Kulturerfolges* wurde durch Messungen der Höhen- und Jahrestrieblängen, sowie durch Zählung der auf den laufenden Meter vorhandenen Pflanzen gewonnen. Außerdem wurden noch Wurzelausgrabungen vorgenommen, um die Entwicklung des Wurzelsystems bei den verschiedenen Bodenbearbeitungen zu untersuchen. Die Ergebnisse sind kurz zusammengefaßt folgende: 1. In allen Vergleichsflächen war der *Vollumbruch allen anderen streifenweisen Verfahren* (Waldpflug, Wühlstreifen, Grabestreifen, Hackstreifen, Igelkultur) ohne Ausnahme z. T. *bedeutend überlegen* (Abb. 212). 2. Die *streifenweisen Verfahren zeigten unter sich keine eindeutigen Unterschiede,* bald war das eine, bald das andere

Abb. 212. Vergleichskultur im Forstamt Schönlanke.
Links Vollumbruch, rechts Handhackstreifen. (11 Jahre nach Anlage.)
(Phot. E. WAGENKNECHT.)

etwas überlegen, meist nur unbedeutend. 3. Die *Überlegenheit der Vollumbruchflächen war* zwar in den ersten Jahren besonders groß, hatte sich aber im ältesten Versuch *im 11 jährigen Alter noch erhalten und zeigte noch kein Nachlassen.* 4. *Dichtstand* und *Gleichmäßigkeit des Wuchses* waren ebenfalls in den meisten Fällen *beim Vollumbruch besser.* 5. Die *Wurzelentwicklung* war *bei diesem Verfahren am gleichmäßigsten* und zeigte die größten Reichweiten; bei dem *Waldpflugverfahren* gingen die oberen Wurzeln hauptsächlich *nach beiden Seiten unter die Balken,* bei dem *Fräs-* und *Igelverfahren* ebenfalls zweiseitig, aber *in der Längsrichtung der gelockerten Furchen* (vgl. Abb. 213). 6. Die *Unkrautfreihaltung* war *am besten beim Vollumbruch,* bei den *Streifenverfahren* zeigten die *Wühl-* und *Fräsverfahren,* die den Humus der Bodendecke erhielten und mit unterarbeiteten, *stärkere Verunkrautung* als die *Schälverfahren,* die den Bodenüberzug auf die Balken überklappen (vgl. Abb. 207).

Damit ist die *Überlegenheit des Vollumbruchs nach allen Richtungen* für die Frage der Bodenbearbeitung auch wissenschaftlich klar erwiesen, nachdem schon die ältesten Versuche in Hohenlübbichow und die neuesten im Frankfurter Bezirk — dort auf nun schon mehreren hundert Hektaren — jedem Besucher die Überzeugung dieser Überlegenheit vermitteln mußten. Ein weiterer großer Vorteil, der sich überall gezeigt hat, ist der, daß dieses Verfahren die *Laubhölzer Eiche, Buche,*

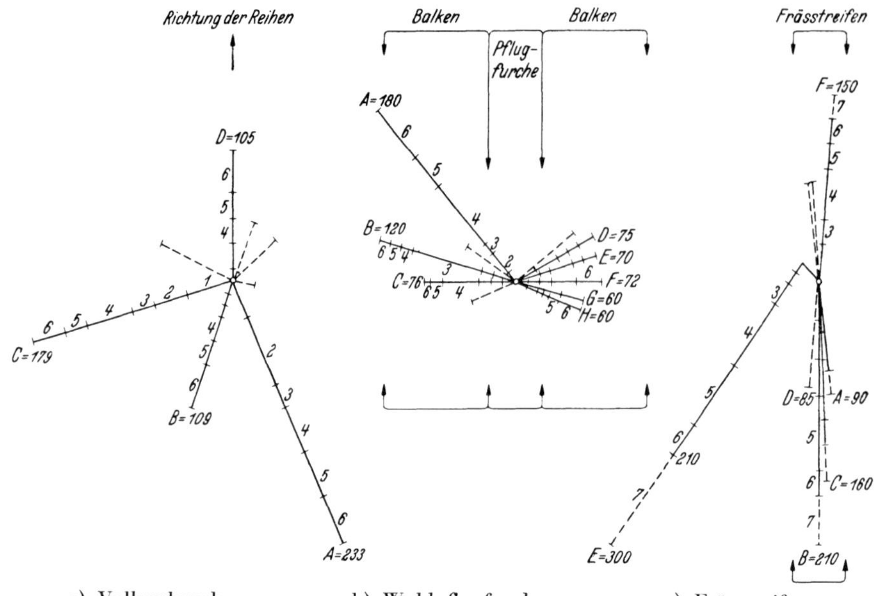

Abb. 213. Horizontalausbreitung der Hauptseitenwurzeln 6—7j. Kiefern nach verschiedener Bodenbearbeitung. (Zahlen am Wurzelende = Gesamtlänge in Zentimeter, neben den Wurzeln = Jahrestriebe.) (Nach E. WAGENKNECHT.)

Birke, Linde u. a. m. und auch die *Lärche im Wuchs fast noch mehr fördern* als die Kiefer, und daß es daher die Einmischung derselben gleich bei der ersten Kultur und auf freier Fläche gestattet, da sich Spätfrostschäden nirgends in erheblichem Umfang gezeigt haben, während das bei den übrigen Verfahren in stärkstem Maße der Fall war, so daß mit Ausnahme der Birke alles dafür aufgewendete Geld herausgeworfen war. Ein anderer Vorteil ist der, daß es die *Begründung so dichter Bestände* (mit Reihenabständen von 1 m oder noch darunter) erlaubt, daß *der Schluß schon nach 4—5 Jahren eintritt* (Abb. 214) und die besten Aussichten für frühzeitige Astreinigung und Erziehung von Wertholz bei Zuhilfenahme späterer Aufastung gegeben sind. Ein letzter wirtschaftlicher Vorteil aber liegt darin, daß die so *viel Zeit und Arbeitskräfte verschlingenden Nachbesserungen fast ganz in Fortfall kommen.* Die dafür eintretende Kulturpflege durch Igeln, die den vollen Erfolg erst verbürgt[1]), kann mit leichten Maschinen das ganze Jahr über ausgeführt werden.

Selbst wenn die Wuchsüberlegen-

Abb. 214. 5 j. Kiefernpflanzung auf Vollumbruch, bereits mannshoch. (Phot. H. LUBISCH.)

---

[1]) Vgl. dazu die Diskussion in den Arbeiten von LAU, H.: Einfluß der Bodenbearbeitung auf d. Wachstum v. Kahlschlagkulturen auf Hohenlübbichower Talsandböden d. Grastyps, und WITTICH, W.: Bemerkungen zu vorstehender Abhandlung. Z.f.F.J.W. 1927, S. 262 u. S. 269.

heit der ersten Jugend sich nach den Untersuchungen von WITTICH[1]) später mit
den anderen Verfahren ausgleichen sollte — und das wird ziemlich sicher geschehen, da letzten Endes nur die Bodengüte entscheidend ist, die durch das
Verfahren nicht gehoben werden dürfte —, so bleiben doch die andern Vorteile.
Und die *rasche Überwindung des gefährdeten Jugendstadiums* ist an sich schon ein
kaum zu hoch zu veranschlagender Gewinn!

Wie weit das Vollumbruchverfahren mit Gespann- oder Motorkraft alle
anderen bisherigen Verfahren, insbesondere das im Kieferngebiet bisher übliche
mit dem Waldpflug ersetzen und verdrängen wird, wird von der Art der vorhandenen Bodendecken, der Möglichkeit der Stockrodung und Stockholzver-
wertung, der Größe der Kulturflächen und andern Umständen mehr abhängen.

Vorläufig wird jedenfalls die *Arbeit mit dem Waldpflug noch ihren Platz behalten.* Und da ist es beruhigend und belehrend, daß dieses in den letzten Jahrzehnten so verfemte Verfahren nach den Untersuchungen von WAGENKNECHT
*nicht schlechter abgeschnitten hat als die vielen andern angepriesenen, aber viel kost-
spieligeren Verfahren.* Insbesondere hat sich der Vorwurf der „nutzlosen" Beiseite-
legung des Humus auf den Pflugbalken als durchaus irrig erwiesen. Schon
WITTICHS Untersuchungen auf solchen Kulturen hatten ergeben, daß weder
das Bakterienleben auf diesen Balken abstirbt, noch der Stickstoffumsatz darin
aufhört. Nun haben auch die WAGENKNECHTschen Wurzelausgrabungen gezeigt,
daß die jungen Wurzeln geradezu in bzw. unter die Balken hineinwachsen, also
offenbar dort günstige Bedingungen finden, die sie suchen. Damit ist „des Waldes
Fluch" oder die „Idiotenkarre", mit welchen beschimpfenden Beinamen die
Gegner aus dem Wühlkulturlager das alte und in vielen Fällen durchaus bewährte
Instrument belegt haben, auch nach dieserRichtung hin glänzend gerechtfertigt!
Freilich, ideal ist es nicht, und auf stark vergrasten Flächen, besonders in Segge,
leistet es nur sehr Unvollkommenes wie alle anderen Streifenverfahren. Hier
kann eben nur Vollumbruch Befriedigendes erreichen!

9. Kapitel. **Bedingungen und Verfahren der natürlichen Verjüngung.**

Die Naturverjüngung kann erfolgen 1. durch *Samenabfall*, und zwar a) unter
dem Schirm eines Mutterbestandes, b) durch Anflug von der Seite her, 2. durch
Ausschlag an Teilen des alten, abgetriebenen Bestandes, und zwar a) am Stock
(das Gewöhnliche), b) an Schaft oder Ästen (Kopfholz- und Schneitelbetriebe)
und c) aus den Wurzeln (Wurzelbrut).

Die Ausschlagverjüngung wird zweckmäßigerweise erst bei den einzelnen
Betriebsformen (Niederwald) behandelt werden. Wir werden uns hier zunächst
nur mit der Samenverjüngung, und zwar mit dem weitaus häufigsten Fall, der
Besamung unter Schirm, beschäftigen. Dabei soll hier *nur auf die allgemeinen
Verhältnisse* der Naturverjüngung unter Schirm in ihren Grundzügen eingegangen
werden. Viele *Einzelheiten und Feinheiten unter besonderen Bedingungen,* z. B.
bei Verjüngung auf Lücken, in Gruppen, am Saum u. a. m. *werden später bei
den Betriebsformen näher besprochen* werden. Eine sehr eingehende Behandlung
der ganzen Frage und der verschiedenen Verfahren hat VANSELOW in seiner
Monographie über die Naturverjüngung gegeben[2]).

---

[1]) Unters. über den Einfluß intensiver Bodenbearbeitg. auf Hohenlübbichower u. Biesenthaler Sandböden. Neudamm 1926.

[2]) VANSELOW, K.: Natürliche Verjüngung im Wirtschaftswald. Neudamm 1931.

Wir haben im ersten Teil bereits erfahren, daß der Wald sich überall da, wo seine standörtlichen Bedingungen überhaupt gegeben sind, nicht nur dauernd verjüngt, sondern daß er sogar nach seiner Vernichtung durch Katastrophen sich immer wieder von selbst herstellt. Man sollte danach denken, daß die natürliche Verjüngung auch im Wirtschaftswald eigentlich ein leichtes sein müsse. Wir haben aber auch schon mehrfach darauf hingewiesen, daß die natürliche Verjüngung im Urwald unendlich langsam und schrittweise vor sich geht und auch so vor sich gehen kann, da der Abgang im Altholz sich ebenso unendlich langsam vollzieht. Wenn wir heute schätzungsweise vielleicht das 5—10fache aus dem Walde herausholen, so müssen wir auch entsprechend rascher Nachwuchs haben. Und noch manches andere kommt hinzu: die lockere Erziehung, die wir heute unseren Beständen geben müssen, damit sie rascher starke, von der Wirtschaft verlangte Dimensionen liefern, bringt auch bei vorsichtigster Wirtschaft oft schon frühzeitig in manchem Bestand Verunkrautung und damit das schlimmste Hemmnis einer glatten Verjüngung. Die breitkronigsten und ästigsten Stämme müssen wir heute wegen ihrer Nutzholzuntauglichkeit frühzeitig entfernen, trotzdem gerade sie am regelmäßigsten und reichlichsten Samen liefern. Streunutzung und Viehweide, die den Unkrautwuchs zurückhielten, haben wir mit Recht größtenteils aus dem Walde verbannt! Die Bedingungen sind also heute wesentlich ungünstiger für eine natürliche Verjüngung als früher! Es gibt trotzdem auch heute noch im Wirtschaftswald glückliche Fälle, wo die natürliche Verjüngung leicht ankommt und rasch weiterläuft, aber in vielen anderen Fällen ist sie aus den obenerwähnten Gründen schwierig geworden, in manchen anderen sogar unmöglich, wenn man nicht unwirtschaftliche Opfer bringen will.

Dies braucht durchaus nicht auf technischen Fehlern oder einem Rückgang des Bodens zu beruhen. Auf Grund forstgeschichtlicher Quellenstudien muß man den Eindruck gewinnen, daß man sich in früheren Zeiten bei der Naturverjüngung oft mit sehr viel lückigeren und unvollkommeneren Jungwüchsen begnügt hat, als wir dies heute tun und wegen der intensiven Nutzholzwirtschaft unserer Zeit auch tun müssen! Es ist daher überhaupt fraglich, ob die Naturverjüngung ehedem wirklich viel besser gelaufen ist.

Die *Voraussetzungen der Naturverjüngung* liegen einmal *im Boden*, andrerseits *im Bestand*. Der Boden muß hinreichend aufnahmefähig, „fängisch" sein, um den abfallenden Samen aufzunehmen. Er muß auch den jungen Pflanzen günstige Bedingungen für das „Fußfassen" gewähren, d. h. er darf ebensowenig eine Verunkrautung wie eine unzersetzte, dicke Streu- oder Rohhumusauflage zeigen. Der Bestand muß ferner alt genug (mannbar) sein und gut ausgebildete und belichtete Kronen haben, um genügend Samen zu liefern. Er muß genügenden Schirm gegen Spätfrostgefahr bieten, darf aber auch durch Schatten- oder Wurzelkonkurrenz nicht den Jungwuchs zu sehr bedrängen (*Druckwirkung*). Wir sehen also, daß es hier immer leicht ein Zuviel und Zuwenig gibt, und daß das Richtige gewissermaßen auf des Messers Schneide steht. Daher verlangt Naturverjüngung immer vom Wirtschafter aufmerksamste Beobachtung und feinstes Fingerspitzengefühl!

Die Naturverjüngung unter Schirm. Die *Hiebsmaßnahmen und das Vorgehen*, das wir bei jeder Art der Naturverjüngung unter Schirm anwenden, kann man zweckmäßig nach alter Schule in mehrere Stufen zerlegen, obwohl in der Ausführung heute häufig die eine in die andere übergeht oder mit ihr verbunden wird. Aus Gründen der Lehrhaftigkeit soll daher diese stufenmäßige Trennung hier beibehalten werden.

Zunächst die sog. *Vorbereitungsschläge*. Diese sollen sowohl den *Boden* wie den *Bestand* vorbereiten. Der Boden soll jenen Zustand einer ganz leichten Begrünung zeigen, der die eingetretene Gare anzeigt, aber noch keine fühlbare Verunkrautung bedeutet. „Von ferne grün, in der Nähe braun!“ (vgl. S. 374). Eine aufmerksame Beobachtung der Bodenflora nicht nur nach ihrer Dichte, sondern auch nach ihrer Zusammensetzung nach verschiedenen Arten, günstigeren oder ungünstigeren, wird dem Wirtschafter hier wichtige Fingerzeige geben können. So ist das Vorhandensein einer Mullflora (*Asperula odorata, Galeobdolon luteum, Oxalis acetosella* u. a.) immer ein Zeichen für empfänglichen Bodenzustand, während das erste Auftreten von Gräsern (wie *Brachypodium silvaticum, Agrostis vulgaris* u. a. m.) zur Vorsicht mahnt und *Aira flexuosa, Carex brizoides, Calamagrostis epigeios* neben Beersträuchern zeigen, daß bereits der beste Zustand überschritten ist.

Ein Teil dieser Aufgabe, und zwar der Hauptteil, fällt der *Axt* zu, die bei der Naturverjüngung *das wichtigste Kulturwerkzeug* ist. Der Bestand ist genügend locker zu stellen, so daß Licht und Wärme an den Boden gelangen können und die Streu zur Zersetzung kommt. Andererseits hat die Axt dort zurückzuhalten, wo die Begrünung zu stark zu werden droht. Hier muß man die Kronen wieder „zusammenwachsen“ lassen, damit der Boden mehr beschattet wird. Allerdings ist ein Zuviel schwerer rückgängig zu machen, als ein Zuwenig vorwärts zu bringen. Sehr günstig ist in dieser Vorbereitungsstufe eine unterständige Schicht im Bestande, die gepflegt und erhalten werden sollte. Die älteren Regeln, alle unterständigen Stämme schon bei der Vorbereitung herauszuhauen, müssen als gefährlich und in vielen Fällen als unrichtig bezeichnet werden.

In früherer Zeit, wo man den Bestand bis zum Eintritt der Hiebsreife ängstlich dunkel und geschlossen hielt, hat man die Vorbereitungsstellung durch einmalige besondere *Vorbereitungshiebe,* in Süddeutschland auch Vorhiebe genannt, kurz vor der Verjüngung herzustellen gesucht und etwa 10—20% der Masse des geschlossenen Bestandes entnommen. Ein solcher einmaliger starker Eingriff ist aber immer gefährlich. Oft wurden die Vorbereitungshiebe nur zum Zweck der Etatserfüllung eingelegt oder zu stark gegriffen. Sie waren mehr Verlegenheits- als Vorbereitungshiebe[1]). Heute steht man mit Recht auf dem Standpunkt, daß die *Vorbereitungsstellung langsam und allmählich einzuleiten* ist, und daß sie sich *ohne besondere Eingriffe* aus der vorangegangenen Bestandeserziehung (Durchforstungen) *von selbst zu entwickeln* habe. Selbstverständlich ist alles *Mißwüchsige* und *Kranke,* sind alle für die Verjüngung *unerwünschten Holzarten,* soweit sie stärker vertreten sind und die Hauptholzart gefährden, spätestens bis zum Abschluß der Vorbereitungsstufe zu entfernen, soweit dies der Schlußstand zuläßt (so z. B. zu zahlreiche Birken, Aspen, Hainbuchen, auf Kalk auch vielfach Spitzahorn, Maßholder, selbst manchmal die Esche).

Die Vorbereitung soll auch bei windgefährdeten Holzarten die später freizustellenden Samenbäume durch langsame Gewöhnung an den Freistand *sturmfest* zu machen suchen. Meist sind die an sich schon vorwüchsigen stärkeren Bäume hier am widerstandsfähigsten. Sie bilden, wie man gesagt hat, das *Knochengerüst des Bestandes* und müssen deshalb gehalten und durch vorsichtige Umlichtung gepflegt werden. Im Notfall ist es bei Windgefahr besser, selbst einige rauhe und schlechte Vorwüchse stehen zu lassen, als kurz vor Eintritt der Verjüngung Löcher in den Bestand zu schlagen und ihm seine Standfestigkeit zu rauben.

Eine besondere Maßregel ist die sog. „*Musterung der Vorwüchse*“, d. h. die Prüfung, was von vereinzelt oder gruppenweise angekommenem älteren Naturaufwuchs in die Verjüngung zu übernehmen ist. Geschlossene und an den Außen-

---

[1]) REBEL, K., spricht vom Vorbereitungshieb als „jener Hiebsart mit der gedankenlosen Begriffsbestimmung und mit dem verführerischen Namen, dessen proteusartige Ausführung, statt vorzubereiten, gar zu leicht alles zu verderben pflegt“. Waldbauliches aus Bayern Bd. 2, S. 50.

rändern sanft abfallende Vorwuchsgruppen oder Horste wird man selbstverständlich nie entfernen, obwohl es früher auch hier nicht an Wirtschaftern gefehlt hat, die alles glatt wie einen Tisch haben wollten. Bei Horsten mit Steilrändern oder älteren Gruppen und bei Einzelvorwüchsen wird sich die Entscheidung von Fall zu Fall zu richten haben. Besonders die verschiedenen Holzarten verlangen hier eine besondere Beurteilung. Am weitesten kann man in der Belassung jedenfalls bei der Tanne gehen, die sich oft noch nach jahrzehntelangem Schattendruck erholt und keine sperrigen und schlechten Formen bildet. Sehr viel ungünstiger verhält sich schon die Buche, die sich zwar gut erholt, aber meist zu breitästigen, unleidlichen Vorwüchsen entwickelt (*Protzen* oder *Wölfe*). Am allerungünstigsten verhält sich die Kiefer, die sich schlecht erholt, und wo sie dies tut, ebenfalls zum ästigen Sperrwuchs, zur ,,*Kussel*'' wird (wenigstens die deutsche Tieflandskiefer; in den nordischen Ländern wächst die Kiefer auch in solchen Fällen weit schlanker als bei uns).

Die zweite Stufe ist die der *Besamungsstellung*. Diese wird dem Bestand in der Regel erst *in einem Samenjahr* durch einen stärkeren Eingriff, den sog. *Samenschlag*, gegeben, sobald der Umfang und die Güte des Samenertrages feststehen. Beim Nadelholz genügt für diese Feststellung fast immer die Menge des Zapfenbehanges, da der Same meist gut ist. Bei Eiche und Buche aber findet sich vielfach starke Taubheit, die täuschen kann. Beurteilen kann man die Güte bei diesen daher erst nach dem Abfall im Oktober, und auch erst bei Einsetzen des Hauptabfalles (gewöhnlich nach den ersten Frösten), da die zuerst abfallenden Früchte immer taub oder wurmstichig zu sein pflegen.

Der früher bei überraschendem Eintreten von Mastjahren ohne Vorbereitung und oft dazu noch ohne vorhergegangene langjährige Durchforstung vielfach geübte ,,*Hieb aus dem Vollen*'' muß als ein Hazardspiel bezeichnet werden, das von einer neuzeitlichen Wirtschaft zu verwerfen ist, auch wenn es manchmal geglückt ist.

Die Besamungsstellung soll in erster Linie dem zukünftigen jungen Aufschlag *das nötige Licht zum ersten Anwachsen* gewähren. Der Samenschlag selbst dient aber durch die Fällungsarbeiten, den Tritt der Holzhauer, das Herausrücken des Holzes auch der *Bodenverwundung*. Ja, bei den früh abfallenden Holzsamen, wie Eiche, Buche und Tanne, wird hierdurch sicher auch vieler Same ,,untergebracht'' d. h. bedeckt und übererdet.

Reicht diese Verwundung, wie besonders bei stärkerem Unkrautwuchs, voraussichtlich nicht aus, so ist eine Bodenbearbeitung *auf künstlichem Wege* zu Hilfe zu nehmen. Hierfür war früher im *Schweineeintrieb* ein kostenloses weitverbreitetes Mittel gegeben. Die Schweine wurden entweder nur vor Eintritt des Hauptabfalles oder nur kurz in den Abendstunden nach vorheriger Sättigung in die Samenschläge gelassen. Da die Schweineweide leider heute wegen der ungeeigneten kurz- und weichrüsseligen Rassen und anderer Umstände fast ganz abgekommen ist und trotz immer wiederholter Versuche kaum wieder einführbar scheint, so müssen Bodenbearbeitungsgeräte an ihre Stelle treten. Meist genügen hierzu die leichteren Arten, wie Rolleggen, Igel und Grubber, in streifen- oder kreuzweisem Gang.

In vielen Fällen und in manchen Gegenden (z. B. in Dänemark und Mecklenburg) geht man heute bei der Buchenverjüngung sehr weit damit. Die Bodenbearbeitung kostet dort heute schon ebensoviel und mehr als bei einer künstlichen Verjüngung. Vielfach wendet man sogar zur besseren Zersetzung von etwaigem Rohhumus noch gleichzeitig Kalkdüngung an und bearbeitet den Boden sogar wiederholt, womit freilich sehr schöne und volle Verjüngungen erzielt werden, die Kosten aber auch auf eine Höhe anwachsen, daß die Wirtschaftlichkeit vielfach in Frage gestellt erscheint[1]).

---

[1]) Vgl. Bericht über die Versammlung d. dtsch. Forstver. in Rostock 1926. Ausflug nach Tarnow. Die Gesamtkosten der Bearbeitung betrugen dort 120, ja sogar bis 200 M. je Hektar.

Der Samenschlag hat vor allen Dingen den *gleichmäßigen Überhalt gut bekronter Samenbäume* zu erstreben. Denn selbst da, wo dieser Schlag erst nach dem Samenabfall erfolgt, muß man doch wegen der Unsicherheit des Gelingens immer noch auf spätere Nachbesamung Rücksicht nehmen. Sehr schwere und breitkronige Stämme werden aber herauszunehmen sein, da sie bei der späteren Fällung zuviel Schaden anrichten und zu starken Schirmdruck ausüben. Auch sehr tief beasteter Unterstand muß jetzt verschwinden. Sonst ist aber auch hier die Belassung einer Anzahl schwächer bekronter unterständiger Stämme durchaus empfehlenswert, da sie bei einem Fehlschlag den Boden mit decken helfen, andererseits bei Gelingen leicht entfernt werden können, ohne selbst den zartesten Jungwuchs zu beschädigen. Gerade durch das Fehlen dieses leichten unteren Schirms wirken sich viele beim ersten Male mißlungenen Samenschläge leider oft so übel aus. Die Schlußstellung soll jedenfalls im Anfang lieber zu dunkel als zu hell sein. Aller Jungwuchs ist in den ersten Jahren schattenertragender, als man denkt. *Zu licht gestellte Samenschläge*, auf denen die Verjüngung beim ersten Male nicht gleich gerät, sind in der Folge fast immer eine stete Quelle von Enttäuschungen für den Wirtschafter. Ja, bei ausgesprochenen Schatthölzern, wie Buche und Tanne, kann man auf tätigen, stets zu starker Verunkrautung neigenden Böden sogar so weit gehen, von einer eigentlichen Besamungsstellung, die man im allgemeinen bei vorsichtiger Handhabung auf 0,6—0,7 des Vollbestandes annimmt, überhaupt abzusehen und die volle Besamung in der Vorbereitungsstellung abzuwarten. Bei der Weißtanne wird das in Süddeutschland auch heute schon verschiedentlich so gemacht (vgl. z. B. die Wirtschaft in Langenbrand, Kap. 20,5), bei der Buche, die es wahrscheinlich ebenso erlauben würde, werden die Samenschläge noch vielfach zu licht gestellt.

Das *Ideal der Naturverjüngung war früher die Vollbesamung aus einem Samenschlag* heraus. Das ist auch heute noch vielfach der Fall, wie z. B. in der klassischen Buchenwirtschaft in Dänemark. Aber auch hier zeigen sich Ansätze zu einem *Wechsel der Anschauungen*. Namentlich da, wo man, dem Zuge der Zeit folgend, auch bei der Naturverjüngung mehr mit kleinen Flächen arbeitet, wie in Süddeutschland bei Tanne und Fichte, pflegt man nicht mehr mit einem Samenschlag alles auf eine Karte zu setzen und rechnet von vornherein mit mehreren Samenjahren, Nachmasten und Sprengmasten. Wo Mischbestockung gegeben ist und wieder das Ziel bildet, ist das sowieso notwendig, da die verschiedenen Holzarten selten im gleichen Jahre Samen tragen.

Ist die Verjüngung gelungen, so tritt der Bestand schließlich in die Stufe der *Lichtung* (Nachlichtungen oder Nachhiebe). Ihre Aufgabe ist a) *Befreiung des Jungwuchses von der Druckwirkung* des Mutterbestandes unter vorläufiger *Erhaltung seiner Schirmwirkung*, soweit das noch nötig ist (Frost, Sonnenbrand, Dürre); b) Abschluß bzw. *Ergänzung der Verjüngung auf Fehlstellen und Lücken durch Nachbesamung*; c) *Ausnutzung des Lichtungszuwachses am Altbestand*, soweit die Verjüngung dies zuläßt.

Zu a (*Befreiung des Jungwuchses*): Jede Beschirmung von oben hält das Jugendwachstum zurück, bei den Lichthölzern stärker, bei den Schatthölzern geringer. Auch die Wurzelkonkurrenz ist im Umkreis des Kronentraufes fast immer deutlich zu spüren, besonders bei Buche und Fichte, aber fast ebenso auch bei Kiefer auf trockneren Standorten. Es bilden sich dort in der Verjüngung förmliche „*Druckteller*", d. h. lückige und zurückbleibende Stellen. Dabei ist weniger der Lichtentzug von oben schuld, der bei hoch angesetzten Kronen und bei Lichthölzern, wie z. B. bei der Kiefer, so minimal ist, daß er dafür nicht verantwortlich gemacht werden kann, sondern in der Hauptsache ist es die Wurzelkonkurrenz des alten Mutterbaums mit seinem weitverzweigten Wurzelnetz, die den Jungpflanzen Wasser und Nährstoffe entzieht. Daher kann man solche Druckteller auch noch oft über den Bereich des Kronenraums hinaus verfolgen. Andererseits konnte ich feststellen, daß da, wo manchmal Unterwuchs an einer Stelle dicht bis an den Mutterbaum herantritt, die Hauptwurzeln nach anderer Richtung liefen oder der Jungwuchs sich in der Gabel zwischen zwei Hauptwurzeln fand. Wo solche Druckteller überhaupt nicht zu beobachten sind, handelt es sich immer um besonders frische und nährstoffreiche Böden (Lehm oder nahes Grundwasser).

In den an sich glänzenden Naturverjüngungen der Kiefer in Bärenthoren stellte WIEDE-MANN[1]) auf Grund vergleichender Messungen unter Schirm für 30 jährige Schattenkiefern 4,2 m Höhe, für 16 jährige im Freiland aufgewachsene Pflanzkiefern dagegen 4,7 m fest, d. h. im Durchschnitt 14 gegen 30 cm jährlichen Höhenzuwachs!

Nur da, wo frostempfindliche Holzarten, wie Tanne und Buche, vorliegen, kann das Zurückbleiben unter Schirm u. U. durch den Schutz gegen Spätfrostbeschädigungen wieder ausgeglichen werden. Die wohltätigen Schirmwirkungen gegen Sonnenbrand und Dürre, die so oft hervorgehoben werden, sind dagegen eine ziemlich unbewiesene Sache. Allerdings zeigen plötzlich freigestellte junge Buchen, Tannen und Fichten anfangs oft eine etwas fahle, gelbliche Farbe der Blätter, was man auf Schädigung des Blattgrüns durch das grelle Sonnenlicht zurückführt. Aber im ganzen sind solche Fälle doch selten. Ein Dürrwerden, Vertrocknen auf freier Fläche gegenüber Frischbleiben unterm Schirmstand ist wohl kaum je nachgewiesen.

Schon die RAMANNschen Untersuchungen[2]) über den Feuchtigkeitsgehalt des Bodens in der Hauptwurzelzone in Freilage gegenüber dem Bestandesschirm sprechen dagegen, da während des ganzen Sommers der geringere Feuchtigkeitsgehalt gerade unter dem Bestand und der höhere in der Freilage gefunden wurde.

Jedenfalls antwortet im allgemeinen jeder unter Schirm erwachsene Jungwuchs auf eine Lichtung alsbald mit verstärktem Höhenwachstum.

Für den *Grad der Nachlichtung soll immer das Bedürfnis des Jungwuchses entscheidend* sein.

BORGGREVE hat in seiner „Holzzucht" die ganz allgemeine Regel aufgestellt, daß der Nachwuchs aller unserer wertvollen Holzarten i. d. R. *auf allen Standorten* (?) bis zur Kniehöhe die Beschirmung von reichlich zwei Drittel seines eigenen, vollen Mutterbestandes, und dann bis zur Mannshöhe die von reichlich einem Drittel ertrage. Eine so allgemein gleichmäßige Abgrenzung läßt sich aber wohl nicht „für alle Standorte" (Klimalagen und Böden) geben. In kühleren Gebieten und auf ärmeren trockneren Böden muß der Jungwuchs rascher vom Oberholz befreit werden als in umgekehrten Fällen.

Ein aufmerksamer Wirtschafter wird seinen Verjüngungen am Gang des Höhenwuchses und am Schattenhabitus der Pflanzen (vgl. Teil I, S. 135) schon ansehen, wo er mit den Lichtungen vorgehen muß oder zurückhalten kann. Lichthölzer, wie Kiefer und Eiche, verlangen rascheres, Schatthölzer, wie Buche und Tanne, ertragen langsameres Vorgehen oder verlangen dies sogar wegen ihrer Frostgefährdung. Diese bedingt auch ein wechselndes Maß der Eingriffe je nach der Geländeausformung (Frostlagen oder nicht).

Ebensowenig wie sich ein zahlenmäßiges Maß für den Grad der Lichtstellung im Nachhiebsstadium geben läßt, kann man die Häufigkeit und die Zeit der Wiederkehr der Lichtungshiebe fest bestimmen. Neben Lichtbedürfnis und Frostgefahr spielt hier auch die Frage der *Fällungs-* und *Rückeschäden* mit hinein. Die bei den Lichtungshieben unter der Axt fallenden Bäume schlagen ja in dieser Zeit immer in den unterstehenden Jungwuchs. Sie knicken und brechen die getroffenen Stämmchen um so mehr, je höher diese sind. Die Holzarten sind

---

[1]) WIEDEMANN, E.: Die Kiefernnaturverjüngung in der Umgebung von Bärenthoren. Z.F.J.W. 1926, S. 287.

[2]) Vgl. Teil I, S. 121.

hier verschieden spröde. Tanne und Fichte sind geschmeidiger, auch die Buche ist noch verhältnismäßig günstig, Eiche schon sehr viel weniger, und die Kiefer zeigt auch hier wegen ihrer Brüchigkeit und der schlechten Form ihrer Ausheilung das ungünstigste Verhalten. Eine vorsichtige Ausführung der Hauungen bei Schnee und weichem Wetter (nie bei Frost!), geschickte Holzhauer, die Anwendung von Hilfsmitteln, um die Fallrichtung zu bestimmen (Keile, Baumwinden, Flaschenzüge, Waldteufel u. a.), u. U. sogar ein Aufästen oder Abwipfeln besonders schwerer Stämme (Poldern, Kronenabschußverfahren) kann zwar viel mildern, aber den Schaden doch nie ganz vermeiden. Eine alte, oft erhobene Frage ist die, ob es besser ist, die Entnahme auf wenige stärkere Hiebe zu beschränken oder lieber auf mehrere schwache zu verteilen, in ein Scherzwort gekleidet, ob man dem Hunde den Schwanz stückweise abhauen soll oder mit einem Male! Eine allgemeingültige Antwort hierauf läßt sich auch hier kaum geben. Es wird von den Umständen des einzelnen Falles abhängen. Zumeist steht man heute mehr auf dem Standpunkt möglichst schwacher Einzeleingriffe. Mehr Schaden als die Fällung verursacht oft das Herausbringen des Holzes an die Wege, das sog. Rücken. Auch hier vermag eine möglichst sorgfältige Technik (Festlegung von bestimmten Schleifwegen, Anwendung von Rückwagen und Rückschlitten, Rückhauben u. a. m.), den Schaden zu beschränken. Besondere Beachtung verdient dabei die *räumliche Ordnung des Verjüngungs- und Hiebsfortschrittes*, die darauf abzielt, durch saum- oder streifenweises Vorgehen die Fällung und das Rücken immer möglichst von der Verjüngung weg und nicht durch sie hindurchzuführen (vgl. dazu die besonderen Betriebsformen des Hochwaldes Kap. 20,5). Alles in allem stellt der *Fällungs- und Rückebetrieb eine starke Belastung* und u. U. auch *eine ernste Gefährdung der ganzen Naturverjüngung* dar, und zwar um so mehr, wenn diese an sich nicht sehr voll ist. Es gilt daher oft als Regel, bei ungleicher Verjüngungsdichte die Stämme lieber ins Volle zu werfen als auf locker bestockte Stellen. Wo aber vollständige Fehlstellen vorliegen, wird man natürlich die Stämme auf diese lenken. Bei großer Verjüngungsfreudigkeit kann die Schädigung jedenfalls recht bedeutungslos werden. Daraus ergibt sich auch die verschiedene Stellungnahme der Praxis zu diesen Fragen.

Zu b (*Ergänzung der Verjüngung durch Nachbesamung*): Eine Nachbesamung von Lücken und Fehlstellen in der Lichtschlagstellung findet zwar in günstigen Fällen statt, aber allzuviel darf man davon nicht mehr erwarten. In der Hauptsache sind es nur die *Licht- und Weichhölzer*, die noch anfliegen und die Lücken füllen (Birke, Aspe, Salweide, auch Kiefer und Lärche). Man soll also von vornherein hierauf Bedacht nehmen und sich einige Samenbäume davon auf der Fläche erhalten, wo man kann. Im allgemeinen ist langes Zuwarten vergeblich und meist vom Übel. Oft muß die *Ergänzung* doch *durch künstliche Verjüngung* erfolgen. Hier bietet sich dann auch noch eine Gelegenheit zur Bestandesmischung durch Einbau wertvoller Holzarten. Besonders eignen sich dazu raschwüchsige Arten, da der Vorsprung, den die natürliche Verjüngung hat, einigermaßen eingeholt werden muß (Eiche, Esche, Ahorn, Lärche). Leider sind dies alles Lichtholzarten, und ihre Einbringung ist daher immer nur in der ersten Zeit möglich, wenn der umgebende Anwuchs noch nicht zu hoch ist. Eine ganz hervorragend geeignete Holzart, die hier noch lange nicht genügend beachtet und verwendet wird, ist die *Douglasie*. Sie ist ja eine der wenigen Holzarten, ja man kann fast sagen, die einzige, die mit Schattenfestigkeit auch ein rasches Jugendwachstum verbindet. Sie wäre grundsätzlich überall der *meist als Lückenbüßerin verwendeten Fichte* vorzuziehen. Alle Reviere mit Naturverjüngung sollten sich dauernd mit einem ausreichenden Vorrat an kräftigen Douglasienpflanzen versehen, um die Ergänzungen mit diesen ausführen zu können. Oft scheint die richtige Erkenntnis dazu wohl vorhanden zu sein, aber die altgewohnte Erziehung großer Vorräte an vierjährigen verschulten Fichten drängt zur Verwendung dieser an Stelle der viel besser geeigneten Douglasie. Hier fehlt es also bei richtiger Einsicht oft nur an der planmäßigen Vorbereitung! Die Auspflanzung soll erst dann und nur dort vorgenommen werden, wo keine weiteren Fällungs- und Rückeschäden mehr zu erwarten sind. Sie soll auch nicht zu ängstlich jede kleinste Lücke umfassen, auf der die Pflanzen dann doch keine Aussicht mehr haben, mitzukommen. Dieses „*Zustopfen*" kleinster Fehlstellen bedeutet nur unnütz vergeudete Kulturgelder. Ebenso soll man aus gleichen Gründen auch bei größeren Lücken mit der Auspflanzung nicht zu nahe an die Ränder der umgebenden höheren Naturverjüngung herangehen.

Zu c (*Lichtungszuwachs am Altholz*): Es ist ein alter Gedanke, der in der Neuzeit eine kräftige Belebung erfahren hat, daß man die Lichtschlagstellung dazu ausnützen soll, um *an den übergehaltenen Schirmbäumen* noch *einen verstärkten Lichtungszuwachs* zu erzielen und so die Wertproduktion auf der Fläche noch möglichst lange hochzuhalten, bevor sie dann eine Zeitlang nur junges Holz trägt, das vorläufig keine Erträge bringt. Der Gedanke ist richtig, sofern er nicht übertrieben wird. Wir haben an anderer Stelle (S. 371) schon darauf hingewiesen, daß es grundsätzlich falsch ist, den Jungwuchs und seinen Zuwachs für wertlos zu halten. Es ist in jedem Falle abzuwägen, ob die Verzögerung, die der Jungwuchs unter Schirm erleidet, und die Schäden, die eine späte Räumung des Oberstandes durch Fällung und Rücken bringt, durch den Lichtungszuwachs ausgeglichen werden oder nicht. Es fehlt leider noch an genaueren Untersuchungen hierüber.

Auch hier werden die Verhältnisse verschieden liegen: Da, wo es sich im Oberholz um eine sehr wertvolle Holzart handelt, die in größeren Stärken höher bezahlt wird, wie etwa die Eiche, und im Jungwuchs um eine Schattenholzart, die wenig durch Schirmdruck leidet, wie etwa die Buche, wird zweifellos die Abwägung zugunsten eines langen Überhalts führen müssen, im umgekehrten Fall aber wieder zum Gegenteil. Dazwischen wird es Fälle geben, wo die Entscheidung unsicher wird. In solchen ist es richtiger, *das Bedürfnis des Jungwuchses in den Vordergrund zu stellen*.

Selbstverständlich müssen zum Zweck einer Ausnutzung des Lichtungszuwachses *nur tadellose Nutzholzstämme* in nicht zu hohem Alter mit genügend ausgebildeten Kronen ausgewählt werden. Im allgemeinen eignen sich dazu ebensowenig die schwächeren Stämme, die meist an sich weniger zuwachstüchtig sind, und andererseits auch nicht die stärksten, die schon die gewünschten Durchmesser haben, sondern besonders jene *mittleren Stärken*, welche noch Aussicht haben, bis zum Abschluß der Schirmstellung eine höhere Stärkestufe zu erreichen, die ja häufig bei einer bestimmten Durchmessergrenze einen besseren Preis für den Festmeter bringt. Die Auswahl solcher mittleren Stämme gewährt auch den Vorteil schwächeren Schirmdrucks und geringerer Fällungsschäden.

Im allgemeinen läßt man *die Lichtungshiebe etwa alle 2—3 Jahre* folgen. Der erste Hieb über dem angekommenen Jungwuchs wird häufig als *Kräftigungshieb* bezeichnet. Es gilt als Regel, ihn nicht gleich im ersten Jahre einzulegen, weil die jungen Keimpflanzen dann noch zu schwach bewurzelt sind und bei den Fällungs- und Rückarbeiten zu leicht herausgerissen werden. Den letzten Hieb, der den Rest des Schirmstandes über dem Jungwuchs entnimmt, nennt man *Räumungshieb*. Die Zeit vom ersten Besamungshieb bis zu diesem Räumungshieb bezeichnet man als *Verjüngungszeitraum*. Da diese Zeit bei größeren Wirtschaftseinheiten (Beständen) nicht auf allen Teilflächen gleich ist, so ergibt sich ein *spezieller* und ein *allgemeiner Verjüngungszeitraum* und man versteht unter ersterem nur die Zeit, die über der einzelnen, gleichzeitig in Verjüngung getretenen Teilfläche bis zur Räumung vergeht, unter allgemeinem Verjüngungszeitraum aber diejenige Zeit, die bis zur Räumung der ganzen Wirtschaftseinheit erforderlich ist.

Im allgemeinen ist der spezielle Verjüngungszeitraum bei den Lichthölzern, wie Kiefer und Eiche, nur kurz (5—10 Jahre), bei Buche und Fichte länger (10—15 Jahre) und am längsten bei der Weißtanne (15—20 Jahre). Doch kommen bei den Schatthölzern und besonders bei der Tanne in gewissen Betriebsarten noch wesentlich längere Verjüngungszeiten vor. Der allgemeine Verjüngungszeitraum richtet sich meist ganz nach dem flächenweisen Vorgehen des Hiebes und der räumlichen und zeitlichen Hiebsfolge. Er wird durch die besonderen Betriebsformen bestimmt (Näheres daselbst).

Die Naturverjüngung durch Seitenbesamung. Diese Form kommt nur *bei den leichtsamigen Holzarten* mit zeitweilig großem Samenertrag, namentlich der *Kiefer* und *Fichte*, in Betracht, und auch dort nur, wo große Verjüngungsfreudigkeit durch Klima und Boden gegeben ist. Bei uns wird sie wegen der Ungunst dieser Verhältnisse heute nur noch selten angewendet.

Solche bemerkenswerten Ausnahmefälle sind auch neuerdings wieder für die Kiefer in Minden i. Westf.[1]) und in Ütze im Lüneburgischen[2]) bekanntgegeben worden. Auch in der Oberförsterei WILDECK im Bez. Kassel habe ich solche gesehen. Friedrich der Große hatte die Seitenbesamung s. Z. für die preußischen Kiefernforsten ganz allgemein angeordnet. Der Versuch wurde aber sehr bald wegen der unbefriedigenden Erfolge wieder aufgegeben. In den nordischen Ländern, in Polen und Rußland, soll diese Art der Naturverjüngung dagegen noch heute bei Kiefer und Fichte viel in Übung sein und teilweise gute Erfolge aufzuweisen haben.

Im allgemeinen macht man hierbei nur *schmale Kahlschläge* von etwa 30 m Breite und läßt zur Ergänzung der Besamung meist auch noch einige Überhälter stehen. Manchmal wird auch die *Streu vorher abgegeben*, und werden *alle Stöcke auf der Fläche gerodet*, wodurch dann für eine weitgehende und kostenlose Bodenverwundung gesorgt ist, die wahrscheinlich mit ein Haupterfordernis des Erfolges ist.

Neben der Billigkeit des Verfahrens ist die Vermeidung aller Fällungs- und Rückeschäden ein weiterer Vorteil. Ebenso fällt der Schirmdruck für den Jungwuchs vollständig fort. Aber, wie gesagt, die Voraussetzungen für ein Gelingen scheinen bei uns nur selten gegeben zu sein. Wo Gras oder Beerkrautwuchs schon im Altholz den Boden dicht überziehen, wie meist in unseren Kiefernbeständen, ist der Versuch von vornherein aussichtslos.

10. Kapitel. **Die künstliche Verjüngung.**

Die Saat.

Die künstliche Verjüngung durch Saat unterscheidet sich von der Naturverjüngung außer dem Umstand, daß der Samen durch den Menschen statt durch die Natur ausgestreut wird, noch in einigen wesentlichen Punkten. Einmal ist eine Bodenbearbeitung hier fast immer die Regel, und zwar meist in einer so gründlichen Art, daß das Keimbett dem Samen ganz andere Verhältnisse darbietet wie bei der Naturverjüngung. Außerdem hat das Saatgut vorher eine besondere Behandlung bei der Gewinnung (Darrprozeß) oder bei der Auf-

---

[1]) RÖSSLER: Seitenverjüngung der Kiefer. Z.F.J.W. 1927, S. 667.
[2]) RITTER: Naturverjüngung der Kiefer in der Oberförsterei Ütze. Z.F.J.W. 1928, S. 725.

bewahrung durchgemacht, die u. U. seine Eigenschaften stark verändern kann. Und endlich ist auch die Verteilung des Samens über die Fläche meist eine andere wie in der Natur.

1. Das Saatgut[1]).

Beschaffung des Saatgutes. Da von der Güte des Samens sicher ein großer Teil des Erfolges der Saat abhängt, so muß die *Beschaffung besten Saatgutes* eine der Hauptsorgen des Wirtschafters sein. Bezüglich der Keimkraft gibt es heute zuverlässige Prüfungsarten. Bezüglich der Herkunft, die u. U. eine große Rolle spielen kann, wie wir im I. Teil bei der Frage der Erblichkeit gesehen haben, gibt die Verwendung anerkannten Saatgutes heute ebenfalls ausreichende Gewähr. Um ganz sicher zu gehen, ist *Selbstgewinnung* zweifellos am besten. Aber sehr oft werden keine geeigneten Bestände vorhanden sein, oder diese tragen gerade keinen Samen, oder es fehlt an Einrichtungen zur Gewinnung oder Aufbewahrung. Man wird also doch in vielen Fällen auf den *Ankauf* angewiesen sein.

Gewinnung und Aufbewahrung des Saatgutes sind Gegenstände der Forstbenutzung, auf deren Lehrbücher hier verwiesen werden kann. Ebenso ist es heute allgemein üblich, und am zweckmäßigsten, die Prüfung auf Güte und Keimkraft in einer der forstlichen Samenprüfungsanstalten vornehmen zu lassen. Hier sollen daher nur einige andere Fragen besprochen werden, die die Verwendung des Saatgutes betreffen.

Eine viel erörterte Frage ist die, *ob schwerere Samen vor leichteren den Vorzug verdienen*, ob man also das Hundert- oder Tausendkorngewicht mit zur Beurteilung heranziehen soll oder nicht. Einige Untersuchungen bei Kiefer, Fichte und Eiche haben ergeben, daß die *schwersten und mittelschweren Samen auch bei gleicher Keimkraft doch kräftigere Jungpflanzen ergeben als die leichteren[2])*. Busse ist daher lebhaft für eine Sortierung nach dem Gewicht durch besondere Sortiermaschinen eingetreten[3]). Wenn auch der Vorsprung in der ersten Jugend, wie es nach einzelnen älteren Versuchsanlagen scheint, sich später ausgleicht, so bliebe immerhin der Vorteil einer rascheren Überwindung der ersten Jugendgefahren und des schnelleren Herauskommens aus Gras und Unkraut. Trotzdem hat sich die Saatgutsortierung nach Gewicht bisher in der Praxis nicht eingeführt. Ein Hauptbedenken liegt wohl in der Verteuerung und Verknappung des Saatgutes, die dadurch eintreten würde. Außerdem darf man auch vom praktischen Standpunkte nicht übersehen, daß wir bei unseren Freisaaten die kleineren und zurückbleibenden Pflanzen doch als Füllmaterial durchaus brauchen können, und daß man bei der Pflanzenerziehung im Kamp die Aussortierung von ungeeigneten Schwächlingen besser und sicherer vor der Verpflanzung vornehmen kann.

Eine andere hier noch aufgeworfene Frage betrifft das *Alter der Mutterbäume*. Darf man Samen von sehr jungen Bäumen und andererseits von ganz alten verwenden, und wie verhält sich ihre Nachkommenschaft? Auch hier liegen mehrere Einzeluntersuchungen mit nur teilweiser Übereinstimmung, aber auch

---

[1]) Schmidt, W.: Unsere Kenntnis vom Forstsaatgut. Berlin 1930.

[2]) Busse, J.: Ein Weg zur Verbesserung unseres Kiefernsaatgutes. Z.F.J.W. 1913, S. 300. — Strohmeyer, G.: Über die züchterische Bedeutung des Tausendkorngewichts der Kiefer. Forstarchiv 1938, H. 9. — Rohmeder, E.: Die Wachstumsleistungen der aus Samen verschiedener Korngröße hervorgegangenen Pflanzen. F.Cbl. 1939, S. 42 ff.

Friedrich, J.: Über den Einfluß des Gewichtes der Fichtenzapfen und des Fichtensamens auf das Volumen der Pflanzen. C.ges.F.W. 1903, S. 233.

Eitingen: Der Wuchs der Eiche in Abhängigkeit von dem Gewicht der Eicheln. F.Cbl. 1926, S. 849.

[3]) a. a. O. und später noch einmal in Z.F.J.W. 1924, S. 515. Dazu Entgegnung von Kienitz ebenda 1924, S. 710, und Erwiderung von Busse ebenda 1925, S. 231.

mit abweichenden Ergebnissen vor, so daß die aufgeworfenen Fragen ihre endgültige Lösung noch nicht gefunden haben. So viel steht aber im allgemeinen fest, daß gegen die Güte des Samens von frühreifen Beständen (sofern diese Frühreife nicht etwa durch heimatfremde Herkunft bedingt ist, vgl. Teil I, S. 198) nichts einzuwenden ist.

SCHWAPPACH[1]) und BUSSE[2]) fanden bei Kiefer sehr gute Keimkraft, BUSSE auch gutes Wachstum bei 20jährigen und noch etwas jüngeren Mutterbäumen. Ähnliches wird sogar von 8jährigen Kiefern, 11jährigen Rüstern, 6jährigen Bankskiefern u. a. berichtet[3]).

SCHWAPPACH fand dann bei der Kiefer bis zum 150jährigen Alter keinen deutlichen Unterschied im Tausendkorngewicht und in der Keimfähigkeit, BUSSE dagegen ein leichteres Korngewicht bei den ältesten Klassen gegenüber den jüngeren. Das Keimprozent war nach BUSSE zunächst nicht verschieden, dagegen war die erste Jugendentwicklung entsprechend dem höheren Gewicht bei Samen von 16- bis 74jährigen Beständen rascher als von alten 112- bis 170jährigen. Im 7jährigen Alter der Kultur war ein Ausgleich eingetreten und der Vorsprung der jüngeren Klassen von den älteren eingeholt worden. Später blieben die letzteren aber wieder zurück. Allerdings war der Unterschied nur gering (30 cm bei 4 m Durchschnittshöhe.)

Wenn auch die Frage der Samengüte bei sehr hochaltrigen Mutterbeständen danach heute noch nicht abgeschlossen ist, so liegt im allgemeinen für die Praxis kein Grund vor, den Samen solcher Altbestände etwa auszuschließen, da die Unterschiede wohl kaum sehr beträchtlich sein dürften.

Im allgemeinen ist das *Verkaufsmaß bei den Sämereien* heute nur noch das *Gewicht*. Bei Eiche und Buche bedient man sich aber auch noch häufiger des Hohlmaßes. Die Mittelwerte für Körnerzahl und Keimprozent sind etwa folgende:

Holzart	Körnerzahl auf 1 kg	Gewöhnl. Keim-%	Holzart	Körnerzahl auf 1 kg	Gewöhnl. Keim-%
A. Laubhölzer			B. Nadelhölzer		
Stieleiche . .	200—300 (je hl 16000—26000)	60—80	Weißtanne .	15000—17000	40—60
Traubeneiche	300—400 (je hl 20000—24000)	60—80	Fichte . . .	120000—150000	70—90
Buche	4000—5000 (je hl 190000—220000)	60—80	Kiefer . . .	140000—160000	70—90
Hainbuche . .	30000—32000	50—70	Schwarzkiefer	45000—55000	60—80
Esche	13000—15000	50—70	Weimutskiefer	45000—60000	50—60
Schwarzerle .	500000—600000	20—40	Lärche . . .	160000—180000	30—40
Birke	1500000—2000000	10—20			

2. Die Aussaat.

Das Keimbett. Das Keimbett soll möglichst stein- und wurzelfrei und gleichmäßige, feinkrümelige Erde sein. Aufliegende Rohhumusteile, Borke u. dgl. stören und hemmen das gute Einbetten immer und heben sich beim Auflaufen der Saat stets als Fehlstellen heraus. Im allgemeinen wird also immer eine Bodenbearbeitung vor der Saat nötig sein, die mindestens den Mineralboden bloßlegt. In vielen Fällen wird man auch noch zur Lockerung des Bodens schreiten müssen. Allzu lockere Lagerung ist aber gerade für die Saat, namentlich bei leichtsamigen Holzarten, gefährlich, da der Boden dann oberflächlich zu stark austrocknet. Man muß daher, wo die Lockerung erst kürzlich stattgefunden hat und der Boden

---

[1]) SCHWAPPACH, A.: Mitt. a. d. Samenprüfungsanst. f. Waldsamen Eberswalde. Z.F.J. W. 1906.

[2]) BUSSE, J.: Welchen Einfluß übt das Alter der Mutterkiefer auf die Nachkommenschaft? Z.F.J.W. 1924, S. 257; 1926, S. 72. Ferner Mitt. d. dtsch. dendrolog. Ges. 1931, S. 61. Weitere Literatur s. bei BUSSE 1924.

[3]) HEYER u. HESS: Waldbau, 5. Aufl., Bd. 1, S. 141.

Abb. 215. Wirkung der Bedeckungstiefe auf das Auflaufen des Kiefernsamens. (Nach Dengler.) Bedeckungstiefen: ½, 1, 2 und 3 cm (in humosem Sand).

sich noch nicht genügend gesetzt haben sollte, vorher anwalzen. Kleine Unebenheiten sind fast nach jeder Bodenbearbeitung vorhanden und sollten namentlich bei Maschinensaat des gleichmäßigen Unterbringens wegen stets vorher ausgeglichen werden (Durchharken).

Die *Bedeckungstiefe des Samens* hat sich nach der Größe der Samen zu richten. Je kleiner das Samenkorn ist, desto schwächer ist auch der Embryo und sein Nährgewebe entwickelt, und desto leichter und flacher muß der Same bedeckt werden, da sonst der Keimling die Erdschicht nicht durchbrechen kann.

Ich habe für die Kiefer[1]) nachweisen können, daß schon 1 cm in der Bedeckungstiefe einen Unterschied von 50—70% beim Auflaufen ausmachen kann (Abb. 215). Ähnliches hat später Rubner[2]) auch für die Fichte festgestellt. Dabei muß die Bedeckung um so geringer sein, je fester und bindiger der Boden ist. Aber auch bei Sandboden ist eine Tiefe von 3 cm für unsere leichtsamigen Nadelhölzer meist schon gleichbedeutend mit einem Lebendigbegrabenwerden. Die jungen Keimlinge zeigen je nach der Bedeckung verschiedene Typen beim Auflaufen (Abb. 216), wonach man die Tiefe der Bedeckung noch nachträglich feststellen kann. Sind viel bleichsüchtige Krüppel zu sehen, so war die Bedeckung schon zu stark. Laufen aber die meisten Körner nach dem Krammentyp auf, so war sie gerade richtig.

Die leichtsamigsten Laubhölzer, wie Birke, Erle, Aspe, ebenso die Lärche, dürfen nur ganz flach übererdet werden, 1 cm Kiefer, Fichte, 2—3 cm Buche, etwas tiefer, 3—5 cm, die Eiche. Wenn man in sonst gut aufgelaufenen Saaten oft kleinere oder größere Fehlstellen findet, so liegt in den allermeisten Fällen die Ursache nur in der ungleichmäßigen Bedeckungstiefe.

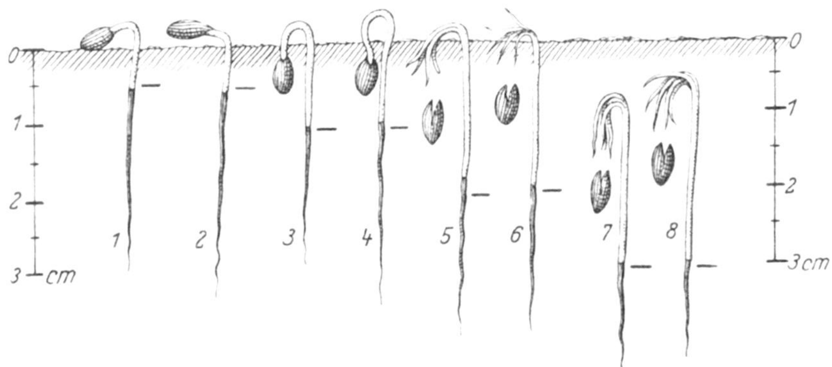

Abb. 216. Typen des Auflaufens von Kiefernsamen bei verschieden tiefer Bedeckung. (Nach Dengler.) 1 u. 2 (½—1 cm) Hakentyp, 3 u. 4 (1—1½ cm) Krammentyp. 5 u. 6 (2—2½ cm) Typ der bleichsüchtigen Krüppel. 7 u. 8 (3 cm und darüber) die Totgeborenen.

---

[1]) Dengler, A.: Über die Wirkung der Bedeckungstiefe auf das Auflaufen und die erste Entwicklung des Kiefernsamens. Z.F.J.W. 1925, S. 385.

[2]) Rubner, K.: Bedeckungstiefe und Keimung des Fichtensamens. F.Cbl. 1927, S. 168.

Saatfläche. Nach der zur Saat benutzten Fläche unterscheidet man:

1. Vollsaat über die ganze Fläche. Diese ist früher häufig angewendet worden, heute aber wegen des starken Verbrauchs an Samen meist außer Übung gekommen. Eine andere Art von Vollsaat stellt die sog. *Punktsaat* oder das *Einstufen* von Eicheln oder Bucheln dar, wobei ganze Kolonnen von Waldarbeiterinnen in schrittweisem Abstand über die Fläche gehen und in einen Hackenschlag oder Spatenstich 2—3 Samen werfen und mit dem Fuß die Erde wieder leicht antreten. Ein sehr brauchbares leichtes Gerät hierzu ist das sog. slawonische Eichelschippchen (Abb. 217), das ein kleines herzartiges Blatt hat, das im stumpfen Winkel zum Stiel steht und nach vorn in den Boden gestoßen wird. Es verhindert vor allem die zu tiefe Einbringung der Eckern. Ein anderes Gerät zu gleichem Zweck ist der Saatstock „Eichelhäher" nach FRÜCHTE- NICHT (Abb. 218).

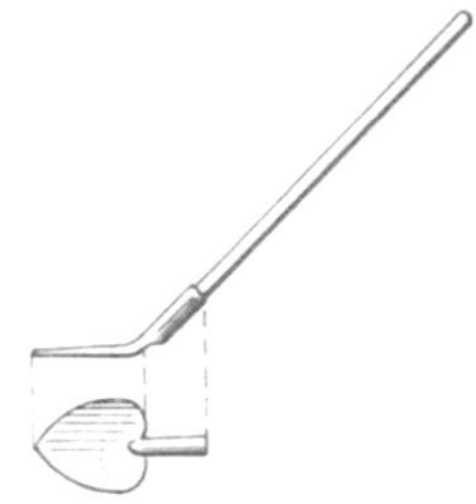

Abb. 217. Slawonisches Eichelschippchen.

2. Streifen- oder Riefensaat. Hier wird die Saat nur auf den bearbeiteten Streifen ausgeführt. Innerhalb der Streifen kann man *breitwürfig* säen, was einen lockeren Stand der einzelnen Pflänzchen ergibt, oder nur in einer Rille in der Mitte des Streifens (*Rillen- oder Liniensaat*). Hierbei stehen die Pflanzen sehr viel dichter und bedrängen sich u. U. gegenseitig. Die Rillensaat hat aber den großen Vorteil, daß man sie später durch Behacken mit der Hand oder auch mit fahrbaren Hackgeräten gegen Verunkrautung schützen kann, was beim Breitwürfigsäen natürlich ausgeschlossen ist. *Die Rillensaat wird daher heute vorzugsweise angewendet.* Eine besondere Form für die Eiche ist die sog. *Leitersaat,* bei der man die Rillen quer zur Längsrichtung der Streifen zieht, so daß sie wie Sprossen einer Leiter stehen. Diese Saaten waren z. B. im Spessart gebräuchlich. Man will damit eine breitere Verteilung der Pflanzen über den Streifen erzielen, ohne den Vorteil des Behackens zu verlieren.

3. Plätze- oder Plattensaaten. Bei ihnen werden nur 30 bis 50 cm im Geviert große Plätze breitwürfig besät. Sie haben immer den Nachteil einer sehr ungleichen Verteilung der Jungpflanzen auf der Fläche, die sich auf den Plätzen zusammendrängen, an den Außenrändern aber weiten Spielraum haben und sich daher dort leicht sperrig entwickeln. Früher mehr im Gebrauch, namentlich zu Ergänzungen lückiger Verjüngungen, sind sie heutzutage ziemlich abgekommen und nur noch im Gebirge und in steinigem, klippigem Gelände häufiger angewendet, wo sich das Ziehen von durchlaufenden Riefen von selbst verbietet. Übrigens nutzt man die vorhandenen Möglichkeiten auch in solchen Fällen noch gern durch sog. *Stückriefen* aus, d. h. kürzere oder längere Riefenstücke, die sich dem Gelände anpassen.

Saatzeit[1]**).** In der Hauptsache sät man *im Frühjahr,* und zwar *möglichst früh,* weil dann der Boden meist noch etwas

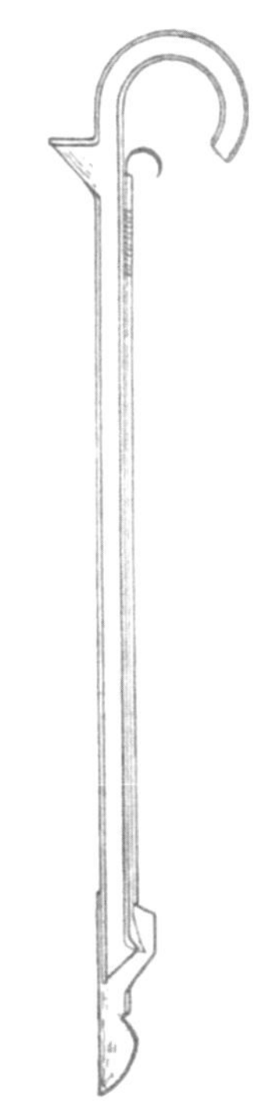

Abb. 218. Saatstock „Eichelhäher". (Nach Forstmeister FRÜCHTENICHT, Göttingen.)

---

[1]) ALTEN, v.: Wie wirkt die Saatzeit auf die Erziehung von Kiefernjährlingen? Z.F.J.W. 1887, S. 10. — GREYERZ, v.: Sollen wir im Herbst oder Frühjahr unsere Waldsaaten machen? D. prakt. Forstwirt f. d. Schweiz. 1901, S. 4.

Winterfeuchtigkeit hat und frischer ist als später, namentlich im Mai, wo die bei uns so häufige und gefürchtete Maidürre die auflaufenden Saaten oft sehr stark schädigt. Andererseits ist aber auch ein zu frühes Säen wieder nicht empfehlenswert, da der Samen dann in dem kalten Boden doch nicht ankeimen kann und durch das lange untätige Liegen im angequollenen Zustande leiden kann, auch der Gefahr des Mäuse- und Vogelfraßes unnötig ausgesetzt ist. Im allgemeinen sind April und Mai die geeignetsten Monate, letzterer in kühleren Lagen und auf frischen Böden, wie z. B. im Gebirge, ersterer für die trockeneren Böden in der Ebene. Für die Kiefer in der norddeutschen Tiefebene gilt die erste Aprilhälfte als die zweckmäßigste Zeit. Freilich hängt alles von den unberechenbaren Zufälligkeiten der Witterung ab. Oft laufen auch einmal die späteren Saaten besser auf als die frühen, wenn der Mai feucht und warm ist. In Frostlagen, die ja zumeist auch frisch sind, sät man vorsichtigerweise überhaupt etwas später.

Herbstsaaten haben zwar den Vorteil, daß der Same im folgenden Frühjahr eher aufläuft, aber auch den Nachteil, daß er im Winter in der Erde leicht verdirbt und dem Verzehr durch Tiere ausgesetzt ist. Auch werden die im nächsten Jahr sehr früh auflaufenden Saaten manchmal gerade im empfindlichsten Zustand von Spätfrösten getroffen. Dann erfrieren sogar junge Kiefernkeimlinge, wenn sie schon die bedeckende Samenschale abgeworfen haben. Ulmen- und Birkensamen, der seine Keimfähigkeit bei längerer Aufbewahrung leicht verliert, muß im Sommer gleich nach der Reife ausgesät werden. Eschen- und Hainbuchensamen, der für gewöhnlich überliegt, soll im Herbst, mit Sand gemischt und in flachen Gruben oder in Tonnen eingegraben, dann im Frühjahr meist sofort keimen. Auch für die Douglasie wird Herbstsaat empfohlen.

Vorbehandlung des Samens. Man kann den Samen durch vorheriges *Anquellen* oder sogar *Ankeimen* zu rascherer Keimung bringen. Doch ist dabei immer mit großer Vorsicht vorzugehen, da ein zu langes Liegen im Wasser schlecht vertragen wird. Dies ist dadurch zu erklären, daß bei Beginn der ersten Lebensvorgänge im Samen sofort viel Sauerstoff zur Atmung vorhanden sein muß. Andernfalls treten Schädigungen ein[1]). Doch schadet ein Einwässern von wenigen Stunden wohl niemals. Ein solches kann bei Eicheln und Bucheln nach starker Eintrocknung im Winterlager sogar sehr vorteilhaft sein. Man hat bei diesen auch mehrmaliges Überbrausen mit gleichzeitigem Umschaufeln durch mehrere Tage bis zum Beginn des Ankeimens empfohlen. Im allgemeinen begegnen aber alle diese Vorbehandlungsarten beim Saatbetrieb im großen dem Bedenken, daß das Saatgut dann immer rasch und gleichmäßig fortlaufend verbraucht werden muß, da es sich sonst auch bei nur flacher Lagerung sofort erhitzt, verschimmelt oder sonstwie verdirbt. Da nun jederzeit durch die Witterung (Kälterückfälle, Gewitter, Landregen) kürzere oder längere Störungen im Kulturbetrieb eintreten können, so ist der angequollene oder angekeimte Same dann schwerster Gefährdung ausgesetzt. Eher ist die Anwendung bei kleinen Mengen im Kampbetrieb möglich.

Das Vorkeimen ist nur bei den sonst außerordentlich langsam keimenden Nußarten üblich (*Carya, Juglans, Pinus cembra*), meist durch Einbetten in Kästen oder Gruben mit feucht gehaltenem Sand. Diese Holzarten finden ja meist auch nur in kleinen Mengen Verwendung.

---

[1]) SCHMIDT, W.: Über Vorquellung und Reizbehandlung von Koniferensaatgut. In POPOFF u. GLEISBERG: Zellstimulationsforschungen. 1925. — MOELLER, J.: Über Quellung und Keimung der Waldsamen. C.ges.F.W. 1883, S. 9 u. 155.

Bei sehr hartschaligen und schwer keimenden Sämereien sind zur Erweichung auch kurze *Beizverfahren* mit Chlor- oder Kalkwasser oder stark verdünnter Schwefelsäure versucht worden. Doch sind die Ergebnisse hier noch viel unsicherer, da das geringste Zuviel oder Zulange schon schwere Schädigungen hervorrufen kann[1]).

Eine Vorbehandlung zu anderem Zweck besteht in dem sog. *Mennigen* des Nadelholzsamens gegen Vogelfraß. Der Same wird dabei leicht überbraust und mit roter Bleimennige überstreut, umgerührt und dann sofort wieder flach ausgebreitet, bis der Überzug trocken ist. Er hat dann eine ziegelrote Farbe, die als Schreckfarbe gegen die Vögel dienen soll. Die Beurteilung des Erfolges ist aber in der Praxis recht verschieden: manche behaupten, daß das Mennigen sehr gut schützt, andere bestreiten dies[2]). Die Ursache wird nach meinen Beobachtungen wahrscheinlich darin liegen, daß die einzelnen Vogelarten, namentlich Finken und Meisen, vielleicht auch die einzelnen Individuen der Vögel, sich hierbei verschieden verhalten. Das Mennigen hat auch den Nachteil, daß es die Metallteile der Sämaschinen stark angreift (schleift), und daß der Same meist nicht so glatt und leicht ausläuft. Im allgemeinen ist aber das Mennigen, besonders bei Kiefernsaaten, doch sehr gebräuchlich.

Technik der Aussaat. 1. *Handsaat.* Die Saat mit der Hand ist die älteste und früher allein gebräuchliche Methode. Sie wird auch heute noch allgemein bei den schwersamigen Holzarten angewendet. Bei den leichtsamigen Nadelhölzern ist an ihre Stelle mehr und mehr die Maschinensaat getreten. Trotzdem hat die Handsaat ihre großen und unverkennbaren Vorteile, denn die menschliche Hand ist und bleibt das beste, sich allen Verschiedenheiten des Bodens am feinsten anpassende Werkzeug. Früher besorgten meist besonders als Säerinnen geübte alte Waldarbeiterfrauen die Einsaat des Nadelholzsamens in die mit einem Stock flach vorgezogene Rille. Verschiedene von mir ausgeführte kleine Vergleichsversuche mit Maschinensaaten ergaben fast immer eine Überlegenheit solcher Handsaaten. Trotzdem werden sie sich für große Flächen und in der Ebene kaum wieder einbürgern, weil sie zu langsam vorwärts gehen und man dadurch die günstige Wetterlage nicht genügend ausnützen kann. Außerdem wird bei den teuren menschlichen Arbeitskräften die Handarbeit doch zu kostspielig. Nur da, wo die Maschine wegen Geländeschwierigkeiten nicht anwendbar ist, wie im Gebirge, bei steinigem und verwurzeltem Boden, wird die Handsaat auch ferner ihren Platz behalten.

Zur Sicherung der gleichmäßigen Saatgutverteilung zerlegt man die ganze Fläche in kleinere Teilflächen, z. B. nach der Streifenzahl, und teilt dementsprechend auch das Saatgut ab. Bei ausnahmsweise noch vorkommenden Vollsaaten sät man zur größeren Gleichmäßigkeit in zwei senkrecht sich kreuzenden Gängen, bei breitwürfiger Streifensaat in einem Hin- und Widergang. Auf den Wind ist dabei Rücksicht zu nehmen. Bei starkem Wind soll überhaupt nicht von Hand gesät werden. Bei Mischsaaten mit verschieden schweren Samen soll man jede Art besonders aussäen. Nach der Aussaat wird der Samen eingerecht oder mit schwachen Eggen (früher vielfach besonderen, aus Dornen u. dgl. zusammengebundene Straucheggen) eingedeckt bzw. eingeschleppt. Bei Rillensaaten ist die SPITZENBERGsche Samendeckwalze (Abb. 219) ein vortreffliches Gerät, welches den Samen gut bedeckt und gleichzeitig den Boden etwas andrückt. Ein solches leichtes Andrücken der lockeren Bedeckerde ist namentlich

---

[1]) NOBBE, F.: Handbuch der Samenkunde, S. 254. — VONHAUSEN, W.: Die Beförderung der Keimung durch Chlor und verdünnte Mineralsäuren. A.F.J.Z. 1858, S. 461; 1860, S. 8. — HESS, R.: Untersuchungen über den Einfluß verdünnter Säuren und des Kalkwassers auf die Keimung von Nadelholzsämereien. C.ges.F.W. 1875, S. 463.

[2]) Ausführliche Literatur hierüber in HESS u. BECK: Forstschutz, Teil 1, S. 115. 1914.

in trockenen Böden meist von Vorteil. Man kann dasselbe auch mit kleinen schmalen Holz- oder Eisenwalzen ausführen oder in etwas roherer Form die Rillen mit der Sohle des Holzpantoffels leicht antreten lassen.

2. *Handsaat mit Hilfswerkzeugen.* Vielfach hat man früher zur Erleichterung der Handsaat ganz einfache Hilfsgeräte angewendet, so z. B. Flaschen, z. T. mit aufgesetzten Stöpseln und weiten Federposen, oder das sehr brauchbare und noch heute im Saatkamp verwendete *Säehorn aus Blech* (Abb. 220) mit Aufsätzen von verschiedener Mündungsweite. Dies erspart das mühsame Aufnehmen kleinster Samenmengen mit der Hand und das tiefe Bücken bei der Aussaat und gibt bei guter Übung eine fast ebenso gleichmäßige Verteilung wie mit der Hand allein.

Abb. 219. SPITZENBERGsche Gitter- oder Samendeckwalze.

3. *Maschinensaaten.* Diese sind heute die am meisten übliche Art bei den Nadelhölzern, soweit sie auf großen Flächen künstlich angebaut werden, also vor allem bei der Kiefer, allenfalls wohl auch bei Fichte und Lärche. Die älteren unvollkommenen Sämaschinen können hier übergangen werden. Die gebräuchlichsten Formen sind: die *Säemaschine Planet*, oder auch *Senior* genannt (Abb.221). Sie ist aus dem Gartenbetrieb übernommen, sehr leicht und billig (16 kg, 54 RM.). Die ursprüngliche Form hatte mehrere Fehler, die später bei einer Umkonstruktion größtenteils abgestellt worden sind[1]), die aber trotzdem hier besprochen werden sollen, um zu zeigen, worauf es bei Sämaschinen für den Wald ankommt. Zunächst drückte sie die Saatrille nicht ein, sondern riß sie mit einer kleinen Schar (*sch* in Abb. 221) auf. Die Rille wurde daher leicht ungleichmäßig tief, da der Boden ja ungleiche Widerstände bietet. Eine weitere Gefahr für die Innehaltung der richtigen Bedeckungstiefe bildeten die starren Flügel (*z* in Abb. 221), die die Erde hinten zusammenstreichen sollten (sog. Zustreicher). Sobald der Boden feucht ist oder sperrige Teile (Wurzeln, Borke, Steine) enthält, schieben derartige Zustreicher einen kleinen Berg vor sich her, der den Samen zu tief bedeckt. Bei trocknerem und festem Boden, sowie bei kleinen Eindellungen in der Oberfläche fassen dagegen die Zustreicher wieder nicht genügend, und der Samen wird gar nicht oder zu flach bedeckt. Ausgedehnte genaue Beobachtungen beim Arbeitsgang haben diese Ungleichheit der Bedeckung vielfach feststellen können[2]) und sind auch von anderer Seite in der Praxis bestätigt worden. Ein weiterer

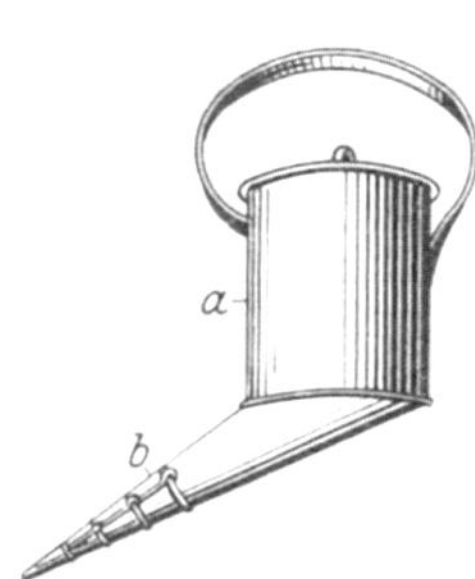

Abb. 220. Säehorn aus Blech. *a* = Saatgefäß, *b* = Auslauf mit verschieden weiten, abnehmbaren Auslaufmündungen.

Fehler der Maschine war der, daß die Saatmenge durch langsamere oder raschere Vorwärtsbewegung, sowie durch jede Erschütterung stark beeinflußt wird, da das im Trichter zwischen dem Samen befindliche Rührwerk unmittelbar vom Laufrad der Maschine angetrieben wird. Bei rascherem Gang wird dann der Same zu schnell an der Ausfallöffnung vorbeigeführt, und es fließt daher weniger aus, bei langsamer Bewegung dagegen mehr. Meine Versuche haben gezeigt, daß

---

[1]) Umkonstruktion der Firma WILHELM GÖHLERS WITTWE, Freiberg i. Sa., in die verbesserte Sämaschine „Kultur".
[2]) DENGLER, A.: Z.F.J.W. 1925, S. 406.

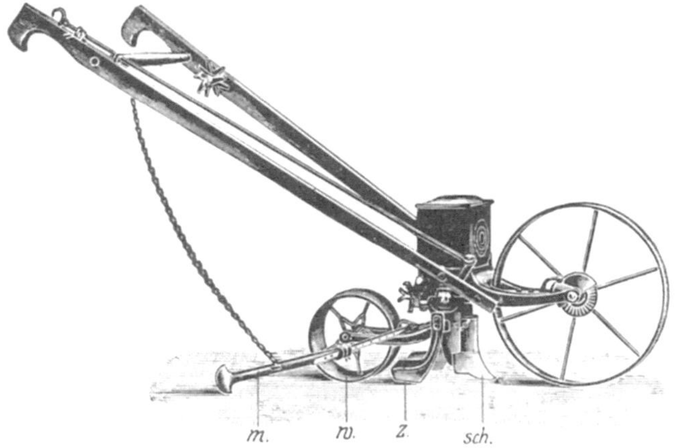

Abb. 221. Säemaschine Planet oder Senior.
sch = Scharnase zum Furchenziehen; z = Starre Zustreicher
zum Bedecken; w = Walze; m = Markierstange.

die Samenmenge hierdurch bei gleicher Einstellung äußerstenfalls zwischen dem
1- bis 4fachen schwanken kann.

Eine nach anderen Grundsätzen gebaute Säemaschine ist die von der Firma
NAGEL gefertigte „Walddank", die vom ATF (Ausschuß für Technik in der Forstwirtschaft) geprüft und als besonders zuverlässig befunden worden ist. Sie wird
in einer neuesten verbesserten Form B (s. Abb. 222) für Freiland und Kampsaat
geliefert. (Gewicht etwa 53 kg, Zugkraft etwa 7,5 kg, Preis 270 RM.) Sie hat
ein breites Drückrad mit einem Kamm in der Mitte, der die Saatrille eindrückt
und einer Profilierung, die zu beiden Seiten der Rille kleine Dämme formt, die
von den schräggestellten Zustreichern (Rädern an beweglichen Armen) hinter
dem Samenauslauf nach der Mitte zusammengestrichen werden, worauf die dahinter befindliche Druckwalze den Boden einebnet und andrückt, so daß eine
gleichmäßig flache Übererdung des Samens in der Rille erfolgt. Das Auslaufen
des Saatgutes aus dem trichterförmigen Kasten durch eine Auslauftülle erfolgt
in freiem Fall, so daß der Führer der Maschine den gleichmäßigen Auslauf ständig
übersehen und prüfen kann. Die Aussaatmenge ist durch ein Schubrad mit einer
Einstellvorrichtung unabhängig von der Bewegungsgeschwindigkeit der Maschine
je nach Wunsch zwischen 0,5—4 kg (für Kiefernsamen) zu regeln.

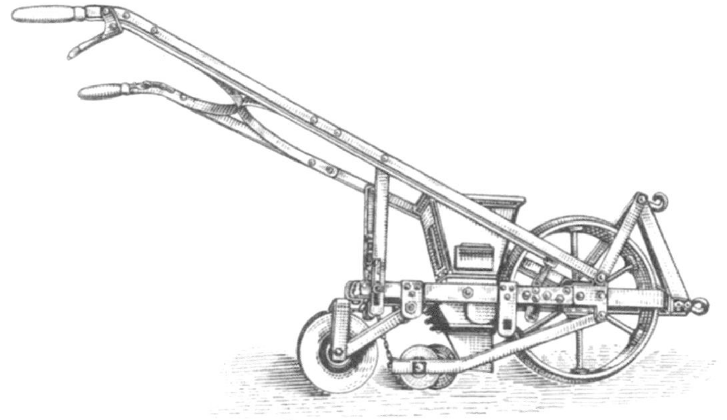

Abb. 222. NAGELsche Sämaschine „Walddank B".

Saatmenge. Die Saatmenge schwankt je nach Ansichten, Bodenverhältnissen und vor allem natürlich, je nachdem man Voll-, Streifen- oder Plätzesaaten macht, in ziemlich weiten Grenzen. Im allgemeinen ist man auch in der Forstwirtschaft ebenso wie in der Landwirtschaft heute mit der Vervollkommnung der Technik und der Verbesserung, aber auch Verteuerung des Saatgutes von den dichten Saaten der früheren Zeiten mehr und mehr abgekommen. Früher ging man geradezu verschwenderisch damit um und säte z. B. 10 und mehr Kilogramm Kiefer oder Fichte auf den Hektar, während man heute nur noch 2—4 kg nimmt.

Die unten angegebenen Durchschnittssätze können nur als ungefährer Anhalt bezeichnet werden. Sie sind für Streifensaaten gedacht. Bei Vollsaaten ist die Menge ungefähr zu verdoppeln, bei Plätzesaaten genügt etwa $\frac{1}{2}$—$\frac{3}{4}$ der Menge.

Kiefer[1]	. . . .	2—3	kg bei Keimprozent	85
„	. . . .	1,5—2	„ „ „	95
„	. . . .	3—4	„ „ „	75
Fichte .	. . . .	4—5	„ „ „	85
Lärche	. . . .	10—15	„ „ „	40
Tanne .	. . . .	20—30	„ „ „	50—60
Eiche .	. . . .	400—500	„ „ „	70—80
Buche .	. . . .	100—200	„ „ „	60—70
Esche, Ahorn, Ulme, Hainbuche, Birke		20—30[2]	„ „ „	?
Erle	. . . .	10—20[2]	„ „ „	?

Bei der Kiefer war früher vielfach auch die *Zapfensaat* üblich, bei der die Zapfen über die ganze wundgeeggte oder umgepflügte Fläche ausgeworfen wurden. Bei trockenem Wetter öffneten sich die Zapfen und wurden dann mit Besen oder Rechen gewendet, und der Samen wurde schließlich mit Strauch- oder anderen Eggen untergebracht. Das Öffnen der Zapfen ist sehr vom Wetter abhängig, da sie sich bei feuchter Witterung sofort wieder schließen. Das Wenden muß daher sehr gut abgepaßt werden. Es wurde früher vielfach bessere Entwicklung gegenüber den Kornsaaten hervorgehoben, was seinen guten Grund in dem damals vielfach fehlerhaften Darrvorgang (zu große Hitzegrade oder Darren im feuchten Zustand) gehabt haben mag. Heute müßte dieser Grund eigentlich wegfallen.

Im allgemeinen dürften die Zapfensaaten wegen der Schwerfälligkeit des ganzen Verfahrens und der großen Abhängigkeit von trockenem Wetter für das Öffnen der Zapfen kaum eine allgemeine Bedeutung mehr haben.

11. Kapitel. **Die Pflanzung.**

Die Pflanzung ist seit alter Zeit im Walde besonders bei der Eiche geübt worden. Sie war bei dieser Holzart schon im Mittelalter meist in der Form der sog. Heisterpflanzung, d. h. älterer, bis mannshoher Pflanzen, bekannt. Später wurde sie auch bei den Nadelhölzern durch Versetzen junger Pflanzen mit ihren ausgestochenen Wurzelballen eingeführt. Sonst aber war die Saat bis zum 19. Jahrhundert die allein übliche Form der künstlichen Bestandesgründung, und erst im Verlauf des 19. Jahrhunderts bürgerte sich die Pflanzung mehr und mehr ein, so daß die ältesten Nadelholzpflanzbestände bei uns heute meist kaum über 100 Jahre alt sein dürften.

1. Das Pflanzgut.

Beschaffung der Pflanzen. Für die Beschaffung der nötigen Pflanzen gilt in bezug auf die Herkunftsfrage dasselbe wie für die Saatgutbeschaffung. Im allgemeinen ist *eigene Erziehung in besonderen Saat- und Pflanzgärten (Kämpen)* immer

---

[1] Bei allen Nadelhölzern ist entflügelter Samen angenommen.
[2] Sehr selten auf größeren Flächen angewendet. Daher Zahlen sehr unsicher!

das Sicherste. *Wo der Bezug aus Pflanzenhandlungen* stattfindet, sind nur als zuverlässig bekannte Firmen zu wählen. Vielfach haben sich diese neuerdings auf die sog. *Lohnpflanzenzucht* eingestellt, indem sie den vom Abnehmer selbst gesammelten Samen in ihren Pflanzschulen zur Aussaat bringen und ihm dann die Pflanzen zurückliefern. Das hat für kleine Waldbesitzer, die keine eigenen Kämpe haben, und für Ausnahmefälle, wo im Walde keine geeigneten Flächen für die Pflanzenerziehung zu finden sein sollten, den Vorteil der Sicherung einer Herkunft, die sogar bis auf den Mutterbestand oder einzelne Mutterbäume bekannt ist, natürlich nur unter der Voraussetzung strengster Zuverlässigkeit der Pflanzenhandlungen. Die von diesen gelieferten Pflanzen sind infolge der intensiven Bodenbearbeitung und Düngung und der sorgfältigen Unkrautfreihaltung meist groß und kräftig. Öfter macht sich sogar eine gewisse Überüppigkeit bemerkbar (geil aufgeschossene Pflanzen, die nicht stämmig genug sind und spät bis in den Herbst hinein treiben, ohne genügend zu verholzen). Eine gewisse Gefahr bringt der Großbetrieb beim Ausheben, Sortieren und Verpacken trotz sorgfältiger Ausführung jedenfalls immer mit sich, ebenso auch der Versand. Das Ideal muß immer sein, daß die aus dem Saatbeet entnommenen Pflanzen möglichst sofort wieder ausgepflanzt werden. Das ist beim Bezug von auswärts natürlich nicht zu erreichen, namentlich da doch das gesamte Pflanzenmaterial meist zusammen bezogen und dann erst ganz allmählich verbraucht werden kann.

Es ist auch eine oft gehörte und naheliegende Entschuldigung bei Mißerfolgen, daß die bezogenen Pflanzen schlecht gewesen oder schlecht angekommen wären. Dem ausführenden Beamten wird dadurch das Gefühl der vollen Selbstverantwortung genommen. Es kommt hinzu, daß die eigene Pflanzenerziehung als beste Schule, aber auch als bester Prüfstein für Sorgfalt und Geschick der Beamten auf dem Gebiet der Kulturtechnik überhaupt gelten kann, und daß man sich dieses Mittels der Erziehung und Beurteilung nicht ohne zwingende Gründe begeben sollte.

Freilich stellen sich die *Kosten* der im eigenen Betrieb erzogenen Pflanzen meist etwas höher als der vom Handel bezogenen, da der Großbetrieb mit seiner Arbeitszusammenfassung billiger arbeiten kann. Immerhin ist der Anteil, den diese Mehrkosten im Verhältnis zu den gesamten Kulturausgaben für Bodenarbeit, Pflanzausführung und Kulturpflege darstellen, nur sehr gering.

Im allgemeinen sollte daher die *eigene Pflanzenerziehung die Regel* bilden[1]). Wo freilich kein geeigneter Boden oder keine geeigneten Beamten vorhanden sind, und wo die örtlichen Erfahrungen immer wieder geringwertige Pflanzen im Eigenbetrieb ergeben, da ist der Bezug von guten Pflanzenhandlungen vorzuziehen. Ebenso wird er bei außergewöhnlichem Bedarf (nach Kalamitäten und bei großen Aufforstungen) notwendig werden.

Die Beurteilung des Pflanzgutes. Die Pflanzen sollen gesund, frisch, gut gewachsen und gut bewurzelt sein.

Gesund, d. h. sie sollen keine Anzeichen von Krankheiten und Beschädigungen zeigen (z. B. Schütte, Rüsselkäfer-, Engerlingsfraß u. dgl.).

Frisch, d. h. sie sollen nicht welk sein. Sie sollen aber auch nicht angetrieben haben, da die jungen Triebe fast immer welken, wenn die Pflanzen ins Freie gesetzt werden. Die *Wurzeln dürfen sich nie trocken anfühlen.* Das ist eins der Haupterfordernisse, und hier gerade ist die größte Sorgfalt am Platze! Die feinen Saugwürzelchen können, wenn sie der Sonne oder dem trockenen Wind ausgesetzt sind, oft schon in wenigen Minuten austrocknen. Es ist daher eine Hauptregel, sie nie unbedeckt zu lassen. Wenn die Pflanzen aus dem Kamp herausgenommen und nicht gleich verwendet werden, sollen sie sofort an einer schattigen Stelle „*eingeschlagen*" werden, d. h. sie werden in dünnen Schichten ausgebreitet und

---

[1]) Harrer, Fr.: Marktbezug oder Selbstversorgung? F.Arch. 1910, S. 86.

die Wurzeln wieder mit frischer Erde *bedeckt.* Über das Ganze legt man schließlich noch einige Zweige zur Verhinderung der Verdunstung. Beim Transport zur Pflanzstelle bedient man sich am besten hölzerner „*Pflanzenladen*" mit überzuklappenden Decken (Abb. 223 u. 224). Die Wurzeln werden dabei noch mit frischem Sand überstreut oder mit feuchtem Moos überdeckt. Das Einstellen in einen Topf mit Wasser oder feuchten Lehmbrei, wie es früher vielfach üblich war, ist dagegen nicht ratsam, da die Seitenwurzeln dann zu sehr zusammenkleben (einen „Zopf" bilden).

Abb. 223. Hollwegsche Pflanzenlade.

Gut gewachsen, d. h. die Pflanzen sollen nicht kümmerlich oder dürftig sein. Geringwertige Pflanzen soll man gar nicht verwenden, sondern lieber wegwerfen. Sie sollen aber auch nicht geil und spillerig gewachsen, sondern kräftig und stufig sein. Auch dürfen sie nicht mißformig (gabelig, zwieselig, knickig und krumm) sein. Unter Umständen ist durch Beschneiden nachzuhelfen.

Gut bewurzelt, d. h. die Bewurzelung soll reich und dicht, nicht zu lang und zerstreut sein. Bei Pfahlwurzlern soll eine deutlich in die Tiefe gehende Hauptwurzel vorhanden sein, sonst aber ist die Entwicklung der sog. Saugwürzelchen die Hauptsache. Zu lange Wurzeln, insbesondere Pfahlwurzeln, die nicht in das zu fertigende Pflanzloch passen würden, sind mit einem scharfen Messer oder einer Pflanzenschere entsprechend einzustutzen.

Alter und Größe der Pflanzen. Die Verpflanzung gelingt im allgemeinen um so besser, und die Pflanzen wachsen um so rascher und ohne Stockung an, je jünger sie sind. Die Pflanzung jüngerer Pflanzen geht auch leichter vor sich und ist billiger als die von größeren. Dagegen bewähren sich die letzteren unter besonders schwierigen Fällen, wie z. B. bei starkem Unkrautwuchs und zu Nachbesserungen und Ergänzungen, wo es gilt, einen vorhandenen Vorsprung der übrigen Pflanzen einzuholen.

Die Verpflanzbarkeit beginnt mit dem 1 jährigen Alter. Solche Pflanzen nennt man *Jährlinge,* später 2-, 3 jährige usw. Man rechnet dabei nicht genau nach den Lebensjahren, sondern nach der Anzahl der fertig-

Abb. 224. Spitzenbergsche Pflanzenlade.

geschobenen Jahrestriebe. Eine 2 jährige Pflanze gilt also als solche schon im Herbst des zweiten Lebensjahres, wo sie erst 1½ jährig ist. Im späteren Alter bezeichnet man die Pflanzen nach ihrer verschiedenen Größe: *Kleinpflanzen* (20 cm), *Halblohden* (50 cm), *Lohden* (1 m), *Starklohden* (1,50 m), *Halbheister* (2 m), *Heister* (2,50 m), *Starkheister* (über 2,50 m). Meist begnügt man sich in der Praxis aber nur mit der Unterscheidung von Lohden und Heistern schlechtweg.

Am gebräuchlichsten ist heute die *Kleinpflanzung.* Bei den Nadelhölzern wird sie sogar ausschließlich angewendet, nur Lärchen werden öfters noch als Lohden gepflanzt. Bei Laubhölzern ist Pflanzung in allen Stärken üblich. Die früher vorzugsweise angewendete Heisterpflanzung ist mehr und mehr außer Gebrauch gekommen, da sie zu teuer ist, und die großen Pflanzen zunächst mehrere Jahre hindurch Wuchsstockungen zeigen, die vielfach zu dem sog. „*Heisterknick*" führen, d. h. einer buschigen und knickigen Stelle in der Krone infolge stockenden Wuchses.

Die in der großen Praxis *gebräuchlichsten Pflanzstärken* sind bei den einzelnen Holzarten verschieden: Kiefer meist einjährig, auf schwierigen Stellen (starkes Unkraut, Nachbesserung) 2jährig (verschult, vgl. bei Kampbetrieb); Fichte 2—5jährig, meist 4jährig verschult, je nach Entwicklungsstärke der Pflanzen (in den Gebirgslagen auch 5jährig); Lärche 2—3jährig (meist verschult); Tanne 4—6jährig (verschult); Eiche, meist als 1—2jährige unverschulte Kleinpflanze, wo es sich um größere Flächen handelt; bei kleineren Ergänzungskulturen auch gern als ein- bis mehrmals verschulte Lohde; ebenso Buche, die zumeist nur als Unterbau unter Schirmbestand Verwendung findet. Esche, Ahorn, Erle, Birke u. a. Laubhölzer werden meist als Lohden ausgepflanzt.

Man setzt in der Regel nur die *ganzen Pflanzen* mit Stamm und Wurzel aus, in einigen selteneren Fällen aber auch nur Teile der Pflanze: So z. B. bei der sog. *Stummelpflanzung,* bei der man den Stamm über dem Wurzelknoten abschneidet, um dann durch Ausschlag reichere und breitere Bebuschung zu erzielen (gelegentlich beim Laubholzunterbau und im Niederwald).

Bei Weiden und Pappeln ist auch Verpflanzung von *Astteilen* (*Stecklingen* und *Setzstangen*) üblich. Man unterscheidet dabei *Kopfstecklinge* (von der Spitze der Zweige), *Fußstecklinge* (vom basalen Zweig) und *Wurzelstecklinge* (mit Wurzelstöcken bei Wurzelbrut treibenden Holzarten).

Die Pflanzen werden entweder mit *entblößter Wurzel* oder mit dem an den Wurzeln anhaftenden Boden (*Ballen*) verpflanzt.

2. Die Pflanzung

Pflanzzeit. Die hauptsächlichste Pflanzzeit ist das *Frühjahr,* und zwar die Monate April bis Mai, möglichst vor Beginn des Antreibens, da die jungen Maitriebe sonst leicht nach der Verpflanzung welk werden. Der Beginn für das Auspflanzen ist durch eine so weitgehende Erwärmung des Bodens bedingt, daß das Arbeiten darin erträglich ist („kurze Tage, kalter Boden, teure Arbeit!"). Wo die Zeit bei größeren Kulturausführungen knapp wird, zieht man auch den *Herbst* mit heran, in dem aber die Arbeitskräfte auf dem Lande oft noch viel knapper sind (Kartoffelernte). An sich hat die Herbstpflanzung den Vorteil, daß die Pflanzen in eine mehr niederschlagsreiche Zeit hineinkommen. Sonst ist aber die Frühjahrspflanzung, namentlich bei den Nadelhölzern, im großen und ganzen besser für das schnelle Anwachsen geeignet, während die Laubhölzer, auch Lärche, gleich gut im Herbst anwachsen[1]). Man kann die Pflanzzeit im Frühjahr durch Zurückhalten des Austreibens etwa um 1—2 Wochen verlängern, wenn man die jungen Pflanzen frühzeitig vor Beginn der Vegetation aus dem Saatbeet herausnimmt und an einer schattigen Stelle einschlägt. Immerhin ist längeres Einschlagen bis ins späte Frühjahr hinein, wo dann auch im Einschlag das Aus-

---

[1]) CIESLAR, A.: Die Pflanzzeit in ihrem Einfluß auf die Entwicklung der Fichte und Kiefer. Mitt. a. d. forstl. Versuchswes. Österr. 1892, H. 14. — BÜHLER, A.: Die Herbstpflanzung. Neue forstl. Blätter 1901, S. 9 u. 25. — REUSS, H.: Die forstliche Bestandsgründung, S. 181 ff. Berlin 1907.

treiben beginnt, nicht ungefährlich. Namentlich die Nadelhölzer zeigten hierbei nach Versuchen Bühlers[1]) eine größere Empfindlichkeit als die Laubhölzer durch stärkere Abgänge in der späteren Pflanzung.

Pflanzweite und Pflanzenmenge. Die Pflanzenmenge ergibt sich in den meisten Fällen unmittelbar aus der Pflanzweite oder dem *Verband*, in dem man die Pflanzen aussetzt. Man unterscheidet hierbei die *gleichmäßigen Verbände*, wie den *Quadrat-* und *Dreiecksverband* und den *ungleichmäßigen Rechtecks-* oder *Reihenverband*, der sich aus der Entfernung der Streifen und dem Abstand ergibt, in dem man die Pflanzen auf diesen einsetzt. Ganz allgemein ist es ein Vorteil der gleichmäßigen Verbände, daß sie den Pflanzen von vornherein nach allen Seiten hin gleichen Wuchsraum gewähren und daher auch eine allseitig gleiche Wurzel- und Kronenentwicklung verbürgen. In Wirklichkeit ist dieser Vorteil aber nicht immer so groß, wie es zunächst scheint, da bei den meist unvermeidlichen Abgängen in den ersten Jahren und der späteren Ausscheidung zurückbleibender Pflanzen schon frühzeitig die Pflanzenabstände verändert werden. Am wenigsten bei Vollumbruch, wo die Gleichmäßigkeit länger erhalten bleibt als bei Streifenverfahren.

Jedenfalls ist auf eine möglichst geradlinige Ausrichtung der Pflanzreihen im Interesse einer späteren Kulturpflege durch fahrbare Hackmaschinen aus Gründen der Wirtschaftlichkeit Wert zu legen, wenn auch manche an einem solchen „Kasernenstil" Anstoß nehmen! Eine saubere Ordnung hat auch ihre Schönheit!

Die *Verbandweite*, d. h. die durchschnittliche Entfernung der Einzelpflanzen voneinander, die zugleich die Stammzahlen je Hektar von vornherein bestimmt, ist von jeher Gegenstand besonders lebhafter Erörterungen und vergleichender Versuche gewesen[2]). Alle Untersuchungen haben aber nur gezeigt, was auch von vornherein zu erwarten war, daß es für die verschiedenen Holzarten und Standorte keinen einheitlich besten Pflanzverband gibt. Nur die Saaten und die sehr engen Verbände unter 1 m bleiben fast überall in Höhe und Stärke hinter den weiteren zurück (vgl. Abb. 225). Die in der Praxis weit verbreitete Ansicht, daß enger Stand die Höhenentwicklung fördere, indem die Pflanzen sich „*gegenseitig treiben*" sollten, hat sich durchweg als *unrichtig* erwiesen. Bei den sehr weiten, von 2 m an und darüber, leidet besonders bei denjenigen Holzarten, die zu Sperrwüchsigkeit neigen (bes. Kiefer, Eiche, auch Buche), die Holzqualität durch Zunahme der Ästigkeit und Krummschäftigkeit. Das Beste liegt also auch hier wieder in der Mitte, in den Verbänden zwischen 1—2 m. Bei der Wahl des Verbandes ist auch von vornherein die Jugendgefährdung und Ausfall und Abgang in der ersten Entwicklungszeit in Rechnung zu setzen, besonders bei der Kiefer, wo der Verband daher gewöhnlich enger genommen wird. Außerdem ist auch die Absetzbarkeit des schwächsten, bei den ersten Durchforstungen anfallenden Materials zu berücksichtigen. Wo eine solche Möglichkeit besteht und das geringe Reisig schon lohnende Erträge bringt, wie z. B. in manchen Gegenden bei der Fichte, kann ein engerer Verband gewählt werden. Es würde aber doppelt herausgeworfenes Geld bedeuten, wenn man erst unnötig

---

[1]) Bühler, A.: Zur Praxis des Kulturbetriebes. Aus dem Walde 1898, S. 81 u. 91.

[2]) Kunze: Über den Einfluß der Anbaumethode auf den Ertrag der Fichte. Th. Jb. Bd. 39, 45, 52, 57. — Über den Einfluß der Anbaumethode auf den Ertrag der Kiefer. Ebenda Bd. 43, 48, 54, 59. — Busse, J., u. Jähn: Wachsraum und Zuwachs. Mitt. d. sächs. forstl. Versuchsanst. Bd. 2, H. 6, 1925. — Schwappach, A.: Die Ergebnisse forstlicher Kulturversuche. Z.F.J.W. 1915, S. 65. — Hausrath, H., u. Ganter: Kulturversuche d. bad. forstl. Versuchsanst. A.F.J.Z. 1923, S. 217. — Wiedemann, E.: Die Fichte 1936. Mitt. F.W.W. 1936, H. 1. — Vanselow, K.: Einfluß des Pflanzverbandes auf die Entwicklung reiner Fichtenbestände. F.Cbl. 64. Jahrg., H. 1/2, u. Mittlg. H.G.A. 1943, S. 306.

viel Pflanzen setzt, um dann bei der ersten Durchforstung für die Schaffung des nötigen Wachsraumes noch einmal Geld zuzulegen.

Selbstverständlich muß sich der Pflanzverband auch stets nach dem Alter bzw. der Höhe und Breite der jungen Pflanzen richten. Er muß um so enger sein, je kleiner diese sind. In den meisten Fällen ist es ja mit Rücksicht auf den Boden und den Unkrautwuchs nötig, daß möglichst bald wieder Deckung durch den Bestandesschluß eintritt.

Die gebräuchlichsten Pflanzverbände unter durchschnittlichen Verhältnissen sind: Bei der Kiefer: Reihenentfernung 1,3 m, Pflanzenentfernung in den Reihen

Abb. 225. Zwei Kulturversuchsflächen der Sächs. Forstl. Versuchsanstalt. 50jährige Fichten II/III in Wermsdorf. Links Einzelpflanzung 0,85 m im Quadrat, rechts Vollsaat. Aus BORGMANN: Waldbilder aus Sachsen.

	Stück	Grundfläche	Mittl. Durchm.	Höhe	Schaftm.
Pflanzung:	1507	24,1 qm	14,3 cm	14,4 m	190 fm
Saat:	2963	19,6 ,,	9,2 ,,	10,6 ,,	118 ,,

bei 1jährigen Pflanzen 0,3—0,5 m, bei 2jährigen 0,5—0,7 m (doch ist bei Vollumbruch der dann mögliche engere Verband von 1 m Reihenentfernung wegen des früheren und dichteren Schlusses im Interesse der Astreinigung und Wertholzerziehung jetzt allgemein üblich geworden); bei Fichte: meist Plätzepflanzung in 1,2—1,5-m-Quadratverband mit 4jährigen verschulten Pflanzen; bei Lärche: 2-m-Quadratverband bei 2—3jährigen verschulten Pflanzen. Doch ist hier auch noch weiterer Verband zulässig, meist ist ja überhaupt Mischpflanzung mit anderen Füllholzarten zweckmäßig, und der Abstand der Lärchen kann dann auf 4 m bemessen werden, wodurch sie bei genügender Wahrung der Vorwüchsigkeit die nötige Kronenfreiheit bis zur ersten Durchforstung behalten. Ähnliches gilt von der Douglasie etwa in Mischung mit der Fichte. Bei Eiche gelten bei Kleinpflanzung etwa dieselben Entfernungen wie bei der Kiefer.

Bei allen Lohdenpflanzungen (Eiche, Buche, Esche, Ahorn usw.) wählt man etwa 1,5—2,0-m-Quadratverband, bei Heistern 2,0—3,0 m.

Im allgemeinen ist es heute allein üblich, auf den durch den Verband gegebenen Platz *nur 1 Pflanze* zu setzen. Früher hat man bei Kleinpflanzen auch oft mehrere nebeneinander gesetzt. So z. B. bei der 1- und 2jährigen Kiefer *entweder 2 Pflanzen* oder *sogar* 4 in gleichem Abstand auf einen Pflanzplatz. Der Gedanke, der hierbei leitete, war der, daß wahrscheinlich doch mehrere Pflanzen eingehen würden und dann wenigstens eine übrigbleiben sollte. Das war eigentlich eine recht traurige Voraussetzung, die den Tiefstand der früheren Pflanztechnik recht scharf beleuchtet. Reste dieser 2er- bzw. 4er-Pflanzungen sieht man heute in älteren undurchforsteten Stangenhölzern noch hier und da und meist dann auch die schädlichen Folgen in abgeplatteten Kronen und Stammverwachsungen.

Noch schlimmer war die früher bei der Fichte weitverbreitete *Büschelpflanzung*, bei der man gleich „eine Handvoll" Pflanzen zusammenfaßte und ziemlich roh verpflanzte. Auch hiervon kann man heute noch Reste mit den gleichen schädlichen Folgen sehen, nur meist in noch schlimmerem Maße.

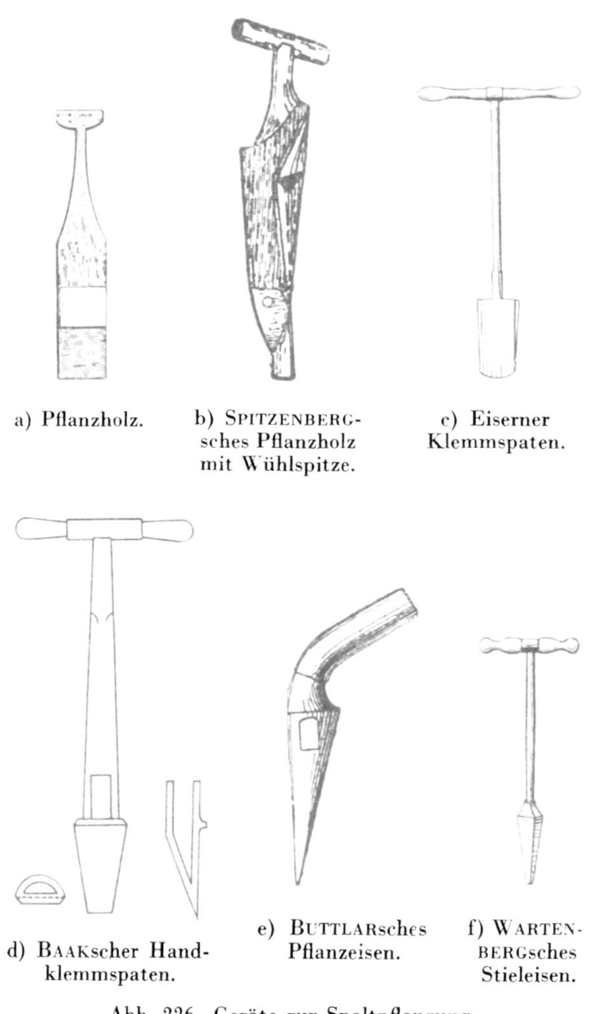

a) Pflanzholz. b) SPITZENBERGsches Pflanzholz mit Wühlspitze. c) Eiserner Klemmspaten.

d) BAAKscher Handklemmspaten. e) BUTTLARsches Pflanzeisen. f) WARTENBERGsches Stieleisen.

Abb. 226. Geräte zur Spaltpflanzung.

Wo eine solche extensive Kulturmethode geübt wurde, wäre es eigentlich selbstverständlich gewesen, daß man einige Jahre nach der Pflanzung die Kulturen durchmustert und die unbedingt nötige Vereinzelung vorgenommen hätte, was aber leider nur selten oder zu spät geschehen ist!

Die Pflanztechnik. Die Pflanztechnik hat sich vielfach nach der Art der Bodenbearbeitung zu richten, je nachdem diese mit mehr oder weniger intensiver Lockerung oder überhaupt ohne solche erfolgt ist, was allerdings nur in Ausnahmefällen vorkommt, und dann meist wenigstens eine gewisse Lockerung mit den Pflanzgeräten selbst erfordert (z. B. Aufbrechen des Bodens mit dem Pflanzspaten).

Die Spaltpflanzung. Hierbei wird in den Boden mit einem dolch- oder keilartigen Gerät ein Loch gestoßen und die Erde dadurch verdrängt. In den mehr oder minder breiten Spalt wird die Pflanze so eingehalten, daß sie etwa in gleicher Höhe wie vorher mit der Oberfläche abschneidet. Der Spalt wird dann durch einen zweiten Stich neben dem ersten und Andrücken wieder geschlossen (*Klemmspaltpflanzung*). Oder die Erde wird vom inneren Rande des Spaltes mit der Hand losgebrochen und krümelnd und stopfend mit gespreizten Fingern eingefüllt, „eingefuttert" (*Handspaltpflanzung*). Beide Arten sind nur bei Kleinpflanzen (1- und 2jährigen) gebräuchlich. Die gebräuchlichsten Geräte hierzu (vgl. Abb. 226) sind das *Pflanzholz*, das SPITZENBERGsche *Pflanzholz* mit Wühlspitze und der bei der Kiefernpflanzung weitverbreitete *Klemmspaten*, entweder aus Eisen oder aus Holz mit Eisen beschlagen und einigen Verbesserungen nach BAAK. Für schwerere, lehmige und steinige Gebirgsböden war früher vielfach das BUTTLARsche Pflanzeisen und das WARTENBERGsche Stieleisen gebräuchlich. Da aber auf solchen Böden die Spaltpflanzung überhaupt mehr und mehr abgekommen ist, werden diese beiden Geräte heute nur noch selten angewendet.

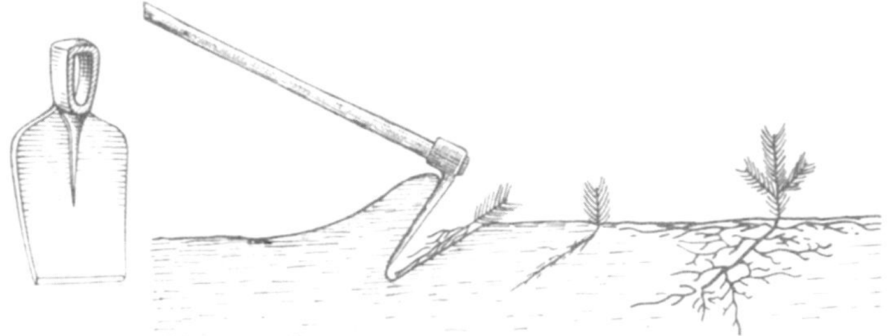

Abb. 227. Schrägpflanzung. Einsetzen, Aufkrümmung und Bewurzelung der Pflanze.
(Nach MÜNCH.)

Bei der Herstellung des Spaltes mit einem der obengenannten Pflanzhölzer oder mit dem Klemmspaten ist immer die eine Wand senkrecht herzustellen, die andere schräg nach innen auf den Pflanzer zu. Besonders beim Gebrauch des Klemmspatens gilt es als Fehler, wenn der Spalt durch unrichtige Handhabung nicht keilförmig, sondern x-artig wird, wodurch im unteren Teil leicht ein Hohlraum (Keller) entsteht, in dem die Wurzeln nicht genügend dicht mit der Erde in Berührung kommen.

Selbstverständlich werden bei der Klemmpflanzung die Seitenwurzeln zunächst in eine Ebene an die senkrechte Wand gepreßt. Dadurch kommen natürlich Überlagerungen, Stauchungen und Verschlingungen der Seitenwurzeln untereinander und mit der Hauptwurzel zustande. Diese Methode muß also zweifellos bis zu einem gewissen Grade als roh bezeichnet werden. Wenn man eine geklemmte Pflanze nach einigen Jahren ausgräbt, ist das Wurzelsystem immer fächerartig. Dies verliert sich aber mit der Zeit, indem sich allmählich neue Seitenwurzeln ausbilden.

Eine noch viel roher erscheinende Methode hat MÜNCH mit der sog. „Schrägpflanzung" versucht und empfohlen. Hierbei wird von einer Arbeiterin mit einer Hacke mit genügend langem Blatt ein schräger Spalt in den Boden geschlagen, die Pflanze dann von einer anderen Arbeiterin unter die angehobene Scholle gelegt und von der ersteren mit dem Fuß angetreten (Abb. 227). MÜNCH sieht in der festen Verbindung der Wurzeln mit dem Boden, wie sie beim senkrechten Klemmen namentlich am Grunde des Pflanzspaltes niemals so völlig zu erreichen sei, einen besonderen Vorteil seines Verfahrens. Ebenso ist auch nach seinen Erfahrungen, abgesehen von starken Trockentorfauflagen, bei Mullboden oder leichter Moderdecke keinerlei Bodenbearbeitung nötig, so daß das Verfahren dann um ein Vielfaches billiger wird als das senkrechte Klemmen, das wegen des schwereren Eindringens der Pflanzinstrumente fast immer eine vorherige Bodenbearbeitung notwendig macht. Die Aufrichtung der zunächst schräg liegenden Pflanzen erfolgt bei 1- und 2jährigen schon nach wenigen Tagen. Die Wurzel zeigt dann allerdings nach einer Reihe von Jahren eine etwas einseitige Ausbildung, die sich aber nach 15—18 Jahren meist verliert, so daß die Wurzel dann so normal gestaltet ist wie bei jeder anderen Klemmpflanzung. In der oberirdischen Entwicklung ist kein Unterschied zu sehen.

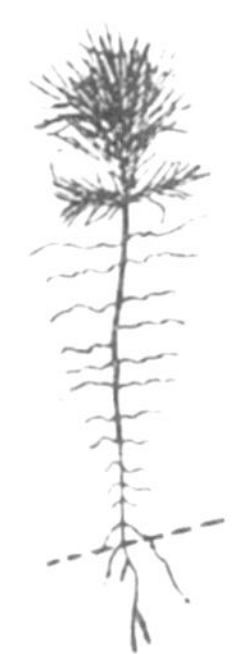

Abb. 228. Wurzelverschnitt an jungen Kiefernpflanzen (SPITZENBERGscher Fächerschnitt. (Nach DITTMAR.)

MÜNCH selbst hat in Kaiserslautern und Tharandt wiederholt umfangreiche derartige Pflanzungen ausgeführt, alle mit bestem Erfolg. In der Literatur wird auch von einer großen Überlegenheit der Schrägpflanzung auf puffigen Torfböden berichtet[1]).

Weitere Großversuche von anderer Seite wären dringend zu wünschen, insbesondere bei großen Aufforstungen.

Eine völlig natürliche Wurzellagerung läßt sich bei keiner, noch so umständlichen und sorgfältigen Pflanzart ganz erreichen, am wenigsten bei den Pfahlwurzlern, wie besonders bei der Kiefer, wo die in die Tiefe gehenden Wurzeln ein seitliches Ausbreiten unmöglich machen, und wo auch der enge Verband und die alljährlichen großen Flächen raschere und billigere Verfahren fordern. SPITZENBERG hat aus der Beobachtung heraus, daß sich beim Beschneiden der Wurzeln an der Schnittstelle rasch und zahlreich neue Wurzeln bilden, ein vorheriges Abschneiden aller lang herabhängenden Seitenwurzeln und für die Spaltpflanzung auch aller aus der Spaltebene heraustretenden stärkeren Seitenwurzeln, den sog. *Fächerschnitt*, empfohlen (Abb. 228). Die an den Schnittstellen neugebildeten Wurzeln nahmen dann gleich die natürliche Lage an, während das Vorhandensein umgebogener Wurzeln die Ausbildung neuer hemmen soll (?). SPITZENBERG hat den Fächerschnitt vor dem Verpflanzen selbst in größerem Umfange durchführen lassen, und auch von anderer Seite wird er empfohlen, ohne daß aber nähere vergleichende Untersuchungen über die Gesamtwirkung vorliegen. Jedenfalls erschwert und verteuert die Ausführung des Wurzelverschnittes das Pflanzgeschäft sehr, und die Stellungnahme dazu wird davon abhängen, ob man den Schaden aus einer anfänglich unnatürlichen Wurzellagerung für wirklich so nachhaltig und schwer hält, wie dies die Gegner der Klemmpflanzung tun, oder nicht. (vgl S. 423/24).

Einen von ganz anderen Gesichtspunkten ausgehenden *Wurzelschnitt* stellt das Beschneiden beim Verpflanzen von Lohden und Heistern dar. Da sich solche starken Pflanzen meist nicht ausheben lassen, ohne daß stärkere Seitenwurzeln abreißen oder gequetscht werden, auch andere zu lang sind, um in dem ausgehobenen Pflanzloch untergebracht zu werden, so beschneidet man derartige Wurzeln allgemein mit einem scharfen Messer oder einer Gartenschere vor dem Einsetzen, um besseres Verheilen zu erreichen.

Entsprechend wird auch die *Krone* dann etwas *zurückgeschnitten*, um einen Ausgleich für die verringerte Wasserzufuhr zu schaffen. Man sucht dabei der

---

[1]) BENINDE, R.: Mischholzeinbringung in Kiefernwaldverjüngungen. F.Arch. 1939, S. 176.

Krone eine kegelförmige Gestalt zu geben (*Pyramidenschnitt*). Ebenso werden Zwiesel, sperrige und knickige Äste bei dieser Gelegenheit mitentfernt.

SPLETTSTÖSSER jun.[1]) fand bei 20jährigen Kiefern aus „Klemmpflanzung die Anzahl der nach verschiedenen Richtungen hin ausgebildeten Hauptseitenwurzeln schon fast ebenso groß wie bei der natürlichen Wurzellagerung gleichalter Saatkiefern. Überlagerungen, Stauchungen und Knickungen blieben aber auch dann noch zu sehen und führten an den gegenseitigen Berührungsstellen der Wurzeln zu mehr oder minder unvollkommenen Verwachsungen, z. T. mit Borkeresten und Erdeinschlüssen, von denen aus nach SPLETTSTÖSSERS Ansicht möglicherweise öfter Infektionen der Wurzel stattfinden, was MÜNCH (a. a. O.) auf Grund seiner Erfahrungen mit den Wurzelpilzen aber für sehr unwahrscheinlich hält. Der gleichen Ansicht ist MÖLLER (vgl. S. 424).

Jedenfalls macht das ganze Wurzelsystem der geklemmten Pflanzkiefer im jugendlichen Alter noch den Eindruck einer mehr oder minder starken Mißbildung gegenüber dem normalen der Saatkiefer. Dies hat schon früher Bedenken und eine lebhafte Bewegung gegen die Klemmpflanzung hervorgerufen[2]).

Auch in Schweden hat WIBECK[3]) eine große Zahl solcher Wurzelmißbildungen und so starke Abgänge in seinen Klemmpflanzungen gefunden,

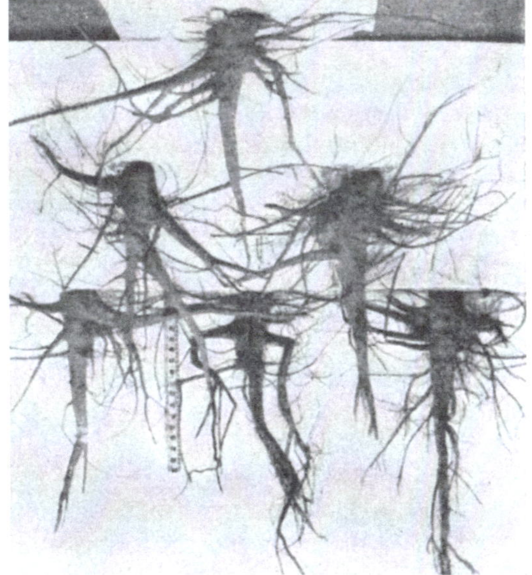

Abb. 229. Wurzelbilder 33j. geklemmter Kiefern auf Wühlspatenlöchern. Phot. A. DENGLER.

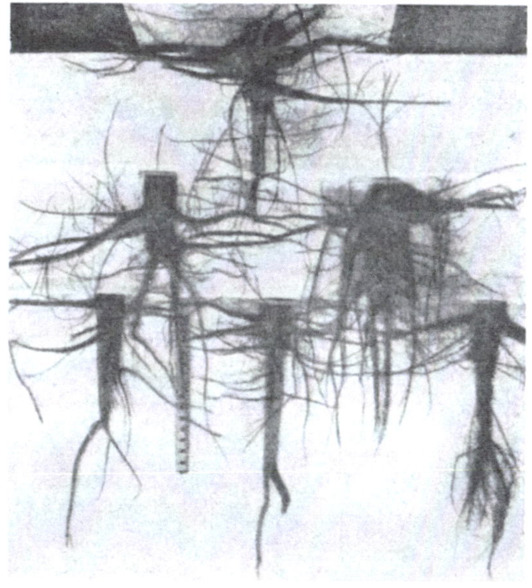

Abb. 230. Wurzelbilder 33j. geklemmter Kiefern auf ungelockerten Plätzen. Phot. A. DENGLER.

---

[1]) SPLETTSTÖSSER, A.: Zum Unterschied von Kiefernsaat- und -pflanzbeständen verschiedener Art. Dissert., Eberswalde, u. Sonderschrift. Neudamm: Neumann 1928.

[2]) Vgl. v. DÜCKER: Ist die Pflanzung junger Kiefern mit entblößter Wurzel eine empfehlenswerte Kulturmethode? Z.F.J.W. 1883, S. 65, und zum gleichen Thema ebenda 1884, S. 45. — SPITZENBERG: Über Mißgestaltungen des Wurzelsystems der Kiefer und über Kulturmethoden. Neudamm 1908. — Dagegen MÜLLER: Zur Kiefernjährlingspflanzung. Z.F.J.W. 1883, S. 263, und Bericht über die 11. Versammlung d. Ver. Mecklenb. Forstw. 1883. — Die ganze umfangreiche Literatur s. bei SPLETTSTÖSSER: a. a. O.

[3]) WIBECK, E.: Über Mißbildungen des Wurzelsystems der Kiefer bei Stieleisenpflanzung Medd. Sk. Anst. 20, 1923, S. 300.

daß er ernstlich vor diesen warnen zu müssen glaubt. Dort handelte es sich aber auch um das WARTENBERGsche Stieleisen, das sehr enge Löcher herstellt und auf den steinigen schwedischen Böden sicher besonders roh wirkt.

Demgegenüber wurden schon auf der Versammlung des Mecklenburgischen Forstvereins im Jahre 1883 152 Wurzelstöcke von Kiefern aus Klemmpflanzung von verschiedenem Alter bis zu 23 Jahren vorgelegt, an denen festgestellt wurde, daß die Bewurzelung besonders an den herrschenden, älteren Stämmchen, die ja den Zukunftsbestand bilden, mehr und mehr normal wurde. Dasselbe konnte ich an noch älteren 33jährigen Kiefern in einer Versuchspflanzung in Chorin feststellen, wobei sich sogar kein Unterschied in der Wurzelbildung der gleichmäßig mit dem Keilspaten geklemmten Kiefern auf Wühlspatenplätzen gegenüber vollständig ungelockerten ergab (Abb. 229 u. 230). MÖLLER hat einmal einen Versuch mit 80 Jungkiefern durchgeführt, von denen 40 *mit aller nur möglichen Sorgfalt* mit der Hand, 40 andere absichtlich *stark fehlerhaft* unter Verflechten, Verknoten, Zusammenballen und grobem Hineinstopfen der Wurzeln ins Pflanzloch eingebracht wurden. Zur Erhöhung der Hallimaschgefahr wurden die Versuchsreihen zwischen Buchenstöcke gelegt, die dicht von Fruchtkörpern dieses Pilzes besetzt waren. Außerdem wurden noch Wurzelstücke von hallimaschgetöteten Kiefern dazwischen verteilt. Beide Reihen wuchsen gut an. Nach 7 Jahren fanden sich beim Ausgraben aller Versuchspflanzen von den *gut und schlecht gepflanzten genau je* 11 *vom Hallimasch infiziert.* Eingegangen daran waren sogar von den schlecht gepflanzten nur 4, von den gut gepflanzten sogar 7. Auch eine angrenzende *Kiefernsaat* zeigte „*zahlreiche Opfer durch Hallimasch*". MÖLLER schließt daraus, daß diese Erkrankung nichts mit guter oder schlechter Wurzelbildung zu tun habe.

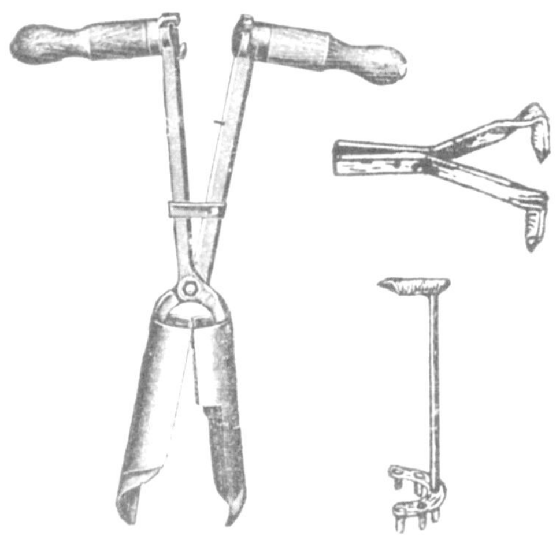

Abb. 231. Zangenbohrer von SPLETTSTÖSSER sen. mit KRANOLDschem Pflanzenhalter (rechts oben) und KRANOLDschem Andrücker (rechts unten).

Das Mißtrauen, das die mehr oder minder starken Deformationen des Wurzelwerks nach der Pflanzung im Kreise der Kulturpraktiker erregt haben, ist an sich verständlich. Man vergißt dabei aber, daß die Wasser- und Nahrungsaufnahme ja nur durch die *Wurzelspitzen* stattfindet und daß das ganze Wurzelsystem sich durch die *neuangelegten Wurzeln weitestgehend umzubilden vermag.* Die Ansicht, daß alles Unnatürliche schädlich sein müsse, hat sich auch hier offenbar wieder einmal als unrichtig erwiesen. Für ein gutes Anwachsen kommt es tatsächlich fast nur darauf an, daß die *Wurzelspitzen niemals ausgetrocknet* in den Boden gelangen und mit diesem in *engste Berührung* kommen! Auch muß man den Bedenken von DÜCKER, SPITZENBERG u. a. die Tatsache entgegenhalten, daß seit 8—9 Jahrzehnten auf vielen Tausenden von Hektaren die Kiefer in Norddeutschland geklemmt worden ist, ohne daß man davon nachweisbare Schäden an den betreffenden Beständen festgestellt hat. Ob die etwas schonendere, aber auch wegen der Notwendigkeit, kniend oder tiefgebückt zu arbeiten, auch viel anstrengendere Handspaltpflanzung überhaupt eine bessere Wurzellagerung ergibt, ist bisher auch nicht erwiesen. Die große Praxis im ostdeutschen Kiefernwalde ist daher auch trotz aller theoretischen Bedenken noch immer bei der Klemmpflanzung geblieben.

Die Lochpflanzung. Eine andere Art der Pflanzung ist die *Lochpflanzung*, bei der mit Spaten, Hacken, Hohlspaten oder Erdbohrern die Erde heraus-

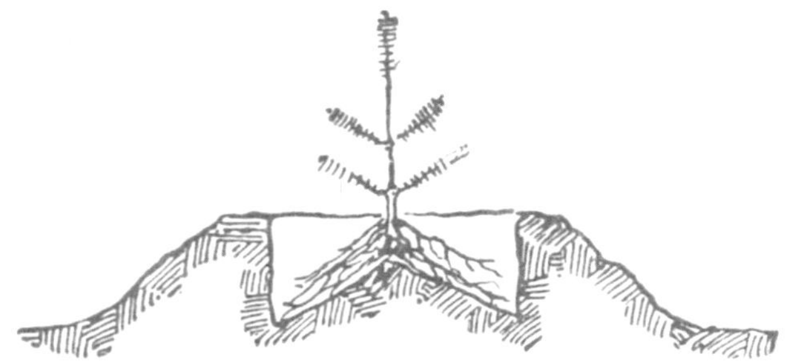

Abb. 232. Lochpflanzung mit flachem Hügel auf dem Grunde des Loches zur natürlichen Wurzellagerung für Flachwurzler. (Nach E. E. Neumann.)

genommen, ein Loch hergestellt und die Pflanze dann in dieses durch Einfüllen der Erde mit dem Spaten und der Hand verpflanzt wird.

Zur Herstellung der Löcher wird in der Ebene meist der Spaten angewendet (*Grabelöcher*). Im Gebirge auf steinigem Boden benutzt man meist die Kulturhacken dazu (vgl. S. 381) (*Hacklöcher*). Daneben gibt es noch verschiedene Hohlspaten, wie den Heyerschen u. a. heute seltener gebrauchte Formen. Ebenso gehört hierher der Schleittösserssche *Zangenbohrer* (Abb. 231), der sich vermittelst einer schraubenartigen Schneide in den Boden einbohren läßt, diesen im ganzen aushebt und dann beim Öffnen neben dem Loch ablegt. Zubehörteile dazu sind der Kranoldsche Pflanzenhalter, in den man die junge Pflanze über der Mitte des Lochs einhängt, und der Andrücker, mit dem man die Füllerde des Pflanzlochs nachstopft.

Bei kleineren Löchern für junge Pflanzen hält der Pflanzer mit der linken Hand die Pflanze in die Mitte des Loches ein und krümelt und stopft die Erde, ähnlich wie bei der Handspaltpflanzung, um die Wurzeln, bis das Loch wieder gefüllt ist. Zum Schluß wird gewöhnlich mit beiden flachen Händen oder wohl auch leicht mit der Sohle angedrückt. Bei größeren Pflanzen (Lohden und Heistern) sind gewöhnlich zwei Personen erforderlich, von denen eine die Pflanze in richtiger Höhe und gerader Stellung einhält, und die andere die Erde mit der Hand und dem Spaten einfüllt.

Bei Flachwurzlern, wie z. B. bei der vierjährigen Fichte, ist es üblich, auf dem Boden des Loches einen flachen Hügel von lockerer Erde zu formen, auf dem die Seitenwurzeln strahlig ausgebreitet und gleichmäßig verteilt werden (Abb. 232). Dem gleichen Zweck dient auch der Henningsche Pflanzstichel (Abb. 233), der

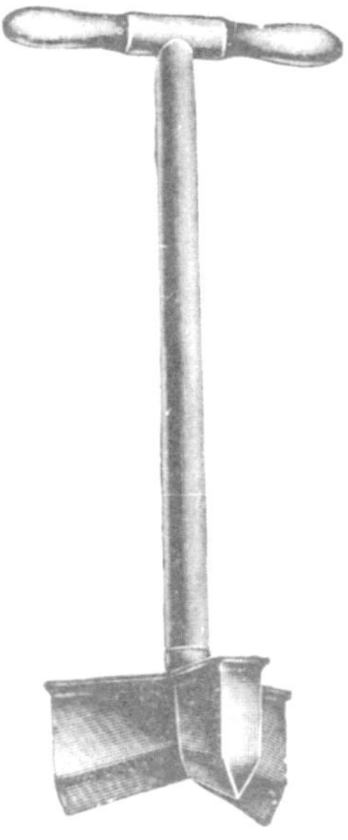

Abb. 233. Henningscher Pflanzstichel zur Fichtenpflanzung mit natürlicher Wurzellagerung.

auf den lockeren Boden des Loches aufgedrückt wird und diesem die entsprechende Form gibt.

Die Pflanztiefe. Eine ebenfalls strittige Frage ist die, ob ein etwas zu tiefes Einsetzen den Pflanzen schadet oder nicht. Bei der flach wurzelnden Fichte, bei der ein Zutiefpflanzen von vornherein am unnatürlichsten erschien, ist eine Schädigung hierdurch bisher allgemein angenommen worden.

Sehr nachdrücklich ist REUSS[1]) gegen die Folgen des zu tiefen Pflanzens bei der Fichte aufgetreten und hat sie durch Abbildungen von Mißgestaltungen solcher Wurzeln zu belegen versucht. Dabei sind aber jedenfalls noch andere Umstände, auf die er selbst hinweist, von Einfluß gewesen. Wenn er z. B. gerade von dem ältesten untersuchten Bestande (48jährig) selber sagt, daß er „nachgewiesenermaßen auf recht verwahrlostem Boden und nach einstimmiger Aussage von Gedenkmännern in Hügel mittels Setzholzes in ungewöhnlich liederlicher Ausführung gepflanzt sei‟, so ist es doch unzulässig, die beobachteten Folgen (Wurzelfäule, Dürrlinge, Windwurf) auf das zu tiefe Einpflanzen allein zurückzuführen. BÜHLER[2]) berichtet dagegen von seinerseits ausgeführten Versuchen mit 4 und 8 cm zu tief gesetzten Fichten sowie 5 und 10 cm zu tief gepflanzten Fichten, Tannen, Kiefern, Lärchen und zahlreichen Laubhölzern, nach denen sich weder ein stärkerer Abgang, noch auch nach 8 bis 10 Jahren ein Unterschied im Wachstum gezeigt habe. (Bei den zu tief gepflanzten Fichten hatten sich die unter die Erde gekommenen Zweige sogar bewurzelt!)

Abb. 234
V. MANTEUFFELsche
Hügelpflanzung
(gegen Graswuchs).
(Nach HEYER-HESS.)

Die einjährige Kiefer wurde im Osten besonders auf leichtem Sandboden gern noch mit den untersten Nadeln in die Erde gesetzt, was etwa 2—3 cm tiefer als der natürliche Stand wäre. Man wollte damit das vielfach beobachtete Auswehen bei trockenem Wetter vermeiden. Auch hiergegen sind schwerwiegende Einwendungen erhoben.

GEIST[3]) wies einen Zusammenhang zwischen der höheren Lage der Seitenwurzeln und größerer Stammstärke bei der Kiefer gegenüber Stämmen mit tiefer liegenden Seitenwurzeln nach. Und auch WIEBECKE machte immer darauf aufmerksam, daß die Stämme mit hohem Wurzelanlauf in der Regel auch die stärksten sind. Beide schlossen daraus auf die Schädlichkeit einer zu tiefen Pflanzung. Ein solcher Rückschluß ist aber unzulässig. Die höhere Lage der Seitenwurzeln kann ebensogut nur eine Eigentümlichkeit der an sich wuchskräftigeren Stämme sein, oder sie kann durch zufällige Unterschiede im Boden (Humuslagerung, alte verfaulte Wurzelstränge u. dgl.) hervorgerufen werden. Die Unterschiede in der Wurzellagerung, die GEIST beobachtet hat, sind zudem viel größer, als sie je durch ein Zutiefpflanzen von 1jährigen Kiefern (2—3 cm, vgl. oben) hervorgerufen werden können. Meine eigenen Vergleichsversuche, die ich über Hoch- und Tiefpflanzung bei der Kiefer in Chorin und im Versuchsgarten meines Instituts angelegt habe, haben ergeben, daß ein Zutiefpflanzen um einige Zentimeter bei der Kiefer nichts schadet. Die Aufnahme der 7—8jährigen Versuche zeigte jedenfalls keinerlei Unterschiede in Höhenwachstum, Wurzelausbildung und Gesundheitszustand gegenüber den hochgepflanzten Vergleichsreihen[4]).

Jedenfalls liegt in den meisten Fällen aber auch gar kein Grund vor, eine stärkere Tiefpflanzung vorzunehmen. Eine besonders ängstliche und peinliche Innehaltung des genauen natürlichen Höhenstandes scheint aber nach BÜHLERS und meinen Versuchen auch nicht notwendig.

Die Obenauf- oder Hügelpflanzung. Eine in der Mitte des vorigen Jahrhunderts besonders in Sachsen und Westdeutschland vielangewendete und s. Z. sehr berühmt gewordene Methode ist die VON MANTEUFFELsche *Hügelpflanzung,*

---

[1]) REUSS, H.: Die forstliche Bestandesgründung. Berlin 1907. S. 248 ff.
[2]) Waldbau Bd. 2, S. 391.
[3]) GEIST: Welchen Einfluß hat ein zu tiefer Stand der Kiefer auf deren Lebensdauer und Ertrag? Z.F.J.W. 1913, S. 589; 1921, S. 690.
[4]) DENGLER, A.: Versuche über Hoch- und Tiefpflanzung der Kiefer. Z.F.J.W. 1930, H. 7/8.

scherzhaft auch „Manteuffelei" genannt[1]). Hierbei wurden auf den gewachsenen
Boden Hügel von guter, schon im Vorjahr zubereiteter Erde geschüttet, die mit
Rasenasche aus getrockneten und verbrannten Grasbülten gemischt war. Diese
Erde wurde in Körben von der Zubereitungsstelle auf die Pflanzstellen getragen.
Der so aufgeschüttete Hügel wurde dann in der üblichen Weise bepflanzt und
schließlich mit zwei halbmondförmig ausgestochenen Rasenplaggen in um-
gekehrter Lage (Oberseite nach unten) möglichst eng anschließend bzw. an den
Enden übergreifend zugedeckt (vgl. Abb. 234). Diese Pflanzungen sollen sich
besonders in Dürrejahren und gegen Engerlingsschäden s. Z. sehr gut bewährt
haben, sind aber heute wegen
der hohen Arbeitskosten ganz
wieder außer Gebrauch ge-
kommen.

Andere Formen der *Hügel-
pflanzung* in verschiedenen
Spielarten sind vorzugsweise
in nassen Lagen angewendet
worden und unterscheiden sich
von der MANTEUFFELschen
Hügelpflanzung hauptsächlich
dadurch, daß die Hügel durch
Hochgraben des Bodens an
Ort und Stelle hergestellt
werden, wobei vielfach eine
Vertiefung um den Hügel als
Entwässerung dient. Außerdem werden die Hügel nicht
bedeckt, da Vertrocknungsgefahr in den nassen Lagen ja
nicht besteht.

Eine merkwürdige Abart die-
ser Hügelpflanzung sind die im
Reinhardtswald, u. a. im Forstamt
Gahrenberg, noch heute sicht-

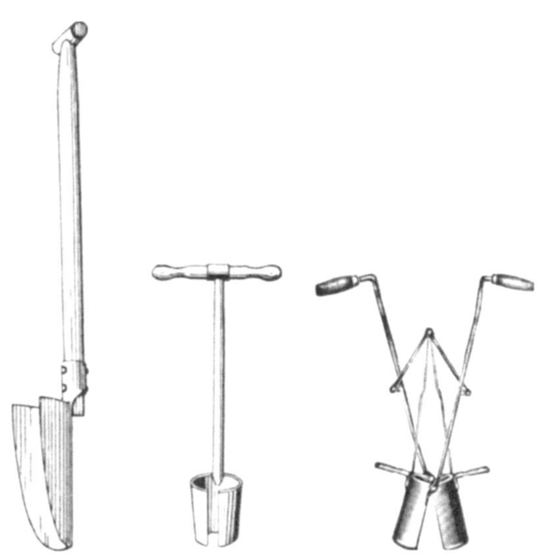

Abb. 235 a—c. Geräte zur Ballenpflanzung.

baren sog. *Klumpspflanzungen* auf Hügeln von mehreren Metern Durchmesser, auf denen
dann ganze Fichtengruppen ausgepflanzt wurden[2]).

Ebenso rechnen hierher noch die in solchen nassen Lagen ausgeführten
Rabattenkulturen, bei denen parallele Gräben gezogen werden und der Aushub
auf die Zwischenstücke ausgebreitet wird, um dann mit entsprechenden Holzarten, meist Fichte, bepflanzt zu werden.

Die Ballenpflanzung. Die Ballenpflanzung hat vor der Pflanzung mit entblößter Wurzel den Vorteil, *daß ein großer Teil des Wurzelwerks in ungestörter
Verbindung mit dem umgebenden Boden bleibt.* Demgegenüber spielt es eine geringere Rolle, daß ein anderer Teil der Wurzeln beim Ausstechen der Ballen
abgeschnitten wird. Jedenfalls ist es eine alte Erfahrung, daß solche mit Ballen
versetzten Pflanzen besonders sicher anwachsen, und daß man damit auch
noch ältere und höhere Pflanzen versetzen kann als mit entblößter Wurzel,
was besonders von den empfindlichen Nadelhölzern gilt. Die Ballenpflanzung

---

[1]) MANTEUFFEL, H. F. v.: Die Hügelpflanzung der Laub- und Nadelhölzer, 4. Aufl.
Leipzig 1874. — Über das Verhalten der Hügelpflanzungen in den Jahren 1857, 1858 und
1859. A.F.J.Z. 1861, S. 85.
[2]) BAUER: Eine auf Öden und sumpfigen Waldhuteländern ausgeführte sog. Klumps-
kultur. A.F.J.Z. 1884, S. 366.

mit Entnahme aus dichten Stellen von Naturverjüngungen (sog. *Wildlingsballen)* ist schon seit alter Zeit bekannt. Später hat man dann hier und da besondere Ballenkämpe auf bindigem, lehmigem oder durch Moorerde bindig gemachtem Sandboden angelegt (*Kampballen*) und schließlich auch aus dichtstehenden Saaten solche entnommen (*Kulturballen*). Ein weiter Transport ist immer teuer und auch mißlich wegen des leichten Zerfallens der Ballen. Wegen der Schwere der Ballen bedarf es dazu entweder großer Tragen, die durch zwei Männer befördert werden, oder der Anfuhr mit leichten Ackerwagen.

Die Löcher für die Ballen können entweder mit dem Spaten gemacht und die Ballen dann in gleicher Größe ausgestochen werden, oder man bedient sich dazu besser besonderer Hohlspaten oder Ballenstecher, wobei man die beste Gewähr für das genaue Hineinpassen des Ballens in das angefertigte Loch hat. Solche Geräte sind z. B. der JUNACKsche Hohlspaten, der HEYERsche Hohlbohrer oder der zangenartig auseinanderklappbare JANSAsche Ballenstecher (Abb. 235 a—c).

Nach dem Einsetzen des Ballens bedarf es bei gutem Einpassen meist nur eines leichten Antretens, um die Wände in Verbindung miteinander zu bringen. Andernfalls muß in den Zwischenraum etwas Erde mit dem Spaten nachgefüllt werden.

12. Kapitel. **Die Pflanzenerziehung im Kamp[1]).**

Die verschiedenen Kamparten. Die eigene Pflanzenerziehung erfordert besondere gartenartige Anlagen, sog. *Kämpe*, die man im allgemeinen im Walde auf eingefriedigten Plätzen herstellt. Doch ist u. U. auch ein Platz auf gutem Garten- oder Ackerboden außerhalb des Waldes durchaus geeignet und empfehlenswert, namentlich da, wo es sich um längere, dauernd zu benutzende Flächen (*Dauerkämpe*) handelt, oder wo kein geeigneter Boden im Walde vorhanden sein sollte.

Hiervon wird in der Waldwirtschaft noch wenig Gebrauch gemacht. Man sollte sich aber die Erfahrungen der großen Pflanzenzüchtereien zu eigen machen, die alle auf solchen Flächen arbeiten. Und gerade für die ostdeutschen Kiefernreviere, in denen es manchmal an gesunden, humosen Böden im Walde fehlt, und wo die Schütteverseuchung im Walde oft große Verluste mit sich bringt, wären Kämpe außerhalb des Waldes bei geeignet gelegenen Forsthäusern sehr zu empfehlen.

Die Kämpe, die man nur wenige Jahre benutzt, um dann an andere Stellen weiterzugehen, nennt man *Wanderkämpe*, solche, die nur ein- oder zweimal benutzt und die nur notdürftig eingefriedigt werden, auch wohl *fliegende Kämpe*.

Der *Dauerkamp* hat den Vorteil des aufs beste gelockerten Bodens ohne Wurzeln und Steine. Seine erste Anlage ist zwar teuer, macht sich aber durch die spätere, leichtere Bearbeitung wieder bezahlt. Da man ihn immer zweckmäßig in die Nähe von Forstgehöften legen wird, ist gewöhnlich auch die Möglichkeit des Begießens in Dürrezeiten gegeben. Außerdem steht er stets unter Schutz und Beobachtung und gestattet die ständige Verwendung besonders zuverlässiger und geschickter Arbeiter. Er erfordert auf der anderen Seite freilich auch regelmäßige Düngung. Am gefährlichsten ist bei ihm die Gefahr der Verunkrautung, da sich auf dem gedüngten Boden sehr bald alle Garten- und Acker-

---

[1]) Literatur: FÜRST, H. v.: Die Pflanzenzucht im Walde. Berlin 1907. — REUSS, H.: Die forstliche Bestandesgründung. Berlin 1907. — Für die Kiefer: WIEBECKE: Ostdeutscher Kiefernwald, seine Erneuerung und Erhaltung. Z.F.J.W. 1911, S. 524 ff. — Merkbl. f. d. dtsch. Waldarbeit (Iffa, Eberswalde), Reihe I Kulturbetrieb. (Von den 12 vorgesehenen Blättern sind bereits 8 erschienen.) Verzeichnis von dort zu beziehen.

unkräuter einstellen. Ebenso nisten sich gern die tierischen Pflanzgartenschäd-
linge, wie Mäuse, Wühlmäuse, Maulwürfe, Maulwurfsgrillen und besonders Engerlinge und Drahtwürmer, ein. Auch ist der meist weitere Transport bis zur Ver-
brauchsstelle in Rechnung zu stellen. Bei den *Wanderkämpen* liegen die Verhältnisse im allgemeinen gerade umgekehrt. Sie erfordern aber bei mehrjähriger
Benutzung auch Düngung, mindestens Gründüngung.

Auswahl des Platzes und Größe der Kämpe. Bei der *Auswahl des Platzes*
ist in allen Fällen ein nicht zu trockener, aber auch nicht zu feuchter Boden zu
wählen. Reiner Lehm ist niemals angebracht, da er sowohl bei Dürre als auch
bei nassem Wetter alle Arbeiten erschwert, bei der Kiefer auch die Bildung der
Pfahlwurzel unterdrückt. Am besten ist frischer, humoser, vielleicht auch etwas
anlehmiger Sand. Die Lage soll geschützt sein, insbesondere gegen alle Nord-
und Ostwinde. Auch müssen ausgesprochene Frostlagen vermieden werden. Für
Kiefernkämpe ist großer Wert auf eine möglichst geringe Schüttegefährdung zu
legen. Am besten geeignet sind reine Laubholzbestände oder doch Kiefernbestände mit Laubholzunterstand, aus denen man dann die Kiefern in einiger
Entfernung rings um den Kamp noch weghauen sollte, um Nadelüberwehung zu
verhindern. Am gefährlichsten und unbedingt zu vermeiden sind freie Kulturflächen und Jungwüchse, die bei der Kiefer immer viel Infektionsmaterial in
ihren abgefallenen Nadeln enthalten. Wünschenswert ist auch möglichst ebene
Geländeausformung, da sonst sehr kostspielige Planierungsarbeiten erforderlich
sind. Jede geringste Hanglage oder Unebenheit bringt bei starken Regengüssen
Abspülung auf der einen, Zuschwemmen und Versanden auf der anderen Stelle
mit sich.

Die *Größe der Kämpe* richtet sich nach der jährlich zu bepflanzenden Kulturfläche und dem Pflanzverband auf dieser wie im Kamp selbst. Die nötige Größe
muß ausgeprobt werden. Im allgemeinen rechnet man in der Kiefernkultur auf
1 ha Jährlingspflanzen eine Saatkampfläche von 0,3 bis 0,5 a und auf 1 ha zwei-
jährige Pflanzung 2 a Verschulkamp, in der Fichtenkultur bei Verwendung von
zweijährigen Sämlingen 0,5—1,0 a, bei Pflanzung vierjähriger Schulpflanzen
2—3 a. Man soll aber die Fläche lieber etwas größer als zu klein wählen, damit
man in schlechten Jahren nicht in Verlegenheit gerät und damit man geringwertigere Pflanzen aussortieren kann.

Bodenbearbeitung und Herrichtung des Kampes. Die für die Anlage des
Kampes ausgewählte Fläche ist im Herbst *sorgfältig zu roden*. Bei der Zufüllung
der Rodelöcher ist darauf zu achten, daß der humose Boden wieder nach oben
kommt, am besten ist durch Aufbringung von Humus aus dem umgebenden
Bestand nachzuhelfen, da andernfalls solche Stocklöcher immer Kümmerstellen
im Kamp bilden. Bezüglich der Tiefe der Bearbeitung steht man heute wohl auf
dem richtigen Standpunkt, daß man zur Erziehung von ein- und zweijährigen
Pflanzen nur eine *flache Bearbeitung* vornimmt, um ein nicht zu tief gehendes,
dafür oberflächlich reiches Faserwurzelsystem zu erhalten, was auch die spätere
Verpflanzung erleichtert. Man gräbt daher die gerodete Fläche alsbald nach der
Rodung nur spatenstichtief um. Für die Erziehung von Lohden und Heistern
wird allerdings ein tieferes Rajolen oft unvermeidbar sein. Es kann dabei aber
diejenige Form gewählt werden, welche die Umkehr der Schichten vermeidet
(vgl. S. 382). Den umgegrabenen Boden läßt man über Winter rauh liegen, was
das Durchfrieren erleichtert und zu besserer Krümelung führt. Besonders auf
lehmigeren Böden (Eichenkämpe und Fichtenkämpe im Gebirge) ist dies von
Bedeutung. Im zeitigen Frühjahr wird dann der Boden mit scharfen eisernen
Eggen oder Harken glattgezogen und eingeebnet.

Die *Einfriedigung* wird heute allgemein aus Maschendraht gemacht, der mindestens hasendicht sein muß. Wo wilde Kaninchen vorkommen, ist unten noch ein engerer Maschendraht anzubringen, der zum Schutz gegen das Unterwühlen einzugraben ist und am besten in dem dazu ausgehobenen Graben etwas nach außen umgebogen wird. Der ganze Kamp ist außerhalb des Zaunes mit einem *Stichgraben* mit senkrechten Wänden zu umgeben, was nicht nur Mäuse, Rüsselkäfer u. dgl. abhält, sondern auch die Wurzelkonkurrenz vom benachbarten Bestand her unterbindet. Es ist überhaupt dafür zu sorgen, daß gegen diesen je nach Höhe und Holzart ein genügender *Schattenstreifen* liegenbleibt. Hierzu kann auch zweckmäßigerweise ein breiter Umweg innerhalb des Zaunes angelegt werden. Der Zaun wird dadurch zwar etwas länger, dafür hat man aber die große Annehmlichkeit, daß man an alle Stellen gut heran kann, die Arbeiter ihre Geräte in der Nähe ablegen können usw. Aus dem gleichen Grunde sind auch einige etwa 1 m breite *Hauptwege* im Kamp anzulegen, auf denen man mit dem Karren fahren und sich bequem ausweichen kann. Alsdann teilt man den ganzen Kamp mit der ausgespannten Kulturleine (sehr zweckmäßig und gut ist hier die Kulturleine von SPITZENBERG) in *Quartiere* oder Gewanne bzw. in *Beete* ein. Für Saaten sollen diese nicht über 1—1,20 m breit sein, damit man von beiden Seiten bis zur Mitte herüberreichen kann. Die Steige zwischen den Beeten sollen mindestens so breit sein, daß der quergestellte Fuß darin Platz hat (etwa 30 cm). Sonst werden beim Säen und Jäten die Beetkanten heruntergetreten, was immer unordentlich aussieht. Die Verschulflächen mit ihrem ohnehin so weiten Pflanzenabstand, daß man dazwischentreten kann, teilt man gewöhnlich nicht in Beete ein, sondern beläßt sie in ganzen Quartieren.

Düngung der Kämpe. Bei mehrfacher Pflanzenentnahme — bei Dauerkämpen also immer — ist wegen der Erschöpfung des Bodens durch den hohen Mineralstoffgehalt der jungen Pflanzen (vgl. Teil I, S. 162) genau wie in der Landwirtschaft eine regelmäßige Düngung notwendig. Mindestens muß so viel an Düngerstoffen wiedergegeben werden, wie die jungen Pflanzen dem Boden entziehen. Der früher oft geäußerte Gedanke, daß man insbesondere für ärmere Böden die jungen Pflanzen nicht durch Düngung verwöhnen dürfe, der sogar so weit ging, daß die Pflanzenhandlungen solche kümmerlichen und bei ihnen als zweitklassig aussortierten Pflanzen als besonders passend für Kulturen auf geringeren Böden empfahlen, ist ganz und gar falsch. Es ist daran nur so viel richtig, daß überüppig erzogene Pflanzen mit lang aufgeschossenem Oberteil, das nicht im richtigen Verhältnis zur Wurzelentwicklung steht, überall ungeeignet sind. Solche geilen Pflanzen treiben lange bis in den Herbst hinein und verholzen ihre jungen Triebe dann nicht früh genug. Im übrigen aber ist jede kräftige, stufige Pflanze mit reicher Bewurzelung auch auf dem ärmsten Boden der weniger kräftigen immer überlegen!

Eine gute *Düngung* für den Wanderkamp ist der gesunde *Waldhumus*, am besten von Laubholzbeständen. Besonders gilt das für die Kiefernwirtschaft, in der gerade die Bestände mit lockerem Buchen- oder Hainbuchenunterstand solchen Boden zu liefern pflegen. Nach ein- bis zweimaliger Benutzung tritt aber meist schon die Notwendigkeit einer *Nachdüngung* ein. Die gebräuchlichste Form ist hier die *Gründüngung mit stickstoffsammelnden Leguminosen*, der eine *Mineralstoffdüngung mit Kali und Phosphor* vorangeht, wodurch nicht nur die Gründüngungspflanzen im Wachstum gefördert werden, sondern auch der Mineralstoffverlust im Boden wieder ersetzt wird. Nach der Entnahme der Forstpflanzen gibt man zunächst auf die freigemachten Beete je Ar einen Mischdünger von etwa 2—4 kg 40proz. Kalisalz und etwa ebensoviel Thomasmehl (Phosphordüngung). Alsdann gräbt man um und sät nach einigen Wochen die

Gründüngungspflanzen an, sobald keine Spätfrostgefahr mehr zu befürchten ist. Für Sandböden eignet sich hierzu am besten die gelbe Lupine (2—3 kg pro Ar), die namentlich, wenn sie zum erstenmal auf der betreffenden Fläche gezogen wird, am besten mit Nitragin zu impfen ist, um ihr gleich die nötigen Bakterien mitzugeben. (Für kalkreiche Lehmböden werden Ackererbse [3—6 kg] oder Saubohne [6—10 kg] und Futterwicke [2—2,5 kg] empfohlen.)[1] Die Gründüngungspflanzen werden dann im Spätsommer oder Herbst gemäht und entweder über Winter zur Deckung und teilweisen Verrottung auf der Fläche liegengelassen oder auch gleich untergegraben. Die oberflächlich liegenden und nicht bis zum Frühjahr verrotteten Teile müssen dann aber mit der Dreizinkenhacke oder der Harke wieder entfernt werden.

Über die beste Zeit des Abmähens und des Untergrabens bestehen verschiedene Anschauungen: einige wollen schon vor der Blüte abmähen lassen, andere erst hinterher. Noch andere empfehlen überhaupt nicht zu mähen, sondern die Gründüngungspflanzen auf dem Stengel verrotten zu lassen. Alle behaupten, daß auf ihre Weise die Stickstoffanreicherung am besten gewahrt würde.

Noch einfacher als die Kalisalz-Thomasmehldüngung ist die mit *Nitrophoska*, die Stickstoff, Phosphorsäure, Kali und kohlensauren Kalk, also alle wichtigen Stoffe zusammen enthält und sich außerordentlich leicht und einfach aufbringen läßt. Sie wird aber nur dann richtig ausgenützt, wenn die Fläche schon mit jungen Pflanzen besetzt ist, deren Wurzeln die leicht löslichen, aber auch rasch auswaschbaren Stoffe genügend aufnehmen (sog. *Kopfdüngung*).

Die vielfach in unseren Kämpen noch angewendete *Kompostdüngung* aus besonderen Komposthaufen, die man aus ausgejätetem Unkraut mit der anhaftenden Erde außerhalb des Kampes anlegt, birgt immer die Gefahr in sich, daß damit die außerordentlich zähen Unkrautsamen wieder eingeschleppt werden. Jedenfalls ist solcher Kompost nur nach mehrjähriger Lagerung, Versetzen mit Ätzkalk und wiederholtem gründlichen Umstechen zu verwenden, am besten aber gar nicht.

Für Dauerkämpe ist meist noch eine stärkere und öftere Düngung notwendig. Die großen Pflanzenzüchtereien verwenden regelmäßig auch animalischen Dünger, besonders Rindviehmist, den sie meist aus Schlachthäusern, Viehhöfen u. dgl. waggonweise beziehen. Eine derartige *animalische Düngung* hat sich auch in den Eberswalder Lehrforsten sehr bewährt und hervorragend kräftige Pflanzen geliefert. KIENITZ[2] hat im Choriner seit 50 Jahren benutzten Forstgarten mit gutem Erfolg eine Mischung von guter Moorerde mit Mergel ($1\frac{1}{2}$ cbm pro Ar und Mischung im Verhältnis ungefähr 3 : 1) angewendet. Die im Vorjahr angefahrenen Haufen ließ er erst über Winter durchfrieren.

Es sind über die künstliche Düngung der Kämpe und den sonstigen Pflanzschulbetrieb im übrigen zahlreiche besondere Arbeiten erschienen. Hier kann auf die unten angegebene hauptsächlichste Literatur verwiesen werden[3]. Besonders eingehend und umfassend wird der Saat- und Pflanzschulbetrieb in der vortrefflichen Veröffentlichung des Badischen Finanzministeriums von 1937 dargestellt (s. u.).

Zu warnen ist jedenfalls vor der Verwendung von Kainit, dessen Chlorgehalt namentlich bei Anwendung kurz vor der Aussaat schon oft sehr geschadet hat. Ebenso ist Pferdemist wegen seiner Hitzigkeit und austrocknenden Wirkung nicht zu empfehlen. Ebenso sind bei

---

[1] ENGLER u. GLATZ: Gründüngungsversuche in Pflanzschulen. Mitt.Schw.Anst. Bd. 7, S. 319, 1903.

[2] Ber. d. dtsch. Forstver. in Leipzig 1902, S. 193.

[3] GRUNDNER, F.: Die Düngung im Forstbetriebe, insbesondere in Forstgärten. Ber. d. Harzer Forstver. 1897. — HALLBAUER: Düngung der Saatschulen. A.F.J.Z. 1899, S. 320. — BRILL: Düngungsversuche in den Pflanzgärten. Ebenda 1900, S. 402. — OSTNER: Düngung der Saatschulen. F.Cbl. 1899, S. 240. — SCHWAPPACH, A.: Düngungsversuche. Dtsch. Forstztg. 1901, S. 34. — RAMM, S.: Rationelle Düngung der Forstgärten. Bericht über die 17. Versammlung d. württemb. Forstver. zu Calw 1900. — HOFMÄNNER, JOH.: Düngung der Pflanzgärten. D. prakt. Forstwirt f. d. Schweiz 1900, S. 6. — BUJAKOWSKI, W.: Forstgartendüngung mit Nitrophoska. F.Arch. 1937, S. 110. Forstabtlg. d. Bad. Finanz- u. Wirtschaftsministeriums: Saat- u. Pflanzschulen. Selbstverlag. Karlsruhe 1937.

Kalkstickstoff und Kalksalpeter Schädigungen beobachtet worden. Der sehr rasch wirkende Chilesalpeter soll nur als Kopfdünger in mehreren kleinen Gaben gegeben werden. Auch bei ihm ist große Vorsicht, besonders bei den Nadelholzpflänzchen, geboten.

Die Pflanzenerziehung. Je nachdem man nur Sämlinge erzielen will oder mehrjährige Pflanzen, die durch Versetzen (Verschulen) kräftiger und älter geworden sind, unterscheidet man *Saat-* oder *Verschulkämpe* bzw. *-beete.* Im allgemeinen wird man beide im gleichen Kamp nebeneinander anlegen, schon um die zum Verschulen notwendigen Pflanzen gleich bei der Hand zu haben. Nur bei der Kiefer ist hiervor zu warnen und nach HAACK[1]) am besten eine Trennung von Saat- und Schulkämpen vorzunehmen, da von den verschulten Kiefern und deren durch Schütte abgefallenen Nadeln den jungen Saatbeeten immer eine gefährliche Nahinfektion droht. Mindestens sollte zwischen Saat- und Schulbeeten ein 2—3 m breiter und mit Lupine zu bestellender Schutzstreifen bleiben, der das Überwehen der Schüttesporen stark hindert.

Saat. Auf den Saatbeeten kann entweder breitwürfig oder in Rillen gesät werden. Ersteres ergibt bessere Ausnutzung des Platzes, lockeren Stand und eine höhere Zahl von Pflanzen auf der Fläche. Es erschwert aber das Unkrautjäten, das dann nur mit der Hand und nicht mit Geräten (s. S. 382) ausgeführt werden kann. Ebenso erfordert es große Sorgfalt beim späteren Ausheben, damit die unregelmäßig durcheinander stehenden Pflänzchen nicht durch den Spaten beschädigt werden. Die großen Pflanzenhandlungen, bei denen der Platz beschränkt und kostbar ist, säen meist breitwürfig. Im Walde ist dagegen meist die Rillensaat üblich. Am besten sind Querrillen, da sie von den Seitenstegen her am leichtesten zu bejäten sind. Etwas breitere Rillen haben den Vorzug, daß die Pflänzchen in ihnen nicht so dicht aneinandergedrängt stehen wie bei den ganz schmalen Rillen (sog. Bürstensaaten). Die Rillen werden entweder mit Brettern, auf deren Unterseite entsprechende Leisten angebracht sind, in den gelockerten Boden eingedrückt (*Saatbretter*, Abb. 236a), oder man benutzt dazu besondere *Rillenzieher*, wie z. B. den sehr brauchbaren von SPITZENBERG (Abb. 236b) mit auswechselbaren Rillrädern von verschiedenem Profil für die einzelnen Samenarten (Abb. 236c). Die Aussaat geschieht entweder mit der Hand (so bei allen größeren und schwereren Samen) oder für leichtere Samen mit dem Sähorn (vgl. S. 412).

Die *Saatmengen* sind je nach der Keimkraft, und je nachdem man sich für Dicht- oder Dünnsaat entscheidet, und wie weit man den Rillenabstand wählt, natürlich recht verschieden. Im allgemeinen rechnet man bei durchschnittlich normaler Keimkraft und einem Rillenabstand von 15—20 cm je Ar etwa: Kiefer 0,3—0,8 kg; Fichte 0,5—1 kg; Lärche 1—3 kg; Tanne 5—10 kg; Douglasie 1,0—1,5 kg; Eiche 10—20 l; Buche 20—30 l; Esche, Ahorn, Ulme, Hainbuche 1—2 kg; Erle 2—3 kg; Birke 0,5—1 kg; (letztere beide Vollsaat).

(Alle diese Zahlen haben aber bei den seltener im Kamp erzogenen Holzarten einen sehr zweifelhaften Wert, da wirklich genügende Erfahrungen für solche Durchschnittswerte nirgends vorliegen[2]). Sie sollen nur einen ungefähren Anhalt geben und müssen im übrigen in vorkommenden Fällen selbst ausprobiert werden.)

Die Zwischenräume zwischen den Rillen können zur besseren Erhaltung der Feuchtigkeit und zur Unterdrückung des Unkrautwuchses auch mit Moos bedeckt werden, auf welches zur Verhinderung des Verwehens kurze, der Beetbreite entsprechende Knüppel gelegt werden. Noch praktischer erscheint das Bedecken mit kurzen zugeschnittenen Brettern wie in Schweden. Gegen Austrocknung

---

[1]) HAACK, FR.: Der Schüttepilz der Kiefer. Z.F.J.W. 1911, S. 66.
[2]) Vgl. dazu die Gegenüberstellung der Angaben verschiedener Autoren in HEYER u. HESS: Waldbau, 5. Aufl., S. 281.

und Sonnenbrand, ebenso gegen Spätfröste, schützt man die Saatbeete bei empfindlichen Holzarten und im Zustand der ersten zarten Entwicklung entweder
durch sog. Deckgitter aus Holzlatten oder durch Strohmatten, die auf einem
leichten Stangengestell bei entsprechendem Wetter über den Beeten aufgelegt
werden (so z. B. bei Thuja, Douglasie und anderen ausländischen Holzarten).
Doch genügt oft auch ein loses Überdecken von Reisig, Farnkraut oder ein seitliches Bestecken der Beete mit Zweigen, besonders gegen die Südseite hin. Zum
Schutz gegen Barfröste oder das sog. Ausfrieren im Winter auf feuchten, sehr
humosen Böden ist ein leichtes Übersanden das beste Gegenmittel.

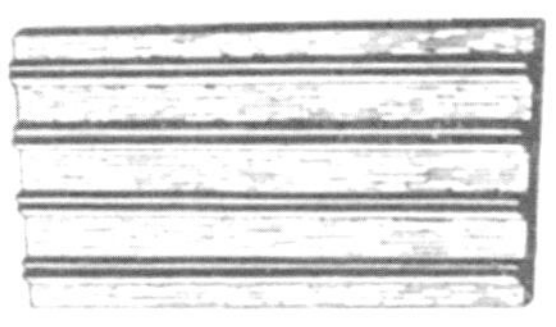

a) Saat- oder Rillbrett.   b) Rillendrücker. (Nach SPITZENBERG.)

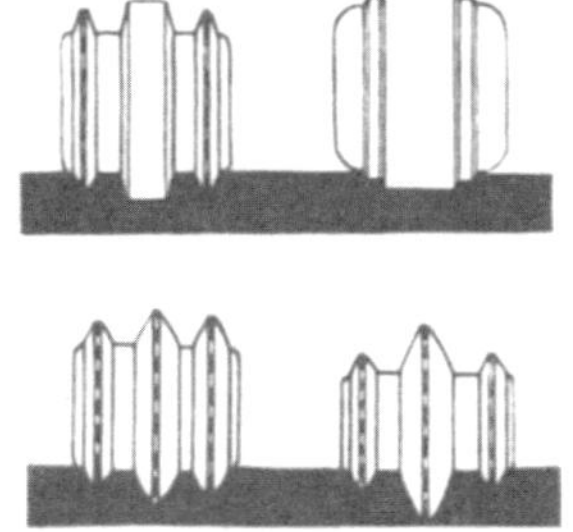

c) Auswechselbare Rillenwalzen. (Zum Rillendrücker oben.)

Abb. 236a—c. Geräte zur Kamparbeit.

Die Verschulung. Will man zur späteren Verwendung in der Freikultur
ältere und stärkere Pflanzen erziehen, so ist der Stand im Saatbeet meist zu
eng. Man muß die Pflanzen daher herausnehmen und dann einzeln in weiterem
Verbande wieder verpflanzen. Dies nennt man *Verschulen.*

Die Frage, ob man zur Erziehung 2jähriger Kiefern oder 3- und 4jähriger Fichten verschulen soll oder nicht, wird hier und da noch verschieden beantwortet. Von manchen wird
entgegengehalten, daß die Verschulung immer eine Störung der Entwicklung bedeute und
daher besser durch Dünnsaat von vornherein oder durch nachfolgendes Verdünnen (Ausziehen mit der Hand oder Ausschneiden mit der Schere) zu ersetzen sei. Andere sehen in dem
Verschulen zwar ein notwendiges Übel, das aber auch seine gute Seite habe, insofern das
Wurzelsystem dadurch geschlossener und für die spätere Auspflanzung geeigneter bleibt,
während sich andernfalls gern lange und zerstreute Seitenwurzeln und ebenso eine unnötig
lange Pfahlwurzel bilden, die doch später gekürzt werden müssen. Übrigens kommt bei
der Verdünnung auch der Verlust an brauchbaren Pflanzen in Betracht, da viele an sich
gute nur wegen des nötigen Abstandes vernichtet werden müssen. Im großen und ganzen
wird daher in der Praxis fast allgemein die Verschulung beibehalten. Als Ersatz für die
Verschulung wird neuerdings der *Wurzelschnitt* empfohlen, bei dem man die Pflanzen im Beet
stehen läßt und ihnen durch scharfe Spaten oder besondere Geräte die *Wurzeln beiderseitig
kürzt*, wobei der Schnitt schräg nach unten unter die Pflanzreihe zu führen ist. Die von
Forstmeister SWART konstruierte Wurzelschneidemaschine Radex[1]) bewerkstelligt den
Schnitt von beiden Seiten in einem Gange. Eine reiche Neubildung von feinen Wurzeln an

---

[1]) SWART: Neue Wege z. Aufzucht von Forstkulturpflanzen. Der Dtsch.F.W. 19 (1937),
S. 333.

den Schnittstellen beseitigt nicht nur rasch den Verlust, sondern soll sogar zur Ausbildung eines besonders kräftigen und dichten Wurzelballens führen.

Man verschult meistens am *Grabenrand*, indem man an der gespannten Schnur einen spatenstichtiefen, schmalen Graben aushebt und dann die Pflanzen an den Rand anhalten und mit dem Aushub einfuttern läßt (Abb. 237). Bei größeren Verschulflächen, wo das Einzeleinhalten zu langsam geht, bedient man sich sog. *Pflanzbretter*, d. h. schmaler Latten, an deren Kante alle 5 cm eine Kerbe eingeschnitten ist, in die die kleinen Sämlinge eingehängt werden. Das ganze Brett mit den eingehängten Pflanzen wird dann an den Grabenrand gehalten und der Graben mit Erde zugefüllt. Zum Schluß wird das Pflanzbrett vorsichtig nach hinten weggezogen. Besonders bewährt hat sich für kleine Nadelholzsämlinge, die aus den gewöhnlichen Verschulbrettern leicht herausfallen, die *Bornholmer Verschullatte* (Abb. 238), die mit Handgriff und Bodenraster versehen ist und deren Kerbleiste eine Gummieinlage mit Schlitzen hat, die jede Beschädigung

Abb. 237. Verschulung von 1 jähr. Kiefern am Grabenrand.
(Aufn. des Iffa, Eberswalde.)

der zarten Pflänzlinge ausschließt. (Firma NAGEL-Forstgeräte, Eberswalde. Preis 4,50—5,50 RM.)

Man kann aber auch in *Löchern* mit den üblichen Pflanzhölzern und Klemmspaten verschulen.

Der *Verband* bei der Verschulung richtet sich nach der Größe der zu erziehenden Pflanzen. Aber auch bei den kleinsten soll die Reihenentfernung nicht unter 15 cm heruntergehen, damit die Arbeiterinnen bequem zwischen die Reihen treten können. Zur Erziehung von Kleinpflanzen genügt einmalige Verschulung. Lohden und Heister muß man gewöhnlich alle 2—3 Jahre wieder verschulen.

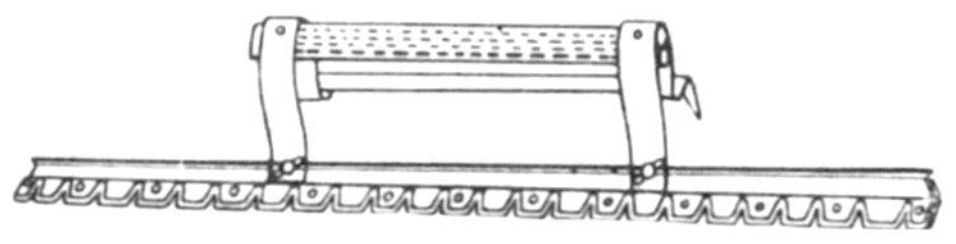

Abb. 238. Bornholmer Verschullatte mit Handgriff und Bodenraste. Kerbleiste auswechselbar, auch mit Gummieinlage für zarte Pflanzen.

Die gewöhnlichsten Verbände und Alter sind: Kiefer 15×10 cm, als 1 jährige verschult, als 2 jährige verpflanzt; Lärche 15×15—20 cm, als 1 jährige verschult, als 2—3 jährige verpflanzt; Fichte 15×15—20 cm, als 1- oder 2 jährige verschult und als 3- oder 4 jährige (im Gebirge auch 5 jährig) verpflanzt; Tanne 15×20 cm, als 2—3 jährige verschult und als 5—6 jährige verpflanzt; Eiche, Buche und die meisten anderen Laubhölzer 15×20 cm, 1—2 jährig verschult, 2—3 jährig verpflanzt oder zum zweiten Male in 20—30-cm-Quadrat verschult und im 4.—6. Jahre als Lohden bzw. nach nochmaliger Verschulung auf 50×50 cm im 6.—8. Jahre als Heister verpflanzt. Selbstverständlich sind auch diese Zahlen nur als Durchschnitt zu betrachten.

Pflege und Schutz der Kämpe. Die Hauptpflege aller Kämpe besteht in der sorgfältigen und dauernden *Unkrautfreihaltung* mit den dazu geeigneten Hackgeräten oder mit der Hand. Dies ist nicht nur notwendig, weil die Unkräuter den Mineralstoffentzug erhöhen, sondern weil sie auch viel Wasser verbrauchen, und weil man sich bei der raschen Blüte und Samenreife des Unkrautes dieses immer mehr in den Kamp hineinzieht. Ein sauber gehaltener Kamp gilt mit Recht als Prüfstein eines sorgfältigen und gewissenhaften Beamten. Nach langen und schweren Regenzeiten ist eine Bodenlockerung mit der Krümelharke od. dgl. angezeigt.

Mäuse sind durch Giftweizen, der in Dränröhren ausgelegt wird, zu vernichten, Maulwürfe durch Fallen zu fangen, Vögel (Finken) durch Mennigen des Samens (S. 411) oder durch aufgehängte Scheuchen abzuhalten. Bei Werren sucht man die Nester auf und zerstört sie, Engerlinge läßt man beim Umgraben sorgfältig auslesen und töten. (Schutz gegen Frost und Dürre durch Bedecken, Bestecken und Begießen.)

Schließlich sind bei Lohden und Heistern Zwieselbildungen mit der Gartenschere zu beseitigen und fehlerhafte Ast- und Stammbildungen möglichst durch entsprechenden Verschnitt zu verbessern.

13. Kapitel. **Aufforstungen und Meliorationen.**

Die Bestandesgründung auf Nichtwaldböden stellt meist besonders schwierige Aufgaben dar und bringt oft so ungünstige Verhältnisse mit sich, daß die Aufforstung meist mehr vom Gedanken der Wiedergewinnung ertraglosen Bodens für die Landeskultur getragen wird, als vom Gesichtspunkt der Rentabilität. Aufforstungen sind daher fast überall Aufgaben staatlicher Wirtschaft oder großer mit staatlichen Zuschüssen arbeitender Verbände[1]). Große Aufforstungen von Ödland und armen Ackerböden sind jetzt bei der Raumplanung in Deutschland für den Ostraum vorgesehen, wo über 1 Million ha für diesen Zweck aufgeforstet werden sollen!

1. Die Ackeraufforstung. Oft sind es im Wald liegende Enklaven oder in ihn einschneidende und seinen Grenzverlauf störende Zuschnitte oder besonders arme, ungenügende Erträge bringende Feldstücke, die zur Aufforstung gelangen. In den meisten Fällen handelt es sich um geringe Böden, für die nur anspruchslose Holzarten wie die Kiefer, in Berglagen wohl auch die Fichte, zur Bestandesgründung benutzt werden. Wo die Aufforstungen durch Eingattern genügend gegen Wildverbiß (auch Hasen und Kaninchen) gesichert werden können, kann auch die Einsprengung von Mischhölzern versucht werden. Wo das nicht der Fall ist und besonders arme Böden vorliegen wie meist, bleibt nur die Birke übrig. Zweckmäßig ist in solchen Fällen häufig ein *Voranbau von Lupine* nach vorheriger Düngung mit Kali und Phosphorsäure. Auch *Zwischenanbau von perennierender Lupine* hat sich besonders auf Gebirgsböden zwischen Fichte vielfach sehr bewährt. In früheren Zeiten wurde bei uns und wird im Baltikum auch heute noch vielfach die Erstaufforstung unter einer sog. *Deckfrucht* vollzogen, meist Hafer, auch Roggen, der in einer dünnen Übersaat gegeben und dann über den dazwischen aufgelaufenen Kiefernsaatreihen hoch abgeschnitten wird. Der Ertrag soll einen gewissen Teil der Aufforstungskosten decken, die Deckfrucht soll noch etwas Schutz gegen Unkraut im ersten Jahre geben und eine gewisse Schattengare hervorrufen. Diese Art der Aufforstung verspricht aber nur da einen guten Erfolg, wo der Acker noch nicht zu sehr ausgesogen ist, und die Deckfrucht selbst noch

---

[1]) So z. B. die Provinzialforstverwaltung in Hannover, der Heidekulturverein in Schleswig, die Dänische Heidegesellschaft, die Niederländische Heidemaatschappij u. a.

einigermaßen wächst. In anderen Fällen scheint der Lupinenanbau besser. Man kann die Lupine im Herbst unterpflügen, im Frühjahr abeggen und dann Kiefern säen oder noch besser in die über Winter auf dem Halm verrottete Lupine hineinpflanzen. In vielen Fällen hat man die Kiefer aber auch ohne Voranbau gleich auf den umgepflügten Acker gebracht. Alle diese Aufforstungen wachsen, wenn nicht besonders arme oder stark verqueckte Böden (*Triticum repens*) vorliegen, im Anfang oft recht gut. Leider stellt sich im Dickungs- und Stangenholzalter fast immer eine rätselhafte Erkrankung der Bestände, die „*Ackertannenkrankheit*" oder „Ackersterbe" ein, bei der nester- und horstweise, oft ringförmig fortschreitend, die jungen Stämmchen absterben (vgl. Abb. 239). Fast immer findet man an ihnen faulige und verkiente Wurzeln, besonders ist die Pfahlwurzel ungenügend entwickelt und erkrankt. Fast immer kann man dann auch den Kiefernwurzelpilz, *Polyporus annosus* (*Trametes radiciperda*), daran finden. R. HARTIG sah deshalb in diesem den eigentlichen Erreger der Krankheit und empfahl die *Anlage von Ringgräben* um die befallenen Stellen zur Verhütung der Weiterverbreitung. Da aber ALBERT[1]) in solchen Gräben gerade eine besonders reichliche Fruchtkörperbildung des Pilzes fand, können sie als ein zuverlässiges Gegenmittel gegen seine Verbreitung nicht angesehen werden. Auch kommt der Pilz noch sonst und durchaus

Abb. 239. Sterbehorst im Kiefernstangenholz in einem Aufforstungsbestand. Links im Vordergrund, unmittelbar angrenzend, gleichaltrige frohwüchsige und gesunde Douglasie. (Aufn. von A. ZIMMERMANN.)

nicht selten an den verschiedensten Holzarten im Walde vor, ohne Erkrankungen hervorzurufen. MÖLLER hat an 163 Bäumen Infektionsversuche auf alle mögliche Weise vorgenommen, aber nirgends einen Erfolg damit gehabt[2]). Wenn die Infektion nur auf alten Acker- und Nichtwaldböden auftritt, so kann der Pilz wohl nur eine sekundäre Rolle spielen (vgl. auch Teil I, S. 173). Trotzdem will man mit den Ringgräben hier und da doch den Erfolg gehabt haben, daß das Absterben auf die Fläche innerhalb derselben beschränkt blieb[3]). ALBERT sagt daher, daß man

---

[1]) ALBERT, R.: Besteht ein Zusammenhang zwischen Bodenbeschaffenheit und Wurzelerkrankung der Kiefer auf aufgeforstetem Ackerland? Z.F.J.W. 1907, S. 283 u. 353.

[2]) Z.F.J.W. 1897, S. 80.

[3]) So in Charlottenhof, worüber ALBERT (a. a. O.) berichtet, auch in Frankreich (Mitt. von SCHWAPPACH: Z.F.J.W. 1906, S. 329).

die Isoliergräben da, wo man sich davon Erfolg verspricht, ruhig anwenden soll, da sie in keinem Falle schaden könnten. Wenn auch auf vielen aufgeforsteten Ackerböden schlechte physikalische Bodenverhältnisse (geringes Porenvolumen und Verfestigung in der Schicht der sog. Pflugsohle) gefunden worden sind, so bleibt es noch immer rätselhaft, warum das Absterben sich nur auf mehr oder minder zahlreiche Horste beschränkt, und warum es erst so spät auftritt. Da sowohl Kiefer wie Fichte befallen werden, rät ALBERT, die Aufforstung möglichst mit anderen raschwüchsigen und genügsamen Holzarten, wie Birke, Aspe, Weißerle, Roteiche und Akazie, vorzunehmen oder, wo man auf Kiefer und Fichte nicht von vornherein verzichten zu können glaubt, doch möglichst innige Mischkulturen von ihnen mit den vorgenannten Holzarten anzulegen. Auch die Douglasie scheint übrigens, wenn auch nicht immun, so doch sehr resistent zu sein[1]). Jedenfalls empfiehlt es sich, die Sterbelücken möglichst bald abzurunden und mit den obengenannten Holzarten anzubauen. Besonders sind nach den Erfahrungen, die in den Eberswalder Lehrforsten gemacht wurden, Roteiche und Akazie dazu geeignet (vgl. Abb. 240).

Ein ebenfalls noch rätselhafter, aber dabei glücklicher Umstand ist der, daß die Erkrankung nach Erreichung ihres Höhepunktes im Stangenholzalter, etwa vom 50. bis 60. Jahre, überall von selbst zum Stillstand zu kommen scheint. Die vielen ungünstigen Voraussagen, die man den befallenen Beständen s. Z. gestellt hatte, daß sie vollständig zusammenbrechen

Abb. 240. Ehemaliger Sterbehorst der Kiefer auf früherem Ackerboden im Forstamt Eberswalde, abgetrieben und mit Akazie ausgepflanzt. (Aufn. von DENGLER.)

würden, sind wohl nirgends eingetreten. DANCKELMANN hielt es z. B. noch für notwendig, im Forstamt Eberswalde, das große Ackeraufforstungsflächen enthält, mit Rücksicht auf das massenhaft einsetzende Absterben im Stangenholzalter einen besonderen Plenterwaldblock einzuführen, den er mit Beziehung auf den Wurzelpilz „Pilzplenterwald" nannte. Heute hat auch dort das Absterben überall aufgehört.

2. Die Heideaufforstung. Besonders große Gebiete, die schon seit Jahrhunderten in der Hauptsache nur die Heide (*Calluna*) tragen und meist nur eine sehr geringwertige Nutzung als Schafweide liefern, befinden sich im nordwestdeutschen Heidegebiet (vgl. S. 9) und in den angrenzenden Nachbarländern, besonders in Jütland und Holland. Kleinere Heideflächen kommen aber noch

---

[1]) Vgl. ZIMMERMANN, A.: Untersuchungen über das Absterben der Nadelhölzer in der Lüneburger Heide. Z.F.J.W. 1908, S. 357.

längs der ganzen Ostseeküste, in der Niederlausitz und auf einigen westdeutschen Mittelgebirgen vor. Die Verhältnisse sind je nach der geographischen Lage und den besonderen Böden zu verschieden, um hier in allen Einzelheiten und Abweichungen eingehend besprochen zu werden. Es sollen vielmehr nur die hauptsächlichsten Fragen der Aufforstung *im eigentlichen Heidegebiet Nordwestdeutschlands* betrachtet werden. Trotzdem diese Aufforstungen jetzt schon 4—5 Jahrzehnte dauernd weitergeführt werden, bestehen über die Methoden doch noch recht abweichende Anschauungen. Bahnbrechend für unsere allgemeinen Anschauungen über den besonderen Charakter des Heidebodens und Heideklimas sind hier die Arbeiten des dänischen Oberforstmeisters P. E. MÜLLER[1]) und des preußischen Forstmeisters Dr. h. c. ERDMANN[2]) geworden. Von mehr pflanzengeographischem und ökologischem Standpunkt, aber auch auf die kulturellen Fragen eingehend, hat Prof. GRAEBNER, Berlin, die nordwestdeutsche Heide bearbeitet[3]).

Eine reiche Literatur ist dann in Einzelarbeiten und in den Versammlungsberichten der Forstvereine und in den Veröffentlichungen der obengenannten deutschen, dänischen und holländischen Heidekulturvereinigungen entstanden[4]).

Schon in der *Frage der Bodenbearbeitung* gehen die Ansichten, ob *Flach- oder Tiefkultur*, auseinander. ALBERT und GREVE sprechen sich scharf gegen die letztere, besonders gegen das Rajolpflügen aus, weil es die Rohhumuspolster in die Tiefe bringt, wo sie nicht verrotten können, dagegen den vielfach stark ausgewaschenen Bleichsand nach oben, in dem die Pflanzen nur schlecht wachsen können. Zugegeben wird aber wohl von allen Seiten, daß eine *Tiefkultur da notwendig ist*, wo *Ortstein* auf großen Flächen ansteht. Im Hannoverschen (Provinzialforst Oerrel-Lintzel und anderswo) sind in weitem Umfange Dampfpflüge hierzu zur Anwendung gekommen. Auch WEIS (s. Lit.-Verz. unten) tritt bei Ortstein für das Rajolpflügen ein, möchte aber als Abschluß noch eine Bearbeitung mit der tief eingestellten großen SIEMENS-SCHUCKERT-Fräse geben, die dann den nach oben gebrachten Ortstein mit der Bleichsandschicht und dem umgestülpten Heidehumus gründlich durchmischt. ERDMANN tritt bei fehlendem Ortstein, wie dies häufiger in Nordwestdeutschland als in Jütland und Holland der Fall ist, mehr für flache Bearbeitung, ja besser sogar nur für Abschälen der Rohhumusschicht und vollständige Entfernung oder, wo dies nicht geht, Zusammenbringen derselben auf Dämmen ein.

In Jütland und Holland wird vielfach erst eine mehrjährige Bearbeitung des Heidebodens vorgenommen, ehe man zur Aufforstung schreitet. Die Heide wird abgebrannt, dann mit dem Schälpflug die Narbe losgelöst und gewendet und zunächst 1—2 Jahre liegengelassen.

---

[1]) MÜLLER, P. E.: Studien über die natürlichen Humusformen. Berlin 1887.

[2]) ERDMANN, F.: Die Heideaufforstung und die weitere Behandlung der aus ihr hervorgegangenen Bestände. Berlin 1904. — Die nordwestdeutsche Heide in forstlicher Beziehung. Berlin 1907.

[3]) GRAEBNER, P.: Die Heide Norddeutschlands und die sich anschließenden Formationen in biologischer Betrachtung. Berlin 1901. 2. Aufl. unter dem Titel: Handbuch der Heidekultur. 1904.

[4]) Von den neueren Arbeiten sind hier insbesondere zu nennen: METZGER, C.: Über die Heide in Jütland und deren Aufforstung. Mündener forstl. Hefte 1898, 13. — Bericht über die 4. Versammlung d. dtsch. Forstver. in Kiel 1903 mit dem Thema: Erfahrungen über die Ödlandsaufforstung im Heidegebiet Nordwestdeutschlands. — ALBERT, R.: Bodenuntersuchungen im Gebiet der Lüneburger Heide. Z.F.J.W. 1912, 1913, 1914. — GREVE, H.: Begründung von Kiefernbeständen. Vortrag bei der Versammlung d. nordwestdtsch. Forstver. 1921 in Z.F.J.W. 1922, S. 449. — STEPHAN: Forstliche Probleme Schleswig-Holsteins. Ebenda 1923, S. 449. — ERDMANN, F.: Über das Aufforstungsverfahren in der Oberförsterei Assen. Vortrag in Medel. van de Nederlandsche Boschbouw Vereeniging 1929 (dtsch.). — WEIS: Über den Wert des Heidebodens zur Urbarmachung. Mitt. d. dän. Waldver. 1929. — GREVE, H.: Die forstl. Verhältnisse der Lüneburger Heide. Uelzen 1933.

Dann wird die schon etwas gelockerte und entsäuerte Rohhumusschicht durch mehrmalige Arbeit mit der Telleregge kreuz und quer zerschnitten. Schließlich kommt die Pflugarbeit mit zwei hintereinander gehenden Pflügen, von denen der erste nur bis zur Ortsteinschicht hinuntergreift, während der zweite, tiefer gehende diese durchbricht und mit dem stark gekrümmten Streichbrett nach oben bringt. Bekanntlich zerfällt der Ortstein an der Oberfläche sehr leicht und man hat in ihm nach WEIS „ein sehr stickstoffreiches Bodenmaterial zum Verwesen und zur Produktion von Ammoniak und Salpetersäure".

Vielfach wird bei den Heidekulturen, Hand in Hand mit der Bodenbearbeitung, noch eine starke *Düngung mit Ätzkalk oder Mergel* vorgenommen, um die Säuren zu neutralisieren und die Tätigkeit der Nitrifikationsbakterien in Gang zu bringen. Auch wird ebenso wie bei der Ackeraufforstung öfter Voranbau von gelber Lupine und Zwischenbau von perennierender Lupine vorgenommen, weil trotz des an sich reichen Stickstoffvorrates im Boden dieser doch wegen seiner ungünstigen Form zunächst nicht aufnehmbar ist und erst langsam der Ammonisation bzw. Nitrifikation zugeführt werden kann. Es ist selbstverständlich, daß derartige langjährige und umständliche Bearbeitungsverfahren auch sehr teuer werden. Auch von diesem Standpunkte aus glauben andere in leichteren Fällen mit einfacheren Verfahren auskommen zu müssen.

Eine weitere Streitfrage ist die *Wahl der anzubauenden Holzarten.* Im allgemeinen hatte man früher auch hier nur die Kiefer und die Fichte, teils rein, teils in Mischung miteinander, zum Anbau genommen.

In Jütland ist auch die Weißfichte (*Picea alba*) gewählt worden, da sie dem dortigen Klima, insbesondere den heftigen Seewinden gegenüber, sehr widerstandsfähig sein soll. Vielfach wurde sie auf P. E. MÜLLERS Vorschlag hin reihenweise mit *Pinus montana* gemischt. Neben der guten Bodendeckung glaubte er ihr auch eine Wuchsförderung für die Fichte zuschreiben zu dürfen, die er in der Fähigkeit vermutete, durch ihre Mykorrhizen den freien Stickstoff der Luft zu binden, wofür allerdings bisher keine Beweise beigebracht werden konnten.

Schon EMEIS hatte aus dem Gedanken heraus, daß die Heide früher meist Laubwald getragen hat, seine Nadelholzkulturen in Schleswig-Holstein stark mit *Laubhölzern zu mischen* versucht. ERDMANN hat dann in dieser Frage besonders auf die ungünstige Wirkung der Nadelhölzer Kiefer und Fichte in Nordwestdeutschland hingewiesen, die dort immer wieder von neuem Rohhumus, oft in schlimmerer Form als die Heide, bilden. Von diesem Gesichtspunkt aus hat er schließlich den Anbau dieser beiden Nadelhölzer ganz verworfen und eine möglichst reiche Mischung von „*Humuszehrern*" (vgl. S. 178), insbesondere *Lärche, Eiche, Birke und Tanne,* empfohlen und zu seinen Aufforstungen benutzt. Auch die Buche ist nach seiner Meinung nur sehr mit Vorsicht zu gebrauchen. Besonders hatte sich im ganzen Heidegebiet die *japanische Lärche bewährt.* Neuerdings sind aber starke Rückschläge bei ihr in Erscheinung getreten (vgl. S. 352). Sie ist besonders in Schleswig auf großen Flächen zum Anbau gekommen. Im allgemeinen hat die ERDMANNsche Anschauung in den Kreisen der Heideaufforster mehr und mehr Anhang gefunden, und man bevorzugt heute vielfach den Anbau von Mischbeständen aus den genannten Holzarten. Doch haben die neuen Untersuchungen von WITTICH[1]) gezeigt, daß die bisherigen Anschauungen über die Rolle, die die einzelnen Holzarten bei der Rohhumusbildung und ihrer Zersetzung spielen, doch eine wesentlich andere ist, als man bisher angenommen hat.

Auch bei den *Aufforstungen mit Kiefer und Fichte auf Heideböden* hat sich in weitestem Umfange *dasselbe nester- und horstweise Absterben im Stangenholzalter wie bei den Ackeraufforstungen* gezeigt.

Auch aus diesem Grunde sind die Mischbestände der obengenannten Holzarten vorzuziehen. Im übrigen werden wir in allen diesen Dingen wohl erst klarer

---

[1]) WITTICH, W.: Untersuchungen in Nordwestdeutschland über den Einfluß der Holzart auf den biologischen Zustand des Bodens. Mitt.F.W.W. 1933, H. 1.

sehen, wenn die jüngeren Versuche aus neuerer Zeit erst etwas älter geworden sind und als Baumhölzer zeigen werden, was sie leisten, und wie sich der Boden unter ihnen verhält.

3. Die Aufforstung von Flugsand und Dünen[1]).

Überall, wo sich vor dem Winde wehender Sand gebildet hat, wie dies in besonderem Maße an der Meeresküste, seltener im Binnenlande, der Fall ist, muß vor der Aufforstung immer erst die *Beruhigung und Bindung des flüchtigen Sandes* voraufgehen. Es sind dazu zwei Methoden in Gebrauch: die Bepflanzung mit sog. Strandgräsern und das Bestecken mit Reisig.

Zum *Bepflanzen mit Strandgräsern* wird der sog. Strandroggen (*Elymus arenarius* L.) und der Strandhafer oder Helm[2]) (*Psamma arenaria Beauv.* = *Ammophila ar.* Lk.), auch der Binsenweizen (*Triticum junceum* L.) benutzt. Diese Arten vertragen einen hohen Salzgehalt des Bodenwassers und haben die Eigenschaft, aus ihren Stengelknoten, sobald sie übersandet werden, wieder Wurzeln und Sprosse zu treiben und so bei ihrer Weiterverbreitung den Sand zu binden. Merkwürdigerweise aber untergraben sie sich dadurch ihre eigenen Lebensbedingungen. Denn sobald der Sand erst steht und kein neuer hinzukommt, hört ihr Wachstum auf, sie gehen zurück, und andere Arten treten an ihre Stelle und verdrängen sie schließlich ganz. Die Bepflanzung geschieht, immer von der Windseite anfangend, mit kleinen Büscheln dieser Pflanzen in einem Netz mit Maschen von 2—4 m Seitenlänge. Die Pflanzen werden in einfachster Weise mit dem Klemmspaten gesetzt. Auf sehr gefährdeten Stellen werden auch noch Büschel in die Mitte der Maschen hineingepflanzt. Im allgemeinen bebüschelt man die Dünen auf der Windseite mit zunehmender Höhe immer dichter, auf der windabgekehrten Seite aber führt man nur senkrecht von oben nach unten verlaufende Reihenpflanzungen aus, damit

Abb. 241. Reisigbesteck auf den Wanderdünen der Kurischen Nehrung. (Aufn. von DENGLER.)

der über die Höhe überwehende Sand sich nicht an den Querreihen festsetzen und dort Wulste bilden kann, sondern glatt herunterrieselt und sich dadurch eine gleichmäßige Böschung herstellt. Die Beruhigung und Bindung der Düne findet gewöhnlich erst nach mehreren Jahren statt und zeigt sich im Rückgang der Strandgräser und in der Benarbung des Bodens durch Silberschmiele (*Weingärtneria canescens*). Schafschwingel (*Festuca ovina* und *rubra*), Auftreten von Sandstiefmütterchen, Habichtskraut und anderen Kräutern. Erst dann kann man zur Aufforstung schreiten. Da der Boden sich dann aber meist schon sehr stark verfestigt hat, bedarf es zur Pflanzung erst wieder einer gründlichen Lockerung der Pflanzplätze.

Aus diesem Grunde und wegen der langen Wartezeit hat man neuerdings diese sonst sehr zuverlässige und billige Methode mehr und mehr verlassen und ist zur

---

[1]) Grundlegend ist hier das große Spezialwerk von GEHRHARDT: Handbuch des deutschen Dünenbaues. Berlin 1900. — Fernere Literatur: Verhandlungen d. dtsch. Forstver. in Danzig 1906, mit Referaten über Dünenanbau von BOCK, BANDOW in Steegen. JENTSCH: Dünenbefestigung und Aufforstung im südwestlichen Frankreich. — Ferner für Flugsandbildungen im Binnenland insbesondere WESSELY, J.: Der europäische Flugsand und seine Kultur. Wien 1873. — KERNER: Die Aufforstung des Flugsandes im ungarischen Tiefland. Österr. Monstsschr. f. Forstw. 1865, S. 3. — BURCKHARDT, H.: Zur Kultur des Flugsandes. Aus dem Walde 1877, S. 167.

[2]) Die deutschen Bezeichnungen sind sehr schwankend. Vielfach wird auch *Elymus ar.* Strandhafer genannt.

sog. *Reisigbesteckung* übergegangen. Hierbei werden die Flächen in ähnlichen Netzen und Streifen mit etwa 50 cm langem Astreisig besteckt, das 20 cm tief in die Erde kommt und etwa 30 cm über diese hinausragt (Abb. 241 u. 243). Stärkere Aststücke werden zur Gewinnung von möglichst viel Material vorher aufgespalten. Das Reisig wird ebenfalls mit einem langen Spaten mit glattem Blatt in den Sand geklemmt. Es muß so dicht stehen, daß der Sand innerhalb der „*Bestecke*" sofort zu wehen aufhört. Die auf diese Weise beruhigten Dünen können und sollen sofort ausgepflanzt werden. Das Verfahren ist aber wegen der Schwierigkeit der Holzbeschaffung sehr viel teurer.

Wo an der Meeresküste von der See her immer neuer Sand angespült wird, muß vor der eigentlichen Düne noch eine „*Vordüne*"

Abb. 242. Schaffung einer Vordüne an der Küste der Kurischen Nehrung. Der Raum zwischen den beiden Flechtzäunen ist schon fast zugeweht. Links von der Vordüne (meeresseitig) Reihenpflanzung von Strandgräsern, im Hintergrund rechts befestigte alte Wanderdüne. (Aufn. von DENGLER.)

angelegt werden, die diesen Sand in sich abfängt (Abb. 242). Diese Arbeit liegt an unseren Küsten den besonderen Organen der Wasserbauverwaltung ob und fällt nicht mehr in den Bereich der Forstverwaltung.

Zur *Aufforstung* wird im allgemeinen nur die *Kiefer* und die *Bergkiefer* verwendet (Abb. 243), nur in den tiefen und feuchten Mulden zwischen den Dünen können auch Birke, Erle und Aspe gepflanzt werden.

Im ungarischen Tiefland hat man auf den großen Flugsandfeldern der Deliblater Sandpußta auch mit Erfolg die Akazie und die Schwarzkiefer verwendet. Doch liegen dort auch bezüglich des Bodens und Klimas ganz andere Verhältnisse vor[1]).

Die Bergkiefer wird wegen ihrer dichteren Bebuschung geschätzt und besonders gern in sehr windausgesetzten Lagen angepflanzt. Wo aber die Kiefer noch einigermaßen wächst, wird sie wegen der späteren Nutzungsmöglichkeit der

---

[1]) KISS, v.: Neuere Verfahren bei der Aufforstung der Alfölder Sandflächen. — AJTAY, v.: Die Aufforstung der ärarischen Sandpußta Deliblat. In FEKETE u. BLATTNY: Die Verbreitung der forstlich wichtigen Bäume und Sträucher im ungarischen Staate. Selmecbanya 1914.

Abb. 243. Mit Bergkiefer aufgeforstete alte Wanderdüne mit Resten des alten Reisigbestecks (Schwarzer Berg bei Rossitten). (Aufn. von DENGLER.)

Bergkiefer vorgezogen. Gepflanzt wird in Plätzen, die möglichst noch durch *Beigabe von Meeresschlick oder Moorerde* gedüngt werden. Dies verursacht zwar sehr hohe Kosten, da alles zugetragen werden muß, andererseits verringert es aber sehr stark die sonst außerordentlich hohen Nachbesserungen (bis zu 70%).

Große Flächen gefährlicher Wanderdünen sind besonders auf den beiden Nehrungen des Frischen und Kurischen Haffs, aber auch sonst an der Ostseeküste gebunden und aufgeforstet worden, wo nicht nur alter Wald und fruchtbarer Ackerboden unter ihnen begraben war, sondern wo sogar auch einzelne Dörfer mit Verschüttung bedroht waren. Auch im Innern des Landes sind seit langer Zeit, besonders seit dem energischen Eingreifen Friedrichs des Großen, viele solche Flugsandbildungen, „Sandschellen", wie man sie damals nannte, dem Walde wiedergewonnen worden. Im neuen Ostraum (z. B. Bezirk Zichenau) finden sie sich noch heute in größtem Umfang.

Bei allen derartigen Bildungen ist rasches Eingreifen bei der ersten Entstehung besonders wichtig. Aber auch nach der Bindung und Aufforstung ist, besonders an der Küste, dauernde Aufmerksamkeit geboten, um jedes Wiederauftreten im ersten Keim zu ersticken.

4. Die Aufforstung von Kalködland[1]). Obwohl Kalkgebirge einen hervorragenden Waldboden bilden, finden sich doch in ihnen, teils von Natur, teils durch Fehler in der Wirtschaft, öfter Ödlandflächen, die der Aufforstung recht schwierige Aufgaben stellen. Die meisten *Kalkböden* sind schon von vornherein *ziemlich flachgründig. An steilen Hängen*, wie wir sie gerade bei diesen Gebirgsarten vielfach finden, ist dann die dünne Bodenkrume in besonders hohem Maße der *Abschwemmung* ausgesetzt, und nur eine dauernde Bestockung mit dichtwurzelnden Holzgewächsen vermag dieser Gefahr zu begegnen. Jede unvorsichtige Entwaldung, ja schon jede zu starke Durchhauung der Bestände, Weidegang und Viehtritt können schwersten Schaden anrichten und haben das bei uns und anderswo in früheren Zeiten, als man die Gefahr noch nicht richtig erkannt hatte, in großem Umfange getan. Rasch tritt dann überall das nackte Kalkgestein zutage, das in seinen zahlreichen Spalten und Klüften alle Niederschläge außerordentlich schnell in die Tiefe versickern läßt, und das sich unter den Sonnenstrahlen bis zu unglaublich hohen Graden erhitzt[2]) und dann nur einer kümmerlichen, besonders an Dürre angepaßten Bodenvegetation noch eine Daseinsmöglichkeit gewährt, besonders da, wo noch Reste von Bodenkrume in kleinen Spalten und Klüften oder größeren Trichtern (Dolinen) sich erhalten haben. Flachgründigkeit, Dürre und Hitzigkeit sind die drei größten Gefahren dieser Böden.

Das erschreckendste Beispiel eines solchen großen Kalködlands, die vollständige *Verkarstung*, bieten in Europa die *Küstengebirge* an der dalmatinischen Küste, die von Triest herunter bis nach Montenegro eine völlige Waldlosigkeit und ein einförmiges, ödes Grau von nacktem Kalkgestein zeigen. Nur unten zeigen die künstlich erzogenen und geschützten Olivenhaine und Weingärten und oben einige schüchterne Aufforstungsversuche in günstigeren Lagen einige grüne Flecken in dieser grauen Steinwüste. Bei uns in Deutschland beschränken sich derartige Kalködländereien zum Glück nur auf kleinere Stellen, besonders im westdeutschen Muschelkalkgebiet, vor allem in Thüringen und Hannover. Man hat hier anerkennenswerterweise schon seit mehreren Jahrzehnten und zum Teil mit bestem Erfolg die schwierige Aufgabe der Wiederbewaldung durchgeführt. Ich selbst habe ein solches kleines, höchst interessantes Aufforstungsgebiet im Stadtwald Hedemünden in einem meiner früheren Reviere unter Bewirtschaftung gehabt.

---

[1]) GREBE, C. F. A.: Der Holzanbau öder Kalkflächen. Aus dem Walde, H. 6, S. 94. — STASSEN u. BEHRISCH: Über Aufforstung von Kalködland, insbesondere in bezug auf die Weißerle und Schwarzkiefer, in der Klosteroberförsterei Göttingen. Z.F.J.W. 1925, S. 483. — FRÜCHTENICHT: Aufforstungen von Kalködland. Ebenda 1927, S. 488.

[2]) Vgl. die Messungen von GR. KRAUSS auf solchen Böden in der Würzburger Gegend in seiner Arbeit über: Boden und Klima auf kleinstem Raum.

Das *Wirtschaftsziel* muß in allen Fällen auf die *Wiederanzucht des allein standortsgemäßen Laubholzes*, insbesondere der hier hervorragend wüchsigen *Buche, in Mischung mit Edelhölzern, wie Esche und Ahorn*, auch wohl in Einzelmischung mit Lärche (?) gerichtet sein. Die Bestandesgründung mit diesen, gegen Dürre wie Fröste gleich empfindlichen Holzarten läßt sich aber auf ganz kahlem Ödland nicht gleich erreichen, sondern muß erst den Weg über den *Voranbau mit genügsameren Holzarten* nehmen, die den Boden zunächst wieder in Deckung bringen und durch ihren Streuabfall einen gewissen Humusvorrat schaffen müssen.

Nur in einzelnen Fällen, wo noch ein einigermaßen zahlreicher Wacholderstand auf solchen Ödflächen vorhanden ist, gelingt es mit sorgfältiger Berücksichtigung der kleinsten Standortsvorteile im Schutz der Wacholder hier und da die Laubhölzer gleich auf die Fläche zu bringen, wie z. B. im obengenannten Hedemündener Stadtwald.

Gewöhnlich ist als *Voranbau* die *Schwarzkiefer* gewählt worden, die in Südeuropa ja schon von Natur vielfach auf solch flachgründigem Kalkboden vorkommt, und die von der österreichischen Forstverwaltung in großem Umfange auch bei der Karstaufforstung verwendet worden ist[1]). Übrigens·ist nach eigenen Erfahrungen im westdeutschen Muschelkalkgebiet auch unsere einheimische Kiefer durchaus zu verwenden und steht der Schwarzkiefer an Genügsamkeit und Wüchsigkeit wenig nach. Aber sie hat freilich nicht den reichen Nadelabfall wie jene. Daß sie auch den Boden nicht so stark beschattet, dürfte eher ein Vorteil bei der späteren Umwandlung in Laubholz unter ihrem Schirm sein. In anderen, und gerade in besonders verzweifelten Fällen, wo auch diese Nadelhölzer versagten, was wohl besonders auf Engerlingsschaden (Mai- und Junikäfer!) zurückzuführen ist, die auf derartigen Ödlandskulturen immer eine besonders schwere Gefahr bilden, hat man zur *Akazie* und zur *Weißerle* gegriffen, die hiergegen ziemlich unempfindlich sind. Gegen die Akazie spricht die zu lichte Beschirmung. Besser ist hier jedenfalls die Weißerle. Neuere Bodenuntersuchungen in Aufforstungsbeständen bei Göttingen[2]) haben bei ihr eine solche Überlegenheit in· der Stickstoffbildung gegenüber der Schwarzkiefer (fast das Doppelte!) ergeben, daß dadurch ihre Verwendung einen neuen Antrieb erhalten muß. Im allgemeinen scheute man bei ihr bisher immer die ungemein üppige und lästige Wurzelbrut, die sich bei der Lichtung zur Umwandlung in Buche einstellte, und die zu wiederholten und kostspieligem Ausschneiden zwang, wenn man nicht die edleren Hölzer von ihr vollständig überwachsen lassen wollte. Wenn sich das von KRANOLD angegebene Mittel des handbreiten Ringelns am Wurzelrand in der Saftzeit wirklich überall so glänzend bewähren sollte wie im Göttinger Stadtforst[3]), so wäre wohl damit der Weißerle die Vorrangstellung für diese Aufforstungszwecke gegeben.

Die *Bestandesgründung* erfolgt in allen Fällen wegen der schwierigen Verhältnisse nur *durch Pflanzung* möglichst kräftiger Pflanzen. Bei der Herstellung der Pflanzlöcher muß oft noch durch Zutragen von Erde, durch Ziehen von Wasserfanggräben u. dgl. nachgeholfen werden. Der Verband ist mit Rücksicht auf baldigen Schluß nicht zu weit zu wählen. Die Kosten sind einschließlich der immer ziemlich umfangreichen Nachbesserungen natürlich hoch (500 bis 600 M. je Hektar, auch noch bedeutend höher), und der Vorbestand kann sie kaum wieder einbringen. Dafür gehört aber bei Gelingen der spätere Umwandlungsbestand auf solchen Böden mit seinen guten Buchen und Edelhölzern unbedingt zu sehr hochwertigen Bestandsformen. Die Umwandlung ist daher auch möglichst frühzeitig durchzuführen. Bei Vorbestand von Schwarzkiefer wird man natur-

---

[1]) LEININGEN, Graf zu, W.: Über Karstaufforstung. F.Cbl. 1917, S. 145.
[2]) STASSEN u. BEHRISCH: a. a. O.
[3]) Vgl. FRÜCHTENICHT: a. a. O., S. 496.

gemäß gern bis zur Verwendung als Grubenholz warten wollen, bei Weißerlenvorbestand fällt das weg. Im allgemeinen wird die *Umwandlung zwischen dem 25. bis 40. Jahre* liegen. Unter dem gelichteten Schirmbestand werden dann am besten *Buchen-, Eschen- und Ahornlohden* zwischen den alten Pflanzverband gesetzt. Sehr häufig wird sich Gelegenheit zur Wildlingsballenpflanzung mit Entnahme aus nahen Naturverjüngungen durchführen lassen, die als besonders sicher gelten kann. Gefährlich ist immer der *Mäuseschaden* durch Ringelung der jungen Lohden. Ihm ist mit allen Mitteln durch sorgfältige Entfernung von allem Reisig, Schonung der Mäusefänger, auch des Fuchses, Vergiften u. a. m. vorzubeugen. Die *Lichtung* im Schirmbestand soll ganz allgemein zunächst nur *sehr vorsichtig* eingreifen, um den Graswuchs möglichst lange zurückzuhalten (was auch die Mäusegefahr vermindert). Die Buche auf Kalk verträgt unglaublich viel Schatten, und sie holt das Versäumte dann nach den späteren Nachlichtungen und der Räumung des Schirmbestandes noch reichlich nach.

Eine etwas ähnliche Aufgabe wie die Kalkaufforstungen bietet vielfach die *Aufforstung von Schutthalden, alten Steinbrüchen* und *Mergelgruben.* Hier eignet sich neben der Weißerle ganz besonders die *Akazie* zur Bestandesbegründung. Eine spätere Umwandlung etwa in Eiche oder Nadelholz wird aber nur bei besonders guten Böden und bei guter Einebnung in Frage kommen. Die Aufforstung größerer *Bergwerkshalden,* insbesondere der riesigen beim Braunkohlenabbau entstandenen *Kippen* im Niederlausitzer Raum, bildet seit langem eine Aufgabe der betreffenden Verwaltungen. In der Hauptsache wurde dazu die *Weißerle* als *Vorholz* oder *Beiholz* verwendet. Die weitere Behandlung und Umwandlung in ertragreichere, vor allem nutzholztüchtigere Bestände bietet besondere Probleme, die in Spezialarbeiten dargestellt worden sind, auf die hier weiter verwiesen wird[1]).

5. Die Mooraufforstung[2]). Wo bei uns *Niederungsmoore* vorhanden sein sollten, die keinen Waldwuchs tragen, handelt es sich gewöhnlich um sehr nasse Standorte, die nur entwässert zu werden brauchen, um dann mit Erle und Pappeln bepflanzt zu werden, wenn sie nicht überhaupt besser in Wiesen umgewandelt werden. Ist eine Entwässerung aber nicht möglich oder zu kostspielig, wie es bei vielen, in den hügeligen Wald des Endmoränengebietes eingebetteten, abflußlosen Mulden und Schlenken der Fall ist, so kann man überhaupt nichts tun und muß diese Flächen ihrem Schicksal überlassen.

Eine besonders schwierige Frage ist die der *Aufforstung von Hochmooren.* Im allgemeinen spielt diese bei uns eine weit weniger große Rolle als in den nordischen Ländern, wo viel ausgedehntere derartige Flächen vorliegen, und wo auch die landwirtschaftliche Benutzung, die an sich viel aussichtsreicher ist[3]), in den abgelegenen und dünn besiedelten Gegenden nicht in Frage kommt. In den nordischen Ländern wird daher auch die Aufforstung der Hochmoore mehrfach betrieben und hat dort auch schon bemerkenswerte Erfolge aufzuweisen. Bei uns liegen die Verhältnisse viel ungünstiger (schlechtere Entwässerungsmöglichkeiten, größere Mineralstoffarmut und schwammigere, unzersetztere Beschaffenheit der Moorschichten), so daß die Aufforstungsmöglichkeiten sehr gering sind und alle Versuche meist mit Mißerfolgen geendet haben. Auch die anfänglich sehr viel versprechenden Aufforstungen im Augustendorfer Hochmoor[4]) in der Oberförsterei Kuhstedt im Bezirk Stade nach sechsjähriger landwirtschaftlicher Brandvorkultur haben schließlich die Erwartungen getäuscht. Ramann sagt daher, daß bei uns vorläufig die Hoffnung aufgegeben werden müsse, unsere Hochmoore in Wald zu verwandeln. Die hier aufzuwendenden Gelder sind besser für andere, aussichtsvollere Meliorationen aufzusparen.

6. Meliorationen. Dabei handelt es sich meist um Boden- und Bestandsverbesserungen in besonderen Fällen, wo sich *Kümmerwuchs* oder *langwierige*

---

[1]) Heusohn, R.: Praktische Kulturvorschläge für Kippen, Bruchfelder, Dünen und Ödländereien. Neudamm 1929, in der Neuauflage: Heusohn, R.: Bodenkultur der Zukunft. Neudamm 1938. — Copien: Über die Nutzbarmachung d. Abraumkippen auf Braunkohlenwerken usw. Z.F.J.W. 1942, S. 81.

[2]) Brünings: Der forstliche und der landwirtschaftliche Anbau der Hochmoore mittels des Brandfruchtbaues. Berlin 1881. — Ramann, E.: Forstliche Bodenkunde, S. 450. 1893. — Springer, G.: Aufforstungsmöglichkeit von Hochmooren in Deutschland und in Schweden. Z.F.J.W. 1925, S. 105. — Krahmer, M.: Holzwuchs auf Moorboden. Reichsnährstandsverlag Berlin 1943.

[3]) Größere landwirtschaftliche Moorkolonien finden sich in Deutschland im Nordwesten (nördlich Hannover und Oldenburg) sowie in Ostpreußen (z. B. das große Moosbruch).

[4]) Vgl. Brünings: a. a. O.

Wuchsstockungen zeigen. Als solche Fälle kommen im deutschen Walde besonders vor: ärmste Kiefernbestände, meist auf streugenutzten Böden in Norddeutschland, besonders der Niederlausitz, wuchsstockende Kiefernbestände auf ebenfalls streugenutzten Buntsandsteinböden der Pfalz, ebenso wuchsstockende Kiefern- und Fichtenbestände im vogtländischen Schiefergebiet Sachsens und benachbarter Gebiete im nordöstlichen Bayern, schließlich noch kümmernde Fichtenbestände mit schweren Rohhumusbildungen in Nordwestdeutschland. Die Gegenmittel bestehen teils in Abstellung der Streunutzung, wo diese „Pest des Waldes‟ noch üblich ist, teils in verschiedenen Düngungsverfahren (künstliche Grün- sowie Reisigdüngung), im Zwischenbau stickstoffsammelnder Kräuter und Holzpflanzen, im Anbau geeigneter Holzarten (Strobe, Roteiche u. a.), sowie in allgemein angepaßter Wirtschaftsführung. Für nähere Einzelheiten muß auf die Sonderliteratur verwiesen werden[1]).

7. Entwässerung und Bewässerung[2]). Die Frage einer *Entwässerung im Walde* ist immer heikel und mit äußerster Vorsicht zu behandeln, weil ein unvorsichtiges Anschneiden und Ableiten eines stellenweise bestehenden Wasserüberschusses namentlich auf durchlässigen Böden und auf geneigten Hanglagen im Gebirge sich oft in sehr unerwünschter Weise auf weitere Flächen auswirken und hier zu schweren Zuwachsverlusten führen kann. Bei kleinen nassen Stellen auf undurchlässigem Untergrunde (sog. *Naßgallen oder Schlenken*) wird eine Abführung durch Gräben zur nächsten Abflußrinne hin meist unbedenklich sein. In einzelnen Ausnahmefällen, wo nur eine dünne und undurchlässige Schicht auf durchlässigem Untergrund ruht, wird man hier sogar durch einfaches Durchstoßen das Wasser versenken können. Wo es sich um größere Entwässerungen handelt, wird immer eine genaue Aufnahme des Geländes durch Nivellement und der Untergrundsverhältnisse durch zahlreiche Bodenbohrungen voraufgehen müssen, um festzustellen, ob es sich um *Stauwasser* von seitlich fließenden Gewässern (Flüssen, Kanälen oder Gräben), um *Grund-* oder *Quellwasser* oder um oberflächlich abfließendes *Niederschlagswasser* handelt, das keinen genügenden Abzug hat. In allen Fällen einer notwendigen Entwässerung im Walde sind *offene Gräben* angezeigt, trotzdem durch sie die Holzausbringung stark behindert wird. Die Gräben dürfen namentlich im Gebirge kein starkes Gefälle haben, weil sonst bei großen Niederschlägen leicht Beschädigungen, Einrisse, Abspülungen und in der Tiefe Überschwemmungen eintreten. Sehr empfehlenswert sind in geneigten Lagen die KAISERschen *Stückgräben*, d. h. kleinere, 1—2 m breite und 1 m tiefe horizontale Grabenstücke, in denen sich das Wasser sammelt und zunächst langsam wieder verdunstet. Sieht man am Wasserstand dieser Gräben, daß dies auf die Dauer nicht genügt, so verbindet man sie untereinander

---

[1]) WIEDEMANN, E.: Die schlechtesten ostdeutschen Kiefernbestände. Reichsnährstandsverlag. Berlin 1942. — REBEL, K.: Heidekrankheit unter reiner Föhrenbestockung auf Trockeninseln. — KRAUSS, G., u. WOBST, W.: Über die standörtl. Ursachen d. waldbaul. Schwierigkeiten i. vogtld. Schiefergebiet. — ERNST, FR.: Kiefernkrüppelbestände i. Bayern. F.Cbl. 1936, H. 20 u. 22. Ferner: Zweck u. Wirkg. d. Hilfspflz. i. d. nordostbayr. Kief.-Krüppelbestd. ebendas. H. 24 und 1937 H. 9. — WIEDEMANN, E.: Die Leguminosendüngung in Ebnath, ebenda 1927, S. 449). — ERDMANN: Die nordwestdeutsche Heide. Berlin 1907. Ders.: Wirtschaftsführg. i. Neubruchhausen. Z.F.J.W. 1928, S. 631. — HASSENKAMP, W.: D. Einfluß v. Standort u. Wirtschaft auf d. Rohhumusbildg. i. d. Obf. Erdmannshausen, ebendas. 1928, S. 3 ff. — HASSENKAMP, W.: Die Umwandlg. v. Rohhumusböden i. Mullböden d. Waldfeldbau und Leguminosenanbau. F.Arch. 1941, H. 3/4.

[2]) KAISER, O.: Beiträge zur Pflege der Bodenwirtschaft mit besonderer Berücksichtigung der Wasserstandsfrage. Berlin 1883. — KAUTZ, H.: Schutzwald. Forst- und wasserwirtschaftliche Gedanken. Berlin 1912. — Waldwegebau und Wasserpflege im Harz. Z.F.J.W. 1907, S. 639. — ANDERLIND, L.: Darstellung des Gebrauchswertes der Wasserfanggräben im bewaldeten Gebirgsland. Th.Jb. 1907, S. 71.

mit kleinen flachen Stichgräben, die das Wasser dann terrassenförmig weiter nach unten und schließlich auch einem Hauptabfluß (Graben oder Bach) zuführen. Durch die Anzahl und Tiefe der Stichgräben, die man jederzeit auch leicht zuschütten kann, hat man es immer in der Hand, den Wasserstand nach Wunsch zu regeln. In vernäßten Hochflächenlagen ist namentlich früher oft *Rabattierung* (vgl. S. 427) angewendet worden.

Die Frage einer *Bewässerung* spielt bei uns im Walde kaum eine wirtschaftliche Rolle. Da, wo wir das Wasser am notwendigsten brauchen und sicher große Ertragssteigerungen mit der Bewässerung herbeiführen könnten, auf unseren Trockenstellen im nordostdeutschen Sandgebiet, fehlt es entweder überhaupt an Wasserüberschüssen, die wir entnehmen könnten, oder wir müßten das Wasser durch großartige Hebeanlagen bergauf befördern, was sich natürlich bei den heutigen Holzpreisen niemals rentieren würde. Im Gebirge wird es in einzelnen besonders günstigen Fällen hier und da möglich sein, überschüssiges Wasser durch leicht geneigte Horizontalgräben in seitliche trockene Hänge und Bergnasen zu leiten und dort zum Versickern zu bringen. Im allgemeinen wird sich das Problem der Bewässerung aber bei uns überall, in der Ebene wie im Gebirge, mehr auf die Wasserpflege und die Erhaltung der Bodenfeuchtigkeit durch die entsprechenden waldbaulichen Maßregeln zu beschränken haben.

Die besonderen Aufgaben der Wasserwirtschaft im Hochgebirge (Stauanlagen, Wildbachverbauung), sowie die Schutzanlagen gegen Murgänge, Lawinen u. dgl. gehören nicht mehr in das Gebiet des Waldbaus und sind in den einschlägigen Werken nachzusehen.

14. Kapitel. **Nachbesserungen und Kulturpflege.**

Bei der Durchführung der natürlichen Verjüngung bleiben fast immer unbesamte Flächen, *Lücken, die ergänzt werden müssen*. Man soll hierbei nicht zu ängstlich sein. Im allgemeinen geht die Praxis hier oft unnötig weit und pflanzt *zu kleine Lücken* aus und größere zu dicht *bis an die umgebende Naturverjüngung heran*. Die nachgesetzten Pflanzen können dort doch nicht mitkommen, ganz besonders, wenn man zu lange gewartet und die Naturverjüngung schon einen zu großen Vorsprung hat. Gerade sehr pflichteifrige Förster tun hier gern des Guten zuviel. Eine vierjährige Fichte, auf 1,5—2 m Entfernung an einen mannshohen Buchenhorst herangesetzt, wie man dies oft sieht (Abb. 244), hat kaum Aussicht, jemals mitzukommen. Man müßte dann schon zu dem Mittel greifen, die *Ränder der Horste* mit der Durchforstungsschere *auf den Stock zu setzen* bzw. *zu stutzen*. Dies empfiehlt sich auch überall da, wo Horste mit steilen Rändern vorliegen, und wo man trotzdem die Lücken zur Mischbestandsbildung noch mit anderen Holzarten durchsetzen will. Man kann auf solche Weise noch recht gut die gewünschte Abflachung der Horste nach außen erreichen, die übrigens auch diesen selbst zugute kommt. Denn an unabgestuften Horsträndern entwickeln sich immer vorwüchsige Randstämme mit starker und einseitiger Beastung. Oft sogar, wie bei der Eiche, biegen sich diese nach außen über und werden dann vom Schnee heruntergedrückt (sog. Bukettbildung).

In allen Fällen ist es ratsam, *Ergänzungspflanzungen nicht zu lange hinauszuschieben*. Sie haben um so mehr Aussicht mitzukommen, je früher sie vorgenommen werden. Im allgemeinen gilt freilich als Grundsatz, mit den Lückenauspflanzungen nicht eher zu beginnen, als bis alles Holz auf der betreffenden Fläche vollständig geräumt ist. Aber man kann dem entgegenkommen, indem man an den auszupflanzenden Stellen etwas früher räumt, selbst wenn noch etwas Frostgefahr für die Verjüngung besteht. Es gibt hier sogar entschlossene Revierverwalter, die ein leichtes Zurückfrieren solcher Stellen durch frühe Räumung geradezu herbeiführen, damit die eingesprengten frosthärteren Mischhölzer noch nachkommen. Das hat bis zu einem gewissen Grade seine Berechtigung, da wirklich geschlossene höhere Jungwüchse durch einzelne Spätfröste selten in der Entwicklung ernstliche Störungen erleiden. Meist findet man das nur bei Einzel- und Gruppenwüchsen, an denen dann noch das Wild sehr gern verbeißt und sein Übriges tut. Mancher Frostschaden ist mehr Wild- als Frostschaden! Ein gutes Verfahren in verbißgefährdeten Verjüngungen für gesicherteres Anwachsen einzelner Nachbesserungspflanzen ist auch die ,,*Stockachselpflanzung*'', bei der die jungen Pflanzen dicht an den Stock eines gefällten Schirmbaumes in die Achseln zwischen zwei oberflächlich streichenden Seitenwurzeln sorgfältig eingesetzt werden, wo sie einen gewissen Schutz gegen Wild genießen. Die Stockachselpflanzung wird übrigens auch in Hochgebirgswaldungen als Erstkulturmittel zum Schutz gegen Auswaschung durch starke Regengüsse, Erdrutschungen und die in den Waldrandzonen vorkommenden Beschädigungen durch Weidevieh empfohlen und vielfach angewendet.

Zur *Lückenauspflanzung in Naturverjüngungen* dient heute in der großen Mehrzahl der Fälle die vierjährige verschulte Fichte, die sich dadurch geradezu den Beinamen der *Lückenbüßerin* verdient hat. Im allgemeinen hat sie auch den großen Vorzug sicheren Anwachsens, guter Durchkämpfung durch stärkeren Unkrautwuchs und eines nicht erheblichen Wildverbisses, was sie alles sehr geeignet zur Nachbesserung macht. Trotzdem sollte die Einbringung anderer wertvollerer und raschwüchsigerer Holzarten nie aus dem Auge verloren werden. Wo stärkerer Wildschaden nicht zu befürchten ist oder die Verjüngungen etwa sowieso schon im Gatter liegen, sind vor allem *Douglasie* und die ziemlich viel Schatten ertragende japanische *Lärche* unter den Nadelhölzern hierzu geeignet. Für Laubholzbeimischung empfehlen sich Lohdenpflanzungen von *Eiche, Esche* und *Ahorn* u. a. m.

Abb. 244. Fehlerhafte Auspflanzung von Lücken in einer Buchennaturverjüngung (Lücke zu klein und Auspflanzung mit Fichte zu spät erfolgt!). Buchen ca. 20jährig, Fichten 8jährig. (Aufn. von JAPING.)

Bei den *künstlichen Verjüngungen* handelt es sich meist um die Ergänzung von *Fehlstellen in Saaten* und von *Abgängen in Pflanzungen*. Bei Saaten ist es vielfach üblich, erst das zweite Jahr abzuwarten, ehe man nachbessert, weil man noch u. U. auf ein Nachlaufen der Saat warten will. Meist täuscht diese Erwartung aber, von seltenen Ausnahmen abgesehen, und man hat dann den besten Zeitpunkt verpaßt, da der Boden durch die längere Freilage noch stärker verunkrautet. Auf Böden, wo die Saaten im ersten Jahre gehackt werden, ist überhaupt kaum ein Nachlaufen zu erwarten, da beim Hacken und Herauswerfen des Unkrautes die meisten noch ungekeimten Samen mitvernichtet werden müssen. Pflanzungen sind natürlich immer gleich im folgenden Jahre nachzubessern.

Im allgemeinen gilt auch von den *Nachbesserungen künstlicher Verjüngungen*, daß man damit nicht zu weit gehen soll. Eine Fehlstelle von unter 1 m in einer

Saat sollte grundsätzlich nicht ausgeflickt werden, da die Lücke sich in wenigen Jahren von selbst schließen muß. Auch bei den Pflanzungen braucht also nicht jede ausgegangene Pflanze ersetzt zu werden, namentlich nicht dort, wo die nebenstehenden Pflanzen gut und kräftig entwickelt sind. Man kann überall die Erfahrung machen, daß Nachbesserungspflanzen schlechter anwachsen als die ursprünglich gesetzten, und viele solche Nachbesserungen sind mehr Gewissensbeschwichtigungen und Übertünchung von Schönheitsfehlern als wirkliche Notwendigkeiten. Natürlich gibt es auch auf der anderen Seite fehlerhafte Unterlassungen. Eine an sich gelungene Kultur mit wenigen Prozent Fehlstellen verträgt eine Unterlassung jeglicher Nachbesserung sehr gut, während eine lückige, mit 20 und mehr Prozent, natürlich recht gründlich nachgebessert werden muß.

Jedenfalls soll man zu den Nachbesserungen immer nur *kräftige und beste Pflanzen* nehmen. Die Nachbesserung mit anderen Holzarten, besonders mit Laubholz in Nadelholzkulturen, die man zum Zweck der Mischung vielfach in der neueren Zeit in bester Absicht versucht hat, wie z. B. Eiche, Roteiche und Buche in Kiefern, scheint wenig Aussicht auf Erfolg zu haben, zum mindesten nicht dort, wo nicht reh- und hasendicht eingegattert wird. Auch ist die Frostgefahr doch sehr groß, und alles, was man nach dieser Richtung bisher sehen konnte, ist recht wenig ermutigend.

Die *Pflege der Kulturen* besteht in der Hauptasche im *Freihalten von Unkraut*. Behacken war früher nur bei Eichenkulturen üblich. Es ist noch nicht lange her, als zum erstenmal in Norddeutschland[1]) von den günstigen Erfolgen eines Behackens der Kiefernkulturen berichtet und dieses darauf in den preußischen Staatsforsten allgemein angeordnet wurde. Heute ist es auf allen unkrautwüchsigen Böden auch bei der Kiefer eine ganz gewöhnliche Pflegemaßregel geworden, die freilich sehr viel Geld kostet.

Auf sehr graswüchsigen Böden muß eine Saat oft 4—5mal (im ersten bis dritten Jahr), eine Pflanzung 2—3mal (im ersten bis zweiten Jahr) behackt werden. Der gute Ratschlag, daß man möglichst früh mit dem Behacken beginnen soll, ehe das Unkraut groß geworden ist, ist oft wegen Leutemangels in dieser Zeit nicht durchzuführen. Bei Saaten muß man sowieso schon bis tief in den Juni hinein warten, weil die Keimlinge vorher noch zu klein sind, und die Saaten bis dahin noch nachlaufen. Wo man mit der Krümelharke oder mit Schuffeln (s. S. 382) rascher arbeiten und mit weniger Leuten auskommen kann, handelt es sich meist auch um geringer unkrautwüchsige Böden. Das Behacken bzw. *Igeln mit fahrbaren Hackgeräten* hat zweifellos große Vorteile, geht rasch und ist etwas billiger. Es setzt aber entweder Vollbearbeitung des Bodens oder doch sehr breite Saat- oder Pflanzstreifen voraus und erfordert bei stark graswüchsigen Böden doch meist noch eine Nacharbeit mit der Hand, da der mittlere Streifen wegen der Gefährdung der jungen Pflanzen ja nicht mit der Maschine bearbeitet werden kann (Abb. 245).

Da, wo auf den Zwischenstücken zwischen den Saat- oder Pflanzstreifen sich hoher und dichter Gras-, Segge- oder Adlerfarnwuchs entwickelt, ist es öfter notwendig, diesen im Herbst, oft auch schon vorher, *abzumähen* oder *abzusicheln*, damit das Unkraut sich nicht, von Regen oder Schnee niedergedrückt, über die jungen Pflanzen legt und diese erstickt. Auch sonst ist solcher Schutz durch Abschneiden verdämmender Unkräuter, z. B. bei Heide, Besenginster, Himbeeren u. dgl., gelegentlich notwendig.

Einzelne Calamagrostis-Horste in den Kulturen sind durch Isoliergräben zu begrenzen, die aber mit Rücksicht auf die weitstreichenden Stolonen in mindestens

---

[1]) HILVETI: Erfahrungen über das Hacken und Behäufeln von Kiefernstreifensaaten. Z.F.J.W. 1908, S. 461.

1 m Entfernung von den äußersten Halmen zu ziehen sind. Der Aushub ist dabei nach innen zu lagern, damit nicht abgestochene Stolonenstücke die Verbreitung nach außen weiterführen. Die Segge ist öfter zu mähen, was sie schwächen soll. Übrigens scheint die Weiterverbreitung fast ausschließlich durch die unterirdischen Stolonen stattzufinden und schon durch die Gräben allein ziemlich sicher unterbunden zu werden. Gegen Heide wird Ausrupfen der jungen Pflänzchen ausgeführt.

Zu dichte Naturverjüngungen und Saaten werden oft *verdünnt.* Bei Naturverjüngungen ist das meist nur mit ziemlich rohen Mitteln durchzuführen (Durchhacken oder Durchreißen mit leichten Pflügen, z. B. das sog. „Buchenhobeln").
Bei dichten Nadelholzsaaten sollte eine Verdünnung nur durch Ausziehen mit der Hand im ersten Jahre stattfinden. Das Durchhacken, wie es bei Kiefernsaaten öfters geübt wird, ist eher schädlich, denn es schafft immer sehr ungleichen Stand in den Reihen und hat dann alle Nachteile der Büschelpflanzung an sich.

Dagegen habe ich vom Verdünnen mit der Hand bei dichten Kiefernsaaten recht gute Erfolge gehabt. Die verzogenen Reihen entwickelten sich nicht nur kräftiger, sondern sie wurden auch viel weniger von der Schütte befallen. Die nicht verzogenen Vergleichsstreifen hoben sich in den nächsten Jahren überall deutlich durch ihre rote Farbe von den verdünnten ab, die grün geblieben waren.

Zu den Kulturpflegemaßregeln gehören auch alle *Maßnahmen des Forstschutzes:* Spritzen gegen Schütte, Abfangen der Rüsselkäfer durch Gräben, Fangkloben bzw. Fangrinde oder Bespritzen mit Hylarsol, Teeren oder sonstige Schutzmittel gegen Wildverbiß und Schälen. Das durchschlagendste Mittel gegen Wildschaden ist natürlich das Eingattern, freilich ist es auch das teuerste. Immerhin wird es

Abb. 245. Maschinenmäßiges Behacken einer Kiefernpflanzung mit dem NEUMANN-HILFschen Igel mit 2 Hackscharen (rechts und links) und 2 Schutzscheiben (in der Mitte). (Aufn. des Iffa, Eberswalde.)

namentlich bei Mischkulturen in einigermaßen wildreichen Revieren doch das beste und oft allein Erfolg verbürgende sein und bleiben.

Eine weitere Pflegemaßregel ist die *Behandlung von Vorwüchsen* auf der Kulturfläche. Diese wird von Fall zu Fall verschieden sein müssen. Struppige, schlecht gewachsene Vorwüchse aus Anflug oder Stockausschlag der gleichen Holzart wird man im allgemeinen immer rücksichtslos entfernen, kleine, gut gewachsene Gruppen oder Horste aber dankbar mitnehmen, ebenso auch etwas schlechter geformte Vorwüchse an sich gewünschter Mischhölzer (z. B. kleine Buchen oder Eichenstockausschläge in Kiefernverjüngungen, Buchen oder Tannen in Fichtenverjüngungen). Zweifellos ist man früher in der Beseitigung aller Vorwüchse zu weit gegangen. Ebenso fehlerhaft oder noch fehlerhafter aber wäre die grundsätzliche und unterschiedslose Belassung, wie man sie als Rückschlag vielfach in letzter Zeit beobachten kann.

Die Nachbesserungen und Kulturpflegemaßregeln kosten *oft sehr viel Geld,* oft mehr als die erste Anlage samt Bodenbearbeitung überhaupt. Nicht mit Unrecht wird daher der Vorwurf gegen die billigen Kulturmethoden erhoben, daß ihre Zahlen täuschen, und daß sie sich zum Schluß teurer stellen als die anfänglich kostspieligeren (vgl. S. 394). Allerdings darf man hierbei nicht nur einzelne extreme Beispiele herausgreifen, die dann selbstverständlich ein verzerrtes Bild ergeben müssen, wie z. B. wenn früher nach Ausweis der Nachbesserungskosten eine Fläche zweimal oder dreimal kultiviert worden ist. Für die heutigen Verhältnisse mit verbesserter Kulturtechnik dürften das doch Ausnahmefälle sein. Man muß dabei auch berücksichtigen, daß man früher sehr oft geringwertigen Samen und schlechte Pflanzen verwendet hat, daß die Pflanzverfahren (Wurzelbehandlung, Einschlämmen in Lehmbrei u. dgl.) sehr roh waren, daß man keine Pflege durch Hacken und Spritzen kannte, und daß der Wildstand in vielen Revieren ein höherer als heute war.

In Wirklichkeit fehlt es uns in den meisten Revieren vollständig an genügenden Unterlagen für einen Vergleich der Kosten für die einzelnen Kulturverfahren. In den preußischen Staatsforsten verschwinden z. B. die gesamten Kulturpflegekosten in einem einzigen, durch seine Höhe berüchtigten Kapitel „Insgemein“. Nicht einmal die Nachbesserungen der einzelnen Kulturen sind festzustellen, da sie für alle in derselben Wirtschaftsabteilung belegenen Flächen zusammengefaßt eingetragen werden. Die Einführung eines besonderen *Kulturmerkbuches*[1]), das für jede Neukultur fortlaufend Kosten der Erstanlage, Pflege und Nachbesserungen ergeben sollte, ist leider wohl nur ein vereinzelter Versuch geblieben. Hier hätte erst einmal eine grundlegende Änderung der Buchführung einzutreten, ehe man ein abschließendes Urteil über die Frage der Kosten bei den verschiedenen Kulturmethoden gewinnen kann. Eine solche Feststellung scheint bei der Höhe der heutigen Kulturkosten und dem Anteil, den sie an den Betriebskosten ausmachen, dringend erwünscht.

Aus den oben ausgeführten Gründen ist es kaum möglich, wirklich *zutreffende Durchschnittszahlen für die Kosten der einzelnen Kulturverfahren* anzugeben.

Wenn trotzdem hier in einem Anhang eine Übersicht über die Kostensätze einzelner Maßnahmen bei der Bestandesgründung gegeben wird, so geschieht das mehr, um dem Anfänger in der Praxis einen gewissen Anhalt und Überblick hierüber zu bieten, als in der Überzeugung, daß diese Zahlen einen richtigen Maßstab für den Praktiker bilden. Die Verschiedenheit der Böden und Bodendecken, der Witterung, der Geschicklichkeit und des Fleißes der Arbeiter werden in Wirklichkeit stets starke Abweichungen bedingen.

Ungefähre Kostensätze für die gebräuchlichsten Kulturarbeiten.

(Unter Voraussetzung mittlerer Verhältnisse, d. h. nicht schwer verunkrauteter, sehr steiniger oder stark verwurzelter Böden.)

Ansätze: GT. = 8 std. Gespanntagelohn, 1 Mann, 2 Pferde = rd. 15 M.
MT. = 8 std. Männertagelohn = rd. 4 M.
FT. = 8 std. Frauentagelohn = rd. 2,50 M.

I. Bodenarbeiten.

		je Hektar
1. Rolleggen, Grubbern oder Igeln in Streifen auf etwa $1/_3$ der vollen Fläche 0,5—1,5 GT. = rd.		7—22 M.
2. Schälen mit dem Waldpflug in 1,3 m entfernten Streifen (meist mit Doppelgespann) . . . . 1,0—2,0 GT. = rd.		15—30 „
Nacharbeiten mit der Hand (Abplaggen[1]) nicht vom Pflug gefaßter Stellen, Abziehen zurückgeklappter Bülten, sog. Nachklappen, sehr schwankend je nach Verhältnissen		5—30 „
3. Grubbern mit dem HILF-NEUMANNschen Igel, 4 Arbeitsgänge einschließlich Handarbeit, in 1,3 m entfernten Streifen		60—80 „
4. SPITZENBERGsches Wühlkulturverfahren in 4 Arbeitsgängen, mit Ausmengen durch Handarbeit, Streifen wie zu 3		120—200 M.
5. Vollumbruchverfahren nach Hohenlübbichower Art auf ganzer Fläche		150—250 „
6. Handhackstreifen, Entfernung wie zu 2:		
a) Abplaggen mit Plaggenhacke[1]) . . . . 12—15 MT. = rd.		50—60 „
b) Durchhacken mit leichten Hacken . . . . 10—12 FT. = rd.		20—30 „
Zusammen		70—90 M.

---

1) Im Reg.-Bez. Potsdam, angeordnet durch den damaligen Oberforstmeister RÖHRIG.

7. Grabestreifen (Abplaggen[1]) und spatenstichtiefes, spatenstichbreites Um-   je Hektar
graben im Sandboden) . . . .   80—120 M.
8. Anfertigung von Pflanzlöchern, 30 cm im Geviert:
   a) Hacklöcher für Fichtenpflanzungen, je Hundert 0,3—0,5 MT., bei
      4500 Stck. je Hektar . . . . rd.   60—90 „
      auf Gebirgsboden, je Hundert 0,5—0,7 MT., je Hektar . . . . rd. 100—130 „
   b) Grabelöcher, spatenstichtief, je Hundert 0,4—0,5 MT., bei 4500 Stck.
      je Hektar . . . . rd.   70—90 „
   c) Rajollöcher, 2 Spatenstiche tief, je Hundert 0,5—1,0 MT., bei 4500 Stck.
      je Hektar . . . . rd. 100—200 „
9. Vollumgraben für Kämpe:
   a) Neubearbeitung, je Ar 2—3 FT. . . . . rd.   5—7   „
   b) Wiederumgraben bei nochmaliger Benutzung, je Ar 0,5—0,7 FT. rd.   1—2   „

II. Säen (ohne Bodenarbeit!) auf Streifen in 1,3 m Entfernung.

1. Aussaat von Nadelholzsamen mit der Säemaschine, je Hektar 0,5—1,0 MT.   2—4   „
2. Aussaat von Sämereien mit der Hand (meist Eichen und Buchen) in vorgezogene Rillen und Bedecken, je Hektar 5—8 FT. . . . . 12—18 „

III. Pflanzen

1. Klemmen von 1- und 2jährigen Sämlingen in 1,3 m entfernten Streifen
   mit 0,5 m Pflanzenentfernung, je Tausend 1,5—2 FT. je Hektar, bei
   rd. 15000 Stck. 20—25 FT. 50—60 „
2. Handspaltpflanzung (vgl. S. 421) . . . . 40—50 „
   (Etwas billiger, da die Zeitausnützung besser sein soll als bei Klemmpflanzung, wo jede der beiden Arbeiterinnen zeitweise nichts zu tun hat.
   Nach Aufnahmen von Oberförster OLBERG, Chorin[2]).
3. Handpflanzung verschulter Pflanzen (meist 4jährige verschulte Fichten)
   in Hack- oder Grabelöchern, je Hundert 0,4—0,7 FT., bei 4500 Stck.
   je Hektar . . . . rd. 40—80 „
4. Ballenpflanzung (ohne Antransport der Ballen bis zur Kulturfläche), je
   Hundert 0,5—1 MT., bei 4500 Stck. je Hektar . . . . rd. 80—150 „

15. Kapitel. Allgemeine Beurteilung und Bewertung der verschiedenen Verjüngungsverfahren.

Obwohl für die Anwendung und Bewertung der verschiedenen Verjüngungsverfahren meist die Verhältnisse des einzelnen Falles entscheidend sein werden,
so gibt es doch auch *allgemeine Gesichtspunkte* hierfür, und gerade sie spielen
in der forstlichen Literatur eine sehr große Rolle, so daß hier noch etwas näher
darauf eingegangen werden muß.

Bei der *Gegenüberstellung der Vorzüge und Nachteile der natürlichen und künstlichen Verjüngung* kommen insbesondere folgende Punkte in Betracht:

1. Das „*Natürliche*" soll gegenüber dem „*Gekünstelten*" oder gar „*Wider-
natürlichen*" grundsätzlich ein Vorzug sein. Das ist mehr oder minder aus einer
Anschauung heraus entsprungen, die in der Natur überall nur die Meisterin und
im Menschen nur den hoffnungslosen Stümper sieht. Man kann alle Ehrfurcht
vor dem sinnvollen Zusammenspiel des Naturgeschehens haben, ohne darum
diesen Standpunkt zu teilen. Ist doch der Mensch letzten Endes selbst ein Stück
dieser Natur, und nach einer alten Verheißung dazu bestimmt, sie sich „untertan"
zu machen! Und wenn das auch nur unvollkommen möglich ist und manchmal
auf Irrwege geführt hat, so bleibt gleichwohl so viel richtig, daß Wirtschaft und

---

[1]) Das Abplaggen kann sehr verbilligt werden, wenn mit dem Waldpflug flach geschält
wird. Humuserhaltung ist dabei aber nicht so gewährleistet wie bei reiner Handarbeit.
[2]) OLBERG, A.: Pflanzverfahren der Kiefer. F.Arch. 1929, S. 385.

29*

Technik sich überall darum bemühen müssen, *die Natur und ihre Kräfte für unsere Zwecke zu lenken!* Täten sie das nicht, so würde alle Kultur und Zivilisation verfallen und die Natur uns wieder auf die Stufe des primitiven Urmenschen zurückdrängen! Die Natur lenken bedeutet aber eben auch, sie u. U. von ihrem Wege wegzuführen, wo dieser nach Beobachtung und Erfahrung unsern Zwecken nicht entspricht oder gar zuwiderläuft. Bei der natürlichen Verjüngung sind solche Unvollkommenheiten nach verschiedensten Richtungen hin festzustellen: Der Wald wirft alljährlich Millionen von Samen auf Stellen zu Boden, wo sie gar nicht keimen können und vorzeitig eine Beute der Mäuse, Vögel, Käfer und Würmer werden. Für den langsamen Fortgang der Verjüngung im Urwald wird also eine fast unendlich große Menge von Samen und Keimen verbraucht. Im Wirtschaftswald aber ist der Entzug durch die Holzernte ein viel größerer. Die Verjüngung muß also dementsprechend viel rascher erfolgen. Dadurch werden die natürlichen Verhältnisse von vornherein grundlegend verschoben. Selbst unsere sog. natürliche Verjüngung entspricht überhaupt gar nicht mehr den Verhältnissen der Natur. *Wir müssen drängen und treiben. Die Natur aber kann warten!* Hierin zeigt sich das Schiefe und Unrichtige der obigen Auffassung.

Damit widerlegt sich auch von selbst der oft gehörte Beweisgrund: Alle Wälder seien doch einmal von Natur entstanden, daher *müsse ihre natürliche Wiedererzeugung auch heute noch auf allen Standorten möglich sein. Wenn wir den Wald nicht mehr anrühren und ihn wieder ganz sich selbst überlassen wollen — dann gewiß, aber auch nur dann!*

Es soll aber andererseits nicht verkannt werden, daß das Abweichen vom Wege der Natur zunächst unbekannte Gefahren in sich birgt, solange wir die Folgen noch nicht zu übersehen vermögen. Bei der künstlichen Verjüngung können wir das aber heute schon. Seit mehreren hundert Jahren haben wir in immer zunehmendem Umfange im Walde gesät und gepflanzt, anfangs sogar und noch lange nach recht rohen Methoden und mit geringster Kulturpflege. Wenn das Unnatürliche dieser Verjüngungsarten an sich irgendwie besondere Schäden für die Entwicklung mit sich brächte, dann hätten diese künstlich begründeten Bestände nicht alt werden und reiche Ernte bringen können, wie sie es getan haben. Das hat nichts damit zu tun, daß in der Art des Anbaus (große Reinbestände) Fehler gemacht worden sind, die sich rächen. Hier handelt es sich nur um die grundsätzliche Frage „*natürlich oder künstlich*" und nicht um das Wie im Einzelfall!

2. Die *natürliche Verjüngung* sichert die *Erhaltung der standortsgemäßen Rasse.* Dieser Vorzug ist an sich unbestreitbar und tritt in der Neuzeit um so stärker hervor, als wir durch die Versuche mit verschiedener Herkunft des Saatgutes mit zunehmender Deutlichkeit die Überlegenheit der auf heimischem Boden erwachsenen Rasse gegenüber den meisten fremden festgestellt haben (vgl. hierzu Teil I, S. 206). Allerdings gibt es auch minderwertige einheimische Rassen (z. B. die südwestdeutsche Tieflandskiefer), die durch bessere zu ersetzen sind.

Dieser Vorzug der Naturverjüngung verliert aber jetzt auch wieder, nachdem man mehr und mehr den Samen im eigenen Walde sammelt oder nur „anerkannten" Samen aussäen wird. Der Vorteil würde sich sogar ins Gegenteil verkehren, wenn die Bestrebungen und Versuche mit Saatgutgewinnung von Elitebeständen oder Elitestämmen zu Erfolgen führen sollten. Denn dann dürfte man nur noch unter solchen natürlich verjüngen! Unter den anderen aber würde dann die künstliche Verjüngung mit Samen oder Pflanzen aus Elitebeständen das Richtigere sein!

3. Die *natürliche Verjüngung* hat *eine verschärfte Auslese* unter den Keimen und Jungpflanzen zur Folge. Sie *wirkt in diesem Sinne züchterisch*, indem sie nur das Lebensfähigste und Wuchskräftigste erhält, das Schwächliche aber ausscheidet. Voraussetzung dabei aber ist, daß die Naturverjüngung gleichmäßiger und dichter aufwächst, als die künstliche Kultur dies tut. Das trifft im allgemeinen aber nur bei großer Verjüngungsfreudigkeit zu. Bei Vollsaaten mit großen Saatmengen, wie sie früher üblich waren, heute freilich bei der Kostbarkeit unseres Saatgutes nur selten noch möglich sein werden, dürfte dieser Unterschied sogar völlig verschwinden. Borggreve, sonst ein großer Anhänger der Naturverjüngung, hat übrigens den Vorteil der natürlichen Auslese des Besseren lebhaft bestritten[1]). Er wies darauf hin, daß *eine große Menge von Zufällen* (eine bessere Bodenstelle, eine verrottende alte Wurzel, ein Wurmgang im Boden, ein dichtstehendes Unkraut, Wildverbiß an hervorstehenden Pflanzen und vieles andere mehr) so stark in die an sich vorherbestimmte Wuchsanlage eingreifen, daß das Endergebnis durchaus nicht der ursprünglichen Anlage entsprechen könne. Demgegenüber hat Chr. Wagner gesagt[2]), *daß diesen Zufälligkeiten zu großes Gewicht beigelegt würde*, und daß die Hauptsache doch immer die individuelle Anlage (Wuchskraft, namentlich Höhenwuchs, Unempfindlichkeit, Genügsamkeit usw.) bleibt. Wir müssen demgegenüber gestehen, daß wir über diese Dinge nichts Sicheres wissen und auch so lange nicht wissen werden, ehe nicht genau durchgeführte Beobachtungen in dieser ökologischen Frage vorliegen, die aber sehr mühsam und zeitraubend sein würden. (Vgl. auch den ersten Versuch einer experimentellen Klärung durch Fabricius S. 188.) Jedenfalls aber ist das sicher, daß nur sehr volle und gleichmäßige Naturverjüngungen eine scharfe Auslese gewähren, und daß bei hinreichend dichter und in den Pflanzenabständen regelmäßiger Kunstverjüngung eine solche Auslese sich genau so gut, wenn nicht noch besser vollziehen kann. Nicht das Natürliche ist es, das hier die Auslese schafft, sondern die gleichmäßige Dichte der Verjüngung, die alle Pflanzen unter gleiche Bedingungen im Kampf ums Dasein spannt.

4. Die *Naturverjüngung ist billiger*. Unbedingt erspart sie die Kosten für das Saat- und Pflanzgut. Wo sie ohne jede Bodenvorbereitung gelingt, fallen auch die beträchtlichen Kosten dafür weg. Aber das ist heute, wie wir gesehen haben, oft nicht mehr der Fall. Mit der steigenden Berücksichtigung des Faktors Zeit im Wirtschaftsbetrieb und mit dem Streben, immer mehr lang- und glattschäftiges Nutzholz zu erzeugen, das in der Regel einen dichten Schluß in der Jugend erfordert, ist die intensive Bodenbearbeitung in der Neuzeit auch bei der Naturverjüngung immer mehr in den Vordergrund getreten, und die Kosten sind daher hier auch schon oft auf die Höhe der künstlichen Kulturen gestiegen (Buchenverjüngungen in Dänemark, Mecklenburg vgl. S. 400).

5. Außerdem kommen hier meist noch die *vermehrten Kosten für den Fällungs- und Rückebetrieb* in Betracht, die in der Regel *ganz dem Naturverjüngungsbetrieb* zur Last fallen. Nur bei besonders fein angelegter räumlicher Ordnung, wie z. B. beim Blendersaumschlag oder Schirmkeilschlag (vgl. Kap. 20,5) lassen sich diese vermeiden.

Ein oft gehörter Gegeneinwand ist der, daß das an die Wege geschaffte Holz doch bequemer liegt und daher besser bezahlt würde. Das trifft aber nur im Gebirge zu, wo jeder einzelne Stamm mit Menschenkraft den Hang hinunter bis zum Abfuhrweg gebracht werden muß, nicht da, wo mit Gespannen gerückt wird. Unsere Holzfuhrleute rechnen, wie ich mich oft überzeugt habe, ganz anders. Zunächst liegen die gerückten Stämme doch nie so, daß sie diese nebeneinander aufladen könnten. Sie müssen sie sich erst passend für ihre Ladung

<hr>

[1]) Borggreve, B.: Die Holzzucht, 2. Aufl., S. 293 ff.
[2]) Wagner, Chr.: Die Grundlagen der räumlichen Ordnung im Walde, S. 52.

aussuchen, jeden an die Kette spannen und dann zusammenschleifen. Schließlich aber ist
für sie nur entscheidend, was sie nach der Wegebeschaffenheit laden und wie oft sie am Tage
mit einer Ladung zur Ablieferstelle fahren können. Einen kleinen Zeitgewinn, etwa von einer
Stunde am Tag, und eine vielleicht etwas größere Schonung ihrer Zugtiere pflegen sie nicht
in Rechnung zu setzen. Ebenso ist es ein Selbstbetrug, wenn man, wie dies hier und da
geschieht, dem Holzkäufer die Rückekosten durch einen entsprechenden Aufschlag auf sein
Gebot zuschieben zu können vermeint. Ein Kaufmann, der richtig kalkuliert, wird dann
einfach weniger bieten (selbstverständlich nur in normalen Zeiten bei freier Preisbildung
und genügendem Holzangebot).

6. Als Vorteil der Naturverjüngung gilt ferner, daß sie durch die *stete Beschirmung bodenpfleglicher* ist, und daß der unter ihr aufwachsende Jungwuchs
einen wohltätigen *Schutz gegen Besonnung und Austrocknung* genießt, ja daß
dieser Schutz sogar oft *unentbehrlich bei bestehender Spätfrostgefahr* ist. Ebenso
rechnet man zu den Vorteilen des Schirmstandes die Erzielung eines *Lichtstands-
zuwachses am Mutterbestand* während des Verjüngungszeitraumes. Wir haben
diese Verhältnisse bereits eingehend bei der Naturverjüngung besprochen und
sind dabei zu dem Ergebnis gekommen, daß sie *nach Holzart und Standort sehr
verschieden* zu beurteilen sind, und daß ihnen auf der anderen Seite auch gewisse
Nachteile der Beschirmung durch *Schattendruck und Wurzelkonkurrenz* gegenüber-
stehen. Die Abwägung hat sich hierbei also ganz nach der Lage des einzelnen
Falls zu richten.

7. Ein unzweifelhafter *Nachteil der Naturverjüngung ist die Abhängigkeit
von dem wechselnden Samenertrag* in der Natur und damit auch die *Unregelmäßigkeit des Verjüngungs- und Hiebsfortschrittes* für die Wirtschaft. Besonders
tritt das bei den seltener fruchtenden Holzarten Buche und Eiche in Erscheinung.
Bei Mischbeständen aus mehreren verschiedenen Holzarten mildert sich dieser
Nachteil zwar sehr, insofern wenigstens eine der Holzarten meist in jedem Jahr
etwas Samen trägt, aber die Gefahr, daß einem dabei das Heft aus der Hand
gleitet, und die Gestaltung des Holzartenanteils im zukünftigen Bestand allzu
leicht gegen die bestehende Absicht und das Wirtschaftsziel verschoben wird,
bleibt auch dann noch bestehen. Besonders in der Buchenwirtschaft macht sich
der Nachteil der Ungleichmäßigkeit sehr fühlbar und drückt sogar auf die Preise.
Nach Vollmastjahren weiß der Wirtschafter oft nicht, wie er mit dem Hiebe nachkommen kann. Der Anfall an starken Hölzern aus den Samen- und Lichtschlägen
ist in der ganzen Gegend groß, und die Preise geben nach. Sind aber die Vollmast-
jahre und die ersten Jahre danach vorüber, dann weiß der Wirtschafter wieder
oft nicht, wo er das Holz zur Erfüllung des Hiebssatzes hernehmen soll. Er
wird zu Vorbereitungshieben gedrängt, die oft keine solchen, sondern nur Ver-
legenheitshiebe sind.

8. Ein anderer *Nachteil* ist die *bei jeder Naturverjüngung zu beobachtende
Ungleichmäßigkeit der Verjüngungsdichte.* Hier brauchen gar keine wirtschaftlichen Fehler oder Verschiedenheiten des Bodenzustandes vorzuliegen. Schon
die Zufälligkeiten in der Stellung der fruchttragenden Mutterbäume, der ungleiche Verzehr der auf dem Boden liegenden Samen durch Wild, Vögel (Finken-
schwärme!), Mäuse u. a. m. bedingen fast immer große Ungleichheiten. Man
findet auf größeren Verjüngungsflächen immer neben und zwischen den dichtesten
Anflughorsten ganz lückige Stellen. Künstliche Kulturen können wohl auch
derartige Bilder zeigen. Aber sie sind dann fast immer auf Fehler der Technik
zurückzuführen und ergeben sich nicht aus dem Wesen der Verjüngungsart
als solcher.

9. *Fällungs- und Rückeschäden sind bei der Naturverjüngung ebenfalls unvermeidlich,* wenn sie sich auch durch räumliche Ordnung und geschickte Arbeit
oft auf ein geringes Maß herabdrücken lassen. Auch hier verhalten sich die Holz-

arten sehr verschieden. Die Schäden sind bei gleicher Handhabung bei Tanne und Fichte geringer, bei Buche und Eiche schon stärker und am stärksten bei Kiefer.

10. *Der ganze Betrieb ist bei der Natur*verjüngung *schwieriger* und erfordert vom Wirtschafter und von der Arbeiterschaft großes Verständnis, erhöhte Aufmerksamkeit und besondere Geschicklichkeit. Dafür ist er aber freilich auch die *schönste und fesselndste Aufgabe,* unendlich viel anregender als die eintönigere Technik von Saat und Pflanzung. Hier steht schöpferische Kunst mit feinstem Gefühl für alle Möglichkeiten dem schlichteren Handwerk gegenüber. Die Naturverjüngung ist daher auch geradezu die hohe Schule des Waldbaus für alle Beteiligten!

So gibt es viele Für und Wider, die im einzelnen Fall gegeneinander abgewogen werden müssen. Ein eindeutiges Gesamturteil ist unmöglich, und wo ausgesprochene Befürworter der einen oder der andern Verjüngungsform auftreten, kann man fast immer ihre Stellungnahme in den besonderen Verhältnissen der Wirtschaftsgebiete begründet finden, in denen sie wirkten. (GAYER und CHR. WAGNER in Süddeutschland, BORGGREVE im Buchengebiet von Westdeutschland, andrerseits der alte PFEIL und DANCKELMANN im Kieferngebiet Nordostdeutschlands.

Etwas eindeutiger liegen die Verhältnisse bei der Abwägung der *Vorteile und Nachteile von Saat und Pflanzung*[1]).

1. Die Saat gewährt zunächst eine *natürlichere und bessere Wurzelentwicklung als die Pflanzung.* Daß die Pflanze sich hier schließlich in zweckentsprechender Weise durch allmähliche Selbstregulierung hilft, so daß dauernde Schädigungen nur in Ausnahmefällen eintreten, haben wir schon auf Seite 424 gesehen. Wenn einzelne Glieder durch schlechte Wurzelentwicklung auch wirklich vorzeitig ausscheiden sollten, so würde das bei der sowieso notwendigen Stammausscheidung oft gar nicht ins Gewicht fallen. Das Schlagwort *„eine gesäte Pflanze kann nie schlecht gepflanzt sein",* ist schief. Schlechte Pflanzung im ganzen darf überhaupt nicht vorkommen!

Die Ermittlungen HAUFES[2]) über die Entwicklung von Pflanzfichten in Gaildorf haben dort sogar eine bessere Wurzelentwicklung als gleichaltrige Anflugfichten gezeigt und widerlegen die Bedenken, die verschiedentlich gegen die Fichtenpflanzung geäußert worden sind (vgl. Abb. 246). In einem sehr sorgfältig durchgeführten Vergleichsversuch zwischen Saat und Pflanzung bei der Kiefer[3]) hat BUSSE in Sachsen für die aus Saat hervorgegangenen Pflanzen im 8jährigen Alter allerdings eine geringe Überlegenheit der Saat in der durchschnittlichen Höhe (etwa 15%) gegenüber der gleichaltrigen Pflanzung festgestellt, wobei aber die Saat durch Ausschneiden auf den gleichen Verband gebracht wurde wie die Pflanzung. SPLETTSTÖSSER[4]) fand bei 20jährigen Kiefern im allgemeinen größere Höhen und Durchmesser bei den Pflanzkiefern gegenüber Saatkiefern, die allerdings nicht ausgeschnitten und verdünnt waren, auch die Pfahlwurzeln waren länger, die Abgänge bei den Pflanzungen vielfach stärker. Ältere Kulturversuche mit Kiefer in Sachsen[5]) ergaben dagegen im über 60jährigen Alter etwa gleiche Stammzahlen für (ursprünglich unverdünnte) Saaten wie die engeren Pflanzungen, etwas überlegenere Höhen für die letzteren, keine Unterschiede im Gesundheitszustand.

Ebenso haben auch etwa 60 Jahre alte Kulturversuche mit Fichte keinerlei Überlegenheit oder Vorzüge der Saat gegenüber der Pflanzung in bezug auf

---

[1]) Vgl. hierzu die bedeutsamen und alles aus reicher Erfahrung abwägenden Ausführungen von KIENITZ, M.: Was ist denn jetzt Mode: Saat oder Pflanzung? Z.F.J.W. 1919, S. 417.

[2]) HAUFE, H.: Fichtennaturverjüngung am Blendersaumschlag in Gaildorf. Mitt. d. sächs. forstl. Versuchsanst. Bd. 3, H. 1, 1927.

[3]) BUSSE, J.: Saat oder Pflanzung. Th.Jb. 1931, S. 623.

[4]) SPLETTSTÖSSER, A.: Zum Unterschied von Saat- und Pflanzbeständen verschiedener Art. Diss. 1928. J. Neumann-Neudamm.

[5]) BUSSE, J., u. WEISSKER, A.: Wachsraum und Zuwachs. Th.Jb. 1931, S. 309 ff.

Wuchsleistung und Gesundheitszustand ergeben, in einem Fall (WERMSDORF) ist das Rotfäuleprozent an den bei der Durchforstung entnommenen Stämmen bei den Pflanzungen etwas höher gewesen.

Eine Überlegenheit der Saat wegen der natürlicheren Wurzelentwicklung gegenüber der Pflanzung kann man also aus diesen verschiedenen Vergleichsuntersuchungen keinesfalls folgern!

2. Die *Saat* begünstigt die *natürliche Auslese* durch dichtere Stellung und Verschärfung des Kampfes ums Dasein. Hier gilt das Gleiche, was zu diesem Gesichtspunkt schon bei der Naturverjüngung gesagt wurde. Im übrigen kommt hinzu, daß man bei der Pflanzung bereits eine künstliche Auslese vornimmt, wenn man nur die guten und kräftigen Pflanzen benutzt, die schwächlichen aber ausscheidet. H. MAYR wollte hier sogar noch weitergehen, indem er vorschlug,

Abb. 246. Entwicklung von Anflug- und Pflanzfichten in Gaildorf. (Nach HAUFE.)
I. Anflugfichten: Fichten a, b, c. Höhe: 26, 30, 25 cm. Alter: 12, 10, 9 Jahre.
II. Pflanzfichten: Fichten d und e. Höhe: 65, 90 cm. Alter: 10, 10 Jahre.

die allerbesten und kräftigsten Pflanzen immer gleichmäßig in weiterem Verbande auszusetzen und die schwächeren nur als Füllmaterial für die erste Entwicklungszeit dazwischenzupflanzen (sog. *Auswahlpflanzung*).

3. Die *Saat* liefert durch ihren dichteren Schluß *astreinere Bestände*. Zugleich gibt sie *höhere Vornutzungserträge* als die Pflanzung. Der erstere Grund ist bei Holzarten, die zu Sperrwüchsigkeit neigen, und bei denen hochwertiges Schneideholz besonders gut bezahlt wird (wie z. B. bei Kiefer und Eiche) unbedingt richtig. Freilich kann man dasselbe auch durch engere Pflanzverbände erreichen. Die Höhe der Vornutzungserträge wird nur dort eine Rolle spielen, wo die geringen Sortimente sehr gesucht sind. (So soll sich z. B. bei Fichtenpflanzungen der Mangel an schwächeren Stangen in einzelnen Fällen unangenehm bemerkbar gemacht haben.)

4. Die *Saat geht rascher*. Das ist ein unbestreitbarer Vorteil, und er ist oft sogar entscheidend für ihre Wahl, wo es sich um große Kulturaufgaben handelt (Aufforstungen von Ödland, Wiederkultur nach Katastrophen u. dgl.).

5. Die *Saat ist billiger*. Das gilt nur dann, wenn sie gut gelingt, oder wenn nicht zu ihrem Gelingen größere Aufwendungen für ihre Pflege (Unkrautbekämpfung, Spritzen gegen Schütte) notwendig sind als bei der Pflanzung. (KIENITZ[1]) hat z. B. auf Grund seiner langjährigen Erfahrungen für Kiefern-

---

[1] KIENITZ, M.: Was ist denn jetzt Mode: Saat oder Pflanzung? Z.F.J.W. 1919, S. 417.

saaten auf graswüchsigem Boden ein durchschnittliches Beispiel errechnet, wonach sich die Saat durch die höheren Pflegekosten noch etwas teurer stellte als die Pflanzung.)

6. Die *Saat* ist immer *mehr oder weniger von der Witterung* nach der Aussaat abhängig und daher *unsicherer* als die Pflanzung. KIENITZ kommt zu dem Schluß: *,,Eine gute Saat ist zum großen Teil Glückssache, eine gutePflanzung Folge einer sorgfältigen Arbeit.``*

7. Die *Saat* ist im Anfang wegen der Schwächlichkeit der jungen Pflanzen *immer gefährdeter* gegen *Unkraut* und *Dürre* als die Pflanzung. In bezug auf die sonstigen Gefahren besteht große Verschiedenheit. Pflanzungen leiden im allgemeinen mehr von Rüsselkäfer und Engerling, weil jeder Abgang bei der geringeren Pflanzenzahl schwerer ins Gewicht fällt, Saaten dagegen mehr durch Barfrost, Kiefernsaaten auch erheblich mehr durch Schütte.

Aus dieser Gegenüberstellung ergibt sich die Stellungnahme für die Praxis. Die Saat wird im allgemeinen unter leichteren Verhältnissen angebracht sein, die Pflanzung aber besonders bei starkem Unkrautwuchs und großer Dürregefahr. Hier geht Probieren tatsächlich über Studieren. Wo nicht schon eine alteingebürgerte und bewährte Praxis vorliegt, sollte man überall eine Reihe von Jahren hindurch die Kulturen zur Hälfte durch Saat, zur Hälfte durch Pflanzung ausführen. Man wird dann aus den vergleichbaren Fällen sehr bald auf den richtigen Weg gewiesen werden!

Dritter Abschnitt.

Die Bestandeserziehung und Bestandespflege.

Vorbemerkungen.

Unter *Bestandeserziehung* faßt man alle diejenigen Maßnahmen zusammen, die zwischen der vollendeten Bestandesgründung und seiner Ernte bzw. der Einleitung der neuen Verjüngung liegen, und die den Zweck verfolgen, Zusammensetzung und Wuchs der Bestände so zu leiten, wie es dem Wirtschaftsziel am besten entspricht.

Die Axt wird hier zum Modelliereisen, mit dem der Wirtschafter dauernd an der Ausformung des Bestandes im ganzen nach *Mischungsform, Schlußstand* und *Bestockungsaufbau*, ja schließlich bis ins kleinste hinein auch an der Ausgestaltung des Einzelstammes zu arbeiten hat. *Hierin, nicht in der Steigerung der Massenerzeugung, noch weniger etwa in den Erträgen, die aus diesen Vornutzungen fließen, liegt die waldbauliche Hauptaufgabe der Bestandeserziehung*[1]).

Die Abgrenzung der Bestandeserziehungsmaßregeln nach unten und oben, nach der Bestandesgründung einerseits und nach der Wiederverjüngung andererseits hin, ist nicht immer scharf, und bei vielstufigem Aufbau des Bestandes, wie z. B. im Plenterwald, verwischt sie sich mehr und mehr ganz. Die Maßnahmen der Bestandeserziehung zerfallen in

1. Reinigungshiebe oder Läuterungen,	4. Ästungen,
2. Durchforstungen,	5. Unterbau,
3. Lichtungen,	6. besondere Pflegemaßregeln.

16. Kapitel. Die Hiebsmaßnahmen zur Bestandeserziehung.

1. Läuterungen.

Unter *Reinigungshieben* oder *Läuterungen* versteht man die ersten Hiebsmaßnahmen in den jungen Aufwüchsen und Dickungen, die *rein erzieherisch wirken und gewöhnlich keine Nutzung abwerfen*[2]). Ihre Kosten werden sehr häufig noch aus den *Kulturgeldern* bestritten (in Preußen z. B. immer). Sie könnten auch ebensogut noch zu den abschließenden Kulturpflegemaßregeln gerechnet werden. (Es ist aber unrichtig und verwirrend, wenn man, wie dies vielfach geschieht, die ersten regelmäßigen Durchforstungen, die nur Reisholz (unter

---

[1]) Vgl. hierzu die besonders eindringliche Darstellung von W. Schädelin: Die Durchforstung als Auslese- und Veredelungsbetrieb höchster Wertleistung. Bern u. Leipzig 1934.

[2]) Jürgens: Läuterungshiebe und Jugenddurchforstungen. A.F.J.Z. 1915, S. 116. — Rebmann: Bedeutung und Ausführung der Reinigungshiebe. Ebenda 1881, S. 401. — Falckenstein, v.: Über planmäßige Durchläuterungen unserer Jungbestände. Ebenda 1899, S. 225.

7 cm Stärke) ergeben, auch Läuterungen nennt.) Die Reinigungshiebe haben nur den Zweck, frühzeitig, möglichst noch vor Eintritt des dichtesten Dickungsalters, *einzelne störende Glieder* (*Vorwüchse, Stockausschläge, verdämmende Weichhölzer*) *zu entfernen.* Bezüglich der zu treffenden Auswahl gilt alles, was schon bei der Kulturpflege gesagt ist. Was den frühzeitigen *Aushieb von Vorwüchsen* betrifft, so darf ein solcher aber unter keinen Umständen dazu führen, daß bisher *gut geformte Nachbarstämme* hierdurch *einseitige Kronenausbildung* bekommen oder in der *Astreinigung gehemmt* werden. In solchen Fällen ist nur eine entsprechende *Köpfung* durchzuführen[1]). Mit Bezug auf die sog. verdämmenden Weichhölzer, die gern auftreten (Birke, Aspe und Salweide), ist man wohl oft zu weit gegangen. Man soll sie jedenfalls nicht schonungslos ausrotten, namentlich nicht die Birke, die später bei der Verjüngung noch gute Dienste leisten kann. Auch einige Aspen und Salweiden im Bestand geben oft willkommene Gelegenheit, sie in strengen Wintern als Wildäsung fällen zu lassen. Ausgesprochene Sperrwüchse lassen sich in diesem jugendlichen Alter aber am besten herausziehen. Gerade bei den Läuterungen ist zu beachten, daß sie früh genug ausgeführt und nicht vernachlässigt werden, weil dann immer eine längere Zeit kommt, in der man den jungen Bestand sich selbst überlassen muß, da er wegen seiner Dichte unzugänglich wird. Man arbeitet weniger mit der Axt, als mit Heppe, Kulturmesser und Durchforstungsschere. Am besten beschäftigt man damit während des Sommers alte ausgediente und zuverlässige Waldarbeiter, die diese leichte Arbeit noch leisten können und auch mit geringerem Tagelohn zufrieden sind. Sonst würden sich die Kosten unverhältnismäßig hoch stellen. Daß sie aber um der Kosten willen niemals vernachlässigt werden dürfen, ohne in vielen Fällen nicht wieder gutzumachenden Schaden für die weitere Bestandesausbildung zu verursachen, darauf hat in besonders nachdrücklicher Weise neuerdings SCHÄDELIN[2]) hingewiesen, der alle hier zu beobachtenden Gesichtspunkte und auszuführenden Maßnahmen in seiner Schrift in zwei besonderen Abschnitten über „Jungwuchspflege" und „Säuberung" ausführlich behandelt hat.

Zur Kultur- und Jungwuchspflege gehört auch das *Beschneiden* fehlerhafter, aber zu fördernder Einzelpflanzen in jungen Aufwüchsen, besonders in Laubholzverjüngungen und hier wieder besonders an jungen Eichen, die für eine solche Behandlung besonders dankbar sind.

Daß Zwieselbildungen immer durch Wegnahme eines Astes zu beseitigen sind, ist selbstverständlich. Darüber hinaus unterscheidet man noch den *Pyramidenschnitt* von dem *Walzenschnitt* (Abb. 247). Der erstere wird allgemein beim Verpflanzen größerer Laubhölzer angewendet, um zunächst die Transpiration herabzusetzen und die Krone in ein angemessenes Verhältnis zu dem durch das Ausheben verkleinerten Wurzelsystem zu bringen. Darüber hinaus ist er auch anzuwenden, wenn die jungen Kronen stark unsymmetrisch ausgebildet sind, was dann oft Schiefstellung, besonders bei Schneebelastung, hervorruft, der die jungen Buchen und Eichen auch im Winter ausgesetzt sind, weil sie ihr trockenes Laub bis tief in diesen hinein behalten. Der Walzenschnitt besteht in einem sehr starken Zurückschneiden der unteren und mittleren Seitenäste, an deren Spitzen sich dann neue Blattbüschel bilden, die den Stamm decken. Hierdurch soll der Höhentrieb bei zurückbleibenden Jungpflanzen und jungen Stangen, namentlich bei Eiche, stark gefördert werden. Noch stärker greift der in Süddeutschland gelegentlich angewandte „RÜMELIN-*Schnitt*" ein, der an

---

[1]) OLBERG, A., u. KÜHN: Über den Zusammenhang zwischen Holzqualität und Jugendentwicklung der Kiefer. Z.F.J.W. 1930, S. 625.

[2]) a. a. O., S. 11—38.

solchen jungen Eichen alle Seitenäste bis auf den Haupttrieb dicht am Stamm entfernt, wodurch sich oft Höhentriebe von 1 m Länge ausbilden. Außerdem soll er ein Mittel gegen die Spätfrostgefahr bilden, da derartig behandelte Stämmchen oft 2—3 Wochen später austreiben. Alle diese Arbeiten sind mit Baum- und Astscheren auszuführen, von denen es einige besonders geeignete mit ziehendem glatten, nicht quetschenden Schnitt gibt[1]).

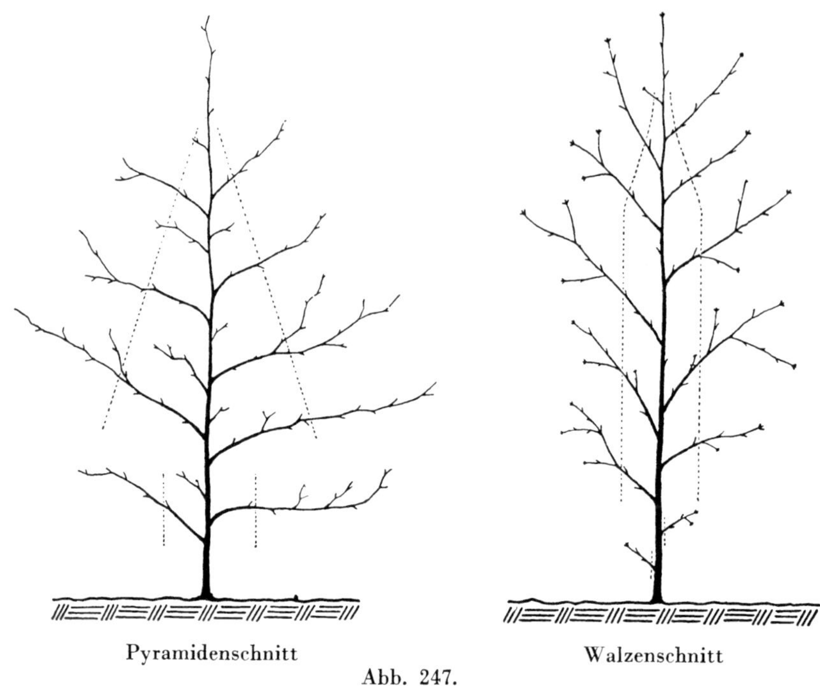

Abb. 247.
(Aus „Der Forstbetriebsbeamte“ Verlag J. Neumann-Neudamm 1940.)

2. Durchforstungen.

Begriff, Geschichtliches, Stammklassenbildung. Die Durchforstungen setzen im allgemeinen erst nach dem Dickungsalter zu einem Zeitpunkt ein, in dem die natürliche Astreinigung bereits begonnen hat. (Ausnahmen bilden nur einige besonders früh einsetzende Verfahren, z. B. das von BOHDANNECKY und SCHIFFEL, vgl. weiter unten.) Man kann die ersten, meist nur Reisigholz ergebenden Durchforstungen auch als *Reisigdurchforstungen* oder *Durchreiserungen* noch von den späteren, stärkeres Holz liefernden *Derbholzdurchforstungen* trennen. Die Grenze liegt je nach Holzart und Entwicklungsgang etwa zwischen dem 30. bis 40. Jahre. Die Durchforstungen verfolgen neben dem Erziehungszweck auch noch einen Nutzungszweck an dem zu entnehmenden Holz des ausscheidenden Bestandes (*Vornutzung*).

Der Gedanke der Durchforstung ist zwar schon alt[2]), aber die älteren Durchforstungen waren mehr reine Nutzungsdurchforstungen als Erziehungsmaßnahmen, da sie nur das abgestorbene oder absterbende Material entnahmen.

---

[1]) S. die Kataloge der Forstgerätefirmen.
[2]) LASCHKE, C.: Geschichtliche Entwicklung des Durchforstungsbetriebes in Wissenschaft und Praxis. Neudamm 1902.

Noch G. L. Hartig kannte nur diese Form und wollte überhaupt nicht vor dem 40. bis 60. Jahre und dann nur wenige Male durchforsten. Cotta ging in seinen späteren Zeiten schon etwas weiter, insofern er schon die Zuwachsverluste durch zu großen Dichtstand erwähnt, deswegen die Stammzahlen von Jugend auf vermindern und es gar nicht erst zur Unterdrückung einzelner Glieder kommen lassen will. Trotzdem legt auch er noch großen Nachdruck auf dauernden Schluß: die Zweige der Nachbarstämme sollen sich immer berühren. In Deutschland blieb man dann noch recht lange bei dem Grundsatz der steten vollen Schlußerhaltung, während man in Frankreich und Dänemark schon früher zu stärkeren Eingriffen gekommen ist.

Grundlegend für die ganze Entwicklung der Durchforstungslehre wurden bei uns die Arbeiten von Oberforstmeister Kraft, Hannover[1]), der den Grundsatz aufstellte, daß *nicht der Schlußgrad*, sondern *die Zugehörigkeit zu den verschiedenen Stammklassen*, die er nach der soziologischen Stellung im Bestand und der Kronenausbildung bestimmte, für die Entnahme maßgebend sein müsse. Er unterschied

1. *Vorherrschende Stämme:* mit ausnahmsweise kräftig entwickelten Kronen.

2. *Herrschende*, in d. R. *den Hauptbestand bildende Stämme:* mit verhältnismäßig gut entwickelten Kronen.

3. *Gering mitherrschende Stämme:* Kronen zwar noch ziemlich normal geformt und in dieser Beziehung denen der 2. Stammklasse ähnelnd, aber verhältnismäßig schwach entwickelt und eingeengt, oft mit schon beginnender Degeneration. Die 3. Klasse bildet die untere Grenzstufe des herrschenden Bestandes.

4. *Beherrschte Stämme:* Kronen mehr oder weniger verkümmert, entweder von allen Seiten oder nur von zwei Seiten zusammengedrückt oder einseitig (fahnenförmig) entwickelt:

a) *zwischenständige*, im wesentlichen schirmfreie, meist eingeklemmte Kronen,

b) *teilweise unterständige* Kronen. Der obere Teil der Krone frei, der untere Teil überschirmt oder infolge von Überschirmung abgestorben.

5. *Ganz unterständige Stämme:*

a) mit *lebensfähigen* Kronen (nur bei Schattenholzarten),

b) mit *absterbenden* oder *abgestorbenen* Kronen.

Man vergleiche hierzu die bildliche Darstellung der verschiedenen Stammklassen für die Kiefer nach Kraft in Abb. 248, die nach dem Original wiedergegeben ist.

In der Aufstellung dieser Stammklassen, die einmal nach der *Stellung der Kronen im Kronenraum* (vorherrschend, herrschend, gering mitherrschend, beherrscht) gebildet wurden, dabei aber auch weitgehend die *Form der Krone*, die ja in der Hauptsache das Ergebnis dieser Stellung ist, mit berücksichtigten, liegt das besondere und bleibende Verdienst von Kraft. Dadurch wurde zum erstenmal der Grundsatz betont und die Aufmerksamkeit der deutschen forstlichen Welt auf den Gesichtspunkt hingelenkt, daß nicht die Stammzahl und auch nicht der Schlußgrad an sich das Wesentliche für die Bestandeserziehung ist, sondern die Zusammensetzung des Bestandes aus Gliedern mit verschiedener Kronenentwicklung und danach auch verschiedener Leistungsfähigkeit[2]). Krafts Stammklassen waren sog. *natürliche* oder *biologische*. Sie wurden aus der Soziologie der Bestandesentwicklung hergeleitet. Demgegenüber hat man später noch andere, sog. *wirtschaftliche Stammklassen* aufgestellt, welche nur die wirtschaft-

---

[1]) Kraft, G.: Zur Lehre von den Durchforstungen, Schlagstellungen und Lichtungshieben. Hannover 1884. — Beitrag zur Durchforstungs- und Lichtungsfrage. Hannover 1889.

[2]) Ansätze dazu fanden sich freilich schon früher auch in anderen deutschen und außerdeutschen Arbeiten (vgl. dazu die erschöpfende Darstellung bei Lönnroth, E.: Untersuchungen über die innere Struktur und Entwicklung gleichaltriger naturnormaler Kiefernbestände. Helsinki 1925). Aber Krafts unabhängig entwickelte Arbeiten haben sich zweifellos zuerst allgemein durchgesetzt, und ihm gebührt daher wohl hier das Recht der Priorität!

liche Bedeutung der einzelnen Stämme zum Einteilungsgrund nahmen (z. B. nützlich, schädlich, indifferent in der dänischen Durchforstung oder Auslese, Ausschuß und Mittelgut bei ERDMANN). Mögen die letzteren auch für die praktische Handhabung der Durchforstung oft bequemer sein, so haben doch die ersteren den größeren wissenschaftlichen Wert, insofern sie zur vollen Erkenntnis des inneren Entwicklungsganges unserer Bestände und seiner Wirkung auf den Zuwachsgang des Einzelstammes wie des ganzen Bestandes zu führen vermögen.

Abb. 248. Die KRAFTschen Stammklassen. (Nach KRAFT, etwas abgeändert.)
(Die Zahlen unter den Stämmen geben die entsprechende Stammklasse an.)

An *Durchforstungsgraden* unterschied KRAFT nur drei:

„1. *Grad, schwache Durchforstung:* Nutzung der 5. Stammklasse.

2. *Grad, mäßige Durchforstung* (meist die oberste, häufig noch nicht einmal erreichte Grenze der gewöhnlichen Durchforstungspraxis): Nutzung der Stammklassen 5 und 4b.

3. *Grad, starke Durchforstung:* Nutzung der Stammklassen 5, 4b und 4a.“

KRAFT bewegte sich hiermit durchaus noch auf dem später verlassenen Wege, die Bestandeserziehung *nur in der Entfernung des an sich schon Beherrschten und Zurückbleibenden* zu suchen. Dabei bleibt aber zu beachten, daß die Praxis damals (1884!) nach KRAFTs Bemerkung bei der mäßigen Durchforstung meist noch nicht einmal diesen Grad erreichte, sondern sich in der Hauptsache nur auf das beschränkte, was man später mit Recht nur als „*Leichenbegängnis*“ oder „*Bestattung der Toten*“ zu bezeichnen pflegte. So nachhaltig wirkte die Angst der HARTIGschen Schule vor jeder Lockerung des Kronenschlusses!

Im übrigen findet sich bei KRAFT schon ein erster, wenn auch noch recht schüchterner Ansatz zu neuzeitlicher Auffassung, wenn er sagt, daß es unter Umständen da, wo starke Durchforstung aus dem einen oder anderen Grunde nicht angebracht sein sollte, möglich sei, „an die Stelle der gleichmäßigen Durchforstung den Loshieb (wir würden heute sagen

Freihieb) der besten Stämme erster und zweiter Klasse treten zu lassen", wobei die „irrelevanten Teile der Stammklasse 4a und 4b und evtl. sogar die Stammklasse 5 unberührt bleiben" könnten. Er betont dann ferner, das Charakteristische dieser Loshiebe wäre die *Stammpflege im Gegensatz zu der mit der gleichmäßigen Durchforstung verbundenen Bestandespflege*, und der *Zweck der Loshiebe* sei der, *„einer genügenden Anzahl der allerbesten und am meisten versprechenden Stämme genügenden Wachsraum zu verschaffen"*. Hier liegen alle Gedanken der neuesten Entwicklung schon im Keim eingeschlossen. Die Zeit war damals nur noch nicht reif, und die Kluft zwischen der herrschenden Anschauung und diesen Gedanken war noch zu groß, als daß sie schon weitere Kreise ziehen konnten.

In der weiteren Entwicklung der Durchforstungslehre traten dann aber diese und andere Gedanken immer mehr hervor[1]). BORGGREVE lenkte die Aufmerksamkeit auf die vielfach schlechten Stammformen und den übergroßen Kronenraum, den gerade die vorwüchsigen Stämme der KRAFTschen Klasse 1 im Bestand einnehmen, und schuf den Begriff der *„vorwüchsigen Protzen"*, deren Beseitigung unbedingt angestrebt werden müsse. Aus *Frankreich* und *Dänemark*[2]) kam Kunde von starken Eingriffen in die dortigen Laubholzbestände, bei denen man es auf die Pflege einer nicht zu großen Anzahl schön geformter herrschender Stämme *„Elitestämme"* durch Kronenfreihieb absah, wofür dann *unterständiges Material als Bodenschutz- und Treibholz* belassen wurde. Bei uns entwickelte sich dafür der Begriff des *„Zukunftsstammes"* (Z). Soweit dieser in den jüngeren Altersstufen noch nicht sicher erkennbar und als solcher festzustellen ist, spricht SCHÄDELIN in feiner Unterscheidung zunächst nur von *„Anwärtern"*, aus denen erst nach einer Folge von Auslesen später der endgültige „Elitestamm" hervorgeht. Zahlreiche Praktiker und Theoretiker und auch die forstlichen Versuchsanstalten, ganz besonders die preußische unter Führung von SCHWAPPACH, haben sich an der Fortführung dieser neuen Gedanken beteiligt, zahlreiche Varianten von Durchforstungsmethoden mit besonderem Namen sind entstanden und füllen Zeitschriften und Lehrbücher.

Es kann nicht die Aufgabe sein, hier alle diese Einzelheiten darzustellen. Auf einige der bekanntesten Methoden soll später noch eingegangen werden.

Wirkungen der Durchforstung. Im großen und ganzen sind bei der Erörterung der Durchforstungsfrage als Hauptgesichtspunkte immer wieder herausgesprungen:

1. *Die Wirkung der Durchforstung auf den Boden:* Diese kann ungünstig werden, wenn durch den vermehrten Lichteinfall eine Verunkrautung hervorgerufen wird, und Nährstoffe und Niederschläge in starkem Maße hierdurch in Anspruch genommen werden, was besonders auf leichteren und trockenen Böden ins Gewicht fallen wird. Auf feuchteren, untätigen Böden tritt mehr die Gefahr einer Humusverschlechterung durch eine sich einstellende Rohhumusflora in den Vordergrund. Andererseits kann aber die Durchforstung auf trockenen Böden durch die Stammzahlverminderung und damit die Herabsetzung des Wasserverbrauchs durch die Bäume auch feuchtigkeitserhöhend wirken[3]), wofern sich nicht an Stelle dieser Verbraucher eine ebenso stark verbrauchende Boden-

---

[1]) Eine gute Darstellung über die geschichtliche Entwicklung bei BÜHLER, A.: Waldbau Bd. 2, S. 416 ff. Diese ist besser und inhaltreicher als die unnötig mit Zahlen und Tabellen belastete Arbeit von LASCHKE (vgl. Fußnote S. 460).

[2]) BROILLARD, CH.: Le Traitement des bois en France. Paris 1881. — BOPPE, L.: Traité de sylviculture. 1889. — METZGER, C.: Dänische Reisebilder. Mündener forstl. Hefte Bd. 9, S. 81. — Zur Beurteilung der dänischen Forstwirtschaft. A.J.F.Z. 1898, S. 346. — Referat auf d. dtsch. Forstversammlung in Schwerin 1899: Ist die in Dänemark gebräuchliche Art der Buchenbestandspflege bisher in Deutschland schon zur Anwendung gelangt und unter welchen Umständen etwa würde sich ihre Einführung in deutschen Waldungen bewähren?

[3]) Vgl. die ALBERTschen Untersuchungen hierüber in durchforsteten und nichtdurchforsteten Stangenhölzern bei Eberswalde, S. 126.

flora einstellt. Auch kann bei Rohhumusgefahr eine Mehrzuführung von Licht und Wärme zum Boden ebensooft auch in günstiger Weise die Zersetzung fördern. Wir sehen also, wie verschiedenartig die Wirkungen auf den Boden sein und wie sie oft aus einer Richtung in die entgegengesetzte umschlagen können!

2. *Die Wirkung auf den Forstschutz:* Auch hier bestehen ähnliche Gegensätze. Während in dem einen Fall ein durchforsteter Bestand sturmsicherer und schneebruchfester ist als ein undurchforsteter, wird in anderen Fällen gerade das Umgekehrte beobachtet. Hier dürfte neben Fehlern in Maß und Form der Durchforstung vielfach die Zeit der letzten Durchforstung mitspielen. Im allgemeinen sind die Bestände nämlich um so empfindlicher, je kürzer die letzte Durchforstung zurückliegt. Daß die Entfernung kranker und kränkelnder, von Insekten oder Pilzen befallener Stämme viel Infektionsmaterial aus dem Walde schafft, ist unbestreitbar. Trotzdem sieht man leider in vielen Fällen bisher keinen deutlichen Erfolg, so z. B. beim Schwammaushiebe nach Möller, und der Kienzopfbekämpfung nach Haack.

Doch liegt das in den beiden genannten Fällen wahrscheinlich nur in der nicht rechtzeitig genug einsetzenden und nicht beharrlich genug durchgeführten Handhabung, beim Baumschwamm auch darin, daß sich viele Privatforsten noch gar nicht beteiligt haben, wodurch bei der weiten Flugfähigkeit der Sporen die benachbarten und auch weiter abliegende Forsten immer wieder infiziert werden. Hier wäre ein gesetzlicher Zwang durchaus geboten und auch durchaus berechtigt. Nach der ganzen Lebensweise dieser Pilze müßten wir diese schweren Schädlinge unserer Kiefernwaldungen sonst unbedingt bis auf ein unschädliches Maß zurückdrängen können. Wo die Verseuchung zu stark ist, so daß durch den Aushieb zu starke Verlichtung auf großen Flächen eintreten würde, könnte der Aushieb natürlich nur nach und nach erfolgen. Sonst ist aber bei allen Durchforstungen der Aushieb pilzkranker Stämme nicht nur wegen ihrer Minderwertigkeit, sondern auch wegen der Gefahr weiterer Infektionen eine Forderung eines vorbeugenden Forstschutzes.

3. *Die Wirkung auf den Zuwachs:* Dieses ist die am lebhaftesten erörterte und am meisten umstrittene Frage, auf die noch später näher einzugehen sein wird. Hier sollen zunächst nur die allgemeinen Gesichtspunkte hervorgehoben werden. Durch die Stammzahlverminderung wird zweifellos die Anzahl der Zuwachsträger im Bestand verkleinert. Soll der fernere *Zuwachs auf der Einheitsfläche* auch nur gleichbleiben, so müssen also die verbleibenden Stämme nach der Durchforstung sehr viel stärker zuwachsen, um den Ausfall der entnommenen Zuwachsträger zu decken. Allerdings ist die Leistung der an sich schon zurückbleibenden Stämme nur sehr gering und der Ausfall wird nur dann groß, wenn man stärker in den herrschenden Bestand eingreift. Immerhin bleibt die Tatsache, daß jeder Eingriff in den Bestand *zunächst* einmal die *arbeitende Blattmenge verkleinert,* und es kommt alles darauf an, ob und wie rasch die im Kronendach entstandenen Lücken sich wieder voll schließen! Sollte es möglich sein, bei früh beginnenden, häufigen, aber jedesmal nur schwachen Eingriffen die *gesamte gut belichtete Laubmenge auf der Einheitsfläche* gegenüber zu späten, zu seltenen oder zu plötzlichen starken Eingriffen *dauernd zu vergrößern,* so läge hierin allerdings eine physiologisch zu begründende *Möglichkeit,* trotz der Verminderung der Zahl der Zuwachsträger die *Gesamtzuwachsleistung zu steigern*[1]).

Eine andere Frage ist die, wie die Durchforstung *auf die Stärke der Einzelstämme wirkt.* Das Ziel ist ja im allgemeinen, möglichst früh möglichst starke Stämme zu erziehen. Daß dies bei lockerem Stand eher erreicht wird als bei zu dichtem, ist kaum zweifelhaft. Hierbei ist aber zu beachten, daß, wenn dieses Ziel nur durch sehr lange und starke Freistellung erreichbar ist, auf der anderen Seite eben die Gesamtmassenerzeugung wegen der geringen Stammzahlen heruntergedrückt werden kann.

---

[1]) Möller, C. M.: Starke Durchforstung in dänischer Beleuchtung. Z.F.J.W. 1931, S. 369.

Wichtiger als die Massenerzeugung ist die *Wertleistung*. Auch hier entstehen z. T. gegenläufige Wirkungen. Bäume im lockeren Schluß werden zwar rascher stark, und damit steigt im allgemeinen auch ihr Festmeterwert (übrigens bei den einzelnen Holzarten nur bis zu einer gewissen, verschieden hoch liegenden Grenze), auf der anderen Seite wird aber häufig auch ihre Ästigkeit größer und kann dann den Holzwert vermindern. In jedem Fall aber wird der Wert des verbleibenden Bestandes durch Ausmerzung der schlechteren Stämme und die Begünstigung der besseren in weitestem Maße gehoben werden. Da das Auge eines geschulten Forstmannes in vielen Fällen auch mit großer Wahrscheinlichkeit zu erkennen vermag, ob der bessere oder schlechtere Wuchs im Einzelfall auf äußere Umstände oder innere Veranlagung zurückzuführen ist, so kann die Durchforstung, richtig gehandhabt, auch einen *veredelnden züchterischen Wert* haben[1]).

Wir sehen schon aus diesen kurzen allgemeinen Betrachtungen, wie verwickelt die Dinge hier liegen. Dazu kommt noch die *Schwierigkeit eines sicheren und einheitlichen Maßstabes* für die Art und den Grad der Bestandeseingriffe.

Die *Stammzahlen* allein sind zwar ein sehr einfacher, aber ganz ungenügender Maßstab, da es nicht das gleiche ist, ob 100 schwache oder 100 starke Stämme auf der Fläche arbeiten. Man hat daher vorgeschlagen, die Stammzahlen unter Berücksichtigung des Brusthöhendurchmessers zu nehmen und danach besondere Normallichtungstafeln entworfen[2]).

Ein etwas anderer Gedanke liegt den KÖHLERschen *Stammzahltafeln*[3]) zugrunde. Diese gehen davon aus, daß *die Kronenlänge in einem angemessenen Verhältnis zur Stammlänge* stehen soll, z. B. bei der Fichte 1 : 2. Durch Messungen wurde ermittelt, bei welchem Standraum für jede Höhe dieses Verhältnis zu erreichen ist, und aus dem Standraum wird dann die zulässige Stammzahl berechnet.

Die Wichtigkeit einer genügenden Kronenlänge ($\frac{1}{3}$ und mehr) wird auch von anderer Seite betont (SCHIFFEL, SCHWAPPACH, V. KALITSCH, JUNACK u. a.).

Andere legen die *Stammgrundflächensumme* des Bestandes zugrunde. Diese soll nur bis zu einem gewissen Alter auf eine für die Zuwachsleistung optimale Höhe steigen, um dann dauernd auf dieser gehalten zu werden. Der Zuwachs an Fläche ist dann bei jeder Durchforstung zu entnehmen[4]). Die Größe der Stammgrundflächensumme (sog. *Bestandesgrundfläche* in Quadratmeter je Hektar ausgedrückt) spielt auch heute im forstlichen Versuchswesen eine bedeutende Rolle, ebenso hat das Reichsforstamt bei den letzten Vorschriften über Einführung eines Lichtwuchsbetriebes (s. das.) bei Buche und Kiefer davon Gebrauch gemacht.

Alle diese Maßstäbe aber bleiben bei der großen Vielseitigkeit der Fälle in bezug auf Standort, periodische Schwankungen der Witterung und besonders die verschiedene Zuwachsleistung der einzelnen Stammklassen immer mehr oder minder unvollkommen. Zahlreiche Zuwachsuntersuchungen haben immer wieder ergeben, daß sich die verschiedenen Stämme, je nach ihrer Stellung im oberen, mittleren oder unteren Kronenraum in sehr verschiedener Weise am Zuwachs des ganzen Bestandes beteiligen. So erzeugen nach SCHWAPPACH bei der Kiefer *die Stämme des Abtriebsbestandes (die 400—600 stärksten Stämme* vom 50. bis 120. Jahre) allein 90 % *des gesamten Zuwachses* in dieser Zeit! Für die Beurteilung

---

[1]) Vgl. SCHÄDELIN: a. a. O., u. DENGLER, A.: Die Aussichten einer forstlichen Pflanzenzüchtung. Z.F.J.W. 1933, S. 89.

[2]) KOŽEŠNIK, M.: Die Bestandespflege mittels der Lichtung nach Stammzahltafeln und ein Vorschlag zur Benutzung einer Normallichtungstafel. Wien 1898.

[3]) KÖHLER: Über Stammzahlen. Tübingen 1914. In: Unsere Forstwirtschaft im 20. Jahrhundert, herausgegeben von CHR. WAGNER.

[4]) SCHWAPPACH, A.: Die Rotbuche, Neudamm 1911, berechnete das Optimum für die Buche vom 60. Jahr an bei 20—25 qm pro Hektar. — Vgl. auch MARTIN, H.: Forstliche Statik, 2. Aufl., S. 360; Z.F.J.W. 1902, S. 635; Th.Jb. 1909, S. 133. — Folgerungen der Bodenreinertragstheorie. 5 Bde. Leipzig 1894—99.

der Wirkung des Durchforstungseingriffes ist daher eigentlich immer eine genaue Analyse des Bestandes vorher und nachher notwendig.

Hier hat denn auch die Arbeit der forstlichen Versuchsanstalten eingesetzt, die zahlreiche Versuchsflächen mit Numerierung der einzelnen Stämme eingerichtet haben, um die hier schwebenden Fragen zu klären[1]). Bis jetzt ist aber die Dauer dieser Versuche doch noch zu kurz, um ein völlig abschließendes Urteil zu gestatten, zumal die Grundsätze seit Anlegung der ältesten Flächen sogar noch manchmal gewechselt haben. Dies wurde notwendig, weil die frühere Lehre von der Unantastbarkeit des herrschenden Bestandes mit den Forderungen einer gesteigerten Nutzholzerziehung tatsächlich nicht mehr vereinbar schien. Immerhin ist doch schon eine weitgehende Klärung der grundsätzlichen Fragen erreicht worden.

Die Durchforstungsarten.

1. Stammklassen und Durchforstungsarten der Versuchsanstalten. Ihren Niederschlag fanden die neuen Gedanken in der veränderten Form der *Anweisung der deutschen forstlichen Versuchsanstalten zur Ausführung von Durchforstungsversuchen vom Jahre* 1902. Zunächst erfuhr die KRAFTsche Stammklasseneinteilung eine wesentliche Erweiterung, indem *neben der Kronenform auch die Güte der Schaftbildung* mitberücksichtigt wurde, weiterhin auch eine Umstellung, indem die normalerweise den Hauptbestand bildende Klasse 2 der „herrschenden" als Klasse 1 an die Spitze gestellt wurde. Die Stammklasseneinteilung der Deutschen forstlichen Versuchsanstalten ist danach folgende:

I. Herrschende Stämme, welche am oberen Kronenschirm teilnehmen:

Kl. 1. Stämme mit *normaler Kronenentwicklung* **und** *guter Stammform* (bei KRAFT Kl. 2) (natürlich müssen sie auch gesund sein!).

Kl. 2. Stämme mit *abnormer Kronenentwicklung* **oder** *schlechter Stammform* (bei KRAFT Kl. 1 und 3),

a) eingeklemmte (*kl*), b) schlecht geformte Vorwüchse (*vo*), c) sonstige Stämme mit fehlerhafter Stammausformung, insbesondere Zwiesel (*zw*), d) sog. Peitscher (*pt*), e) kranke Stämme aller Art (*kr*).

II. Beherrschte Stämme, welche am oberen Kronenschirm nicht teilnehmen (die Stammform wird bei diesen sowieso für die Bestandesentwicklung unwichtigen Stämmen nicht berücksichtigt):

Kl. 3. *Zurückbleibende*, aber noch schirmfreie Stämme (bei KRAFT Kl. 4),

Kl. 4. *unterdrückte* (unterständige, übergipfelte), aber noch lebensfähige Stämme (bei KRAFT Kl. 5a)

für Boden- und Bestandespflege in Betracht kommend.

Kl. 5. *Absterbende und abgestorbene* Stämme, für Boden- und Bestandespflege nicht mehr in Betracht kommend. Auch niedergebogene Stangen gehören hierher (bei KRAFT Kl. 5b).

Auch diese Stammklasseneinteilung ist *in der Hauptsache auf biologische Gesichtspunkte* eingestellt, doch *verbinden sich damit auch wirtschaftliche*, die in der Schaftausbildung zum Ausdruck kommen, die bei KRAFT gar keine Berücksichtigung fand, was entschieden ein Mangel, besonders für die Bedürfnisse der Praxis, war.

Für die Durchforstungsarten und -grade wurde folgende Einteilung und Begriffsbestimmung gegeben:

I. Niederdurchforstung.

1. *Schwache Durchforstung* (*A-Grad*). (Nach Vorschlag von WIEDEMANN[2]) überhaupt nicht als Durchforstung, sondern nur als „Totenbestattung" zu be-

---

[1]) In Preußen bestehen solche Durchforstungsversuchsflächen nun schon seit etwa 70 Jahren, die Numerierung der Stämme ist seit etwa 50 Jahren durchgeführt.

[2]) Nach WIEDEMANN, E.: Zur Klärung der Durchforstungsbegriffe. Z.F.J.W. 1935, S. 56 ff.

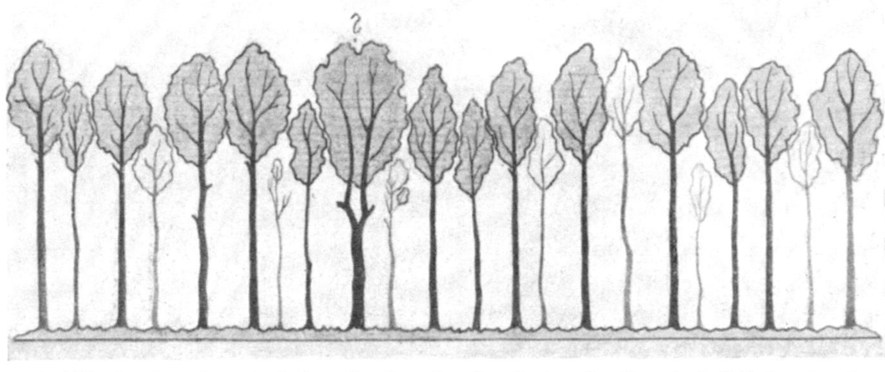

Mäßige Niederdurchforstung (B-Grad). Entfernt alle abgestorbenen und absterbenden Stämme (5), unterdrückte, noch lebensfähige (4) und einzelne Vorwüchse, Peitscher und Kranke (Teile von 2).

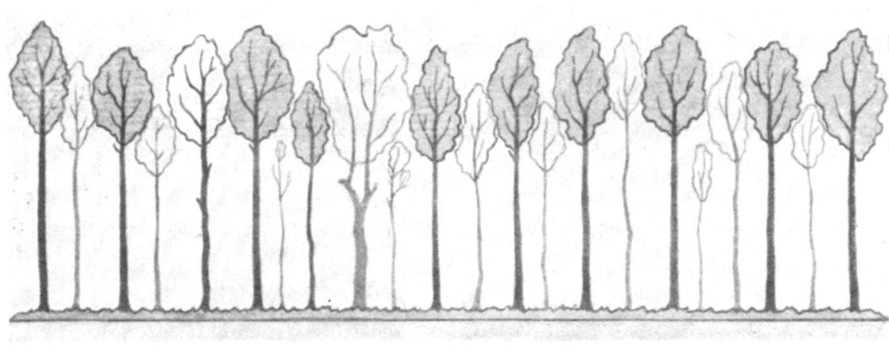

Starke Niederdurchforstung (C-Grad). Entfernt allmählich alle Stämme der Klassen 2—5 und einzelne von 1, wenn nötig. Gleichmäßig lockere Stellung ohne dauernde Schlußdurchbrechung.

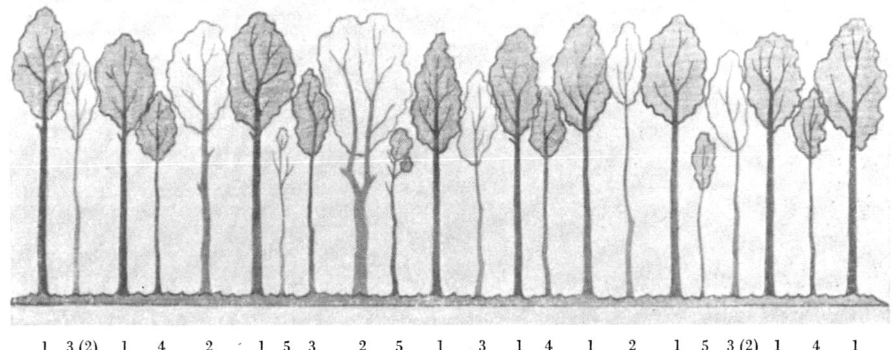

Mäßige Hochdurchforstung (D-Grad). Greift zur Pflege gut geformter Zukunftsstämme (Kl. 1) in den herrschenden Bestand ein und entfernt möglichst alle Vorwüchse, Peitscher, Kranken (2), aber zur Auflösung von Gruppen auch einzelne von Kl. 1. Dagegen grundsätzliche Erhaltung aller lebensfähigen Unterdrückten (4). Die Zurückbleibenden (3) werden insoweit entnommen, als sie die Kronen von 1 beengen.

Abb. 249. **Profilschema verschiedener Durchforstungsgrade.**

Nach den Regeln der deutschen forstlichen Versuchsanstalten. Entworfen von DENGLER.
(Die Zahlen unter den Abbildungen entsprechen den Stammklassen der deutschen Versuchsanstalten. Die hellen Bäume werden entnommen, die dunklen bleiben stehen!)

1. Mäßige Niederdurch-
forstung (B-Grad).
1147 Stämme, 25,1 qm
Grundfläche, 16,7 cm
mittlerer Durchmesser,
272 fm Gesamtmasse.

2. Starke Niederdurch-
forstung (C-Grad).
794 Stämme, 19,4 qm
Grundfläche, 17,6 cm
mittlerer Durchmesser,
212 fm Gesamtmasse.

3. Mäßige Hochdurch-
forstung (D-Grad).
530 Stämme Hauptbe-
stand, 1380 Stämme
Füllbestand. Grundfläche:
14,4 qm Hauptbestand,
9,6 qm Füllbestand.

Mittlerer Durchmesser:
18,6 cm Hauptbestand,
9,4 cm Füllbestand. Ge-
samtmasse: 163 fm
Hauptbestand, 83 fm
Füllbestand.

Abb. 250. Durchforstungsversuchsflächen der Sächs. Forstl. Versuchsanstalt.

Buche 55 jährig, II. Standortsklasse. (Nach BORGMANN, Waldbilder aus Sachsen.)

werten.) Diese bleibt auf die Entfernung der abgestorbenen und absterbenden Stämme, sowie der niedergebogenen Stangen (Klasse 5) und kranker Stämme beschränkt und hat nur noch die Aufgabe, Material für vergleichende Zuwachsuntersuchungen zu liefern.

2. *Mäßige Durchforstung (B-Grad)*. Diese erstreckt sich auf die abgestorbenen und absterbenden, niedergebogenen, unterdrückten Stämme, die Peitscher, die gefährlichsten und schlecht geformten Vorwüchse, soweit sie nicht durch Ästung unschädlich zu machen sind, und die kranken Stämme (Klasse 5, 4 und ein Teil von 2). (Nach WIEDEMANN hat sie eine *vorsichtige* Pflege der herrschenden Stämme mit *dichtem* Schluß der verbleibenden zur Aufgabe.)

3. *Starke Durchforstung (C-Grad)*. Diese entfernt allmählich alle Stämme der Klassen 2—5, sowie auch einzelne der Klasse 1, wenn nötig, so daß nur Stämme mit normaler Kronenentwicklung und guter Schaftform in möglichst gleicher Verteilung verbleiben, welche nach allen Seiten Raum zur freien Entwicklung ihrer Kronen haben, *jedoch ohne daß eine dauernde Unterbrechung des Schlusses stattfindet*. (Nach WIEDEMANN erfolgt auf den preußischen Flächen die Entnahme von Klasse 3—5 rasch und hat dieser Durchforstungsgrad eine *kräftige* Pflege der herrschenden Stämme *mit sehr lockerem Schluß* der verbleibenden zur Aufgabe.) Er stellt, abgesehen vom E-Grad, den schärfsten Durchforstungseingriff in den Bestand dar!

Für die Grade B und C gelten noch folgende Grundsätze:

a) In allen Fällen, in denen durch Herausnahme herrschender Stämme Lücken entstehen, können daselbst etwa vorhandene unterdrückte oder zurückbleibende Stämme belassen werden.

b) Bei Entfernung gesunder Stämme der Klasse 2 mit schlechter Kronenentwicklung oder Schaftform ist mit derjenigen Beschränkung zu verfahren, welche durch Rücksicht auf die Beschaffenheit und den Schluß des gesamten Bestandes geboten ist.

II. Hochdurchforstung. Diese ist ein *Eingriff in den herrschenden Bestand zum Zwecke besonderer Pflege dereinstiger Haubarkeitsstämme* **unter grundsätzlicher Schonung eines Teils der beherrschten Stämme.** Hiervon sind 2 Grade zu unterscheiden:

1. *Mäßige Hochdurchforstung (früher schwache genannt) (D-Grad)*. Diese hat nach WIEDEMANN „die allmähliche Pflege der jeweils besten herrschenden Stämme ohne stärkere Durchbrechung des Schlusses bei Erhaltung aller lebensfähigen beherrschten Stämme" zum Ziel. Es werden also entfernt: Klasse 5, ein großer Teil von Klasse 2 und einzelne Stämme von Klasse 1. Die Entfernung der schlecht geformten Vorwüchse und der sonstigen Stämme mit fehlerhafter Schaftform, insbesondere der Zwiesel, kann, wenn solche Stämme in größerer Anzahl vorhanden sind, zur Vermeidung zu starker Schlußunterbrechung auf mehrere Durchforstungen verteilt werden. Sie geschieht beim D-Grad überhaupt auch nur insoweit, als sie abkömmlich erscheinen.

2. *Starke Hochdurchforstung (E-Grad)*. Dieser Grad erstrebt unmittelbar die kräftige Pflege einer verschieden bemessenen Anzahl von auserlesenen Haubarkeitsstämmen (Zukunfts = Z-Stämmen). Zu diesem Zwecke werden außer den abgestorbenen, absterbenden, niedergebogenen und kranken Stämmen auch alle diejenigen entnommen, welche die gute Kronenentwicklung der Haubarkeitsstämme behindern, also Klasse 5 und Stämme der Klassen 1 und 2.

Zu der Stammklassenbildung und den verschiedenen Durchforstungsgraden der Deutschen forstlichen Versuchsanstalten vergleiche man die schematische Darstellung in Abb. 249, wobei zu berücksichtigen ist, daß ein kurzes Bestandesprofil die Verhältnisse natürlich immer nur unvollkommen und etwas verzerrt darstellen kann. Zur besseren Veranschaulichung der tatsächlichen Stellung möge die Abb. 250 von 3 Versuchsflächen der Sächs. forstl. Versuchsanstalt in einem 55jährigen Buchenbestand II. Standortsklasse dienen, der in Neudorf im Erzgebirge auf Basalt über Gneis stockt und aus Streifensaat nach Kahlschlag eines lückigen Fichtenaltholzes entstanden ist (Höhe 700 m. ü. M.).

Man beachte neben der Beteiligung der verschiedenen Stammklassen und der Schaftausformung auch den Bodenzustand (beginnende Verunkrautung bei der starken Niederdurchforstung).

Die im obigen Arbeitsplan aufgeführten 5 Durchforstungsgrade stellen nicht etwa eine einfache Steigerung vom A-Grad bis zum E-Grad dar, sondern zwei nach den Gruppen Nieder- und Hochdurchforstung geschiedene, im innersten Wesen voneinander abweichende Durchforstungsarten. Der Hauptunterschied beruht *in der grundsätzlichen Entfernung der beherrschten Glieder des Bestandes bei der Niederdurchforstung und ihrer ebenso grundsätzlichen Erhaltung in der Hochdurchforstung.* Die erstere erzeugt den gleichstufigen, die letztere den ungleichstufigen Bestand, soweit das nach Holzart und Alter bei Gleichaltrigkeit überhaupt möglich ist (verschieden bei Licht- und Schattenholzarten). Die Niederdurchforstung, für die in der Anweisung von 1902 eine allgemeine Begriffsbestimmung fehlt, greift schon im B- und *besonders im C-Grad bereits erheblich in den herrschenden Bestand* ein, in letzterem sogar meist schon stärker als beim nächstfolgenden D-Grad der Hochdurchforstung.

(Die besondere Hervorhebung des Eingriffs in den herrschenden Bestand, die in der Anweisung von 1902 bei der Begriffsbestimmung der Hochdurchforstung gegeben ist, ist

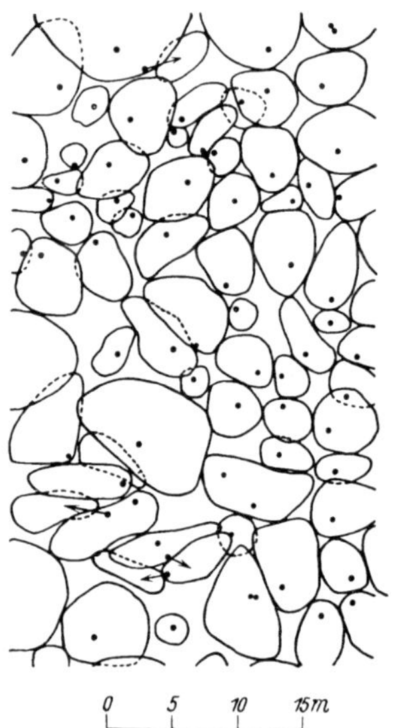

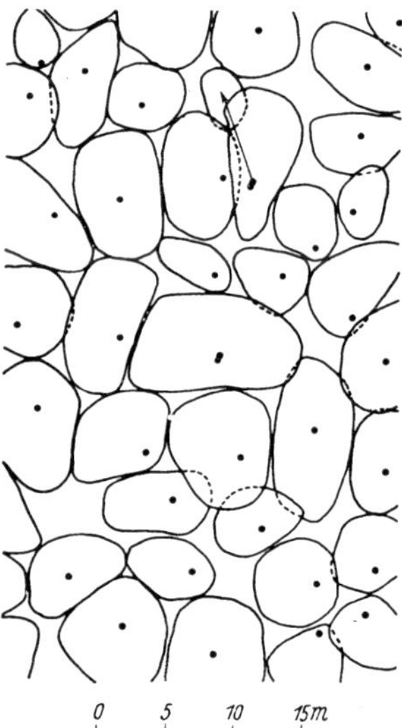

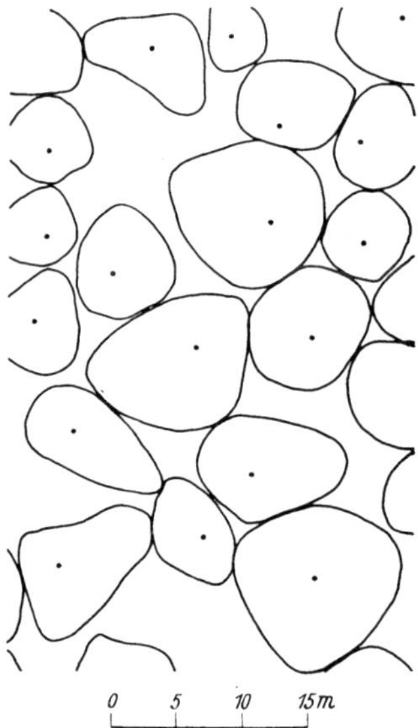

Abb. 251. Freienwalde. Jagen 195. Schwache Niederdurchforstung. Stammzahl je ha 429, Kreisfläche 38,9 qm, Derbholzmasse 584 fm, bisherige Vorerträge 174 fm. Überdicht geschlossen mit außerordentlicher Bedrängung der schwächeren Stämme. Einzelne herrschende Stämme, mit gut entwickelten Kronen. Reine Laubdecke.

Abb. 252. Freienwalde, Jagen 195. Mäßige Niederdurchforstung. Stammzahl je ha 253, Kreisfläche 32,5 qm. Derbholzmasse 506 fm, bisherige Vorerträge 309 fm. Mittlerer Schluß mit einzelnen dichten Gruppen, fast keine unterdrückten Stämme. Kronenform meist sehr gut. Laubdecke mit schwacher Begrünung.

Abb. 253. Freienwalde, Jagen 195. Starke Niederdurchforstung. Stammzahl je ha 141, Kreisfläche 23,1 qm, Derbholzmasse 372 fm, bisherige Vorerträge 458 fm. Sehr lichte Stellung seit langer Zeit, ähnlich einem Vorbereitungshieb. Kronen meist vorzüglich entwickelt, ohne den Raum voll auszufüllen. Stärkere Vergrasung, zahlreicher, niedriger Buchenaufschlag.

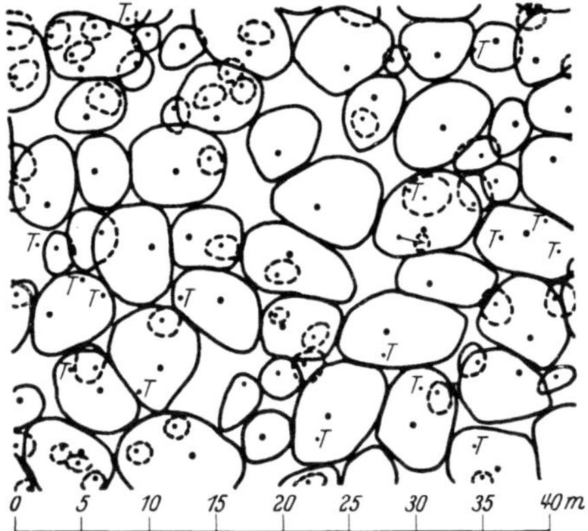

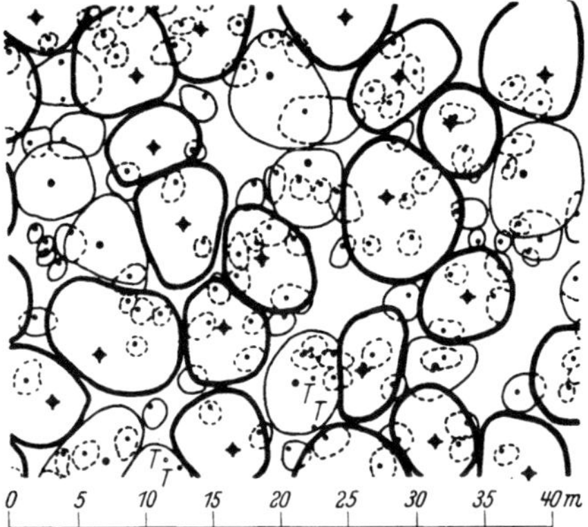

Abb. 254. Dahlheim, Jagen 116. Buche
II. Bonität, 82jährig. Behandelt seit 30
Jahren. Mäßige (schwache) Hochdurch-
forstung. Stammzahl je ha 792 Stämme,
Kreisfläche 26,4 qm, Derbholzmasse 264 fm,
bisherige Vorerträge 302 fm. Kronen des
Bestandes ähnlich denen der mäßigen
Niederdurchforstung. Darunter truppweise
Unterwuchs, meist mit sehr dürftigen
Kronen. Ein Teil des Unterwuchses, z. B.
rechts unten auf der Abbildung, ist ab-
gestorben (T).

Abb. 255. Johannisburg, Jagen 62. Buche
II. Bonität, 88jährig, beobachtet seit
38 Jahren. Starke Hochdurchforstung.

	Stamm- zahl	Kreis- fläche	Derb- holz	Vor- erträge
Zukunfts- stämme	148	12,5 qm	155 fm	17 fm
Füllbestand	884	8,8 „	72 „	174 „

also irreführend, insofern sie den Eindruck erwecken kann, als ob dieser Eingriff ins Herrschende eine Sondereigen-
tümlichkeit der Hochdurchforstung sei[1]).

Einen guten Einblick in die tatsächlichen Schlußverhältnisse der verschiedenen Durchforstungsgrade gewähren die Kronenkarten einiger Bu-
chendurchforstungsflächen im 120 j.

Die Zukunftsstämme sind durch Kreuze
und durch dicke Zeichnung der Kronen-
grenzen bezeichnet, der Füllbestand durch
Punkte und dünne Zeichnung. Alle unterständigen Kronenteile sind auch hier ge-
strichelt. Die vor 40 Jahren ausgewählten,
ständig freigestellten Zukunftsstämme
stehen noch etwas lichter als in der starken
Niederdurchforstung. Sie haben meist vorzüglich entwickelte Kronen. Auch einzelne
Stämme des Füllbestandes sind gut entwickelt. Der Unterwuchs dagegen hat
durchweg sehr schlechte Kronen und fast
keinen Zuwachs.

Alter, die der unten angeführten Arbeit von WIEDEMANN entnommen sind
(Abb. 251—253 für die Niederdurchforstungsgrade und 254—255 für die Hoch-
durchforstungsgrade).

Der neue Gedanke in der Durchforstung beruht auf der Erkenntnis, daß es
*vor allem die Glieder des herrschenden Bestandes sind, die die Produktion und die
Ausformung des dermaleinstigen Haubarkeitsbestandes bestimmen*, und daß in der
Hauptsache nur sie es sind, die gegenseitig in Wettbewerb treten und sich
schmälern können. Ob dieser Gedanke in voller Schärfe richtig ist, ob er vor allen
Dingen auf alle Holzarten und Standorte zutrifft, soll hier zunächst nicht weiter
untersucht werden. Jedenfalls hat er in der Folgezeit bei fast allen neu auftretenden Arten der Durchforstung starke Schule gemacht. Nur die BORG-
GREVEsche Plenterdurchforstung ging einen ganz anderen Weg. Die große Praxis
ist dem Gedanken stärkerer Durchforstungseingriffe und der Hochdurchforstung
nur sehr zögernd und allmählich gefolgt. Die SCHWAPPACHschen Versuchsflächen erschienen anfänglich vielen Praktikern der alten Schule geradezu ab-
schreckend. Bei der Hochdurchforstung wirkten die vielen unterständigen
Stämme mit ihren teilweise schlechten Stammformen, die die guten herrschenden

---

[1]) WIEDEMANN, E.: a. a. O.

Stämme verdeckten, unbefriedigend. Ich konnte in dem von mir verwalteten westdeutschen Laubholzrevier bei den Betriebsbeamten gerade aus diesem Grunde erst allmählich ihren durchaus begreiflichen Widerwillen überwinden! Eine gewisse *Schwierigkeit* in der Durchführung des Grundsatzes von der *Belassung des Unterstandes* hat sich im Laufe der Zeit übrigens darin gezeigt, daß dieser bei Lichthölzern überhaupt kaum, aber auch bei der Buche etwa nur bis zum 60. Jahre zu halten ist. Mehr und mehr verschwindet auch bei der Hochdurchforstung der Füllbestand durch Absterben der Zurückbleibenden dem Durchforster unter der Hand, oder einzelne Glieder wachsen in den Hauptbestand ein! Das sog. „*Umsetzen*", womit man jedes Hinüberwechseln eines Stammes von einer zur anderen Stammklasse bezeichnet. Natürlich findet ein solches Umsetzen nicht nur nach oben, sondern auch nach unten hin statt. Nach den bisher vorliegenden Untersuchungen[1]) findet das Umsetzen besonders häufig in den mittleren Stammklassen statt.

2. Besondere Durchforstungsarten. Über die verschiedenen Abarten neuerer Durchforstungen, die sich in vielen Einzelzügen oft außerordentlich nahestehen und oft nur durch Äußerlichkeiten, ja manchmal sogar nur durch die Benennung unterscheiden, soll hier nur eine kurze Übersicht der hauptsächlichsten, bekannteren Formen gegeben werden.

a) HECKs *freie Durchforstung*[2]). HECK schließt sich in der Stammklassenbildung der KRAFTschen Einteilung an, will aber die Schaftbildung durch Bildung von *besonderen Schaftklassen* als Unterstufen der KRAFTschen Kronenklassen berücksichtigt wissen, und zwar α = gerader, schöner, langschäftiger Nutzstamm, β = mittelmäßiger oder kurzschäftiger Nutzstamm, γ = krumm, rauh, astig, δ = Zwiesel, ε = sehr stark vergabelt (soweit in Kl. 1 und 2 = „Protzen"), ζ = Stockausschlag, η = krank.

Die „freie Durchforstung" oder „Durchforstung der freien Hand" soll *ohne Bindung an bestimmte Regeln und an bestimmte Kronenklassen* in freier Würdigung des einzelnen Falles unter *Begünstigung der jeweils besseren Schaftklassen* vorgehen. Gute Verteilung der Hauptstämme ohne Festlegung durch Ölfarbenringe, tunliche Schonung des Unterstandes, mäßige Schlußunterbrechung, stärkere Lichtstellung im Herrschenden erst vom 50. Jahre ab. HECKs Durchforstung ist wohl in vielen Fällen, wo überhaupt nach dem allgemeinen Gesichtspunkt der Hochdurchforstung gearbeitet wird, mit dem Verfahren der Praxis übereinstimmend, die tatsächlich frei und nicht nach bestimmten Stammklassen und Regeln durchforstet.

b) *Dänische Durchforstung*[3]). Hauptsächlich für Buche im Reinbestand. Die Stammklassen sind nach *wirtschaftlichen* Gesichtspunkten gebildet:

A. *Hauptstämme*, geradwüchsig und mit voller Krone.

B. *Schädigende Nebenstämme*, d. h. solche, welche die Kronenentwicklung der Hauptstämme beengen.

C. *Nützliche Nebenstämme*, d. h. solche, welche die untere Astreinigung an den Hauptstämmen besorgen.

D. *Indifferente Stämme*, d. h. solche, welche vorerst keine Schädigung bewirken, eventuell eher durch Laubabwurf die Bodengüte heben.

---

[1]) JAPING: Über das Wachstum der KRAFTschen Stammklassen im Verlauf einer 10jähr. Zuwachsperiode. Z.F.J.W. 1911, S. 663ff. — BUSSE, J.: Vom Umsetzen unserer Waldbäume. Th.Jb. 1930, S. 118 ff.

[2]) HECK, K. R.: Freie Durchforstung. Mündener forstl. Hefte 1898, S. 18. — Zur freien Durchforstung. A.F.J.Z. 1902, S. 298. — Freie Durchforstung. Berlin 1904. — Zur Entwicklung der freien Durchforstung. A.F.J.Z. 1924, S. 577; 1925, S. 51.

[3]) Literatur s. METZGER, C.: Fußnote S. 463. — Ferner URICH: Dänische und deutsche Buchenhochwaldwirtschaft.

Wirtschaftsziel: Reine Buchenbestände mit möglichst hohen Stammstärken von 40—50 cm in Brusthöhe und einem 10—15 m langen astreinen Schaft in 100—120 Jahren. Die einfache *Durchforstungsregel* ist: A *und C schonen*, B *beseitigen*, D *nach Bedarf* nutzen (Absatz, Preislage, Hiebssatz usw.).

Durchforstungsbeginn sehr früh, vom 20. Jahre an, Wiederholung im allgemeinen in Zeitabschnitten, die so viel Jahre auseinanderliegen sollen, wie der Bestand Dezennien zählt. (In der Praxis aber nicht so genau: bis zum 40. Jahre alle 3 Jahre, bis zum 60.—90. Jahre alle 5—6 Jahre, später alle 10 Jahre.) Etwa *im 60. Jahre Auswahl von 200—300 Zukunftsstämmen*, die mit Kalk oder Teer bezeichnet (*geringelt*) werden. Soweit reine Hochdurchforstung. Nach Erreichung der astreinen Schaftlänge von 15 m wird aber *dann der Unterstand allmählich entfernt*. Der Boden soll auch im Stangenholzalter nie eine reine Laubdecke tragen, sondern schon frühzeitig leicht begrünt sein (Mullflora, vor allem *Asperula*).

Die dänische Durchforstung ist bei uns in Deutschland hauptsächlich durch die seinerzeit Aufsehen erregenden Arbeiten und Vorträge von METZGER bekannt geworden, die Anlaß zu lebhaften Erörterungen gegeben und damit sicherlich ein gut Teil zum Fortschritt der Durchforstung in Theorie und Praxis beigetragen haben. Die dänische Durchforstung in dieser schulmäßigen Form ist aber dort durchaus nicht überall in Brauch und Anwendung gewesen und auch heute dort nicht allgemein üblich. Nach dieser Beziehung ist ihr Name irreführend. Wir verdanken METZGER eine Folge von sehr anschaulichen Bildern zu diesem Durchforstungsverfahren und Erläuterungen dazu, die über die besondere Methode hinaus so lehrreich für alle bei der Bestandeserziehung zu berücksichtigenden Gesichtspunkte sind, daß ich sie hier im Abdruck wiedergebe.

Die Abb. 256—259 stellen die Entwicklung eines 30jährigen Buchenbestandes unter dem Einfluß der dänischen Durchforstung bis zum 62. Lebensjahr dar. Der Bestand hat bei Beginn etwa 11 m Mittelhöhe, am Schluß etwa 20 m. Stammzahlen und Höhen entsprechen den natürlichen Verhältnissen eines dänischen Musterreviers. In Abb. 256 sind die Hauptstämme mit Nummern bezeichnet, die Nebenstämme mit den Buchstaben N = nützlich, S = schädlich, A = abkömmlich oder indifferent. Die im Durchforstungswege zu entnehmenden Stämme sind auf allen Abbildungen durch einen schwarzen Querstrich gekennzeichnet. Die Gesichtspunkte, die beim Auszeichnen zu beachten sind, werden von METZGER wie folgt angegeben:

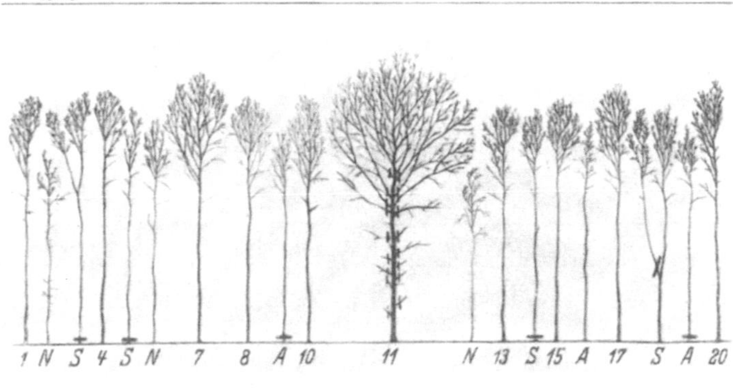

Abb. 256.

Zu Abb. 256: Der Stamm 1 ist unter dem Einfluß der Stämme 2 (*N*) und 3 (*S*) einseitig zu weit gereinigt, ebenso der Stamm 4. Der Stamm 3 hat also sowohl 1 als 4 merklich geschädigt und muß dringend entfernt werden. Der Stamm 2 kann den Boden so lange decken helfen, bis 1 und 4 wieder in Schluß getreten sind. Dem Stamm 4 steht auch auf der rechten Seite der Stamm 5 zu nahe und würde seine Krone zu hoch hinauf treiben, er ist deshalb ebenfalls schädlich und zu entfernen. Da aber zunächst Stamm 3 als der schädlichere entfernt werden muß, wird Stamm 5 für die nächste Durchforstung im 34. Jahre zurückgeschoben. Stamm 6 ist als nützlich mit N bezeichnet. In Deutschland würde man ihn als nahezu unterdrückten vielleicht fortnehmen (d. h. damals im Zeitalter der vorwiegenden Niederdurchforstung! Anm. d. Verf.). Im vorliegenden Falle aber erscheint er für die Reinigung des ohnehin starken Stammes 7 mit seiner relativ großen Krone von wesentlichem Nutzen. Würde man 6 entfernen, so würden sich die untersten Zweige von 7 rasch in die Lücke senken, noch mehr erstarken und sich später schwer abstoßen (seine astreine Schaftlänge beträgt z. Z. erst etwa 7 m!). Stamm 8 steht in guter Kronenspannung mit 7 und wird diesen von einer Seite her in erwünschter Weise reinigen. Er wird als Nachbar des besser und kräftiger entwickelten Stammes Nr. 7 später voraussichtlich verschwinden, Für ihn braucht also nichts getan zu werden. — Stamm 9 ist als abkömmlich (A) bezeichnet, weil er unterdrückt ist. Als Bodenschutzholz hat er keine Bedeutung, weil 8 und 10 schon im Sommer nach dem Hieb die kleine Lücke schließen.

Unter den Stämmen 10—13 befindet sich der häßliche Vorwuchs 11, der schon bei einer der ersten Durchforstungen oder Läuterungen hätte entfernt werden sollen. Nähme man

A 38, h 14. — D_{38} : 6,18. D_{42} : 2.

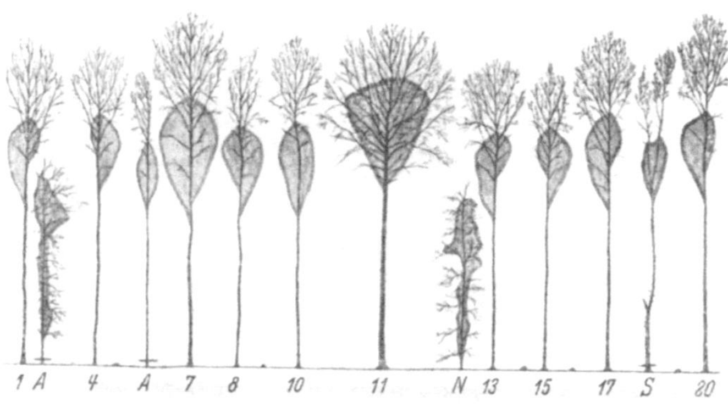

Abb. 257.

ihn jetzt aber fort, so würden sich sofort die Stämme 10 und 13 zu einseitig tief beasteten, schlechten Stämmen entwickeln, und man hätte anstatt eines zwei schlecht geformte Stämme. Andererseits darf er nicht ungehindert weiterwachsen, weil er sonst die gutgeformten Nachbarn 10 und 13 überwachsen würde. Er wird deshalb stark geästet, so hoch hinauf, daß die Stämme 10 und 13 für längere Zeit von ihm befreit sind und der Zuwachs des Vorwuchses wesentlich herabgesetzt wird. Später, wenn 10 und 13 sich genügend entwickelt haben, soll er fortgenommen werden. — Da nach der Ästung viel Licht zu Boden gelangen wird, bleibt 12 einstweilen als nützlich stehen. — In den Stämmen 13, 14, 15 haben wir eine zu dichtstehende Gruppe gleichwüchsiger Stämme vor uns. Der mittlere muß entfernt werden. Würde er stehenbleiben, so würden 13 und 15 schließlich einseitige Kronen mit Wende- und Knickästen ausbilden und 14 ein vollendeter Peitscher werden. Übrigens ist 14 ein solcher Stamm, vor dessen Fortnahme man in Deutschland deshalb vielfach zurückschrecken würde, weil er entschieden zum Hauptbestand gehört. Stamm 16 ist abkömmlich. 15 und 17 werden nach seiner Fortnahme sofort in Schluß treten und sich in erwünschter Weise weiter reinigen. 18 ist sowohl als Zwiesel eine schlechte Stammform als auch für die Krone von 17 von merklichem Schaden. Aber man darf ihn nicht gleich ganz fortnehmen, weil 17 sonst nach rechts einen zu erheblichen Spielraum bekommen würde. Es wird daher vorläufig nur der linke Zwieselast entfernt. Dann wird 17 mit der rechten Hälfte bald wieder in Schluß treten, so daß der Fortgang seiner Reinigung nicht durch Ausbildung zu starker Äste in Frage gestellt wird. — Ebenso wird Stamm 20, nachdem 19 als abkömmlich entfernt ist, mit dem stehenbleibenden Teil von 18 in Schluß treten und sich weiter normal entwickeln. — Der Stamm 18 stellt, nebenbei bemerkt, einen Fall dar, in dem viele deutsche Forstleute radikaler sein würden. Weil 18 eine schlechte Stammform ist und ein guter Stamm (17) unmittelbar danebensteht, würden sie ihn unbedenklich fortnehmen. Man sollte aber bei der Fortnahme schlechter Stämme nicht allein auf den Ersatz durch gute sehen, sondern auch fragen, ob man durch die unvermittelte Fortnahme nicht etwa die Entwicklung der guten Nachbarn in unerwünschte Bahnen leitet.

Überblicken wir nun die Auszeichnung noch einmal, so geschieht der Eingriff zugunsten der gut entwickelten Hauptstämme 1, 4, 7, 10, 13, 15, 17 und 20. Entnommen werden zunächst die Stämme, die als schädlich zu bezeichnen sind, dann diejenigen zurückbleibenden und unterdrückten, die als abkömmlich bezeichnet werden können, weil sie weder für die Bestandeserziehung noch für die Bodenpflege von Bedeutung sind.

Da die ganze Zahl der Durchforstungsstämme nicht auf einmal entfernt werden konnte, ist der Hieb auf 2 Durchforstungen mit 4 Jahren Zwischenraum verteilt worden, wobei für die erste Durchforstung diejenigen Stämme bestimmt sind, deren Entfernung am meisten notwendig ist.

Zu Abb. 257: Nach den Durchforstungen im 30. und 34. Jahre haben sich die stehenbleibenden Stämme so weiter entwickelt, wie es die Abbildung zeigt. Der ehemalige Zustand ist durch graue Tönung angedeutet. Stämme 1 und 4 haben infolge Beseitigung von 3 wieder

$$A\ 46,\ h\ 17.\ -\ D_{46} : 8,15.\ D_{50} : 11.$$

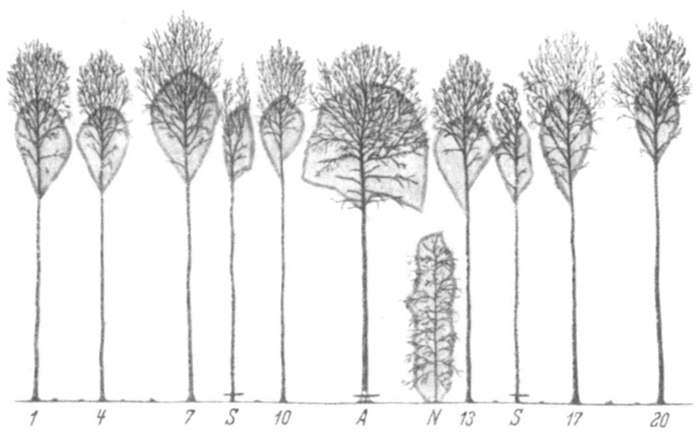

Abb. 258.

gleichmäßig ausgebildete Kronen bekommen. Stamm 2 hat sich stark mit Wasserreisern bedeckt und so zur Beschattung des Bodens in der Zwischenzeit wesentlich beigetragen. Weil 1 und 4 jetzt in Schluß treten, ist er nur noch von geringer Bedeutung für den Bodenschutz. Infolgedessen kann er, wenn auch noch nicht sofort, so doch bei der Durchforstung im 42. Jahre als abkömmlich fortgenommen werden. Stamm 6, jetzt von den schon vorher etwas kräftigeren Nachbarn 4 und besonders 7 überholt und stark eingeklemmt, ist nunmehr ebenfalls abkömmlich und soll sofort entfernt werden. Auf der anderen Seite von 7 ist Stamm 8 einstweilen noch zu erhalten, bis Stamm 10 sich noch weiter entwickelt haben wird. Letzterer sowie Stamm 13 haben bereits sichtliche Vorteile durch die starke Ästung des Vorwuchses 11 gehabt. Dieser ist im Höhenwuchs aufgehalten worden und ist nun wieder durch Senkung seiner Zweige in eine lockere Kronenspannung mit 10 und 13 getreten.

Der unterständige Stamm 12 hat infolge des zeitweilig starken Lichteinfalls seine Wasserreiser stark ausgebreitet und ist von Nutzen für die Deckung des Bodens gewesen. Da voraussichtlich durch die in absehbarer Zeit erfolgende Wegnahme von 11 ein Loch entstehen wird, soll er zu dessen teilweiser Deckung erhalten bleiben und ist als nützlich mit N bezeichnet worden. — Stamm 13 und 15 haben infolge der Fortnahme von 14 wieder gleichmäßige Kronen gebildet. — Stamm 18 ist jetzt schädlich für 20 geworden, dessen Kronenverhältnis besser vergrößert als verkleinert wird. Außerdem ist er sehr schlecht geformt und früher geästet. Er wird daher jetzt gleich bei der ersten Durchforstung im 38. Jahre entfernt.

Zu Abb. 258: Diese zeigt denselben Bestand im 46. Lebensjahre. Er hat jetzt eine mittlere Höhe von 17 m erreicht, und die Stämme haben sich unter dem Einfluß der bisher vorgenommenen Durchforstungen zu größtenteils gutbekronten und gut geformten Individuen ausgebildet. Der Kronenansatz ist bei einigen Stämmen schon bis 12 m hinaufgerückt. Nimmt man an, daß der Bestand bis zu seiner Reife etwa 28—30 m hoch werden wird, so fehlen noch etwa 3 m an dem Maß von Astreinheit, das man in Dänemark als normal betrachten würde.

Die Auszeichnung des Bestandes zur Durchforstung ist diesmal sehr einfach. Der Stamm 8, mit einem S bezeichnet, ist inzwischen dem an und für sich schon etwas kleinkronigen Stamm 10 schädlich geworden. Man könnte ihn zugleich auch als abkömmlich bezeichnen, denn 7 und 10 werden nach seiner Fortnahme sehr bald den Schluß wieder herstellen, wobei natürlich Stamm 7 durch die Senkung seiner höherragenden Zweige den Löwenanteil des freiwerdenden Zwischenraumes sich aneignen wird. — Ebenso ist Stamm 15 mit einem S bezeichnet und für die Durchforstung im 46. Jahre bestimmt, weil er dem Stamm 13 zu nahe steht. Das Kronenverhältnis dieses Stammes ist ähnlich wie bei 10 zu gering geworden, insbesondere wenn man im Auge behält, daß der ehemalige Vorwuchs 11 nun bald entfernt werden soll und 10 und 13 dann die Lücke decken müssen. — Um nun

A 62, h 22.

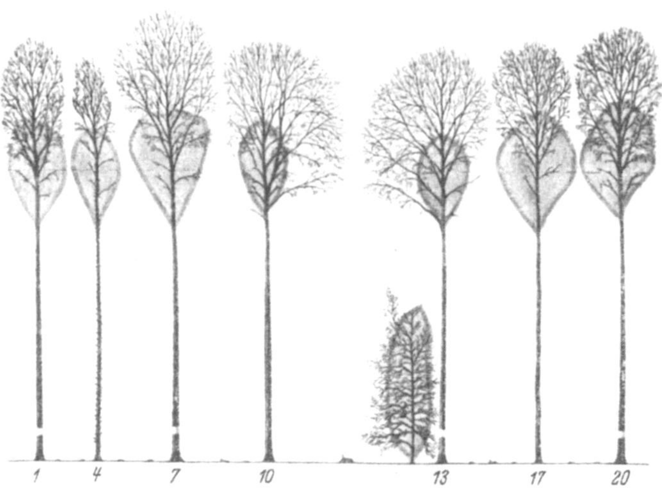

Abb. 259.

für diese Stämme 10 und 13 den Übergang zum Freistand nicht zu unvermittelt sich vollziehen zu lassen, empfiehlt es sich, den Stamm 11 am Wurzelanlauf ringsherum zu entrinden. Er bleibt dann im Wachstum stehen, welkt dann im Laufe von 3—5 Jahren ab, und diesen Zeitraum können die Nachbarn benützen, um ihre Kronen auf Kosten des in der Entwicklung stehenbleibenden Stammes 11 zu vergrößern. Der Stamm 11 ist aus diesen Gründen jetzt mit A bezeichnet worden. Das ist er, weil die zu erhaltenden Nachbarn immerhin schon eine astreine Schafthöhe von 13 m erreicht haben. Sie werden ihre Kronen nach Fortnahme des Vorwuchses dann allerdings nicht mehr weiter hinaufschieben. Es handelt sich hier aber um einen Ausnahmefall und einen schon früher begangenen Fehler der ersten Durchforstungen bzw. der Läuterungen, die den Vorwuchs nicht rechtzeitig entfernt haben. Ließe man Stamm 11 stehen, so würde das bald zu einer weiteren sehr unerwünschten Verkleinerung der Kronen von 10 und 13 führen, ja schließlich vielleicht zur Verdrängung aus dem herrschenden Bestand, da der Vorwuchs 11 mit seiner wieder ergänzten starken Krone die frühere Überlegenheit aufs neue erhalten würde. — Auch im Hinblick auf den Boden dürfte es zulässig sein, Stamm 11 jetzt als abkömmlich zu bezeichnen. Durch die kräftige Entwicklung von 10 und 13 und die voraussichtlich starke Ausbreitung der Wasserreiser von 12 wird ein nennenswertes Loch wahrscheinlich nur einige Jahre vorhanden sein, und nach 10 Jahren wird man schon nicht mehr vermuten können, daß dort einst ein breitkroniger Vorwuchs gestanden hat.

Zu Abb. 259: Endlich sind nun dieselben Stämme in einem weiteren Stadium der Entwicklung dargestellt. Der Bestand ist 62 Jahre alt geworden, hat im Durchschnitt 22 m Höhe erreicht und die Kronen der Hauptstämme sind bis 15 m hinaufgerückt. Es ist also die Zeit gekommen, von der ab die Reinigung als beendet zu betrachten und der Nachdruck darauf zu legen ist, daß die Kronen der dermaleinstigen Abtriebsstämme sich nunmehr breit auslegen und rasch vergrößern, damit die Stämme dasjenige an Stärkezuwachs leisten, was überhaupt erreichbar ist. Wie die in Brusthöhe angebrachten weißen Ringe verraten, sind inzwischen diejenigen Stämme ausgewählt, die in den Abtriebsbestand übergehen sollen und deren Förderung im Stärkenwachstum von jetzt ab Hauptaufgabe der Bestandeserziehung ist.

Von einer Darstellung der noch vorzunehmenden Durchforstungen ist Abstand genommen, weil eine solche bei der kleinen Zahl der Stämme, die jetzt noch auf dem schmalen Raum der Abbildung Platz haben würden, dies unmöglich macht. Es läßt sich nur sagen, daß bei einer der nächsten Durchforstungen der Stamm 4 fallen wird, viel später Stamm 17 und als letzter der nicht für den Abtriebsbestand ausgewählten Stämme der Stamm 10. Inzwischen würde die Durchforstung bald vor, bald hinter der dargestellten Baumreihe schädliche und abkömmliche Stämme entfernen und die Stammzahl so weit nach und nach reduzieren, daß schließlich nur noch etwa 200 Stämme pro Hektar übrigbleiben und den zum Abtrieb und zur Verjüngung reifen Bestand bilden.

c) *Bramwalder Durchforstung im Herrschenden*[1]). Sie steht auf einer gewissen mittleren Linie zwischen der „Freien Durchforstung" und der „Dänischen". Von der letzteren hat sie die noch etwas vereinfachte Stammklassenbildung: a) *nützliche*, b) *schädliche*, c) *abkömmliche*. Das stärkere Eingreifen zugunsten der Zukunftsstämme beginnt früher als bei der freien Durchforstung, geht aber nicht so scharf vor wie bei der dänischen. Durchforstungswiederkehr alle 3 bis 5 Jahre. Die *Zukunftsstämme* werden *nicht festgelegt und bezeichnet*, sondern von Fall zu Fall ausersehen und begünstigt.

Das Ziel ist *möglichst gleichbleibende Jahresringbreite an den Zukunftsstämmen.* (Dieses auch sonst noch häufig aufgestellte Ideal ist allerdings in hohem Alter nur selten erfüllbar, da dann auch die Jahrringe im vollen Freistand immer schmaler werden. Es scheitert auch sonst noch sehr oft an dem unvermeidlichen Einfluß von trocknen und feuchten Witterungsperioden.) Beim Durchforsten soll *nicht einseitig „Jagd auf die Minderwertigen"* gemacht werden, sondern umgekehrt sollen *die wertvolleren Bestandesglieder gesucht und begünstigt* werden! Jeder von ihren Nachbarn, der sie im oberen Kronenraum *„handgreiflich beeinträchtigt"*, wird zum Nutzen für den besseren entfernt.

Grundlegend sind die von MICHAELIS auf Grund seiner Holzpreisbeobachtungen entwickelten Sätze: 1. Die Einheitswerte astreiner Nutzholzabschnitte verhalten sich wie die homologen Durchmesser, 2. die Holzmengen wie die Quadrate der Durchmesser, daher 3. die Gesamtwerte wie die Kuben der Durchmesser. Darauf begründet er als Hauptziel: *Stärkste Förderung des Durchmessers beim Zukunftsstamm*, die selbst bei etwas geringeren Gesamtabtriebserträgen pro Hektar doch noch sehr viel höhere Gelderträge bringen soll. Allerdings haben die Untersuchungen von MAYER-WEGELIN über die Abhängigkeit des Preises vom Durchmesser (Forstarchiv 1926) für die Hauptholzarten Kiefer, Fichte, Buche und Eiche ergeben, daß der von MICHAELIS aufgestellte Satz 1 für die einzelnen Holzarten nur annäherungsweise und ungleich gut zutrifft.

d) *Die französische Éclaircie par le haut*[2]). Vorläufer unserer „Hochdurchforstung", die ihren Namen wohl auch danach bekommen hat. In Frankreich schon seit alter Zeit in den gemischten Eichen-Buchen-Beständen und in ehemaligem Mittelwald zur Begünstigung von „*Elitestämmen*" eingeführt, die immer frei gehauen werden sollen, während der Mittel- und Unterstand zur Schaftreinigung und Bodenpflege erhalten bleibt. „Die Krone im Licht, der Stamm im Schatten, der Fuß im Frischen." Gegensatz „éclaircie par le bas", nur das Unterdrückte entnehmend, daher nicht mit der Niederdurchforstung der Versuchsanstalten (B- und C-Grad!) gleichbedeutend.

e) *Die Posteler Durchforstung.* Durch den Verfasser der „Forstästhetik" v. SALISCH auf seinem Waldgut Postel durchgeführt. Eine Hochdurchforstung mit dem Schönheitsziel, daß der Bestand nicht durchsichtig wird, sondern überall von Grün erfüllt bleibt. „Was schön ist, ist auch gut und nützlich." (?)

---

[1]) MICHAELIS: Wie bringt Durchforsten die größere Stärke- und Wertzunahme des Holzes? Neudamm 1913. — Gute Bestandespflege mit Starkholzzucht. Neudamm 1907.

[2]) Literatur vgl. S. 463, außerdem BOPPE et JOLYET: Les forêts 1901, S. 165.

f) *Die Worliker Durchforstung*[1]). Diese von BOHDANNECKY auf dem Fürstlich Schwarzenbergschen Besitz Worlik in Böhmen ausgebildete Durchforstung hatte ihre Entstehungsursache in überdichten, aus Saat hervorgegangenen und im Wuchs stockenden Fichtenbeständen, die am Ende der Umtriebszeit nur schwaches Gruben- und Papierholz lieferten. Dem sollte für die Zukunft durch möglichst weitständige Pflanzung und wiederholtes Durchschneiden der Jungwüchse und sehr frühzeitige Durchforstungen vorgebeugt werden. Mit 25—30 *Jahren* sollten höchstens 2500 Stämme je Hektar stehen, d. h. nur halb soviel wie nach den Ertragstafeln. Die *Kronen sollten noch bis zum Boden hinuntergehen*, mit 35 Jahren noch $^2/_3$ und im *Abtriebsalter noch* $^1/_2$ *der Baumlänge einnehmen!* Die Jahrringbreiten sollten durchschnittlich auf 3 mm gehalten werden. Schon mit 80 Jahren sollten 25—35 cm starke Durchmesser erreicht werden. Die Methode hat die Besonderheit, daß die Erziehung astreiner Schäfte *nicht in der Jugend, sondern erst* in der zweiten Altershälfte durch den dann innezuhaltenden lockeren Schlußstand angestrebt wird, und daß das astreine Schaftstück auch nur verhältnismäßig kurz bleiben soll. Die Methode ist nach den s. Z. an Ort und Stelle gemachten Beobachtungen von SCHWAPPACH, SCHIFFEL und REBEL als sehr erfolgreich und zum mindesten für die Fichte auf besseren Böden als beachtenswert empfohlen worden. Nach den Ermittlungen von WIEDEMANN[2]) ist aber der Zuwachs später so gesunken, daß die erstrebte Durchmessersteigerung bei weitem nicht erreicht worden ist, auch nicht die Kronenlänge, da sich die Fichten trotz des weiten Standes, wie BOHDANNECKY selber sagt, „allen Bemühungen zum Trotz sozusagen vor Augen gereinigt hätten".

g) Ähnlich wie bei der vorigen Methode erstrebt auch der *Schnellwuchsbetrieb von* GEHRHARDT[3]) eine rasche Förderung des Einzeldurchmessers durch sehr frühzeitige stärkere Eingriffe in den Jungbestand, um die Kronen nicht verkümmern zu lassen, sondern ihnen von Jugend auf bis zum hiebsreifen Alter ständig denjenigen Wachsraum zu gewähren, „der für die Bestentwicklung der allein aufwachsenden Pflanze zum mindesten notwendig ist". Der Gefahr zu tief heruntergehender Astbildung soll durch Aufastung vorgebeugt werden. Der *Nebenbestand* soll als überflüssig bzw. als lästiger Konkurrent mindestens auf allen untätigen Böden *möglichst frühzeitig verschwinden.* Kronenspannung soll auch im höheren Alter niemals eintreten. (Hierin grundsätzlicher Unterschied gegen das *Worliker* Verfahren!) GEHRHARDT erhoffte durch seinen Schnellwuchsbetrieb nicht nur eine Steigerung der Gesamtmassenleistung, sondern vor allem eine raschere Erreichung starker Durchmesser des Einzelstamms und damit auch die Möglichkeit einer Verkürzung des Umtriebs. (Berücksichtigung des Faktors Zeit in der Wirtschaft.) Er will das Verfahren in der Hauptsache auf die Holzarten Buche, Fichte und Douglasie angewendet wissen, und hier liegen auch seine eigenen, allerdings erst kurzfristigen Versuche (vgl. Abb. 260). Für die Buche weist er auf die älteren Erfolge der neueren dänischen Durchforstung hin, er hält die Anwendung aber unter entsprechender Anpassung auch für die übrigen Holzarten, unter anderem für die Kiefer (Bärenthorener Betrieb) für gegeben. Nach den Ergebnissen der Preußischen forstlichen Versuchsanstalt haben die von dieser angelegten Schnellwuchsflächen in Fichten nach

---

[1]) SCHWAPPACH, A.: Wie sind junge Fichtenbestände zu durchforsten? Z.F.J.W. 1905, S. 11. — Über die Wirkung frühzeitiger starker Durchforstungen an Fichtenbeständen. Festschrift d. F. Hochsch. H.-Münden, S. 31. Frankfurt a. M.: Sauerländer 1924. — REBEL, K.: Die Worliker Bestandeserziehung. F.Cbl. 1905, S. 239. — Pflege und Pflanzweite in Fichtenbeständen. Waldbauliches aus Bayern Bd. 1, S. 48. — SCHIFFEL: Wuchsgesetze normaler Fichtenbestände. Mitt. a. d. forstl. Versuchswes. Österr., H. 29. — Über Bestandeserziehung. C.ges.F.W. 1906, S. 333 u. 405. — GEHRHARDT, E.: Worlik. A.F.J.Z. 1928, S. 241.

[2]) WIEDEMANN, E.: Die Fichte 1936. A.F.J.Z. 1937, S. 156.

[3]) GEHRHARDT, E.: Über die Stammzahlhaltung im jungen Fichtenbestand. A.F.J.Z. 1924, S. 343. — Die Ertragskunde als Wegweiser zur Buchenstarkholzzucht. Ebenda 1924, S. 489. — Fichtenschnellwuchsbetrieb. Ebenda 1925, S. 276. — Über die Bestandeswachstumsverhältnisse der grünen Douglasie. Ebenda 1926, S. 6. — Kiefernschnellwuchsbetrieb auf Bärenthorener Grundlage. Silva 1927, S. 323. Über Schnellwuchsbetrieb. Z.F.J.W. 1932, S. 65.

meist 20jähriger Beobachtungszeit zwar eine *starke Durchmesserförderung*, aber wegen der geringen Stammzahlen im Durchschnitt *keine Überlegenheit in der Massenleistung* je ha gezeigt[1]).

h) *Die* BORGGREVEsche *Plenterdurchforstung*[2]). Eigenartig wie in allen seinen Gedanken war BORGGREVE auch in der von ihm entwickelten Durch-forstungslehre. Wie er selbst sagt, wurden dadurch die damals bestehenden Anschauungen *„ziemlich auf den Kopf gestellt"*. Er ging von dem Grundsatz aus, daß in unseren mittelalten und älteren Beständen die *stärksten Stämme* im allgemeinen schon lange *vorwüchsig* gewesen sind, und daß sie daher *für Nutzzwecke weniger günstig* (abholzig, krumm, ästig) seien („vorwüchsige Protzen"), daß sie aber wegen ihrer Stärke *„zunächst den größten Nutzwert* haben, also *das meiste Geld* bringen". Dagegen seien die *bisher leicht beherrschten meist nur durch die stärkeren Nachbarn zurückgehalten*. Von ihnen befreit, zeigten sie meist eine *überraschende Zunahme des Zuwachses*. (Verdoppelung der Ringbreite bilde die Regel, an einzelnen Stämmen bis Vervierfachung!)

Darauf gründete er sein Vorgehen. Bis zum 50. bis 60. Jahre sollten die Bestände nur schwach auf völlig unterdrückte Stangen durchforstet werden. Von da ab setzt die *Plenterdurchforstung* ein, die *alle 10 Jahre* wiederkehrt und etwa $^1/_{10}$—$^2/_{10}$ der jeweils vorgefundenen Masse *in vorwüchsigen* und *herrschenden*, die Kronen ihrer Nachbarn von oben bedrängenden und seit-

Abb. 260. GEHRHARDTsche Schnellwuchsversuchs-fläche im Forstamt Kattenbühl. Distrikt 55. Angelegt 1924. Im Jahre 1929 = 30j. Bonität II—III. Je ha Stammzahl 2952. Stammgrundfläche 18,75 qm. Höhe 9,4 m, Durchmesser 9,0 cm, Derbholzmasse 82,2 fm. Laufender Derbholzzuwachs jährlich 16,5 fm in den Jahren 1924—1929. Viermal durchhauen. Auf 3 m Höhe entastet.

wärts drückenden Stämmen entnimmt, während die gering mitherrschenden und beherrschten grundsätzlich erhalten bleiben sollen, da sie, wie BORGGREVE öfter zu sagen pflegte, die „Hennen sind, die noch goldne Eier legen". Sie sollen in den nächsten 10 Jahren durch verstärkten Zuwachs immer jene $^1/_{10}$—$^2/_{10}$ der letzten Entnahme ersetzen, so daß der Vorrat so lange gleichbleibt, bis schließlich keine herrschenden und beherrschten Bäume mehr vorhanden sind, weil alle frei stehen

---

[1]) WIEDEMANN, E.: Die Fichte 1936, S. 126.
[2]) BORGGREVE, B.: Holzzucht, 2. Aufl., S. 302; Forstl. Blätter 1887, S. 225; C.ges.F.W. 1892, S. 377.

und der Bestand damit von selbst in die Verjüngung übergeht. — Bezeichnend ist, daß durch den Aushieb der Vorherrschenden die Bestände einen viel jüngeren Eindruck machen, weil die mittelstarken Durchmesser mit ihren hohen Stammzahlen das Bild bestimmen[1]).

B. hoffte seine Plenterdurchforstung so oft, etwa 8—10mal, wiederholen zu können, daß der Umtrieb auf 140—160 Jahre gesteigert würde. Tatsächlich ist es auf den von ihm selbst angelegten Probeflächen nur zu einer 2—3maligen Wiederholung gekommen. Über die allgemeinen Voraussetzungen der Plenterdurchforstung und die Richtigkeit der Auswertung der einzelnen Versuche ist dann in der Literatur ein umfangreicher und lebhafter Streit zwischen BORGGREVE und seinen Gegnern entstanden[2]).

SCHWAPPACH[3]), der schon vor über 40 Jahren einige Plenterdurchforstungsflächen angelegt hatte und noch 1911 ihre Zuwachsleistung recht bemerkenswert fand, kam doch zu dem Schlusse, daß schon nach zweimaliger Wiederholung eine weitere Fortführung nicht mehr richtig wäre, da die nunmehr stärksten Stämme keine eigentlichen Protzen mehr wären und glaubt, daß auch BORGGREVE nunmehr keinen von diesen mehr herausnehmen würde, wie er aus mündlichen Erörterungen mit diesem beim Auszeichnen der Versuchsflächen wisse. Auch OELKERS will ähnlich die Plenterdurchforstung in zwei Teile zerlegen, die Periode des Aushiebs der vorwüchsigen Protzen und die darauf folgende Zeit der Hiebe im Herrschenden. In BORGGREVES Schriften ist aber nichts davon zu finden. Er hat im Gegenteil betont, daß sich bis zur schließlichen Endstellung im verjüngungsreifen Bestand immer wieder Vorherrschende bilden würden, die zu beseitigen sind und hat seine Methode des Hiebes auf den stärksten Stamm (daher Plenterdurchforstung) ausdrücklich als „Schraube ohne Ende" bezeichnet.

Hier liegt der Kernpunkt der ganzen Frage. BORGGREVES Grundsatz ist so lange richtig, als noch vorwüchsige Protzen schwächere, aber bessere Nachbarn bedrängen, die noch erholungsfähig sind. Dieser Fall hört aber in nicht etwa ganz abnormen Beständen schon nach 1—2maligem Aushieb auf. Er tritt überhaupt nur äußerst selten bei Fichten- und Tannenbeständen ein, in denen die vorwüchsigen Stämme meist auch gut geformt zu sein pflegen und mit ihren starken Kronen immer Träger des größten Zuwachses sind. Bei Kiefer und Eiche ist die Durchführbarkeit durch die drohende Bodenverwilderung bei mehrfachem Protzenaushieb und die mangelhafte Erholungsfähigkeit der beherrschten Stämme überhaupt in Frage gestellt. Selbst bei Buche ergaben die preußischen Versuche „eine sehr verschiedene Erholungsfähigkeit. Neben einzelnen hervorragend erholten Stämmen sind andere noch nach 20 Jahren nicht wesentlich gebessert"[4]).

BORGGREVE hat seine Plenterdurchforstung hauptsächlich in *alten, vorher schlecht durchforsteten oder aus ehemaligem Mittelwald zusammengewachsenen Buchenbeständen* durchgeführt. Dort hat sie ihre volle Berechtigung, solange noch „Protzen" vorhanden sind. Ihre allgemeine Anwendung für alle Holzarten und für lange Dauer hat mit Recht fast überall Ablehnung gefunden. Es bleibt aber BORGGREVES *unleugbares Verdienst*, den für die damalige Zeit kühnen, aber richtigen Gedanken gefaßt und vertreten zu haben, daß *ein vorwüchsiger Protz zugunsten eines schwächeren, aber besseren Nachbarn unbedingt heraus muß, auch*

---

[1]) WIEDEMANN, E.: Die Rotbuche 1931. Mitt.F.W.W. 1932, S. 226.

[2]) Ausführliches Literaturverzeichnis bei HEYER u. HESS: Waldbau, 5. Aufl., Bd. 1, S. 441.

[3]) SCHWAPPACH, A.: Die Rotbuche, S. 74. 1911.

[4]) WIEDEMANN, E.: Die Rotbuche 1931. Mitt.F.W.W. 1932, S. 226.

wenn es zunächst ein Loch gibt. Selbstverständlich bleibt auch hier eine gewisse vernünftige Grenze. Der Gedanke BORGGREVEs hat sich heute wohl in der Praxis in weitem Umfang durchgesetzt, während die Plenterdurchforstung im ganzen sich nirgends eingeführt hat.

Es gibt noch einige andere besondere Durchforstungsarten, die indessen mit einzelnen der vorgenannten so ähnlich, oder die in der forstlichen Welt doch so wenig bekannt geworden sind, daß hier nur in dem unten angefügten Literaturverzeichnis darauf hingewiesen werden kann[1]).

3. Massen- und Wertleistung der Durchforstungsarten. Eine die Wirtschaft besonders beschäftigende Frage ist von jeher die *Massen- und Wertleistung* bei den verschiedenen Durchforstungen gewesen. Exakte Untersuchungen liegen hier im großen und ganzen nur auf den Vergleichsflächen der forstlichen Versuchsanstalten vor.

Auch sie erscheinen bisher durch mancherlei Umstände noch nicht genügend sicher genug, um daraus weitgehende allgemeine Schlüsse ziehen zu können (zu kurze Dauer, Wechsel der Methoden, Beschränkung auf bessere Standorte, Unsicherheit der wirklich gleichen Bodengüte u. a. m.). Bezüglich der Wertleistung tappt man überhaupt immer im Dunklen, ehe nicht Abtriebsergebnisse mit tatsächlichen Verkaufspreisen auch für den Endbestand vorliegen.

Die Veröffentlichungen über diese Fragen sind zahlreich, widersprechen sich im einzelnen sehr oft und wirken z. T. mehr verwirrend als klärend[2]). Im allgemeinen kann man nur so viel aus ihnen entnehmen, daß die verschiedenen Durchforstungsgrade *im allgemeinen keinen eindeutigen merklichen Einfluß auf die Gesamtmassenleistung* gezeigt haben. Dies ist ein Ergebnis, das zunächst in der forstlichen Welt aufs äußerste überrascht hat und bei vielen Praktikern, als WIEDEMANN es zum ersten Male der Öffentlichkeit vortrug[3]), größten Zweifeln begegnete. Es ist aber inzwischen durch seine eigenen, auf reichstem Material fußenden Untersuchungen an Buche (1931) und Fichte (1936), sowie auch durch die späteren Veröffentlichungen anderer deutscher Versuchsanstalten so weit bestätigt worden, daß auch VANSELOW[4]) ihm neuestens vollständig zustimmt. Die Erklärung für diese Enttäuschung liegt darin, daß man über der *zweifellosen Tatsache der Durchmesserförderung* durch Lichtstellung *am Einzelstamm* vergessen und übersehen hatte, daß diese *nur durch Aushieb und Verlust vieler anderer, wenn auch schwächerer Zuwachsträger* im Bestande zu erkaufen ist, und

---

[1]) C. REUSSsche *Kulissendurchforstung.* Österr. Forstztg. 1896, S. 73. — WEINKAUFFsche *Abstandsdurchforstung.* Naturwiss. Z. f. Forst- u. Landw. 1909, S. 578; Mitt. d. Ver. d. höh. Forstbeamten Bayerns 1913, Nr. 2, 3 u. 10. — PUSTERsche *Englische Durchforstung.* F.Cbl. 1917, S. 20. — Weiteres bei OELKERS, Waldbau Teil III.

[2]) SCHWAPPACH, A.: Die Kiefer. 1908. — Zuwachsleistungen von Eichenhochwaldbeständen. 1920. — DIETERICH, V.: Über die Ergebnisse von Durchforstungsversuchen in Buchenbeständen. A.F.J.Z. 1924 u. 1925. — KUNZE: Über den Einfluß verschiedener Durchforstungsgrade auf den Wachstumsgang der Waldbestände. Th.Jb. 1894 u. 1895. — BORGMANN: Forstliche Tagesfragen. Ebenda 1915. — FLURY, PH.: Einfluß verschiedener Durchforstungsgrade auf Zuwachs und Form der Fichte und Buche. Mitt.Schw.Anst. 1903. — GUTMANN: Durchforstungsversuche in Fichtenbeständen. Mitt. a. d. Staatsforstverw. Bayerns 1926, H. 17. — REINHOLD: Die Bedeutung der Gesamtwuchsleistung an Baumholzmasse für die Beurteilung der Standorts- und Bestandesgüte. Ebenda 1926, H. 18. — WIEDEMANN, E.: Die Rotbuche 1931. Mitt.F.W.W. 1932, H. 1 u. 2, u. Die Fichte 1936. Ebendas. 1937, H. 1 u. 2. — Starke Durchforstung und Schnellwuchsbetrieb. Z.F.J.W. 1929, S. 701 ff. — SCHOBER, R.: Ergebnisse d. Hess. Buchendurchforstungsversuche. Mitt.F.W.W. 1937, H. 3. — WOHLFARTH: Die Ergebnisse d. Badischen Durchforstgs.-Vers. A.F.J.Z. 1938.

[3]) WIEDEMANN, E.: Die bisherigen Ergebnisse der Durchforstungsversuche i. d. Preuß. Staatsforsten. Ber. ü. d. Wintervers. d. Märk. Forstvereins 1929.

[4]) VANSELOW, K.: Einführung in die Forstliche Zuwachs- und Ertragslehre. Frankf. a. M. 1941.

daß dadurch bei weiteren starken Eingriffen schließlich eine Bestandesstellung herauskommen kann, bei der Boden- und Luftraum nicht mehr voll zur Produktion ausgenützt werden, ferner, daß überhaupt der *Lichtungszuwachs nicht proportional zur Blattmenge und zum Lichtgenuß steigt*, sondern vermehrter Lichtgenuß wie alle andern Faktoren nur in Optimumferne eine starke ertragssteigernde Wirkung ausübt, diese aber mit zunehmender Optimumnähe immer mehr abnimmt! (Vgl. dazu Teil I, insbesondere beim Faktor Licht!)

Der sehr schwache A-Grad (eigentlich überhaupt keine Durchforstung) bleibt allerdings wegen seiner überdichten Stellung und Kronenspannung fast überall in der Massenleistung zurück (bei Buche und Kiefer auf besseren Böden aber auch nicht). Zwischen B- und C-Grad und dem selteneren und noch nicht lange genug untersuchten D-Grad aber findet sich kein einheitlicher Unterschied. Bald ist der eine, bald der andere höher, in vielen Fällen ist der Zuwachs gleich. Beim E-Grad sinkt die Leistung schon wieder öfter. Die anfänglich starke Überlegenheit der stärkeren Grade bei der Rotbuche mit nur 20—25 qm Stammgrundfläche gegenüber den schwächeren Graden mit 25—30 qm und mehr, die SCHWAPPACH noch feststellen konnte, ist nach längerer Dauer so sehr zurückgegangen, daß sich für die schließliche Gesamtleistung ein kaum noch nennenswerter Mehrbetrag ergibt. Mit Recht weist WIEDEMANN hierbei noch darauf hin, daß die Durchforstungseingriffe auf den verschiedenen Böden je nach Zustand der Bodendecke und des Bodens selbst, besonders nach seinem Feuchtigkeitsgehalt, aber auch örtlich nach lokalem Klima und zeitlich nach Witterungsperioden nachweislich so verschieden wirken, daß eine allgemeine Gleichsinnigkeit des Zuwachserfolges gar nicht zu erwarten ist.

Anders liegen die Verhältnisse für den *Einzelstamm* des verbleibenden Bestandes. Hier zeigen im allgemeinen die *mittelstarken Stämme* nach der Durchforstung *die größte Förderung des Durchmesserzuwachses*, und zwar *mit zunehmender Stärke des Eingriffes*. Die stärksten, die schon vorher ihre Kronenfreiheit hatten, werden meist weniger beeinflußt, ebenso auch die schwächsten, die mit ihren ungenügend entwickelten Kronen und der Schattenstruktur ihrer Belaubung (vgl. Teil I, S. 140) nur eine geringe Reaktionsfähigkeit haben. Doch zeigen sich in Einzelfällen bemerkenswerte Ausnahmen, namentlich bei ausgesprochenen Schatthölzern. Der Hauptwert der Durchforstungen und ihr hauptsächlichster Erfolg dürfte danach neben der Ausmerzung nutzholzuntauglicher Bäume in der Förderung der Stammstärke bei den mittelstarken bis stärkeren Stammklassen (Klasse 1 der Versuchsanstalten, Klasse 2 und etwa noch 3 von KRAFT) liegen. (Dem entspricht auch im allgemeinen der C- und D-Grad der Versuchsanstalten, die HECKsche, die *Bramwalder* und die dänische Durchforstung. In diesem Ziel für den Einzelstamm gipfelt schließlich auch der von GEHRHARDT neuerdings angestrebte sog. *Schnellwuchsbetrieb*.)

Für die *gesamte Wertleistung eines Bestandes* kommt aber nicht nur die Stärke und der Wert des Endbestandes in Betracht, sondern auch der des Durchforstungsmaterials. Wenn durch frühzeitige starke Eingriffe viel schwaches und schlecht verwertbares Material entnommen wird, das, bei schwächeren Eingriffen belassen, dann noch in besser bezahlte Sortimente einwachsen kann, so kann das unter Umständen dem Mehrwert des stärkeren Durchmessers im Endbestand entgegenwirken. Dieser Gesichtspunkt ist neuerdings durch WIEDEMANN an Hand von Beispielen aus den Durchforstungsvergleichsflächen in ein ganz neues und besonderes Licht gerückt worden. Außerdem kommt es bei der ganzen Frage der Wertleistung natürlich auch noch sehr darauf an, ob man die eingehenden Gelderträge mit oder ohne Zinsen (Boden- bzw. Waldreinertrag) in Rechnung setzen will. Im ersteren Falle schneiden die stärkeren Durchforstungsgrade mit ihren früher eingehenden Gelderträgen dann allerdings immer viel besser ab (vgl. dazu WIEDEMANN, a. a. O.).

Eine wichtige, für die Wertleistung noch zu beachtende Frage ist hierbei noch die, ob und inwieweit der Einheitswert mit stärkerem Durchmesser steigt, was bei den einzelnen Holzarten recht verschieden ist, und inwieweit etwa durch verstärkte Durchforstung die *Güte* und *der Wert des Holzes durch tieferen Kronenansatz, stärkere Ästigkeit oder breitere Jahrringbildung* (schwammigeres Holz) leidet. Letzteres dürfte wohl am seltensten schädlich werden, namentlich nicht im höheren Alter, in dem der Zuwachsring gewöhnlich schon sehr schmal zu werden pflegt.

Feinringiges Holz wird im Handel deshalb besonders gern genommen, weil es bei der bisherigen Art der Wirtschaft und Bestandespflege eine bessere Gewähr für die innere Astreinheit bietet. Grobringige alte Hölzer stammen meist aus lückigen Naturverjüngungen, von Vorwüchsen und Randstämmen und sind daher auch unten im inneren Stammteil ästig und minderwertig. Wenn es gelingt, eine etwas stärkere Jahrringbildung, namentlich erst im späteren Alter, ohne tief eingewachsene Äste zu erzeugen, so wird das den Gebrauchswert selten beeinträchtigen. Im allgemeinen wird die größere Gefahr bei der Kiefer, der Eiche und der Buche, die geringere bei Fichte, Tanne und Lärche liegen. Eine Klärung der Frage, bei welchem Grad von Grobringigkeit und Ästigkeit der Holzwert bei unseren Holzarten eigentlich sinkt und in welchem Maße, wäre dringend erwünscht. Das wissenschaftlich heute als gesichert zu betrachtende Ergebnis, daß die Gesamtmassenleistung durch schärfere Durchforstungen nicht oder nur in einzelnen Fällen in unbedeutendem Maße zu steigern ist, darf keinesfalls zu Gleichgültigkeit und einer Vernachlässigung der Durchforstung überhaupt führen. Selbst wenn auch die Massenleistung nur gleichbleibt, so ist doch schon als Gewinn zu betrachten, daß der gleiche Zuwachs *mit jedem richtig geleiteten Eingriff sich mehr und mehr an den technisch und zum Teil auch biologisch wertvolleren Bestandesgliedern anlegt* und somit zu einer Qualitätsverbesserung im ganzen führen muß. Die Aufgabe ist also *nur von dem roheren Gesichtspunkt der Massenleistung auf den feineren der Güte* verschoben und damit um so dankbarer geworden! Im übrigen bleibt aber im deutschen Wald, namentlich im kleineren Privatbesitz, noch vieles zu tun, um den hier und da noch auf tiefster Stufe stehenden A-Grad (namentlich in jüngeren Beständen) zu überwinden. Damit wird auch noch etwas für eine Steigerung der Massenleistung zu gewinnen sein!

4. Handhabung in der Praxis. Für die Praxis kann im großen und ganzen noch heute die goldene Regel von HEYER gelten: „*Früh, mäßig, oft*", was so viel heißen soll als: früh beginnen, mäßig eingreifen und dafür lieber oft wiederkehren!

Der Beginn der Durchforstungen sollte, abgesehen von der unbedingt notwendigen Jungwuchspflege und den Läuterungen, überall mit dem Eintritt der Zugänglichkeit der Bestände nach Abschluß des Dickungsalters einsetzen, also etwa zwischen dem 20. bis höchstens 30. Jahr. Wo dies wegen Arbeitermangel oder Absatzschwierigkeiten unmöglich ist, sollten wenigstens frühzeitig die schlimmsten Protzen herausgenommen werden.

Was das *Maß des Eingriffes* betrifft, so lassen sich darüber keine allgemeinen zahlenmäßigen Vorschriften geben. Sie werden immer vom einzelnen Fall abhängen. Daß man aber einen Eingriff ins Herrschende auch aus dem Gesichtspunkt „mäßig" heraus nicht scheuen darf, wo eine gegenseitige Beengung der führenden Stämme im oberen Kronenraum stattfindet, muß heutzutage als selbstverständlich gelten. Insbesondere wird dies immer der Fall sein, wo sich „Gruppen" gebildet haben, d. h. eine Zusammendrängung gleich hoher und gleichwertiger Stämme. Solche *Gruppen sind* immer möglichst frühzeitig *aufzulösen*, d. h. es ist durch Herausnahme von einem Stamm in der Mitte oder auch von mehreren in entsprechend geschickter Verteilung Entwicklungsraum für die anderen zu schaffen. In einzelnen Fällen können allerdings zwei oder drei Stämme, die seit langer Zeit dicht nebeneinander gewachsen sind, ihre Kronen so nach innen abgeplattet und aneinandergefügt haben, daß eine Auflösung zu spät kommen und eher schaden würde. BUSSE hat dies *„Durchforstungseinheit"* genannt. *Daß ausgesprochene Protzen* überall da *entfernt werden* müssen, wo auch nur ein Zukunftsstamm in beeinflußbarer Nähe steht, dürfte heute allgemein anerkannt werden. Beginnt man mit diesem Protzenaushieb in der Jugend, was unbedingt zu verlangen ist, so darf dabei die *zukünftige Reichweite solcher Protzen nicht außer acht gelassen werden.* Die Zukunftsstämme, denen vorausschauend zu helfen ist, sind also nicht immer unmittelbar daneben, sondern auch noch einige Meter entfernt zu suchen. Auch der Begriff des „Protzen" in diesem Sinne ist je nach Holzart und Wirtschaftsziel verschieden zu beurteilen. In einem auf feine Schneideholzerziehung einzustellenden Bestand wird ein an sich gerader, aber grobästiger Stamm schon als Protz gelten können, der in einem nur zu Bauholz oder gar Grubenholz bestimmten Bestand oft der beste Zuwachsträger sein kann! Die *Erhaltung eines lebensfähigen Unterstandes* wird aus Gründen der Bestandespflege mindestens bis zur Erreichung der gewünschten astreinen Schaftlänge dringend erwünscht sein, aus Gründen der Bodenpflege immer und dauernd, außer da, wo sich eine mangelnde Streuzersetzung bemerkbar macht, die im gegebenen Fall auf Mangel an Licht und Wärme zurückzuführen ist, wie z. B. vielfach im Fichten- und Buchenbestand in feuchten und kühlen Gebieten (Gebirgslagen, Seeklima, nordwestdeutsches Heidegebiet). Bei den ausgesprochenen Lichthölzern, wie bei der Kiefer, ist überhaupt ein lebensfähiger Unterstand aus dieser selbst kaum zu erhalten. Das Ideal der Hochdurchforstung ist daher hier kaum zu erreichen. In etwas gemilderter Form gilt das auch für die Eiche (vgl. die Versuche von MICHAELIS im Bramwald, S. 328). Geringe Standorte, auf denen die Stammzahl immer zu groß zu sein pflegt und die Ausscheidung an sich schon träger vor sich geht, dürfen nicht zu schwach durchforstet werden, ein Fehler, der sehr häufig in bester Absicht gemacht wird. Der Hauptnachdruck wird in der Praxis immer auf die Verbesserung der durchschnittlichen Stammform gelegt werden müssen, daneben auf die Ausbildung einer genügend kräftigen Krone, wobei über das Maß einer solchen nach Länge und Breite alles dem richtigen Blick, der Beobachtung und einem gewissen Fingerspitzengefühl des Wirtschafters überlassen bleiben muß! Die Handhabung und Überwachung der Durchforstung ist für jeden Betriebsbeamten und Revierverwalter nicht nur Pflicht, sondern sie muß auch Ehrensache für ihn sein. Am *Stand der Bestandespflege wird jeder Besucher und Vorgesetzte die Eignung und den Fleiß der örtlichen Beamten erkennen und beurteilen können!*

Die *Vornutzungserträge* an Derbholz je Hektar bewegen sich im großen und ganzen bei normalen Beständen auf mittleren Standortsklassen und ausreichender Handhabung der Durchforstung für das Alter bis zu 30—40 Jahren etwa zwischen 5—15 fm für das Jahrzehnt, steigen dann bis zum 80. Jahre bei Kiefer und Eiche auf 30—40 fm, bei Fichte, Tanne und Buche auf 40—60 fm, um im höheren Alter meist wieder etwas abzufallen.

Die *Wiederkehr der Durchforstung* soll möglichst oft stattfinden, um plötzliche und starke Eingriffe zu vermeiden. Aber auch hier sind Übertreibungen nach beiden Seiten möglich. Die Dauerwaldbewegung hat bekanntlich die alljährliche Wiederkehr gefordert.

So rasch schließen sich die Lücken im Kronenraum aber nicht wieder, daß man im nächsten Jahr bereits eine veränderte Sachlage und Grund zu neuem

Eingreifen finden könnte, wenn man im Vorjahr alles Notwendige entfernt hat. Hat man das aber mit Rücksicht auf die nächstjährige Wiederkehr etwa nicht getan, so bedeutet das nur ein Aufhalten der Bestandesentwicklung. Auf der anderen Seite ist der früher allgemein innegehaltene Zeitraum von 10 Jahren, wenigstens für jüngere und Mischbestände, zu lang. Man müßte dann unwillkürlich stärker vorgreifen. Der Bestand steht dann im Anfang zu locker, und am Ende ist schon wieder Kronenspannung eingetreten. Das Richtige wird auch hier in der Mitte liegen. Sehr beachtenswert ist das Vorgehen der dänischen Durchforstung, die in der Jugend alle 3—5 Jahre, später alle 5—10 Jahre wiederkehrt. Hier und da hat man auch die *Einrichtung von festen Durchforstungsblöcken* vorgeschlagen, in Preußen war sie sogar in allen Staatsrevieren durch die Einrichtung von sog. „*Pflegeblöcken*" vorgeschrieben. Die Försterbezirke sollten in so viele möglichst zusammenliegende Teile zerlegt werden, als der Durchforstungsturnus Jahre hat, z. B. bei 3 Jahren in 3 Teile. Der Betriebsbeamte weiß dann genau, welcher Teil im kommenden Winter zu durchforsten ist und kann die Auszeichnung schon im Sommer ausführen.

Ich halte diese Festlegung für unnötig starr, wenn auch ein gewisser Vorteil in dem darin liegenden Zwang zur Durchforstung aller Flächen in regelmäßiger Folge liegen mag. Muß in einem Jahre wegen Arbeitermangels oder wegen schlechter Preislage ein Teil der Durchforstungen ausfallen, dann ist der Rest im nächsten Jahre schwer nachzuholen. Bei Revieren mit verschiedener Holzartenbestockung oder ungleicher Altersklassenverteilung kann in einem Jahre sehr viel Laubholz und sehr wenig Nadelholz oder viel schwaches und wenig starkes Holz anfallen und im nächsten Jahre umgekehrt. Den Vorteil der frühzeitigen Auszeichnung im Sommer kann man auch anders erreichen, indem man dem Beamten schon vorher einen entsprechenden Auszug aus dem Durchforstungsplan in die Hand gibt.

Die *Auszeichnung der Durchforstung* geschieht im allgemeinen, indem man in langen Hin- und Widergängen mit einem besonderen *Reißhaken* die zu entnehmenden Bäume bezeichnet, am besten von zwei entgegengesetzten Seiten, damit man beim Rückgang im Nachbarstreifen sehen kann, was man weggenommen hat. Am besten bedient man sich eines oder zweier Gehilfen, die das Anreißen besorgen, während man selbst die Bäume nur anweist. Geschickte und geübte Waldarbeiter stellen sich bald darauf ein und können durch Aufmerksammachen auf Wuchsfehler (einseitige Krümmungen, Krebsstellen, Schwamm usw.) sehr nützlich sein. *Das Auszeichnen ist aber immer ein Dienstgeschäft, das der Beamte selbst in der Hand behalten und niemals den Waldarbeitern überlassen darf!* Zum Auszeichnen in jungen, schwachen Stangenhölzern ist der Reißhaken meist nicht zu gebrauchen, da er zu oft abgleitet. Man nimmt dort besser kleine Beile, Standhauer oder den Hirschfänger. Bei dem Begang ist von vornherein darauf Rücksicht zu nehmen, daß man niemals gegen die Sonne zu gehen braucht, sondern daß man diese immer zur Seite hat.

Ob die Auszeichnung beim Laubholz im Sommer oder im Winter zu geschehen hat, darüber sind die Ansichten sehr geteilt. Im allgemeinen kann man im Laube besser den Schlußstand begutachten, dagegen hat man im unbelaubten Zustand besseren Einblick in die Kronenausbildung und vor allem auch einen weiteren Überblick über die Kronen der Nachbarschaft. Beim Nadelholz ist die Zeit natürlich gleichgültig.

3. Lichtungen[1]).

Unter Lichtungen versteht man Hiebsmaßnahmen, die über den Grad der Durchforstungen hinausgehen, und die den ausgesprochenen *Zweck der Starkholzerziehung in möglichst kurzer Zeit* haben. Die Abgrenzung gegen die Durch-

---

[1]) KRAFT, G.: Zur Lehre von den Durchforstungen, Schlagstellungen und Lichtungshieben. Hannover 1884. — Beiträge zur Durchforstungs- und Lichtungsfrage. Hannover 1889. — BURCKHARDT, H.: Lichtungsbetrieb der Buche und Eiche. Aus dem Walde Bd. 8,

forstungen ist nicht immer sicher. Nach dem Arbeitsplan der Deutschen Forstlichen Versuchsanstalten ist eine *Entnahme von über* 20 % *der Masse eines normalen
Vollbestandes* zu den Lichtungshieben zu rechnen, was allerdings nur als allgemeiner
Anhalt dienen kann und nicht für jeden Einzelfall zu verstehen sein dürfte. Diese
Entnahme kann aber auch auf mehrere wiederholte Eingriffe verteilt werden (allmählicher Übergang von der Durchforstung zur Lichtung). Dadurch wird die
obige Zahl noch unsicherer für die Entscheidung, ob Lichtung oder Durchforstung
vorliegt. Als weiteres Kennzeichen gilt gewöhnlich *dauernde Schlußunterbrechung*
und die dadurch notwendige *Ergänzung durch Unterbau,* soweit nicht schon ein
natürlicher Unterstand vorhanden ist.

Der Lichtungshieb gründet sich auf der alten, an allen Randstämmen zu
machenden Erfahrung, daß frei stehende Bäume breitere Jahrringe anlegen als
im Schluß stehende (sog. Lichtungszuwachs, vgl. auch Teil I, S. 141). Zu beachten
bleibt aber, daß die Verbreiterung am unteren Schaftteil relativ stärker zu sein
pflegt als im oberen, daß die Bäume dadurch also abholziger werden. Die meisten
Formzahluntersuchungen von Schäften im Lichtungsbetrieb haben das immer
wieder bestätigt.

Im allgemeinen ist der *Lichtungszuwachs* bei Schatthölzern stärker als bei
Lichthölzern, an jungen und mittelalten Bäumen größer als an alten. Auch pflegt
er nur in der ersten Zeit bedeutend zu sein und mit der Dauer nachzulassen,
selbst wenn die Kronen vollständig frei bleiben. Er scheint daher mehr den
Charakter einer Reizerscheinung als den einer dauernden Zuwachsförderung
zu haben.

Lichtungshiebe werden vor allem bei *denjenigen Holzarten* angewendet, die
einen *besonders hohen Wert als Starkholz* haben, vor allem bei der *Eiche.* Immer
sind sie natürlich nur auf *tadellose, gut bekronte Bäume* und *auf bessere Standorte*
zu beschränken. Eine verstärkte Anwendung von Lichtungs- oder Lichtwuchs-
hieben ist neuerdings in Deutschland durch das Reichsforstamt geplant und angeordnet worden, um bei den kriegsbedingten Mehreinschlägen wertvolle Altholzbestände noch möglichst lange zu schonen und zu erhalten. Die Lichtungshiebe
sollen in jüngeren, 50—90jährigen Beständen geführt, aber vorläufig nur auf
Buchen und Kiefern bester Bonität (I. u. II.) und auf ungefähr 30 % der geeigneten Flächen beschränkt werden. Als Zielvorrat soll in der Regel eine Stammgrundfläche von 20 qm gelten, die je nach derzeitigem Stand in 1—3 Hieben
herzustellen ist. In ähnlicher Weise, sogar noch stärker und schroffer, ist zur
Überbrückung eines Notstandes in der Holzversorgung schon einmal im westdeutschen Buchenwald der SEEBACHsche Lichtungsbetrieb ein- und durchgeführt worden (vgl. Kap. 20,4).

Eine Erhöhung der Gesamtmassenleistung findet bei Lichtungshieben wegen
der starken Stammzahlverminderung kaum statt. Die Wertleistung wird ganz
von der Höhe der Holzpreise für das betreffende Starkholzsortiment abhängen.
Bei Furniereichen dürfte eine solche Erhöhung der Gesamtwertleistung am
ehesten gegeben sein.

Die Stärke des Lichtungshiebes kann bis zu 0,4 der Masse gehen, doch hat
man in einzelnen Fällen auch noch stärker eingegriffen. Der Schwerpunkt der
Wirtschaft liegt immer auf dem Oberholz und nicht auf dem bei allen Lichtungshieben zur Bodenpflege nötigen Unterbau (vgl. zu diesem das nachfolgende

---

S. 88. — BORGGREVE, B.: Der Lichtungsbetrieb mit Unterbau. Kritisch beleuchtet. Forstl.
Blätter. Neue Folge 1883, S. 41. — MARTIN, H.: Folgerungen der Bodenreinertragstheorie.
5 Bde. Leipzig 1984—99. Enthält viele Einzeluntersuchungen über Lichtungszuwachs. —
FRICKE, K.:, u. SPEIDEL, E.: Die für die Zwecke der Starkholzzucht vorgeschlagenen
Formen des Lichtwuchsbetriebes. Referat a. d. Versammlung d. dtsch. Forstver. in Ulm 1910.

Kapitel 17). Wo Lichtungshiebe sich nicht nur auf Einzelbestände beschränken, sondern sich planmäßig auf größere Revierteile (Betriebsklassen) ausdehnen und sich daher zu Betriebsformen entwickeln, spricht man von *Lichtungs-* (*bzw. Lichtwuchs-*) *Betrieben*, über die in Kapitel 20,4 das Nähere gesagt werden wird.

Die Lichtungshiebe bringen immer eine gewisse *Gefährdung der frei gestellten Stämme* durch Wasserreiserbildung (Eiche, auch Buche und Tanne), Rindenbrand (Buche und Esche), Windwurf (Fichte) mit sich. Im allgemeinen wird man daher nur allmählich zu ihnen übergehen. Zu frühe Lichtung zieht außerdem den Nachteil größerer Ästigkeit und zu kurzer Schaftbildung nach sich. Gewöhnlich beginnt man daher erst damit, wenn diese in genügender Länge gesichert ist, d. h. erst bei halbem Alter der Umtriebszeit, etwa im 60. Jahr. Vorher einsetzende Lichtungen nennt man *Frühlichtungen,* spätere *Spätlichtungen.* Über den *Zuwachsgang* nach Lichtungshieben liegen erst aus neuerer Zeit genauere Untersuchungen vor, während wir für die älteren derartigen Flächen nur wenig genaue Angaben haben[1]).

Die Wirkung der Lichtung auf den *Zuwachs des Einzelstammes* gegenüber dem mäßigen und sogar auch dem starken Durchforstungsgrad ist danach *unverkennbar,* wenn freilich im einzelnen Fall auch hier manchmal unerklärliche Ausnahmen auftreten[2]). Im Durchschnitt längerer Zeiträume (bis 40 Jahre) betrug der Mehrzuwachs gegenüber den stärkeren Durchforstungsgraden jedoch selbst in Höchstfällen nur 1 mm je Jahr, so daß zur Erreichung erheblicherer Stärkeunterschiede meist 50 und mehr Lichtstandsjahre notwendig sein würden. Man darf also die Erwartungen auch hier nicht zu hoch schrauben!

17. Kapitel. Ästungen, Unterbau und sonstige Pflegemaßregeln.

1. Ästung[3]).

Unter Ästung (Aufästung, Entästung) versteht man die Wegnahme von unteren Ästen am Stamm, um den *Nutzholzwert* desselben zu erhöhen. Nur in selteneren Fällen wird die Ästung auch zu anderen Zwecken (Gewinnung von Schmuckreisig, Futterlaub, Aststreu u. dgl.) angewendet. Die Aufästung war früher besonders im Mittelwald viel im Gebrauch. Die Veranlassung dazu bildete das im freien Stand erzogene Oberholz, dessen Nutzholzverwendung man dadurch

---

[1]) WIMMENAUER, K.: Erfahrungen im Lichtungsbetrieb zum Zwecke der Starkholzzucht. Silva 1911, Nr. 24. — Ertragstafeln für Eichenlichtungsbetrieb. A.F.J.Z. 1913, S. 261. — Ertragstafeln f. Kiefer i. Lichtungsbetrieb. A.F.J.Z. 1910. — WIEDEMANN, E.: Die Ergebnisse 40j. Vorratspflege i. d. preuß. forstl. Versuchsflächen. F.Arch. 1935, S. 77 ff. — SCHMIED, E.: Ein Buchenlichtungsversuch im Vorderen Wiener Wald. C.ges.F.W. 1931, — WAGENER, G.: Die Ergebnisse eines 20j. Lichtwuchsbetriebes. A.F.J.Z. 1892. — FLURY, PH.: Unters. über d. Lichtgsbetr. an Bäumen u. Beständen. Mitt.Schw.Anst. 1932. — ZIMMERLE, H.: Zuwachsunters. bei d. Fichte i. Fürstl. Forstbezirk Härtsfeldhausen. A.F.J.Z. 1938. — Ders.: Zuwachsunters. bei d. Fichte u. Weißtanne i. GRFL. VON PÜCKLER u. LIMPURGschen Forstbez. Gaildorf. A.F.J.Z. 1939. — WIEDEMANN, E.: Die Rotbuche 1931. Mitt.F.W.W. 1932, S. 227.

[2]) Vgl. dazu die Untersuchungen von MARTIN, H.: Folgerungen der Bodenreinertragstheorie.

[3]) COURVAL, DE: Das Aufästen der Waldbäume. Berlin 1865. — CARS, DES: Das Aufästen der Bäume. Dtsch. Köln 1876. — MAY: Geschichte der Aufästungstechnik und Aufästungslehre. F.Cbl. 1889, S. 16 ff.; 1890, S. 84 ff., 1891, S. 161. — Arbeitsplan für forstliche Ästungsversuche. Ver. dtsch. forstl. Versuchsanst. 1886. — Vgl. im übrigen das erschöpfende Literaturverzeichnis hierüber in HEYER u. HESS: Waldbau Bd. 1, S. 450 ff., 1906.

erhöhen wollte. Mit dem Rückgang des Mittelwaldes ist das Verfahren dann mehr und mehr aus dem deutschen Walde verschwunden. Erst Ende des vorigen Jahrhunderts versuchte der braunschweigische Forstmeister ALERS[1]) es wieder zur *Erziehung astreinen Schaftholzes* zu benutzen, ohne damit unter den damaligen Verhältnissen (geringere Nachfrage nach Wertholz und größere Einfuhr aus Rußland) nachhaltigen Erfolg zu erzielen. Es hat aber in der Neuzeit im Zusammenhang mit der Frage frühzeitiger stärkerer Durchforstungen (z. B. Schnellwuchsbetrieb von GEHRHARDT) und überhaupt mit dem Ziel der Erzeugung astreinen Schneideholzes bei unsern künstlichen, weitständigen Kulturen wieder an Bedeutung gewonnen. Gerade in den letzten Jahren hat die Frage einen starken Auftrieb bekommen und zu neuen Untersuchungen und Versuchen geführt[2]). Vor allen Dingen haben hier die grundlegenden Arbeiten von MAYER-WEGELIN und seinen Schülern über die Vorgänge der natürlichen Astreinigung, der Anlage von Schutzschichten im absterbenden Ast und die Heilungs- und Überwallungsvorgänge nach künstlicher Ästung alle Möglichkeiten und Bedingungen für die Anwendung dieses Verfahrens zur Erhöhung des Nutzwertes unserer Bestände durch Erziehung weitgehend astreiner Schäfte geklärt. Für alle Einzelheiten kann hier nur auf dessen vortreffliche Anweisung zum Aufästen der Waldbäume[3]) verwiesen werden.

Man unterscheidet *Trockenästung* und *Grünästung*, je nachdem man nur abgestorbene oder noch lebende Äste entnimmt. Die Trockenästung ist meist unbedenklich. Sie ist vorteilhaft, weil starke Äste oder Aststummel sonst noch viele Jahre am Schaft sitzenbleiben und so noch in das zukünftig gebildete Holz mit einwachsen würden. Die Grünästung entzieht dem Stamm immer einen Teil der Ernährungsorgane und verursacht zunächst eine offene Wunde, durch welche Fäulnis- und andere Pilze eindringen können. Schon ältere Versuche[4]) und neuere von KIENITZ[5]) haben gezeigt, daß eine Zuwachsverminderung durch eine vorsichtige Entnahme der unteren, mehr Schattencharakter tragenden Zweige nicht eintritt, sondern sogar noch eine kleine, wahrscheinlich nur vorübergehende Zuwachsförderung erfolgen kann. Auch ist von anderer Seite[6]) beobachtet worden, daß nach Ästung die Jahrringe oben relativ etwas breiter werden als unten, was eine Verbesserung der Vollholzigkeit bedeuten würde.

Der hauptsächliche wirtschaftliche Gewinn liegt aber einzig und allein in der Erzielung eines *unteren astreinen Stammstückes*, das beim Nadelholz bei schwächeren Stämmen (27 cm Brusthöhendurchmesser) die Verwendung als „*Dielungsholz*", bei stärkeren (42 cm) als „*Stammware*" gewährleistet, wodurch eine Werterhöhung bis zum Doppelten des gewöhnlichen Bauholzes eintreten kann.

Die Anwendung der Ästung soll jedenfalls nur auf *schwächere Äste* beschränkt bleiben, weil andernfalls kein genügend rascher und vollkommener Verschluß der Wunde gewährleistet ist. Eine Verwachsung des Holzkörpers tritt an der Schnittstelle nie ein, doch legt sich das vom Wundkallus gebildete Holz so fest

---

[1]) ALERS, G.: Über das Aufästen der Waldbäume durch Anwendung der Höhen- oder Flügelsäge. Frankfurt a. M. 1874. — Über den Gebrauch der Flügelsägen mit langen Stangen. Zbl. f. d. ges. Forstwes. 1875, S. 301.

[2]) Vgl. dazu die Vorträge von HILF u. OLBERG bei der Vers. d. dtsch. Forstver. in Breslau 1933. — MAYER-WEGELIN, H.: Ästung. Hannover 1936.

[3]) Ders.: Das Aufästen der Waldbäume. Grundsätze u. Regeln. Hannover 1937.

[4]) So von R. HARTIG, ferner TH. HARTIG: Beiträge zur physiologischen Forstbotanik. A.F.J.Z. 1856, S. 356. — NÖRDLINGER: Aufästung der Waldbäume. Krit. Blätter f. Forstu. Jagdwiss. 1861, S. 239; 1864, S. 73.

[5]) KIENITZ, M.: Über die Aufästung der Waldbäume. Suppl. z. A.F.J.Z. 1878, S. 58. — Die Erziehung astreinen Holzes. Silva 1928, Nr. 50.

[6]) KUNZE: Vergleichende Untersuchungen über den Einfluß der Aufästung auf den Zuwachs und die Form junger Kiefern. Th. Jb. 1875, S. 97.

an, daß eine Beeinträchtigung dadurch nicht stattfindet. Kleinere Astwunden schließen sich von selbst sehr bald, größere sollen durch *Bestreichen mit Baumteer* oder anderen Mitteln geschützt werden. Die beste *Zeit für die Ausführung* der Ästung ist der Winter und die Zeit vor Vegetationsbeginn, weil dann die Überwallung sofort einsetzt. Ein zu langes Hinausschieben bis in den Frühling ist nicht ratsam, weil sonst der Saft schon aufsteigt und die Rinde sich an der Schnittfläche leicht loslöst (sog. Rindentaschenbildung). Die Grünästung ist besonders bei den *raschwüchsigen Pappeln* und bei der *Douglasie* angezeigt, bei der *Fichte* aber *äußerst gefährlich* wegen Fäulnisgefahr.

Die *Trockenästung* ist dagegen bei *allen Holzarten mit Ausnahme der Buche* zulässig, die auch bei diesem Verfahren leicht von Fäulnispilzen befallen wird, sich auch in normal geschlossenen Beständen von selbst so gut reinigt, daß eine Ästung überflüssig ist. Dagegen gewinnt die *Trockenästung größte Bedeutung bei der Kiefer*, die in unsern künstlich begründeten, meist zu spät in vollen Schluß tretenden jungen Stangenhölzern besonders auf besseren Böden meist zu grobastig wird, um später wertvolles Schneideholz zu ergeben. Hier ist die *Ästung* geradezu *die wichtigste Pflegemaßregel*, um für die Wertholzproduktion zu retten, was noch zu retten ist. Über die Auswahl der Bestände, die je nach dem Wirtschaftsziel (Dielung oder Stammware) verschieden zu bemessende Zahl der aufzuästenden Zukunftsstämme (450—650 Stück), ihre Auswahl und Stärke (8 bis höchstens 18 cm in Brusthöhe) und die dabei anzuwendenden Werkzeuge und Geräte geben die MAYER-WEGELINsche Schrift und zwei Merkblätter des Instituts für forstliche Arbeitswissenschaft (Iffa) Eberswalde[1]) erschöpfende Auskunft.

2. Unterbau[2])

Der Unterbau, d. h. die Anzucht eines jüngeren Bestandes unter einem älteren zum *Zweck der Bodenpflege*, kommt, wenn er diesen Zweck tatsächlich erfüllt, dann auch dem unterbauten Bestande selbst zugute. Wenn er frühzeitig genug angelegt worden ist, so daß der Unterstand noch vor Abschluß der Schaftausbildung den Kronenraum des Oberbestandes erreicht, kann er auch unmittelbar dessen *Astreinigung* durch Beschattung der unteren Zweige befördern. Allerdings kommt das in der Praxis nur selten vor, da die Bildung des unteren astreinen Schaftteiles in der geforderten Länge (etwa höchstens 10 m) meist schon abgeschlossen ist, ehe der Unterbau über diese Höhe hinausgewachsen ist.

Der Unterbau ist als *Ergänzungsmaßnahme bei Lichtungsbetrieben* schon lange in Übung. Später ist er aber auch in normal geschlossenen Beständen der *Lichtholzarten* (Kiefer, Lärche und Eiche) zur *Hintanhaltung der Bodenverwilderung* mehr und mehr eingeführt worden. In der Neuzeit hat er einen starken Anstoß durch die Dauerwaldbewegung bekommen. Große ältere Unterbauflächen von Buche unter Kiefer sind aber schon lange vorher in Hessen und auf DANCKELMANNs Anregung auch im nordostdeutschen Kieferngebiet angelegt worden.

Der Unterbau erfreute sich damals allgemeiner Beliebtheit und Wertschätzung. Nur BORGGREVE nahm auch hier eine abweisende Stellung ein[3]). Er sah in ihm einen *überflüssigen und schädlichen Konkurrenten* des Oberbestandes und wollte sogar eine Schädigung des Zuwachses nach ihm festgestellt haben. Er verwarf

---

[1]) Merkbl. f. d. deutsche Waldarbeit. Nr. 41 u. 42. Das Ästen der Kiefer. 1937 u. 1939.
[2]) DANCKELMANN, B.: Kiefernunterbaubetrieb. Z.F.J.W. 1881, S. 1. — FRÖMBLING, C.: Ein Beitrag zur Frage über den Wert des Unterbaus. Ebenda 1886, S. 627. — FÜRST, H.: Unterbau. F.Cbl. 1893, S. 523. — WEINKAUFF: Der Unterbau von Kiefer mit Buche im Pfälzer Lande. Ebenda 1896, S. 442.
[3]) BORGGREVE, B.: Der Lichtungsbetrieb mit Unterbau. Kritisch beleuchtet. Forstl. Blätter, Neue Folge 1883, S. 41.

ihn daher um so mehr, als er auch *Kosten* verursache, die er selbst *nie wieder einbringen* könne! Es ist nicht von der Hand zu weisen, daß bei zu dichtem Unterbau auf geringeren Böden oder bei ungeeigneten Holzarten, wie z. B. der stark wasserverbrauchenden Fichte, solche ungünstigen Wirkungen eintreten. Auch ein Buchenunterbau verbraucht natürlich Wasser, und wenn er sehr dicht ist, sogar manchmal mehr als eine stark entwickelte Bodenflora, die er fernhält. So ergaben Untersuchungen in Hessen[1]) und bei Eberswalde[2]) einen *geringeren Wassergehalt* auf solchen *dicht unterbauten Kiefernflächen* gegenüber benachbarten ohne Unterbau. Aber der Unterschied war doch nicht groß und die sonstigen Vorteile (höherer Humus- und Karbonatgehalt, bessere Luft- und Wasserkapazität u. a. m.) glichen diesen Nachteil so weit aus, daß ein Zuwachsverlust am Oberstand entweder gar nicht oder doch nicht in wirtschaftlich irgendwie ins Gewicht fallendem Umfang nachzuweisen war. Ganz Ähnliches trifft auch für Eichen mit Buchenunterbau zu[3]). In fast allen Fällen aber lag die *Massenleistung von Oberstand und Unterbau zusammen erheblich über der von nicht unterbauten Vergleichsbeständen* und bei den unterbauten Eichenbeständen konnte WIEDEMANN zu dem Schluß kommen, daß bei richtiger Behandlung diese Art der Wirtschaftsform „zu einer der ertragreichsten des deutschen Waldes" gerechnet werden könnte! Das völlig absprechende Urteil BORGGREVEs muß daher als nicht zutreffend erscheinen.

Die zum Unterbau *empfehlenswerten Holzarten* sind im allgemeinen nur unter den Schatten- und Halbschattenholzarten zu suchen. Hier steht an erster Stelle die *Rotbuche*, die dank ihrer hohen bodenpfleglichen Eigenschaften wohl am allermeisten angewendet worden ist. Leider ist sie gerade auf den ärmsten Sandböden nicht leistungsfähig genug, um ihren Zweck zu erfüllen.

WIEDEMANN[4]) konnte für die großen Unterbauflächen in dem Stadtforst Frankfurt a. d. O. nachweisen, daß die Buche dort im 24—29jährigen Alter auf den geringeren trockeneren Kiefernböden nur 0,5—2,0 m hoch geworden war, während der gleich alte Unterbau auf lehmigen Böden oder solchen mit hohem Grundwasserstand 8—12 m Höhe aufweisen konnte.

Auch ist der Unterbau auf solchen an sich äsungsarmen Böden nur hochzubringen, wenn ein zuverlässiger *Wildschutz durch* zahlreiche, nicht zu große, reh- und hasendichte *Zäune* gewährleistet ist, was natürlich die Kosten sehr erhöht. Schließlich hat der Buchenunterbau auf untätigeren Böden auch mehrfach gezeigt, daß diese nicht immer imstande sind, das Buchenlaub rasch und vollkommen zur Zersetzung zu bringen, und daß sich dann Rohhumus bildet. (So z. B. in Bärenthoren gerade auf den wenigen Unterbauflächen, während Rohhumus dort sonst ganz fehlt.) Wo an sich schon starke Neigung zu schlechter, Streuzersetzung vorhanden ist, wie z. B. im nordwestdeutschen Heidegebiet, wird man daher mit dem Buchenunterbau äußerst vorsichtig sein müssen und lieber andere Holzarten wählen. Als solche kommen von den Laubhölzern noch *Hainbuche* und *Linde, Roteiche*, auch die *Traubeneiche* in Betracht. Von den Nadelhölzern ist die *Tanne* überall da, wo sie klimatisch ihr Gedeihen findet, eine vorzügliche Unterbauholzart, noch geeigneter aber die *Douglasie*, die auch noch verhältnismäßig spät angebaut werden kann, da sie auch unterm Schirm einer Lichtholzart (besonders Kiefer) immer noch so raschwüchsig bleibt, daß sie das Oberholz rechtzeitig genug einholt. Die *Fichte* ist zwar durchaus nicht allgemein

---

[1]) KMONITZEK, E.: Die Einwirkg. eines Bu- u. Fi-Unterbaus a. d. Bodenzustd. u. die Zuwachsleistg. v. Ki-Beständen. F.Cbl. 1930, S. 882 ff.

[2]) GANSSEN, R. H.: Unters. a. Bu-Beständen N.- u. M.-Dtschlds. Z.F.J.W. 1934, S. 475 ff.

[3]) WIEDEMANN, E.: D. Ei-Bestd. m. Bu-Unterwuchs. Z.F.J.W. 1942, S. 305 ff.

[4]) WIEDEMANN, E.: Die praktischen Erfolge des Kieferndauerwaldes, S. 99. Braunschweig 1925.

zu verwerfen. Wo der Boden genügend frisch und tätig ist, ist auch sie unter Kiefer oder Lärche durchaus anwendbar, wie sie ja auch in Ostpreußen und Schlesien sich oft natürlich als Unterstand unter der Kiefer findet. Douglasie und Fichte lassen vor allem eine hohe und frühzeitige Verwertung bei den ersten Durchforstungen zu und geben dann schon einen Erlös, der oft die ganzen Kosten des Unterbaues zu decken vermag. *Unter der Eiche* hat sich die Fichte im allgemeinen nicht bewährt. Meist zeigen die damit unterbauten Bestände einen Rückgang im Zuwachs und Zopftrocknis des Oberbestandes. Allerdings liegt das wohl meist auch wieder an einem zu dichten und zu spät durchforsteten Unterbau.

Denn in einigen Fällen hat sich bei rechtzeitiger Verdünnung auch keine Schädigung der Eiche gezeigt.

Der Unterbau erfolgt im allgemeinen durch *Pflanzung*. Schon um dabei an den Kosten zu sparen, empfiehlt sich ein weiter Verband (2—4 m im Quadrat) (Abb. 261). Wo Gelegenheit ist, *Wildlingspflanzen*, z. B. Buchen aus Naturverjüngungen, zu gewinnen, werden vielfach solche verwendet. Doch pflegen Wildlinge wegen der schwächeren Wurzelausbildung anfänglich immer schlechter zu wachsen als kräftige Kamppflanzen.

Man hat neuerdings auch die Anzucht der Unterbaupflanzen unter leichtem Schirm in sog. *Halbschattenkämpen*[1]) vorgeschlagen, und zwar aus dem Gedanken heraus, daß die Pflanzen dann von vornherein gleich an den Lichtgrad angepaßt wären, in den sie später gebracht werden. Soweit hierbei genügend kräftige Pflanzen erzogen werden können, ist dagegen nichts einzuwenden. Eine große Bedeutung ist der Methode aber nicht beizulegen. Wenn auch das Verbringen von Schattenpflanzen ans Licht gefährlich sein kann, so ist eine umgekehrte Schädigung wenig wahrscheinlich und auch nie beobachtet worden. Jedenfalls arbeitet eine kräftigere Pflanze auch im Schatten immer besser als eine schwächliche.

Abb. 261. Lockerer Unterbau eines 50-jährigen Kiefernstangenholzes durch Pflanzung von Rotbuchenlohden auf kräftigen, anlehmigen Sanden im Forstamt Eberswalde. (Aufn. von JAPING.)

Früher war auch *Stummelpflanzung* beim Unterbau gebräuchlich, um eine raschere Ausbreitung der Zweige über den Boden hin zu erzielen. Dieses Verfahren ist aber jetzt wohl allgemein verlassen, da es besser scheint, erst einmal die Höhenentwicklung zu fördern, und weil man beim Stummeln von vornherein Mißwüchse züchtet, die sich später schlecht verwerten lassen.

In Mastjahren sollte man auch die Gelegenheit zum *Unterbau durch Saat* wahrnehmen. Man kann damit große Flächen mit einem Schlage unterbauen. So ist es KIENITZ und mir in Chorin gelungen, durch billige Einsaat in die Furche hinter einem etwas abgeänderten Ackerpflug in einem Jahre über 100 ha Kiefernstangenhölzer durch Buchelsaat mit dem geringen Kostenaufwand von 20 bis 30 M. je Hektar zu unterbauen. Auch *Einstufen* auf ganzer Fläche hat verschiedentlich gute Erfolge gehabt.

Wichtig ist die Zeit, d. h. *das Alter des Oberbestandes bei Anlage des Unterbaues*. Im allgemeinen werden hier zwei Gesichtspunkte zu berücksichtigen sein:

[1]) SCHULENBURG, GRAF V. D.: Halbschattenkämpe für Laubhölzer zum Unterbau und Voranbau. Dtsch.F.W. 1926, S. 173.

Einmal, daß der Unterbau in bezug auf Bodenpflege und Pflege des Oberbestandes noch möglichst lange wirksam werden kann, der andere, daß der Unterbau selbst noch nutzbare Stärke erreichen soll. Beides drängt zu möglichst früher
Vornahme. Die Grenzen nach unten sind nur durch den Beschattungsgrad und
die Zugänglichkeit des zu unterbauenden Bestandes gegeben. Jedenfalls wäre es
nicht berechtigt, etwa zugunsten des Unterbaues scharfe Eingriffe in den Oberbestand vorzunehmen, durch die dessen Massenproduktion oder Astreinheit vermindert werden könnte. Der Unterbau muß sich vielmehr zunächst auch ohne
solche Hilfe bei einer nur etwas kräftiger zu handhabenden Durchforstung halten
können. Wieweit man hierbei im einzelnen Fall gehen kann, wird von Klima,
Boden und Holzarten abhängen.

Im allgemeinen ist die Zeit vom 30. bis 40. Jahr die gebräuchlichste. Viel
späterer Unterbau ist in der Regel verfehlt, weil er dann nichts oder doch nur
wenig mehr nützt und unter Umständen sogar bei der Verjüngung hinderlich wird.

Der Unterbau sollte *niemals zu dicht* werden. Das kann dann oft im Sinne von
BORGGREVE Konkurrenz mit dem Oberholz bringen. Außerdem erschwert es den
Fällungs- und Ausbringungsbetrieb. Das Oberholz muß beim Durchforsten oft
zerschnitten werden, wenn der Unterbau zu dicht geworden ist. Schon aus diesen
Gründen, schließlich aber auch zur Bestandespflege des Unterstandes selbst und
seiner späteren Verwertung, sollte eine *regelmäßige Durchforstung auch in ihm*
nie verabsäumt werden. Man sieht gerade derartige Unterlassungen in der Praxis
sehr häufig.

WIEBECKE behauptete, daß der Buchenunterbau den Zuwachs der Kiefern
über ihm unmittelbar fördere[1]). Auch andere haben einen derartigen Einfluß
an einzelnen Flächen nachzuweisen gesucht[2]). Meist ist aber die Wirkung einer
gleichzeitig erfolgten Lichtung dabei nicht genügend beachtet worden. Kritischere
Untersuchungen konnten eine Zuwachsförderung jedenfalls nicht feststellen[3]).

Zur vollen Wirtschaftlichkeit ist im allgemeinen auch bei einem *gegen Wildverbiß sicher geschützten Unterbau* eine Zeit von etwa 80 Jahren bis zum Abtrieb
des Bestandes nötig. Dann ergeben aber, wie mir zahlreiche Jahrringzählungen
auf besseren Kiefernböden und auch neuere Untersuchungen in Hessen[4]) gezeigt
haben, diese unterständigen Buchen schon durchaus nutzbare Stärken (mindestens
als Brenn- und Faserholz). Wo es freilich wie nach Vollumbruch gelingt, *gleichzeitig* mit der Kiefer genügend Laubholz einzubringen, das übrigens auch bald
überwachsen werden und in den Unterstand treten wird, wird das vielleicht das
Bessere sein. Aber vorläufig wissen wir noch nicht, wie derartige Mischkulturen
sich weiter entwickeln werden, während wir *gelungene Unterbauten auf Tausenden
von Hektaren schon von unsern Vorgängern übernommen haben. Ebenso viele oder
noch mehr Tausende von Hektaren reiner Kiefernstangenhölzer auf durchaus geeigneten Böden entbehren aber heute noch des Unterbaus!* Die Kosten der Eingatterung kann man durch reichliche Beimischung der Douglasie und Fichte
mit ihren frühzeitigen, wertvollen Vornutzungserträgen wirtschaftlich tragbar
machen.

Auf die vielen Vorteile des Unterbaus in der *Bodenpflege*, in der *Mischung
des Bestandes*, seiner *größeren Sicherheit*, sowie in der Möglichkeit *der freien Hiebs-*

---

[1]) Verhandlungen d. dtsch. Forstver. 1923.
[2]) BERNHARD, R.: Studienreise in das Kieferngebiet der Mark Brandenburg. Th.Jb. 1921.
— RUNNEBAUM, A.: Die Kiefern im Buchenunterwuchs und in reinen Beständen bei gleichen
Standortsverhältnissen. Z.F.J.W. 1885. — Dagegen KÖNIG unter dem gleichen Titel.
F.Cbl. 1885.
[3]) Wie S. 490 Fußnote 1 u. 2.
[4]) ZENTGRAF, E.: Der Buchenunterbau in Kiefernbeständen. A.F.J.Z. 1941, S. 205 ff.

führung zur Begünstigung der besten Stämme im Oberbestand sollte man deswegen in keinem Fall verzichten! Diese Vorteile sind so groß und so unbestreitbar, daß der Grundsatz, mindestens alle vorhandenen jungen Lichtholzbestände soweit als möglich mit bodenpflegenden Schatthölzern zu unterbauen, selbstverständlich sein sollte!

3. Sonstige Boden- und Bestandespflegemaßregeln.

Bodenbearbeitung. Es ist heute mit Recht als allgemeine Forderung aufgestellt worden, daß man die Bodenpflege während des ganzen Bestandeslebens nicht aus dem Auge verlieren darf. Außer den Mitteln der Durchforstung und des Unterbaus werden dazu noch andere Maßnahmen empfohlen. Hierher gehört u. a. eine Bodenbearbeitung durch *Grubbern in Stangen- und jungen Baumhölzern* zur Bekämpfung der Rohhumusbildung und einer schädlichen Bodenflora. Genauere Untersuchungen über den Einfluß auf den Zuwachs fehlen bislang noch in genügendem Umfange. Es ist jedenfalls nicht zu übersehen, daß eine derartige Maßregel sehr zweischneidig wirken kann. Zerreißungen, Quetschungen und Verwundungen der stärkeren Oberflächenwurzeln sind dabei unvermeidlich. Ich habe gelegentlich derartig gegrubberte Bestände gesehen, in denen fingerstarke und stärkere Seitenwurzeln meterlang aus dem Boden herausgerissen waren, und zwar so zahlreich, daß sie weithin im ganzen Bestand hervorleuchteten. Wenn man die reiche Neubildung von Faserwurzeln nach Wurzelschnitt oder auch beim Igeln in jungen Kulturen dagegen anführen zu können glaubt, so dürfte hier doch ein allzu weitgehender Optimismus vorliegen. Zwischen der Reaktion einer mehr oder minder glatt durchschnittenen Jungwurzel und der sehr viel schwereren und roheren Verletzung einer älteren ist doch ein großer Unterschied! Jedenfalls sollte man erst einmal kleinere Versuche anstellen, ehe man im großen Geld für derartige Dinge ausgibt, die in ihrer Wirkung noch gänzlich unsicher, vielleicht sogar gefährlich sind! So stellte BUSSE in einem 50—60jährigen Kiefernbestand deutliche *Zuwachsschädigungen* nach solcher Bodenbearbeitung (allerdings durch Umpflügen) fest[1]).

Düngung. Die Frage, ob man bei armen Böden im Walde eine nachhaltige Wirkung für das Wachstum durch *geeignete Mineralstoffdüngung* erzielen kann, oder ob man in anderen Fällen Böden, die unter Rohhumus erkrankt sind, und die infolgedessen Wuchsstockungen zeigen, durch *Kalkdüngung* dauernd verbessern und zur Gesundung bringen kann, ist bis in die Neuzeit vielfach umstritten und trotz mancher hier vorliegenden Versuche noch nicht endgültig geklärt. Die Literatur darüber ist umfangreich. Auf einige der neueren und die wichtigsten älteren Arbeiten ist unten hingewiesen[2]).

SCHWAPPACH hat die hier in Betracht kommenden allgemeinen Gesichtspunkte dahin zusammengefaßt, daß 1. die meisten, auch scheinbar armen Böden

---

[1]) BUSSE, J.: Zweistufige Kiefernbestockung. Th.Jb. 1931, S. 437.

[2]) RAMM, S.: Über die Frage der Anwendbarkeit von Düngung im forstlichen Betriebe. Stuttgart 1893. — HELBIG, M.: Über Düngung im forstlichen Betriebe. Neudamm 1906. — SCHWAPPACH, A.: Forstdüngung. Neudamm 1916. — VATER, H.: Referat im DLG.-Sonderausschuß für Forstdüngung 1925. — HOFMANN: Weitere Mitteilungen über Wirkung von Düngungen in Forchenkrüppelbeständen des württembergischen Schwarzwaldes. A.F.J.Z. 1914, S. 229. — LUDWIG: Ein Forstdüngungsversuch. Z.F.J.W. 1920, S. 44. — ERDMANN, F.: Künstliche Düngung im Walde. Ebenda 1921, S. 155. — FINCKENSTEIN, GRAF F. V.: Künstliche Düngung im Walde. Ebenda 1920, S. 345. — SÜCHTING: Die Gründüngung im Walde. Ebenda 1928, S. 321. — WIEDEMANN, E.: Die Leguminosendüngung in Ebnath. F.Cbl. 1927. — LENT: Der Owinger Forstdüngungsversuch. Z.F.J.W. 1928, S. 641. — KAMLAH, A.: Kalkdüngungsversuche in der Oberförsterei Altenbeken. Ebenda 1929, S. 209. BECKER-DILLINGEN, I. Die Ernährung des Waldes. Berlin 1939.

doch die zur Entwicklung der Waldbäume nötigen Pflanzennährstoffe in ausreichender Menge enthalten; 2. daß die Möglichkeit einer Verbesserung nur gering ist und sich auf die obersten Bodenschichten beschränkt; 3. daß die Düngewirkung meist kurz, die Entwicklung der Waldbäume aber im Gegensatze dazu sehr lang ist, und 4., daß die Kosten der Düngung, namentlich bei Aufrechnung von Zinsen oder gar Zinseszinsen, zu so ungeheuren Beträgen anschwellen, daß jede Rentabilität der Wirtschaft dabei schwinden würde. (Wo allerdings die Kulturkosten unter besonders schwierigen Verhältnissen ohne Düngung auch sehr hoch, mit Düngung aber vielleicht geringer sein werden, würde das weniger in Betracht kommen!)

Wenn man die Reihe der *Düngungsversuche* überschaut, über die berichtet wird, so stehen sich positive und negative Erfolge fast gleich zahlreich gegenüber[1]. Es sprechen hier neben Standortsbesonderheiten und Versuchsfehlern offenbar noch so viel Zufälligkeiten mit, daß ein einheitliches Bild vorläufig nicht zu gewinnen ist. Am meisten scheint sich noch die Kalkdüngung auf sehr stark versäuerten und rohhumuskranken Böden und ebenso die Gründüngung mit Leguminosen bewährt zu haben, die aber auch wieder meist nur nach voraufgehender Mineraldüngung und guter Bodenbearbeitung und bei zweckmäßiger Holzartenwahl vollen Erfolg verspricht. Einen besonders starken und nachhaltigen Erfolg hat eine Düngung mit *Basaltmehl* in der Niederlausitz (Kotsemke) ergeben. Die dort auf ärmsten Ortsteinböden angelegten Kiefernkulturflächen hatten nach 25 Jahren eine Höhe von 5,6—5,7 m erreicht, was einer knappen III. Bonität entspricht, während andere Düngungsflächen weit dahinter zurückgeblieben sind (meist unter V. Bonität). Die Fläche mit Basaltmehl hatte ungefähr die *vierfache Gesamtzuwachsleistung* wie die ungedüngten Vergleichsflächen aufzuweisen! Der Kostenaufwand hatte aber auch 1242 RM je Hektar (!) betragen, was durch die hohen Fracht- und Anfuhrkosten dieses besonders schweren Düngemittels verursacht wurde. Ob durch Verbilligung der Bahnfracht (Vorzugstarif) und etwas mäßigere Düngerbemessung sich die Kosten auf eine wirtschaftlich tragbare Höhe senken lassen, so daß man dann — abgesehen von jeder Rentabilitätsberechnung — die Nutzbarmachung solcher sonst fast ertraglosen Böden aus allgemeinen volkswirtschaftlichen Erwägungen vertreten kann, bleibt abzuwarten. Jedenfalls hatten in Kotsemke auch *Düngungen mit Roggenspreu und Kartoffelkraut* ungefähr den gleichen Erfolg bei sehr viel geringeren Kosten (400—550 RM).

Wie ich schon an anderer Stelle (S. 174) ausgeführt habe, ist die Zeit für eine *allgemeine künstliche Düngung im Walde* heute noch nicht gekommen, ehe nicht ein Ausgleich für die hohen Kosten durch entsprechende Holzpreise gegeben ist. Nur in sog. *verzweifelten Fällen* (insbesondere auf vollständig verheideten und schwer erkrankten Böden) wird man sich hier und da trotz ungewisser Aussichten doch dazu entschließen (vgl. die Ausführungen in Kapitel 13,6 unter Meliorationen). Im übrigen ist die Pflege des Humus durch Erhaltung der Streu und die Anwendung aller natürlichen Maßregeln zu ihrer Zersetzung auch auf den ärmsten Böden immer noch die beste Art der Düngung im Walde.

Reisigdeckung. Die schon von TREBELJAHR 1898 und ebenso von SCHWAPPACH in seiner „Forstdüngung" im Jahre 1916 dringend empfohlene *Belassung des feinen Reisigs im Walde* hat in der neuesten Zeit besonders durch MÖLLERS Arbeit über die Kieferndauerwaldwirtschaft in Bärenthoren[2] die allgemeine

---

[1] WIEDEMANN, E.: Der gegenwärtige Stand der forstlichen Düngung. Berlin: Dtsch. Landwirtsch. Ges. 1932. — Die schlechtesten ostdeutschen Kiefernbestände. Reichsnährstands-Verlag. Berlin 1942.
[2] Z.F.J.W. 1920, S. 4.

Aufmerksamkeit erregt. Dort hatte der Waldbesitzer, der Kammerherr VON KA-LITSCH, seit Jahrzehnten alles feinere und gröbere Reisig im Walde liegen und verwesen lassen. MÖLLER hat in seiner Arbeit, gestützt auf Erinnerungen und Beobachtungen des Besitzers, eine sehr anschauliche Schilderung davon gegeben, wie sich das Reisig anfangs nur sehr langsam, später rascher zersetzt habe, wie allmählich an die Stelle von Hungermoos und Heide grüne Moose und Gräser getreten seien, und wie der ehemals „tennenartig harte Erdboden" jetzt als „stets Feuchtigkeit haltende Humusdecke" unter dem Fuße federt. Wieviel von dieser Wirkung aber auch auf die gleichzeitig erfolgte Abstellung der Streunutzung ent-fallen mag, und wieviel auf die Reisigdüngung, bleibt eine offene Frage. Man kann aber so viel trotzdem als sicher annehmen, daß eine reichliche und regel-mäßige Reisigbelassung immer eine *billige* und *langsam wirkende Mineralstoff-düngung* darstellen muß. Daß die allmählich zu Moder und Mulm verwesenden organischen Stoffe des Holzes auch eine *Humusbereicherung* bringen und dadurch eine bessere Stickstoffbildung herbeiführen, erscheint ebenfalls wahrscheinlich. Die hierbei auftretenden Vorgänge und die mitspielenden Verhältnisse sind freilich so verwickelt und vorläufig so wenig untersucht, daß in der Beurteilung dieses Teils der Wirkung doch noch einige Zurückhaltung am Platze ist. Die ziemlich zahlreichen Untersuchungen der Bärenthorener und anderer Vergleichsböden (durch HESSELMAN, ALBERT und BEHN)[1]) haben hier meist nur geringe, zum Teil auch widersprechende Ergebnisse gebracht. Ein eindeutiger starker Erfolg der Reisigbelassung *nach der Seite der Humusbereicherung und besserer Stickstoff-bildung* hin ist *vorläufig daraus noch nicht zu entnehmen.* Es mag hierbei mit-sprechen, daß es doch nur sehr geringe Reisigmengen sind, die bei den Durch-forstungen anfallen, und daß die Wirkung danach nur eine sehr umgrenzte sein muß, je nachdem die eine Bodenstelle gerade in letzter Zeit eine solche Reisig-düngung bekommen hat, die andere nicht. Man darf sich jedenfalls für große Flächen und kurze Zeit nicht allzuviel versprechen.

Etwas ganz anderes ist es, wenn in besonderen Fällen, z. B. in Kulturen auf sehr armen oder heidewüchsigen Böden die Zwischenstreifen *dicht und hoch mit Reisig bedeckt* werden (*Reisigpackung*). Hier haben sich fast überall, wo dies versucht worden ist[2]), nicht nur höhere Humus- und Nitratwerte ergeben, sondern die damit behandelten Kulturen haben auch ein entsprechend besseres Wachstum gezeigt. Leider ist dieses offenbar sehr gute Mittel nicht billig, sondern sogar recht teuer (50—200 M. je Hektar nach NAUMANN) und muß, da die Wirkung sich nach etwa 8 Jahren verliert, noch einmal *wiederholt* werden, wobei sich allerdings die Kosten wohl erheblich verringern dürften, wenn man das Material aus den Kulturen selbst entnehmen kann, wozu allerdings die Erstanlage durch Saat Voraussetzung sein würde.

Wo Reisigbelassung bei den Durchforstungen stattfinden soll, und das wird überall zu empfehlen sein, wird man jedenfalls die äußeren Streifen an den Wegen mit Rücksicht auf die Waldbrandgefahr freilassen. Ebenso ist gröberes Reisig immer von zwei Reihen in einen Zwischenstreifen zusammenzuwerfen und der benachbarte Streifen freizulassen, damit die Holzhauer bei der nächsten Durchforstung nicht zu sehr behindert werden.

Über andere gelegentliche Bodenpflegemaßregeln, wie Entwässerung, Flugsand-bindung, Schutz gegen Laubverwehung, Windmäntel u. dgl., ist schon an anderer Stelle gesprochen worden, so daß hier nur darauf hingewiesen zu werden braucht.

---

[1]) Mitgeteilt und erörtert bei WIEEDMANN, E.: Die praktischen Erfolge des Kiefern-dauerwaldes, S. 44.

[2]) WIEDEMANN, E.: Die praktischen Erfahrungen des Kieferndauerwaldes. — NAU-MANN: Reisigdeckung. Neudamm 1928.

Vierter Abschnitt. **Die waldbaulichen Aufbauformen des Waldes (Betriebsformen).**

Einleitung und Übersicht. Durch die verschiedene Art und Weise der Hiebsführung bei der Holzernte und die damit Hand in Hand gehende Verjüngung wird in entscheidender Weise der Aufbau der einzelnen Bestände und schließlich des ganzen Waldes bestimmt. Die räumliche Ordnung der Erntehiebe und ihre zeitliche Aufeinanderfolge, denen Schritt für Schritt die Verjüngung nachfolgt, formt den Wald sowohl in horizontaler Erstreckung, d. h. *in seinem Grundriß*, wie auch in vertikaler, *im Aufriß*. Hier liegen letzten Endes höchste und feinste Aufgaben des Waldbaus, hier liegt das, was ihn eigentlich erst *zum Bau im tieferen Sinne des Wortes* macht! Hier liegt auch das wahrhaft Schöpferische der forstlichen Berufstätigkeit, das sie auch ohne jede wissenschaftliche Grundlage schon weit über das Handwerksmäßige hinausheben würde. Durch die Art und Weise, wie wir die einzelnen Bestände ausformen und planmäßig aneinandersetzen, werden die feinsten Verbindungen und Beziehungen geschaffen, die den Boden, die Holzerzeugung, die Holznutzung, die Sicherung des Waldes gegen schädliche Einwirkungen von außen wie von innen, letzten Endes alle Zweige der forstlichen Wirtschaft entscheidend beherrschen. Diese Maßnahmen greifen daher auch in das Gebiet des Forstschutzes, der Forstbenutzung, der Forsteinrichtung, Statik und Arbeitslehre hinein. In dieser Vielseitigkeit offenbart sich die ganze Größe und Bedeutung der hier zu beachtenden Fragen. *Hier liegen alle waldbaulichen Probleme in einem Knoten zusammengeschürzt!*

Man nennt diese Aufbauformen des Waldes gewöhnlich *Betriebsformen* oder *Betriebsarten*, weil sie eben den ganzen Wirtschaftsbetrieb durchdringen und bestimmen[1]).

In der praktischen Wirtschaft verwischen sich oftmals die Grenzen der Betriebsformen, oder die Formen gehen wechselnd durcheinander. Das tut aber der Nützlichkeit, ja sogar der Notwendigkeit keinen Abbruch, sie in der Theorie in ihren reinen Formen herauszuarbeiten und darzustellen. Es wäre durchaus falsch, hierin eine Künstelei oder einen unfruchtbaren Schematismus sehen zu wollen und ihm das Wort entgegenzuhalten: „Wo die Begriffe fehlen, da stellt ein Wort zur rechten Zeit sich ein[2])." Vielmehr hat hier der andere Satz zu gelten: „Doch ein Begriff muß bei dem Worte sein!" Ein scharf gefaßter Begriff ermöglicht erst die richtige Erkenntnis vom Wesen und von der Eigenart der verschiedenen Aufbauformen des Waldes in Theorie wie Praxis, er ermöglicht allein eine fruchtbare Auseinandersetzung über Vorzüge und Nachteile der einen oder anderen Form im Schrifttum wie draußen im Walde!

Die Einteilung der Betriebsformen erfolgt zunächst einmal nach *Hauptformen*, die man wieder in *Unterformen* geteilt hat. An Hauptformen werden seit alter Zeit her drei unterschieden:

---

[1]) CHR. WAGNER will dafür den Namen „Betriebssysteme" eingeführt wissen und die Bestimmung derselben in der Hauptsache der Forsteinrichtung zuweisen. Ich glaube, daß Waldbau und Forsteinrichtung hier gleichberechtigt zusammenzuwirken haben. In der Praxis läuft alles sowieso in der Hand des einen Wirtschafters zusammen!

[2]) So MÖLLER in der Diskussion über den Dauerwald bei der Versammlung d. dtsch. Forstver. in Dessau 1922.

1. *Der Hochwald.* Bei ihm entnimmt der Erntehieb die Stämme meist in vollerwachsenem Zustand (daher *Hoch*-Wald), und die Bestandesgründung setzt neue und junge an ihre Stelle, die *aus Samen* (bzw. Samenkernen) erwachsen. Daher wird diese Form auch als *Samen-* oder *Kernwuchsbetrieb* bezeichnet.

2. *Der Niederwald.* Bei ihm entnimmt der Hieb *nur Teile von meist jungen Individuen* und die Bestandesgründung erfolgt durch *Ausschlag an den zurückbleibenden Teilen* (Stock, Wurzel, Stamm und Ästen). Im Gegensatz zum Kernwuchsbetrieb bezeichnet man ihn daher auch als *Ausschlagbetrieb.* Da die Ausschlagfähigkeit im höheren Alter meist gering wird, ist man meist gezwungen, die Erntenutzung schon im jugendlichen Alter und bei niedriger Höhe auszuführen, wodurch der Name Niederwald entstanden ist.

3. *Der Mittelwald.* Er ist eine Zwischenform von Hoch- und Niederwald und hat eine *untere, niedrig bleibende Stufe, die aus Stockausschlag* hervorgeht, und darüber in lockerer Verteilung eine *obere, höhere Stufe,* die wenigstens dem Ideal nach *aus Kernwuchs* hervorgehen oder doch möglichst reichlich durch solches ergänzt werden soll. Den Namen „Mittelwald" hat diese Betriebsform zuerst von H. COTTA erhalten.

Wir wollen diese 3 Formen hier in der umgekehrten Reihenfolge behandeln, nämlich 1. den Niederwald, 2. den Mittelwald und 3. den Hochwald, um vom Einfacheren zum Schwierigeren vorzuschreiten. Wir folgen damit auch im allgemeinen dem geschichtlichen Gang der Entwicklung.

18. Kapitel. Der Niederwald.

1. Allgemeines[1]).

Der Niederwaldbetrieb setzt eine Bestockung von *Laubholz* voraus, dem bei uns allein die Fähigkeit der Bildung von Ausschlägen in einem Umfange zukommt, der zur Bestandesbildung ausreicht. Da der Grad der Ausschlagfähigkeit aber auch bei den einzelnen Laubholzarten sehr verschieden ist, so hat sich der Niederwaldbetrieb bei uns in der Hauptsache nur dort entwickeln und erhalten können, wo besonders ausschlagfähige Holzarten vorkommen und den Hauptanteil an der Bestockung bilden. Das sind insbesondere die Erlen (Schwarzerle), die Eichen, die Hainbuche, die Weiden, von eingeführten Holzarten auch noch Edelkastanie und Akazie. In diese Hauptholzarten des Niederwaldbetriebes eingesprengt finden wir aber noch zahlreiche Mischhölzer, wie Rotbuche, Birke, auf besseren Böden auch Ahorn, Rüstern und Eschen, auf den feuchten Böden Pappeln und fast überall eine reiche Zahl von Weichholzarten, wie Aspe, Salweide, Hasel und anderen Straucharten, die hier oft die Rolle von Füll- und Treibholz, namentlich bei lückig gewordener Bestockung spielen.

Der Niederwald ist als Betriebsform jedenfalls *sehr alt.* Seine ersten geschichtlich überlieferten Anfänge finden wir in Deutschland schon im 14. Jahrhundert in Thüringen, Schwaben und Bayern[2]). Er hat aber in neuerer Zeit ganz außerordentlich an Umfang und Bedeutung verloren und ist bei uns heute eine mehr und mehr aussterbende Betriebsform geworden. (Über die Gründe hierzu vgl. die nachstehenden Ausführungen beim Eichenschälwald und bei der allgemeinen Würdigung am Schluß.) Er nahm nach der Statistik von 1900 nur noch 6,8% der gesamten Forstfläche des damaligen Altreichs ein.

Seine *Hauptverbreitung* hat er heute nur noch im westlichen Deutschland in Westfalen, der Rheinprovinz und in der Pfalz, in niederen Stufen des Gebirgslandes der Alpen, sowie in den waldarmen Vierteln des Südostens, wo sowohl das Klima wie

---

[1]) HAMM, J.: Der Ausschlagwald.
[2]) Vgl. SCHWAPPACH, A.: Handbuch der Forst- und Jagdgeschichte Deutschlands Bd 1, S. 183.

auch gewisse besondere Gebrauchszwecke ihn noch begünstigen. Er findet sich bei uns auch hauptsächlich noch im *genossenschaftlichen* und im *kleineren Gemeinde-* und *Privatbesitz*. Einen sehr viel bedeutenderen Umfang hat er auch heute noch in den wärmeren Gegenden von Frankreich und Südeuropa. Dort tritt er freilich in meist sehr unpfleglichen und mehr eine Waldverwüstung darstellenden Formen auf.

Schon früh und wohl mit zuerst an ihm hat sich der *Gedanke der forstlichen Nachhaltswirtschaft* ausgebildet, indem man den Wald in eine der Umtriebszeit entsprechende Anzahl von *Schlägen* einteilte, von denen immer nur einer genutzt werden durfte. Damit ist er zugleich auch der Anfang einer Waldeinteilung und einer Altersklassenregelung geworden und verdient dadurch auch heute noch ein gewisses geschichtliches Interesse. Es zeichnen sich in ihm die ersten, wenn auch noch sehr primitiven Linien eines bestimmten Waldaufbaus ab. Erst wenn man damit die späteren, besonders die neuesten, ganz auf die räumliche Ordnung der Teile eingestellten Hochwaldformen vergleicht, wird man sich des großen Fortschrittes bewußt, den die Waldbaukunst als solche bei uns gemacht hat!

Der *Erntehieb* ist in ihm auch *zugleich Akt der Bestandesgründung*. Der Hieb ist deswegen auch so auszuführen, daß der Ausschlag sich möglichst rasch und gleichmäßig einstellt. Er soll eine möglichst glatte, tief am Stock liegende und schräge Abhiebsfläche schaffen, damit die Wundränder besser vernarben, keine Risse im verbleibenden Stock auftreten, die Rinde sich an diesem nicht loslöst und das Niederschlagswasser besser abläuft. Der Schnitt oder Hieb soll daher auch von unten nach oben geführt werden, bei stärkeren Stangen nach Einhieb eines Vorkerbs auf der Fallseite. Unter Umständen soll bei sehr starken Stangen der Abhieb von zwei gegenüberliegenden Seiten aus erfolgen, so daß ein Stock von dachartiger Form stehenbleibt. Diese alten Hauungsregeln werden aber heute wohl nur noch selten so ausgeführt. Als Werkzeuge dienen für die stärkeren Stangen leichte, aber breitschneidige Äxte, für schwächeres Material Heppen oder Baumscheren. Auf glatte und scharfe Schneide ist bei allen Werkzeugen der größte Wert zu legen.

Über die *Tiefe des Abhiebes* bestehen Meinungsverschiedenheiten. HAMM[1]) hat in seiner eingehenden Arbeit diese ausführlich besprochen und kommt zu dem allgemeinen Grundsatz, daß man bei allen Holzarten, die gern am Rande der Hiebsfläche ausschlagen, etwa 3—5 cm über dem Boden bzw. der alten Rinde (eines älteren Stocks) abschlagen soll, bei solchen Arten aber, die lieber unterhalb der Hiebsfläche ausschlagen, etwas höher, etwa 5—10 cm über dem Boden bzw. der alten Rinde.

Auch über die beste *Hiebszeit* lassen sich nicht allgemeingültige Regeln aufstellen, namentlich da diese bei den einzelnen Formen durch besondere Verhältnisse bedingt ist (vgl. später bei *Schälwald*, Weidenhegerbetrieb und Erlenniederwald). Vom Gesichtspunkt der Ausschlagbildung dürfte die Zeit nach Auftreten der stärksten Winterfröste und vor Beginn des Saftsteigens, also etwa die Zeit um Februar, die beste sein. Jedenfalls dürfen die Stummel noch nicht bluten, und soll die Abfuhr des meist auf der Schlagfläche zerstreut aufgesetzten Reisigholzes vor dem Austreiben der jungen Schößlinge beendet sein, da diese sehr brüchig sind und sonst starken Beschädigungen ausgesetzt sein würden.

Im pfleglich behandelten Niederwald ist immer auch auf die Ausfüllung von Lücken und den Ersatz alter, abgängig werdender Stöcke durch *künstliche Ergänzungskultur*, meist Pflanzung von Lohden, Ballen- und auch Stummelpflanzen, Bedacht zu nehmen. Dies gibt auch Gelegenheit, immer wieder die gewünschte Hauptholzart zu begünstigen. Ebenso hat auch stets eine Kulturpflege durch

---

[1]) a. a. O., S. 109 ff.

Absicheln von hohem Gras, Schlagunkräutern, Ausschneiden von verdämmenden Sträuchern, minderwertigen Weichhölzern und Freischneiden etwaiger Kernwüchse von überwachsenden Stockausschlägen stattzufinden.

Es hat sich auch gezeigt, daß unter Umständen, namentlich bei sehr reichlicher Ausschlagbildung, eine *Durchforstung*, etwa um die Mitte der Umtriebszeit, den Zuwachs und die Gesamtmassenleistung kräftig zu erhöhen vermag.

So fand MER eine Steigerung um 100%, v. FISCHBACH[1]) um 27—65% und auch HAMM[2]) berichtet von Zuwachssteigerungen an einzelnen untersuchten Stangen nach ausgeführten Durchforstungen.

2. Die besonderen Niederwaldformen.

1. Der gewöhnliche Brennholzniederwald. Er dient in der Hauptsache nur der Erzeugung von schwachem und geringwertigem Brennholz, das meist in Bunden (sog. *Reisigwellen*) aufgearbeitet wird. Daneben kann solches, in bestimmten Maßen abgelängtes und mit Draht gebundenes Reisig auch gelegentlich als Faschinenholz (Dränagen, Uferbefestigungen usw.) einen bestimmten Absatz als Nutzholz finden. Der Brennholzniederwald hat sich hauptsächlich in Gegenden mit kleinbäuerlichem Besitz gehalten, in denen seit alter Zeit diese Art der Heizung gebräuchlich ist, und die einzelnen Besitzer ein altes Recht zum Bezug einer bestimmten Anzahl solcher Brennholzwellen aus dem Genossenschafts- oder Gemeindewald haben.

Er ist meist ein *bunter Mischwald*, in dem besonders die *Hainbuche*, aber auch die *Rotbuche*, weniger schon die Eiche, Haselnuß, Birke, Aspe und andere Arten den Holzbestand bilden. Der Umtrieb liegt je nach Boden und Klima meist zwischen 20—30 Jahren. Die Massenerträge schwanken ganz außerordentlich je nach der Holzartenzusammensetzung und der Bestockungsdichte. Es lassen sich daher auch bestimmte Durchschnittserträge nicht angeben, noch weniger Gelderträge, da das Holz als Berechtigungsholz meist nicht zum Verkauf kommt, und die Hauungsarbeiten vielfach durch die Besitzer bzw. die Berechtigten selbst ausgeführt werden.

Als wertvollste Form müssen noch die vorwiegend mit Hainbuche bestockten Niederwälder angesehen werden, da diese Holzart eine fast unverwüstliche Stockausschlagsfähigkeit hat, als Schattholzart den Boden gut deckt, ihr Laub eine leicht zersetzbare Streu liefert, und weil ihr Brennholzwert sehr hoch ist. Die Rotbuche hat den Nachteil viel geringerer Ausschlagfähigkeit und geht bei längerem Betrieb meist immer sehr zurück. An ihre Stelle treten dann meist geringwertigere Weichhölzer, oder was noch schlimmer ist: Der Bestockungs- und Schlußgrad wird immer unvollkommener. Im großen und ganzen bieten diese Arten des Niederwaldes heute bei uns die wenigst erfreulichen Bilder und haben ihre wirtschaftliche Berechtigung ganz verloren. Sie wären wohl längst verschwunden, wenn nicht das zähe Festhalten der kleinbäuerlichen Bevölkerung an altgewohnten Formen einer Überführung in den Hochwald noch entgegenstünde.

2. Der Eichenschälwald[3]). Diese Form des Niederwaldbetriebes hat früher und bis in die letzte Zeit hinein eine sehr bedeutende Rolle, besonders in der Wald-

---

[1]) FISCHBACH, C. v.: Praktische Forstwirtschaft, § 286.

[2]) a. a. O., S. 86.

[3]) GRUNERT, J. TH.: Der Eichenschälwald im Reg.-Bez. Trier. Hannover 1868. — NEUBRAND, J. G.: Die Gerbrinde mit besonderer Beziehung auf die Eichenschälwaldwirtschaft. Frankfurt a. M. 1869. — FRIBOLIN, F.: Der Eichenschälwaldbetrieb mit besonderer Berücksichtigung württembergischer Verhältnisse. Stuttgart 1876. — JENTSCH, FR.: Der deutsche Eichenschälwald und seine Zukunft. Berlin 1899. — Über die sehr ausführliche Zeitschriftenliteratur vgl. die wohl erschöpfende Zusammenstellung in BÜHLER: Waldbau Bd. 2, S. 552.

wirtschaft des deutschen Westens, gespielt. Bei ihr war das wirtschaftliche Ziel die Erzeugung möglichst großer Mengen von hochwertiger *Eichenrinde*, die als das beste und früher auch einzigste Mittel zur Gerbung des Leders diente. Daneben gaben aber auch die geschälten und gut ausgetrockneten Eichenstangen ein vorzügliches und geschätztes *Brennholz* ab, und ließen besonders in Weinbaugegenden auch eine recht hochwertige Verwendung zu *Rebpfählen* zu. Der Schälwaldbetrieb war daher für den kleinen Waldbesitzer dort äußerst rentabel.

Mit der Einführung fremdländischer Ersatzgerbstoffe, besonders des Quebrachoholzes aus Argentinien, und mit der steigenden Höhe der im Schälwald stark ins Gewicht fallenden Arbeitskosten hat sich hierin aber ein entscheidender Wandel vollzogen, der fast bis zum völligen Niedergang dieser einst hochrentablen Wirtschaften geführt hat.

Um 1900 nahm diese Betriebsform im Altreich noch 446000 ha der Gesamtwaldfläche und etwa 50% der gesamten Niederwaldfläche ein. Später wurden überall Entschlüsse gefaßt, ihn angesichts der gesunkenen Rentabilität ganz aufzugeben. Trotzdem werden sich unter besonders günstigen Verhältnissen Reste dieser alten Betriebsform wohl noch lange erhalten.

Der Eichenschälwald verlangt verhältnismäßig gute und kräftige Böden und warme Lagen. Nur solche erzeugen raschen Wuchs mit *glatter* und *saftiger Spiegelrinde* und bewahren eine genügend dichte Bestockung. Wir finden den Schälwald bei uns daher am meisten auf den warmen Schieferböden der Berghänge im Rhein-, Mosel- und Nahegebiet, doch auch auf Buntsandstein im Odenwald. Hier ist neben dem Standort auch die Absatzlage zur Lederindustrie (Mainz, Worms, Offenbach) wie zur Weinbergswirtschaft (Rebpfähle) besonders günstig.

Die *Traubeneiche* gilt vielfach als wertvoller, weil sie eine fleischigere Rinde liefern soll. Doch wird das auch bestritten und mehr auf den Standort geschoben. Jedenfalls dürfte sie auch in den Hauptschälwaldgebieten standortsgemäßer sein als die Stieleiche. Je reiner die Bestockung aus Eiche besteht, desto wertvoller ist sie natürlich für den Betrieb. Auftretende Mischhölzer werden als *Raumholz* (auch Rauh- oder Unholz) bezeichnet und in einer als Raumholzhieb bezeichneten Durchforstung einige Jahre vor dem Abtrieb entfernt, wodurch auch der Ertrag und die Qualität der Rinde gesteigert werden soll.

Das *Umtriebsalter* ist mit Rücksicht auf die frühzeitige Bildung einer rissigen und rauhen Borke statt glatter Spiegelrinde *möglichst niedrig* zu wählen und schwankt von 12 Jahren auf besten und wärmsten Lagen bis zu 20 Jahren auf geringeren, in einzelnen Gegenden in Unterfranken und im Elsaß auch bis zu 25—30 Jahren[1]).

Die Massenerträge betragen auf mittleren Bonitäten etwa 4 fm Holz und 5 Ztr. Rinde je Hektar und Jahr. Diese Zahlen steigen aber auf besten Standorten bis zu 7 fm Holz (Derbholz + Reisig) und 10 Ztr. Rinde.
Die Geldreinerträge haben auf besten Bonitäten bei hohen Rindenpreisen einzeln bis zu 50 M. je Hektar betragen und sind dann wohl gleich hoch, wenn nicht höher gewesen als bei einem Hochwaldbetrieb auf gleichem Standort, da es meist nicht die allerbesten Lagen und Böden sind, die der Schälwald einnimmt. Die meisten Waldungen unter mittleren Verhältnissen haben aber nur 25—35 M. Reinertrag abgeworfen. Bei *Neubegründung* von Schälwaldungen ist immer die *Pflanzung* in gut gelockerten Plätzen der Saat vorzuziehen. Stummelpflanzung ist vielfach üblich gewesen und wird sehr empfohlen. Die Stummelung soll möglichst tief und dicht überm Boden erfolgen. Als Pflanzverband genügt ein solcher von 1—1,5 m im Quadrat mit 4000—5000 Pflanzen je Hektar. Ein zu dichter und unregelmäßiger Stand schädigt nicht nur das rasche Höhenwachstum, sondern ganz besonders auch die fleischige Entwicklung der Rinde. Wo der Schälwald schon da ist und erhalten werden soll, ist bei jedem Abtrieb eine sorgfältige Ergänzung und Auspflanzung aller Fehlstellen und Lücken notwendig, die hier am besten durch kräftige Lohden oder

---

[1]) Vgl. JENTSCH: a. a. O., S. 139 ff.

Heister geschieht, da sonst die Gefahr des Überwachsens durch die rasch emporschießenden Stockausschläge besteht.

3. Der Weidenhegerniederwald[1]). Diese Form des Niederwaldes dient nur der Erzeugung von *Ruten zur Korbflechterei* und von sog. *Bandstöcken für Faßreifen.* Sie kommt, abgesehen von den Überschwemmungsgebieten der Flußauen, wo sie sich in Nachbarschaft oder im Gemenge mit Mittelwald oder Hochwald findet, vielfach ganz außerhalb des Waldes auf ehemaligen Wiesen oder Weiden, an Teichrändern u. a. O. vor. Größere Weidenhegerwaldungen finden sich noch am Unterrhein und der unteren Elbe.

Der Weidenhegerbetrieb nahm nach der Statistik von 1900 immerhin die nicht unerhebliche Fläche von 35700 ha in Deutschland ein, die sich ziemlich gleichmäßig auf die verschiedenen Gegenden verteilt. Meist finden sich in der Nähe von zahlreicheren und größeren Weidenhegerflächen auch viel Korbflechtereien.

Der Betrieb verlangt im allgemeinen *sehr guten und dauernd feuchten Boden,* am besten sogar mit Bewässerungsmöglichkeit[2]). Auch gute Moorböden mit Lehmuntergrund oder Schlickbeimengung eignen sich zum Anbau. Ohne *künstliche Düngung* ist auch bei besten Böden der Betrieb nicht auf der Höhe zu halten, wirft aber dafür dann auch ganz bedeutende Erträge ab, wie sie in der Forstwirtschaft ganz ungewöhnlich sind. Da der Betrieb aber mehr ein landwirtschaftlicher oder gärtnerischer Nebenbetrieb ist, so kann hier auf die angeführte Sonderliteratur, vor allem die neuere Schrift von WISSMANN-WAGNER verwiesen werden.

4. Der Erlenniederwald[3]). Der Erlenniederwald ist die gegebene und allgemein gebräuchliche Wirtschaftsform für die auf feuchten bis nassen Standorten, sog. *Brüchern,* auftretenden Bestände der *Schwarzerle (Alnus glutinosa).* Er findet sich in weiter Verbreitung durch ganz Deutschland, besonders aber in Nord- und Ostdeutschland. Hauptgebiete bilden hier noch heute der Spreewald und die Waldungen im ostpreußischen Niederungsgebiet (Memeldelta). Aber größere und kleinere Erlenwaldungen finden sich in den Hochwald eingesprengt fast überall in den östlichen Revieren.

Der Erlenniederwald hat infolge der bis ins hohe Alter anhaltenden Ausschlagsfähigkeit und des *Wertes stärkerer Sortimente* relativ hohe Umtriebe (40 bis 60 Jahre) angenommen. Durch die dann erreichte Bestandeshöhe von 20—25 m trägt er am meisten von allen Ausschlagbetrieben das Aussehen des Hochwaldes. Das Hauptwirtschaftsziel hat sich mehr und mehr auf die Erzeugung von Nutzholz gerichtet, das zu Zigarrenkisten, Holzschuhen und -pantoffeln u. a. m. eine sehr begehrte und gut bezahlte Ware geworden ist.

Die besten Standorte finden sich auf den von Lehm unterlagerten oder durch zeitweilige Überschwemmungen mehr oder minder schlickhaltigen Brüchern; geringer ist der Wuchs der Ausschläge auf sandigen Mooren und nassen Brüchern mit stagnierendem Wasser.

Der *Hieb* kann wegen des nassen Standorts fast nur *bei strengem Frost* im Winter erfolgen. Die Stöcke sind meist hoch und müssen auch mindestens so hoch gelassen werden, daß die jungen Ausschläge im Frühjahr nicht unter Wasser stehen und ersticken. *Regelmäßige Durchforstungen* sind von großer Wichtigkeit, um die stärksten und besten Stocklohden zu begünstigen und eine gute Kronen- und Schaftbildung für die spätere Nutzholzverwendung zu erreichen. SCHWAP-

---

[1]) KRAHE, J. A.: Lehrbuch der rationellen Korbweidenkultur, 5. Aufl. Aachen 1897. — SCHULZE, R.: Die Korbweide, ihre Kultur, Pflege und Benutzung. Breslau 1885. — FÖRSTER, F. v.: Die Korbweidenkultur und ihr Wert für die Landwirtschaft der östlichen Provinzen Preußens. Berlin 1895. — KERN, E.: 18jährige praktische Erfahrungen im rationellen Korbweidenbau und Bandstockbetriebe. Dresden 1904. — v. WISSMANN-WAGNER: Korbweidenbau. Berlin 1928.
[2]) KRAHE (a. a. O.) hält ihn allerdings, entgegen der allgemeinen Anschauung, auch auf nur frischen Böden für gegeben und ist der Ansicht, daß viele Anlagen gerade wegen zu großer Feuchtigkeit geringe Leistungen zeigen.
[3]) ZACHER: Über Bewirtschaftung von Erlenbrüchern in den litauischen Revieren Ostpreußens. Z.F.J.W. 1895, S. 497 ff.

PACH hat auf die Wichtigkeit eines verstärkten Durchforstungsbetriebes ganz besonders hingewiesen[1]).

Die meisten Stockausschläge zeigen infolge ihrer Entstehung und büschelartigen Jugendentwicklung immer *viel Stammfäule* und *Krummwüchsigkeit*, während die aus Lohdenpflanzung entstandenen sich durch Gesundheit und Gradwüchsigkeit vorteilhaft vor jenen auszeichnen. Auf die möglichst reichliche *Ergänzungspflanzung*, bei sehr alten Stöcken sogar vollständige *Erneuerung durch Kernwuchs* ist also im Interesse der besseren Nutzholzerzeugung größter Wert zu legen!

KIENITZ u. a. empfehlen auch den Überhalt einzelner Stangen beim Abtrieb zur Ergänzung durch Samenanflug. Dieser kann sich aber wohl nur schwer durch den meist sehr üppigen Gras- und Krautwuchs durchkämpfen, vor allem aber wird er dort überall wieder vernichtet werden, wo die Erlenbrücher im Sommer zur Gewinnung von geringwertigem Heu regelmäßig ausgemäht werden, wie das in den östlichen Gegenden vielfach üblich ist[2]). Ebenso schädlich oder noch schädlicher ist die vielfach noch ausgeübte Viehweide in den trockenen Brüchern. ZACHER beobachtete hier so starke Beschädigungen des flach streichenden Faserwurzelwerks durch den Viehtritt, daß daraufhin Trockenwerden nicht nur einzelner Stangen, sondern auch ganzer Bestände eingetreten sein soll.

Der *Regelung der Wasserstandsverhältnisse* kommt für die Ertragsfähigkeit der Erlenbrücher eine hohe Bedeutung zu. Unvorsichtige Entwässerungen bei Gelegenheit von Meliorationsarbeiten sollen öfter zum Eingehen ganzer Bestände geführt haben. Andererseits leiden aber viele Erlenbrücher auch durch zu hohen Wasserstand. Leider ist in solchen Fällen durch die Tieflage solcher Stellen eine Schaffung von Vorflut sehr oft nicht möglich oder mit unwirtschaftlich hohen Kosten verbunden. Wo sie aber durchführbar ist, sollte man ihr mehr Aufmerksamkeit schenken, als dies im allgemeinen geschieht. Die oft beklagte Ertragsminderung unserer Erlenbestände ließe sich zweifellos dadurch hier und da wieder heben!

In vielen Fällen sind die beobachteten Rückgangserscheinungen aber auf die ungeeignete fremde Herkunft der bei Neubegründung und Ergänzung verwendeten Pflanzen zurückzuführen, wie das in Teil I S. 205 schon geschildert worden ist.

Die Rückgangserscheinungen zeigen sich meist in kümmerlichem Wuchs, starkem Flechtenbehang, Trockenspitzigkeit, ja oft im Absterben ganzer Bestandesteile und werden schlechthin als „*Erlenkrankheit*" bezeichnet. Daß eine Pilzkrankheit (*Valsa*-Arten) als primäre Ursache vorliegt, ist nach MÖLLERS Beobachtungen jedenfalls nicht wahrscheinlich. Vielmehr ist das Auftreten dieser Pilze an der Rinde wohl nur sekundär.

Die *Materialerträge* eines gepflegten Erlenniederwaldbetriebes stehen nach den Ermittlungen von SCHWAPPACH dem des Kiefern- und Buchenhochwaldes auf den entsprechenden Bonitäten nicht nach, und auch die Gelderträge lassen den Betrieb mindestens auf den mittleren und besseren Standorten noch sehr rentabel erscheinen. In den meisten Fällen ist diese Betriebsform wegen des nur der Erle zusagenden Standortes auch die einzig mögliche.

Die Umwandlung von Erlenbrüchern in Wiesen ist zwar teilweise von großem wirtschaftlichen Erfolg gewesen[3]), in vielen anderen Fällen aber ist man damit auch zu weit gegangen: Die weite Entfernung von den nächsten Siedlungen, die oft sehr schlechten Zu-

---

[1]) SCHWAPPACH, A.: Untersuchungen über Form und Zuwachs der Schwarzerle. Neudamm 1902.

[2]) So sagt auch BURCKHARDT: „Die Sense hat vielen Brüchern wehe getan." In: Säen und Pflanzen, S. 201.

[3]) KIENITZ, M.: Bericht über Wiesenanlagen auf einem ertragslosen Moor der Oberförsterei Chorin. Z.F.J.W. 1893, S. 520.

fahrtswege im Walde und die starke Beeinträchtigung des Wuchses an den Schatttenrändern des umgebenden Bestandes haben zu vielen Mißerfolgen auch bei sonst guten Boden- und Entwässerungsverhältnissen geführt, so daß die ursprüngliche Frage der Umwandlung ertragsarmer Erlenbestände in Wiesen sich oft wieder in die Gegenfrage der Rückumwandlung ertragsarmer Wiesen in Erlenniederwald verkehrt hat!

Dagegen ist vielfach eine Verbesserung des Erlenniederwaldbetriebes durch intensivere Bestandespflege nötig. Auch ist eine Werterhöhung durch *Einsprengung von Eschen und Stieleichen, auch raschwüchsigen Pappelarten,* in geringerem Maße auch der Fichte an den Rändern, möglich. Der Erlenniederwald, der in den Kiefernwaldungen des Ostens oft recht beträchtliche, wenn auch zersplitterte Flächen einnimmt, ist leider etwas Stiefkind der Wirtschaft geworden. Man hat über den großen und lebhaft umstrittenen Fragen der Kiefernwirtschaft seiner oft scheinbar ganz vergessen!

5. Der Akazienniederwald[1]**).** Die Akazie (*Robinia pseudacacia*) eignet sich wegen ihrer Raschwüchsigkeit und ihrer ungemein großen Ausschlagfähigkeit von Stock und Wurzel in hohem Maße zum Niederwaldbetrieb. Ihr ungemein zähes Holz liefert im schwachen Material *vorzügliche Weinbergspfähle,* in stärkeren Dimensionen die dauerhaftesten Pfosten, auch Grubenholz, sowie *Nutzholz für Wagener und Stellmacher.*

Diesen Vorzügen steht bei uns leider der meist knickige und gablige Wuchs gegenüber. Ob dies eine Wirkung des doch etwas zu kühlen Klimas (Herbstfröste), einer zu weitständigen Erziehung oder sonstiger falscher Behandlung ist, steht wohl nicht ganz fest. Jedenfalls zeigt die Akazie in den südlicheren Gebieten, z. B. in Ungarn, wo sie schätzungsweise auf einer Fläche von etwa 70000 ha, und im rumänischen Steppen- und Vorsteppengebiet, wo sie auf etwa 30000 ha vorkommt, viel häufiger geraderen und schlankeren Wuchs als bei uns (vgl. Abb. 175). Ähnlich stärker verbreitet und besser wüchsig findet sie sich in den wärmsten Gegenden Österreichs und der angeschlossenen Ostgebiete.

Sonst findet sich der Akazienniederwald vorwiegend auf *aufgeforsteten Bergwerkshalden, Steinbrüchen,* an den *Böschungen* von Eisenbahn- und Wegeeinschnitten, an Steilhängen mit Wasserrissen u. a. m., und hat hier neben der ertragswirtschaftlichen auch eine große Bedeutung als *Schutzwald* zur Befestigung des Bodens.

Der *Umtrieb* ist je nach dem Verwendungszweck 10—30jährig. Zur Wiederverjüngung wird sehr tiefer Aushieb des Stockes empfohlen, der sonst leicht ausfault. Der Ausschlag soll möglichst vom Wurzelhals und durch *Wurzelbrut* erfolgen. Letztere kann auch durch künstliche Verwundung der Wurzeln (kreuzweise Stichgräben oder kreuzweises Durchhacken mit der Spitzhacke zwischen den Stöcken) erheblich angeregt und vermehrt werden. Jedenfalls ist auf die Erzielung eines möglichst dichten Aufschlags zu achten, damit die Neigung zur Ästigkeit möglichst eingeschränkt wird. Gerade hiergegen scheint bei uns öfter gefehlt zu werden, worauf der schlechte Wuchs wohl mit zurückzuführen sein dürfte.

Bei *Neubegründung* ist enge Pflanzung 1—3jähriger verschulter Pflanzen in höchstens 1—1,2-m-Quadratverband das beste. Die Pflanzen sind 1—2 Jahre nach dem Anwachsen am besten tief zu stummeln, wonach sich reichlicher Ausschlag bildet. Die Durchforstung bzw. Verdünnung der Ausschlaglohden soll spätestens mit 5 Jahren einsetzen und häufiger wiederholt werden. Neuanlagen müssen bei Vorhandensein von Hasen und Kaninchen, die die jungen Pflanzen

---

[1]) Hauptsächlichste Literatur: EBERTS: Der Akazienniederwald. A.F.J.Z. 1899, S. 168 u. 290; 1900, S. 74. — HALLBAUER: Edelkastanie und Akazie als Waldbäume im Oberelsaß. Ebenda 1896, S. 249. — BUND, K.: Die Zucht der Akazie. Z.F.J.W. 1899, S. 199. — RUBNER, K.: Die forstlichen Verhältnisse Rumäniens. F.Cbl. 1926, S. 255.

im Winter gern schälen, eingegattert werden. Es wird auch Anstrich mit Raupen-
leim empfohlen.

Die *Materialerträge* sind nach den Angaben in der Literatur sehr schwankend: von 5 fm
Derbholz je Jahr und Hektar bis zu 15 fm (?), der Reinertrag dementsprechend zwischen
60—90 M. Rubner teilt ähnliche hohe Zahlen aus Rumänien mit, ebenso wird von Bund
für Ungarn auf besten Bonitäten ein im 20. Jahr kulminierender Durchschnittszuwachs
von 10—12 fm angegeben.

6. Der Pappelniederwald[1]. Die Anzucht raschwüchsiger Pappeln hat in der
Neuzeit wegen des Bedarfs an Weichholz, das zu *Schälfurnieren* geeignet ist,
und das wir bisher zum größten Teil aus dem Ausland beziehen mußten (Okumé-
holz) eine ganz hervorragende Bedeutung gewonnen. Die verschiedenen hier verwendeten Pappelarten sind teils ältere, teils neuere Züchtungen aus einer Reihe
von Grundarten, besonders *nigra*, *alba* und *trichocarpa*, die durch Kreuzung
eigener Rassen oder der Arten untereinander entstanden, oder die in Baumschulen mehr oder minder zufällig entstanden sind. Systematische, künstliche Kreuzung hat besonders von Wettstein im Kaiser-Wilhelm-Institut
für Züchtungsforschung in Müncheberg durchgeführt.

Bezüglich der Benennung herrscht noch große Verwirrung, da die Züchtereien
oft eine besonders wüchsige Auslese aus ihren Stecklingsvermehrungen unter
einem neuen Namen in den Handel brachten, aber auch durch die verschiedene
Benennung einzelner Arten und Bastardarten durch Botaniker und Dendrologen.
In der neuesten Zeit ist ein Versuch gemacht worden, diese Verwirrung aufzuklären[2]. Es muß aber erst abgewartet werden, inwieweit die vorgeschlagene
Richtigstellung durchdringt. Eine große Schwierigkeit besteht auch darin,
daß die für die einzelnen Arten, Varietäten bzw. Sorten gegebenen Unterscheidungsmerkmale z. T. äußerst gering und unsicher sind. Vorläufig wird
man in der Praxis sich damit abfinden müssen, die in dem Hauptpappelanbau-
gebiet Badens bzw. in Müncheberg gebräuch'ichsten Namen und Sorten zu übernehmen und anzubauen, bzw. sich von dort zuverlässige Bezugsquellen und
Richtlinien für den Anbau auf verschiedenen Standorten geben zu lassen.

Als solche besonders empfohlene Arten und Sorten können z. B. gelten:
P. nigra, canadensis (Sammelname für mehrere nordamerikanische Arten und
Bastarde), *alba, monilifera, trichocarpa, robusta, angulata, canescens* (Bastard von
alba und *tremula*), *serotina.*

Die *Wuchsleistungen* einzelner dieser Arten, allerdings nur *auf besten Aueböden*
mit einem Grundwasserstand von mindestens 50 cm, sind enorm. Im 40- bis
60jährigen Umtrieb kann man mit einer Masse von 450—800 fm rechnen. Einzelne
Stämme erreichen schon mit 40 Jahren Höhen von 40 m und Brusthöhendurchmesser von über 90 cm (Abb. 262). Der *Anbau der Stecklinge* erfolgt zunächst in
Pflanzschulbeeten, und nach 1—2 Jahren als *Heister* auf die *Freifläche.* Als
Verband werden 7—9 m empfohlen, dazwischen *Erle* und *Esche* als *Füllhölzer*
(u. U. auch Fichte). Die Heister müssen meist verpfählt, die Schäfte rechtzeitig
aufgeästet werden. Neben der flächenweisen Nachzucht auf Aueböden ist aber
auch die Einzel- und Reihenpflanzung an Bach-, Teich- und Wiesenrändern,
sowie Wassergräben und Wegen in feuchtem Gelände von größter Bedeutung.
Wenn alle diese passenden Orte in Deutschland entsprechend ausgenützt werden,
ist eine erhebliche Mehrleistung und vielleicht völlige Unabhängigkeit vom
Auslandsbezug in wenigen Jahrzehnten zu erhoffen. Schlechte, saure Böden mit

---

[1] Badisches Finanz- u. Wirtschaftsministerium: Die Nachzucht von Pappel u. Baumweide in d. bad. Auewaldungen. Karlsruhe. Selbstverlag.
Wettstein, W. von: Die Vermehrung und Kultur der Pappel. Frankfurt a. M. 1937.
[2] Houtzagers, G.: Die Gattung Populus u. ihre forstliche Bedeutung. Verlag
M. & H. Schaper, Hannover 1941.

stagnierendem Grundwasser oder zu hohe Lagen über dem Grundwasser sind aber aussichtslos und zu vermeiden!

7. Niederwaldbetriebe mit landwirtschaftlicher Zwischennutzung[1]). Die Verbindung von land- und forstwirtschaftlicher Nutzung auf gleicher Fläche ist offenbar eine *sehr alte Wirtschaftsform.* Sie dürfte bei uns schon auf die Zeit der ersten Besiedelung nach der Nomadenperiode zurückgehen[2]). Feste wirtschaftliche Formen hatte sie jedenfalls schon im frühen Mittelalter angenommen. Heute findet sie sich nur noch in einigen meist waldreichen Laubholzgegenden von West- und Süddeutschland, wo Mangel an landwirtschaftlichem Boden zu dieser eigenartigen und für den Wald jedenfalls sehr unvorteilhaften Verbindung drängt.

Es sind dies die sog. *Hauberge* in der Gegend von Siegen in Westfalen und in angrenzenden Gebieten, die *Hackwaldungen* im hessischen Odenwald, die sog. *Reutberge* im badischen Schwarzwald und die *Birkberge* in einzelnen Gegenden von Bayern. Fast überall sind aber diese Formen jetzt mehr und mehr in Verfall geraten und besitzen eigentlich fast nur noch ein historisches Interesse.

Allen ist gemeinschaftlich, daß nach dem Abtrieb der Schläge eine Art Düngung durch Holz- und Rasenasche stattfindet, indem man liegengebliebenes Schlagreisig, die Streu und den Bodenüberzug an Gras, Heide usw. auf der ganzen Fläche unter gewissen Vorsichtsmaßregeln abbrennt (sog. Sengen oder *Überlandbrennen*). Oder man bringt Reisig und Streu zu kleinen Haufen zusammen, die man anzündet und die Asche dann über die Fläche wieder verteilt (sog. *Schmoren* oder *Schmoden*[3]). Der Schlag wird darauf mit besonderen Hacken abgeschält („geschuppt") und umgepflügt, z. T. noch mit ganz altertümlichen Hakenpflügen. Hierauf folgt meist 2—3jähriger Getreideanbau zwischen den Stöcken (Buchweizen, Roggen[4]), bei dessen Ernte wegen der Schonung der aufwachsenden Stockausschläge nur die Sichel gebraucht werden kann. Danach überläßt man die Fläche wieder dem Wald, sucht aber zwischen und

Abb. 262. Kanadische Pappeln im badischen Auewald. (42/44j., Oberhöhen bis 42 m, Brusthöhendurchmesser bis 97 cm.)

unter diesem den meist starken Graswuchs noch durch Eintrieb von Weidevieh zu nutzen. Dies ist meist besonders schädlich, da bei dem Mangel an Wiesen und Weiden oft viel zu früh eingetrieben wird.

Die in diesem Betrieb vorkommenden *Holzarten* sind meist *Eiche* (Traubeneiche), aber auch viel *Haseln und Birken,* die sich immer mehr eindrängen. Die Eichen wurden früher meist geschält.

---

[1]) Hauptsächlichste Literatur: JÄGER, JOH.: Der Hack- und Röderwald. Darmstadt 1835. — Die Land- und Forstwirtschaft des Odenwaldes. Darmstadt 1843. — STROHECKER, J. R.: Die Hackwaldwirtschaft, 2. Aufl. München 1867. — BERNHARDT, A.: Die Haubergswirtschaft im Kreis Siegen. Berlin 1867. — VOGELMANN, V.: Die Reutberge des Schwarzwaldes, 2. Aufl. Karlsruhe 1871. — JAPING: Die Hauberge des Dillkreises. Z.F.J.W. 1925, S. 577. — Vgl. auch JENTSCH, FR.: Der Eichenschälwald, S. 160 ff.

[2]) HAUSRATH, H.: Pflanzengeographische Wandlungen der deutschen Landschaft, S. 118. Berlin 1911.

[3]) Ähnlich auch das sog. „Schiffeln" in Eifel und Hunsrück.

[4]) Gelegentlich auch Hafer und Kartoffeln. Im allgemeinen ist aber die landwirtschaftliche Nutzung immer mehr eingeschränkt worden.

Die Erträge sind ehemals oft nicht schlecht gewesen und bildeten vielfach das Rückgrat der kleinen und an sich ärmlichen Bergwirtschaften. Durch den zunehmenden Rückgang der Bestockung, den Sturz der Schälrindenpreise u. a. m. sind sie jetzt fast überall unhaltbar geworden und verfallen der Überführung in Hochwald, soweit Boden und Lage nicht hier und da eine Umwandlung in Weide oder Acker lohnend erscheinen lassen. Neben dem historischen Interesse, das diese uralten Wirtschaftsformen waldbaulich beanspruchen, finden sich noch höchst bemerkenswerte altertümliche Rechts- und Verwaltungsverhältnisse in ihnen. Der Wald ist aber hier stets mehr ein Hilfsmittel für die Landwirtschaft als Selbstzweck gewesen. Er war, wie HAUSRATH sehr treffend sagt, eine Art langjähriger Brache für die kurze Zeit des Getreideanbaus.

8. Kopfholz- und Schneidelbetrieb. Diese kaum noch forstlich zu nennenden Betriebe, die früher viel weitere Verbreitung gehabt haben, und die man heute nur noch in Südeuropa, besonders in den Balkanländern, häufiger antrifft, haben bei uns so ziemlich jede waldbauliche Berechtigung verloren. Man findet ihre Spuren nur noch in den immer spärlicher werdenden Kopfweiden an Bach- und Flußufern und gelegentlich auch einmal an alten verstümmelten Hainbuchen in früheren Weidewaldungen.

In den älteren Waldbaulehrbüchern findet man dagegen noch sehr ausführliche Abschnitte hierüber, und es ist nicht uninteressant für den Wechsel der wirtschaftlichen Ziele, daß noch HUNDESHAGEN 1830 ganze Niederwaldungen in Kopfholzbetrieb mit Weidewirtschaft umzuwandeln empfahl, und daß um diese Zeit noch viele Gemeinden in Süddeutschland ihren ganzen Brennholzbedarf aus solchen Kopfholzwaldungen gedeckt haben sollen[1]).

Kopfholzbetrieb wurde hauptsächlich bei *Weide, Pappel, Hainbuche, Linde, Ulme* und einigen anderen Holzarten angewendet. Die Bäume wurden schon beim Aussetzen in 2—3 m Höhe *geköpft* und die dann sich bildenden Äste in einem Umtrieb von 3—10 Jahren genutzt. Zur besseren Anregung für die neue Ausschlagbildung ließ man entweder einige Zweige als,,*Saftzieher*" stehen, oder man beließ kurze Aststummel, sog. ,,Stifte", um einen möglichst großen, maserartigen Kopf zu erzielen.

Zum Schneideln nahm man weniger Weiden und Hainbuchen als vielmehr Eichen, Ulmen, Linden und einige andere. Hier blieb der Wipfel stehen und man ästete nur den ganzen Stamm alle 2—3 Jahre bis in die Spitze hin auf. Das feine Reisig und Laub wurde meist als *Viehfutter* verwendet.

In beiden Betrieben herrschte neben diesen Nutzungen von früh an noch ausgedehnter Weidegang.

3. Zusammenfassende Wertung der Niederwaldbetriebsformen.

Die Betriebsform des Niederwaldes ist zwar forstgeschichtlich sehr alt, aber technisch immer recht primitiv geblieben.

Infolge ihrer *Einfachheit* verlangt sie kein besonders geschultes Personal und keine umständlichen Wirtschaftseinrichtungen.

Im allgemeinen ist die *Beanspruchung der Bodenkraft* je nach der Länge des Umtriebes sicher *recht bedeutend*, da die Reisigproduktion mit ihrem hohen Mineralstoffentzug stark in den Vordergrund tritt. Eine Erschöpfung des Bodens ist aber trotz der sicher mehrhundertjährigen Dauer des Betriebes nicht unmittelbar nachzuweisen!

Die jährliche *Holzerzeugung* auf der Flächeneinheit schwankt zwar je nach Holzart und Umtrieb in weiten Grenzen, ist aber im ganzen der des Hochwaldes nicht unterlegen. In Anbetracht des meist geringen Holzvorrates ist der Ertrag relativ sogar jedenfalls hoch.

Die erzeugten *Sortimente* sind bis auf Ausnahmen (Pappel und Erle) im allgemeinen *schwach* und nur für ganz bestimmte, *engumgrenzte Verwendungszwecke* zugeschnitten.

Aus diesem Grunde sind die *Gelderträge ungewöhnlich stark von der örtlichen und zeitlichen Marktlage abhängig*, die wieder von der allgemeinen Wirtschaftsentwicklung beherrscht wird. Deswegen ist die *Rentabilität den größten Schwankungen* unterworfen.

---

[1]) Vgl. GWINNER, W. H., u. DENGLER, L.: Waldbau, 4. Aufl., S. 200. Stuttgart 1858.

Den allgemeinen Bedarf der Volkswirtschaft an Holz (Bauholz, Schneideholz) vermag die Niederwaldform nicht zu erfüllen.

Deswegen kann sie stets nur eine Nebenbetriebsform der Forstwirtschaft
sein, die mit steigender Dichtigkeit der Besiedlung und Höhe der Kultur mehr
und mehr zurückgeht. Ihre Beibehaltung ist nur von gewissen ausnahmsweisen
Verhältnissen abhängig.

19. Kapitel. **Der Mittelwald**[1].

Geschichtliches und allgemeines. Auch der Mittelwaldbetrieb ist *geschichtlich sehr alt* und wohl nicht viel jünger als der Niederwald. Sehr bald mußte
sich nämlich bei weiterer Ausdehnung des letzteren ein Mangel an stärkerem
Werk- und Bauholz in der Nähe der Siedlungen fühlbar machen. Es war eine
große Erschwerung, wenn man nach jedem solchem Stück erst in die weiter abgelegenen Hochwaldungen fahren sollte.

So finden wir denn schon im Jahre 1219 einen Wald bei Speyer[2]), in dem von Unter-
und Oberholz gesprochen wird. Andere Urkunden aus dem 15. Jahrhundert unterscheiden
auch Schlagholz (Unterholz) und Heistern (schwaches Oberholz)[3]). Schon am Ende dieses
Jahrhunderts und im 16. Jahrhundert finden wir dann eine Reihe von Vorschriften über
die Zahl, die Beschaffenheit und das Alter des überzuhaltenden Oberholzes und damit den
Beginn des geregelten Mittelwaldbetriebes.

Diese Betriebsform stellt in ihrer Weiterentwicklung schon einen großen
Fortschritt der Waldbaukunst dar und führt bis zu den letzten, uns heute noch
bewegenden Fragen des vielstufigen und ungleichaltrigen Bestandesaufbaus
sowie der gemischten Bestockung. Letzten Endes ist sogar der Mittelwald an
der Schwierigkeit dieser Probleme gescheitert. Doch sprechen hierbei auch noch
andere Umstände mit.

Um 1900 nahm der Mittelwald in Deutschland nur noch 5% der Gesamtwaldfläche
ein und fand seine *Hauptverbreitung* nur in *Süddeutschland* (Elsaß, Baden und Württemberg), in geringerem Grade auch noch in den Gegenden der *großen Strombezirke* (Rhein-,
Elbe-, Saale-, Oderauen).

Überall findet er sich überwiegend im *Gemeinde-* und *Privatwald*, während
er aus dem Staatswald meist schon länger verschwunden ist. Im ganzen ist auch
er eine aussterbende Betriebsform, verdient aber wegen der waldbaulichen Probleme, die in ihm aufgerollt sind, auch heute noch eine allgemeine Beachtung.

Wie bereits erwähnt, entwickelte er sich zunächst aus dem Bedürfnis, neben
dem geringwertigen, schwachen Reisigholz, das der Niederwald erzeugte, auch
einiges stärkere zur Hand zu haben. Man ging deswegen zunächst dazu über,
beim jedesmaligen Abtrieb der einzelnen Schläge eine mehr oder minder große
Anzahl gut gewachsener Stockausschläge in passenden Holzarten, wie man sie
zur Verwendung als Nutzholz brauchte, besonders Eiche, doch auch Esche,
Ahorn, Rüster u. a., stehenzulassen. Man nannte diese daher *Laßreiser* oder

---

[1]) Literatur: LAUPRECHT, G.: Der Mühlhausener Mittelwald. Frankfurt a. M. 1871;
Suppl. A.F.J.Z. 1872, S. 1; 1873, S. 221. — KNORR: Mittelwald- und Plenterwaldformen usw.
Grunerts forstl. Blätter 1874, S. 45. — BRECHER, G.: Aus dem Auenmittelwalde. Berlin
1886. — HAMM, J.: Der Ausschlagwald. Berlin 1896. — FISCHBACH, H.: Aus dem Mittelwald.
A.F.J.Z. 1895, S. 145. — ZIRCHER: Der Mittelwald im Forstbezirk Durlach. F.Cbl. 1902,
S. 622. — HAMM: Leitsätze für den Mittelwaldbetrieb. Ebenda 1900, S. 392. — Ferner die
entsprechenden Abschnitte aus den älteren Waldbaulehrbüchern, besonders ausführlich und
fein in GWINNER u. DENGLER: Waldbau, S. 212—235. Stuttgart 1858.
[2]) HAUSRATH, H.: Pflanzengeographische Wandlungen der deutschen Landschaft, S. 157.
[3]) SCHWAPPACH, A.: Handbuch der Forst- und Jagdgeschichte Deutschlands, S. 183.

altertümlich auch Laßreitel (auch Hegereiser u. a.). Daran schloß sich dann sehr bald der weitere Schritt, beim zweiten Abtrieb aus den schon vorhandenen Laßreiteln wieder einige bis zum nächsten Abtrieb überzuhalten, und so weiter, bis wir endlich das fertige Bild eines Mittelwaldes vor uns haben, der aus einer *Unterstufe*, dem *gleichalten*, vom letzten Abtrieb herstammenden *Unterholz* oder *Schlagholz* besteht und einer *Oberstufe*, dem *verschieden alten*, aus den früheren Abtrieben herstammenden *Oberholz*, das entsprechend seiner Entstehung einen *stufenweisen Altersklassenunterschied* zeigt, der jedesmal *einer vollen Umtriebszeit* entspricht, also bei $u = 20$ Jahren Stufen von 40, 60, 80 Jahren usw. aufweist.

Sehr bald lernte man dann auch den Vorzug von Kernwüchsen gegenüber dem Stockausschlag bei der Verwendung zu Nutzholz, namentlich im höheren Alter, kennen. Daraus entwickelte sich dann die weitere Regel, bei der Auswahl der Laßreitel die zunächst zufällig im Schlagholz angeflogenen oder durch Tiere verschleppten *Kernwüchse* zu begünstigen, später auch solche durch Saat oder Pflanzung hineinzubringen. Damit war dann die vollkommene Verbindung von Niederwald und Hochwald auf der gleichen Fläche vollzogen und der echte Mittelwald in seiner Idealform fertig. Freilich ist in der Praxis von dem Grundsatz, daß das Oberholz nur aus Kernwuchs entstehen soll, sehr vielfach abgewichen.

Die verschiedenen Altersstufen des Oberholzes, die zugleich Stärkestufen darstellten, benannte man im schulgerechten Betrieb mit besonderen Namen. Es hießen nämlich die jüngsten Laßreitel, die nächstälteren Oberständer, dann angehende Bäume, Bäume, Hauptbäume und schließlich alte Bäume. Da aber eine genaue Unterscheidung in den älteren Klassen sehr schwierig war, weil die Alters- und Stärkenunterschiede sich mehr und mehr verwischten, so wurden die Benennungen nicht überall scharf getrennt, und schon GAYER schlug vor, sich einfach mit den zwei Klassen Laßreitel und Oberholz zu begnügen.

Der für den Mittelwaldbetrieb bestimmte Boden war recht verschieden: vom schweren, äußerst fruchtbaren Aueboden bis zu geringeren flachgründigen Berghängen. Gerade in der Anpassungsfähigkeit des Betriebes an verschiedene Bodengüten, nach der man die Oberholz- und Unterholzarten von Standort zu Standort wechselnd auswählte und auch das gegenseitige Mengenverhältnis der Ober- und Unterstufe entsprechend verändern konnte, wurde früher ein besonderer Vorzug vor dem Hoch- und auch dem Niederwald gesehen. Es ist aber kaum zu verkennen, daß die sog. geringeren Böden doch immerhin noch ausgesprochene Laubholzböden sein mußten und meist gar nicht so gering waren, oder daß andernfalls gerade hier recht schlechte Waldbilder entstanden, die den Mittelwald vielfach in Mißkredit brachten.

So hielt ihn G. L. HARTIG mehr für eine Mißwirtschaftsform des Hochwaldes als für eine selbständige Form mit voller Berechtigung, und auch v. BURGSDORF verwarf ihn schon um 1800 grundsätzlich, während andere zu gleicher Zeit und später noch warm für ihn eintraten, z. B. GWINNER, L. DENGLER[1]), PFEIL[2]) und besonders auch GAYER[3]).

Jedenfalls verschärften sich die Schwierigkeiten auf ungünstigeren Standorten derart, daß dort sein Rückgang schon sehr frühe eingetreten ist.

Klimatisch kommen nur *die wärmeren und frischeren Gebiete des westlichen und südlichen Deutschlands* in Betracht. Östlich der Elbe hat er sich von je fast nur auf die besten Böden in den Flußauegebieten beschränkt.

Holzarten des Mittelwaldes. Die *Zahl der Holzarten*, die in ihm vorkommen, ist *außerordentlich groß*, ja sozusagen fast unbeschränkt. Er ist durch die verschiedenen Bedingungen für Ober- und Unterholz von vornherein geradezu *der*

---

[1]) Waldbau, S. 212 ff. Stuttgart 1858.
[2]) PFEIL, W.: Krit. Blätter Bd. 25, S. 95.
[3]) GAYER, K.: Waldbau, S. 206. 1880.

gegebene Mischwald. Für das *Oberholz* sind am besten geeignet alle Arten, die *nicht zuviel Schatten* werfen, *raschwüchsig* sind und *gutes Nutzholz* liefern. Das sind im allgemeinen beide Eichen (im Auewald Stieleiche, im Bergwald Traubeneiche; doch findet sich hier vielfach auch erstere durch künstliche Einpflanzung verschleppt). Außerdem sind geeignet Pappeln, Birke, Esche, Ulmen, Ahorne, Kirsche, von Nadelhölzern Lärche und Kiefer. Doch sind in der Praxis auch Rotbuche, Fichte und Tanne öfter mit herangezogen, ja, es hat gerade in Westdeutschland oft überwiegende Oberholzbildung durch die Buche stattgefunden, nicht zum Besten des ganzen Betriebes.

Für die Auswahl des *Unterholzes* sind ganz andere, z. T. geradezu entgegengesetzte Gesichtspunkte entscheidend: *Schattenerträgnis,* gute *Ausschlagsfähigkeit,* hohe *Brennholzgüte.* Danach stehen in erster Linie: Hainbuche, Kastanie, auch Ulmen, Eschen und Ahorne. Minder günstig ist auch hier die Rotbuche wegen ihrer geringeren Ausschlagsfähigkeit, die jedoch bei den meist niedrigen Umtrieben nicht allzu schwer ins Gewicht fällt, so daß man sie doch recht häufig im Unterholz fand. Wegen ihrer geringen Brennkraft weniger geschätzt sind Linde, Hasel und Erle, und am wenigsten geeignet wegen ihres Lichtbedarfs Birke, Pappel u. a.

Verhältnis von Oberholz zu Unterholz. Von überragender Bedeutung war von jeher im Mittelwald die *Bestimmung des Mengenverhältnisses* und *der Stellung des Oberholzschirms,* der je nach den Holzarten und den allgemeinen Wirtschaftszielen wechseln mußte und frühzeitig die Aufmerksamkeit auf Lichtbedürfnis und Schattenfestigkeit der einzelnen Arten, auf Schirmdruck, Kronenform, Hiebsreife und Lichtungszuwachs hinlenkte. *Der Mittelwald ist damit geradezu zur Schule des Waldbaus in diesen wichtigen Grundfragen geworden.*

Schon früh war man dazu gekommen, in den jüngeren Oberholzklassen mehr Stämme zu belassen als in den älteren, da bei jedem Abtrieb des Schlagholzes nicht nur die älteste, hiebsreife Klasse entnommen, sondern auch die jüngeren Stufen auf schlechtformige, kranke oder sonst ungeeignete Stämme hin durchhauen wurden, und weil bei diesem Oberholzhieb natürlich auch mancher an sich geeignete Stamm durch Fällung beschädigt und mit weggenommen werden mußte.

Auch die *gleichmäßige Stellung des Oberholzes* über die ganze Fläche hin war eine oft undurchführbare Forderung. Die vielseitige Zusammensetzung des Oberholzes aus Holzarten mit verschiedener Hiebsreife, die unvermeidlichen Zufälligkeiten durch Gesundheitszustand, Fällungsbeschädigungen u. a. m. hätten hier der Norm zuliebe nur zu Zuwachsopfern geführt, die den Wirtschaftszielen zuwider liefen. Man ist dann vielfach in späterer Zeit mit Rücksicht auf die Nutzholzgüte (Astreinheit) des Oberholzes allgemein zur *gruppenweisen* oder sogar *horstweisen Stellung* übergegangen, so daß man schließlich bis zu der Anschauung gelangte: „*Die Signatur des Mittelwaldes ist die Gruppe*[1].“ *Damit war aber schon eine Abkehr vom eigentlichen Mittelwald angebahnt!*

Je nach der Menge und Stellung des Oberholzes schied sich der Mittelwald in drei Hauptgruppen:

1. Den *oberholzarmen oder niederwaldartigen Mittelwald* (mit einem Oberholzvorrat von meist unter 100 fm je Hektar[2]). Hier lag der Nachdruck auf der Unterholzstufe. Man verlängerte meist die Umtriebszeit für diese, um wenigstens hierdurch etwas stärkeres Holz zu erzielen. Da aber die Ausschlagsfähigkeit hierbei vielfach litt, so blieben die Erfolge bald hinter den Erwartungen zurück. Diese Form wurde meist bald wieder verlassen oder auf die geringsten Böden beschränkt.

---

[1]) Vgl. HAMM: a. a. O., S. 236.
[2]) Auch gemischte Stangenholzwirtschaft genannt.

2. Der *normale Mittelwald* (mit etwa 100—200 fm Oberholzvorrat). Hier ruhte das Schwergewicht auf beiden Stufen etwa gleichmäßig. Der Umtrieb ist kürzer, etwa zwischen 10—20 Jahren liegend (Abb. 263).

3. Der *oberholzreiche oder hochwaldartige Mittelwald* (mit über 200 fm Oberholz, in Einzelfällen sogar bis zu 400 fm und darüber). Hier sinkt das Schlagholz mehr und mehr in die Rolle des Bodenschutzholzes zurück, und der Betrieb nimmt hochwaldartigen Charakter an, ja er ist meist nur die Einleitung des Übergangs zu diesem.

Hiebsführung und Verjüngung. Die *Hiebsführung im Unterholz* richtet sich ganz nach den beim Ausschlagbetrieb im allgemeinen gegebenen Regeln. Meist wird das Schlagholz zuerst abgetrieben, weil man danach das Oberholz nicht nur besser auszeichnen kann, sondern auch die Fällung erleichtert wird. Bei dem

Abb. 263. Typischer Mittelwald „Kappeli", Gemeinde Höngg.

Schlagholzabtrieb werden zunächst die Laßreitel sorgfältig ausgesucht und übergehalten, immer in größerer Zahl, als man schließlich stehenlassen will, da man stets mit Fällungsschäden und sonstigem Abgang zu rechnen hat.

Danach beginnt die *Auszeichnung im Oberholz*, am besten in mehrmaligem Gange. Zunächst werden die kranken und fehlerhaften Stämme aller Klassen entnommen, dann erst die hiebsreifen der ältesten Klassen, und erst danach findet eine etwa noch notwendige Regelung der Schirmstellung über die ganze Fläche hin statt. Die Fällung hat mit größter Vorsicht und nötigenfalls nach Entastung oder Entwipfelung (Aufpolderung) besonders schwer- und breitkroniger Stämme zu geschehen, um die Laßreitel und jüngeren Oberhölzer nicht zu beschädigen. Bei Auszeichnung und Aushieb muß bedacht werden, daß man 15—20 Jahre hindurch nicht mehr an den Oberbestand heran kann. Ein Nachhieb im ersten Jahre ist allenfalls noch möglich, aber besser zu vermeiden, da die jungen Ausschläge des Schlagholzes immer darunter leiden. Im allgemeinen ist es immer besser, den Schlag gleich „fertigzumachen".

Gleichzeitig mit dem Hiebe sind notwendige *Ergänzungskulturen* für das Schlagholz wie für den Oberbestand auszuführen. Im allgemeinen ist auch hier die *Pflanzung* wie beim Niederwald vorzuziehen, doch findet sich bei geeigneten Holzarten im Oberholz nicht selten ein ziemlich reichlicher Naturanflug ein, z. B. von Esche, Ahorn, Birke u. a., was gerade ein besonderer Vorzug des Mittelwaldes vor dem Niederwald ist.

Zur Pflege des Oberholzes wird im allgemeinen die *Aufästung* bis zu einer gewissen Schafthöhe empfohlen. Manche Mittelwaldpraktiker, wie z. B. BRECHER, warnen jedoch sehr davor, namentlich vor der Abnahme stärkerer, über daumendicker Äste und vor der Ästung dicht am Stamm überhaupt, weil dies bei dem saftreichen Holz erfahrungsgemäß trotz Teerens zu vielen Faulstellen und Entwertung des Nutzholzstückes geführt habe. Er will deshalb lieber einen so langen Aststummel stehenlassen, daß einige kleine Seitenzweige ihn notdürftig am Leben halten, worauf dann wenigstens gesundes Einwachsen erfolge. Diese Befürchtungen scheinen aber übertrieben und die schlechten Erfahrungen sind wohl auf unrichtige Ausführung oder Entastungen zu falscher Zeit zurückzuführen (vgl. S. 488 bei Aufästung). (Für schwache, durch Wind, Schnee u. dgl. übergebogene Stangen wurde sogar Aufrichten und Befestigen mit Draht und Holzpflöcken empfohlen.) Gräserei und Weide sind natürlich ebenso schädlich oder noch schädlicher als im Niederwald.

Über den *Zuwachs*, die *Massenleistung* und die *Reinerträge* liegen viele und höchst interessante, aber bei der Verschiedenheit der Verhältnisse naturgemäß weit auseinandergehende Untersuchungen vor, u. a. von ENDRES, SCHUBERG, KRAFT, WEISE u. a.[1]). Am wichtigsten sind vielleicht die vieljährigen statistischen Nachweise LAUPRECHTS (s. o.) aus dem uralten Mittelwald der Stadt Mühlhausen i. Thür. Danach liegen die Zuwachsleistungen in allen mittleren und günstigen Fällen sicher nicht unter dem vergleichsfähiger Hochwaldbestände, sondern vielfach erheblich höher (5—9 fm je Jahr und Hektar).

Die Reinerträge betrugen in Mühlhausen 1900—04 = 56,60 M. je Hektar, im preußischen Revier Zöckeritz 1881—85 = 54,88 M. gegen 58,06 M. im dortigen Hochwalde, in Schkeuditz sogar 78,60 M. nach DANCKELMANN!

Wenn man trotzdem mehr und mehr, in Preußen auch in den vorgenannten günstigen Auemittelwäldern, ganz zum Hochwaldbetrieb übergegangen ist, so kommt das daher, daß die Verhältnisse sich eben mehr und mehr zugunsten einer vollen Nutzholzwirtschaft geändert haben. Der immer große Reisiganteil bei den oben angegebenen Holzertragszahlen, die Kurzschäftigkeit der Oberholzstämme und ihre sehr viel größere Abholzigkeit u. a. m. trieben die Mittelwaldwirtschaft ganz von selbst zur oberholzreichen Form und zur gruppen- und horstweisen Wirtschaft. Damit verschwand das Unterholz von selbst und mit ihm dann auch der Mittelwald selbst.

Heute finden wir aber noch immer z. T. recht schöne Mittelwaldbilder im kleinen Gemeindebesitz auch des preußischen Westens. Ich habe selbst in der Oberförsterei Reinhausen bei Göttingen eine Anzahl solcher zu bewirtschaften gehabt und kann nur bestätigen, was alle alten Anhänger dieser Betriebsform betonen, daß die waldbauliche Tätigkeit darin wohl schwierig, aber auch äußerst lehrreich und reizvoll ist. Man sollte nicht ohne zwingenden Grund diese letzten Reste einer so altehrwürdigen und aufs feinste reagierenden Waldform von der Bildfläche verschwinden lassen, sondern im Gegenteil für ihre sach- und fachgemäße Erhaltung sorgen!

Zusammenfassende Würdigung des Mittelwaldbetriebes. Der Mittelwaldbetrieb ist eine fast ebenso alte Betriebsform wie der Niederwald. Er hat sich aber im Gegensatz zu diesem bis *zu einem hohen Grad waldbaulicher Technik* entwickelt und hierbei die Lösung der schwierigsten Fragen in Angriff genommen.

Er verlangt zur vollendeten Durchführung nicht nur *ein geschultes Personal*, sondern sogar ein *hohes Maß von Geschick* und *waldbaulichem Verständnis*.

---

[1]) Literaturnachweise hierüber bei BRECHER, HAMM, sowie in den Waldbaulehrbüchern von HEYER-HESS und BÜHLER.

Die *Inanspruchnahme der Bodenkraft* ist zwar infolge der starken Reisigerzeugung auch in ihm eine große, immerhin aber doch *geringer als beim Niederwald*. Außerdem wirkt er pfleglich durch die *dauernde Beschirmung des Bodens*.

Die *Holzerzeugung* auf der Flächeneinheit ist bei geeigneten Böden und bei guter Wirtschaft *sehr hoch* und meist größer als im vergleichbaren Hochwaldbestand. Der Anfall an Derbholz und *Nutzholz* aber ist naturgemäß nur *gering*.

In der *Erzeugung verschiedenartiger Sortimente* steht der Mittelwald mit an erster Stelle. Er besitzt auch ein hohes Maß von Anpassungsfähigkeit an die wechselnden Bedürfnisse der Wirtschaft und des Marktes.

Er stellt sich wegen dieser Verhältnisse und wegen der mäßigen Ansprüche an die Höhe seines Vorratskapitals als eine besonders *geeignete Wirtschaftsform für den kleinen Waldbesitz* dar.

Er ist im Gegensatz zum Niederwald und teilweise auch zum Hochwald die *gegebene Mischwaldbetriebsform*. Er ist wegen seines ganzen Aufbaus eine sehr verwickelte und aufs feinste reagierende Waldform. Wirtschaftliche Mißgriffe wirken sich daher auch scharf aus.

Bei steigenden Nutzholzanforderungen führt er mehr und mehr zur hochwaldartigen Wirtschaft, damit zum Widerspruch mit seinen eigentlichen Grundsätzen und zur inneren Auflösung. An diesem Problem ist er in der Hauptsache im großen Betriebe gescheitert!

Die Umwandlung von Nieder- und Mittelwald in Hochwald[1]).

Die Umwandlung von Nieder- oder Mittelwald in Hochwald ist in der Wirtschaft der abgelaufenen letzten Jahrzehnte ein häufig vorkommender Fall gewesen. Sie ist daher sowohl in den älteren Waldbaulehrbüchern wie in Einzeldarstellungen der forstlichen Zeitschriften ein sehr eingehend erörtertes Problem. Auch in Zukunft wird es wohl hier und da noch auftauchen, wenn es auch für den Großwaldbesitz mit der meist schon vollzogenen Umwandlung seine Bedeutung verloren hat.

Der umgekehrte Fall einer Umwandlung von Hochwald in Mittel- und Niederwald wird kaum noch irgendwo vorkommen und kann hier außer Betracht bleiben.

Neben der Frage der waldbaulichen Maßregeln steht beim Übergang zum Hochwald die besonders schwierige *Frage der Ertragsregelung*. Da der Vorrat für den Hochwaldbetrieb meist bedeutend erhöht werden muß, muß der *Abnutzungssatz entsprechend erniedrigt* werden, um daraus den *Mehrvorrat langsam anzusammeln*. Andrerseits erfordern die älter gewordenen Stockausschläge und im Mittelwald auch die älteren Oberholzklassen wegen ihrer Hiebsreife die baldige Abnutzung. Die Wirtschaftseinrichtung hat daher zunächst fast immer einen geschickten Ausgleich zwischen diesen beiden Aufgaben zu suchen, indem sehr

---

[1]) Hauptsächlichste Literatur: Die entsprechenden Abschnitte in den Schriften von HAMM, BRECHER (vgl. S. 485) und in den Waldbaulehrbüchern von COTTA, GWINNER-DENGLER, HEYER-HESS, GAYER. Ferner von Einzelarbeiten: GREBE: Die Überführung des Mittelwaldes in Hochwald. Aus dem Walde 1872, S. 1; 1873, S. 1. — BÖHME: Über die Überführung des Mittelwaldes in Hochwald. F.Cbl. 1885, S. 332. — BRAUNS: Die Überführung des Mittelwaldes in Hochwald in der Oberförsterei Bischofrode. Z.F.J.W. 1903, S. 530. — FISCHBACH, C. v.: Überführung des Eichenschälwaldes zu rentableren Betrieben. F.Cbl. 1898, S. 333. — JÄGER: Vom Mittelwald zum Hochwald. Frankfurt a. M. 1889. — EMMELHAINZ: Umwandlung des nassauischen Niederwaldes. Z.F.J.W. 1902, S. 523; 1903, S. 619. — KRUHÖFFER: Die Überführung vom Niederwald in Hochwald. Silva 1909, S. 681. KIRCHGESSNER: Niederwaldumwandlung. F.Cbl. 1910, S. 211. — Ferner die Versammlungsberichte d. sächs. Forstver. 1882, d. dtsch. Forstversammlung Metz 1893, Bad. Forstver. 1899, Thür. Forstver. 1909, Dtsch. Forstver. 1902 u. 1907.

sorgfältig *nur das Notwendigste zum Hiebe* gestellt wird, andrerseits alles noch Zuwachskräftige gehalten und durch *intensive Bestandespflege*, Hochdurchforstung, Plenterdurchforstung, Lichtungshiebe möglichst in der Zuwachsleistung und Vorratsaufspeicherung gefördert wird. Es ist selbstverständlich, daß auch *alle Kernwüchse* jetzt *möglichst erhalten* und die Stockausschläge zurückgedrängt werden müssen.

Es empfiehlt sich häufig, die *Umwandlung erst auf einem Teil der Betriebsfläche* vorzunehmen und den Umtrieb für den neuen Hochwald anfänglich möglichst niedrig anzusetzen, damit die Erniedrigung des Abnutzungssatzes nicht zu fühlbar wird. Am besten helfen hier aber immer die Durchforstungserträge in den dichten Stockausschlagbeständen, die bei gehöriger Anspannung den Ausfall in der Hauptnutzung oft zu decken vermögen.

Im *Niederwald* läßt man die Bestände zunächst hoch wachsen und setzt dann möglichst erst in einem so hohen Alter, daß ein allzu reicher und kräftiger Stockausschlag sich nicht mehr einfindet, mit Lichtungshieben ein, die einen so lockeren Schirmstand herbeiführen, daß darunter die künstliche Kernwuchsbegründung durch Saat oder Pflanzung stattfinden kann. Neben den anzuziehenden Hauptholzarten, meist wohl Rotbuche und Eiche, ist gleich von vornherein auf eine reichliche Einsprengung raschwüchsiger und früh Nutzholz liefernder Holzarten Bedacht zu nehmen (Lärche, Weimutskiefer, Douglasie, Fichte u. a.).

Im *Mittelwald* wird man bei geeigneten Holzarten im Oberstand auch oft die natürliche Verjüngung bei diesen anwenden können, namentlich bei Zuhilfenahme der Stockrodung. Andrerseits kann man auch durch reichliche Belassung von Kernwuchslaßreiteln aus diesen und den jüngeren Oberholzklassen durch allmählichen und vorsichtigen Auszug der stärkeren Oberhölzer die Hochwaldbestände heraufziehen. Am besten geht beides nebeneinander her, um damit gleich eine Anbahnung der Altersklassenverschiedenheit zu erreichen. Man wird hier jede Möglichkeit, auch auf kleinster Fläche, mitnehmen und benützen müssen und überhaupt nicht großflächenweise, sondern auch viel mit Gruppen und Horsten arbeiten müssen. Der Übergang wird sich daher auch mehr in den Formen des ungleichaltrigen und mehrstufigen Bestandes zu vollziehen haben. Auch die Belassung von Überhältern gehört hierher. In Einzelheiten muß auf die oben angeführte reiche Literatur verwiesen werden.

20. Kapitel. **Der Hochwald und seine besonderen Formen.**

Einteilung und Übersicht. Der Hochwald ist die alleinige Waldform der Natur. Nieder- und Mittelwald sind lediglich durch die Wirtschaft geschaffene Formen. Der Hochwald ist aber auch die weitverbreitetste Waldform. Gerade er hat mit zunehmender Entwicklung der waldbaulichen Technik außerordentlich viele und verschiedene Unterformen angenommen. In der Praxis gehen diese vielfach ineinander über, aber ihre grundlegenden Aufbaulinien sind in ihrer Wirkung so verschieden, daß eine klare theoretische Trennung von großer Wichtigkeit ist. Mit Recht hat man sich daher gerade in letzter Zeit bemüht, hier fest umrissene Bilder dieser Formen zu schaffen und eine klare Einteilung zu finden[1]).

---

[1]) GAYER, K.: Waldbau bei „Charakteristik der verschiedenen Bestandesformen" S. 156, 1884. — WAPPES, L.: Über das Prinzip und die Anwendbarkeit des Femelschlagverfahrens. C.ges.F.W. 1904, S. 389 unten. — WAGNER, CH.: Die Grundlagen der räumlichen Ordnung im Walde, S. 105. 1911. — Aufbau forstlicher Betriebssysteme. F.Cbl. 1913, S. 226. —

GAYER war wohl der erste, der eine Übersicht zu geben versuchte, die sich aber im wesentlichen nur auf das Altersklassenverhältnis im Bestande gründete: Gleichaltrige, vorübergehend bzw. dauernd ungleichaltrige Formen, solche mit nur zwei oder mehr Altersstufen usw. GAYER nahm also nur die Bestockungsform zum Einteilungsgrund, die Fläche und ihre Form berücksichtigte er noch gar nicht.

Eine wesentliche Erweiterung und Verfeinerung erfuhr die GAYERsche Einteilung dann durch WAPPES, der die Art des Eingriffs (*Hiebsform*) und andererseits Ort, Flächenumfang und Aufeinanderfolge des Eingriffs (*Schlagform*) als Einteilungsgründe vorschlug. Noch weiter ausgearbeitet wurde schließlich diese Einteilung von CHR. WAGNER, der insbesondere die Hiebs- und Schlagformen selbst noch schärfer bestimmte. Andere haben mehr den biologischen Gesichtspunkt der Verjüngungsart (entweder aus dem Bestandesinnern heraus oder von außen, vom Rande her) in den Vordergrund stellen wollen. Mir erscheint am klarsten und für Lehrzwecke am geeignetsten die *Gliederung nach Hiebsart und Schlagfläche*. Sie entspricht auch am besten dem hier immer wieder vertretenen Gedanken, daß der Wald ein *Bauwerk* (freilich kein starres, sondern sich stetig veränderndes!) ist, *dessen Formen durch Aufriß und Grundriß gegeben werden*. Die Hiebsart bestimmt dabei zum größten Teil den Aufriß, die Schlagform den Grundriß. Freilich kommt überall noch ein dritter Umstand hinzu, das ist die räumliche und zeitliche Aufeinanderfolge der Hiebe. Man kommt zu einem anderen Waldaufbau im ganzen, wenn man schmale Kahlhiebe Jahr für Jahr aneinanderreiht, oder wenn man sie weit auseinanderlegt und nur alle 5 oder 10 Jahre wiederkommt. Da im allgemeinen aber der mehr oder minder stetige Fortschritt doch die Regel ist und weit auseinanderliegende Sprünge beim Hiebsfortschritt seltener sind, so werden wir diese Verschiedenheiten nur als Unterteilungsgrund anzunehmen brauchen und die sprungweisen Formen als Sonderfälle behandeln.

An Hiebsarten sind drei Formen zu unterscheiden:

1. Der *Kahlhieb*, der auf der ganzen in Verjüngung zu nehmenden Fläche *alle Bäume mit einemmal* entnimmt und volles Licht für die nachfolgende Verjüngung gibt.

2. Der *Schirmhieb*, der nur *einen Teil* der Stämme *in möglichst gleicher Verteilung* entnimmt, so daß ein *gleichmäßig durchbrochenes Licht* geschaffen wird. Dieses soll ein gleichmäßiges Ankommen bzw. Aufwachsen der Verjüngung auf der ganzen Fläche bewirken.

3. Der *Plenter- oder Femelhieb*, der ebenfalls *nur einen Teil* der Stämme, aber *in bewußt ungleichmäßiger Weise* entnimmt und hier mehr, dort weniger Licht gibt. Daher wird auch eine ungleichmäßige Verjüngung bewirkt.

Die Schlagflächen sind nach unserer schon eingangs gegebenen Einteilung der Bestandesarten zu gliedern in:

1. *Gruppen*, 2. *Schmalstreifen* bzw. *Säume* (Zwergflächencharakter);

3. *Horste*, 4. *Breitstreifen* (Kleinflächencharakter);

5. *Großflächen*, wobei es auf die Form nicht weiter ankommt.

Wenn zwischen allen Hiebsarten und Schlagformen Verbindungen möglich wären und praktisch vorkämen, so würden sich 15 Grundformen für den Aufbau des Hochwaldes ergeben. Das ist aber nicht in vollem Umfang der Fall. Die Hiebsart des Schirmhiebs geht auf Zwergflächen mehr und mehr in die des Plenterhiebs über, weil die Nachbarwirkungen vom unangegriffenen Bestand hinzutreten und daher auch bei gleichmäßiger Stammentnahme auf

FABRICIUS, L.: Zur Abwehr. Ebenda 1921, S. 401. — SEEHOLZER, M.: Saumfemelschlag und Blendersaumschlag. Ebenda 1922, S. 125. — WIMMER, E.: Der Bestandesbegriff im Waldbau. Ebenda 1922, S. 371. NEUBAUER, W.: Zur Systematik der waldbaulichen Betriebsformen. C.ges.F.W. 63. Jahrg., 3, 4, 7/8, und 64. Jahrg., 3, 4. Dazu DENGLER, A.: Zur Frage der Systematik der waldbaulichen Betriebsformen. Ebenda 1938, H. 5/6, und Entgegnung von NEUBAUER in H. 9.

der Schlagfläche doch ungleiche Lichtverhältnisse und ungleiches Ankommen der Verjüngung schaffen. Bei sehr kleinen Flächenformen lassen sich daher diese beiden Hiebsarten nicht mehr deutlich voneinander trennen, ja sogar der Kahlhieb wirkt hier z. B. in Gruppen schon kaum noch als solcher, sondern eher plenterartig. (Schließlich ist übrigens letzten Endes jede Einzelstammentnahme auch ein Kahlhieb auf kleinster Fläche!)

So verringert sich schon die Zahl der theoretisch denkbaren Formen. Manche anderen, an sich möglichen, kommen außerdem in der Praxis nicht oder nur selten vor. Auf der anderen Seite vermehrt sich die Zahl der Formen wieder durch räumliche Verbindung oder zeitliche Aufeinanderfolge zweier verschiedener Hiebsarten oder Schlagformen, z. B. anfangs oder stellenweise gruppenweiser Plenterhieb, später oder gleichzeitig an anderen Stellen streifenweiser Schirm- oder Kahlhieb (sog. *kombinierte Verfahren*). Wir werden bei unserer Betrachtung auch nicht den schematischen Weg nach der obigen Einteilung gehen, sondern zunächst die in der Praxis gebräuchlichsten Formen in der Reihenfolge von den einfacheren zu den verwickelteren betrachten und ihnen jedesmal die nahestehenden selteneren Nebenformen angliedern.

1. Der Kahlschlagbetrieb auf großer Fläche und seine Nebenformen.

Geschichtliches. Der Großkahlschlag ist geschichtlich als Reform gegen den Zustand der Waldverwüstung entstanden, der sich vom 16. bis 18. Jahrhundert in den der Besiedelung und dem Verkehr näher gelegenen deutschen Waldungen überall eingestellt hatte, weil die Verjüngung mit der steigenden Nutzung bei dem wilden „*Plätzighauen*", d. h. der ungeregelten Entnahme des Holzes an gerade geeigneten und bequemen Stellen, nicht mehr Schritt hielt, und die Räumden und Blößen dabei immer größer wurden (vgl. S. 82). Alle Akten des 18. Jahrhunderts sind voll von diesen Klagen. Man wußte sich schließlich keinen anderen Rat mehr, als daß man das Plätzighauen verbot und die schlagweise Entnahme anordnete, die an sich ja noch nicht den Kahlhieb nach sich zu führen brauchte. Da aber der Wald zum großen Teil schon verhauen und lückig und der Boden zu verwildert war, um sich etwa unter Schirm noch natürlich zu verjüngen, so wurde meist kahl abgetrieben und aus der Hand kultiviert, meist nach Umpflügen und Eggen durch Hand- und Spanndienstpflichtige, die auch das Saatgut sammeln mußten, das oft in unglaublich großen Mengen auf die Fläche ausgestreut wurde. Es liegt wahrscheinlich hierin mit ein Grund, daß die Verjüngung auf den stark verheideten und vergrasten Flächen überhaupt gelang, wie man das aus den lobenden Erwähnungen von „hoffnungsvollem Anwuchs" entnehmen muß. Allerdings war man damals nicht verwöhnt, und die Anforderungen waren sicher geringer als heute. In vielen Fällen hat nach dem Kahlschlag und der Stockrodung auch erst eine landwirtschaftliche Zwischennutzung stattgefunden, wie PFEIL berichtet, der in Norddeutschland nach langjährigen Erfahrungen mehr und mehr für den Kahlschlag bei der Kiefer eingetreten war, nachdem er anfänglich mehr von der Naturverjüngung unter Schirmschlag erwartet hatte[1]). Tatsache ist jedenfalls, daß *der Kahlschlag mit nachfolgender künstlicher Verjüngung* mehr und mehr als *Retter aus der Not* angesehen wurde und sich in steigendem Maße, wenigstens in den Nadelholzbeständen, und besonders bei der Kiefer im Osten, später aber auch bei der Fichte in den westlichen Gebirgen einführte. Gegen Ende des 19. Jahrhunderts trat dann ein Umschwung ein, der freilich nur im Theoretischen steckenblieb und sich nicht in die große Praxis umgesetzt hat.

---

[1]) PFEIL, W.: Das forstliche Verhalten der deutschen Waldbäume, S. 228, 1829; Krit. Blätter Bd. 7, S. 74; Bd. 27, S. 252.

Man sah Schäden aller Art: Insektenfraß, Sturmverheerungen, Lückigkeit der Kulturen, die im Unkraut litten u. a. m. Man schob das alles mit mehr oder minder guten Gründen auf die Methode des Kahlschlags, obwohl ja ein großer, wenn nicht der größte Teil des Waldes, noch gar nicht von ihm betroffen worden war. Führende Männer der Wissenschaft, wie GAYER, BORGGREVE und letztens MÖLLER, wandten sich daher mehr oder minder scharf gegen den Kahlschlag. Die Praxis ging ihnen auch wohl hier und da nach. Versuche, anderes an seine Stelle zu setzen, wurden wiederholt gemacht, aber die Erfolge ermunterten meist nicht zur Abkehr von der alten Methode, wo sie einmal eingebürgert war. Im großen und ganzen dürfte der Kahlschlag in der Praxis dadurch wenig an Fläche verloren haben. Zum mindesten gilt das für die großen reinen oder vorwiegenden Kiefern- und Fichtenwaldungen. Im Laubwald hatte er sich überhaupt nie stärker eingebürgert, und im gemischten Laub- und Nadelwald sowie da, wo Fichte mit Tanne oder Fichte mit Kiefer in Mischung miteinander vorkamen, sind neben ihm immer andere Formen erhalten geblieben. Eine Wendung gegen den Kahlschlagbetrieb haben aber dann die Umstellung der preußischen Staatsforstverwaltung und spätere Erlasse des Reichsforstmeisters mit

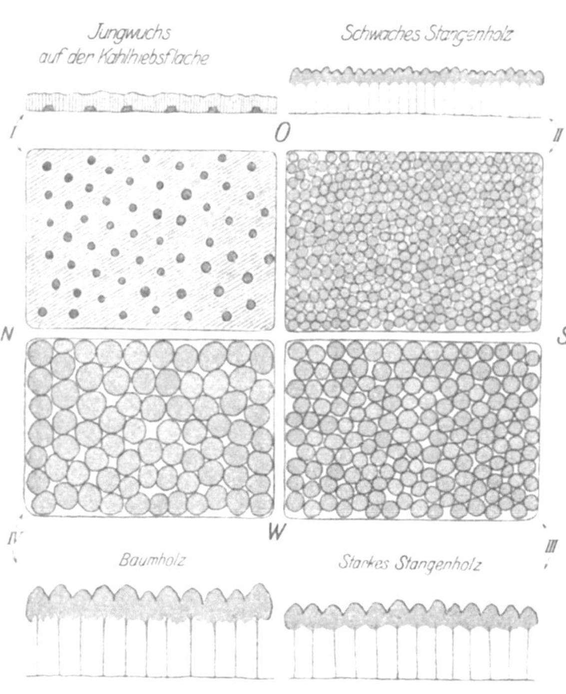

Abb. 263a. Schema des Kahlschlagbetriebes.
(Entworfen von DENGLER.)

sich gebracht, die den Kahlschlag grundsätzlich verboten haben und nur in Ausnahmefällen, z. B. bei rassisch minderwertigen, stark verlichteten Beständen u. dgl. zulassen. Wieweit sich diese allgemeine Abkehr vom Kahlschlagbetrieb bei der heute vorliegenden Bestandesverfassung besonders in unsern Kiefern- und Fichtenwaldungen bei den ungeheuer vermehrten Holzforderungen der Gegenwart und Zukunft verwirklichen lassen wird, bleibt noch abzuwarten.

Verfahren des Großkahlschlages. Das *Vorgehen des Kahlschlages* ist sehr einfach und kunstlos. Man vergleiche dazu das Schema (Abb. 263a). Alle Teile zeigen in sich volle Gleichartigkeit in Grundriß und Aufriß. Die ältesten Bestände werden herausgesucht, abgegrenzt und zur demnächstigen Abnutzung und Verjüngung in der nächsten Wirtschaftsperiode (10 oder 20 Jahre) bestimmt. Wenn man auch größere Flächen wohl selten mit einem Male kahlgehauen und verjüngt hat, so ist doch selbst eine Verteilung der Schläge auf 10 oder 20 Jahre nicht imstande, innerhalb der einzelnen Wirtschaftsfigur eine dauernde Ungleichstufigkeit zu erzielen. Nur im Jugendabschnitt ist allenfalls eine Abstufung von der einjährigen Kultur bis zur 20jährigen Dickung vorhanden, die sich aber schon im Stangenholzalter wieder ausgleicht und im Altholz völlig verschwindet.

Für die *Schlagfolge* ist im allgemeinen bei der Fichte immer die Sturmgefahr entscheidend gewesen. Der *Anhieb* erfolgte daher, von lokalen Abweichungen der Windrichtung abgesehen, meistens *von Osten* her und ist gegen Westen weitergeführt worden. Auch bei der Kiefer und gelegentlich auch bei anderen Holzarten ist diese Hiebsfolge von Ost nach West sehr beliebt und verbreitet gewesen. Erst in neuerer Zeit hat man unter dem Einfluß der Ausführungen CHR. WAGNERs[1]) über die Feuchtigkeitsverhältnisse an den verschiedenen Bestandesrändern besonders bei der Kiefer den trockneren Ostrand teilweise verlassen und den *Anhieb von Norden* her vorgenommen, da dieser Rand mehr Niederschläge bekommt und besseren Sonnenschutz genießt. Freilich kann dieser Vorteil nach den Beobachtungen und Untersuchungen von WIEDEMANN auf frischeren Böden leicht ins Gegenteil umschlagen, insofern vielfach die Unkräuter hiervon größeren Nutzen ziehen als die Holzpflanzen[2]), und Schattendruck und erhöhte Schüttegefahr die Kiefer auf den Nordrandstreifen nachweisbar stark im Wuchs beeinträchtigen.

Form und Größe der Schlagflächen haben beim Kahlschlag in recht weiten Grenzen geschwankt. Vielfach boten kleinere Wirtschaftsabteilungen Gelegenheit zum Abtrieb im ganzen. Ebenso bedingten besonders stark verlichtete Teile oder flächenweise Altersunterschiede manchmal die Größe und Form der Jahresschlagfläche. Bei einigermaßen gleichliegenden Verhältnissen hat man aber immer gern die Form langer, geradlinig abgegrenzter *Streifen* gewählt, da diese die Aufmessung und Abfuhr des Holzes erleichtern und auch bei der Bearbeitung des Bodens mit bespannten Geräten den Vorteil des selteneren Umwendens bieten.

Die *Breite der Streifen* ist im Fichtengebiet, besonders in Sachsen, oft recht schmal, 10—20 m, und trägt dadurch zunächst oft Kleinflächencharakter. Wo aber eine rasche Aneinanderreihung der Schläge stattfindet, verwischt sich dieser mehr und mehr, und die auf solche Weise entstandenen Bestände tragen meist schon vom Stangenholzalter an durchaus wieder den Charakter der Großflächen. In der Kiefernwirtschaft des Ostens betrugen die Schlagbreiten meist 50—60 m. Erst neuerdings hat man auch hier mit schmaleren Schlägen von 20—30 m Breite gearbeitet, gegen die WIEDEMANN[3]) aber ebenso wie gegen den Nordsaum unter gewissen Verhältnissen den Einwand zu starker Beeinträchtigung durch die Randwirkung des Altbestandes erhebt. Er verweist hierbei u. a. auch auf die Urteile erfahrener Kiefernwirtschafter, z. B. von PFEIL, der den zu großen Schlägen auf trocknen Böden zwar auch nicht das Wort reden wollte, „aber gewiß sind sie für die Kiefer zuletzt weniger verderblich als schmale Schlagstreifen. Das Bessere bleibt übrigens immer die goldene Mittelstraße[4])!"

Loch- und Schachbrettschläge. Eine sehr eigenartige Kahlschlag- und Verjüngungsform hat man bei der Kiefer in Ost- und Westpreußen in der Form von *Schachbrett-* und *Lochschlägen gegen die Engerlingsgefahr* angewendet (Abb. 264). Man hoffte, daß der Maikäfer auf ihnen wegen der kleineren und zersplitterten Schlagflächen nicht so leicht anfliegen und zur Eiablage schreiten würde wie auf den Großflächen. Nach den älteren Berichten[5]) hat sich dieses Mittel auch insoweit bewährt, als die Kulturen zunächst erheblich besser gelangen und weniger Nachbesserungen erforderten. Später zeigten sich aber die nachteiligen Wirkungen der vielen Ränder, welche vorerst fest liegen blieben und unter Schattendruck und

---

[1]) WAGNER, CHR.: Die räumliche Ordnung im Walde, S. 135 ff. 1911.
[2]) WIEDEMANN, E.: Die zweckmäßige Breite der Kahlschläge im Kiefernwald. Z.F. J.W. 1926, S. 333.
[3]) a. a. O.
[4]) Zitiert nach WIEDEMANN: a. a. O.
[5]) FEDDERSEN: Der Maikäfer und seine Bekämpfung. Z.F.J.W. 1896, S. 265 ff.

Abb. 264. Lochweiser Kahlschlag in Kiefern mit nachfolgender künstlicher Kultur gegen Engerlingsgefahr (sog. FEDDERSENsche Maikäferlöcher). Forstamt Freienwalde a. d. O. (Im Vordergrund ein jüngeres, im Hintergrund ein älteres Loch.) Man beachte das Abfallen der Verjüngung durch Randwirkung nach links gegen den Altbestand hin!
(Aufn. von F. SCHWARZ.)

Wurzelkonkurrenz des umgebenden Altholzes litten, nach Freistellung aber zu Steilrändern wurden und die Nachverjüngung auf den Zwischenstücken beeinträchtigten (Abb. 265). Daher ist man doch, nachdem die größte Engerlingsgefahr erst einmal überwunden war, wieder zu größeren, streifenförmigen Schlägen gekommen. Im übrigen ist es sehr unsicher, ob das Abflauen der Engerlingsschäden wirklich auf dieses Kleinflächenverfahren zurückzuführen ist oder auf einen natürlichen Rückgang in der Schädlingsentwicklung, da auch in Forsten ohne solche Kleinflächenwirtschaft (z. B. im Lehrforstamt Chorin) ein gleiches Abflauen stattfand, trotzdem dort zu Zeiten PFEILs die Engerlingsschäden einen geradezu trostlosen Umfang angenommen hatten. Außerdem ist bekannt, daß die Engerlingsverseuchung in sehr lückig bestockten Althölzern und Räumden oft genau so groß ist wie auf großen Kahlflächen!

Spring- oder Wechselschläge und Schlagruhe. Die offenbare Gefährdung der Kulturen, die das Aneinanderlegen der Schlagflächen mit Bezug auf den Maikäfer, aber auch auf den Rüsselkäfer und die Schütte mit sich brachte, suchte man später vielfach durch sog. *Spring-* oder *Wechselschläge* und die *Schlagruhe* zu vermeiden. Die erstere Methode bestand darin, daß man an den ersten Anhieb zunächst keinen weiteren anreihte, sondern den nächstjährigen in eine andere Wirtschaftsfigur legte und erst dann wieder an den alten Anhieb zurückkehrte, wenn die Kultur dort aus den Nachbesserungen und Jugendgefahren heraus war und als gesichert gelten konnte. Mit Rücksicht auf den Rüsselkäfer pflegte man außerdem nicht sofort nach dem Hiebe zu kultivieren, sondern wartete erst ein Eintrocknen und Verwittern der frischen Stöcke ab, die mit ihrem Harzgeruch den Käfer anlockten. Man ließ erst eine 2—3-jährige sog. *Schlagruhe* eintreten. So betrug bei Schlagruhe und Wie-

Abb. 265. Ungünstige Steilrandbildung an den vorverjüngten FEDDERSENschen Lochkahlschlägen (Forstamt Freienwalde a. d. O.).
(Aufn. von DENGLER.)

derkehr der Wechselschläge nach 5—6 Jahren der Altersabstand der benachbarten Kulturen häufig 8—10 Jahre und mehr (vgl. Abb. 266). Auch hierbei machten sich natürlich Randwirkungen vom Altholz her auf die Dauer vielfach ungünstig bemerkbar, ebenso auch eine starke Verunkrautung der Altholzränder selbst von der ungedeckten Flanke der Kultur her. Besonders stark zeigte sich diese Verwilderung (teilweise auch Verhagerung auf trocknen Böden) an den letzten schmalen Resten der Altholzstreifen, die von zwei Seiten her ungeschützt waren. Dieser Fall trat um so häufiger ein, als man wegen des langsamen Hiebsfortschrittes gezwungen war, die Wirtschaftsfiguren noch ein- oder zweimal aufzuteilen und doppelt anzuhauen, so daß förmliche *Kulissen* entstanden (vgl. Skizze Abb. 267). Eine derartige Wirtschaft war insbesondere in den Kieferngebieten des Ostens unter dem Einfluß von DANCKELMANN

Abb. 266. Streifenkahlschlag in sog. Spring- oder Wechselschlägen. (Nach DANCKELMANN.) Forstamt Eberswalde. Im Vordergrund frische Schlagfläche, dahinter 10—12jährige Dickung, dann über 20jähriges Stangenholz. (Aufn. von JAPING.)

in den letzten Jahrzehnten des vorigen Jahrhunderts vielfach in Übung[1]). Sie hat in den Eberswalder Lehrforsten den reinen Kiefernbeständen eine sehr charakteristische Gliederung gegeben.

Übrigens wurden solche Kulissenkahlschläge in schmaler Breite bei der Kiefer auch zur Erzielung von Naturanflug von der Seite her schon unter Friedrich dem Großen angeordnet, sind aber wegen der vielen Mißerfolge der Naturverjüngung rasch wieder fallen gelassen worden, während sie in den östlichen Nachbarstaaten noch bis in die neuere Zeit üblich waren.

Die Kulissenkahlschläge erfuhren schärfste Ablehnung und Kritik durch BORGGREVE[2]), der ihnen alle Vorteile abstritt und nur Nachteile an ihnen fand. So vor allem die Druckwirkung und Wurzelkonkurrenz der langen Altholzränder auf die Jungwuchszwischenstreifen und die Verunkrautung bzw. Verhagerung der nach beiden Seiten frei gestellten Altholzstreifen. Diese Nachteile sind nicht zu bestreiten. Man darf dabei nicht übersehen, daß sie bis zu einem gewissen Grade mit jedem Kahlhiebsverfahren auf kleiner Fläche verbunden

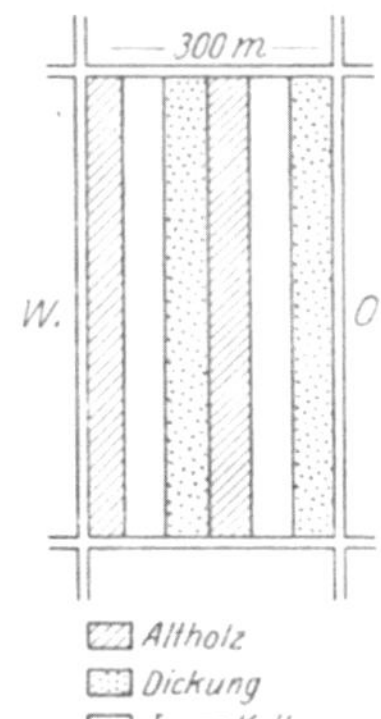

Abb. 267. Schmalkahlschlagverfahren in Spring- oder Wechselschlägen.

sind, und daß man sie nur vermeiden kann, wenn man zu breiten Schlägen übergeht, wie dies auch WIEDEMANN in seiner oben angeführten Arbeit vor-

---

[1]) HOLLWEG: Zur Schlagführung im Kiefernwalde des Reg.-Bez. Bromberg. Z.F.J.W. 1894, S. 577. — Kulissenverjüngung im Kiefernwalde. Ebenda 1901, S. 323.

[2]) Holzzucht, 2. Aufl., S. 200—207.

schlägt. Natürlich nähert man sich damit aber zwangsläufig auch wieder den Nachteilen der Großflächenwirtschaft überhaupt. Die richtige Abwägung von Fall zu Fall, ob die einen oder anderen Nachteile vordringlicher sind, und die schon von PFEIL empfohlene „goldene Mittelstraße" dürften wohl das Richtige sein und bleiben[1]).

Die *Schlagruhe*, d. h. das Liegenlassen der Schlagfläche vor ihrer Kultur, hatte man beim Kahlschlagbetrieb hauptsächlich wegen des Rüsselkäfers, in manchen Fällen auch mit Rücksicht auf die Entwicklung des Engerlings, eingeführt. Man war dadurch z. T. bis zu 3jährigem Aussetzen der Kultur gekommen und verzichtete damit dauernd auf die Holzerzeugung eines erheblichen Teils der Revierfläche. Mit Recht ist man daher später von dieser langen Schlagruhe ganz allgemein abgegangen und hat die Rüsselkäfer- und Engerlingsgefahr auf andere Weise zu bekämpfen versucht. Das an sich erstrebenswerte Ziel wäre jedenfalls die sofortige Wiederkultur im ersten Frühjahr nach dem Hiebe. Freilich gerät man dabei vielfach in Widerstreit mit der Zeit der Bodenbearbeitung. Nur bei den frühesten Vorwinterschlägen ist ein so rascher Verkauf und eine so rechtzeitige Räumung der Fläche möglich, daß die Bodenarbeit noch bei mildem Wetter im Winter ausgeführt werden kann. Bei den späteren Schlägen kommt man damit meist bis ins späte Frühjahr hinein und verliert damit die Vorteile der frühzeitigen Vorbereitung. Der einzige Ausweg, der hier bliebe, wäre der, die Bodenarbeiten schon im Herbst vor Ausführung des Schlages vorzunehmen, wofür auch ALBERT neuerdings vom bodenkundlichen Standpunkt eingetreten ist (vgl. S. 379). Doch ist damit immer eine gewisse Zerstörung der Bodenbearbeitung bei der nachfolgenden Fällung und der Abfuhr des Holzes verbunden, was z. T. wohl erhebliche Nacharbeiten vor der Kultur erforderlich machen würde! Bei der neuerdings so bewährten Vollumbruchkultur würde eine einjährige Zwischenzeit zwischen Abtrieb und Kultur aber sowieso notwendig sein, da die Bodenarbeiten ja gerade im Sommer und bei der Folge der verschiedenen Arbeiten überhaupt nicht rasch durchzuführen sind. Der hierdurch entstehende Produktionsverlust dürfte aber durch den raschen Jugendwuchs auf solchen Kulturen mehr wie wettgemacht werden!

Wertung des Kahlschlagbetriebes. Die allgemein wirtschaftliche und die besondere waldbauliche *Wertung des Kahlschlagbetriebes* ist nicht nur zeitlich und örtlich sehr verschieden gewesen, sondern sie ist auch von jeher und besonders wieder in der Neuzeit stark von persönlichen Meinungen und Anschauungen beeinflußt worden.

Unbestreitbar ist der Vorzug der *Einfachheit*, der *Übersichtlichkeit* und der leichten *Ordnung des Betriebes*. Wenn hierüber spottend gesagt worden ist, die Übersichtlichkeit beim Kahlschlag bestehe nur darin, daß man leichter über ihn wegsehen könne, so liegt darin eine ungerechtfertigte Verkennung eines wirklichen, nicht zu gering zu veranschlagenden Vorzuges.

Bei den heute vielfach noch sehr großen Revieren, besonders im Osten, und bei der Überlastung der Revierverwalter mit Schreib- und Verwaltungsgeschäften bietet jede Vereinfachung und Erleichterung eine Gewähr für bessere Ausführung des technischen Betriebes, während umgekehrt für die schwierigeren Formen oft die Zeit zu sorgfältiger und gewissenhafter Durchführung der stammweisen Erntehiebe, für die Überwachung des Fällungs- und Rückebetriebes u. a. m. fehlen würde. Der mehr oder minder versteckte Vorwurf, den man hier und da erhoben hat, daß die Praxis nur aus Bequemlichkeit am Kahlschlagbetrieb festhalte, erscheint kaum berechtigt.

---

[1]) Vgl. dazu noch HOLLWEG: Kulissenverjüngung im Kiefernwalde. Z.F.J.W. 1901, S. 323. — ZEISING: Form, Größe und Aneinanderreihung der Kahlschläge in Kiefernwäldern. Verhandlungen d. märk. Forstver. 1899. — VARENDORFF, v.: Welchen Vorteil gewährt die jährliche Aneinanderreihung der Schläge bei Kiefernkahlschlagbetrieb? Z.F. J.W. 1904, S. 172.

In der gleichen Richtung liegt auch der Vorteil der *einfacheren Wirtschafts-kontrolle*, der *leichteren taxatorischen Behandlung*, der *größeren Arbeitskonzentration* und des *größten Holzanfalls auf kleinster Fläche*, was einerseits Zeit- und Arbeitsersparnis, andererseits aber auch Erleichterung für den Holzabsatz und Verkauf bedeutet. Verhältnisse, die besonders bei erhöhten Einschlagsnotwendigkeiten und Beamten- und Arbeitermangel sehr schwer ins Gewicht fallen!

Alle *Fällungs- und Rückeschäden* am Jungwuchs fallen beim Kahlschlag natürlich weg. Es bedarf daher auch keiner Aufwendung von Kosten, um solche abzuwenden, wie dies viele andere Verfahren erfordern. Der Jungwuchs genießt *volles Licht* und erleidet *keine Wurzelkonkurrenz* vom Altbestand, er wächst daher — abgesehen von frostgefährdeten Schattenholzarten — fast immer rascher und freudiger empor als unter Schirm (vgl. S. 401), was sich freilich auch oft in stärkerer Ästigkeit auswirkt.

Der schwerste Vorwurf, den man gegen ihn erhoben hat, ist der, daß er während der Jahre der Freilage, zwischen Abtrieb und wiedereintretendem Bestandesschluß, den *Boden verschlechtere.* Unrichtig ist zunächst die Behauptung, daß *auf dem Kahlschlag der Boden austrockne.* Schon RAMANN, EBER-MAYER u. a.[1]) haben längst nachweisen können, daß gerade umgekehrt der Boden *unter dem Bestandesschirm*, wenigstens *in der Hauptwurzelschicht, trockner ist als auf vergleichbaren Freiflächen*, da die Bäume mit ihren großen Verdunstungsflächen mehr Wasser verbrauchen als durch die stärkere Beschattung zurückgehalten wird. Diese Tatsache ist auch durch neue Untersuchungen auf Kahlschlagflächen immer wieder bestätigt worden[2]).

Zuzugeben ist eine *stärkere Vergrasung und Verunkrautung* in der Zeit des vollen Lichtstandes. Das schafft gewiß auch Konkurrenz für den Jungwuchs. Trotzdem ist diese meist geringer als im anderen Falle Schattendruck und Wurzelkonkurrenz durch einen Schirmbestand. Ob durch die Verunkrautung eine Bodenverschlechterung herbeigeführt wird, wie vielfach angenommen wird, ist durchaus ungewiß und wird sich sehr nach der Art des Bodens und der Bodendecke richten. Am ehesten wird man es vielleicht bei Verheidung annehmen dürfen. Beerkräuter gehen in der Freilage sowieso meist zurück und weichen einer Grasflora. Gräser und Kräuter bedeuten aber niemals eine Verschlechterung des Bodens, insbesondere nicht des Humuszustandes. Im Gegenteil weisen neuere Untersuchungen (HESSELMAN, WIEDEMANN, WITTICH) darauf hin, daß hier sogar eine Verbesserung der Stickstoffmobilisation und Erhöhung der Nitratbildung eintreten kann. Auch der wiederholte Vorwurf, daß der Kahlschlag das Bakterienleben im Boden schädigen oder gar vernichten müsse, der ohne jede positive Unterlage erhoben wurde, ist nach den obigen Untersuchungen ebenso unberechtigt. Den besten Prüfstein dafür, ob eine Bodenverschlechterung stattgefunden hat oder nicht, muß doch das Wachstum der Kultur und die weitere Entwicklung des Nachfolgebestandes ergeben.

Für eine Anzahl von Fichtenbeständen in Sachsen konnte WIEDEMANN[3]) zwar einen *Rückgang der Bonität* feststellen. Aber er selbst führt diesen nur bei einem Teil der Fälle auf den Kahlschlag (Verdichtung besonders schwerer, feinerdereicher Böden) zurück. Ebenso konnte KRAUSS mit seinen Mitarbeitern auf gewissen Fichtenböden solche Rückgangserscheinungen, insbesondere eine Verflachung des Wurzelraums feststellen, die aber auch nicht dem Kahlschlag an sich, sondern dem darauf erfolgten Fichtenreinanbau an Stelle früherer

---

[1]) Vgl. dazu die Zusammenstellung von MOROSOW, G. F.: Die Lehre vom Walde, S. 176 ff., wo auch zahlreiche gleichsinnige Ergebnisse russischer Untersuchungen wiedergegeben werden.

[2]) z. B. WITTICH, W.: Untersuchungen über den Einfluß des Kahlschlags auf den Bodenzustand. Mitt.F.W.W. 1930, H. 4. — HEINRICH, F.: (vgl. S. 121).

[3]) WIEDEMANN, E.: Zuwachsrückgang und Wuchsstockungen der Fichte. Tharandt 1925.

Mischbestockung (Fichte mit Buche und Tanne) zuzuschreiben sind. Allerdings ist hier der Kahlschlag doch der mittelbar Schuldige (vgl. unten). Auf *nordostdeutschen Kiefernböden* aber ergaben Untersuchungen[1]) von jungen, nach Kahlschlag entstandenen Stangenhölzern im Vergleich zu benachbarten, aus Verjüngung unter Schirm hervorgegangenen Beständen bei 32 Vergleichspaaren nur in 5 nach Kahlschlag entstandenen Beständen einen geringen Rückgang der Bonität, bei 8 ein Gleichbleiben und bei 19 sogar eine Steigerung! Hieraus kann auf keinen Fall ein Rückgang von Boden- und Bestandesleistung nach Kahlschlag gefolgert werden, sondern eher das Gegenteil!

Jedenfalls ist es nicht berechtigt, *eine allgemeine Verschlechterung unseres Waldzustandes gegen früher zu behaupten und diese dem Kahlschlagbetrieb allein zuzuschieben.* Doch ist zuzugeben, daß er *in einzelnen Fällen* solche schädlichen Wirkungen hat. Vor allem ist dies in manchen *Gebirgslagen* der Fall. Handgreiflich ist hier der Schaden an steilen, felsigen oder flachgründigen Hängen, wo durch die Freilage die *Abwaschung der Bodenkrume* befördert wird. Hier ist der Kahlschlag tatsächlich oft Verderb des Waldbodens und des Waldes überhaupt gewesen (Verkarstung!).

Ein fernerer zweifelloser Nachteil ist der, daß der Kahlschlag die Nachzucht der *frostgefährdeten Holzarten, besonders Tanne und Buche, ausschließt* oder doch äußerst erschwert, und daß er daher auf weiten Flächen die Erhaltung des Mischwaldes verhindert hat. Das gilt nicht nur für den ehedem mit Buche und Tanne gemischten Fichtenwald, sondern auch für den früher mit Buche und Eiche gemischten Kiefernwald. Nur ist der Verlust bei letzterem durch natürliche Wiedereinwanderung oder künstlichen Unterbau der Mischholzarten tatsächlich auf großen Flächen wieder ausgeglichen, während dies beim Fichtenkahlschlag größten Schwierigkeiten begegnet.

Ein anderer allgemeiner Vorwurf gegen den Kahlschlag ist der, daß er die *schweren Kalamitäten* (Windwurf-, Käfer- und Raupenschäden) großgezüchtet habe. Soweit hier Reinbestände an Stelle früheren Mischwaldes getreten sind, hat dieser Vorwurf allerdings seine Berechtigung. Für den reinen Kiefernwald gilt das aber sicher in viel geringerem Grade, als allgemein angenommen wird. Ich habe schon auf Grund forstgeschichtlicher Zeugnisse nachweisen können, daß wir im Osten schon bis ins 16. Jahrhundert zurück Nachrichten von vielen und großen Raupenfraßschäden in Kiefernwaldungen haben, die nach der Schilderung damals ganz ähnlichen Umfang gehabt haben müssen wie unsere neuzeitlichen Kalamitäten[2]). Und genau dasselbe gilt z. B. auch für das alte Kieferngebiet des Nürnberger Reichswaldes im Süden, wo schon 1449/50 (!) von großen Verwüstungen durch Raupen berichtet wird, die „den Fohrenwaldungen Abstand brachten". Ob solche Kalamitäten nicht auch damals schon häufiger aufgetreten sind, kann man bei dem spärlichen Nachrichtenwesen mittelalterlicher Chroniken kaum entscheiden.

Man hat in der letzten Zeit auch den Nachteil betont, daß der *Kahlschlag unterschiedslos starkes und schwaches, hiebsreifes und noch nicht hiebsreifes Holz entnimmt*[3]). Wie weit das berechtigt ist, hängt aber ganz vom Einzelfall ab. Wenn in gleichaltrigen Kiefern- und Fichten-Altbeständen — und nur um solche handelt es sich ja bei der ganzen Frage — nach genügend langer und intensiver Durchforstung noch immer zu schwache, nach ihrem Durchmesser noch nicht als hiebsreif zu erachtende Stämme vorkommen, sind diese so hinter dem Durch-

---

[1]) HENNECKE, K.: Vergleichende Untersuchungen der Ertragsleistung usw. Z.F.J.W. 1932, S. 385 ff.

[2]) DENGLER, A.: Die Hauptfragen einer neuzeitlichen Ausgestaltung unserer ostdeutschen Kiefernwirtschaft. Z.F.J.W. 1928, S. 65 ff.

[3])Vgl. dazu den Vortrag von ORTEGEL und die anschließende Erörterung auf der Vers. d. Dtsch. Forstver. Bonn 1934, sowie DENGLER, A.: Einzelstammwirtschaft. Z.F.J.W. 1935, H. 1.

schnitt Zurückgebliebenen doch sehr wahrscheinlich aus innerer Anlage gering-
wüchsig oder durch irgendwelche früheren Schädigungen so entkräftet, daß
man auch in Zukunft von ihnen nichts mehr zu erwarten hat. Wo aber etwa
der größere Teil der Stämme auf einer Fläche noch nicht als hiebsreif zu erachten
ist, da ist entweder der Umtrieb zu niedrig oder die Ausscheidung der zur Nutzung
vorgesehenen Flächen falsch gewesen! Keinesfalls kann man solche Fehler der
Wirtschaftsplanung dann dem Kahlschlag als solchem zum Vorwurf machen.

Die Zuwachsaussichten von Einzelstämmen in sehr hohem Alter sind bei
Kiefer und Fichte ganz unsicher und unbekannt. Wenn man hierbei gern auf
sehr alte und noch gesunde Baumriesen als Beispiele hingewiesen hat, so sind
das doch meist nur Ausnahmen, wie sie in Gestalt überraschender Lebensfrische
überall im Reich des Organischen vorkommen. Auf solche Ausnahmen aber kann
man keine Wirtschaft aufbauen!

Eine ,,*Einzelstammwirtschaft*``, wie sie den Vertretern dieses Gedankens vorschwebt, würde jede räumliche und zeitliche Ordnung und Planung in unsern
Großbetrieben unmöglich machen und letzten Endes zum Plenterwald hinführen,
für den die Tanne und Fichte wohl geeignet sind, die Buche kaum, die Kiefer
aber gar nicht! (Näheres hierüber beim Plenterwald.)

Unbestreitbar ist, daß jeder *Kahlschlag* zunächst unschön wirkt und das Bild
der Waldlandschaft so lange entstellt, bis neuer Aufwuchs mit seinem frischen
Grün die Blöße wieder bedeckt. Das ist es auch, was den Naturfreund an ihm so
abstößt und ihm so viele Gegner verschafft hat. Man ist nun heute entschlossen,
das Bild der deutschen Landschaft schöner zu gestalten und von allen Ver-
schandelungen zu säubern, ein Ziel, dem jeder ideal Veranlagte gern und freudig
zustimmen wird, *soweit die wirtschaftlichen Forderungen das irgendwie zulassen.*
Die Zukunft wird zeigen, ob und inwieweit es uns gelingen wird, einen neuen und
ertragreichen Wald mit den Hauptholzarten, die die Volkswirtschaft am meisten
braucht, nämlich mit Kiefer und Fichte, auch ohne Kahlschlag aufzubauen.
Vorläufig ist das nur stellenweise unter besonderen, meist Ausnahmebedingungen,
gelungen. In vielen anderen aber sind alle, oft wiederholten Versuche völlig mißlungen und halten auch alterfahrene und aufgeschlossene Praktiker sie für aussichtslos.

Dann wird man den Kahlschlag, den auch ich nur als ,,*notwendiges Übel*``
betrachte[1]), weil er *roh und kunstlos* ist und uns der schönsten schöpferischen
Freude an jeder feineren Waldgestaltung beraubt, trotzdem hinnehmen müssen!
Im übrigen ist über den Geschmack bekanntlich nicht zu streiten. Wenn jemand
von einer üppig grünen Vollumbruchkultur, weil die Pflanzen dabei in Reihen
ausgerichtet stehen, gleich von Kaserne oder Holzfabrik spricht, dann offenbart
sich darin eben eine Anschauungsweise, die an jeder Regelmäßigkeit und Ordnung
im Walde Anstoß nimmt. Die Forderungen der Wirtschaft werden darüber
ebenso zur Tagesordnung übergehen, wie wir auch nicht auf Rübenfelder und
Kartoffeläcker verzichten werden, obwohl auch sie gewiß keine Zierde der
Landschaft bilden!

2. Der Großschirmschlagbetrieb.

Der Schirmschlagbetrieb besteht in der Anwendung des *Schirmhiebs* (vgl. die
Begriffsbestimmung S. 514) auf einer bestimmten *Schlagfläche*.

Geschichtliches. Der *Schirmschlag auf großer Fläche* geht seit alter Zeit auch
vielfach unter dem Namen *Breitsamenschlag* oder *Dunkelschlag*.

---

[1]) DENGLER, A.: Die Stetigkeit des Waldwesens. Silva 1928, S. 1.

Leider ist er von C. Heyer, auch von Borggreve u. a., mit allen übrigen Natur-
verjüngungsverfahren zusammengefaßt und als Femelschlag bezeichnet worden, wodurch
große Unklarheit und Verwirrung entstanden ist. Wie schon eingangs erwähnt, verstehen
wir unter Plenter- und Femelhieb nur eine Hiebsform mit ungleichmäßiger Lichtstellung,
wie sie der Schirmschlag grundsätzlich nicht anstrebt. Die Benennung Femelschlag ist also
danach hier abzulehnen.

Der *Großschirmschlagbetrieb* hat sich in Deutschland *hauptsächlich um die
Wende des 18. zum 19. Jahrhundert entwickelt*. Seine Hauptverbreitung verdankt
er sicherlich dem persönlichen Einfluß G. L. Hartigs und dessen Schriften.
Aber dieser hat ihn durchaus nicht erfunden, sondern nur die hier und da schon
eingeführte Art des schirmförmigen Hiebes in bestimmten Schlägen und die damit
verbundene Verjüngung durch Naturbesamung in feste Regeln zusammengefaßt und ihre Anwendung für alle Holzarten gelehrt[1]).

Der Schirmschlagbetrieb scheint sich sowohl vom alten Mittelwald als auch vom Femel-
oder Plenterwald her entwickelt zu haben. Bereits die Hanau-Münzenbergsche *Forstverordnung*
vom Jahre 1736 hatte drei Hiebsstufen des Schirmschlages, den *Samen-, Licht- und Abtriebs-
schlag*, wenn auch nicht unter diesen Namen, deutlich herausgearbeitet. Eine gewisse Weiter-
bildung hat das Verfahren dann im Jahre 1785 durch v. L., den *anonymen Verfasser* eines
Artikels in Mosers Forstarchiv, erfahren. Dieser empfahl, falls der Hieb zur Erfüllung des
Etats vor Eintritt des Samenjahrs stattfinden sollte, ein Viertel mehr Samenbäume stehenzulassen, dieses erst später im Samenjahr zu hauen und den *Lichtungshieb* allmählich in *mehrmaliger Entnahme* auszuführen. Einen wesentlichen Fortschritt brachte dann im Jahre 1792
eine weitere anonym erschienene Schrift *eines gewissen C. F. W. S.*, „Bemerkungen über verschiedene Gegenstände der praktischen Forstwissenschaft", die *zum erstenmal den Samenschlag auf das Samenjahr selbst* verlegte, während man ihn vorher ohne besondere Rücksichtnahme darauf im voraus gestellt hatte. Auch C. F. W. S. erkannte sehr richtig die in vielen
Fällen nötige Vorbereitung des Bodens für das Anschlagen der Verjüngung durch einen
dunklen Vorhieb und wollte eine allmähliche Lichtstellung des Jungwuchses durch mehrere
Nachhiebe. Schließlich gab Fr. Sarauw, ein ehemaliger Hannoveraner, später in dänischen
Diensten stehend, in seinem im Jahre 1801 erschienenen „Beytrag zur Bewirtschaftung
buchener Hochwaldungen" dem Großschirmschlag gewissermaßen den letzten Schliff. Er
bestimmte die Größe des Schlages und der einzelnen Hiebsentnahmen nach der Verjüngungsdauer (*Periodenschlag*), ließ ebenfalls Vorbereitungshiebe vorausgehen und wollte den Samenschlag im Samenjahr jedoch möglichst dunkel stellen. Im Jahre nach erfolgter Besamung
sollte dann der später sog. *Kräftigungshieb* erfolgen, die *Lichtungshiebe* sollten *je nach der
Entwicklung des Jungwuchses* hier stärker, dort schwächer gegriffen werden.
Demgegenüber vertrat G. L. Hartigs Lehre noch einen *ziemlich rückständigen Standpunkt*. Sein „dunkler oder Besamungsschlag" ist weder ein rechter Vorbereitungs- noch
ein echter Samenschlag, sondern steht zwischen beiden. Der Lichtschlag sollte offenbar
noch in starkem Maße der Nachbesamung dienen. Die Vorschriften über die Stammentnahme
wechselten sehr rasch. Anfangs war eine sehr viel lichtere Schlagstellung vorgesehen, später
wurde sie mehr und mehr dunkler.
Nach G. L. Hartig und auf ihm fußend hat sich später besonders B. Borggreve in
seiner Holzzucht für den Großschirmschlagbetrieb, den er Femelschlag nannte, eingesetzt.
Insbesondere hat er die Theorie der Schirmstellung und der Beschirmungswirkung sehr eingehend behandelt.

Im allgemeinen hat sich der Großschirmschlag *hauptsächlich bei der Buche*
ausgebildet. Bei der Kiefer war schon vorher in Preußen ein sehr lichter Samenschlag mit rascher Räumung in Übung gewesen, der oft mehr ein Kahlschlag
mit mehr oder minder reichlichem Überhalt von Samenbäumen war, wobei
durch Stockrodung, Vieheintrieb bis zum Samenabfall, hier und da auch durch
Wundeggen des Bodens, der Verjüngung vorgearbeitet wurde. In den *Fichtenwaldungen* machte man mit dem Schirmschlag bald schlechte Erfahrungen
durch *häufigen Windwurf*, im Gebiet der Weißtanne hat er sich in größerem Umfang wohl nie in der reinen Form eingeführt, sondern immer mehr unregelmäßigen, femelschlag- oder gar plenterartigen Charakter gehabt.

---

[1]) Schwappach, A.: Handbuch der Forst- und Jagdgeschichte S. 402 u. 698 ff. —
Hausrath, H.: Zur Geschichte des Schirmschlags. A.F.J.Z. 1943, H. 1.

Verfahren. Den *Aufbau des Großschirmschlagwaldes* zeigt das Schema Abb. 268 in Grundriß und Aufriß. Nur während des Verjüngungszeitraumes zeigt der Wald Zweistufigkeit. Eine leichte Ungleichstufigkeit klingt infolge der meist nicht ganz gleichzeitig ankommenden Verjüngung zwar oft noch im Dickungsalter nach, verliert sich aber später meist wieder vollständig. Das Ideal war zunächst immer die möglichst vollständige Verjüngung *aus einem Samenjahr und auf großer Fläche.* Dies ist geradezu Leitgedanke beim reinen Großschirmschlag. Durch die gleichmäßige Lichtstellung in den einzelnen Stufen des Hiebsganges zielt er im wesentlichen nur auf die Bedürfnisse *einer* Holzart ab und führt daher mehr oder minder zum *Reinbestand.* Das ist auch das Ziel bei seiner Entstehung gewesen. G. L. HARTIG und seine Anhänger vertraten grundsätzlich den Gedanken des großflächenweisen Reinbestandes. Und soweit wir das geschichtlich verfolgen können, ist der Erfolg auch tatsächlich ein dementsprechender gewesen. Insbesondere zeugen davon noch heute die *großen Zusammenlagerungen gleichaltriger Buchenalthölzer* aus dem Anfange des 19. Jahrhunderts, die wir besonders häufig im westdeutschen Laubwaldgebiet, aber auch anderswo vorfinden. Nach älteren Waldbeschreibungen war in ihnen *vorher meist die Eiche stark als Mischholz* vertreten gewesen.

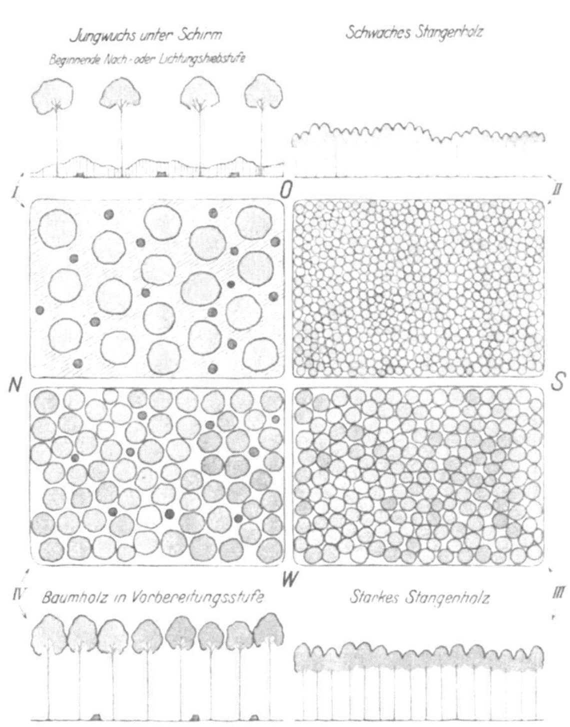

Abb. 268. Schema des Großschirmschlagbetriebes.
(Entworfen von DENGLER.)

Voraussetzung für den Großschirmschlag ist die *gleiche Empfänglichkeit des Bodens* auf großer Fläche. Nur wo diese vorhanden ist oder u. U. durch künstliche Mittel (Bodenbearbeitung) hergestellt wird, kann der Betrieb in reinster Form gelingen (Abb. 269). Nur dem — man kann sagen glücklichen — Umstand, daß dies nicht überall der Fall gewesen ist, verdankt der im HARTIGschen Verfahren behandelte Wald von damals noch die Erhaltung von Mischholz in größerem oder geringerem Umfange. Die Notwendigkeit, Lücken und Fehlstellen auszupflanzen, wozu in älterer Zeit meist starke Eichenpflanzen, später mehr Fichten, verwendet wurden, hat das Mischholz meist künstlich in den Lichtschlag oder nach der Räumung hineingebracht.

In der weiteren praktischen Entwicklung hat der Großschirmschlag wohl überall *seine reine Einstellung mehr und mehr verloren.* Man hat auch da, wo man die Hauptverjüngung an sich noch von einem Hauptsamenjahr erwartete, von vornherein doch schon auf Vor- und Nachbesamung durch einzelne Sprengmasten Rücksicht genommen. Die Schlagstellung bekam dann, wenn sich teilflächen- oder horstweise Verjüngung eingestellt hatte, schon frühzeitig eine

größere Ungleichmäßigkeit. Man ging auch mehr und mehr von der Inangriffnahme sehr großer, zusammenhängender Flächen ab. An Berghängen nahm man
besonders Rücksicht auf die Fäll- und Rückeschäden und begann erst im oberen
Teile mit der Verjüngung. Der Großflächencharakter verlor sich hierbei mehr
und mehr. Auch in bezug auf das Maß der Eingriffe *ging man immer allgemeiner
zu häufigeren, aber schwächeren Hieben über*, so daß die verschiedenen Hiebsstufen sich nicht mehr so schroff voneinander unterschieden. Schließlich wurde
unter dem Einfluß des allgemeinen Mischwaldziels durch Voranbau anderer
erwünschter Holzarten oder doch durch ihren Mit- und Nachanbau auch künstlich

Abb. 269. Buchensamenschlagstellung im Großschirmschlag. Auf Kalk. Volle Verjüngung.
(Phot. Preuß. Forstl. Vers.-Anst.)

und planmäßig auf Mischbestand hingearbeitet. Man überläßt das nicht mehr
einfach dem Zufall des Auftretens von Lücken in der Verjüngung. Freilich gibt
es noch heute Wirtschafter, die voll Stolz große, dichte Reinverjüngungen als
vollen Erfolg buchen, während solche eigentlich einen Mißerfolg darstellen, da
jede Mischungsmöglichkeit dabei ausgeschlossen erscheint! In dem Maße, in dem
der Schirmschlag durch solche Verbesserungen von seiner Einseitigkeit und seinen
Fehlern verlor, entfernte er sich allerdings auch von seinem eigentlichen
Charakter.

Über die *Behandlung der einzelnen Hiebsstufen* (Vorbereitungs-, Besamungs-,
Lichtschlag und Räumung) und der damit fortschreitenden Verjüngung ist alles
Notwendige in Kap. 9 bei dem allgemeinen Verfahren der natürlichen Verjüngung unter Schirm gesagt. Es braucht daher hier nur darauf hingewiesen
zu werden.

Wertung. Eine zusammenfassende Bewertung ergibt etwa folgende Haupt-
punkte:

Bezüglich *Einfachheit, Übersichtlichkeit, Konzentration des Betriebes* u. dgl.
steht der Schirmschlagbetrieb zwar etwas hinter dem Kahlschlag zurück. Jeden-

falls kann er aber nach dieser Hinsicht noch zu den günstigen Formen gerechnet werden.

Vorwürfe wegen mangelnder *Bodenpflege*, wie sie beim Kahlschlag erhoben worden sind, können bei planmäßiger und glücklicher Durchführung nicht gemacht werden, da der Boden dauernd gedeckt bleibt und nicht verwildert, was bei den meist frischen und kräftigen Böden, auf denen sich diese Betriebsform in Anwendung findet, immer naheliegt. Bei Mißlingen der Verjüngung und unvorsichtiger Hiebsführung stellt sich daher meist starke Verunkrautung ein, die dann oft ein schweres Kulturhindernis bildet. Solche Fälle sind in der Praxis leider nicht selten (Abb. 270).

Er hat mit allen anderen Schirmschlagformen die *Vorteile und Nachteile der Schirmstellung für den Jungwuchs* (Frostschutz einerseits, aber auch Schirmdruck und Wurzelkonkurrenz andererseits) gemeinsam.

Die *Fällungs- und Rückeschäden* sind wegen der Großfläche, über die das Holz herausgebracht werden muß, verhältnismäßig stärker als bei Schirmbetrieben auf kleiner Fläche, namentlich solchen mit räumlich geordneter Hiebsfolge (s. später). Bei sehr sturmgefährdeten Holzarten und Lagen ist der Großschirmschlag daher auch ausgeschlossen, da jeder Windwurf schwersten Schaden im Jungwuchs anrichtet.

Dem Schirmdruck auf den Jungwuchs steht der *Lichtungszuwachs im Altholz* während des Verjüngungszeitraumes gegenüber. Wie hier die Bilanz zu ziehen ist, ist von Fall zu Fall verschieden.

Abb. 270. Typische alte Samenschlagstellung in Buche auf großer Fläche. Starke Verunkrautung trotz mäßig lichten Standes, sehr spärlicher Aufschlag (nur im Vordergrund sichtbar). (Aufn. von JAPING.)

Ungünstig ist die *Abhängigkeit von den Samenjahren*. Sie drängt naturgemäß zur Inangriffnahme großer Flächen, vermehrt auf großen Gebieten den Holzanfall in starken Sortimenten und drückt dadurch auf die Preise. So sagt JENISCH[1]) von der Buchenmast 1910: „So wunderlich es klingt, es kann, was waldbaulich ein Segen, wirtschaftlich ein Fluch werden . . . Die ersehnte Buchmast des vorigen Jahres hat dem deutschen Walde Hunderttausende, vielleicht Millionen Minderertrag gebracht, weil der Anfall an Buchenholz aus den Samenschlägen unter der Konjunktur niedriger Preise an den Markt gebracht werden mußte."

Der reine Großschirmschlag setzt gewissermaßen alles auf eine Karte und bringt daher ein *großes Risiko* mit sich. Im Falle des Gelingens ist der Verjüngungs-

---

[1]) JENTSCH, J.: Forstpolitische Aufgaben. Th.Jb. 1911, S. 96.

erfolg zwar groß. Oft ist damit aber dann auch der *Reinbestand auf großer Fläche* geschaffen. Bei Mißlingen ist die spätere Naturverjüngung meist sehr schwierig, wenn nicht unmöglich. Die Folge ist dann künstlicher Anbau unter erschwerten Verhältnissen, bei Buche, Eiche und Tanne meist der Ersatz durch reine Fichten- oder Kiefernbestände.

Diese Nachteile lassen sich aber abschwächen und mildern, wenn man nicht zu große Flächen nimmt, vorsichtig haut und rechtzeitig für Einbringung von Mischholz sorgt.

3. Der Femelschlagbetrieb[1]).

Allgemeines und Geschichtliches. Nach unserer früher gegebenen Begriffsbestimmung ist der Femelschlag eine Betriebsform, bei der sich Erntehieb und Verjüngung zwar auf einer bestimmt abgegrenzten Fläche, eben der Schlagfläche, bewegen, bei der aber der Bestand nicht gleichzeitig in gleichmäßiger Weise angegriffen wird, sondern vielmehr durch femelnde, d. h. unregelmäßige Hiebsführung während der ganzen, meist Jahrzehnte dauernden Verjüngungszeit in wechselnder Lichtstellung steht.

Der uralte Ausdruck „Femeln" soll sich von femella = Weibchen herleiten und aus der Hanfzucht stammen, wo man die zuerst reifenden, vermeintlich weiblichen (in der Tat aber männlichen Pflanzen) auf den Feldern zuerst auszog und aberntete.

Der Femelschlag zeigt örtlich und zeitlich eine so außerordentliche Mannigfaltigkeit und so viele Unterschiede in Anlage und Durchführung, daß es eigentlich kaum möglich ist, ein ganz einheitliches Bild von ihm zu entwerfen. Seine weiteste Anwendung und feinste Ausbildung hat er wohl in Bayern als sog. „*bayrischer Femelschlag*" gefunden.

Großen Einfluß auf seine Einführung und Verbreitung hat dort die Autorität Gayers gehabt, der ihn in Wort und Schrift eifrig vertrat und seinen zahlreichen Zuhörern und Schülern immer als die ideale Wirtschaftsform zur Erhaltung und Wiederbegründung des Mischwaldes auf den meisten Standorten Süddeutschlands gelehrt hat.

Während Gayer mehr die allgemeinen waldbaulichen Vorteile heraushob, arbeitete die Praxis eifrig an seiner technischen Ausführung. Besonders ist hier neben anderen der nachmalige Chef der bayerischen Staatsforstverwaltung, v. Huber, hervorgetreten, der sich schon als Revierverwalter mit der verfeinerten Ausgestaltung in der Form des sog. kombinierten Femelschlags beschäftigt und später auch feste Regeln für die verschiedenen Fälle ausgearbeitet hat. So enthalten z. B. die berühmten Wirtschaftsregeln für die bei Kelheim belegenen Bestände des Neuessinger Waldes[2]), die sog. *Neuessinger Regeln*, wie Huber sich selbst ausgedrückt hat, *den ganzen Kodex für das Verfahren* in seinen großen Zügen.

---

[1]) Hauptsächlichste Literatur: Gayer, K.: Der gemischte Wald, seine Begründung und Pflege, insbesondere durch Horst- und Gruppenwirtschaft. Berlin 1886. — Über den Femelschlagbetrieb und seine Ausgestaltung in Bayern. Berlin 1895. — Bericht über die 19. Versammlung dtsch. Forstm. Kassel 1890: Die wirtschaftliche und finanzielle Bedeutung des horst- und gruppenweisen Femelschlagbetriebes im Hochwald. Ref.: Braza und Esslinger. — Bericht über die 2. Hauptversammlung dtsch. Forstver. 1901 in Regensburg: Beruht in dem Femelschlagverfahren sowie in der Kombination desselben mit dem Saumschlagverfahren das vorzüglichste Mittel, Mischbestände in sicherster und vollkommenster Weise zu erziehen? Ref.: Esslinger und Wappes. — Mitt. a. d. Staatsforstverwaltung Bayerns 1894, H. 1: Wirtschaftsregeln für das Revier Neuessing, Waldstandsrevision im Ilzertriftkomplex und Wirtschaftsregeln für den Hienheimer Forst im Forstamt Kelheim-Süd. — Wappes, L.: Über das Prinzip und die Anwendbarkeit des Femelschlagverfahrens. C.ges.F. W. 1904, S. 387. — Engler, A.: Aus Theorie und Praxis des Femelschlagbetriebes. Schweiz. Z. f. F.W. 1905, S. 29. — Seeholzer, M.: Naturverjüngung auf den Juraböden der Oberpfalz. F.Cbl. 1912, S. 6. — Wirtschaft im Forstbezirk Riedenburg. Ebenda 1923, S. 244. — Seeger, M.: Kritik des badischen Femelschlages. Ebenda 1925, S. 877. — Rebel, K.: Künstlicher Femelschlag im Buntsandstein des Vorspessarts und Künstlicher Femelschlag in Plößberg und Tännesberg in Waldbauliches aus Bayern Bd. 1 u. 2. — Wirtschaftsgrundsätze für den Frankenwald. Mitt. a. d. Staatsforstverwaltung Bayerns. München 1929.

[2]) Mitt. a. d. Staatsforstverw. Bayerns, München 1894, H. 1.

Im Jahre 1901 besuchte der Deutsche Forstverein bei seiner Tagung in Regensburg die dortigen Waldungen. Die bei dieser Gelegenheit über den Femelschlag gehaltenen Referate, Lichtbildervorführungen und Waldausflüge gehören anerkanntermaßen mit zu den Glanzpunkten in der Geschichte des Vereins.

Das *Wirtschaftsziel* ist in jedem Fall die *möglichst natürliche Erzielung eines Mischbestandes*, in dem die *Hauptwirtschaftsholzart eine genügend große Fläche* einnimmt und die gewünschten *Mischholzarten in möglichst gleichmäßiger Verteilung, aber nicht oder doch nicht vorwiegend in Einzelmischung, sondern in kleinen Gruppen bis Horsten ihren Platz finden.* (Ein solches Mischungsziel ist z. B.: Fichte 0,6—0,5; Tanne 0,2—0,3; Buche 0,1—0,2 oder Fichte 0,6; Tanne 0,3; Lärche 0,1

Abb. 271. Junger Gruppenanhieb im bayrischen Femelschlag. Altholz: Fichten-Tannen-Buchen-Mischbestand. Verjüngung vorläufig hauptsächlich Buche. (Aufn. von WAPPES.)

[Neuessing] oder Fichte 0,6; Buche 0,2—0,3; Lärche 0,1—0,2 [Hienheimer Forst].) Doch legt man neuerdings in der Praxis mehr Wert auf standortsgerechte als auf streng gleichmäßige Verteilung.

Gruppen- und horstweiser Femelschlag. Wir wollen hier zunächst *das rein gruppen- und horstweise Vorgehen* des Femelschlages betrachten, wie es insbesondere bei schon vorhandener Mischung im Altbestand, geringer Sturmgefährdung und da angewandt wird, wo ein langsames Vorgehen in Abnutzung und Verjüngung gestattet und erwünscht ist. Es bestehen hierbei noch zwei nur wenig voneinander unterschiedene und vielfach ineinander übergehende Behandlungsweisen je nach der Beschaffenheit der Bestände, deren Unterscheidung nicht von großer Wichtigkeit ist, sondern nur die *Wendigkeit* und *Schmiegsamkeit des Verfahrens* für alle Fälle zeigt.

A. Bestände geschlossen und in der Hauptsache gleichaltrig oder
B. Bestände mehr oder weniger lückig oder ungleichaltrig.

Verfahren A. Im Fall die Bestände bisher noch nicht genügend durchforstet sein sollten, ist zunächst die *Vorbereitung* nachzuholen, ohne aber den Bestandesschluß irgendwie stärker zu durchbrechen. Dann setzt die *Musterung und Pflege* der etwa schon vorhandenen *Vorwuchsgruppen* ein. Soweit diese noch klein, aber entwicklungsfähig sind, können sie frei gestellt werden. Ältere unbrauchbar erscheinende Vorwüchse können u. U. durchhauen werden, und es wird aus ihnen ein kleiner Schirmstand, die sog. „*kleine Stellung*", gebildet, unter der sich dann neue Ansamung vom Altbestand her einstellen soll. Darauf werden für den betreffenden Bestandesteil in passender Verteilung die einzulegenden *Gruppenanhiebe* bestimmt und ausgeführt, die nun die *Ausgangszentren für neuen Anwuchs* darstellen, der sich von ihnen aus bilden und langsam und stetig gewissermaßen *ankristallisieren* soll. Die ersten Gruppenanhiebe sollen hauptsächlich der Ansamung der langsam wüchsigen, schutzbedürftigen Schattholzarten, besonders Tanne und Buche, dienen (vgl. Abb. 271).

Doch soll bei dem ganzen Vorgehen, besonders auch in der gleichmäßigen Verteilung, keine starre Regel obwalten. REBEL hebt besonders hervor, daß man

Abb. 272. Rändelungshieb um eine Buchengruppe im Femelschlag. Die Gruppe ist mit Fichten durchsprengt und teilweise umgürtelt. (Aufn. von WAPPES.)

sich das Verfahren niemals schematisch, mit Zirkel und Reißbrett arbeitend, zu denken habe, sondern daß es immer Beweglichkeit und Geschmeidigkeit besitzen soll und sich weitgehend an die Bestandesverhältnisse und den Bodenzustand anzupassen habe. Die Größe der Gruppenanhiebe ist im Anfang meist sehr klein und beschränkt sich namentlich bei der Tanne oft nur auf den Aushieb weniger Stämme. Die Anzahl der Gruppenanhiebe und die Dichtigkeit ihrer Lagerung hängt ganz von den Umständen, insbesondere von der beabsichtigten Verjüngungsdauer im Angriffsbestand ab. Im allgemeinen wird die Auswahl der Anhiebsstellen von der Holzartenzusammensetzung im Oberbestand, vom Bodenzustand und der Geländeausformung beeinflußt. So wird man z. B. Kuppen und Rücken stets vorausverjüngen. Die Bestandesränder werden vorläufig überhaupt nicht angegriffen, um Sonne und Wind nicht unnötig hereinzulassen. Gegen die Hauptwindrichtung muß immer ein breiter *Sicherheits- oder Reservestreifen* unangerührt gelassen werden.

Nach eingetretener Verjüngung und genügendem Fußfassen des Jungwuchses auf den ersten Anhiebsstellen werden die *Gruppen durch Nachhiebe erweitert und* „*ausgeformt*". Dies geschieht entweder durch *Rändelung*, d. h. ringförmige, schmalste Kahlhiebe bzw. Räumungshiebe, hauptsächlich an den Schatträndern (S.- u. -W.-Seiten) der Gruppen (vgl. Abb. 272), oder durch etwas breitere, im

Höchstfalle bis zu 30 m breite *Umsäumungshiebe* mit mehr oder minder lockerer Schirmstellung.

Wo infolge fehlenden Vertikalschlusses im Altbestand die Gefahr der Bodenverwilderung oder Aushagerung durch Untersonnung an den Nord- und Osträndern (= Süd- und West-rändern des Altbestandes) besteht, muß, um diese nicht einreißen zu lassen, auch nach Norden und Osten zu abgerückt werden. Eine richtige Durchforstung mit Erhaltung des Unterstandes gibt hier aber von vornherein oft genügende Sicherung. Andernfalls sind die Gruppen möglichst nur an die Stellen zu legen, wo die sonnseitigen Ränder des Bestandes durch gelegentlichen Unterstand oder tiefer herabreichende Bemantelung gedeckt sind.

Im allgemeinen sollen die Gruppen auch nach ihrer Erweiterung nie zu förmlichen Löchern (Großflächen) im Bestande führen, sondern immer Klein-flächencharakter behalten. Neben der Erweiterung der schon vorhandenen

Abb. 273. Ausgeformter und gut abgestufter Fichten- + Tannenhorst im Femelschlagbetrieb
(sog. Verjüngungskegel). (Aufn. von ARNOLD ENGLER.)

Gruppen ist daher häufig auch ein *Ansetzen und Einschieben neuer Gruppen nötig.* Die Form der Gruppen ist in der Praxis heute auch immer unregelmäßig, mehr länglich als rund, vielfach zackig oder nach einem Ausspruch REBELS „amöbenartig". Die *Verjüngungsränder* sollen *stets im Fluß* bleiben, die Ver-jüngung darf niemals lange stillstehen, sondern soll „laufen", damit sich keine Bodenverhärtung einstellt und keine Steilränder bilden und die Ver-jüngung immer anschlußfähig bleibt. Die Gruppen sollen daher förmliche, nach allen Seiten unregelmäßig, aber sanft abfallende „*Verjüngungskegel*" bilden (vgl. Abb. 273). Wo die Naturverjüngung ins Stocken zu geraten droht, ist durch künstliche Kultur (Beisaaten, Vollsaaten oder Pflanzung) nachzuhelfen. Im weiteren Verlauf sind Gruppen, deren Ränder sich nähern, durch „*Durchschlagen*", d. h. Lichtung und Räumung der schmalen *Altholzzwischenbänder* bzw. der zwischen mehreren Gruppen sich bildenden *Altholzzwickel* und durch etwaige künstliche Kultur dieser Stellen zum raschen *Zusammenfließen* zu bringen.

Da, wo die Gruppen einzelner empfindlicher Holzarten mit anderen zusammen-treffen, deren Eindringen für sie gefährlich und unerwünscht wäre, sollen sie mit passenderen Arten als Zwischengliedern *umgürtelt werden* (sog. *Isolierstreifen*). (So können z. B. Eichengruppen gegen seitliches Eindringen der Fichte oder

34*

anderer Nadelhölzer durch Buchengürtel von mindestens 5 m Breite geschützt werden.) Auch können ältere Vorwuchshorste, u. U. selbst Stangenhölzer, durch rechtzeitige Umgürtelung mit geeigneten Holzarten noch anschlußfähig gemacht und erhalten werden. Nur dauernde, feinste Beobachtung und Aufmerksamkeit, unaufhörliche Arbeit und Ausschöpfung aller sich bietenden Möglichkeiten kann hier zu einem reibungslosen Ablauf des ganzen Ernte- und Verjüngungsganges führen, namentlich da, wo der natürlichen Verjüngung gewisse Hemmungen durch Boden, Klima, Holzart oder Bestandesgefahren im großen oder auch nur auf engstem Raum entgegenstehen!

Das Endziel, das Ideal des reinen gruppenweisen Vorgehens, ist das *schließliche Zusammenfließen aller Gruppen in eine große Verjüngungsfläche* mit einem auf und ab verlaufenden Kronendach, aus dem die Verjüngungskegel der einzelnen Gruppen mit ihren verschiedenen Holzarten sich als sanfte Kuppen herausheben. Eine besondere Beachtung erfordert die *Handhabung der Fällung* und des *Holzausrückens*. Im Anfang ist die Sache recht einfach: Alle Bäume werden von den Gruppen weg in den Altbestand geworfen und durch diesen an die Wege gebracht. Je mehr sich aber die Gruppen nähern, desto schwieriger wird ein schadloses Werfen und Rücken. Besonders muß darauf geachtet werden, daß man sich nicht „*vermauert*", d. h. innen befindliche Altholzreste zu lange stehenläßt, so daß man dann nur durch Jungwuchs hindurch abrücken kann (vgl. Abb. 274 bei III rechts unten). Eine gewisse räumliche Ordnung des Lichtungs- und Räumungsbetriebes ist daher auch hier nötig, indem man erst die in der Mitte zwischen zwei Abfuhrwegen gelegenen Partien abräumt und beiderseits gegen die Abfuhrwege hin weitergeht, die zahlreich genug vorhanden sein müssen. In bergigem Gelände ist von oben nach unten vorzuschreiten. Ein allzu langes Zuwarten ist auch mit Rücksicht auf die im letzten Verjüngungsabschnitt stets drohende Windgefahr und die Gefahr der Bodenverwilderung oder -verödung in den schmalen Altholzresten (sog. *Laternen*) nicht anzuraten.

B. Das *Verfahren in mehr oder weniger ungleichaltrigen oder lückigen Beständen* und solchen, die *aus Licht- und Schattenhölzern* gemischt sind, unterscheidet sich von dem Verfahren A in der Hauptsache nur dadurch, daß der Angriff hier zunächst nicht durch mehr oder minder regelmäßig verteilte Gruppenanhiebe geschieht, sondern durch eine *unregelmäßigere Schlagstellung über die ganze Fläche* durch Einzelentnahme der ältesten, stärksten und rückgängigen Stämme und durch kleine Aushiebe von wenigen Stämmen nebeneinander, so daß eine zwar im allgemeinen dunkle, aber doch ungleichmäßige Schirmstellung entsteht. Hier wird *die Entstehung von Jungwuchs nun mehr der Natur überlassen*, während man in dem unter A geschilderten Verfahren bei mehr gleichmäßig geschlossenen oder gleichaltrigen Beständen die Entstehung von Jungwuchs von vornherein mehr planmäßig festlegt. Die Verjüngungsgruppen bilden sich dagegen hier von Anfang an mehr in verschiedener Größe und unregelmäßiger Verteilung. Die weitere Hiebsführung bestimmt dann, welche Teile und Gruppen des Jungwuchses zu benutzen, zu pflegen und auszuformen sind. Die größte Kunst zeigt sich nach REBEL im Nichtbeachten räumlich nicht erwünschter Ansamung. In der übrigen Behandlung und endlichen Aufrollung des Bestandes unterscheidet sich das Verfahren nicht wesentlich von dem unter A geschilderten.

Die Abb. 274 gibt in stark schematisierter Darstellung *ein Bild eines im horstweisen Femelschlag bewirtschafteten Waldteiles in Grundriß und Aufriß.* Wir sehen in den ersten (oberen) Abschnitten eine starke Ungleichstufigkeit im Aufbau durch die horstweise Mischung von Altholz und ungleichaltriger Verjüngung. Die verschiedensten Altersklassen, mit Ausnahme der mittleren, sind hier neben und z. T. übereinander vertreten. Es findet ein rascher Wechsel des Bestandes auf kleiner und kleinster Fläche statt. Das Bild trägt hier unverkennbar *gewisse Züge des reinen Plenterwaldaufbaues* (vgl. S. 563). Aber in den letzten (unteren) Abschnitten beginnt eine Rückbewegung zu größerer Gleichförmigkeit: Die ältesten Klassen verschwinden, die Unterschiede der Stufigkeit in den jüngeren verwachsen allmählich. Das Bild nimmt *wieder mehr und mehr die Züge des gleichstufigen Hochwaldes* an. Hierin, in dieser langsamen Hin- und Herbewegung zwischen Plenterwald und gleichstufigem Hochwald liegt ein wesentlicher und wichtiger Zug im Aufbau des Femelschlags! Eine andere Eigenheit besteht darin, daß *Ernte und Verjüngung* zwar stets auf *Zwerg- und Kleinflächen* stattfinden, daß aber trotzdem *schließlich alles wieder in die Großfläche* ausläuft, von der auch ausgegangen ist. Man kann die konstruktiven Hauptlinien daher ganz kurz in das Schlagwort zusammenfassen: *Über Vielstufigkeit zur Einstufigkeit und über die Kleinfläche zur Großfläche!*

Bei besonderer Windgefährdung, wie z. B. in überwiegenden Fichtenbeständen, ist das gruppen- und horstweise Verfahren auf schmalste Zonen zu beschränken. Langsames Vorgehen, dunkle Stellung an den Gruppenrändern, besonders an den Schattseiten und auf den zwischenliegenden Altholzteilen begünstigt einseitig das Ankommen und Vordringen der Schatthölzer, besonders der Tanne und Buche, und drängt die Fichte, die ja meist das Hauptwirtschaftsziel bilden soll, vielfach zu sehr zurück.

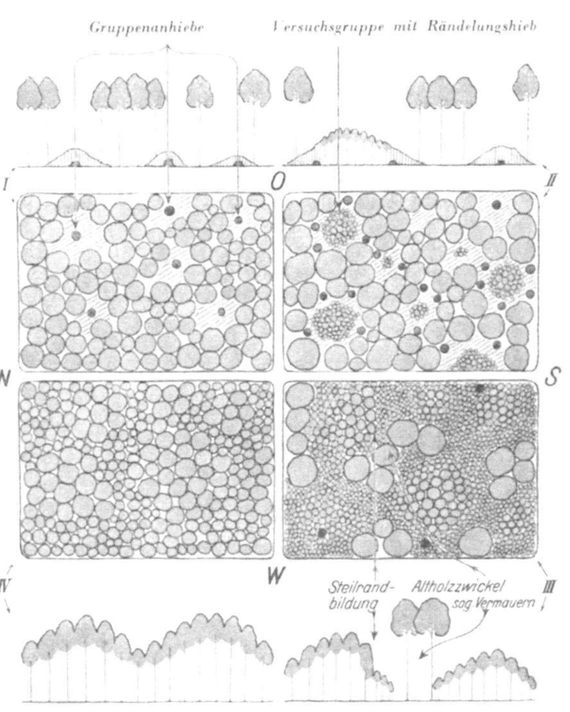

Abb. 274. Schema des horstweisen Femelschlagbetriebes. (Entworfen von DENGLER.)

Saumfemelschlag oder kombinierter Femelschlag. Gerade aus diesen, aber auch noch anderen Gründen hat man in solchen Fällen in Bayern schon seit alter Zeit ein mehr streifen- bzw. saumweises Vorgehen geübt, das den Namen *Saumfemelschlag* oder kurzweg *Saumfemel* erhalten hat.

Der *Saumfemelschlag* ist in Bayern vielfach als *selbständige Form* des Vorgehens in Ausübung und ähnelt dann in manchen Zügen dem später zu besprechenden Blendersaumschlag. Besonders wichtig aber ist seine Verbindung mit dem gruppen- und horstweisen Betrieb im sog. „*kombinierten Verfahren*" geworden, das heute überhaupt *vorwiegt* und *die rein horstweise Form fast vollständig verdrängt* hat. Erst in dieser Form hat der bayerische Femelschlag seine höchste und feinste Ausbildung und das höchste Maß von Beweglichkeit und Anpassungsfähigkeit erhalten. Gerade hier liegen auch die besonderen Verdienste v. HUBERS, der dem Verfahren auch den Namen gegeben hat.

Das Vorgehen besteht im wesentlichen darin, daß *neben den Gruppenanhieben und der Gruppenausformung eine Aufrollung des Zwischenbestandes durch schmale,*

Abb. 275. Aufrollung eines Bestandes durch gebrochene Saumschläge im kombinierten Femelschlag. Im Vordergrund links und rechts zwei vom Saumschlag aufgenommene vorwüchsige Fichten-, Buchen-, Lärchengruppen, auch im Hintergrund sieht man zahlreiche solche eingeschlossene Gruppen. (Aufn. von WAPPES.)

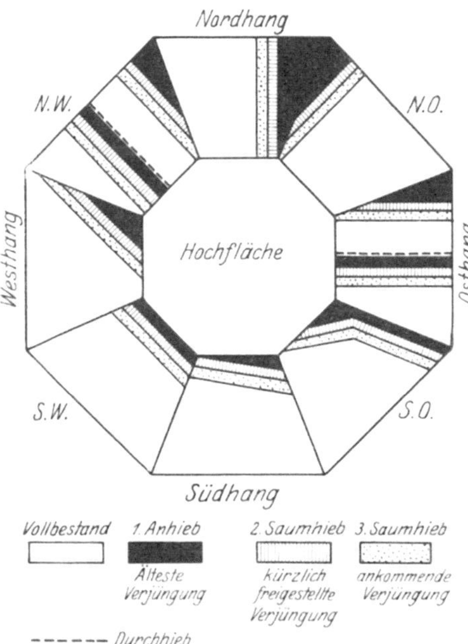

Abb. 276. Schema der Hiebsfolge des Saumfemelschlages in bergigem Gelände (sog. Hiebsschlüssel). Am Nordwest- und am Osthang zwei Durchhiebe, am Südosthang ein gebrochener Saumschlag. (In Wirklichkeit keine geradlinigen, sondern vielfach gezackte und gebuchtete Ränder.) (Nach den bayrischen Wirtschaftsregeln.)

sich aneinanderreihende Streifenschläge von gewissen Angriffslinien her stattfindet (vgl. Abb. 275). Auch hierbei ist das Ziel zunächst möglichst natürliche Verjüngung unter Schirm. Da aber meist ein etwas rascherer Verjüngungsfortschritt angestrebt wird, der die Fichte begünstigen soll, so wird in vielen Fällen auch künstliche Kultur auf größeren Flächen zu Hilfe genommen, ja u. U. wird auch Kahlhieb statt Schirmhieb auf den Säumen angewandt.

Der Saumhieb *beginnt* mit Rücksicht auf die Windgefahr entweder *am Ostrand* der Abteilung oder auch in der *Nordostecke* und schreitet gegen Südwest vor. Ein Mittel, die Angriffsfront zu verlängern, besteht auch in den sog. *gebrochenen Saumhieben* (vgl. den sog. Hiebsschlüssel Abb. 276).

Bietet der Bestand in seinem Innern an Geländeeinschnitten (Talrinnen, Bergkanten oder Rippen) geeignete weitere Angriffsfronten, so wird dort eine neue Hiebsreihe gebildet und mit neuen Saumhieben angesetzt. Sehr große gleichartige Flächen werden u. U. durch neue *Durchhiebe* aufgeteilt, d. h. perlschnurartig beginnende Saumschläge, die ungefähr parallel zur ersten Angriffsfront verlaufen (vgl. Abb. 276, Ost- und Nordwesthang).

Zahl und Breite der Säume, Zeitpunkt ihres Ansetzens (gleichzeitig oder später als der Beginn der Gruppenanhiebe), Tempo der Aneinanderreihung u. a. m. bestimmen sich ganz nach den Verhältnissen des einzelnen Falles. Insbesondere gibt hierbei die beabsichtigte *Dauer der allgemeinen Verjüngungszeit* den Ausschlag, die bald kürzer, bald länger ist, im Durchschnitt etwa 30 Jahre beträgt. Beim Vorschreiten soll der Saumschlag die ausgeformten Gruppen rechtzeitig in sich aufnehmen. Dabei muß das Vorgehen im Saumschlag einerseits auf den anschlußfähigen Zustand der Gruppen, anderer-

seits aber auch die Anlage und
Ausformung der Gruppen wieder
auf das Vorrücken des Saum-
schlags Rücksicht nehmen.
Schon die älteren Wirtschaftsregeln deuteten an, daß es hierbei empfehlenswert wäre, mit
der Anlage der Gruppen nicht
zu tief in den Bestand hinein
und zu weit von dem nach-
folgenden Saumschlag wegzu-
gehen. In der Folge hat dann
dieser Gedanke noch eine schärfere Form angenommen, wie
sie von Oberforstmeister SEE-
HOLZER in *Riedenburg*[1]) geschildert wird, wobei die Gruppen
dichter an die Front des Saum-
schlages herangezogen und mit
abnehmender Zahl und Größe
von dieser weg gebildet werden
(vgl. die SEEHOLZERsche Skizze
Abb. 277). Es ergibt sich durch
die rasche Aufnahme der Grup-

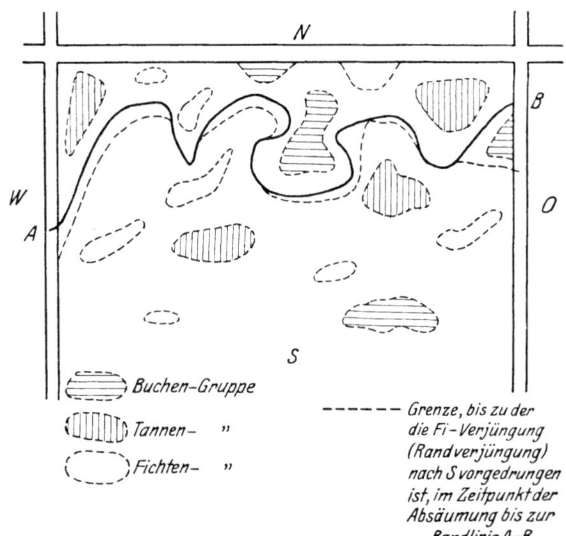

Abb. 277. Kombinierter Femelschlag im Forstamt
Riedenburg i. Bayern, mit Saumangriff von Norden
her und Gruppenausformung nur nahe vor der
Saumfront. (Nach SEEHOLZER.)

pen beim Vorschreiten ein *dauernd welliger* und *gebuchteter Verlauf des Saumes*
mit jenen „stillen Winkeln und Ecken", wie REBEL so schön und treffend sagt,
in denen sich die Naturverjüngung der Tanne, Buche und Fichte besonders
gern und willig einfindet (vgl. in Abb. 278 die weit nach rechts einspringende
Jungwuchsgruppe vor dem Saum).

Die *ganze Form des kombinierten Verfahrens*, besonders in der letzgenannten
Art, besitzt entschieden einen *viel höheren Grad räumlicher Ordnung* als die rein
horstweise Form. Dadurch wird nicht nur die Übersicht sehr erhöht und die Sturmgefährdung abgeschwächt, sondern vor allen Dingen auch der Fällungs- und
Abrückbetrieb in hohem Maße leichter und gefahrloser gestaltet. Man kann wohl
sagen, daß sich hier Ordnung und freie Beweglichkeit auf halbem Wege entgegenkommen und in schönem Verein zusammenfinden!

Die schematische Übersicht in Abb. 279 zeigt *den Waldaufbau im Grundriß
und Aufriß nach dem kombinierten Verfahren* mit dem Angriff vom Nordrand
her. Es bestehen ähnliche Aufbauverhältnisse wie beim horstweisen Femelschlag. Aber es macht sich im ganzen eine größere Gleichstufigkeit in der Breite
(O—W) und eine Abstufung nach der Tiefe (N—S), besonders gegen den Abschluß
des Bestandeskreislaufs (III, IV) hin bemerkbar.

Abarten des Femelschlages. Die im Vorhergehenden dargestellten Arten des
Femelschlages sind aber durchaus nicht die einzigen. Gerade diese Betriebsform
hat außerordentlich viele Varianten aufzuweisen.

Eine kaum wesentliche Sonderform ist der sog. *künstliche Femelschlag*, bei
dem erwünschte, aber nicht vorhandene oder u. U. schwer natürlich zu ver-
jüngende Holzarten gruppen- oder horstweise künstlich eingebracht und voraus
verjüngt werden (z. B. Eichen-, Lärchen- oder Buchenhorste im Buchen- bzw.
Fichtenbestand u. a. m.).

---

[1]) Vgl. Literatur S. 528.

Abb. 278. Bild eines Nordsaums im Femelschlag (Riedenburg). Im Hintergrund eine weit nach rechts hineinlaufende, schön abgestufte Tannenvorwuchsgruppe, die eben vom Saum (von vorn links nach dem mittleren Hintergrund laufend) aufgenommen wird. Im Saumschlag selbst dichte Mischverjüngung von Tanne, Fichte und Buche. (Phot. von DENGLER.)

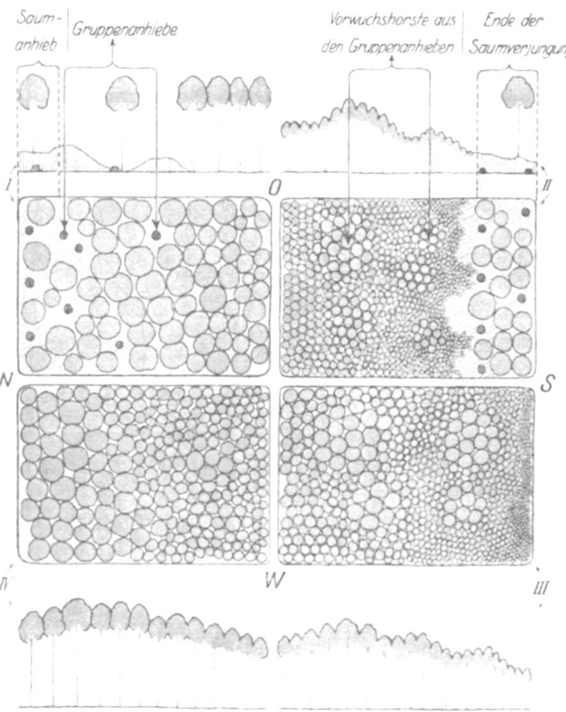

Abb. 279. Schema des kombinierten Femelschlagbetriebes. (Entworfen von DENGLER.)

Zum *künstlichen Femelschlag* ist bis zu einem gewissen Grade auch der für den norddeutschen Osten bedeutsam gewordene MORTZFELDsche *Löcherhieb*[1]) zu rechnen, wenn er auch eine viel rohere Form darstellt und im ganzen Verlauf vielleicht dem Schirmschlag näher steht ˌals dem Femelschlag.

Oberforstmeister MORTZFELD hat s. Z. in seinen verschiedenen Dienstbezirken, besonders in seinem letzten in Königsberg i. Ostpr., diese von ihm „horstweisen Vorverjüngungsbetrieb“ genannte Form eingeführt, um insbesondere *der Eiche verlorenes Gebiet wieder zu erobern*, das sie im Laufe der Zeit im Westen an die Buche, im Osten (Ostpreußen) auch an

---

[1]) MORTZFELD: Über forstwirtschaftlichen Vorverjüngungsbetrieb. Z.F.J.W. 1896, S. 2.

die Fichte, Hainbuche, Birke u. a. abgegeben hatte. Zum Teil war daran der HARTIGsche Dunkelschlag, in Ostpreußen auch wohl der dort noch lange vorherrschende Plenterbetrieb schuld gewesen. Doch sprachen hier wohl auch noch andere Ursachen mit. MORTZFELD hatte sehr richtig erkannt, daß der dunkle Schirmschlag, aber auch der Kahlschlag, letzterer besonders in dem stark spätfrostgefährdeten Ostpreußen, für eine solche Wiedereinführung der Eiche auch auf den besten Böden wenig geeignet erschien. Er ging daher zum kleinflächenweisen *Voranbau der Eiche auf kreisrunden, 6—10 a großen, kahlen Löchern* über, die in gleichmäßiger Ver-

teilung, im übrigen auch selbstverständlich mit Berücksichtigung lokaler Standortsunterschiede, in die Bestände der ältesten, zur Abnutzung stehenden Altersklassen (zunächst nur I., später auch II. Periode) hineingelegt wurden. Die Einlegung sollte abteilungsweise gleichzeitig erfolgen. Bei nicht gleichzeitiger Anlage sollten die Löcher zonenweise in der Richtung des späteren Hauptverjüngungsganges gestaffelt werden. Etwa $\frac{1}{4}$—$\frac{1}{3}$ der nach dem Boden hierzu geeigneten Gesamtfläche sollte so mit Eiche vorausverjüngt werden. Der Anbau geschah nach Rodung und gründlicher Bodenbearbeitung durch Saat oder Kleinpflanzung. Etwa *nach 10 Jahren sollte die Hauptverjüngung des Zwischenbestandes* nachfolgen, die bei der Buche (vgl. Abb. 280) im Schirmschlag, bei Kiefer und Fichte auch im Kahlschlag geschah. Doch konnte bei der Fichte in Ostpreußen auch vielfach von der Naturverjüngung Gebrauch gemacht werden. In den sogenannten litauischen Lehmrevieren mit ihrer Holzartenfülle fand sich oft reichlicher Anflug von Birke, Aspe, Esche und Hainbuche neben der Fichte

Abb. 280. Gruppen- bzw. horstweise Vorverjüngung der Eiche im Buchengrundbestand durch MORTZFELDsche Löcherhiebe. Im Hintergrund ein gut abgestufter Eichenhorst, im Vordergrund dichte Buchenverjüngung in der letzten Nachhiebsstufe. (Forstamt Freienwalde a. d. O.) (Aufn. von DENGLER.)

an. Im Forstamt Waldhausen bei Insterburg kann man heute auf den Zwischenstreifen noch Bilder sehen, die stark an den bayerischen Femelschlag oder sogar an Plenterwald erinnern.

Die MORTZFELDsche Methode hat s. Z. viel Schule im westdeutschen Buchengebiet und auch im nordostdeutschen Flachland gemacht. Der Haupteinwand, den man später dagegen erhob, waren die *hohen Eingatterungskosten*, da die Eichenhorste infolge des Wildverbisses anders nicht hochzubekommen waren. Der Umfang eines einzelnen Loches betrug ja schon 100—150 m, bei durchschnittlich drei Löchern je Hektar ergab sich also eine Zaunlänge von 300—450 m. Das würde bei den heutigen Preisen bei reh- und hasendichtem Zaun allein 300 bis 400 M. ausmachen. MORTZFELD versuchte diese hohen Kosten zwar dadurch zu rechtfertigen, daß er die Löcher teilweise noch als Kämpe benutzt hat und aus ihnen Eichensämlinge und Mehrjährige zu anderweitiger Verwendung entnahm. Außerdem betonte er, daß man die Gatterkosten nicht nur der Eichenfläche, sondern der ganzen Bestandesfläche anrechnen müsse. Trotzdem sind die Kosten einschließlich der sonstigen Kulturaufwendungen doch außerordentlich hoch.

Die Mißerfolge durch Steilrandbildung, Entwicklung ästiger Randstämme, die sich bei Schnee leicht nach außen überbiegen, Bilder, wie man sie vielfach noch heute in unseren Beständen sehen kann, sind weniger dem Verfahren selbst, als wirtschaftlichen Fehlern, wie zu spätem Anschluß an die Hauptverjüngung, fehlender Umgürtelung der Horste u. a. m. zuzuschreiben. Unbestreitbar bleibt trotzdem der Erfolg der Methode und das Verdienst MORTZFELDs, der Eiche im norddeutschen Wald große Flächen wiedergewonnen zu haben, was bei dieser wertvollen Holzart nicht so leicht zu teuer erkauft sein kann!

Zu den femelschlagartigen Nebenformen kann man auch noch den WIEBECKEschen *Lückenbetrieb* rechnen. Doch soll dieser erst zum Schluß beim Abschnitt über den Dauerwald besprochen werden.

Eine etwas schwankende und unsichere Betriebsform ist die des „*badischen Femelschlages*". Nach der Darstellung von SEEGER[1] bestand dieser in älterer Zeit in der ungleichmäßigen, sehr langsamen Auflichtung der Bestände (meist Tanne oder Tanne mit Fichte oder Buche) durch Aushieb der stärksten, rückgängigen oder kranken Stämme und ausgesprochener Schwächlinge, also etwa wie im Angriff des bayrischen horstweisen Verfahrens B bei lückigen und sehr ungleichaltrigen Beständen. Die weitere Nachlichtung ging zur Ausnutzung des Lichtungszuwachses sehr langsam und ohne besondere Verteilung der auszuformenden Jungwüchse und ohne räumliche Ordnung vor sich. Starke Fällungsschäden und Windwürfe waren vielfach die Folge. Später[2] empfahl man zwar die Erhaltung der stärkeren Stämme als „Knochengerüst" des Bestandes, ein Vorgehen im Wege einer immer stärker eingreifenden Niederdurchforstung, das ganz allmählich in die Verjüngung überleiten sollte, sog. „*Erziehungsverjüngung*" (SIEFERT) und auch eine bessere räumliche Ordnung durch zonenweises Vorgehen. Im allgemeinen ist man aber nach SEEGER diesen Anregungen wenig gefolgt. Die große Praxis sei meist bei dem älteren Verfahren geblieben. Daher seien auch die Vorwürfe, welche die neuen badischen Richtlinien[3] dieser Wirtschaft machen, wenigstens zum Teil berechtigt. Freilich haben geschickte und aufmerksame Wirtschafter die hier drohenden Gefahren und Nachteile durchaus erkannt und durch eine Anpassung des Verfahrens an die wechselnden Standortsverhältnisse in bald mehr plenterartigem, bald mehr zonenweisem Vorgehen zu vermeiden gewußt und dabei so schöne Erfolge erzielt, wie z. B. in dem berühmten und vielbesuchten Murgschiffer-Wald bei Forbach i. Baden, der unter der langjährigen Leitung von Oberforstmeister STEPHANI stand[4]).

Wertung des Femelschlagbetriebes. Der Femelschlag ist zweifellos eine außerordentlich vielseitige und elastische Betriebsform, die sich in den feinsten Abtönungen jedem Wechsel des Standorts und des Bestandes anzuschmiegen und jeder Veränderung des Wirtschaftsziels nachzukommen vermag. Die Anwendung ist aber nach den eigenen Erklärungen VON HUBERs[5]) immer an gewisse, einigermaßen günstige Bedingungen, besonders mit Bezug auf Verjüngungsfähigkeit und Verjüngungswilligkeit, gebunden.

Auf armen Böden, auf Sandboden oder auf Standorten, die zu starkem Graswuchs neigen, wollte HUBER den Femelschlag nicht angewendet wissen. „Günstigere Verhältnisse, nicht unnormale Verhältnisse sind es, unter welchen wir die Frage der Erziehung gemischter Bestände durch das Femelschlagverfahren zu betrachten haben!"

Zusammenfassend ist diese Betriebsform etwa dahin zu bewerten:

Sie ist außerordentlich *fein* und *vielseitig,* freilich daher auch *nicht einfach,* sondern einigermaßen verwickelt und schwer übersichtlich.

---

[1]) F.Cbl. 1925, S. 877.

[2]) In der weiteren Entwicklung des badischen Femelschlagverfahrens sind besonders die Anregungen von GERWIG, SCHÄTZLE, DIESSLIN und SIEFERT zu nennen.

[3]) Richtlinien für Erziehung und Verjüngung der Hochwaldungen in Baden. Karlsruhe 1925.

[4]) STEPHANI, K.: Tannen- und Fichtenstarkholzzucht im Schwarzwald. A.F.J.Z. 1921. — Erfahrungen auf dem Gebiet der Femelschlagwirtschaft. Ebenda 1926.

[5]) Diskussion zum Femelschlagthema. Dtsch. Forstver. Regensburg 1901.

Sie erfordert *hohe Aufmerksamkeit* und *Geschicklichkeit vom Betriebsleiter bis herunter zum letzten Waldarbeiter.*

Sie setzt wenigstens *einigermaßen günstige Verhältnisse in Klima und Boden* (*Verjüngungsfreudigkeit*) und im allgemeinen auch eine schon vorhandene Mischbestockung im Altbestand voraus.

Sie ist dann aber auch *eine hervorragende Form für die Wiedererzeugung von Mischwald* und gewährt auch den empfindlicheren Holzarten den nötigen Schutz von oben und von der Seite her. Durch die gruppenweise Mischung fördert sie deren Selbsterhaltung ohne schwierige Bestandespflege.

Sie ist *in normalem Gang äußerst bodenpfleglich.* Nicht nur die dauernde Mischbestockung, sondern auch die Abstufung des Lichtes mit seinem vielseitigen Wechsel können hier bei geschickter Handhabung allen Anforderungen nach der einen wie nach der anderen Seite hin gerecht werden.

Im letzten Abschnitt tritt allerdings durch die vorgeschrittene Durchlöcherung mehr und mehr ein *gewisser Nachteil durch Untersonnung* hervor. Eine ernste Gefahr bildet der *Windwurf,* namentlich die oft unberechenbaren Stürme aus ungewohnter Richtung, die dann allerdings schweren Schaden im Jungwuchs anrichten und das schöne Gebäude über den Haufen werfen können.

Auch hier ist also nicht alles Vorteil. Es stehen, wie bei allen Verfahren, den Vorteilen auch gewisse Nachteile gegenüber. Aber die Vorteile überwiegen doch und sie liegen so sehr in der besonders wichtigen Richtung der Mischbestockung, daß die Femelschlagform in dieser Beziehung immer zu den wertvollsten Verfahren für dieses waldbauliche Ziel gerechnet werden muß.

Der Femelschlag hat auch gegenüber später noch näher zu besprechenden, ähnlich feinen und wertvollen Verfahren den großen Vorzug für sich, daß *seine Anwendbarkeit und Brauchbarkeit nun schon lange und in großem Umfang durch jahrzehntelange Wirtschaft in Bayern erwiesen ist*!

4. Kahl- und Schirmschlagformen in Verbindung mit Lichtungs- und Überhaltbetrieb und sonstige Nebenformen.

Allgemeines über Lichtungs- und Überhaltbetriebe. In vielen Fällen hat man mit den Kahl- und Schirmschlagformen noch besondere Maßregeln zur Erhöhung des Stärkezuwachses verbunden, die nach Art und Umfang über die gewöhnliche Bestandeserziehung hinausgehen und dem ganzen Ernte- und Verjüngungsverfahren und auch dem Waldaufbau längere oder kürzere Zeit einen bestimmten Stempel aufdrücken, so daß es berechtigt erscheint, sie als besondere Unter- und Nebenformen zu behandeln. Eigentliche Grundformen stellen sie aber nicht dar.

Zwei Maßregeln solcher Art sind es, die hier angewendet werden: 1. *der Überhalt* und 2. *die Lichtung.* Unter ersterem versteht man die Belassung von einzelnen Stämmen oder von Gruppen und Horsten beim Abtrieb des Bestandes, mit der Absicht, sie in den neu aufwachsenden Bestand einwachsen und wenn möglich bis zu dessen Abtrieb, mindestens aber bis zu einem höheren Alter desselben, stehenzulassen. Die Lichtung stellt dagegen eine dauernde starke Durchbrechung des Kronenschlusses dar, die eine größere Anzahl von ausgewählten Stämmen durch Kronenfreiheit im Zuwachs fördern soll. Meist ist in beiden Fällen die *Erziehung von Starkhölzern* mit etwa 50—60 cm Durchmesser das Wirtschaftsziel. Der *Überhalt* will dieses durch *lange Zeit* erreichen, ohne eine besondere Fläche dafür aufzuwenden. Das Starkholz soll gewissermaßen bei der Aufzucht des neuen Bestandes als Zugabe oder Nebenerzeugnis mit anfallen. Das beruht allerdings meist auf einer gewissen Selbsttäuschung. Auch wenn im günstigsten Falle der junge Bestand bis an die Überhaltsstämme heran und unter deren Traufe aufwächst, so verläuft seine Entwicklung doch meist viel langsamer, und wenn er sich bis an den unteren Kronenrand herangeschoben hat, was bei guten und genügend langen Kronen der Überhälter meist schon im späteren Stangenholzalter der Fall ist, dann hört überhaupt jede Möglichkeit des Weiterwachsens unter der Traufe der Überhälter auf. Eine Fällung der Überhälter ist dann aber ohne schwerste Beschädigungen des Jungbestandes nicht möglich. Vielfach muß man diesen dann unter der Traufe verkümmern lassen oder selbst entfernen. Eine Doppelproduktion auf derselben Fläche ist also oft doch nicht möglich.

Der *Lichtungsbetrieb* will *das Starkholz in verhältnismäßig kurzer Zeit* erzielen, wenn auch meist eine gewisse Verlängerung des gewöhnlichen Umtriebes notwendig ist, um dies zu erreichen. Dafür widmet er aber diesem Ziel eine *verhältnismäßig große Fläche*, deren Gesamtmassenerzeugung dabei meist heruntergeht. Er verlangt zur Bodendeckung und allmählichen Bestandesauffüllung fast immer Ergänzung durch Unterbau. (Hierzu vergleiche man den betr. Abschnitt bei dem Kapitel über Bestandeserziehung.)

Eine Mittelstellung zwischen Überhalt und Lichtungsbetrieb nimmt der sog. *zweistufige* oder *zweialtrige Hochwaldbetrieb* ein. Bei ihm ist die Lichtung so stark, daß sie einem dichten Überhalt nahekommt. Der Unterstand soll nicht nur Bodenschutz gewähren, sondern die 2. Generation unter dem Oberstand bilden (Annäherung an den Überhaltgedanken). Das *wirtschaftliche Schwergewicht* liegt nicht einseitig auf dem Oberholz (wie beim Lichtwuchsbetrieb) oder auf dem Unterstand (wie beim Überhalt), sondern ist *mehr oder minder gleichmäßig auf beide Stufen verteilt.*

Dabei verlangt der ideale zweialtrige Hochwald meist noch ein bestimmtes Altersverhältnis von Unterstufe zu Oberstufe. Dieses soll so sein, daß die zweite Staffel beim Abtrieb der ersten deren halbes Alter erreicht hat, also etwa 70—80 Jahre bei 140 bis 160 Jahren der Oberstufe. Letztere soll dann etwa nur die halbe Fläche beschirmen. Bei der Ernte soll die ganze Fläche verjüngt und aus der zweiten Stufe dann wieder ein entsprechend starker Überhalt belassen werden, so daß nach 70—80 Jahren wieder dasselbe Bild vorhanden ist. (BURCKHARDT berichtet von früheren derartigen Betrieben für Buche in Hannover und Dänemark.)

Überhalt wie Lichtung rechnen beide mit *Lichtungszuwachs*, der Überhalt weniger, der Lichtungsbetrieb mehr. Es ist bereits an andrer Stelle ausgeführt worden, daß sich die Holzarten hier recht verschieden und im allgemeinen, namentlich auf längere Dauer hin, einigermaßen unzuverlässig verhalten. Überhalt und Lichtung haben nach dieser Beziehung recht oft nicht die Erwartungen erfüllt, die man nach ihren anfänglichen Zuwachserfolgen an sie geknüpft hatte. Im allgemeinen ist ein guter Boden überall Voraussetzung für derartige Betriebe.

Der *Überhalt* bringt auch für die dazu ausgewählten Stämme immer eine *gewisse Gefährdung* mit sich. Vor allem ist hier die *Windgefahr* zu nennen. Flach wurzelnde, unsichere und nicht sehr standfeste Holzarten, wie vor allem die Fichte, sind nicht dafür geeignet. Arten mit dünner Rinde, wie Buche, Esche, auch Tanne, erleiden vielfach *Rindenbrand* nach der Freistellung. Andere, wie vor allem die Eiche, zeigen leicht *Wasserreiserbildung* und im Zusammenhang damit *Zopftrocknis*. Immer ist daher eine ziemlich weit ausholende, langsame Gewöhnung an den Freistand durch frühzeitige Umlichtung und Anerziehung einer genügend langen und dichten Krone nötig, die auch die Voraussetzung einer guten weiteren Zuwachsleistung ist.

Für die *Lichtung* gelten ähnliche Verhältnisse, wenn auch entsprechend der geringeren Freistellung in etwas gemindertem Grade. Das besonders Mißliche bei dieser Form ist der Umstand, daß, wenn einzelne Stämme rückgängig werden

und die auf sie gesetzten Zuwachserwartungen nicht erfüllen, die ohnehin schon
sehr stammzahlarme Fläche in ihrer Produktion natürlich stark zurückgeht.

Viele der hier mit großen Hoffnungen begonnenen Betriebe haben auf die
Dauer mehr oder minder enttäuscht. Sie haben daher vielfach nur als interessante
Versuche einen gewissen historischen Wert. Manche haben unter besonderen
Umständen, insbesondere bei lokalem Mangel an stärkeren Holzsortimenten,
zeitweise ihre Aufgabe gut erfüllt, sind aber später durch veränderte Verhält-
nisse (Verbesserung der Verkehrsverhältnisse, Ablösung von Berechtigungen,
Anwachsen des Altholzvorrates im Revier) wieder gegenstandslos geworden.

Einzelüberhalt[1]). Der Einzelüberhalt ist eine sehr alte Maßregel, die sich
vielfach aus dem Schirmschlag heraus entwickelt hat. Man hat von den zum
Samenschlag bestimmten Mutterbäumen einen Teil, sei's zur Mastnutzung (Wild-
futter), sei's auch schon mit der Absicht, Starkholz zu erziehen, stehengelassen,
um in die Verjüngung einzuwachsen. Für das Alter dieser Maßregel spricht auch
schon der altertümliche Name, den man den Überhältern in früherer Zeit gab,
wo sie allgemein „*Waldrechter*" hießen.

Besonders verbreitet war der *Einzelüberhalt* bei der *Eiche*, bei der in vielen
Fällen zunächst das jagdliche Interesse überwog und erst später der Gedanke
der Starkholzerziehung in den Vordergrund trat. Solche mehrhundertjährigen
Eichenüberhälter aus der vorigen und vorvorigen Bestandesgeneration finden
sich in letzten Resten noch heute in Buchen- und Fichtenbeständen West- und
Süddeutschlands, aber auch in den Kiefernbeständen Norddeutschlands. Was
davon übriggeblieben ist, ist nach Wuchs und Gesundheitszustand meist recht
schlecht und wenig ermutigend. In vielen Fällen wird freilich das beste Material
schon herausgehauen sein. Aber auch auf solchen Flächen, wo die Überhälter
noch ziemlich gleichmäßig und dicht stehen, so daß die ursprüngliche Anzahl
noch vorhanden zu sein scheint, ist recht selten einmal ein wirklich tadelloser
Stamm zu finden. Vor allen Dingen sind *tief angesetzte Fauläste* und *vorzeitiger
Rückgang* (Trockenspitzigkeit) unerfreuliche Erscheinungen. Über 200jährige
gesunde Überhälter sind selten. Der Auszug solcher meist sehr breitastigen
Bäume, der oft zur ungeeignetsten Zeit des Unterstandes, nämlich im brüchigsten
Stangenholzalter, notwendig wird, macht große Schwierigkeiten und richtet
schweren Schaden an, so daß sich jeder Wirtschafter begreiflicherweise solange
wie möglich darum drückt, wobei die Eichenüberhälter natürlich immer schlechter
werden. In dem zu diesem Zweck besonders erdachten LANGERschen *Kronenabschußverfahren* scheinen wir in neuester Zeit ein gutes Mittel an die Hand
bekommen zu haben, die Überhälter einigermaßen schadlos auszuziehen.

Man kann vielleicht mit Recht einwerfen, daß diese älteren Eichenüberhälter
aus der vorigen Generation nicht genügend sorgfältig ausgesucht und vorbereitet
worden sind. An sich müßte die Eiche sich sonst wegen ihrer Sturmfestigkeit,
langen Lebensdauer und der Hochwertigkeit ihres Starkholzes besonders zum
Einzelüberhalt eignen.

Ebenfalls weit verbreitet ist der *Einzelüberhalt bei der Kiefer*. Hier wird er
gewöhnlich mit dem Kahlschlag verbunden.

Die ältesten Betriebe nach dieser Richtung scheinen in Hessen (Rhein-Mainebene) und
Nordbayern (Nürnberger Reichswald und Bamberger Hauptmoorwald) vorgelegen zu haben.
Im letzteren führte ihn die seinerzeitige bischöfliche Verwaltung im 18. Jahrhundert zur
Erzielung von sog. „*Holländerholz*" zu Mastbäumen und Rammpfählen ein. 200- bis
250jährige Kiefern sollen mit 500—600 fl. pro Stamm bezahlt worden sein. Später sind aber

---

[1]) KUHN, W.: Kiefernstarkholzzucht. F.Cbl. 1918, S. 41. Diese Arbeit gibt ein sehr
ausführliches Literaturverzeichnis über die ganze Überhaltfrage und stellt auch sehr eingehend ihre geschichtliche Entwicklung dar.

dort die Preise sehr stark heruntergegangen. Nach einer Mitteilung der Revierverwaltung vom Jahre 1901[1]) erzielten Stämme von 5—6 fm damals nur noch 200—300 M., also 40 bis 50 M. für den Festmeter.

Der Kiefernüberhalt ist gerade mit Bezug auf die Erfolge im Bamberger Hauptmoor von DANCKELMANN und seiner Schule *in den norddeutschen Kiefernwaldungen weit verbreitet* worden. Als Regeln wurden folgende Gesichtspunkte aufgestellt: 1. Bessere Böden, nicht unter III. für Kiefer; 2. nicht zu viel Stämme, d. h. im Durchschnitt etwa 20 je Hektar, wobei aber wegen der unvermeidlichen Abgänge in erster Zeit zunächst 30 Stück ausgesucht werden sollen; 3. nur gerade, gesunde, astreine Wertstämme (nicht verlangt wurde besondere Stärke, weil man von den mittelstarken Stämmen noch besseren Zuwachs erwartete); 4. nur gute, volle Kronen; 5. Vorbereitung und Pflege der Überhälter in den letzten 20 Jahren vor dem Bestandesabtrieb.

Abb. 281. Ostpreußischer Kiefernüberhälter.

In der Ausführung zeigte sich vor allem, daß die Anforderung *guter, voller Kronen fast nirgends* auch nur annähernd so zu erfüllen war, daß noch 20 bis 30 Stämme je Hektar, die auch sonst bezüglich Geradschäftigkeit und Gesundheit geeignet erschienen, in den zum Abtrieb gestellten Beständen der I. Periode aufzufinden waren. Im großen Durchschnitt hat sich die Überhälterzahl anfänglich vielleicht zwischen 5—10 gehalten, ist dann aber durch Abgänge noch weiter gesunken. Auch die heute noch stehenden erfüllen fast nirgends die unbedingt notwendige Voraussetzung einer genügend großen und langen (mindestens ¼) Krone. Viele haben nur kümmerliche Pinselkronen, andere sind ganz locker und schütter, noch andere einseitig.

In unseren meist erst mit 120—140 Jahren zum Abtrieb kommenden Altbeständen haben eben meist nur die stärksten Stämme solche gut ausgebildeten Kronen. Diese aber sind wieder wegen ihrer an sich schon genügenden Stammstärken nicht zum Überhalt geeignet. Den mittleren und schwächeren läßt sich in diesem Alter aber auch durch 20jährige Vorbereitung keine genügende Krone mehr anerziehen[2]). Im übrigen begegnet eine derartige Vorbereitung, die bei

---

[1]) Von mir s. Z. für eine Untersuchung über Kiefernüberhaltbetrieb erbeten.
[2]) Einige inzwischen von mir ausgeführte Analysen haben z. B. in 60 Freistandsjahren nur eine durchschnittliche Kronenverbreiterung von 2—3 m im Durchmesser ergeben! — DENGLER, A.: Einzelstammwirtschaft. Z.F.J.W. 1935, H. 1.

20—30 Überhältern doch mindestens 40—60 Nachbarstämme längere Zeit vor
dem Abtrieb entnehmen müßte, bei unseren im hohen Alter ohnehin schon
lückigen und stammzahlarmen Kiefernbeständen auch sonst großen Bedenken.
In Gebieten, wo auch auf besseren Böden eine besonders geradschaftige und
feinastige Kiefer erwächst, findet man aber doch noch öfter geeignete Stämme,
die als hervorragende Wertstämme einen Überhalt unbedingt rechtfertigen, wie
z. B. die in Abb. 281 dar-
gestellte Idealkiefer aus
Ostpreußen. (Vgl. auch
die Abb. 96.) Dagegen ist
auf ärmeren Böden ein
Überhalt nicht nur aus-
sichtslos, sondern durch
den schweren Druck auf
den Jungwuchs auch noch
schädlich (vgl. Abb. 282).

Über die *Zuwachser-*
gebnisse des Kieferneinzel-
überhaltes liegt eine
größere Veröffentlichung
aus jüngster Zeit von
Baader[1]) vor. Dieser er-
mittelte an 90 Überhäl-
tern verschiedenen Alters
bis zu 200 Jahren den
Zuwachs durch Stamm-
analysen und stellte ihn
dem Zuwachsausfall im
Jungbestand durch „Tel-
lerbildung" unter den
Überhältern gegenüber.
Unter Berücksichtigung
der Preisverhältnisse er-
gab sich eine wirtschaft-
liche Mehrleistung nur
auf I. und II. Bonität,
wenn es gelingt, die Überhälter bis zu ihrer Nut-
zung auf eine Durchmes-
serstärke von mindestens
45—50 cm zu bringen. Wo
Schwammbefall, Kienzopf
und Hallimasch sehr oft
zu vorzeitiger Fällung

Abb. 282. Einzelüberhalt von ca. 80jährigen Kiefern auf
armen Sanden bei Eberswalde. Starke Druckwirkung
(durch Wurzelkonkurrenz) auf die umgebende ca. 20jährige
Kultur (sog. Druckteller). Die im Vordergrund sehr lückig
stehenden, verkrüppelten Kiefern sind ebenso alt wie die
geschlossene Dickung im Hintergrund.

führen, wird aber *nicht nur die wirtschaftliche Mehrleistung illusorisch*, sondern
entstehen auch *schwere Fällungsschäden* im Jungwuchs. Außerdem müssen die
Stämme, um sie aus dem dichten Unterstand herausbringen zu können, oft in
kurze Abschnitte zerschnitten werden, wodurch starke Wertverluste eintreten.
Die auch sonst empfohlene Beschränkung des Überhaltes auf die Weg- und
Bestandesränder, wo jederzeitiger Auszug rückgängiger Stämme ohne Schaden

---

[1]) Baader, G.: Der Kiefernüberhaltbetrieb. Frankfurt a. M. 1941.

geschehen kann, erscheint daher besonders da, wo solche vorzeitigen Abgänge erfahrungsgemäß drohen, durchaus geboten.

Mit diesen Einschränkungen ist der Kiefernüberhaltbetrieb aber wegen der großen Starkholzverknappung doch wünschenswert. Im übrigen wird für diese Zwecke auch Starkholzzucht bei der Kiefer auf besten Böden durch Lichtungsbetrieb in besonders guten Beständen Hand in Hand mit Buchenunterbau zu empfehlen sein.

Horstweiser Überhalt. Die ungünstigen Erfahrungen, die man mit dem Einzelüberhalt der Eiche wegen der starken Wasserreiser- oder Klebastbildung gemacht hatte, haben besonders im Spessart zu einer besonders ausgebauten Form des horstweisen Überhaltes geführt, der als *„Eichenkompositionsbetrieb"* oder *„Spessarter Kompositionswirtschaft"* bekanntgeworden ist.

Die Grundzüge dieses Verfahrens sind in den Wirtschaftsregeln für den Spessart von 1888[1]) festgelegt. Die für den Überhalt bzw. die „Überführung" in den zweiten Umtrieb zu bestimmenden Horste, die nicht zu klein (nicht unter 1 ha) sein sollen, werden schon frühzeitig gepflegt und vorbereitet. Schlechte Stämme sind zu entfernen, die Durchforstung soll namentlich nach Vollendung der astreinen Schaftausbildung durch häufigere oder etwas stärkere Eingriffe für genügende Kronenentwicklung sorgen. Eingesprengte mitwüchsige Buchen sind u. U. durch frühzeitiges Köpfen zurückzuhalten, unterständige dagegen zu erhalten. Sind die Eichenhorste rein, so sind sie rechtzeitig zu unterbauen. Die Horste sind dann an den Rändern vorsichtig von dem umgebenden Bestand, den meist die Buche bildet, loszulösen und schon etwa 25—30 Jahre vor der eigentlichen Hauptverjüngung des Zwischenbestandes mit einem etwa 30 bis 40 m breiten Jungholzgürtel zu umgeben, der die überzuhaltenden Horste nach außen schützen, *„umfüttern"* soll. Diese Überhalthorste bleiben dann bei der Hauptverjüngung stehen und sollen noch durch einen oder auch zwei Umtriebe hindurch weiterwachsen. Beim nächsten Abtrieb werden je nach Umständen und Raum weitere Horste vorbereitet und übergehalten, damit für die später zu nutzenden ältesten 250—300 jährigen Horste wieder Ersatz da ist. Auf diese Weise hoffte man sich dauernd und nachhaltig eine Möglichkeit zur Nachzucht jener hochwertvollen Starkeichen zu schaffen, die ja als höchstbezahlte Hölzer des deutschen Waldes berühmt geworden sind. Heute ist diese Form aber meist wieder verlassen oder stark verändert worden.

Lichtungsbetriebe. Eine der älteren hierhergehörigen Formen war der von G. L. HARTIG empfohlene[2]) und von seinem Bruder ERNST FRIEDRICH HARTIG im Fuldaischen eingeführte sog. *Buchenkonservationshieb.* Es war ein ausgesprochener *Frühlichtungsbetrieb*, bei dem schon im Stangenholzalter mit 30—50 Jahren eine so starke Lichtung stattfinden sollte, daß nur etwa 500—700 Stangen stehenblieben. Der Boden sollte durch *Stockausschlag* gedeckt und durch diesen auch eine Auffüllung von unten her erreicht werden. Später sollte im mannbaren Alter des Oberbestandes nach Aushieb des Stockausschlages natürliche Verjüngung im Dunkelschlag erfolgen. Der Betrieb wurde daher auch *„temporelle Mittelwaldwirtschaft"* genannt. Der Unterstand hat aber wegen der schlechten Stockausschlagfähigkeit der Rotbuche meist versagt. An dem Stangenoberholz trat vielfach Rindenbrand ein, viele Stangen wurden auch durch Schneedruck umgebogen. Man kann in den älteren Taxationsschriften der westdeutschen Buchenreviere noch hier und da die Klagen der nachfolgenden Wirtschafter über den schlechten Zustand der aus diesem Betrieb überkommenen Bestände finden. Seinen Namen „Konservationshieb" hat er jedenfalls sehr zu Unrecht geführt!

Sehr viel erfolgreicher und bedeutsamer war der vom hannöverschen Oberforstmeister VON SEEBACH um 1830 im Solling eingeführte *„modifizierte Buchen-*

---

[1]) VANSELOW, K.: Die Waldbautechnik im Spessart, S. 115. Berlin 1926.
[2]) HARTIG, G. L.: Anweisungen zur Taxation und Beschreibung der Forste, S. 68. 1795.
— Die Forstwissenschaft nach ihrem ganzen Umfange, S. 68. 1831.

hochwald"[1]). Dieser war ein *Spätlichtungsbetrieb*, der erst mit 70—80 Jahren einsetzte und in einem starken Lichtungshieb etwa reichlich die Hälfte bis zwei Drittel der Masse entnahm, so daß nur ein Schirmbestand von 0,4—0,3 in gleichmäßiger Verteilung über der Fläche stehenblieb. Der Lichtungshieb sollte *möglichst in einem Samenjahre* erfolgen und die Bodendeckung durch Naturbesamung eintreten. Wo diese etwa versagte, sollte künstlich mit Buche, u. U. auch mit Fichte, unterbaut werden. Der Bestand blieb dann noch 30—40 Jahre in seiner Stellung. Während dieser Zeit sollte ein starker Lichtungszuwachs erfolgen, und sollten sich die Kronen so weit wieder schließen, daß der Unterstand wieder verging oder doch nur schwach blieb. Die Hauptverjüngung erfolgte dann zwischen dem 100. bis 120. Jahre in einem Samenjahre, wobei der Unterstand ausgezogen oder ausgerodet wurde, was gleichzeitig der Bodenverwundung dienen sollte.

Der Betrieb war ein *Kind der Not* und von seinem Begründer auch nur für Ausnahmefälle erdacht, wie sie s. Z. im Solling durch große Brennholzberechtigungen bei heruntergewirtschafteten Waldverhältnissen vorlagen. Gleichzeitig sollte dadurch auch die damals noch übliche Streuentnahme eingeschränkt werden, da diese durch den dichten Unterstand auf größeren Flächen von selbst unmöglich wurde. Der SEEBACH-Betrieb hat tatsächlich auf allen besseren Böden voll die Erwartungen erfüllt, die man nach dieser Richtung an ihn geknüpft hatte. Die Berechtigungen an Brennholz konnten erfüllt werden, ohne daß die alten Bestände weiterverlichtet wurden oder gar Kahlschläge einsetzen mußten, die zum reinen Nadelholz geführt hätten. Der Lichtungszuwachs ist sehr beträchtlich gewesen[2]), wie es v. SEEBACH auf Grund seiner Beobachtungen und Messungen vorausgesagt hatte. Noch heute werden im Solling Versuchsbestände in z. T. etwas abgeändertem Verfahren (mehrmalige, allmähliche Lichtung) und von den Versuchsanstalten einzelne SEEBACH-Flächen zur Beobachtung des Zuwachsganges weitergeführt (Abb. 283). Für die heutige Anwendung im großen ist der SEEBACH-Betrieb in der alten Form aber doch nicht mehr geeignet, da der Lichtungshieb selbst zu viel schwaches Holz entnimmt, von dem ein Teil noch zu größeren Stärken und wertvollerem Nutzholz heranwachsen könnte, ohne die Zuwachsentwicklung der Zukunftsstämme zu beeinträchtigen. Mit der Ablösung der Berechtigungen und der besseren Verfassung unserer heutigen Buchenaltbestände hatte dieser höchst interessante und zu seiner Zeit höchst leistungsfähige Betrieb[3]) seine innere Berechtigung verloren. Neuerdings haben die Kriegsverhältnisse mit ihren Holzansprüchen in Deutschland aber zu seiner Wiederbelebung in etwas abgeänderter Form (etwas schwächeres und auf mehrere Hiebe verteiltes Eingreifen) geführt. Nach entsprechenden Anordnungen des Reichsforstamtes sollen ungefähr 30 % aller 60—90 jährigen Buchenbestände I. und II. Bonität in 3 Lichtungshieben bis auf eine Stammgrundfläche von 20 qm (bei SEEBACH in einem Hieb bis 15 qm und noch weniger)[1]) durchhauen werden, um das benötigte Buchenholz (hauptsächlich Faserholz) für die kriegsbedingten Mehreinschläge und gleichzeitig Starkholz in möglichst kurzer Zeit

---

[1]) SEEBACH, v.: Der modifizierte Buchenhochwaldbetrieb. Pfeils Krit. Blätter Bd. 21, H. 1, S. 147. — Ferner Ertragsuntersuchungen im Buchenhochwalde. Ebenda Bd. 23, H. 1, S. 74. — Weitere Artikel desselben Verfassers in: Monatsschr.f.d.F.J.W. 1858, S. 428; 1863, S. 89 u. 121. — Verhandlungen d. Hils-Solling-Forstver. 1861, u. 1862.

[2]) KRAFT, G.: Über die Ergebnisse des v. SEEBACHschen modifizierten Buchenhochwaldbetriebes nebst Beitrag zur Zuwachslehre. Aus dem Walde 1876, H. 7, S. 40. — SCHWAPPACH, A.: Die Rotbuche. 1911. — WIEDEMANN, E.: Die Rotbuche. 1931. Mitt.F.W.W. 1932, S. 227.

[3]) Vgl. dazu BURCKHARDT, H.: Säen und Pflanzen, 5. Aufl., S. 109; Aus dem Walde Bd. 7, S. 40. — Ferner WALLMANN: Ber. über die Versammlung d. dtsch. Forstm. in Hannover 1881, S. 169.

für die Zukunft zu gewinnen. Dieses „lichtwuchsartige" Vorgehen bei Buche, aber auch bei Kiefer mit Buchenunterstand, das hier geplant ist, soll je nach Boden und Bestandesverfassung, besonders dem Anteil an Wertholz, verschieden stark und auch verschieden zeitig eingreifen. Es ist in allen seinen Bedingungen und Möglichkeiten eingehend von ABETZ[1]) behandelt worden.

Ein *Lichtungsbetrieb für die Eiche mit gleichzeitigem Buchenunterbau* ist von BURCKHARDT besonders im Hannöverschen eingeführt und ausgebildet worden[2]). Er sollte ziemlich spät zwischen dem 70. bis 90. Jahre einsetzen. Die Lichtung sollte Hand in Hand mit gleichzeitigem Buchenunterbau vorsichtig und allmählich vor sich gehen und in mehrmals wiederholten Hieben immer mehr die besten und stärksten Stämme in den Vordergrund schieben. Am Schluß des

Abb. 283. SEEBACHscher Lichtungsbetrieb im Solling. 130 j. Buchenbestand mit 20—30 j. bis 3 m hoher Naturverjüngung. (Lichtbildersammlg. d. Preuß. forstl. Vers.-Anst.)

stark verlängerten Umtriebes sollten nur noch 90 Starkeichen von einem mittleren Durchmesser von 50 cm stehen, wie sie BURCKHARDT in einzelnen von ihm so behandelten Beständen vorweisen konnte. Der Betrieb zeichnet sich durch sein vorsichtiges Vorgehen aus. Er ist im übrigen mit kleinen Abweichungen überhaupt *die Form des in Deutschland hier und da üblichen Lichtungsverfahrens in älteren und jüngeren Eichenbeständen* und mit mehr oder minder gutem Erfolg bis in die neueste Zeit hinein durchgeführt worden. Eine Reihe von Lichtungsversuchsflächen zur Beobachtung des Zuwachsganges sind von den verschiedensten deutschen Versuchsanstalten angelegt worden, werden aber natürlich erst nach längerer Zeit bzw. beim Abtrieb ein abschließendes Ergebnis bringen können.

Einen Lichtungs- bzw. Überhaltbetrieb mit Kiefer, Lärche und Eiche im Oberbestand und Schatthölzern, wie Tanne, Buche und Hainbuche, möglichst aber noch gemischt mit Lichthölzern, wie Eiche, Birke und Lärche im Unterbestand, stellt der ERDMANNsche *zweialtrige Hochwald in Neubruchhausen* (jetzt

---

[1]) ABETZ, K., Verstärkung der Vornutzungen und Lichtwuchsbetrieb zur Sicherung der Holzbedarfsdeckung in und nach dem Kriege. Dtsch. F. W. 1943, H. 73/78.

[2]) BURCKHARDT, H.: Säen und Pflanzen, 5. Aufl., S. 26; Aus dem Walde, H. 9, S. 62 ff.

Erdmannshausen) im nordwestdeutschen Heidegebiet dar[1]). Er ist hauptsächlich aus den ERDMANNschen Anschauungen über die Behandlung des Bodens mit seiner Gefahr der Rohhumusbildung im dortigen humiden Klima entstanden. Kahlschlag sei in vielen Fällen unangebracht, weil er zu Verdichtung des Bodens durch Regenschlag führe, der zehrenden Wirkung des Windes Raum gebe und die Nachzucht der Buche und Tanne auch als Mischholz ausschließe. Da zudem auf den erkrankten Böden ein höherer Umtrieb wenigstens bei den bisherigen Reinbeständen nicht möglich ist, und man sonst ganz auf stärkeres Holz verzichten müsse, will E. dieses im Wege des zweialtrigen Betriebes gewinnen, der auch im übrigen die Nachteile des Kahlschlages und der gleichstufigen Rein-

Abb. 284. Zweialtriger Hochwald im F.-A. Erdmannshausen. Stark gelichtetes Kiefernbaumholz, durch Saaten von Tanne, Lärche, Buche und Birke unterbaut.
(Lichtbildersammlg. d. Preuß. forstl. Vers.-Anst.)

bestände mit zu überwinden helfen soll. Zu diesem Zweck werden die Bestände, meist reine Kiefern, *im angehenden Baumholzalter stark durchlichtet*, und zwar auf etwa 0,3 Vollbestand. Hand in Hand damit findet ein *Unterbau mit Buche und Tanne in möglichster Mischung mit den obengenannten Lichthölzern* statt. Vorhergehen soll eine *vollständige Entfernung der Rohhumusschicht bis auf den Mineralboden*. Wo eine Abgabe des Rohhumus wie in Erdmannshausen nicht möglich ist, wird derselbe *in Wällen auf den Zwischenstreifen* zusammengebracht. Die Ausführung des Unterbaus auf den freigelegten Streifen geschieht durch breitwürfige Saat, um den Boden möglichst rasch und voll zu decken (Abb. 284).

---

[1]) ERDMANN, F.: Der zweialtrige Hochwaldbetrieb in der Oberförsterei Neubruchhausen. Silva 1920, Nr. 38. — Die Erkrankung der Waldböden, ihre Ursachen und Wege zur Heilung. Bericht über die 44. Versammlung d. Ver. mecklenburg. Forstw. in Schwerin 1923. — Bodenerkrankung. Sonderh. d. Forstver. f. Westfalen u. Niederrhein 1924. — Waldbau auf natürlicher Grundlage. Z.F.J.W. 1926, S. 3. — HASSENKAMP: Der Einfluß von Standort und Wirtschaftsführung auf die Rohhumusbildung in der Oberförsterei Erdmannshausen. Ebenda 1928, S. 3. — Entgegnung von ERDMANN: Die Grundlagen der Wirtschaftsführung in der Oberförsterei Neubrauchhausen von 1892—1924. Ebenda 1928, S. 585, ferner HASSENKAMPS Entgegnung hierauf. Ebenda 1931.

Wir haben es auch bei dieser Betriebsform also mit besonderen Ausnahmezuständen zu tun. Ihre Einführung zielt nicht in erster Linie auf die Erzielung von Starkholz durch Lichtungszuwachs, sondern mehr auf die Herstellung eines gesunden Bodenzustandes ab. Im übrigen muß hierfür, sowie für die neuerdings dabei zutage getretenen Gegensätze, auf die angeführte Literatur verwiesen werden.

Eine *vorübergehende Form des zweistufigen Hochwaldes* wird sich auch vielfach *in den mit Buche und oft auch reichlich mit Traubeneiche im Unterstand durchsetzten Kiefernstangenhölzern* ergeben, auf denen die Entwicklung des Unterstandes so hoffnungsvoll erscheint, daß man seine Hereinziehung in den Oberbestand oder auch seine Benutzung als zweite Generation ins Auge fassen kann. Besonders wird das auf ehemaligen Laubholzböden der Fall sein. Der zweialtrige Betrieb würde hier eine Form der Übergangswirtschaft vom Nadel- zum Laubholz darstellen. In vielen Fällen wird aber bei der Räumung des Oberbestandes auch bei vorsichtigster Hiebsführung von dem unterständigen Laubholz so viel zerschlagen, daß ein nutzholztüchtiger Bestand daraus nicht mehr zu bilden ist!

Ein *Lichtungsbetrieb* besonderer Art, der vor einigen Jahrzehnten viel von sich reden gemacht hat, war der von Gustav Wagener, Forstrat im fürstl. Castellschen Waldbesitz in Südwestdeutschland[1]) eingeführte *Frühlichtungsbetrieb*, der in den dortigen Laub- und Nadelholzmischbeständen schon mit 30—40 Jahren, unter Umständen sogar noch etwas früher, einsetzen sollte. Die besonders zu pflegenden Haubarkeitszukunftsstämme aller geeigneten Holzarten sollten bis zum Beginn der ersten Umlichtung nur auf etwa 10 m frei von lebenden Ästen sein, um wenigstens eine gewisse astreine Schaftlänge zu gewährleisten. (Ob das im 30—40jährigen Alter je zu erreichen ist, scheint aber höchst fraglich!) Dann sollte etwa alle 4—5 m ein solcher Zukunftsstamm so freigehauen werden, daß seine Krone allseitig etwa 60 cm von denen der Nachbarstämme entfernt war. Anfangs sollte der Zwischenbestand geschlossen gehalten, gegen Ende aber mit durchlichtet werden. Die Umlichtungen sollten sich je nach Bedarf so oft wiederholen, als die Zukunftskronen wieder in Gefahr kämen, seitlich bedrängt zu werden. Wo es sich um Lichthölzer handelte, sollte gruppenweiser Unterbau mit Schatthölzern erfolgen. Wagener wies wohl mit Recht darauf hin, daß *nur ein frühzeitiger Beginn der Umlichtungen im wuchskräftigsten Alter noch einen wirklich bedeutenden Lichtungszuwachs* erzielen könnte. Er hoffte so in einem nur 80jährigen Umtriebe Erntestämme mit 30—35 cm in Brusthöhe zu gewinnen. Auch dieser Betrieb ist aus den Ausnahmeverhältnissen zu verstehen, die in den dortigen Waldungen vorlagen. W. hatte nämlich alte Mittelwälder in Hochwald zu überführen und wollte daher zur Erfüllung des dadurch geschmälerten Abnutzungssatzes stärker in jüngere Bestände eingreifen und frühzeitig einigermaßen handelsfähiges Nutzholz erziehen. Die Bedenken gegen eine Übertragung und Verallgemeinerung hat Danckelmann bei aller Anerkennung der reformatorischen Gedanken Wageners seinerzeit in einer ausführlichen Entgegnung[2]) sehr klar und einleuchtend zusammengefaßt. Der Betrieb, der für die Überführung der alten Bestände aus dem Mittelwald geeignet war, ist heute dort aufgegeben[3]).

Ein weiterer Lichtungsbetrieb, der am Ende von selbst zur Verjüngung und schließlich sogar zu einem plenterartigen Waldaufbau hinführen sollte, war der von Forstmeister Vogl auf der Herrschaft *Kogl* im österreichischen Gebirge[4]). Vogl begann mit seinen Lichtungen

<hr>

[1]) Wagener, G.: Der Waldbau und seine Fortbildung. Stuttgart 1884. — Die Fortbildung des Waldbaues. A.F.J.Z. 1887, S. 7 ff.

[2]) Danckelmann, B.: Waldbauliche Theorien und Reformbestrebungen von Gustav Wagener. Z.F.J.W. 1887, S. 329 ff.

[3]) Bericht über die Versammlg. d. Dtsch. Forst-Ver. 1935, S. 391.

[4]) Vogl: Aus der Praxis 25jähriger Forstfinanzwirtschaft. Österr. Vierteljahrschr. f. Forstwes. 1887, S. 315. — Die Forste der Herrschaft Kogl. Ebenda 1889, S. 303. — Zum Lichtwuchsbetrieb. A.F.J.Z. 1902, S. 270.

in den dortigen Fichten×Tannenmischwaldungen ziemlich spät, zwischen dem 50. bis 70. Jahre, nach vorher schon langsam gesteigerten Durchforstungen. Die *Lichtungshiebe* sollten aber *erst die zurückbleibenden Stämme* entnehmen! Bis zum 60. bis 70. Jahre sollte die Stammzahl durch häufiger wiederkehrende Hiebe auf 300—400 Stück, bis zum 100. Jahre auf nur 200—250 zurückgeführt werden. Bei einer Durchschnittsstärke von 3 fm je Stamm sollte der Bestand dann immer noch 600—700 fm Vorrat haben. Die Bodendeckung geschah durch natürliche Verjüngung und reichlichen Einbezug aller nur irgendwie brauchbaren Vorwüchse. Dieser *zunächst nur als Unterbau dienende Naturanwuchs* sollte aber durch femelschlagartige Hiebsführung *allmählich zur weiteren Bestandesbildung* herangezogen werden. Das Verfahren läuft damit *schließlich auf plenterartigen Betrieb* hinaus. Die Beurteilung ist im allgemeinen anerkennend[1]). Besonders werden die hohen Zuwachsleistungen und die frühe Erreichung großer Stammstärken hervorgehoben. MARTIN macht aber doch gewisse Einwendungen gegen einzelne Maßregeln.

Unter die Lichtungsbetriebe gehört bis zu gewissem Grade auch noch die BORGGREVEsche *Plenterdurchforstung*, die ebenfalls, aber durch *Aushieb der stärksten Stämme* und *schließliche Schirmschlagstellung* in die Verjüngung überleiten sollte. In dieser Form als Sonderbetriebsart wurde sie auch BORGGREVEscher *Reformwald* genannt. (Näheres darüber vgl. S. 479.)

Schließlich ist hier wegen der Bedeutung seines Erfinders und wegen der Berührungspunkte mit gewissen Dauerwaldformen (vgl. später S. 580) auch noch der *Kleinbestandswald* von H. MAYR zu nennen, obwohl er nie irgendwo in die Praxis übersetzt worden ist. Am Schluß seines Waldbaus empfiehlt H. MAYR diese Form *für alle Waldungen der Welt*, vom Nadelwald Europas bis zum tropischen Regenwald von Afrika, Amerika und Asien, *als die universelle, überall anwendbare und zweckmäßigste Betriebsform*! MAYR will einen Wald, der aus lauter kleinen 0,3—3,0 ha großen Einzelbeständen zusammengesetzt ist, die *in sich rein, aber gegeneinander gemischt*, d. h. von anderen Holzarten gebildet sind. Nur bei sehr gleichmäßigen Bodenverhältnissen soll die Einheit bis zu 5 ha steigen und darf dieselbe Holzart auf größeren Flächen vorkommen. Die Nachbarbestände sollen dann wenigstens größere Altersunterschiede zeigen (Ersatz der Holzarten- durch Altersklassenmischung). Die Kleinbestände bilden auch die Wirtschafts- einheiten (Abteilungen bzw. Unterabteilungen). Jede wird im 40. bis 50. *Jahre* nach vorangegangenen Durchforstungen *in den Lichtungsbetrieb übergeführt und unterbaut*. Dieser Unterbau soll im allgemeinen *nur Bodenschutzholz* bleiben und nur auf den besten Bonitäten und unter Lichthölzern auch einmal zum Füll- und Treibholz aufwachsen. Die Ernte des Oberbestandes tritt dann ein, wenn sie von der Forsteinrichtung gewünscht wird. Die *Verjüngung soll auf natürlichem Wege durch lichte Schirmschlagstellung* mit Entnahme der Hälfte aller Stämme erfolgen. Diese und der Unterstand sind zum Zwecke der Bodenverwundung zu *roden*. Mit 1—2 Nachhieben wird *rasch geräumt*, die Verjüngung kann in 5—6 Jahren vollendet sein. „Alle unsere bisherigen Erfahrungen über Naturverjüngung müßten Lüge sein, wenn nicht eine gründliche Besamung der Fläche eintreten würde" (?).

Nur im tropischen Wald soll wegen der Fülle der Unhölzer, die sich dort vordrängen, auch Kahlschlag mit künstlicher Kultur eintreten.

Es würde hier zu weit gehen, auf alle Bedenken einzugehen, die einer solchen Wirtschaft im einzelnen entgegenstehen. Das hauptsächlichste einrichtungs- und verwaltungstechnischer Art, daß nämlich *ein solcher Wald aus Tausenden von kleinsten Wirtschaftseinheiten bestehen würde* — man könnte ihn mit Fug und Recht *Mosaikwald* nennen —, hat MAYR schon selbst berührt, ebenso das damit zusammenhängende Problem der *vielen Randwege*, welche alle diese Kleinbestände zur jederzeitigen Zukömmlichkeit umgeben sollen. Er hat dies alles aber sehr leicht genommen und leicht abgetan. (Man bedenke die Mehrfülle der Buchungen

---

[1]) HECK, K. R.: Forstliche Reisebilder. A.F.J.Z. 1905, S. 53; 1912, S. 312. — JOSEF VOGL in Salzburg. Ein Lebensbild. Ebenda 1919, S. 241.

für die vielen Einheiten, die Zersplitterung des Hiebes, das unaufhörliche Zickzack der Wege u. a. m.). Ein solcher Wald würde den *Gipfel der Unübersichtlichkeit und räumlichen Unordnung* mit allen ihren Folgen (Sturmschäden, Frostlöcher, Randwirkungen ohne Ende u. a. m.) bedeuten. Er könnte allenfalls nur für kleinste Wirtschaften, aber niemals für große Waldungen, geschweige denn für den notwendigerweise immer extensiv zu behandelnden Urwald in Frage kommen. Trotzdem ist in den zugrunde liegenden Gedanken, wie es bei der Bedeutung dieses Mannes fast selbstverständlich erscheint, doch auch manches Wahre und Beachtenswerte (Schwierigkeit der Einzelmischung, Möglichkeit der Berücksichtigung kleinster Bodenunterschiede bei der Holzartenwahl, richtige Begrenzung des Unterbauzwecks u. a. m.). Ein Versuch, den MAYRschen Kleinbestandeswald in der von ihm vorgeschriebenen Form in die Tat umzusetzen, ist trotz der Autorität seines Erfinders wohl nirgends, nicht einmal im Kleinbetriebe, gemacht worden und wird wohl auch nicht eher gemacht werden können, als man vielleicht einmal zu kleinen und kleinsten Verwaltungsbezirken und Einzelwaldungen kommen sollte, was auch in Zukunft bei den Großaufgaben, die vor uns liegen, kaum zu erwarten ist!

Sonstige Nebenformen. Schließlich sind hier noch einige ältere Nebenformen zu erwähnen, die allerdings nur rein geschichtliches Interesse haben. Sie dienten meist einer vorübergehenden Benutzung des Bodens zur Landwirtschaft.

Hierher gehört z. B. der früher weitverbreitete uralte *Röderwaldbetrieb,* der als Hochwaldform ein Seitenstück zu den niederwaldartigen Formen der Hauberge u. ä. Betriebe (vgl. S. 505) bildet. Der Wald wurde in kurzen Umtrieben bewirtschaftet. Nach Abtrieb und Rodung sowie Abbrennen des Reisigs und des Bodenüberzuges erfolgte eine mehrjährige Benutzung zur Landwirtschaft (Buchweizen, Roggen usw.) und dann die künstliche Wiederaufforstung, teilweise durch Saat unter Getreidedeckfrucht.

Eine andere Form, die sich noch bis in neuere Zeit hier und da fand, war der sog. *Waldfeldbau* oder die *Waldfeldwirtschaft.* Bei ihr bildet eine vorübergehende landwirtschaftliche Benutzung mehr ein Mittel zur kostenlosen und gründlicheren Bodenbearbeitung für den Wald. Sie war besonders auf schweren Böden, wie z. B. den Aueböden, noch lange in Anwendung, vielfach nur in der Form des *Zwischenbaus* von Hackfrüchten (Kartoffeln, Rüben) zwischen den Saat- und Pflanzstreifen, in anderen Fällen aber auch als mehrjähriger *Voranbau* von Halm- und Hackfrüchten, ist aber in der neuesten Zeit infolge der veränderten Arbeiterverhältnisse u. a. m. ebenfalls ganz aufgegeben.

Eine ganz untergeordnete Rolle hat der von COTTA empfohlene *Baumfeldbetrieb* gespielt, bei dem eigentlich die Landwirtschaft im Vordergrund stand. Es handelte sich dabei um sehr weitständige Holzpflanzungen, zwischen denen so lange Feldbau getrieben werden sollte, bis die hochwachsenden Bäume dies unmöglich machten.

Eine Erwähnung verdienen noch die ehemaligen *Hute-* oder *Pflanzwaldungen,* bei denen man in ebenfalls sehr weitem Verbande Eichen- und Buchenheister pflanzte, damit dazwischen noch lange recht viel Gras zur Rindviehweide wachsen könnte, und die Bäume später reichliche Mast zur Schweineweide brächten. Dies hing großenteils mit den Berechtigungen der ländlichen Gemeinden im Walde zusammen. Die letzten Reste solcher alten Hutewaldungen kann man auch heute noch hier und da in West- und Süddeutschland finden.

5. Saumschlagformen.

Schon beim Kahlschlag und bei einzelnen Lichtungsbetrieben fanden wir das Bestreben, die Schlagflächen zu strecken, sie streifenförmig auszuziehen und dann in einer bestimmten Folge aneinanderzureihen. Ganz ausgeprägt trat dies schon beim bayerischen Saumfemelschlag hervor. In allen diesen Fällen ist es mehr oder minder bewußt der Gedanke einer räumlichen Ordnung der Ernte und Verjüngung, damit aber auch einer Ordnung der entstehenden Bestände und des Waldaufbaus gewesen, der zu solchem Vorgehen geführt hat.

Chr. Wagners Blendersaumschlag. Seinen vollendetsten Ausbau hat dieser Gedanke dann in dem von CHR. WAGNER ausgearbeiteten „*Blendersaumschlag*" gefunden.

Wagner hat diese Betriebsform in seinen beiden großen Werken „*Die Grundlagen der räumlichen Ordnung im Walde*" und „*Der Blendersaumschlag und sein System*" in gründlichster, weit ausholender und alle Wirkungen in Betracht ziehender Weise theoretisch begründet. Gleichzeitig wurden seine Gedanken praktisch in dem ihm unterstellten Revier *Gaildorf* i. Württemberg, Besitz des Grafen Pückler-Limpurg, zur Ausführung gebracht. Nach seinem Weggang von dort durch Berufung als Hochschullehrer nach Tübingen hat sein Nachfolger, Forstmeister Rau, den Betrieb in seinem Sinne und in steter Verbindung mit ihm getreulich weitergeführt. Der Blendersaumschlag kann dort schon auf ein Alter von etwa 40 Jahren zurückblicken, wobei freilich zu bedenken ist, daß die Umstellung der Wirtschaft im Anfang erst langsam vor sich gegangen ist. Immerhin zeigt der Wald dort heute schon eine tiefgreifende Erfassung der meisten Bestände durch das neue Verfahren (vgl. dazu die Kartenabbildung 285). Die genannten beiden Schriften Wagners haben nicht nur durch den eigenartigen Aufbaugedanken seines Blendersaumschlages, sondern ebenso durch die tiefschürfende Behandlung aller allgemeinen Fragen des Waldbaus, aber auch des Forstschutzes und der Forsteinrichtung in allen forstlichen Kreisen des In- und Auslandes Aufsehen erregt und weite Verbreitung gefunden. Das Gaildorfer Revier ist als Musterrevier für den Blendersaumschlag genau so ein forstlicher Wallfahrtsort geworden wie früher die Kelheimer Waldungen für den bayerischen Femelschlag, wie Langenbrand für den Schirmkeilschlag und neuestens Bärenthoren für den Kieferndauerwald.

Wagner fand die Forderungen der räumlichen Ordnung in bezug auf die Ausnutzung der natürlichen Produktionskräfte, auf Sicherung des Betriebes, auf technische Eigenschaften und Nutzung der Produkte, endlich auch in bezug auf die statischen Gesichtspunkte am besten erfüllt in dem *stetig fortschreitenden, geradlinigen Saumschlag*, der in breiter Front über die Fläche geht und *einen senkrecht zur Schlagfront abgestuften Waldaufbau* schafft. Die Tiefe

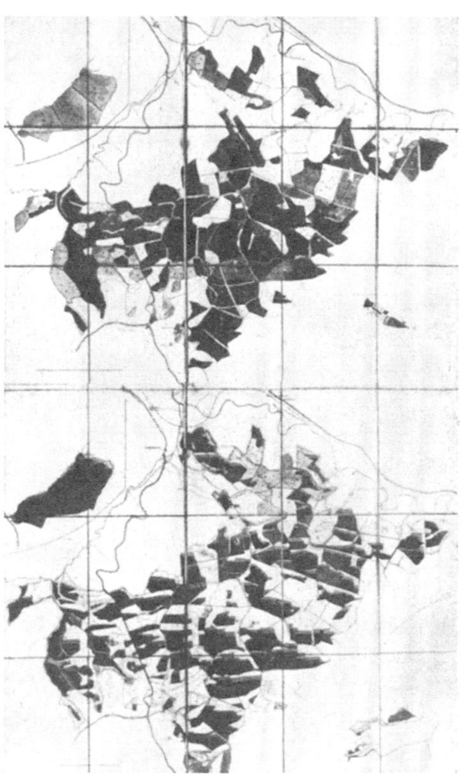

Abb. 285. Die Durchführung des Blendersaumschlags in Gaildorf. Der Hiebsfortschritt vom Jahre 1902 (oben) bis 1921 (unten). (Aufn. von Flury.)

des Bestandes von einer Schlagfront zur anderen soll dabei immer verhältnismäßig nur kurz sein. Daraus ergibt sich für den gesamten Wald das eigentümliche Bild von lauter einseitig abfallenden Wellen, oder wie man auch nüchterner gesagt hat, von lauter neben- und hintereinander liegenden Pultdeckeln (vgl. Abb. 286).

Die jedesmal zwischen dem ältesten und jüngsten Saum liegende Fläche heißt *Schlagreihe*. Sie bildet die Bestockungseinheit. Gleichaltrige Bestände gibt es nur in Richtung des Saumes. Senkrecht dazu zeigt sich dagegen Ungleichaltrigkeit und Abstufung. In dieser *Kombination von Gleichstufigkeit nach der einen und Abstufung nach der anderen Richtung* liegt zweifellos ein ganz neuer und großer Aufbaugedanke, der geradezu den wesentlichsten Grundzug dieser Betriebsform darstellt. Ganz von selbst müssen sich hier die Vorzüge der Gleichstufigkeit (Übersichtlichkeit, gleichzeitige Hiebsreife, erleichterte Ernte u. a. m.)

mit denen der Ungleichstufigkeit bzw. einer geordneten Abstufung (Schutz gegen Gefahren, Bodenpflege u. a. m.) vereinigen. Für die Breite und Tiefe der Schlagreihen bestehen keine bindenden Vorschriften. Im allgemeinen sollen sie nur in der Angriffsfront möglichst lang, senkrecht dazu möglichst kurz sein. Die Frontlänge wird meist schon durch vorhandene geeignete Bestandesränder, Gelände-

Abb. 286. Profil des idealen Blendersaumschlagwaldes.
(Nach CHR. WAGNER.)

linien u. dgl. gegeben, die Tiefe kann mehr oder minder willkürlich gewählt werden. In Gaildorf beträgt sie heute durchschnittlich von Aufhieb zu Aufhieb etwa 200—300 m.

Mehrere hintereinanderliegende Schlagreihen können bei Gleichartigkeit des Geländes, des Bodens usw. zu einem *Hiebszug* zusammengefaßt werden, der die Schlagreihen in einen festen Verband bringt und diesen nach außen durch *Bildung besonderer sturmfester Traufe* zu schützen hat (Traufschutz). Solche Traufe, am besten aus mehreren Reihen alter, tiefbekronter Eichen gebildet, sollen an allen West- und Südrändern der Hiebszüge angelegt werden. Der Wind- und Sonnenschutz im Innern der Hiebszüge wird durch die Abstufung der Schlagreihe gewährleistet (Deckungsschutz). Man vergleiche zum ganzen Aufbau das Schema Abb. 287 in Grundriß und Aufriß.

Obwohl in diesen Grundlinien eigentlich das Wesentliche des Blendersaumschlags liegt, so ist er in der forstlichen Welt doch noch mehr durch die Richtung der Säume bekannt geworden. WAGNER fand nämlich von allen Himmelsrichtungen den *Nordsaum* des Altbestandes verhältnismäßig am günstigsten, besonders für die natürliche Verjüngung. Vor allem seien dort die Bedingungen

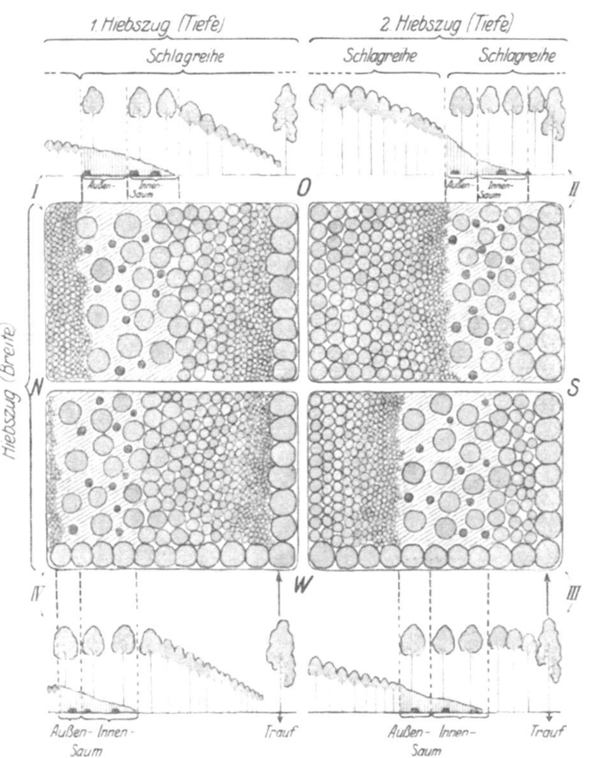

Abb. 287. Schema des Blendersaumschlagbetriebes.
(Entworfen von DENGLER.)

für die Feuchtigkeitsverhältnisse besonders vorteilhaft, insofern die Sonnenstrahlen während der wärmsten Tageszeit abgehalten werden, der Tau erhalten wird und die Niederschläge von Nordwesten und Westen voll empfangen werden. (Gegen SW, eine bei uns sehr häufige Regenrichtung, liegt der Nordrand allerdings im Regenschatten, dafür ist aber der SW-Rand um so mehr der Nachmittagssonne ausgesetzt.) Auch in bezug auf den Sturm hält WAGNER den Nordsaum für verhältnismäßig genug gesichert. Der noch sicherere Ostsaum ist wegen

Abb. 288. Nordrand des Blendersaumschlags mit üppiger, stark abgestufter Verjüngung, die im Hintergrunde tief unter den Innensaum läuft. Im Vordergrund links ist eine Abdrehung des Saums aus der genauen Nordrichtung (gestrichelte Linie) nach Nordosten erfolgt. Die Verjüngung will nicht mehr weiterlaufen. Es macht sich leichte Bodenverhagerung bemerkbar. (Nach CHR. WAGNER.) (Aufgen. durch Forstassistent FEUCHT.)

der schlechten Feuchtigkeitsverhältnisse nicht brauchbar. Jedenfalls sind ernstere Sturmschäden in Gaildorf bisher nicht eingetreten, trotzdem man dies wegen der vielen Anhiebe mehrfach vorausgesagt hatte.

Obwohl WAGNER unter Umständen *eine Drehung des Saums* gegen NW bei sturmfesten Holzarten zuläßt, soll eine solche doch nicht ohne zwingende Gründe vorgenommen werden. Besonders aber soll die Drehung gegen NO vermieden werden, die nach mehrfachen Erfahrungen sofort die Ansamungsbedingungen verschlechtert (vgl. Abb. 288). Auch für etwaige künstliche Kultur liegen die Verhältnisse gleichsinnig. Denn so sehr der Blendersaumschlag auch die Naturverjüngung anstrebt, ist er doch daran nicht grundsätzlich gebunden.

Die *Form des Schlages ist im allgemeinen der geradlinige Saum*, der in einen *Außensaum* zerfällt, auf dem die Verjüngung sich im ganzen schon in der Stufe der Lichtung und Räumung befindet, und in einen *Innensaum*, in dem die Vorbereitung und Besamung erfolgt (vgl. Abb. 287). Auch über die Breite dieser Säume und ihr gegenseitiges Verhältnis hat WAGNER bestimmte zahlenmäßige

Vorschriften nicht gegeben und geben wollen. Sie werden dem Standort und der Holzart, der Verjüngungswilligkeit und den Gesichtspunkten der Forsteinrichtung anzupassen sein, ebenso wie auch das Tempo des Hiebsfortschrittes dadurch bestimmt wird. Im allgemeinen aber muß bei dem ganzen Vorgehen immer im Auge behalten werden, daß man bei der *Kleinfläche* bleibt. Gleichaltrige Großflächen sollen nicht entstehen.

Wir haben aber schon beim bayerischen Femelschlag gesehen, wie leicht durch den Hiebsfortschritt bei raschem Aneinanderreihen der Schläge aus der Kleinfläche doch wieder die Großfläche werden kann. Hierin liegt auch für den Blendersaumschlag eine Gefahr, seinem Grundsatz untreu zu werden. Jede Verbreiterung der Schläge, jede Beschleunigung des Hiebsfortschrittes drängt ihn wieder der Großfläche zu. Insbesondere muß das mit zunehmendem Alter wegen des Ausgleichs im Höhenwuchs in der Schlagreihe zutage treten. Wo, wie heute in Gaildorf, z. T. 100 m breite Verjüngunsgstreifen mit nur etwa 20jähriger Abstufung vorliegen, was nur ein jährliches Vorrücken um 5 m bedeutet, da wird in 60 bis 80 Jahren ein im wesentlichen gleich hohes Baumholz vorhanden sein. Das Ideal der stetigen Abdachung wird sehr schwer und immer nur in den jüngeren Stufen der Schlagreihe durchzuhalten sein.

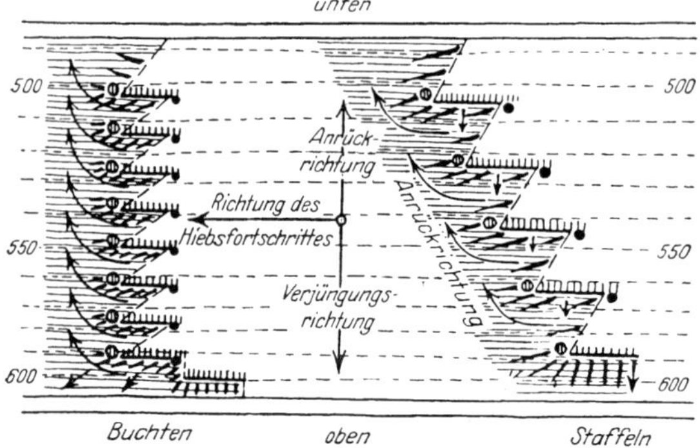

Abb. 289. Staffel- und Buchtenhiebe am reinen Nordhang. (Nach Chr. Wagner.)

Die Hiebsart im Blendersaum soll *in der Regel plenter- oder femelartig* sein, d. h. ungleichartige Lichtverteilung schaffen. Doch hat Wagner verschiedentlich betont, daß auch Schirmhieb zulässig wäre, ja u. U. auch einmal Kahlhieb notwendig werden könne. Auch selbst ein gruppen- und horstweises Vorgreifen des Hiebes vor die Front hat Wagner schließlich zugelassen. Er hat neuerdings sogar ausdrücklich gesagt, daß dem Wirtschafter in der Wahl der *Hiebsart vollständige Freiheit* gelassen würde. Damit verliert das Verfahren viel von der Starrheit und Eingeengtheit, die es auf den ersten Blick hat.

Ein großer und unbestrittener Vorteil des saumweisen Vorgehens in einer bestimmten Richtung liegt in der *Erleichterung und schadlosen Gestaltung des Fällungs- und Abrückbetriebes.* Alle Stämme werden vom Saum weg nach innen geworfen und durch den Altbestand hindurch nach den nächsten Wegen abgerückt. Dadurch ist jede ernstere Beschädigung im Jungwuchs ausgeschlossen.

Windgefährdete Lagen, gewisse Hänge und anderes können den geradlinigen Nordsaum und den Hiebsfortschritt von N nach S unter Umständen unmöglich machen und zu Abänderungen zwingen. So würde z. B. am N-Hang die Verjüngung unten anfangen und den Berg herauflaufen müssen, das Holz aber gerade entgegengesetzt und damit immer durch die Verjüngung hindurch. In solchen Fällen soll der Saum gestaffelt werden (vgl. Abb. 289). Dabei findet die Verjüngung immer noch an den Nordsäumen der Staffel statt. Aber während die Verjüngungsrichtung bergauf läuft, geht der Hiebsfortschritt senkrecht dazu und die Abrückrichtung mit einer bogenförmigen Schwenkung nach unten. Ähnliche Verhältnisse liegen bei dem sog. Buchtenhieb vor.

Die Gedanken des Blendersaumschlags und die Gaildorfer Wirtschaft haben eine überaus reiche Literatur hervorgerufen, in der neben vielen Zustimmungen freilich auch mancher Zweifel und manche Kritik lautgeworden ist[1]).

---

[1]) Thaler: Natur- und Kunstverjüngung. A.F.J.Z. 1908, S. 8; Entgegnung von Wagner, S. 153. — Eulefeld: Die Waldwirtschaft von Prof. Wagner. Ebenda 1908, S. 353. —

Eine der Hauptfragen ist die, ob *der dauernd auf der Kleinfläche und in Klein-bestünden (Schlagreihen) aufzubauende Wald* nach allen Beziehungen Vorteile, und zwar so große Vorteile zu bieten imstande ist, daß man ihnen zuliebe mit der bisherigen Großfläche brechen soll oder nicht. Das erste sich hierbei auf-drängende *Bedenken der Unübersichtlichkeit* und der Erschwerung des ganzen Betriebes hat WAGNER selbst sehr eingehend besprochen und widerlegt. Freilich würden große Wirtschaftsbezirke, wie sie besonders in Norddeutschland noch üblich sind (4—5000 ha und darüber), auch hier wohl, namentlich anfangs, gewisse Schwierigkeiten machen. Aber sonst ist die Übersichtlichkeit und die Handhabung des Betriebes durch die strenge räumliche Ordnung und durch die Arbeitsvereinigung auf die Säume doch so wesentlich erleichtert, daß dem-gegenüber die Zersplitterung in Kleinbestände keine einschneidende Rolle spielt. Wer Gaildorf besucht, fühlt dies überall. *Man geht an den Säumen wie an einem festen Geländer*, hat mit dem Blick zur einen Seite immer die nötigen Hiebs-eingriffe, zur anderen die Maßnahmen für die Ergänzung der Verjüngung und ersten Bestandespflege (Reinigungen und Läuterungen) vor sich. Außerdem hat WAGNER auch als Hilfsmittel für eine Vereinfachung und Erleichterung des Betriebes die Zusammenfassung von Schlagreihen zu sog. Wirtschaftsgruppen gegeben, in denen der Hieb in einem bestimmten Turnus wiederkehrt.

Eine noch brennendere Frage ist die, *ob die Kleinbestandesform im Blender-saumbetrieb in bezug auf Bodenpflege, Bestandessicherung und Verjüngungs-freudigkeit wirklich so sehr allen anderen Großflächenformen*, auch denjenigen überlegen ist, die über die Kleinfläche wieder zur Großfläche kommen, wie z. B. der bayrische Femelschlag.

WAGNER glaubt dies bejahen zu müssen: „Mittels seiner Lagerung der Alters-klassen, der Nordrandstellung und der Stetigkeit des Vorrückens der Säume wird das System, unterstützt durch ununterbrochene Waldpflege, bewirken, daß die Wiederverjüngung des Waldes aufhört, die schwierigste Aufgabe der Wirtschaft zu sein. Die vorwiegend entstandene Mischverjüngung wird derselben vielmehr nach stetiger Boden- und Bestandespflege als reife Frucht ohne Mühe in den Schoß fallen." (Blendersaumschlag u. s. System, 3. Aufl., S. 318.)

Nach dieser Beziehung hat aber eine spätere, sehr sorgfältige Untersuchung von HAUFE mit vielen Messungen und kartographischen Aufnahmen an den Gaildorfer Säumen gezeigt, daß der Verjüngungserfolg auch dort verschieden und sehr vom Standort abhängig ist. Gewisse günstige Bodenarten und Lagen, die glücklicherweise vorwiegen, zeigen, wie das auch jeder Besucher feststellen muß, glänzende Bilder, aber an andern ungünstigeren Stellen hat auch am Blendersaum die Naturverjüngung mehr oder minder versagt. Unter günstigen Verhältnissen vollzieht sich die Verjüngung aber auch in anderen Betriebs-formen gut, z. B. bei Fichte, Tanne und Buche im bayrischen Femelschlag, bei

FABRICIUS, L.: Anwendbarkeit der WAGNERschen Verjüngung. F.Cbl. 1909, S. 401; Ent-gegnung von WAGNER, S. 539. — FABRICIUS zum gleichen Thema. Ebenda 1910, S. 37, und WAGNER, S. 214. — Ferner von EBERHARD-LANGENBRAND mehrere eingehende Kri-tiken. A.F.J.Z. 1908, S. 113. Naturwiss. Z. f. Forstwes. 1912, S. 573. Z.F.J.W. 1914, S. 408. F.Cbl. 1921, S. 446. — KIENITZ, H.: Aus dem Gebiet des Blendersaumschlages. Z.F.J.W. 1910, S. 215. — Besprechung des Blendersaumschlages und sein System. Ebenda 1913, S. 727. — Bericht über die Versammlung d. Dtsch. Forstver. Trier 1913 mit Referaten von WAGNER und MÖLLER. — TREBELJAHR, W.: Der Blendersaumschlag WAGNERs im nordostdeutschen Kieferngebiet. Silva 1913, S. 455. — SEEHOLZER, M.: Saumfemelschlag und Blendersaum-schlag. F.Cbl. 1922, S. 525; Entgegnung von RAU, FR. A.F.J.Z. 1922. — REBEL, K.: Wald-bauliches aus Bayern Bd. 1, S. 115. — HAUFE, H.: Fichtennaturverjüngung in Gaildorf. Mitt. d. sächs. forstl. Versuchsanst. Tharandt Bd. 3, H. 1 (1927). — Deutscher Forstverein: Jahresbericht der Vers. in Stuttgart. 1932. Vorträge von WAGNER, BAADER und WÖRNLE über den Blendersaumschlag und Diskussion.

Buche und sogar bei Kiefer in Bärenthoren und Umgebung auch im Großschirm-schlag. Für die große ostdeutsche Kiefernwirtschaft scheint sich der Blender-saumschlag überhaupt nicht zu eignen. Unkraut und Schütte schaden neben Wurzelkonkurrenz und Seitenschatten an allen Säumen mehr oder minder, besonders aber am Nordsaum so stark, daß natürliche wie künstliche Erziehung der Kiefer dort mit den größten Schwierigkeiten zu kämpfen haben, ja unter Umständen oft geradezu versagen. Zahlreiche Versuche, die in den preußischen Staatsforsten, unter anderem in Chorin auch von KIENITZ und mir, angestellt worden sind, haben fast überall versagt. Hier liegen offenbar auch nach WAGNER Grenzen der Anwendbarkeit des Verfahrens[1]).

Was aber Bodenpflege und Bestandessicherheit anlangt, so ist ein Schatt-holzbestand (Tanne, Buche) oder ein Mischbestand schon oft allein hinreichend, um fast alle Nachteile der Großfläche aufzuheben. Und wenn auch zuzugeben ist, daß der Blendersaum mit seiner Lichtabstufung hervorragende Bedingungen für Mischverjüngung bietet, so zeigen doch auch manche anderen Betriebe, wie z. B. der bayrische Femelschlag, nach dieser Beziehung durchaus ähnliche günstige Bedingungen.

Diese Zweifel und Einschrän-kungen an einer durchgängigen Überlegenheit des Blendersaum-schlags gegenüber anderen Betriebs-formen werden aber um so schwerer ins Gewicht fallen, als die *Über-führung* unserer heutigen Großbe-standeswaldungen in dauernde Kleinflächenbestände, wie WAGNER selbst betont, sehr großen Schwierig-keiten begegnet, und die Erreichung

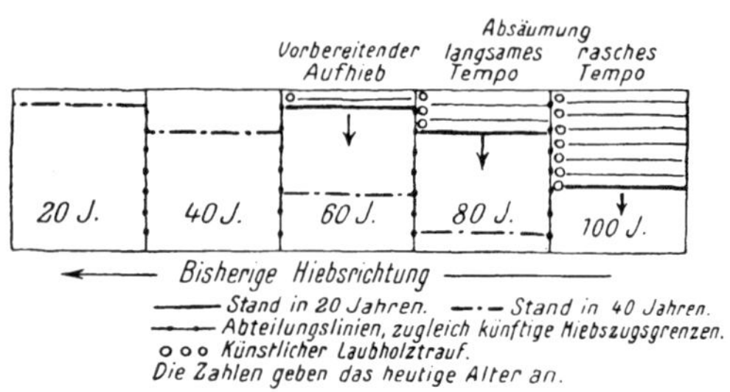

Abb. 290. Überführungsgang eines in der nor-malen Periodenabstufung aufgebauten Waldes in Blendersaumschlag. (Nach WAGNER.)

dieses Ziels *erst in ganz ferner Zeit möglich* machen würde. Man vergleiche dazu die von WAGNER selbst hierzu gegebene Abb. 290. Die *Überführung* wird außerdem *Zuwachsopfer* verlangen, indem man einen Teil der Bestände überaltern lassen, einen anderen zu früh nutzen muß, nur um die gewünschte Gliederung anzu-bahnen. Je mehr man aber hiervon absteht, desto länger schiebt man die Über-führung hinaus. Umgekehrt, je rascher man sie herbeiführen will, desto mehr Zuwachsopfer wird man bringen müssen.

WAGNER hat zwar gesagt, daß diese Überführungsschwierigkeiten nicht dem System zur Last fallen. Aber für die Frage einer Umstellung werden sie doch unter allen Umständen Beachtung verlangen und ins Gewicht fallen.

Freilich wird man die Erreichung des Idealzustandes von vornherein über-haupt kaum voll ins Auge fassen dürfen. Man wird zufrieden sein müssen, sich diesem nur zu nähern oder in vielen Fällen sich überhaupt nur in der Richtung auf ihn zu zu bewegen. Und hier bringt der Blendersaumschlag freilich eine hervorragende Eigenschaft mit. *Man kann mit Versuchen eigentlich nie viel verderben.* Geht es nicht, so hat man *im Hintergrund immer noch den unangerührten Bestand,* aus dem man noch alles mögliche machen kann, ein unangeschnittenes Tuch, und nicht schon durchlöchert oder dünn geworden, wie etwa bei miß-glückten Versuchen zur Femelschlag- oder Dauerwaldwirtschaft. Das Blender-saumschlagverfahren eignet sich daher ganz besonders zu tastenden Einzel-versuchen an aussichtsreichen Stellen. Erst wenn man sich über die Möglich-

---

[1]) WAGNER, CHR.: Die Grenzen des offenen Betriebssystems. — DENGLER, A.: Saum-schlag und norddeutsche Kiefernwirtschaft. Z.F.J.W. 1932, H. 12.

keiten des Erfolges durch eine Reihe von solchen Versuchen klarer geworden ist, wird man das Risiko einer Ausdehnung auf das ganze Revier auf sich nehmen. Leider liegen bisher nur ganz vereinzelte Veröffentlichungen bzw. nur kurze Hinweise auf die Ergebnisse solcher Versuche in anderen Revieren vor. Ein abschließendes Urteil wird man daher erst in Zukunft gewinnen können, wenn der Betrieb, der jetzt allgemein in den württembergischen Staatswaldungen eingeführt worden ist, sich unter verschiedenen Verhältnissen länger bewährt haben wird. Das bisherige Urteil[1]) ist jedenfalls nicht ungünstig. Der Betrieb ist dort ohne starres Festhalten an schablonenmäßiger Durchführung als *„saum- und streifenweiser Betrieb"* hauptsächlich in den natürlichen Nadelholzgebieten, weniger im Laubholz, durchgeführt worden. Die Anhiebe sind nicht immer nur am Nordsaum, sondern von der gesamtwirtschaftlich günstigsten Seite her, im Gebirge z. B. immer von oben her erfolgt. Der Verjüngungserfolg war, abgesehen von den sehr guten und schweren Böden, wo der starke Unkrautwuchs hinderlich wurde, meist befriedigend bis ausgezeichnet. Die Gliederung durch die vielen Aufhiebe gab besonders für die starken Übernutzungen der Kriegsjahre willkommene Angriffs- und Ausweichmöglichkeiten. Windwurfschäden sind bei sorgsamer Auswahl der Anhiebe je nach dem Gelände „trotz Befürchtungen und Prophezeiungen ängstlicher Gemüter" auch in windgefährdeten Gebieten nicht eingetreten. Die große Beweglichkeit der Wirtschaft durch die vielen Anhiebslinien, ohne daß dabei die räumliche Ordnung und der Zusammenhalt des Betriebes verloren geht, wird als besonderer Vorteil hervorgehoben. (Vgl. dazu das obige Urteil von dem „festen Geländer der Säume"!) Vom *rein aufbautechnischen Gesichtspunkt ist zweifellos der Blendersaumschlag durch die Kombination von Gleichstufigkeit in der einen und Ungleichstufigkeit in der anderen Richtung eine völlig originelle und höchst bedeutsame Waldaufbauform!*

EBERHARDs Schirmkeilschlag. Eine etwa gleichzeitig entstandene, vom württembergischen Oberforstmeister Dr. EBERHARD in Langenbrand im Schwarzwald ausgearbeitete Saumschlagform, die dort ebenfalls mit großem Erfolge in die Praxis umgesetzt wurde, ist der *Schirmkeilschlagbetrieb*[2]) (früher auch Abrücksaumschlag oder Keilsaumschlag genannt).

Das EBERHARDsche Verfahren kommt ähnlich wie der bayrische kombinierte Femelschlag *über die Kleinfläche* (Saumschläge) wieder zum Großflächenbestand. Erreicht wird dies durch die *Vielzahl der Säume im Einzelbestand* und durch den raschen Hiebsfortschritt. EBERHARD legte auf die Beibehaltung der Großfläche grundsätzlich Wert, um den bei Überführung zum Kleinflächenaufbau unumgänglichen Zuwachsopfern (vgl. S. 556) zu entgehen.

Das Ernte- und Verjüngungsverfahren *beginnt überhaupt zunächst großflächenweise.* Durch häufigere schwache Eingriffe, die den Bestand gewissermaßen nur *„kitzeln"* sollen, unter besonderer Schonung der vorwüchsigen, sturmfesten Glieder (*„Knochengerüst"*) soll erst eine lockere *Vorverjüngung auf Schatthölzer*, hauptsächlich die Weißtanne, *auf der ganzen Fläche* geschaffen werden.

In Langenbrand, wo vielfach auf mangelhaft tätigem Buntsandstein und in Hochflächenlage bei feuchtem, kühlem Gebirgsklima starke Rohhumusauflagerungen bis zur Bildung von Sphagnum-Polstern auftreten, wird dieser *Rohhumus* kostenlos an die Bevölkerung *abgegeben*, die dafür als Entgelt noch eine mehr oder minder gründliche Bodenbearbeitung auszuführen hat, u. a. das bekannt-

---

[1]) Nach frdl. Mitteilung der Württembergischen Forstdirektion.

[2]) EBERHARD, J.: Die Grundlagen naturgemäßer Bestandesbegründung. F.Cbl. 1914, S. 75; 1919, S. 441; Silva 1920, S. 161; 1922, S. 41. — Ferner besonders EBERHARD, J.: Der Schirmkeilschlag und die Langenbrander Wirtschaft. F.Cbl. 1922, S. 41 ff. Dort auch ausführliches Literaturverzeichnis überhaupt, S. 149.

gewordene „Schüsselehacken", ein Durchhacken flach nach unten gewölbter Plätze.

Erst wenn die Vorverjüngung des Schattholzes sich eingefunden und genügend festen Fuß gefaßt hat, beginnt der *zweite Teil des Verfahrens, die Zwischen- und Nachverjüngung in saumweisem Vorgehen,* die mehr *auf die etwas lichtbedürftigere Fichte* eingestellt ist. Aber auch die dort hervorragend schön vertretene *Schwarzwaldföhre* u. a. Lichthölzer finden sich dann später noch an. Dieser *zweite Abschnitt des Verfahrens,* der die Freistellung und Räumung über der Verjüngung bezweckt, *ist nun besonders durch die eigenartige Schlagform charakteristisch und hat ihm den Namen des Keilschlags* gegeben. Möglichst in der Mitte zwischen zwei Wegen wird zunächst in einer langen, möglichst von Ost nach West verlaufenden Linie (Keilmittellinie) über vorhandenem Jungwuchs aufgelichtet. Der Hieb wiederholt und verstärkt sich dort bald und verbreitert sich nach beiden Flanken, im Osten stärker, im Westen schwächer, so daß sich *eine Art Keil ergibt, dessen Spitze gegen den Wind, also meist nach Westen zeigt, während die Basis im Osten liegt.* In der Folge wird dann *an den beiden Flanken des Keils in schmalen Säumen,* meist immer wieder mit einer Verbreiterung an der Basis weitergelichtet und abgeräumt und der Bestand so von der Keilmittellinie (*Abrückscheide*) nach den Abrückwegen zu in langen Streifen aufgerollt (Abb. 291).

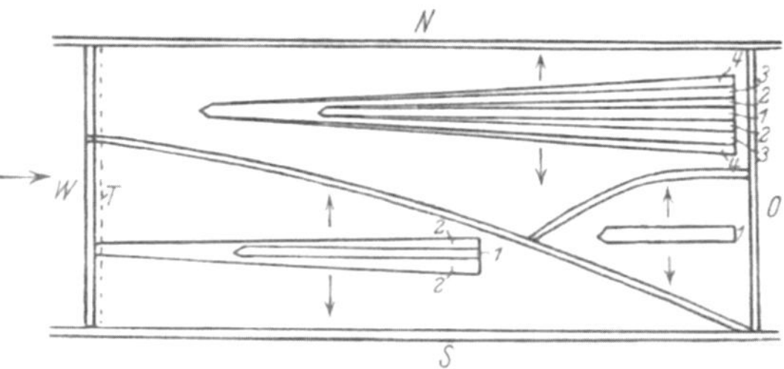

Abb. 291. Vorgehen des Schirmkeilschlags in einem ebenen Bestand mit mehreren Abfuhrwegen. Die Pfeile innerhalb der Abteilung geben die Abrückrichtung an. (Nach EBERHARD.)

Die Keilspitze wird wegen der Windgefahr sehr langsam nach Westen weitergetrieben und erst spät bis zum Bestandesrand durchgestoßen. Der Bestand wird durch Bildung verschiedener Teilflächen zwischen geeigneten Wegen möglichst in mehreren Anhieben angegriffen. Unter Umständen werden einfache Schleifwege zu diesem Zweck hergestellt (*Vielsaumbetrieb*) (vgl. die Abb. 291).

Für Hanglagen, namentlich steilere und windausgesetzte, ist ein besonderer Hiebsschlüssel ausgearbeitet[1]).

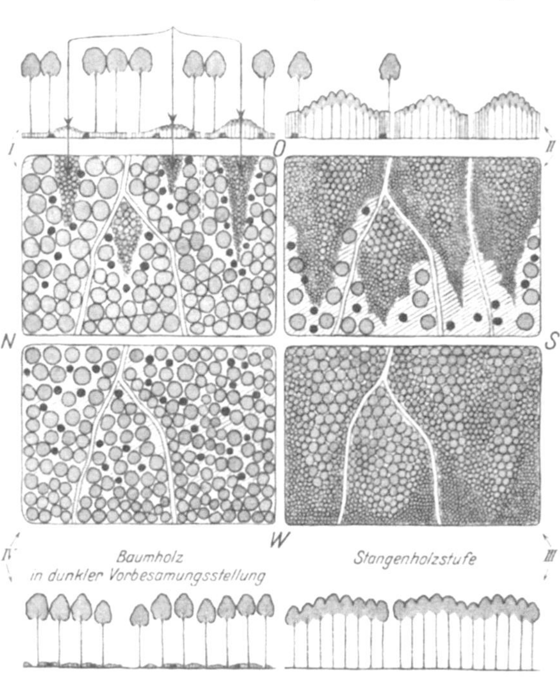

Abb. 292. Schema des Schirmkeilschlagbetriebes. (Entworfen von DENGLER.)

---

[1]) EBERHARD, J.: F.Cbl. 1922, S. 146. — PHILIPP, K., u. KURZ, E.: Die Verlustquellen in der Forstwirtschaft, Anl. 2. Karlsruhe 1928.

Das Holz wird in allen Fällen *von den Keilflanken nach außen gefällt und auf der kürzesten Strecke den Wegen zugeführt.* Der Abrückbetrieb gestaltet sich also noch vorteilhafter als beim Blendersaum, der etwas weitere Schleifstrecken mit bogenförmiger Schwenkung der Stämme zum Abrückwege notwendig macht.

Die schematische Abb. 292 zeigt den im Schirmkeilschlag bewirtschafteten Wald in verschiedenen Teilen und Stufen in Grundriß und Aufriß.

Nur in der Verjüngungszeit zeigt sich größere Ungleichstufigkeit und Kleinflächengliederung. Diese klingen aber alsbald wieder ab und gleichen sich aus. Immerhin bleibt eine leichte Abstufung in der ganzen Abteilung von Osten nach Westen und innerhalb der einzelnen Unterabschnitte von der Mittellinie zu den

Abb. 293. Schirmkeilschlag in Langenbrand. Das Bild zeigt das typische Bild gegen Ende der Verjüngung. Im Hintergrund bei 1 Spitze des einen Verjüngungskeils, bei 2 die des benachbarten. Dazwischen bis in den Vordergrund der schmale Altholzrest mit dem Abrückwege für die beiden Keilflanken. Schöne Mischverjüngung von Tanne und Fichte, auch eingesprengte Kieferngruppen (besonders rechts). (Aufn. von KRAMER.)

Wegen hin als Nachwirkung des keilsaumartigen Vorgehens bestehen. Dies gibt dann die natürlichen Richtlinien für den nächsten Angriff im zweiten Umtrieb.

Man darf sich aber das Verfahren in Wirklichkeit nicht so schematisch vorstellen. Die Ausformung der Keile tritt im Walde verhältnismäßig erst spät hervor. Die ersten Anhiebe lassen sie selten erkennen. Vielfach ist das erste Vorgehen nur ein unregelmäßiger Angriff von innen nach außen heraus. Eins der ältesten Bilder mit typischer Keilbildung im Endstadium gibt die Abb. 293.

Auch das Langenbrander Verfahren hat *glänzende Verjüngungserfolge* aufzuweisen. Im allgemeinen ist die Naturverjüngung vielleicht noch besser und vollkommener als in Gaildorf. (RAU a. a. O. rechnet dort immerhin durchschnittlich mit 20 % künstlicher Nachhilfe, in Langenbrand sind es nur wenige Prozent.) Dabei ist freilich in Betracht zu ziehen, daß es sich hier auch vorwiegend um die Tanne und sehr frische Gebirgslagen handelt (Langenbrand etwa 1000 mm, Gaildorf nur 700 mm Niederschlag). Darin liegt wahrscheinlich auch der Hauptgrund, daß *die langen Südsäume,* die *der Keilsaumschlag* neben den Nordsäumen aufweist, keine schädlichen Wirkungen zeigen. Wie sich das Verfahren in trockneren Lagen und bei vorwiegender Fichten- oder Lichtholzbestockung verhalten würde, bleibt unsicher.

Für die *Kiefer* hat Busse[1]) in Biesenthal einen *Vielsaumbetrieb* nach Langenbrander Vorbild durchzuführen versucht. Die Keilrichtung hat er dabei um 90° in die Nordsüdrichtung gedreht, wobei aber der Ost- wie der Westsaum, sobald die Keilflanken erst weiter auseinanderrücken, im allgemeinen wenig günstige Ansamungsbedingungen (ungedeckte Stellung) bieten dürften. Man darf auch nicht vergessen, daß die ganze Vorverjüngung (wie in Langenbrand auf die Tanne) hier vollständig wegfällt. Busse knüpfte in Biesenthal

Abb. 294. Buchenstangenholz in Sieber an einem unteren Hangteil, durch Holzrücken bei der früheren Wirtschaft schwer beschädigt, krumm und beulig. (Aufn. nach Kautz.)

an gelegentliche Kiefernanflughorste in den betreffenden Beständen an, die er in einem Keil zusammenzuschließen trachtete. Die Versuche, die ohne weitgehende künstliche Ergänzung sowieso keine großen Aussichten gehabt hätten, zumal der Anflug schlechtwüchsig und stark vom Rüsselkäfer befallen war, sind inzwischen durch den Forleulenfraß mitsamt den Altbeständen, in denen sie angelegt waren, größtenteils vernichtet worden.

Sehr leistungsfähig ist jedenfalls der Langenbrander Betrieb in bezug auf die *Anspannung des Hiebssatzes.* Die vielen und langen Säume vermögen auf der Einheitsfläche auch bei genügend langsamem Verjüngungsgang erheblich mehr Holz zu liefern als der Einsaumbetrieb. Da, wo große hiebsreife Altholzbestände vorliegen, muß das u. U. eine entscheidende Rolle spielen.

In Langenbrand hat der jährliche Abnutzungssatz lange 8—10 fm je Jahr und Hektar betragen, in Gaildorf etwa nur 6—7. Hierbei sind allerdings auch immer die Verschiedenheiten der Altersklassenverhältnisse und der Standortsgüte zu berücksichtigen, so daß man aus solchen Zahlen nicht ohne weiteres auf die Leistungsfähigkeit der Betriebe schließen kann.

Ein Vorteil des Langenbrander Verfahrens liegt auch zweifellos darin, daß es *keine Umgestaltung des Waldaufbaus* nötig macht. Gewisse Nachteile liegen

---

[1]) Busse, J.: Der Vielsaumbetrieb in Biesenthal. Silva 1922, S. 65.

aber in der starken Einstellung auf Schatthölzer (vorbereitende Dunkelschlagstellung im ersten Abschnitt) und in den gefährlichen Südrändern. Jedenfalls würden in Trockengebieten und für Lichtholzarten erhebliche Abänderungen des Vorgehens nötig sein, die dem Verfahren dann viel von seinem ursprünglichen Charakter nehmen müßten. Die Einführung des Schirmkeilschlages war mit unwesentlichen kleinen Änderungen durch die neuen „Richtlinien" für Baden[1]) in weitem Umfang beabsichtigt, ist aber durch Personalwechsel an leitender Stelle dann nicht oder doch nicht in dem vorgesehenen allgemeinen Umfange erfolgt.

Der an sich *vortreffliche und unanfechtbare Gedanke des räumlich geordneten Abrückens aus der Mitte heraus nach den Randwegen oder einzulegenden Schleifbahnen* kann aber auch bei anderen Betriebsformen (Großschirmschlag, horstweiser Femelschlag usw.) weitgehende Anwendung finden und hat sie in der Praxis auch schon gefunden, wenngleich hier bisher im großen und ganzen wohl noch manche Gelegenheit zu einer Verbesserung der Abrücktechnik unbenutzt gelassen wird. Jedenfalls ist der Langenbrander Schirmkeilschlag hierin durchaus vorbildlich!

KAUTZ' Streifenschirmschlag. Ein Verfahren, das gewisse Anklänge an die beiden vorgenannten zeigt, ist das *Streifenverfahren mit Schirmschlagstellung,* das von Forstmeister KAUTZ[2]) in der preußischen Oberförsterei *Sieber im Harz* ausgebildet wurde.

Das Wirtschaftsziel war hauptsächlich die Schaffung *standortsgemäßer Mischbestände von Buche und Fichte,* um einerseits der Buche überall die nutzholz-

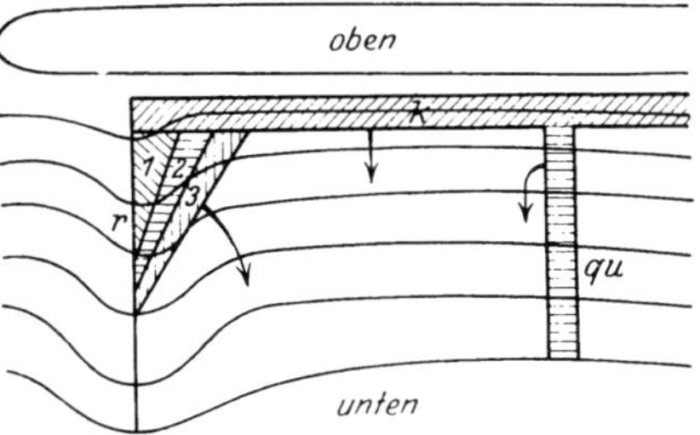

Abb. 295. Anhiebsarten im KAUTZschen Streifenschirmschlag.
k = Kantenanhieb, qu = Queranhieb im Hauptgefälle, r = Rippenanhieb, ins Diagonalgefälle übergehend. Die Pfeile zeigen die Abrückrichtung an.

tüchtigere Fichte beizugeben, andrerseits die für den Bodenzustand dort sehr bedrohliche Reinbestockung der Fichte zu vermeiden.

KAUTZ hat für sein Revier hier höchst bedeutsame Beobachtungen machen können. Meine eigenen forstgeschichtlichen Untersuchungen für die dortige Gegend[3]) zeigten ihm, daß mit Ausnahme der höchsten und tiefsten Lagen der ganze Wald noch vor 200 Jahren fast überall Fichten- $\times$ Buchenmischbestockung gehabt hat. Diese ist teils durch den Großschirmschlag, teils durch den Kahlschlag in reine Buchen- bzw. reine Fichtenbestände übergegangen.

Erschwerend für die Wirtschaft, insbesondere für die natürliche Verjüngung, sind die *zahlreichen steilen Hanglagen des Reviers,* die bei großflächenweisem Schirmschlag sehr starke Fällungs- und Rückeschäden im Jungwuchs zur Folge hatten, was nach den Beobachtungen von KAUTZ Anlaß zu den häufigen schlechten Stammformen und zur Bildung des roten Kerns bei der Buche gegeben hat (vgl. Abb. 294).

KAUTZ kam infolgedessen zu *einer räumlichen Ordnung der Ernte und Verjüngung in Streifenschlägen,* die im allgemeinen von *Berg zu Tal* fortschreiten sollen. Natürliche Anhiebslinien bilden daher zunächst die Bergrücken (*Kanten-*

---

[1]) Karlsruhe: Verlag Badenia 1931.
[2]) KAUTZ, H.: Die Verjüngung und Pflege der Buchen- und Fichtenhochwaldbestände im Schmalschlagbetrieb in der Oberförsterei Sieber (Harz). Z.F.J.W. 1921, S. 348. — Die Verjüngung der Buche und Fichte. Ebenda 1922, S. 93. — BRÄUER: Breitsamenschlag oder Schmalschlag. Silva 1922, S. 361. — OTTO: Saumschlag oder Großschirmschlag. A.F.J.Z. 1929, S. 321.
[3]) DENGLER, A.: Die Wälder des Harzes einst und jetzt. Z.F.J.W. 1913.

anhiebe). Zur Verlängerung der Angriffsfront werden aber an langen glatten Hängen noch senkrecht dazu und im Hauptgefälle verlaufende *Queranhiebe* eingelegt. An gefalteten Hängen werden die von Berg zu Tal laufenden Rippen hierzu benutzt (*Rippenanhiebe*). Diese Quer- und Rippenanhiebe werden allmählich durch eine talwärts gerichtete Schwenkung (keilartige Verbreiterung im oberen Teil) in das *Schräg- oder Diagonalgefälle* vorgeführt (Abb. 295). Teils soll hierdurch die Hiebsfront verlängert werden, teils wird dadurch ein noch gefahrloseres Bergabrücken gesichert. Denn bei den Anhieben im senkrechten Hauptgefälle findet, selbst wenn die Hölzer zur Seite herausgezogen werden,

Abb. 296. Anhiebsplan für den Forstort Scholben im Lauterberger Revier im KAUTZschen Streifenschirmschlag. (Nach KAUTZ.)

beim „Zu-Tal-Schießen" immer leicht ein Zurückspringen oder Zurückrollen der Stämme in den Jungwuchsstreifen statt, was aber bei den Diagonalanhieben ausgeschlossen ist. Bei der Anlage der Angriffshiebe wird im allgemeinen *der Nordrand bevorzugt*, doch können Hang- und Windrichtung häufig Änderungen bedingen. Oft kann bei den vielen Steilhängen auch der *Bergschatten als Schutz* gegen Untersonnung der Schlagränder benutzt werden und gestattet dann Anhiebe von sonst ungünstigen Rändern her. Die Breite der Schläge bewegt sich zwar im allgemeinen noch an der Grenze der Kleinfläche, geht aber in reichen Samenjahren auch darüber hinaus. Die *Hiebsart ist gleichmäßig schirmartig*. Meist handelt es sich nur um die *natürliche Vorverjüngung* der einen Holzart, *meist Buche*, versuchsweise auch der Fichte, der dann die andere Art frühzeitig künstlich beigemischt wird, wenn sie im Mutterbestand fehlt. Der *Verjüngungsfortschritt vollzieht sich rasch*. Bei der Buche wird schon nach 2—5 Jahren geräumt. Ein gelegentliches Zurückfrieren wird nicht einmal ungern mit in Kauf genommen, da die eingepflanzten Fichten dann nicht so leicht von der Buche überwachsen werden. Diese haben von der raschen Räumung jedenfalls mehr Vorteil als die Buche. Die Erziehung der reichlich beizumischenden Pflanzfichten findet auf billigste Weise in fliegenden Kämpen dicht bei bzw. auf den Anhieben statt. Die ältesten so behandelten Schmalschläge in den Buchenbeständen zeigen recht schöne Mischverjüngungen. Dagegen hat die natürliche Verjüngung der Fichte in den reinen Beständen und die künstliche Einbringung der Buche in die Fichtenverjüngungen bisher noch sehr große Schwierigkeiten gemacht. Großer Wert wird mit Recht *auf die Erhaltung jeder noch lebensfähigen Buche in den Fichtenstangenhölzern durch rücksichtslosen Freihieb* bei den Durchforstungen gelegt. Das KAUTZsche Verfahren ist versuchsweise auch in einigen Nachbarrevieren eingeführt worden. Abb. 296 zeigt den von KAUTZ entworfenen Anhiebsplan für einen Teil der Oberförsterei Lauterberg. Das Verfahren ist besonders auf die steilhängigen Harzreviere mit dem Wirtschaftsziel der innigen Buchen-Fichten-Mischung zugeschnitten. Es ist ebenfalls vom Gedanken der räumlichen Ordnung unter Berücksichtigung dieser Verhältnisse beherrscht.

6. Plenterwald, Dauerwaldgedanke und Dauerwaldformen.

Plenterwald[1]**.** Der Plenterhieb, d. h. die Entnahme des jeweils für die Nutzung geeignetsten, in der Regel des stärksten Stamms, ist sicherlich eine sehr alte Hiebsform. Soweit diese bei der Sorglosigkeit früherer Zeiten an beliebigen Stellen im Walde stattfand, die besonders bequem lagen, und keine Rücksicht auf die Wiederverjüngung nahm, mußte sie natürlich mit steigendem Holzbedarf zur Verwüstung des Waldes führen und stellte nur eine Art Mißwirtschaft dar. Aus diesen, bei Ausgang des Mittelalters vielerorts in Deutschland erreichten Zuständen ist das alte Sprichwort: „Plenterwald = Plunderwald oder Plünderwald" entstanden.

Die Herleitung des Wortes „Plentern" ist heute noch unsicher[2]. Die Entstehung aus plantare = pflanzen, die man früher annahm, ist selbstverständlich sinnlos und abzulehnen. Es erscheint mir vorläufig am wahrscheinlichsten, daß das Wort in der älteren Schreibweise „Pläntern" nur eine Umlautung von „Plündern" ist, was auch am besten der wilden Sorglosigkeit dieser Hiebsform in alter Zeit entsprechen würde.

Vielfach wird für *Plenterhieb* auch gleichbedeutend der Ausdruck *Femelhieb*[3] gebraucht. Andere wollen die letztere Bezeichnung nur auf die mehr gruppenweise Hiebsart wie im Femelschlag anwenden[4]. Man wird gegen den verschiedenen Sprachgebrauch hier wohl schwer angehen können.

Von jener ursprünglichen Mißwirtschaft unterscheidet sich nun der Plenterhieb im geregelten Wirtschaftsbetrieb und die auf ihm entwickelte Waldform allerdings vollständig. Zwar findet auch hier der *Erntehieb unregelmäßig über die ganze Fläche* und in der Hauptsache auch *auf den stärksten Stamm* statt, aber überall wird dabei weitgehend *auf die Verjüngung und den schon vorhandenen Jungwuchs Rücksicht* genommen, ja vielfach wird der Hieb sogar vorwiegend hierauf eingestellt. Ebenso gehen durchforstungsartige Hiebe im schwächeren Holz neben der Ernte des Hiebsreifen her. *Ziel des Bestockungsaufbaus* ist aber überall *eine Vereinigung aller oder doch möglichst vieler Alters-* bzw. *Stärkeklassen auf kleinster Fläche*, ein stufen- bzw. treppenartiger Schluß über den ganzen Wald weg (vgl. dazu die bezeichnende Abb. 297 eines typischen Schweizer Plenterwaldes).

---

[1] DANNECKER, K.: Der Plenterwald einst und jetzt. Stuttgart 1929. — AMMON, W.: Das Plenterprinzip in der schweizerischen Forstwirtschaft. Bern-Leipzig 1937.

[2] WAGNER, CHR.: Lehrbuch der theoretischen Forsteinrichtung, S. 123. Berlin 1928. — ERNST: Zur Ableitung des Wortes „Plenterwald". F.Cbl. 1933, S. 17.

[3] Über die Entstehung dieses Wortes vgl. S. 528.

[4] Vgl. dazu SEEHOLZER, H.: F.Cbl. 1922, S. 131. — WAPPES: C.ges.F.W. 1904, S. 389. — EBERHARD, J.: F.Cbl. 1921, S. 440.

Der Hieb bewegt sich im Plenterwald grundsätzlich *Jahr für Jahr über die ganze Fläche.* Im strengen Schema würde daher der Aufbau eines solchen Waldes in Grundriß wie Aufriß in allen Teilen wesentlich gleich sein (vgl. dazu Abb. 298). In Wirklichkeit werden Verschiedenheit des Standorts und viele Zufälligkeiten

Abb. 297. Gruppenweiser treppenstufiger Aufbau im Plenterwald. In der Schweiz.
(Nach BALSIGER.)

immer Abweichungen von diesem Idealzustand schaffen. Auch bildet in größeren Plenterwaldungen der alljährliche Hieb auf allen Flächen doch nicht die Regel, sondern man teilt den Wald in Schläge ein und bestimmt eine kürzere *Umlaufszeit* (3—5 Jahre, sogar bis 10 Jahre), innerhalb deren der Hieb dann erst wieder auf die betreffende Fläche zurückkehrt.

Die Verbreitung dieses so geregelten Wirtschaftsplenterwaldes ist aber eine sehr geringe. Manche ihm nahestehenden Formen, wie der Hochgebirgsplenterwald und der Wald an Steilhängen, dienen mehr Schutzzwecken (*Schutzplenterwald*) gegen Bodenabschwemmung, Lawinen u. a. m. oder die plenterartigen Wälder

in der Nähe von Städten und Badeorten vorwiegend nur Schönheitszwecken (*Parkplenterwald*). Von den wirklichen Wirtschaftsplenterwäldern ist ein großer Teil *im bäuerlichen oder kommunalen Kleinbesitz.* Dieser wird recht verschieden behandelt und entzieht sich vielfach noch der öffentlichen Kenntnis in forstlichen Kreisen. Eigentlich haben wir bei uns nur im Schwarzwald, in Österreich und in der Schweiz noch öfter geregelte Plenterwaldungen, die von forstlichen Fachleuten bewirtschaftet oder beaufsichtigt werden, und über die wir auch eingehendere, zum Teil äußerst fesselnde Darstellungen in der Literatur besitzen[1]). Aber auch diese ergeben recht verschiedene Bil-
der. Sie bewegen sich zwischen
einer starkholzreichen Form,
bei der die Hauptstämme ziemlich dicht, gewissermaßen in
einem lockeren Lichtschluß
stehen und die schwächeren
Stärkeklassen sehr zurücktreten, und *einer starkholz-
ärmeren Form*, bei der die
Hauptstämme bedeutend weiter entfernt sind und die
mittleren und jüngeren Glieder
meist in Gruppen auftreten.
Bei der ersteren Form haben
alle Stärkeklassen ziemlich
gleiche Stammzahlen, es ist
ein oberes Kronendach vorhanden, wenn es auch bewegt
und vielfach durchbrochen ist,
in der Hauptsache liegt Vertikalschluß vor. Bei der anderen Form überwiegen der
Stammzahl nach die jüngeren
Klassen, das Kronendach geht
sprunghaft herauf und herab,
es liegt mehr Schrägschluß

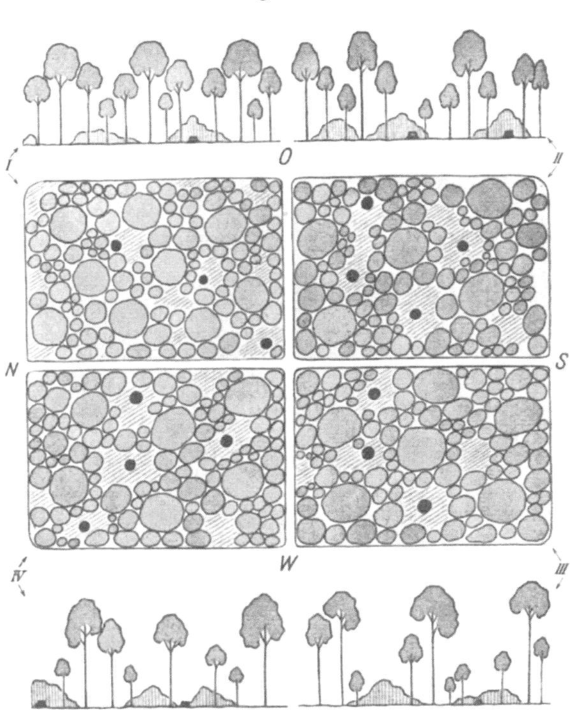

Abb. 298. Schema eines Plenterwaldes.
(Entworfen von DENGLER.)

vor. Die erstere Form nennt TICHY[2]) „*qualifizierten Plenterwald*", die andere „*Femelwald*". Wegen des verschiedenen Sprachgebrauchs wäre es besser, vom *vorratsreichen* und *vorratsarmen oder vom Einzel- und Gruppenplenterwald* zu sprechen.

Die Seltenheit des Plenterwaldes, die Kleinheit seiner Flächen und die Verschiedenheit ihrer Formen erschwert eine einheitliche und richtige Beurteilung und Bewertung.

Von jeher haben sich hier *die verschiedensten Meinungen gegenübergestanden*[3]). Und immer hat auch hier wie in so manchen anderen Streitfragen des Waldbaus die gefühlsmäßige Einstellung zu der Frage „Natur oder Unnatur", eine Rolle

---

[1]) So z. B. der Wald von Panveggio in Südtirol in WESSELY, J.: Die österreichischen Alpenländer und ihre Forste; der Dürsrüti-, Hasli- und Honeggwald und die Wälder bei Couvet in der Schweiz in Veröffentlichungen von FANKHAUSER, F.: F.Cbl. 1908, S. 417. — BALSIGER, R.: Der Plenterwald. Bern 1925 u. a. m.
[2]) TICHY, A.: Der qualifizierte Plenterbetrieb. München 1891.
[3]) Vgl. hierzu FÜRST, H.: Plenterwald oder schlagweiser Hochwald. Eine forstliche Tagesfrage. Berlin 1885.

gespielt, eine Frage, die oft richtiger in die Fassung „Natur oder Kunst" zu bringen wäre. Wir sind auf das Grundsätzliche hierbei schon an anderer Stelle (S. 451) eingegangen. Eine solche Einstellung darf jedenfalls in wirtschaftlichen Fragen keine Rolle spielen! Aus diesem Gesichtspunkt heraus begründete unter anderem auch GAYER seine Vorliebe für den Plenterwald, von dem er gesagt hat: „Wir haben den Pfad der Natur verloren. Wollen wir ihn wiederfinden, so müssen wir auf der Rückfährte bis zum Plenterwald arbeiten; erst von hier ausgehend gelangen wir durch die naturgesetzliche Fortbildung dieser Form wieder auf gerechte Pfade." Freilich war GAYER trotz seiner Vorliebe für den Plenterwald viel zu maßvoll, um etwa seine allgemeine Einführung zu verlangen, sondern er bezeichnete das selbst als den Rückfall aus einem Extrem ins andere!

Von den anderen namhaftesten Vertretern des Waldbaus war neben GAYER besonders A. ENGLER, Zürich, ein begeisterter Freund des Plenterwaldes. BORGGREVE lehnte ihn, wie jede Ungleichstufigkeit der Bestockung überhaupt, ziemlich scharf ab, ebenso CHR. WAGNER, der zwar gewisse Vorzüge anerkennt, ihn aber vom wirtschaftlichen Standpunkt als „Phantom" und „rein waldbauliches Idealbild" bezeichnet, das wir nicht verwirklichen dürften. MAYR, BÜHLER, LOREY u. a. nehmen eine mehr vermittelnde Stellung ein.

Wenn man aber selbst das Natürliche als Idealform ansehen wollte, so ist doch gar nicht zu übersehen, daß das beim Plenterwald in seinen verschiedenen Formen durchaus nicht immer verwirklicht ist. Nur der vorratsreiche „qualifizierte Plenterwald" ist im unberührten Urwald unserer Breiten auf größerer Fläche in ähnlicher Aufbauform vertreten, der vorrats-arme oder gruppenweise nur auf kleinsten Flächen (vgl. S. 284). Seine Herstellung und Er-haltung verlangt vielmehr die größte Mühe und Kunst. Man muß der Natur hier fortwährend in den Arm fallen, um den ausgleichenden Einfluß des Höhenwachstums mit zunehmendem Alter auszuschalten!

Unbestreitbar sind die *waldbaulichen Vorzüge des Bodenschutzes, der Gefahren-sicherung* und der *Mischungsmöglichkeit,* die sich unmittelbar als Folge seiner Vielstufigkeit ergeben. Unverkennbar *begünstigt* er aber auch *einseitig die Schatt-hölzer* vor den Lichthölzern. Fast überall herrschen in den heutigen Plenter-waldungen nur diese, und die Lichthölzer müssen sich, wie BALSIGER, einer der besten Kenner des Plenterwaldes, sagt, mit zufälligen kleinen Plätzen an Be-standesrändern und Wegen begnügen. Ebenso bestätigt der Schweizer FLURY, „daß man mit Föhren, Lärchen, Eichen, Eschen usw. nicht plentern kann bzw. soll, wie überhaupt auch nicht im Tiefland mit mildem oder gemäßigtem Klima[1])!"

Für die norddeutschen Verhältnisse konnte BORGMANN durch forstgeschichtliche Unter-suchungen[2]) in verschiedenen Fällen das Vordringen reiner Buchenbestockung an Stelle früherer Mischbestockung aus Kiefer, Eiche, Birke und Buche infolge plenterartiger Bewirt-schaftung feststellen.

Die Frage der *Massenleistung* ist sehr umstritten[3]), aber eigentlich kaum zu entscheiden, da es meist an einwandfreien Vergleichsbeständen mit anderen Betriebsformen fehlt. Aus den beigebrachten Zahlen über Vorrat und Zuwachs geht meist nur so viel hervor, daß der Plenterwald unter Umständen hohe Erträge zu bringen vermag. Da es sich aber fast durchweg um vorwiegende Bestockung

---

[1]) FLURY, PH.: Über den Aufbau des Plenterwaldes. Mitt.Schw.Anst. XV, H. 2, 1939. — Ders.: Über das Wachstumsverhältnis des Plenterwaldes. Ebenda XVIII, H. 1, 1933.

[2]) BORGMANN, W.: Grundzüge der Geschichte und Wirtschaft der kgl. Oberförsterei Eberswalde. Berlin 1905.

[3]) GEHRHARDT, E.: Leistet der Plenterwald mehr Massenzuwachs als der gleichalterige Hochwald? Z.F.J.W. 1934, H. 12. — Hierzu besonders SCHUBERG, K.: Schlaglichter zur Streitfrage: Schlagweiser Hochwald oder Femelbetrieb. F.Cbl. 1886, S. 129 ff. — HUFNAGL, L.: Der Plenterwald, sein Normalbild, Holzvorrat, Zuwachs und Ertrag. Österr. Viertel-jschr. f. Forstw. 1893, S. 133. — FANKHAUSER, F.: Über die Notwendigkeit von Ertrags-nachweisen im Plenterwald. F.Cbl. 1908, S. 417. — Ferner BALSIGER, R.: Der Plenterwald, a. a. O. — BIOLLEY, H. E.: Méthode du contrôle. Deutsch von EBERBACH. Karlsruhe 1922. — AMMON, W.: a. a. O. — ZIMMERLE, H.: Nochmals zur Plenterwaldfrage. A.F.J.Z. 1941, S. 85 ff. Dort auch weitere Literatur.

mit Tanne und klimatisch günstig gelegene frische Gebirgsböden handelt, so kann man diese Zahlen auch nur mit den besten Bonitäten der Ertragstafeln für die Tanne in ihrem Optimum (etwa Baden) vergleichen und findet dann dort ebenso hohe und noch etwas höhere Zahlen, die nicht einmal Höchstleistungen sind. Dem starken Zuwachs der Hauptstämme des Plenterwaldes im Freistand steht eben als Gegengewicht immer die lange Zeit des Schirmdrucks entgegen, unter dem normalerweise jedes einzelne Glied der Bestockung aufwachsen muß! GEHRHARDT) kam bei seiner kritischen Untersuchung aller für den Plenterwald vorliegenden Ertragszahlen jedenfalls zu dem Schluß, daß von einer *Überlegenheit der Massenleistung* nicht zu sprechen sei, ebenso ZIMMERLE), der sich in vorbildlich objektiver Beurteilung aller vorliegenden, einigermaßen exakten Zuwachsuntersuchungen dahin äußert, daß die besten Zuwachsleistungen „*in Wirklichkeit etwa dem Altersdurchschnittszuwachs der Hochwaldbestände mittlerer bis guter Bonität* entsprechen." Zu einem ähnlichen Urteil kommt BURGER[1]), wenn er zum Schluß seiner neuesten Veröffentlichung über eine Schweizerische Plenterwaldversuchsfläche sagt: „Die Untersuchung zeigt andrerseits im Vergleich mit gleichaltrigen Beständen, daß *der plenterartige Bestandesaufbau die Grundlagen der Holzerzeugung nicht entscheidend verändert.*"

Über den *Wert des erzeugten Holzes* gehen die Ansichten ebenfalls auseinander. Meist, wenn auch nicht immer, findet sich in den Stämmen ein *sehr engringiger Kern aus der langen Zeit des Druckstandes* und dann *ein äußerer Mantel mit breiteren Jahrringen aus der Zeit nach der Freistellung.* Auch BALSIGER bestätigt das als die Regel. Das gibt bei starken Unterschieden dann oft *Risse in den Brettern.* Auch wird behauptet, daß das Holz meist *ästiger* sei, was ja auch als Folge des fehlenden Seitenschlusses leicht erklärlich wäre. Bei der Tanne macht sich nach BURGER auch die Bildung von Wasserreisern am Schaft der Altstämme bis tief herunter sehr störend fühlbar[1]). Von anderen aber wird dies alles bestritten oder für nicht so wesentlich hingestellt, daß es ins Gewicht fiele[2]). Alle Einwendungen, Bedenken und Einschränkungen, die von den verschiedensten Seiten gegen den Plenterbetrieb, auch aus der Schweiz, geltend gemacht worden sind, hat W. AMMON, Kreisoberförster in Thun, auf Grund eigner 30 jähriger Erfahrungen in Schweizer Plenterwäldern in einer nach Form und Inhalt äußerst fesselnden und eindrucksvollen Veröffentlichung[2]) zu widerlegen versucht und das Plenterprinzip wegen seiner „praktisch erwiesenen wirtschaftlichen Überlegenheit" als richtunggebend für die Zukunft bezeichnet. Wie bei allen solchen umwälzenden Ideen auf waldbaulichem Gebiet wird sich erst nach Jahrzehnten zeigen, inwieweit die tatsächliche Entwicklung ihnen folgt und Recht gibt.

Allgemein zugegeben wird die *schwierige Übersichtlichkeit*, die *schwere Handhabung des Fällungsbetriebes* (vielfach ist Aufastung notwendig) und des *Abrückens.* Eine räumliche Ordnung, die das alles erleichtern würde, ist eben nach dem Wesen dieser Aufbauform nicht möglich.

Einen geradezu phantastischen Entwurf nach dieser Richtung hatte Forstmeister DUESBERG in seiner sonst von vielen und schönen Gedanken erfüllten Schrift „Der Wald als Erzieher"[3])

---

[1]) BURGER, H.: Holz, Blattmenge und Zuwachs. VI. Ein Plenterwald mittlerer Standortsgüte. Der bernische Staatswald Toppwald i. Emmental. Mitt.Schw.Anst. XXII, 2, 1942.
[2]) So z. B. FANKHAUSER u. BALSIGER: a. a. O., demgegenüber insbesondere FÜRST, H.: Plenterwald oder schlagweiser Hochwald. Eine forstliche Tagesfrage, S. 23 ff. Berlin 1885. — WAGNER. CHR.: Grundlagen der räumlichen Ordnung im Walde. Abschn. 3, Kap. 1. — Ferner: Blenderwald oder schlagweiser Hochwald? F.Cbl. 1908, S. 16; 1909, S. 23. — DENGLER, A.: Einzelstammwirtschaft. Z.F.J.W. 1935, H. 1. AMMON. W: Das Plenterprinzip in der schweizerischen Forstwirtschaft. Bern-Leipzig, Verlag J. HAUPT 1937.
[3]) Berlin: Parey 1910.

versucht, indem er den Plenterwald in lauter gleichseitigen Sechsecken (*Wabenwald*) aufzubauen empfahl. Innerhalb jedes Sechseckes sollten die verschiedenen Altersstufen, zu Trupps vereinigt, wieder ganz bestimmte Plätze erhalten, und zwar so, daß jeder Trupp im rechtzeitigen Augenblick durch Wegnahme des höheren Trupps, dessen Krone er erreichte, frei werden müßte. Die Fällung sollte mit zwei Seiltrommeln mit Bremsband und Druckhebel und zwei Zugseilen zu seitlicher Führung so geschehen, daß der Baum beim Fällen in jeder Lage festgehalten und noch hängend beliebig verschoben werden könnte! Ein Beispiel, zu welchen Hirngespinsten die verstiegene Begeisterung für einen Gedanken selbst unter forstlichen Praktikern führen kann!

Wenn wir die Bewertung des Plenterwaldes mit den vorangehenden Betrachtungen hier abschließen wollen, so werden wir etwa sagen können: Der *Plenterwald* ist eine *höchst feine* und *kunstvolle* Form, die letzten Endes zur *Einzelbaumwirtschaft* führt, damit aber auch äußerst *schwierig* wird und *höchste Anforderungen an alle am Betrieb Beteiligten* stellt. Im großen Waldbesitz wäre sie nur unter erheblicher Verkleinerung der Verwaltungsbezirke und Vermehrung des ganzen Personals durchführbar. Die *waldbaulichen Vorzüge sind groß*, begünstigen aber einseitig die *Schatthölzer*, hauptsächlich die Weißtanne[1]), für die *Lichthölzer* ist der Plenterwald *ungeeignet*. Eine *Überlegenheit der Massenleistungen ist nicht sicher*, die *Wertleistung* sehr *umstritten*. Für eine Umstellung der Wirtschaft auf den Plenterwald liegen in Deutschland die Verhältnisse in bezug auf Standort, Holzarten und Betrieb denkbar ungünstig. Er kann bei uns nur Ausnahmefall sein. Aber er wird auch für uns immer eine reiche Quelle des Studiums der ökologischen Verhältnisse im Walde und der verwickelten Beziehungen zwischen Aufbau der Bestockung und Rückwirkung auf die Wirtschaft sein und bleiben!

Der Dauerwaldgedanke. Wir dürfen unsere Betrachtung der Aufbauformen nicht schließen, ohne hier schließlich noch auf den von ALFRED MÖLLER in jüngstvergangener Zeit geist- und schwungvoll vertretenen *Dauerwaldgedanken* einzugehen. Und wir können gar nicht besser tun, als daß wir diese Betrachtung unmittelbar an den Plenterwald anschließen, dem die Gedankenführung des Dauerwaldes unzweifelhaft zustrebt. Freilich hat MÖLLER selbst nur gesagt: „Führt man solche Idealwirtschaft (ideal vom Standpunkt des Waldbaus) in Gedanken zu Ende, so *kann* man aus ihr als Idealverfassung des Waldes einen plenterartigen Aufbau des Waldes ableiten. Der Dauerwaldgedanke fordert aber solche Konsequenz nicht[2]).“ Wieweit das zutrifft, werden wir noch sehen.

Wir haben schon eingangs gehört, daß MÖLLER den Wald als *Organismus* auffaßte. Daraus hat er unmittelbar abgeleitet, daß man seine natürliche Entwicklung so wenig wie möglich stören dürfe. Da wir aber nun doch einmal Holz nutzen müßten, so sollten wir es in einer Weise tun, daß „die *Stetigkeit des Waldwesens*“ möglichst weitgehend gewahrt bleibt. „Der Wald darf es gar nicht merken!“ Leider ist dieser an sich schöne Gedanke um so weniger erfüllbar, als die Ansprüche an die Höhe der Nutzung gesteigert bzw. in Notzeiten sogar übersteigert werden müssen!

Wir haben uns auch schon eingangs allgemein mit dieser grundlegenden Anschauung auseinandergesetzt (Teil I, S. 5) und festgestellt, daß *der Wald* in unserm Sinne kein Organismus, sondern *nur eine Lebensgemeinschaft* ist, und *daß die Bindung aller seiner Glieder eine sehr viel losere ist als bei einem Organismus*[3]).

---

[1]) Auch BALSIGER erkennt das unbedingt an, indem er sagt: „Wo die Weißtanne von Natur vorherrscht, da hat der Plenterwald Berechtigung, ohne sie sinkt er zur Zufälligkeit herab.“

[2]) MÖLLER, A.: Der Dauerwaldgedanke. Sein Sinn und seine Bedeutung. Berlin 1922.

[3]) Noch eingehendere Ausführungen zu diesen grundlegenden Gedanken in DENGLER, A.: Die Stetigkeit des Waldwesens. Eine kritische Betrachtung zur Ökologie des Waldes und den Zielen der Wirtschaft. Silva 1928, S. 1.

Damit entfällt aber auch ein Teil der weiteren Folgerungen, bzw. sie sind im gleichen Maße einzuschränken wie die zugrunde liegenden Voraussetzungen. MÖLLER hat für die forstliche Wirtschaft im Dauerwaldsinne als Bedingungen gefordert:

1. *Gleichgewichtszustand aller dem Wald eigentümlichen Glieder,*
2. *Gesundheit und Tätigkeit des Bodens,*
3. *Mischbestockung,*
4. *Ungleichaltrigkeit,*
5. *einen überall genügenden Holzvorrat zur unmittelbaren Holzwerterzeugung (mindestens Derbholz).*

Gegen die ersten beiden Punkte sind kaum Einwendungen zu machen, wenn die darin enthaltenen Begriffe sich an den wissenschaftlich festgestellten Tatsachenbefund halten. Punkt 3 wird im allgemeinen auch als erstrebenswertes Ziel zu bezeichnen sein. Immerhin muß man hier schon einschalten, daß es auch viele Fälle gibt, wo Reinbestockung durchaus das Gegebene, Natürliche und kaum Abzuändernde ist (z. B. Buche oder Tanne auf tätigen Standorten, Erle im Bruchwald, Fichte in Hochlagen, Kiefer auf armen Sanden u. a. m.).

Großen Bedenken begegnet die grundsätzliche *Forderung der Ungleichaltrigkeit.* MÖLLER sagt zwar erläuternd dazu, es brauchten „keineswegs alle Altersklassen auf derselben Fläche" vorhanden zu sein. Wenn er aber an andrer Stelle verlangt, daß im Dauerwald *„an Stelle der geernteten Bäume schon andere vorhanden sein müssen, die ihren Platz ausfüllen",* und wenn er unter Punkt 5 *überall einen genügenden Derbholzvorrat zur unmittelbaren Holzwerterzeugung* fordert, so setzt das doch tatsächlich einen Aufbau voraus, bei dem die Unterstufe überall, wo ein Baum der Oberholzstufe geerntet wird, mindestens schon diese Derbholzgrenze (Stangenholzstärke) erreicht hat. Denkt man aber weiter, so muß, wenn die Derbholzproduktion auf der Fläche dauernd gesichert sein soll, unter dieser Stangenholzstufe doch noch eine dritte Stufe an Jungholz vorhanden sein, die dann wieder Derbholz zu produzieren vermag, wenn die jetzige Stangenholzstufe erntereif geworden ist und zur Abnutzung kommt. Damit aber wären wir schon beim plenterartigen Aufbau angelangt. Die Dauerwaldforderungen 4 und 5 führen also, folgerichtig durchdacht, doch zu einem solchen! Läßt man sie aber fallen und begnügt man sich etwa mit den Forderungen 1—3, dann lassen sich diese auch in vielen anderen gleichstufigen Hochwaldformen erfüllen!

In der Literatur haben denn auch WIEBECKE, SCHWAPPACH, ZENTGRAF, BECK[1]) den Dauerwald einfach mit Plenterwald gleichgesetzt. Viele andere haben sich an die Forderungen 4 und 5 aber überhaupt nicht gekehrt und schon jeden Naturverjüngungsbetrieb als Dauerwaldwirtschaft ansehen wollen[2]). Schließlich hat man sogar den Kahlschlag[3]), sofern er durch gute Bodenarbeit und Kulturbehandlung pfleglich vorgeht, „so absurd es auch klingen mag", ebenfalls als Dauerwald bezeichnet. HAUSENDORFF[4]) rechnet zwar den WAGNERschen Blendersaumschlag noch zu den dauerwaldartigen Betrieben, den EBERHARDschen Schirmkeilschlag aber nicht. Endlich wirft TREBELJAHR[5]) unter Bezugnahme auf die MÖLLERschen Forderungen sogar die Frage auf, ob denn Bärenthoren, das „Musterrevier" der Kieferndauerwaldwirtschaft, wirklich Dauerwald ist. Fürwahr eine babylonische Verwirrung, die ihre Ursache eben in der unklaren Abgrenzung und Auffassung der Dauerwaldforderungen und des Begriffs der „Stetigkeit des Waldwesens" hat!

---

[1]) WIEBECKE: Der Dauerwald, 1. Aufl., S. 16. — SCHWAPPACH, A.: Besprechung in Forstl. Rdsch. 1921, Nr. 4. — ZENTGRAF, E.: Für den Plenterwald. Z.F.J.W. 1921, S. 840 ff. — BECK, R.: Waldbau. In LOREY: Handbuch d. Forstw. Bd. 2, S. 62 (1925).

[2]) JAPING: Natürliche Verjüngung und damit Stetigkeit des Waldwesens auf der ganzen Fläche. Z.F.J.W. 1921, S. 45.

[3]) WIEDEMANN, E.: Fichtenwachstum und Humuszustand, S. 60.

[4]) HAUSENDORFF, E.: Zur Frage der Dauerwaldwirtschaft. Silva 1925, S. 99.

[5]) TREBELJAHR, W.: Bärenthoren. Silva 1922, S. 309.

Es erscheint nach alledem wohl richtiger, den *Dauerwaldgedanken*, wie HAUSENDORFF dies auch ausgesprochen hat, als ein *Ideal* anzusehen, dem man in der Wirtschaft nur mehr oder minder zustreben kann. Der Plenterwald würde ihm dann am nächsten stehen, der Kahlschlag aber so entfernt, daß er nur in Ausnahmefällen (z. B. schlechtrassige Bestände) ihm noch zugerechnet werden könnte! Dazwischen würden sich die anderen Betriebsformen je nach ihrem Vorgehen in der einen oder andern Richtung stufenweise eingliedern. Irgendwo einen Trennungsstrich zu ziehen, wäre willkürlich!

Dauerwaldwirtschaften. Für die Kiefernwirtschaft sah MÖLLER sein Ideal am besten verwirklicht *in der Wirtschaft des Kammerherrn Dr. h. c.* VON KALITSCH *in Bärenthoren* in Anhalt. MÖLLER hat diese Wirtschaft in einer eingehenden, s. Z. Aufsehen erregenden Arbeit dargestellt[1]). Eine Ergänzung hat diese Darstellung dann durch die Arbeiten von WIEDEMANN[2]) und KRUTZSCH[3]) und WECK[4]) gefunden. Das Revier ist dadurch im In- und Ausland berühmt und Gegenstand zahlloser Studienreisen geworden.

Die *Böden von Bärenthoren* sind zwar nur reine Sandböden. Ihr Feinerdegehalt ist aber verhältnismäßig reich und liegt jedenfalls nach den bisherigen Analysen durchschnittlich weit über dem der geringeren und trockneren Böden Norddeutschlands (vgl. die ausführliche Darstellung bei WIEDEMANN). Das Revier ist etwa 660 ha groß und besteht zur reichlichen Hälfte aus ehemaligen *aufgeforsteten Ackerflächen*, der größte Teil der anderen Hälfte war Mitte bis Ende des 18. Jahrhunderts Heide und Ödland[5]). Als der jetzige Besitzer es im Jahre 1884 übernahm, war der *Altholzvorrat nur äußerst gering* (nur 67 ha über 60-jährige Bestände)! Fast 500 ha waren Dickungen und junge Stangenhölzer von 1 bis 40 Jahren. Die jüngsten Kulturen und älteren Bestände waren vielfach lückig und verheidet. Es fand überall noch *starke Streunutzung* statt. Der neue Besitzer *stellte diese zunächst ganz ab.* Um die wenigen Baumholzbestände noch möglichst lange zu erhalten, *verzichtete* er auf den üblichen und im Forsteinrichtungsplan vorgesehenen *Kahlschlag* und entnahm seinem Walde die Nutzung nur in Form häufiger, *möglichst jährlich wiederkehrender Durchforstungen*, die er selbst sorgfältig nach der Güte des Einzelstammes und mit Rücksicht auf Kronenpflege auszeichnete. Das *Zopf- und Astreisig blieb* zur Bodendeckung und als Düngung *liegen.* In den Baumhölzern stellte sich nun mit zunehmender Durchbrechung des Kronenschlusses ein immer reichlicherer *Naturanflug* ein, über dem aber zunächst nicht besonders nachgelichtet wurde. Erst im weiteren Verlauf, nach späteren Grundsätzen *etwa mit* 90 *Jahren, sollte der Hieb* dann, sich langsam und allmählich verstärkend, auch *auf den Jungwuchs Rücksicht nehmen.* Die dann etwa noch vorhandene Stammzahl von 300 Stämmen pro Hektar sollte *bis etwa zum* 120. *Jahre auf* 20—40 *Überhälter* zurückgeführt werden, die dann einwachsen und möglichst bis zu 200 Jahren alt werden sollen (Programm der Wirtschaft nach WIEDEMANN, a. a. O.). Da die Bestände durchweg gleichmäßig auf großer Fläche angegriffen werden und der Anflug sich ebenso gleichmäßig einstellt (vgl. die Abb. 299, die typisch für die meisten Bärenthorener Altbestände ist), so liegt ohne jeden Zweifel *ein sehr langsamer und stetiger Großschirmschlag* vor, der be-

---

[1]) MÖLLER, A.: Kieferndauerwaldwirtschaft. Z.F.J.W. 1920, S. 4.

[2]) WIEDEMANN, E.: Die praktischen Erfolge der Kieferndauerwaldwirtschaft. Braunschweig 1925. — GANSSEN, R. H.: Bodenuntersuchungen in Bärenthoren. Z.F.J.W. 1933, S. 449.

[3]) KRUTZSCH: Bärenthoren 1924. Neudamm 1926.

[4]) KRUTZSCH-WECK: Bärenthoren 1934. Der naturgemäße Wirtschaftswald. Neudamm 1935.

[5]) TRITTEL: Forstgeschichtliches aus dem Kreise Zerbst. Z.F.J.W, 1936, S. 292.

sonders *im Nachhiebsstadium stark verzögert wird* und schließlich *mit einem mäßigen Überhalt abschließt. Von Plenterwald finden wir nichts in Bärenthoren,* und Herr VON KALITSCH hat selbst erklärt, daß er diesen gar nicht anstrebt. Es liegt auch nirgends eine Gruppen- oder Saumwirtschaft vor. *Ungleichaltrigkeit* findet sich *nur während der Verjüngungszeit* und einige Zeit davor, also etwa während 30—50 Jahren. Ehe die im Schirm sich langsam entwickelnde Verjüngung Derbholz zu produzieren beginnt, ist der Oberholzvorrat jedenfalls schon bis auf einen mehr oder minder reichlichen Überhalt zusammengeschmolzen. Nach diesen Beziehungen erfüllt also auch der Bärenthorener Betrieb die Forderungen MÖLLERs noch nicht einmal ganz! Ebenso ist dort vorläufig auch kein Mischwald. Die meisten seiner Musterbestände weisen nur reine Kiefernbestockung auf. Erst in der letzten Zeit wurde mit dem Anbau von Laubholzgruppen in einzelnen Beständen begonnen.

Die Bestandesbilder, die man heute in Bärenthoren sieht, waren aber doch zunächst so ungewöhnlich für die Verhältnisse der norddeutschen Kiefernwirtschaft, daß das Revier ein forstlicher Wallfahrtsort geworden war. Die *Eigenart der Wirtschaft in der Vermeidung des Kahlschlages, in seiner vorbildlichen Stamm- und Kronenpflege, der Zuwachsförderung des Einzelstammes und in seinen Verjüngungserfolgen ist unbestreitbar!*

Abb. 299. 10—15 jährige Kiefernnaturverjüngung in Bärenthoren, auf großer Fläche unter lockerem, gleichmäßigem Altholzschirm. (Aufn. von DENGLER.)

Fraglich ist aber, ob die Gesamtmassen- und Wertleistung die anderer Wirtschaftsformen übersteigt, und fraglich ist ferner, ob nicht besondere Verhältnisse vorliegen, welche die Durchführbarkeit der Wirtschaft, insbesondere die Naturverjüngung, ermöglichten oder erleichterten. MÖLLER hat das erstere bejaht, das letztere verneint. Daraus würde sich die unmittelbare Forderung ergeben, daß man in der norddeutschen Kiefernwirtschaft allgemein zum Bärenthorener Betrieb übergehen könnte oder sogar müßte.

Es kann hier nicht auf alle Gründe und Gegengründe eingegangen werden, die in dem äußerst scharfen Streit um diese Fragen geäußert worden sind, sondern es muß auf die Literatur darüber verwiesen werden[1]). MÖLLER berechnete 1921

---

[1]) Außer den schon angeführten Schriften von MÖLLER, WIEDEMANN und KRUTZSCH sind diese Fragen besonders behandelt in TREBELJAHR, W.: Kieferndauerwaldwirtschaft. Z.F.J.W. 1920, S. 289. — GRAML: Die Bedeutung der Altersklassenverhältnisse. Silva 1920, S. 241. — BUSSE, J.: Der Fehler in dem MÖLLERschen Dauerwaldexempel. Ebenda 1921,

für die 3 Jahrzehnte der Bärenthorener Dauerwaldwirtschaft von 1884—1912 eine Vorratssteigerung von rund 34000 fm Derbholz auf 92000 fm und bei einer Nutzung von 3,3 fm je Jahr und Hektar einen Derbholzzuwachs von 6,5 fm. Der Betriebsplan von 1884 hatte nur eine Nutzung von 1,5 fm vorgesehen. Dies gab WIEBECKE[1]) Veranlassung, von einer „*Verdreifachung des Holzvorrats bei Verdoppelung des Einschlags*" zu sprechen. Den genauen Umfang von Vorrats- und Zuwachssteigerung zahlenmäßig feststellen zu wollen, wie das MÖLLER versucht hat, ist aber nicht möglich, da *für die Zeit des Beginns keine zuverlässigen Vorratserhebungen* vorliegen, sondern die damaligen schätzungsmäßigen Unterlagen viel zu große Unsicherheiten enthalten. Als zweites kommt hinzu, daß es kaum möglich ist, zu bestimmen, welchen Anteil die besondere Art der Wirtschaftsführung an einer Vorrats- und Zuwachssteigerung gehabt hat und *welcher Anteil auf das abnorme Altersklassenverhältnis entfällt*, wenn man nur den Derbholzvorrat in Betracht zieht. Denn im Jahre 1884 waren fünf Sechstel des Reviers nur 1—40jährige Bestände, die damals nur mit verschwindend kleinen Derbholzvorräten zu Buche standen. Da diese große Fläche nun gerade in den nächsten Jahrzehnten über die kritische Grenze trat, an der sich ihr bisheriger Reisholzvorrat nur durch Älterwerden in Derbholz verwandelte, so mußte damit *rein rechnerisch* ein gewaltiger Vorratssprung nach vorwärts herauskommen. Es geht nicht an, dies zu vernachlässigen und diese Derbholzvorratsmehrung als *Erfolg der Wirtschaft* zu buchen, wie das in der von MÖLLER aufgestellten Berechnung geschehen ist. So wird auch in der Einleitung zu „Bärenthoren 1934" (VON KRUTZSCH u. WECK) über die Berechnungen von MÖLLER gesagt, daß „dieser Versuch einer zahlenmäßigen Erkundung der Zuwachsverhältnisse unleugbar schwere Fehler enthält". Die von KRUTZSCH für die Periode 1913—1924 angestellten Ermittlungen ergaben nur noch eine geringe Überlegenheit der Massenleistung gegenüber den Ertragstafeln[2]). Aber auch diese Ermittlungen sind in ihren Unterlagen und Methoden ebenso umstritten worden wie die der Neuaufnahme von 1934[3]). Wir stehen also vor der Tatsache, daß die *Überlegenheit der Massen- und Wertleistung dieser Dauerwaldwirtschaft noch heute als nicht geklärt* bezeichnet werden muß, was allerdings bei der Schwierigkeit mancher hier zu lösenden Fragen der Ertragskunde (Vorrats- und Zuwachsermittlung in den vielen in Verjüngung stehenden Beständen, Formzahlermittlung in diesen und den andern stark durchforsteten Beständen, Anwendbarkeit der Ertragstafeln und des Bonitierungsmaßstabes) nicht zu verwundern ist. So viel aber dürfte doch feststehen, daß, wenn eine Überlegenheit besteht, sie sich in viel bescheideneren Grenzen halten dürfte, als das nach den Berechnungen von MÖLLER angenommen worden ist.[4])

Die andere umstrittene Frage, ob und *inwieweit die Naturverjüngung der Kiefer in Bärenthoren ein Ergebnis der Wirtschaft oder einer besonderen Verjüngungswilligkeit des Bodens ist*, ist leichter zu beantworten. Schon WIEDEMANN[5]) hatte darauf hingewiesen, daß auch die ganz anders bewirtschafteten *Reviere der*

<hr>

S. 57. — SCHADE: Ist die Kahlschlagwirtschaft dem Dauerwaldbetrieb hinsichtlich Holzmassenerzeugung wirklich unterlegen? Ebenda 1921, S. 81. — JUSTUS: Massenertrag von Kiefernkahlschlagwirtschaft und Dauerwald. Ebenda 1921, S. 138.

[1]) WIEBECKE: Der Dauerwald, S. 50.

[2]) KRUTZSCH: Bärenthoren 1924, S. 64 u. 65.

[3]) WIEDEMANN, E.: Der laufende jährliche Zuwachs 1913—24 in Bärenthoren. Z.F. J.W. 1926, S. 717. — DENGLER, A.: Bärenthoren 1924 von anderer Seite. Dtsch.F.W. 1927, Nr. 8 u. 9.

[4]) KRUTZSCH-WECK: Bärenthoren 1934. Neudamm 1935. — WIEDEMANN, E.: Bärenthoren 1934. Z.F.J.W. 1936, S. 513.

[5]) WIEDEMANN, E.: Die praktischen Erfolge des Kieferndauerwaldes. — Die Kiefernnaturverjüngung in der Umgebung von Bärenthoren. Z.F.J.W. 1926, S. 269.

*Umgebung vielfach eine ebenso reichliche und gut aushaltende Naturverjüngung
zeigen.* Jeder Besuch der benachbarten anhaltischen Forsten, wie z. B. Nedlitz
und Serno, kann davon überzeugen. Eine unter meiner Leitung durch verschiedene
Hochschulstudenten ausgeführte Aufnahme (Abb. 300) zeigt deutlich, daß
Häufigkeit und Dichtstand der Naturverjüngungen in den Nachbarforsten gleich
gut wie in Bärenthoren ist. Es müssen also für diese ungewöhnliche Verjüngungsfreudigkeit gewisse günstige Bedingungen vorliegen, die in der ganzen Gegend
wiederkehren. Bärenthoren bildet bezüglich seiner Naturverjüngung keinen
Sonderfall, sondern nur einen der dort häufigen Fälle. Damit ist die Annahme,
daß erst die Eigenart der Dauerwaldwirtschaft die Verjüngungsfreudigkeit hervorgerufen hätte, durch den Befund der Umgebung als unberechtigt anzusehen!

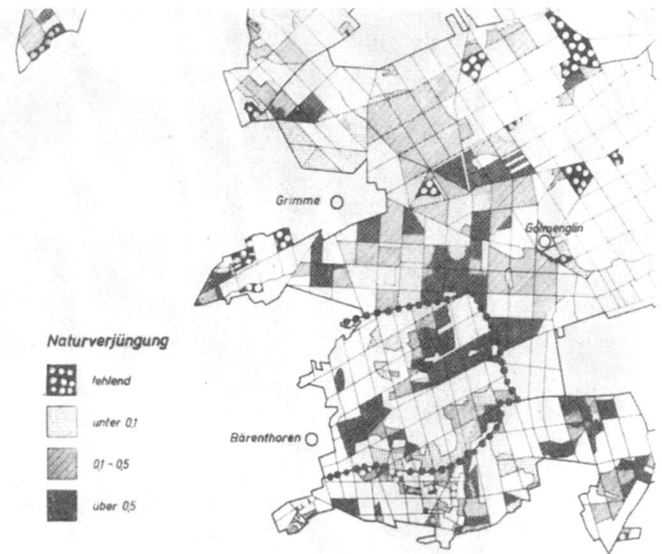

Abb. 300. Die Verbreitung der Kiefernnaturverjüngung in Bärenthoren und Umgebung in über
80j. Beständen. (Die dickpunktierte Linie ist die Grenze des Bärenthorener Waldes.)
Phot. A. DENGLER.

Es ist aber immerhin möglich, daß die Bärenthorener Wirtschaft durch ihr
Vorgehen bei der Hiebsführung und die besonderen Maßnahmen der Kronen-
und Bodenpflege die Naturverjüngung doch bis zu gewissem Grade gefördert
hat. Die *richtige Erkennung der gegebenen Möglichkeiten* und die daraufhin bewirkte
*Umstellung der ganzen Wirtschaft mit Abkehr vom herrschenden Kahlschlagsystem
bleibt das volle und persönliche Verdienst ihres Schöpfers und Leiters!* Eine Übertragung auf andere Verhältnisse wird aber nur dort möglich sein, wo auch gleiche
oder doch ähnliche Verhältnisse, vor allen Dingen die *gleiche Verjüngungswilligkeit der Kiefer* und *ein ungewöhnlich junger Vorrat* gegeben sind.

In folgerichtiger Durchführung des Dauerwaldgedankens wollte man da, wo
die Naturverjüngung versagt, die *künstliche Erziehung der Kiefer unter Schirm*
durchführen. Der vollständige Mißerfolg solcher von MÖLLER selbst geleiteten
Versuche auf großer Fläche im Lehrrevier Freienwalde ist von TANGER-
MANN[1]) in überzeugender Weise beschrieben (vgl. Abb. 301, ebenso auch ein Ver-

---

[1]) TANGERMANN, K.: Kiefernkulturen unter Schirm in der Oberförsterei Freienwalde.
Z.F.J.W. 1930, S. 591 ff.

gleichsversuch von BUSSE in Sachsen S. 288). Diesen auf armen und trockenen Sanden ausgeführten Versuchen ließen sich aber noch zahlreiche ebensolche Mißerfolge zur Seite stellen, die man im Verfolg der Dauerwaldbewegung auf besseren, aber dann auch stark unkrautwüchsigen Böden Norddeutschlands gehabt hat. Die Versuche scheiterten hier an der rauhen Tatsache, daß die Kiefer auf solchen Böden zu schwer unter Schütte leidet und im Unkraut erstickt!

Ein anderes in der Dauerwaldwirtschaft bekannt gewordenes und oft genanntes Revier ist das *preußische Forstamt Eberswalde* unter seinem früheren, jetzt verstorbenen Leiter, *Forstmeister Prof.* WIEBECKE. Dieser wollte unter Dauerwald nur Plenterwald verstanden wissen[1]). In welcher Weise er einen solchen durchzuführen und aufzubauen gedachte, hat er nicht genauer angegeben.

Abb. 301. Großflächenweise Kultur der Kiefer unter Schirm eines 90jährigen durch Spinnerfraß gelichteten Kiefernbestandes in der Lehrforst Freienwalde. Auf trocknen Talgranden. Die beschirmte Fläche war ehemals genau so mit Saatkiefern bestanden wie die unbeschirmte. Auf ersterer sind jetzt nur noch die Reste der alten Hackstreifen und Reisigpackungen schwach zu erkennen, während die schirmfreie Fläche ziemlich wüchsige 9jährige Jungkiefern trägt. Die halbinselförmige Altholzgruppe wird vom Jungwuchs in schroffer Flächenabgrenzung umklammert; im Bereich des Altholzschirmes ist kaum noch eine lebende Jungpflanze vorhanden.

Angebahnt war ein horstweiser Plenterwald in zwei größeren Teilen von Eberswalde bereits durch DANCKELMANN. Dieser hatte in einem nahe bei der Stadt gelegenen Teil aus ästhetischen Rücksichten einen *Parkplenterwald* einrichten lassen und in einem anderen, auf dem alten Ackerboden einer früheren Domäne, in dem die jungen Stangenhölzer von den Sterbehorsten der Ackertannenkrankheit stark durchlöchert waren, den sog. *Pilzplenterwald.* In den stark von Buche und anderen Laubhölzern durchstellten Beständen des ersten Teils wurden in regelmäßigem Turnus horstweise Kleinkahlschläge geführt und auf diesen ausländische Schatthölzer (Douglasien, Lawsonszypressen, Nordmannstannen), in reinen Kiefernpartien auch Roteichen, Lärchen u. dgl. angebaut. Im Pilzplenterwald beschränkte man sich auf Abrundung der Sterbehorste und Auspflanzung mit Akazie, Roteiche, *Prunus serotina, Acer Negundo* usw. Es lag also nur eine horstweise Verjüngung in diesen Revierteilen vor,

---

[1]) WIEBECKE: Der Dauerwald in 16 Fragen und Antworten. Stettin: Verlag d. Landwirtsch.-Kammer 1920.

die nur betriebsplanmäßig (keine Bindung der Abnutzung an Periodenflächen u. a. m.) zum Plenterwald zu rechnen waren, aber vorläufig noch keinerlei Plentercharakter zeigten.

WIEBECKE erreichte dann die taxatorische Ausdehnung des Plenterbetriebes auf den ganzen Wald und begann die waldbauliche Umstellung *teils durch Einzelaushieb von hiebsreifen Stämmen* (vgl. seine Erklärungen dazu a. a. O. S. 21), teils durch sog. *Lückenhiebe*, d. h. Abtrieb kleiner lückig bestockter Stellen in den älteren Beständen unter Überhalt von einzelnen Kiefern und jüngerem Laub-

Abb. 302. Gutwüchsige 25jährige Kiefernkultur unter weitständigem Einzelüberhalt von Buche und Kiefer auf einer größeren Lücke im Eberswalder Dauerwald. Jg. 170. Die Kiefer zeigt große Feinastigkeit (edle Halbschattenform). Besondere Ursache des Gelingens hier: unter der ganzen Fläche liegen in 1—2 m Tiefe Tonschichten und darüber fließendes Grundwasser, das am N-Rand der Lücke als Quelle zutage tritt. (Eine der wenigen gelungenen Lückenkulturen.) Bei + + zwei gleichaltrige stark verwüchsige Douglasien.

holz. Diese Lücken wurden grundsätzlich durch Kiefernsaat mit einer geringen Beimischung von Fichtensamen kultiviert[1]). Nach neueren Feststellungen sind etwa 500 solcher Lückenhiebe im Revier geführt worden, anfangs sehr klein (10 a), später größer, bis 50 a. *Eine Erweiterung (Umrändelung) war nicht geplant.* Die Lückenhiebe sollten *nur die derzeit „produktionslosen" Stellen treffen und an ihre Stelle „produktive" Flächen setzen*! Es ergab sich also auch hier wie beim DANCKELMANNschen Parkplenterwald eine reine Horstwirtschaft mit festen Rändern. (Letzten Endes hätte diese Form übrigens zum MAYRschen Kleinbestandswald führen müssen!) Ein Plenterwald im eigentlichen Sinne konnte hierdurch nur sehr unvollständig angebahnt werden. Irgendwelche plenterartigen Bilder sind bei der Kürze der Zeit (10—15 Jahre) auch nirgends entstanden.

---

[1]) Vgl. die Anweisungen dazu a. a. O., Seite 31.

Der *Aushieb von hiebsreifen Einzelstämmen war auf die Dauer,* da Naturverjüngung sich nur in drei alten Kiefernreinbeständen sehr unvollkommen
gezeigt hat, *nur in den zahlreichen alten Mischhölzern* möglich, *wo die Buche
als reiches Füll- und Unterholz* auftrat. Diese plenterartigen Aushiebe müßten
hier aber zwangsläufig genau so zu Buchenbeständen führen, wie das BORG-
MANN s. Z. für den älteren Plenterbetrieb des 18. Jahrhunderts schon nachweisen konnte (vgl. S. 566).

Die *Lückenhiebe* zeigten in den ersten 2—3 Jahren meist gutes bis sehr gutes
Gedeihen der Jungkiefern infolge guter Böden, sorgfältiger, allerdings auch teurer
Bodenbearbeitung (Handhack- und Grabestreifen) und reichlicher Verwendung

Abb. 303. Schlechtwüchsige 20—22 jährige Kiefernkultur auf einer Lücke im Eberswalder
Dauerwald. Auf trockenen Dünensanden bei Melchow. Die ehemaligen Randreihen sind ganz
eingegangen, die benachbarten stark zurückgeblieben. Die Kultur auf der Lücke wölbt sich
nach allen Seiten infolge der Druckbildung (Wurzelkonkurrenz) des umgebenden Bestandes
kugelförmig ab. Ein Randstreifen von 4—5 m ist Blöße und stark verheidet. Die Heide hat
sich in fortschreitender Bodenverwilderung bis unter den Rand des Altbestandes weiter-
gefressen (s. Vordergrund).

besten Saatgutes. Außerdem wurden keine Kosten für mehrjährige Pflege durch
Behacken gescheut. In der Folge hat *der größte Teil dieser Lücken völlig versagt.*
Nur etwa 12 von 500 zeigen eine gute Entwicklung und genügenden Schluß,
dabei dann auch die ausgesprochene Feinästigkeit der Halbschattenkiefer (vgl.
Abb. 302). Diese Ausnahmefälle lassen sich aber nachgewiesenermaßen meist auf
besonders günstige Umstände (z. B. Lehm- oder Mergelstellen unter Sanddecke,
Quellschichten oder nahen Grundwasserstand) zurückführen, wo die Jungkiefer
infolgedessen besonders zäh war und Schatten und Wurzelkonkurrenz besser
aushielt. Weitere etwa 50, die anfangs zwar wenig befriedigend aussahen, kamen
wenigstens teilweise noch leidlich in Schluß, der Rest von über 400 aber ist heute
als völlig mißlungen zu bezeichnen[1]). Auf den besseren und frischeren Böden ist

---

[1]) Vgl. die eingehenden Darstellungen und Aufnahmen bei WIEDEMANN, E.: Die praktischen Erfolge des Kieferndauerwaldes, S. 120 ff., und WITTICH, W.: Einzelstammwirtschaft im norddeutschen Kiefernwald. Z.F.J.W. 1935, H. 4. S. 288.

die Kiefer unter Graswuchs und Schütte erstickt, auf den ärmeren und trockneren trat Verheidung und Wurzelkonkurrenz stark schädigend auf (Abb. 303 u. 304). In den letzten Jahren mußten bereits von WIEBECKE Erweiterungen dieser Lücken und z. T. vollständige Neukulturen der alten mißlungenen ausgeführt werden.

Die etwas mehr auf Vergrößerung und räumliche Ordnung der Verjüngungsflächen abzielende Weiterführung der Eberswalder Dauerwaldwirtschaft unter dem Nachfolger WECK ist noch zu kurz, um eine klare Beurteilung zuzulassen. Wenn sie allerdings mit einer Holzartenzusammensetzung durchgeführt werden soll, die WECK als Wirtschaftsziel vorschwebt[1]), nämlich nur 0,3 Kiefer (Wertkiefer), 0,3 Douglas und 0,4 Laubholz, so würde das nicht nur eine *völlige Abkehr* von dem WIE-BECKEschen Wirtschaftsziel, sondern auch *von der Kiefernwirtschaft* überhaupt bedeuten und damit einen Verzicht auf die Lösung des Problems, ob es möglich ist, die Nachzucht der Kiefer als Hauptholzart auch auf besseren graswüchsigen Sandböden in einer dauerwaldartigen Form zu gewährleisten. Wie sich der norddeutsche Holzmarkt, der zu weit über 90% Kiefern braucht, mit einer derartigen Umstellung abfinden sollte, wenn alle gleichartigen Reviere in Norddeutschland so vorgehen wollten, ist nicht abzusehen!

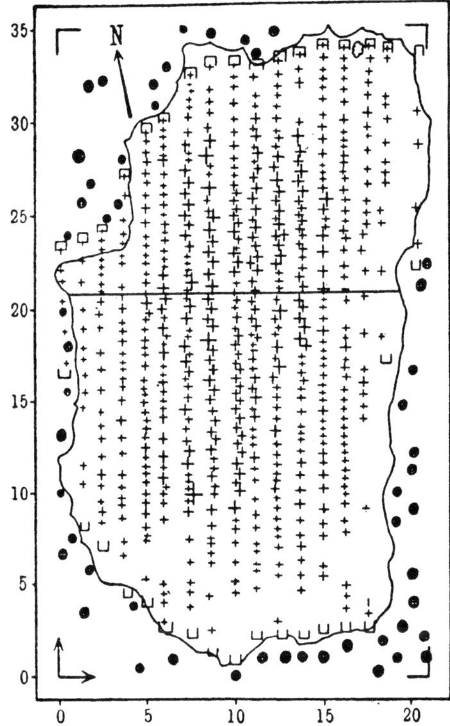

Abb. 304. Kartographische Darstellung der Kiefernkultur auf der vorabgebildeten Lücke im Alter von 10—12 Jahren. (Nach WIEDEMANN, Die praktischen Erfolge des Kiefernwaldes.)
Erläuterungen: Zahlen = Entfernung in m + + Einzelpflanzen. Die Größe der Kreuze entspricht den gemessenen Höhen von über 3 m (in der Mitte) bis unter 0,5 m (an den Rändern). ⌐ Ende der ursprünglichen Kulturstreifen. ●ᴼ● Stämme des angrenzenden Kiefernbestandes. Alter etwa 80 Jahre. IV./V. Bon.

Ein ebenfalls unter den Dauerwaldwirtschaften vielgenannter Wald ist das v. KEUDELLsche *Revier Hohenlübbichow* in der Neumark[2]). Seine dauerwaldartige Note trägt es im Grundsatz der *Vermeidung des Kahlschlages und in der künstlichen Mischkultur von Kiefer, Eiche und Buche unter Schirm* nach Vollumbruch und mehrjährigem Behacken mit fahrbaren Maschinen (Igeln) (vgl. dazu S. 391).

Auch dieses Revier hatte einen verhältnismäßig jungen Vorrat und wenig schweres Altholz. Eigentliche Starkholzbestände von 140 Jahren und darüber, wie sie sich im preußischen Staatswald fast regelmäßig finden und bezüglich

---

[1]) WECK, H.: „Bärenthoren 1934." F.Arch. 1936, S. 421.
[2]) Vgl. dazu v. KEUDELL: Welche Schlüsse lassen sich aus der Entwicklung des Hohenlübbichower Waldzustandes in den letzten 25 Jahren für die norddeutsche Forstwirtschaft ziehen? Jber. märk. Forstver. 1933 mit Exkursionsführer. — Derselbe: 34 Jahre Hohenlübbichower Waldwirtschaft. Neudamm. Dazu zahlreiche Exkursions- und Reiseberichte in den forstlichen Zeitschriften.

ihrer Ernte und Verjüngung ganz andere Voraussetzungen und Bedingungen ergeben, fehlten so gut wie ganz. Über den derzeitigen Vorrat und Zuwachs im ganzen ist bisher nur bekannt, daß er im Jahr 1931 je Hektar 93 fm bzw. 3,2 fm je Jahr betragen hat. Der Einschlag während der Jahre 1914/34 wird mit 7,7 fm im Durchschnitt angegeben. Er hätte also den Durchschnittszuwachs um jährlich 4,5 fm überstiegen! Neuere Angaben über den heutigen Vorrat, Zuwachs und Einschlag fehlen und waren auch nicht zu erlangen, so daß die derzeitige Leistungsfähigkeit sich der Beurteilung entzieht.

Naturverjüngung der Kiefer findet sich vorläufig nur an *wenigen Stellen,* wird dort aber sorgfältig gepflegt und auf Lücken und Fehlstellen nach Möglichkeit

Abb. 305. Hohenlübbichow Jg. 3b. Etwa 130j. Kiefernaltholz mit horst- und gruppenweiser Naturverjüngung (bis 20jährig). Auf Zwischenstellen mit beginnender künstlicher Ergänzung durch Kiefern – Laubholz – Mischkultur nach Vollumbruch (Vordergrund).

künstlich zu ergänzen versucht (Abb. 305). Im allgemeinen aber wird die *Verjüngung* künstlich *unter dem Schirm des Kiefernaltholzes* ausgeführt, und zwar meist mit Kiefer (früher mehr durch Pflanzung, neuerdings auch durch Saat), mit reichlicher Beimischung von Traubeneiche und Buche, auch Birke, Douglasie u. a. m. Der Schirm wird da, wo die Kiefer begünstigt werden soll, sehr schwach gehalten und sinkt hier mehr oder minder zu einem bloßen Überhalt herunter (bis zu 30—60 fm je Hektar). Hier entfernt sich der Betrieb also recht stark von der Dauerwaldforderung nach „Derbholzproduktion auf der ganzen Fläche" (vgl. Abb. 306). Da, wo das Laubholz begünstigt werden soll, ist er dichter (bis zu 100 fm und mehr). Die *Entwicklung der Jungwüchse* unter diesem nach Gegebenheit wechselnd starken Schirm ist *glänzend,* ganz besonders die des Laubholzes. Unverkennbar hat die besonders intensive Form der Bodenbearbeitung durch Vollumbruch Hand in Hand mit der ebenso nachdrücklichen Unkrautbekämpfung durch mehrjähriges Igeln die sonst üblichen Erscheinungen des Schirmdrucks bisher sehr zurücktreten lassen. Ob dies mit zunehmendem Alter des Schirmbestandes und der Jungwüchse so bleiben wird, wäre noch abzuwarten. Eine nicht außer acht zu lassende Bedingung des hervorragenden Verjüngungserfolges, besonders für die Laubhölzer, ist der *umfangreiche Schutz vor Wildverbiß durch Eingatterung aller Jungwüchse* (30 km Gatter bei einer Größe des dauerwaldartig bewirtschafteten Revierteils von rund 1300 ha!).

Das Revier wird *planmäßig vom reinen Kiefernwald auf Mischwald umgestellt.* Der Laubholzanteil, der 1891 nur 1 % betrug, war 1931 auf 17 % gestiegen, und wird in Zukunft, wenn die bisherigen Grundsätze beibehalten werden, den Anteil der Kiefer schließlich sehr erheblich zurückdrängen. Es gelten daher hier ähnliche Bedenken über die Wirkung auf den Holzmarkt und die Bedürfnisse der Volks-

Abb. 306. Hohenlübbichow Jg. 4d. 5jg. Kiefernreihensaat mit Beimischung 6jg. Traubeneichen aus Pflanzung nach Vollumbruch unter lichtem Schirm 130j. Kiefern (etwa 50—60 fm je ha).

wirtschaft, wie sie schon vorher bei dem Wirtschaftsprogramm von WECK für Eberswalde geäußert werden mußten.

Die Zeit der neuen Wirtschaft ist auch in Hohenlübbichow noch zu kurz gewesen, um selbst in den in Angriff genommenen Beständen dem Waldaufbau eine vollständig neue Form zu geben und die letzten Dauerwaldforderungen zu erfüllen. Die Bestandesbilder liegen nach ihrem Aufbau zwischen dem zweialtrigen Hochwald und dem Kahlschlag mit Überhalt. In der *Oberstufe* wird zwar, soweit es die an sich meist grobe Holzqualität zuläßt, eine *weitgehende Einzelstammpflege* getrieben, in der *Unterstufe* aber herrscht durchaus noch *Gleichaltrigkeit auf der Großfläche.*

An den Schluß dieser Betrachtung der bekanntesten Dauerwaldbetriebe muß noch die Wirtschaft im sächsischen Forstamt *Bärenfels* im unteren Erzgebirge gestellt werden, die seit 1926 dem Oberforstmeister KRUTZSCH zur Durchführung seiner Ideen übergeben worden ist. Diese hat er in „Bärenthoren 1934" zusammengefaßt in dem Grundsatz einer *Einzelstammwirtschaft* mit der Richtlinie „*Das Schlechteste fällt zuerst, das Bessere wird erhalten.*" Dieser Gedanke wird bis zur letzten Konsequenz verfolgt und ergibt dann als „*Zukunftswald voraussichtlich einen Mischwald, in dem sowohl die Holzarten als auch die Altersstufen in horst- und gruppenweiser Mischung nebeneinander vorkommen*". Damit ist mit bemerkenswerter Klarheit herausgestellt, daß der Waldaufbau einem Zustand entgegengeführt werden soll, der etwa zwischen dem Plenterwald und dem Mayrschen Kleinbestandswald liegen würde. Auf eine *räumliche Ordnung* wird verzichtet, bzw. sie soll nur „*auf kleinste Fläche*" eingeschränkt werden: „Eine ungleichmäßige Verteilung von Jungwuchs und Altholzresten ist auch notwendig aus Gründen der Technik bei Ernte und Bringung zur Schonung des Jungwuchses — also räumliche Ordnung auf kleinster Fläche." Wie man in einem Durch- und Nebeneinander von Horsten und Gruppen verschiedener Holzarten und Altersstufen irgend etwas von räumlicher Ordnung, auch nur auf kleinster Fläche, schaffen will, bleibt allerdings unerfindlich. Über die Stellungnahme zu dieser Aufbauform ist auf die Ausführungen zum Plenterwald (S. 567) und Mayrschen Kleinbestandswald (S. 549) hinzuweisen.

Bärenfels ist ein etwa 2800 ha großes Mittelgebirgsrevier zwischen 450 bis 850 m Höhenlage. Die Fichte nimmt davon über 95 %, die Buche etwa 4 % ein, den Rest bilden etwas Tanne, Kiefer und verschiedene Laubhölzer. Das Revier wurde bis zum Dienstantritt von Krutzsch (1926) im üblichen *sächsischen Kleinkahlschlagverfahren* bewirtschaftet. Ein bis zum Jahre 1918 sehr hoher Rotwildstand (Hofjagdrevier) hat in den jetzt mittelalten Fichtenbeständen schwere Schälschäden hinterlassen. Tanne und Buche, die von Natur, namentlich in den unteren Lagen, früher stark verbreitet waren, sind hierdurch, wie durch den Kahlschlag mit folgendem Fichtenreinanbau, auf großen Flächen verschwunden. Ihre Wiedereinbringung begegnet großen Schwierigkeiten und ist unter Beibehaltung des bisherigen Wirtschaftsverfahrens allerdings auch kaum zu erhoffen. Krutzsch glaubt nicht nur dies, sondern auch eine Steigerung der Massen- und Wertleistung überhaupt im Wege des vorgeschilderten Vorgehens langsam, aber sicher erreichen zu können. Über die bisherigen Ergebnisse sind die Ansichten in der Literatur[1]) sehr geteilt. Besonders schwer muß das *Mißverhältnis* ins Gewicht fallen, das die letzte Hauptrevision 1941 *zwischen Abnutzung und Verjüngung* festgestellt haben will. Im ganzen ist die Zeit noch zu kurz, um ein endgültiges Urteil abgeben zu können. Wer aber eine räumliche Ordnung im forstlichen Großbetrieb grundsätzlich für notwendig hält, wird von vornherein eine Wirtschaft ablehnen müssen, die auf diese ebenso grundsätzlich in so weitgehender Weise verzichtet.

Würdigung des Dauerwaldgedankens und seiner Auswirkungen. Der Dauerwaldgedanke Möllers war zweifellos von hohen Idealen getragen. Er wirkte nicht nur schön, sondern geradezu bestechend. Die Begeisterung, die er geweckt hat, ist begreiflich. Aber man muß von ihm, wie auch von manchen andern Idealen leider sagen: „Leicht beieinander wohnen die Gedanken, doch hart im Raume stoßen sich die Dinge." Wenn *die Wirtschaft* Holz und in steigendem Maße *immer mehr Holz braucht*, so ist die Forderung, daß man es so schlagen müsse, „*daß der Wald es gar nicht merken darf*" *einfach unerfüllbar*! Wenn das schon bei unserer Wald- und Volksdichte in gewöhnlichen Zeiten gilt, so noch viel mehr in so außergewöhnlichen, wie sie der große Weltkrieg und die Aufbauarbeiten, die ihm folgen werden, mit sich gebracht hat. Die Anforderungen, die hier an den Wald gestellt werden müssen, werden nicht kleiner, sondern noch größer werden!

---

[1]) Wobst, A.: Vorratswirtschaft und Verjüngung in Sachsen. Dtsch.F.W. 1940, Nr. 57/58. — Heber, K.: 15 Jahre naturgemäße Waldwirtschaft in Bärenfels. A.F.J.Z. 1942, S. 233 ff. — Heybey, R.: Die Bärenfelser Wirtschaft im Lichte der Hauptrevision 1941. Z.F.J.W. 1943, H. 2.

Bereits jetzt aber hat sich dabei gezeigt, daß einzelne Dauerwaldforderungen hiermit nicht zu vereinen sind. Schon MÖLLER hatte vorausgesagt, daß die Umgestaltung zum Dauerwald zunächst eine „*Entsagung*" in der Höhe der Nutzung mit sich bringen würde, und KRUTZSCH (Bärenthoren 1934) gibt ebenfalls zu, „daß gerade im Anfang der Umstellung, das heißt in der Zeit größter wirtschaftlicher Schwierigkeiten, *nicht nur auf einen Mehrertrag unserer Wälder verzichtet werden muß, sondern daß wir uns sogar mit einem vorübergehenden Minderertrag wenigstens in qualitativer Hinsicht abfinden müssen* "(nach dem Grundsatz: Das Schlechteste fällt zuerst, das Bessere wird erhalten!). Aber die Tatsachen haben gezeigt, daß dieser zunächst nur als *vorläufig* vorausgesagte Zustand selbst nach mehr als 50jähriger Dauerwaldwirtschaft (Bärenthoren) und annähernd 40jähriger (Hohenlübbichow) noch nicht überwunden ist. Denn in beiden Revieren mußte von einer Erhöhung des Einschlags und der Umlagen, die alle übrigen Waldungen nun schon seit Jahren aufbringen müssen, abgesehen werden, wenn sie als Musterreviere für ihre Form der Dauerwaldwirtschaft erhalten bleiben sollten. Der Grund liegt nicht nur in der Vorratsgestaltung und Zuwachsleistung, sondern auch in der Forderung eines mehrstufigen Waldaufbaus, der scharfe Eingriffe in den Oberbestand wegen der unvermeidlichen Fällungs- und Rückeschäden im Jungwuchs unmöglich macht, vor allem bei einer hierbei so empfindlichen Holzart wie der Kiefer. Man kann mit aller Sicherheit sagen, daß, wenn der *deutsche Kiefernwald heute den Idealaufbau der Bärenthorener Wirtschaftsform gehabt hätte*, die *Aufbringung der Mehreinschläge unmöglich gewesen wäre oder zu einer vollständigen Vernichtung des Nachwuchses geführt* haben würde! Das ist eine Gefahr, die uns erst in der gegenwärtigen Lage klar werden konnte, an die wir aber auch in der Zukunft für alle Zeiten zu denken haben! Auch der für jede Dauerwaldwirtschaft erforderliche Mehraufwand an Arbeit, Menschen- und Pferdekräften ist hierbei nicht zu vergessen. Hier liegen ernste Fragen, die bei einer großzügigen Wirtschaftsplanung nicht übersehen werden dürfen!

Man würde aber der *Bedeutung des Dauerwaldgedankens* durch diese kritische Betrachtung nicht genügend gerecht werden, wenn man nicht rückhaltlos anerkennen wollte, daß er durch seine *eindrucksvolle Betonung aller Maßregeln der Boden- und Bestandespflege* und den dringlichen Hinweis darauf, daß wir über der Verjüngung auch die *Vorratspflege* nicht vergessen dürfen, in der Praxis außerordentlich segensreiche Wirkungen ausgeübt hat. Insbesondere gilt das für die norddeutsche Kiefernwirtschaft und den Kleinbesitzwald. Besonders muß hier auch der *Aufklärungstätigkeit* WIEBECKES *durch zahlreiche Lehrgänge für den Privatwaldbesitz* gedacht werden. Daß in vielen Bauernwaldungen die Streunutzung abgestellt, Unterbau ausgeführt und verständig durchforstet wurde, ist ein großer und hoch einzuschätzender Erfolg. Liegen hier auch nur alte, längst im Waldbau anerkannte und gelehrte Selbstverständlichkeiten vor, so war es doch eben die Dauerwaldbewegung, die einen erneuten, kräftigen Anstoß dazu gegeben, den Gleichgültigen das Gewissen geschärft und die Lauen aufgerüttelt hat. *Es erscheint fast wie eine geschichtliche Notwendigkeit, daß derartig umwälzende Ideen mit ihren Forderungen immer erst über die Grenzen des Richtigen hinausgehen, um das wirklich Erreichbare zur Tat werden zu lassen!*

Eine gewisse Beruhigung in dem Streit um den Dauerwaldgedanken und seine Durchführung in der deutschen Forstwirtschaft ist neuerdings zweifellos dadurch eingetreten, daß das Reichsforstamt in seinen neuesten Waldbauerlassen statt dessen den Begriff und Ausdruck des „*naturgemäßen Wirtschaftswaldes*" geprägt und eingeführt hat. Es muß aber als Mißbrauch bezeichnet werden, wenn KRUTZSCH und andere diesen neuen Ausdruck dem

,,Dauerwald" gleichsetzen wollen (z. B. ,,Bärenthoren 1934. Der naturgemäße Wirtschaftswald"). Wenn er nicht etwas Anderes bezeichnen sollte, so hätte er nicht eingeführt zu werden brauchen und hätte nur das Prioritätsrecht MÖLLERs daran verletzt.

Der grundlegende Erlaß des Reichsforstamts vom 1. 12. 1937 sagt darüber: ,,Der Begriff ,,*naturgemäß*" umschließt die Forderung, daß der Wald hinsichtlich seiner Holzartenzusammensetzung, seines Aufbaus und seiner Bewirtschaftung den Anforderungen der standörtlichen Nachhaltigkeit und seinen ideellen Aufgaben gerecht wird.

Der Begriff ,,*Wirtschaftswald*" bringt zum Ausdruck, daß der Wald als *Hauptzweck* die nationalwirtschaftlichen Belange unter voller Wahrung der ökonomischen Gesichtspunkte auf lange Sicht zu erfüllen hat."

Wenn in den weiteren Ausführungen der Dauerwaldgedanke zwar als allgemeine Grundlage der waldbaulichen Auffassung bezeichnet, aber daneben ausdrücklich hervorgehoben wird, daß dieser Begriff Raum habe für sämtliche möglichen Aufbauformen — den gleichaltrigen und den ungleichaltrigen Wald — und sämtliche Holzarten und Holzartenmischungen, vom Reinbestand bis zum Mischbestand, schließlich auch für alle Betriebsformen vom Plenterbetrieb bis zum Kahlschlag (letzteren allerdings nur unter besonderen Verhältnissen als seltene Ausnahme), so geht daraus hervor, daß dieser Dauerwaldbegriff nicht mit dem von MÖLLER gleichzusetzen ist, sondern daß er stark erweitert ist und dessen Forderungen stark gemildert worden sind. Die weitere Entwicklung auf Grund der *vorläufigen und später endgültigen waldbaulichen Planung* (vgl. S. 270) wird zeigen, inwieweit die Synthese des Naturgemäßen mit dem Wirtschaftlichen möglich ist. Wo sie nicht gelingt, wird der *Wirtschaft*, daran läßt der Erlaß kaum einen Zweifel, *das entscheidende Gewicht* beizulegen sein!

Schlußwort.

Durch den ganzen Teil dieses Buches zieht sich als *Leitgedanke die Vorstellung vom Wald als einem Bauwerk.* Mit der Eigenheit und den Eigenschaften unseres Baumaterials, der Bäume und Bestände, haben wir begonnen. In der Verjüngung und Bestandeserziehung lernten wir die Grundsätze der Bildung und Ausformung dieses Materials kennen. In den Betriebsformen, in der Zusammensetzung der Steine zu einem Gebäude von bestimmter Konstruktion und bestimmtem Stil findet das Ganze seine Krönung!

Und genau so wie in der eigentlichen Baukunst Konstruktion und Stil sich dem Baumaterial, den besonderen Zwecken des Gebäudes und dem Charakter der Landschaft anzupassen haben, *so hat nach dem richtig verstandenen ,,eisernen Gesetz des Örtlichen" auch in der Waldbaukunst die Form des Aufbaus nach Holzart, Wirtschaftsziel und Standort zu wechseln.* Hierin liegt mehr als eine bloß äußere Ähnlichkeit, hier besteht innere Wesensverwandtschaft. **Waldbau bedeutet im Letzten und Höchsten nur Waldaufbau!**

Personen- und Ortsverzeichnis.

(Die Ortsnamen sind durch Schrägdruck gekennzeichnet. In das Personenverzeichnis sind auch die Autoren aufgenommen, die nur in den Fußnoten aufgeführt sind.)

Sachverzeichnis.